INTRODUCTION to
PROBABILITY and STATISTICS
for ENGINEERS and SCIENTISTS

# 이공계용 확률과 통계

제 6 판

Sheldon M. Ross
University of Southern California
Los Angeles, CA, United States

Introduction to Probability and Statistics for Engineers and Scientists, *sixth edition*
by Sheldon M. Ross



# 이공계용 제6판
# 확률과 통계

인 쇄 : 2022년 8월 10일 초판 1쇄
발 행 : 2022년 8월 19일 초판 1쇄

역 자 : 고민삼 · 권준석 · 최기봉 · 최재영
발행인 : 송 준
발행처 : 도서출판 홍릉
주 소 : 01093 서울시 강북구 인수봉로 50길 10
등 록 : 1976년 10월 21일 제5-66호

전 화 : 02-999-2274~5, 903-7037
팩 스 : 02-905-6729
e-mail : hongpub@hongpub.co.kr
http://www.hongpub.co.kr
ISBN : 979-11-5600-059-4(93310)

정 가 : 34,000원

낙장 및 파본은 구입처나 본사에서 교환하여 드립니다.

INTRODUCTION to PROBABILITY and STATISTICS for ENGINEERS and SCIENTISTS

# 이공계용 확률과 통계

제 6 판

Sheldon M. Ross 저

고민삼 · 권준석 · 최기봉 · 최재영 역

ELSEVIER

AP

도서출판 홍릉

## 역자소개

**고민삼** (한양대학교 ICT 융합학부 교수)

**권준석** (중앙대학교 컴퓨터공학과 교수)

**최기봉** (고려대학교 기초/보건 과학연구소 연구교수)

**최재영** (가천대학교 AI/소프트웨어학부 교수)

# 저자 서문

이번 6판도 실세계의 일상적 통계 문제 및 상황을 깊이 이해하기 위한 확률 이론 적용 방법을 보여준다. 이전 판들과 마찬가지로, 실제 현상에 대한 확률모형과 통계적 절차를 잘 포괄할 수 있도록 확률의 영역을 신중히 다루고 있다. 이러한 방식은 궁극적으로 현장의 엔지니어나 과학자들이 자주 사용하는 통계적 절차와 전략에 대한 직관적 이해를 함양시킬 것이다.

이 책은 공학, 컴퓨터과학, 수학, 통계학, 자연과학 분야의 학생들을 위한 기초통계학 또는 확률 및 통계 입문 교과목을 위한 교재이며, 따라서 기초 미적분학에 대한 지식을 가정하고 있다.

## 책의 구성과 범위

제1장은 통계학에 대한 간략한 개요를 제공하며, 통계학의 주요 갈래인 기술통계학과 추론통계학을 기술하고, 통계학의 간략한 역사와 오늘날의 통계학의 토대가 되는 초기 작업을 수행했던 몇 분을 소개한다.

제2장에서는 기술통계학이라는 주제를 다룬다. 이 장에서는 데이터 집합을 기술하는 그래프와 표, 데이터 집합의 핵심 성질들을 요약하는 데 사용되는 양 등을 소개한다.

데이터로부터 어떤 결론들을 도출할 수 있기 위해서는 그 데이터의 구성에 대한 이해가 필요하다. 예를 들면, 데이터는 종종 어떤 모집단으로부터의 "무작위 표본"을 구성하는 것으로 가정된다. 이것이 무엇을 의미하는지 그리고 이러한 가정이 표본 데이터의 성질과 전체 모집단의 성질을 연관시킴에 있어 어떤 의미를 갖는지 이해하기 위해서는 확률에 대한 이해가 필요하며 이를 제3장에서 다룬다. 제3장에서는 확률 실험에 대한 개념을 소개하고, 사건의 확률에 대한 개념을 설명하며, 확률론 공리들을 제시한다.

제4장에서도 확률에 대한 주제를 계속하여 중요한 개념인 확률변수와 기댓값 등을 다룬다. 제5장에서는 응용 분야에서 자주 나타나는 확률변수의 몇 가지 유형을 다룬다. 이항 확률변수, 푸아송 확률변수, 초기하 확률변수, 정규 확률변수, 균일 확률변수, 감마 확률변수, 카이제곱 확률변수, t-확률변수, F-확률변수 등이 소개된다.

제6장에서는 표본평균이나 표본분산과 같은 표본 통계량에 대한 확률분포를 학습한다. 표본 중앙값의 확률분포에 근접한 분포를 구하기 위해 중심극한정리라는 놀라운 확률

이론적 결과를 어떻게 사용하는지를 설명한다. 그리고 매우 중요한 특별 사례로서 정규분포 모집단에서 추출된 표본의 표본평균과 표본분산에 대해 결합 확률분포를 소개한다.

제7장에서는 관심의 대상인 모수들을 추정하기 위해 데이터를 이용하는 방법을 보여준다. 예를 들면, 어떤 과학자가 산성비에 시달리는 미국 중서부 지역 호수들의 비율을 결정하는 데 관심을 갖고 있다고 하자. 두 가지 유형의 추정량을 연구해볼 수 있을 것이다. 첫 번째 추정량에서는 한 개의 숫자를 사용하여 그와 같은 비율을 추정한다. 예를 들면, 중서부 지역 호수 중 47%가 산성비에 시달리는 것으로 추정될 수 있을 것이다. 반면에 두 번째 추정량에서는 값들의 구간 형태로 추정치를 제공한다. 예를 들면, 중서부 지역 호수 중 45%에서 49% 사이가 산성비에 시달리는 것으로 추정될 수 있을 것이다. 후자의 추정량은 또한 이러한 추정치의 타당성에 대해 우리가 갖는 "신뢰 수준"에 대해서도 알려주고 있다. 따라서 산성비에 시달리는 호수의 비율이 정확히 47%가 아니라는 것은 상당히 확실하며, 아마 실제 비율은 45%에서 49% 사이에 있을 확률이 95% 정도일 것으로 해석될 수도 있을 것이다.

제8장에서는 통계적 가설검정이라는 중요한 주제를 소개하는데, 이는 데이터를 사용하여 설정된 가설이 타당한지 시험하는 것이다. 예를 들면, 이러한 검정을 통해 44% 미만의 중서부 지역 호수가 산성비에 시달린다는 가설을 기각할 수도 있다. 데이터를 관측한 후 가설의 타당성 정도를 측정하는 p-값 개념을 소개한다. 하나의 정규 모집단에 대한 모수와 두 개의 정규 모집단에 대한 모수에 관한 다양한 가설검정을 살펴볼 것이다. 베르누이 모수와 푸아송 모수에 관한 가설검정도 소개될 것이다.

제9장에서는 회귀분석이라는 중요한 주제를 다룬다. 평균, 잔차분석, 가중최소제곱 등의 세부 주제를 포함하는 단순선형회귀분석, 그리고 다중선형회귀분석 등을 살펴볼 것이다.

제10장에서는 분산분석을 소개한다(상호작용의 가능성이 있는 경우와 없는 경우에 대해). 일원 분산분석과 이원 분산분석을 살펴볼 것이다.

제11장에서는 적합도검정을 다루는데, 이는 제안된 모형이 데이터와 부합되는지를 검정하는 데 사용될 수 있다. 이 장에서는 또한 고전적인 카이제곱 적합도검정을 소개하고 분할표에서 독립성을 검정하기 위해 이를 적용한다. 이 장의 마지막 절에서는 데이터가 특정 연속확률분포에서 나온 것인지를 검정하기 위한 콜모고로프-스미르노프 절차를 소개한다.

제12장에서는 비모수 가설검정을 다루는데, 이는 근저 분포가 (정규분포 등과 같은) 특정 모수 형태를 갖는 것으로 가정할 수 없을 경우에 사용될 수 있다.

제13장에서는 품질관리라는 주제를 다루는데, 이는 제조 및 생산 공정에서 핵심적인 통계적 기법의 하나이다. 슈하트 관리도뿐만 아니라 이동평균이나 누적합 등에 기초한 더욱 복잡한 도표들을 포함하는 다양한 관리도들을 살펴볼 것이다.

제14장에서는 수명검사에 관련된 문제들을 다룬다. 이 장에서는 정규분포보다는 지수분포가 핵심적 역할을 수행한다.

제15장에서는 부트스트랩 통계 방법과 순열 검정 등의 통계적 추론 기법을 다룬다. 먼저 시뮬레이션을 통해 확률 값들을 구하는 방법을 보이고, 이러한 통계적 추론방법에서 시뮬레이션을 이용하는 방법을 살펴볼 것이다.

이번 판에 새로 추가된 제16장에서는 기계학습 및 빅데이터 기술들을 소개한다. 많은 양의 데이터를 바탕으로, 특정 확률 모델에 대한 어떤 가정 없이도 확률을 추정하는 방법들을 다룰 것이다. 예를 들어, 특성화 벡터$(x_1, \ldots, x_n)$로 표현되는 실험의 성공 확률을 추정하는 상황을 살펴 볼 것이다. 특성화 벡터가 정성적일 때 적용할 수 있는 방법으로 일반 베이즈 기법과 근접이웃 규칙과 같은 기술들을 배울 것이다. 또한 특성화 벡터의 구성 요소가 계량 가능한 경우를 위한 로지스틱 회귀 모델도 살펴볼 것이다.

제16장의 추가와 함께 이번 판의 가장 중요한 변화는 통계적 소프트웨어인 R의 사용이다. R에 대한 사전 경험은 필요하지 않으며, 본문 전반에서 R의 사용법을 다룰 것이다. R에 대한 추가 절 외에도 로렌츠 곡선과 지니 지수를 다루는 2.7장이 새롭게 추가되었다. 그리고 다수의 새로운 예제와 연습문제가 추가되었다. 또한 6판에는 내용이나 논지가 더 명확하도록 수정한 부분이 몇 군데 포함되어 있다.

## 보충 자료

강사들을 위한 해답집은 다음에서 접근 가능하다.
https://textbooks.elsevier.com/web/Manuals.aspx?isbn=9780128243466

## 감사의 글

이 책의 6판에 귀중한 논평을 해준 다음 분들에게 감사드린다. 또한 익명을 요청한 검토자들에게도 감사드린다.

- Gideon Weiss, University of Haifa
- N. Balakrishnan, McMaster University
- Mark Brown, Columbia University
- Rohitha Goonatilake, Texas A and M University
- Steve From, University of Nebraska at Omaha
- Subhash Kochar, Portland State University
- Sumona Mondal, Mathematics, Clarkson University
- Kamel Belbahri, Mathematics and Statistics, Université de Montréal
- Anil Aswani, Industrial Engineering and Operations Research, University of California, Berkeley

# 차 례

# 제 1 장 통계학 개요

## 1.1 개요

오늘날 무엇인가에 대해 파악하기 위해서는 먼저 데이터를 수집해야 한다는 것이 정설로 되어 있다. 통계학은 데이터로부터 무엇인가를 파악하는 것을 다루는 기술이며, 데이터 수집, 수집된 데이터에 대한 기술 및 분석 등을 다루며 이러한 과정을 통해 데이터 관련 결론들을 도출할 수 있다.

## 1.2 데이터 수집과 기술통계학

통계적 분석은 데이터 집합이 주어진 상태에서 시작되는 경우가 있다. 예를 들면, 정부는 정기적으로 연간 강우량 총계, 지진 발생, 실업률, 국내총생산, 물가상승률 등에 관한 데이터를 수집하고 공표한다. 통계학은 이러한 데이터를 기술하고, 요약하며, 분석하는 데 이용될 수 있다.

그러나 데이터가 아직 갖추어져 있지 않은 경우도 있다. 이 경우 데이터를 생성하기 위한 적절한 실험을 설계하기 위해 통계적 이론이 이용될 수 있다. 어떤 실험을 선택할 것인지는 데이터를 어떻게 사용할 것인지에 따라 달라진다. 예를 들면, 초보자들에게 컴퓨터 프로그래밍을 가르치기 위한 두 가지 다른 방법 중 어느 것이 더 효과적인지 결정하고 싶어 하는 강사가 있다고 하자. 이러한 의문을 탐색하기 위해 이 강사는 학생들을 두 그룹으로 나누고 각각의 그룹에 다른 교육 방법을 사용할 수 있을 것이다. 수업이 끝난 후 학생들에게 시험을 보게 하고 두 그룹에 소속된 학생들의 점수를 비교한다. 각 그룹의 학생들의 시험점수로 이루어진 데이터에서 한 그룹의 점수가 다른 그룹의 점수보다 현저히 높을 경우 해당 그룹에 대해 사용된 교육 방법이 우수하다고 보는 것이 타당할 것이다.

그러나 이러한 데이터로부터 타당한 결론을 도출할 수 있기 위해서는 그룹을 나눌 때 어느 그룹에도 프로그래밍 적성이 높은 학생들이 몰릴지 않게 나누어야 한다. 예를 들어 강사가 남학생 그룹과 여학생 그룹으로 나누어서는 안 된다. 왜냐하면 이 경우 여학생 그룹의 점수가 남학생 그룹의 점수보다 현저히 높을 때, 이것이 교육 방법으로 인한 차이인지 여학생들이 체질적으로 남학생들보다 프로그래밍 기술을 배우는 능력이 뛰어나서인지 명확하지 않기 때문이다. 이러한 함정을 피하는 정립된 방법은 학생들을 "무작위로(at random)" 두 개의 그룹으로 나누는 것이다. 무작위라는 용어는 그룹 구성원들에 대한 모든 선택이 동일한 확률을 갖는 방식으로 그룹 분할이 이루어짐을 의미한다.

실험을 마친 후에는 데이터에 대한 기술이 이루어져야 한다. 예를 들면, 두 그룹의 점수들이 제시되어야 한다. 또한, 각 그룹의 학생들에 대한 평균 점수와 같은 요약 측도가 제시되어야 한다. 데이터에 대한 기술과 요약을 다루는 통계학 갈래를 **기술통계학**(descriptive statistics)이라고 한다.

## 1.3 추론통계학과 확률모형

앞의 실험을 마치고 데이터를 기술하고 요약한 후 어떤 교육 방법이 우수한지에 관한 결론을 도출해야 할 것이다. 결론 도출을 다루는 통계학 갈래를 **추론통계학**(inferential statistics)이라고 한다.

데이터로부터 어떤 결론을 도출할 수 있기 위해서는 우연성을 감안해야 한다. 예를 들면, 첫 번째 그룹의 평균 점수가 두 번째 그룹의 평균 점수보다 상당히 높았다고 하자. 이러한 점수 차이가 사용된 교육 방법으로 인한 것이라고 결론지을 수 있을까? 혹은 교육 방법과는 별로 상관이 없고 단순한 우연으로 첫 번째 그룹의 점수가 더 높았을 수도 있지 않을까? 예를 들어 동전을 10번 던져 앞면이 7번 나타났다는 사실이 앞으로 그 동전을 던질 때 앞면이 나올 가능성이 더 높을 것을 반드시 보장하는 것은 아니다. 실제로 그 동전은 아주 평범한 동전인데 우연히 10번의 던짐에서 7번 앞면이 나왔을 수도 있다(반면에 50번을 던졌는데 앞면이 47번 나왔다면, 그 동전은 평범한 동전이 아닐 가능성이 높다).

데이터로부터 논리적인 결론들을 도출할 수 있기 위해서는 대개 서로 다른 데이터 값들을 얻을 가능성(또는 확률)에 대해 어떤 가정들을 하게 된다. 이러한 가정들을 데이터에 대한 **확률모형**(probability model)이라 한다.

데이터의 특성이 확률모형의 형태를 정하기도 한다. 예를 들어 새로운 방법을 사용하여 생산된 컴퓨터칩의 불량률을 조사하고 싶은 엔지니어가 있다고 하자. 이 엔지니어는 칩 그룹을 선택한 후 그 중에서 불량 칩의 개수를 나타내는 데이터를 얻을 수 있을 것이다. 새로운 방법으로 생산된 모든 칩들 중 불량품의 비율은 알려져 있지는 않겠지만 $p$라고 가정하자. 칩들이 "무작위로" 선택되었음을 전제한다면, 선택된 각각의 칩이 불량일 확률은 $p$일 것으로 가정하는 것이 타당할 것이다. 따라서 위의 데이터는 $p$에 관한 추론에 사용될 수 있다.

주어진 데이터 집합을 위한 적절한 확률모형이 쉽게 정해지지 않을 수도 있다. 그러나 데이터에 대한 세심한 기술과 제시를 통해 타당한 모형을 만들 수도 있으며 또한 추가적인 데이터를 사용하여 이 모형에 대한 검증을 시도할 수도 있다.

통계적 추론의 기초는 데이터를 기술하기 위한 확률모형의 정립이므로, 통계적 추론을 이해하기 위해서는 확률 이론에 대한 지식이 요구된다. 즉, 통계적 추론은 조사 대상인 현상의 중요한 측면들을 확률을 사용하여 기술할 수 있다는 가정에서 출발하며, 이러한 확률들에 대한 추론을 위해 데이터를 사용하여 결론들을 도출하는 것이다.

## 1.4 모집단과 표본

통계학에서는 원소들의 전체 집합을 가리키는 **모집단**(population)에 관한 정보를 얻는 데 관심을 갖는다. 모집단은 종종 너무 규모가 커서 그 안의 모든 원소들을 조사하기는 어려울 수 있다. 예를 들면, 어느 국가의 모든 주민, 특정 제조회사가 일 년 동안 생산한 모든 텔레비전, 어느 지방의 모든 가구 등이 너무 큰 모집단이 될 수 있다. 이와 같은 경우 모집단의 부분집합을 선택하여 조사함으로써 모집단에 대해 파악하려 시도한다. 이러한 모집단의 부분집합을 **표본**(sample)이라고 부른다.

표본이 전체 모집단에 관한 정보를 제공하기 위해서는 표본이 어떤 의미에서 모집단에 대한 대표성을 가져야 한다. 예를 들어 특정 도시에 살고 있는 주민들의 연령 분포에 대해 관심을 갖고 있고 이 도시의 도서관에 입장한 첫 100명의 연령들을 조사하였다고 하자. 이들 100명의 평균 연령이 46.2세라면, 이것이 전체 모집단의 평균 연령에 근접한 것이라고 결론짓는 것은 타당한가? 아마 그렇지 않을 텐데, 이는 이 경우에 선택된 표본은 아마 전체 인구를 대표하지 못할 것이며 그 이유는 대개 어린 학생들이나 노년층이 주로 도서관을 이용하기 때문이다.

도서관 예와 같이 상황에 따라서는 주어진 표본이 과연 전체 모집단을 타당성을 갖고 대표할 수 있는지 결정해야 한다. 주어진 표본이 무작위 방식으로 선택된 것이 아니라면 모집단을 대표하는 것으로 볼 수 없다. 이는 표본을 선택하기 위한 특정한 규칙이 있을 종종 데이터 값에 편향되는 결과로 이어지기 때문이다.

따라서 역설적으로 들리겠지만 선택될 원소들에 대한 사전 지식이 전혀 없는 상태에서 완전한 무작위 방식으로 원소들을 선택할 경우에 대표적 표본을 얻을 가능성이 높아진다. 즉, 예를 들어 총인구에서 성별 비율을 맞추거나 직업군에 따른 비율을 맞추는 등과 같이 의도적으로 표본을 선택할 필요가 없다. 이보다는 대략적으로 정확한 비율을 구하기 위해 "우연"을 따르도록 내버려두어야 한다. 일단 무작위 표본이 선택되면, 표본 안의 원소들을 조사함으로써 전체 모집단에 대한 결론들을 도출하기 위해 통계적 추론을 사용할 수 있다.

## 1.5 통계학의 역사

인구와 경제에 관한 데이터의 체계적 수집은 르네상스 기간 동안 이탈리아의 도시국가인 베니스와 플로렌스 등에서 시작되었다. **국가**(state)라는 단어에서 파생된 **통계학**(statistics)

이라는 용어는 국가에 관련된 관심 있는 사실들의 수집을 가리키기 위해 사용되었다. 데이터를 수집한다는 개념은 이탈리아에서 서유럽의 다른 나라들로 전파되었다. 실제로 16세기 전반 무렵에는 유럽의 정부들에서 출생, 결혼, 사망 등을 행정 단위 별로 등록하는 것이 일반화되었으며, 낮은 공중보건 상태로 인해 사망 통계가 특히 관심의 대상이 되었다.

19세기 이전 유럽에서 높은 사망률은 주로 전염병, 전쟁, 기아 등에 기인하였다. 전염병 중에서도 흑사병이 가장 무서웠는데, 1348년의 대흑사병을 시작으로 거의 400년 동안 빈번히 흑사병이 돌았다. 1562년 왕실을 지방으로 이전해야 할지 판단하는데 주의를 주기위한 자료로 런던 시는 매주 사망자 명부를 발행하기 시작하였다. 초기의 사망자 명부에는 사망 지역과 사망 원인이 흑사병인지 여부가 표시되었지만, 1625년부터는 모든 종류의 사망 원인을 표시하였다.

1662년 영국의 상인 그랜트(John Graunt)는 『Natural and Political Observations Made upon the Bills of Mortality』이라는 책을 발행하였다. 이책에서 흑사병이 돌았던 5개년 동안 영국의 전체 사망자 수와 흑사병 사망자 수를 표 1.1과 같이 제시하고 있다.

**표 1.1** 영국에서의 전체 사망자 수

| 연도 | 사망자 수 | 흑사병 사망자 수 |
|---|---|---|
| 1592 | 25,886 | 11,503 |
| 1593 | 17,844 | 10,662 |
| 1603 | 37,294 | 30,561 |
| 1625 | 51,758 | 35,417 |
| 1636 | 23,359 | 10,400 |

자료출처: 그랜트, 『사망자 명부에 관한 자연적 정치적 관찰』 3판, 런던, John Martyn and James Allestry 출판사 (초판 발행 1662년).

그랜트는 런던의 인구를 추정하기 위해 런던 시의 사망자 명부를 사용하였다. 예를 들면, 1660년의 런던 인구를 추정하기 위해 그랜트는 런던의 특정 교구들의 (또는 인근 지역의) 가구들을 조사한 결과 평균적으로 88명마다 대략 3명의 사망자가 발생한다는 것을 발견하였다. 즉, 평균적으로 대략 88/3명마다 한 명의 사망자가 발생하였다. 1660년 런던 사망자 명부의 사망자 수는 13,200명이므로 그랜트는 런던 인구를 다음과 같이 대략적으로 추정하였다.

$$13{,}200 \times 88/3 = 387{,}200$$

그랜트는 전체 영국 인구를 산출하기 위해 이 추정치를 이용하였다. 그랜트는 그가 쓴 책에서 국가 통치자들이 이러한 숫자들에 관심을 가질 것이라고 언급하였는데, 이는 이러한 숫자들이 징집 대상 인원이나 과세 대상 인원 규모 등의 추정에 이용될 수 있기 때문이다.

그랜트는 또한 런던의 사망자 명부와 사망 원인 질병과 사망 연령 등에 관한 어림셈 등을 사용하여 사망 연령을 추론하기도 하였다(사망자 명부는 사망 원인과 사망 장소만 기록할 뿐 사망 연령은 기록하지 않고 있었다). 그랜트는 이러한 정보를 사용하여 연령대 별 사망 인구 비율을 나타내는 표를 계산하였다. 표 1.2는 그랜트의 사망 관련 표들 중의 하나이며, 이 표는 100명 중 36명은 6세에 이르기 전에 사망하며, 24명은 6세와 15세 사이에 사망한다는 등의 사실을 나타내고 있다.

**표 1.2** 그랜트의 사망 관련 표

| 사망 연령 | 100명 중 사망자 수 |
|---|---|
| 0–6 | 36 |
| 6–16 | 24 |
| 16–26 | 15 |
| 26–36 | 9 |
| 36–46 | 6 |
| 46–56 | 4 |
| 56–66 | 3 |
| 66–76 | 2 |
| 76세 이상 | 1 |

유의사항: 연령 범위는 우측 값을 포함하지 않는다. 예를 들면, 0−6은 0세에서 5세까지를 의미한다.

사람들의 사망 연령에 대한 그랜트의 추정치는 연금 판매업에 종사하는 이들에게 큰 관심을 불러 일으켰다. 연금은 일시불로 투자액을 납입한 후 살아있는 동안 일정 금액을 수령한다는 점에서 생명보험의 반대로 볼 수 있다.

사망률 표에 관한 그랜트의 작업에 영감을 얻은 핼리(Edmund Halley)는 1693년 이를 더욱 발전시켰다. 자신의 이름을 딴 핼리 혜성의 발견자이기도 하며, 뉴턴(Isaac Newton)의 그 유명한 『Principia Mathematica』의 출판에 대한 격려와 재정적 후원으로도 유명한 핼리는 어떤 나이의 사람이 특정 나이까지 생존할 확률을 계산하기 위해 사망률 표를 사용하였다. 핼리는 연간 생명보험 납입금은 보험 가입자의 연령에 따라 달라져야 한다는 사실을 당시의 보험업자들이 인식하는데 영향을 주었다.

그랜트와 핼리의 작업 이후 17세기 말과 18세기에 진입하면서 데이터의 수집은 꾸준히 증가하였다. 예를 들면, 파리 시는 1667년에 사망자 명부를 작성하기 시작했으며, 1730년 무렵에는 유럽 전역에서 사망 연령을 기록하는 것이 일반화되었다.

18세기까지 국가에 대한 기술 학문(descriptive science)의 줄임말로 사용되었던 통계학(statistics)이라는 용어는 19세기에 와서 점차 숫자와 관련된 학문으로 인식되었다. 1830년대에 이르러 이 용어는 영국과 프랑스에서는 거의 보편적으로 사회에 관한 "수치 과학"을 의미하는 것으로 인식되었다. 이러한 의미상의 변화는 대체로 1800년 전후에 구미 각국 정부들이 체계적으로 수집하고 공표하기 시작한 총인구 조사 기록을 비롯한 조사표들이 광범위하게 제공되었던 것에 기인한다.

19세기 전체에 걸쳐 베르누이(Jacob Bernoulli), 가우스(Karl Friedrich Gauss), 라플라스(Pierre-Simon Laplace) 등의 수학자들이 확률 이론들을 개발하였지만 이들이 통계적 발견에 사용되는 사례는 거의 없었다. 왜냐하면 당시의 사회통계 작업자들은 데이터들을 있는 그대로 이용하는 것에 만족하고 있었기 때문이다. 특히, 당시의 통계 작업자들은 개인들에 관한 추론보다는 사회 전체에 더욱 관심을 가지고 있었다. 따라서 이들은 표본 추출에 관심을 갖는 대신 전체 인구에 대한 조사를 시도하였다. 이러한 결과로 모집단에 대한 표본으로부터의 확률적 추론에 대해서는 19세기 사회통계학에 거의 알려지지 않았다.

1800년대 말에 이르러서야 통계학에서 수치적 데이터로부터 결론을 추론하는 데 관심을 갖게 되었다. 이러한 움직임은 오늘날 회귀분석이나 상관분석(9장 참고) 등을 사용한 유전적 특질의 분석에 관한 갈턴(Francis Galton)의 작업으로 시작되었으며, 이를 주로 이끈 것은 피어슨(Karl Pearson)의 작업을 통해서이다. 카이제곱 적합도검정(11장 참고)을 개발한 피어슨은 1904년 갈턴의 기금으로 설립된 갈턴연구소의 초대 소장을 역임하였다. 피어슨은 갈턴연구소에서 통계학을 추론에 사용하는 새로운 방법을 개발하기 위한 연구 프로그램을 창설하였으며, 과학계나 산업 분야의 우수한 학생들을 유치하여 각자의 분야에서 통계학을 적용할 수 있도록 통계적 방법들을 배우게 하였다. 초기의 방문 연구자 중에 고제트(W. S. Gosset)라는 화학 연수생이 있었는데, 고제트는 자신의 연구를 "Student"이라는 익명으로 출판함으로써 피어슨에 대한 경의를 표하였다(전해지는 유명한 이야기로는 고제트가 자신의 이름으로 책을 출판할 경우 자신을 고용하고 있던 기네스 맥주회사에서 화학자가 통계학 연구나 하는 것을 싫어할 것을 염려하였다는 것이다). 고제트는 $t-$검정의 개발로 유명하다(8장 참고).

20세기 초 응용통계학의 가장 중요한 두 가지 영역은 인구생물학과 농업이었다. 이는 갈턴연구소의 피어슨과 다른 연구원들의 관심 덕분이기도 하고 영국의 학자인 피셋(Ronald A. Fishet)의 눈부신 성과에 힘입은 바도 크다. 피어슨의 아들인 이건 피어슨(Egon Pearson)과 수리통계학자인 니먼(Jerzy Neyman) 등을 포함하는 이들 선구자들이 개발한 추론 이론은 다양한 범위의 정량적이고 실용적인 문제들을 다룰 수 있도록 일반화된 것이었다. 그러한 결과로 20세기 초 이후 과학, 상업, 정부기관 등에 종사하는 많은 사람들이 통계학을 과학 문제와 실용적 문제들에 대해 정량적 해법을 제공할 수 있는 도구로 간주하게 되었으며, 이들의 수는 급격히 늘어났다(표 1.3 참고).

**표 1.3** 통계학에 대한 정의의 변화

| |
|---|
| 통계학의 목적은 정해진 시기에 한 국가에 대한 충실한 표현을 제공하는 것이다(Quetelet, 1849). |
| 통계학은 사회과학을 추구하는 사람들의 길을 가로막고 있는 두터운 장애를 제거하기 위한 시초를 제공할 수 있는 유일한 도구이다(Galton, 1889). |
| 통계학은 (i) 인구에 대한 학문, (ii) 변량에 대한 학문, (iii) 데이터의 축약 방법에 관한 학문 등으로 간주될 수 있다(Fisher, 1925). |
| 통계학은 관찰이나 실험을 통해 얻은 데이터의 수집, 분석, 해석 등을 다루는 하나의 과학분야이다. |
| 통계학은 확률 이론에 기초한 일관성 있는 구조를 갖추고 있으며, 과학 및 기술 전반에 걸쳐 연구와 개발에 기여하는 많은 절차들을 포함한다(E. Pearson, 1936). |
| 통계학은 자연과 경험에 관한 어떤 사실들을 발견하기 위해 숫자들을 사용하는 불확실한 추론을 다루는 과학이요 기술이다(Weaver, 1952). |
| 통계학은 20세기에 이르러 실험적 데이터와 관찰 데이터를 분석하기 위한 수학적 도구로 알려져 왔다(Porter, 1986). |
| 통계학은 데이터로부터 배우는 기술이다(본 책, 2020). |

오늘날 통계학의 개념들은 모든 곳에 존재한다. 기술통계학은 모든 신문과 잡지에서 주요 내용으로 다루어지고 있다. 통계적 추론은 보건의료 연구, 이공학계 연구, 마케팅 및 품질관리, 교육, 회계, 경제, 기상 예보, 여론 조사, 스포츠, 보험, 도박 및 과학적임을 주장하는 모든 연구 등에서 필수불가결한 도구가 되고 있다. 통계학은 실로 우리의 지적 유산 속에 깊이 스며들어 있다.

## 연습문제

**01** 다음 주에 선거가 있을 것이며, 투표 인구의 표본에 대한 여론 조사를 통해 공화당 후보가 승리할 것인지 민주당 후보가 승리할 것인지 예측을 시도하고 있다. 다음의 선택 방법 중 어느 방법이 대표성 있는 표본을 도출할 확률이 높겠는가?

(a) 대학 농구 경기를 관람하는 모든 투표 연령대의 사람들을 조사한다.
(b) 도심의 어느 고급 음식점에서 나오는 모든 투표 연령대의 사람들을 조사한다.
(c) 투표인 명부 사본을 얻은 다음 무작위로 100개의 이름을 선택하여 질문한다.
(d) TV 방송국에서 시청자들에게 방송국에 전화하여 자신이 선택한 후보의 이름을 알려주도록 요청하는 TV 시청자 전화제보 조사의 결과를 이용한다.
(e) 전화번호부에서 이름을 선택한 다음 이들에게 전화한다.

**02** 문제 1(e)에서 사용된 방법은 프랭클린 루즈벨트가 알프레드 랜던에 압도적으로 승리했던 1936년의 대통령 선거의 예측에서 대실패로 끝났다. *Literary Digest*지는 랜던의 승리를 예측하였는데, 이 잡지는 선거결과 예측을 자동차 소유자 명부와 전화 소유자 명부에서 선정된 투표자들의 선택에 근거하였다.

(a) *Literary Digest*지의 예측이 크게 어긋난 이유는 무엇이라고 생각하는가?
(b) *Literary Digest*지에서 사용했던 방법이 오늘날에는 훨씬 나을 것이라고 생각되는 변화가 1936년과 현재 사이에 발생하였다고 보는가?

**03** 어떤 연구자가 오늘날 미국의 평균 사망 연령을 구하고자 한다. 데이터를 얻기 위해 *뉴욕타임즈*의 사망기사 란을 30일 동안 조사하여 미국인의 사망 연령을 추정하였다고 하자. 이러한 방법이 대표성 있는 표본을 도출할 것이라고 생각하는가?

**04** 당신의 마을에서 흡연자 비율을 구하기 위해 다음 장소 중 하나에서 조사를 하기로 결정하였다.

(a) 당구장
(b) 볼링장
(c) 상점가
(d) 도서관

이러한 조사 장소들 중 어디에서 원하는 비율에 가장 근접한 결과를 얻을 수 있을까? 그 이유를 설명하라.

**05** 어느 대학에서 최근 졸업생들의 연봉에 관한 정보를 얻기 위해 이들에 대한 조사를 실시하기로 계획하고 있다. 최근의 졸업생 중 200명을 무작위로 선택하여 현재의 직업에 관한 사항들을 다룬 설문지를 보냈는데, 200명 중 86명만이 응답을 보내왔다. 응답자들의 평균 연봉은 75,000불로 보고되었다고 하자.

(a) 75,000불이 그 대학 졸업생의 평균 연봉 수준에 근접해있다고 생각하는 것이 옳다고 보는가? 자신의 대답에 대한 이유를 설명하라.

(b) 위의 문항 (a)에 대한 대답이 아니오일 경우, 설문에 응답한 그룹에 관련된 어떤 조건들을 부과하면 75,000불이 훌륭한 근삿값이 될 수 있는 그러한 조건들을 제시해보라.

**06** 야간에 교통사고로 사망한 보행자가 입고 있던 옷에 대한 조사 결과 피해자의 80%가 어두운 색상의 옷을 입고 있었으며 20%는 밝은 색상의 옷을 입고 있었음이 어느 기사를 통해 보고되었다. 이 기사에서 도출된 결론은 야간에는 밝은 색상의 옷을 입는 것이 더 안전하다는 것이었다.

(a) 이러한 결론은 타당한가? 그 이유를 설명하라.

(b) 위의 문항 (a)에 대한 대답이 아니오일 경우, 최종 결론을 도출하기 위해 어떤 정보가 더 필요한가?

**07** 런던 인구를 추정하기 위한 그랜트의 방법을 비평하라. 그랜트는 어떤 묵시적 가정을 사용했는가?

**08** 런던의 사망자 명부는 1658년에 12,246명의 사망자를 싣고 있다. 런던의 교구들에 대한 조사를 통해 인구 중 2%가 그 해에 사망하였던 것으로 가정하고, 그랜트의 방법을 사용하여 1658년의 런던 인구를 추정하라.

**09** 자신이 그랜트의 책이 출판되었던 1662년의 연금 판매업자라고 가정하고, 사람들의 사망 연령에 관한 그랜트의 데이터를 어떻게 이용할 것인지 설명하라.

**10** 그랜트의 사망률 관련 표에 근거하여 다음 질문들에 대답하라.

(a) 인구 중 6세까지 살아남은 비율은?

(b) 46세까지 살아남은 비율은?

(c) 6세와 36세 사이에 사망한 비율은?

# 제 2 장 기술통계학

## 2.1 서론

이 장에서는 기술통계학(descriptive statistics)이라는 주제를 소개하면서 데이터 집합을 기술하고 요약하는 방법들을 설명한다. 2.2절에서는 데이터 집합을 기술하는 방법들을 다룬다. 2.2.1절과 2.2.2절에서는 데이터 값의 구분이 비교적 적은 데이터들을 빈도 표나 빈도 그래프를 사용하여 기술하는 방법을 소개하며, 2.2.3절에서는 데이터 값들을 서로 다른 구간으로 그룹화하여 다루게 된다.

2.3절에서는 데이터에 의해 결정되는  수치적 양을 의미하는 통계량을 사용하여 데이터 집합을 요약하는 방법들을 논의한다. 2.3.1절에서는 데이터 집합의 대표값을 나타내기 위해 사용되는 표본평균, 표본중앙값, 표본최빈값 등 세 가지 통계량을 다룬다. 2.3.2절에서는 표본분산과 그 제곱근인 표본표준편차를 소개한다. 이러한 통계량들은 데이터 집합에서 값들의 산포 정도를 표시하기 위해 사용된다. 2.3.3절에서는 표본 백분위수를 다루는데, 예를 들어 어떤 데이터 값이 전체 데이터의 95%보다 큰지 등을 알려주는 통계량이다.

2.4절에서는 표본 데이터를 위한 체비셰프 부등식을 소개한다. 이 유명한 부등식은 표본평균으로부터 표본표준편차의 $k$배만큼 차이가 날 수 있는 데이터의 비율에 대한 상한 값을 제시한다. 체비셰프 부등식은 모든 데이터 집합에 대해 성립한다. 더 나아가 2.5절에서는 특정한 데이터 분포에서 표본평균으로부터 표본표준편차의 $k$배 범위 이내에 있는 데이터의 비율에 대해 보다 정확한 추정치를 구할 수 있다. 즉, 데이터에 대한 분포 그래프가 종 모양(bell-shaped)일 때 그와 같은 데이터 집합은 근사정규분포를 따른다고 말하며, 소위 경험적 규칙으로 불리는 방법에 의해 보다 정확한 추정치를 구할 수 있다.

2.6절에서는 데이터 값들이 쌍을 이루는 상황을 다룬다. 이와 같은 데이터를 표현하기 위한 산점도라고 불리는 그래프 기법과 함께 표본상관계수를 소개한다. 표본상관계수는 쌍체 중 첫 번째 요소에서 큰 값과 두 번째에서 큰 값이 함께 나타나는 경향의 정도를 나타내는 통계량이다.

2.7절에서는 사람들의 수입에 대한 분포를 다룬다. 전체 수입에 대한 하위 $100p$ 수입비율을 나타내는 로렌츠 곡선(Lorenz curve) $L(p)$를 소개한다. 또한 수입의 불균형 정도를 나타내는 지니 지수(Gini index)도 다룬다.

마지막으로 2.8절에서는 데이터 통계처리를 하기위한 프로그래밍 언어인 R의 사용법을 알아본다.

## 2.2 데이터 집합의 기술

연구를 통해 얻은 수치적 결과들은 명확하고 간결하며 관찰자가 데이터의 본질적 특성에 대한 직관을 신속하게 얻을 수 있는 방식으로 표현되어야 한다. 오랜 세월에 걸쳐 표나 그래프의 사용이 데이터 표현에 특히 유용한 방법임이 밝혀져 왔으며, 이들은 종종 범위, 집중 정도, 데이터의 대칭성 등의 중요한 특성들을 드러내 보이기도 한다. 이 절에서는 데이터 표현을 위한 몇 가지 보편적인 그래프 방식과 표 방식을 소개한다.

### 2.2.1 빈도 표와 빈도 그래프

비교적 적은 개수의 상이한 값들로 이루어진 데이터 집합은 **빈도 표(frequency table)**로 간편하게 표현될 수 있다. 예를 들면, 표 2.1은 전기공학 학사 학위를 받은 42명의 최근 졸업생의 초임 연봉으로 이루어진 빈도 표이다(연봉은 반올림하여 1,000불 단위로 표시하고 있음). 표 2.1은 다른 여러 사실들과 함께 4명의 졸업생이 최저 초임으로 47,000불을 받았으며 한 명이 최고 초임인 60,000불을 받았다는 사실을 알려준다. 가장 보편적인 초임은 10명의 졸업생이 받은 52,000불이었다.

**표 2.1** 초임 연봉

| 초임 | 빈도 |
|---|---|
| 47 | 4 |
| 48 | 1 |
| 49 | 3 |
| 50 | 5 |
| 51 | 8 |
| 52 | 10 |
| 53 | 0 |
| 54 | 5 |
| 56 | 2 |
| 57 | 3 |
| 60 | 1 |

빈도 표의 데이터는 수평 축에 데이터 값들을 표시하고 수직선 높이로 빈도를 표시하는 **선 그래프(line graph)**를 사용하여 그림으로 표현될 수 있다. 표 2.1에 표현된 데이터에 대한 선 그래프를 그림 2.1에 보이고 있다.

선 그래프에서 선들을 두껍게 표시하면 이 그래프는 **막대 그래프(bar graph)**가 된다. 그림 2.2는 막대 그래프를 보이고 있다.

빈도 표를 표현하는 데 사용되는 또 다른 유형의 그래프로 **빈도 다각형(frequency polygon)**이 있는데, 이것은 수직 축을 이용하여 표시된 데이터 값들에 대한 빈도를 나타내는 점들을 선분들로 연결한 것이다. 그림 2.3은 표 2.1의 데이터를 위한 빈도 다각형을 보이고 있다.

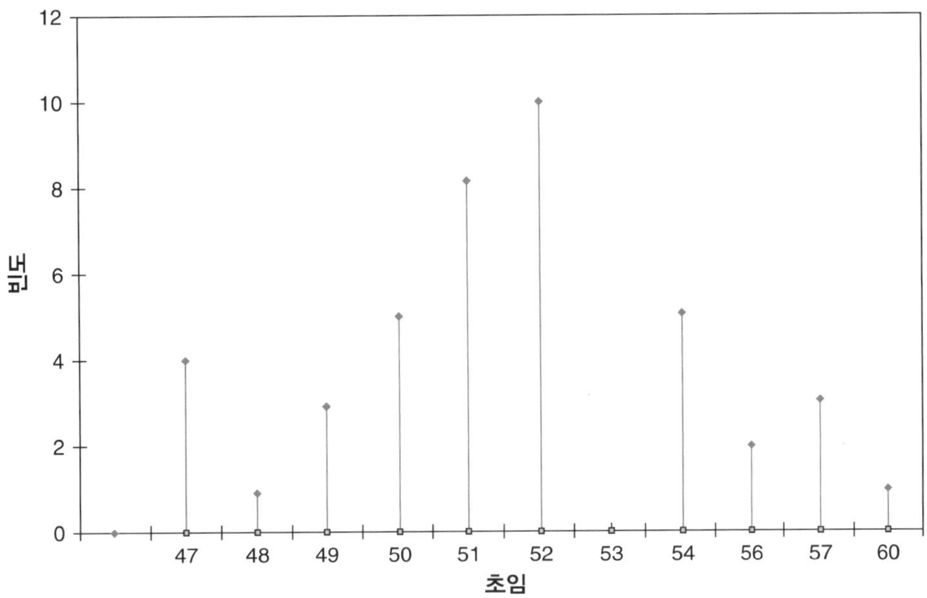


**그림 2.1** 초임 데이터

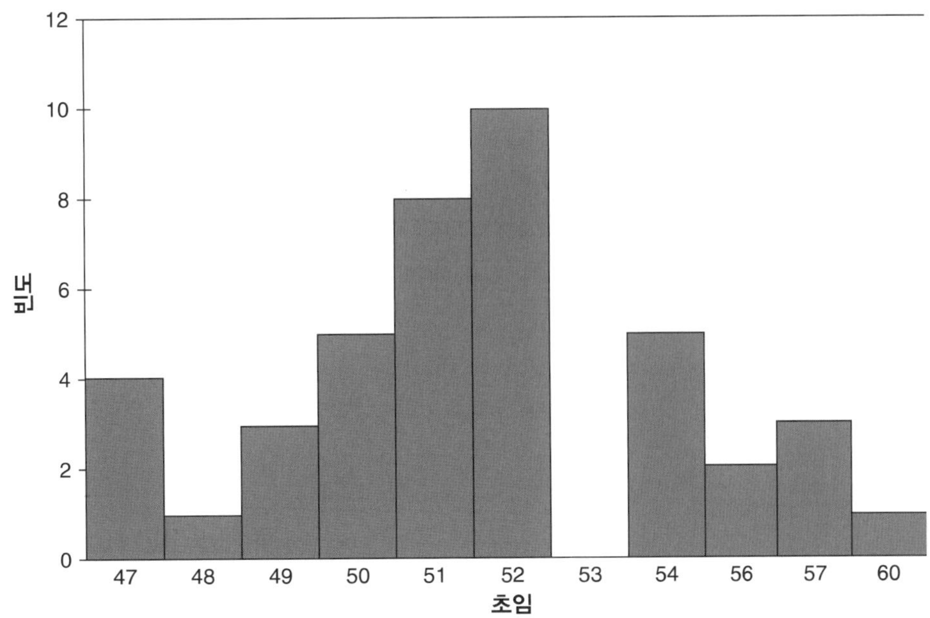


**그림 2.2** 초임 데이터를 위한 막대 그래프

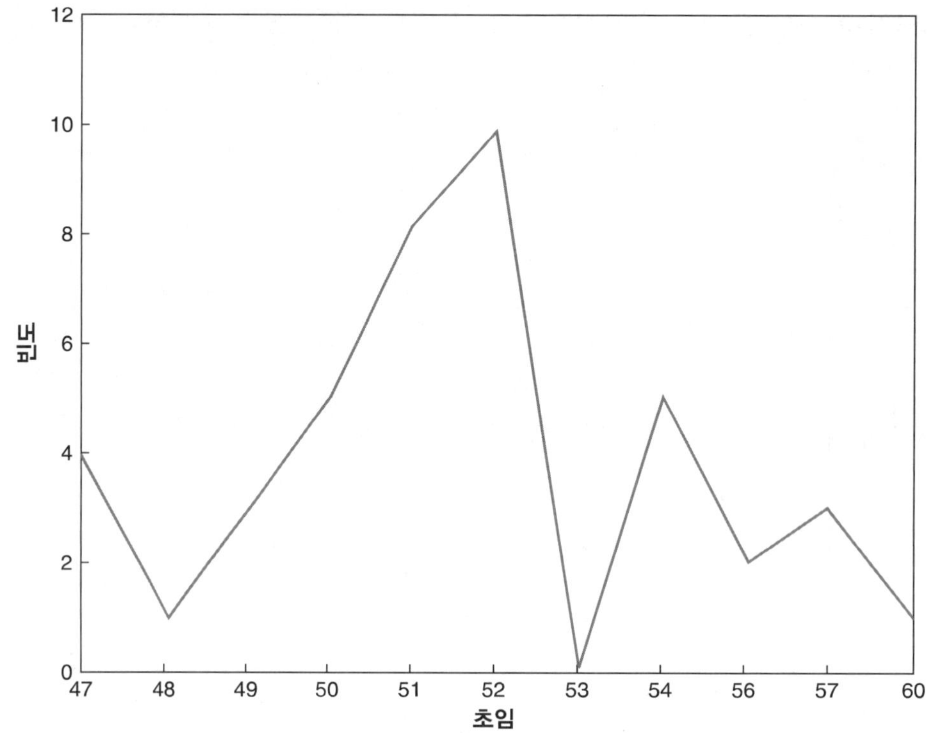


**그림 2.3** 초임 데이터를 위한 빈도 다각형

## 2.2.2 상대빈도 표와 상대빈도 그래프

$n$개의 값으로 이루어진 데이터 집합이 있다고 하자. 특정 값에 대한 빈도가 $f$라면, 비율 $f/n$이 그 값에 대한 **상대빈도(relative frequency)**가 된다. 즉, 어떤 데이터 값에 대한 상대빈도란 그 값을 갖는 데이터에 대한 비율을 말한다. 상대빈도의 그래프 표현에는 상대빈도 선 그래프, 상대빈도 막대 그래프, 상대빈도 다각형 등이 사용될 수 있다. 실제로 이러한 상대빈도 그래프들은 수직 축 상의 표시가 예전의 빈도 표시를 전체 데이터 개수로 나눈 값이라는 점을 제외하면 해당 절대빈도 그래프와 동일한 모습을 갖는다.

**예제 2.2a**

표 2.2는 표 2.1의 데이터에 대한 상대빈도 표이다. 상대빈도는 표 2.1의 대응되는 빈도들을 데이터 집합의 크기인 42로 나누어서 구한다. ■

데이터가 원래 수치가 아닐 경우 상대빈도를 표시하기 위해 **파이 도표(pie chart)**가 사용되는 경우가 종종 있다. 먼저 원을 그린 다음 이를 여러 구역으로 나누는데, 데이터 값 유형마다 하나씩의 구역이 배정된다. 데이터 값에 대한 상대빈도는 해당 구역의 면적으로 표현되며, 그 면적은 원의 전체 면적에 해당 데이터 값에 대한 상대빈도를 곱한 것과 같다.

표 2.2

| 초임 | 상대빈도 |
|---|---|
| 47 | 4/42 = .0952 |
| 48 | 1/42 = .0238 |
| 49 | 3/42 |
| 50 | 5/42 |
| 51 | 8/42 |
| 52 | 10/42 |
| 53 | 0 |
| 54 | 5/42 |
| 56 | 2/42 |
| 57 | 3/42 |
| 60 | 1/42 |

### 예제 2.2b

다음의 데이터는 가장 최근에 암 전문 진료소에 등록한 200명의 환자들이 걸린 암 유형들에 관한 것이다. 그림 2.4는 이 데이터를 파이 도표로 표현하고 있다. ■

| 암 유형 | 환자 수 | 상대빈도 |
|---|---|---|
| 폐암 | 42 | .21 |
| 유방암 | 50 | .25 |
| 대장암 | 32 | .16 |
| 전립선암 | 55 | .275 |
| 흑색종 | 9 | .045 |
| 방광암 | 12 | .06 |

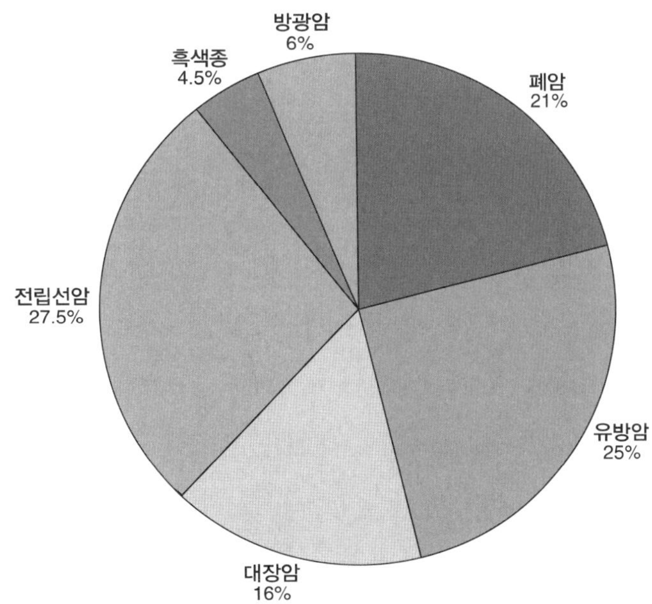


그림 2.4

### 2.2.3 그룹 데이터, 히스토그램, 누적빈도그래프, 줄기-잎 도표

2.2.2절에서 살펴보았듯이, 데이터 값에 대한 빈도를 그림으로 표현하기 위해 선 그래프나 막대 그래프를 사용하는 것이 종종 데이터 집합을 묘사하는 효과적인 방법이 될 수 있다. 그러나 데이터 집합에 따라서는 상이한 값의 개수가 너무 많아 이러한 방식을 이용하기가 어려울 수도 있다. 그와 같은 경우에는 값들을 여러 개의 그룹, 즉 **계급구간**(class interval)으로 나누고 각 계급구간에 속하는 데이터 값들의 개수를 표시하는 것이 유용할 수 있다. 계급구간 개수는 (1) 계급의 수가 너무 적으면 한 계급 안의 실제 데이터 값들에 대한 정보를 많이 잃게 되며, (2) 계급의 수가 너무 많으면 각 계급의 빈도가 너무 낮아져서 패턴을 파악하기 어려워진다. 5개에서 10개 사이의 계급구간이 많이 사용되지만, 적절한 수를 선택하는 일은 주관적인 문제이다. 물론 데이터에 대한 정보를 가장 잘 드러내 보이는 도표를 얻을 때까지 계급구간의 개수를 다양하게 변화시켜볼 수 있다. 필수적인 것은 아니지만 대개 계급구간들의 길이를 동일하게 정하는 것이 일반적이다.

계급구간의 양 끝점들을 **계급경계**(class boundary)라고 부른다. 이 책에서는 계급구간이 왼쪽 끝점은 포함하고 오른쪽 끝점은 포함하지 않는 방식을 채택한다. 따라서 20–30이라는 계급구간은 20 이상 30 미만의 모든 값들을 포함한다.

표 2.3은 백열등 200개의 수명을 표현하고 있다. 표 2.3의 데이터를 위한 계급빈도 표를

**표 2.3** 백열등 200개의 수명

| 개별 백열등의 수명 | | | | | | | | | |
|---|---|---|---|---|---|---|---|---|---|
| 1,067 | 919 | 1,196 | 785 | 1,126 | 936 | 918 | 1,156 | 920 | 948 |
| 855 | 1,092 | 1,162 | 1,170 | 929 | 950 | 905 | 972 | 1,035 | 1,045 |
| 1,157 | 1,195 | 1,195 | 1,340 | 1,122 | 938 | 970 | 1,237 | 956 | 1,102 |
| 1,022 | 978 | 832 | 1,009 | 1,157 | 1,151 | 1,009 | 765 | 958 | 902 |
| 923 | 1,333 | 811 | 1,217 | 1,085 | 896 | 958 | 1,311 | 1,037 | 702 |
| 521 | 933 | 928 | 1,153 | 946 | 858 | 1,071 | 1,069 | 830 | 1,063 |
| 930 | 807 | 954 | 1,063 | 1,002 | 909 | 1,077 | 1,021 | 1,062 | 1,157 |
| 999 | 932 | 1,035 | 944 | 1,049 | 940 | 1,122 | 1,115 | 833 | 1,320 |
| 901 | 1,324 | 818 | 1,250 | 1,203 | 1,078 | 890 | 1,303 | 1,011 | 1,102 |
| 996 | 780 | 900 | 1,106 | 704 | 621 | 854 | 1,178 | 1,138 | 951 |
| 1,187 | 1,067 | 1,118 | 1,037 | 958 | 760 | 1,101 | 949 | 992 | 966 |
| 824 | 653 | 980 | 935 | 878 | 934 | 910 | 1,058 | 730 | 980 |
| 844 | 814 | 1,103 | 1,000 | 788 | 1,143 | 935 | 1,069 | 1,170 | 1,067 |
| 1,037 | 1,151 | 863 | 990 | 1,035 | 1,112 | 931 | 970 | 932 | 904 |
| 1,026 | 1,147 | 883 | 867 | 990 | 1,258 | 1,192 | 922 | 1,150 | 1,091 |
| 1,039 | 1,083 | 1,040 | 1,289 | 699 | 1,083 | 880 | 1,029 | 658 | 912 |
| 1,023 | 984 | 856 | 924 | 801 | 1,122 | 1,292 | 1,116 | 880 | 1,173 |
| 1,134 | 932 | 938 | 1,078 | 1,180 | 1,106 | 1,184 | 954 | 824 | 529 |
| 998 | 996 | 1,133 | 765 | 775 | 1,105 | 1,081 | 1,171 | 705 | 1,425 |
| 610 | 916 | 1,001 | 895 | 709 | 860 | 1,110 | 1,149 | 972 | 1,002 |

표 2.4에서 보이고 있다. 계급구간의 길이는 100이며, 첫 번째 구간은 500에서 시작한다.

계급 데이터에 대한 막대 그래프를 **히스토그램(histogram)**이라고 부르며, 이때 막대들은 서로 인접하게 배치된다. 히스토그램의 수직 축은 계급빈도 또는 상대적 계급빈도를 나타낼 수 있으며, 전자의 경우 **빈도 히스토그램(frequency histogram)**이라고 부르며 후자의 경우 **상대빈도 히스토그램(relative frequency histogram)**이라고 부른다. 그림 2.5는 표 2.4의 데이터에 대한 빈도 히스토그램을 보이고 있다.

우리는 때로 누적빈도(또는 누적상대빈도) 그래프를 이용하기도 한다. 이러한 그래프에서 수평 축 상의 한 점은 데이터 값을 나타내며, 수직 방향은 수평 축이 나타내는 값 이하의 값을 갖는 데이터의 개수(또는 비율)를 나타낸다. 표 2.3의 데이터에 대한 누적상대빈도 그래프가 그림 2.6에 주어져 있다. 이 그림으로부터 데이터 값의 100%가 1,500 이하이며, 대략 40%가 900 이하이고, 대략 80%가 1,100 이하라는 등의 사실을 알 수 있다. 누적빈도 그래프는 "ogive(오자이브로 읽음)"라고 부르기도 한다.

**표 2.4** 계급빈도 표

| 계급 구간 | 빈도 (해당 구간 안의 데이터 값 개수) |
|---|---|
| 500–600 | 2 |
| 600–700 | 5 |
| 700–800 | 12 |
| 800–900 | 25 |
| 900–1000 | 58 |
| 1000–1100 | 41 |
| 1100–1200 | 43 |
| 1200–1300 | 7 |
| 1300–1400 | 6 |
| 1400–1500 | 1 |

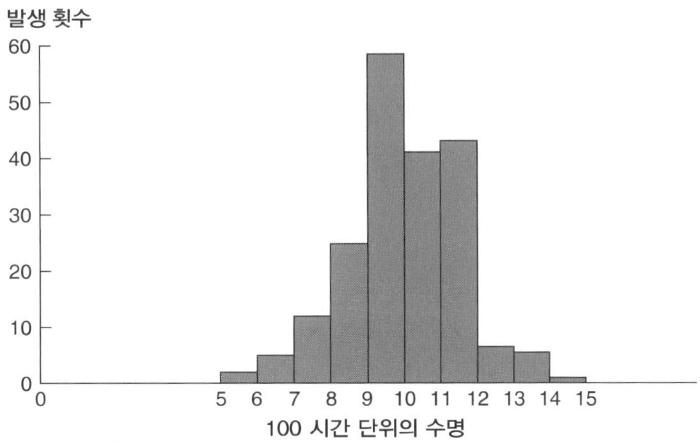


**그림 2.5** 빈도 히스토그램

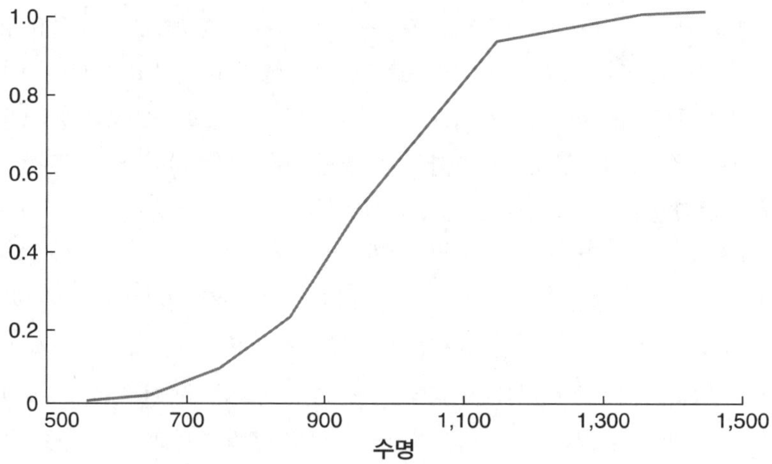


**그림 2.6** 누적빈도 그래프

중소규모의 데이터 집합을 구성하기 위한 효율적 방법의 하나는 **줄기-잎 도표**(stem and leaf plot)를 이용하는 것이다. 줄기-잎 도표를 만들기 위해서는 먼저 각각의 데이터 값을 줄기 부분과 잎 부분의 두 부분으로 분할해야 한다. 예를 들어 데이터가 모두 두 자리 숫자라면, 데이터 값의 줄기 부분은 10의 자리 숫자로 하고 잎 부분은 1의 자리 숫자로 정할 수 있다. 따라서 62라는 값은 다음과 같이 표현될 수 있다.

| 줄기 | 잎 |
|---|---|
| 6 | 2 |

62와 67이라는 두 개의 데이터 값은 다음과 같이 표현될 수 있다.

| 줄기 | 잎 |
|---|---|
| 6 | 2, 7 |

### 예제 2.2c

표 2.5는 35개의 미국 도시에서 일일 최저온도에 대한 월간 평균과 연간 평균을 제공하고 있다. 표 2.5의 일일 최저온도에 대한 연간 평균을 다음과 같은 줄기-잎 도표로 나타낼 수 있다.

| | |
|---|---|
| 7 | 0.0 |
| 6 | 9.0 |
| 5 | 1.0, 1.3, 2.0, 5.5, 7.1, 7.4, 7.6, 8.5, 9.3 |
| 4 | 0.0, 1.0, 2.4, 3.6, 3.7, 4.8, 5.0, 5.2, 6.0, 6.7, 8.1, 9.0, 9.2 |
| 3 | 3.1, 4.1, 5.3, 5.8, 6.2, 9.0, 9.5, 9.5 |
| 2 | 9.0, 9.8 ■ |

**표 2.5** 일일 최저 온도－일부 도시 자료 발췌

[화씨온도로 표시되어 있음. 특별히 표시된 경우를 제외하고는 공항에서 측정되었음. 1961년에서 1990년까지 30년간의 조사에 기초하여 작성되었음]

| 주 | 관측소 | 1월 | 2월 | 3월 | 4월 | 5월 | 6월 | 7월 | 8월 | 9월 | 10월 | 11월 | 12월 | 연간 평균 |
|---|---|---|---|---|---|---|---|---|---|---|---|---|---|---|
| AL | Mobile | 40.0 | 42.7 | 50.1 | 57.1 | 64.4 | 70.7 | 73.2 | 72.9 | 68.7 | 57.3 | 49.1 | 43.1 | 57.4 |
| AK | Juneau | 19.0 | 22.7 | 26.7 | 32.1 | 38.9 | 45.0 | 48.1 | 47.3 | 42.9 | 37.2 | 27.2 | 22.6 | 34.1 |
| AZ | Phoenix | 41.2 | 44.7 | 48.8 | 55.3 | 63.9 | 72.9 | 81.0 | 79.2 | 72.8 | 60.8 | 48.9 | 41.8 | 59.3 |
| AR | Little Rock | 29.1 | 33.2 | 42.2 | 50.7 | 59.0 | 67.4 | 71.5 | 69.8 | 63.5 | 50.9 | 41.5 | 33.1 | 51.0 |
| CA | Los Angeles | 47.8 | 49.3 | 50.5 | 52.8 | 56.3 | 59.5 | 62.8 | 64.2 | 63.2 | 59.2 | 52.8 | 47.9 | 55.5 |
|  | Sacramento | 37.7 | 41.4 | 43.2 | 45.5 | 50.3 | 55.3 | 58.1 | 58.0 | 55.7 | 50.4 | 43.4 | 37.8 | 48.1 |
|  | San Diego | 48.9 | 50.7 | 52.8 | 55.6 | 59.1 | 61.9 | 65.7 | 67.3 | 65.6 | 60.9 | 53.9 | 48.8 | 57.6 |
|  | San Francisco | 41.8 | 45.0 | 45.8 | 47.2 | 49.7 | 52.6 | 53.9 | 55.0 | 55.2 | 51.8 | 47.1 | 42.7 | 49.0 |
| CO | Denver | 16.1 | 20.2 | 25.8 | 34.5 | 43.6 | 52.4 | 58.6 | 56.9 | 47.6 | 36.4 | 25.4 | 17.4 | 36.2 |
| CT | Hartford | 15.8 | 18.6 | 28.1 | 37.5 | 47.6 | 56.9 | 62.2 | 60.4 | 51.8 | 40.7 | 32.8 | 21.3 | 39.5 |
| DE | Wilmington | 22.4 | 24.8 | 33.1 | 41.8 | 52.2 | 61.6 | 67.1 | 65.9 | 58.2 | 45.7 | 37.0 | 27.6 | 44.8 |
| DC | Washington | 26.8 | 29.1 | 37.7 | 46.4 | 56.6 | 66.5 | 71.4 | 70.0 | 62.5 | 50.3 | 41.1 | 31.7 | 49.2 |
| FL | Jacksonville | 40.5 | 43.3 | 49.2 | 54.9 | 62.1 | 69.1 | 71.9 | 71.8 | 69.0 | 59.3 | 50.2 | 43.4 | 57.1 |
|  | Miami | 59.2 | 60.4 | 64.2 | 67.8 | 72.1 | 75.1 | 76.2 | 76.7 | 75.9 | 72.1 | 66.7 | 61.5 | 69.0 |
| GA | Atlanta | 31.5 | 34.5 | 42.5 | 50.2 | 58.7 | 66.2 | 69.5 | 69.0 | 63.5 | 51.9 | 42.8 | 35.0 | 51.3 |
| HI | Honolulu | 65.6 | 65.4 | 67.2 | 68.7 | 70.3 | 72.2 | 73.5 | 74.2 | 73.5 | 72.3 | 70.3 | 67.0 | 70.0 |
| ID | Boise | 21.6 | 27.5 | 31.9 | 36.7 | 43.9 | 52.1 | 57.7 | 56.8 | 48.2 | 39.0 | 31.1 | 22.5 | 39.1 |
| IL | Chicago | 12.9 | 17.2 | 28.5 | 38.6 | 47.7 | 57.5 | 62.6 | 61.6 | 53.9 | 42.2 | 31.6 | 19.1 | 39.5 |
|  | Peoria | 13.2 | 17.7 | 29.8 | 40.8 | 50.9 | 60.7 | 65.4 | 63.1 | 55.2 | 43.1 | 32.5 | 19.3 | 41.0 |
| IN | Indianapolis | 17.2 | 20.9 | 31.9 | 41.5 | 51.7 | 61.0 | 65.2 | 62.8 | 55.6 | 43.5 | 34.1 | 23.2 | 42.4 |
| IA | Des Moines | 10.7 | 15.6 | 27.6 | 40.0 | 51.5 | 61.2 | 66.5 | 63.6 | 54.5 | 42.7 | 29.9 | 16.1 | 40.0 |
| KS | Wichita | 19.2 | 23.7 | 33.6 | 44.5 | 54.3 | 64.6 | 69.9 | 67.9 | 59.2 | 46.6 | 33.9 | 23.0 | 45.0 |
| KY | Louisville | 23.2 | 26.5 | 36.2 | 45.4 | 54.7 | 62.9 | 67.3 | 65.8 | 58.7 | 45.8 | 37.3 | 28.6 | 46.0 |
| LA | New Orleans | 41.8 | 44.4 | 51.6 | 58.4 | 65.2 | 70.8 | 73.1 | 72.8 | 69.5 | 58.7 | 51.0 | 44.8 | 58.5 |
| ME | Portland | 11.4 | 13.5 | 24.5 | 34.1 | 43.4 | 52.1 | 58.3 | 57.1 | 48.9 | 38.3 | 30.4 | 17.8 | 35.8 |
| MD | Baltimore | 23.4 | 25.9 | 34.1 | 42.5 | 52.6 | 61.8 | 66.8 | 65.7 | 58.4 | 45.9 | 37.1 | 28.2 | 45.2 |
| MA | Boston | 21.6 | 23.0 | 31.3 | 40.2 | 49.8 | 59.1 | 65.1 | 64.0 | 56.8 | 46.9 | 38.3 | 26.7 | 43.6 |
| MI | Detroit | 15.6 | 17.6 | 27.0 | 36.8 | 47.1 | 56.3 | 61.3 | 59.6 | 52.5 | 40.9 | 32.2 | 21.4 | 39.0 |
|  | Sault Ste. Marie | 4.6 | 4.8 | 15.3 | 28.4 | 38.4 | 45.5 | 51.3 | 51.3 | 44.3 | 36.2 | 25.9 | 11.8 | 29.8 |
| MN | Duluth | −2.2 | 2.8 | 15.7 | 28.9 | 39.6 | 48.5 | 55.1 | 53.3 | 44.5 | 35.1 | 21.5 | 4.9 | 29.0 |
|  | Minneapolis-St. Paul | 2.8 | 9.2 | 22.7 | 36.2 | 47.6 | 57.6 | 63.1 | 60.3 | 50.3 | 38.8 | 25.2 | 10.2 | 35.3 |
| MS | Jackson | 32.7 | 35.7 | 44.1 | 51.9 | 60.0 | 67.1 | 70.5 | 69.7 | 63.7 | 50.3 | 42.3 | 36.1 | 52.0 |
| MO | Kansas City | 16.7 | 21.8 | 32.6 | 43.8 | 53.9 | 63.1 | 68.2 | 65.7 | 56.9 | 45.7 | 33.6 | 21.9 | 43.7 |
|  | St. Louis | 20.8 | 25.1 | 35.5 | 46.4 | 56.0 | 65.7 | 70.4 | 67.9 | 60.5 | 48.3 | 37.7 | 26.0 | 46.7 |
| MT | Great Falls | 11.6 | 17.2 | 22.8 | 31.9 | 40.9 | 48.6 | 53.2 | 52.2 | 43.5 | 35.8 | 24.3 | 14.6 | 33.1 |

자료출처: 미국 기후지 81호(미국 해양대기국 발행)

## 2.3 데이터 집합에 대한 요약

오늘날의 실험들에서는 대규모의 데이터 집합들을 다루는 경우들이 종종 있다. 예를 들면, 어떤 일반적인 습관이 보건에 미치는 영향을 파악하기 위한 시도로 1951년 의료통계학자인 돌(R. Doll)과 힐(A. B. Hill)은 영국 내의 모든 의사들에게 설문지를 보내어 대략 40,000

건의 응답을 받았다. 이들의 설문에서는 연령, 식습관, 흡연습관 등을 다루었다. 응답자들에 대해서는 그 후 10년 동안 추적하였으며 사망자들에 대해서는 사망 원인을 조사하였다. 이와 같은 대규모 데이터에 대한 감각을 얻기 위해서는 적절히 선택된 측도를 사용하여 데이터를 요약할 필요가 있다. 이 절에서는 요약에 이용되는 몇 가지 통계량들을 살펴볼 텐데, **통계량**(statistic)이란 데이터에 의해 값이 정해지는 수치적 양을 말한다.

### 2.3.1 표본평균, 표본중앙값, 표본최빈값

이 절에서는 데이터의 대표값을 기술하는 데 사용되는 몇 가지 통계량을 소개한다. 먼저 $n$개의 수치 값 $x_1, x_2, \ldots, x_n$ 등으로 이루어지는 데이터 집합이 있다고 하자. 표본평균은 이 값들에 대한 산술적 평균을 말한다.

**정의**

**표본평균**(sample mean)은 $\bar{x}$로 표시되며, 다음과 같이 정의된다.

$$\bar{x} = \sum_{i=1}^{n} x_i/n$$

상수 $a$와 $b$에 대해

$$y_i = ax_i + b, \qquad i = 1, \ldots, n$$

으로 주어지는 데이터 집합 $y_1, y_2, \ldots, y_n$에 대한 표본평균의 계산은 다음과 같이 단순화시킬 수 있다.

$$\bar{y} = \sum_{i=1}^{n}(ax_i + b)/n = \sum_{i=1}^{n} ax_i/n + \sum_{i=1}^{n} b/n = a\bar{x} + b$$

**예제 2.3a**

1999년에서 2008년까지의 미국 마스터스 골프 토너먼트에서 우승 점수는 다음과 같다.

280, 278, 272, 276, 281, 279, 276, 281, 289, 280

이 점수들에 대한 표본평균을 구하라.

**풀이** 이 값들을 직접 더하는 대신 먼저 각 점수에서 280을 빼서 구한 다음의 새로운 값 $y_i = x_i - 280$을 이용하여 계산하는 것이 더 쉽다.

$$0, -2, -8, -4, 1, -1, -4, 1, 9, 0$$

변환된 데이터 집합에 대한 산술평균은 다음과 같다.

$$\bar{y} = -8/10$$

여기에서 다음과 같은 결과를 얻는다.

$$\bar{x} = \bar{y} + 280 = 279.2 \quad \blacksquare$$

때로 $k$개의 서로 다른 값 $v_1, v_2, \ldots, v_k$에 대해 각기 빈도 $f_1, f_2, \ldots, f_k$을 갖는 빈도표에서 표본평균을 구해야 할 경우가 있다. 이와 같은 데이터 집합은 $n = \sum_{i=1}^{k} f_i$개의 관찰점을 포함하며, 각각의 $i = 1, \ldots, k$에 대해 값 $v_i$는 $f_i$번 나타나므로 $n$개의 데이터 값에 대한 표본평균은 다음과 같이 주어진다.

$$\bar{x} = \sum_{i=1}^{k} v_i f_i / n$$

위의 식은 다음과 같이 다시 쓸 수 있다.

$$\bar{x} = \frac{f_1}{n} v_1 + \frac{f_2}{n} v_2 + \cdots + \frac{f_k}{n} v_k$$

이 경우의 표본평균은 상이한 값들에 대한 **가중평균(weighted average)**임을 알 수 있다. 여기에서 값 $v_i$에 주어지는 가중치는 $n$개의 데이터 값 중 $v_i$ $(i = 1, \ldots, k)$와 같은 값을 갖는 데이터의 비율과 같다.

### 예제 2.3b

다음은 청소년 교향악단 단원들의 연령별 빈도 표이다.

| 연령 | 빈도 |
|---|---|
| 15 | 2 |
| 16 | 5 |
| 17 | 11 |
| 18 | 9 |
| 19 | 14 |
| 20 | 13 |

이 교향악단의 54명 단원들의 연령에 대한 표본평균을 구하라.

풀이

$$\bar{x} = (15 \cdot 2 + 16 \cdot 5 + 17 \cdot 11 + 18 \cdot 9 + 19 \cdot 14 + 20 \cdot 13)/54 \approx 18.24 \quad \blacksquare$$

데이터 집합의 대표값을 나타내기 위해 사용되는 또 다른 통계량은 표본중앙값이다. 대략적으로 설명하자면, 표본중앙값은 데이터 집합을 증가하는 순서로 나열했을 때 중간 위치의 값이다.

### 정의

크기가 $n$인 데이터 집합의 값들을 가장 작은 값에서 큰 값 순으로 나열하라. $n$이 홀수일 경우 **표본중앙값(sample median)**은 $(n + 1)/2$ 위치의 값이며, $n$이 짝수일 경우 표본중앙값은 $n/2$ 위치의 값과 $n/2 + 1$ 위치의 값의 평균이다.

따라서 세 개의 값으로 이루어진 집합의 표본중앙값은 두 번째로 큰 값이며, 네 개의 값으로 이루어진 집합의 표본중앙값은 두 번째로 큰 값과 세 번째로 큰 값의 평균이다.

### 예제 2.3c

예제 2.3b에 기술되어 있는 데이터의 표본중앙값을 구하라.

**풀이** 54개의 데이터 값이 있으므로, 데이터를 증가하는 순으로 나열하면 표본중앙값은 27번째 위치의 값과 28번째 위치의 값의 평균이다. 따라서 표본중앙값은 18.5가 된다. ■

표본평균과 표본중앙값 모두 데이터 집합의 중심 경향성을 기술하는 데 유용한 통계량들이다. 표본평균은 모든 데이터 값들을 사용하며, 다른 값들에 비해 극단적으로 큰 값이나 작은 값들에 의해 영향 받는다. 표본중앙값은 한 두 개의 중간 값들만을 사용하여 계산되며, 극단적인 값들의 영향을 받지 않는다. 이들 중 어느 값이 더 유용한가는 데이터에 대해 파악하고자 하는 내용에 따라 달라질 수 있다. 예를 들어, 어느 지자체 정부가 단일 소득세율을 갖고 있을 때 세수 합계를 추정하고자 한다면, 주민들의 소득에 대한 표본평균이 보다 유용한 통계량일 것이다. 반면에 이 도시가 중간소득계층을 위한 주택 건설을 계획하고 있고 그와 같은 주택에 입주할 여유가 있는 인구 비율을 파악하고자 한다면, 아마 표본중앙값이 더 유용할 것이다.

### 예제 2.3d

<Hoel, D. G., "A representation of mortality data by competing risks," *Biometrics*, 28, pp. 475-488, 1972>에 보고된 연구에서 생후 5주가 지난 생쥐 그룹의 각 생쥐에게 300 rad의 방사능을 조사하였다. 생쥐들을 다시 두 개의 그룹으로 나눈 다음, 첫 번째 그룹은 무균 환경에 두고 두 번째 그룹은 일반 실험실 조건에 두었다. 이후 며칠이 지나 생쥐들이 죽는지 관찰하였다. 흉부림프종이 원인이 되어 죽는 생쥐들에 관한 데이터가 다음의 줄기-잎 도표에 주어져 있다(줄기는 100일

단위로 표시되어 있음). 첫 번째 도표는 무균 조건에서 생활한 생쥐들에 대한 것이며, 두 번째 도표는 일반 실험실 조건에서 생활한 생쥐들에 대한 것이다.

무균실 생쥐

```
1 | 58, 92, 93, 94, 95
2 | 02, 12, 15, 29, 30, 37, 40, 44, 47, 59
3 | 01, 01, 21, 37
4 | 15, 34, 44, 85, 96
5 | 29, 37
6 | 24
7 | 07
8 | 00
```

일반실 생쥐

```
1 | 59, 89, 91, 98
2 | 35, 45, 50, 56, 61, 65, 66, 80
3 | 43, 56, 83
4 | 03, 14, 28, 32
```

두 그룹의 생쥐들에 대한 표본평균과 표본중앙값을 구하라.

**풀이** 줄기-잎 도표를 보면 무균 환경에서 생활한 생쥐 그룹의 표본평균이 일반 실험실 환경에서 생활한 생쥐 그룹의 표본평균보다 크다는 것이 명백하다. 실제로 계산을 해보면 전자의 표본평균이 344.07인 반면 후자의 표본평균은 292.32에 불과하다. 한편 무균실 생쥐의 수는 29마리이며, 따라서 15번째로 큰 값인 259가 표본중앙값이 된다. 같은 방법으로 구한 일반실 생쥐 그룹의 표본중앙값은 10번째로 큰 값인 265이다. 따라서 표본평균은 첫 번째 그룹쪽이 훨씬 크지만, 표본중앙값은 크게 차이가 나지 않는다. 그 이유는 첫 번째 그룹의 표본평균은 500보다 큰 5개의 데이터 값에 크게 영향을 받는 반면, 이 값들이 표본중앙값에 미치는 영향은 미미하기 때문이다. 실제로 이 값들을 259 이상의 어떤 다른 5개의 값들로 대체하더라도 표본중앙값은 변하지 않는다. 줄기-잎 도표를 보았을 때, 무균실 조건이 아마 5마리의 가장 오래 살아남은 쥐들의 수명 연장에 도움이 된 것으로 보이지만, 다른 쥐들의 수명에 어떤 영향을 미쳤는지는 분명하지 않다. ■

데이터 집합의 대표값 경향성을 나타내기 위해 사용되는 또 다른 통계량으로 **표본최빈값(sample mode)**이 있는데, 이것은 가장 높은 빈도로 발생하는 값으로 정의된다. 가장 높은 빈도를 갖는 단일값이 존재하지 않을 경우, 가장 높은 빈도로 발생하는 모든 값들을 **최빈값들(modal values)**이라고 부른다.

**예제 2.3e**

다음 빈도 표는 주사위를 40회 굴려 얻은 값들을 나타낸다.

| 값 | 빈도 |
|---|---|
| 1 | 9 |
| 2 | 8 |
| 3 | 5 |
| 4 | 5 |
| 5 | 6 |
| 6 | 7 |

(a) 표본평균, (b) 표본중앙값, (c) 표본최빈값 등을 구하라.

**풀이** (a) 표본평균은 다음과 같다.

$$\bar{x} = (9 + 16 + 15 + 20 + 30 + 42)/40 = 3.05$$

(b) 표본중앙값은 20번째와 21번째로 큰 값의 평균이며, 따라서 3과 같다.

(c) 표본최빈값은 가장 많이 나타난 1이다. ■

## 2.3.2 표본분산과 표본표준편차

데이터의 대표값 경향성을 기술하는 통계량들을 앞에서 소개하였지만, 우리는 또한 데이터 값들의 흩어짐 정도 또는 변동성(variability)을 기술하는 통계량에도 관심을 갖는다. 데이터 값들과 표본평균 사이의 차이들의 제곱에 대한 평균값이 이러한 목적으로 사용될 수 있는 통계량 중 하나이다. 이러한 측도를 표본분산으로 계산할 수 있는데, 이 계산에서는 기술적인 이유로 차이의 제곱합을 데이터 집합의 크기인 $n$ 대신 $n-1$로 나눈다.

### 정의

데이터 집합 $x_1, x_2, \ldots, x_n$ 의 **표본분산(sample variance)**은 여기에서 $s^2$으로 표시하며 다음과 같이 정의된다.

$$s^2 = \sum_{i=1}^{n} (x_i - \bar{x})^2/(n-1)$$

**예제 2.3f**

다음에 주어진 데이터 집합 A와 B에 대해 표본분산을 구하라.

$$\mathbf{A}: 3, 4, 6, 7, 10 \qquad \mathbf{B}: -20, 5, 15, 24$$

**풀이** 데이터 집합 **A**에 대한 표본평균은 $\bar{x} = (3+4+6+7+10)/5 = 6$이며, 따라서 표본분산은 다음과 같다.

$$s^2 = [(-3)^2 + (-2)^2 + 0^2 + 1^2 + 4^2]/4 = 7.5$$

데이터 집합 **B**에 대한 표본평균 또한 6이며, 따라서 표본분산은 다음과 같다.

$$s^2 = [(-26)^2 + (-1)^2 + 9^2 + (18)^2]/3 \approx 360.67$$

따라서 두 개의 데이터 집합 모두 동일한 표본평균을 갖지만, **A** 집합보다 **B** 집합에서 값들의 변동성이 훨씬 크다. ■

다음의 대수적 등식은 표본분산의 계산에 유용하다.

### 대수적 등식

$$\sum_{i=1}^{n}(x_i - \bar{x})^2 = \sum_{i=1}^{n} x_i^2 - n\bar{x}^2$$

이 등식은 다음과 같이 증명될 수 있다.

$$\begin{aligned}
\sum_{i=1}^{n}(x_i - \bar{x})^2 &= \sum_{i=1}^{n}\left(x_i^2 - 2x_i\bar{x} + \bar{x}^2\right) \\
&= \sum_{i=1}^{n} x_i^2 - 2\bar{x}\sum_{i=1}^{n} x_i + \sum_{i=1}^{n}\bar{x}^2 \\
&= \sum_{i=1}^{n} x_i^2 - 2n\bar{x}^2 + n\bar{x}^2 \\
&= \sum_{i=1}^{n} x_i^2 - n\bar{x}^2
\end{aligned}$$

$y_i = a + bx_i (i = 1, \ldots, n)$으로 주어지는 데이터 집합 $y_1, y_2, \ldots, y_n$에 대한 표본분산의 계산 또한 쉽게 이루어질 수 있다. 이 경우 $\bar{y} = a + b\bar{x}$이며, 따라서 다음과 같은 식을 얻는다.

$$\sum_{i=1}^{n}(y_i - \bar{y})^2 = b^2\sum_{i=1}^{n}(x_i - \bar{x})^2$$

즉, $s_x^2$와 $s_y^2$가 각 집합을 위한 표본분산이라면, 이들 사이에는 다음과 같은 식이 성립한다.

$$s_y^2 = b^2 s_x^2$$

즉, 각 데이터 값에 상수를 더하는 것은 표본분산을 변화시키지 않는 반면, 각 데이터 값에 어떤 상수를 곱할 경우 새로운 표본분산은 이전의 표본분산에 그 상수의 제곱을 곱한 것과 같게 된다. ■

### 예제 2.3g

다음 데이터는 1997년에서 2005년까지 전 세계 민항기에서의 인명사고 건수를 나타내고 있다.

| 연도 | 1997 | 1998 | 1999 | 2000 | 2001 | 2002 | 2003 | 2004 | 2005 |
|---|---|---|---|---|---|---|---|---|---|
| 사고 건수 | 25 | 20 | 21 | 18 | 13 | 13 | 7 | 9 | 18 |

자료출처: 미국안전협회

위의 기간 중 연간 사고 건수에 대한 표본분산을 구하라.

**풀이** 먼저 각각의 값에서 18을 빼면, 다음과 같은 데이터 집합을 얻게 된다.

$$7, 2, 3, 0, -5, -5, -11, -9, 0$$

변환된 데이터를 $y_1, y_2, \ldots, y_9$라고 부르기로 하면, 다음 식들을 얻는다.

$$\sum_{i=1}^{n} y_i = -18, \qquad \sum_{i=1}^{n} y_i^2 = 49 + 4 + 9 + 25 + 25 + 121 + 81 = 314$$

따라서 변환된 데이터의 표본분산은 원래의 데이터와 같으며, 대수적 등식을 사용하여 다음 결과를 얻는다.

$$s^2 = \frac{314 - 9(4)}{8} = 34.75 \quad ■$$

교재 CD 상의 프로그램 2.3을 사용하여 대규모 데이터 집합에 대한 표본분산을 구할 수 있다.

표본분산의 제곱근을 표본표준편차라고 부른다.

**정의**

다음 식으로 정해지는 양 $s$를 **표본표준편차(sample standard deviation)**라고 부른다.

$$s = \sqrt{\sum_{i=1}^{n} (x_i - \bar{x})^2 / (n - 1)}$$

표본표준편차의 단위는 데이터의 측정에 사용되는 단위와 같다.

## 2.3.3 표본 백분위수와 상자도표

대략적으로 말하면, 어떤 데이터 집합에 대한 표본 $100p$ 백분위수는 데이터 값들 중 $100p$%가 그 숫자 이하가 되는 값을 나타낸다($0 \le p \le 1$). 보다 엄밀하게는 다음과 같이 정의될 수 있다.

### 정의

**표본 100p 백분위수(sample 100p percentile)**는 데이터의 $100p$%가 그 이하의 값을 갖고 $100(1-p)$%가 그 이상의 값을 갖게 되는 데이터 값을 말한다. 두 개의 데이터 값이 이러한 조건을 만족시킬 경우 그 두 값의 산술평균이 표본 $100p$ 백분위수가 된다.

크기가 $n$인 데이터 집합의 표본 $100p$ 백분위수를 구하기 위해서는 다음 조건들을 만족하는 데이터 값들을 구할 필요가 있다.

1. $np$개 이상의 값이 그 이하이다.
2. $n(1-p)$개 이상의 값이 그 이상이다.

이를 위해 먼저 데이터를 증가하는 순서대로 나열한다. $np$가 정수가 아닐 경우에는 위의 조건들을 만족하는 데이터 값은 한 개뿐이며, 데이터들이 작은 값부터 큰 값 순으로 나열되었을 때 그 위치 번호가 $np$를 초과하는 가장 작은 데이터 값이 바로 그 값이다. 예를 들면, $n = 22$이고 $p = .8$일 때, 최소한 17.6개의 값이 그 이하이고 최소한 4.4개의 값이 그 이상인 데이터 값이 필요하다. 18번째로 작은 값만이 이 두 조건을 모두 만족하며 그 값이 표본 80 백분위수가 된다. 반면에 $np$가 정수일 경우에는 $np$번 위치의 값과 $np+1$번 위치의 값 모두 위의 조건들을 만족한다는 것을 쉽게 확인할 수 있으며, 따라서 이 두 값의 평균이 표본 $100p$ 백분위수가 된다.

### 예제 2.3h

표 2.6은 1994년 미국에서 인구가 가장 많은 25개 도시의 인구를 싣고 있다. 이 데이터 집합에 대해 (a) 표본 10 백분위수, 그리고 (b) 표본 80 백분위수를 구하라.

**풀이** (a) 표본 크기가 25이고 $25(.10) = 2.5$이므로, 표본 10 백분위수는 세 번째로 작은 값인 590,763이다.

(b) $25(.80) = 20$이므로 표본 80 백분위수는 20번째로 작은 값과 21번째로 작은 값의 평균이며, 다음과 같이 계산된다.

$$\frac{1{,}512{,}986 + 1{,}448{,}394}{2} = 1{,}480{,}690 \quad ■$$

물론 표본 50 백분위수는 바로 표본중앙값이며, 표본 25 백분위수와 표본 75 백분위수와 함께 **표본 사분위수(sample quartile)**가 된다.

### 정의

표본 25 백분위수는 **제1사분위수**, 표본 50 백분위수는 **제2사분위수**, 표본 75 백분위수는 **제3사분위수**라고 불린다.

사분위수들은 데이터 집합을 네 개의 부분으로 분할하는데, 대략 데이터의 25%는 제1사분위수 이하이며, 25%는 제1사분위수와 제2사분위수 사이에 있고, 25%는 제2사분위수와 제3사분위수 사이에 있고, 25%는 제3사분위수보다 크다.

### 예제 2.3i

소음의 측정 단위는 데시벨이며, dB로 표시된다. 1데시벨은 대략 우수한 청력을 가진 사람이 조용한 환경에서 들을 수 있는 가장 작은 소리 수준을 나타낸다. 속삭임은 대략 30dB이며, 보통의 대화 음성은 대략 70dB이다. 시끄러운 라디오 소리는 대략 100dB이다. 귀에서 불쾌감을 느끼는 것은 대략 120dB의 소음 수준에서 발생한다.

**표 2.6** 미국 25대 도시의 인구 (2006년 7월)

| 순위 | 도시 | 인구 |
|---|---|---|
| 1 | New York, NY | 8,250,567 |
| 2 | Los Angeles, CA | 3,849,378 |
| 3 | Chicago, IL | 2,833,321 |
| 4 | Houston, TX | 2,144,491 |
| 5 | Phoenix, AR | 1,512,986 |
| 6 | Philadelphia, PA | 1,448,394 |
| 7 | San Antonio, TX | 1,296,682 |
| 8 | San Diego, CA | 1,256,951 |
| 9 | Dallas, TX | 1,232,940 |
| 10 | San Jose, CA | 929,936 |
| 11 | Detroit, MI | 918,849 |
| 12 | Jacksonville, FL | 794,555 |
| 13 | Indianapolis, IN | 785,597 |
| 14 | San Francisco, CA | 744,041 |
| 15 | Columbus, OH | 733,203 |
| 16 | Austin, TX | 709,893 |
| 17 | Memphis, TN | 670,902 |
| 18 | Fort Worth, TX | 653,320 |
| 19 | Baltimore, MD | 640,961 |
| 20 | Charlotte, NC | 630,478 |
| 21 | El Paso, TX | 609,415 |
| 22 | Milwaukee, WI | 602,782 |
| 23 | Boston, MA | 590,763 |
| 24 | Seattle, WA | 582,454 |
| 25 | Washington, DC | 581,530 |

다음의 데이터는 맨해튼의 그랜드센트럴 역 바로 밖에서 36회에 걸쳐 측정된 소음 수준을 나타낸다. 이 데이터 집합에 대한 사분위수들을 구하라.

$$82, 89, 94, 110, 74, 122, 112, 95, 100, 78, 65, 60, 90, 83, 87, 75, 114, 85$$
$$69, 94, 124, 115, 107, 88, 97, 74, 72, 68, 83, 91, 90, 102, 77, 125, 108, 65$$

**풀이** 이 데이터에 대한 줄기-잎 도표는 다음과 같다.

| | |
|---|---|
| 6 | 0, 5, 5, 8, 9 |
| 7 | 2, 4, 4, 5, 7, 8 |
| 8 | 2, 3, 3, 5, 7, 8, 9 |
| 9 | 0, 0, 1, 4, 4, 5, 7 |
| 10 | 0, 2, 7, 8 |
| 11 | 0, 2, 4, 5 |
| 12 | 2, 4, 5 |

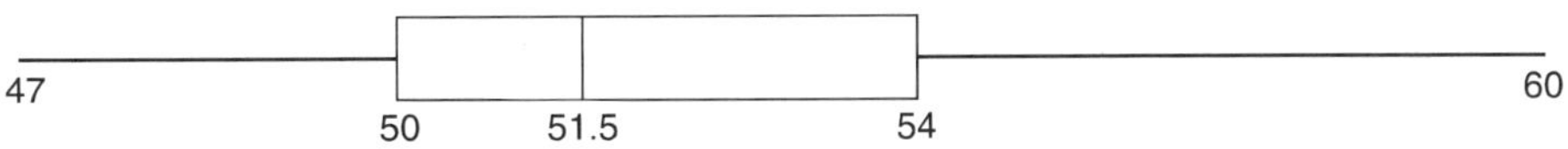


**그림 2.7** 상자도표

제1사분위수는 9번째와 10번째로 작은 데이터 값들의 평균인 74.5이며, 제2사분위수는 18번째와 19번째로 작은 데이터 값들의 평균인 89.5, 제3사분위수는 27번째와 28번째로 작은 데이터 값들의 평균인 104.5이다. ■

데이터 집합에 대한 일부 요약 통계량들을 도표화하기 위해 **상자도표(box plot)**가 종종 사용된다. 먼저 가장 작은 값에서 가장 큰 값까지를 나타내는 선분을 수평 축을 따라 그린 다음, 선분 위에 "상자" 하나를 올려놓는데, 이 상자는 제1사분위수에서 시작되어 제3사분위수까지 걸쳐 있으며, 제2사분위수 위치를 수직선분으로 표시한다. 예를 들면, 표 2.1에 실려 있는 42개의 데이터 값은 최소 47에서 최대 60에 이른다. (목록에서 11번째로 작은 값인) 제1사분위수는 50이고, (21번째와 22번째로 작은 값들의 평균인) 제2사분위수는 51.5이며, (목록에서 32번째로 작은 값인) 제3사분위수는 54이다. 이 데이터 집합에 대한 상자도표는 그림 2.7에 나타나 있다.

상자도표 상의 선분의 길이는 최대 데이터 값에서 최소 데이터 값을 뺀 것과 같으며, 데이터의 **범위(range)**라고 불린다. 상자의 길이는 제3사분위수에서 제1사분위수를 뺀 것과 같으며, **사분위 범위(interquartile range)**라고 불린다.

## 2.4 체비셰프 부등식

어떤 데이터 집합의 표본평균과 표본표준편차를 $\bar{x}$와 $s$라고 하자. $s > 0$일 경우, **체비셰프 부등식(Chebyshev's Inequality)**은 $k \geq 1$인 임의의 $k$에 대해 $100(1-1/k^2)\%$보다 많은 데이터가 $\bar{x} - ks$에서 $\bar{x} + ks$까지의 구간에 포함된다고 밝히고 있다. 따라서 $k = 3/2$로 두면, 체비셰프 부등식에 따라 데이터 집합에 상관없이 $100(5/9) = 55.56\%$보다 많은 데이터는 표본평균 $\bar{x}$로부터의 거리가 1.5$s$ 이내에 있게 된다. $k$ = 2로 두면, 75%보다 많은 데이터는 표본평균 $\bar{x}$로부터의 거리가 2$s$ 이내에 있게 된다. $k$ = 3으로 두면, 체비셰프 부등식에 따라 데이터 집합에 상관없이 800/9 ≈ 88.9%보다 많은 데이터는 표본평균 $\bar{x}$로부터의 거리가 3$s$ 이내에 있게 된다.

데이터 집합의 크기가 정해질 경우 다음의 공식과 증명에서 표현되어 있듯이 체비셰프 부등식을 보다 엄격하게 표현할 수 있다.

### 체비셰프 부등식

데이터 집합 $x_1, x_2, \ldots, x_n$의 표본평균과 표본표준편차를 $\bar{x}$와 $s$라고 하자($s > 0$). $S_k$를 다음과 같이 정의하고,

$$S_k = \{i, 1 \le i \le n : |x_i - \bar{x}| < ks\}$$

$N(S_k)$는 집합 $S_k$ 안의 원소의 개수를 나타낸다고 하자. 이 경우 임의의 $k \ge 1$에 대해 다음 부등식이 성립한다.

$$\frac{N(S_k)}{n} \ge 1 - \frac{n-1}{nk^2} > 1 - \frac{1}{k^2}$$

### 증명

$$\begin{aligned}
(n-1)s^2 &= \sum_{i=1}^{n}(x_i - \bar{x})^2 \\
&= \sum_{i \in S_k}(x_i - \bar{x})^2 + \sum_{i \notin S_k}(x_i - \bar{x})^2 \\
&\ge \sum_{i \notin S_k}(x_i - \bar{x})^2 \\
&\ge \sum_{i \notin S_k} k^2 s^2 \\
&= k^2 s^2 (n - N(S_k))
\end{aligned}$$

위에서 첫 번째 부등식이 성립하는 이유는 합에 나타나는 항들은 모두 음이 아니기 때문이며, 두 번째 부등식이 성립하는 이유는 $i \notin S_k$일 때 $(x_i - \bar{x})^2 \ge k^2 s^2$이기 때문이다. 위의 부등식의 양변을 $nk^2 s^2$으로 나누면 다음 부등식을 얻으며 이것으로 증명이 완료된다.

$$\frac{n-1}{nk^2} \ge 1 - \frac{N(S_k)}{n}$$

체비셰프 부등식은 보편적으로 성립하므로 $\bar{x} - ks$에서 $\bar{x} + ks$까지의 구간에 포함되는 데이터 값의 실제 백분율은 이 부등식에서 제시한 한계보다 대체로 훨씬 클 것으로 예상할 수 있다.

### 예제 2.4a

표 2.7은 2013년 6월 미국에서 가장 많이 판매된 10 종류의 승용차에 관한 조사 결과를 싣고 있다. 간단한 계산을 통해 이 데이터에 대한 표본평균과 표본표준편차를 다음과 같이 구할 수 있다.

$$\bar{x} = 35.33 \qquad s = 11.86$$

따라서 체비셰프 부등식에 따르면 최소한 100(5/9) = 55.55%의 데이터가 다음 구간에 포함된다.

**표 2.7** 최대 판매 차량

| | 2013년 6월 판매량 (단위 1,000대) | |
|---|---|---|
| 1. | Ford F Series | 68.0 |
| 2. | Chevrolet Silverado | 43.3 |
| 3. | Toyoto Camry | 35.9 |
| 4. | Chevrolet Cruze | 32.9 |
| 5. | Honda Accord | 31.7 |
| 6. | Honda Civic | 29.7 |
| 7. | Dodge Ram | 29.6 |
| 8. | Ford Escape | 28.7 |
| 9. | Nissan Altima | 26.9 |
| 10. | Honda CR-V | 26.6 |

$$\left(\bar{x} - \frac{3}{2}s,\ \bar{x} + \frac{3}{2}s\right) = (17.54,\ 53.12)$$

그러나 실제로는 90%의 데이터가 이 구간에 포함된다. ■

이번에는 양의 값 $k$에 대해 표본평균에 표본표준편차의 $k$배를 더한 값보다 더 큰 데이터 값의 비율을 구하고자 한다. 즉, 데이터 집합 $x_1, x_2, \ldots, x_n$의 표본평균과 표본표준편차를 $\bar{x}$와 $s$라고 하자. $N(k)$를 다음과 같이 정의할 경우, $N(k)/n$은 어떻게 될까?

$$N(k) = i \text{의 개수} : x_i - \bar{x} \geq ks$$

명백히 다음 식이 성립한다.

$$\frac{N(k)}{n} \leq \frac{i\text{의 개수}: |x_i - \bar{x}| \geq ks}{n}$$
$$\leq \frac{1}{k^2} \text{ (체비셰프 부등식에 의함)}$$

그러나 아래의 체비셰프 부등식의 단측 버전에서는 보다 더 정확한 식을 얻을 수 있다.

### 단측 체비셰프 부등식

$k > 0$에 대해, 다음 부등식이 성립한다.

$$\frac{N(k)}{n} \leq \frac{1}{1 + k^2}$$

### 증명

$y_i = x_i - \bar{x}(i = 1, \ldots, n)$라고 하자. 임의의 $b > 0$에 대해 다음과 같은 결과를 얻는다.

$$\begin{aligned}\sum_{i=1}^{n}(y_i + b)^2 &\geq \sum_{i:y_i \geq ks}(y_i + b)^2 \\ &\geq \sum_{i:y_i \geq ks}(ks + b)^2 \\ &= N(k)(ks + b)^2\end{aligned} \tag{2.4.1}$$

여기에서 첫 번째 부등식이 성립하는 것은 $(y_i + b)^2 \geq 0$이기 때문이며, 두 번째 부등식이 성립하는 것은 $ks$와 $b$ 모두 양의 값이기 때문이다. 한편 다음과 같은 결과도 얻을 수 있다.

$$\begin{aligned}\sum_{i=1}^{n}(y_i + b)^2 &= \sum_{i=1}^{n}(y_i^2 + 2by_i + b^2) \\ &= \sum_{i=1}^{n}y_i^2 + 2b\sum_{i=1}^{n}y_i + nb^2 \\ &= (n-1)s^2 + nb^2\end{aligned}$$

여기에서 마지막 등식은 $\sum_{i=1}^{n} y_i = \sum_{i=1}^{n}(x_i - \bar{x}) = \sum_{i=1}^{n} x_i - n\bar{x} = 0$을 사용하여 얻는다. 따라서 식 (2.4.1)을 사용하여 다음 부등식을 얻는다.

$$N(k) \leq \frac{(n-1)s^2 + nb^2}{(ks + b)^2}$$

위의 식으로부터 다음 부등식이 성립한다.

$$\frac{N(k)}{n} \leq \frac{s^2 + b^2}{(ks + b)^2}$$

이 부등식은 모든 $b > 0$에 대해 성립하므로, (위의 부등식에서 우변을 최소화시키기 위해) $b = s/k$로 두면 다음과 같은 결과를 얻는다.

$$\frac{N(k)}{n} \le \frac{s^2 + s^2/k^2}{(ks + s/k)^2}$$

위의 부등식에서 우변의 분자와 분모 모두에 $k^2/s^2$를 곱하면 다음 결과를 얻으며 이것으로 증명은 완료된다.

$$\frac{N(k)}{n} \le \frac{k^2 + 1}{(k^2 + 1)^2} = \frac{1}{k^2 + 1}$$

따라서 예를 들어 일반 체비셰프 부등식을 사용하면 많아야 25%의 데이터 값들이 표본평균에 표본표준편차의 2배를 더한 값보다 크다고 할 때, 단측 체비셰프 부등식은 그 한도를 "많아야 20%"로 줄일수 있게 한다.

## 2.5 정규 데이터 집합

현실에서 접할 수 있는 많은 데이터 집합들은 비슷한 모양의 히스토그램을 갖는다. 이러한 히스토그램들은 표본중앙값에서 가장 높아지며 이 지점에서 멀어질수록 종 모양의 대칭 형태를 이루며 낮아진다. 이러한 데이터 집합을 **정규 데이터 집합**이라고 부르며 그와 같은 히스토그램을 **정규 히스토그램(normal histogram)**이라고 한다. 그림 2.8은 어떤 정규 데이터 집합에 대한 히스토그램을 보이고 있다.

어떤 데이터 집합에 대한 히스토그램이 정규 히스토그램에 가까울 경우 그와 같은 데이터 집합을 **근사정규 데이터 집합**이라고 한다. 예를 들면, 그림 2.9에 주어진 히스토그램은 근사정규 데이터 집합에 대한 것이며, 그림 2.10과 2.11에 주어진 히스토그램은 근사정규 데이터 집합에 대한 것이 아닌데, 이들은 대칭 형태가 아니기 때문이다. 표본중앙값을 중심으로 하는 대칭 형태에 가깝지 않은 데이터 집합은 치우쳐 있다고 표현된다. 오른쪽에 긴 꼬리가 있는 경우 "오른쪽으로 치우쳐 있다"고 하며, 왼쪽에 긴 꼬리가 있는 경우 "왼쪽으로 치우쳐 있다"고 표현한다. 따라서 그림 2.10에 표현되어 있는 데이터 집합은 왼쪽으로 치우쳐 있으며, 그림 2.11에 표현되어 있는 데이터 집합은 오른쪽으로 치우쳐 있는 것이다.

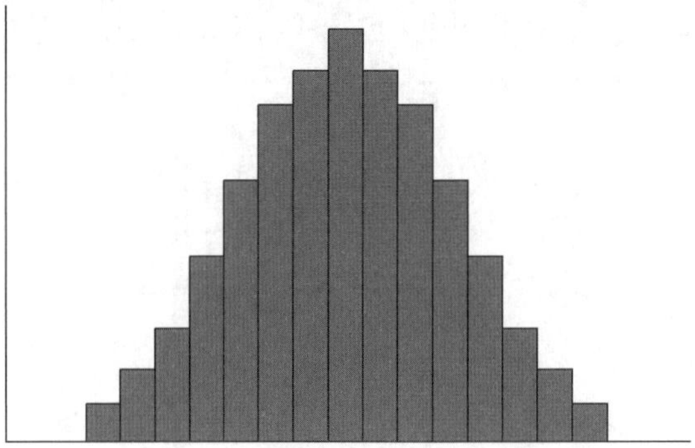

**그림 2.8** 정규 데이터 집합에 대한 히스토그램

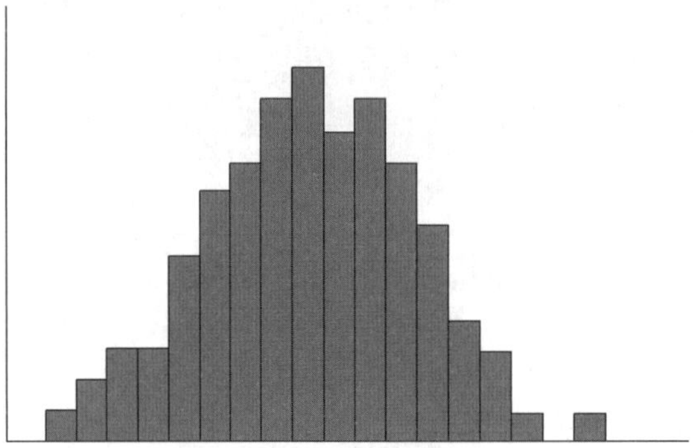

**그림 2.9** 근사정규 데이터 집합에 대한 히스토그램

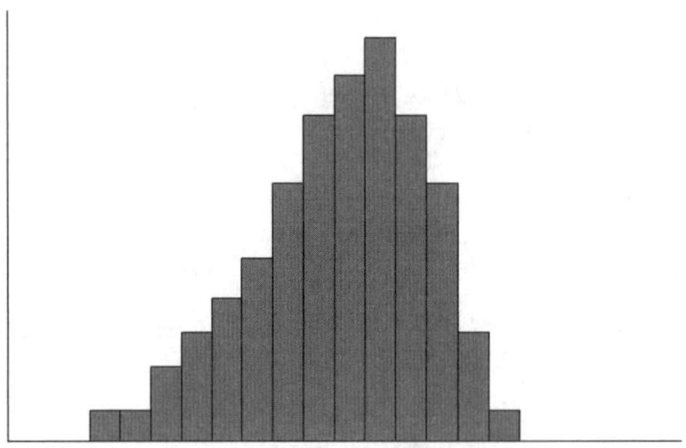

**그림 2.10** 왼쪽으로 치우친 데이터 집합에 대한 히스토그램

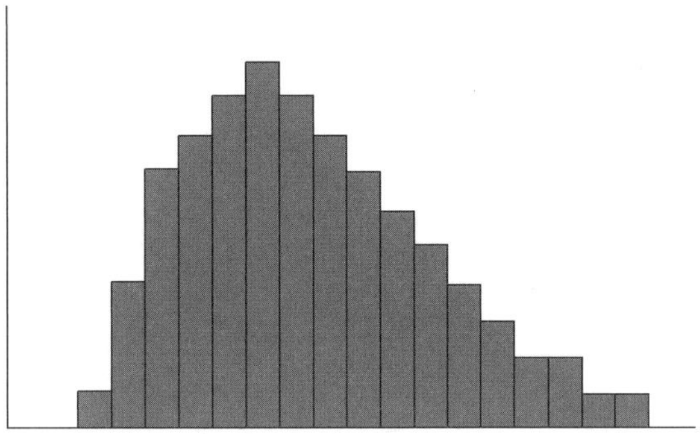

**그림 2.11** 오른쪽으로 치우친 데이터 집합에 대한 히스토그램

정규 데이터 집합의 대칭성에 의해 그 표본평균과 표본중앙값은 거의 같게 된다.

$\bar{x}$와 $s$를 각각 어떤 근사정규 데이터 집합의 표본평균과 표본표준편차라고 하자. **경험적 규칙**(empirical rule)은 표본평균 $\bar{x}$로부터 $s$, $2s$, $3s$ 등의 거리 안에서 관찰되는 데이터의 대략적인 비율을 알려주고 있다.

## 경험적 규칙

어떤 데이터 집합의 표본평균이 $\bar{x}$이고 표본표준편차가 $s$일 때, 다음과 같은 사실들이 성립한다.

1. 관찰된 데이터의 68%가 $\bar{x}\pm s$ 범위에 포함된다.
2. 관찰된 데이터의 95%가 $\bar{x}\pm 2s$ 범위에 포함된다.
3. 관찰된 데이터의 99.7%가 $\bar{x}\pm 3s$ 범위에 포함된다.

### 예제 2.5a

다음의 줄기-잎 도표는 산업공학과 학생들이 치른 통계학 시험의 점수들을 나타내고 있다.

| | |
|---|---|
| 9 | 0, 1, 4 |
| 8 | 3, 5, 5, 7, 8 |
| 7 | 2, 4, 4, 5, 7, 7, 8 |
| 6 | 0, 2, 3, 4, 6, 6 |
| 5 | 2, 5, 5, 6, 8 |
| 4 | 3, 6 |

줄기-잎 도표를 옆으로 세워 얻게 되는 히스토그램은 근사정규임을 알 수 있다. 이 데이터를 사용하여 경험적 규칙을 확인해보라.

**풀이** 계산을 통해 다음 값들을 얻을 수 있다.

$$\bar{x}\approx 70.571, \quad s\approx 14.354$$

경험적 규칙에 의하면 대략 68%의 데이터가 56.2와 84.9 사이에 있게 된다. 실제 비율은 1,500/28 ≈ 53.6%이다. 마찬가지로 경험적 규칙은 대략 95%의 데이터가 41.86과 99.28 사이에 놓일 것으로 제시하지만 실제 비율은 100%이다. ■

서로 다른 유형의 작은 모집단들이 모여 형성된 모집단에서 표본 추출하여 얻은 데이터 집합은 대개 정규 데이터 집합이 아닌 경우가 많다. 그와 같은 데이터 집합에 대한 히스토그램은 종종 여러 개의 정규 히스토그램을 합쳐놓은 것 같은 모습을 가지며, 종종 둘 이상의 봉우리를 갖는다. 이러한 히스토그램은 이들 봉우리에서 그 주변보다는 높으므로 봉우리들은 최빈값들과 비슷하다. 히스토그램이 두 개의 봉우리를 갖는 데이터 집합을 **이봉(bimodal) 데이터 집합**이라고 부르며, 그림 2.12에서 예를 보이고 있다.

## 2.6 쌍체 데이터 집합과 표본상관계수

우리는 종종 서로 연관성이 있는 값들의 쌍들로 이루어진 데이터 집합을 다룬다. 그와 같은 데이터 집합의 각 원소가 $x$값과 $y$값을 가질 경우 $i$번째 데이터 항목을 $(x_i, y_i)$와 같은 쌍으로 표현할 수 있다. 예를 들면, (섭씨온도로 측정된) 한낮의 기온과 그날 동안

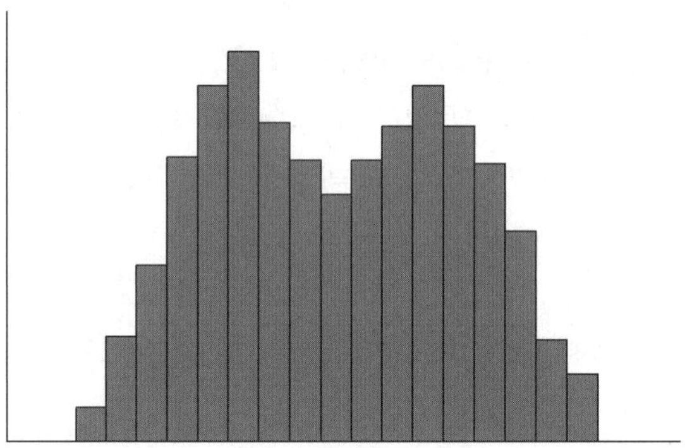

**그림 2.12** 이봉 데이터 집합에 대한 히스토그램

생산된 불량품 개수 사이의 관계를 파악하려는 시도로 어느 회사에서 표 2.8에 주어져 있는 데이터를 기록하였다. 이 데이터 집합에서 $x_i$는 섭씨온도로 표시된 기온을 나타내며 $y_i$는 $i$번째 날에 생산된 불량품 개수를 나타낸다.

쌍체 값들로 이루어진 데이터 집합을 도식화하는 유용한 방법의 하나는 이차원 그래프 상에 데이터를 표현하는 것인데, $x$-축은 데이터의 $x$값을 나타내고 $y$-축은 데이터의 $y$값을 나타낸다. 이러한 도표를 **산점도(scatter diagram)**라고 부른다. 그림 2.13은 표 2.8의 데이터에 대한 **산점도**를 보이고 있다.

쌍체 데이터 집합에 관한 질문 하나는 큰 $x$값들이 큰 $y$값들과 짝을 이루고 작은 $x$값들이 작은 $y$값들과 짝을 이루는 경향이 있느냐는 것이다. 혹은 한 변수에서 큰 값들이 다른 변수에서 작은 값들과 짝을 이루는 경향이 있는지 질문할 수도 있다. 이러한 질문들에 대한 대략적인 대답을 산점도가 제공할 수 있다. 예를 들면, 그림 2.13은 높은 기온과 많은 개수의 불량품 사이에 어떤 연관성이 있음을 나타내고 있다. 이러한 관계에 대한 양적 측도를 얻기 위해 큰 $x$값들이 큰 $y$값들과 함께 나타나고 작은 $x$값들이 작은 $y$값들과 함께 나타나는 정도를 측정하려는 통계량을 개발할 것이다.

값들의 쌍 $(x_i, y_i)$ $(i = 1, \ldots, n)$으로 이루어지는 쌍체 데이터 집합이 있다고 하자. 쌍체 데이터 집합의 개별 값들 사이의 연관성을 측정하기 위해 사용될 수 있는 통계량을 얻기 위해, $\bar{x}$와 $\bar{y}$를 각기 $x$값들과 $y$값들의 표본평균을 나타낸다고 하자. 데이터 쌍 $i$에 대해 $x_i - \bar{x}$는 $x$값에 대한 표본평균으로부터 편차를 나타내며, $y_i - \bar{y}$는 $y$값에 대한 표본평균으로부터 편차를 나타낸다. $x_i$가 큰 $x$값이라면 이 값은 모든 $x$에 대한 평균값보다는 클 것이며, 따라서 편차 $x_i - \bar{x}$는 양의 값을 가질 것이다. 마찬가지로 $x_i$가 작은 $x$값이라면 이 값은 모든 $x$에 대한 평균값보다는 작을 것이며, 따라서 편차 $x_i - \bar{x}$는 음의 값을 가질 것이다.

**표 2.8** 기온과 불량품 개수에 관한 데이터

| 날짜 | 기온 | 불량품 개수 |
|---|---|---|
| 1 | 24.2 | 25 |
| 2 | 22.7 | 31 |
| 3 | 30.5 | 36 |
| 4 | 28.6 | 33 |
| 5 | 25.5 | 19 |
| 6 | 32.0 | 24 |
| 7 | 28.6 | 27 |
| 8 | 26.5 | 25 |
| 9 | 25.3 | 16 |
| 10 | 26.0 | 14 |
| 11 | 24.4 | 22 |
| 12 | 24.8 | 23 |
| 13 | 20.6 | 20 |
| 14 | 25.1 | 25 |
| 15 | 21.4 | 25 |
| 16 | 23.7 | 23 |
| 17 | 23.9 | 27 |
| 18 | 25.2 | 30 |
| 19 | 27.4 | 33 |
| 20 | 28.3 | 32 |
| 21 | 28.8 | 35 |
| 22 | 26.6 | 24 |

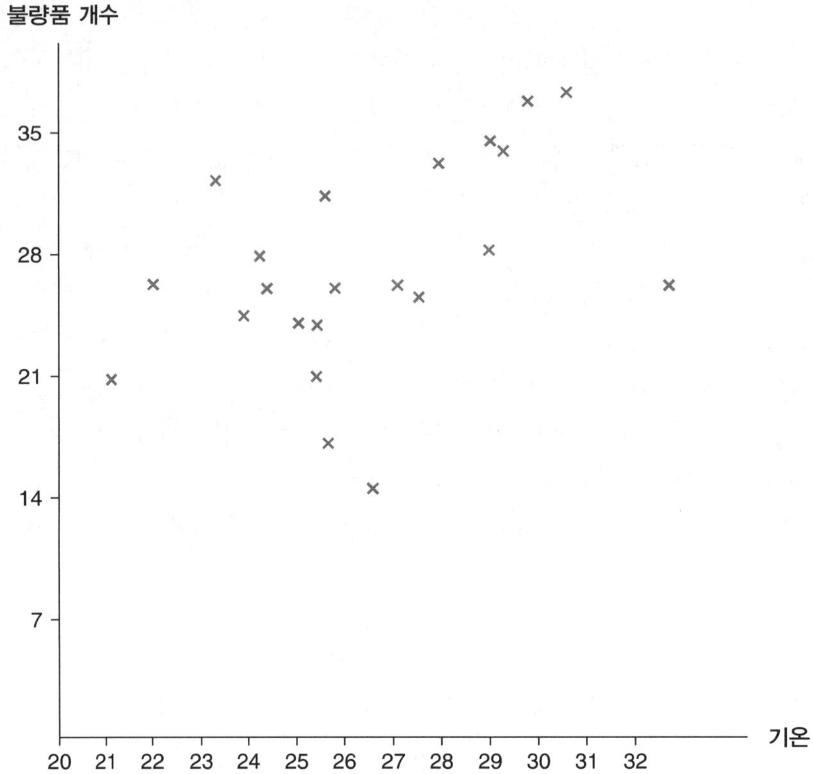


**그림 2.13** 산점도(scatter diagram)

$y$의 편차에 대해서도 동일한 사실이 성립하므로 다음과 같은 결론을 얻을 수 있다.

> $x$변수의 큰 값들이 $y$변수의 큰 값들과 연계되는 경향이 있고 $x$ 변수의 작은 값들이 $y$변수의 작은 값들과 연계되는 경향이 있을 때, $x_i - \bar{x}$와 $y_i - \bar{y}$의 부호는 양이든 음이든 같아지는 경향을 보일 것이다.

$x_i - \bar{x}$와 $y_i - \bar{y}$의 부호가 (음이든 양이든) 동일할 경우 이들의 곱인 $(x_i - \bar{x})\ (y_i - \bar{y})$은 양이 될 것이다. 따라서 $x$변수의 큰 값들이 $y$변수의 큰 값들과 연계되는 경향이 있고 $x$ 변수의 작은 값들이 $y$변수의 작은 값들과 연계되는 경향을 따르게 되는데, 이때 $\sum_{i=1}^{n}(x_i - \bar{x})(y_i - \bar{y})$는 큰 양수가 되는 경향이 나타날 것이다[사실 $x$변수의 큰 (작은) 값들이 $y$변수의 큰 (작은) 값들과 연계되는 경향이 있을 때, 모든 곱들이 양의 부호를 가질 뿐만 아니라, 하디의 따름정리로 알려진 수학적 결과에 따르면 가장 큰 $x_i - \bar{x}$가 가장 큰 $y_i - \bar{y}$와 짝이 되고 두 번째로 큰 $x_i - \bar{x}$가 두 번째로 큰 $y_i - \bar{y}$와 짝이 되고 이러한 순서로 계속될 때 곱들의 합이 최대가 된다]. 또한, $x$변수의 큰 값들이 $y$변수의 작은 값들과 연계되는 경향이 있을 때, $x_i - \bar{x}$와 $y_i - \bar{y}$의 부호는 반대가 될 것이며 $\sum_{i=1}^{n}(x_i - \bar{x})(y_i - \bar{y})$는 큰 음수가 될 것이다.

$\sum_{i=1}^{n}(x_i-\bar{x})(y_i-\bar{y})$가 "크다"는 것이 어떤 의미인지 규정하기 위해, 이 합을 먼저 $n-1$로 나눈 다음 다시 두 표본표준편차의 곱으로 나누어 표준화시킨다. 이렇게 구한 통계량을 **표본상관계수(sample correlation coefficient)**라고 부른다.

### 정의

$x$값과 $y$값에 대한 표본표준편차를 각기 $s_x$와 $s_y$라고 하자. 데이터 쌍 $(x_i, y_i)$ $(i = 1, \ldots, n)$의 **표본상관계수** $r$은 다음과 같이 정의된다.

$$r = \frac{\sum_{i=1}^{n}(x_i-\bar{x})(y_i-\bar{y})}{(n-1)s_x s_y} = \frac{\sum_{i=1}^{n}(x_i-\bar{x})(y_i-\bar{y})}{\sqrt{\sum_{i=1}^{n}(x_i-\bar{x})^2 \sum_{i=1}^{n}(y_i-\bar{y})^2}}$$

$r > 0$일 때 표본 데이터 쌍들은 **양의 상관관계**를 갖는다고 하며, $r < 0$일 때 표본 데이터 쌍들은 **음의 상관관계**를 갖는다고 한다.

다음은 표본상관계수의 성질들이다.

### r의 성질

1. $-1 \le r \le 1$
2. $b>0$인 상수 $a$, $b$에 대해 $y_i = a+bx_i$ $(i=1, \ldots, n)$이면, $r=1$이다.
3. $b<0$인 상수 $a$, $b$에 대해 $y_i = a+bx_i$ $(i=1, \ldots, n)$이면, $r=-1$이다.
4. $r$이 데이터 쌍 $x_i$, $y_i$ $(i = 1, \ldots, n)$의 표본상관계수라면, $b$와 $d$가 모두 양이거나 모두 음일 때 $r$은 또한 데이터 쌍 $a+bx_i$, $c+dy_i$ $(i=1, \ldots, n)$의 표본상관계수가 된다.

성질 1은 표본상관계수 $r$이 항상 $-1$과 $+1$ 사이에 있음을 말한다. 성질 2는 쌍을 이룬 데이터 사이에 직선관계(선형관계로도 불림)가 있으며 큰 $y$값들이 큰 $x$값들에 연계될 때 $r$이 $+1$이 됨을 말한다. 성질 3은 그 관계가 선형이고 큰 $y$값들이 작은 $x$값들에 연계될 때 $r$이 $-1$이 됨을 말한다. 성질 4는 각각의 $x$값에 (또는 $y$값에) 동일한 상수가 더해지거나 동일한 양의 상수를 곱하더라도 $r$에 변화가 없을 것임을 말한다. 이러한 성질은 $r$이 데이터를 측정하는 단위에 종속되지 않음을 의미한다. 예를 들면, 사람의 키와 몸무게 사이의 표본상관계수는 키를 피트 단위로 재든 인치 단위로 재든, 또 몸무게를 파운드 단위로 재든 킬로그램 단위로 재든 달라지지 않는다. 또한, 온도의 경우 화씨로 측정되든 섭씨로 측정되든 달라지지 않는다.

표본상관계수 $r$의 절댓값(즉, 부호를 무시한 값 $|r|$)은 데이터 쌍에서 $x$값과 $y$값 사이의 선형관계 강도에 대한 측도이다. $|r| = 1$은 완전선형관계가 있음을 의미한다. 즉, 모든 데이터 점 $(x_i, y_i)$ $(i = 1, \ldots, n)$을 지나는 직선이 존재할 수 있다. $|r|$값이 대략 0.8 정도라는 것은 비교적 강한 선형관계가 있음을 의미한다. 즉, 모든 데이터 점들을 지나는 직선이 존재하지는 않지만, 모든 데이터 점들을 "가깝게" 지나는 직선이 있다. $|r|$값이 대략 0.3 정도라는 것은 선형관계가 비교적 약하다는 것을 의미한다.

$r$의 부호는 관계의 방향을 나타낸다. 작은 $y$값들이 작은 $x$값들에 연계되고 큰 $y$값들이 큰 $x$값들에 연계되는 경향이 있을 때 $r$의 부호는 양이 되며 데이터 점들에 근접한 직선은 위쪽 방향을 향한다. 큰 $y$값들이 작은 $x$값들에 연계되고 작은 $y$값들이 큰 $x$값들에 연계되는 경향이 있을 때 $r$의 부호는 음이 되며 데이터 점들에 근접한 직선은 아래쪽 방향을 향한다. 그림 2.14는 다양한 $r$값들에 대한 산점도들을 보이고 있다.

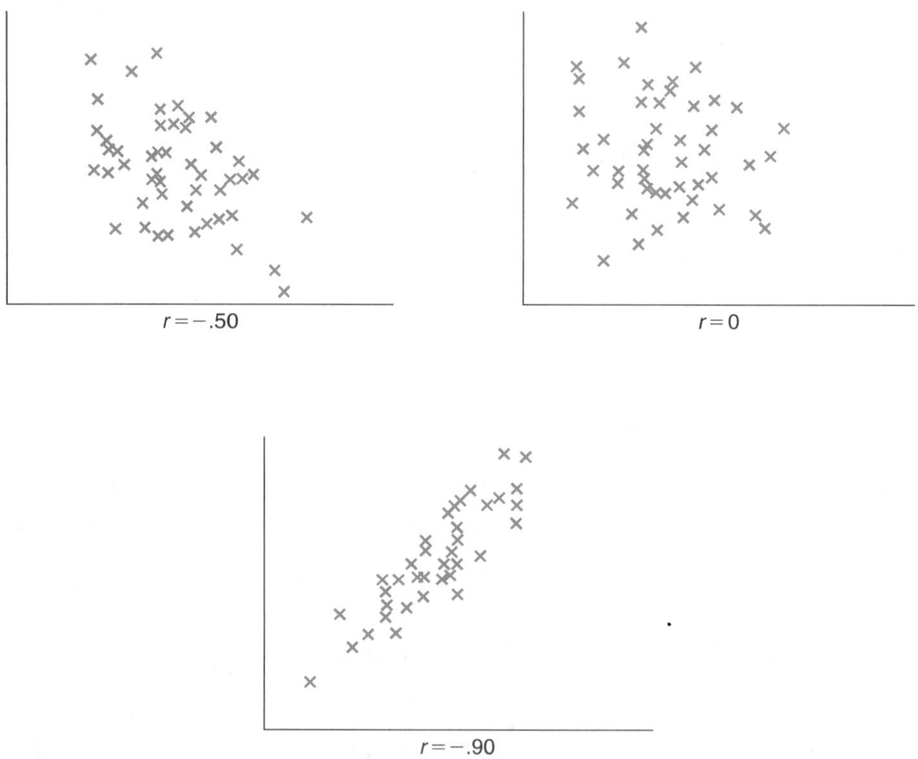


**그림 2.14** 표본상관계수

### 예제 2.6a

표 2.8에 주어진 데이터에 대해 표본상관계수를 구하라.

**풀이** 계산을 해보면 다음과 같은 답을 얻는다.

$$r = 0.4189$$

따라서 일간 온도와 그 날에 생산된 불량품 개수 사이에는 약한 양의 상관관계가 있음을 알 수 있다. ■

### 예제 2.6b

다음의 데이터는 10명의 안정 시 맥박수(분당 박동 수)와 학교생활 연한을 제공하고 있다. 이 데이터에 대한 산점도는 그림 2.15에 주어져 있다. 이 데이터에 대한 표본상관계수는 $r = -0.7638$이다. 이러한 음의 상관관계는 이 데이터 집합에 대해 높은 맥박수는 학교생활 연한이 짧은 것에 강하게 연관되어 있으며 낮은 맥박수는 학교생활 연한이 긴 것에 강하게 연관되어 있음을 나타낸다. ■

| 사람 | 1 | 2 | 3 | 4 | 5 | 6 | 7 | 8 | 9 | 10 |
|---|---|---|---|---|---|---|---|---|---|---|
| 수학 연한 | 12 | 16 | 13 | 18 | 19 | 12 | 18 | 19 | 12 | 14 |
| 맥박수 | 73 | 67 | 74 | 63 | 73 | 84 | 60 | 62 | 76 | 71 |

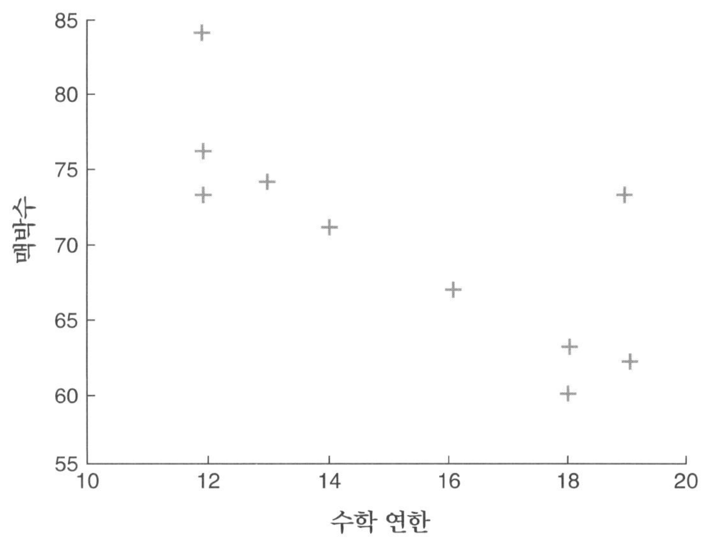


**그림 2.15** 학교생활 연한과 맥박수에 대한 산점도

**상관관계는 연관성을 측정하는 것이지 인과관계를 측정하는 것이 아니다.**

예제 2.6b의 결과는 사람의 학교생활 연한과 안정 시 맥박수 사이에 강한 음의 상관관계가 있음을 가리킨다. 그러나 이것이 학교를 더 다니면 바로 맥박수가 감소할 것임을 의미하지는 않는다. 즉, 추가적인 학교생활 연한이 낮은 맥박 수와 연계되는 경향이 있지만, 학교생활 연한 자체가 맥박수 감소의 직접적인 원인임을 의미하지는 않는다는 것이다. 종종 이러한 연관성은 검토 대상인 두 변수 모두에 관련된 언급되지 않은 또 다른 요인에 의해 설명된다. 이 경우 학교를 더 많이 다닌 사람은 최근의 의료 분야에서 새로이 발견된 지식에 접할 기회가 많으며 이로 인해 운동이나 영양 상태의 중요성에 대한 인식이 높아서일 수도 있다. 또는 그와 같은 차이가 지식보다는 높은 교육 수준 덕분에 구한 좋은 직장에 기인한 운동을 위한 시간적 여유와 좋은 식생활을 위한 경제적 여유로 인한 것일 수도 있다. 학교생활 연한과 안정 시 맥박수 사이에 강한 음의 상관관계는 아마 이러한 요인들과 다른 요인들이 복합적으로 작용한 결과일 것이다.

이제 표본상관계수 $r$의 첫 세 가지 성질을 증명할 것이다. 즉, $|r| \le 1$이며, 등식이 성립하는 것은 데이터가 직선상에 놓일 경우라는 것을 증명할 것이다. 먼저 다음 사실에 유의한다.

$$\sum\left(\frac{x_i-\bar{x}}{s_x}-\frac{y_i-\bar{y}}{s_y}\right)^2 \ge 0 \tag{2.6.1}$$

즉,

$$\sum\frac{(x_i-\bar{x})^2}{s_x^2}+\sum\frac{(y_i-\bar{y})^2}{s_y^2}-2\sum\frac{(x_i-\bar{x})(y_i-\bar{y})}{s_x s_y} \ge 0$$

즉,

$$n-1+n-1-2(n-1)r \ge 0$$

따라서

$$r \le 1$$

$r = 1$이 되는 경우는 (2.6.1)에서 등식이 성립하는 것과 동일한 경우이며, 따라서 모든 $i$에 대해 다음 식이 성립하는 경우이다.

$$\frac{y_i-\bar{y}}{s_y}=\frac{x_i-\bar{x}}{s_x}$$

이는 다음 식과 같다.

$$y_i = \bar{y} - \frac{s_y}{s_x}\bar{x} + \frac{s_y}{s_x}x_i$$

즉, $r = 1$이 되는 경우는 데이터 값 $(x_i, y_i)$들이 양의 기울기를 갖는 직선상에 있는 경우와 같다.

$r \geq -1$이 성립하며, 등식이 성립하는 것은 데이터 값 $(x_i, y_i)$ 들이 음의 기울기를 갖는 직선상에 있는 경우와 같다는 것을 보이기 위해 아래 식에서 시작하여 위에서와 비슷한 논리를 이용하면 된다.

$$\sum\left(\frac{x_i - \bar{x}}{s_x} + \frac{y_i - \bar{y}}{s_y}\right)^2 \geq 0$$

## 2.7 로렌츠 곡선과 지니 지수

로렌츠 곡선(Lorenz curve) $L(p)$, $0 \leq p \leq 1$는 근로자들의 수입에 관련된 그림으로서, 소득순으로 하위 $100p$에 해당하는 근로자의 소득이 모든 근로자의 전체 소득에서 차지하는 비중을 나타낸다. 예를 들어 $L(0.3)$은 소득순으로 하위 30%의 근로자의 전체 근로자 총 소득에 대한 비중을 나타내고 있다.

전체 $n$명의 근로자 소득을 순서대로 $(x_1 \leq x_2 \leq x_3 \leq \ldots \leq x_n)$ 표시하자. 하위 소득 근로자의 $100j/n$%에 대한 총 수입비중은 다음과 같다.

$$L(j/n) = \frac{x_1 + \ldots + x_j}{x_1 + \ldots + x_n}, \quad j = 1, \ldots, n.$$

로렌츠 곡선을 완성하기 위해, 보통 $L(0) = 0$으로 하고 $\frac{j}{n}$과 $\frac{j+1}{n}$ 사이는 직선으로 연결한다.

### 예제 2.7a

$n=5$의 근로자가 있고 수입은 각각 9, 7, 22, 5, 17이라고 하자. 소득순으로 표시하면 5, 7, 9, 17, 22이 된다. 모든 소득의 합은 60이므로 다음과 같은 로렌츠 곡선상의 점들을 얻을 수 있다.

$$L(0.2)=5/60,$$
$$L(0.4)=12/60,$$
$$L(0.6)=21/60,$$
$$L(0.8)=38/60,$$
$$L(0.2)=60/60.$$

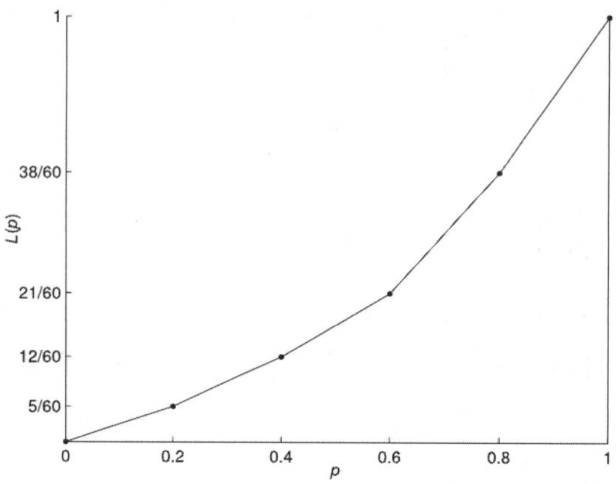


**그림 2.16** 로렌츠 곡선 – 예제 2.7a

각 점들을 직선으로 이으면 로렌츠 곡선이 얻어진다(그림 2.16). ■

로렌츠 곡선은 인구 구성원들의 부(wealth)를 표시하는데 사용되기도 합니다. 즉, $L(p)$는 부의 순으로 하위 $100p$ 비율에 해당되는 인구의 부의 비중을 나타낸다. 예를 들어 1000명의 사람들이 있으면 $L(0.22)$는 하위 부의 220명이 소유한 전체 부의 비중을 나타내게 된다.

$\{x_i\}$는 크기순으로 정렬이 되어 있으므로 $j=1, 2, \ldots, n$에 대해 다음이 성립한다.

$$\frac{x_1+\ldots+x_j}{j} \le \frac{x_1+\ldots+x_{j+1}}{j+1} \le \ldots \le \frac{x_1+\ldots+x_n}{n},$$

이것에 의해 다음이 성립한다.

$$\frac{x_1 + \ldots + x_j}{x_1 + \ldots + x_n} \leq \frac{j}{n}.$$

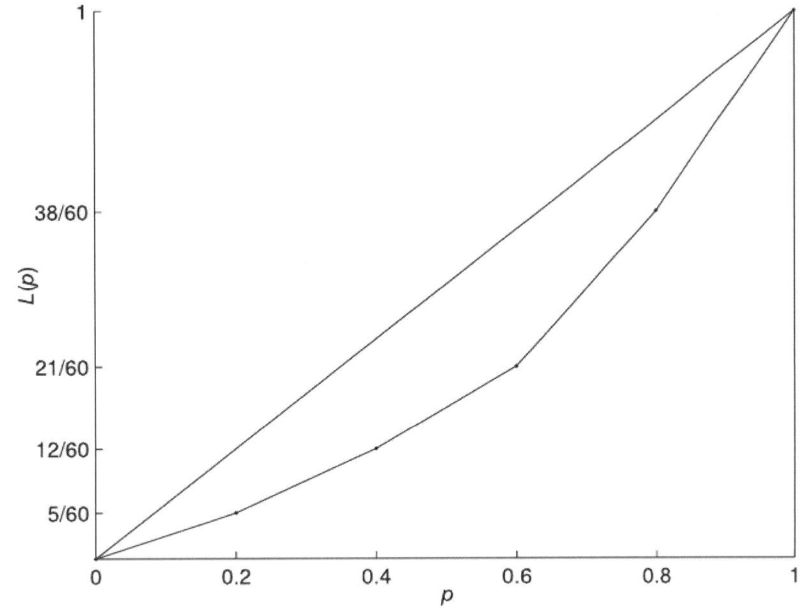


**그림 2.17** 로렌츠 곡선과 직선

따라서,

$$L(j/n) \leq j/n.$$

또한, 모든 근로자의 소득이 동일한 경우에 한해서는 $L(j/n) = j/n$, $j = 1, \ldots, n$이 성립한다. 그러므로 모든 소득이 동일하지 않는 한 로렌츠 곡선은 (0,0)과 (1,1)을 잇는 대각선 아래에 위치하게 된다. (그림 2.17은 예제 2.7.a 데이터에 대한 로렌츠 곡선이다.)

따라서, 소득의 불균형이 클수록 대각선과 로렌츠 곡선 사이의 공간은 커지게 된다(그림 2.18에서 칠해진 부분).

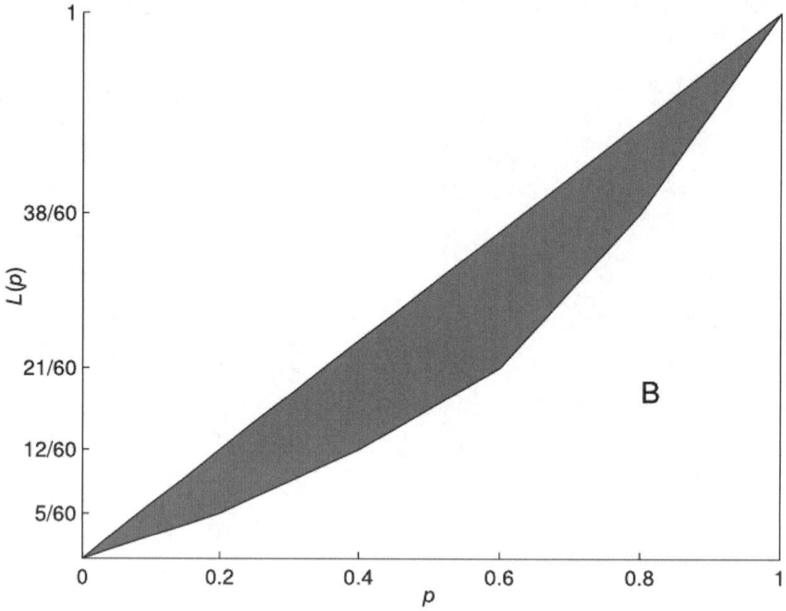


**그림 2.18** 대각선과 로렌츠 곡선 사이의 공간

대각선과 로렌츠 곡선 사이의 공간으로 인한 소득의 불평등 척도를 지니 지수(Gini index)로 표현하게 된다. 지니 지수는 이 공간의 면적를 대각선 아래 삼각형의 면적(1/2)으로 나눈 값으로 정의된다. 즉, $G$라고 표기되는 지니 지수는 다음으로 계산된다.

$$G = \frac{\text{대각선과 로렌츠 사이의 면적}}{1/2}$$

로렌츠 곡선 아래의 면적을 $B$라 하면 지니 지수 $G$는 다음과 같다.

$$G = \frac{1/2 - B}{1/2} = 1 - 2B.$$

### 예제 2.7b

예제 2.7a에 있는 데이터에 대한 지니 지수를 계산하라.

**풀이** $B = B_1 + B_2 + B_3 + B_4 + B_5$로 표현 할 수 있다. 여기서 $B_1$은 0부터 0.2구간의 로렌츠 곡선 아래부분의 면적이다; $B_2$은 0.2부터 0.4구간에 해당되는 면적이다; $B_3$은 0.4부터 0.6구간에 해당되는 면적이다; $B_4$은 0.6부터 0.8구간에 해당되는 면적이다; $B_5$은 0.8부터 1구간에 해당되는 면적이다. $B_1$은 밑변의 길이가 0.2이고 높이가 5/60인 삼각형의 면적이므로

$$B_1 = (1/2)(0.2)(5/60) = 5/600$$

이다.

$B_2$, $B_3$, $B_4$와 $B_5$는 사각형 위에 삼각형이 있는 형태가 된다. 예를 들어 $B_2$는 다음 그림과 같은 모양이다.

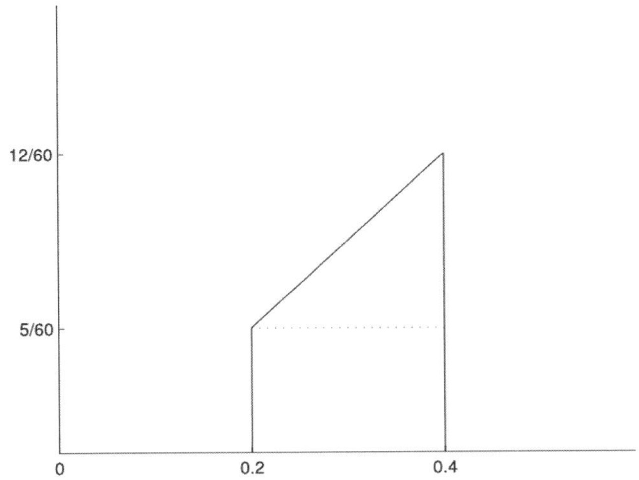


모든 삼각형의 밑변의 길이는 0.2이고 높이는 각각 5/60, 7/60, 9/60, 17/60, 22/60이 된다. 그러므로 모든 삼각형의 면적의 합은

$$\text{삼각형들의 면적 합} = \frac{1}{2}(0.2)(5+7+9+17+22)/60 = 0.1.$$

4개의 사각형은 밑변의 길이가 0.2이고, 높이가 각각 5/60, 12/60, 21/60, 38/60이 되므로

$$\text{사각형들의 면적 합} = 0.2(5+12+21+38))/60 \approx 0.25333$$

이다.

그러므로 $B = 0.1 + 0.25333 = 0.35333$이 되고, 지니 지수 $G$는

$$G = 1 - 2 \times 0.35333 = 0.29334$$

이다.

일반적으로 순서대로 정렬된 값 $x_1 \leq x_2 \leq x_3 \ldots \leq x_n$에 대해

$$s_j = x_1 + x_2 + \ldots + x_j,\ j = 1, \ldots, n.$$

이라고 하자.

그러면 삼각형들은 밑변의 길이가 $1/n$이고 높이는 각각 $x_1/s_n$, $x_2/s_n$, ... , $x_n/s_n$이므로 그 면적의 합은

$$\text{삼각형들의 면적 합} = \frac{1}{2n}(x_1 + \ldots + x_n)/s_n = \frac{1}{2n}$$

이 된다.

사각형들은 밑변의 길이가 $1/n$이 되고 높이는 각각 $s_1/s_n$, $s_2/s_n$, ... , $s_n/s_n$이므로

$$\text{사각형들의 면적 합} = \frac{s_1 + s_2 + \ldots + s_{n-1}}{ns_n}$$

이 되므로

$$B = \frac{1}{2n} + \frac{s_1 + s_2 + \ldots + s_{n-1}}{ns_n}$$

이 된다. ■

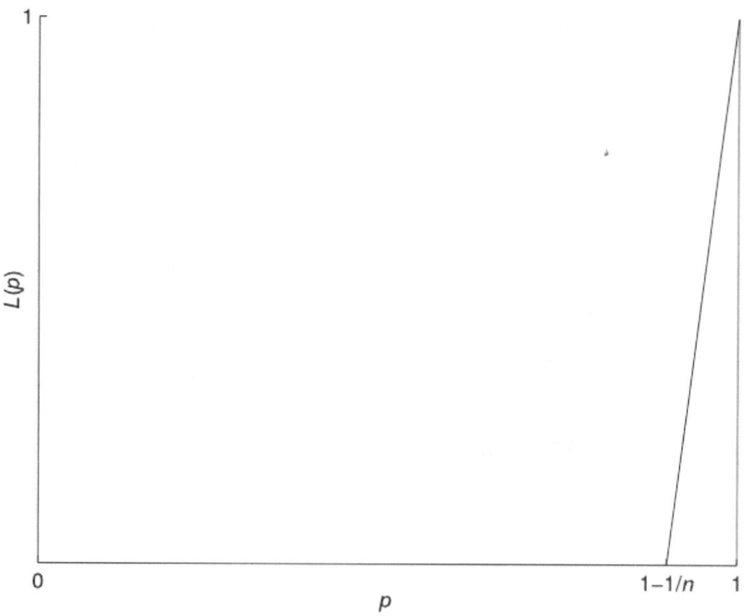


**그림 2.19** 가장 큰 지니 지수 값을 가지는 경우

지니 지수는 모두 소득이 같을 때 0이 된다. 반대로 가장 큰 지니 지수는 오직 한 명만이 소득이 있을 때 나타난다. 이 경우 $n$명의 구성원이 있을 때 로렌츠 곡선 아래는 밑변의 길이가 $1/n$이고 높이가 1인 삼각형이 된다(그림 2.19). 따라서 $B = \frac{1}{2n}$이고, $G = 1 - 1/n$이 된다.

## 2.8 R 사용하기

$x_1, \ldots, x_n$에 대해 표본평균과 표본분산을 구하고자 한다.

우선 다음을 적고 리턴을 친다.

$x = c(x_1, \ldots, x_n)$

다음 줄에

mean(x)

를 적고 리턴을 치면 표본평균이 출력되어 보여진다. 그 다음 줄에 var(x)를 적고 리턴을 치면 표본분산이 보여진다.

예를 들어, 4,6,12,9,21,14 값에 대한 표본평균과 표본분산을 다음과 같이 구할 수 있다.

```
> x = c(4,6,12,9,21,14)
> mean(x)
[1] 11
> var(x)
[1] 37.6
```

여기서 명령어 줄 처음에 있는 >는 적을 필요가 없다. R은 언제나 이 기호로 명령줄을 시작하면서 무엇을 할 것인지를 물어보는 프롬프트 역할을 하게 한다. (답을 나타내는 줄 앞에 있는 [1]은 오직 한가지의 답만을 물어본 것임을 표시하다.)

다른 명령어들로 값들의 합을 나타내는 sum(x), 표본중앙값을 나타내는 median(x), 표본표준편차를 나타내는 sd(x) (제곱근 var(x)와 같다)가 있다.

한편 $x=c(x_1, \ldots, x_n)$와 $y=c(y_1, \ldots, y_n)$에 대해 $x+y=c(x_1+y_1, \ldots, x_n+y_n)$, $x-y=c(x_1-y_1, \ldots, x_n-y_n)$, $x*y=c(x_1y_1, \ldots, x_ny_n)$이고, 모든 $i$에 대해 $y_i \neq 0$인 경우 $x/y=c(x_1/y_1, \ldots, x_n/y_n)$이 된다. 또한 $x^2=x*x=c(x_1^2, \ldots, x_n^2)$이다.

실수 $a$에 대해, $a+x=(a+x_1, a+x_2, \ldots, a+x_n)$, $a*x=(ax_1, ax_2, \ldots, ax_n)$이고 $a \neq 0$ 경우 $x/a=(x_1/a, x_2/a, \ldots, x_n/a)$이 된다. 한편 모든 $i$에 대해 $x_i \neq 0$인 경우 $a/x=(a/x_1, a/x_2, \ldots, a/x_n)$이 된다.

쌍체 데이터 $(x_1, y_1), \ldots, (x_1, y_1)$에 대한 표본상관계수는 다음을 적으면 얻을 수 있다.

```
> x = c(x1, ..., xn)
> y = c(y1, ..., yn)
> cor(x, y)
```

산점도를 얻기 위해서는

```
> plot(x,y)
```

를 적고 리턴을 친다.

예를 들어 쌍체 데이터 (4,10), (6,13), (12,22), (9,15),(21,30), (13,15)에 대해 표본상관계수와 산점도를 다음과 같이 얻을 수 있다.

```
> x = c(4, 6, 12, 9, 21, 14)
> y = c(10, 13, 22, 15, 30, 15)
> cor(x, y)
[1] 0.9041494
> plot(x,y)
```

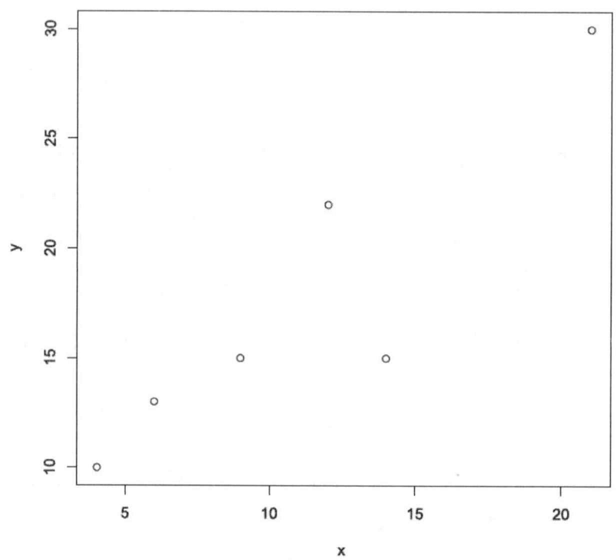


R은 계산을 위해서도 사용될 수 있다. 예를 들어 $\frac{18\sqrt{177}}{677}$의 계산은 다음과 같이 한다.

```
> 18 * sqrt(177)/677
[1] 0.3537288
```

벡터 $x=c(x_1, \ldots, x_n)$의 성분, 즉, $i$번째 성분 $x_i$을 선택해 보자. R 명령어 > $x[i]$를 적으면 된다. 벡터 $x$의 $i$번째부터 $j$번째 성분으로 이루어지는 새로운 벡터를 만들기 위해서는 $x[i:j]$를 사용하면 된다.

예를 들면,

```
> x = c(3, 18, 9, 7, 22, 5, 17)
> x[3]
[1] 9
> x[2 : 5]
[1]18 9 7 22
```

이다.

R을 이용해 지니 지수를 구할수 있다. 우선 R 명령어

```
> sort(x)
```

는 작은 것부터 크기순으로 배열된 성분을 갖는 벡터를 만든다. 예를 들면,

```
> x = c(9, 7, 22, 5, 17)
> sort(x)
[1] 5 7 9 17 22
```

이다.

예제 2.7.b와 같이 9,7,22,5,17값에 대해 지니 지수를 구해보자.

$G = 1 - 2B,\ B = \frac{1}{2n} + \frac{s_1 + s_2 + \ldots + s_{n-1}}{ns_n}$을 이용해서 다음과 같이 구할 수 있다.

```
> y = c(9, 7, 22, 5, 17)
> x = sort(y)
> s = c(x[1], sum(x[1 : 2]), sum(x[1 : 3]), sum(x[1 : 4]))
> B = 1/10 + sum(s)/(5 * sum(x))
> G = 1 - 2 * B
> G
[1] 0.2933333
```

또한 R에서 함수를 정의할 수 있다. 예를 들어 $f(x) = x^2$을 다음과 같이 정의해보자.

```
> f = function(x){x * x}
> f(4)
[1] 16
```

$f(x) = e^x$는 다음과 같이 정의된다.

```
> f = function(x){exp(x)}
> e = f(1)
> e
[1] 2.718282
```

함수의 개념을 이용해 9, 7, 22, 5, 17에 대한 지니 지수를 다음과 같이 구할 수도 있다.

```
> y = c(9, 7, 22, 5, 17)
> x = sort(y)
> s = function(j){sum(x[1 : j]}
> B = 1/10 + (s(1) + s(2) + s(3) + s(4))/(5 * s(5))
> G = 1 - 2 * B
> G
[1] 0.2933333
```

# 연습문제

01 다음은 1997년 6월 샌프란시스코 지역의 표준 무연 휘발유의 갤런 당 가격이며, 반올림하여 센트 단위로 표시되어 있다.

3.88, 3.90, 3.93, 3.90, 3.93, 3.96, 3.88, 3.94, 3.96, 3.88, 3.94, 3.99, 3.98

(a) 위의 데이터를 빈도 표로 표현하라.
(b) 위의 데이터를 상대빈도 선 그래프로 표현하라.

02 파이도표를 작성하는 방법을 설명하라. 어떤 데이터 값의 상대빈도가 $r$이라면, 그 구역의 경계선들이 이루는 각도는 얼마인가?

03 다음은 서반구의 4개 지역에 대한 석유 매장량 추정치를 10억 배럴 단위로 표시한 것이다. 이 데이터를 파이도표로 표현하라.

| | |
|---|---|
| 미국 | 38.7 |
| 남미 | 22.6 |
| 캐나다 | 8.8 |
| 멕시코 | 60.0 |

04 책이나 기사를 하나 선택하여 첫 100 문장에 들어있는 단어 개수를 세고, 그 데이터를 줄기-잎 도표로 표현하라. 이제 다른 저자가 지은 책이나 기사를 선택하여 동일한 작업을 수행하라. 두 개의 줄기-잎 도표는 모양이 비슷한가? 이 방법을 사용하여 기사의 저자를 구별할 수 있다고 생각하는가?

05 다음 빈도표는 일일 이동시간을 분단위로 표시한 것이다. 다음에 답하라.

a. 빈도표에 있는 날은 몇일 인가?
b. 모든 날에 대해 이동시간의 합은 몇분 인가?

| 이동 시간(분) | 빈도 |
|---|---|
| 15 | 6 |
| 18 | 5 |
| 22 | 4 |
| 23 | 3 |
| 24 | 4 |
| 25 | 2 |
| 26 | 4 |
| 32 | 3 |
| 36 | 1 |
| 48 | 1 |

**06** 아래의 표는 1985년에서 2006년까지 미국에서 민항기사고 건수와 인명사고 건수를 나타내고 있다.

1985-2006 기간의 미국 민간항공 안전성 자료

| 연도 | 출발 편수 (단위: 백만) | 인명사고 건수 | 사망자 수 | 연도 | 출발 편수 (단위: 백만) | 인명사고 건수 | 사망자 수 |
|---|---|---|---|---|---|---|---|
| 1985 | 6.1 | 4 | 197 | 1996 | 7.9 | 3 | 342 |
| 1986 | 6.4 | 2 | 5 | 1997 | 9.9 | 3 | 3 |
| 1987 | 6.6 | 4 | 231 | 1998 | 10.5 | 1 | 1 |
| 1988 | 6.7 | 3 | 285 | 1999 | 10.9 | 2 | 12 |
| 1989 | 6.6 | 11 | 278 | 2000 | 11.1 | 2 | 89 |
| 1990 | 7.8 | 6 | 39 | 2001 | 10.6 | 6 | 531 |
| 1991 | 7.5 | 4 | 62 | 2002 | 10.3 | 0 | 0 |
| 1992 | 7.5 | 4 | 33 | 2003 | 10.2 | 2 | 22 |
| 1993 | 7.7 | 1 | 1 | 2004 | 10.8 | 1 | 13 |
| 1994 | 7.8 | 4 | 239 | 2005 | 10.9 | 3 | 22 |
| 1995 | 8.1 | 2 | 166 | 2006 | 11.2 | 2 | 50 |

자료출처: 미국 교통안전위원회

(a) 연간 항공기사고 건수를 빈도 표로 표현하라.
(b) 연간 항공기사고 건수에 대한 빈도 다각형그래프를 그려라.
(c) 연간 항공기사고 건수에 대한 누적상대빈도 그래프를 그려라.
(d) 연간 항공기사고 건수에 대한 표본평균을 구하라.
(e) 연간 항공기사고 건수에 대한 표본중앙값을 구하라.
(f) 연간 항공기사고 건수에 대한 표본최빈값을 구하라.
(g) 연간 항공기사고 건수에 대한 표본표준편차를 구하라.

**07** 문제 6의 표를 사용하여 다음 질문들에 답하라.

(a) 연간 항공기사고 사망자 수를 히스토그램으로 표현하라.
(b) 연간 항공기사고 사망자 수를 줄기-잎 도표로 표현하라.
(c) 연간 항공기사고 사망자 수에 대한 표본평균을 구하라.
(d) 연간 항공기사고 사망자 수에 대한 표본중앙값을 구하라.
(e) 연간 항공기사고 사망자 수에 대한 표본표준편차를 구하라.

**08** A 마을 성인 여성의 체중에 대한 표본평균은 B 마을 성인 여성의 체중에 대한 표본평균보다 크다. 또한  A 마을 성인 남성의 체중에 대한 표본평균은 B 마을 성인 남성의 체중에 대한 표본평균보다 크다. 이때 A 마을 성인의 체중에 대한 표본평균이 B 마을 성인의 체중에 대한 표본평균보다 크다고 결론 내릴 수 있겠는가? 그 이유를 설명하라.

**09** 벤포드의 법칙(Benford's law)은 첫 수의 법칙이라고도 하는데 현실에서 발생하는 수치 데이터에 있어 각 수치의 시작되는 수의 비중이 균일하지 않고 작은 수에 좀 더 편향되어 있다는 것이다.

즉, 데이터의 첫수 $i$, $i=1, 2, \ldots, 9$가 나타나는 비중은 대략적으로 $\log(\frac{i+1}{i})$이라고 한다. 예를 들어 $\log_{10}(2)=0.301$이므로 1로 시작되는 수는 30.1%정도 차지하게 된다. 표 2.10은 벤포드의 법칙에 따라 각 첫수의 비중을 나타내고 있다.

**표 2.10** 벤포드의 법칙(첫 수의 법칙)

| 첫 수 | 첫 수로 사용되는 비율 |
|---|---|
| 1 | .301 |
| 2 | .176 |
| 3 | .125 |
| 4 | .097 |
| 5 | .079 |
| 6 | .067 |
| 7 | .058 |
| 8 | .051 |
| 9 | .046 |

흥미롭게도, 전기사용료, 거리 주소, 주식각격, 인구수, 사망률, 강의 길이 및 물리나 수학상수 값들에서 상당히 많은 경우에 이 법칙이 적용됨을 보여준다. 특히 데이터 값들이 넓게 분포되어 있을 때 좀더 정확히 적용되는 경향을 보인다. 이 법칙은 "American astronomer Simon Newcomb"에 1881년에 처음 소개됐다. 1993년에 프랭크 벤포드는 20개의 서로 다른 영역에서 나온 데이터에 대해 대부분 이 법칙이 잘 적용되고 있다는 것을 보였다. 그는 또한 강의 표면적, 미국 도시들의 인구수, 물리 상수 및 분자 무게에 대해서도 고려하였다.

20°C에서 100% 과산화수소수 용액의 밀도를 묻는 물리 문제의 선택지가 (a) 7.3316, (b) 6.2421, (c) 1.4512, (d) 8.1818 이라고 하자. 관련 지식이 전혀 없을 경우 무엇을 선택 해야 할까?

**10** A라는 회사에는 모두 100명이 일하고 있으며, B라는 회사에는 모두 110명이 일하고 있다. 그런데 회사 A의 급여 총액이 회사 B의 급여 총액보다 많다고 하자.

(a) 위의 사실이 회사 B에서의 급여에 대한 중앙값과 비교하여 회사 A에서의 급여에 대한 중앙값이 어떨 것이라는 점에 대해 시사하는 바가 있는가?

(b) 위의 사실이 회사 B에서의 급여에 대한 평균과 비교하여 회사 A에서의 급여에 대한 평균이 어떨 것이라는 점에 대해 시사하는 바가 있는가?

**11** 198개의 값으로 이루어진 데이터에서 처음 99개의 값에 대한 표본평균은 120이고 마지막 99개의 값에 대한 표본평균은 100이라고 한다. 전체 데이터의 표본평균에 대해 어떤 결론을 내릴 수 있겠는가?

(a) "표본평균" 대신 "표본 중앙값"으로 두고 위의 질문에 답하라.
(b) "표본평균" 대신 "표본 최빈값"으로 두고 위의 질문에 답하라.

**12** 아래의 표는 1922년 영국에서 교통사고로 사망한 보행자의 수를 연령대와 성별로 분류한 것이다.

(a) 사망한 남성들의 연령에 대한 대략적인 표본평균을 구하라.
(b) 사망한 여성들의 연령에 대한 대략적인 표본평균을 구하라.
(c) 사망한 남성들의 연령에 대한 대략적인 사분위수들을 구하라.
(d) 사망한 여성들의 연령에 대한 대략적인 사분위수들을 구하라.

| 연령 | 남성 사망자 수 | 여성 사망자 수 |
|---|---|---|
| 0–5 | 120 | 67 |
| 5–10 | 184 | 120 |
| 10–15 | 44 | 22 |
| 15–20 | 24 | 15 |
| 20–30 | 23 | 25 |
| 30–40 | 50 | 22 |
| 40–50 | 60 | 40 |
| 50–60 | 102 | 76 |
| 60–70 | 167 | 104 |
| 70–80 | 150 | 90 |
| 80–100 | 49 | 27 |

**13** 다음은 석탄에 포함된 재의 함유량을 백분율로 나타낸 것이다.

$$9.2, 14.1, 9.8, 12.4, 16.0, 12.6, 22.7, 18.9, 21.0, 14.5, 20.4, 16.9$$

(a) 위의 백분율에 대한 표본평균을 구하라.
(b) 위의 백분율에 대한 표본표준편차를 구하라.

**14** 다섯 개의 데이터 값에 대한 표본평균과 표본분산이 각기 $\bar{x}=104$, $s^2=16$으로 주어져 있다. 데이터 값 중 세 개가 102, 100, 105 등이면, 나머지 두 개는 무엇이겠는가?

**15** 미국 50개 주 각각에 대해 전체 노동인구의 평균 연봉이 주어져 있다고 하자.

(a) 50개 주의 평균 연봉들에 대한 표본평균은 미국 전체의 평균 연봉과 같겠는가?

(b) 문항 (a)에 대한 대답이 '아니오'이면, 미국 전체에 대한 평균 연봉을 구하기 위해 50개 주의 평균 연봉들 외에 어떤 정보가 더 필요한지 설명하라. 또한, 미국 전체에 대한 평균 연봉을 계산하기 위해 이 정보를 어떻게 사용할지 설명하라.

**16** 다음 데이터는 40개의 트랜지스터 표본의 수명을 시간 단위로 표시한 것이다.

112, 121, 126, 108, 141, 104, 136, 134
121, 118, 143, 116, 108, 122, 127, 140
113, 117, 126, 130, 134, 120, 131, 133
118, 125, 151, 147, 137, 140, 132, 119
110, 124, 132, 152, 135, 130, 136, 128

(a) 표본평균, 표본중앙값, 표본최빈값 등을 구하라.

(b) 위의 데이터에 대한 누적상대빈도 그래프를 그려라.

**17** 다음 데이터는 50개의 점토 표본을 건조시켰을 때 수축 정도에 대한 백분율을 측정한 것이다.

| | | | | |
|---|---|---|---|---|
| 18.2 | 21.2 | 23.1 | 18.5 | 15.6 |
| 20.8 | 19.4 | 15.4 | 21.2 | 13.4 |
| 16.4 | 18.7 | 18.2 | 19.6 | 14.3 |
| 16.6 | 24.0 | 17.6 | 17.8 | 20.2 |
| 17.4 | 23.6 | 17.5 | 20.3 | 16.6 |
| 19.3 | 18.5 | 19.3 | 21.2 | 13.9 |
| 20.5 | 19.0 | 17.6 | 22.3 | 18.4 |
| 21.2 | 20.4 | 21.4 | 20.3 | 20.1 |
| 19.6 | 20.6 | 14.8 | 19.7 | 20.5 |
| 18.0 | 20.8 | 15.8 | 23.1 | 17.0 |

(a) 이 데이터에 대한 줄기-잎 도표를 작성하라.

(b) 표본평균, 표본중앙값, 표본최빈값 등을 계산하라.

(c) 표본분산을 계산하라.

(d) 위의 데이터를 13.0에서 시작하여 1% 크기의 계급구간들로 그룹화하고, 그 결과를 히스토그램으로 표현하라.

(e) 각 구간에 속한 데이터 각각이 구간의 중앙점에 위치한 것으로 가정하여 표본평균과 표본분산을 구하고, 이 결과를 문항 (b)와 문항 (c)에서 구한 결과와 비교하라. 이들이 차이가 나는 이유는 무엇인가?

**18** 데이터 집합 $x_1, x_2, \ldots, x_n$에 대해 표본평균과 표본분산을 효율적으로 계산하는 방법은 다음과 같다. 먼저 첫 $j(j \geq 2)$ 개의 값에 대한 표본평균 $\bar{x}_j$와 표본표준편차 $s_j^2$을 다음과 같이 표현할 수 있다.

$$\bar{x}_j = \frac{\sum_{i=1}^{j} x_i}{j}, \quad j = 1, \ldots, n$$

그리고

$$s_j^2 = \frac{\sum_{i=1}^{j} (x_i - \bar{x}_j)^2}{j-1}, \qquad j = 2, \ldots, n$$

$s_1^2 = 0$으로 두면, 다음 사실들을 증명할 수 있다.

$$\bar{x}_{j+1} = \bar{x}_j + \frac{x_{j+1} - \bar{x}_j}{j+1}$$

그리고

$$s_{j+1}^2 = \left(1 - \frac{1}{j}\right) s_j^2 + (j+1)(\bar{x}_{j+1} - \bar{x}_j)^2$$

(a) 앞의 공식들을 이용하여 데이터 값 3, 4, 7, 2, 9, 6에 대한 표본평균과 표본표준편차를 계산하라.

(b) 일반적인 방법을 사용하여 계산해봄으로써 (a)의 결과들이 맞는지 확인하라.

(c) $\bar{x}_j$를 사용하여 $\bar{x}_{j+1}$을 표현한 위의 식을 증명하라.

**19** 표 2.5의 데이터를 사용하여 다음 값들을 구하라.

(a) 1월 평균온도에 대한 90 백분위수

(b) 7월 평균온도에 대한 75 백분위수

**20** 2013년 8월 1일 직전 2주 동안 뉴욕타임즈 사망기사에서 주어진 사망 연령은 아래와 같다. 이들에 대한 사분위수들을 구하라.

92, 90, 92, 74, 69, 80, 94, 98, 65, 96, 84, 69, 86, 91, 88
74, 97, 85, 88, 68, 77, 94, 88, 65, 76, 75, 60
69, 97, 92, 85, 70, 80, 93, 91, 68, 82, 78, 89

**21** (2013년 6월 기준) 지난 114개월 동안 구글 검색 횟수에서 상위 10위 안에 오른 개월 수가 최대인 대학들은 아래 표와 같다.

| 대학 | 상위 10위 안에 오른 개월 수 |
|---|---|
| Harvard University | 114 |
| University of Texas, Austin | 114 |
| University of Michigan | 114 |
| Stanford University | 113 |
| University of California Los Angeles (UCLA) | 111 |
| University of California Berkeley | 97 |
| Penn State University | 94 |
| Massachusetts Institute of Technology (MIT) | 66 |
| University of Southern California (USC) | 63 |
| Ohio State University | 52 |
| Yale University | 48 |
| University of Washington | 33 |

(a) 이 데이터에 대한 표본평균을 구하라.
(b) 이 데이터에 대한 표본분산을 구하라.
(c) 이 데이터에 대한 표본 사분위수들을 구하라.

**22** 다음 문장에서 ( ) 부분을 채워라.

> "새롭게 추가 되는 값이 (              ) 경우에 표본 평균은 새로운 값이 더해지기 전보다 커진다."

**23** 문제 20의 데이터를 상자도표로 표현하라.

**24** 어느 화학공장에서 무작위로 선택된 36회의 서로 다른 일시에 측정된 세제곱미터 당 평균 분진농도는 다음과 같다.

$$5, 18, 15, 7, 23, 220, 130, 85, 103, 25, 80, 7, 24, 6, 13, 65, 37, 25,$$
$$24, 65, 82, 95, 77, 15, 70, 110, 44, 28, 33, 81, 29, 14, 45, 92, 17, 53$$

(a) 이 데이터를 히스토그램으로 표현하라.
(b) 이 히스토그램은 근사정규인가?

**25** 염전에서 수분 증발 속도를 연구하는 화학 엔지니어가 4년의 기간 동안 7월 중 55일을 택해 증발량을 인치 단위로 측정한 데이터를 수집하였다. 아래의 줄기-잎 도표에 주어진 이 데이터에서 최솟값은 0.02인치이고 최댓값은 0.56인치인 것을 알 수 있다.

| | |
|---|---|
| .0 | 2, 6 |
| .1 | 1, 4 |
| .2 | 1, 1, 1, 3, 3, 4, 5, 5, 5, 6, 9 |
| .3 | 0, 0, 2, 2, 2, 3, 3, 3, 3, 4, 4, 5, 5, 5, 6, 6, 7, 8, 9 |
| .4 | 0, 1, 2, 2, 2, 3, 4, 4, 4, 5, 5, 5, 7, 8, 8, 8, 9, 9 |
| .5 | 2, 5, 6 |

(a) 표본평균을 구하라.
(b) 표본중앙값을 구하라.
(c) 표본표준편차를 구하라.
(d) 이 데이터는 근사정규로 판단되는가?
(e) 평균에서 표준편차 이내의 범위에 몇%의 데이터 값이 포함되어 있는가?

**26** 다음은 버클리 소재 캘리포니아 주립대학의 산업공학과 대학원에 최근 입학한 30명의 학생들의 평점 평균이다.

3.46, 3.72, 3.95, 3.55, 3.62, 3.80, 3.86, 3.71, 3.56, 3.49, 3.96, 3.90, 3.70, 3.61, 3.72, 3.65, 3.48, 3.87, 3.82, 3.91, 3.69, 3.67, 3.72, 3.66, 3.79, 3.75, 3.93, 3.74, 3.50, 3.83

(a) 이 데이터를 줄기-잎 도표로 표현하라.
(b) 표본평균 $\bar{x}$를 계산하라.
(c) 표본표준편차 $s$를 계산하라.
(d) $\bar{x} \pm 1.5s$ 범위에 포함되는 데이터 값들의 비율을 구하고 이를 체비셰프 부등식에 의해 주어지는 하한선과 비교하라.
(e) $\bar{x} \pm 2s$ 범위에 포함되는 데이터 값들의 비율을 구하고 이를 체비셰프 부등식에 의해 주어지는 하한선과 비교하라.

**27** 문제 26의 데이터는 근사정규로 판단되는가? 문항 (d), (e)에 대해 경험적 규칙에 의해 주어지는 근사 비율과 실제 비율을 비교하라.

**28** 어떤 헬스클럽의 회원들의 몸무게에 대한 히스토그램은 정규 근사를 보일 것으로 예상할 수 있는가?

**29** 문제 16의 데이터를 사용하여 다음 질문들에 답하라.

(a) 표본평균과 표본중앙값을 계산하라.
(b) 이 데이터는 정규 근사인가?
(c) 표본표준편차 $s$를 계산하라.
(d) $\bar{x} \pm s$범위에 포함되는 데이터 값들의 백분율을 구하라.
(e) 문항 (d)의 답과 경험적 규칙에 의해 주어지는 비율을 비교하라.
(f) 문항 (d)의 답과 체비셰프 부등식에 의해 주어지는 하한선을 비교하라.

**30** 아래의 표는 시험 성적이 비슷한 어느 로스쿨 졸업생 12명의 키와 초봉을 조사한 결과이다.

| 키 | 초봉 |
|---|---|
| 64 | 91 |
| 65 | 94 |
| 66 | 88 |
| 67 | 103 |
| 69 | 77 |
| 70 | 96 |
| 72 | 105 |
| 72 | 88 |
| 74 | 122 |
| 74 | 102 |
| 75 | 90 |
| 76 | 114 |

(a) 위의 데이터에 대한 산포도를 그려라.
(b) 표본상관계수를 구하라.

**31** 무작위로 선택된 사람들에 대해 기립자세를 평가하였다. 또한, 각 사람이 지난 해 동안 척추통증을 경험한 날짜 수를 기록하였다. 연구자들의 예상과 달리 좋은 기립자세와 청추통증 일수 사이에 양의 상관관계가 관찰되었다. 이는 좋은 자세가 척추통증을 유발시킨다는 것을 의미하는가?

**32** 미국의 50개 주 각각에 대해 그 주 주민의 평균소득과 그 주에 사는 해외출생 이민자 수로 이루어지는 쌍체 데이터를 도표화하면, 이 데이터 쌍에서 양의 상관관계가 나타날 것이다. 이로부터 이민자들이 미국태생의 거주자들보다 소득이 더 높은 경향을 갖는다고 결론지을 수 있겠는가? 만일 그렇지 않다면, 이 현상을 어떻게 설명할 수 있을까?

**33** 12명의 고등학교 2학년생을 임의로 선정하여 주 당 평균 학습시간과 이 학생들의 평점을 조사한 결과가 아래의 표에 주어져 있다. 평균 학습시간과 평점 사이의 표본상관계수를 구하라.

| 시간 | 평점 |
|---|---|
| 6 | 2.8 |
| 14 | 3.2 |
| 3 | 3.1 |
| 22 | 3.6 |
| 9 | 3.0 |
| 11 | 3.3 |
| 12 | 3.4 |
| 5 | 2.7 |
| 18 | 3.1 |
| 24 | 3.8 |
| 15 | 3.0 |
| 17 | 3.9 |

**34** 표본상관계수의 성질 3을 증명하라.

**35** 표본상관계수의 성질 4를 증명하라.

**36** 초등학교 2학년에서 4학년까지의 아이들에 대한 어느 연구에서 연구자는 아이들에게 읽기시험을 치르게 하였다. 시험결과 데이터를 관찰한 결과 연구자는 읽기시험 점수와 키 사이에 양의 상관관계가 있음을 발견하였다. 이 연구자는 키가 큰 아이들일수록 칠판을 잘 볼 수 있어 읽기 능력이 향상된 것으로 결론지었다. 이에 대해 어떻게 생각하는가?

**37** 최근의 연구에서 모유를 먹고 자란 것과 6세에 치른 어휘시험 점수 사이에 양의 상관관계가 있음이 보고되었다. 이 연구의 해석에 대한 잠재적 문제점을 논하라.

**38** 소득이 각각 25, 32, 60, 40, 38, 50인 경우 로렌츠 곡선을 그리고 지니 지수를 구하라.

**39** 연 소득(천불 단위)에 대한 다음 빈도표에서 로렌츠 곡선을 그리고 지니 지수를 구하라.

| Value | Frequency |
|---|---|
| 30 | 2 |
| 50 | 4 |
| 60 | 5 |
| 90 | 4 |
| 100 | 3 |
| 120 | 2 |

**40** a) 양의 상수 c에 대해 모든 값의 c배를 할 경우 지니 지수는 어떻게 변할까?

b) 양의 상수 c에 대해 모든 값에 c를 더할 경우 지니 지수에 대해 증가, 감소, 동일하게 유지 또는 어느 것도 아니다 해당되는 것은?

# 제 3 장 확률론

## 3.1 개요

실험에서 발생하는 특정 사건에 대한 확률 개념에 대해서는 다양한 의미와 해석이 존재할 수 있다. 예를 들어 어느 지질학자가 "특정 지역의 석유 매장 가능성이 60%이다"라는 말을 하였다면, 우리 모두 이 말에 대한 직관적 의미를 이해할 것이다. 실제로 대부분의 사람들은 이 말을 다음의 둘 중 한 가지 상황을 상상하며 그에 따른 의미로 이해할 것이다.

1. 이 지질학자는 표면적 환경조건이 이 지역과 비슷한 지역들 중 60% 정도에서 석유가 매장되어 있을 것으로 생각한다.
2. 또는 이 지질학자는 이 지역에 석유가 매장되어 있지 않을 가능성보다는 석유가 매장되어 있을 가능성이 더 높으며, 0.6은 이 지역에 석유가 매장되어 있다는 가설에 대한 지질학자의 신념을 측정한 값이다.

사건의 확률에 대한 앞의 두 가지 해석을 확률에 대한 빈도 해석과 주관적 (또는 개인적) 해석이라고 한다. **빈도 해석**에서 어떤 실험에서 발생하는 특정 결과에 대한 확률은 그 결과가 갖는 "성질"로 간주된다. 이러한 성질은 연속적인 실험의 반복을 통해 결정될 수 있으며, 그러한 결과의 확률은 바로 그와 같은 결과가 나타나는 실험들의 비율에 해당한다. 이것이 과학자들 사이에서 가장 많이 이용되는 확률에 대한 해석이다.

**주관적 해석**에서 어떤 결과에 대한 확률은 그러한 결과가 갖는 성질로 간주되기보다는 그 확률에 대해 언급하는 사람이 그러한 결과가 발생할 가능성에 대한 신념에 관한 표현으로 간주된다. 따라서 주관적 해석에서 확률은 주관적 또는 개인적 개념이며, 자신의 신념 정도를 표현하는 이상의 아무런 의미도 없다. 확률에 대한 이러한 해석을 철학자들이나 경제 분야의 의사 결정론자들이 선호하는 경우가 종종 있다.

그러나 확률에 대해 어떤 해석을 적용하든지에 상관없이 확률에 관한 수리적 계산은 동일하다. 예를 들어 내일 비올 확률이 0.3이고 비는 오지 않고 흐리기만 할 확률이 0.2라고 생각한다면, 확률의 개념에 대한 해석 유형에 무관하게 흐리거나 비가 올 확률은 0.5라고 생각하는 것이다. 이 장에서는 확률론에서 사용되는 공인된 법칙, 즉 공리들을 소개한다. 그러나 이를 위한 준비단계로 먼저 표본공간과 실험에서 사건들에 대해 먼저 살펴볼 것이다.

## 3.2 표본공간과 사건

결과를 미리 확실하게 예측할 수 없는 어떤 실험이 있다고 하자. 비록 이 실험의 결과를 미리 알 수는 없지만, 가능한 모든 결과의 집합은 알려져 있다고 가정하자. 어떤 실험의 가능한 모든 결과로 이루어지는 이와 같은 집합을 **표본공간(sample space)**이라고 하며 $S$로 나타낸다. 몇 가지 예를 들어보자.

1. 어떤 실험 결과가 신생아의 성별을 결정하는 것이라면, 표본공간은 다음과 같이 주어진다.

$$S = \{g, b\}$$

   여기에서 결과 $g$는 여자아이를 의미하며 $b$는 남자아이를 의미한다.

2. 실험이 1, 2, 3, 4, 5, 6, 7 등의 번호를 갖는 7 마리의 경주마의 경주 결과를 정하는 것이라면, 표본공간은 다음과 같이 주어진다.

$$S = \{(1,2,3,4,5,6,7)\text{ 의 모든 순열}\}$$

   예를 들어 (2, 3, 1, 6, 5, 4, 7)라는 결과는 2번 말이 1등, 3번 말이 2등, 1번 말이 3등 등의 결과를 의미한다.

3. 환자 상태가 양호해질 때까지의 복용량을 정하기 위한 실험을 하고 있다고 하자. 가능한 표본공간의 하나는 모든 양수를 포함하는 것으로 다음과 같이 주어진다.

$$S = (0, \infty)$$

   여기에서 결과가 $x$라는 것은 환자가 복용량이 $x$일 때는 반응하지만 그보다 적은 양에는 반응하지 않음을 나타낸다.

표본공간의 임의의 부분집합 $E$를 **사건(event)**이라고 부른다. 즉, 사건이란 실험의 가능한 결과들로 이루어지는 임의의 집합이다. 실험 결과가 $E$에 속할 경우 $E$가 발생하였다고 말한다. 다음에 몇 가지 사건의 예를 들어본다.

위의 예 1에서 $E = \{g\}$는 태어난 아이가 여자아이인 사건을 나타낸다. 마찬가지로 $F = \{b\}$는 태어난 아이가 남자아이인 사건을 나타낸다.

앞선 예 2에서 $E = \{S$의 결과들 중 3으로 시작하는 모든 결과$\}$는 3번 말이 우승하는 사건을 나타낸다.

표본공간 $S$의 임의의 두 사건 $E$와 $F$에 대해, $E$와 $F$의 **합사건(union)**이라고 불리는 새로운 사건 $E \cup F$는 $E$나 $F$에 속하거나 $E$와 $F$에 공통으로 속하는 모든 결과로 이루어지는 사건으로 정의된다. 즉, $E$ 또는 $F$가 발생할 경우 사건 $E \cup F$가 발생한다. 예를 들어 앞의 예 1에서 $E = \{g\}$이고 $F = \{b\}$이면, $E \cup F = \{g, b\}$가 된다. 즉, $E \cup F$는 전체 표본공간

$S$와 같아진다. 예 2에서 $E$ = {6으로 시작하는 모든 결과}는 6번 말이 우승하는 사건이고 $F$ = {6이 두 번째 위치에 나타나는 모든 결과}는 6번 말이 2등으로 들어오는 사건이면, $E \cup F$는 6번 말이 1등 또는 2등으로 들어오는 사건을 나타낸다.

마찬가지로 임의의 두 사건 $E$와 $F$에 대해, $E$와 $F$의 **곱사건(intersection)**이라고 불리는 새로운 사건 $EF$는 $E$와 $F$에 공통으로 속하는 모든 결과로 이루어지는 사건으로 정의된다. 즉, $E$와 $F$가 모두 발생할 경우 사건 $EF$가 발생한다. 예를 들어 앞의 예 3에서 $E = (0, 5)$는 필요한 복용량이 5 미만인 사건이며 $F = (2, 10)$은 필요한 복용량이 2와 10 사이인 사건일 경우, $EF = (2, 5)$는 필요한 복용량이 2와 5 사이인 사건을 나타낸다. 예 2에서 $E$ = {5로 끝나는 모든 결과}는 5번 말이 마지막으로 들어오는 사건이고 $F$ = {5로 시작하는 모든 결과}는 5번 말이 1등으로 들어오는 사건이면, $EF$는 어떤 결과도 포함할 수 없으며 따라서 발생할 수가 없다. 이러한 사건을 **공사건(null event)**이라고 부르며 $\varnothing$로 표시한다. 따라서 $\varnothing$는 어떤 결과도 포함하지 않는 사건을 가리킨다. $EF = \varnothing$이면 $E$와 $F$가 동시에 발생할 수는 없음을 의미하며, 이때 $E$와 $F$는 **상호배반(mutually exclusive)**이라고 한다.

임의의 사건 $E$에 대해, $E$의 **여사건(complement)**이라고 불리는 사건 $E^c$은 표본공간 $S$에서 $E$에 속하지 않는 모든 결과들로 이루어진 사건으로 정의된다. 즉, $E$가 발생하지 않을 경우 $E^c$가 발생할 것이다. 앞의 예제 1에서 $E = \{b\}$가 태어난 아이가 남자아이인 사건을 나타낼 경우, $E^c = \{g\}$는 태어난 아이가 여자아이인 사건을 나타낸다. 또한, 실험에는 반드시 결과가 있게 마련이므로 $S^c = \varnothing$이 된다.

임의의 두 사건 $E$와 $F$에 대해 $E$ 안의 모든 결과가 $F$ 안에 속할 경우, $E$는 $F$에 포함된다고 표현하며 $E \subset F$라고 (또는 $F \supset E$라고) 표시한다. $E \subset F$이고 $F \subset E$이면, $E$와 $F$는 같다고 말하며 $E = F$와 같이 표시한다.

세 개 이상의 사건들에 대해서도 합사건과 곱사건을 정의할 수 있다. $E_1, E_2, \ldots, E_n$ 등의 사건들에 대한 합사건은 $E_1 \cup E_2 \cup \cdots \cup E_n$ 또는 $\cup_1^n E_i$로 표시되며, 최소한 하나의 $i = 1, 2, \ldots, n$에 대해 $E_i$에 속하는 모든 결과로 이루어지는 사건을 말한다. 마찬가지로 $E_1, E_2, \ldots, E_n$ 등의 사건들에 대한 곱사건은 $E_1E_2\cdots E_n$으로 표시되며, 모든 $i = 1, 2, \ldots, n$에 대해 $E_i$에 속하는 결과들로 이루어지는 사건을 말한다. 즉, 사건 $E_i$ 중의 최소한 하나가 발생할 때 $E_i$의 합사건이 발생하며, 모든 사건 $E_i$가 발생할 때 곱사건이 발생하는 것이다.

## 3.3 벤 다이어그램과 사건들에 대한 대수 법칙

**벤 다이어그램(Venn diagram)**은 사건들 사이의 논리적 관계를 그림으로 설명하는 데 매우 유용한 사건의 도식화 표현이다. 표본공간 $S$는 큰 직사각형 안의 모든 점들을 포함하는 것으로 표현되며, 사건 $E, F, G, \ldots$ 등은 $S$를 나타내는 직사각형 안의 특정 원 안의 모든 점들을 포함하는 것으로 표현된다. 관심 대상인 사건은 다이어그램 상의 해당 영역들을 음영 처리 함으로써 표시된다. 예를 들면, 그림 3.1에 보이고 있는 세 개의 벤 다이어그램에서 음영처리 된 영역들은 각기 사건 $E \cup F$, $EF$, $E^c$ 등을 나타낸다. 그림 3.2의 벤 다이어그램은 $E \subset F$를 나타낸다.

사건들에 대한 합사건, 곱사건, 여사건 등을 형성하는 연산은 대수 법칙과 유사한 법칙들을 따른다. 이들 중 몇 개를 살펴보면 다음과 같다.

| | | |
|---|---|---|
| 교환법칙 | $E \cup F = F \cup E$ | $EF = FE$ |
| 결합법칙 | $(E \cup F) \cup G = E \cup (F \cup G)$ | $(EF)G = E(FG)$ |
| 분배법칙 | $(E \cup F)G = EG \cup FG$ | $EF \cup G = (E \cup G)(F \cup G)$ |

이러한 관계들을 증명하기 위해서는 등식의 왼쪽에 있는 사건에 속하는 임의의 결과가 오른쪽의 사건에도 속한다는 사실과 그 역을 보이면 된다. 이를 보이는 한 가지 방법이 벤 다이어그램을 사용하는 것이다. 예를 들면, 분배법칙은 그림 3.3에서 보이고 있는 일련의 다이어그램을 통해 증명될 수 있다.

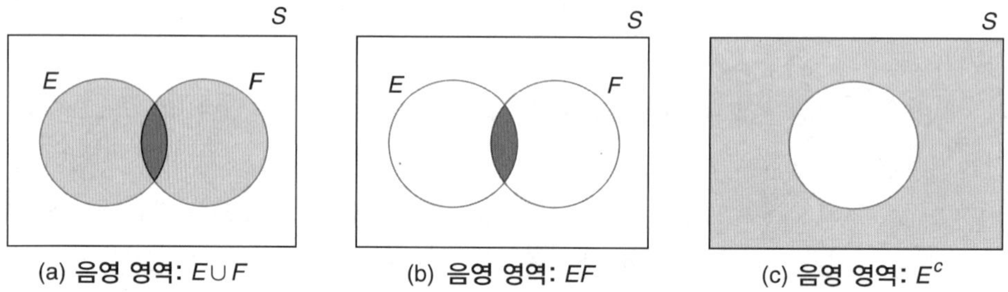


**그림 3.1** 벤 다이어그램

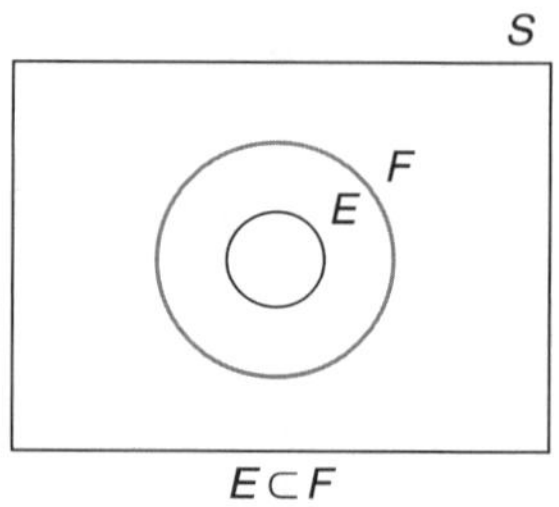


**그림 3.2** 벤 다이어그램

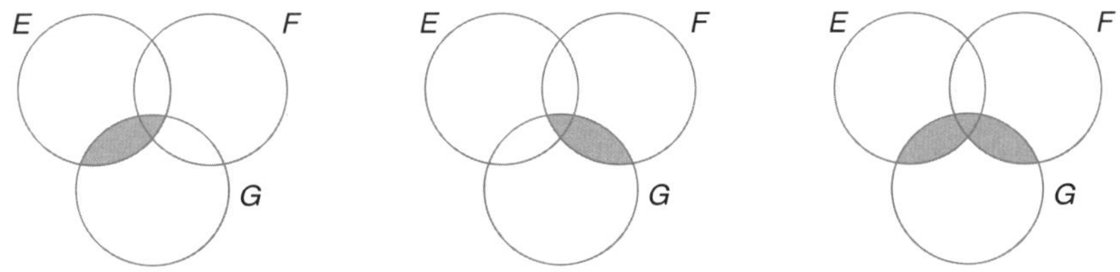


(a) 음영 영역: $EG$　(b) 음영 영역: $FG$　(c) 음영 영역: $(E \cup F)G$
$(E \cup F)G = EG \cup FG$

**그림 3.3** 분배법칙의 증명 (A) $EG$, (B) $FG$, (C) $(E \cup F)G = EG \cup FG$

사건들에 대한 합사건, 곱사건, 여사건을 형성하는 세 가지 기본 연산들 사이의 유용한 다음 관계를 **드 모르강 법칙(DeMorgan's laws)**이라고 한다.

$$(E \cup F)^c = E^c F^c$$
$$(EF)^c = E^c \cup F^c$$

## 3.4 확률에 대한 공리

정확히 동일한 조건 하에서 연속적으로 어떤 실험을 반복하면, 임의의 사건 $E$에 대해 실험 결과가 $E$에 포함되는 횟수의 비율은 반복횟수가 증가함에 따라 어떤 상수에 접근하게 된다는 것이 경험적으로 알려진 사실이다. 예를 들어 동전을 연속적으로 던지면, 앞면이 나오는 비율은 던진 횟수가 증가함에 따라 어떤 값에 접근할 것이다. 우리가 종종 사건의 확률에 대해 말할 때 염두에 두는 것은 바로 빈도의 극한값인 이러한 상수이다.

순수한 수학적 관점에서 볼 때, 표본공간이 $S$인 어떤 실험에서 각 사건 $E$에 대해 아래의 세 공리에 부합되는 숫자가 존재하며 이를 $P(E)$로 표시한다.

**공리 1**

$$0 \le P(E) \le 1$$

**공리 2**

$$P(S) = 1$$

**공리 3**

상호배반인 사건들 $E_1, E_2, \ldots$(즉, $i \neq j$일 때 $E_i E_j = \varnothing$가 되는 사건들)에 대해 다음이 성립한다.

$$P\left(\bigcup_{i=1}^{n} E_i\right) = \sum_{i=1}^{n} P(E_i), \qquad n = 1, 2, \ldots, \infty$$

여기서 $P(E)$를 사건 $E$에 대한 확률이라고 부른다.

공리 1은 실험의 결과가 $E$ 안에 포함될 확률이 0과 1 사이의 어떤 숫자임을 나타낸다. 공리 2는 실험의 결과가 표본공간 $S$의 원소가 될 확률은 1이라는 사실을 나타낸다. 공리 3은 상호배반인 사건들의 집합에 대해 이들 중 최소한 한 개의 사건이 발생할 확률은 이들의 개별 확률의 합과 같다는 사실을 나타낸다.

$P(E)$를 실험이 반복되는 횟수가 많을 때의 사건 $E$에 대한 상대빈도로 해석할 경우, $P(E)$는 실제로 위의 공리들을 만족하게 된다. 예를 들면, 실험 결과가 $E$ 안에 포함되는 횟수의 비율은 (또는 상대빈도는) 당연히 0과 1 사이이며, 실험 결과가 $S$ 안에 포함되는 횟수의 비율은 (모든 결과는 S에 속하므로) 1이다. 또한, $E$와 $F$가 공통의 결과를 포함하지 않는다면, 결과가 $E$나 $F$에 속하는 비율은 각각의 상대빈도의 합과 같다. 마지막 사실을 설명하기 위해, 한 쌍의 주사위를 굴리는 실험에서 $E$는 합이 2, 3, 또는 12인 사건을 나타내고 $F$는 합이 7 또는 11인 사건을 나타낸다고 하자. 사건 $E$는 전체의 11%만큼 발생하며 사건 $F$는 22%만큼 발생한다면, 2, 3, 12, 7, 또는 11이 되는 결과는 전체의 33%만큼 발생할 것이다.

이제 위의 공리들을 사용하여 확률에 관한 두 개의 간단한 정리들을 증명할 것이다. 먼저 $E$와 $E^c$는 항상 상호배반이며, 따라서 $E \cup E^c = S$이므로 공리 2와 공리 3에 의해 다음과 같은 결과를 갖는다

$$1 = P(S) = P(E \cup E^c) = P(E) + P(E^c)$$

이는 아래의 정리와 동치이다.

**정리 3.4.1**

$$P(E^c) = 1 - P(E)$$

즉, 정리 3.4.1은 어떤 사건이 발생하지 않을 확률은 1에서 그 사건이 발생할 확률을 뺀 것과 같다는 사실을 나타낸다. 예를 들어 동전을 던져 앞면이 나타날 확률이 $\frac{3}{8}$ 이면, 뒷면이 나타날 확률은 $\frac{5}{8}$ 라야 한다.

두 번째 정리는 두 사건의 합사건에 대한 확률을 개별 확률과 곱사건의 확률을 사용하여 그 관계를 표현하고 있다.

**정리 3.4.2**

$$P(E \cup F) = P(E) + P(F) - P(EF)$$

## 증명

이 정리는 그림 3.4에서 보이고 있듯이 벤 다이어그램을 사용하여 쉽게 증명할 수 있다. 영역 I, II, III 등은 상호배반이므로 다음 식들이 성립한다.

$$P(E \cup F) = P(\mathrm{I}) + P(\mathrm{II}) + P(\mathrm{III})$$
$$P(E) = P(\mathrm{I}) + P(\mathrm{II})$$
$$P(F) = P(\mathrm{II}) + P(\mathrm{III})$$

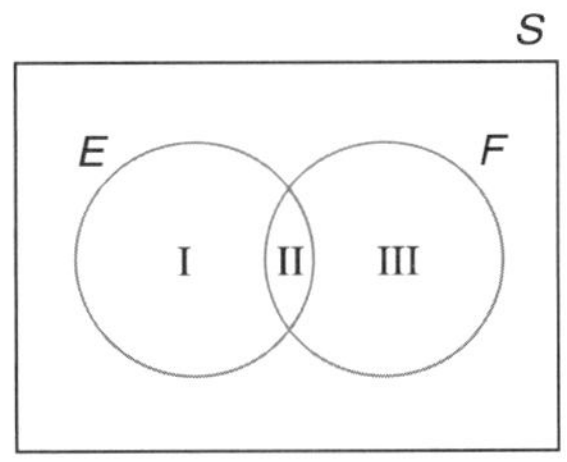


**그림 3.4** 벤 다이어그램

이로부터 다음 식을 얻을 수 있으며, $\mathrm{II} = EF$ 이므로 증명이 완료된다.

$$P(E \cup F) = P(E) + P(F) - P(\mathrm{II}) \quad ■$$

### ■ 예제 3.4a

28%의 네바다 거주 남성은 일반담배를 피우며, 6%는 시가를 피우고, 3%는 일반담배와 시가 모두를 피운다고 한다. 일반담배도 피우지 않고 시가도 피우지 않는 남성의 백분율은 얼마인가?

**풀이** 무작위로 선택된 남성이 일반담배 흡연자인 사건을 $E$라 하고 시가 흡연자인 사건을 $F$라고 하자. 이 경우 그 사람이 일반담배 또는 시가 흡연자일 확률은 다음과 같다.

$$P(E \cup F) = P(E) + P(F) = 0.28 + 0.6 - 0.03 = 0.31$$

따라서 그 사람이 흡연자가 아닐 확률이 $1 - 0.31 = 0.69$가 되며, 이는 남성 중 69%는 일반담배도 시가도 피우지 않는다는 것을 의미한다. ■

어떤 사건 $A$의 **승산(odds)**은 다음과 같이 정의된다.

$$\frac{P(A)}{P(A^c)} = \frac{P(A)}{1 - P(A)}$$

따라서 사건 $A$의 승산은 $A$가 발생할 가능성이 발생하지 않을 가능성보다 얼마나 높은지를 알려준다. 예를 들어 $P(A) = 3/4$이면, $P(A)/(1 - P(A)) = 3$이 되며, 따라서 $A$의 승산은 3이 된다. 즉, $A$가 발생할 확률은 그렇지 않을 확률에 비해 3배이다.

## 3.5 균등 확률 결과들로 이루어지는 표본공간

실험에서 표본공간 안의 각 점들의 발생 확률은 균등한 것으로 가정하는 경우가 많다. 즉, 유한한 크기의 표본공간 $S = \{1, 2, \ldots, N\}$에 대해, 종종 다음과 같이 가정한다.

$$P(\{1\}) = P(\{2\}) = \cdots = P(\{N\}) = p$$

공리 2와 3을 적용하면 다음과 같은 식이 성립한다.

$$1 = P(S) = P(\{1\}) + \cdots + P(\{N\}) = Np$$

이로부터 다음 식을 얻는다.

$$P(\{i\}) = p = 1/N$$

여기에 공리 3을 적용하면, 임의의 사건 $E$에 대해 다음과 같은 결과가 성립한다.

$$P(E) = \frac{E\text{ 안의 점의 개수}}{N}$$

즉, 실험의 각 결과가 균등한 확률로 발생할 것으로 가정한다면, 임의의 사건 $E$가 발생할 확률은 표본공간 상에서 $E$에 속하는 점들의 비율과 같다.

따라서 이러한 확률을 계산하기 위해 주어진 사건이 발생할 수 있는 서로 다른 방법들의 가지 수를 셀 수 있어야 하며, 이를 위해 아래의 법칙을 이용할 것이다.

### 셈의 기본원리

두 가지의 실험이 수행된다고 하자. 실험 1에서는 $m$개의 가능한 결과가 있고 실험 1의 각 결과에 대해 실험 2에서 $n$개의 가능한 결과가 존재한다면, 두 실험을 통해 $mn$개의 가능한 결과가 있게 된다.

### 셈의 기본원리에 대한 증명

셈의 기본원리는 아래와 같이 두 실험의 가능한 결과들을 모두 나열함으로써 증명될 수 있다.

$$\begin{array}{c}(1,1),\ (1,2), \ldots, (1,n)\\ (2,1),\ (2,2), \ldots, (2,n)\\ \vdots \\ (m,1),\ (m,2), \ldots, (m,n)\end{array}$$

여기에서 실험 1에서 $i$번째 가능한 결과가 발생하고 실험 2에서 $j$번째 가능한 결과가 발생하는 경우를 결과 $(i, j)$로 나타낸다. 따라서 가능한 모든 결과의 집합은 각기 $n$개의 원소를 갖는 $m$개의 행으로 이루어지며, 따라서 셈의 기본원리가 성립한다.

### 예제 3.5a

6개의 흰 구슬과 5개의 검은 구슬이 담겨 있는 그릇에서 두 개의 구슬을 "무작위로 꺼낸다." 하나는 흰 구슬이고 다른 하나는 검은 구슬일 확률은 얼마인가?

**풀이** 구슬들을 꺼내는 순서를 고려할 경우, 첫 번째 꺼내는 구슬은 11개 중의 어느 것이라도 될 수 있고 두 번째 구슬은 남아 있는 10개의 구슬 중 어느 것이라도 될 수 있으며, 따라서 표본공간은 $11 \cdot 10 = 110$개의 점으로 이루어진다. 그리고 첫 번째는 흰 구슬이 선택되고 두 번째는 검은 구슬이 선택되는 방법에는 $6 \cdot 5 = 30$가지가 있으며, 첫 번째는 검은 구슬이 선택되고 두 번째는 흰 구슬이 선택되는 방법에는 $5 \cdot 6 = 30$가지가 있다. 따라서 표본공간 안의 110개의 점들이 발생할 확률이 균등하다고 가정하면 구하고자 하는 확률은 다음과 같다.

$$\frac{30+30}{110} = \frac{6}{11} \quad \blacksquare$$

수행되는 실험이 세 가지 이상일 경우 셈의 기본원리는 다음과 같이 일반화될 수 있다.

---

**일반화된 셈의 기본원리**

수행해야 할 $r$가지의 실험이 있고, 실험 1에서는 $n_1$개의 가능한 결과가 있고 실험 1의 각 결과에 대해 실험 2에서 $n_2$개의 가능한 결과가 존재하고 실험 1, 2의 각 결과에 대해 실험 3에서 $n_3$개의 가능한 결과가 존재하고, 이와 같이 계속될 경우, $r$가지 실험을 통해 모두 $n_1 \cdot n_2 \cdots n_r$개의 가능한 결과가 있게 된다.

---

이에 대한 예로서 $n$개의 서로 다른 물건을 일렬로 배열할 수 있는 서로 다른 방법의 수를 구해보자. 예를 들면, 문자 $a$, $b$, $c$를 배열하는 서로 다른 순서는 몇 가지일까? 직접 배열해보면 *abc*, *acb*, *bac*, *bca*, *cab*, *cba* 등 6가지의 순서가 있음을 알 수 있다. 순서가 정해지는 배열 방법 각각을 **순열(permutation)**이라고 부른다. 따라서 3개의 물건들로 이루어진 집합의 경우 6개의 가능한 순열들이 존재한다. 이러한 결과는 셈의 기본원리를 통해서도 구할 수 있다. 순열 상의 첫 번째 물건은 셋 중의 어느 것이라도 될 수 있고, 순열 상의 두 번째 물건은 남아 있는 둘 중의 어느 것이라도 될 수 있으며, 순열 상의 세 번째 물건은 남아 있는 하나로 선택되어야 하기 때문에 $3 \cdot 2 \cdot 1 = 6$개의 가능한 순열이 존재하게 된다.

이제 $n$개의 물건들에 대한 경우를 생각해보자. $n$개의 물건들이 주어질 경우 유사한 추론을 통해 서로 다른 순열의 수를 다음과 같이 구할 수 있다.

$$n(n-1)(n-2) \cdots 3 \cdot 2 \cdot 1$$

위의 식을 표현하기 위한 기호로 $n!$을 사용하는데 "$n$ factorial"이라고 읽는다. 즉, 다음과 같이 정의한다.

$$n! = n(n-1)(n-2)\cdots 3\cdot 2\cdot 1$$

예를 들면, $1! = 1$, $2! = 2\cdot 1 = 2$, $3! = 3\cdot 2\cdot 1 = 6$, $4! = 4\cdot 3\cdot 2\cdot 1 = 24$ 등이다. 그리고 $0! = 1$로 정의한다.

### 예제 3.5b

조운즈는 책장에 10권의 책을 진열하려고 한다. 이 책들 중에 4권은 수학책, 3권은 화학책, 2권은 역사책, 1권은 언어책이다. 조운즈는 동일한 주제의 책들은 모아서 배열하고 싶어 한다. 가능한 배열 방법은 모두 몇 가지일까?

**풀이** 수학책, 화학책, 역사책, 언어책 등의 순서로 배열하는 방법은 모두 $4!3!2!1!$가지이다. 마찬가지로 주제들의 순서를 바꾸더라도 가능한 배열 방법은 $4!3!2!1!$가지가 있게 된다. 주제들의 순서를 정하는 방법이 $4!$가지이므로 구하는 답은 $4!4!3!2!1! = 6{,}912$이다. ■

### 예제 3.5c

6명의 남학생과 4명의 여학생이 확률론 수업을 듣는다. 시험을 치른 후 점수에 따라 학생들의 순위가 정해지는데, 둘 이상의 학생이 동일한 점수를 받은 경우가 없다고 하자. (a) 가능한 순위 배정 방법은 모두 몇 가지인가? (b) 모든 가능한 순위 배정의 확률이 균등할 경우, 최상위 4명이 모두 여학생일 확률은 얼마인가?

**풀이**

(a) 각 순위 배정 방법은 10명의 사람들을 순서에 따라 배열하는 방법에 해당하므로 이에 대한 답은 $10! = 3{,}628{,}800$이다.

(b) 여학생들에 대한 순위 배정 방법은 $4!$가지이며, 남학생들에 대한 순위 배정 방법은 $6!$가지이므로 셈의 기본원리를 적용하게 되면 최상위 4명이 모두 여학생인 경우는 $(6!)(4!) = (720)(24) = 17{,}280$가지이다. 따라서 구하고자 하는 확률은 다음과 같다.

$$\frac{6!4!}{10!} = \frac{4\cdot 3\cdot 2\cdot 1}{10\cdot 9\cdot 8\cdot 7} = \frac{1}{210} \quad ■$$

이제 $n$개의 물건들 중에서 $r$개를 선택하여 만들 수 있는 서로 다른 그룹이 몇 가지나 되는지 구해보기로 하자. 예를 들어 $A$, $B$, $C$, $D$, $E$ 등 5개의 물건들 중에서 3개를 선택하여 만들 수 있는 서로 다른 그룹은 모두 몇 가지나 되는가? 이러한 질문에 답하기 위해 다음과 같이 생각해볼 수 있다. 1번 항목을 선택하는 방법은 5가지이며, 2번 항목을 선택하는 방법은 4가지이고, 3번 항목을 선택하는 방법은 3가지이므로 순서까지 고려하면 3개의 물건으로 이루어지는 그룹을 선택하는 방법은 모두 $5\cdot 4\cdot 3$가지이다. 그러나 이 경우 3개의 물건으로 이루어지는 하나의 그룹을 $3 \cdot 2 \cdot 1 = 6$번 셈하게 된다. 예를 들면, $A$, $B$, $C$ 등의 항목들로 이루어지는 그룹에 대한 모든 순열 $ABC$, $ACB$, $BAC$, $BCA$, $CAB$, $CBA$ 등이 순서를 고려할 경우 각기 따로 포함된다. 따라서 서로 다른 그룹의 개수는 $(5 \cdot 4 \cdot 3)/(3 \cdot 2 \cdot 1) = 10$이다.

일반적으로 선택되는 순서를 고려할 경우 $n$개의 항목들 중 $r$개의 항목으로 이루어지는 그룹을 선택할 수 있는 방법의 수는 $n(n-1)\cdots(n-r+1)$이 되는데, 첫 번째 선택되는 항목이 $n$개 중 하나이고, 두 번째 선택되는 항목이 남아있는 $(n-1)$개 중 하나이고, 이후의 항목들에 대해서도 비슷하게 진행된다. 그리고 $r$개의 항목들로 이루어진 각 그룹이 $r!$번씩 셈에 포함되므로 $n$개의 항목들 중 $r$개의 항목으로 이루어지는 그룹의 수는 다음과 같게 된다.

$$\frac{n(n-1)\cdots(n-r+1)}{r!} = \frac{n!}{(n-r)!r!}$$

### 기호와 용어

$r \le n$에 대해 $\binom{n}{r}$을 다음과 같이 정의하고, 이를 $n$개의 물건들 중에서 $r$개를 택하는 **조합(combination)**의 개수라고 한다.

$$\binom{n}{r} = \frac{n!}{(n-r)!r!}$$

따라서 $\binom{n}{r}$은 크기가 $n$인 집합에서 순서를 고려하지 않고 택할 수 있는 크기가 $r$인 서로 다른 그룹의 수를 나타낸다. 예를 들면, 8명의 사람으로 이루어진 집합에서 선택할 수 있는 크기가 2인 서로 다른 그룹의 수는 다음과 같다.

$$\binom{8}{2} = \frac{8 \cdot 7}{2 \cdot 1} = 28$$

그리고 8명의 사람으로 이루어진 집합에서 선택할 수 있는 크기가 2인 서로 다른 그룹의 수는 다음과 같다.

$$\binom{10}{2} = \frac{10 \cdot 9}{2 \cdot 1} = 45$$

또한 $0! = 1$이므로 다음이 성립됨을 알 수 있다.

$$\binom{n}{0} = \binom{n}{n} = 1$$

### 예제 3.5d

6명의 남자와 9명의 여자로 이루어진 그룹에서 5명으로 이루어지는 위원회를 선택하고자 한다. 선택이 무작위로 이루어진다면, 이 위원회가 3명의 남자와 2명의 여자로 이루어질 확률은 얼마인가?

**풀이** "무작위 선택"은 $\binom{15}{5}$개의 가능한 조합 각각이 선택될 가능성이 동일함을 의미하는 것으로 가정하자. 3명의 남자를 선택하는 방법이 $\binom{6}{3}$이고 2명의 여자를 선택하는 방법이 $\binom{9}{2}$이므로 구하고자 하는 확률은 다음과 같이 주어진다.

$$\frac{\binom{6}{3}\binom{9}{2}}{\binom{15}{5}} = \frac{240}{1001} \quad \blacksquare$$

### 예제 3.5e

$n$개의 항목으로 이루어진 집합에서 크기가 $k$인 무작위 표본을 선택하고자 한다. 특정 항목이 선택된 표본에 속할 확률은 얼마인가?

**풀이** 지정된 항목을 포함하는 서로 다른 선택의 수는 $\binom{1}{1}\binom{n-1}{k-1}$이다. 따라서 특정 항목이 선택된 $k$개의 항목 중에 포함될 확률은 다음과 같다.

$$\binom{n-1}{k-1}\Big/\binom{n}{k} = \frac{(n-1)!}{(n-k)!(k-1)!}\Big/\frac{n!}{(n-k)!k!} = \frac{k}{n} \quad \blacksquare$$

### 예제 3.5f

6명의 흑인 선수와 6명의 백인 선수로 이루어진 농구팀이 있다. 숙소 배정을 위해 선수들을 두 명씩 짝짓고자 한다. 무작위로 짝을 선택할 경우, 어떤 흑인 선수들도 백인 선수와는 짝이 되지 않을 확률은 얼마인가?

**풀이** 먼저 6개의 쌍에 1번 쌍, 2번 쌍 등과 같이 번호를 부여하기로 한다. 1번 쌍을 선택하는 방법은 모두 $\binom{12}{2}$가지이며, 1번 쌍을 선택하는 각 방법에 대해 2번 쌍을 선택하는 방법은 $\binom{10}{2}$가지이며, 1, 2번 쌍을 선택하는 각 방법에 대해 3번 쌍을 선택하는 방법은 $\binom{8}{2}$가지이며, 나머지 쌍에 대해서도 이와 같이 진행된다. 따라서 일반화된 셈의 기본원리를 적용하면, 선수들을 1번 쌍, 2번 쌍, ... 등으로 나누는 방법의 수는 다음과 같음을 알 수 있다.

$$\binom{12}{2}\binom{10}{2}\binom{8}{2}\binom{6}{2}\binom{4}{2}\binom{2}{2} = \frac{12!}{(2!)^6}$$

따라서 선수들을 쌍들 사이의 순서를 고려하지 않고 6개의 쌍으로 나누는 방법의 수는 $(12)!/2^6 6!$가지이다. 동일한 원리로 백인 선수들끼리 쌍을 정하는 방법은 $6!/2^3 3!$가지이며 흑인 선수들끼리 쌍을 정하는 방법 또한 $6!/2^3 3!$가지이므로, 흑인 선수와 백인 선수가 짝이 되지 않는 방법의 수는 $(6!/2^3 3!)^2$가지가 된다. 따라서 모든 결과에 대한 가능성이 균등하도록 무작위로 쌍들을 선택할 경우, 구하고자 하는 확률은 다음과 같다.

$$\left(\frac{6!}{2^3 3!}\right)^2 \bigg/ \frac{(12)!}{2^6 6!} = \frac{5}{231} = .0216$$

따라서 무작위로 쌍들을 선택할 경우 백인 선수와 흑인 선수가 방을 함께 사용하게 될 확률은 대략 100분의 2 정도이다. ■

### 예제 3.5g

어떤 방에 $n$명의 사람이 있을 경우, 이들 중 어느 두 사람도 같은 날에 생일을 맞지 않을 확률은 얼마인가? 이 확률이 $\frac{1}{2}$ 보다 작기 위해서는 $n$이 얼마 이상이 되어야 하나?

**풀이** 각 사람의 생일은 365일 중의 하루이므로 가능한 결과의 수는 $(365)^n$이 된다(여기에서 2월 29일 생의 가능성은 무시하기로 한다). 그리고 어느 두 사람도 같은 날에 생일을 맞지 않는 결과의 수는 $(365)(364)(363)\cdots(365 - n + 1)$가 되는데, 이는 첫 번째 사람의 경우 365일 중 어느 날이라도 생일이 될 수 있으며, 두 번째 사람은 나머지 364일 중 어느 날이라도 생일이 될 수 있으며, 세 번째 사람은 나머지 363일 중 어느 날이라도 생일이 될 수 있으며, 나머지 사람들에 대해서도 이와 같이 계산될 수 있기 때문이다. 따라서 각 결과가 균등한 가능성을 갖는다면, 구하고자 하는 확률은 다음과 같다.

$$\frac{(365)(364)(363)\cdots(365 - n + 1)}{(365)^n}$$

다소 의외의 사실은 $n \geq 23$일 경우 이 확률이 $\frac{1}{2}$ 보다 작다는 것이다. 즉, 한 방에 23명 이상의 사람이 있을 경우 적어도 이들 중 두 사람이 같은 생일을 가질 확률이 $\frac{1}{2}$ 을 넘게 된다. 23은 연중 일수인 365에 비해 훨씬 작기 때문에 이 사실을 처음 접할 때 의외라고 생각하는 사람들이 많다. 그러나 두 사람의 생일이 같을 확률이 $\frac{365}{(365)^2} = \frac{1}{365}$ 이며, 23명의 사람들에서 2명을 선택하는 방법의 수는 $\binom{23}{2} = 253$이라는 것을 생각해보면, 이러한 결과는 크게 놀랄만한 것은 아니다. ■

## 3.6 조건부 확률

이 절에서는 확률론에서 가장 중요한 개념 중 하나인 **조건부 확률**을 소개한다. 조건부 확률은 두 가지 측면에서 중요하다. 첫째, 실험의 결과에 대한 어떤 부분적 정보만 주어진 상태에서 확률을 계산하거나 또는 추가적인 정보가 주어진 상태에서 확률을 다시 계산하는 경우가 종종 있다. 이러한 상황에서 계산하는 확률이 조건부 확률이다. 둘째, 어떤 사건에 대한 확률을 계산하는 가장 쉬운 방법이 어떤 2차적 사건의 발생 여부를 "조건"으로 이용하는 경우들이 종종 있다.

조건부 확률의 이해를 위해 한 쌍의 주사위를 던지는 경우를 생각해보자. 이 실험의 표본공간 $S$는 36개의 결과로 이루어지는 다음과 같은 집합이 될 수 있다.

$$S = \{(i, j), \quad i = 1, 2, 3, 4, 5, 6, \quad j = 1, 2, 3, 4, 5, 6\}$$

여기에서 결과 $(i, j)$는 첫 번째 주사위의 $i$번 면이 나타나고 두 번째 주사위의 $j$번 면이 나타나는 경우를 나타낸다. 36가지 가능한 결과 각각이 발생할 가능성이 균등하며 그 확률이 $\frac{1}{36}$이라고 하자(이 경우 주사위는 공정하다고 표현된다). 그리고 첫 번째 주사위에서는 3번 면이 나타났다고 하자. 이러한 정보가 주어져 있을 때, 두 주사위의 합이 8일 확률은 얼마일까? 이러한 확률을 계산하기 위해 다음과 같이 생각해볼 수 있다. 첫 번째 주사위의 면이 3을 나타낼 경우, 이 실험에는 (3, 1), (3, 2), (3, 3), (3, 4), (3, 5), (3, 6)의 6가지 가능한 결과가 존재할 수 있으며, 이들 각각은 동일한 확률을 가지고 있다.
즉, 첫 번째 주사위 면이 3일 경우, (3, 1), (3, 2), (3, 3), (3, 4), (3, 5), (3, 6)의 결과에 대한 각각의 (조건부) 확률은 $\frac{1}{6}$이 되며, 나머지 30가지 결과들에 대한 조건부 확률은 0이 된다. 따라서 구하고자 하는 확률은 $\frac{1}{6}$이다.

$E$와 $F$가 각기 두 주사위의 합이 8인 사건과 첫 번째 주사위의 면이 3인 사건을 표시한다면, 앞에서 구한 확률은 $F$가 발생하였다는 전제 하의 $E$에 대한 조건부 확률이라고 불리며, 다음과 같이 표시한다.

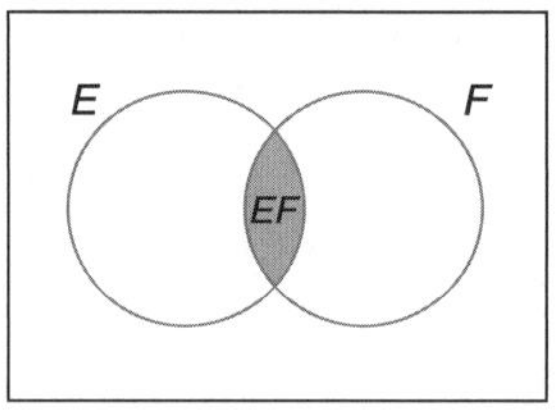


**그림 3.5** $P(E|F) = \dfrac{P(EF)}{P(F)}$

$$P(E|F)$$

모든 사건 $E$와 $F$에 대해 $P(E|F)$를 위해 유효한 일반적인 공식도 앞에서 기술한 것과 동일한 방식으로 유도된다. 즉, 사건 $F$가 발생하는 경우 사건 $E$가 발생하기 위해서는 실제 발생 결과가 $E$와 $F$ 모두에 속하는 점이어야 하며, 따라서 그 점은 $EF$에 속해야 한다. 이제 $F$가 이미 발생하였음을 알고 있으므로 새로운 (축소된) 표본공간은 $F$가 되며, 따라서 사건 $EF$가 발생할 확률은 $F$의 확률에 대한 $EF$의 비와 같다. 즉, 다음과 같은 식으로 표현될 수 있다.

$$P(E|F) = \frac{P(EF)}{P(F)} \tag{3.6.1}$$

식 (3.6.1)은 $P(F) > 0$인 경우에만 유효하며, 따라서 $P(E|F)$는 $P(F) > 0$인 경우에만 정의된다는 사실을 유념하기 바란다(참고 : 그림 3.5).

식 (3.6.1)로 주어지는 조건부 확률에 대한 정의는 장기간에 걸친 상대빈도로서의 확률에 대한 해석에 부합된다. 이를 이해하기 위해 실험이 큰 숫자 $n$번만큼 반복되는 경우를 생각해 보자. 이 경우 $P(F)$는 장기간의 실험에서 $F$가 발생하는 비율이므로 $F$는 대략 $nP(F)$번 발생할 것이다. 비슷한 논리로 이러한 실험에서 $E$와 $F$ 모두 발생하는 횟수는 대략 $nP(EF)$번일 것이다. 따라서 결과가 $F$에 속하는 대략 $nP(F)$번의 실험 중에서 대략 $nP(EF)$번의 결과가 $E$에도 속할 것이다. 즉, 결과가 $F$에 속하는 실험에 대해 그 결과가 $E$에도 속하는 비율은 대략 다음과 같게 된다.

$$\frac{nP(EF)}{nP(F)} = \frac{P(EF)}{P(F)}$$

이러한 근사치는 $n$이 커질수록 정확해지므로 식 (3.6.1)은 $F$가 이미 발생해 있는 경우의 $E$에 대한 조건부 확률에 대한 적절한 정의가 된다.

### 예제 3.6a

어떤 통에 5개의 불량품 트랜지스터(사용 즉시 고장이 나는 제품), 10개의 부분 불량품 트랜지스터(두어 시간 사용 후에 고장이 나는 제품), 25개의 양품 트랜지스터가 들어있다고 하자. 이 통에서 무작위로 선택한 트랜지스터가 사용 즉시 고장이 나지 않는다면, 이 제품이 양품일 확률은 얼마인가?

**풀이** 이 트랜지스터가 사용 즉시 고장이 나지 않았으므로 5개의 불량품 중의 하나는 아니라는 것을 알 수 있으며, 따라서 구하고자 하는 확률은 다음과 같다.

$$\begin{aligned} &P\{\text{양품} \mid \text{불량품이 아님}\} \\ &\quad = \frac{P\{\text{양품, 불량품이 아님}\}}{P\{\text{불량품이 아님}\}} \\ &\quad = \frac{P\{\text{양품}\}}{P\{\text{불량품이 아님}\}} \end{aligned}$$

여기에서 마지막 등식이 성립하는 것은 양품인 트랜지스터는 양품인 동시에 불량품이 아니기 때문이다. 따라서 40개의 트랜지스터 각각을 선택할 가능성이 균등할 경우 다음 결과를 얻는다.

$$P\{\text{양품} \mid \text{불량품이 아님}\} = \frac{25/40}{35/40} = 5/7$$

축소된 표본공간을 사용해서도 이 확률을 유도할 수 있다. 즉, 선택된 트랜지스터가 불량품이 아니라는 것을 알고 있으므로 이 문제는 25개의 양품 트랜지스터와 10개의 부분 불량품 트랜지스터를 담고 있는 통에서 무작위로 선택된 트랜지스터가 양품일 확률을 계산하는 문제로 귀결된다. 이 확률은 명백히 $\frac{25}{35}$가 된다. ■

### 예제 3.6b

조운즈가 근무하는 기관에서는 아들이 있는 직원들을 위해 부자 만찬을 열어준다. 이들 직원들은 각기 가장 어린 아들과 함께 만찬에 초대받는다. 조운즈에게 두 명의 자식이 있고 부자 만찬에 초대받았다면, 두 자식이 모두 아들일 조건부 확률은 얼마인가? 표본공간 $S$는 $\{(b, b), (b, g), (g, b), (g, g)\}$이며 모든 결과는 균등한 가능성을 갖는다고 가정한다[예를 들어 $(b, g)$는 어린 아이가 아들이며 위의 아이가 딸임을 의미한다].

**풀이** 조운즈가 부자 만찬에 초대받았다는 사실은 조운즈의 자식 중 적어도 한 명은 아들이라는 사실과 동치이다. 따라서 두 자식 모두 아들인 사건을 $B$로 표시하고 두 자식 중 적어도 한 명은 아들인 사건을 $A$로 표시하면, 구하고자 하는 확률 $P(B|A)$는 다음과 같이 주어진다.

$$\begin{aligned} P(B|A) &= \frac{P(BA)}{P(A)} \\ &= \frac{P(\{(b,b)\})}{P(\{(b,b),(b,g),(g,b)\})} \\ &= \frac{\frac{1}{4}}{\frac{3}{4}} = \frac{1}{3} \end{aligned}$$

적어도 한 명이 아들이라는 사실이 주어져 있을 경우 두 명 모두 아들일 조건부 확률을 $\frac{1}{3}$ 대신 $\frac{1}{2}$로 잘못 계산하는 사람들이 많이 있는데, 아마 만찬에 참석하지 않는 조운즈의 자식이 아들인 경우와 딸인 경우의 확률이 동일한 것으로 생각했기 때문일 것이다. 이들의 실수는 바로 이 두 가지 확률이 동일한 것으로 가정한 것이다. 처음의 표본공간에 4개의 균등한 가능성을 갖는 결과가 포함되어 있었음을 상기하기 바란다. 이제 적어도 한 명의 자식이 아들이라는 정보는 결과가 $(g, g)$는 아님을 의미한다. 따라서 남아있는 것은 균등한 가능성을 갖는 $(b, b)$, $(b, g)$, $(g, b)$의 3가지 결과이며, 이는 만찬에 참석하지 않는 조운즈의 자식이 딸일 확률이 아들일 확률에 비해 2배나 높다는 것을 말해준다. ■

식 (3.6.1)의 양변을 $P(F)$로 곱하면 다음과 같은 식을 얻게 된다.

$$P(EF) = P(F)P(E|F) \tag{3.6.2}$$

식 (3.6.2)는 $E$와 $F$ 모두 발생할 확률은 $F$가 발생할 확률과 $F$가 이미 발생해 있는 경우에 $E$가 발생할 조건부 확률을 곱한 것과 같음을 의미한다. 곱사건에 대한 확률을 계산할 때 식 (3.6.2)가 유용하게 사용되는 경우가 종종 있으며, 다음 예를 통해 이를 확인할 수 있다.

### 예제 3.6c

페레즈 양은 자신이 근무하는 회사가 피닉스에 지점을 개설할 가능성이 30%라고 생각한다. 이 경우 자신이 새로운 지점의 지점장이 될 가능성이 60%일 것으로 믿고 있다. 페레즈가 피닉스 지점의 지점장이 될 확률은 얼마일까?

풀이 이 회사가 피닉스에 지점을 개설한다는 사건을 $B$로 표시하고 페레즈가 피닉스 지점의 지점장이 된다는 사건을 $M$으로 표시하면, 구하고자 하는 확률은 $P(BM)$이며 다음과 같이 구할 수 있다.

$$\begin{aligned} P(BM) &= P(B)P(M|B) \\ &= (.3)(.6) \\ &= .18 \end{aligned}$$

따라서 페레즈가 피닉스 지점의 지점장이 될 확률은 18%이다. ■

## 3.7 베이즈 공식

$E$와 $F$가 사건일 경우, $E$를 다음과 같이 표현할 수 있다.

$$E = EF \cup EF^c$$

이는 $E$에 속하기 위해서는 $E$와 $F$ 모두에 속하든지 $E$에 속하면서 $F$에는 속하지 말아야 하기 때문이다(참고: 그림 3.6). $EF$와 $EF^c$는 상호배반이므로 공리 3에 의해 다음 결과를 얻는다.

$$\begin{aligned} P(E) &= P(EF) + P(EF^c) \\ &= P(E|F)P(F) + P(E|F^c)P(F^c) \\ &= P(E|F)P(F) + P(E|F^c)[1 - P(F)] \end{aligned} \tag{3.7.1}$$

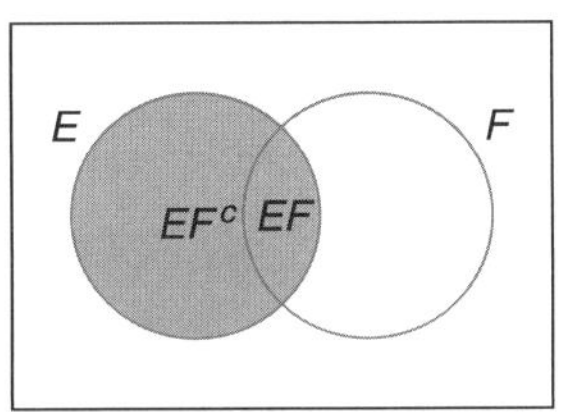


**그림 3.6** $E = EF \cup EF^c$

식 (3.7.1)이 말해주는 것은 사건 $E$에 대한 확률은 $F$가 발생했을 때의 $E$에 대한 조건부 확률과 $F$가 발생하지 않았을 때의 $E$에 대한 조건부 확률에 대한 가중평균이라는 것이다. 각 조건부 확률에 대한 가중치는 조건이 되는 사건의 발생 확률로 주어진다. 식 (3.7.1)을 사용함으로써 어떤 사건의 확률을 어떤 2차적 사건의 발생 여부에 따른 조건을 설정하는 방법으로 계산할 수 있으므로, 이 식은 종종 대단히 유용하게 사용될 수 있다. 이는 어떤 사건에 대한 확률을 직접 계산하기는 어렵지만 어떤 2차적 사건의 발생 여부를 알고 있을 때 훨씬 쉽게 계산할 수 있는 경우들도 많기 때문이다.

### 예제 3.7a

사람들을 사고를 당하기 쉬운 사람과 그렇지 않은 사람의 두 부류로 나눌 수 있다고 믿는 보험회사가 있다. 이들이 가진 통계에 의하면 사고를 당하기 쉬운 사람은 일 년 동안 사고를 당할 확률이 0.4인 반면, 그렇지 않은 사람의 경우 그 확률이 0.2로 줄어든다는 것이다. 인구의 30%가 사고를 당하기 쉬운 부류라고 한다면, 신규 보험가입자가 보험 가입 후 일 년 이내에 사고를 당할 확률은 얼마나 될까?

**풀이** 먼저 보험가입자가 사고를 당하기 쉬운지 여부에 따른 조건을 설정함으로써 구하고자 하는 확률을 계산할 수 있다. 보험가입자가 보험 가입 후 일 년 이내에 사고를 당하는 사건을 $A_1$으로 표시하고 보험가입자가 사고를 당하기 쉬운 부류인 사건을 $A$로 표시하기로 하자. 이때 구하고자 하는 확률 $P(A_1)$은 다음과 같이 주어진다.

$$\begin{aligned} P(A_1) &= P(A_1|A)P(A) + P(A_1|A^c)P(A^c) \\ &= (.4)(.3) + (.2)(.7) = .26 \quad ■ \end{aligned}$$

다음 일련의 예제들을 통해 새로운 정보가 추가되었을 때 처음의 확률 계산을 어떻게 재조정하는지 살펴볼 것이다. 즉, 갱신된 확률을 계산하기 위해 처음의 확률 계산에 새로운 정보를 어떻게 반영할 것인지를 보일 것이다.

### 예제 3.7b

쌍둥이에는 일란성과 이란성이 있다. 하나의 수정란이 유전적으로 동일한 두 개의 부분으로 분열될 때 일란성 쌍둥이가 생긴다. 따라서 일란성 쌍둥이는 항상 동일한 유전자 집합을 갖는다. 이란성 쌍둥이는 자궁 안에 두 개의 수정란이 착상될 때 생긴다. 이란성 쌍둥이의 유전적 연결성은 각기 다른 시기에 태어나는 형제의 경우와 다를 바 없다. LA 지역의 어떤 과학자는 해당 지역에서 태어나는 쌍둥이 중 일란성 쌍둥이의 비율을 파악하기 위해 통계학자에게 조사를 의뢰하였다. 처음에 통계학자는 지역 내 각 병원에 모든 쌍둥이의 출산과 일란성 여부를 기록하도록 요청하였다. 그러나 병원들에서는 이에 필요한 DNA 조사의 복잡성과 비용, 신생아 부모의 허락 문제 등의 이유로 이러한 작업이 간단하지 않음을 통보하였다. 숙고 후 통계학자는 병원들에 쌍둥이 출산과 성별의 동일성 여부만 기록하도록 요청하였다. 조사 결과는 대략 64 퍼센트의 쌍둥이가 동일 성별을 갖는 것으로 나타났으며, 통계학자는 쌍둥이 중 대략 28 퍼센트가 일란성 쌍둥이라고 선언하였다. 어떻게 이러한 결론에 도달할 수 있었을까?

**풀이** 통계학자는 일란성 쌍둥이는 항상 동일 성별을 갖는 반면, 이란성 쌍둥이가 동일 성별을 갖는 확률은 형제들이 동일 성별을 갖는 확률과 동일하며, 이는 1/2일 것으로 추론하였다. 이제 $I$는 쌍둥이가 일란성인 사건을 나타내며, $SS$는 쌍둥이가 동일한 성별인 사건을 나타낸다고 하자. 쌍둥이가 일란성인지 여부로 나누어 확률 $P(SS)$를 계산하는 식을 세워보면 다음과 같다.

$$P(SS) = P(SS|I)P(I) + P(SS|I^c)P(I^c)$$

즉,

$$P(SS) = 1 \times P(I) + \frac{1}{2} \times [1 - P(I)] = \frac{1}{2} + \frac{1}{2}P(I)$$

여기에 $P(SS) \approx 0.64$를 적용하면 다음의 결과를 얻는다.

$$P(I) \approx 0.28 \quad ■$$

### 예제 3.7c

예제 3.7a에서 신규 보험가입자가 보험 가입 일 년 이내에 사고를 당했다고 하자. 이 사람이 사고를 당하기 쉬운 부류일 확률은 얼마일까?

**풀이** 이 보험가입자가 보험을 들 당시 기준으로 사고를 당하기 쉬운 부류일 확률은 30%로 가정하였다. 즉, $P(A) = 0.3$. 그러나 일 년 이내에 사고를 당했다는 사실에 근거하여 이제 이 사람이 사고를 당하기 쉬운 부류일 확률은 다음과 같이 재조정된다.

$$\begin{aligned} P(A|A_1) &= \frac{P(AA_1)}{P(A_1)} \\ &= \frac{P(A)P(A_1|A)}{P(A_1)} \\ &= \frac{(.3)(.4)}{.26} = \frac{6}{13} = .4615 \quad ■ \end{aligned}$$

### 예제 3.7d

객관식 시험에서 문제에 답할 때 학생은 그 답을 알고 있거나 답을 추측한다. 학생이 답을 알고 있을 확률이 $p$, 추측할 확률이 $1 - p$라고 하자. 답을 추측하는 학생이 맞힐 확률은 $1/m$이라고 가정하는데, 여기에서 $m$은 선택 항목의 수를 나타낸다. 이 학생이 답을 맞혔을 때 그 문제의 답을 알고 있었을 조건부 확률은 얼마일까?

**풀이** 이 학생이 답을 맞히는 사건과 이 학생이 실제로 답을 알고 있는 사건을 각각 $C$와 $K$라고 하자. 구하고자 하는 확률

$$P(K|C) = \frac{P(KC)}{P(C)}$$

를 계산하기 위해 다음과 같은 사실이 이용된다.

$$\begin{aligned} P(KC) &= P(K)P(C|K) \\ &= p \cdot 1 \\ &= p \end{aligned}$$

이 학생이 답을 맞힐 확률을 계산하기 위해 이 학생이 답을 알고 있는지 여부를 조건으로 이용한다. 즉, 다음과 같은 계산을 수행한다.

$$\begin{aligned} P(C) &= P(C|K)P(K) + P(C|K^c)P(K^c) \\ &= p + (1/m)(1 - p) \end{aligned}$$

따라서 구하고자 하는 확률은 다음과 같이 주어진다.

$$P(K|C) = \frac{p}{p + (1/m)(1-p)} = \frac{mp}{1 + (m-1)p}$$

예를 들어 $m = 5$, $p = \frac{1}{2}$일 경우, 이 학생이 맞힌 문제의 답을 실제로 알고 있었을 확률은 $\frac{5}{6}$이다. ■

## 예제 3.7e

어떤 질병에 실제로 감염되었을 때 감염 사실을 99%의 정확도로 발견하는 혈액 검사가 있다. 그러나 이 검사는 건강한 사람을 감염자로 잘못 판정하는 경우도 1%나 된다(즉, 건강한 사람에 대한 검사에서 0.01의 확률로 시험 결과가 감염을 나타낸다). 전체 인구의 0.5%가 이 질병에 감염되어 있다고 할 때, 이 혈액 검사의 결과가 감염으로 판정되었다면 검사받은 사람이 실제로 감염되었을 확률은 얼마일까?

**풀이** 검사받은 사람이 감염되어 있는 사건을 $D$라고 하고 검사 결과가 양성인 사건을 $E$로 나타내기로 하자. 구하고자 하는 확률 $P(D|E)$를 다음과 같이 계산할 수 있다.

$$\begin{aligned} P(D|E) &= \frac{P(DE)}{P(E)} \\ &= \frac{P(E|D)P(D)}{P(E|D)P(D) + P(E|D^c)P(D^c)} \\ &= \frac{(.99)(.005)}{(.99)(.005) + (.01)(.995)} \\ &= .3322 \end{aligned}$$

따라서 시험 결과가 양성인 사람들 중 33% 정도만이 실제 이 질병에 감염되어 있다(이 혈액 검사는 상당히 정확해보이므로 훨씬 높은 수치를 기대하였기 때문에). 이러한 결과를 의외로 생각하는 학생들이 많이 있으며, 이들을 위해 앞의 수식만큼 엄밀하지는 않지만 이해에 도움이 될 수 있는 설명을 시도해보기로 한다.

인구의 0.5%가 실제로 이 질병에 감염되어 있으므로, 평균적으로 말해 200명이 검사받으면 그 중 한 명 정도가 실제 감염자이다. 이러한 사람에 대해 이 검사는 0.99의 확률로 감염 사실을 확인시켜 줄 것이다. 즉, 평균적으로 말해 200명이 검사받으면 0.99명의 사람이 이 질병에 감염되어 있음을 확인시켜 준다. 반면에 (평균적으로) 199명의 건강한 사람들 중 (199)(0.01)명이 이 질병에 감염되어 있다고 잘못 판정할 것이다. 따라서 이 검사는 0.99명의 실제 감염자를 올바르게 판정하는 동안 (평균적으로) 1.99명의 건강한 사람을 감염자로 잘못 판정한다. 따라서 이 시험 결과가 감염자로 판정할 경우 올바른 판정인 비율은 다음과 같다.

$$\frac{.99}{.99 + 1.99} = .3322$$ ■

어떤 사람의 (개인적) 확률을 추가 정보로 인해 재평가할 때도 식 (3.7.1)은 유용하게 이용될 수 있다.

### 예제 3.7f

범죄 수사의 어느 단계에서 담당 수사관은 어떤 혐의자의 유죄에 대해 60% 확신하고 있다고 하자. 이제 범인의 (왼손잡이, 대머리, 갈색 머리 등과 같은) 어떤 신체적 특징에 관한 증거가 추가로 드러났다고 하자. 만일 인구의 20%가 이와 같은 특징을 갖는다면, 혐의자가 그러한 그룹에 속할 경우 이 수사관은 혐의자의 유죄에 대해 얼마나 확신하게 되겠는가?

**풀이** 이 혐의자가 유죄인 사건을 $G$로 표시하고 이 혐의자가 범인의 특징을 갖는 사건을 $C$로 표시하면, 다음과 같은 결과를 얻는다.

$$P(G|C) = \frac{P(GC)}{P(C)}$$

또한 다음과 같은 계산 결과를 얻을 수 있다.

$$\begin{aligned} P(GC) &= P(G)P(C|G) \\ &= (.6)(1) \\ &= .6 \end{aligned}$$

이 혐의자가 범인의 특징을 가질 확률을 계산하기 위해 유죄 여부를 조건으로 이용하면, 다음과 같은 결과를 얻는다.

$$\begin{aligned} P(C) &= P(C|G)P(G) + P(C|G^c)P(G^c) \\ &= (1)(.6) + (.2)(.4) \\ &= .68 \end{aligned}$$

여기에서 이 혐의자가 실제로는 결백함에도 불구하고 범인의 특징을 가질 확률을 0.2와 같다고 가정하였는데, 이는 그러한 특징을 갖는 인구 비율에 해당한다. 따라서 다음의 계산을 통해 이제 그 수사관은 혐의자의 유죄에 대해 88% 정도 확신하게 될 것임을 알 수 있다.

$$P(G|C) = \frac{60}{68} = .882 \quad ■$$

### 예제 3.7f (계속)

이번에는 새로운 증거에 대한 해석을 좀 바꾸어 범인이 그와 같은 특징을 가질 가능성이 90%라고 하자. 이 경우 혐의자가 그러한 특징을 갖는다면 유죄일 가능성은 얼마나 되는가?

**풀이** 이 경우 상황은 전과 같지만 그 혐의자가 범인일 경우 그와 같은 특징을 가질 확률이 1이 아니라 0.9라는 점만 다르다. 따라서 이번에는 계산 결과가 다음과 같이 달라지며, 이 확률은 전의 경우보다 약간 작아진다. (왜 그럴까?)

$$\begin{aligned} P(G|C) &= \frac{P(GC)}{P(C)} \\ &= \frac{P(G)P(C|G)}{P(C|G)P(G) + P(C|G^c)P(G^c)} \\ &= \frac{(.6)(.9)}{(.9)(.6) + (.2)(.4)} \\ &= \frac{54}{62} = .871 \end{aligned}$$ ■

다음과 같은 방법으로 식 (3.7.1)을 일반화할 수 있다. $F_1, F_2, \ldots, F_n$이 다음 식을 만족하는 상호배반인 사건들이라고 하자.

$$\bigcup_{i=1}^{n} F_i = S$$

즉, $F_1, F_2, \ldots, F_n$ 등의 사건 중에서 정확히 하나만 발생해야 한다. 사건 $E$를 다음과 같이 쓸 수 있다.

$$E = \bigcup_{i=1}^{n} EF_i$$

위의 식과 사건 $EF_i (i = 1, \ldots, n)$가 상호배반이라는 사실을 이용하여 다음 결과를 얻을 수 있다.

$$\begin{aligned} P(E) &= \sum_{i=1}^{n} P(EF_i) \\ &= \sum_{i=1}^{n} P(E|F_i)P(F_i) \end{aligned} \tag{3.7.2}$$

따라서 식 (3.7.2)는 상호배반인 사건들인 $F_1, F_2, \ldots, F_n$에 대해 어느 $F_i$가 발생할지를 조건으로 이용하여 $P(E)$를 계산하는 방법을 알려준다. 즉, 이 식은 $P(E)$는 $P(E|F_i)$들에 대한 가중평균과 같음을 말해주고 있으며, 여기에서 각 $P(E|F_i)$에 대한 가중치는 사건 $E$의 조건으로 설정되는 사건에 대한 확률이다.

사건 $E$가 발생하였을 때 $F_j$ 중 어느 사건이 함께 발생하였는지 결정하는 문제를 생각해보자. 식 (3.7.2)를 사용하여 다음 결과를 얻을 수 있다.

$$\begin{aligned} P(F_j|E) &= \frac{P(EF_j)}{P(E)} \\ &= \frac{P(E|F_j)P(F_j)}{\sum_{i=1}^{n} P(E|F_i)P(F_i)} \end{aligned} \tag{3.7.3}$$

식 (3.7.3)은 영국의 철학자 베이즈(Thomas Bayes)의 이름을 따서 **베이즈 공식(Bayes' formula)**이라고 불린다. 사건 $F_j$ 들을 어떤 주제에 관한 "가설"들로 생각하면, 베이즈 공식은 실험 전에 가졌던 이러한 가설들에 관한 의견[즉, $P(F_j)$]을 실험 결과로 드러난 증거에 따라 어떻게 수정해야 할지 말해주는 것으로 해석될 수 있다.

### 예제 3.7g

실종된 비행기가 있는데, 세 지역 중에 어느 한 곳에 추락한 것으로 추정되며 각 지역에 대한 추락 확률은 동일하다고 한다. $i=1,\ 2,\ 3$에 대해 비행기가 $i$번 지역에 추락해 있을 때 수색을 통해 비행기를 발견할 확률을 $1-\alpha_i$로 표시하기로 하자(상수 $\alpha_i$는 비행기를 못보고 지나칠 확률을 나타내며, 해당 지역의 지리적 및 환경적 조건에 따라 정해진다). 1번 지역에 대한 수색이 실패했을 때, 각 $i=1,\ 2,\ 3$에 대해 비행기가 실제로 $i$번 지역에 있을 확률은 얼마인가?

**풀이** 비행기가 $i$번 지역에 있는 사건을 $R_i\ (i=1,\ 2,\ 3)$로 표시하고 1번 지역에 대한 수색이 실패인 사건을 $E$로 표시하기로 하자. 베이즈 공식을 사용하여 다음과 같은 결과를 얻을 수 있다.

$$\begin{aligned}
P(R_1|E) &= \frac{P(ER_1)}{P(E)} \\
&= \frac{P(E|R_1)P(R_1)}{\sum_{i=1}^{3} P(E|R_i)P(R_i)} \\
&= \frac{(\alpha_1)(1/3)}{(\alpha_1)(1/3)+(1)(1/3)+(1)(1/3)} \\
&= \frac{\alpha_1}{\alpha_1+2}
\end{aligned}$$

$j=2,\ 3$에 대한 결과는 다음과 같다.

$$\begin{aligned}
P(R_j|E) &= \frac{P(E|R_j)P(R_j)}{P(E)} \\
&= \frac{(1)(1/3)}{(\alpha_1)1/3+1/3+1/3} \\
&= \frac{1}{\alpha_1+2}, \qquad j=2,3
\end{aligned}$$

예를 들어 $\alpha_i=0.4$일 경우 비행기가 1번 지역에 대한 수색에서 발견되지는 않았지만 실제로 그 지역에 있었을 조건부 확률은 $\frac{1}{6}$이 된다. 반면에 2번 지역이나 3번 지역에 있었을 조건부 확률은 $\frac{1}{2.4}=\frac{5}{12}$가 된다. ■

## 3.8 독립사건

이 장의 이전 예제들을 통해 $F$가 주어진 상태에서 $E$에 대한 조건부 확률을 나타내는 $P(E|F)$는 일반적으로 $E$에 대한 무조건적 확률인 $P(E)$와 같지 않다는 것을 알 수 있다. 즉, $F$가 발생하였다는 사실을 알게 됨으로 인해 $E$의 발생 확률에 변화가 생긴다. $P(E|F)$가 실제로 $P(E)$와 같아지는 특별한 경우들이 있으며, 이때 $E$는 $F$와 독립이라고 말한다. 즉, $F$가 발생하였다는 사실을 알게 되더라도 $E$의 발생 확률에 아무런 변화가 없을 경우 $E$는 $F$와 독립이 된다.

$P(E|F)=P(EF)/P(F)$이므로 다음 식이 성립할 때, $E$는 $F$와 독립이다.

$$P(EF) = P(E)P(F) \tag{3.8.1}$$

위의 식은 $E$와 $F$에 대해 대칭이므로 $E$가 $F$에 대해 독립이면 $F$ 또한 $E$에 대해 독립이 된다. 따라서 다음과 같은 정의를 얻을 수 있다.

### 정의

두 사건 $E$와 $F$에 대해 식 (3.8.1)이 성립할 경우 이들은 서로 **독립(independent)**이라고 표현되며, 독립이 아닌 두 사건 $E$와 $F$는 서로 **종속(dependent)** 관계에 있다고 표현된다.

### 예제 3.8a

52장의 카드로 이루어진 카드 한 벌에서 무작위로 한 장의 카드를 선택한다고 하자. 선택된 카드가 에이스인 이벤트를 $A$로 표시하고 또 그 카드가 하트이면 $H$로 표시하기로 한다. $P(A)=\frac{4}{52}$이고 $P(H)=\frac{13}{52}$인 반면 $P(AH)=\frac{1}{52}$이므로 $A$와 $H$는 서로 독립임을 알 수 있다. ■

### 예제 3.8b

다음 대통령이 공화당원인 사건을 $E$로 표시하고 다음 해에 큰 지진이 발생하는 사건을 $F$로 표시할 경우 대부분의 사람들은 $E$와 $F$가 서로 독립일 것으로 생각할 것이다. 그러나 다음 2년 동안 경기후퇴가 발생하는 사건을 $G$로 표시한다면, $E$와 $G$가 서로 독립인지에 대해서는 아마 의견들이 일치하지 않을 것이다. ■

이제 $E$가 $F$에 대해 독립일 경우 $E$는 $F^c$에 대해서도 독립이 된다는 것을 보인다.

**정리 3.8.1** $E$와 $F$가 서로 독립이면, $E$와 $F^c$도 서로 독립이다.

### 증명

$E$와 $F$가 서로 독립이라고 가정하자. $E = EF \cup EF^c$이며 $EF$와 $EF^c$는 명백히 상호배반이므로 다음과 같은 결과를 얻을 수 있다.

$$\begin{aligned} P(E) &= P(EF) + P(EF^c) \\ &= P(E)P(F) + P(EF^c) \qquad E\text{와 } F\text{는 독립} \end{aligned}$$

위의 결과는 다음과 같이 고쳐 쓸 수 있으며 이로써 증명이 완료된다.

$$\begin{aligned} P(EF^c) &= P(E)(1 - P(F)) \\ &= P(E)P(F^c) \end{aligned}$$ ■

따라서 $E$가 $F$와 독립이면, $F$의 발생 여부에 대한 정보로 인해 $E$의 발생 확률에 변화가 일어나지 않는다.

이제 $E$가 $F$에 대해서도 독립이고 $G$에 대해서도 독립이라고 하자. 이 경우 $E$는 $FG$에 대해 항상 독립일까? 다소 의외이겠지만 이에 대한 대답은 아니오이다. 다음 예제를 살펴보기로 하자.

### 예제 3.8c

두 개의 공정한 주사위를 던진다고 하자. 이때 주사위의 합이 7인 사건을 $E_7$로 표시하기로 한다. 또한, 첫 번째 주사위가 4인 사건을 $F$, 두 번째 주사위가 3인 사건을 $T$로 표시한다. 이제 $E_7$은 $F$에 대해서도 독립이고 $T$에 대해서도 독립이지만(참고: 연습문제 36), ($P(E_7 \mid FT) = 1$이므로) $E_7$은 $FT$에 대해서는 독립이 아님을 증명할 수 있다. ■

앞의 예제로부터 세 개의 사건 $E$, $F$, $G$가 서로 독립이 되기 위해서는 단순히 이 사건들로부터의 $\binom{3}{2}$ 쌍들 모두가 독립이라는 가정 이상이 필요함을 알 수 있다. 이러한 사실에서 출발하여 다음과 같은 정의에 도달한다.

### 정의

다음 식들이 성립할 때 세 개의 사건 $E$, $F$, $G$는 서로 독립이다.

$$\begin{aligned} P(EFG) &= P(E)P(F)P(G) \\ P(EF) &= P(E)P(F) \\ P(EG) &= P(E)P(G) \\ P(FG) &= P(F)P(G) \end{aligned}$$

사건들 $E$, $F$, $G$가 서로 독립이면, $E$는 $F$와 $G$를 사용하여 만들어지는 어떤 사건에 대해서나 독립이라는 점에 유의하기 바란다. 예를 들면, $E$는 $F \cup G$에 대해 독립이 되는데 이는 다음과 같이 증명될 수 있다.

$$
\begin{aligned}
P(E(F \cup G)) &= P(EF \cup EG) \\
&= P(EF) + P(EG) - P(EFG) \\
&= P(E)P(F) + P(E)P(G) - P(E)P(FG) \\
&= P(E)[P(F) + P(G) - P(FG)] \\
&= P(E)P(F \cup G)
\end{aligned}
$$

물론 독립에 대한 정의는 네 개 이상의 사건들에 대해서도 확장될 수 있다. 사건들 $E_1$, $E_2, \ldots, E_n$의 모든 부분집합 $E_{1'}, E_{2'}, \ldots, E_{r'}$ $(r \le n)$에 대해 다음 식이 성립할 경우 $E_1$, $E_2$, $\ldots$, $E_n$은 서로 독립이다.

$$P(E_{1'}E_{2'} \cdots E_{r'}) = P(E_{1'})P(E_{2'}) \cdots P(E_{r'})$$

때로 확률 실험은 일련의 부분 실험들로 이루어지는 경우가 있다. 예를 들어 동전을 연속적으로 던지는 실험에서 한 번 동전을 던지는 일을 하나의 부분 실험으로 간주할 수 있다. 한 그룹의 부분 실험의 결과는 다른 부분 실험들의 결과에 전혀 영향을 미치지 않는 것으로 가정할 수 있는 경우도 많으며, 이러한 경우 부분 실험들은 서로 독립이라고 말한다.

### 예제 3.8d

$n$개의 분리된 요소로 이루어진 시스템에서 한 개의 요소라도 작동하면 시스템이 작동할 경우, 이러한 시스템을 병렬 시스템이라고 한다(참고 : 그림 3.7). 이러한 시스템에서 $i$번째 요소가 작동할 확률이 $p_i$일 경우($i = 1, \ldots, n$), 시스템이 작동할 확률은 얼마인가?

**풀이** $i$번째 요소가 작동하는 사건을 $A_i$로 표시하기로 하자. 그러면 다음과 같이 구하고자 하는 확률을 계산할 수 있다.

$$
\begin{aligned}
P\{\text{시스템이 작동함}\} &= 1 - P\{\text{시스템이 작동하지 않음}\} \\
&= 1 - P\{\text{요소들이 모두 작동하지 않음}\} \\
&= 1 - P\left(A_1^c A_2^c \cdots A_n^c\right) \\
&= 1 - \prod_{i=1}^{n}(1 - p_i) \quad \text{독립성에 의함}
\end{aligned}
$$ ■

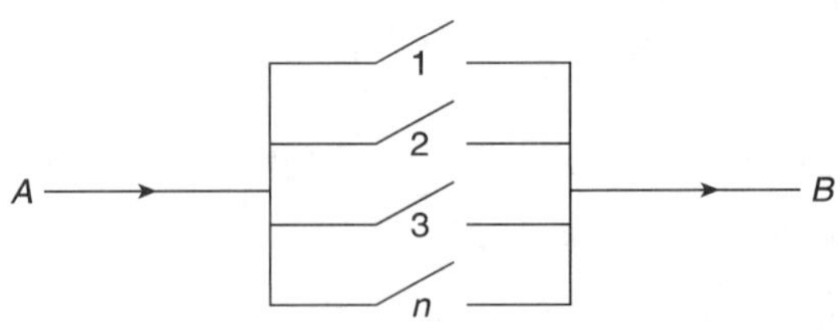


**그림 3.7** 병렬 시스템: 전기가 A에서 B로 흐를 때 작동한다.

### 예제 3.8e

$p_j$인 확률로 유형 $j$의 쿠폰을 선택하는 방법으로 모은 각기 서로 독립인 $k$장의 쿠폰 집합이 있다 ($\sum_{j=1}^{n} p_j = 1$). 이 집합에 유형 $i$의 쿠폰이 포함되어 있을 경우 이 집합에 유형 $j$의 쿠폰도 포함되어 있을 확률을 구하라($i \neq j$).

**풀이** 이 집합에 유형 $r$의 쿠폰이 포함되는 사건을 $A_r$로 표시하기로 하면, 다음과 같은 결과를 얻을 수 있다.

$$P(A_j|A_i) = \frac{P(A_jA_i)}{P(A_i)}$$

$P(A_i)$와 $P(A_jA_i)$를 계산하기 위해 이들의 여사건에 대한 확률을 이용한다.

$$\begin{aligned} P(A_i) &= 1 - P(A_i^c) \\ &= 1 - P\{\text{유형 } i \text{ 인 쿠폰은 없음}\} \\ &= 1 - (1 - p_i)^k \end{aligned}$$

$$\begin{aligned} P(A_iA_j) &= 1 - P(A_i^c \cup A_j^c) \\ &= 1 - [P(A_i^c) + P(A_j^c) - P(A_i^cA_j^c)] \\ &= 1 - (1 - p_i)^k - (1 - p_j)^k + P\{\text{유형 } i \text{ 또는 } j \text{인 쿠폰은 없음}\} \\ &= 1 - (1 - p_i)^k - (1 - p_j)^k + (1 - p_i - p_j)^k \end{aligned}$$

여기에서 맨 아래의 등식이 성립하는 것은 $k$장의 쿠폰 각각에 대해 유형 $i$도 아니고 유형 $j$도 아닐 확률은 각기 독립적으로 $1-p_i-p_j$이기 때문이다. 따라서 다음과 같은 결과를 얻는다.

$$P(A_j|A_i) = \frac{1 - (1 - p_i)^k - (1 - p_j)^k + (1 - p_i - p_j)^k}{1 - (1 - p_i)^k}$$ ■

## 연습문제

**01** 빨간색, 녹색, 파란색 등 세 개의 공깃돌이 들어있는 상자에서 한 개의 공깃돌을 꺼냈다가 도로 넣은 다음 두 번째의 공깃돌을 꺼내는 실험이 있다. 이 실험에 대한 표본공간을 기술하라. 또 첫 번째 공깃돌을 도로 넣지 않고 두 번째 공깃돌을 꺼내는 경우의 실험에 대한 표본공간을 기술하라.

**02** 동전 하나를 세 번 던지는 행위로 이루어지는 실험이 있다. 이 실험의 표본공간을 기술하라. 앞면의 수가 뒷면의 수보다 많은 실험에 해당하는 사건을 기술하라.

**03** $S = \{1, 2, 3, 4, 5, 6, 7\}$, $E = \{1, 3, 5, 7\}$, $F = \{7, 4, 6\}$, $G = \{1, 4\}$일 때, 다음 각 식을 계산하라.

(a) $EF$
(b) $E \cup FG$
(c) $EG^c$
(d) $EF^c \cup G$
(e) $E^c(F \cup G)$
(f) $EG \cup FG$

**04** 두 개의 주사위를 던졌을 때, 주사위의 합이 홀수인 사건은 $E$, 첫 번째 주사위가 1인 사건은 $F$, 합이 5인 사건은 $G$로 표시하기로 한다. $EF$, $E \cup F$, $FG$, $EF^c$, $EFG$ 등의 사건들에 대해 기술하라.

**05** 4개의 요소로 이루어진 시스템이 있는데, 각 요소는 작동하거나 고장 나 있을 수 있다. 각 요소의 상태를 관찰하는 것으로 이루어지는 실험의 결과를 $(x_1, x_2, x_3, x_4)$와 같은 벡터로 표시하는데, 여기에서 $x_i$는 요소 $i$가 작동하면 1, 고장 나 있으면 0이 된다.

(a) 이 실험의 표본공간에 들어있는 결과의 개수는 몇 개인가?
(b) 요소 1과 2 모두 작동하거나 요소 3과 4 모두 작동할 경우 시스템이 작동한다고 할 때, 시스템이 작동하는 사건 안의 모든 결과를 기술하라.
(c) 요소 1과 3이 모두 고장 나 있는 사건을 $E$로 표시하면, 사건 $E$ 안에 포함되는 결과의 개수는?

**06** 사건 $E$, $F$, $G$ 등에 대해 아래의 사건들을 나타내는 식을 구하라.

(a) $E$만이 발생한다.
(b) $E$와 $G$는 발생하지만 $F$는 발생하지 않는다.
(c) 세 개의 사건들 중 적어도 하나가 발생한다.
(d) 세 개의 사건들 중 둘 이상이 발생한다.
(e) 세 개의 사건 모두가 발생한다.
(f) 세 개의 사건 어느 것도 발생하지 않는다.

(g) 세 개의 사건들 중 많아야 하나가 발생한다.

(h) 세 개의 사건들 중 둘 이하가 발생한다.

(i) 세 개의 사건들 중 정확히 두 개가 발생한다.

(j) 세 개의 사건들 중 많아야 세 개가 발생한다.

**07** 다음의 사건들을 단순화시켜 간략히 표현하는 식을 구하라.

(a) $E \cup E^c$

(b) $EE^c$

(c) $(E \cup F)(E \cup F^c)$

(d) $(E \cup F)(E^c \cup F)(E \cup F^c)$

(e) $(E \cup F)(F \cup G)$

**08** 벤 다이어그램 또는 다른 방법을 사용하여 다음 사실들을 보여라.

(a) $EF \subset E, E \subset E \cup F$

(b) $E \subset F$이면, $F^c \subset E^c$이다.

(c) 교환법칙이 유효하다.

(d) 결합법칙이 유효하다.

(e) $F = FE \cup FE^c$

(f) $E \cup F = E \cup E^c F$

(g) 드 모르강 법칙이 유효하다.

**09** 아래의 벤 다이어그램에서 로마숫자 I에서 VII이 나타내는 각 사건을 $E$, $F$, $G$ 등을 사용하여 표시하라.

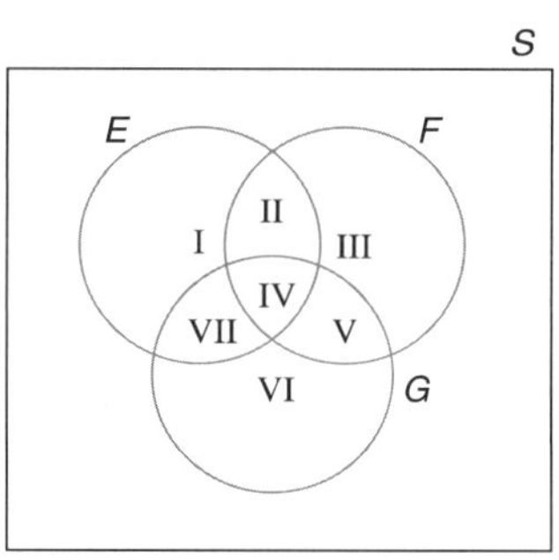


**10** $E \subset F$이면 $P(E) \leq P(F)$임을 보여라. [힌트 : $F$를 상호배반인 두 개의 사건의 합사건으로 표현하라(두 사건 중의 하나는 $E$로 둠)].

**11** 아래의 부울 부등식을 증명하라.

$$P\left(\bigcup_{i=1}^{n} E_i\right) \leq \sum_{i=1}^{n} P(E_i)$$

**12** $P(E) = .9$이고 $P(F) = .9$일 때, $P(EF) \geq .8$임을 보여라. 이를 일반화시킨 아래의 본페로니 부등식을 증명하라.

$$P(EF) \geq P(E) + P(F) - 1$$

**13** 다음 등식들을 증명하라.

(a) $P(EF^c) = P(E) - P(EF)$

(b) $P(E^cF^c) = 1 - P(E) - P(F) + P(EF)$

**14** 사건 $E$와 $F$ 중 정확히 하나가 발생할 확률은 다음과 같다는 것을 보여라.

$$P(E) + P(F) - 2P(EF)$$

**15** $\binom{9}{3}$, $\binom{9}{6}$, $\binom{7}{2}$, $\binom{7}{5}$, $\binom{10}{7}$ 등을 계산하라.

**16** 다음 사실을 보여라.

$$\binom{n}{r} = \binom{n}{n-r}$$

크기 $n$인 집합에서 $r$개의 항목을 선택하는 것과 이 집합에서 $n - r$개의 항목을 선택하는 것이 동치라는 것을 설명함으로써 위의 식에 대한 조합론적 논증을 제시하라.

**17** 다음 사실을 보여라.

$$\binom{n}{r} = \binom{n-1}{r-1} + \binom{n-1}{r}$$

조합론적 논증을 위해 $n$개의 항목으로 이루어진 집합을 가정하고 그 중 한 항목에 주목한다. 크기가 $r$인 서로 다른 부분집합들 중 이 항목을 포함하는 부분집합들의 수는 몇 개이며, 이 항목을 포함하지 않는 부분집합들의 수는 몇 개인가?

**18** 5명의 남학생과 10명의 여학생을 무작위로 줄 세운다면, 15!가지의 순열들 각각은 동일한 확률을 갖는다고 볼 수 있다.

(a) 4번째 자리에 남학생이 있을 확률은 얼마인가?
(b) 12번째 자리에 남학생이 있을 확률은 얼마인가?
(c) 3번째 자리에 특정 남학생이 있을 확률은 얼마인가?

**19** 서로 관련이 없는 23명의 사람들로 이루어진 모임이 있다고 하자. 각 쌍의 사람들이 동일한 생일을 가질 확률은 1/365이며 $\binom{23}{2} = 253$쌍이 존재하는데, 적어도 두 사람이 동일한 생일을 가질 확률이 253/365가 아닌 이유는 무엇인가?

**20** 세 장의 카드에 각기 다른 정수 값이 적혀있다고 하자. 이 카드들에 무작위로 *A*, *B*, *C*라는 이름을 부여한다. 카드 *A*, *B* 중에 작은 값이 카드 *C*의 값보다 작을 확률은 얼마인가?

**21** 사건 *A*가 발생할 확률은 60%라고 한다. 그리고 *A*가 발생하지 않을 경우 *B*가 발생할 확률은 10%라고 한다.

(a) 사건 *A*, *B* 중에 적어도 하나가 발생할 확률은 얼마인가?
(b) *A*는 2012년 대통령선거에서 민주당 후보가 승리하는 사건을 나타내며, *B*는 2013년 어느 땐가 LA에 진도 6.2 이상의 지진이 발생하는 사건을 나타낸다고 하자. *A*, *B* 두 사건 모두가 발생할 확률은 얼마라고 생각하는가? 이 질문에 대답하기 위해 어떤 가정을 사용했는가?

**22** 어느 회계법인에 근무하는 100명의 회계사들의 연봉에 대한 표본평균은 $130,000이고 표본표준편차는 $20,000이라고 한다. 이들 중의 한 명을 무작위로 선택할 경우 다음 확률에 대해 우리가 말할 수 있는 것은 무엇인가? (힌트 : 체비셰프 부등식을 이용하라.)

(a) 이 사람의 연봉이 $90,000과 $170,000 사이일 확률
(b) 이 사람의 연봉이 $150,000을 초과할 확률

**23** 세 장의 카드 중 한 장은 양면 모두 빨간색, 한 장은 양면 모두 검정색, 한 장은 한 면은 빨간색 한 면은 검정색으로 칠해져 있다고 하자. 무작위로 선택된 한 장의 카드를 테이블 위에 올려놓았는데 보이는 면이 빨간색이라면, 다른 면도 빨간색일 확률은 얼마인가?

**24** 2명의 자식을 가진 어느 부부가 있다. 큰 아이가 딸일 경우 두 명 모두 딸일 확률은 얼마인가?

**25** 어느 대학에서 학생의 52%는 여학생이다. 이 대학에서 학생들의 5%는 컴퓨터과학을 전공하고 있다. 이 대학에서 학생들의 2%는 컴퓨터과학을 전공하는 여학생이다. 무작위로 선택된 학생이 다음 경우에 해당될 조건부 확률을 구하라.

(a) 이 학생이 컴퓨터과학을 전공하고 있다는 사실이 주어져 있을 때 이 학생이 여학생이다.
(b) 이 학생이 여학생이라는 사실이 주어져 있을 때 이 학생이 컴퓨터과학을 전공하고 있다.

**26** 500쌍의 기혼 근로자 부부를 대상으로 한 연봉에 대한 설문 조사를 통해 다음과 같은 정보를 얻었다고 하자.

| 부인 | 남편 | |
|---|---|---|
| | \$50,000 미만 | \$50,000 이상 |
| \$50,000 미만 | 212 | 198 |
| \$50,000 이상 | 36 | 54 |

예를 들면, 36쌍에서는 부인의 연봉은 \$50,000 이상이고 남편의 연봉은 \$50,000 미만이다. 한 쌍의 부부를 무작위로 선택하였을 때 다음의 확률을 구하라.

(a) 남편의 연봉이 \$50,000 미만일 확률
(b) 남편의 연봉이 \$50,000 이상일 때 부인의 연봉이 \$50,000 이상일 조건부 확률
(c) 남편의 연봉이 \$50,000 미만일 때 부인의 연봉이 \$50,000 이상일 조건부 확률

**27** 두 개의 라디오 생산 공장이 있는데, 공장 $A$에서 생산된 라디오의 불량률은 0.05이며 공장 $B$에서 생산된 라디오의 불량률은 0.01이라고 한다. 동일한 공장에서 2개의 라디오를 구입하였는데, 공장 $A$에서 생산되었을 확률과 공장 $B$에서 생산되었을 확률은 같다고 하자. 첫 번째 라디오가 불량품이었다면, 두 번째 라디오도 불량품일 확률은 얼마인가?

**28** 적색, 청색, 황색 등 세 개의 주사위를 던진 후, 청색 주사위의 숫자는 황색 주사위의 숫자보다 작고 황색 주사위의 숫자는 적색 주사위의 숫자보다 작을 확률을 구하고자 한다 (즉, $B$, $R$, $Y$가 각기 청색, 적색, 황색 주사위의 숫자를 나타낸다면, 구하고자 하는 확률은 $P(B < Y < R)$이다).

(a) 어느 두 주사위에서도 동일한 숫자가 나타나지 않을 확률은 얼마인가?
(b) 어느 두 주사위에서도 동일한 숫자가 나타나지 않았다고 할 때, $B < Y < R$일 조건부 확률은 얼마인가?
(c) $P(B < Y < R)$은 얼마인가?
(d) 실험 결과를 벡터$(B, R, Y)$로 나타낼 경우 표본공간에 몇 개의 결과가 존재하는가?
(e) 문항 (c)에 대한 답을 이용하지 말고 $B < Y < R$이 되는 결과의 수를 구하라.
(f) 문항 (d)와 (e)의 결과를 이용하여 문항 (c)에 대한 답을 확인하라.

**29** 이웃사람에게 휴가 중에 나무에 물을 주도록 부탁하였다고 하자. 물을 주지 않을 경우 이 나무가 죽을 확률은 0.8이며, 물을 줄 경우 이 나무가 죽을 확률은 0.15라고 한다. 이웃사람이 잊어버리지 않고 물을 줄 것이라는 점을 90% 확신한다고 하자.

(a) 휴가에서 돌아왔을 때 이 나무가 생존해 있을 확률은 얼마인가?
(b) 나무가 죽어 있다면, 이웃에서 물을 주는 일을 잊어버렸을 확률은 얼마인가?

**30** 항아리 안에 두 개의 공이 들어있는데, 각각의 공은 적색이나 청색으로 칠해져 있으며 적색일 확률과 청색일 확률은 동일하다고 한다. 각 단계에서 공들 중의 하나를 무작위로 선택하고 그 색상을 기록한 다음 도로 항아리에 넣는다. 처음 선택한 두 개의 공이 모두 적색일 경우, 다음 경우들에 대한 확률을 구하라.

(a) 항아리 안의 두 공 모두 적색이다.
(b) 다음번에 선택되는 공이 적색이다.

**31** 어느 은퇴자 단체 안의 1,000명의 회원 중 600명은 공화당원이고 나머지는 민주당원이다. 모든 회원이 투표에 참여한 지역선거에서 공화당원 60명은 민주당 후보에 투표하였고 민주당원 50명은 공화당 후보에 투표하였다고 한다. 이 단체에서 무작위로 선택된 회원이 공화당 후보에 투표하였다면, 이 회원이 민주당원일 확률은 얼마인가?

**32** 흑색이나 금색으로 도색된 두 개의 공이 항아리에 들어있는데, 각각의 공이 흑색으로 도색되어 있을 확률은 $\frac{1}{2}$이며 각각의 공에 대한 도색은 독립사건이다.

(a) 공들 중에 적어도 하나는 금색이라는 정보를 얻었다고 하자. 이 경우 두 공 모두 금색일 조건부 확률을 계산하라.
(b) 항아리가 넘어져 공 하나가 굴러 나왔는데 이 공이 금색이었다고 하자. 이 경우 두 공 모두 금색일 확률은 얼마인가? 답을 계산한 과정을 설명하라.

**33** 외양이 동일한 두 개의 캐비닛 각각에 두 개의 서랍이 달려있다. 캐비닛 $A$의 각 서랍에는 은화가 들어있고, 캐비닛 $B$의 서랍 하나에는 금화가 들어있고 다른 하나에는 은화가 들어있다고 한다. 캐비닛 하나를 무작위로 선택한 다음 서랍 중 하나를 열었더니 은화가 들어있었다고 하자. 다른 서랍에도 은화가 들어있을 확률은 얼마인가?

**34** 전립선암은 남성들에게서 가장 흔한 유형의 암이다. 전립선암을 진단하기 위해 의사들은 종종 전립선에서만 만들어지는 PSA(전립선 고유 항원) 단백질 수준을 측정하는 검사를 수행한다. PSA 수준이 높다는 것은 암의 징후를 나타내지만, 이 검사의 신뢰성은 별로 높지 않다. 실제로 암에 걸리지 않은 사람이 높은 PSA 수준을 보일 확률이 0.135 정도이며, 암에 걸려있는 사람의 경우 이 확률은 0.268까지 높아진다. 다른 요인들에 근거하여 의사가 어떤 남성이 전립선암에 걸려있을 확률이 70%라고 판단하고 있을 때, 다음 각 경우에 이 남성이 암에 걸려 있을 조건부 확률을 구하라.

(a) 검사에서 PSA 수준이 높게 나왔다.
(b) 검사에서 PSA 수준이 낮게 나왔다.

이번에는 이 남성이 전립선암에 걸려있을 확률이 30%라고 판단할 때에 대해 위의 조건부 확률들을 구하라.

**35** 어느 보험회사에서 사람들을 저위험군, 중위험군, 고위험군 등의 세 부류로 분류하고 있다고 하자. 이 회사의 자료에 의하면 저위험군, 중위험군, 고위험군 등에 속하는 사람이 일 년 동안 사고를 겪을 확률이 각각 0.05, 0.15, 0.30이라고 한다. 만일 인구의 20%가 저위험군, 50%가 중위험군, 30%가 고위험군이라면, 일 년 동안 사고를 겪는 사람의 비율은 얼마일까? 보험가입자 $A$가 1987년에 아무 사고도 겪지 않았다면 이 사람이 중위험군에 속할 확률은 얼마인가?

**36** 두 개의 공정한 주사위를 던진다고 하자. 두 주사위의 합이 7인 사건을 $E$로 나타내기로 한다.

(a) $E$는 첫 번째 주사위 숫자가 4인 사건과 독립임을 보여라.
(b) $E$는 두 번째 주사위 숫자가 3인 사건과 독립임을 보여라.

**37** 아래의 그림에서 보이고 있는 회로들에서 $i$번째 스위치가 닫혀있을 확률이 $p_i$라고 한다 ($i$ = 1, 2, 3, 4, 5). 모든 스위치들의 개폐 상태가 독립적일 경우 아래의 각 회로에서 $A$와 $B$ 사이에 전기가 흐를 확률은 얼마인가?

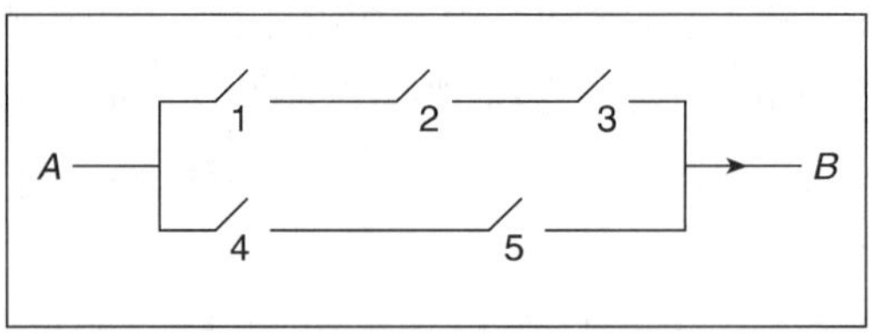

(a)

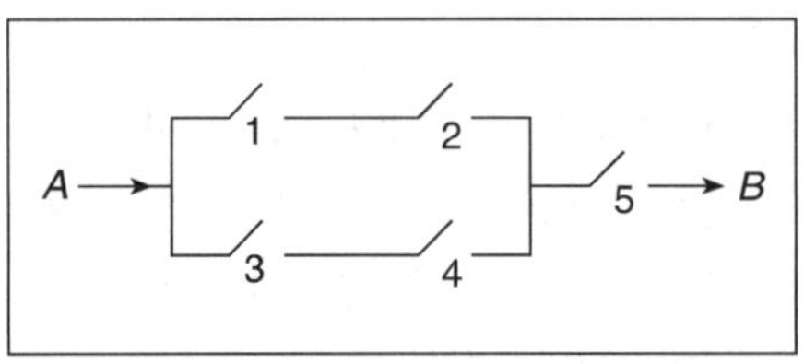

(b)

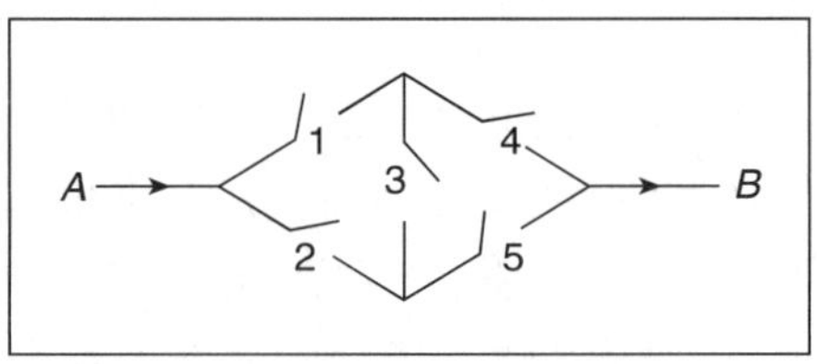

(c)

**38** $n$개의 요소로 이루어진 기계장치에서 $n$개의 요소 중 $k$개 이상이 작동하면 장치 전체가 작동하는 경우 이러한 장치를 $n$-중-$k$ 장치라고 부른다($k \le n$). 모든 요소들은 서로 독립이라고 가정한다.

(a) $i$번째 요소가 작동할 확률이 $p_i$인 4-중-2 장치가 작동할 확률을 계산하라($i = 1, 2, 3, 4$).
(b) 5-중-3 장치에 대해 문항 (a)를 반복하라.

**39** 공정한 동전 하나를 다섯 번 던진다고 하자. 다음 각 경우에 해당하는 확률을 구하라.

(a) 첫 세 번의 동전 면이 동일하다.
(b) 첫 세 번의 동전 면이 동일하거나 마지막 세 번의 동전 면이 동일하다.
(c) 첫 세 번의 동전 면 중 두 번 이상이 앞면이거나 마지막 세 번의 동전 면 중 두 번 이상이 뒷면이다.

**40** 매회의 시행에서 결과가 0, 1, 2일 확률이 각각 0.3, 0.5, 0.2인 시행을 $n$번 수행했을 때, 1과 2 둘 다 최소한 한 번씩은 발생할 확률을 구하라(힌트 : 여사건에 대한 확률을 이용한다).

**41** 구성요소 중 어느 하나라도 작동하면 작동하는 시스템을 병렬시스템이라고 한다. $n$개의 구성요소를 갖는 어느 병렬시스템에서 서로 독립인 각 구성요소가 작동할 확률은 $\frac{1}{2}$이라고 하자. 이 시스템이 작동하고 있을 경우, 구성요소 1이 작동하고 있을 조건부 확률을 구하라.

**42** 어떤 생물체의 각 개체는 5 종류의 유전자 쌍을 갖는다고 한다(이 유전자들은 영문자 $A$, $B$, $C$, $D$, $E$ 등으로 표시함). 각 유전자는 두 가지 형태로 나타나는데, 이들을 대문자와 소문자로 구분한다. 대문자는 우성 유전자를 의미하는데, 이는 $xX$라는 유전자 쌍을 갖는 개체에서는 외적으로 나타나는 것이 $X$ 유전자 형질임을 뜻한다. 예를 들어 $X$는 갈색 눈동자, $x$는 푸른색 눈동자를 나타낼 경우 유전자 쌍 $XX$ 또는 $xX$를 갖는 개체는 갈색 눈동자를 가지겠지만, 유전자 쌍 $xx$를 갖는 개체는 푸른색 눈동자를 가질 것이다. 생물체에서 겉으로 드러나는 특징을 표현형이라고 하며, 유전적 구성을 인자형이라고 한다(예를 들어 각각의 인자형이 $aA$, $bB$, $cc$, $dD$, $ee$인 생물체와 $AA$, $BB$, $cc$, $DD$, $ee$인 생물체는 서로 다른 인자형을 갖지만 동일한 표현형을 가질 것이다). 두 생물체가 짝짓기를 하면 각자 자신이 가진 유전자 쌍마다 하나씩을 무작위로 제공하며, 각 쌍에서 어느 쪽을 제공할지는 상대 생물체에서 제공할 유전자에 대해 독립적인 것으로 가정된다. 인자형이 $aA$, $bB$, $cC$, $dD$, $eE$인 생물체와 인자형이 $aa$, $bB$, $cc$, $Dd$, $ee$인 생물체가 짝을 지을 때 그 자식이 (1) 표현형에 있어서, 그리고 (2) 인자형에 있어서 다음 각 경우에 해당될 확률을 구하라.

(a) 첫 번째 부모를 닮는다.
(b) 두 번째 부모를 닮는다.
(c) 둘 중의 한 부모를 닮는다.
(d) 둘 중의 어느 부모도 닮지 않는다.

**43** 세 명의 죄수가 이들 중 한 명을 무작위로 선택하여 사형을 집행하고 나머지 두 명은 석방하기로 하였다는 소식을 간수로부터 듣게 되었다. 죄수 $A$는 동료 죄수들 중 누가 석방될 것인지 자신에게만 몰래 말해달라고 부탁하며, 자신은 이미 둘 중 적어도 한 명은 석방된다는 것을 알고 있기 때문에 이러한 정보를 흘리는 것이 아무 해도 되지 않을 것이라고 주장하였다. 간수는 그와 같은 질문에 대답하기를 거부하였는데, 그 이유는 동료 죄수 중 누가 석방될 것인지를 $A$가 알게 되면 $A$가 남은 두 명의 죄수에 포함되므로 죄수 $A$ 자신이 사형당할 확률이 $\frac{1}{3}$ 에서 $\frac{1}{2}$ 로 증가할 것이기 때문이라고 설명하였다. 이 간수의 논리에 대해 어떻게 생각하는가?

**44** 어떤 사람의 부모 모두 갈색 눈동자를 갖고 있지만 이 사람은 푸른색 눈동자를 갖고 있다고 하자. 이 사람의 여동생이 푸른 눈을 가질 확률은 얼마인가? (문제 42에서 기술하고 있듯이, 양쪽 부모 모두에서 푸른색 눈동자 유전자를 받은 사람은 푸른색 눈동자를 갖는다. 반면에 한쪽에서는 푸른색 눈동자 유전자, 다른 쪽에서는 갈색 눈동자 유전자를 받은 사람은 갈색 눈동자를 갖게 될 것이다.)

**45** 7전 4선승제에서는 두 팀이 7번의 경기를 하여 먼저 4 경기를 이기는 팀이 최종승자가 된다. 각 경기에서 $A$ 팀이 이길 확률은 독립적으로 정해지며 $p$라고 하자.

(a) 한 팀이 3대 0으로 리드하고 있을 경우, $A$ 팀이 리드하고 있을 확률은 얼마인가?
(b) 한 팀이 3대 0으로 리드하고 있을 경우, 그 팀이 최종승자가 될 확률은 얼마인가?
(c) $p = 1/2$일 때, 첫 번째 경기를 이긴 팀이 최종승자가 될 확률은 얼마인가?

**46** 서로 다른 정수 값이 적혀있는 세 장의 카드가 있다. 이 카드들이 무작위로 정한 순서에 따라 당신에게 주어진다고 하자. 한 장의 카드가 주어졌을 때 곧바로 그 카드를 받든지 버리든지 해야 한다. 그 카드를 받으면 이 과정은 종료되며, 버리게 되면 그 다음 카드가 주어진다. 첫 두 장의 카드를 버리면 마지막 카드는 반드시 받아야 한다.

(a) 첫 번째로 주어진 카드를 무조건 받기로 했다면, 가장 숫자가 높은 카드를 받게 될 확률은 얼마인가?
(b) 첫 번째로 주어진 카드를 무조건 버리고, 두 번째 카드는 첫 번째 카드보다 높은 숫자일 경우에만 받기로 했다면, 가장 숫자가 높은 카드를 받게 될 확률은 얼마인가?

**47** $A$, $B$, $C$는 $P(A) = 0.2$, $P(B) = 0.3$, $P(C) = 0.4$인 사건들이라고 하자. 다음 각 경우에 사건 $A$와 $B$ 중 적어도 하나가 발생할 확률을 구하라.

(a) A와 B는 상호배반이다.
(b) $A$와 $B$는 서로 독립이다.

그리고 다음 각 경우에 사건 $A$, $B$, $C$ 모두가 발생할 확률을 구하라.

(c) $A$, $B$, $C$는 서로 독립이다.
(d) $A$, $B$, $C$는 상호배반이다.

**48** 정기검진을 받는 45세 여성의 2%는 유방암에 걸려 있으며, 유방암 환자의 90%는 유방 뢴트겐 조영법에 양성으로 나타난다고 한다. 유방암에 걸려있지 않은 여성의 10%도 유방 뢴트겐 조영법에 양성으로 나타난다고 한다. 어떤 여성이 유방 뢴트겐 조영법에 양성으로 나타났을 때 유방암에 걸려있을 확률은 얼마인가?

**49** 전체 미국 가구의 12 퍼센트는 캘리포니아에 속한다. 전체 미국 가구의 3.3 퍼센트가 250,000 이상의 연간 소득을 갖는 반면, 캘리포니아 가구의 6.3 퍼센트가 250,000 이상의 연간 소득을 갖는다고 한다. 임의로 선택된 미국의 어떤 가구의 연간 소득이 250,000 이상일 경우, 이 가구가 캘리포니아에 속할 확률은 얼마인가?

**50** 사건 $A$가 발생할 확률은 60 퍼센트이다. $A$가 발생하지 않을 때 $B$가 발생할 확률은 10 퍼센트라면, 최소한 $A$, $B$ 중 하나가 발생할 확률은 얼마인가?

**51** 서로 다른 값이 적혀있는 세 장의 카드를 임의로 $A$, $B$, $C$로 부르기로 한다. 카드 $A$, $B$ 상의 값을 비교하여 작은 값을 갖는 카드가 카드 $C$ 상의 값보다 작을 확률은 얼마인가?

제 4 장

# 확률변수와 기댓값

## 4.1 확률변수

확률 실험을 수행할 때 실험 결과의 모든 세부사항에 관심을 갖기보다는 결과에 의해 정해지는 어떤 수치적 양의 값에만 보통 관심을 갖는다. 예를 들면, 주사위 던지기 실험에서 두 주사위 숫자의 합에만 관심을 가지며 개별 주사위의 값들에는 관심이 없을 수도 있다. 즉, 우리가 관심을 갖는 것은 그 합이 7인가이지, 실제 결과가 (1, 6), (2, 5), (3, 4), (4, 3), (5, 2), (6, 1) 중에서 어느 것인지에 대해서는 신경 쓰지 않는다. 또 토목 엔지니어의 경우 (실험 결과로 취할 수 있는) 저수지 수위의 일일 상승분이나 하락분보다는 우기가 끝날 무렵의 수위에 대해서만 관심을 가질 수도 있다. 이렇게 실험의 결과로 정해지는 관심 대상인 양을 **확률변수(random variable)**라고 부른다.

확률변수의 값은 실험의 결과로 정해지므로 확률변수가 가질 수 있는 값들에 확률을 지정할 수 있다.

### 예제 4.1a

두 개의 공정한 주사위의 합으로 정의되는 확률변수를 $X$로 표시할 경우 다음과 같은 확률들을 얻을 수 있다.

$$\begin{aligned}
P\{X=2\} &= P\{(1,1)\} = \tfrac{1}{36} \\
P\{X=3\} &= P\{(1,2),(2,1)\} = \tfrac{2}{36} \\
P\{X=4\} &= P\{(1,3),(2,2),(3,1)\} = \tfrac{3}{36} \\
P\{X=5\} &= P\{(1,4),(2,3),(3,2),(4,1)\} = \tfrac{4}{36} \\
P\{X=6\} &= P\{(1,5),(2,4),(3,3),(4,2),(5,1)\} = \tfrac{5}{36} \\
P\{X=7\} &= P\{(1,6),(2,5),(3,4),(4,3),(5,2),(6,1)\} = \tfrac{6}{36} \\
P\{X=8\} &= P\{(2,6),(3,5),(4,4),(5,3),(6,2)\} = \tfrac{5}{36} \\
P\{X=9\} &= P\{(3,6),(4,5),(5,4),(6,3)\} = \tfrac{4}{36} \\
P\{X=10\} &= P\{(4,6),(5,5),(6,4)\} = \tfrac{3}{36} \\
P\{X=11\} &= P\{(5,6),(6,5)\} = \tfrac{2}{36} \\
P\{X=12\} &= P\{(6,6)\} = \tfrac{1}{36}
\end{aligned} \tag{4.1.1}$$

즉, 확률변수 $X$는 2와 12 사이의 임의의 정수 값을 가질 수 있으며, 각 값을 가질 확률은 식 (4.1.1)에 의해 주어지는 바와 같다. $X$는 반드시 어떤 값인가를 가져야 하므로 다음과 같은 결과를 갖게 되며, 이는 식 (4.1.1)을 이용하여 확인될 수 있다.

$$1 = P(S) = P\left(\bigcup_{i=2}^{12}\{X = i\}\right) = \sum_{i=2}^{12} P\{X = i\}$$

이 실험에서 관심의 대상이 될 수 있는 또 다른 확률변수는 첫 번째 주사위의 값이다. 이 값을 $Y$로 표시하기로 하면, $Y$는 1에서 6까지의 값들 중 어느 값이라도 동일한 확률로 가질 수 있다. 이것은 다음과 같이 표현될 수 있다.

$$P\{Y = i\} = 1/6, \qquad i = 1, 2, 3, 4, 5, 6 \quad ■$$

### 예제 4.1b

어떤 사람이 두 개의 전자부품을 구입하였는데, 각 부품은 불량품($d$)일 수도 있고 양품($a$)일 수도 있다. 그리고 네 가지의 가능한 결과 ($d$, $d$), ($d$, $a$), ($a$, $d$), ($a$, $a$)에는 각기 0.09, 0.21, 0.21, 0.49 등의 확률이 지정되어 있다[여기에서 예를 들어 ($d$, $d$)는 두 부품 모두 불량임을 의미하며, ($d$, $a$)는 첫 번째 부품은 불량이고 두 번째 부품은 양품임을 나타냄). 구입한 부품들 중 양품의 개수를 $X$로 표시할 경우, $X$는 0, 1, 2 중 한 값을 가질 수 있는 확률변수이며 각 값에 대한 확률은 다음과 같다.

$$P\{X = 0\} = .09$$
$$P\{X = 1\} = .42$$
$$P\{X = 2\} = .49$$

우리의 주관심사가 적어도 한 개의 양품이 있는지 여부라면, 이를 나타내는 확률변수 $I$를 다음과 같이 정의할 수 있다.

$$I = \begin{cases} 1 & X = 1 \text{ 또는 } 2\text{이면} \\ 0 & X = 0\text{이면} \end{cases}$$

$A$가 적어도 한 개의 양품이 존재하는 사건을 나타낸다면, A의 발생 여부에 따라 $I$가 1 또는 0이 될 것이므로 확률변수 $I$는 사건 $A$를 위한 **지표(indicator)** 확률변수라고 불린다. 여기에서 $I$가 가질 수 있는 값들에 대한 확률은 다음과 같다.

$$P\{I = 1\} = .91$$
$$P\{I = 0\} = .09 \quad ■$$

앞의 두 예제에서 관심 대상이 되었던 확률변수들이 가질 수 있는 값들의 개수는 유한하였다. 확률변수가 가질 수 있는 값들을 유한 수열 $x_1, \ldots, x_n$ 또는 무한 수열 $x_1, \ldots$로 표현할 수 있을 때 이러한 확률변수를 **이산형(discrete)**이라고 한다. 예를 들면, 확률변수가 가질 수 있는 값의 집합이 음이 아닌 정수들의 집합일 경우, 이 확률변수는 이산확률변수이다. 그러나 확률변수가 가질 수 있는 값이 연속체를 형성할 수도 있으며, 이러한 확률변수는 **연속형**(continuous)이라고 부른다. 자동차의 수명을 나타내는 확률변수는 어떤 구간 $(a, b)$ 안의 어떤 값이라도 가질 수 있으므로 연속확률변수의 한 예로 볼 수 있다.

확률변수 $X$에 대한 **누적분포함수**(cumulative distribution function) 또는 줄여서 **분포함수**(distribution function) $F$는 임의의 실수 $x$에 대해 다음과 같이 정의된다.

$$F(x) = P\{X \le x\}$$

즉, $F(x)$는 확률변수 $X$가 $x$ 이하의 값을 가질 확률과 같다.

**기호**: $F$가 $X$에 대한 분포함수임을 나타내기 위해 $X \sim F$라고 표시한다.

$X$에 관한 모든 확률 문제는 분포함수 $F$를 이용하여 대답할 수 있다. 예를 들어 $P\{a < X \le b\}$를 계산하려 한다고 하자. 사건 $\{X \le b\}$가 상호배반인 두 개의 사건 $\{X \le a\}$와 $\{a < X \le b\}$의 합사건으로 표현될 수 있다는 사실을 이용하여 이 계산을 쉽게 할 수 있다. 여기에 공리 3을 적용하면 다음 결과를 얻는다.

$$P\{X \le b\} = P\{X \le a\} + P\{a < X \le b\}$$

위의 식은 다음과 같이 쓸 수 있다.

$$P\{a < X \le b\} = F(b) - F(a)$$

### 예제 4.1c

확률변수 $X$가 다음과 같은 분포함수를 갖는다고 할 때, $X$가 1보다 클 확률은 얼마인가?

$$F(x) = \begin{cases} 0 & x \le 0 \\ 1 - \exp\{-x^2\} & x > 0 \end{cases}$$

**풀이** 구하고자 하는 확률은 다음과 같이 계산된다.

$$\begin{aligned} P\{X > 1\} &= 1 - P\{X \le 1\} \\ &= 1 - F(1) \\ &= e^{-1} \\ &= .368 \end{aligned}$$ ■

## 4.2 확률변수의 유형

앞에서 언급하였듯이 가능한 값들의 집합이 수열을 이루는 경우 이산확률변수라고 한다. 이산확률변수 $X$에 대해 **확률질량함수(probability mass function)** $p(a)$를 아래와 같이 정의한다.

$$p(a) = P\{X = a\}$$

확률질량함수 $p(a)$는 많아야 셀 수 있는 개수의 $a$값에 대해 양이 된다. 즉, $X$가 $x_1$, $x_2$, . . . 등의 값들 중 하나를 가져야 한다면, 다음과 같이 쓸 수 있다.

$$\begin{aligned} p(x_i) &> 0, \qquad i = 1, 2, \ldots \\ p(x) &= 0, \qquad \text{그 외의 모든 } x\text{에 대해} \end{aligned}$$

$X$는 $x_i$ 중 한 값을 가져야 하므로 다음 식이 성립함을 알 수 있다.

$$\sum_{i=1}^{\infty} p(x_i) = 1$$

**예제 4.2a**

1, 2, 3 중의 한 값을 갖는 확률변수 $X$가 있고, 다음과 같은 사실이 알려져 있다고 하자.

$$p(1) = \tfrac{1}{2} \quad \text{그리고} \quad p(2) = \tfrac{1}{3}$$

$p(1) + p(2) + p(3) = 1$이어야 하므로, 다음과 같은 결과를 얻는다.

$$p(3) = \tfrac{1}{6}$$

$p(x)$에 대한 그래프를 그림 4.1에 보이고 있다. ■

누적분포함수 $F$는 $p(x)$를 이용하여 아래와 같이 표현될 수 있다.

$$F(a) = \sum_{\text{모든 } x \le a} p(x)$$

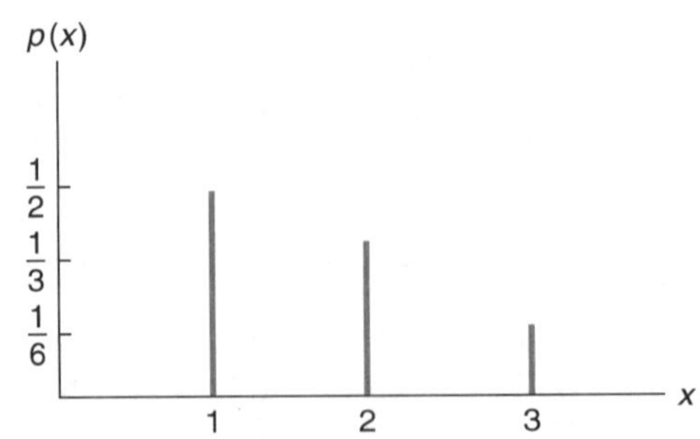


**그림 4.1** 예제 4.2a의 $p(x)$에 대한 그래프

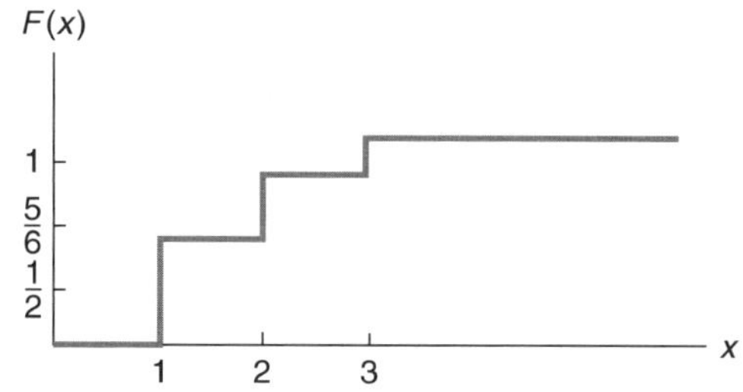


**그림 4.2** $F(x)$에 대한 그래프

$X$가 $x_1, x_2, x_3, \ldots,$ 등의 값을 가질 수 있는 이산확률변수이면($x_1 < x_2 < x_3 < \cdots$), 분포함수 $F$는 계단함수(step function)가 된다. 즉, $F$의 값은 구간 $[x_i - 1, x_i)$에서 상수이며, $x_i$에서 크기가 $p(x_i)$인 계단 모양을 취한다.

예를 들어 $X$가 (예제 4.2a에서처럼) 다음과 같은 확률질량함수를 갖는다고 하자.

$$p(1) = \tfrac{1}{2}, \qquad p(2) = \tfrac{1}{3}, \qquad p(3) = \tfrac{1}{6}$$

이 경우 $X$에 대한 누적분포함수 $F$는 다음과 같이 주어지며, 이에 대한 그래프는 그림 4.2에서 보이는 바와 같다.

$$F(a) = \begin{cases} 0 & a < 1 \\ \frac{1}{2} & 1 \leq a < 2 \\ \frac{5}{6} & 2 \leq a < 3 \\ 1 & 3 \leq a \end{cases}$$

이산확률변수가 가질 수 있는 값의 집합은 수열을 이루지만, 때로 확률변수가 가질 수 있는 값의 집합이 하나의 구간인 경우도 있다. $X$가 그와 같은 확률변수라고 하자. 모든 실수 $x \in (-\infty, \infty)$에 대해 정의되는 음이 아닌 함수 $f(x)$가 존재하며 임의의 실수 집합 $B$에 대해 아래와 같은 성질을 가질 경우 이러한 $X$를 **연속**확률변수라고 한다.

$$P\{X \in B\} = \int_B f(x)\,dx \tag{4.2.1}$$

이때 함수 $f(x)$는 확률변수 $X$에 대한 **확률밀도함수(probability density function)**라고 불린다.

식 (4.2.1)은 집합 $B$에 대해 확률밀도함수를 적분함으로써 $X$가 $B$에 속할 확률을 구할 수 있음을 나타낸다. $X$는 반드시 어떤 값인가를 가져야하므로, $f(x)$는 다음 식을 만족시킨다.

$$1 = P\{X \in (-\infty, \infty)\} = \int_{-\infty}^{\infty} f(x)\,dx$$

$X$에 관한 모든 확률 문제는 $f(x)$를 이용하여 대답할 수 있다. 예를 들어 $B = [a, b]$라 두면 식 (4.2.1)로부터 다음 식을 얻을 수 있다.

$$P\{a \le X \le b\} = \int_a^b f(x)\,dx \tag{4.2.2}$$

위의 식에서 $a = b$로 두면, 다음 결과를 얻는다.

$$P\{X = a\} = \int_a^a f(x)\,dx = 0$$

이 식은 연속확률변수가 임의의 특정 값을 갖는 확률은 0임을 말해준다(참고 : 그림 4.3). 누적분포함수 $F(\cdot)$와 확률밀도함수 $f(\cdot)$ 사이의 관계는 다음 식으로 표현된다.

$$F(a) = P\{X \in (-\infty, a]\} = \int_{-\infty}^a f(x)\,dx$$

양변을 미분하여 다음 식을 얻는다.

$$\frac{d}{da}F(a) = f(a)$$

즉, 확률밀도함수는 누적분포함수의 미분에 해당한다. 확률밀도함수에 대한 보다 직관적인 해석은 아래와 같이 식 (4.2.2)를 응용하여 얻을 수 있다(여기에서 e는 작은 값임).

$$P\left\{a - \frac{\varepsilon}{2} \le X \le a + \frac{\varepsilon}{2}\right\} = \int_{a-\varepsilon/2}^{a+\varepsilon/2} f(x)\,dx \approx \varepsilon f(a)$$

즉, $X$가 어떤 점 주변의 길이가 e인 구간에 포함될 확률은 대략 e$f(a)$와 같다. 이로부터 $f(a)$는 확률변수가 $a$에 가까이 있을 확률이 얼마나 되는지에 대한 측도임을 알 수 있다.

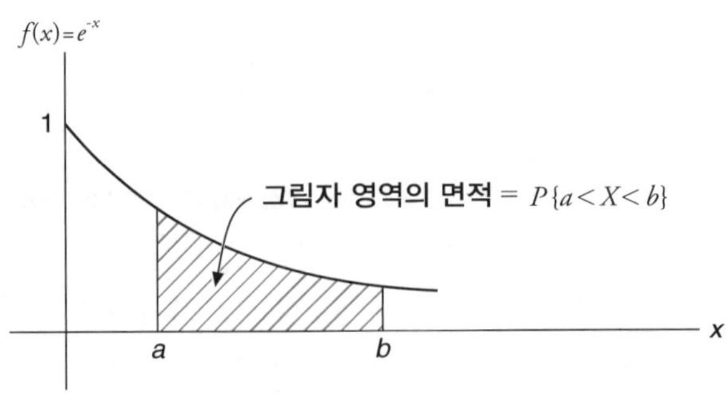


**그림 4.3** 확률밀도함수 $f(x) = \begin{cases} e^{-x} & x \ge 0 \\ 0 & x < 0 \end{cases}$.

### 예제 4.2b

$X$가 아래와 같이 주어지는 확률밀도함수를 갖는 연속확률변수라고 하자.

$$f(x) = \begin{cases} C(4x - 2x^2) & 0 < x < 2 \\ 0 & \text{그 외의 경우} \end{cases}$$

(a) $C$의 값을 구하라.
(b) $P\{X > 1\}$를 구하라.

**풀이**

(a) $f$는 확률밀도함수이므로 $\int_{-\infty}^{\infty} f(x)\,dx = 1$이 되어야 하며, 이로부터 다음 결과를 얻는다.

$$C\int_0^2 (4x - 2x^2)\,dx = 1$$

적분을 계산하면 다음과 같다.

$$C\left[2x^2 - \frac{2x^3}{3}\right]\Bigg|_{x=0}^{x=2} = 1$$

따라서 다음 결과를 얻는다.

$$C = \frac{3}{8}$$

(b) 따라서 다음과 같이 계산할 수 있다.

$$P\{X > 1\} = \int_1^{\infty} f(x)\,dx = \frac{3}{8}\int_1^2 (4x - 2x^2)\,dx = \frac{1}{2}$$ ■

## 4.3 결합분포를 따르는 확률변수

주어진 실험에서 개별 확률변수의 확률분포함수뿐만 아니라 둘 이상의 확률변수 사이의 관계에 관심을 갖는 경우도 있다. 예를 들면, 암의 원인을 조사하는 실험에서 하루에 피는 담배 개비 수와 암에 걸리는 나이 사이의 관계에 관심을 가질 수도 있다. 마찬가지로 엔지니어는 철판 견본에서 용접부위의 지름과 전단강도 사이의 관계에 관심을 가질 수도 있다.

두 개의 확률변수 사이의 관계를 규정하기 위해 $X$와 $Y$에 대한 결합누적확률분포함수를 다음과 같이 정의한다.

$$F(x, y) = P\{X \le x, Y \le y\}$$

결합누적확률분포함수를 알면 적어도 이론상으로는 $X$와 $Y$의 값에 관련된 어떤 확률이라도 계산할 수 있다. 예를 들면, $X$의 분포함수 $F_X$는 $X$와 $Y$의 결합분포함수 $F$로부터 다음과 같이 계산할 수 있다.

$$\begin{aligned} F_X(x) &= P\{X \leq x\} \\ &= P\{X \leq x, Y < \infty\} \\ &= F(x, \infty) \end{aligned}$$

마찬가지로 $Y$의 분포함수도 아래와 같이 주어진다.

$$F_Y(y) = F(\infty, y)$$

$X$와 $Y$ 모두 이산확률변수이고 각기 가질 수 있는 값들이 $x_1, x_2, \ldots$와 $y_1, y_2, \ldots$인 경우, $X$와 $Y$의 결합확률질량함수 $p(x_i, y_j)$를 다음과 같이 정의한다.

$$p(x_i, y_j) = P\{X = x_i, Y = y_j\}$$

$X$와 $Y$의 개별 확률질량함수들을 이들의 결합확률질량함수로부터 쉽게 구할 수 있는데, 그에 관한 논리는 다음과 같다. $Y$는 반드시 어떤 $y_j$값을 갖게 되어 있으므로, 사건 $\{X=x_i\}$는 아래와 같이 상호배반인 사건들 $\{X = x_i, Y = y_j\}$의 모든 $j$에 대한 합사건으로 표현될 수 있다.

$$\{X = x_i\} = \bigcup_j \{X = x_i, Y = y_j\}$$

그리고 확률함수에 관한 공리 3을 사용하면 다음 식이 성립함을 알 수 있다.

$$\begin{aligned} P\{X = x_i\} &= P\left(\bigcup_j \{X = x_i, Y = y_j\}\right) \\ &= \sum_j P\{X = x_i, Y = y_j\} \\ &= \sum_j p(x_i, y_j) \end{aligned} \tag{4.3.1}$$

마찬가지로 아래와 같이 $x_i$의 모든 가능한 값에 대해 $p(x_i, y_j)$를 더함으로써 $P\{Y = y_j\}$를 구할 수 있다.

$$\begin{aligned} P\{Y = y_j\} &= \sum_i P\{X = x_i, Y = y_j\} \\ &= \sum_i p(x_i, y_j) \end{aligned} \tag{4.3.2}$$

따라서 결합확률질량함수를 규정하면 항상 개별 질량함수를 구할 수 있다. 그러나 그 역은 항상 성립하지는 않는다. 즉, $P\{X = x_i\}$와 $P\{Y = y_j\}$를 안다고 해서 $P\{X = x_i,\ Y = y_j\}$의 값을 구할 수 있는 것은 아니다.

### 예제 4.3a

3개의 새 배터리, 4개의 사용 가능한 중고 배터리, 5개의 불량 배터리 중에서 무작위로 3개의 배터리를 선택한다고 하자. $X$와 $Y$가 각기 선택된 배터리들 중 새 배터리 개수와 사용 가능한 중고 배터리 개수를 나타낼 경우, $X$와 $Y$에 대한 결합확률질량함수 $p(i,\ j) = P\{X = x_i, Y = y_j\}$는 다음과 같이 주어진다.

$$p(0,0) = \binom{5}{3}\bigg/\binom{12}{3} = 10/220$$

$$p(0,1) = \binom{4}{1}\binom{5}{2}\bigg/\binom{12}{3} = 40/220$$

$$p(0,2) = \binom{4}{2}\binom{5}{1}\bigg/\binom{12}{3} = 30/220$$

$$p(0,3) = \binom{4}{3}\bigg/\binom{12}{3} = 4/220$$

$$p(1,0) = \binom{3}{1}\binom{5}{2}\bigg/\binom{12}{3} = 30/220$$

$$p(1,1) = \binom{3}{1}\binom{4}{1}\binom{5}{1}\bigg/\binom{12}{3} = 60/220$$

$$p(1,2) = \binom{3}{1}\binom{4}{2}\bigg/\binom{12}{3} = 18/220$$

$$p(2,0) = \binom{3}{2}\binom{5}{1}\bigg/\binom{12}{3} = 15/220$$

$$p(2,1) = \binom{3}{2}\binom{4}{1}\bigg/\binom{12}{3} = 12/220$$

$$p(3,0) = \binom{3}{3}\bigg/\binom{12}{3} = 1/220$$

이 확률들은 표 4.1과 같은 표를 이용하여 쉽게 표현될 수 있다.

**표 4.1** $P\{X=i,\ Y=j\}$

| $i$ \ $j$ | 0 | 1 | 2 | 3 | 행의 합 $P\{X=i\}$ |
|---|---|---|---|---|---|
| 0 | $\frac{10}{220}$ | $\frac{40}{220}$ | $\frac{30}{220}$ | $\frac{4}{220}$ | $\frac{84}{220}$ |
| 1 | $\frac{30}{220}$ | $\frac{60}{220}$ | $\frac{18}{220}$ | 0 | $\frac{108}{220}$ |
| 2 | $\frac{15}{220}$ | $\frac{12}{220}$ | 0 | 0 | $\frac{27}{220}$ |
| 3 | $\frac{1}{220}$ | 0 | 0 | 0 | $\frac{1}{220}$ |
| 열의 합 $P\{Y=j\}$ | $\frac{56}{220}$ | $\frac{112}{220}$ | $\frac{48}{220}$ | $\frac{4}{220}$ | |

$X$에 대한 확률질량함수는 식 (4.3.1)에 따라 행의 합을 계산함으로써 구할 수 있는 반면, $Y$에 대한 확률질량함수는 식 (4.3.2)에 따라 열의 합을 계산함으로써 구할 수 있음에 유의하기 바란다. 따라서 $X$와 $Y$의 개별 확률질량함수들은 이와 같은 표의 주변 부분에 나타나게 되며, 그와 같은 이유로 이들을 각기 $X$와 $Y$의 **주변확률질량함수(marginal probability mass function)**라고 부른다. 이와 같은 표의 정확성을 검사하기 위해서는 주변 부분의 행이나 열의 합을 구하여 1이 되는지로 확인해 볼수 있다(주변 부분의 행이나 열의 합이 1이 되어야 하는 이유는 무엇일까?). ■

### 예제 4.3b

어느 마을의 가구 중 15%는 아예 자녀가 없고, 20%는 1명, 35%는 2명, 30%는 3명의 자녀를 갖고 있다고 하자. 그리고 각 자녀가 딸인 사건과 아들인 사건은 동일한 확률을 가지며 서로 독립이라고 하자. 이 마을에서 무작위로 하나의 가구를 선택할 경우 아들의 수 $B$와 딸의 수 $G$는 표 4.2에서 보이고 있는 결합확률질량함수를 갖는다.

이 확률들은 다음과 같이 계산된다.

$$\begin{aligned}
P\{B=0, G=0\} &= P\{\text{자녀가 없음}\} \\
&= .15 \\
P\{B=0, G=1\} &= P\{\text{1명의 딸, 그리고 자녀 수는 1명}\} \\
&= P\{\text{1명의 자녀}\}P\{\text{1명의 딸}|\text{1명의 자녀}\} \\
&= (.20)\left(\tfrac{1}{2}\right) = .1 \\
P\{B=0, G=2\} &= P\{\text{2명의 딸, 그리고 자녀 수는 2명}\} \\
&= P\{\text{2명의 자녀}\}P\{\text{2명의 딸}|\text{2명의 자녀}\} \\
&= (.35)\left(\tfrac{1}{2}\right)^2 = .0875 \\
P\{B=0, G=3\} &= P\{\text{3명의 딸, 그리고 자녀 수는 3명}\} \\
&= P\{\text{3명의 자녀}\}P\{\text{3명의 딸}|\text{3명의 자녀}\} \\
&= (.30)\left(\tfrac{1}{2}\right)^3 = .0375
\end{aligned}$$

표 4.2의 나머지 부분에 대한 확인은 각자 해보기 바란다. 이 표는 여러 가지 사실을 알려주는데, 그 중의 하나는 선택된 가구에 적어도 한 명의 딸이 있을 확률은 0.625라는 것이다. ■

**표 4.2** $P\{B=i,\ G=j\}$

| $i$ \ $j$ | 0 | 1 | 2 | 3 | 행의 합 $P\{B=i\}$ |
|---|---|---|---|---|---|
| 0 | 0.15 | 0.10 | 0.875 | 0.0375 | 0.3750 |
| 1 | 0.10 | 0.175 | 0.1125 | 0 | 0.3875 |
| 2 | 0.875 | 0.1125 | 0 | 0 | 0.2000 |
| 3 | 0.375 | 0 | 0 | 0 | 0.0375 |
| 열의 합 $P\{G=j\}$ | 0.3750 | 0.3875 | 0.2000 | 0.0375 | |

모든 실수 $x$, $y$에 대해 정의되는 함수 $f(x, y)$가 존재하면서 이 함수가 실수 쌍으로 이루어지는 모든 집합 $C$에 대해 아래의 등식을 만족시킬 경우($C$는 2차원 평면상의 집합), $X$와 $Y$는 **결합적 연속(jointly continuous)**이라 한다.

$$P\{(X, Y) \in C\} = \iint_{(x,y)\in C} f(x,y)\, dx\, dy \tag{4.3.3}$$

이때 함수 $f(x, y)$는 $X$와 $Y$에 대한 **결합확률밀도함수(joint probability density function)**라고 불린다. $A$와 $B$가 임의의 실수 집합이라면, $C = \{(x, y) : x \in A,\ y \in B\}$와 같이 정의함으로써 식 (4.3.3)에서 다음과 같은 결과를 유도할 수 있다.

$$P\{X \in A, Y \in B\} = \int_B \int_A f(x,y)\, dx\, dy \tag{4.3.4}$$

또한 아래의 결과에 대해

$$\begin{aligned} F(a,b) &= P\{X \in (-\infty, a], Y \in (-\infty, b]\} \\ &= \int_{-\infty}^{b} \int_{-\infty}^{a} f(x,y)\, dx\, dy \end{aligned}$$

편미분이 가능할 경우라면, 미분을 적용함으로써 다음과 같은 식을 얻을 수 있다.

$$f(a,b) = \frac{\partial^2}{\partial a\, \partial b} F(a,b)$$

결합밀도함수에 대한 또 다른 해석은 식 (4.3.4)를 다음과 같이 이용하여 얻을 수 있는데, 이때 $da$와 $db$는 작은 값들이며 $f(x, y)$는 $a$, $b$에서 연속이라고 가정된다.

$$P\{a < X < a + da, b < Y < b + db\} = \int_b^{d+db} \int_a^{a+da} f(x, y)\, dx\, dy$$
$$\approx f(a, b) da\, db$$

따라서 $f(a, b)$는 확률벡터 $(X, Y)$가 $(a, b)$ 가까이 있을 확률에 대한 측도이다.

$X$와 $Y$가 결합적 연속이면 개별적으로도 연속이며, 이들에 대한 확률밀도함수는 아래와 같이 구할 수 있다.

$$\begin{aligned} P\{X \in A\} &= P\{X \in A, Y \in (-\infty, \infty)\} \\ &= \int_A \int_{-\infty}^{\infty} f(x, y)\, dy\, dx \\ &= \int_A f_X(x)\, dx \end{aligned} \tag{4.3.5}$$

여기에서 다음과 같이 주어지는 $f_X(x)$는 $X$에 대한 확률밀도함수이다.

$$f_X(x) = \int_{-\infty}^{\infty} f(x, y)\, dy$$

마찬가지로 $Y$에 대한 확률밀도함수는 다음과 같이 주어진다.

$$f_Y(y) = \int_{-\infty}^{\infty} f(x, y)\, dx \tag{4.3.6}$$

### 예제 4.3c

$X$와 $Y$에 대한 결합밀도함수가 다음과 같이 주어져 있다.

$$f(x, y) = \begin{cases} 2e^{-x}e^{-2y} & 0 < x < \infty, 0 < y < \infty \\ 0 & \text{그 외의 경우} \end{cases}$$

(a) $P\{X > 1, Y < 1\}$ (b) $P\{X < Y\}$ (c) $P\{X < a\}$ 등을 계산하라.

**풀이**

(a)
$$\begin{aligned} P\{X > 1, Y < 1\} &= \int_0^1 \int_1^{\infty} 2e^{-x}e^{-2y}\, dx\, dy \\ &= \int_0^1 2e^{-2y}(-e^{-x}|_1^{\infty})\, dy \\ &= e^{-1} \int_0^1 2e^{-2y}\, dy \\ &= e^{-1}(1 - e^{-2}) \end{aligned}$$

(b)
$$\begin{aligned} P\{X < Y\} &= \iint_{(x,y):x<y} 2e^{-x}e^{-2y}\,dx\,dy \\ &= \int_0^\infty \int_0^y 2e^{-x}e^{-2y}\,dx\,dy \\ &= \int_0^\infty 2e^{-2y}(1-e^{-y})\,dy \\ &= \int_0^\infty 2e^{-2y}\,dy - \int_0^\infty 2e^{-3y}\,dy \\ &= 1-\frac{2}{3} \\ &= \frac{1}{3} \end{aligned}$$

(c)
$$\begin{aligned} P\{X < a\} &= \int_0^a \int_0^\infty 2e^{-2y}e^{-x}\,dy\,dx \\ &= \int_0^a e^{-x}\,dx \\ &= 1-e^{-a} \quad \blacksquare \end{aligned}$$

### 4.3.1 서로 독립인 확률변수

임의의 두 실수 집합 $A$, $B$에 대해 아래 식을 만족하는 확률변수 $X$와 $Y$는 서로 독립이라고 한다.

$$P\{X \in A, Y \in B\} = P\{X \in A\}P\{Y \in B\} \tag{4.3.7}$$

즉, 모든 집합 $A$, $B$에 대해 사건 $E_A = \{X \in A\}$와 사건 $F_B = \{Y \in B\}$가 서로 독립이면, 확률변수 $X$와 $Y$는 서로 독립이다.

확률에 관한 세 개의 공리를 사용하여 모든 $a$, $b$에 대해 아래의 식과 식 (4.3.7)이 동치라는 것을 보일 수 있다.

$$P\{X \le a, Y \le b\} = P\{X \le a\}P\{Y \le b\}$$

따라서 $X$와 $Y$에 대한 결합분포함수 $F$를 이용하여 아래의 조건이 성립하면 $X$와 $Y$는 서로 독립이다.

$$\text{모든 } a, b\text{에 대해} \qquad F(a,b) = F_X(a)F_Y(b)$$

$X$와 $Y$가 이산독립변수일 경우 독립성 조건인 식 (4.3.7)은 아래의 식과 동치이다.

$$\text{모든 } x, y\text{에 대해} \qquad p(x,y) = p_X(x)p_Y(y) \tag{4.3.8}$$

여기에서 $p$X 와 $p$Y는 $X$와 $Y$의 확률질량함수들이다. 위의 식들에 대한 동치 관계를 증명하기 위해 먼저 식 (4.3.7)이 성립할 경우 $A$와 $B$를 각기 단일 원소 집합인 $A = \{x\}$, $B =$

$\{y\}$ 등으로 두면 식 (4.3.8)을 얻게 된다. 그리고 식 (4.3.8)이 성립할 경우에는 임의의 집합 $A$, $B$에 대해 다음과 같이 전개될 수 있다.

$$\begin{aligned}P\{X \in A, Y \in B\} &= \sum_{y \in B} \sum_{x \in A} p(x, y) \\ &= \sum_{y \in B} \sum_{x \in A} p_X(x) p_Y(y) \\ &= \sum_{y \in B} p_Y(y) \sum_{x \in A} p_X(x) \\ &= P\{Y \in B\} P\{X \in A\}\end{aligned}$$

따라서 식 (4.3.7)이 성립한다.

결합적 연속의 경우 독립성 조건은 다음 조건과 동치이다.

$$\text{모든 } x, y\text{에 대해} \qquad f(x, y) = f_X(x) f_Y(y)$$

대체적으로 $X$와 $Y$ 중 한 값을 안다고 해서 다른 값의 분포를 변화시키지 않을 경우, $X$와 $Y$는 서로 독립이다. 독립이 아닌 확률변수들은 종속 관계에 있다고 표현된다.

### 예제 4.3d

$X$와 $Y$ 모두 아래와 같은 확률밀도함수를 갖는 서로 독립인 확률변수라고 하자. 확률변수 $X/Y$의 확률밀도함수를 구하라.

$$f(x) = \begin{cases} e^{-x} & x > 0 \\ 0 & \text{그 외의 경우} \end{cases}$$

**풀이** 먼저 $X/Y$의 분포함수를 구한다. $a > 0$에 대해 다음과 같이 전개할 수 있다.

$$\begin{aligned}F_{X/Y}(a) &= P\{X/Y \le a\} \\ &= \iint_{x/y \le a} f(x, y)\, dx\, dy \\ &= \iint_{x/y \le a} e^{-x} e^{-y}\, dx\, dy \\ &= \int_0^\infty \int_0^{ay} e^{-x} e^{-y}\, dx\, dy \\ &= \int_0^\infty (1 - e^{-ay}) e^{-y}\, dy \\ &= \left[ -e^{-y} + \frac{e^{-(a+1)y}}{a+1} \right] \Bigg|_0^\infty \\ &= 1 - \frac{1}{a+1}\end{aligned}$$

여기에 미분을 사용하면 $X/Y$의 확률밀도함수는 다음과 같이 주어진다.

$$f_{X/Y}(a) = 1/(a+1)^2, \qquad 0 < a < \infty \quad ■$$

$n$개의 확률변수를 위한 결합확률분포도 $n=2$의 경우와 동일한 방식으로 정의될 수 있다. 예를 들면, $n$개의 확률변수 $X_1, X_2, \ldots, X_n$을 위한 결합누적확률분포함수 $F(a_1, a_2, \ldots, a_n)$는 다음과 같이 정의된다.

$$F(a_1, a_2, \ldots, a_n) = P\{X_1 \le a_1, X_2 \le a_2, \ldots, X_n \le a_n\}$$

이 확률변수들이 이산형일 경우 이들에 대한 결합확률질량함수 $p(x_1, x_2, \ldots, x_n)$는 다음과 같이 정의된다.

$$p(x_1, x_2, \ldots, x_n) = P\{X_1 = x_1, X_2 = x_2, \ldots, X_n = x_n\}$$

그리고 $n$-차원 공간상의 임의의 집합 $C$에 대해 아래의 식을 만족하는 결합확률밀도함수 $f(x_1, x_2, \ldots, x_n)$가 존재할 경우 이러한 $n$개의 확률변수는 결합적 연속이라고 한다.

$$P\{(X_1, X_2, \ldots, X_n) \in C\} = \int\int_{(x_1,\ldots,x_n)\in C}\cdots\int f(x_1, \ldots, x_n)\, dx_1\, dx_2 \cdots dx_n$$

특히 $n$개의 실수 집합 $A_1, A_2, \ldots, A_n$에 대해 다음 식이 성립한다.

$$\begin{aligned} &P\{X_1 \in A_1, X_2 \in A_2, \ldots, X_n \in A_n\} \\ &= \int_{A_n}\int_{A_{n-1}}\cdots\int_{A_1} f(x_1, \ldots, x_n)\, dx_1\, dx_2 \ldots dx_n \end{aligned}$$

물론 독립성 개념은 세 개 이상의 확률변수에 대해서도 정의될 수 있다. 일반적으로 모든 실수 집합 $A_1, A_2, \ldots, A_n$ 등에 대해 아래의 식이 성립할 경우, $n$개의 확률변수 $X_1, X_2, \ldots, X_n$은 서로 독립이라고 한다.

$$P\{X_1 \in A_1, X_2 \in A_2, \ldots, X_n \in A_n\} = \prod_{i=1}^{n} P\{X_i \in A_i\}$$

전과 마찬가지로 이 조건은 아래의 조건과 동치라는 것을 보일 수 있다.

$$\text{모든 } a_1, a_2, \ldots, a_n\text{에 대해} \qquad \begin{aligned} &P\{X_1 \le a_1, X_2 \le a_2, \ldots, X_n \le a_n\} \\ &= \prod_{i=1}^{n} P\{X_i \le a_i\} \end{aligned}$$

마지막으로, 무한히 많은 확률변수들의 집합에 대해서도, 이들의 모든 유한한 부분집합이 독립일 경우, 독립이라고 한다.

**예제 4.3e**

어떤 주식의 연속적인 일일 가격 변동은 서로 독립이며 동일한 분포를 갖는 확률변수이며, 다음과 같이 주어지는 확률질량함수를 갖는다고 하자.

$$P\{\text{일일 변화량이 } i\} = \begin{cases} -3 & (.05\text{의 확률}) \\ -2 & (.10\text{의 확률}) \\ -1 & (.20\text{의 확률}) \\ 0 & (.30\text{의 확률}) \\ 1 & (.20\text{의 확률}) \\ 2 & (.10\text{의 확률}) \\ 3 & (.05\text{의 확률}) \end{cases}$$

주식 가격이 다음 3일 동안에 차례로 1, 2, 0만큼 증가할 확률은 다음과 같다.

$$P\{X_1 = 1, X_2 = 2, X_3 = 0\} = (.20)(.10)(.30) = .006$$

여기에서 $X_i$는 $i$번째 날의 가격 변동을 나타낸다. ■

## 4.3.2* 조건부 분포

두 확률변수 사이의 관계는 한 변수의 값이 주어졌을 때 다른 변수의 조건부 분포를 살펴봄으로써 더욱 명확해질 수 있다.

임의의 두 사건 $E$와 $F$에 대해 $F$가 주어졌을 때 $E$의 조건부 확률은 다음과 같이 정의된 바 있다($P(F) > 0$임을 가정함).

$$P(E|F) = \frac{P(EF)}{P(F)}$$

따라서 이산확률변수 $X$와 $Y$에 대해 $Y = y$가 주어졌을 때 $X$의 조건부 질량함수는 $p_Y(y) > 0$인 모든 $y$값에 대해 다음과 같이 정의된다.

$$\begin{aligned} p_{X|Y}(x|y) &= P\{X = x|Y = y\} \\ &= \frac{P\{X = x, Y = y\}}{P\{Y = y\}} \\ &= \frac{p(x, y)}{p_Y(y)} \end{aligned}$$

* 이 절에 대한 학습은 선택사항임

### 예제 4.3f

예제 4.3b에서 선택된 가구에 1명의 딸이 있다는 것을 알고 있을 때, 그 가구의 아들 숫자에 대한 조건부 확률질량함수를 계산하라.

**풀이** 먼저 표 4.2에서 다음 사실을 알 수 있다.

$$P\{G = 1\} = .3875$$

이로부터 다음과 같이 계산할 수 있다.

$$P\{B = 0|G = 1\} = \frac{P\{B = 0, G = 1\}}{P\{G = 1\}} = \frac{.10}{.3875} = 8/31$$

$$P\{B = 1|G = 1\} = \frac{P\{B = 1, G = 1\}}{P\{G = 1\}} = \frac{.175}{.3875} = 14/31$$

$$P\{B = 2|G = 1\} = \frac{P\{B = 2, G = 1\}}{P\{G = 1\}} = \frac{.1125}{.3875} = 9/31$$

$$P\{B = 3|G = 1\} = \frac{P\{B = 3, G = 1\}}{P\{G = 1\}} = 0$$

예를 들면, 위의 계산을 통해 1명의 딸이 있다는 사실이 주어지면 적어도 1명의 아들이 있을 확률은 23/31임을 알 수 있다. ■

### 예제 4.3g

$X$와 $Y$의 결합확률질량함수 $p(x, y)$가 아래와 같이 주어진다고 하자. $Y = 1$이 주어졌을 때 $X$의 조건부 확률질량함수를 계산하라.

$$p(0, 0) = .4, \quad p(0, 1) = .2, \quad p(1, 0) = .1, \quad p(1, 1) = .3$$

**풀이** 먼저 다음 사실을 알 수 있다.

$$P\{Y = 1\} = \sum_x p(x, 1) = p(0, 1) + p(1, 1) = .5$$

이로부터 다음과 같이 계산할 수 있다.

$$P\{X = 0|Y = 1\} = \frac{p(0, 1)}{P\{Y = 1\}} = 2/5$$

$$P\{X = 1|Y = 1\} = \frac{p(1, 1)}{P\{Y = 1\}} = 3/5 \quad ■$$

$X$와 $Y$가 결합확률밀도함수 $f(x, y)$를 갖는다면, $Y = y$가 주어졌을 때 $X$의 조건부 확률밀도함수는 $f_Y(y) > 0$인 모든 $y$값에 대해 다음과 같이 정의된다.

$$f_{X|Y}(x|y) = \frac{f(x,y)}{f_Y(y)}$$

이 정의를 전개시키기 위해 좌변에는 $dx$를 곱하고 우변에는 $(dx\ dy)/dy$를 곱하면 다음과 같다.

$$\begin{aligned} f_{X|Y}(x|y)\,dx &= \frac{f(x,y)\,dx\,dy}{f_Y(y)\,dy} \\ &\approx \frac{P\{x \le X \le x+dx, y \le Y \le y+dy\}}{P\{y \le Y \le y+dy\}} \\ &= P\{x \le X \le x+dy | y \le Y \le y+dy\} \end{aligned}$$

즉, 작은 $dx$, $dy$값에 대해, $f_{X|Y}(x|y)\,dx$는 $Y$가 $y$와 $y+dy$ 사이에 있을 때 $X$가 $x$와 $x+dx$ 사이에 있을 조건부 확률을 나타낸다.

조건부 확률밀도함수를 사용함으로써 한 확률변수의 값이 주어졌을 때 다른 확률변수에 대한 조건부 확률을 정의할 수 있게 된다. 즉, $X$와 $Y$가 결합적 연속일 때 임의의 집합 $A$에 대해 다음이 성립한다.

$$P\{X \in A | Y = y\} = \int_A f_{X|Y}(x|y)\,dx$$

### 예제 4.3h

$X$와 $Y$의 결합밀도함수가 아래와 같이 주어져 있다. $0 < y < 1$에 대해 $Y = y$로 주어졌을 때, $X$의 조건부 확률밀도함수를 계산하라.

$$f(x,y) = \begin{cases} \frac{12}{5}x(2-x-y) & 0 < x < 1, 0 < y < 1 \\ 0 & \text{그 외의 경우} \end{cases}$$

**풀이** $0 < x < 1$, $0 < y < 1$에 대해 다음과 같다.

$$\begin{aligned} f_{X|Y}(x|y) &= \frac{f(x,y)}{f_Y(y)} \\ &= \frac{f(x,y)}{\int_{-\infty}^{\infty} f(x,y)\,dx} \\ &= \frac{x(2-x-y)}{\int_0^1 x(2-x-y)\,dx} \\ &= \frac{x(2-x-y)}{\frac{2}{3} - y/2} \\ &= \frac{6x(2-x-y)}{4-3y} \end{aligned}$$

■

## 4.4 기댓값

확률론에서 가장 중요한 개념 중의 하나는 확률변수에 대한 기댓값 개념이다. $X$가 $x_1$, $x_2$, . . . 등의 값을 취하는 이산확률변수일 경우, $X$에 대한 **기댓값(expectation)**은 $E[X]$로 표시되며 다음과 같이 정의된다.

$$E[X] = \sum_i x_i P\{X = x_i\}$$

즉, $X$에 대한 기댓값은 $X$가 가질 수 있는 각 값들에 대해 $X$가 그러한 값을 가질 확률을 가중치로 적용한 가중평균에 해당한다. 예를 들면, $X$에 대한 확률질량함수가 다음과 같이 주어진다고 하자.

$$p(0) = \tfrac{1}{2} = p(1)$$

$X$에 대한 기댓값은 다음과 같이 계산된다.

$$E[X] = 0\left(\tfrac{1}{2}\right) + 1\left(\tfrac{1}{2}\right) = \tfrac{1}{2}$$

이 경우 $X$에 대한 기댓값은 $X$가 가질 수 있는 두 개의 값인 0과 1에 대한 일반 산술평균과 같다. 반면에 다음과 같은 확률이 주어지면,

$$p(0) = \tfrac{1}{3}, \quad p(1) = \tfrac{2}{3}$$

$X$에 대한 기댓값의 계산은 다음과 같다.

$$E[X] = 0\left(\tfrac{1}{3}\right) + 1\left(\tfrac{2}{3}\right) = \tfrac{2}{3}$$

이 경우 $X$에 대한 기댓값은 0과 1에 대한 가중평균이며, $p(1) = 2p(0)$이므로 1에 대한 가중치는 0에 대한 가중치의 2배가 된다.

기댓값을 정의하는 또 다른 동기는 확률에 관한 빈도해석과 관련이 있다. 확률에 관한 빈도해석에서는 어떤 실험이 독립적으로 무한히 반복될 경우 임의의 사건 $E$에 대해 $E$가 발생할 비율은 $P(E)$가 된다고 가정한다. 이제 $x_1$, $x_2$, . . ., $x_n$ 중의 값을 갖고 각 값에 대한 확률이 $p(x_1)$, $p(x_2)$, . . ., $p(x_n)$인 확률변수 $X$가 어떤 확률 게임에서 획득한 금액을 나타낸다고 하자. 즉, $x_i$원을 획득할 확률은 $p(x_i)$이다($i = 1, 2, \ldots, n$). 빈도해석에 의하면, 이 게임을 계속 진행할 경우 $x_i$를 획득하는 횟수의 비율이 $p(x_i)$가 될 것이다. 이는 모든 $i = 1, 2, \ldots, n$에 대해 참이므로, 게임 당 평균 획득 금액은 다음과 같다.

$$\sum_{i=1}^{n} x_i p(x_i) = E[X]$$

위의 설명을 더욱 명확히 하기 위해 매우 큰 $N$에 대해 $N$회의 게임을 수행한다고 하자. 이 경우 대략 $Np(x_i)$회의 게임에서 $x_i$를 획득할 것이며, 따라서 $N$회의 게임에서 획득 금액의 합은 다음과 같을 것이다.

$$\sum_{i=1}^{n} x_i N_p(x_i)$$

이는 게임 당 평균 획득 금액이 다음과 같음을 의미한다.

$$\sum_{i=1}^{n} \frac{x_i N_p(x_i)}{N} = \sum_{i=1}^{n} x_i p(x_i) = E[X]$$

### 예제 4.4a

공정한 주사위를 던져 나오는 결과를 나타내는 $X$에 대해 $E[X]$를 구하라.

**풀이** $p(1) = p(2) = p(3) = p(4) = p(5) = p(6) = \frac{1}{6}$ 이므로, 다음 결과를 얻는다.

$$E[X] = 1\left(\tfrac{1}{6}\right) + 2\left(\tfrac{1}{6}\right) + 3\left(\tfrac{1}{6}\right) + 4\left(\tfrac{1}{6}\right) + 5\left(\tfrac{1}{6}\right) + 6\left(\tfrac{1}{6}\right) = \tfrac{7}{2}$$

이 예제의 경우 $X$에 대한 기댓값은 $X$가 가질 수 있는 값이 아니라는 점에 유의하기 바란다(즉, 주사위를 굴린 결과가 $\frac{7}{2}$이 될 수는 없다). 따라서 $E[X]$를 $X$에 대한 **기댓값**이라고 부르지만, $X$가 실제로 그러한 값을 갖기를 기대한다기보다는 실험을 많이 반복했을 때 $X$가 가질 값들에 대한 평균으로 해석되어야 한다. 즉, 공정한 주사위를 계속하여 던지는 횟수가 많아질 경우, 모든 결과의 평균이 대략 $\frac{7}{2}$이 될 것이다(결과가 궁금한 독자들은 실제 이러한 실험을 시도해보기 바란다). ■

### 예제 4.4b

$I$가 다음과 같이 정의되어 사건 $A$에 대한 지표 확률변수를 나타낸다고 하자.

$$I = \begin{cases} 1 & A\text{가 발생할 경우} \\ 0 & A\text{가 발생하지 않을 경우} \end{cases}$$

이 경우 다음 결과를 얻게 된다.

$$E[I] = 1P(A) + 0P(A^c) = P(A)$$

따라서 사건 $A$에 대한 지표 확률변수의 기댓값은 $A$가 발생할 확률과 같다. ■

### 예제 4.4c (엔트로피)

주어진 확률변수 $X$에 대해 $X = x$라는 메시지에서 전달되는 정보의 양은 얼마나 될까? 이에 대한 정량화를 시도하기 위해 먼저 $X = x$라는 메시지에 담겨있는 정보의 양은 $X$의 값이 $x$가 될 확률에 따라 달라진다는 점을 이해할 필요가 있다. 그리고 $X$의 값이 $x$가 될 확률이 낮을수록 이 메시지에 담긴 정보가 많다고 볼 수 있다. 예를 들어 $X$가 두 개의 공정한 주사위의 합을 나타낸다고 할 때, $X = 12$라는 메시지에는 $X = 7$이라는 메시지보다 더 많은 정보가 담겨있는데, 이는 전자의 사건에 대한 확률은 $\frac{1}{36}$ 인데 비해 후자의 사건에 대한 확률은 $\frac{1}{6}$ 이기 때문이다. 확률이 $p$인 사건이 발생하였다는 메시지에 담긴 정보의 양을 $I(p)$로 나타내기로 하자. 명백히 $I(p)$는 $p$가 증가함에 따라 감소하며 음이 아닌 함수이다. $I(p)$의 모양을 결정하기 위해 $X$와 $Y$가 서로 독립인 확률변수이고 $P\{X = x\} = p$, $P\{Y = y\} = q$라고 하자. $X = x$, $Y = y$라는 메시지에 담겨있는 정보의 양은 얼마나 될까? 이 질문에 답하기 위해서는 먼저 $X = x$라는 메시지에 담겨있는 정보의 양은 $I(p)$와 같다는 점을 이해할 필요가 있다. 또한 ($X$와 $Y$는 서로 독립이므로) $X = x$라는 사실을 안다는 것이 $Y = y$일 확률에 영향을 미치지 않으므로 $Y = y$라는 메시지에 담긴 정보의 양은 $I(q)$라고 볼 수 있다. 따라서 $X = x$, $Y = y$라는 메시지에 담겨있는 정보의 양은 $I(p) + I(q)$가 된다. 한편으로 다음 결과를 얻을 수 있다.

$$P\{X = x, Y = y\} = P\{X = x\}P\{Y = y\} = pq$$

위의 결과는 $X = x$, $Y = y$라는 메시지에 담겨있는 정보의 양은 $I(pq)$임을 의미하며, 따라서 함수 $I$는 다음 등식을 만족한다.

$$I(pq) = I(p) + I(q)$$

그런데 함수 $G$를 다음과 같이 정의할 경우,

$$G(p) = I(2^{-p})$$

위의 등식으로부터 다음 결과를 얻는다.

$$\begin{aligned} G(p+q) &= I(2^{-(p+q)}) \\ &= I(2^{-p}2^{-q}) \\ &= I(2^{-p}) + I(2^{-q}) \\ &= G(p) + G(q) \end{aligned}$$

그러나 앞의 함수 관계를 만족하는 유일한 (단조) 함수 $G$는 어떤 상수 $c$에 대해 다음 형태를 갖는다는 것을 보일 수 있다.

$$G(p) = cp$$

따라서 다음이 성립함을 알 수 있다.

$$I(2^{-p}) = cp$$

이때 $q = 2^{-p}$라고 두면, 어떤 양의 상수 $c$에 대해 다음 식을 얻는다.

$$I(q) = -c\log_2(q)$$

전통적으로 $c = 1$로 두며, 정보의 측정 단위로는 (binary digit을 줄인 표현인) **비트(bit)**를 사용한다.

이제 $x_1, \ldots, x_n$ 등의 값을 가질 수 있으며 각 값에 대한 확률이 $p_1, \ldots, p_n$인 확률변수 $X$가 있다고 하자. $\log_2(p_i)$는 $X = x_i$라는 메시지에 담긴 정보량을 나타내므로, $X$의 값을 통해 전송되는 정보량에 대한 기댓값은 다음과 같이 주어진다.

$$H(X) = -\sum_{i=1}^{n} p_i \log_2(p_i)$$

$H(X)$로 주어지는 양은 정보이론에서 확률변수 $X$에 대한 **엔트로피(entropy)**로 알려져 있다. ■

연속확률변수에 대한 기댓값도 정의할 수 있다. $X$는 확률밀도함수가 $f$로 주어지는 연속확률변수라고 하자. 작은 $dx$에 대해 다음 식이 성립한다.

$$f(x)\,dx \approx P\{x < X < x + dx\}$$

따라서 $X$의 모든 가능한 값에 대해 $X$가 $x$ 가까이 있을 확률을 가중치로 취한 가중평균은 모든 $x$에 대한 $xf(x)\,dx$의 적분과 같다. 따라서 $X$에 대한 기댓값은 다음과 같이 정의할 수 있다.

$$E[X] = \int_{-\infty}^{\infty} xf(x)\,dx$$

### 예제 4.4d

오후 5시 이후의 어떤 시점에 메시지가 도착할 것을 예상하고 있다고 하자. 5시 이후 메시지 도착까지의 시간을 나타내는 $X$는 확률밀도함수가 아래와 같이 주어지는 확률변수임을 경험에서부터 알고 있다.

$$f(x) = \begin{cases} \dfrac{1}{1.5} & 0 < x < 1.5 \\ 0 & \text{그 외의 경우} \end{cases}$$

5시 이후 메시지 도착까지의 시간에 대한 기댓값은 다음과 같이 주어진다.

$$E[X] = \int_0^{1.5} \frac{x}{1.5}\,dx = .75$$

따라서 평균적으로 45분 정도 기다려야 할 것이다. ■

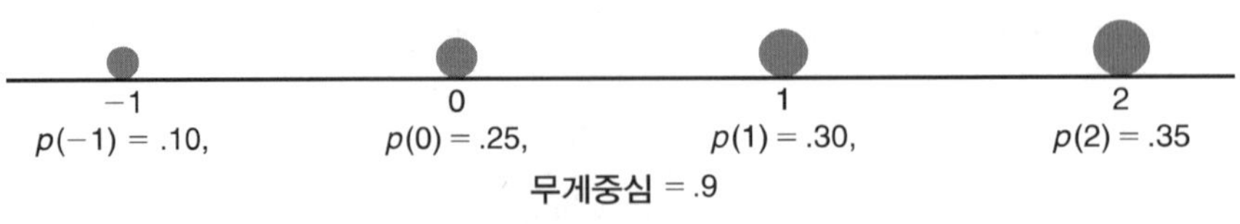


그림 4.4

**메모**

(a) 기댓값의 개념은 질량분포의 무게중심에 관한 물리적 개념과 비슷하다. 확률질량함수로 $P(x_i)(i \geq 1)$를 갖는 이산확률변수 $X$가 있다고 하자. 질량이 $P(x_i)(i \geq 1)$인 추들이 $x_i$ $(i \geq 1)$에 위치해 있는 무게 없는 막대가 있다면(참고: 그림 4.4), 이 막대가 균형을 이루는 지점이 무게중심에 해당된다. 기초 정역학에 익숙한 독자들은 이 지점이 $E[X]$에 위치한다는 것을 쉽게 보일 수 있을 것이다.*

(b) $E[X]$의 측정 단위는 $X$의 측정 단위와 같다.

## 4.5 기댓값의 성질

어떤 확률변수 $X$와 그 확률분포가 (즉, 이산형의 경우이면 확률질량함수가 또는 연속형의 경우이면 확률밀도함수가) 주어져 있다고 하자. 여기에서 우리가 계산하고자 하는 것은 $X$ 자체의 기댓값이 아니라 $X$에 관한 어떤 함수 $g(X)$의 기댓값이라고 하자. 어떻게 그 값을 계산할 수 있을까? 한 가지 방법은 다음과 같다. $g(X)$ 또한 확률변수이므로 확률분포를 가질 것이며, 그 분포는 $X$의 분포로부터 구할 수 있다. 일단 $g(X)$의 분포를 구한 다음에는 기댓값의 정의를 이용하여 $E[g(X)]$를 계산할 수 있다.

### 예제 4.5a

$X$가 다음과 같은 확률질량함수를 갖는다고 할 때, $E[X^2]$를 계산하라.

$$p(0) = .2, \quad p(1) = .5, \quad p(2) = .3$$

**풀이** $Y = X^2$이라고 두면, $Y$는 $0^2$, $1^2$, $2^2$ 중의 한 값을 갖는 확률변수이며, 각 값에 대한 확률은 다음과 같이 주어진다.

$$p_Y(0) = P\{Y = 0^2\} = .2$$
$$p_Y(1) = P\{Y = 1^2\} = .5$$
$$p_Y(4) = P\{Y = 2^2\} = .3$$

따라서

$$E[X^2] = E[Y] = 0(.2) + 1(.5) + 4(.3) = 1.7 \quad \blacksquare$$

* 이를 증명하기 위해서는 먼저 E[X] 지점 주변의 회전력의 합이 0임을 보여야 한다. 즉, $0 = \sum_i (x_i - E[X])p(x_i)$을 보여야 하는데, 이것은 간단한 일이다.

### 예제 4.5b

어떤 공장에서 전기적 고장 위치를 찾아 고치는 데 걸리는 시간이 확률변수 $X$이며 그 확률밀도함수는 아래와 같이 주어진다고 한다. 고장 기간이 $x$일 때의 비용이 $x^3$이라면, 그와 같은 고장으로 인한 비용의 기댓값은 얼마인가?

$$f_X(x) = \begin{cases} 1 & 0 < x < 1 \\ 0 & \text{그 외의 경우} \end{cases}$$

**풀이** $Y = X^3$으로 비용을 표시한다면 그 확률분포는 다음과 같이 계산할 수 있다($0 \le a \le 1$).

$$\begin{aligned} F_Y(a) &= P\{Y \le a\} \\ &= P\{X^3 \le a\} \\ &= P\{X \le a^{1/3}\} \\ &= \int_0^{a^{1/3}} dx \\ &= a^{1/3} \end{aligned}$$

$F_Y(a)$를 미분함으로써 $Y$에 대한 확률밀도함수를 구할 수 있다.

$$f_Y(a) = \frac{1}{3}a^{-2/3}, \quad 0 \le a < 1$$

따라서

$$\begin{aligned} E[X^3] = E[Y] &= \int_{-\infty}^{\infty} af_Y(a)\,da \\ &= \int_0^1 a\frac{1}{3}a^{-2/3}\,da \\ &= \frac{1}{3}\int_0^1 a^{1/3}\,da \\ &= \frac{1}{3}\frac{3}{4}a^{4/3}|_0^1 \\ &= \frac{1}{4} \end{aligned}$$ ■

이론상으로는 위와 같은 절차를 사용하여 항상 $X$의 분포로부터 $X$에 관한 임의의 함수에 대한 기댓값을 계산할 수 있지만, 보다 쉬운 계산 방법도 있다. 예를 들어 $g(X)$에 대한 기댓값을 계산하고자 한다. $X = x$일 때 $g(X)$의 값은 $g(x)$이므로, 기댓값 $E[g(X)]$는 $g(X)$가 가질 수 있는 값들에 대한 가중평균이며, $g(x)$에 대한 가중치는 $X = x$의 확률과 (연속형의 경우에는 확률밀도와) 같음을 직관적으로 알 수 있다. 이는 쉽게 증명될 수 있으며, 다음과 같은 정리로 귀결된다.

**정리 4.5.1** 확률변수의 함수에 대한 기댓값

(a) $X$가 확률질량함수 $p(x)$를 갖는 이산확률변수일 경우, 임의의 실수 값 함수 $g$에 대한 기댓값은 다음과 같이 주어진다.

$$E[g(X)] = \sum_x g(x)p(x)$$

(b) $X$가 확률밀도함수 $f(x)$를 갖는 연속확률변수일 경우, 임의의 실수 값 함수 $g$에 대한 기댓값은 다음과 같이 주어진다.

$$E[g(X)] = \int_{-\infty}^{\infty} g(x)f(x)\,dx$$

### 예제 4.5c

예제 4.5a에 정리 4.5.1을 적용하면 다음과 같은 결과를 얻을 수 있다.

$$E[X^2] = 0^2(0.2) + (1^2)(0.5) + (2^2)(0.3) = 1.7$$

이는 물론 예제 4.5a에서 유도된 결과와 일치한다. ■

### 예제 4.5d

예제 4.5b에 정리 4.5.1을 적용하면 다음과 같은 결과를 얻을 수 있다.

$$\begin{aligned} E[X^3] &= \int_0^1 x^3 dx \quad (f(x) = 1, 0 < x < 1 \text{이기 때문임}) \\ &= \frac{1}{4} \end{aligned}$$ ■

정리 4.5.1에서 직접 유도된 따름정리는 다음과 같다.

**따름정리 4.5.2**

$a$, $b$가 상수일 때, 다음 식이 성립한다.

$$E[aX + b] = aE[X] + b$$

**증명**

이산형의 경우,

$$
\begin{aligned}
E[aX+b] &= \sum_x (ax+b)p(x) \\
&= a\sum_x xp(x) + b\sum_x p(x) \\
&= aE[X]+b
\end{aligned}
$$

연속형의 경우,

$$
\begin{aligned}
E[aX+b] &= \int_{-\infty}^{\infty} (ax+b)f(x)\,dx \\
&= a\int_{-\infty}^{\infty} xf(x)\,dx + b\int_{-\infty}^{\infty} f(x)\,dx \\
&= aE[X]+b \qquad \blacksquare
\end{aligned}
$$

따름정리 4.5.2에서 $a = 0$으로 두면, 다음 식을 얻는다.

$$E[b] = b$$

즉, 상수에 대한 기댓값은 바로 그 값 자체이다(이는 직관적으로도 타당하다). 또한, $b = 0$ 일때 다음 식을 얻는다.

$$E[aX] = aE[X]$$

즉, 어떤 확률변수에 상수를 곱한 것에 대한 기댓값은 그 확률변수의 기댓값에 그 상수를 곱한 것과 같다. 확률변수 $X$의 기댓값 $E[X]$는 $X$의 **평균(mean)** 또는 **일차 적률(first moment)**이라고도 불린다. 정리 4.5.1로부터 다음 식을 얻을 수 있다.

$$
E[X^n] = \begin{cases} \sum_x x^n p(x) & X\text{가 이산형일 경우} \\ \int_{-\infty}^{\infty} x^n f(x)\,dx & X\text{가 연속형일 경우} \end{cases}
$$

## 4.5.1 확률변수의 합에 대한 기댓값

정리 4.5.1의 2차원 버전은 확률변수 $X$, $Y$의 함수 $g$에 대한 기댓값이 다음과 같다는 것이다.

$$E[g(X,Y)] = \sum_y \sum_x g(x,y)p(x,y) \qquad \text{이산형일 경우}$$
$$= \int_{-\infty}^{\infty}\int_{-\infty}^{\infty} g(x,y)f(x,y)\,dx\,dy \qquad \text{연속형일 경우}$$

예를 들어 $g(X, Y) = X + Y$이면, 연속형의 경우 다음 식을 얻는다.

$$E[X+Y] = \int_{-\infty}^{\infty}\int_{-\infty}^{\infty} (x+y)f(x,y)\,dx\,dy$$
$$= \int_{-\infty}^{\infty}\int_{-\infty}^{\infty} xf(x,y)\,dx\,dy + \int_{-\infty}^{\infty}\int_{-\infty}^{\infty} yf(x,y)\,dx\,dy$$
$$= E[X] + E[Y]$$

위의 유도 과정에서 마지막 등식은 아래 공식을 먼저 함수 $g(x, y) = x$에 적용한 다음 다시 함수 $g(x, y) = y$에 적용한 결과이다.

$$E[g(X,Y)] = \int_{-\infty}^{\infty}\int_{-\infty}^{\infty} g(x,y)f(x,y)\,dx\,dy$$

이산형에 대한 결과도 비슷하며, 임의의 확률변수 $X$, $Y$에 대해 다음 식이 성립한다.

$$E[X+Y] = E[X] + E[Y] \tag{4.5.1}$$

식 (4.5.1)을 반복하여 적용함으로써 임의의 개수의 확률변수의 합에 대한 기댓값은 개별 기댓값의 합과 같음을 보일 수 있다. 예를 들면 다음과 같다.

$$E[X+Y+Z] = E[(X+Y)+Z]$$
$$= E[X+Y] + E[Z] \qquad \text{식 4.5.1 적용}$$
$$= E[X] + E[Y] + E[Z] \qquad \text{식 4.5.1 적용}$$

이를 일반화하면, 임의의 $n$에 대해 다음 식이 성립한다.

$$E[X_1 + X_2 \cdots + X_n] = E[X_1] + E[X_2] + \cdots + E[X_n] \tag{4.5.2}$$

식 (4.5.2)는 대단히 유용한 공식이며, 몇 개의 예제를 통해 그 효용성을 살펴볼 것이다.

### 예제 4.5e

공정한 주사위 두 개를 던져 얻은 합에 대한 기댓값을 구하라.

**풀이** $X$가 합을 나타낸다면, 아래 공식을 사용하여 $E[X]$를 구할 수 있다.

$$E[X] = \sum_{i=2}^{12} i\,P(X = i)$$

그러나 주사위를 구분하고 각 주사위의 값을 $X_i(i=1,2)$로 두면 더욱 간편하게 구할 수 있다. $X = X_1 + X_2$이므로 다음의 결과를 얻는다.

$$E[X] = E[X_1] + E[X_2]$$

따라서 예제 4.4a로부터 $E[X]=7$임을 알 수 있다. ■

### 예제 4.5f

어느 건설사에서 최근에 각기 10, 20, 40(천불)의 수익가치가 있는 세 개의 공사 입찰에 참가하였다. 공사에 낙찰될 확률이 각기 0.2, 0.8, 0.3일 경우 이 회사의 전체 수익에 대한 기댓값은 얼마인가?

**풀이** $X_i\,(i=1,\ 2,\ 3)$가 공사 $i$로부터의 수익을 나타낸다면, 다음 식을 얻는다.

$$\text{총수익} = X_1 + X_2 + X_3$$

따라서

$$E[\text{총수익}] = E[X_1] + E[X_2] + E[X_3]$$

그리고

$$E[X_1] = 10(.2) + 0(.8) = 2$$
$$E[X_2] = 20(.8) + 0(.2) = 16$$
$$E[X_3] = 40(.3) + 0(.7) = 12$$

따라서 이 회사의 전체 수익에 대한 기댓값은 30(천불)이다. ■

### 예제 4.5g

어떤 비서가 $N$개의 편지와 편지봉투를 타이핑 하였는데, 봉투들을 떨어뜨려 서로 뒤섞이게 되었다. 뒤섞인 봉투들에 편지들을 완전한 무작위 방식으로 넣을 경우(즉, 각 편지가 어떤 봉투에 들어갈지에 대한 확률이 모두 같다면), 올바른 봉투에 들어갈 편지의 개수에 대한 기댓값은 얼마인가?

**풀이** $X$가 올바른 봉투에 들어갈 편지의 개수를 나타낼 경우, 다음을 이용하여 $E[X]$를 쉽게 계산할 수 있다.

$$X = X_1 + X_2 + \cdots + X_N$$

여기에서

$$X_i = \begin{cases} 1 & i\text{번째 문자가 맞는 봉투 안에 들어있을 경우} \\ 0 & \text{그 외의 경우} \end{cases}$$

이제 $i$번째 편지가 $N$개의 봉투 중 어느 것에나 들어갈 확률은 같으므로, 다음 식이 성립한다.

$$P\{X_i = 1\} = P\{i\text{번째 문자가 맞는 봉투 안에 들어있을 경우}\} = 1/N$$

그리고

$$E[X_i] = 1P\{X_i = 1\} + 0P\{X_i = 0\} = 1/N$$

따라서 식 (4.5.2)로부터 다음 식을 얻는다.

$$E[X] = E[X_1] + \cdots + E[X_N] = \left(\frac{1}{N}\right)N = 1$$

즉, 편지의 개수에 상관없이 평균적으로 한 개의 편지만이 자신에 맞는 봉투 안에 들어갈 것이다. ■

### 예제 4.5h

20가지 서로 다른 쿠폰 유형이 있으며, 매번 쿠폰을 획득할 때 어떤 유형의 쿠폰일지에 대한 확률이 동일하다고 하자. 10장의 쿠폰을 획득했을 때 그 안에 포함되어 있는 서로 다른 쿠폰 유형의 수에 대한 기댓값을 계산하라.

**풀이** $X$가 쿠폰 10장 집합 안의 서로 다른 쿠폰 유형의 수를 나타낸다고 하자. $E[X]$의 계산을 위해 다음 식을 이용한다.

$$X = X_1 + \cdots + X_{20}$$

여기에서

$$X_i = \begin{cases} 1 & \text{한 개 이상의 유형 } i \text{ 쿠폰이 쿠폰 10장 집합에 포함되어 있을 경우} \\ 0 & \text{그 외의 경우} \end{cases}$$

이제 다음 식을 계산할 수 있다.

$$\begin{aligned} E[X_i] &= P\{X_i = 1\} \\ &= P\{\text{한 개 이상의 유형 } i\text{쿠폰이 쿠폰 10장 집합에 포함되어 있음}\} \\ &= 1 - P\{\text{쿠폰 10장 집합에 유형 } i\text{쿠폰이 한 개도 포함되지 않음}\} \\ &= 1 - \left(\tfrac{19}{20}\right)^{10} \end{aligned}$$

여기에서 10장의 쿠폰 각각이 유형 $i$가 아닐 확률은 독립적으로 $\frac{19}{20}$이므로 마지막의 등식이 성립한다. 따라서 $E[X]$는 다음과 같다.

$$E[X] = E[X_1] + \cdots + E[X_{20}] = 20\left[1 - \left(\tfrac{19}{20}\right)^{10}\right] = 8.025 \quad ■$$

확률변수의 값을 예측할 때, 평균이 갖는 중요한 성질 하나가 있다. 확률변수 $X$의 값을 예측해야 한다고 하자. $X$의 값을 $c$라고 예측할 경우, 여기에 포함된 "오차(error)"의 제곱은 $(X-c)^2$이 될 것이다. 이제 $X$를 그 평균인 $\mu$라고 예측할 경우 평균제곱오차가 최소가 된다는 것을 보인다. 임의의 상수 $c$에 대해 다음 식이 성립한다.

$$\begin{aligned}
E[(X-c)^2] &= E[(X-\mu+\mu-c)^2] \\
&= E[(X-\mu)^2 + 2(\mu-c)(X-\mu) + (\mu-c)^2] \\
&= E[(X-\mu)^2] + 2(\mu-c)E[X-\mu] + (\mu-c)^2 \\
&= E[(X-\mu)^2] + (\mu-c^2) \qquad E[X-\mu] = E[X]-\mu = 0 \text{을 이용} \\
&\geq E[(X-\mu)^2]
\end{aligned}$$

따라서 확률변수에 대한 평균제곱오차의 관점에서 최선의 예측량은 바로 그 평균임을 알 수 있다.

## 4.6 분산

확률변수 $X$와 확률분포함수가 주어졌을 때, 적절히 정의된 측도들을 이용하여 질량함수의 중요한 성질들을 요약할 수 있다면 대단히 유용할 것이다. 그와 같은 측도 중의 하나가 $X$에 대한 기댓값 $E[X]$이다. 그러나 $E[X]$는 $X$가 가질 수 있는 값들에 대한 가중평균이지만, 이 값들의 변이 또는 산포 상태에 대해서는 전혀 말해주지 않는다. 예를 들면, 아래와 같은 질량함수를 갖는 확률변수 $W$, $Y$, $Z$ 등은 모두 0이라는 똑같은 기댓값을 갖지만, $Y$가 가질 수 있는 값들은 상수인 $W$의 경우보다 훨씬 흩어져 있으며, $Z$가 가질 수 있는 값들은 $Y$의 경우보다 훨씬 흩어져 있다.

$$W = 0 \qquad 1\text{의 확률}$$

$$Y = \begin{cases} -1 & \frac{1}{2}\text{의 확률} \\ 1 & \frac{1}{2}\text{의 확률} \end{cases}$$

$$Z = \begin{cases} -100 & \frac{1}{2}\text{의 확률} \\ 100 & \frac{1}{2}\text{의 확률} \end{cases}$$

$X$는 그 평균인 $E[X]$ 주위의 값들을 가질 것으로 기대할 수 있으므로, $X$에 대한 변이를 측정하기 위한 합리적인 한 가지 방법은 평균적으로 $X$가 그 평균에서 얼마나 떨어져 있는지 살펴보는 것이다. 이를 측정할 수 있는 한 가지 방법은 $E[|X-\mu|]$라는 양을 이용하는 것인데, 여기에서 $\mu = E[X]$이며 $|X-\mu|$는 $X-\mu$의 절댓값을 나타낸다. 그러나 이 양은 수학

적으로 계산하기 불편하므로, 보다 쉽게 계산할 수 있는 $X$와 그 평균 사이의 차이의 제곱에 대한 기댓값이 주로 이용된다. 이를 정리하여 다음과 같은 정의에 도달한다.

### 정의

$X$가 평균이 $\mu$인 확률변수이면, $\mathrm{Var}(X)$로 표시되는 $X$의 **분산(variance)**은 다음과 같이 정의된다.

$$\mathrm{Var}(X) = E[(X-\mu)^2]$$

$\mathrm{Var}(X)$를 계산하기 위한 또 다른 공식은 다음과 같이 유도될 수 있다.

$$\begin{aligned}\mathrm{Var}(X) &= E[(X-\mu)^2] \\ &= E[X^2 - 2\mu X + \mu^2] \\ &= E[X^2] - E[2\mu X] + E[\mu^2] \\ &= E[X^2] - 2\mu E[X] + \mu^2 \\ &= E[X^2] - \mu^2\end{aligned}$$

즉,

$$\mathrm{Var}(X) = E[X^2] - (E[X])^2 \tag{4.6.1}$$

즉, $X$의 분산은 $X$의 제곱에 대한 기댓값에서 $X$의 기댓값의 제곱을 뺀 것과 같다. 이는 보통 $\mathrm{Var}(X)$를 계산하는 가장 쉬운 방법이된다.

### 예제 4.6a

공정한 주사위 하나를 던진 결과를 나타내는 $X$에 대해 $\mathrm{Var}(X)$를 계산하라.

**풀이** $P\{X=i\} = \frac{1}{6}$ $(i=1,\ 2,\ 3,\ 4,\ 5,\ 6)$이므로 다음 식을 얻는다.

$$\begin{aligned}E[X^2] &= \sum_{i=1}^{6} i^2 P\{X=i\} \\ &= 1^2\left(\tfrac{1}{6}\right) + 2^2\left(\tfrac{1}{6}\right) + 3^2\left(\tfrac{1}{6}\right) + 4^2\left(\tfrac{1}{6}\right) + 5^2\left(\tfrac{1}{6}\right) + 6^2\left(\tfrac{1}{6}\right) \\ &= \tfrac{91}{6}\end{aligned}$$

따라서 예제 4.4a에서 $E[X] = \frac{7}{2}$ 임을 보인 바 있으므로, 식 (4.6.1)로부터 다음 결과를 얻는다.

$$\begin{aligned}\mathrm{Var}(X) &= E[X^2] - (E[X])^2 \\ &= \tfrac{91}{6} - \left(\tfrac{7}{2}\right)^2 = \tfrac{35}{12}\end{aligned}$$ ■

### 예제 4.6b (지표확률변수에 대한 분산)

지표 확률변수에 대한 분산. 어떤 사건 $A$에 대해

$$I = \begin{cases} 1 & \text{사상 } A\text{가 발생할 경우} \\ 0 & \text{사상 } A\text{가 발생하지 않을 경우} \end{cases}$$

이면, $I$에 대한 분산은 다음과 같다.

$$\begin{aligned} \mathrm{Var}(I) &= E[I^2] - (E[I])^2 \\ &= E[I] - (E[I])^2 \quad (1^2 = 1,\ 0^2 = 0 \text{이며) 따라서 } I^2 = I \text{ 이므로} \\ &= E[I](1 - E[I]) \\ &= P(A)[1 - P(A)] \quad \text{예제 4.4b 로부터 } E[I] = P(A)\text{이므로} \ ■ \end{aligned}$$

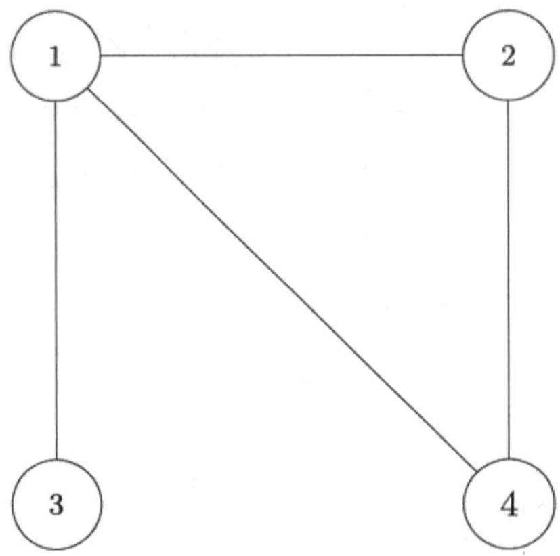


**그림 4.5** 친구 네트웍

$(X-\mu)^2 \geq 0$이므로, $Var(X) = E(X-\mu)^2 \geq 0$이 성립하고 (4.6.1)로 부터

$$E(X^2) \geq \mu^2$$

이 성립한다. 즉, 확률변수 제곱의 평균은 평균의 제곱보다 항상 크거나 같다.

### 예제 4.6c

친구 역설(friendship paradox)는 "당신보다 당신의 친구에게 평균적으로 더 많은 친구가 있다"라는 것이다. $n$명의 사람이 있고 이들간에는 특정한 친구 관계가 있다고 하자. 각 사람을 원으로 표시하고 친구 관계를 직선으로 잇는 친구 네트웍을 그릴수 있다. 예를 들어 그림 4.5는 4명의 사람이 있으며, 1번과 2번, 1번과 3번, 1번과 4번 및 2번과 4번 사람은 친구 관계에 있다.

$f(i)$는 $i$번 사람의 친구수(명수)를 나타내기로 하고 $f=\sum_{i=1}^{n} f(i)$라고 하자. (따라서 그림 4.5에서는 $f(1)=3$, $f(2)=2$, $f(3)=1$, $f(4)=2$이고 $f=8$이다.) 이제 X를 임의로로 선택한 사람 번호라고 하자. 즉,

$$P(X=i)=1/n,\ \ i=1, ..., n.$$

정리 4.5.1에 의해 $X$에 대한 평균 친구수 $E[f(X)]$는

$$E[f(X)]=\sum_{i=1}^{n} f(i)P(X=i)=\sum_{i=1}^{n} f(i)/n=f/n.$$

이 된다.

한편 각 사람들이 자기의 친구 이름을 서로 다른 종이에 적었다고 하자. $k$명의 친구가 있는 사람은 $k$개의 종이가 있게 되고 i번 사람은 $f(i)$명의 친구가 있으므로 $f=\sum_{i=1}^{n} f(i)$개의 사람 이름이 하나씩 적혀 있는 종이가 생기게 된다. 이제 이 종이들 중에 임의로 하나를 선택하고 $Y$를 그 종이에 적힌 사람에 대한 번호라고 하자. $E[f(Y)]$는 $Y$에 대한 평균 친구수가 되며 이를 구해보자. $i$번 사람의 친구수는 $f(i)$이므로 $f(i)$개의 종이에 나타나게 되므로 $i$번 사람의 이름이 임의로 선택된 종이에 있을 확률은 $\frac{f(i)}{f}$이다. 즉,

$$P(Y=i)=\frac{f(i)}{f}, \quad i=1,\ldots,n.$$

이 된다. 따라서 다음이 성립한다.

$$\begin{aligned} E[f(Y)] &= \sum_{i=1}^{n} f(i)P(Y=i) \\ &= \frac{\sum_{i=1}^{n} f^2(i)}{f}. \end{aligned}$$

$P(X=i)=1/n$이고 $E[f(X)]=f/n$이므로, 분자와 분모에 $1/n$을 곱하면 다음 식을 얻는다.

$$\begin{aligned} E[f(Y)] &= \frac{\sum_{i=1}^{n} f^2(i)P(X=i)}{E[f(X)]} \\ &= \frac{E[f^2(X)]}{E[f(X)]} \\ &\geq E[f(X)] \end{aligned}$$

마지막 부등식은 확률변수의 제곱의 평균은 그 확률변수의 평균의 제곱 이상이 됨을 이용하였다. 결론적으로 $E[f(X)] \leq E[f(Y)]$가 성립되며, 평균 친구수는 임의로 선택된 친구 관계의 사람이 가지는 친구수보다 많거나 같은 것으로 해석이 된다.

**메모**

친구 역설의 직관적인 이해는 $X$는 균등하게 분포되어 있는 반면에 $Y$는 친구가 많은 사람의 번호 일수록 큰 확률을 가진다는 것이다. 따라서 $Y$는 친구가 많은 사람의 번호에 대해 더 많이 편향되어 있어서 $Y$의 평균 친구수가 많은 것이 그리 이상한 것은 아니다.

분산에 관한 유용한 등식 하나는 임의의 상수 $a$, $b$에 대해 성립하는 다음 식이다.

$$\text{Var}(aX + b) = a^2\text{Var}(X) \tag{4.6.2}$$

식 (4.6.2)를 증명하기 위해, $\mu = E[X]$라고 두면 $E[aX+b] = a\mu + b$가 된다는 사실을 이용한다. 분산의 정의에 의해 다음 식이 성립한다.

$$\begin{aligned}
\text{Var}(aX + b) &= E[(aX + b - E[aX + b])^2] \\
&= E[(aX + b - a\mu - b)^2] \\
&= E[(aX - a\mu)^2] \\
&= E[a^2(X - \mu)^2] \\
&= a^2E[(X - \mu)^2] \\
&= a^2\text{Var}(X)
\end{aligned}$$

식 (4.6.2)에서 $a$, $b$에 특정 값을 지정함으로써 유용한 따름정리들을 얻을 수 있다. 예를 들면, 식 (4.6.2)에서 $a = 0$으로 둠으로써 다음 결과를 얻는다.

$$\text{Var}(b) = 0$$

즉, 상수에 대한 분산은 0이다(이는 직관적으로도 타당하다). 마찬가지로 $a = 1$인 경우 다음 결과를 얻는다.

$$\text{Var}(X + b) = \text{Var}(X)$$

즉, 어떤 확률변수에 상수를 더한 것에 대한 분산은 원래 확률변수의 분산과 같다(직관적으로 타당하지 않은가? 생각해보기 바란다). 끝으로, $b = 0$인 경우 다음 결과를 얻는다.

$$\text{Var}(aX) = a^2\text{Var}(X)$$

$\sqrt{\text{Var}(X)}$라는 양은 $X$에 대한 **표준편차(standard deviation)**라고 불린다. 표준편차는 평균과 동일한 단위를 갖는다.

**메모**

평균이 질량분포의 무게중심에 해당하는 것처럼, 분산은 역학 용어로 관성적률(moment of inertia)에 해당한다.

## 4.7 공분산과 확률변수의 합에 대한 분산

4.5절에서 확률변수들의 합에 대한 기댓값은 확률변수들에 대한 기댓값의 합과 같음을 보인 바 있다. 그러나 분산에 대해서는 이에 해당하는 식이 일반적으로 성립하지는 않는다. 다음 식을 살펴보자.

$$\begin{aligned}\mathrm{Var}(X+X) &= \mathrm{Var}(2X)\\ &= 2^2\,\mathrm{Var}(X)\\ &= 4\,\mathrm{Var}(X)\\ &\neq \mathrm{Var}(X)+\mathrm{Var}(X)\end{aligned}$$

그러나 확률변수들의 합에 대한 분산이 분산들의 합과 같은 경우가 있는데, 바로 확률변수들이 서로 독립인 경우이다. 이를 증명하기에 앞서 두 확률변수에 대한 공분산의 개념을 먼저 정의한다.

### 정의

두 확률변수 $X$, $Y$에 대한 **공분산(covariance)**은 $\mathrm{Cov}(X, Y)$로 표시되며, 다음과 같이 정의된다.

$$\mathrm{Cov}(X,Y) = E[(X-\mu_x)(Y-\mu_y)]$$

여기에서 $\mu_x$, $\mu_y$는 각기 $X$, $Y$에 대한 평균이다.

앞의 정의에서 우변을 전개하여 $\mathrm{Cov}(X, Y)$에 대한 유용한 식을 얻을 수 있다.

$$\begin{aligned}\mathrm{Cov}(X,Y) &= E[XY-\mu_x Y-\mu_y X+\mu_x\mu_y]\\ &= E[XY]-\mu_x E[Y]-\mu_y E[X]+\mu_x\mu_y\\ &= E[XY]-\mu_x\mu_y-\mu_y\mu_x+\mu_x\mu_y\\ &= E[XY]-E[X]E[Y]\end{aligned} \tag{4.7.1}$$

공분산의 정의로부터 다음 성질들을 만족한다는 것을 알 수 있다.

$$\mathrm{Cov}(X,Y) = \mathrm{Cov}(Y,X) \tag{4.7.2}$$

$$\mathrm{Cov}(X,X) = \mathrm{Var}(X) \tag{4.7.3}$$

정의에서 직접 유도할 수 있는 공분산의 또 다른 정의는 임의의 상수 $a$에 대해 성립하는 다음 식이다.

$$\mathrm{Cov}(aX,Y) = a\,\mathrm{Cov}(X,Y) \tag{4.7.4}$$

식 (4.7.4)에 대한 증명은 연습문제로 남겨둔다.

기댓값과 마찬가지로 공분산도 가법 성질을 갖는다.

**소정리 4.7.1**

$$\text{Cov}(X+Z,Y)=\text{Cov}(X,Y)+\text{Cov}(Z,Y)$$

**증명**

$$\begin{aligned}
&\text{Cov}(X+Z,Y)\\
&\quad=E[(X+Z)Y]-E[X+Z]E[Y] \quad \text{식 (4.7.1)을 적용}\\
&\quad=E[XY]+E[ZY]-(E[X]+E[Z])E[Y]\\
&\quad=E[XY]-E[X]E[Y]+E[ZY]-E[Z]E[Y]\\
&\quad=\text{Cov}(X,Y)+\text{Cov}(Z,Y)
\end{aligned}$$

소정리 4.7.1을 다음과 같이 일반화시킬 수 있으며(참고 : 연습문제 48), 이로부터 정리 4.7.2를 얻을 수 있다.

$$\text{Cov}\left(\sum_{i=1}^{n}X_i,Y\right)=\sum_{i=1}^{n}\text{Cov}(X_i,Y) \tag{4.7.5}$$

**정리 4.7.2**

$$\text{Cov}\left(\sum_{i=1}^{n}X_i,\sum_{j=1}^{m}Y_j\right)=\sum_{i=1}^{n}\sum_{j=1}^{m}\text{Cov}(X_i,Y_j)$$

**증명**

$$\begin{aligned}
&\text{Cov}\left(\sum_{i=1}^{n}X_i,\sum_{j=1}^{m}Y_j\right)\\
&\quad=\sum_{i=1}^{n}\text{Cov}\left(X_i,\sum_{j=1}^{m}Y_j\right) \quad \text{식 (4.7.5)를 적용}\\
&\quad=\sum_{i=1}^{n}\text{Cov}\left(\sum_{j=1}^{m}Y_j,X_i\right) \quad \text{대칭 성질을 나타내는 식 (4.7.2)를 적용}\\
&\quad=\sum_{i=1}^{n}\sum_{j=1}^{m}\text{Cov}(Y_j,X_i) \quad \text{식 (4.7.5)를 적용}
\end{aligned}$$

위의 마지막 식에 식 (4.7.2)를 한 번 더 적용함으로써 정리의 결과를 얻을 수 있다.

식 (4.7.3)을 사용하여 확률변수들의 합에 대한 분산을 위한 아래의 공식을 얻을 수 있다.

**따름정리 4.7.3**

$$\mathrm{Var}\left(\sum_{i=1}^{n} X_i\right) = \sum_{i=1}^{n} \mathrm{Var}(X_i) + \sum_{i=1}^{n}\sum_{\substack{j=1 \\ j\neq i}}^{n} \mathrm{Cov}(X_i, X_j)$$

**증명**

임의의 확률변수 $X$에 대해 $\mathrm{Cov}(X, X) = \mathrm{Var}(X)$이므로 정리 4.7.2로부터 다음의 결과를 얻을 수 있다.

$$\begin{aligned}
\mathrm{Var}\left(\sum_{i=1}^{n} X_i\right) &= \mathrm{Cov}\left(\sum_{i=1}^{n} X_i,\ \sum_{j=1}^{n} X_j\right) \\
&= \sum_{i=1}^{n}\sum_{j=1}^{n} \mathrm{Cov}(X_i,\ X_j) \\
&= \sum_{i=1}^{n}\left[\sum_{j\neq i} \mathrm{Cov}(X_i,\ X_j) + \mathrm{Cov}(X_i,\ X_i)\right] \\
&= \sum_{i=1}^{n}\sum_{j\neq i} \mathrm{Cov}(X_i,\ X_j) + \sum_{i=1}^{n} \mathrm{Cov}(X_i,\ X_i) \\
&= \sum_{i=1}^{n}\sum_{j\neq i} \mathrm{Cov}(X_i,\ X_j) + \sum_{i=1}^{n} \mathrm{Var}(X_i)
\end{aligned}$$

$n = 2$의 경우, 따름정리 4.7.3에서 다음 결과를 얻는다.

$$\mathrm{Var}(X + Y) = \mathrm{Var}(X) + \mathrm{Var}(Y) + \mathrm{Cov}(X, Y) + \mathrm{Cov}(Y, X)$$

여기에 식 (4.7.2)를 적용하면 다음과 같이 정리된다.

$$\mathrm{Var}(X + Y) = \mathrm{Var}(X) + \mathrm{Var}(Y) + 2\mathrm{Cov}(X, Y) \tag{4.7.6}$$

**정리 4.7.4**

$X$와 $Y$가 서로 독립인 확률변수이면

$$\mathrm{Cov}(X, Y) = 0$$

이고, 서로 독립인 $X_1, \ldots, X_n$에 대해 다음 식이 성립한다.

$$\mathrm{Var}\left(\sum_{i=1}^{n} X_i\right) = \sum_{i=1}^{n} \mathrm{Var}(X_i)$$

### 증명

$E[XY] = E[X]E[Y]$를 증명할 필요가 있다. 이산형의 경우,

$$\begin{aligned} E[XY] &= \sum_j \sum_i x_i y_j P\{X = x_i, Y = y_j\} \\ &= \sum_j \sum_i x_i y_j P\{X = x_i\} P\{Y = y_j\} \quad \text{독립성에 의함} \\ &= \sum_j y_j P\{Y = y_j\} \sum_i x_i P\{X = x_i\} \\ &= E[Y]E[X] \end{aligned}$$

다른 경우에도 유사한 논리를 적용하여 증명할 수 있다.

### ■ 예제 4.7a

공정한 주사위 한 개를 10번 독립적으로 던져 얻은 합에 대한 분산을 계산하라.

**풀이** $i$번째 주사위의 결과를 $x_i$로 나타내면, 다음의 결과를 얻는다.

$$\begin{aligned} \mathrm{Var}\left(\sum_1^{10} X_i\right) &= \sum_1^{10} \mathrm{Var}(X_i) \\ &= 10\tfrac{35}{12} \quad \text{예제 4.6a로부터} \\ &= \tfrac{175}{6} \quad ■ \end{aligned}$$

### ■ 예제 4.7b

공정한 동전 한 개를 10번 독립적으로 던져 얻은 앞면의 수에 대한 분산을 계산하라.

**풀이** 다음과 같이 두면

$$I_j = \begin{cases} 1 & j\text{번째 던졌을 때 앞면이 나오는 경우} \\ 0 & j\text{번째 던졌을 때 뒷면이 나오는 경우} \end{cases}$$

앞면의 전체 개수는 다음과 같다.

$$\sum_{j=1}^{10} I_j$$

따라서 정리 4.7.4로부터 다음 결과를 얻는다.

$$\mathrm{Var}\left(\sum_{j=1}^{10} I_j\right) = \sum_{j=1}^{10} \mathrm{Var}(I_j)$$

이제 $I_j$는 확률이 $\frac{1}{2}$인 지표 확률변수이므로, 예제 4.6b의 결과에서 다음 결과를 얻을 수 있다.

$$\text{Var}(I_j) = \frac{1}{2}\left(1 - \frac{1}{2}\right) = \frac{1}{4}$$

따라서

$$\text{Var}\left(\sum_{j=1}^{10} I_j\right) = \frac{10}{4} \quad \blacksquare$$

두 확률변수에 대한 공분산은 이들 사이의 관계에 대한 지표로서 중요하다. 예를 들어 $X$, $Y$가 각기 사건 $A$, $B$의 발생 여부에 대한 지표 변수인 상황을 생각해보자. 즉, 사건 $A$, $B$에 대해 다음과 같이 정의한다.

$$X = \begin{cases} 1 & A\text{가 발생할 경우} \\ 0 & \text{그 외의 경우} \end{cases}, \qquad Y = \begin{cases} 1 & B\text{가 발생할 경우} \\ 0 & \text{그 외의 경우} \end{cases}$$

이때 다음 식이 성립함을 알 수 있다.

$$XY = \begin{cases} 1 & X = 1, Y = 1 \\ 0 & \text{그 외의 경우} \end{cases}$$

따라서

$$\begin{aligned} \text{Cov}(X, Y) &= E[XY] - E[X]E[Y] \\ &= P\{X = 1, Y = 1\} - P\{X = 1\}P\{Y = 1\} \end{aligned}$$

위의 식으로부터 다음 식이 성립함을 알 수 있다.

$$\begin{aligned} \text{Cov}(X, Y) > 0 &\Leftrightarrow P\{X = 1, Y = 1\} > P\{X = 1\}P\{Y = 1\} \\ &\Leftrightarrow \frac{P\{X = 1, Y = 1\}}{P\{X = 1\}} > P\{Y = 1\} \\ &\Leftrightarrow P\{Y = 1 | X = 1\} > P\{Y = 1\} \end{aligned}$$

즉, $X = 1$일 때 $Y = 1$이 될 가능성이 높아진다면, $X$, $Y$에 대한 공분산은 양의 값을 갖는다(대칭성에 의해 그 역도 성립한다는 것을 알 수 있음).

일반적으로 Cov($X$, $Y$)가 양의 값을 가지면 $X$가 증가함에 따라 $Y$도 증가하는 경향이 있으며, 음의 값을 가지면 $X$가 증가함에 따라 $Y$가 감소하는 경향이 있음을 나타낸다는 것을 증명할 수 있다. $X$, $Y$ 사이의 관계의 강도는 $X$, $Y$ 사이의 **상관계수(correlation coefficient)**로 표현되는데, 이는 아래와 같이 $X$, $Y$에 대한 공분산을 $X$와 $Y$ 각각의 표준편차의 곱으로 나눈 것이며, Corr($X$, $Y$)로 표시된다.

$$\text{Corr}(X, Y) = \frac{\text{Cov}(X, Y)}{\sqrt{\text{Var}(X)\text{Var}(Y)}}$$

상관계수는 항상 $-1$과 1 사이의 값을 갖는다는 것을 보일 수 있다(참고 : 연습문제 49).

## 4.8 적률생성함수

확률변수 $X$에 대한 **적률생성함수(moment generating function)** $\phi(t)$는 모든 $t$값에 대해 다음과 같이 정의된다.

$$\phi(t) = E[e^{tX}] = \begin{cases} \sum_x e^{tx} p(x) & X\text{가 이산형} \\ \int_{-\infty}^{\infty} e^{tx} f(x)\, dx & X\text{가 연속형} \end{cases}$$

$\phi(t)$를 적률생성함수로 부르는 것은 $\phi(t)$를 연속적으로 미분함으로써 $X$에 대한 모든 적률을 구할 수 있기 때문이다. 예를 들면,

$$\begin{aligned} \phi'(t) &= \frac{d}{dt} E[e^{tX}] \\ &= E\left[\frac{d}{dt}(e^{tX})\right] \\ &= E[Xe^{tX}] \end{aligned}$$

따라서

$$\phi'(0) = E[X]$$

마찬가지로

$$\begin{aligned} \phi''(t) &= \frac{d}{dt}\phi'(t) \\ &= \frac{d}{dt} E[Xe^{tX}] \\ &= E\left[\frac{d}{dt}(Xe^{tX})\right] \\ &= E[X^2 e^{tX}] \end{aligned}$$

따라서

$$\phi''(0) = E[X^2]$$

일반적으로 $\phi(t)$에 대한 $n$차 도함수의 $t=0$일 때의 값이 $E[X^n]$과 같다. 즉,

$$\phi^n(0) = E[X^n], \quad n \geq 1$$

적률생성함수가 갖는 중요한 한 가지 성질은 **"서로 독립인 확률변수들의 합에 대한 적률생성함수는 바로 개별 적률생성함수들의 곱과 같다"**는 사실이다. 이를 확인하기 위해 $X$와 $Y$가 서로 독립이고 이들의 적률생성함수가 각기 $\phi_X(t)$와 $\phi_Y(t)$라고 하자. 그러면 $X+Y$에 대한 적률생성함수 $\phi_{X+Y}(t)$는 다음과 같이 주어진다.

$$\begin{aligned}\phi_{X+Y}(t) &= E[e^{t(X+Y)}] \\ &= E[e^{tX}e^{tY}] \\ &= E[e^{tX}]E[e^{tY}] \\ &= \phi_X(t)\phi_Y(t)\end{aligned}$$

이때 아래에서 두 번째의 등식은 $X$와 $Y$가 서로 독립이며 따라서 $e^{tX}$와 $e^{tY}$도 서로 독립이므로 정리 4.7.4에 의해 성립된다.

또 다른 중요한 결과는 적률생성함수에 의해 분포가 하나로 결정된다는 것이다. 즉, 확률변수에 대한 적률생성함수와 분포함수 사이에 일대일 대응관계가 존재한다.

## 4.9 체비셰프 부등식과 대수의 약법칙

먼저 마르코프 부등식으로 알려져 있는 결과를 증명한다.

**정리 4.9.1** 마르코프 부등식(Marcov's Inequality)

$X$가 음이 아닌 값만을 취하는 확률변수일 경우, 임의의 $a>0$에 대해 다음 식이 성립한다.

$$P\{X \geq a\} \leq \frac{E[X]}{a}$$

**증명**

$X$가 확률밀도함수가 $f$로 주어지는 연속형인 경우의 증명은 다음과 같다.

$$\begin{aligned}E[X] &= \int_0^\infty xf(x)\,dx \\ &= \int_0^a xf(x)\,dx + \int_a^\infty xf(x)\,dx\end{aligned}$$

$$\begin{aligned} &\geq \int_a^\infty x f(x)\,dx \\ &\geq \int_a^\infty a f(x)\,dx \\ &= a\int_a^\infty f(x)\,dx \\ &= aP\{X \geq a\} \end{aligned}$$

이에 대한 따름정리로 정리 4.9.2를 얻는다.

**정리 4.9.2** 체비셰프 부등식(Chebyshev's Inequality)

$X$가 평균이 $\mu$이고 분산이 $\sigma^2$인 확률변수이면, 임의의 $k > 0$에 대해 다음 식이 성립한다.

$$P\{|X-\mu| \geq k\} \leq \frac{\sigma^2}{k^2}$$

### 증명

$(X-\mu)^2$은 음이 아닌 확률변수이므로, 마르코프 부등식을 적용하여($a = k^2$으로 둠) 다음 식을 얻을 수 있다.

$$P\{(X-\mu)^2 \geq k^2\} \leq \frac{E[(X-\mu)^2]}{k^2} \tag{4.9.1}$$

그러나 $(X-\mu) \geq k^2$은 $|X-\mu| \geq k$와 동치이므로, 식 (4.9.1)은 다음 식과 동치임을 알 수 있으며 이것으로 증명이 완료된다.

$$P\{|X-\mu| \geq k\} \leq \frac{E[(X-\mu)^2]}{k^2} = \frac{\sigma^2}{k^2}$$

마르코프 부등식과 체비셰프 부등식이 중요한 것은 이들을 이용하여 확률분포에 대한 평균만이 알려져 있거나 평균과 분산이 알려져 있을 때 확률들에 대한 한계를 구할 수 있기 때문이다. 물론 실제 분포가 알려져 있다면 구하고자 하는 확률을 정확히 계산할 수 있을 것이며, 이러한 한계들을 구할 필요가 없다.

**■ 예제 4.9a**

어떤 공장에서 한 주 동안 생산되는 제품의 개수가 평균이 50인 확률변수임이 알려져 있다고 하자.

(a) 이번 주의 생산량이 75를 초과할 확률에 대해 말할 수 있는 것은 무엇인가?

(b) 한 주 동안의 생산량에 대한 분산이 25일 경우, 이번 주의 생산량이 40과 60 사이에 있을 확률에 대해 말할 수 있는 것은 무엇인가?

**풀이** 한 주 동안 생산될 제품의 개수를 $X$로 나타내기로 하자.

(a) 마르코프 부등식에 의해

$$P\{X > 75\} \leq \frac{E[X]}{75} = \frac{50}{75} = \frac{2}{3}$$

(b) 체비셰프 부등식에 의해

$$P\{|X - 50| \geq 10\} \leq \frac{\sigma^2}{10^2} = \frac{1}{4}$$

따라서

$$P\{|X - 50| < 10\} \geq 1 - \frac{1}{4} = \frac{3}{4}$$

따라서 이번 주의 생산량이 40과 60 사이에 있을 확률은 0.75 이상이다. ■

식 (4.9.1)에서 $k$를 $k\sigma$로 교체하면, 체비셰프 부등식은 다음과 같게 된다.

$$P\{|X - \mu| > k\sigma\} \leq 1/k^2$$

따라서 확률변수가 평균에서 표준편차의 $k$배 이상 차이가 날 확률에 대한 한계는 $1/k^2$로 정해진다.

이제 체비셰프 부등식을 이용하여 **대수의 약법칙(weak law of large numbers)**을 증명함으로써 이 절을 마감하고자 한다. 대수의 약법칙은 서로 독립이고 동일한 분포를 갖는 일련의 확률변수 중 앞의 $n$항에 대한 평균과 확률변수 전체의 평균의 차가 $n$이 무한대에 접근할 때 $\varepsilon$보다 클 확률이 0에 수렴한다는 것을 말해준다.

### 정리 4.9.3 대수의 약법칙

$X_1, X_2, \ldots$가 서로 독립이고 동일한 분포를 가지며, 각자의 평균이 $E[X_i] = \mu$인 일련의 확률변수들이라고 하자. 그러면 임의의 $\varepsilon > 0$에 대해 다음 식이 성립한다.

$$n \to \infty \text{ 일 때, } \quad P\left\{\left|\frac{X_1 + \cdots + X_n}{n} - \mu\right| > \varepsilon\right\} \to 0$$

**증명**

여기에서는 확률변수들이 유한한 크기의 분산 $\sigma^2$을 갖는다는 것을 추가로 가정하고 결과를 증명한다. 이제

$$E\left[\frac{X_1 + \cdots + X_n}{n}\right] = \mu \quad \text{그리고} \quad \text{Var}\left(\frac{X_1 + \cdots + X_n}{n}\right) = \frac{\sigma^2}{n}$$

이므로, 체비셰프 부등식에 의해 다음 식이 성립하며 증명이 완료된다.

$$P\left\{\left|\frac{X_1 + \cdots + X_n}{n} - \mu\right| > \varepsilon\right\} \leq \frac{\sigma^2}{n\varepsilon^2}$$

대수의 약법칙의 응용 사례를 위해, 일련의 독립적인 시행이 수행된다고 하자. $E$는 어떤 고정된 사건을 나타내며, 특정 시행에서 $E$가 발생할 확률을 $P(E)$로 나타내기로 한다.

$$X_i = \begin{cases} 1 & i\text{ 번째 시행에서 } E\text{가 발생함} \\ 0 & i\text{ 번째 시행에서 } E\text{가 발생하지 않음} \end{cases}$$

와 같이 두면, $X_1 + X_2 + \cdots + X_n$은 첫 $n$번의 시행 동안 $E$가 발생하는 횟수를 나타내게 된다. $E[X_i] = P(E)$이므로 대수의 약법칙에 의해, 임의의 양수 $\varepsilon$에 대해 $\varepsilon$이 아무리 작더라도 첫 $n$번의 시행 동안 $E$가 발생하는 비율과 $P(E)$와의 차이가 $\varepsilon$보다 클 확률은 $n$이 증가함에 따라 0에 수렴한다는 것을 알 수 있다.

## 연습문제

**01** 5명의 남자와 5명의 여자가 시험 점수에 따라 순위가 매겨져 있다. 두 사람의 시험 점수가 같은 경우는 없으며, 10!가지 서로 다른 순위에 대한 확률은 동일하다고 가정한다. 여자들 중에서 최상위 순위를 $X$로 나타내기로 한다(예를 들면, $X = 2$는 최상위 순위의 사람은 남성이며, 그 다음 순위의 사람은 여성임을 나타낸다). $P\{X = i\}$을 구하라 ($i = 1, 2, 3, \ldots, 8, 9, 10$).

**02** 동전 하나를 $n$번 던져 나온 앞면의 수와 뒷면의 수의 차를 $X$로 나타내기로 한다. $X$가 가질 수 있는 값들은 어떤 값들인가?

**03** 문제 2에서 공정한 동전이 사용되고 $n = 3$일 경우, $X$가 가질 수 있는 값들에 대한 확률들을 계산하라.

**04** 확률변수 $X$의 분포함수가 다음과 같이 주어졌다.

$$F(x) = \begin{cases} 0 & x < 0 \\ \dfrac{x}{2} & 0 \le x < 1 \\ \dfrac{2}{3} & 1 \le x < 2 \\ \dfrac{11}{12} & 2 \le x < 3 \\ 1 & 3 \le x \end{cases}$$

(a) 이 분포함수를 그래프로 표현하라.

(b) $P\{X > \frac{1}{2}\}$를 구하라.

(c) $P\{2 < X \le 4\}$를 구하라.

(d) $P\{X < 3\}$를 구하라.

(e) $P\{X = 1\}$를 구하라.

**05** 확률변수 $X$에 대한 확률밀도함수가 다음과 같이 주어진다고 하자.

$$f(x) = \begin{cases} cx^3, & 0 \le x \le 1, \\ 0, & \text{그 외의 경우.} \end{cases}$$

(a) $c$의 값을 구하라.

(b) $P\{0.4 < X < 0.8\}$를 구하라.

**06** 어떤 컴퓨터가 고장으로 멈출 때까지 작동하는 시간은 연속확률변수이며 확률밀도함수는 다음과 같다고 한다.

$$f(x) = \begin{cases} \lambda e^{-x/100} & x \geq 0 \\ 0 & x < 0 \end{cases}$$

컴퓨터의 작동 시간이 50과 150 사이일 확률을 구하라. 컴퓨터의 작동 시간이 100시간 이하일 확률은 얼마인가?

**07** 라디오에서 사용되는 어떤 종류의 진공관의 수명은 확률변수이며 확률밀도함수는 다음과 같다고 한다.

$$f(x) = \begin{cases} 0 & x \leq 100 \\ \dfrac{100}{x^2} & x > 100 \end{cases}$$

이러한 라디오 진공관 5개 중 정확히 2개가 작동을 시작한 지 150시간 이내에 교환되어야 할 확률은 얼마인가? 이 시간 이내에 $i$번째 진공관이 교체되어야 함을 나타내는 사건들 $E_i$($i = 1, 2, 3, 4, 5$)는 서로 독립이라고 가정한다.

**08** $X$에 대한 확률밀도함수가 아래와 같이 주어질 경우, $c$를 구하라. 또 $P\{X > 2\}$는 얼마인가?

$$f(x) = \begin{cases} ce^{-2x} & 0 < x < \infty \\ 0 & x < 0 \end{cases}$$

**09** 불량품을 찾아내기 위해 5개의 트랜지스터를 임의의 순서에 따라 한 번에 한 개씩 시험한다. 5개의 트랜지스터 중 3개는 불량품이라고 한다. 첫 번째의 불량품을 찾아낼 때까지 수행되는 시험 횟수를 $N_1$로 나타내고, 두 번째의 불량품을 찾아낼 때까지 수행되는 시험 횟수를 $N_2$로 나타내기로 한다. $N_1$, $N_2$에 대한 결합확률질량함수를 구하라.

**10** $X$, $Y$에 대한 결합확률밀도함수가 다음과 같이 주어져 있다.

$$f(x, y) = \frac{6}{7}\left(x^2 + \frac{xy}{2}\right), \quad 0 < x < 1, \quad 0 < y < 2$$

(a) 이 함수가 실제로 결합확률밀도함수임을 증명하라.
(b) $X$에 대한 확률밀도함수를 계산하라.
(c) $P\{X > Y\}$를 구하라.

**11** $X_1, X_2, \ldots, X_n$이 서로 독립인 확률변수이며, 각기 구간 (0, 1) 상의 균일분포를 갖는다고 한다. $M = \text{maximum}(X_1, X_2, \ldots, X_n)$이라고 하자. $M$의 분포함수 $F_M(\cdot)$이 아래와 같이 주어짐을 보여라.

$$F_M(x) = x^n, \quad 0 \leq x \leq 1$$

그리고 $M$에 대한 확률밀도함수를 구하라.

**12** $X$, $Y$에 대한 결합확률밀도함수가 다음과 같이 주어져 있다.

$$f(x,y) = \begin{cases} xe^{(-x+y)} & x > 0, y > 0 \\ 0 & \text{그 외의 경우} \end{cases}$$

(a) $X$에 대한 확률밀도함수를 계산하라.
(b) $Y$에 대한 확률밀도함수를 계산하라.
(c) $X$, $Y$는 서로 독립인가?

**13** $X$, $Y$에 대한 결합확률밀도함수가 다음과 같이 주어져 있다.

$$f(x,y) = \begin{cases} 2 & 0 < x < y, 0 < y < 1 \\ 0 & \text{그 외의 경우} \end{cases}$$

(a) $X$에 대한 확률밀도함수를 계산하라.
(b) $Y$에 대한 확률밀도함수를 계산하라.
(c) $X$, $Y$는 서로 독립인가?

**14** $X$, $Y$에 대한 결합확률밀도함수가 $x$에 종속인 부분과 $y$에 종속인 부분으로 인수분해 될 때, $X$, $Y$는 서로 독립임을 보여라. 즉,

$$f(x,y) = k(x)l(y), \quad -\infty < x < \infty, \quad -\infty < y < \infty$$

일 경우, $X$, $Y$는 서로 독립임을 보여라.

**15** 문제 14의 내용은 문제 12 및 13의 결과에 부합되는가?

**16** $X$, $Y$가 서로 독립인 연속확률변수들이라고 할 때 다음 식들이 성립함을 보여라.

(a) $P\{X + Y \leq a\} = \int_{-\infty}^{\infty} F_X(a-y) f_Y(y)\, dy$

(b) $P\{X \leq Y\} = \int_{-\infty}^{\infty} F_X(y) f_Y(y)\, dy$

여기에서 $f_Y$는 $Y$에 대한 확률밀도함수이며, $F_X$는 $X$에 대한 분포함수이다.

**17** (암페어 단위로 측정되는) 전류 $I$가 (옴 단위로 측정되는) 저항 $R$에 흐를 때, (와트 단위로 측정되는) 전력은 $W=I^2R$로 주어진다. $I$와 $R$이 아래와 같은 확률밀도함수를 갖는 서로 독립인 확률변수라고 할 때, $W$의 확률밀도함수를 구하라.

$$f_I(x) = 6x(1-x) \quad 0 \le x \le 1$$
$$f_R(x) = 2x \quad 0 \le x \le 1$$

**18** 예제 4.3b에서 무작위로 선택된 가구에서 2명의 딸이 있다고 할 때 가구 크기에 대한 조건부 확률질량함수를 구하라.

**19** (a) 문제 10과 (b) 문제 13에서 $Y=y$가 주어졌을 때 $X$에 대한 조건부 확률밀도함수를 계산하라.

**20** $X$, $Y$가 서로 독립인 조건과 아래의 조건이 동치임을 보여라.

(a) 이산형의 경우 $p_{X|Y}(x|y)=p_X(x)$

(b) 연속형의 경우 $f_{X|Y}(x|y)=f_X(x)$

**21** 문제 1의 확률변수에 대한 기댓값을 계산하라.

**22** 문제 3의 확률변수에 대한 기댓값을 계산하라.

**23** 매일 밤 다른 기상학자가 다음 날 비가 올 "확률"을 예보한다. 이들의 예보가 얼마나 정확한지 판단하기 위해 다음과 같이 점수를 매긴다. 어떤 기상학자가 비가 올 확률이 $p$라고 예보하였을 경우 아래와 같은 점수를 받는다.

$$\begin{array}{ll} 1-(1-p)^2 & \text{비가 올 경우} \\ 1-p^2 & \text{비가 오지 않을 경우} \end{array}$$

일정 기간 동안 점수들을 모아 가장 높은 평균 점수를 받은 기상학자가 가장 우수한 기상 예보자라고 결론짓는다. 어느 기상학자가 이러한 평가방법을 알고 자신의 점수 기댓값을 최대화시키고자 한다. 이 사람이 내일 비가 올 확률이 $p^*$라고 믿을 경우, 어떤 $p$ 값을 예보해야 점수 기댓값을 최대화시킬 수 있을까?

**24** 어느 보험회사에서 어떤 사건 $E$가 발생할 경우 $A$라는 금액을 지급하는 보험 계약서를 작성하였다. 이 회사에서 일 년 이내에 $E$가 발생할 확률을 $p$로 추정하였다면, 수익 기댓값을 $A$의 10%로 맞추기 위해서는 고객의 납입금을 얼마로 정해야 하나?

**25** 같은 학교의 학생 148명을 태운 4대의 버스가 풋볼 경기장에 도착하였다. 이 버스들은 각기 40명, 33명, 25명, 50명의 학생을 태우고 있다. 학생 한 명을 무작위로 선택할 때, 선택된 학생이 타고 있는 버스에 탄 학생 수를 $X$로 표시한다고 하자. 또 버스 기사 중의 한 명을 무작위로 선택할 때, 선택된 버스 기사가 운전하는 버스에 탄 학생 수를 $Y$로 표시한다고 하자.

(a) $E[X]$와 $E[Y]$ 중 어느 쪽이 클 것이라고 생각하는가? 그 이유는?

(b) $E[X]$와 $E[Y]$를 계산하라.

**26** 두 팀이 일련의 게임을 하는데, 어느 한 팀이 $i$번의 게임을 이기면 끝난다고 하자. 각 게임에서 $A$팀이 이길 확률은 $p$이며, 각 게임은 독립이라고 한다. $i = 2$일 때 진행될 게임 수에 대한 기댓값을 구하라. 그리고 기댓값이 최대가 되는 것은 $p = \frac{1}{2}$일 때임을 보여라.

**27** $X$의 확률밀도함수가 아래와 같이 주어져 있다. $E[X]$가 $\frac{3}{5}$일 때, $a$, $b$를 구하라.

$$f(x) = \begin{cases} a + bx^2 & 0 \le x \le 1 \\ 0 & \text{그 외의 경우} \end{cases}$$

**28** 어떤 진공관의 시간 단위 수명은 확률밀도함수가 아래와 같이 주어지는 확률변수라고 한다. 이러한 진공관 수명에 대한 기댓값을 계산하라.

$$f(x) = a^2 x e^{-ax}, \quad x \ge 0$$

**29** $X_1, X_2, \ldots, X_n$ 등은 모두 아래와 같은 확률밀도함수를 갖는 서로 독립인 확률변수라고 한다. (a) $E[\text{Max}(X_i, \ldots, X_n)]$과 (b) $E[\text{Min}(X_1, \ldots, X_n)]$을 계산하라.

$$f(x) = \begin{cases} 1 & 0 < x < 1 \\ 0 & \text{그 외의 경우} \end{cases}$$

**30** $X$의 확률밀도함수가 아래와 같이 주어져 있다. (a) 먼저 $X_n$의 확률밀도함수를 계산하고, (b) 기댓값의 정의와 정리 4.5.1을 사용하여, $E[X^n]$을 계산하라.

$$f(x) = \begin{cases} 1 & 0 < x < 1 \\ 0 & \text{그 외의 경우} \end{cases}$$

**31** 개인용 컴퓨터의 수리에 소요되는 시간이 확률밀도함수가 아래와 같이 주어지는 확률변수라고 한다. 수리에 걸리는 시간이 $x$일 때 수리비는 $40 + 30\sqrt{x}$와 같다. 개인용 컴퓨터 수리비에 대한 기댓값을 계산하라.

$$f(x) = \begin{cases} \frac{1}{2} & 0 < x < 2 \\ 0 & \text{그 외의 경우} \end{cases}$$

**32** $E[X]=2$이고 $E[X^2]=8$일 때, (a) $E[(2+4X)^2]$과 (b) $E[(X^2+(X+1)^2]$을 계산하라.

**33** 17개의 흰 공과 23개의 검은 공이 들어있는 항아리에서 10개의 공을 무작위로 선택할 때 선택되는 흰 공의 숫자를 $X$로 나타내기로 한다. 다음의 각 방법으로 $E[X]$를 계산하라.

(a) 아래의 식을 만족하는 적절한 지표 확률변수들인 $X_i$ $(i=1, \ldots, 10)$을 정의한다.

$$X = \sum_{i=1}^{10} X_i$$

(b) 아래의 식을 만족하는 적절한 지표 확률변수들인 $Y_i$ $(i=1, \ldots, 17)$을 정의한다.

$$X = \sum_{i=1}^{17} Y_i$$

**34** $X$가 $F$를 분포함수로 갖는 연속확률변수이면, 그 중앙값은 아래의 조건을 만족하는 $m$ 값으로 정의될 수 있다.

$$F(m) = 1/2$$

아래의 확률밀도함수들을 갖는 확률변수들의 중앙값을 구하라.

(a) $f(x) = e^{-x}, \quad x \geq 0$

(b) $f(x) = 1, \quad 0 \leq x \leq 1$

**35** 평균과 마찬가지로 중앙값도 확률변수의 값을 예측할 때 중요하다. 이 책에서 확률변수의 평균은 오차제곱의 기댓값을 최소화시킬 때 최선의 예측변수이지만, 중앙값은 절대오차를 최소화시킬 때 최선의 예측변수라는 점을 살펴본 바 있다. 즉, $c$가 $X$의 분포함수의 중앙값일 때, $E[|X-c|]$가 최소가 된다. $X$가 $F$를 분포함수로 갖고 확률밀도함수가 $f$인 연속확률변수일 때 위의 사실을 증명하라(힌트 : 아래와 같이 쓴 다음 미적분을 이용하여 아래의 식을 최소로 하는 $c$를 구하라).

$$\begin{aligned} E[|X-c|] &= \int_{-\infty}^{\infty} |x-c| f(x)\,dx \\ &= \int_{-\infty}^{c} |x-c| f(x)\,dx + \int_{c}^{\infty} |x-c| f(x)\,dx \\ &= \int_{-\infty}^{c} (c-x) f(x)\,dx + \int_{c}^{\infty} (x-c) f(x)\,dx \\ &= cF(c) - \int_{-\infty}^{c} x f(x)\,dx + \int_{c}^{\infty} x f(x)\,dx - c[1-F(c)] \end{aligned}$$

**36** 아래 식을 만족할 경우 $m_p$를 분포함수 $F$에 대한 $100p$ 백분위수라고 한다.

$$F(m_p) = p$$

다음과 같은 확률밀도함수를 갖는 분포에 대한 $m_p$를 구하라.

$$f(x) = 2e^{-2x}, \quad x \geq 0$$

**37** 100쌍의 부부로 이루어진 단체가 있다. 어느 해에 이 단체의 구성원 중 50명이 죽었다면, 부부 모두가 생존한 쌍의 수에 대한 기댓값은 얼마인가? 크기가 50인 $\binom{200}{50}$개의 그룹 중 어느 것이나 죽은 사람들의 집합이 될 확률은 같은 것으로 가정한다(힌트 : $i = 1, \ldots, 100$에 대해 아래와 같이 둔다).

$$X_i = \begin{cases} 1 & i\text{ 번째 부부에서 양쪽 모두 생존해 있는 경우} \\ 0 & \text{그 외의 경우} \end{cases}$$

**38** 각기 성공 확률이 $p$인 $n$번의 독립적인 시행에서 성공 횟수에 대한 기댓값과 분산을 계산하라. 이 계산에서 독립성이 중요한 조건인가?

**39** $X$가 1, 2, 3, 4 중의 어느 값이나 같은 확률로 가질 수 있다고 한다. (a) $E[X]$와 (b) $\text{Var}(X)$를 계산하라.

**40** $pi = P\{X = i\}$라 두고 $p1 + p2 + p3 = 1$이라고 하자. $E[X] = 2$일 경우, $\text{Var}(X)$가 (a) 최대가 되는 $p_1$, $p_2$, $p_3$과 (b) 최소가 되는 $p_1$, $p_2$, $p_3$은 어떤 값들인가?

**41** 공정한 동전 하나를 세 번 던져 나오는 앞면의 수에 대한 평균과 분산을 계산하라.

**42.** 예제 4.6c에 관계된 문제이다.
$W$를 임의로 선택한 사람에 대한 친구중에 무작위로 선택된 사람이라고 하자. 즉, $W$는 $X$의 친구 중에서 서로 같은 확률로 선택된 한 사람이다. $E[f(W)] \geq E[f(X)]$임을 보일 수 있다. 즉, 임의로 선택된 사람의 친구들중에 무작위로 선택된 사람의 평균 친구수는 최소한 임의로 선택한 사람의 평균 친구수 이상이 된다. 그림 4.5 친구 네트워에서 이 사실이 성립함을 보여라.

**43** 옷의 무게를 온스 단위로 나타내는 확률변수 $X$의 확률밀도함수 $f(z)$가 다음과 같이 주어져 있다.

$$f(z) = \begin{cases} (z-8) & 8 \leq z \leq 9 \\ (10-z) & 9 < z \leq 10 \\ 0 & \text{그 외의 경우} \end{cases}$$

(a) 확률변수 $X$의 평균과 분산을 계산하라.

(b) 제조업자는 옷 한 벌에 2달러씩 받고 판매하는데, 옷의 무게가 8.25온스 미만이면 환불을 보증한다고 한다. 생산비는 옷의 무게에 따라 $x/15 + .35$라는 관계식으로 정해진다. 옷 한 벌 당 수익에 대한 기댓값을 구하라.

**44** $X_i$는 후보자 $i$가 선거에서 얻은 투표 비율을 나타내며, $X_1$, $X_2$의 결합확률밀도함수가 다음과 같이 주어져 있다고 하자.

$$f_{X_1,X_2}(x,y) = \begin{cases} 3(x+y), & x \geq 0,\ y \geq 0,\ 0 \leq x+y \leq 1 \\ 0, & \text{그 외의 경우} \end{cases}$$

(a) $X_1$, $X_2$의 주변 확률밀도함수를 구하라.

(b) $i = 1, 2$에 대해 $E[X_i]$와 $\text{Var}(X_i)$를 구하라.

**45** 어떤 제품이 결함의 수와 생산공장에 따라 분류된다고 한다. $X_1$과 $X_2$가 각기 제품 한 개 당 결함의 수(0, 1, 2, 3 등의 값을 가질 수 있음)와 공장번호를 나타내는 확률변수라고 하자. 아래의 표는 무작위로 선택된 제품의 결합확률질량함수를 나타낸다.

| $X_1$ \ $X_2$ | 1 | 2 |
|---|---|---|
| 0 | $\frac{1}{8}$ | $\frac{1}{16}$ |
| 1 | $\frac{1}{16}$ | $\frac{1}{16}$ |
| 2 | $\frac{3}{16}$ | $\frac{1}{8}$ |
| 3 | $\frac{1}{8}$ | $\frac{1}{4}$ |

(a) $X_1$과 $X_2$의 주변 확률분포함수들을 구하라.

(b) $E[(X_1)]$, $E[(X_2)]$, $\text{Var}(X_1)$, $\text{Var}(X_2)$, $\text{Cov}(X_1, X_2)$ 등을 계산하라.

**46** 문제 44의 확률변수들에 대한 $\text{Corr}(X_1, X_2)$를 구하라.

**47** 식 (4.7.4)를 증명하라.

**48** 수학적 귀납법을 사용하여 식 (4.7.5)를 증명하라.

**49** $X$의 분산은 $\sigma_x^2$이며 $Y$의 분산은 $\sigma_y^2$라고 한다. 식

$$0 \le \text{Var}(X/\sigma_x + Y/\sigma_y)$$

을 이용하여 다음을 증명하라.

$$-1 \le \text{Corr}(X, Y)$$

이번에는 식

$$0 \le \text{Var}(X/\sigma_x - Y/\sigma_y)$$

을 이용하여 다음 결론을 증명하라.

$$-1 \le \text{Corr}(X, Y) \le 1$$

$\text{Var}(Z) = 0$은 $Z$가 상수임을 의미한다는 결과를 이용하여, $\text{Corr}(X, Y) = 1$ 또는 $-1$이면 $X$와 $Y$는 다음 관계를 갖는다는 것을 보여라.

$$Y = a + bx$$

여기에서 상관계수가 1이면 $b$의 부호는 양이 되며, 상관계수가 $-1$이면 $b$의 부호는 음이 된다.

**50** $n$회의 독립적인 시행에서 매 회의 결과는 1, 2, 또는 3이며, 결과가 $i$일 확률은 $p_i$인데 $\sum_{i=1}^{3} p_i = 1$이라고 한다. $N_i$는 결과가 $i$인 시행의 횟수를 나타낸다고 할 때, $\text{Cov}(N_1, N_2) = -np_1p_2$임을 보여라. 또한, 이 공분산이 음의 값을 갖는다는 것을 직관적으로 설명하라(힌트 : $i = 1, \ldots, n$에 대해 다음과 같이 둔다.

$$X_i = \begin{cases} 1 & i\text{ 번째 시도에서 결과가 1} \\ 0 & i\text{ 번째 시도에서 결과가 1이 아님} \end{cases}$$

또 $j = 1, \ldots, n$에 대해서도 다음과 같이 둔다.

$$Y_j = \begin{cases} 1 & j\text{ 번째 시도에서 결과가 2} \\ 0 & j\text{ 번째 시도에서 결과가 2가 아님} \end{cases}$$

그리고 다음 사실을 설명한다.

$$N_1 = \sum_{i=1}^{n} X_i, \quad N_2 = \sum_{j=1}^{n} Y_j$$

그런 다음 정리 4.7.2와 정리 4.7.4를 이용한다).

**51** 예제 4.5f에서 $\mathrm{Cov}(X_i, X_j)$를 계산하고 이 결과를 이용하여 $\mathrm{Var}(X) = 1$임을 보인다.

**52** $X_1$과 $X_2$가 동일한 확률분포함수를 가질 경우, 다음 식이 성립함을 보여라. 독립성이 가정되어 있지 않음에 유의하기 바란다.

$$\mathrm{Cov}(X_1 - X_2, X_1 + X_2) = 0$$

**53** $X$가 다음과 같은 확률밀도함수를 갖는다고 하자.

$$f(x) = e^{-x}, \quad x > 0$$

$X$에 대한 적률생성함수를 계산하고 그 결과를 이용하여 평균과 분산을 구하라. 이 답을 직접 계산을 통해 구한 평균과 비교하여 검산하라.

**54** $X$가 다음과 같은 확률밀도함수를 갖는다고 하자.

$$f(x) = 1, \quad 0 < x < 1$$

$E[e^{tX}]$를 구하고, 미분을 통해 얻은 $E[X^n]$을 이용하여 이 답을 검산하라.

**55** $X$가 평균과 분산이 모두 20인 확률변수라고 하자. $P\{0 \leq X \leq 40\}$에 대해 말할 수 있는 것은 무엇인가?

**56** 어떤 교수는 지난 경험을 통해 학생들의 기말고사 점수가 평균이 75인 확률변수임을 알고 있다고 한다.

(a) 점수에 대한 분산이 25라는 사실을 알고 있을 때, 기말고사 점수가 85를 초과할 확률에 대한 상한 값을 제시하라.

(b) 기말고사 점수가 65와 85 사이에 있을 확률에 대해 말할 수 있는 것은 무엇인가?

(c) 평균 점수와 75의 차가 5 이내일 확률이 0.9 이상이 되기 위해서는 몇 명의 학생이 기말고사에 응시해야 하는가?

**57** $X$와 $Y$의 분포함수가 각기 $F_X$와 $F_Y$이고, 다음 식을 만족하는 상수 $a$와 $b > 0$이 있다고 하자.

$$F_X(x) = F_Y\left(\frac{x-a}{b}\right)$$

(a) $E[Y]$를 이용하여 $E[X]$를 표현하라.

(b) $\text{Var}(Y)$를 이용하여 $\text{Var}(X)$를 표현하라.

(힌트: $X$는 다른 어떤 확률변수와 동일한 분포함수를 갖겠는가?)

# 제 5 장 확률변수와 분포

이 장에서는 응용 분야에서 자주 나타나는 몇 가지 유형의 확률변수들을 살펴볼 것이다.

## 5.1 베르누이 확률변수와 이항 확률변수

결과가 "성공" 또는 "실패"로 분류될 수 있는 어떤 시행이나 실험이 수행된다고 하자. 결과가 성공일 때 $X = 1$이라 하고 실패일 때 $X = 0$이라 하면, $X$에 대한 확률질량함수는 다음과 같이 주어진다.

$$\begin{aligned} P\{X = 0\} &= 1 - p \\ P\{X = 1\} &= p \end{aligned} \tag{5.1.1}$$

여기에서 $p$는 시행이 성공할 확률을 나타낸다($0 \le p \le 1$).

어떤 $p \in (0, 1)$에 대해 확률질량함수가 식 (5.1.1)로 주어지는 확률변수 $X$를 스위스 수학자 베르누이(James Bernoulli)의 이름을 따서 **베르누이 확률변수**라고 하며, 그 기댓값은 다음과 같이 주어진다.

$$E[X] = 1 \cdot P\{X = 1\} + 0 \cdot P\{X = 0\} = p$$

즉, 베르누이 확률변수의 기댓값은 이 확률변수가 1이 될 확률과 같다.

이제 각각 성공 확률이 $p$이고 실패 확률이 $1 - p$인 $n$회의 독립적인 시행이 수행된다고 하자. $n$회의 시행 중 성공 횟수를 $X$로 나타낼 경우, $X$는 모수 $(n, p)$를 갖는 **이항 확률변수 (binomial random variable)**라고 불린다.

모수가 $n$과 $p$인 이항 확률변수의 확률질량함수는 다음과 같이 주어진다.

$$P\{X = i\} = \binom{n}{i} p^i (1 - p)^{n-i}, \quad i = 0, 1, \ldots, n \tag{5.1.2}$$

여기에서 $\binom{n}{i} = n!/[i!(n - i)!]$는 $n$개의 항목으로 이루어진 집합에서 $i$개의 항목으로 이루어진 그룹을 선택할 수 있는 방법의 수이다. 식 (5.1.2)는 $i$회의 성공과 $n - i$회의 실패를 포함하는 $n$개의 결과로 이루어지는 특정 순서에 대한 확률이 시행들의 독립성 가정에 의해 $p^i(1 - p)^{n-i}$가 된다는 사실을 이용하여 증명될 수 있다. 여기에 $i$회의 성공과 $n - i$회의 실패를 포함하는 $n$개의 결과로 이루어지는 순서에는 $\binom{n}{i}$가지가 있다는 사실을 더하면 바로 식 (5.1.2)를 얻을 수 있는데, 이는 성공에 이르는 $i$회의 시행을 고르는 방법에는 $\binom{n}{i}$가지가 있음을 이용하면 쉽게 알 수 있다. 예를 들어 $n = 5$, $i = 2$이면, 성공에 이르는 2회의 시행을 선택하는 방법은 $\binom{5}{2}$가지이며, 바로 다음과 같은 결과들이다.

$$\begin{array}{lll} (s,s,f,f,f) & (f,s,s,f,f) & (f,f,s,f,s) \\ (s,f,s,f,f) & (f,s,f,s,f) & \\ (s,f,f,s,f) & (f,s,f,f,s) & (f,f,f,s,s) \\ (s,f,f,f,s) & (f,f,s,s,f) & \end{array}$$

여기에서 예를 들면 결과 $(f, s, f, s, f)$는 시행 2와 시행 4 등 2회의 시행에서 결과가 성공임을 의미한다. $\binom{5}{2}$가지의 결과 각각은 $p^2(1-p)^3$이라는 확률을 가지므로, 5회의 독립적인 시행에서 2회 성공할 확률은 $\binom{5}{2}p^2(1-p)^3$이 된다. 이항정리에 의해 이 확률 들의 합은 다음과 같이 1이 된다는 점에 유의하기 바란다.

$$\sum_{i=0}^{\infty} p(i) = \sum_{i=0}^{n} \binom{n}{i} p^i (1-p)^{n-i} = [p + (1-p)]^n = 1$$

그림 5.1에서는 각기 (10, .5), (10, .3), (10, .6) 등을 모수로 갖는 세 개의 이항 확률변수에 대한 확률질량함수를 보이고 있다. 이들 중 첫 번째 함수는 .5라는 값에 대해 대칭인 반면, 두 번째 함수는 다소 작은 값 쪽으로 치우쳐 있고, 세 번째 함수는 큰 값 쪽으로 치우쳐 있다.

### 예제 5.1a

어느 회사에서 생산한 디스크가 불량품일 확률은 각기 독립적으로 .01이라고 한다. 이 회사는 디스크를 10장 단위의 패키지로 판매하며 패키지 안에 불량품이 2개 이상 들어있으면 환불을 보증한다. 반품되는 패키지의 비율은 얼마인가? 3개의 패키지를 구입하였을 때 그 중 정확히 한 개를 반품할 확률은 얼마인가?

**풀이** $X$가 한 패키지 안의 불량품 디스크 수를 나타낼 경우, 고객이 항상 보증을 이용할 것으로 가정하면 $X$는 모수가 (10, .01)인 이항 확률변수가 된다. 따라서 패키지가 반품될 확률은 다음과 같다.

$$\begin{aligned} P\{X > 1\} &= 1 - P\{X = 0\} - P\{X = 1\} \\ &= 1 - \binom{10}{0}(.01)^0(.99)^{10} - \binom{10}{1}(.01)^1(.99)^9 \approx .005 \end{aligned}$$

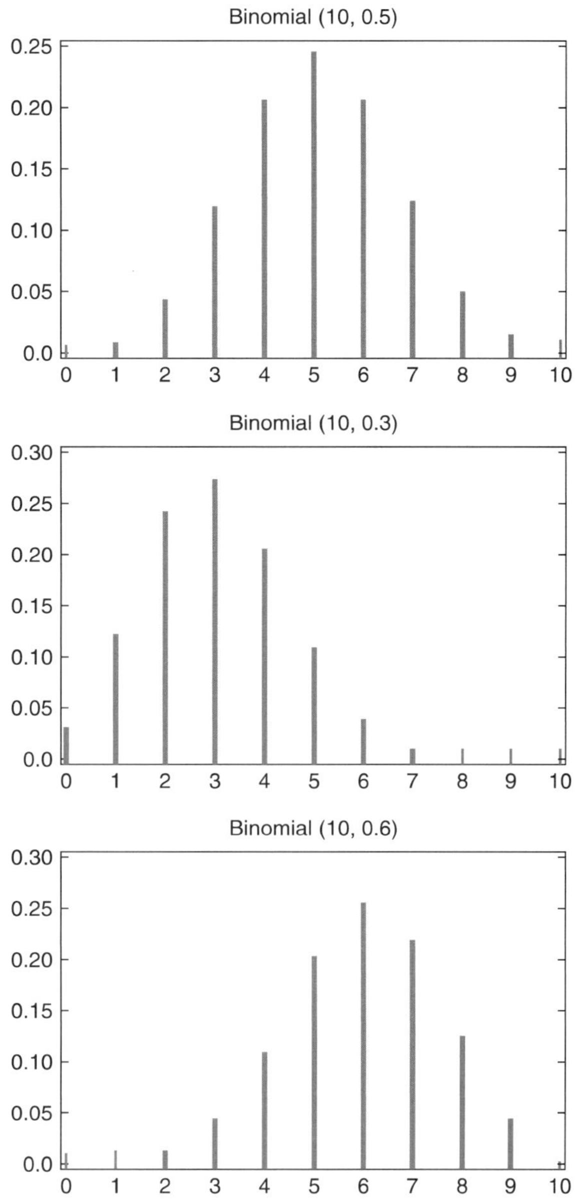


**그림 5.1** 이항 확률질량함수

각 패키지는 독립적이며 반품될 확률이 .005이므로 장기적으로 보면 대수의 법칙에 따라 .5%가 반품될 것이다.

이로부터 반품될 패키지의 수는 모수가 $n = 3$, $p = .005$인 이항 확률변수라는 것을 알 수 있다. 따라서 3개의 패키지 중 정확히 한 개를 반품할 확률은 $\binom{3}{1}(.005)(.995)^2 = .015$이다. ■

### 예제 5.1b

사람의 눈동자 색은 한 쌍의 유전자에 의해 결정되는데, 갈색 눈동자 유전자가 푸른색 눈동자 유전자에 대해 우성이라고 한다. 이는 두 개의 푸른색 눈동자 유전자를 가진 사람은 푸른색 눈동자를 갖겠지만, 두 개의 갈색 눈동자 유전자를 갖고 있거나 갈색 눈동자 유전자 한 개와 푸른색 눈동자 유전자 한 개를 가진 사람은 갈색 눈동자를 가질 것임을 의미한다. 두 사람이 짝을 지어 태어나는 자식은 부모 양측으로부터 한 개 씩의 유전자를 무작위로 물려받는다. 양측 모두 갈색 눈동자를 갖고 있는 부모에게서 태어난 첫째 자식이 푸른색 눈동자를 갖는 경우, 이 부모에게서 태어난 다른 4명의 자식 중 정확히 2명만이 푸른색 눈동자를 가질 확률은 얼마인가(쌍둥이는 없다고 가정함)?

**풀이** 먼저 첫째 자식이 푸른색 눈동자를 갖고 있으므로 부모 모두 한 개의 푸른색 눈동자 유전자와 한 개의 갈색 눈동자 유전자를 갖고 있어야 한다(둘 중 한 사람이라도 두 개의 갈색 눈동자 유전자를 갖는다면, 모든 자식은 적어도 한 개의 갈색 눈동자 유전자를 물려받을 것이며 따라서 갈색 눈동자를 갖게 될 것이다).

이 부부에게서 태어난 자식이 푸른색 눈동자를 갖게 될 확률은 부모 양측에게서 푸른색 눈동자 유전자를 물려받을 확률과 같으며, 이는 $\left(\frac{1}{2}\right)\left(\frac{1}{2}\right)=\frac{1}{4}$이다. 따라서 다른 4명의 자식 각각이 푸른색 눈동자를 갖게 될 확률은 $\frac{1}{4}$이 될 것이므로 이들 중 정확히 2명이 푸른색 눈동자를 가질 확률은 다음과 같다.

$$\binom{4}{2}(1/4)^2(3/4)^2 = 27/128 \quad \blacksquare$$

### 예제 5.1c

어떤 통신장치가 각각 독립적으로 작동할 확률이 $p$인 $n$개의 부품으로 이루어져 있다고 한다. 이 장치는 절반 이상의 부품이 작동할 경우 제대로 작동할 수 있다고 한다.

(a) 5-부품 장치가 3-부품 장치보다 제대로 작동할 확률이 높게 되는 $p$값은?

(b) 일반적으로 $(2k+1)$-부품 장치가 $(2k-1)$-부품 장치보다 제대로 작동할 확률이 높기 위한 조건은?

**풀이**

(a) 작동하는 부품의 수는 모수 $(n, p)$의 이항 확률변수이므로, 5-부품 장치가 제대로 작동할 확률은 다음과 같다.

$$\binom{5}{3}p^3(1-p)^2+\binom{5}{4}p^4(1-p)+p^5$$

반면에 3-부품 장치가 제대로 작동할 확률은 다음과 같다.

$$\binom{3}{2}p^2(1-p)+p^3$$

따라서 다음의 경우에 5-부품 장치가 낫다.

$$10p^3(1-p)^2 + 5p^4(1-p) + p^5 \geq 3p^2(1-p) + p^3$$

위의 조건을 정리하면 다음과 같다.

$$3(p-1)^2(2p-1) \geq 0$$

즉,

$$p \geq \frac{1}{2}$$

(b) 일반적으로 $(2k+1)$-부품 장치가 $(2k-1)$-부품 장치보다 제대로 작동할 확률이 높기 위한 조건은 $p \geq \frac{1}{2}$이다. 이를 증명하기 위해 $(2k+1)$-부품 장치가 있다고 하고, 그와 같은 장치에서 첫 $(2k-1)$개의 부품 중 작동하는 부품의 개수를 $X$로 표시한다. 그러면

$$P_{2k+1}(\text{작동 가능}) = P\{X \geq k+1\} + P\{X = k\}(1-(1-p)^2) + P\{X = k-1\}p^2$$

이 성립하는데, 왜냐하면 $(2k+1)$-부품 장치가 제대로 동작하기 위해서는 아래 조건 중 하나가 만족되기 때문이다.

(1) $X \geq k+1$
(2) $X = k$ 그리고 나머지 두 부품 중 적어도 한 개가 작동한다.
(3) $X = k-1$ 그리고 나머지 두 부품 모두 작동한다.

$$\begin{aligned} P_{2k-1}(\text{작동 가능}) &= P\{X \geq k\} \\ &= P\{X = k\} + P\{X \geq k+1\} \end{aligned}$$

이기 때문에 다음의 결과를 얻는다.

$$\begin{aligned} &P_{2k+1}(\text{작동 가능}) - P_{2k-1}(\text{작동 가능}) \\ &= P\{X = k-1\}p^2 - (1-p)^2 P\{X = k\} \\ &= \binom{2k-1}{k-1} p^{k-1}(1-p)^k p^2 - (1-p)^2 \binom{2k-1}{k} p^k (1-p)^{k-1} \\ &= \binom{2k-1}{k} p^k (1-p)^k [p-(1-p)] \qquad \binom{2k-1}{k-1} = \binom{2k-1}{k} \text{ 이므로} \\ &\geq 0 \Leftrightarrow p \geq \frac{1}{2} \quad ■ \end{aligned}$$

### 예제 5.1d

어느 컴퓨터하드웨어 제조업체에서 생산된 칩의 10%가 불량품이라고 한다. 이러한 칩을 100개 주문할 때 받게 될 불량품 칩의 개수 $X$는 이항 확률변수가 될 것인가?

**풀이** 연속적으로 생산되는 각 칩이 독립적이며 양품일 확률이 .9일 경우, 확률변수 $X$는 모수가 (100, .1)인 이항 확률변수가 된다. 생산되는 칩의 10%가 불량품이라는 사실을 알고 있는 상황에서 이러한 가정이 타당한지는 몇 가지 추가적 요인에 따라 달라질 수 있다. 예를 들면, 특정 날짜에 생산된 모든 칩이 양품이거나 불량품이고 90%의 날짜들에서 양품이 생산된 것일 수도 있다. 이 경우 수령한 100개의 칩 모두가 같은 날짜에 생산된 것이라면, 연속적으로 생산된 칩들은 독립성을 갖지 못하며 따라서 $X$는 이항 확률변수가 되지 못할 것이다. 실제로 이 경우에는 다음과 같은 확률질량함수를 갖는다.

$$
\begin{aligned}
P\{X = 100\} &= .1 \\
P\{X = 0\} &= .9
\end{aligned}
$$
■

모수가 $n$과 $p$인 확률변수 $X$는 각기 성공 확률이 $p$인 $n$회의 독립적인 시행에서 성공 횟수를 나타내므로 $X$를 다음과 같이 표현할 수 있다.

$$X = \sum_{i=1}^{n} X_i \tag{5.1.3}$$

여기에서

$$X_i = \begin{cases} 1 & i\text{번째 시행이 성공일 경우} \\ 0 & \text{그 외의 경우} \end{cases}$$

$X_i\ (i = 1, \ldots, n)$는 서로 독립인 베르누이 확률변수이므로 다음의 결과를 얻을 수 있다.

$$
\begin{aligned}
E[X_i] &= P\{X_i = 1\} = p \\
\text{Var}(X_i) &= E[X_i^2] - p^2 \\
&= p(1 - p)
\end{aligned}
$$

여기에서 마지막의 등식이 성립하는 것은 $X_i^2 = X_i$여서 $E[X_i^2] = E[X_i] = p$이기 때문이다. 이제 표현식 (5.1.3)을 사용하여 다음과 같이 $X$의 평균과 분산을 쉽게 계산할 수 있다.

$$
\begin{aligned}
E[X] &= \sum_{i=1}^{n} E[X_i] \\
&= np
\end{aligned}
$$

$$\begin{aligned}\text{Var}(X) &= \sum_{i=1}^{n} \text{Var}(X_i) \quad X_i\text{들은 서로 독립이므로} \\ &= np(1-p)\end{aligned}$$

$X_1$과 $X_2$가 서로 독립이고 각기 $(n_i, p)$ $(i = 1, 2)$를 모수로 갖는 이항 확률변수라면, 이들의 합은 $(n_1 + n_2, p)$를 모수로 갖는 이항 확률변수가 된다. 이는 각 $X_i$ $(i = 1, 2)$가 매번 성공 확률이 $p$인 시행을 $n_i$회 독립적으로 반복했을 때의 성공 횟수를 나타낼 경우 $X_1 + X_2$가 매번 성공 확률이 $p$인 시행을 $n_1 + n_2$회 독립적으로 반복했을 때의 성공 횟수를 나타내게 되는 사실을 통해 쉽게 확인할 수 있다. 따라서 $X_1 + X_2$는 $(n_1 + n_2, p)$를 모수로 갖는 이항 확률변수이다.

### 5.1.1 R을 이용한 이항 분포함수의 계산

$(n, p)$를 모수로 갖는 이항 확률변수가 i인 확률을 계산하려면 다음의 명령어를 사용한다.

```
> dbinorm(i,n,p)
```

위의 이항 확률변수가 i와 같거나 작은 확률을 계산하려면 다음의 명령어를 사용한다.

```
> pbinorm(i,n,p)
```

을 입력하면 된다.

만약 $X$가 $(n, p)$를 모수로 갖는 이항 확률변수라면

dbinorm(i,n,p)는 $P(X=i)$을 출력하고
pbinorm(i,n,p)는 $P(X\leq i)$을 출력한다.

#### 예제 5.1e

$X$가 $n = 100$, $p = .75$를 모수로 갖는 이항 확률변수라고 하자. $P(X = 70)$와 $P(X \geq 80)$을 계산하라.

**풀이** **R을 이용하여** $P(X = 70)$을 계산하기 위해서는 다음의 명령어를 사용한다.

```
> dbinorm(70,100,.75)
> [1] 0.04575381
```

$P(X \geq 80) = 1 - P(X \leq 79)$이므로 $P(X \geq 80)$을 계산하기 위해서는 다음의 명령어를 사용한다.

```
> 1-pbinorm(79,100,.75)
> [1] 0.1488311
```

그러면 $P(X = 70)$은 0.04575381을 얻고 $P(X \geq 80)$은 0.1488311을 얻는다. ■

**또한, R을 이용하여** 이항 확률을 그릴 수 있다, $X$가 $n=10$, $p=.4$를 모수로 갖는 이항 확률변수라고 하자. $P(X=i)$, $i=1, \ldots, 10$을 그리기 위해서는 다음의 명령어를 사용한다.

```
> i=seq(0,10,1)
> p=dbinorm(i,10,.4)
> plot(i,p)
```

첫 번째 명령어는 $i$가 0부터 10까지 1씩 증가하는 것을 의미한다. 두 번째 명령어는 각 $i$에 대해서 $X=i$인 확률을 계산하고 세 번째 명령어는 $(i,p)$를 그리고 출력은 다음과 같다.

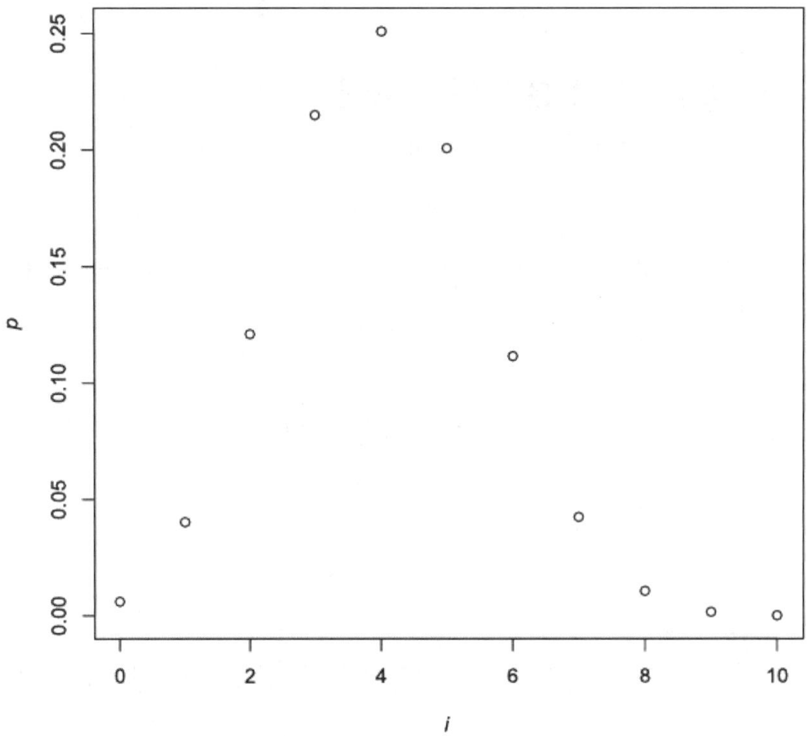


## 5.2 푸아송 확률변수

0, 1, 2, ... 중의 한 값을 갖는 확률변수 $X$의 확률질량함수가 $\lambda > 0$에 대해 아래와 같이 주어질 경우 모수가 $\lambda$인 **푸아송 확률변수**라고 한다.

$$P\{X=i\} = e^{-\lambda}\frac{\lambda^i}{i!}, \qquad i=0,1,\ldots \tag{5.2.1}$$

기호 $e$는 2.7183에 가까운 값을 갖는 상수를 나타내며, 수학분야에서는 유명한 상수 중의 하나로 스위스 수학자 오일러(L. Euler)의 이름을 따서 만들어졌다. 이 상수는 또 자연로그의 밑이기도 하다.

$$\sum_{i=0}^{\infty} p(i) = e^{-\lambda} \sum_{i=0}^{\infty} \lambda^i / i! = e^{-\lambda} e^{\lambda} = 1$$

이므로 식 (5.2.1)은 확률질량함수를 정의하고 있다고 볼 수 있으며, $\lambda = 4$일 때 이 질량함수에 대한 그래프를 그림 5.3에 보이고 있다.

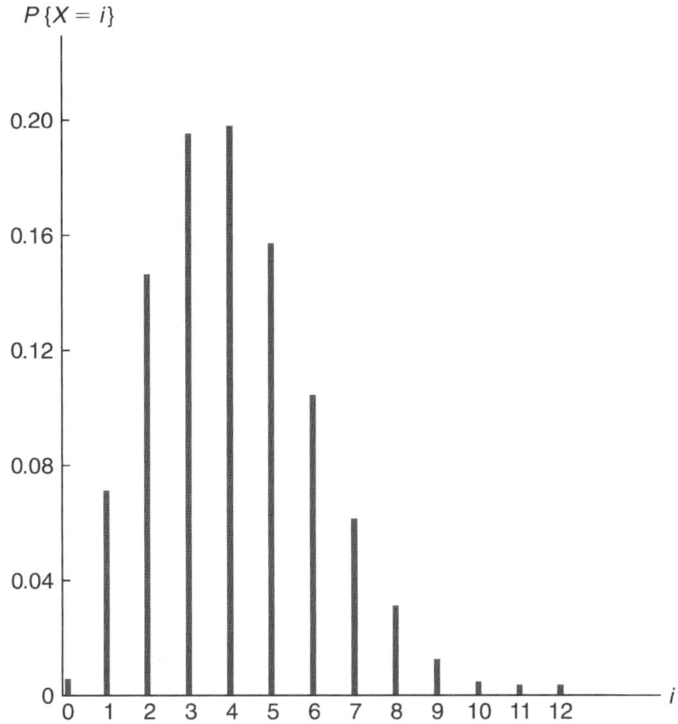


**그림 5.3** $\lambda = 4$일 때의 푸아송 확률질량함수

푸아송 확률분포는 민사소송, 형사재판 등에서의 확률론 응용을 다루는 푸아송(S. D. Poisson)의 책에서 소개되었다. 1837년에 출판된 이 책의 제목은 『Recherches sur la probabilité des jugements en matière criminelle et en matière civile』이다.

푸아송 확률변수의 평균과 분산을 결정하기 위한 준비 과정으로 먼저 푸아송 확률변수의 적률생성함수를 구해보자.

$$
\begin{aligned}
\phi(t) &= E[e^{tX}] \\
&= \sum_{i=0}^{\infty} e^{ti} e^{-\lambda} \lambda^i / i! \\
&= e^{-\lambda} \sum_{i=0}^{\infty} (\lambda e^t)^i / i! \\
&= e^{-\lambda} e^{\lambda e^t} \\
&= \exp\{\lambda(e^t - 1)\}
\end{aligned}
$$

위의 식을 미분하여 다음의 결과를 얻는다.

$$
\begin{aligned}
\phi'(t) &= \lambda e^t \exp\{\lambda(e^t - 1)\} \\
\phi''(t) &= (\lambda e^t)^2 \exp\{\lambda(e^t - 1)\} + \lambda e^t \exp\{\lambda(e^t - 1)\}
\end{aligned}
$$

$t = 0$에서 계산하면 다음의 결과를 얻는다.

$$
\begin{aligned}
E[X] &= \phi'(0) = \lambda \\
\text{Var}(X) &= \phi''(0) - (E[X])^2 \\
&= \lambda^2 + \lambda - \lambda^2 = \lambda
\end{aligned}
$$

따라서 푸아송 확률변수의 평균과 분산 모두 모수 $\lambda$와 같다.

푸아송 확률변수는 $n$이 크고 $p$가 작을 때 모수 $(n, p)$를 갖는 이항 확률변수에 대한 근사로 사용될 수 있으므로 다양한 응용 분야에서 사용된다. 이항 확률변수에 대한 근사로서의 푸아송 확률변수를 이해하기 위해 $X$가 모수 $(n, p)$를 갖는 이항 확률변수라고 하고 $\lambda = np$로 둔다. 그러면

$$
\begin{aligned}
P\{X = i\} &= \frac{n!}{(n-1)!i!} p^i (1-p)^{n-i} \\
&= \frac{n!}{(n-1)!i!} \left(\frac{\lambda}{n}\right)^i \left(1 - \frac{\lambda}{n}\right)^{n-i} \\
&= \frac{n(n-1)\ldots(n-i+1)}{n^i} \frac{\lambda^i}{i!} \frac{(1-\lambda/n)^n}{(1-\lambda/n)^i}
\end{aligned}
$$

을 얻을 수 있다. 이제 $n$이 크고 $p$가 작을 때

$$
\left(1 - \frac{\lambda}{n}\right)^n \approx e^{-\lambda} \quad \frac{n(n-1)\ldots(n-i+1)}{n^i} \approx 1 \quad \left(1 - \frac{\lambda}{n}\right)^i \approx 1
$$

이 성립하며, 따라서 $n$이 크고 $p$가 작을 때

$$
P\{X = i\} \approx e^{-\lambda} \frac{\lambda^i}{i!}
$$

가 된다. 즉, 매회 성공 확률이 $p$인 시행을 $n$회 독립적으로 수행한다면, $n$이 크고 $p$가 작을 때 성공 횟수는 평균이 $\lambda = np$인 푸아송 확률변수에 가깝다.

푸아송 확률 법칙을 근사적으로 따르는 확률변수의 예를 몇 개 들면 다음과 같다(이들은 대개 어떤 $\lambda$값에 대해 식 (5.2.1)을 따름).

1. 책에서 페이지(또는 페이지 그룹) 당 오탈자의 수
2. 어떤 사회에서 100세까지 사는 사람의 수
3. 하루에 잘못 걸린 전화번호의 수
4. 사용 첫날에 고장나는 트랜지스터의 수
5. 특정 날짜에 우체국에 들어가는 사람 수
6. 정해진 기간 동안 어떤 방사능 입자에서 방출되는 $\alpha$-입자의 수

위의 예들이나 그 외의 수많은 다른 확률변수가 푸아송에 가까운 이유는 모두 같은데, 바로 이항 확률변수에 대한 푸아송 근사성 때문이다. 예를 들면, 한 페이지에 인쇄되는 각 글자가 잘못 인쇄될 확률 $p$는 아주 작으며, 따라서 특정 페이지에서 오탈자의 수는 평균이 $\lambda = np$인 푸아송에 가까운 분포를 갖게 되는데, 이때 $n$은 해당 페이지에 인쇄될 글자의 수를 나타내며 큰 값으로 가정된다. 마찬가지로 특정 사회에서 각자 100세까지 살 확률 $p$는 아주 작고 또한 독립적이라고 가정할 수 있으며, 따라서 100세까지 사는 사람의 수는 평균이 $np$인 푸아송분포에 가까운데, 이때 $n$은 그 사회의 사람 수를 나타내며 큰 값으로 가정된다. 예 3에서 예 6까지의 확률변수들이 근사 푸아송분포를 형성하는 이유에 대해서는 각자 생각해보기 바란다.

### 예제 5.2a

특정 고속도로 구간에서 매주 발생하는 사고의 평균 건수가 3이라고 가정하자. 이번 주에 적어도 한 건의 사고가 발생할 확률을 계산하라.

**풀이** 이번 주에 문제의 고속도로 구간에서 발생할 사고 건수를 $X$로 나타내기로 하자. 이 구간을 많은 대수의 자동차가 지나갈 것이며 각각의 자동차가 사고를 당할 확률은 작다고 가정할 수 있으므로, 그와 같은 사고 건수는 근사 푸아송분포를 형성할 것이다. 따라서

$$\begin{aligned} P\{X \geq 1\} &= 1 - P\{X = 0\} \\ &= 1 - e^{-3}\frac{3^0}{0!} \\ &= 1 - e^{-3} \\ &\approx .9502 \quad \blacksquare \end{aligned}$$

### 예제 5.2b

어떤 기계에서 생산된 각 제품이 불량일 확률이 .1이라고 하자. 10개의 표본 중 많아야 한 개의 불량품이 포함되어 있을 확률을 구하라. 연속적인 제품의 품질은 서로 독립이라고 가정하라.

**풀이** 구하고자 하는 확률은 $\binom{10}{0}(.1)^0(.9)^{10} + \binom{10}{1}(.1)^1(.9)^9 = .7361$인데, 이 값에 대해 푸아송 근사를 통해 계산되는 결과는 다음과 같다.

$$e^{-1}\frac{1^0}{0!} + e^{-1}\frac{1^1}{1!} = 2e^{-1} \approx .7358 \quad ■$$

### 예제 5.2c

1그램의 방사능 물질에서 1초 동안 방출되는 $\alpha$-입자의 수를 세는 어떤 실험이 있다고 하자. 과거의 경험을 통해 평균적으로 방출되는 $\alpha$-입자의 수가 3.2개라는 것을 알고 있을 때, 2개 이하의 $\alpha$-입자가 방출될 확률의 근삿값을 구하라.

**풀이** 1그램의 방사능 물질이 대단히 큰 수인 $n$개의 원자로 이루어져 있다고 본다면, 1초 동안 각 원자가 분해되어 $\alpha$-입자를 방출할 확률은 $3.2/n$가 될 것이며, 1그램의 방사능 물질에서 1초 동안 방출되는 $\alpha$-입자의 수는 모수가 $\lambda = 3.2$인 푸아송 확률변수에 가까울 것이다. 따라서 구하고자 하는 확률은 다음과 같다.

$$\begin{aligned} P\{X \leq 2\} &= e^{-3.2} + 3.2e^{-3.2} + \frac{(3.2)^2}{2}e^{-3.2} \\ &= .382 \quad ■ \end{aligned}$$

### 예제 5.2d

어느 보험회사에서 매일 처리하는 청구의 평균 건수가 5일 때, 청구 건수가 3건 미만인 날의 비율은 얼마나 될까? 이후 5일 중에서 정확히 3일만 청구 건수가 4일 확률은? 매일의 청구 건수는 서로 독립이라고 가정한다.

**풀이** 이 회사의 보험가입 고객의 수는 상당히 많을 것이며 각 고객이 특정 날짜에 청구할 확률은 낮을 것이므로 매일 처리되는 청구 건수 $X$를 푸아송 확률변수로 볼 수 있다.

$$E(X) = 5$$

이므로, 특정 날짜에 3건 미만의 청구가 있을 확률은 다음과 같다.

$$\begin{aligned} P\{X \leq 3\} &= P\{X = 0\} + P\{X = 1\} + P\{X = 2\} \\ &= e^{-5} + e^{-5}\frac{5^1}{1!} + e^{-5}\frac{5^2}{2!} \\ &= \frac{37}{2}e^{-5} \\ &\approx .1247 \end{aligned}$$

특정 날짜에 3건 미만의 청구가 있을 확률은 .125이므로, 대수의 법칙으로부터 길게 볼 때 3건 미만의 청구가 있는 날의 비율도 12.5%가 될 것이다.

연속적인 날짜들에서 청구 건수의 독립성을 가정하고 있으므로 5일의 기간 중에 정확히 4건의 청구가 있는 날의 수는 모수가 5와 $P\{X = 4\}$인 이항 확률변수가 될 것이다.

$$P\{X = 4\} = e^{-5}\frac{5^4}{4!} \approx .1755$$

이므로, 이후 5일 중에서 정확히 3일만 청구 건수가 4일 확률은 다음과 같다.

$$\binom{5}{3}(.1755)^3(.8245)^2 \approx .0367 \quad ■$$

푸아송 근사를 통한 결과는 지금까지 언급한 것보다 일반적인 조건하에서도 성립한다는 것을 보일 수 있다. 예를 들어 $n$회의 독립적인 시행이 수행되고 $i$번째 시행이 성공일 확률은 $p_i$로 주어진다고 하자($i = 1, \ldots, n$). 이 경우 $n$이 크고 각 $p_i$가 작다면, 성공적인 시행의 횟수는 평균이 $\Sigma_{i=1}^{n} p_i$ 인 푸아송분포에 가깝다. 사실 이 결과는 시행들이 꼭 서로 독립이 아니더라도 종속 정도가 "약하다면" 성립하는 것으로 밝혀져 있다. 다음의 예제를 살펴보기로 하자.

### 예제 5.2e

어느 파티에서 $n$명의 사람들이 모자를 방 중앙에 두었는데, 모자들이 뒤섞였다고 한다. 각자 무작위로 모자를 선택할 때 자신의 모자를 정확히 선택한 사람의 수를 $X$로 나타내기로 하면, $X$는 평균이 1인 근사 푸아송분포를 갖는다는 것을 보일 수 있다. 그 이유를 알아보기 위해 먼저

$$X_i = \begin{cases} 1 & i\text{번째 사람이 자신의 모자를 선택할 경우} \\ 0 & \text{그 외의 경우} \end{cases}$$

라고 두자. 그러면 $X$를

$$X = X_1 + \cdots + X_n$$

와 같이 표현할 수 있으며, 따라서 $X$는 $n$회의 시행에서 성공 횟수를 나타내는 것으로 간주될 수 있는데, 여기에서 $i$번째 사람이 자신의 모자를 올바르게 선택하면 시행 $i$를 성공으로 본다. 이제 $i$번째 사람은 $n$개의 모자 중 어느 것이나 동일한 확률로 선택할 것이며 그 중 한 개만이 자신의 모자일 것이므로,

$$P\{X_i = 1\} = \frac{1}{n} \tag{5.2.2}$$

이 된다. 이제 $i \neq j$이고 $j$번째 사람이 자신의 모자를 올바르게 선택했을 때 $i$번째 사람도 자신의 모자를 올바르게 선택할 조건부 확률 $P\{X_i = 1 | X_j = 1\}$에 대해 생각해보자. $j$번째 사람이 자신의

모자를 올바르게 선택했다고 하였으므로, $i$번째 사람은 남은 $n-1$개의 모자 중 어느 것이나 동일한 확률로 선택할 것이며 그 중 한 개만이 자신의 모자일 것이다. 따라서

$$P\{X_i = 1 | X_j = 1\} = \frac{1}{n-1} \tag{5.2.3}$$

가 된다(시행 $i$와 시행 $j$가 서로 독립이었다면, 위의 조건부 확률은 $1/(n-1)$가 아니라 $1/n$이었을 것이다). 식 (5.2.2)와 (5.2.3)으로부터 이 시행들은 서로 독립은 아니지만 종속 정도는 약하다고 볼 수 있으며, 따라서 $X$가 근사 푸아송분포를 갖는다는 것은 별로 의외의 사실은 아니다.

$$\begin{aligned} E[X] &= E[X_1 + \cdots + X_n] \\ &= E[X_1] + \cdots + E[X_n] \\ &= n\left(\frac{1}{n}\right) = 1 \end{aligned}$$

이므로, $E[X] = 1$을 얻게 되는데, 마지막의 등식은 식 (5.2.2)에서

$$E[X_i] = P\{X_i = 1\} = \frac{1}{n}$$

이 되기 때문이다. ■

푸아송분포는 서로 독립인 푸아송 확률변수들의 합도 푸아송 확률변수가 된다는 재생 성질을 갖는다. 이를 이해하기 위해 $X_1$과 $X_2$가 서로 독립이며, 각기 평균이 $\lambda_1$과 $\lambda_2$인 푸아송 확률변수라고 하자. $X_1 + X_2$에 대한 적률생성함수는 다음과 같다.

$$\begin{aligned} E[e^{t(X_1+X_2)}] &= E[e^{tX_1} e^{tX_2}] \\ &= E[e^{tX_1}]E[e^{tX_2}] \qquad \text{독립성에 의함} \\ &= \exp\{\lambda_1(e^t - 1)\} \exp\{\lambda_2(e^t - 1)\} \\ &= \exp\{(\lambda_1 + \lambda_2)(e^t - 1)\} \end{aligned}$$

$\exp\{(\lambda_1 + \lambda_2)(e^t - 1)\}$는 평균이 $\lambda_1 + \lambda_2$인 푸아송 확률변수에 대한 적률생성함수이므로, 적률생성함수가 단일 분포를 결정한다는 사실에서 $X_1 + X_2$는 평균이 $\lambda_1 + \lambda_2$인 푸아송 분포를 갖는다고 결론지을 수 있다.

### ■ 예제 5.2f

어느 공장에서 매일 생산되는 불량품 스테레오의 개수가 평균이 4인 푸아송분포를 갖는다는 것이 밝혀져 있다고 한다. 2일 동안 생산된 스테레오 중 불량품의 수가 3을 넘지 않을 확률을 구하라.

**풀이** 첫째 날에 생산된 불량품의 개수 $X_1$이 둘째 날에 생산된 불량품의 개수 $X_2$와 서로 독립이라고 가정하면, $X_1 + X_2$는 평균이 8인 푸아송분포를 갖는다. 따라서

$$P\{X_1 + X_2 \leq 3\} = \sum_{i=0}^{3} e^{-8} \frac{8^i}{i!} = .04238 \quad \blacksquare$$

이제 발생할 사건의 수 $N$이 난수로 주어지며, 각 사건은 서로 독립인데 유형 1일 확률은 $p$이고 유형 2일 확률은 $1 - p$인 상황을 생각해보자. $N_1$과 $N_2$는 각기 유형 1과 유형 2의 사건의 수를 나타낸다고 하면, $N = N_1 + N_2$이 된다. $N$이 평균이 $\lambda$인 푸아송분포를 가질 경우, $N_1$과 $N_2$의 결합확률질량함수는 다음과 같이 구할 수 있다.

$$\begin{aligned}
P\{N_1 = n, N_2 = m\} &= P\{N_1 = n, N_2 = m, N = n + m\} \\
&= P\{N_1 = n, N_2 = m | N = n + m\} P\{N = n + m\} \\
&= P\{N_1 = n, N_2 = m | N = n + m\} e^{-\lambda} \frac{\lambda^{n+m}}{(n+m)!}
\end{aligned}$$

이제 $n + m$개의 사건이 주어지면 이 사건들 각각은 서로 독립이며 유형 1일 확률은 $p$이므로, 정확히 $n$개의 유형 1 사건이 있을 (그리고 $m$개의 유형 2 사건이 있을) 조건부 확률은 모수가 $(n + m, p)$인 이항 확률변수가 $n$과 같을 확률에 해당한다. 따라서

$$\begin{aligned}
P\{N_1 = n, N_2 = m\} &= \frac{(n+m)!}{n!m!} p^n (1-p)^m e^{-\lambda} \frac{\lambda^{n+m}}{(n+m)!} \\
&= e^{-\lambda p} \frac{(\lambda p)^n}{n!} e^{-\lambda(1-p)} \frac{(\lambda(1-p))^m}{m!} \qquad (5.2.4)
\end{aligned}$$

따라서 $N_1$에 대한 확률질량함수는 다음과 같다.

$$\begin{aligned}
P\{N_1 = n\} &= \sum_{m=0}^{\infty} P\{N_1 = n, N_2 = m\} \\
&= e^{-\lambda p} \frac{(\lambda p)^n}{n!} \sum_{m=0}^{\infty} e^{-\lambda(1-p)} \frac{(\lambda(1-p))^m}{m!} \\
&= e^{-\lambda p} \frac{(\lambda p)^n}{n!} \qquad (5.2.5)
\end{aligned}$$

마찬가지로

$$P\{N_2 = m\} = \sum_{n=0}^{\infty} P\{N_1 = n, N_2 = m\} = e^{-\lambda(1-p)} \frac{(\lambda(1-p))^m}{m!} \qquad (5.2.6)$$

이제 식 (5.2.4), (5.2.5), (5.2.6) 등으로부터 $N_1$과 $N_2$는 각기 평균이 $\lambda p$와 $\lambda(1 - p)$이고 서로 독립인 푸아송 확률변수임을 알 수 있다.

앞의 결과는 푸아송분포를 따르는 수의 사건들을 $r$개의 범주로 분류할 수 있을 때로 일반화될 수 있으며, 푸아송분포에 대한 다음과 같은 중요한 성질로 정리될 수 있다. 사건의 수가 평균이 $\lambda$인 푸아송분포를 따르고, 사건들은 독립적이며 유형 $1, \ldots, r$ 등으로 분류할 수 있고, 각 유형에 대한 확률이 $p_1, \ldots, p_r$이고, $\Sigma_{i=1}^{n} p_i = 1$이면, 유형 $1, \ldots, r$의 사건의 수는 각기 평균이 $\lambda p_1, \ldots, \lambda p_r$이고 서로 독립인 푸아송 확률변수이다.

### 5.2.1 R을 이용한 푸아송확률의 계산

R을 이용하여 이항 확률변를 계산하는 것과 비슷하게 푸아송 확률을 계산한다. $X$가 평균이 $\lambda$인 푸아송 확률변수이면

dpois($i$,$\lambda$)는 $P(X=i)$을 출력하고
ppois($i$,$\lambda$)는 $P(X \le i)$을 출력한다.

예를 들어 평균이 40인 푸아송 확률변수가 50과 같거나 작은 확률을 계산하려면 다음의 명령어를 사용한다.

```
> ppois(50,40)
> [1] 0.947372
```

**R을 이용하여** 푸아송질량함수를 그릴 수 있다, $X$가 평균이 10인 푸아송 확률변수라고 하자. $P(X = i)$, $1, \ldots, 25$을 그리기 위해서는 다음의 명령어를 사용한다.

```
> i=seq(0,25,1)
> p=dpois(i,10)
> plot(i,p)
```

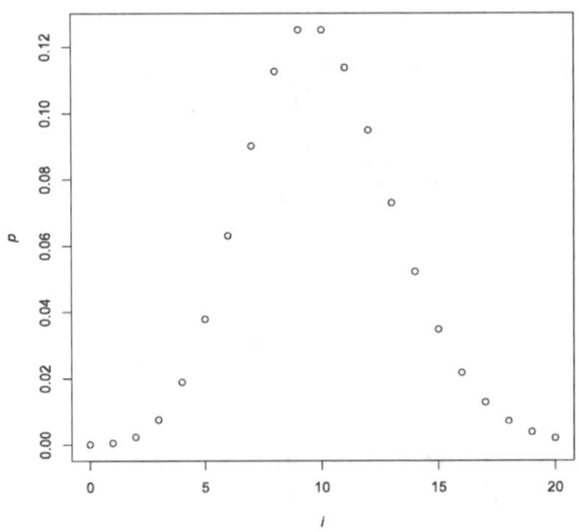

## 5.3 초기하 확률변수

어떤 통에 $N + M$개의 배터리가 들어있는데, 그 중 $N$개는 양품이며 $M$개는 불량품이라고 한다. 크기 $n$의 부분집합 $\binom{N+M}{n}$가지 중 어느 것이나 동일한 확률로 표본이 될 수 있는 방식으로 크기 $n$의 표본을 (복원 없이) 무작위로 선택한다. 표본 안의 양품 배터리 개수를 $X$로 나타낼 경우,

$$P\{X = i\} = \frac{\binom{N}{i}\binom{M}{n-i}}{\binom{N+M}{n}}, \qquad i = 0, 1, \ldots, \min(N, n)_{*} \tag{5.3.1}$$

가 성립한다. 확률질량함수가 식 (5.3.1)로 주어지는 임의의 확률변수 $X$를 모수가 $N$, $M$, $n$인 **초기하 확률변수(hypergeometric random variable)**라고 한다.

### 예제 5.3a

6-벌식 장치의 부품을 20개 들이 부품 통에서 무작위로 선택하려 한다. 6개의 부품으로 조립되는 이 장치는 그 중 4개 이상의 부품이 양품이면 작동한다. 통 안의 20개 부품 중 15개가 양품이라고 할 때, 이 장치가 작동할 확률을 구하라.

**풀이** 선택된 부품 중 양품의 수를 나타내는 $X$는 모수가 15, 5, 6인 초기하 확률변수이며, 이 장치가 작동할 확률은 다음과 같이 계산할 수 있다.

$$\begin{aligned} P\{X \geq 4\} &= \sum_{i=4}^{6} P\{X = i\} \\ &= \frac{\binom{15}{4}\binom{5}{2} + \binom{15}{5}\binom{5}{1} + \binom{15}{6}\binom{5}{0}}{\binom{20}{6}} \\ &\approx .8687 \quad ■ \end{aligned}$$

확률질량함수가 식 (5.3.1)로 주어지는 초기하 확률변수의 평균과 분산을 계산하기 위해 연속적으로 선택되는 배터리에 대해 다음과 같이 두자.

$$X_i = \begin{cases} 1 & i\text{번째 선택이 양품일 경우} \\ 0 & \text{그 외의 경우} \end{cases}$$

이제 $i$번째 선택에서 $N$개만이 양품인 $N + M$개의 배터리 중 어느 것이나 동일한 확률로 선택될 수 있으므로

* $r > m$이거나 $r < 0$이면 $\binom{m}{r} = 0$이 되는 관행을 따른다.

$$P\{X_i = 1\} = \frac{N}{N+M} \tag{5.3.2}$$

가 된다. 또한 $i \neq j$에 대해

$$\begin{aligned} P\{X_i = 1, X_j = 1\} &= P\{X_i = 1\}P\{X_j = 1 | X_i = 1\} \\ &= \frac{N}{N+M}\frac{N-1}{N+M-1} \end{aligned} \tag{5.3.3}$$

가 되는데, 이는 $i$번째 선택이 양품일 경우 $j$번째 선택에서 $N-1$개만이 양품인 $N+M-1$개의 배터리 중 어느 것이나 동일한 확률로 선택될 수 있기 때문이다.

크기 $n$의 표본 안의 양품 배터리의 수를 나타내는 $X$의 평균과 분산을 계산하기 위해

$$X = \sum_{i=1}^{n} X_i$$

라는 표현을 사용하면,

$$E[X] = \sum_{i=1}^{n} E[X_i] = \sum_{i=1}^{n} P\{X_i = 1\} = \frac{nN}{N+M} \tag{5.3.4}$$

을 얻는다. 또한 확률변수의 합의 분산에 관한 따름정리 4.7.3에 의해 다음 결과를 얻는다.

$$\text{Var}(X) = \sum_{i=1}^{n} \text{Var}(X_i) + 2\sum_{1 \le i < j \le n}\sum \text{Cov}(X_i, X_j) \tag{5.3.5}$$

이제 $X_i$가 베르누이 확률변수임을 알 수 있으며, 따라서

$$\text{Var}(X_i) = P\{X_i = 1\}(1 - P\{X_i = 1\}) = \frac{N}{N+M}\frac{M}{N+M} \tag{5.3.6}$$

가 된다. 또한 $i < j$에 대해

$$\text{Cov}(X_i, X_j) = E[X_i X_j] - E[X_i]E[X_j]$$

가 성립한다. $X_i$와 $X_j$ 둘 다 베르누이 (즉, $0-1$) 확률변수이므로 $X_i X_j$ 또한 베르누이 확률변수이며, 따라서

$$\begin{aligned} E[X_i X_j] &= P\{X_i X_j = 1\} \\ &= P\{X_i = 1, X_j = 1\} \\ &= \frac{N(N-1)}{(N+M)(N+M-1)} \qquad \text{(식 (5.3.3)을 적용)} \end{aligned} \tag{5.3.7}$$

가 성립한다. 따라서 식 (5.3.2)와 위의 결과로부터 $i \neq j$에 대해

$$\text{Cov}(X_i, X_j) = \frac{N(N-1)}{(N+M)(N+M-1)} - \left(\frac{N}{N+M}\right)^2$$
$$= \frac{-NM}{(N+M)^2(N+M-1)}$$

가 성립함을 알 수 있다. 따라서 식 (5.3.5)에서 우변의 두 번째 합에 $\binom{n}{2}$ 개의 항이 있으므로, 식 (5.3.6)으로부터

$$\text{Var}(X) = \frac{nNM}{(N+M)^2} - \frac{n(n-1)NM}{(N+M)^2(N+M-1)}$$
$$= \frac{nNM}{(N+M)^2}\left(1 - \frac{n-1}{N+M-1}\right) \tag{5.3.8}$$

을 얻는다. $p = N/(N+M)$가 통 안의 양품 배터리 비율을 나타낸다면, 식 (5.3.4)와 (5.3.8)을 다음과 같이 다시 쓸 수 있다.

$$E(X) = np$$
$$\text{Var}(X) = np(1-p)\left[1 - \frac{n-1}{N+M-1}\right]$$

고정된 $p$에 대해, $N + M$이 $\infty$에 접근함에 따라 $\text{Var}(X)$는 모수가 $(n, p)$인 이항 확률변수의 분산인 $np(1 - p)$에 수렴한다는 사실에 주목하기 바란다(그 이유에 대해 생각해 보라).

### 예제 5.3b

어느 지역에 살고 있는 동물의 개체 수 $N$을 모른다고 하자. 모집단 규모에 관한 정보를 얻기 위해 생태학자들은 종종 다음과 같은 실험을 수행한다. 먼저 이 동물들 $r$마리를 포획하여 어떤 표식을 한 후 놓아준다. 표식을 가진 동물들이 이 지역 곳곳으로 흩어질 시간을 준 다음 다시 $n$마리를 포획한다. 이번에 포획한 동물들 중 표식 있는 개체 수를 $X$로 나타낸다. 두 번의 포획 사이에 이 지역의 동물 모집단에 변화가 없으며 한 마리를 잡을 때마다 남아있는 동물 중 어느 개체나 동일한 확률로 잡힐 수 있다고 가정하면, $X$는 아래의 조건을 만족하는 초기하 확률변수임을 알 수 있다.

$$P\{X = i\} = \frac{\binom{r}{i}\binom{N-r}{n-i}}{\binom{N}{n}} \equiv P_i(N)$$

이제 $X$가 $i$로 관측되었다고 가정하자. 즉, 두 번째로 포획된 동물들 중에서 표식 있는 개체의 비율이 $i/n$이었다고 하자. 이 비율을 이 지역 안의 표식 있는 개체들의 비율인 $r/N$에 대한 근삿값으로 간주하면, 이 지역의 전체 개체 수에 대한 추정치 $rn/i$를 구할 수 있다. 예를 들어

처음에 포획하여 표식을 하고 놓아준 개체 수가 $r = 50$이고 두 번째로 포획한 $n = 100$마리 중 $X = 25$마리가 표식을 갖고 있었다면, 이 지역의 동물 개체 수를 대략 200 정도로 추정할 것이다. ■

이항 확률변수와 초기하분포 사이에 어떤 관계가 있으며, 이 관계는 두 개의 이항 모집단에 관한 어떤 통계적 검정의 개발에 유용하게 이용된다.

### 예제 5.3c

$X$와 $Y$는 서로 독립인 이항 확률변수로서 각기 $(n, p)$와 $(m, p)$를 모수로 갖는다. $X + Y = k$가 주어졌을 때 $X$에 대한 조건부 확률질량함수는 다음과 같다.

$$
\begin{aligned}
P\{X = i|X + Y = k\} &= \frac{P\{X = i, X + Y = k\}}{P\{X + Y = k\}} \\
&= \frac{P\{X = i, Y = k - i\}}{P\{X + Y = k\}} \\
&= \frac{P\{X = i\}P\{Y = k - i\}}{P\{X + Y = k\}} \\
&= \frac{\binom{n}{i} p^i (1-p)^{n-i} \binom{m}{k-i} p^{k-i} (1-p)^{m-(k-i)}}{\binom{n+m}{k} p^k (1-p)^{n+m-k}} \\
&= \frac{\binom{n}{i}\binom{m}{k-i}}{\binom{n+m}{k}}
\end{aligned}
$$

이때 끝에서 두 번째의 등식은 $X + Y$는 모수가 $(n + m, p)$인 이항 확률변수라는 사실을 이용하였다. 따라서 $X + Y$의 값이 주어졌을 때 $X$에 대한 조건부 분포는 초기하분포임을 알 수 있다.

위의 사실은 상당히 직관적이라는 점을 주목하기 바란다. 이점에 대해서는 다음과 같이 설명할 수 있다. 각각의 성공 확률이 동일하며 서로 독립인 시행을 $n + m$회 수행한다고 하고, 첫 $n$회의 시도에서 성공 횟수를 $X$로 나타내고 마지막 $m$회의 시도에서 성공 횟수를 $Y$로 나타내기로 하자. $n + m$회의 시행에서 성공 횟수가 $k$라는 사실이 주어지면, 직관적으로 $k$회의 시행으로 이루어지는 각 그룹이 성공적인 시행들로 이루어질 확률이 동일함을 알 수 있을 것이다. 즉, $k$회의 성공적 시행은 $n + m$회의 시행 중 $k$개를 무작위로 선택하는 것에 해당하는 분포를 가질 것이며, 따라서 첫 $n$회의 시행에서 성공 횟수는 초기하분포를 갖는다. ■

R을 이용하여 초기하 확률을 계산할 수 있다. 모수가 $(N,M,n)$인 초기하 확률변수가 $i$와 같은 확률은 dhyper$(i,N,M,n)$ 명령어를 사용하여 계산하고 $i$와 같거나 작을 확률은 phyper$(i,N,M,n)$ 명령어를 사용한다. 8개의 빨간 공과 22개의 파란 공이 들어 있는 항아리에서 무작위적으로 10개의 공 중에 4개의 빨간 공이 있을 확률과 많아 봐야 4개의 빨간 공이 있을 확률은 다음의 명령어를 사용하여 계산한다.

```
> dhyper(4,88,22,10)
> [1] 0.1738362
> phyper(4,88,22,10)
> [1] 0.943682
```

따라서, 4개의 빨간 공이 있을 확률은 대략 17.38이고 많아 봐야 4개의 빨간 공이 있을 확률은 대략 94.37이다.

## 5.4 균일 확률변수

확률밀도함수가 아래와 같이 주어지는 확률변수 $X$는 구간 $[\alpha, \beta]$ 상의 균일분포를 갖는다고 한다.

$$f(x) = \begin{cases} \dfrac{1}{\beta - \alpha} & \alpha \le x \le \beta \\ 0 & \text{그 외의 경우} \end{cases}$$

위의 밀도함수에 대한 그래프가 그림 5.4에 주어져 있다. 이 함수는

$$\frac{1}{\beta - \alpha} \int_{\alpha}^{\beta} dx = 1$$

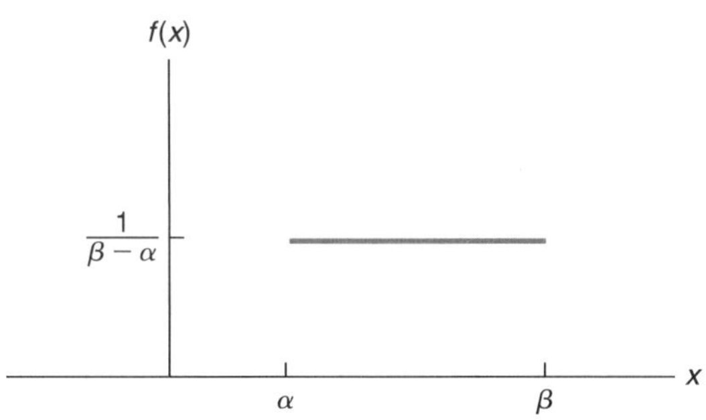


**그림 5.4** 구간 $[\alpha, \beta]$ 상의 균일분포를 위한 확률밀도함수 $f(x)$의 그래프

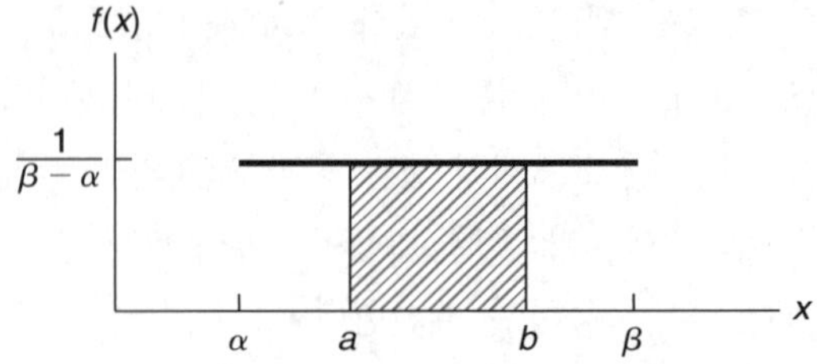


**그림 5.5** 균일 확률변수에 대한 확률

이므로 확률밀도함수가 되기 위한 요건을 충족하고 있다. 실생활에서 균일분포는 특정 확률변수가 구간 $[\alpha, \beta]$에서 어느 값에나 가까울 확률이 동일할 때 발생한다.

$X$가 $[\alpha, \beta]$의 임의의 부분구간에 속할 확률은 이 부분구간의 길이를 구간 $[\alpha, \beta]$의 길이로 나눈 것과 같다. 이는 $[\alpha, \beta]$의 부분구간 $[a, b]$에 대해 다음의 관계가 성립하기 때문이다(참고: 그림 5.4).

$$\begin{aligned} P\{a < X < b\} &= \frac{1}{\beta - \alpha} \int_a^b dx \\ &= \frac{b - a}{\beta - \alpha} \end{aligned}$$

### 예제 5.4a

$X$가 구간 $[0, 10]$ 상의 균일분포를 따를 때, (a) $2 < X < 9$, (b) $1 < X < 4$, (c) $X < 5$, (d) $X > 6$ 등의 경우에 대한 확률을 계산하라.

**풀이** 각각에 대한 답은 (a) 7/10, (b) 3/10, (c) 5/10, (d) 4/10이다. ■

### 예제 5.4b

어떤 정류장에 버스들은 오전 7시에 시작하여 15분 간격으로 도착한다. 즉, 버스들은 7, 7 : 15, 7 : 30, 7 : 45, . . . 등의 시간에 도착한다. 어느 승객의 도착시간이 7 : 00과 7 : 30 사이에서 균일분포를 따른다고 할 때, 다음 경우의 확률을 구하라.

(a) 버스를 기다리는 시간이 5분 미만이다.
(b) 버스를 기다리는 시간이 12분 이상이다.

**풀이** 이 승객이 정류장에 도착하는 시간을 오전 7시에서 경과한 시간을 분 단위로 표현한 것을 $X$라고 하자. $X$는 구간 $(0, 30)$ 상의 균일 확률변수이므로, 이 승객이 5분 미만 기다리는 경우는 7 : 10에서 7 : 15 사이 또는 7 : 25에서 7 : 30 사이에 정류장에 도착할 때이다. 따라서 (a)에서 구하고자 하는 확률은 다음과 같다.

$$P\{10 < X < 15\} + P\{25 < X < 30\} = \frac{5}{30} + \frac{5}{30} = \frac{1}{3}$$

이 승객이 12분 이상 기다려야 하는 경우도 비슷하게 구할 수 있으며, 바로 7 : 00에서 7 : 03 사이에 도착하거나 7 : 15에서 7 : 18 사이에 도착할 때이다. 따라서 (b)에서 구하고자 하는 확률은 다음과 같다.

$$P\{0 < X < 3\} + P\{15 < X < 18\} = \frac{3}{30} + \frac{3}{30} = \frac{1}{5} \quad ■$$

구간 $[\alpha, \beta]$ 상의 균일 확률변수의 평균은 다음과 같이 계산된다.

$$\begin{aligned} E[X] &= \int_{\alpha}^{\beta} \frac{x}{\beta - \alpha}\, dx \\ &= \frac{\beta^2 - \alpha^2}{2(\beta - \alpha)} \\ &= \frac{(\beta - \alpha)(\beta + \alpha)}{2(\beta - \alpha)} \end{aligned}$$

즉,

$$E[X] = \frac{\alpha + \beta}{2}$$

즉, 구간 $[\alpha, \beta]$ 상에서의 균일 확률변수에 대한 기댓값은 당연히 예상할 수 있듯이 구간 $[\alpha, \beta]$의 중간점과 같다. (이유는?)

분산에 대한 계산은 다음과 같다.

$$\begin{aligned} E[X^2] &= \frac{1}{\beta - \alpha} \int_{\alpha}^{\beta} x^2 dx \\ &= \frac{\beta^3 - \alpha^3}{3(\beta - \alpha)} \\ &= \frac{\beta^2 + \alpha\beta + \alpha^2}{3} \end{aligned}$$

위에서 마지막 등식에서는 아래 관계식을 사용하였다.

$$\beta^3 - \alpha^3 = (\beta^2 + \alpha\beta + \alpha^2)(\beta - \alpha)$$

따라서

$$\begin{aligned} \mathrm{Var}(X) &= \frac{\beta^2 + \alpha\beta + \alpha^2}{3} - \left(\frac{\alpha + \beta}{2}\right)^2 \\ &= \frac{4(\beta^2 + \alpha\beta + \alpha^2) - 3(\alpha^2 + 2\alpha\beta + \beta^2)}{12} \\ &= \frac{\alpha^2 + \beta^2 - 2\alpha\beta}{12} \\ &= \frac{(\beta - \alpha)^2}{12} \end{aligned}$$

### 예제 5.4c

반도체 다이오드를 흐르는 전류는 종종 아래의 쇼클리 방정식

$$I = I_0(e^{aV} - 1)$$

을 이용하여 측정되는데, 여기에서 $V$는 다이오드에 걸린 전압, $I_0$는 역방향 전류, $a$는 상수, $I$는 결과적인 다이오드 전류를 나타낸다. $a = 5$, $I_0 = 10^{-6}$이고 $V$가 구간 (1, 3) 상의 균일분포를 따를 때, $E[I]$를 구하라.

**풀이**

$$\begin{aligned} E[I] &= E[I_0(e^{aV} - 1)] \\ &= I_0 E[e^{aV} - 1] \\ &= I_0(E[e^{aV}] - 1) \\ &= 10^{-6} \int_1^3 e^{5x} \frac{1}{2} dx - 10^{-6} \\ &= 10^{-7}(e^{15} - e^5) - 10^{-6} \\ &\approx .3269 \end{aligned}$$

■

구간 (0, 1) 상의 균일 확률변수의 값을 **난수(random number)**라고 한다. 대부분의 컴퓨터 시스템에는 독립적인 난수들의 열을 (높은 수준의 정밀도로) 생성할 수 있는 내장 서브루틴을 갖고 있다. 일례로 표 5.1에서는 IBM PC에서 생성된 난수 모음을 보여주고 있다. 난수들을 사용하여 다양한 확률이나 기댓값을 실험적으로 추정할 수 있으므로, 확률론이나 통계학에서 난수들은 대단히 유용하다.

난수의 용도에 대한 예를 보이기 위해 어느 의료기관에서 혈중 콜레스테롤 수치를 감소시켜주는 신약에 대한 실험을 계획하고 있다고 하자. 신약의 효과를 검정하기 위해 이 의료기관에서는 1,000명의 시험대상 지원자를 모집하였다. 시험대상자의 혈중 콜레스테롤 수치가 (날씨 변화 등) 실험 외적인 요인에 의해 영향 받을 가능성을 감안하기 위해 이들을 각기 500명씩의 두 그룹으로 나누기로 하였다. 한 그룹은 신약을 투여하는 **치료그룹**이며, 다른 그룹은 위약을 투여하는 **통제그룹**이다. 그리고 실험은 신약투여 실험자들과 시험대상자 누구에게도 각 시험대상자가 어느 그룹에 속하는지 알려주지 않는 **이중 눈가림** 방식으로 진행된다. 이제 남은 일은 지원자들 중에서 치료그룹에 포함시킬 대상자들을 선정하는 작업이다. 당연히 치료그룹과 통제그룹은 각기 신약을 투여하느냐 위약을 투여하느냐 하는 것 외에는 모든 면에서 가능한 한 동일해야 하며, 이렇게 해야만 그룹 사이의 반응상의 차이가 실제로 신약 때문인 것으로 결론지을 수 있을 것이다. 이를 위한 최선의 방법은 완전한 무작위 선택으로 치료그룹에 포함될 500명의 지원자들을 정하는 것이라는 일반적인 합의가 존재한다. 즉, 500명의 지원자로 이루어지는 $\binom{1000}{500}$가지 부분집합 어느 것이나 통제그룹이 될 확률이 동일하도록 선정이 이루어져야 한다. 어떻게 이를 달성할 수 있을까?

**표 5.1** 난수표

| .68587 | .25848 | .85227 | .78724 | .05302 | .70712 | .76552 | .70326 | .80402 | .49479 |
|---|---|---|---|---|---|---|---|---|---|
| .73253 | .41629 | .37913 | .00236 | .60196 | .59048 | .59946 | .75657 | .61849 | .90181 |
| .84448 | .42477 | .94829 | .86678 | .14030 | .04072 | .45580 | .36833 | .10783 | .33199 |
| .49564 | .98590 | .92880 | .69970 | .83898 | .21077 | .71374 | .85967 | .20857 | .51433 |
| .68304 | .46922 | .14218 | .63014 | .50116 | .33569 | .97793 | .84637 | .27681 | .04354 |
| .76992 | .70179 | .75568 | .21792 | .50646 | .07744 | .38064 | .06107 | .41481 | .93919 |
| .37604 | .27772 | .75615 | .51157 | .73821 | .29928 | .62603 | .06259 | .21552 | .72977 |
| .43898 | .06592 | .44474 | .07517 | .44831 | .01337 | .04538 | .15198 | .50345 | .65288 |
| .86039 | .28645 | .44931 | .59203 | .98254 | .56697 | .55897 | .25109 | .47585 | .59524 |
| .28877 | .84966 | .97319 | .66633 | .71350 | .28403 | .28265 | .61379 | .13886 | .78325 |
| .44973 | .12332 | .16649 | .88908 | .31019 | .33358 | .68401 | .10177 | .92873 | .13065 |
| .42529 | .37593 | .90208 | .50331 | .37531 | .72208 | .42884 | .07435 | .58647 | .84972 |
| .82004 | .74696 | .10136 | .35971 | .72014 | .08345 | .49366 | .68501 | .14135 | .15718 |
| .67090 | .08493 | .47151 | .06464 | .14425 | .28381 | .40455 | .87302 | .07135 | .04507 |
| .62825 | .83809 | .37425 | .17693 | .69327 | .04144 | .00924 | .68246 | .48573 | .24647 |
| .10720 | .89919 | .90448 | .80838 | .70997 | .98438 | .51651 | .71379 | .10830 | .69984 |
| .69854 | .89270 | .54348 | .22658 | .94233 | .08889 | .52655 | .83351 | .73627 | .39018 |
| .71460 | .25022 | .06988 | .64146 | .69407 | .39125 | .10090 | .08415 | .07094 | .14244 |
| .69040 | .33461 | .79399 | .22664 | .68810 | .56303 | .65947 | .88951 | .40180 | .87943 |
| .13452 | .36642 | .98785 | .62929 | .88509 | .64690 | .38981 | .99092 | .91137 | .02411 |
| .94232 | .91117 | .98610 | .71605 | .89560 | .92921 | .51481 | .20016 | .56769 | .60462 |
| .99269 | .98876 | .47254 | .93637 | .83954 | .60990 | .10353 | .13206 | .33480 | .29440 |
| .75323 | .86974 | .91355 | .12780 | .01906 | .96412 | .61320 | .47629 | .33890 | .22099 |
| .75003 | .98538 | .63622 | .94890 | .96744 | .73870 | .72527 | .17745 | .01151 | .47200 |

### *예제 5.4d (무작위 부분집합의 선택)

1, 2, . . ., $n$ 등의 번호가 부여된 $n$개의 원소로 이루어진 집합에서 $\binom{n}{k}$가지의 부분집합 어느 것이나 선택될 확률이 동일한 방식으로 크기 $k$의 부분집합을 무작위로 생성하기를 원한다고 하자. 어떤 방법을 사용할 수 있을까?

이 질문에 대한 답을 찾기 위해 역방향으로 생각하여 실제로 무작위로 생성된 크기 $k$의 부분집합을 갖고 있다고 가정해보자. 이제 각 $j = 1, . . ., n$에 대해

$$I_j = \begin{cases} 1 & \text{원소 } j\text{가 부분집합에 포함되는 경우} \\ 0 & \text{그 외의 경우} \end{cases}$$

와 같이 두고, $I_1, . . ., I_{j-1}$가 주어져 있을 때 $I_j$에 대한 조건부 확률을 계산해본다. 먼저 원소 1이 크기 $k$의 부분집합에 속할 확률은 명백히 $k/n$이다(이 점은 원소 1이 $j$번째로 선택될 확률이 $1/n$임에 주목하여 이해할 수도 있고($j = 1, . . ., k$), 또는 무작위 선택의 결과들 중 원소

* 이 예제에 대한 학습은 선택사항임

1이 선택되는 비율이 $\binom{1}{1}\binom{n-1}{k-1}/\binom{n}{k}=k/n$임에 주목하여 이해할 수도 있다). 따라서 다음과 같이 정리될 수 있다.

$$P\{I_1 = 1\} = k/n \tag{5.4.1}$$

$I_1$이 주어져 있을 때 원소 2가 선택된 부분집합에 속할 조건부 확률을 계산하기 위해, $I_1 = 1$이면 그 부분집합에서 원소 1을 제외한 나머지 $k-1$개의 원소들은 남아있는 $n-1$개의 원소들 중에서 (2, . . ., $n$ 등의 번호가 부여된 $n-1$개의 원소들 중에서 선택된 크기 $k-1$의 어느 부분집합이나 그 부분집합의 나머지 원소들이 될 확률이 동일하다는 의미에서) "무작위로" 선택될 수 있을 것이다. 따라서 다음과 같이 정리될 수 있다.

$$P\{I_2 = 1 | I_1 = 1\} = \frac{k-1}{n-1} \tag{5.4.2}$$

그리고 원소 1이 그 부분집합에 포함되지 않을 경우에는 그 부분집합의 $k$개의 원소 모두 남아있는 $n-1$개의 원소들 중에서 "무작위로" 선택될 수 있을 것이며, 따라서 이 경우는 다음과 같이 정리될 수 있다.

$$P\{I_2 = 1 | I_1 = 0\} = \frac{k}{n-1} \tag{5.4.3}$$

식 (5.4.2)와 (5.4.3)으로부터

$$P\{I_2 = 1 | I_1\} = \frac{k-I_1}{n-1}$$

을 얻을 수 있으며, 이를 일반화한 결과는 다음과 같다.

$$P\{I_j = 1 | I_1, \ldots, I_{j-1}\} = \frac{k - \sum\limits_{i=1}^{j-1} I_i}{n-j+1}, \quad j = 2, \ldots, n \tag{5.4.4}$$

$\sum_{i=1}^{j-1} I_i$가 그 부분집합에 포함되는 첫 $j-1$개의 원소를 나타내며, 따라서 $I_1, \ldots, I_{j-1}$이 주어졌을 때 남아있는 n − (j − 1)개의 원소들 중에서 $k-\sum_{i=1}^{j-1} I_i$개의 원소를 선택해야 한다는 사실로부터 위의 공식을 도출할 수 있다.

$U$가 구간 (0, 1) 상의 균일 확률변수일 때 $P\{U < a\} = a(0 \le a \le 1)$이므로, 식 (5.4.1)과 (5.4.4)를 이용하여 $n$개의 원소를 갖는 집합에서 크기 $k$의 부분집합을 무작위로 생성하기 위한 다음과 같은 방법을 도출할 수 있다. 즉, ($n$개 이하의) 난수 열 $U_1$, $U_2$, . . .을 생성하고 다음과 같이 둔다.

$$I_1 = \begin{cases} 1 & U_1 < \dfrac{k}{n} \\ 0 & \text{그 외의 경우} \end{cases}$$

$$I_2 = \begin{cases} 1 & U_2 < \dfrac{k - I_1}{n - 1} \\ 0 & \text{그 외의 경우} \end{cases}$$

$$\vdots$$

$$I_j = \begin{cases} 1 & U_j < \frac{k - I_1 - \cdots - I_{j-1}}{n - j + 1} \\ 0 & \text{그 외의 경우} \end{cases}$$

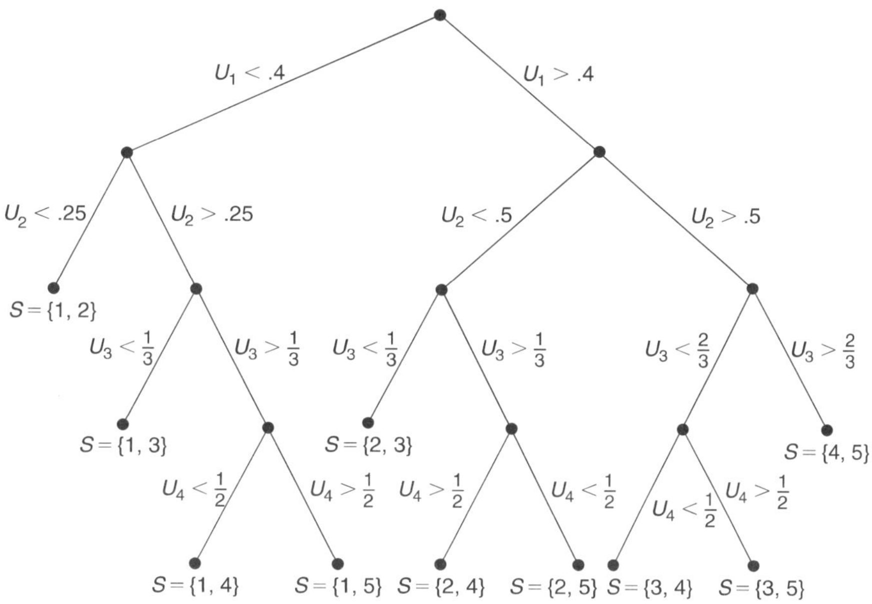


**그림 5.6** 트리 도표

이 과정은 $I_1 + \cdots + I_j = k$이고 무작위 부분집합이 $I$-값이 1인 $k$ 개의 원소들로 이루어질 때 멈춘다. 즉, $S = \{i : I_i = 1\}$이 선택되는 부분집합이다.

예를 들어 그림 5.6의 트리 도표는 $k = 2$, $n = 5$일 경우에 대해 앞에서 제시한 기법의 예를 보여주고 있다. 무작위 부분집합 $S$는 트리의 단말 위치들에 제시되어 있다. 각 단말에 이를 확률은 모두 1/10으로 동일하며, 이는 트리상의 경로를 따라 원하는 단말에 이를 때까지의 확률들을 곱함으로써 계산할 수도 있다. 예를 들면, $S = \{2, 4\}$라는 표시를 갖는 단말에 이르는 확률은 $P\{U_1 > .4\}P\{U_2 < .5\}P\{U_3 > \frac{1}{3}\}P\{U_4 > \frac{1}{2}\} = (.6)(.5)\left(\frac{2}{3}\right)\left(\frac{1}{2}\right) = .1$과 같이 계산할 수 있다.

트리 도표에서 나타내고 있듯이(참고 : 가장 오른쪽의 $S = \{4, 5\}$에서 끝나는 가지), 부분집합에서 선택해야 할 남아있는 자리 개수가 남아있는 원소의 수와 같을 때 난수 생성을 멈출 수 있다.

즉, $\sum_{i=1}^{j} I_i = k$이거나 $\sum_{i=1}^{j} I_i = k - (n - j)$일 때 생성 과정을 멈출 것이다. 후자의 경우에는 $S=\{i \leq j : I_i = 1, j + 1, \ldots, n\}$가 된다. ■

### 예제 5.4e

확률벡터 $X$, $Y$의 결합밀도함수가 2차원 영역 $R$ 안의 점들에 대해 상수이고 $R$ 밖의 점들에 대해서는 0일 경우, 즉, 아래와 같이 주어질 경우 확률벡터 $X$, $Y$는 2차원 영역 $R$ 상의 **균일분포**를 갖는다고 한다.

$$f(x, y) = \begin{cases} c & (x, y) \in R \\ 0 & \text{그 외의 경우} \end{cases}$$

그런데

$$\begin{aligned} 1 &= \int_R f(x, y)\, dx\, dy \\ &= \int_R c\, dx\, dy \\ &= c \times R\text{의 면적} \end{aligned}$$

이므로

$$c = \frac{1}{R\text{의 면적}}$$

이 된다. 따라서 임의의 영역 $A \subset R$에 대해 다음의 결과가 성립한다.

$$\begin{aligned} P\{(X, Y) \in A\} &= \int\int_{(x,y) \in A} f(x, y)\, dx\, dy \\ &= \int\int_{(x,y) \in A} c\, dx\, dy \\ &= \frac{A\text{의 면적}}{R\text{의 면적}} \end{aligned}$$

이제 $X$, $Y$가 아래와 같은 사각형 영역 $R$ 상의 균일분포를 갖는다고 하자.

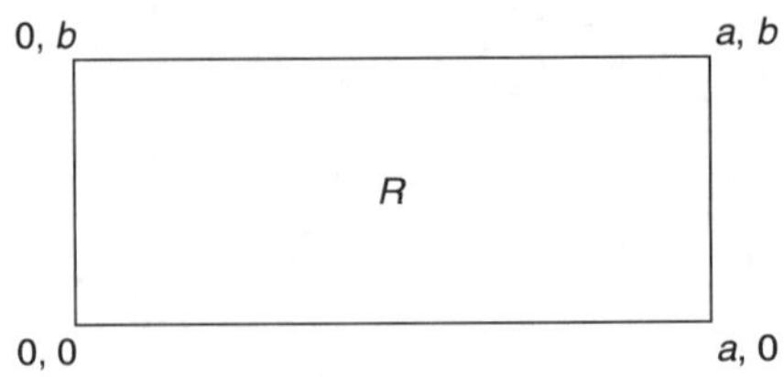


$X$, $Y$에 대한 결합밀도함수는

$$f(x, y) = \begin{cases} c & 0 \le x \le a,\ 0 \le y \le b \\ 0 & \text{그 외의 경우} \end{cases}$$

이며, 여기에서 $c = \frac{1}{\text{사각형의 면적}} = \frac{1}{ab}$ 이다. 이 경우 $X$와 $Y$는 서로 독립인 균일 확률변수들이다. 이를 보이기 위해 $0 \le x \le a$, $0 \le y \le b$ 에 대해 다음의 결과가 성립한다는 사실에 주목하기 바란다.

$$P\{X \le x, Y \le y\} = c \int_0^x \int_0^y dy\, dx = \frac{xy}{ab} \tag{5.4.5}$$

위의 식에서 먼저 $y = b$라 둔 다음 $x = a$라 두면, 다음의 결과를 얻는다.

$$P\{X \le x\} = \frac{x}{a}, \quad P\{Y \le y\} = \frac{y}{b} \tag{5.4.6}$$

이제 식 (5.4.5)와 (5.4.6)으로부터 $X$와 $Y$는 서로 독립이며, $X$는 구간 $(0, a)$ 상의 균일 확률변수이며 $Y$는 구간 $(0, b)$ 상의 균일 확률변수라고 결론지을 수 있다. ■

## 5.5 정규 확률변수

밀도함수가 아래와 같이 주어지는 확률변수 $X$는 **정규분포(normal distribution)**를 따른다고 하고, $X \sim \mathcal{N}(\mu, \sigma^2)$와 같이 표시한다.

$$f(x) = \frac{1}{\sqrt{2\pi}\sigma} e^{-(x-\mu)^2/2\sigma^2}, \qquad -\infty < x < \infty$$

정규 밀도함수 $f(x)$는 $\mu$에 대해 대칭이고 $x = \mu$에서 최댓값 $1/\sigma\sqrt{2\pi} \approx 0.399/\sigma$을 갖는 종 모양의 곡선을 이룬다(참고 : 그림 5.7).

정규분포는 1733년 프랑스 수학자 무아브르(Abraham de Moivre)에 의해 소개되었으며 모수 $n$이 클 때의 이항 확률변수와 연계된 확률에 대한 근사로 사용되었다. 이 결과는 나중에 라플라스(Laplace) 등에 의해 확장되었으며, 오늘날 실세계의 수많은 확률현상이 정규분포 또는 근사정규분포를 따른다는 경험적 관측에 이론적 토대가 되어온 중심극한정리라는 확률론 정리로 요약되어 있다. 이러한 현상의 예로는 사람의 키, 기체 상태의 분자의 운동 속도, 물리적 양의 측정 오차 등을 들 수 있다.

$E[X]$를 계산하기 위해서는

$$E[X - \mu] = \frac{1}{\sqrt{2\pi}\sigma} \int_{-\infty}^{\infty} (x - \mu) e^{-(x-\mu)^2/2\sigma^2} dx$$

를 이용하는데, $y = (x - \mu)/\sigma$로 둠으로써

$$E[X-\mu] = \frac{\sigma}{\sqrt{2\pi}} \int_{-\infty}^{\infty} ye^{-y^2/2} dy$$

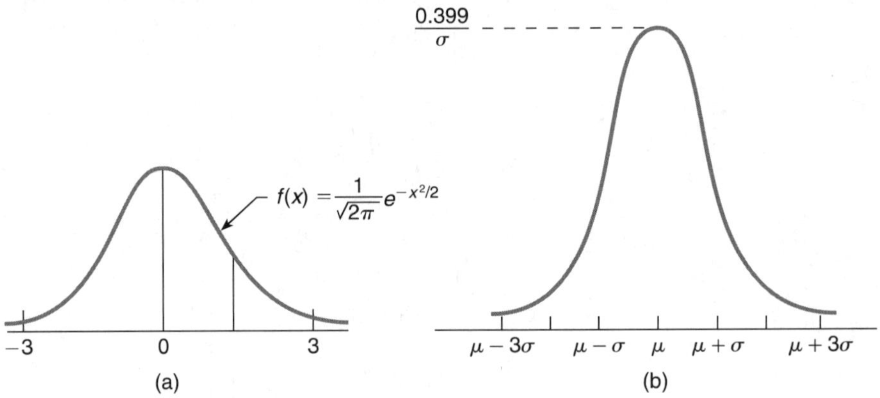


**그림 5.6** 정규밀도함수 (a) $\mu=0$, $\sigma=1$ (b) 임의의 $\mu$와 $\sigma^2$

가 된다. 그런데

$$\int_{-\infty}^{\infty} ye^{-y^2/2} dy = -e^{-y^2/2}\Big|_{-\infty}^{\infty} = 0$$

에서 $E[X - \mu] = 0$, 즉,

$$E[X] = \mu$$

를 얻는다. 이 결과를 이용하여 아래와 같이 Var($X$)를 계산할 수 있다.

$$\begin{aligned}\text{Var}(X) &= E[(X-\mu)^2] \\ &= \frac{1}{\sqrt{2\pi}\sigma} \int_{-\infty}^{\infty} (x-\mu)^2 e^{-(x-\mu)^2/2\sigma^2} dx \\ &= \frac{1}{\sqrt{2\pi}} \int_{-\infty}^{\infty} \sigma^2 y^2 e^{-y^2/2} dy\end{aligned} \tag{5.5.1}$$

$u = y$, $dv = ye^{-y^2/2}$로 두고 부분적분 공식

$$\int u\,dv = uv - \int v\,du$$

을 적용하면

$$\int_{-\infty}^{\infty} y^2 e^{-y^2/2} dy = -ye^{-y^2/2}\Big|_{-\infty}^{\infty} + \int_{-\infty}^{\infty} e^{-y^2/2} dy$$
$$= \int_{-\infty}^{\infty} e^{-y^2/2} dy$$

을 얻는다. 따라서 식 (5.5.1)로부터

$$\begin{aligned}\text{Var}(X) &= \sigma^2 \frac{1}{\sqrt{2\pi}} \int_{-\infty}^{\infty} e^{-y^2/2} dy \\ &= \sigma^2\end{aligned}$$

을 얻는데, 이 계산에서 $\frac{1}{\sqrt{2\pi}} e^{-y^2/2} dy$가 $\mu = 0$, $\sigma = 1$을 모수로 갖는 정규 확률변수의 밀도함수이며 따라서 그 적분 결과가 1이 된다는 사실을 이용하였다.

따라서 $\mu$와 $\sigma^2$은 각기 정규분포의 평균과 분산을 나타낸다.

정규 확률변수의 대단히 중요한 성질 하나는 $X$가 평균은 $\mu$이고 분산은 $\sigma^2$인 정규 확률변수일 경우 임의의 상수 $a$와 $b(b \neq 0)$에 대해, 확률변수 $Y = a + bX$ 또한 평균이

$$E[Y] = E[a + bX] = a + bE[X] = a + b\mu$$

이고 분산이

$$\text{Var}(Y) = \text{Var}(a + bX) = b^2 \text{Var}(X) = b^2\sigma^2$$

인 정규 확률변수가 된다는 것이다. 이를 증명하기 위해 $F_Y(y)$가 $Y$의 분포함수라고 하자. 그러면 $b > 0$일 경우

$$\begin{aligned}F_Y(y) &= P\{Y \leq y\} \\ &= P\{a + bX \leq y\} \\ &= P\left\{X \leq \frac{y-a}{b}\right\} \\ &= F_X\left(\frac{y-a}{b}\right)\end{aligned}$$

이며, 여기에서 $F_X$는 $X$의 분포함수이다. 마찬가지로 $b < 0$일 경우에는

$$\begin{aligned}F_Y(y) &= P\{a + bX \leq y\} \\ &= P\left\{X \geq \frac{y-a}{b}\right\} \\ &= 1 - F_X\left(\frac{y-a}{b}\right)\end{aligned}$$

와 같다. 여기에 미분을 적용하면 아래와 같은 $Y$의 밀도함수를 얻을 수 있다.

$$f_Y(y) = \begin{cases} \frac{1}{b} f_X\left(\frac{y-a}{b}\right), & b > 0 \\ -\frac{1}{b} f_X\left(\frac{y-a}{b}\right), & b < 0 \end{cases}$$

위의 식은

$$\begin{aligned} f_Y(y) &= \frac{1}{|b|} f_X\left(\frac{y-a}{b}\right) \\ &= \frac{1}{\sqrt{2\pi}\sigma|b|} e^{-\left(\frac{y-a}{b}-\mu\right)^2/2\sigma^2} \\ &= \frac{1}{\sqrt{2\pi}\sigma|b|} e^{-(y-a-b\mu)^2/2b^2\sigma^2} \end{aligned}$$

와 같이 고칠 수 있으며, 이로부터 $Y = a + bX$가 평균은 $a + b\mu$이고 분산은 $b^2\sigma^2$인 정규 확률변수임을 알 수 있다.

위의 결과로부터 $X \sim \mathcal{N}(\mu, \sigma^2)$이면

$$Z = \frac{X - \mu}{\sigma}$$

가 평균은 0이고 분산은 1인 정규 확률변수임을 알 수 있다. 이러한 확률변수 $Z$를 **표준정규분포(standard normal distribution)** 또는 **단위정규분포(unit normal distribution)**를 따른다고 한다. 표준정규 분포함수를 나타내기 위해 $\Phi(\cdot)$가 사용된다. 즉,

$$\Phi(x) = \frac{1}{\sqrt{2\pi}} \int_{-\infty}^{x} e^{-y^2/2} dy, \qquad -\infty < x < \infty$$

$X$가 $\mu$, $\sigma^2$을 모수로 갖는 정규 확률변수일 때 $Z = (X - \mu)/\sigma$는 표준정규분포를 갖는다는 결과는 대단히 중요한데, 그것은 이 결과를 이용하여 $X$에 관한 모든 확률을 $Z$에 대한 확률로 표현할 수 있기 때문이다. 예를 들면, $P\{X < b\}$를 계산할 때 $X$가 $b$보다 작다는 사실은 $(X - \mu)/\sigma$가 $(b - \mu)/\sigma$보다 작다는 사실과 동치라는 사실을 이용할 수 있다. 따라서

$$\begin{aligned} P\{X < b\} &= P\left\{\frac{X - \mu}{\sigma} < \frac{b - \mu}{\sigma}\right\} \\ &= \Phi\left(\frac{b - \mu}{\sigma}\right) \end{aligned}$$

마찬가지로 임의의 $a < b$에 대해

$$\begin{aligned} P\{a < X < b\} &= P\left\{\frac{a-\mu}{\sigma} < \frac{X-\mu}{\sigma} < \frac{b-\mu}{\sigma}\right\} \\ &= P\left\{\frac{a-\mu}{\sigma} < Z < \frac{b-\mu}{\sigma}\right\} \\ &= P\left\{Z < \frac{b-\mu}{\sigma}\right\} - P\left\{Z < \frac{a-\mu}{\sigma}\right\} \\ &= \Phi\left(\frac{b-\mu}{\sigma}\right) - \Phi\left(\frac{a-\mu}{\sigma}\right) \end{aligned}$$

이제 $\Phi(x)$를 계산하는 일이 남아있다. $\Phi(x)$에 대한 근사 계산을 통해 얻은 결과를 0 이상의 광범위한 $x$값에 대해(소수점 아래 4자리까지) 표로 정리한 내용을 부록의 표 A1에 싣고 있다.

표 A1은 음이 아닌 $x$값들에 대해서만 $\Phi(x)$를 표로 정리하고 있지만, 표준정규 확률밀도 함수의 (0을 중심으로 한) 대칭성을 이용하여 $\Phi(-x)$값도 표에서 얻을 수 있다. 즉, $x > 0$에 대해 $Z$가 표준정규 확률변수를 나타낼 경우 다음의 결과를 얻을 수 있다(참고: 그림 5.7).

$$\begin{aligned} \Phi(-x) &= P\{Z < -x\} \\ &= P\{Z > x\} \quad \text{(대칭성에 의해)} \\ &= 1 - \Phi(x) \end{aligned}$$

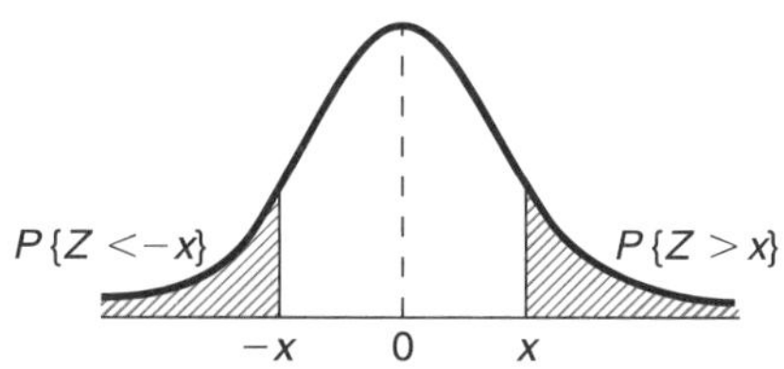


**그림 5.7** 표준정규 확률

예를 들면,

$$P\{Z < -1\} = \Phi(-1) = 1 - \Phi(1) = 1 - .8413 = .1587$$

### 예제 5.5a

$X$가 평균은 $\mu = 3$이고 분산은 $\sigma^2 = 16$인 정규 확률변수일 때, 다음 값들을 구하라.

(a) $P\{X < 11\}$

(b) $P\{X > -1\}$

(c) $P\{2 < X < 7\}$

풀이

(a) $P\{X < 11\} = P\left\{\frac{X-3}{4} < \frac{11-3}{4}\right\}$

$= \Phi(2)$

$= .9772$

(b) $P\{X > -1\} = P\left\{\frac{X-3}{4} > \frac{-1-3}{4}\right\}$

$= P\{Z > -1\}$

$= P\{Z < 1\}$

$= .8413$

(c) $P\{2 < X < 7\} = P\left\{\frac{2-3}{4} < \frac{X-3}{4} < \frac{7-3}{4}\right\}$

$= \Phi(1) - \Phi(-1/4)$

$= \Phi(1) - (1 - \Phi(1/4))$

$= .8413 + .5987 - 1 = .4400$ ■

### 예제 5.5b

장소 A에서 장소 B로 전기선을 통해 "0" 또는 "1"의 이진 메시지를 전송해야 한다고 하자. 그런데 전기선을 통해 전송되는 데이터는 채널 잡음에 의한 교란을 겪을 수 있으므로 오차 가능성을 줄이기 위해 메시지가 "1"일 때는 2라는 값을 전송하며 메시지가 "0"일 때는 −2라는 값을 전송한다. $x(x = \pm 2)$가 장소 A에서 송신한 값이면, 장소 B에서 수신한 값 $R$은 $R = x + N$으로 표현할 수 있는데, 여기에서 $N$은 채널 잡음에 의한 교란을 나타낸다. 장소 B에서 메시지를 수신하면, 수신기가 다음 규칙에 따라 메시지를 복원한다.

$R \geq .5$이면, 메시지는 "1"이라고 결론짓는다.

$R < .5$이면, 메시지는 "0"이라고 결론짓는다.

채널 잡음은 종종 정규분포를 가지므로 $N$이 표준정규 확률변수일 때 착오 확률을 결정할 수 있다. 여기에는 두 가지 유형의 착오가 발생할 수 있는데, 한 가지는 메시지 "1"을 "0"이라고 잘못 결론짓는 것이며, 또 하나는 "0"을 "1"이라고 잘못 결론짓는 것이다. 첫 번째 유형의 착오가 발생하는 경우는 메시지가 "1"이고 $2 + N < .5$일 때이며, 두 번째 유형의 착오가 발생하는 경우는 메시지가 "0"이고 $-2 + N \geq .5$일 때이다.

따라서

$$P\{\text{착오} \mid \text{메시지는 "1"}\} = P\{N < -1.5\} = 1 - \Phi(1.5) = .0668$$

그리고

$$P\{\text{착오} \mid \text{메시지는 "0"}\} = P\{N > 2.5\} = 1 - \Phi(2.5) = .0062$$ ■

정규확률변수와 관련된 확률을 계산하기 위해서 표준정규분포표를 사용할 수 있지만 R을 이용하면 더욱 쉽게 확률을 계산할 수 있다. $Z$를 정규확률변수이면 pnorm(x)은 $P(Z \le x)$을 출력한다. 더 일반적으로는, $X$가 평균 $\mu$ 분산 $\sigma^2$을 갖는 정규 확률변수일 때 pnorm(x,$\mu$,$\sigma^2$)은 $P(X \le x)$을 출력한다.

물론, $P(X \le x)$을 다음의 명령어를 이용해서도 계산할 수 있다.

```
> y=(x−μ)/σ
> pnorm(y)
```

예를 들어 $X$가 평균 10 분산 8을 갖는 정규 확률변수일 때 $P(X \le 12)$은 다음의 명령어를 이용하여 계산한다.

```
> pnorm(12,10,sqrt(8))
[1] 0.7602499
```

또는

```
> y=(12−10)/sqrt(8)
> pnorm(y)
[1] 0.7602499
```

또는

```
> pnorm((12−10)/sqrt(8))
[1] 0.7602499
```

### 예제 5.5c

저항에서 소실되는 전력 $W$는 전압 $V$의 제곱에 비례한다. 즉,

$$W = rV^2$$

인데, 여기에서 $r$은 상수이다. $r = 3$이고 $V$가 평균은 6이고 표준편차는 1인 정규 확률변수로 (또는 그에 가까운 것으로) 가정될 수 있을 경우, 다음 값들을 구하라.

(a) $E[W]$

(b) $P\{W > 120\}$

풀이

(a) $E[W] = E[3V^2]$

$$
\begin{aligned}
&= 3E[V^2] \\
&= 3(\mathrm{Var}[V] + E^2[V]) \\
&= 3(1 + 36) = 111
\end{aligned}
$$

(b) $P\{W > 120\} = P\{3V^2 > 120\}$

$$
\begin{aligned}
&= P\{V > \sqrt{40}\} \\
&= P\{V - 6 > \sqrt{40} - 6\} \\
&= P\{Z > .3246\} \\
&= 1 - \Phi(.3246) \\
&= .3727 \quad ■
\end{aligned}
$$

V가 평균 6 표준편차 1을 갖는 정규 확률변수이므로 R을 이용하여 계산하면 다음과 같다.

```
> 1 - pnorm(sqrt(40),6,1)
  [1] 0.3727588
```

이제 정규 확률변수에 대한 적률생성함수를 계산해보자. 먼저 표준정규 확률변수 $Z$에 대한 적률생성함수는 다음과 같이 계산된다.

$$
\begin{aligned}
E[e^{tZ}] &= \int_{-\infty}^{\infty} e^{tx} \frac{1}{\sqrt{2\pi}} e^{-x^2/2}\, dx \\
&= \frac{1}{\sqrt{2\pi}} \int_{-\infty}^{\infty} e^{-(x^2-2tx)/2} dx \\
&= e^{-t^2/2} \frac{1}{\sqrt{2\pi}} \int_{-\infty}^{\infty} e^{-(x-t)^2/2} dx \\
&= e^{-t^2/2} \frac{1}{\sqrt{2\pi}} \int_{-\infty}^{\infty} e^{-y^2/2} dy \\
&= e^{-t^2/2}
\end{aligned}
$$

$Z$가 표준정규 확률변수일 때 $X = \mu + \sigma Z$는 평균이 $\mu$이고 분산이 $\sigma^2$ 인 정규 확률변수가 된다. 위의 결과를 이용하여 $X$에 대한 적률생성함수는 다음과 같이 계산된다.

$$
\begin{aligned}
E[e^{tX}] &= E[e^{t\mu + t\sigma Z}] \\
&= E[e^{t\mu} e^{t\sigma Z}] \\
&= e^{t\mu} E[e^{t\sigma Z}] \\
&= e^{t\mu} e^{-(\sigma t)^2/2} \\
&= e^{\mu t - \sigma^2 t^2/2}
\end{aligned}
$$

또 다른 중요한 결과는 서로 독립인 정규 확률변수들의 합 또한 정규 확률변수라는 사실이다. 이를 이해하기 위해 $X_i\,(i=1, \ldots, n)$들이 서로 독립이고 $X_i$는 평균이 $\mu_i$이고 분산이 $\sigma_i^2$인 정규 확률변수라고 하자. $\sum_{i=1}^n X_i$에 대한 적률생성함수는 다음과 같다.

$$\begin{aligned} E\left[\exp\left\{t\sum_{i=1}^n X_i\right\}\right] &= E\left[e^{tX_1}e^{tX_2}\cdots e^{tX_n}\right] \\ &= \prod_{i=1}^n E\left[e^{tX_i}\right] \qquad \text{독립성에 의함} \\ &= \prod_{i=1}^n e^{\mu_i t+\sigma_i^2 t^2/2} \\ &= e^{\mu t+\sigma^2 t^2/2} \end{aligned}$$

여기에서

$$\mu = \sum_{i=1}^n \mu_i, \qquad \sigma^2 = \sum_{i=1}^n \sigma_i^2$$

따라서 $\sum_{i=1}^n X_i$는 평균이 $\mu$이고 분산이 $\sigma^2$인 정규 확률변수와 동일한 적률생성함수를 갖는다. 따라서 적률생성함수와 분포 사이의 일대일 대응 관계로부터 $\sum_{i=1}^n X_i$는 평균이 $\sum_{i=1}^n \mu_i$이고 분산이 $\sum_{i=1}^n \sigma_i^2$인 정규 확률변수라고 결론지을 수 있다.

### 예제 5.5d

미국 해양대기청으로부터의 데이터는 로스앤젤레스의 연간 강수량은 평균이 12.08인치이고 표준편차가 3.1인치인 정규 확률변수임을 나타내고 있다.

(a) 다음 2년 동안의 전체 강수량이 25인치를 초과할 확률을 구하라.
(b) 내년의 강수량이 그 다음해 강수량보다 3인치 이상 초과할 확률을 구하라.

다음 2년 동안 연간 강수량들은 독립적이라고 가정한다.

**풀이** $X_1$과 $X_2$가 다음 2년 동안의 연간 강수량들을 나타낸다고 하자.

(a) $X_1 + X_2$는 평균이 24.16이고 분산이 $2(3.1)^2 = 19.22$인 정규 확률변수이므로 R을 이용하여 $P(X_1 + X_2 \geq 25)$를 계산하면 다음과 같다.

```
> 1-pnorm(25,24,16,sqrt(19,22))
[1] 0.4240265
```

(b) $-X_2$는 평균이 $-12.08$이고 분산이 $(-1)^2(3.1)^2$인 정규 확률변수이므로 $X_1 - X_2$는 평균이 0이고 분산이 19.22인 정규 확률변수이다. 따라서

$$\begin{aligned} P\{X_1 > X_2 + 3\} &= P\{X_1 - X_2 > 3\} \\ &= P\left\{\frac{X_1 - X_2}{\sqrt{19.22}} > \frac{3}{\sqrt{19.22}}\right\} \\ &= P\{Z > .6843\} \\ &\approx .2469 \end{aligned}$$

R을 이용하여 계산하면 다음과 같다.

```
> 1 − pnorm(3,0,sqrt(19,22))
[1] 0.2468939265
```

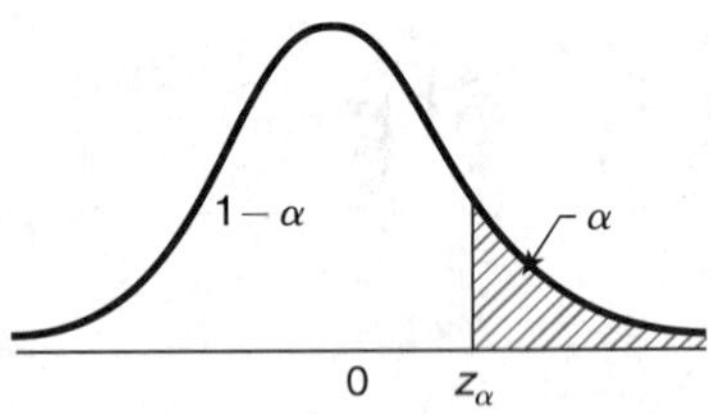


**그림 5.8** $P\{Z > z_\alpha\} = \alpha$

따라서 다음 2년 동안의 로스앤젤레스 전체 강수량이 25인치를 초과할 확률은 42.4%이며, 내년의 강수량이 그 다음해 강수량보다 3인치 이상 초과할 확률은 24.69%이다. ■

$\alpha \in (0, 1)$에 대해 $z_\alpha$는 다음 식을 만족하는 값이라고 하자.

$$P\{Z > z_\alpha\} = 1 - \Phi(z_\alpha) = \alpha$$

즉, 표준정규 확률변수가 $z_\alpha$보다 클 확률은 $\alpha$와 같다(참고 : 그림 5.8). 임의의 $\alpha$에 대한 $z_\alpha$의 값은 표 A1에서 구할 수 있다. 예를 들면,

$$\begin{aligned} 1 - \Phi(1.645) &= .05 \\ 1 - \Phi(1.96) &= .025 \\ 1 - \Phi(2.33) &= .01 \end{aligned}$$

이므로

$$z_{.05} = 1.645, \qquad z_{.025} = 1.96, \qquad z_{.01} = 2.33$$

임을 알 수 있다.

R을 이용하여 $z_a$ 구하기 위해서 qnorm(1 − α) 명령어를 사용하면 qnorm(1 − α)은 $z_a$을 출력한다.

```
> qnorm(1 − .01)
[1] 2.326348
```

명령어 qnorm($\beta$)은 $0 \leq \beta \leq 1$일 때 정규 분포의 $100\beta$ 백분율 분위수 (백분위수)를 출력하는데 표준정규변수가 $x$와 같거나 작을 확률이 $\beta$와 같을 때 $x$ 값이다. 따라서

$$P(Z \leq \text{qnorm}(1-\alpha)) = 1-\alpha$$

또는

$P(Z > \text{qnorm}(1-\alpha)) = \alpha$이고 qnorm$(1-\alpha)$은 $z_\alpha$을 출력한다.

$$P\{Z < z_\alpha\} = 1-\alpha$$

이므로 표준정규 확률변수가 $z_\alpha$ 보다 작을 확률은 $100(1-\alpha)$%가 된다는 것을 알 수 있다. 그러한 이유로 $z_\alpha$를 표준정규분포의 $100(1-\alpha)$ **백분위수**라고 한다.

## 추가적인 R 명령어

dnorm($x$)은 표준정규분포의 $x$에서의 밀도함수를 출력한다. $\text{dnorm}(x) = \frac{1}{\sqrt{2\pi}}e^{-x^2/2}$ 비슷하게, dnorm($x,\mu,\sigma$)은 평균 $\mu$이고 표준편차 $\sigma$인 정규분포의 $x$에서의 밀도함수를 출력한다. 이 명령어들을 정규밀도함수를 그리는 데 사용할 수 있다. 예를 들어 평균 3이고 표준편차 2인 정규분포의 정규밀도함수를 그리기 위해서 $x$ 범위에 대해서 ($x$,dnorm($x$))을 그리면 된다. $x=-5$로부터 시작하여 $x=11$까지 .001씩 증가하는 모든 $x$(따라서 16,000 포인트가 그려짐)에 대해서 정규밀도함수를 그리기 위해서는 다음의 명령어를 사용한다.

```
> x=seq(-5,11,.001)
> f=dnorm(x,3,2)
> plot(x,f)
```

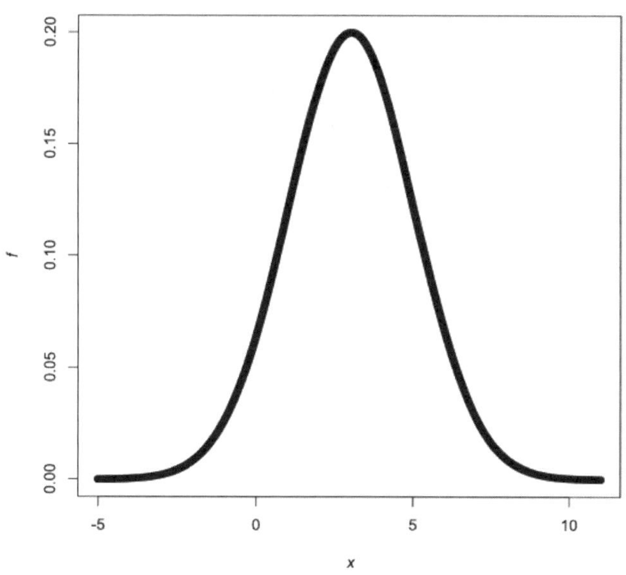

## 5.6 지수 확률변수

어떤 $\lambda > 0$에 대해 확률밀도함수가

$$f(x) = \begin{cases} \lambda e^{-\lambda x} & x \geq 0 \\ 0 & x < 0 \end{cases}$$

와 **같이 주어지는 연속확률변수를 모수가 $\lambda$인 지수 확률변수(exponential random variable)라고 한다. 지수 확률변수에 대한 누적분포함수 $F(x)$는 다음과 같이** 주어진다.

$$\begin{aligned} F(x) &= P\{X \leq x\} \\ &= \int_0^x \lambda e^{-\lambda y}\, dy \\ &= 1 - e^{-\lambda x}, \qquad x \geq 0 \end{aligned}$$

지수분포는 종종 실생활에서 특정 사건이 발생할 때까지의 소요 시간의 분포로 발생한다. 예를 들면, (지금부터 시작하여) 지진이 발생할 때까지의 시간, 새로 전쟁이 발생할 때까지의 시간, 또는 잘못 걸린 전화를 받게 될 때까지의 시간 등은 모두 실제로 지수분포를 갖는 경향이 있는 확률변수들이다(이에 대한 설명은 5.6.1절을 참고).

지수분포에 대한 적률생성함수는 다음과 같다.

$$\begin{aligned} \phi(t) &= E[e^{tX}] \\ &= \int_0^\infty e^{tx} \lambda e^{-\lambda x}\, dx \\ &= \lambda \int_0^\infty e^{-(\lambda - t)x}\, dx \\ &= \frac{\lambda}{\lambda - t}, \qquad t < \lambda \end{aligned}$$

위의 식을 미분하면 다음의 결과를 얻는다.

$$\begin{aligned} \phi'(t) &= \frac{\lambda}{(\lambda - t)^2} \\ \phi''(t) &= \frac{2\lambda}{(\lambda - t)^3} \end{aligned}$$

따라서

$$\begin{aligned} E[X] &= \phi'(0) = 1/\lambda \\ \mathrm{Var}(X) &= \phi''(0) - (E[X])^2 \\ &= 2/\lambda^2 - 1/\lambda^2 \\ &= 1/\lambda^2 \end{aligned}$$

따라서 평균은 $1/\lambda$이고 분산은 평균의 제곱과 같다.

지수 확률변수의 핵심적 성질은 무기억성인데, 아래의 조건을 만족하는 음이 아닌 확률변수 $X$에 대해 **무기억성(memoryless property)**을 갖는다고 한다.

$$\text{모든 } s, t \geq 0 \text{ 에 대해} \qquad P\{X > s + t | X > t\} = P\{X > s\} \tag{5.6.1}$$

식 (5.6.1)을 **무기억성**이라고 부르는 이유를 이해하기 위해 $X$가 어떤 제품이 고장이 날 때까지 작동하는 시간을 나타낸다고 하자. 이제 작동을 시작한 지 $t$시간이 지난 어떤 부품이 $s$시간만큼 더 작동을 계속할 확률에 대해 생각해보자. 이 경우 이 제품이 현재 시점 $t$일 때 작동하고 있다는 사실이 주어졌을 때 전체 작동시간은 $t + s$를 초과하게 되므로, 이를 다음과 같이 정리할 수 있다.

$$\begin{aligned} &P\{t\text{시간이 지난 제품의 추가 수명이 } s\text{를 초과함}\} \\ &\quad = P\{X > t + s | X > t\} \end{aligned}$$

식 (5.6.1)은 작동을 시작한 지 $t$시간이 지난 제품의 추가 수명은 새 제품과 동일하다고 말해주고 있다. 즉, 식 (5.6.1)이 만족될 때, 현재 작동하는 제품이면 "새것이나 마찬가지이므로" 얼마나 오래된 것인지 기억할 필요가 없다.

식 (5.6.1)의 조건은

$$\frac{P\{X > s + t, X > t\}}{P\{X > t\}} = P\{X > s\}$$

와 동치이다. 즉,

$$P\{X > s + t\} = P\{X > s\}P\{X > t\} \tag{5.6.2}$$

와 같다. $X$가 지수 확률변수이면

$$P\{X > x\} = e^{-\lambda x}, \qquad x > 0$$

이 성립하며, 따라서 ($e^{-\lambda(s+t)} = e^{-\lambda s}e^{-\lambda t}$ 이므로) 식 (5.6.2)가 만족된다. 따라서 **지수분포를 따르는 확률변수는 무기억성을 갖는다**(그리고 사실 지수 확률변수가 무기억성을 갖는 유일한 확률변수임을 보일 수 있다).

### 예제 5.6a

주행거리를 기준한 자동차 배터리의 수명이 10,000마일을 평균으로 갖는 지수분포를 따른다고 하자. 어떤 사람이 5,000마일 여행을 계획하고 있다면, 배터리 교환 없이 여행을 마칠 수 있을 확률은 얼마인가? 분포가 지수분포가 아닐 경우에는 어떨까?

**풀이** 지수분포의 무기억성에 의해 배터리의 잔존수명은 (1,000마일 단위로) $\lambda = 1/10$을 모수로 갖는 지수분포를 따른다는 것을 알 수 있다. 따라서 구하고자 하는 확률은 다음과 같이 계산된다.

$$\begin{aligned} P\{\text{잔존수명} > 5\} &= 1 - F(5) \\ &= e^{-5\lambda} \\ &= e^{-1/2} \approx .604 \end{aligned}$$

그러나 수명의 분포 $F$가 지수분포가 아니라면, 그 확률은

$$P\{\text{수명} > t + 5 | \text{수명} > t\} = \frac{1 - F(t+5)}{1 - F(t)}$$

와 같은데, 여기에서 $t$는 여행 시작 전에 그 배터리로 주행한 거리를 나타낸다. 따라서 지수분포가 아닐 경우, 구하고자 하는 확률을 계산하기 위해서는 추가적인 정보(즉, $t$)가 필요하다. ■

무기억성에 대한 또 다른 설명을 위해 다음 예제를 살펴보기로 하자.

### 예제 5.6b

어떤 작업반이 3대의 호환성 있는 기계를 갖고 있는데, 이 중 2대는 가동되어야 이 작업반이 일을 할 수 있다고 한다. 각 기계에서 고장이 날 때까지 작동되는 기간은 모수 $\lambda$의 지수분포를 따른다. 작업자들은 먼저 기계 A와 B를 사용하기로 하고, 이 기계들 중 하나가 고장 날 경우 교체용으로 사용할 수 있도록 기계 C는 예비용으로 남겨두기로 정하였다. 이렇게 하면 하나가 고장 난 후에도 남은 두 기계 중 하나가 고장 날 때까지는 작업을 계속할 수 있을 것이다. 고장이 나지 않은 기계가 한 대밖에 남지 않아 작업을 멈추어야 했을 때, 기계 C가 여전히 작동 가능한 상태일 확률은 얼마인가?

**풀이** 이 문제는 지수분포의 무기억성을 이용하면 아무 계산 없이도 쉽게 답할 수 있다. 논지는 다음과 같다. 먼저 기계 C를 사용하게 될 순간에 대해 생각해보자. 그 시점에 A와 B 중 하나가 방금 고장 날 것이며 다른 하나는 여전히 작동할 텐데, 작동하는 기계를 기계 0이라고 부르기로 하자. 이제 기계 0은 이미 일정 시간 사용되어 왔지만, 지수분포의 무기억성에 따르면 그 잔존수명은 새로 투입된 기계의 잔존수명과 같다. 따라서 기계 0과 기계 C의 잔존수명은 동일한 분포를 가지며, 따라서 대칭성에 의해 기계 C 전에 기계 0이 고장 날 확률은 $\frac{1}{2}$이다. ■

아래의 정리는 지수분포의 또 다른 성질을 제시한다.

### 정리 5.6.1

$X_1, X_2, \ldots, X_n$이 서로 독립이고 각기 $\lambda_1, \lambda_2, \ldots, \lambda_n$을 모수로 갖는 지수 확률변수들이라면, $\min(X_1, X_2, \ldots, X_n)$은 모수가 $\sum_{i=1}^{n} \lambda_i$인 지수 확률변수이다.

**증명**

숫자들의 집합에서 가장 작은 수가 $x$보다 크다는 것은 모든 값이 $x$보다 크다는 뜻이므로, 다음의 결과를 얻는다.

$$\begin{aligned} P\{\min(X_1, X_2, \ldots, X_n) > x\} &= P\{X_1 > x, X_2 > x, \ldots, X_n > x\} \\ &= \prod_{i=1}^{n} P\{X_i > x\} \quad \text{(독립성에 의함)} \\ &= \prod_{i=1}^{n} e^{-\lambda_i x} \\ &= e^{-\sum_{i=1}^{n} \lambda_i x} \end{aligned}$$

### 예제 5.6c

직렬장치란 장치 안의 모든 요소가 작동할 때 장치 자체가 작동하는 장치를 말한다. 각 요소의 수명이 서로 독립이고 각기 $\lambda_1, \lambda_2, \ldots, \lambda_n$을 모수로 갖는 지수 확률변수들인 $n$-요소 직렬장치가 $t$시간 동안 작동을 유지할 확률은 얼마인가?

**풀이** 장치의 수명은 최소 요소 수명과 같으므로, 정리 5.6.1로부터 다음의 결과를 얻는다.

$$P\{\text{장치 수명이 } t\text{를 초과함}\} = e^{-\sum_i \lambda_i t} \quad ■$$

지수 확률변수의 또 다른 유용한 성질은 $X$가 모수 $\lambda$의 지수 확률변수일 때 $cX(c > 0)$는 모수가 $\lambda/c$인 지수 확률변수가 된다는 것이다. 이는 다음의 사실이 성립하기 때문이다.

$$\begin{aligned} P\{cX \le x\} &= P\{X \le x/c\} \\ &= 1 - e^{-\lambda x/c} \end{aligned}$$

모수 $\lambda$는 지수분포의 **변화율(rate)**이라고 불린다.

## 5.6.1* 푸아송 과정

사건들이 임의의 시점에 발생한다고 할 때, 시간 구간 $[0, t]$에 발생하는 사건의 수를 $N(t)$로 표시하기로 한다. 이러한 사건들이 $\lambda > 0$에 대해 아래의 조건들을 만족할 경우 **변화율이 λ인 푸아송 과정(Poisson process)**을 구성한다고 한다.

(a) $N(0) = 0$

(b) 겹침이 없는 시간 구간들에서 발생하는 사건들의 수는 서로 독립이다.

---

* 이 절에 대한 학습은 선택사항임

(c) 특정 구간에서 발생하는 사건들의 수에 대한 분포는 구간의 길이에만 종속되며 그 위치에는 종속되지 않는다.

(d) $\lim_{h \to 0} \dfrac{P\{N(h) = 1\}}{h} = \lambda$

(e) $\lim_{h \to 0} \dfrac{P\{N(h) \geq 2\}}{h} = 0$

조건 (a)는 이 과정이 시각 0에 시작한다는 것을 표현한다. 조건 (b)는 **독립증분(independent increment)** 가정이라고 불리며, 시각 $t$까지의 사건들의 수 $N(t)$는 $t$와 $t + s$ 사이에 발생하는 사건들의 수 $N(t + s) - N(t)$와는 독립적임을 표현한다. 조건 (c)는 **정상증분(stationary increment)** 가정이라고 불리며, $N(t + s) - N(t)$에 대한 확률분포는 모든 $t$ 값에 대해 동일함을 표현한다. 조건 (d)와 (e)는 길이가 $h$인 작은 구간에서는 한 개의 사건이 발생할 확률은 대략 $\lambda h$이지만, 두 개 이상의 사건이 발생할 확률은 거의 0임을 표현한다.

**그림 5.10**

이제 이러한 가정들이 의미하는 것이 임의의 길이 $t$의 구간에서 발생하는 사건의 수는 모수가 $\lambda t$인 푸아송 확률변수임을 보일 것이다. 명확성을 기하기 위해 구간을 $[0, t]$라고 하고 이 구간에서 발생하는 사건의 수를 $N(t)$로 표시하기로 하자. $P\{N(t) = k\}$에 대한 식을 구하기 위해 먼저 구간 $[0, t]$를 각기 길이가 $t/n$이고 서로 겹치지 않는 $n$개의 부분구간들로 분할한다(참고 : 그림 5.10). 이제 $[0, t]$에 $k$개의 사건이 있으려면, 다음 중 하나가 성립해야 한다.

(i) $N(t) = k$이며 각 구간에 최대 한 개의 사건이 속한다.

(ii) $N(t) = k$이며, 부분구간 중에 적어도 하나는 둘 이상의 사건을 포함한다.

위의 두 가지 가능성은 명백히 서로 배반이며, 조건 (i)은 $n$개의 부분구간 중 $k$개는 정확히 1개의 사건을 포함하고 있으며 나머지 $n - k$개의 부분구간은 0개의 사건을 포함하고 있다는 표현과 동치이므로, 다음과 같은 결과를 얻는다.

$$\begin{aligned} P\{N(t) = k\} = P\{&n\text{개의 부분구간 중 } k\text{개는 정확히 1개의 사건을 포함하고} \\ &\text{나머지 } n - k\text{개의 부분구간은 0개의 사건을 포함함}\} \\ &+ P\{N(t) = k\text{이며 적어도 1개의 부분구간은 2개 이상의} \\ &\text{사건을 포함함}\} \end{aligned} \tag{5.6.3}$$

이제 조건 (e)를 사용하여

$$\begin{aligned}&n \to \infty \text{ 에 따라}\\&P\{N(t) = k \text{ 이며 적어도 1개의 부분구간은 2개 이상의 사건을 포함함}\}\\&\qquad \longrightarrow 0\end{aligned} \tag{5.6.4}$$

임을 알 수 있다. 또한, 조건 (d)와 (e)로부터

$$P\{\text{부분구간 안에 정확히 1개의 사건이 속함}\} \approx \frac{\lambda t}{n}$$
$$P\{\text{부분구간 안에 0개의 사건이 속함}\} \approx 1 - \frac{\lambda t}{n}$$

임을 알 수 있다. 따라서 서로 다른 구간에서 발생하는 사건들의 수는 서로 독립이므로[조건 (b)],

$$\begin{aligned}&P\{k\text{개의 부분구간은 정확히 1개의 사건을 포함하고 있으며}\\&\qquad \text{나머지 } n-k\text{개는 0개의 사건을 포함하고 있음}\}\\&\approx \binom{n}{k}\left(\frac{\lambda t}{n}\right)^k \left(1 - \frac{\lambda t}{n}\right)^{n-k}\end{aligned} \tag{5.6.5}$$

가 되며, 부분구간의 수 $n$ 이 $\infty$가 되면 근사계산이 정확한 계산이 된다. 그러나 식 (5.6.5)의 확률은 모수가 $n$과 $p = \lambda t/n$인 이항 확률변수가 $k$가 될 확률일 뿐이다. 따라서 $n$이 커질수록 이 값은 평균이 $n\lambda t/n = \lambda t$인 푸아송 확률변수가 $k$가 될 확률에 접근한다. 따라서 식 (5.6.3), (5.6.4), (5.6.5) 등으로부터, $n$을 $\infty$에 접근하게 두면

$$P\{N(t) = k\} = e^{-\lambda t}\frac{(\lambda t)^k}{k!}$$

가 됨을 알 수 있다. 지금까지 증명한 내용이 다음의 정리이다.

**정리 5.6.2** 변화율이 $\lambda$인 푸아송 과정에 대해

$$P\{N(t) = k\} = e^{-\lambda t}\frac{(\lambda t)^k}{k!}, \quad k = 0, 1, \ldots$$

즉, 길이 $t$의 임의의 구간에 속하는 사건의 수는 평균이 $\lambda t$인 푸아송분포를 갖는다.

어떤 푸아송 과정에서 첫 번째 사건의 발생 시각을 $X_1$로 표시한다. 그리고 $n > 1$에 대해 $X_n$은 $(n - 1)$번째 사건과 $n$번째 사건 사이의 경과시간을 나타낸다. 열 $\{X_n : n = 1, 2, \ldots\}$은 **발생간격시간 열(sequence of interarrival times)**이라 불린다. 예를 들어 $X_1 = 5$이고 $X_2$

= 10이면, 푸아송 과정의 첫 번째 사건은 시각 5에 발생할 것이며 두 번째 사건은 시각 15에 발생할 것이다.

이제 $X_n$의 분포를 구해보기로 하자. 이를 위해 먼저 사건 $\{X_1 > t\}$이 일어났다는 것은 구간 $[0, t]$에 어떤 푸아송 과정 사건도 발생하지 않았다는 의미이며, 따라서

$$P\{X_1 > t\} = P\{N(t) = 0\} = e^{-\lambda t}$$

가 되므로, $X_1$은 평균이 $1/\lambda$인 지수분포를 갖는다. $X_2$의 분포를 구하기 위해

$$\begin{aligned} P\{X_2 > t|X_1 = s\} &= P\{(s, s+t]\text{에서 0개의 사건 발생}|X_1 = s\} \\ &= P\{(s, s+t]\text{에서 0개의 사건 발생}\} \\ &= e^{-\lambda t} \end{aligned}$$

가 성립하며, 이때 마지막 두 개의 등식은 독립증분 및 정상증분 가정에 따른 것이다. 따라서 위의 식으로부터 $X_2$도 평균이 $1/\lambda$인 지수분포를 가지며 또한 $X_2$는 $X_1$과 독립이라고 결론지을 수 있다. 위의 논지를 반복하면 다음의 정리를 얻게 된다.

**정리 5.6.3** $X_1, X_2, \ldots$는 서로 독립이고 각기 평균이 $1/\lambda$인 지수 확률변수들이다.

## 5.6.2* 파레토 분포

$X$가 변화율이 $\lambda$인 지수 확률변수일 때, 아래와 같이 정해지는 $Y$는 $\alpha$, $\lambda$를 모수로 갖는 **파레토 확률변수(Pareto random variable)**라고 한다.

$$Y = \alpha e^X$$

모수 $\lambda > 0$는 **인덱스 모수**(index parameter)라고 불리며, $\alpha$는 **최소 모수**(minimum parameter)라고 불리는데 이는 $P\{Y \geq \alpha\} = 1$이기 때문이다. $Y$에 대한 분포함수는 다음과 같이 유도된다. $y \geq \alpha$에 대해

$$\begin{aligned} P\{Y > y\} &= P\{\alpha e^X > y\} \\ &= P\{e^X > y/\alpha\} \\ &= P\{X > \log(y/\alpha)\} \\ &= e^{-\lambda \log(y/\alpha)} \\ &= e^{-\log((y/\alpha)^\lambda)} \\ &= (\alpha/y)^\lambda \end{aligned}$$

따라서 $Y$에 대한 분포함수는 다음과 같이 주어진다.

* 이 절에 대한 학습은 선택사항임

$$F_Y(y) = 1 - P\{Y > y\} = 1 - \alpha^{\lambda} y^{-\lambda}, \quad y \geq \alpha$$

이 분포함수를 미분하면 다음과 같이 $Y$에 대한 확률밀도함수를 얻을 수 있다.

$$f_Y(y) = \lambda\alpha^{\lambda} y^{-(\lambda+1)}, \quad y \geq \alpha$$

$\lambda \leq 1$일 때 $E[Y] = \infty$임을 보일 수 있다(연습문제 5−49 참고). $\lambda > 1$일 때의 평균은 다음과 같이 구할 수 있다.

$$\begin{aligned} E[Y] &= \int_{\alpha}^{\infty} y\,\lambda\alpha^{\lambda}\, y^{-(\lambda+1)}\, dy \\ &= \lambda\alpha^{\lambda} \int_{\alpha}^{\infty} y^{-\lambda}\, dy \\ &= \alpha^{\lambda} \frac{\lambda}{1-\lambda} y^{1-\lambda}\Big|_{\alpha}^{\infty} \\ &= \alpha^{\lambda} \frac{\lambda}{\lambda-1} \alpha^{1-\lambda} \\ &= \alpha \frac{\lambda}{\lambda-1} \end{aligned}$$

파레토 분포의 또 다른 중요한 특성은 $y_0 > \alpha$에 대해 $\alpha$, $\lambda$를 모수로 갖는 파레토 **확률변수 $Y$의** 조건부 분포는 $Y > y_0$일 경우 $y_0$, $\lambda$를 모수로 갖는 파레토 분포와 같다는 점이다. 이를 증명하기 위해 $y > y_0$에 대해 다음 사실을 확인할 수 있다.

$$P\{Y > y | Y > y_0\} = \frac{P\{Y > y, Y > y_0\}}{P\{Y > y_0\}} = \frac{P\{Y > y\}}{P\{Y > y_0\}} = \frac{\alpha^{\lambda} y^{-\lambda}}{\alpha^{\lambda} y_0^{-\lambda}} = y_0^{\lambda} y^{-\lambda}$$

따라서 이 조건부 분포는 실제로 $y_0$, $\lambda$를 모수로 갖는 파레토 분포가 된다.

파레토 분포의 초기 용도 중 하나는 인구 구성원들의 연소득 분포로 사용하는 것이었다. 실제로 많은 인구집단에서 소득은 인덱스 모수가 $\lambda = \log(5)/\log(4) \approx 1.161$인 파레토 분포 모델을 따르는 것으로 가정되어 왔다. 이러한 가정 하에서 상위 소득자 20 퍼센트의 소득 합계가 전체 인구의 총 소득의 80 퍼센트에 해당하며, 이러한 상위 소득자 중 상위 20 퍼센트의 소득 합계가 전체 상위 소득자 총 소득의 80 퍼센트에 해당하며, 또 이러한 최상위 소득자 20 퍼센트의 소득 합계가 최상위 소득자 총 소득의 80 퍼센트에 해당한다는 사실이 밝혀졌으며, 이러한 관계는 계속적으로 적용될 수 있다.

위의 주장을 증명하기 위해 $y_{.8}$을 파레토 분포의 80 백분위수라고 하자. $F_Y(y) = 1 - (\alpha/y)^{\lambda}$이므로, $.8 = F(y_{.8}) = 1 - (\alpha/y_{.8})^{\lambda}$ 임을 알 수 있으며, 이로부터

$$(\alpha/y_{.8})^{\lambda} = .2 \quad \text{즉,} \quad (y_{.8}/\alpha)^{\lambda} = 5$$

따라서

$$y_{.8} = \alpha\, 5^{1/\lambda}$$

이제 $\lambda = \log(5)/\log(4)$라고 두면, $\log(4) = (1/\lambda)\ \log(5) = \log(5^{1/\lambda})$가 되며, 이로부터 $4 = 5^{1/\lambda}$, 즉, $1/\lambda = \log_5(4)$를 얻는다. 따라서

$$y_{.8} = \alpha\, 5^{\log_5(4)} = 4\alpha$$

상위 20 퍼센트 중 임의로 선택된 사람의 평균소득은 $E[Y|\, Y > y_{.8}]$이며, 이는 $y_0 > \alpha$에 대해 $\alpha$, $\lambda$를 모수로 갖는 파레토 **확률변수** $Y$**의** 조건부 분포는 $Y > y_{.8}$일 경우 $y_{.8}$, $\lambda$를 모수로 갖는 파레토 분포와 같다는 사실을 이용하여 쉽게 구할 수 있다. 앞에서 $E[Y]$를 위해 유도된 공식을 사용하여 다음의 결과를 얻는다.

$$E[Y|Y > y_{.8}] = y_{.8}\frac{\lambda}{\lambda - 1} = 4\alpha\,\frac{\lambda}{\lambda - 1}$$

하위 80 퍼센트에서 임의로 선택된 사람의 평균 소득인 $E[Y|\, Y < y_{.8}]$를 구하기 위해 다음의 등식을 사용한다.

$$E[Y] = E[Y|Y < y_{.8}](.8) + E[Y|Y > y_{.8}](.2)$$

앞에서 $E[Y]$와 $E[Y|\, Y > y_{.8}]$를 위해 유도된 식을 사용하면 위의 등식으로부터 다음의 결과를 얻는다.

$$\alpha\frac{\lambda}{\lambda - 1} = \frac{4}{5}E[Y|Y < y_{.8}] + \frac{4}{5}\alpha\,\frac{\lambda}{\lambda - 1}$$

즉,

$$E[Y|Y < y_{.8}] = \frac{\alpha}{4}\frac{\lambda}{\lambda - 1}$$

그러므로

$$E[Y|Y < y_{.8}] = \frac{1}{16}\,E[Y|Y > y_{.8}]$$

따라서 상위 20 퍼센트 소득자 평균 소득은 하위 20 퍼센트 소득자 평균 소득의 16배가 된다. 따라서 하위 소득군의 사람 수는 4배나 많지만 이들의 소득 합계는 전체 인구 총 소득의 20 퍼센트에 불과하게 된다. (평균적으로 5명의 사람이 있으면 4명은 하위

80 퍼센트에 속하며 1명은 상위 20 퍼센트에 속한다. 또 하위 소득군 4명의 소득 합계는 평균적으로 $4\,\frac{a}{4}\,\frac{\lambda}{\lambda-1} = a\,\frac{\lambda}{\lambda-1}$인 반면, 상위 소득군 1명의 소득은 평균적으로 $4a\,\frac{\lambda}{\lambda-1}$가 된다. 따라서 전체 인구의 총 소득에서 5 달러 중 4 달러는 상위 20 퍼센트에 속하는 누군가가 번 것이다.)

$y_{.8}$ 이상을 버는 상위 소득자에 대한 조건부 분포는 $y_{.8}$, $\lambda$를 모수로 갖는 파레토 분포이며, 앞의 결과로부터 상위 소득군 총 소득의 80 퍼센트는 이들 중에서도 상위 20 퍼센트에 속하는 사람들이 번 것임을 알 수 있으며, 이러한 관계는 계속적으로 적용될 수 있다.

파레토 분포는 다양한 영역에 적용되어 왔다. 예를 들면, 파레토 분포는 다음 데이터들에 적용되어 왔다.

(a) (TCP 프로토콜 하의) 인터넷 트래픽의 파일 크기
(b) 슈퍼컴퓨터에 배정된 작업의 완료에 소요되는 시간
(c) 운석의 크기
(d) 지역 별 연중 최대 일일 강수량

## 5.7 *감마분포

$\lambda > 0$, $\alpha > 0$에 대해 확률밀도함수가 아래와 같이 주어지는 확률변수를 모수가 $(\alpha, \lambda)$인 **감마분포(gamma distribution)**를 갖는다고 한다.

$$f(x) = \begin{cases} \dfrac{\lambda e^{-\lambda x}(\lambda x)^{\alpha-1}}{\Gamma(\alpha)} & x \geq 0 \\ 0 & x < 0 \end{cases}$$

여기에서

$$\begin{aligned}\Gamma(\alpha) &= \int_0^\infty \lambda e^{-\lambda x}(\lambda x)^{\alpha-1}\,dx \\ &= \int_0^\infty e^{-y}y^{\alpha-1}\,dy \quad (y = \lambda x\text{로 둠})\end{aligned}$$

부분적분 공식 $\int u\,dv = uv - \int v\,du$에서 $\alpha > 1$에 대해 $u = y^{\alpha-1}$, $dv = e^{-y}dy$, $v = -e^{-y}$을 대입하면 다음 결과를 얻는다.

$$\begin{aligned}\int_0^\infty e^{-y}y^{\alpha-1}\,dy &= -e^{-y}y^{\alpha-1}\Big|_{y=0}^{y=\infty} + \int_0^\infty e^{-y}(\alpha-1)y^{\alpha-2}\,dy \\ &= (\alpha-1)\int_0^\infty e^{-y}y^{\alpha-2}\,dy\end{aligned}$$

즉,

$$\Gamma(\alpha) = (\alpha-1)\Gamma(\alpha-1) \tag{5.7.1}$$

* 이 절에 대한 학습은 선택사항임

$\alpha$가 정수일 때 $\alpha = n$이라 두고 위의 식을 반복하면 다음 결과를 얻는다.

$$\begin{aligned}\Gamma(n) &= (n-1)\Gamma(n-1)\\ &= (n-1)(n-2)\Gamma(n-2) && \text{식 (5.7.1)에서 } \alpha = n-1\text{을 대입}\\ &= (n-1)(n-2)(n-3)\Gamma(n-3) && \text{식 (5.7.1)에서 } \alpha = n-2\text{를 대입}\\ &\ \ \vdots\\ &= (n-1)!\Gamma(1)\end{aligned}$$

이때

$$\Gamma(1) = \int_0^\infty e^{-y}\,dy = 1$$

이므로

$$\Gamma(n) = (n-1)!$$

가 된다는 것을 알 수 있다. 함수 $\Gamma(\alpha)$를 **감마함수(gamma function)**라고 부른다. 특히 $\alpha = 1$일 때 감마분포는 평균이 $1/\lambda$인 지수분포와 같다.

모수가 $(\alpha, \lambda)$인 감마 확률변수 $X$에 대한 적률생성함수는 다음과 같이 구할 수 있다.

$$\begin{aligned}\phi(t) &= E[e^{tX}]\\ &= \frac{\lambda^\alpha}{\Gamma(\alpha)}\int_0^\infty e^{tx}e^{-\lambda x}x^{\alpha-1}\,dx\\ &= \frac{\lambda^\alpha}{\Gamma(\alpha)}\int_0^\infty e^{-(\lambda-t)x}x^{\alpha-1}\,dx\\ &= \left(\frac{\lambda}{\lambda-t}\right)^\alpha \frac{1}{\Gamma(\alpha)}\int_0^\infty e^{-y}y^{\alpha-1}\,dy \qquad (y = (\lambda-t)x\text{로 둠})\\ &= \left(\frac{\lambda}{\lambda-t}\right)^\alpha\end{aligned} \tag{5.7.2}$$

식 (5.7.2)를 미분하면

$$\phi'(t) = \frac{\alpha\lambda^\alpha}{(\lambda-t)^{\alpha+1}}$$
$$\phi''(t) = \frac{\alpha(\alpha+1)\lambda^\alpha}{(\lambda-t)^{\alpha+2}}$$

이므로 평균과 분산은 다음과 같다.

$$E[X] = \phi'(0) = \frac{\alpha}{\lambda} \tag{5.7.3}$$

$$\begin{aligned} \text{Var}(X) &= E[X^2] - (E[X])^2 \\ &= \phi''(0) - \left(\frac{\alpha}{\lambda}\right)^2 \\ &= \frac{\alpha(\alpha+1)}{\lambda^2} - \frac{\alpha^2}{\lambda^2} = \frac{\alpha}{\lambda^2} \end{aligned} \tag{5.7.4}$$

감마분포의 중요한 성질은 $X_1$과 $X_2$가 서로 독립이고 각기 $(\alpha_1, \lambda)$와 $(\alpha_2, \lambda)$를 모수로 갖는 감마 확률변수일 때 $X_1 + X_2$가 $(\alpha_1 + \alpha_2, \lambda)$를 모수로 갖는 감마 확률변수가 된다는 것이다. 이 결과는 다음에 의해 쉽게 증명된다.

$$\begin{aligned} \phi_{X_1+X_2}(t) &= E[e^{t(X_1+X_2)}] \\ &= \phi_{X_1}(t)\phi_{X_2}(t) \qquad (5.7.5) \\ &= \left(\frac{\lambda}{\lambda-t}\right)^{\alpha_1}\left(\frac{\lambda}{\lambda-t}\right)^{\alpha_2} \qquad \text{식 5.7.2를 이용} \\ &= \left(\frac{\lambda}{\lambda-t}\right)^{\alpha_1+\alpha_2} \end{aligned}$$

이고 이 식은 $(\alpha_1 + \alpha_2, \lambda)$를 모수로 갖는 감마 확률변수의 적률생성함수에 해당한다.

적률생성함수는 분포를 유일하게 결정하므로 위의 결과가 성립함을 알 수 있다.

이 결과를 다음 정리와 같이 일반화시킬 수 있다.

### 정리 5.7.1

$X_i\,(i = 1, \ldots, n)$들이 서로 독립이고 각기 모수가 $(\alpha_i, \lambda)$인 감마 확률변수이면, $\sum_{i=1}^{n} X_i$는 모수가 $(\sum_{i=1}^{n} \alpha_i, \lambda)$인 감마 확률변수이다.

모수가 $(1, \lambda)$인 감마분포는 변화율이 $\lambda$인 지수분포와 같으므로 다음과 같은 유용한 따름정리를 얻는다.

### 따름정리 5.7.2

$X_1, \ldots, X_n$이 서로 독립이고 각기 변화율이 $\lambda$인 지수 확률변수이면, $\sum_{i=1}^{n} X_i$는 모수가 $(n, \lambda)$인 감마 확률변수이다.

### 예제 5.7a

어떤 배터리의 수명이 변화율이 $\lambda$인 지수분포를 따른다고 한다. 한 개의 배터리로 작동하는 스테레오 카세트가 있다면, $n$개의 배터리로 스테레오 카세트를 사용할 수 있는 총 시간은 모수가 $(n, \lambda)$인 감마 확률변수이다. ■

그림 5.10은 여러 $\alpha$값에 대해 모수가 $(\alpha, 1)$인 감마분포에 대한 밀도함수를 보여준다. 그림에서 $\alpha$값이 커질수록 밀도함수가 정규 밀도함수에 가까워진다. 이것은 다음 장에서 소개되는 중심극한정리를 이용하여 이론적으로 설명될 수 있다.

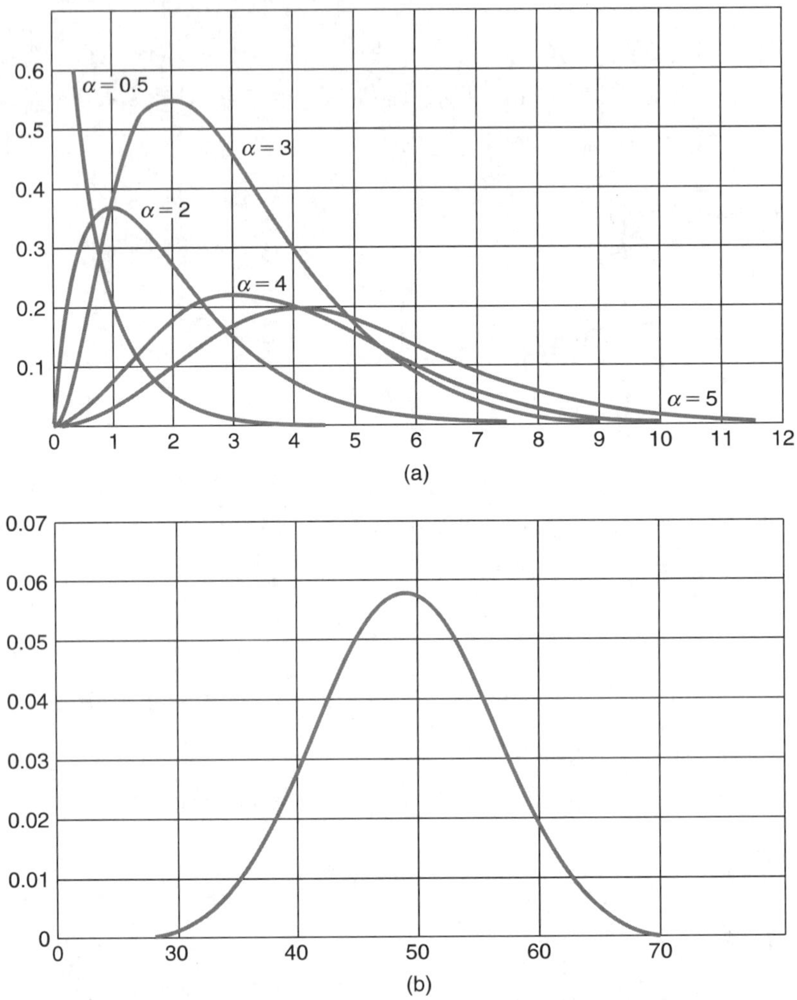


**그림 5.10** 모수가 $(\alpha, 1)$인 감마분포에 대한 밀도함수 (A) $\alpha = .5,\ 2,\ 3,\ 4,\ 5$ (b) $\alpha = 50$

## 5.8 정규분포의 파생 분포

### 5.8.1 카이제곱분포

**정의**

$Z_1, Z_2, \ldots, Z_n$이 서로 독립인 정규 확률변수들일 때,

$$X = Z_1^2 + Z_2^2 + \cdots + Z_n^2 \tag{5.8.1}$$

와 같이 정의되는 $X$를 **자유도가 n인 카이제곱분포(chi-square distribution with n degrees of freedom)**라고 하고, 다음과 같이 표시한다.

$$X \sim \chi_n^2$$

카이제곱분포는 가법 성질을 갖는데, 이는 $X_1$과 $X_2$가 서로 독립이고 각기 자유도가 $n_1$과 $n_2$인 카이제곱 확률변수일 경우 $X_1 + X_2$가 자유도 $n_1 + n_2$의 카이제곱 확률변수임을 의미한다. 이에 대한 엄밀한 증명에는 적률생성함수를 사용할 수도 있고, $X_1 + X_2$가 $n_1 + n_2$개의 서로 독립인 정규 확률변수의 합이므로 자유도 $n_1 + n_2$의 카이제곱분포를 따른다는 사실을 이용할 수도 있다.

$X$가 자유도 $n$의 카이제곱 확률변수이면, 임의의 $\alpha \in (0, 1)$에 대해 $\chi_{\alpha,n}^2$는

$$P\{X \geq \chi_{\alpha,n}^2\} = \alpha$$

를 만족시키는 값으로 정의되며, 그림 5.11는 이를 그림으로 표현하고 있다.

카이제곱확률 $\chi_{\alpha,n}^2$은 $R$을 이용하여 구할 수 있다. $X$가 $n$의 자유도를 가지는 카이제곱확률변수이면 pchisq($x$,$n$) 명령어를 사용하여 $P(X \leq x)$을 계산할 수 있다. $\chi_{\alpha,n}^2$을 구하기 위해서 qchisq($1-\alpha$,$n$) 명령어를 사용한다.

### 예제 5.8a

$\chi_{26}^2$이 자유도 26의 카이제곱 확률변수일 때 $P\{\chi_{26}^2 \leq 30\}$를 구하라.

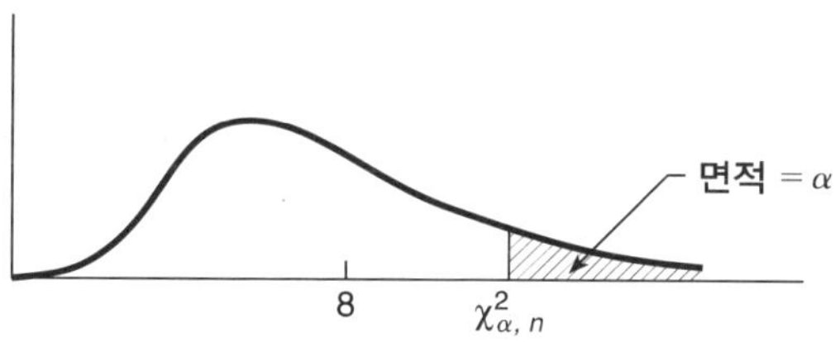


**그림 5.11** 자유도 8의 카이제곱 밀도함수

**풀이** R을 이용하여 다음과 같이 구한다.

```
> pchisq(20.26)
[1] 0.732389
```
■

### 예제 5.8b

$\chi^2_{.05,15}$을 구하라.

**풀이** R을 이용하여 다음과 같이 구한다.

```
> qchisq(.95.15)
[1] 24.99579
```
■

### 예제 5.8c

3차원 공간상의 목표지점을 설정하려고 하는데, 선택된 지점에 대한 3개의 좌표 오차가 서로 독립이며 각기 평균이 0미터이고 표준편차가 2미터인 정규 확률변수라고 하자. 선택된 지점과 목표지점 사이의 거리가 3미터를 초과할 확률을 구하라.

**풀이** $X_i$를 $i$번째 좌표 오차라고 하면, 거리 $D$는 다음 식을 만족한다.

$$D^2 = X_1^2 + X_2^2 + X_3^2$$

$Z_i = X_i/2\ (i = 1,\ 2,\ 3)$는 모두 표준정규 확률변수이므로

$$\begin{aligned} P\{D^2 > 9\} &= P\{Z_1^2 + Z_2^2 + Z_3^2 > 9/4\} \\ &= P\{\chi_3^2 > 9/4\} \\ &= .5222 \end{aligned}$$

가 된다. R을 이용하여 다음과 같다.

```
> 1-pchisq(9/4,3)
[1] 0.5221672
```
■

R을 이용하여 카이제곱밀도를 그릴 수 있다. 5자유도를 가지는 카이제곱밀도를 0부터 12까지 .001로 증가하는 구간에 대해 그리기 위해서 다음의 명령어를 사용한다.

```
> x=seq(0,12,.001)
> f=dchisq(x,5)
> plot(x,f)
```

### *5.8.1.1 카이제곱 확률변수와 감마 확률변수 사이의 관계

자유도 $n$의 카이제곱 확률변수에 대한 적률생성함수를 계산해보자. 먼저 $n = 1$일 때 다음의 결과를 얻는다.

---

* 이 절에 대한 학습은 선택사항임

$$
\begin{aligned}
E[e^{tX}] &= E[e^{tZ^2}] \qquad \big(Z \sim \mathcal{N}(0,1)\big) \\
&= \int_{-\infty}^{\infty} e^{tx^2} f_Z(x)\, dx \\
&= \frac{1}{\sqrt{2\pi}} \int_{-\infty}^{\infty} e^{tx^2} e^{-x^2/2}\, dx \\
&= \frac{1}{\sqrt{2\pi}} \int_{-\infty}^{\infty} e^{-x^2(1-2t)/2}\, dx \qquad\qquad (5.8.2) \\
&= \frac{1}{\sqrt{2\pi}} \int_{-\infty}^{\infty} e^{-x^2/2\bar{\sigma}^2}\, dx \qquad \big(\bar{\sigma}^2 = (1-2t)^{-1}\big) \\
&= (1-2t)^{-1/2} \frac{1}{\sqrt{2\pi}\bar{\sigma}} \int_{-\infty}^{\infty} e^{-x^2/2\bar{\sigma}^2}\, dx \\
&= (1-2t)^{-1/2}
\end{aligned}
$$

위의 결과에서 마지막의 등식은 모수가 $(0,\ \bar{\sigma}^2)$인 정규 밀도함수의 적분은 1이 된다는 사실을 이용한 것이다. 자유도 $n$의 경우로 일반화하면 다음의 결과를 얻는다.

$$
\begin{aligned}
E[e^{tX}] &= E\left[e^{t\sum_{i=1}^{n} Z_i^2}\right] \\
&= E\left[\prod_{i=1}^{n} e^{tZ_i^2}\right] \\
&= \prod_{i=1}^{n} E[e^{tZ_i^2}] \qquad (Z_i\text{들의 독립성에 의함}) \\
&= \left(\frac{1/2}{1/2-t}\right)^{n/2} \\
&= (1-2t)^{-n/2} \qquad (\text{식 5.8.2를 이용})
\end{aligned}
$$

그런데 $[1/(1-2t)]^{n/2}$은 모수가 $(n/2,\ 1/2)$인 감마 확률변수의 적률생성함수이므로, 적률생성함수의 유일성에 따라 자유도 $n$의 카이제곱분포와 모수가 $n/2$와 $1/2$인 감마분포는 동일하다는 것을 알 수 있다. 따라서 $X$의 밀도함수는 다음과 같이 주어지는 것으로 결론지을 수 있다.

$$
f(x) = \frac{\frac{1}{2}e^{-x/2}\left(\frac{x}{2}\right)^{(n/2)-1}}{\Gamma\left(\frac{n}{2}\right)}, \quad x > 0
$$

자유도가 각기 1, 3, 10인 카이제곱 밀도함수를 그림 5.12에서 보이고 있다.

예제 5.8c를 2차원 평면상에서의 목표지점 설정 문제로 바꾸어 다시 살펴보기로 하자.

### ■ 예제 5.8d

2차원 평면상의 목표지점을 설정하려고 하는데, 선택된 지점에 대한 2개의 좌표 오차가 서로 독립이며 각기 평균이 0미터이고 표준편차가 2미터인 정규 확률변수라고 하자. 선택된 지점과 목표지점 사이의 거리가 3미터를 초과할 확률을 구하라.

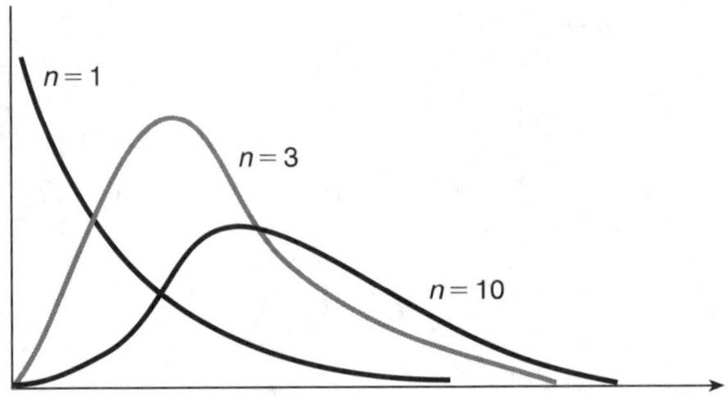


**그림 5.13** 자유도 $n$ 의 카이제곱 밀도함수

**풀이** $D$가 거리이고 $X_i\,(i = 1,\ 2)$가 좌표 오차들이라면,

$$D^2 = X_1^2 + X_2^2$$

가 된다. $Z_i = X_i/2\,(i = 1,\ 2)$는 표준정규 확률변수이므로

$$P\{D^2 > 9\} = P\{Z_1^2 + Z_2^2 > 9/4\} = P\{\chi_2^2 > 9/4\} = e^{-9/8} \approx .3247$$

을 얻게 되는데, 이 계산은 자유도 2의 카이제곱분포는 모수가 $\frac{1}{2}$인 지수분포와 같다는 사실을 이용하고 있다. ■

자유도 $n$의 카이제곱분포는 모수가 $\alpha = n/2$, $\lambda = \frac{1}{2}$인 감마분포와 동일하므로 식 (5.7.3) 및 (5.7.4)로부터 이러한 분포를 갖는 확률변수 $X$의 평균과 분산이 다음과 같이 주어진다는 것을 알 수 있다.

$$E[X] = n, \qquad \text{Var}(X) = 2n$$

## 5.8.2 *t*-분포

$Z$와 $\chi_n^2$이 서로 독립인 확률변수들이고 $Z$는 표준정규분포를 따르고 $\chi_n^2$은 자유도 $n$의 카이제곱분포를 따를 경우,

$$T_n = \frac{Z}{\sqrt{\chi_n^2/n}}$$

와 같이 정의되는 확률변수 $T_n$은 **자유도 n의 t-분포**를 갖는다고 한다. $n = 1,\ 5,\ 10$에 대한 $T_n$의 밀도함수 그래프를 그림 5.13에서 보이고 있다.

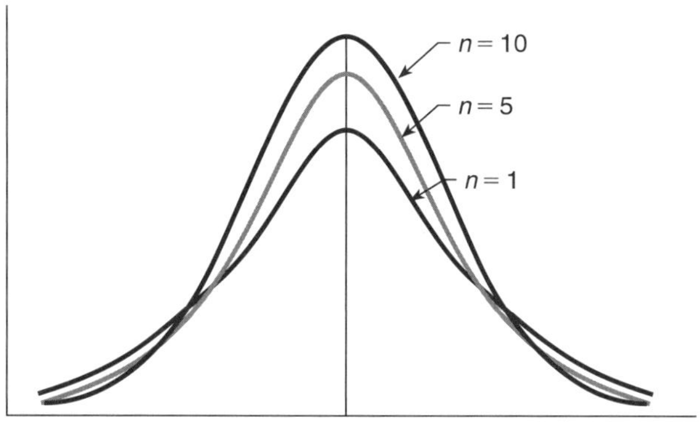


**그림 5.13** $T_n$의 밀도함수

표준정규 밀도함수와 마찬가지로 $t$-분포의 밀도함수도 0에 관하여 대칭이다. 그리고 $n$이 증가함에 따라 점점 표준정규 밀도함수를 닮아간다. 그 이유를 이해하기 위해 $\chi_n^2$은 $n$개의 표준정규 확률변수의 합으로 표현될 수 있음을 상기하기 바란다. 즉,

$$\frac{\chi_n^2}{n} = \frac{Z_1^2 + \cdots + Z_n^2}{n}$$

와 같이 표현할 수 있으며, 여기에서 $Z_1, \ldots, Z_n$은 서로 독립인 표준정규 확률변수들이다. 이제 대수의 약법칙에 따라 $n$이 클 때 $\chi_n^2/n$이 대략적으로 $E[Z_i^2] = 1$과 같게 될 확률이 1에 가깝다는 것을 알 수 있다. 따라서 $n$이 클 때 $T_n = Z/\sqrt{\chi_n^2/n}$은 $Z$에 가까운 분포를 갖는다.

그림 5.14는 자유도 5의 $t$-밀도함수의 그래프를 표준정규 밀도함수와 비교하여 보여주고 있다. $t$-밀도함수의 "꼬리" 부분이 더 두터운 모양을 갖는데, 이는 정규밀도함수에 비해 더 큰 변동성을 갖는다는 것을 나타내고 있다.

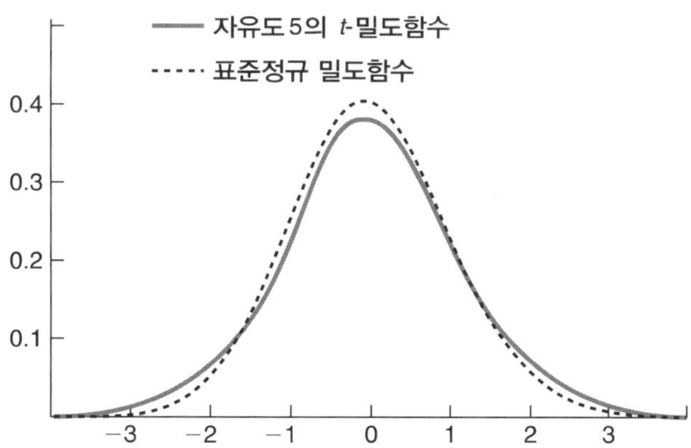


**그림 5.14** 표준정규 밀도함수와 $T_5$ 밀도함수의 비교

$T_n$의 평균과 분산은 다음과 같음을 보일 수 있다.

$$E[T_n] = 0, \qquad n > 1$$
$$\text{Var}(T_n) = \frac{n}{n-2}, \qquad n > 2$$

$n$이 $\infty$로 증가하면서 $T_n$의 분산은 점차 감소하며 표준정규 확률변수의 분산인 1에 수렴한다. $\alpha\,(0 < \alpha < 1)$에 대해 $t_{\alpha,n}$을 다음 식을 만족하는 값으로 두자.

$$P\{T_n > t_{\alpha,n}\} = \alpha$$

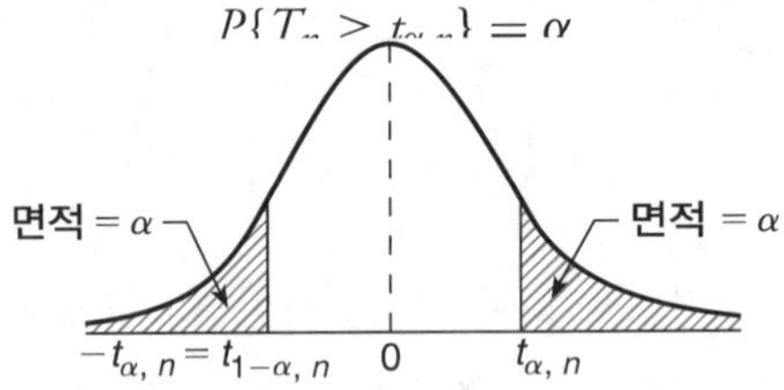


**그림 5.15** $t_{1-\alpha,n} = -t_{\alpha,n}$

$t$-밀도함수의 0에 관한 대칭성으로부터 $-T_n$이 $T_n$과 동일한 분포를 갖는다는 것을 알 수 있으며, 따라서

$$\begin{aligned}\alpha &= P\{-T_n \geq t_{\alpha,n}\}\\ &= P\{T_n \leq -t_{\alpha,n}\}\\ &= 1 - P\{T_n > -t_{\alpha,n}\}\end{aligned}$$

가 된다. 즉,

$$P\{T_n \geq -t_{\alpha,n}\} = 1 - \alpha$$

가 되어 다음과 같은 결론으로 연결되는데, 그림 5.15에서 이 내용을 잘 보여주고 있다.

$$-t_{\alpha,n} = t_{1-\alpha,n}$$

R을 이용하여 $t_{\alpha,n}$값과 $t$-확률변수의 확률을 계산할 수 있다. $T_n$이 t이고 n 자유도일 때 pt($x$,$n$) 명령어는 $P(T_n \leq x)$를 출력하고 qt($1-\alpha$,$n$) 명령어는 $t_{\alpha,n}$을 출력한다.

### 예제 5.8e

(a) $P\{T_{12} \leq 1.4\}$와 (b) $t_{.025,9}$를 구하라.

**풀이** R을 이용하면 다음과 같다.

```
> pt(1.4,12)
[1]    .9065835
> qt(1-.025,9)
[1]    2.262157
```
■

### 5.8.3 *F*-분포

$\chi_n^2$과 $\chi_m^2$이 서로 독립이고 각기 자유도가 $n$과 $m$인 카이제곱 확률변수일 때,

$$F_{n,m} = \frac{\chi_n^2/n}{\chi_m^2/m}$$

와 같이 정의되는 확률변수 $F_{n,m}$는 **자유도 n, m의 F-분포**를 따른다고 한다.

임의의 $\alpha \in (0, 1)$에 대해 $F_{\alpha,n,m}$을 아래 식을 만족하는 값으로 두자.

$$P\{F_{n,m} > F_{\alpha,n,m}\} = \alpha$$

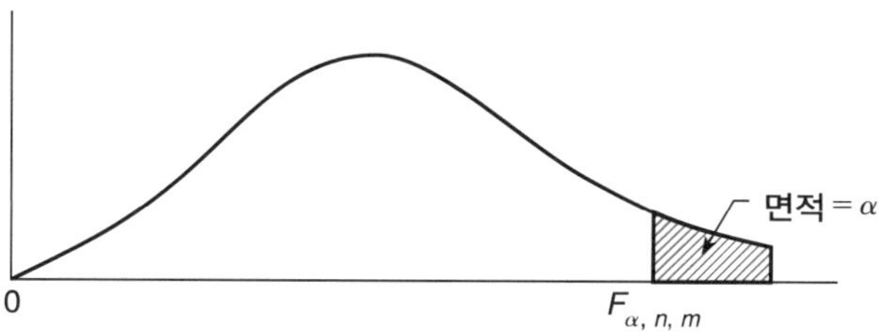


**그림 5.16** $F_{n,m}$의 밀도함수

그림 5.16에서 이러한 내용을 표현하고 있다.

분자가 $n$ 자유도 그리고 분모가 $m$ 자유도인 $F$ 분포에 대해서 R를 이용하여 $F_{\alpha,n,m}$값과 분포확률 계산할 수 있다. 예를 들어 $F_{6,14}$가 분자가 6 자유도 그리고 분모가 14 자유도를 가지는 $F$ 확률변수이면 $P(F_{6,14} \le 1.5)$를 다음과 같이 계산한다.

```
> pf(1.5,6,14)
[1] 0.7515004
```

비슷하게 $F_{.01,6,14}$는 다음과 같이 계산한다.

```
> qf(.99,6,14)
[1] 4.45582
```

## 5.9 *로지스틱분포

확률변수 $X$의 분포함수가 아래와 같이 주어질 경우 모수가 $\mu$와 $v > 0$인 **로지스틱분포 (logistics distribution)**를 갖는다고 한다.

$$F(x) = \frac{e^{(x-\mu)/v}}{1 + e^{(x-\mu)/v}}, \qquad -\infty < x < \infty$$

$F(x) = 1 - 1/(1 + e^{(x-\mu)/v})$를 미분하여 밀도함수

$$f(x) = \frac{e^{(x-\mu)/v}}{v(1 + e^{(x-\mu)/v})^2}, \qquad -\infty < x < \infty$$

를 얻을 수 있다. 로지스틱 확률변수의 평균

$$E[X] = \int_{-\infty}^{\infty} x \frac{e^{(x-\mu)/v}}{v(1 + e^{(x-\mu)/v})^2}\, dx$$

을 계산하기 위해 치환 $y = (x - \mu)/v$을 사용한다. 그 결과로

$$\begin{aligned} E[X] &= v \int_{-\infty}^{\infty} \frac{ye^y}{(1 + e^y)^2}\, dy + \mu \int_{-\infty}^{\infty} \frac{e^y}{(1 + e^y)^2}\, dy \\ &= v \int_{-\infty}^{\infty} \frac{ye^y}{(1 + e^y)^2}\, dy + \mu \end{aligned} \tag{5.9.1}$$

을 얻는데, 여기에서 $e^y/((1 + e^y)^2)$은 모수가 $\mu = 0$, $v = 1$인 로지스틱 확률변수의 밀도함수이며 이를 적분하면 1이 된다는 사실을 이용하여 마지막의 등식을 유도하였다(모수가 $\mu = 0$, $v = 1$인 로지스틱 확률변수를 **표준 로지스틱** 확률변수라고 함). 이제

$$\begin{aligned} \int_{-\infty}^{\infty} \frac{ye^y}{(1 + e^y)^2}\, dy &= \int_{-\infty}^{0} \frac{ye^y}{(1 + e^y)^2}\, dy + \int_{0}^{\infty} \frac{ye^y}{(1 + e^y)^2}\, dy \\ &= -\int_{0}^{\infty} \frac{xe^{-x}}{(1 + e^{-x})^2}\, dx + \int_{0}^{\infty} \frac{ye^y}{(1 + e^y)^2}\, dy \\ &= -\int_{0}^{\infty} \frac{xe^{x}}{(e^x + 1)^2}\, dx + \int_{0}^{\infty} \frac{ye^y}{(1 + e^y)^2}\, dy \\ &= 0 \end{aligned} \tag{5.9.2}$$

을 얻을 수 있는데, 두 번째의 등식은 $x = -y$ 치환을 적용한 결과이며, 세 번째의 등식은 분자와 분모에 $e^{2x}$를 곱한 결과이다. 식 (5.9.1)과 (5.9.2)로부터

---

* 이 절에 대한 학습은 선택사항임

$$E[X] = \mu$$

을 얻으며, 따라서 $\mu$가 로지스틱분포의 평균이다. $v$는 **산포모수(dispersion parameter)**라고 불린다.

## 5.10 R에서의 분포

테이블 5.2는 R에서 사용되는 몇 가지 분포의 이름이다.
테이블 5.3은 몇 가지 R 명령어이다.

예를 들어 5 자유도를 가지는 F 확률변수의 밀도를 x=0에서 x=10 구간에서 .01씩 증가시키면서 계산하기 위해서 다음의 R 명령어를 사용한다.

$$> \quad x = \text{seq}(0, 10, .01)$$
$$> \quad f = \text{df}(x, 5, 3)$$
$$> \quad \text{plot}(x, f)$$

**$F_{5,3}$ Density**

**테이블 5.2** R에서 사용되는 분포 이름

| 분포 | R에서 이름 |
|---|---|
| 모수가 $n,p$인 이항 확률변수 | binorm($n,p$) |
| 모수가 $\lambda$인 푸아송 확률변수 | pois($\lambda$) |
| 모수가 $N,M,n$인 초기하 확률변수 | hyper($N,M,n$) |
| 표준정규 확률변수 | norm |
| 모수가 $\mu,\alpha^2$인 정규 확률변수 | norm($\mu,\alpha$) |
| 자유도가 $n$인 카이스퀘어 확률변수 | chisq($n$) |
| 자유도가 $n$인 가지는 T-분포 | t($n$) |
| 자유도가 $n$ 그리고 $m$인 가지는 F-분포 | f($n,m$) |
| 변화율이 1인 지수 확률변수 | exp |
| 변화율이 $\lambda$인 지수 확률변수 | exp($\lambda$) |
| 모수가 $\alpha,\lambda$인 감마 확률변수 | gamma($\alpha,\lambda$) |
| 모수가 $\mu,v$인 로지스틱 분포 | logis($\mu,v$) |
| 구간이 (0,1)인 균일 확률 변수 | unif |
| 구간이 $(a,b)$인 균일 확률 변수 | unif(a, b) |

**테이블 5.3** R 명령어

| | |
|---|---|
| dname(x) | 밀도 또는 질량 함수 |
| pname(x) | 누적 분포 함수 |
| qname($\beta$) | 분위수 함수 |
| plot(x,y) | x의 함수로 y 그리기 |

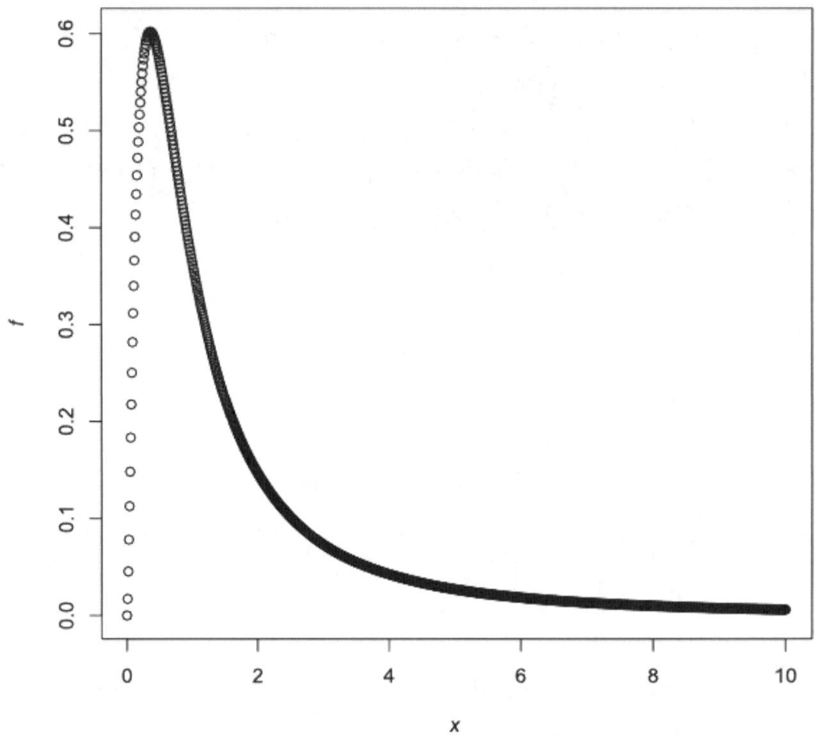

# 연습문제

**01** 4개의 구성요소들로 이루어진 어떤 위성장치는 4개의 구성요소 중 2개 이상이 작동해야 제대로 동작할 수 있다고 한다. 각 구성요소가 작동 상태에 있을 확률은 서로 독립이며 .6일 때, 이 장치가 제대로 동작할 확률을 구하라.

**02** 어떤 통신채널에서 0과 1의 숫자들을 전송한다. 그런데 잡음으로 인해 전송되는 숫자를 틀리게 수신할 확률이 .2라고 한다. 하나의 이진 숫자로 이루어진 중요한 메시지를 전송해야 한다고 하자. 오류 가능성을 줄이기 위해 0 대신에 00000, 그리고 1 대신에 11111을 전송하기로 하고, 메시지 수신기에서는 "과반수" 복호 방식을 사용할 경우 메시지를 틀리게 복호할 확률은 얼마인가? 이 계산에서 어떤 독립성 가정을 사용했는가? (여기에서 사용되는 과반수 복호 방식에서는 수신된 메시지 안의 0의 개수가 3 이상이면 메시지를 "0"으로 복호하고 그 외의 경우는 "1"로 복호한다.)

**03** 각 투표자가 제안 A에 찬성할 확률이 .7일 경우, 10명의 투표자 중 정확히 7명이 이 제안에 찬성할 확률은 얼마인가?

**04** (눈동자 색이나 왼손잡이 등과 같은) 사람의 어떤 신체적 특징이 한 쌍의 유전자에 기초하여 분류된다고 하고, 우성 유전자는 $d$로 표시하고 열성 유전자는 $r$로 나타내기로 하자. 즉, $dd$ 유전자를 가진 사람을 순수우성이라고 하고, $rr$ 유전자를 가진 사람을 순수열성이라고 하고, $rd$ 유전자를 가진 사람을 잡종이라고 한다. 순수우성과 잡종은 외견상으로는 동일하다. 자식은 부모 양쪽에서 한 개씩의 유전자를 받는다. 특정 신체적 특징에 대해 2명의 잡종 부모에게서 태어난 자식들이 4명일 경우, 이들 중 3명이 외견상 우성 유전자의 특징을 갖게 될 확률은 얼마인가?

**05** 비행기가 동작하려면 절반 이상의 엔진들이 작동해야 한다. 각 엔진이 작동할 확률은 서로 독립이며 $p$라고 할 때, 엔진이 4개인 비행기가 엔진이 2개인 비행기에 비해 동작할 확률이 높은 $p$값의 범위를 구하라.

**06** $X$가

$$E[X] = 7, \ \text{Var}(X) = 2.1$$

인 이항 확률변수일 때, 다음 확률을 구하라.

(a) $P\{X = 4\}$

(b) $P\{X > 12\}$

**07** $X$와 $Y$가 각기 모수가 $(n, p)$와 $(n, 1-p)$인 이항 확률변수일 때, 다음 등식을 증명하고 설명하라.

(a) $P\{X \le i\} = P\{Y \ge n - i\}$

(b) $P\{X = k\} = P\{Y = n - k\}$

**08** $X$가 모수 $(n, p)$의 이항 확률변수일 때$(0 < p < 1)$, 다음을 증명하라.

(a) $P\{X = k+1\} = \dfrac{p}{1-p}\dfrac{n-k}{k+1}P\{X = k\}, k = 0, 1, \ldots, n-1$

(b) $k$가 0에서 $n$으로 증가하면서 $P\{X = k\}$가 처음에는 증가하다가 나중에는 감소하는데, $k$가 $(n+1)p$를 넘지 않는 가장 큰 정수일 때 최대값을 갖는다.

**09** $i$는 $\frac{1}{100}$ 확률을 가지는 경우로서 1, 2, ..., $r$의 가능한 경우를 가지는 실험을 한다. n번의 독립적인 응답이 있고 $N_i$를 $i$의 경우의 수 $(i=1, 2, \ldots, r)$라고 하자

(a) $N_1$의 분포는?

(b) $N_1$과 $N_2$는 독립인가?

(c) $N_1+N_2$의 분포는?
힌트: $N_1+N_2$는 n번의 응답 중 1 경우 또는 2 경우의 수이다.

(d) $k<r$이면 $\frac{1}{100}$의 분포는?

**10** 다음 각 경우에 대해 정확한 이항 확률과 푸아송 근사 확률을 비교하라.

(a) $n = 10$, $p = .1$일 때 $P\{X = 2\}$

(b) $n = 10$, $p = .1$일 때 $P\{X = 0\}$

(c) $n = 9$, $p = .2$일 때 $P\{X = 4\}$

**11** 각기 당첨 확률이 $\frac{1}{100}$인 복권을 50장 구입하였을 경우, (a) 한 번 이상, (b) 정확히 한 번, (c) 두 번 이상 당첨될 (근사) 확률을 구하라.

**12** 한 해 동안 한 사람이 감기에 걸리는 횟수는 모수가 $\lambda = 3$인 푸아송 확률변수라고 한다. (다량의 비타민 C에 기초한) 새로운 특효약이 최근 출시되었는데, 전체 인구의 75%에 대해 푸아송 모수를 $\lambda = 2$로 감소시킬 수 있다고 한다. 나머지 25%의 인구에 대해서는 이 약은 감기 증세에 아무런 효과도 없다고 한다. 어떤 사람이 일 년 동안 이 약을 사용하면서 감기 한 번 없이 지냈다고 할 때, 이 약이 이 사람에게 실제로 도움이 되었을 확률을 구하라.

**13** 1980년대에 매주 산업재해로 사망하는 근로자가 평균적으로 121.95명이었다고 한다. 다음 값들에 대한 추정치를 구하고 계산 과정을 설명하라.

(a) 사망자가 130명 이상인 주의 비율
(b) 사망자가 100명 이하인 주의 비율

**14** 작년 뉴욕 주에서 대략 80,000쌍이 결혼하였다고 한다. 작년에 결혼한 부부들 중 적어도 한 쌍이 다음 경우에 해당될 확률들을 구하라.

(a) 부부 모두 4월 30일에 태어났다.
(b) 부부 모두 연중 같은 날에 태어났다.

어떤 가정을 사용했는가?

**15** 좌절 솔리테르(frustration solitaire)라는 게임은 무작위로 섞인 52장의 카드패를 한 번에 한 장씩 뒤집는 방식으로 진행된다. 첫 번째 카드를 뒤집기 전에 1이라고 외친다. 두 번째 카드를 뒤집기 전에 2라고 외친다. 세 번째 카드를 뒤집기 전에 3이라고 외친다. 이러한 과정을 반복한다(14번째 카드를 뒤집기 전에 1이라고 외치고, 이와 같이 진행해 나간다). 자신이 외친 번호와 뒤집은 카드의 숫자가 일치하면 이 게임에서 진 것으로 한다. 승리할 확률을 근사하기 위해 푸아송 패러다임을 사용하라(실제 확률은 .01623이다).

**16** 어떤 통신 채널 상에서 한 개의 비트를 전송할 때 오류 확률이 $1/10^3$이라고 한다. $10^3$개의 비트로 이루어진 블록 하나를 전송할 때 오류 개수가 3을 넘을 정확한 확률을 구하기 위한 식을 구하라. 또 이에 대한 근삿값을 구하라. 독립성을 가정하라.

**17** $X$는 평균이 $\lambda$인 푸아송 확률변수라고 하자. $i$가 증가함에 따라 $P\{X = i\}$는 처음에는 증가하다가 나중에는 감소하며, $i$가 $\lambda$를 넘지 않는 최대의 정수일 때 $P\{X = i\}$가 최댓값에 이른다는 것을 증명하라.

**18** 어떤 하청업체에서 100개의 트랜지스터가 든 박스를 구입하였다. 이 하청업체는 이들 중 10개의 트랜지스터를 시험하여 그 중 9개 이상이 작동해야만 트랜지스터 박스를 반품하지 않는 정책을 갖고 있다고 한다. 그 박스에 20개의 불량품 트랜지스터가 포함되어 있을 경우, 반품되지 않을 확률을 구하라.

**19** $X$는 모수가 $n$, $m$, $k$인 초기하 확률변수라고 하자. 즉,

$$P\{X = i\} = \frac{\binom{n}{i}\binom{m}{k-i}}{\binom{n+m}{k}}, \qquad i = 0, 1, \ldots, \min(k, n)$$

(a) $P\{X = i\}$를 $P\{X = i - 1\}$을 사용하여 표현하는 공식을 유도하라.

(b) 문항 (a)의 결과를 사용하여 $n = m = 10$, $k = 5$일 때 $i = 0, 1, 2, 3, 4, 5$에 대한 $P\{X = i\}$를 계산하라. $P\{X = 0\}$은 위의 식을 이용하여 직접 계산하라.

(c) 문항 (a)의 순환 식에 기초하여 초기하 분포함수를 계산하는 프로그램을 작성하라.

(d) 문항 (c)의 프로그램을 사용하여 $n = m = 30$, $k = 15$일 때 $P\{X \leq 10\}$를 계산하라.

**20** 각기 성공 확률이 $p$인 독립적인 시행을 연속적으로 수행하는데, 첫 번째의 성공적 시행을 $X$로 나타낸다. 즉, 첫 $k - 1$회의 시행이 모두 실패이고 $k$번째 시행이 성공일 경우 $X$의 값은 $k$가 된다. 이러한 $X$를 **기하(geometric)** 확률변수라고 한다. 다음 값들을 계산하라.

(a) $P\{X = k\}\ (k=1, 2, . . .)$

(b) $E[X]$

$r$번의 성공까지 필요한 시행 횟수를 $Y$라고 하자. 이와 같은 확률변수를 **음이항(negative binomial)** 확률변수라고 한다.

(c) $P\{Y = k\}\ (k = r, r + 1, . . .)$을 계산하라.
(힌트 : $Y = k$가 되기 위해 첫 $k - 1$회의 시행에 몇 번의 성공이 있어야 하는가? 또 $k$번째 시행의 결과는 무엇이어야 하는가?)

(d) 다음을 증명하라.

$$E[Y] = r/p$$

(힌트 : $Y_i$를 성공 횟수가 $i - 1$에서 $i$로 넘어가는 데 필요한 시행 횟수를 나타낸다고 할 때, $Y = Y_1 + \cdots + Y_r$와 같이 표현할 수 있다.)

**21** $U$가 구간 (0, 1) 상의 균일 확률변수일 때, $a + (b - a)U$가 구간 $(a, b)$ 상의 균일 확률변수가 된다는 것을 증명하라.

**22** 10시 정각에 맞추어 버스정류장에 가고 있는데, 버스는 10시에서 10 : 30 사이에 균일분포를 따르는 시각에 도착할 것임을 알고 있다고 하자. 10분 이상 기다려야 할 확률은 얼마인가? 10 : 15인데 버스가 아직 도착하지 않고 있다면, 10분 이상을 더 기다려야 할 확률은 얼마인가?

**23** $X_1$과 $X_2$는 평균이 10, 분산이 $\sigma^2$인 독립적인 정규 확률변수이다. 두 확률 중 어느 것이 더 큰지 구하라.

(a) $P\{X_1 > 15\}$ 또는 $P\{X_1 + X_2 > 25\}$

(b) $P\{X_1 > 15\}$ 또는 $P\{X_1 + X_2 > 30\}$

(c) $P\{X_1 + X_2 > x\} = P\{X_1 > 15\}$을 만족하는 x를 구하라.

**24** 전체 고등학교 졸업반의 SAT 수학 과목의 점수는 평균이 500이고 표준편차가 100인 정규분포를 따른다고 한다. 5명의 졸업반 학생을 무작위로 선택할 경우 (a) 이들의 점수가 모두 600 아래일 확률 (b) 이들 중 정확히 3명의 점수가 640을 넘을 확률 등을 구하라.

**25** 어떤 지역의 (인치 단위로 표시된) 연간 강수량이 $\mu = 40$, $\sigma = 4$인 정규분포를 이룬다고 한다. 다음 4년 중 2년에서 연간 강수량이 50인치를 초과할 확률은 얼마인가? 연도 별 연간 강수량들은 서로 독립이라고 가정한다.

**26** 어떤 제품에 대한 주 단위 수요는 평균이 1,000이고 표준편차가 200인 정규분포를 갖는다고 한다. 현재 재고가 2,200개이고 다음 두 주 동안 새로 입고되는 제품은 없을 것이다. 주 별 수요는 서로 독립이라고 가정한다.

(a) 다음 두 주 동안 주별 수요가 1,100 미만일 확률은 얼마인가?
(b) 다음 두 주 동안 총수요가 2,200을 초과할 확률은 얼마인가?

**27** X는 평균이 $\mu$이고 분산이 $\sigma^2$인 정규 확률변수이다. $P(X>10)$은 $\mu<10$이면 $\sigma$의 증가함수이고 $\mu>10$이면 $\sigma$의 감소함수임을 증명하라. 증명에 대해 직관적으로 설명하라.

**28** 직경이 1.19인치에서 1.21인치 사이로 규정된 볼트를 생산하는 제조업체가 있다. 이 업체의 생산공정에서 만들어지는 볼트들의 직경은 평균이 1.20인치이고 표준편차는 .005인치인 정규분포를 따른다고 할 때, 규격을 충족하지 못하는 볼트는 몇 퍼센트나 될까?

**29** $I = \int_{-\infty}^{\infty} e^{-x^2/2}\,dx$라고 할 때,

(a) 임의의 $\mu$와 $\sigma$에 대해

$$\frac{1}{\sqrt{2\pi}\sigma}\int_{-\infty}^{\infty} e^{-(x-\mu)^2/2\sigma^2}\,dx = 1$$

이라는 것은 $I = \sqrt{2\pi}$라는 것과 동일한 의미임을 증명하라.

(b) 이번에는

$$I^2 = \int_{-\infty}^{\infty} e^{-x^2/2}\,dx \int_{-\infty}^{\infty} e^{-y^2/2}\,dy = \int_{-\infty}^{\infty}\int_{-\infty}^{\infty} e^{-(x^2+y^2)/2}\,dx\,dy$$

이라 쓰고 변수들을 극좌표 변수들로 바꾼 다음 이중 적분을 계산하는 방법을 사용하여 $I = \sqrt{2\pi}$임을 증명하라(즉, $x = r\cos\theta$, $y = r\sin\theta$, $dx\,dy = r\,dr\,d\theta$라 둔다).

**30** $\log X$가 정규분포를 따를 때 확률변수 $X$는 로그정규분포를 갖는다고 표현된다. $X$가 $E[\log X] = \mu$이고 $\mathrm{Var}(\log X) = \sigma^2$인 로그정규 확률변수일 때, $X$의 분포함수를 구하라. 즉, $P\{X \leq x\}$는 무엇인가?

**31** 소아과의사의 평균 연봉은 거의 정규분포를 이룬다. 소아과의사의 25 퍼센트는 연봉이 180,000 이하이며 25 퍼센트는 320,000 이상이라고 한다.

(a) 연봉이 250,000 이하인 소아과의사는 몇 퍼센트일까?

(b) 연봉이 260,000 이상 300,000 이하인 소아과의사는 몇 퍼센트일까?

**32** 경제학 과목 시험점수의 표본평균과 표본표준편차는 각기 60과 20이며, 통계학 과목 시험점수의 표본평균과 표본표준편차는 각기 55와 10이다. 당신의 경제학 과목 점수는 70이고 통계학 과목 점수는 62라고 하자. 이 두 과목 시험점수의 히스토그램들이 대략 정규 히스토그램에 가깝다고 가정하고 다음 질문들에 답하라.

(a) 어느 과목에서 당신의 시험점수 백분위수가 더 높은가?

(b) 경제학 과목에서 당신의 시험점수보다 낮은 점수는 몇 퍼센트일까?

(c) 통계학 과목에서 당신의 시험점수보다 낮은 점수는 몇 퍼센트일까?

**33** 최대예상손실액(VAR)은 재무 계산에서 핵심적인 개념 중 하나이다. 투자에 대한 VAR은 투자에 대한 손실이 $v$를 초과할 확률이 1 퍼센트인 값 $v$로 정의된다.

(a) 투자에 따른 이익이 평균이 10이고 분산이 49인 정규 확률변수일 경우 VAR을 구하라. (이익이 $X$일 경우, 손실은 $-X$가 된다.)

(b) 이익이 정규분포를 따르는 여러 건의 투자들 중에서 최소의 VAR을 갖는 투자는 $\mu-2.33\sigma$가 최대인 건임을 보여라. 여기에서 $\mu$와 $\sigma^2$는 투자에 따른 이익에 대한 평균과 분산이다.

**34** 신시내티의 연간 강수량은 평균이 40.14인치이고 표준편차는 8.7인치인 정규분포를 따른다고 한다.

(a) 금년의 강수량이 42인치를 초과할 확률은 얼마인가?

(b) 다음 2년 동안의 총강수량이 84인치를 초과할 확률은 얼마인가?

(c) 다음 3년 동안의 총강수량이 126인치를 초과할 확률은 얼마인가?

(d) 문항 (b)와 (c)에서 어떤 독립성 가정을 사용했는가?

**35** 미국 성인여성의 키는 평균이 64.5인치이고 표준편차는 2.4인치인 정규분포를 따른다고 한다.

(a) 무작위로 선택된 여성의 키가 63인치 미만일 확률을 구하라.

(b) 무작위로 선택된 여성의 키가 70인치 미만일 확률을 구하라.

(c) 무작위로 선택된 여성의 키가 63인치에서 70인치 사이일 확률을 구하라.

(d) 앨리스의 키는 72인치이다. 앨리스보다 키가 작은 여성은 몇 퍼센트나 될까?

(e) 무작위로 선택된 두 명의 여성의 키의 평균이 66인치를 초과할 확률을 구하라.

(f) 무작위로 선택된 네 명의 여성의 키의 평균이 66인치를 초과할 확률을 구하라.

**36** IQ 테스트의 점수는 평균이 100이고 표준편차는 14.2인 정규분포를 따른다고 한다. 최상위 1% 점수가 속하는 범위를 구하라.

**37** 어떤 기계를 수리하는 데 소요되는 시간은 모수가 $\lambda = 1$인 지수분포 확률변수라고 한다.

(a) 수리 시간이 2시간을 초과할 확률은 얼마인가?

(b) 수리 작업이 시작된 지 2시간이 지났다고 할 때 수리 시간이 3시간을 초과할 조건부 확률은 얼마인가?

**38** 어떤 라디오의 수명은 모수가 $\lambda = \frac{1}{8}$인 지수분포를 따른다고 한다. 존스가 구입한 중고 라디오가 앞으로 10년이 지났을 때 여전히 작동하고 있을 확률을 구하라.

**39** 존스는 중고차를 폐차시킬 때까지 운전할 수 있는 거리는 (1,000마일 단위로) 모수가 $\frac{1}{20}$인 지수 확률변수라고 생각한다. 스미스는 주행거리가 10,000마일인 중고차를 가지고 있는데, 존스가 이 차를 구입할 경우 적어도 20,000마일을 더 주행할 확률은 얼마인가? 자동차의 주행거리 수명이 지수분포가 아니라 (1,000마일 단위로) 구간 (0, 40) 상의 균일분포를 따른다고 가정하고 이 문제를 다시 풀어보라.

***40** $X_1, X_2, \ldots, X_n$이 어떤 푸아송 과정의 첫 $n$개의 발생간격시간을 나타낸다고 하고 $S_n = \sum_{i=1}^{n} X_i$로 두자.

(a) $S_n$은 무엇이라고 해석될 수 있는가?

(b) 두 개의 사건 $\{S_n \le t\}$와 $\{N(t) \ge n\}$이 같다는 것을 설명하라.

(c) 문항 (b)의 결과를 사용하여 다음 식이 성립함을 보여라.

$$P\{S_n \le t\} = 1 - \sum_{j=0}^{n-1} e^{-\lambda t}(\lambda t)^j/j!$$

(d) 문항 (c)에 주어진 $S_n$의 분포함수를 미분하여 $S_n$이 모수가 $n$과 $\lambda$인 감마 확률변수임을 보여라(이 결과는 따름정리 5.7.2에서 얻을 수도 있다).

**†41** 어떤 지역에서 지진은 연간 변화율이 5인 푸아송 과정에 맞추어 발생한다고 한다.

(a) 2010년 전반부에 지진이 두 번 이상 발생할 확률은 얼마인가?

(b) 문항 (a)의 사건이 발생하였을 경우, 2011년 첫 9개월 동안 지진이 한 번도 발생하지 않을 확률은 얼마인가?

(c) 문항 (a)의 사건이 발생하였을 경우, 2010년 첫 9개월 동안 지진이 네 번 이상 발생할 확률은 얼마인가?

---

* 선택사항인 절에 해당함

† 선택사항인 절에 해당함

***42** 2차원 평면상의 표적에 대고 사격을 할 때, 수평 이탈 거리는 평균이 0이고 분산이 4인 정규분포를 따르며 역시 평균이 0이고 분산이 4인 정규분포를 따르는 수직 이탈 거리와는 독립이라고 가정하자. $D$가 착탄 지점과 표적 사이의 거리를 나타낸다고 할 때, $E[D]$를 구하라.

**43** $X$가 자유도 6의 카이제곱 확률변수일 때, 다음 확률을 구하라.

(a) $P\{X \leq 6\}$

(b) $P\{3 \leq X < 9\}$

**44** $X$와 $Y$가 서로 독립이고 각기 자유도 3, 6의 카이제곱 확률변수일 때, $X+Y$가 10을 초과할 확률을 구하라.

**45** $\Gamma(1/2) = \sqrt{\pi}$ 임을 증명하라(힌트 : $x = y^2/2$, $dx = y\,dy$ 라 두고 $\int_0^\infty e^{-x}x^{-1/2}\,dx$를 계산하라).

**46** $T$가 자유도 8의 $t$-분포일 때, 다음 확률을 구하라.

(a) $P\{T \geq 1\}$

(b) $P\{T \leq 2\}$

(c) $P\{-1 < T < 1\}$.

**47** $T_n$이 자유도 $n$의 $t$-분포일 때, $T_n^2$이 자유도 1, $n$의 $F$-분포임을 보여라.

**48** $\Phi$가 표준정규 분포함수라고 하자. 상수 $a$와 $b > 0$에 대해

$$P\{X \leq x\} = \Phi\left(\frac{x-a}{b}\right)$$

일 때, $X$의 분포를 규정하라.

***49** $Y$가 최소 모수가 $\alpha$이고 인덱스 모수가 $\lambda$인 파레토 분포를 따른다고 하자.

(a) $\lambda > 1$일 때의 $E[Y]$를 구하라. 그리고 $\lambda \leq 1$일 때 $E[Y] = \infty$임을 보여라.

(b) $\lambda > 2$일 때 $\mathrm{Var}(Y)$를 구하라.

***50** $Y = \alpha e^X$라고 하자. 이때 $X$는 변화율이 $\lambda$인 지수분포를 따른다고 한다. 지수분포의 무기억성을 사용하여 $Y > y_0 > \alpha$일 때의 $Y$에 대한 조건부 분포는 $y_0$, $\lambda$를 모수로 갖는 파레토 분포임을 보여라.

---

* 선택사항인 절에 해당함

# 제 6 장 표본 통계량의 분포

## 6.1 개요

통계학은 관찰된 데이터로부터 결론들을 유도하는 일을 다룬다. 예를 들면, 기술적 연구에서 흔히 발생하는 상황은 측정 가능한 값을 갖는 많은 수의 항목들을 다루는 일인데, 이러한 항목들의 집합 전체를 **모집단(population)**이라 부른다. 이러한 모집단에서 적절한 **표본추출(sampling)**을 수행하고 추출된 항목들을 분석함으로써 전체 모집단에 관한 어떤 결론들을 도출할 수 있기를 희망한다.

전체 모집단에 관한 추론을 하기 위해 표본 데이터를 사용하려면 모집단과 표본 사이의 관계에 관한 가정이 필요하다. 많은 경우 타당한 가정의 하나는 모집단 안의 항목들에 대해 측정될 수 있는 어떤 값들이 독립적인 확률변수로서 갖는 분포와 동일한 모집단의 확률분포가 존재한다는 것이다. 표본 데이터가 무작위 방식으로 선택될 경우, 표본 데이터들이 이러한 분포를 따르는 독립적인 값이라고 가정하는 것도 타당할 것이다.

### 정의

$X_1, \ldots, X_n$이 공통의 분포함수 $F$를 갖는 서로 독립인 확률변수들일 경우, 이들은 분포 $F$를 따르는 표본을 구성한다고 하며, 이러한 표본은 때로 **무작위 표본(random sample)**이라고도 한다.

대부분의 응용 분야에서 모집단 분포 $F$가 정확히 주어지지는 않으며, $F$에 관한 추론을 위해 데이터를 이용할 것이다. 때로 일부 미지의 **모수(parameter)**를 제외한 $F$의 모든 사항들이 정해져 있는 경우도 있다. 이를 테면, $F$는 평균과 분산이 알려져 있지 않은 정규분포함수로 가정될 수도 있고, 평균이 주어지지 않은 푸아송분포로 가정될 수도 있다. 때로 $F$에 대해 아무 것도 알려져 있지 않은 것으로 가정될 수도 있다. 이 경우 대개 단지 연속분포인지 이산분포인지 정도만 알려져 있을 수도 있다. 일부 미지의 모수를 제외한 근저 분포의 형태가 알려져 있을 경우 **모수적 추론(parametric inference)** 문제라고 하며, 반면에 $F$에 대해 아무 것도 가정되지 않을 경우 **비모수적 추론(nonparametric inference)** 문제라고 한다.

**예제 6.1a**

컴퓨터칩을 생산하기 위한 새로운 공정을 막 설치하였으며, 새로운 공정을 통해 생산되는 칩들의 유효수명은 독립적이며 알려지지 않은 공통의 분포 $F$를 따른다고 한다. 물리적 증거를 통해 분포 $F$의 모수적 형태를 짐작할 수 있는데, 예를 들어 정규분포처럼 보일 수도 있고 지수분포처럼 보일 수도 있다. 이 경우 관측된 데이터를 이용하여 $F$의 모수들을 추정하는 모수적 통계문제에 직면하게 된다. 예를 들어 $F$를 정규분포라고 가정하였다면 평균과 분산을 추정하고자 할 것이며, $F$를 지수분포라고 가정하였다면 평균을 추정하고자 할 것이다. 때로는 $F$가 어떤 형태를 가질지 암시하는 어떤 물리적 증거도 찾지 못할 수도 있으며, 이러한 경우 $F$에 관한 추론 문제는 비모수적 추론 문제가 된다. ■

이 장에서는 표본에서 발생하는 통계량들에 대한 확률분포를 다루는데, **통계량(statistic)**이란 표본 데이터에 의해 값이 결정되는 확률변수를 말한다. 여기서 다루는 두 가지 중요한 통계량은 표본평균과 표본분산이다. 6.2절에서는 표본평균을 살펴보고 그에 대한 기댓값과 분산을 유도해 보인다. 그리고 표본의 크기가 어느 정도 커지면, 표본평균의 분포가 거의 정규분포가 된다는 것을 설명한다. 이는 확률론에서 가장 중요한 이론적 결과의 하나이며 6.3절에서 논의되는 중심극한정리로부터 도출된다. 6.4절에서는 표본분산을 소개하고 그에 대한 기댓값을 살펴본다. 6.5절에서는 모집단 분포가 정규분포일 때 표본평균과 표본분산의 결합분포를 제시한다. 6.6절에서는 유한한 크기의 모집단에서 표본을 추출할 때 표본이 "확률분포"가 된다는 것이 갖는 의미를 설명한다. 모집단 크기가 표본 크기에 비해 클 때, 우리는 종종 무한한 크기를 갖는 것으로 취급하며, 이로 인한 파생 결과에 대해 논의할 것이다.

## 6.2 표본평균

수치적 값을 갖는 원소들로 이루어진 모집단에 대해 살펴보기로 하자. 예를 들자면 이 모집단은 어느 마을의 성인들로 구성될 수 있으며, 연봉, 키, 나이 등이 각 성인에게 연계되어 있는 값이 될 수 있을 것이다. 모집단의 각 원소에 연계된 값은 종종 기댓값이 $\mu$이고 분산이 $\sigma^2$인 확률변수의 값으로 간주될 수 있다. $\mu$와 $\sigma^2$는 각기 **모집단평균(population mean)**과 **모집단분산(population variance)**으로 불린다. $X_1, X_2, \ldots, X_n$이 이러한 모집단으로부터의 표본이라고 하자. 이때 표본평균은 다음과 같이 정의된다.

$$\overline{X} = \frac{X_1 + \cdots + X_n}{n}$$

표본평균 $\overline{X}$의 값은 표본 안의 확률변수들의 값에 의해 결정되므로, $\overline{X}$ 또한 확률변수이다. $\overline{X}$의 기댓값과 분산은 다음과 같이 구할 수 있다.

$$
\begin{aligned}
E[\overline{X}] &= E\left[\frac{X_1 + \cdots + X_n}{n}\right] \\
&= \frac{1}{n}(E[X_1] + \cdots + E[X_n]) \\
&= \mu
\end{aligned}
$$

그리고

$$
\begin{aligned}
\text{Var}(\overline{X}) &= \text{Var}\left(\frac{X_1 + \cdots + X_n}{n}\right) \\
&= \frac{1}{n^2}[\text{Var}(X_1) + \cdots + \text{Var}(X_n)] \quad \text{독립성의 성질 이용} \\
&= \frac{n\sigma^2}{n^2} \\
&= \frac{\sigma^2}{n}
\end{aligned}
$$

여기에서 $\mu$와 $\sigma^2$은 각기 모집단평균과 모집단분산이다. 따라서 표본평균의 기댓값은 모집단평균 $\mu$와 같은 반면, 그 분산은 모집단분산에 $1/n$을 곱한 것과 같다. 이는 $\overline{X}$가 모집단평균 $\mu$를 중심으로 분포하며 산포 정도는 표본의 크기가 증가함에 따라 감소함을 의미한다. 그림 6.1은 표준정규 모집단에서 추출된 다양한 크기의 표본에 대한 표본평균의 확률밀도함수들을 도표로 보여주고 있다.

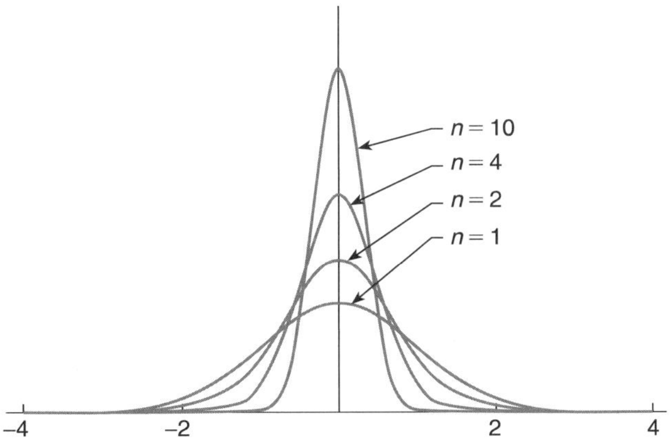


**그림 6.1** 표준정규 모집단에서 추출된 표본평균에 대한 확률밀도함수

## 6.3 중심극한정리

이 절에서는 확률론에서 가장 놀라운 결과의 하나로 꼽히고 있는 **중심극한정리(central limit theorem)**에 대해 살펴보기로 한다. 대략적으로 말하자면, 서로 독립인 확률변수들의 수가 많을 때 그 합이 근사정규를 따른다는 것이 중심극한정리의 내용이다. 따라서 이 정리는 독립적인 확률변수들의 합에 대한 확률의 근삿값을 계산하는 방법을 제공할 뿐만 아니라, 자연계의 수많은 모집단의 경험적 빈도 데이터들이 종 모양의 정규분포 곡선을 나타내는 놀라운 현상을 설명하는 데 도움이 된다.

중심극한정리를 간단히 표현하면 다음과 같다.

**정리 6.3.1 중심극한정리** $X_1, X_2, \ldots, X_n$이 각기 평균 $\mu$와 분산 $\sigma^2$을 갖는 서로 독립이고 동일한 분포를 갖는 확률변수들이라고 하자. $n$이 클 경우,

$$X_1 + \cdots + X_n$$

의 분포는 평균이 $n\mu$이고 분산이 $n\sigma^2$인 근사정규분포가 된다.

중심극한정리로부터

$$\frac{X_1 + \cdots + X_n - n\mu}{\sigma\sqrt{n}}$$

가 표준정규 확률변수에 가까우며, 따라서 $n$이 클 경우 다음 식이 성립한다.

$$P\left\{\frac{X_1 + \cdots + X_n - n\mu}{\sigma\sqrt{n}} < x\right\} \approx P\{Z < x\}$$

여기에서 $Z$는 표준정규 확률변수이다.

### 예제 6.3a

어느 보험회사에 25,000명의 자동차보험 가입자가 있다. 한 명의 보험가입자가 일 년 동안 청구하는 금액은 평균이 320이고 표준편차가 540인 확률변수라고 한다. 청구금액 합계가 830만을 초과할 확률의 근삿값을 구하라.

**풀이** 연간 청구금액 합계를 $X$로 표시하기로 한다. 보험가입자들에 일련번호를 부여하고 보험가입자 $i$의 연간 청구 금액을 $X_i$로 나타낸다. $n = 25{,}000$일 때, 중심극한정리로부터 $X = \sum_{i=1}^{n} X_i$는 평균이 $320 \times 25{,}000 = 8 \times 10^6$이고 표준편차가 $540\sqrt{25{,}000} = 8.5381 \times 10^4$인 정규분포에 가까울 것으로 판단할 수 있다. 따라서

$$P\{X > 8.3 \times 10^6\} = P\left\{\frac{X - 8 \times 10^6}{8.5381 \times 10^4} > \frac{8.3 \times 10^6 - 8 \times 10^6}{8.5381 \times 10^4}\right\}$$

$$= P\left\{\frac{X - 8 \times 10^6}{8.5381 \times 10^4} > \frac{.3 \times 10^6}{8.5381 \times 10^4}\right\}$$

$$\approx P\{Z > 3.51\} \qquad Z\text{는 표준정규분포를 따름}$$

$$\approx .00023$$

따라서 연간 청구금액 합계가 830만을 초과할 확률은 100,000분의 23에 불과하다.

물론, R을 이용하여 다음과 같이 이 확률을 계산할 수 있다.

```
> 1-pnorm(8.3*(10)^6, 320*25000, 540*sqrt(25000))
[1] 0.0002210042
```
■

### ■ 예제 6.3b

토목기술자들은 특정 교량구간이 구조적 손상을 초래하지 않고 지탱할 수 있는 무게 $W$ (단위: 1,000파운드)는 평균이 400이고 표준편차가 4인 정규분포를 따른다고 생각한다. 자동차 무게(단위: 1,000파운드)가 평균이 3이고 표준편차가 .3인 정규분포를 따른다고 하자. 이 교량구간에 구조적 손상이 발생할 확률이 .1을 초과하기 위해서는 몇 대의 자동차가 그 위에 있어야 할까?

**풀이** 교량구간 위에 $n$대의 자동차가 있을 때 구조적 손상이 발생할 확률을 $P_n$으로 표시하기로 하자. 즉,

$$P_n = P\{X_1 + \cdots + X_n \geq W\}$$
$$= P\{X_1 + \cdots + X_n - W \geq 0\}$$

여기에서 $X_i$는 $i$번째 자동차의 무게이다($i = 1, \ldots, n$). 이제 중심극한정리로부터

$$X = \sum_{i=1}^{n} X_i$$

는 평균이 $3n$이고 표준편차가 $.09n$인 정규분포에 가까울 것으로 판단할 수 있다. $W$는 $X_i$ ($i = 1, \ldots, n$)들에 독립이며 정규분포를 따르므로, $\sum_{i=1}^{n} X_i - W$도 평균과 분산이 아래와 같이 주어지는 근사정규분포를 따른다.

$$E\left[\sum_{1}^{n} X_i - W\right] = 3n - 400$$

$$\text{Var}\left(\sum_{1}^{n} X_i - W\right) = \text{Var}\left(\sum_{1}^{n} X_i\right) + \text{Var}(W) = .09n + 1{,}600$$

따라서

$$Z = \frac{\sum_{i=1}^{n} X_i - W - (3n - 400)}{\sqrt{.09n + 1{,}600}}$$

와 같이 두면 다음 식이 성립한다.

$$P_n = P\left\{Z \geq \frac{-(3n - 400)}{\sqrt{.09n + 1{,}600}}\right\}$$

여기에서 $Z$는 표준정규에 가까운 확률변수이다. 이제 $P\{Z \geq 1.28\} \approx .1$이며, 따라서 자동차 대수 $n$이 아래 식을 만족하면

$$\frac{400 - 3n}{\sqrt{.09n + 1{,}600}} \leq 1.28$$

즉,

$$n \geq 117$$

이면, 구조적 손상이 발생할 확률이 10분이 1 이상이 된다. ■

중심극한정리의 가장 중요한 응용 분야 하나는 이항 확률변수에 대한 것이다. 그와 같은 확률변수 $X$의 모수가 $(n, p)$이면, 각 시행의 성공 확률이 $p$일 때 $n$번의 독립적인 시행에서 성공 횟수를 $X$로 나타낼 수 있으며, 이는 다음과 같이 표현할 수 있다.

$$X = X_1 + \cdots + X_n$$

여기에서

$$X_i = \begin{cases} 1 & \text{시도가 성공할 경우} \\ 0 & \text{그 외의 경우} \end{cases}$$

그리고

$$E[X_i] = p, \qquad \text{Var}(X_i) = p(1 - p)$$

이므로 중심극한정리로부터 $n$이 클 경우,

$$\frac{X - np}{\sqrt{np(1 - p)}}$$

는 표준정규에 가까운 확률변수가 된다는 것을 알 수 있다. 이 점에 대해서는 $n$이 점차

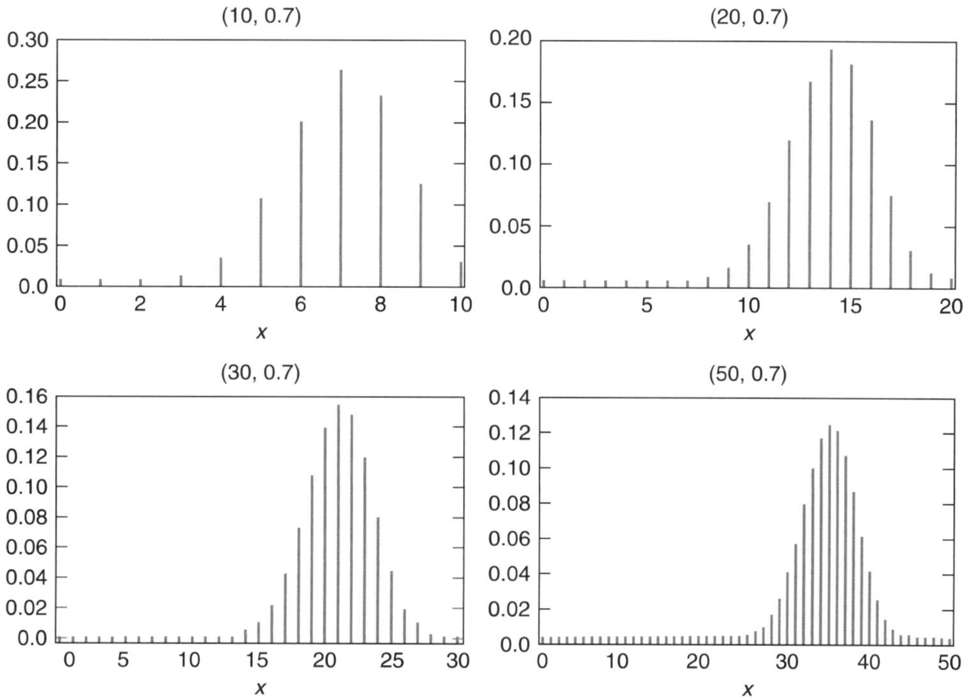


**그림 6.2** 이항분포 확률질량함수는 정규 밀도함수에 수렴한다.

커짐에 따라 이항분포 $(n, p)$ 확률변수의 확률질량함수가 "정규"에 가까워진다는 사실을 그래프로 보여주는 그림 6.2을 참고하기 바란다.

### 예제 6.3c

어느 대학에서 이상적인 신입생 규모는 150명이라고 한다. 과거의 경험을 통해 합격생의 30% 정도만이 실제로 입학한다는 것을 알고 있는 이 대학에서는 450명의 지원자를 합격시키는 정책을 취하고 있다. 150명보다 많은 신입생이 이 대학에 다닐 확률을 계산하라.

**풀이** 입학생의 수를 $X$로 나타내기로 하자. 각 합격생의 입학 여부는 독립적이라면, $X$는 $n=450$, $p = .3$의 모수를 갖는 이항 확률변수가 된다. 이항분포는 이산분포이며 정규분포는 연속분포이므로 정규근사를 적용할 때 $P\{X = i\}$를 $P\{i - .5 < X < i + .5\}$로 계산하는 것이 최선이다(이것을 연속성 보정(continuity correction)이라고 부름). 그 결과로 다음 근사를 얻는다.

$$P\{X > 150.5\} = P\left\{\frac{X - (450)(.3)}{\sqrt{450(.3)(.7)}} \geq \frac{150.5 - (450)(.3)}{\sqrt{450(.3)(.7)}}\right\}$$

$$\approx P\{Z > 1.59\} = .06$$

따라서 450명의 합격생 중 150명 보다 많이 입학할 확률은 6%에 불과하다. ■

이제 이항분포 확률에 대해서는 두 가지 근사가 가능해졌음에 유의하기 바란다. $n$이 크고 $p$가 작을 때에는 푸아송 근사가 적합하며, $np(1-p)$가 클 때는 정규근사가 적합함을 보일 수 있다. [일반적으로 $np(1-p) \geq 10$ 를 만족하는 $n$값에 대해서는 정규근사가 상당히 우수하다.]

## 6.3.1 표본평균의 근사분포

$X_1, \ldots, X_n$이 평균이 $\mu$이고 분산이 $\sigma^2$인 모집단에서 얻은 표본이라고 하자. 아래와 같이 주어지는 표본평균의 근사분포를 얻기 위해 중심극한정리를 이용할 수 있다.

$$\overline{X} = \sum_{i=1}^{n} X_i/n$$

정규 확률변수의 상수 배 또한 정규이므로, 중심극한정리에 따르면 $\overline{X}$는 표본 크기 $n$이 클 때 근사정규가 된다. 표본평균에 대한 기댓값과 표준편차는 각기 $\mu$와 $\sigma/\sqrt{n}$ 이므로,

$$\frac{\overline{X} - \mu}{\sigma/\sqrt{n}}$$

은 표준정규분포에 가까운 분포를 따르게 된다.

### 예제 6.3d

노동자 모집단의 체중에 대한 평균은 167이고 표준편차는 27이라고 한다.

(a) 36명의 노동자 표본이 선택될 경우, 이들의 체중에 대한 표본평균이 163과 170 사이에 있을 확률의 근삿값을 구하라.

(b) 표본 크기 144에 대해 문항 (a)를 반복하라.

**풀이** $Z$가 표준정규 확률변수라고 하자.

(a) 중심극한정리로부터 $\overline{X}$는 평균이 167이고 표준편차가 $27/\sqrt{36} = 4.5$인 근사정규임을 알 수 있다. 따라서

$$\begin{aligned} P\{163 < \overline{X} < 170\} &= P\left\{\frac{163-167}{4.5} < \frac{\overline{X}-167}{4.5} < \frac{170-167}{4.5}\right\} \\ &= P\left\{-.8889 < \frac{\overline{X}-167}{4.5} < .8889\right\} \\ &\approx 2P\{Z < .8889\} - 1 \\ &\approx .6259 \end{aligned}$$

(b) 표본 크기가 144인 경우, 표본평균은 평균이 167이고 표준편차가 $27/\sqrt{144} = 2.25$인 근사 정규임을 알 수 있다. 따라서

$$\begin{aligned} P\{163 < \overline{X} < 170\} &= P\left\{\frac{163-167}{2.25} < \frac{\overline{X}-167}{2.25} < \frac{170-167}{2.25}\right\} \\ &= P\left\{-1.7778 < \frac{\overline{X}-167}{4.5} < 1.7778\right\} \\ &\approx 2P\{Z < 1.7778\} - 1 \\ &\approx .9246 \end{aligned}$$

따라서 표본 크기를 36에서 144로 증가시키면 확률은 .6259에서 .9246으로 증가된다.■

### ■ 예제 6.3e

어느 천문학자가 자신의 관측소와 먼 곳의 별 사이의 거리를 측정하고자 한다. 그러나 대기권의 간섭으로 인해 어떻게 측정하더라도 정확한 거리 $d$를 얻지는 못할 것이라고 한다. 따라서 이 천문학자는 여러 번 측정하여 얻은 평균을 실제 거리에 대한 추정치로 사용하기로 하였다. 이 천문학자가 측정값들은 평균이 $d$광년이고 표준편차가 2광년인 독립적인 확률변수라고 생각할 경우, 추정치에 대한 오차범위가 $\pm.5$광년 이내가 될 것으로 신뢰할 수 있는 확률이 95% 이상이 되기 위해 필요한 측정 횟수는 얼마인가?

**풀이** 이 천문학자가 $n$회 측정할 경우, 표본평균 $\overline{X}$는 평균이 $d$이고 표준편차가 $2/\sqrt{n}$인 근사 정규 확률변수가 된다. 따라서 그 값이 $d \pm .5$일 확률은 다음과 같이 계산된다.

$$\begin{aligned} P\{-.5 < \overline{X} - d < .5\} &= P\left\{\frac{-.5}{2/\sqrt{n}} < \frac{\overline{X}-d}{2/\sqrt{n}} < \frac{.5}{2/\sqrt{n}}\right\} \\ &\approx P\{-\sqrt{n}/4 < Z < \sqrt{n}/4\} \\ &= 2P\{Z < \sqrt{n}/4\} - 1 \end{aligned}$$

여기에서 $Z$는 표준정규 확률변수이다.
따라서 이 천문학자는 다음 식을 만족하는 $n$회의 측정을 수행해야 한다.

$$2P\{Z < \sqrt{n}/4\} - 1 \geq .95$$

즉,

$$P\{Z < \sqrt{n}/4\} \geq .975$$

$P\{Z < 1.96\} = .975$이므로, $n$은 다음 식을 만족하도록 선택되어야 한다.

$$\sqrt{n}/4 \geq 1.96$$

즉, 적어도 62회의 관측이 필요하다. ■

### 6.3.2 얼마나 큰 표본이 필요할까?

중심극한정리에서 정규근사가 유효하기 위해 표본 크기 $n$이 얼마나 커야 하는지에 대해서는 규정하고 있지 않으며, 실제로 이에 대한 대답은 표본 데이터의 모집단에 따라 달라진다. 예를 들면, 기초 모집단이 정규분포를 따를 경우, 표본평균 $\overline{X}$는 표본의 크기에 상관없이 정규분포를 따른다. 통상적인 원칙에 따르면, 표본 크기 $n$이 30 이상이면 모집단의 분포에 상관없이 표본평균은 근사정규를 따를 것으로 생각할 수 있다. 즉, 기초 모집단의 분포가 정규분포에서 아무리 멀더라도 30 이상의 크기를 갖는 표본의 표본평균은 근사정규가 된다. 대부분의 경우 훨씬 작은 표본 크기들에 대해서도 정규근사가 유효하다. 그림 6.4는 표본 크기 $n = 1, 5, 10$ 등에 대해 지수 모집단 분포로부터의 표본평균 분포들을 보여주고 있다.

## 6.4 표본분산

$X_1, \ldots, X_n$이 평균이 $\mu$이고 분산이 $\sigma^2$인 분포로부터의 무작위 표본일 때 표본평균을 $\overline{X}$로 표시하기로 하자. 아래의 정의는 2.3.2절에서 주어진 바 있다.

#### 정의

다음과 같이 정의되는 통계량 $S^2$은 **표본분산(sample variance)**이라고 한다.

$$S^2 = \frac{\sum_{i=1}^{n}(X_i - \overline{X})^2}{n-1}$$

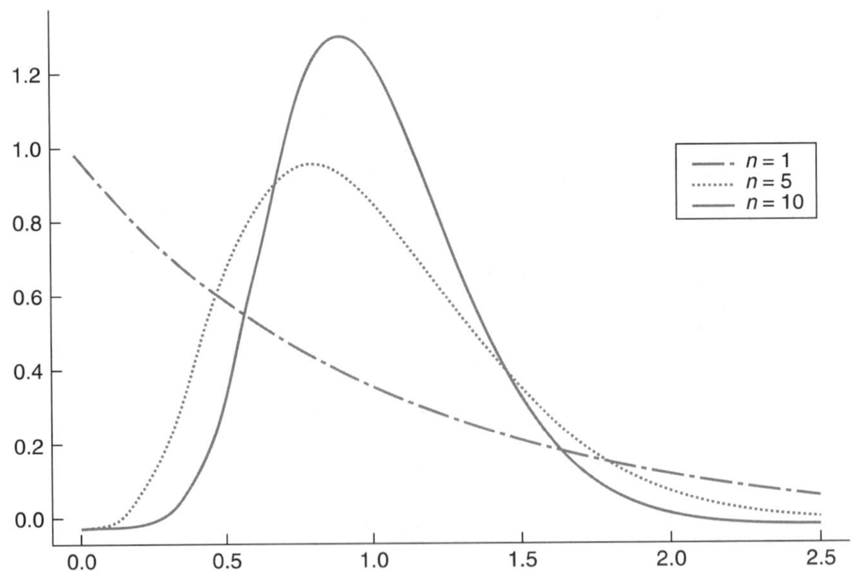


**그림 6.3** 평균이 1인 지수분포를 따르는 $n$개의 확률변수의 평균에 대한 밀도함수

$S = \sqrt{S^2}$는 **표본표준편차(sample standard deviation)**라고 한다.

$E[S^2]$을 계산하기 위해 2.3.2절에서 증명한 바 있는 아래의 등식을 이용한다. 임의의 숫자들 $x_1, \ldots, x_n$ 등에 대해

$$\sum_{i=1}^{n}(x_i - \bar{x})^2 = \sum_{i=1}^{n} x_i^2 - n\bar{x}^2$$

여기에서 $\bar{x} = \sum_{i=1}^{n} x_i/n$이다. 이 등식에서 다음 식을 얻을 수 있다.

$$(n-1)S^2 = \sum_{i=1}^{n} X_i^2 - n\overline{X}^2$$

위 식의 양변에 기댓값을 취한 후 임의의 확률변수 $W$에 대해 $E[W^2] = \mathrm{Var}(W) + (E[W])^2$ 이 성립한다는 사실을 이용하면 아래의 결과를 얻을 수 있다.

$$\begin{aligned}
(n-1)E[S^2] &= E\left[\sum_{i=1}^{n} X_i^2\right] - nE[\overline{X}^2] \\
&= nE[X_1^2] - nE[\overline{X}^2] \\
&= n\mathrm{Var}(X_1) + n(E[X_1])^2 - n\mathrm{Var}(\overline{X}) - n(E[\overline{X}])^2 \\
&= n\sigma^2 + n\mu^2 - n(\sigma^2/n) - n\mu^2 \\
&= (n-1)\sigma^2
\end{aligned}$$

즉,

$$E[S^2] = \sigma^2$$

따라서 표본분산 $S^2$에 대한 기댓값은 모집단분산 $\sigma^2$과 같다.

## 6.5 정규 모집단에서의 표본분포

$X_1, X_2, \ldots, X_n$이 평균은 $\mu$이고 분산은 $\sigma^2$인 정규 모집단에서 추출된 표본이라고 하자. 즉, 이들은 서로 독립이며 $X_i \sim \mathcal{N}(\mu, \sigma^2)(i = 1, \ldots, n)$이다. 또한

$$\overline{X} = \sum_{i=1}^{n} X_i/n$$

와

$$S^2 = \frac{\sum_{i=1}^{n}(X_i - \overline{X})^2}{n-1}$$

가 각기 표본평균과 표본분산을 나타내기로 하자. 이 절에서는 이들의 분포를 계산하는 방법을 살펴볼 것이다.

### 6.5.1 표본평균의 분포

서로 독립인 정규 확률변수들의 합은 정규분포를 따르므로, $\overline{X}$는 평균이

$$E[\overline{X}] = \sum_{i=1}^{n} \frac{E[X_i]}{n} = \mu$$

이고 분산이

$$\text{Var}(\overline{X}) = \frac{1}{n^2}\sum_{i=1}^{n} \text{Var}(X_i) = \sigma^2/n$$

인 정규분포를 따른다. 즉, 표본평균 $\overline{X}$는 평균이 모집단평균과 같고 분산은 $1/n$로 축소된 상태의 정규분포를 따른다. 이로부터

$$\frac{\overline{X} - \mu}{\sigma/\sqrt{n}}$$

는 표준정규 확률변수임을 알 수 있다.

### 6.5.2 $\overline{X}$와 $S^2$의 결합분포

이 절에서는 표본분산 $S^2$의 분포에 대해 살펴보고, 또한 $\overline{X}$와 $S^2$이 서로 독립이며, $(n-1)S^2/\sigma^2$은 자유도 $n-1$의 카이제곱분포를 갖는다는 정규표본에 관한 중요한 사실을 밝힌다.

먼저 $x_1, \ldots, x_n$에 대해, $y_i = x_i - \mu$ $(i = 1, \ldots, n)$라고 두자. 그러면 $\bar{y} = \bar{x} - \mu$이므로, 따라서 아래의 등식

$$\sum_{i=1}^{n}(y_i - \bar{y})^2 = \sum_{i=1}^{n} y_i^2 - n\bar{y}^2$$

에서 다음 식을 얻을 수 있다.

$$\sum_{i=1}^{n}(x_i - \bar{x})^2 = \sum_{i=1}^{n}(x_i - \mu)^2 - n(\bar{x} - \mu)^2$$

이제 $X_1, \ldots, X_n$이 평균이 $\mu$이고 분산이 $\sigma^2$인 정규 모집단에서 추출된 표본이라면, 위의 등식에서 다음 식을 얻는다.

$$\frac{\sum_{i=1}^{n}(X_i - \mu)^2}{\sigma^2} = \frac{\sum_{i=1}^{n}(X_i - \overline{X})^2}{\sigma^2} + \frac{n(\overline{X} - \mu)^2}{\sigma^2}$$

이 식은 다음 식과 같다.

$$\sum_{i=1}^{n}\left(\frac{X_i - \mu}{\sigma}\right)^2 = \frac{\sum_{i=1}^{n}(X_i - \overline{X})^2}{\sigma^2} + \left[\frac{\sqrt{n}(\overline{X} - \mu)}{\sigma}\right]^2 \qquad (6.5.1)$$

$(X_i - \mu)/\sigma$ $(i = 1, \ldots, n)$은 서로 독립인 표준정규 확률변수들이므로, 식 (6.5.1)의 좌변은 자유도가 $n$인 카이제곱 확률변수가 된다. 또한 6.5.1절에서 보인 바에 따라 $\sqrt{n}(\overline{X} - \mu)/\sigma$는 표준정규 확률변수이며, 따라서 그 제곱은 자유도가 1인 카이제곱 확률변수가 된다. 따라서 식 (6.5.1)은 자유도 $n$의 카이제곱 확률변수를 두 개의 확률변수의 합으로 표현하는데, 두 확률변수 중 하나는 자유도 1인 카이제곱 확률변수이다. 그러나 두 개의 서로 독립인 카이제곱 확률변수의 합도 카이제곱 확률변수이며 그 자유도는 합에 포함된 확률변수들의 자유도의 합과 같다는 것이 밝혀져 있다. 따라서 식 (6.5.1)의 우변에 있는 두 항은 서로 독립이며, $\sum_{i=1}^{n}(X_i - \overline{X})^2/\sigma^2$은 자유도 $n-1$의 카이제곱분포를 가질 가능성이 높다. 이러한 결과가 성립한다는 것을 실제로 보일 수 있으므로, 다음과 같은 중요한 결과를 얻을 수 있다.

### 정리 6.5.1

$X_1, \ldots, X_n$이 평균은 $\mu$이고 분산은 $\sigma^2$인 정규 모집단에서 추출된 표본이라면, $\overline{X}$와 $S^2$은 서로 독립인 확률변수이며, $\overline{X}$는 평균이 $\mu$이고 분산이 $\sigma^2/n$인 정규분포를 따르며, $(n-1)S^2/\sigma^2$은 자유도 $n-1$의 카이제곱분포를 갖는다.

정리 6.5.1은 정규 모집단에 대한 $\overline{X}$와 $S^2$의 분포를 제공할 뿐만 아니라 이들이 서로 독립이라는 사실도 확립하고 있다. 사실 $\overline{X}$와 $S^2$ 사이의 독립성은 정규분포의 고유한 성질로 밝혀져 있으며, 그 중요성은 이후의 절들을 통해 드러날 것이다.

### 예제 6.5a

CPU가 특정 종류의 작업을 처리하는 데 걸리는 시간은 평균이 20초이고 표준편차가 3초인 정규분포를 따른다고 한다. 15개의 작업으로 이루어진 표본을 관측할 경우, 표본분산이 12를 초과할 확률은 얼마인가?

**풀이** 표본의 크기가 $n=15$이고 $\sigma^2=9$이므로, 다음과 같이 쓸 수 있다.

$$\begin{aligned} P\{S^2 > 12\} &= P\left\{\frac{14S^2}{9} > \frac{14}{9}\,.\,12\right\} \\ &= P\{\chi^2_{14} > 18.67\} \\ &= 1 - .8221 \qquad \text{프로그램 5.8.1a의 결과} \\ &= .1779 \quad \blacksquare \end{aligned}$$

R을 이용하면 다음의 결과를 얻는다

```
> 1-pchisq(56/3,14)
[1] 0.1780811
```

정리 6.5.1에 대한 아래의 따름정리도 이후의 장들에서 유용하게 사용된다.

### 따름정리 6.5.2

$X_1, \ldots, X_n$은 평균이 $\mu$인 정규 모집단에서 추출된 표본이라고 하자. $\overline{X}$가 표본평균, $S$가 표본표준편차를 나타낼 경우,

$$\sqrt{n}\frac{(\overline{X}-\mu)}{S} \sim t_{n-1}$$

이다. 즉, $\sqrt{n}(\overline{X}-\mu)/S$는 자유도가 $n-1$인 $t$-분포를 따른다.

### 증명

자유도 $n$의 $t$-확률변수는 아래 확률변수의 분포로 정의된 바 있다. 여기에서 $Z$는 자유도 $n$의 카이제곱 확률변수 $\chi^2_n$와 독립인 표준정규 확률변수이다.

$$\frac{Z}{\sqrt{\chi^2_n/n}}$$

이제 정리 6.5.1로부터

$$\frac{\sqrt{n}(\overline{X}-\mu)/\sigma}{\sqrt{S^2/\sigma^2}} = \sqrt{n}\frac{(\overline{X}-\mu)}{S}$$

은 자유도 $n-1$의 $t$-확률변수임을 알 수 있다.

## 6.6 유한 모집단에서의 표본추출

$N$개의 원소로 이루어진 모집단이 있으며, 어떤 특징을 갖는 비율이 $p$라고 하자. 즉, $Np$개의 원소는 그와 같은 특징을 갖고, $N(1-p)$개의 원소는 그와 같은 특징을 갖지 않는다. 다. 이러한 모집단에서 추출된 크기 $n$인 표본에 대해 크기 $n$인 $\binom{N}{n}$개의 각 부분집합이 표본으로 선택될 확률이 동일하다면, 이러한 표본을 **무작위 표본(random sample)**이라고 부른다. 예를 들어 모집단이 세 개의 원소 $a$, $b$, $c$로 이루어져 있을 때, 크기 2인 무작위 표본은 부분집합 $\{a, b\}$, $\{a, c\}$, $\{b, c\}$ 각각이 표본이 될 확률이 동일하도록 선택된 것을 말한다. 무작위 표본을 선택하는 한 가지 방법은 첫 번째 원소를 모집단의 $N$개 원소 중 어느 것이나 동일한 확률로 선택되도록 하고, 두 번째 원소를 남은 $N-1$개 원소 중 어느 것이나 동일한 확률로 선택되도록 하며, 이를 차례대로 반복하는 것이다.

이제 크기 $N$인 모집단에서 크기 $n$인 무작위 표본이 선택되었다고 하자. $i = 1, \ldots, n$에 대해 다음과 같이 정한다.

$$X_i = \begin{cases} 1 & \text{표본의 } i\text{번째 원소가 해당 특징을 가질 경우} \\ 0 & \text{그 외의 경우} \end{cases}$$

이제 아래와 같이 주어지는 $X_i$들의 합에 대해 생각해보자.

$$X = X_1 + X_2 + \cdots + X_n$$

표본의 $i$번째 원소가 해당 특징을 가질 경우 항 $X_i$는 그 합에 1을 보탤 것이며, 그렇지 않을 경우 0을 보탤 것이다. 따라서 $X$는 해당 특징을 갖는 표본 원소의 개수와 같게 된다. 그리고 아래와 같이 주어지는 표본평균은 해당 특징을 갖는 표본 원소의 비율과 같게 된다.

$$\overline{X} = X/n = \sum_{i=1}^{n} X_i/n$$

이제 통계량 $X$와 $\overline{X}$에 연계되는 확률들에 대해 살펴보기로 하자. 먼저 모집단 안의 $N$개 원소 각각이 표본의 $i$번째 원소가 될 확률은 동일하므로 다음의 결과를 얻는다.

$$P\{X_i = 1\} = \frac{Np}{N} = p$$

또한

$$P\{X_i = 0\} = 1 - P\{X_i = 1\} = 1 - p$$

즉, 각 $X_i$는 각기 $p$ 또는 $1-p$의 확률로 1 또는 0이 될 수 있다.

확률변수 $X_1, X_2, \ldots, X_n$ 등은 서로 독립이 아님에 유의하기 바란다. 예를 들면, 모집단의 $N$개 원소 중 어느 것이라도 두 번째로 선택되는 표본 원소가 될 수 있다. 모집단 원소들 중 $Np$개가 해당 특징을 갖고 있으므로, 두 번째 표본 원소가 해당 특징을 가질 확률은 $Np/N = p$이다. 즉, 첫 번째 선택의 결과에 대해 아무런 사전 지식이 없을 경우, 두 번째로 선택된 표본 원소가 해당 특징을 가질 확률은 다음과 같이 주어진다.

$$P\{X_2 = 1\} = p$$

그러나 첫 번째로 선택된 표본 원소가 해당 특징을 갖는다는 것이 알려질 경우, $X_2 = 1$일 조건부 확률은 다음과 같이 주어진다.

$$P\{X_2 = 1|X_1 = 1\} = \frac{Np - 1}{N - 1}$$

이것은 첫 번째로 선택된 표본 원소가 해당 특징을 가질 경우 남아있는 $N - 1$개의 원소 중 어느 것이나 두 번째 표본 원소로 선택될 수 있는데, 남아있는 $N - 1$개의 원소 중 $Np - 1$개만이 해당 특징을 갖기 때문이다. 마찬가지로 첫 번째로 선택된 표본 원소가 해당 특징을 갖지 않는다는 것이 알려질 경우, 두 번째로 선택된 표본 원소가 해당 특징을 가질 조건부 확률은 다음과 같이 주어진다.

$$P\{X_2 = 1|X_1 = 0\} = \frac{Np}{N - 1}$$

따라서 무작위 표본의 첫 번째 원소가 해당 특징을 갖는지 여부를 알게 되면, 다음 원소의 확률에 변화가 생긴다. 그러나 모집단의 크기 $N$이 표본의 크기에 비해 아주 클 때는 이러한 변화는 미미할 것이다. 예를 들어 $N = 1{,}000$이고 $p = .4$이면,

$$P\{X_2 = 1|X_1 = 1\} = \frac{399}{999} = .3994$$

이것은 아래와 같이 주어지는 $X_2 = 1$의 무조건적 확률에 아주 가깝다.

$$P\{X_2 = 1\} = .4$$

마찬가지로 첫 번째의 원소가 해당 특징을 갖지 않을 경우 두 번째 원소가 해당 특징을 가질 확률은 아래와 같이 계산되며, 이 또한 .4에 아주 가깝다.

$$P\{X_2 = 1|X_1 = 0\} = \frac{400}{999} = .4004$$

실제로 표본의 크기 $n$에 비해 모집단의 크기 $N$이 상당히 클 때, $X_1, X_2, \ldots, X_n$ 등은 서로 독립에 가깝다는 사실을 보일 수 있다. 이제 각 $X_i$가 어떤 시행의 결과를 성공이면 1, 실패이면 0으로 나타낸다고 하면, $X = \sum_{i=1}^{n} X_i$은 $n$번의 시행에서 전체 성공 횟수를 나타내는 것으로 생각할 수 있다. 따라서 $X_i$들이 서로 독립이면, $X$는 $n$과 $p$를 모수로 갖는 이항 확률변수가 될 것이다. 달리 표현하면, 표본의 크기 $n$에 비해 모집단의 크기 $N$이 상당히

클 때, 해당 특징을 갖는 표본 원소의 개수에 대한 분포는 $n$과 $p$를 모수로 갖는 이항 확률변수의 분포에 가깝다.

### 메모

물론 $X$는 초기하 확률변수이다(참고 : 5.4절). 따라서 앞의 설명은 전체 원소 개수에 비해 선택된 원소의 개수가 작을 때 이항 확률변수로 초기하 확률변수를 근사할 수 있음을 보여준다.

이 책의 나머지 부분에서는 기초 모집단의 크기는 표본의 크기에 비해 상당히 크며 $X$는 이항분포를 따르는 것으로 가정한다.

이항 확률변수의 평균과 표준편차에 대해 5.4절에 주어진 공식들을 이용하여 다음 결과를 알 수 있다.

$$E[X] = np \quad \text{그리고} \quad SD(X) = \sqrt{np(1-p)}$$

해당 특징을 갖는 표본 비율 $\overline{X}$는 $X/n$과 같으므로, 위의 사실에서 다음 결과를 얻는다.

$$E[\overline{X}] = E[X]/n = p$$

그리고

$$SD(\overline{X}) = SD(X)/n = \sqrt{p(1-p)/n}$$

### 예제 6.6a

인구의 45%가 다가오는 선거에서 특정 후보를 선호한다고 하자. 200명의 무작위 표본이 선택될 경우, 다음 값들을 구하라.

(a) 그 후보를 선호하는 표본 구성원의 수에 대한 기댓값과 표준편차

(b) 표본 구성원의 절반 이상이 그 후보를 선호할 확률

**풀이**

(a) 그 후보를 선호하는 구성원의 수에 대한 기댓값과 표준편차는 다음과 같다.

$$E[X] = 200(.45) = 90, \quad SD(X) = \sqrt{200(.45)(1-.45)} = 7.0356$$

(b) $X$는 200과 .45를 모수로 갖는 이항분포를 따르므로, R를 이용하여 다음과 같은 결과를 얻는다.

$P(X \geq 101) =$

```
> 1-pbinom(100,200,.45)
[1] 0.06807525
```

■

모집단의 각 원소가 가질 수 있는 값이 3개 이상인 경우에도, 모집단의 크기가 표본의 크기에 비해 상당히 크다면 표본 데이터는 여전히 모집단 분포에서 추출된 독립적인 확률변수로 간주될 수 있다.

### ■ 예제 6.6b

미국 농무성의 세계축산물현황 자료에 따르면, 1인당 돈육 소비량이 가장 높은 국가는 덴마크라고 한다. 1994년 덴마크의 1인당 돈육 소비량의 평균은 147파운드이고 표준편차는 62파운드였다. 25명의 덴마크 사람으로 이루어진 무작위 표본을 선택할 경우, 1994년 이들이 소비한 돈육 평균이 150파운드를 초과하였을 확률의 근삿값을 구하라.

**풀이** 이 표본의 $i$ 번째 구성원이 소비한 돈육 양을 $X_i$ 로 표시할 경우($i = 1, \ldots, 25$), 구하고자 하는 확률은 다음과 같다.

$$P\left\{\frac{X_1 + \cdots + X_{25}}{25} > 150\right\} = P\{\overline{X} > 150\}$$

여기에서 $\overline{X}$ 는 25개의 표본 값들에 대한 표본평균이다. $X_i$를 평균이 147이고 표준편차가 62인 독립적인 확률변수들로 간주할 수 있으므로, 중심극한정리로부터 이들의 표본평균은 평균이 147이고 표준편차가 62/5인 근사정규임을 알 수 있다. 따라서 $Z$를 표준정규 확률변수로 두면, 다음과 같은 결과를 얻는다.

$$\begin{aligned} P\{\overline{X} > 150\} &= P\left\{\frac{\overline{X} - 147}{12.4} > \frac{150 - 147}{12.4}\right\} \\ &\approx P\{Z > .242\} \\ &\approx .404 \end{aligned}$$

```
> 1 - pnorm(3/12.4)
[1] 0.4044151
```
■

## 연습문제

**01** $X_1$, $X_2$, $X_3$이 다음과 같은 공통의 확률질량함수를 갖는 독립변수들이라고 하자.

$$P\{X_i=0\}=.2,\quad P\{X_i=1\}=.3,\quad P\{X_i=3\}=.5,\qquad i=1,\ 2,\ 3$$

(a) $\overline{X}_2=\dfrac{X_1+X_2}{2}$에 대한 확률질량함수의 그래프를 그려라.

(b) $E[\overline{X}_2]$와 $\text{Var}(\overline{X}_2)$를 구하라.

(c) $\overline{X}_3=\dfrac{X_1+X_2+X_3}{3}$에 대한 확률질량함수의 그래프를 그려라.

(d) $E[\overline{X}_3]$와 $\text{Var}(\overline{X}_3)$를 구하라.

**02** 10개의 공정한 주사위를 던졌을 때 그 합이 30에서 40 사이에 속할 확률의 근삿값을 구하라.

**03** 구간 (0, 1) 상의 균일 확률변수 16개가 서로 독립일 때 이들의 합이 10을 초과할 확률의 근삿값을 구하라.

**04** 룰렛 바퀴에는 0, 00, 그리고 1에서 36까지의 번호가 붙은 38개의 슬롯이 있다. 특정 숫자에 1을 걸 경우, 룰렛 공이 그 번호에 들어가면 35를 획득하고 그렇지 않으면 걸었던 1을 잃는다. 이와 같은 내기를 계속할 때 다음 확률에 대한 근삿값을 구하라.

(a) 34회의 내기 후에 이기고 있다.

(b) 1,000회의 내기 후에 이기고 있다.

(c) 100,000회의 내기 후에 이기고 있다.

룰렛 공이 38개의 슬롯 중 어느 것에나 들어갈 확률은 같다고 가정한다.

**05** 고속도로 담당국은 80인치의 강설량에 대비하여 충분한 염화칼슘을 준비하고 있다. 일일 강설량의 평균은 1.5인치이고 표준편차는 .3인치라고 가정하자.

(a) 다음 50일 동안 준비한 염화칼슘으로 충분할 확률의 근삿값을 구하라.

(b) 문항 (a)를 풀 때 어떤 가정을 사용했는가?

(c) 그와 같은 가정은 타당한가? 짧게 설명하라.

**06** 50개의 숫자를 반올림하여 정수로 만든 다음 합을 계산한다. 개별 반올림 오차가 −.5와 .5 사이에 균일하게 분포할 경우, 계산된 값이 정확한 합에서 3 이상 차이 날 확률에 대한 근삿값을 구하라.

07 그 합이 400을 초과할 때까지 각 면이 나타날 확률이 동일한 6면체 주사위를 굴리는 일을 반복하기로 한다. 140회 이상 굴려야 할 확률에 대한 근삿값을 구하라.

08 특정 유형의 배터리의 작동 시간은 평균이 5주이고 표준편차가 1.5인 확률변수라고 한다. 배터리가 다 닳으면 곧바로 새 배터리로 교체된다. 일 년에 13개 이상의 배터리가 필요할 확률에 대한 근삿값을 구하라.

09 어떤 전기부품의 수명은 평균이 100시간이고 표준편차가 20시간인 확률변수라고 한다. 이와 같은 부품을 16개 시험하였을 때 다음 확률을 구하라.

(a) 표본평균이 104시간보다 작다.
(b) 표본평균이 98과 104시간 사이에 있다.

10 어느 담배회사에서 담배 한 개비 안에 들어있는 니코틴의 양은 평균이 2.2mg이고 표준편차가 .3mg인 확률변수라고 주장하고 있다. 그러나 무작위로 선택된 100개비에서 평균 니코틴 함유량은 3.1mg이었다. 담배회사의 주장이 옳음에도 불구하고 표본평균이 3.1 이상이 될 확률에 대한 근삿값을 구하라.

11 어떤 종류의 전구 수명에 대한 기댓값이 500시간이고 표준편차는 80시간이라고 한다. 다음 각 경우에 이러한 전구 $n$개의 표본평균이 525보다 클 확률에 대한 근삿값을 구하라.

(a) $n = 4$
(b) $n = 16$
(c) $n = 36$
(d) $n = 64$

12 어떤 강사는 지난 경험으로부터 학생들의 시험점수의 평균은 77이고 표준편차는 15임을 알고 있다고 한다. 현재 이 강사는 25명 학급과 64명 학급 등 2개의 학급을 가르치고 있다.

(a) 25명 학급의 평균점수가 72와 82 사이에 있을 확률에 대한 근삿값을 구하라.
(b) 64명 학급의 평균점수가 72와 82 사이에 있을 확률에 대한 근삿값을 구하라.
(c) 25명 학급의 평균점수가 64명 학급의 평균점수보다 높을 확률에 대한 근삿값을 구하라.
(d) 두 학급의 평균점수가 76과 83이라고 하자. 25명 학급과 64명 학급 중 어느 학급의 평균 점수가 83일 확률이 높은가?

13 $X$가 모수가 $n = 150$, $p = .6$인 이항 확률변수일 때, $P\{X \leq 80\}$의 정확한 값을 구하고 (a) 연속성 보정을 사용할 경우와 (b) 사용하지 않을 경우에 대해 정규근사와 이 값을 비교하라.

**14** 팀 1,2,3,4은 모두 각각의 다른 팀들과 10번 시합을 한다. 팀 $i$와 팀 $j$가 시합을 할 때마다 팀 $i$는 $P_{i,j}$의 확률로 승리 팀이 되고 팀 $j$는 $P_{i,j}=1-P_{i,j}$의 확률로 승리 팀이 된다. 만약

$$P_{1,2} = .6, \quad P_{1,3} = .7, \quad P_{1,4} = .75,$$
$$P_{2,3} = .6, \quad P_{2,4} = .70, \quad P_{3,4} = .5,$$

(a) 팀 1이 적어도 20번 승리하는 확률에 대한 근삿값을 구하라.

팀 2가 적어도 팀 1이 승리한 횟수만큼 승리하는 확률에 대한 근삿값을 구하고자 한다. 이를 위해서, $X$는 팀 2가 팀 1에 대해서 승리하는 전체 횟수, $Y$는 팀 2가 팀 3과 팀4에 대해서 승리하는 전체 횟수, $Z$는 팀 1이 팀 3과 팀4에 대해서 승리하는 전체 횟수로 정한다.

(b) $X,Y,Z$는 독립인가?

(c) 팀 2가 적어도 팀 1이 승리한 횟수만큼 승리하는 사건을 확률 변수 $X,Y,Z$로 표혆하라.

(d) 팀 2가 적어도 팀 1이 승리한 횟수만큼 승리하는 확률에 대한 근삿값을 구하라.

**15** 어떤 농구팀이 한 시즌에 60회의 경기에 참여한다. 이 게임 중 32회는 $A$군 팀들을 상대하며 28회는 $B$군 팀들을 상대한다. 각 경기의 결과는 독립적이라고 가정한다. 이 팀이 $A$군 팀을 상대로 승리할 확률은 .5이며 $B$군 팀을 상대로 승리할 확률은 .7이다. $X$는 이 팀이 이번 시즌 동안에 승리한 횟수를 나타낸다.

(a) $X$는 이항 확률변수인가?

(b) $X_A$와 $X_B$가 각기 $A$군 팀을 상대로 승리한 횟수와 $B$군 팀을 상대로 승리한 횟수를 나타낸다고 하자. $X_A$와 $X_B$의 분포들을 구하라.

(c) $X_A$, $X_B$, $X$ 사이의 관계를 구하라.

(d) 이 팀이 40회 이상 승리할 확률에 대한 근삿값을 구하라.

**16** 중심극한정리에 기초하여 $\lambda$가 클 때 평균이 $\lambda$인 푸아송 확률변수가 평균과 분산 모두 $\lambda$인 근사정규분포임을 보여라. $X$가 평균이 100인 푸아송 확률변수일 경우, $X$가 116 이하일 정확한 확률을 계산하고, 이를 연속성 보정을 사용할 경우와 사용하지 않을 경우에 정규근사와 비교하라. 그림 6.4에서 푸아송분포가 정규분포에 수렴한다는 것을 보여주고 있다.

**17** $X$가 $n = 100$, $p = .1$을 모수로 갖는 이항 확률변수일 경우, 교재 부록 CD를 사용하여 $P\{X \le 10\}$를 계산하라. 이제 이 값을 (a) 푸아송근사, 그리고 (b) 정규근사와 비교하라. 정규근사를 사용할 때 연속성 보정을 이용하기 위해 구하고자 하는 확률을 $P\{X < 10.5\}$로 표현하라.

**18** 어떤 온도 조절 장치가 작동하는 온도는 분산이 $\sigma^2$인 정규분포를 따른다고 한다. 이 온도 조절 장치를 5회 시험할 경우, 다음 확률을 구하라.

(a) $P\{S^2/\sigma^2 \le 1.8\}$

(b) $P\{.85 \le S^2/\sigma^2 \le 1.15\}$

여기에서 $S^2$은 5개의 데이터 값에 대한 표본분산이다.

**19** 문제 18에서 문항 (a)의 확률이 .95 이상이 되기 위한 표본의 크기는?

**20** 두 개의 독립적인 표본이 있는데, 크기가 10인 첫 번째 표본은 분산이 4인 정규 모집단에서 추출하였고 크기가 5인 두 번째 표본은 분산이 2인 정규 모집단에서 추출하였다고 한다. 두 번째 표본의 표본분산이 첫 번째 표본의 표본분산보다 클 확률을 계산하라(힌트 : 이를 $F$-분포와 연결 지어보라).

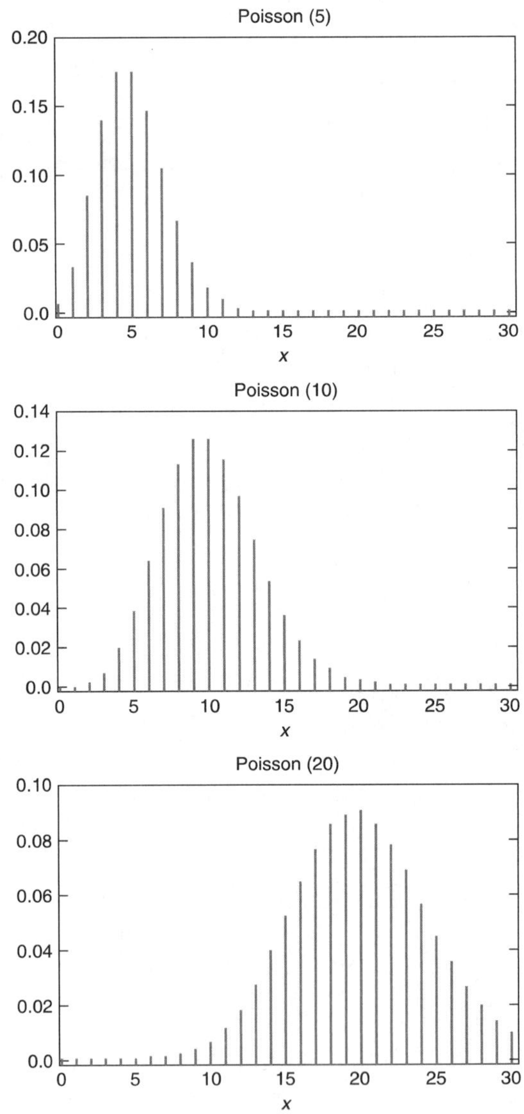


**그림 6.4** 푸아송 확률질량함수

**21** 어느 단체의 12%는 왼손잡이라고 한다. 이 단체에서 무작위로 추출된 100명 중 왼손잡이가 10%에서 14% 사이일 확률을 구하라. 즉, 표본 안의 왼손잡이 숫자를 $X$라고 할 때, $P\{10 \le X \le 14\}$를 구하라.

**22** 어느 도시의 거주자 중 52%가 고등학교 교육혁신을 지지한다고 한다. 다음 각 $n$값에 대해, 크기 $n$의 무작위 표본 중 50% 이상이 교육혁신을 지지할 확률을 계산하거나 근삿값을 구하라.

(a) $n = 10$　　(b) $n = 100$

(c) $n = 1{,}000$　　(d) $n = 10{,}000$

**23** 아래의 표는 나쁜 보건습관을 가진 사람들의 비율을 성별로 분류한 것이다. 300명의 남성을 무작위로 선택하였을 때, 다음 확률에 대한 근삿값을 구하라.

(a) 이들 중 150명 이상이 대개 아침을 거른다.

(b) 이들 중 담배 피는 사람이 100명보다 적다.

| | 수면 시간이 6시간 이하임 | 흡연 | 대개 아침을 거름 | 20% 이상 과체중임 |
|---|---|---|---|---|
| 남성 | 22.7 | 28.4 | 45.4 | 29.6 |
| 여성 | 21.4 | 22.8 | 42.0 | 25.6 |

자료출처: 미국 국립의료통계센터, 보건증진 및 질병예방, 1990.

**24** (문제 23의 표를 사용하라) 300명의 여성을 무작위로 선택하였을 때, 다음 확률에 대한 근삿값을 구하라.

(a) 이들 중 60명 이상이 20% 이상 과체중이다.

(b) 이들 중 수면 시간이 6시간 이하인 사람이 100명보다 적다.

**25** (문제 23의 표를 사용하라) 300명의 남성과 300명의 여성을 무작위로 선택하였을 때, 대개 아침을 거르는 사람들 중 여성이 남성보다 많을 확률에 대한 근삿값을 구하라.

**26** 아래의 표는 남성 정규직 근로자와 여성 정규직 근로자들을 연봉 그룹에 따라 분류한 비율에 관한 1989년의 데이터이다. 1,000명의 남성과 1,000명의 여성을 무작위로 선택하였을 때, 아래의 표를 사용하여 다음 확률에 대한 근삿값을 구하라.

| 소득 범위 | 여성 백분율 | 남성 백분율 |
|---|---|---|
| $4,999 이하 | 2.8 | 1.8 |
| $5,000 에서 $9,999 | 10.4 | 4.7 |
| $10,000 에서 $19,999 | 41.0 | 23.1 |
| $20,000 에서 $24,999 | 16.5 | 13.4 |
| $25,000 에서 $49,999 | 26.3 | 42.1 |
| $50,000 이상 | 3.0 | 14.9 |

자료출처: 미국 상무성, 인구조사국

(a) 여성들 중 절반 이상이 $20,000보다 적게 번다.
(b) $20,000 이상을 버는 남성이 절반보다 많다.
(c) $20,000 이상을 버는 남성도 절반보다 많고, $20,000 이상을 버는 여성도 절반보다 많다.
(d) 250명 이하의 여성들이 $25,000 이상을 번다.
(e) 200명 이하의 남성들이 $50,000 이상을 번다.
(f) 연봉이 $20,000에서 $24,999 사이인 사람 중 여성이 남성보다 많다.

**27** 오늘 노동조합에 가입한 노동자 비율은 10.5%이다. 5명의 노동자를 무작위로 선택하였을 때 이들 중 누구도 노동조합에 가입되어 있지 않을 확률은 얼마인가? 이 답을 1983년 노동조합 가입 비율이 20.1%일 때의 확률과 비교하라.

**28** 최근의 SAT 수학 과목에서 샌프란시스코 지역의 전체 학생들의 점수에 대한 표본평균과 표본 표준편차가 각기 517과 120이었다고 한다. 무작위로 선택된 144명 학생의 평균점수가 다음 각 점수보다 클 확률에 대한 근삿값을 구하라.

(a) 507
(b) 517
(c) 537
(d) 550

**29** 화학공학 학사학위를 받고 졸업한 학생의 첫해 연봉의 평균은 $53,600이고 표준편차는 $3,200이라고 한다. 최근 졸업한 12명의 화학 엔지니어들의 평균 연봉이 $55,000을 초과할 확률에 대한 근삿값을 구하라.

**30** 어떤 전기장치의 가동에 핵심적인 역할을 하는 부품이 있으며, 이 부품이 고장 났을 때에는 즉시 교체되어야 한다고 한다. 이 부품의 평균수명이 100시간이고 표준편차가 30시간일 때, 향후 2000시간 동안 이 장치를 연속적으로 가동할 확률이 .95 이상이 되기 위해서는 이 부품을 몇 개나 비축하고 있어야 하는가?

# 제 7 장 모수 추정

## 7.1 개요

$X_1, \ldots, X_n$을 미지의 모수 벡터를 갖는 분포 $F_\theta$에서 추출된 확률분포라고 하자. 예를 들면, 이 표본은 평균값이 알려지지 않은 푸아송분포나 평균과 분산이 알려지지 않은 정규분포에서 추출되었을 수 있다. 확률론에서는 대개 분포의 모든 모수들이 알려져 있는 것으로 가정하지만, 관찰된 데이터를 이용하여 미지의 모수들에 대해 추론하는 것을 다루는 통계학에서는 모수들이 알려져 있지 않은 경우가 많다.

7.2절에서는 미지의 모수들에 대한 추정량을 결정하기 위한 **최대우도법(maximum likelihood method)**을 소개한다. 최대우도법으로 얻은 추정치는 **점추정치(point estimate)**라고 불리는데, 이는 $\theta$에 대한 추정치로 단일값을 지정하기 때문이다. 7.3절에서는 **구간추정치(interval estimate)**를 구하는 문제를 다룰 것이다. 이 경우 $\theta$에 대한 추정치로 특정 값을 지정하기보다는 $\theta$가 속할 것으로 추정되는 구간을 지정한다. 또한, 이러한 구간추정치에 얼마만큼의 **신뢰(confidence)**를 부여할 것인지에 관한 문제를 살펴볼 것이다. 또, 예제로 분산이 알려져 있는 정규분포에서 미지의 평균에 대한 구간추정치를 구하는 방법을 살펴볼 것이다. 그런 다음 다양한 구간추정 문제들을 살펴볼 것이다. 7.3.1절에서는 분산이 알려져 있지 않은 상태에서 평균에 대한 구간추정치를 제시한다. 7.3.2절에서는 정규분포의 분산에 대한 구간추정치를 구한다. 7.4절에서는 분산들이 알려져 있는 경우와 분산들이 알려져 있지 않지만 동일하다고 가정할 수 있는 경우에 대해 두 정규 평균의 차에 대한 추정치를 구한다. 7.5절과 선택사항인 7.6절에서는 베르누이 확률변수의 평균과 지수 확률변수의 평균에 대한 구간추정치를 제시한다.

학습 여부가 선택사항인 7.7절에서는 미지의 모수들에 대한 점추정치를 구하는 문제로 돌아가서 평균제곱오차를 이용하여 추정량을 계산하는 방법을 보인다. 추정량의 편향에 대해 살펴보고 평균제곱오차와의 관계에 대해서도 논의할 것이다.

학습 여부가 선택사항인 7.8절에서는 어떤 사전 정보가 제공되는 경우에 미지의 모수에 대한 추정치를 구하는 문제를 다룬다. **베이즈 방법(Bayesian approach)**이라고 불리는 이 방법에서는 데이터를 관찰하기 전에 항상 의사결정자에게 $\theta$에 관한 정보가 제공되며, 이 정보는 $\theta$에 대한 확률분포를 이용하여 표현될 수 있는 것으로 가정한다. 이러한 상황에서 $\theta$로부터의 평균제곱거리를 최소로 하는 추정량인 **베이즈 추정량**을 계산하는 방법을 보일 것이다.

## 7.2 최대우도 추정량

미지의 모수 $\theta$의 값을 추정하기 위해 사용되는 통계량을 $\theta$에 대한 **추정량(estimator)**이라고 부르며, 추정량에 대해 관측된 값을 **추정치(estimate)**라고 한다. 예를 들면, 정규 모집단의 평균에 대한 일반적인 추정량은 해당 모집단에서 추출된 표본 $X_1, \ldots, X_n$을 이용하여 계산된 표본평균 $\overline{X} = \sum_i X_i/n$이다. 크기 3의 표본 데이터 $X_1 = 2$, $X_2 = 3$, $X_3 = 4$에 대해, 추정량 $\overline{X}$를 계산하여 얻은 모집단평균에 대한 추정치는 3이라는 값이다.

미지의 모수 $\theta$를 갖는 결합분포가 주어져 있는 확률변수 $X_1, \ldots, X_n$을 관측하고, 이들을 이용하여 $\theta$를 추정하는 문제를 살펴보기로 하자. 예를 들면, $X_i$ 들은 각기 동일한 미지의 평균 $\theta$를 갖는 독립적인 지수 확률변수들일 수 있다. 이 경우 이들의 결합밀도함수는 아래와 같이 주어질 것이며, 여기에서의 목표는 관측된 데이터 $X_1, X_2, \ldots, X_n$으로부터 $\theta$를 추정하는 것이다.

$$
\begin{aligned}
f(x_1, x_2, \ldots, x_n) & \\
&= f_{X_1}(x_1) f_{X_2}(x_2) \cdots f_{X_n}(x_n) \\
&= \frac{1}{\theta} e^{-x_1/\theta} \frac{1}{\theta} e^{-x_2/\theta} \cdots \frac{1}{\theta} e^{-x_n/\theta}, \qquad 0 < x_i < \infty, i = 1, \ldots, n \\
&= \frac{1}{\theta^n} \exp\left\{ -\sum_1^n x_i/\theta \right\}, \qquad 0 < x_i < \infty, i = 1, \ldots, n
\end{aligned}
$$

통계학에서는 **최대우도(maximum likelihood)** 추정량으로 불리는 특정 유형의 추정량이 널리 사용되고 있는데, 이에 대한 논리는 다음과 같다. 확률변수 $X_1, X_2, \ldots, X_n$이 이산형이면 $f(x_1, \ldots, x_n | \theta)$는 이들에 대한 결합확률질량함수를 나타내며, 이들이 결합적 연속인 확률변수들이면 $f(x_1, \ldots, x_n | \theta)$는 결합확률밀도함수를 나타낸다고 하자. $\theta$는 미지의 값으로 가정되어 있으므로 $f$는 $\theta$의 함수이기도 하다. $f(x_1, \ldots, x_n | \theta)$는 $\theta$가 모수의 진정한 값일 때 $x_1, x_2, \ldots, x_n$이 관측될 우도를 나타내므로, $\theta$에 대한 타당성 있는 추정치는 관측된 값들의 우도를 최대로 하는 값일 것이다. 즉, 최대우도 추정치 $\hat{\theta}$는 $x_1, \ldots, x_n$이 관측된 값일 때 $f(x_1, \ldots, x_n | \theta)$를 최대화하는 $\theta$값으로 정의된다. 함수 $f(x_1, \ldots, x_n | \theta)$는 흔히 $\theta$에 대한 **우도함수(likelihood function)**라고 불린다.

우도함수를 최대로 하는 $\theta$값을 결정할 때, 종종 $f(x_1, \ldots, x_n | \theta)$와 $\log[f(x_1, \ldots, x_n | \theta)]$는 동일한 $\theta$값에서 최댓값을 갖는다는 사실이 이용된다. 따라서 $\log[f(x_1, \ldots, x_n | \theta)]$를 최대화시킴으로써 $\hat{\theta}$를 구할 수도 있다.

### 예제 7.2a (베르누이 모수에 대한 최대우도 추정량)

매회 성공 확률이 $p$인 독립적인 시행을 $n$번 수행한다고 하자. $p$의 최대우도 추정량은?

**풀이** 데이터는 아래와 같이 정의되는 $X_1, \ldots, X_n$ 등의 값으로 이루어진다.

$$X_i = \begin{cases} 1 & i\text{번째 시행이 성공일 경우} \\ 0 & \text{그 외의 경우} \end{cases}$$

그러면

$$P\{X_i = 1\} = p = 1 - P\{X_i = 0\}$$

위의 식을 이용하여 다음의 결과를 얻을 수 있다.

$$P\{X_i = x\} = p^x(1-p)^{1-x}, \quad x = 0, 1$$

따라서 시행들에 대한 독립성 가정에 의해 데이터의 우도함수, 즉 결합확률질량함수는 아래와 같이 주어진다.

$$\begin{aligned} f(x_1, \ldots, x_n|p) &= P\{X_1 = x_1, \ldots, X_n = x_n|p\} \\ &= p^{x_1}(1-p)^{1-x_1} \cdots p^{x_n}(1-p)^{1-x_n} \\ &= p^{\Sigma_1^n x_i}(1-p)^{n-\Sigma_1^n x_i}, \quad x_i = 0, 1, \quad i = 1, \ldots, n \end{aligned}$$

우도함수를 최대화하는 $p$값을 결정하기 위해 먼저 위의 식에서 양변에 log를 취한다.

$$\log f(x_1, \ldots, x_n|p) = \sum_1^n x_i \log p + \left(n - \sum_1^n x_i\right) \log(1-p)$$

여기에 미분을 적용하면 다음 결과를 얻는다.

$$\frac{d}{dp} \log f(x_1, \ldots, x_n|p) = \frac{\sum_1^n x_i}{p} - \frac{\left(n - \sum_1^n x_i\right)}{1-p}$$

미분을 0으로 두고 풀면, 다음 식을 만족하는 최대우도 추정치 $\hat{p}$를 구할 수 있다.

$$\frac{\sum_1^n x_i}{\hat{p}} = \frac{n - \sum_1^n x_i}{1 - \hat{p}}$$

즉,

$$\hat{p} = \frac{\sum_{i=1}^n x_i}{n}$$

따라서 베르누이분포의 미지 평균에 대한 최대우도 추정치는 다음과 같이 주어진다.

$$d(X_1, \ldots, X_n) = \frac{\sum_{i=1}^{n} X_i}{n}$$

$\sum_{i=1}^{n} X_i$는 성공적인 시행 횟수이므로 $p$에 대한 최대우도 추정량은 관측된 성공적인 시행의 비율과 같음을 알 수 있다. 예를 들어 특정 제조업체에서 생산된 각각의 RAM칩이 양품일 확률이 독립적으로 $p$일 경우를 생각해보자. 1,000개의 표본을 검사하여 921개가 양품이었을 경우, $p$에 대한 최대우도 추정치는 .921이라는 것을 알 수 있다. ■

### 예제 7.2b

두 명의 감수 요원에게 같은 원고를 주었는데, 감수 요원 1은 $n_1$개의 오류를 발견하였고 감수 요원 2는 $n_2$개의 오류를 발견하였으며, 두 감수 요원 모두가 발견한 오류의 수는 $n_{1,2}$개라고 하자. 원고 안의 전체 오류 개수 $N$에 대한 추정치를 구하라.

**풀이** $N$을 추정할 수 있기 위해서는 바탕이 되는 확률모형에 관한 가정들이 필요하다. 여기에서는 감수 요원들의 결과는 독립적이며 감수 요원 $i$가 원고 안의 각 오류를 발견할 확률은 독립적으로 $p_i$라고 가정하자($i = 1, 2$).

$N$을 추정하기 위해 먼저 $p_1$에 대한 추정량을 유도한다. 이를 위해 감수 요원 2가 발견한 $n_2$개의 오류 각각을 감수 요원 1이 발견할 확률은 독립적으로 $p_1$임에 유의하도록 하자. 감수 요원 2가 발견한 $n_2$개의 오류 중 감수 요원 1이 발견한 것은 $n_{1,2}$개이므로, $p_1$에 대한 타당성 있는 추정치는 다음과 같이 주어진다.

$$\hat{p}_1 = \frac{n_{1,2}}{n_2}$$

그런데 감수 요원 1은 원고 안의 $N$개의 오류 중 $n_1$개를 발견하였으므로 $p_1$은 또한 $\frac{n_1}{N}$에 가까울 것으로 가정하는 것도 타당할 것이다. 이를 $\hat{p}_1$과 같다고 둠으로써 다음의 결과를 얻는다.

$$\frac{n_{1,2}}{n_2} \approx \frac{n_1}{N}$$

즉,

$$N \approx \frac{n_1 n_2}{n_{1,2}}$$

앞의 추정치는 $n_1$, $n_2$에 대해 대칭일 것이므로, 감수 요원 중 누가 감수 요원 1로 지정되든지 결과는 같을 것이다.

위의 추정 방법을 응용한 흥미로운 사례 중에 인간의 유전자 코드 순서를 해독했다고 발표한 두 연구팀과 관련된 내용이 있다. 연구 과정에서 두 팀 모두 인간 유전체가 대략 33,000개의 유전자로 이루어져 있는 것으로 추정하였다. 두 팀이 독립적으로 동일한 숫자에 도달하였으므로 많은 과학자들은 이 숫자가 믿을만하다고 생각하였다. 그렇지만 대부분의 과학자들은 유전자 수가 상당히 적다는 점을 의외로 생각하였는데, 그것은 과실파리가 갖는 유전자 수의 고작 2배에 불과했던 것이다. 그런데 이들의 결과를 자세히 조사해보니 양쪽 팀에서 공통으로 발견한 유전자는 대략 17,000개뿐이었다. 따라서 위에서와 같은 추정량에 근거하면, 실제 유전자 수는 33,000개가 아니라 아래와 같이 64,000개로 추정할 수 있을 것이다.

$$\frac{n_1 n_2}{n_{1,2}} = \frac{33{,}000 \times 33{,}000}{17{,}000} \approx 64{,}000$$

(발견되었다고 주장된 유전자 중의 일부는 실제 유전자인지 논란이 되고 있으므로, 아마 64,000개라는 숫자는 실제 유전자 수에 대한 상한선으로 간주되어야 할 것이다.)

두 명의 감수 요원이 있을 때 사용된 추정 방식은 $m\,(>2)$명의 감수 요원이 있을 때는 적용될 수 없다. 왜냐하면, 각 $i$에 대해 적어도 다른 한 명의 감수 요원 $j(j \neq i)$가 발견한 오류 중에서 감수 요원 $i$도 발견한 비율을 $\hat{p}_1$로 표시하고 이를 $\frac{n_1}{N}$과 같다고 두면, $N$에 대한 추정치인 $\frac{n_i}{\hat{p}_i}$는 $i$값마다 달라질 것이다. 더욱이 이 방식을 사용할 경우 감수 요원 $i$가 감수 요원 $j$보다 적은 수의 오류를 발견하더라도 $\hat{p}_i > \hat{p}_j$가 될 수 있다. 예를 들어 $m=3$에 대해, 감수 요원 1과 감수 요원 2는 10개의 정확히 같은 오류들을 발견하였는데 감수 요원 3은 20개의 오류를 발견하였고 이 중 한 개만이 다른 감수 요원들이 발견한 것과 동일한 오류라고 하자. 이 경우 감수 요원 1은 (그리고 감수 요원 2도) 적어도 다른 감수 요원 중 한 명이 발견한 29개의 오류 중 10개만을 발견하였으므로, $\hat{p}_i = 10/29\ (i=1,\ 2)$가 된다. 반면에 감수 요원 3은 다른 감수 요원들이 발견한 10개의 오류 중 한 개만을 발견하였으므로, $\hat{p}_3 = 1/10$이 된다. 따라서 감수 요원 3은 감수 요원 1보다 두 배나 많은 오류를 발견하였지만, $p_3$에 대한 추정치는 $p_1$에 대한 추정치보다 작다. 보다 합당한 추정치를 구하기 위해 앞에서와 같은 $\hat{p}_i\ (i=1,\ldots,m)$ 값들을 $p_i$에 대한 예비 추정치로 이용할 수 있다. 이제 $n_f$를 적어도 한 명의 감수 요원이 발견한 오류의 수라고 하자. $n_f/N$은 적어도 한 명의 감수 요원이 발견한 오류의 비율이므로, 이것은 오류를 적어도 한 명의 감수 요원이 발견할 확률인 $1-\prod_{i=1}^{m}(1-p_i)$에 가까울 것이다. 따라서 다음의 결과를 얻으며,

$$\frac{n_f}{N} \approx 1 - \prod_{i=1}^{m}(1-p_i)$$

이는 $N \approx \hat{N}$를 시사한다. 여기에서 $\hat{N}$은 다음과 같이 주어진다.

$$\hat{N} = \frac{n_f}{1-\prod_{i=1}^{m}(1-\hat{p}_i)} \tag{7.2.1}$$

$N$에 대한 이 추정치를 이용하여, $p_i$에 대한 추정치를 다음과 같이 조정할 수 있다.

$$\hat{p}_i = \frac{n_i}{\hat{N}}, \quad i=1,\ldots,m \tag{7.2.2}$$

새로운 $\hat{p}_i$ 값들을 식 (7.2.1)에 적용하여 $N$을 다시 추정할 수 있다(이 추정은 여기에서 끝나지 않는다. 매번 $N$에 대한 새로운 추정치 $\hat{N}$을 얻을 때마다 이를 식 (7.2.2)에 적용하여 새로운

$p_i$에 대한 추정치를 얻을 수 있으며, 이는 다시 새로운 $N$의 추정치를 얻기 위해 사용될 수 있다. 이러한 과정은 끝없이 반복될 수 있다). ■

### 예제 7.2c (푸아송 모수에 대한 최대우도 추정량)

$X_1, \ldots, X_n$이 각기 $\lambda$를 평균으로 갖는 독립적인 푸아송 확률변수라고 하자. $\lambda$에 대한 최대우도 추정량을 구하라.

풀이 우도함수는 다음과 같이 주어진다.

$$
\begin{aligned}
f(x_1, \ldots, x_n|\lambda) &= \frac{e^{-\lambda}\lambda^{x_1}}{x_1!} \cdots \frac{e^{-\lambda}\lambda^{x_n}}{x_n!} \\
&= \frac{e^{-n\lambda}\lambda^{\Sigma_1^n x_i}}{x_1! \ldots x_n!}
\end{aligned}
$$

따라서

$$
\log f(x_1, \ldots, x_n|\lambda) = -n\lambda + \sum_1^n x_i \log\lambda - \log c
$$

여기에서 $c = \prod_{i=1}^n x_i\,!$은 $\lambda$에 종속되지 않으며, 따라서

$$
\frac{d}{d\lambda}\log f(x_1, \ldots, x_n|\lambda) = -n + \frac{\sum_1^n x_i}{\lambda}
$$

미분을 0으로 두고 풀면, 최대우도 추정치 $\hat{\lambda}$는 다음과 같다.

$$
\hat{\lambda} = \frac{\sum_1^n x_i}{n}
$$

따라서 최대우도 추정량은 다음과 같이 주어진다.

$$
d(X_1, \ldots, X_n) = \frac{\sum_{i=1}^n X_i}{n}
$$

예를 들어 아무 날이나 특정 상점에 들어오는 사람 수가 미지의 모수 $\lambda$를 갖는 푸아송 확률변수라고 하고 이를 추정해보자. 20일간의 관측을 통해 모두 857명이 상점에 들어왔다면, $\lambda$에 대한 최대우도 추정치는 857/20 = 42.85가 된다. 즉, 매일 평균적으로 42.85명이 이 상점에 들어온다. ■

### 예제 7.2d

1998년 무작위로 선택된 10일의 맑은 날에 캘리포니아 주 버클리에서 발생한 교통사고 건수는 다음과 같다.

$$4, 0, 6, 5, 2, 1, 2, 0, 4, 3$$

이 데이터를 사용하여 그해에 맑은 날 중 2건 이하의 사고가 있은 날의 비율을 추정하라.

**풀이** 많은 수의 운전자가 있으며 각 운전자가 사고를 겪을 작은 확률을 갖고 있으므로, 일간 교통사고 건수는 푸아송 확률변수로 가정하는 것이 타당할 것이다.

$$\overline{X} = \frac{1}{10}\sum_{i=1}^{10} X_i = 2.7$$

이므로 푸아송 평균에 대한 최대우도 추정치는 2.7이 된다. 2건 이하의 사고가 있는 맑은 날에 대한 장기적 비율은 $P\{X \leq 2\}$와 같다. 여기에서 $X$는 일간 사고 건수를 나타내는 확률변수이므로 구하고자 하는 추정치는 다음과 같다.

$$e^{-2.7}(1 + 2.7 + (2.7)^2/2) = .4936$$

즉, 맑은 날 2건 이하의 사고가 있는 날은 절반이 조금 안 된다. ■

### 예제 7.2e (정규 모집단에 대한 최대우도 추정량)

$X_1, \ldots, X_n$이 서로 독립이고, 각기 미지의 평균 $\mu$와 미지의 표준편차 $\sigma$를 갖는 정규 확률변수라고 하자. 이들에 대한 결합밀도함수는 다음과 같이 주어진다.

$$\begin{aligned} f(x_1, \ldots, x_n | \mu, \sigma) &= \prod_{i=1}^{n} \frac{1}{\sqrt{2\pi}\sigma} \exp\left[\frac{-(x_i - \mu)^2}{2\sigma^2}\right] \\ &= \left(\frac{1}{2\pi}\right)^{n/2} \frac{1}{\sigma^n} \exp\left[\frac{-\sum_1^n (x_i - \mu)^2}{2\sigma^2}\right] \end{aligned}$$

따라서 우도함수에 log를 취하면 다음과 같다.

$$\log f(x_1, \ldots, x_n | \mu, \sigma) = -\frac{n}{2}\log(2\pi) - n\log\sigma - \frac{\sum_1^n (x_i - \mu)^2}{2\sigma^2}$$

위의 식을 최대화시키는 $\mu$, $\sigma$의 값을 구하기 위해 다음 식들을 계산한다.

$$\frac{\partial}{\partial\mu}\log f(x_1,\ldots,x_n|\mu,\sigma)=\frac{\sum_{i=1}^{n}(x_i-\mu)}{\sigma^2}$$

$$\frac{\partial}{\partial\sigma}\log f(x_1,\ldots,x_n|\mu,\sigma)=-\frac{n}{\sigma}+\frac{\sum_{1}^{n}(x_i-\mu)^2}{\sigma^3}$$

이 식들을 0으로 두고 풀면 다음의 결과들을 얻는다.

$$\hat{\mu}=\sum_{i=1}^{n}x_i/n$$

그리고

$$\hat{\sigma}=\left[\sum_{i=1}^{n}(x_i-\hat{\mu})^2/n\right]^{1/2}$$

따라서 $\mu$와 $\sigma$에 대한 최대우도 추정량은 각기 다음과 같다.

$$\overline{X},\qquad \left[\sum_{i=1}^{n}(X_i-\overline{X})^2/n\right]^{1/2} \tag{7.2.3}$$

표준편차 $\sigma$에 대한 최대우도 추정량은 식 (7.2.3)에서 분모는 $\sqrt{n-1}$가 아니라 $\sqrt{n}$이라는 점에서 아래와 같이 주어지는 표본표준편차와 차이가 있다.

$$S=\left[\sum_{i=1}^{n}(X_i-\overline{X})^2/(n-1)\right]^{1/2}$$

그러나 $n$이 어느 정도 커지면 $\sigma$에 대한 두 추정량은 거의 같아진다. ■

## 예제 7.2f

**콜모고로프의 분열 법칙**에 따르면 광물질의 분열로 인해 발생하는 수많은 입자에서 개별 입자의 크기는 근사로그정규 분포를 형성한다고 한다(log($X$)가 정규분포를 따를 때 확률변수 $X$는 **로그정규(lognormal)** 분포를 따른다고 한다). 먼저 경험적으로 발견된 이 법칙은 나중에 콜모고로프가 이론적 기초를 확립하였으며 이후 다양한 공학연구에 이용되어 왔다. 예를 들면, 사금 채집물에서 무작위로 선택된 금 입자의 크기에 대한 분석에 콜모고로프의 분열 법칙이 이용되고 있다. 또 지진단층 지역에서 압력 방출에 관한 연구에도 이 법칙이 이용되고 있다(참고: Lomnitz, C., "Global Tectonics and Earthquake Risk," *Developments in Geotectonics*, Elsevier, Amsterdam, 1979).

모래더미에서 취한 10개의 모래알 표본의 직경들이 다음과 같았다고 하자(단위 : mm).

2.2, 3.4, 1.6, 0.8, 2.7, 3.3, 1.6, 2.8, 2.5, 1.9

전체 모래더미에서 직경이 2mm에서 3mm 사이인 모래알들의 백분율을 추정하라.

**풀이** 위의 10개 데이터 값들에 자연로그를 취한 결과는 다음과 같다.

.7885, 1.2238, .4700, −.2231, .9933, 1.1939, .4700, 1.0296, .9163, .6419

이 데이터에 대한 표본평균과 표본표준편차는

$$\bar{x} = .7504, \quad s = .4351$$

과 같으므로, 무작위로 선택된 모래알의 직경에 대한 로그 값은 평균이 대략 .7504이고 표준편차가 대략 .4351인 정규분포를 따른다는 것을 알 수 있다. 따라서 $X$가 모래알의 직경이라면, 다음 결과를 얻는다.

$$\begin{aligned}
P\{2 < X < 3\} &= P\{\log(2) < \log(X) < \log(3)\} \\
&= P\left\{\frac{\log(2) - .7504}{.4351} < \frac{\log(X) - .7504}{.4351} < \frac{\log(3) - .7504}{.4351}\right\} \\
&\approx \text{pnorm}((\log(3) - .7504)/.4351) \\
&\quad - \text{pnorm}((\log(2) - .7504)/.4351) \\
&= 0.3405766 \quad ■
\end{aligned}$$

문제의 확률변수가 동일한 분포를 따르고 서로 독립인 다수의 확률변수들의 곱으로 간주될 수 있는 상황에서 종종 로그정규분포가 가정된다. 예를 들면, 금융계에서 유가증권의 미래 가치에 대한 분포로 흔히 로그정규분포가 사용된다. 이에 대한 타당성을 이해하기 위해 해당 유가증권의 현재 가치를 $s$라고 하고 시간 $t$가 지난 후의 가치 $S(t)$를 추정해보자. 큰 $n$ 값에 대해 $t_i = it/n$이라 두고 시점 $t_1, \ldots, t_n$에서의 유가증권 가치 $S(t_1), \ldots, S(t_n)$을 고려해보자. 금융계에서 일반적인 가정은 비율 $S(t_i)/S(t_{i-1})$는 거의 독립이며 동일한 분포를 따른다는 것이다. 따라서 $X_i = S(t_i)/S(t_{i-1})$라고 두면,

$$\begin{aligned}
S(t) = S(t_n) &= S(t_0) \cdot \frac{S(t_1)}{S(t_0)} \cdot \frac{S(t_2)}{S(t_1)} \cdots \frac{S(t_n)}{S(t_{n-1})} \\
&= s \prod_{i=1}^{n} X_i
\end{aligned}$$

이라고 쓸 수 있으며, 여기에 로그를 적용하여 다음의 결과를 얻게 된다.

$$\log(S(t)) = \log(s) + \sum_{i=1}^{n} \log(X_i)$$

따라서 중심극한정리에 의해 $\log(S(t))$는 정규분포에 근접하게 될 것이다.

앞의 모든 예제들에서 모집단평균에 대한 최대우도 추정량은 표본평균 $\bar{X}$인 것으로 나타났지만, 항상 그런 것은 아니라는 것을 다음 예제를 통해 살펴보기로 하자.

### 예제 7.2g (균일분포의 평균 추정)

$X_1, \ldots, X_n$이 미지의 $\theta$에 대해 구간 (0, $\theta$) 상의 균일분포로부터의 표본이라고 하면, 이들의 결합밀도함수는 다음과 같이 주어진다.

$$f(x_1, x_2, \ldots, x_n|\theta) = \begin{cases} \dfrac{1}{\theta^n} & 0 < x_i < \theta, \quad i = 1, \ldots, n \\ 0 & \text{그 외의 경우} \end{cases}$$

이 밀도함수는 $\theta$를 가능한 한 작은 값으로 선택함으로써 최대화될 수 있다. $\theta$는 적어도 관측된 값 $x_i$들보다는 커야 하므로, $\theta$가 가질 수 있는 가장 작은 값은 $\max(x_1, x_2, \ldots, x_n)$와 같음을 알 수 있다. 따라서 $\theta$에 대한 최대우도 추정량은 다음과 같다.

$$\hat{\theta} = \max(X_1, X_2, \ldots, X_n)$$

위의 결과로부터 이 분포의 평균인 $\theta/2$에 대한 최대우도 추정량은 $\max(X_1, X_2, \ldots, X_n)/2$임을 알 수 있다. ■

## 7.2.1* 수명분포에 대한 추정

오늘 태어난 아기들 중 무작위로 선택된 아기의 사망 연령을 $X$로 나타내기로 하자. 즉, 새로 태어난 아기가 $i$번째 해에 죽는다면 $X = i$가 된다($i \geq 1$). $X$에 대한 확률질량함수를 추정하기 위해, 첫 $i-1$해 동안은 살아있던 아기가 $i$번째 해에 죽을 확률을 $\lambda_i$로 표시하기로 하자. 즉,

$$\lambda_i = P\{X = i|X > i-1\} = \frac{P\{X = i\}}{P\{X > i-1\}}$$

또한, 다음과 같이 주어지는 $s_i$가 첫 $i-1$해 동안 살아있던 아기가 $i$번째 해에도 살아있을 확률이라고 하자.

$$s_i = 1 - \lambda_i = \frac{P\{X > i\}}{P\{X > i-1\}}$$

$i$번째 해에 들어선 사람에 대해, $\lambda_i$는 **사망률(failure rate)**이고 $s_i$는 **생존율(survival rate)**이다. 이제 다음과 같은 결과를 얻을 수 있다.

$$\begin{aligned} s_1 s_2 \cdots s_i &= P\{X > 1\}\frac{P\{X > 2\}P\{X > 3\}}{P\{X > 1\}P\{X > 2\}} \cdots \frac{P\{X > i\}}{P\{X > i-1\}} \\ &= P\{X > i\} \end{aligned}$$

* 이 절에 대한 학습은 선택사항임

따라서

$$P\{X = n\} = P\{X > n-1\}\lambda_n = s_1 \cdots s_{n-1}(1 - s_n)$$

이 결과를 이용하여 $s_i(i = 1, \ldots, n)$들을 추정함으로써 $X$에 대한 확률질량함수를 추정할 수 있다. 일 년 전에 $i$번째 해에 접어든 모든 사람을 관측하여 오늘까지 살아있는 비율을 계산하면 $s_i$에 대한 추정치 $\hat{s}_i$를 구할 수 있다. 그런 다음 $\hat{s}_1\hat{s}_2 \cdots \hat{s}_{n-1}(1 - \hat{s}_n)$를 $P\{X = n\}$에 대한 추정치로 사용한다(비록 $s_i$를 추정하기 위해 가장 최근의 데이터를 사용하지만, 새로 태어난 아기의 수명에 대한 확률질량함수의 추정에서는 $i$번째 해에 접어든 아기의 생존율은 작년에 나이가 $i$였던 사람의 생존율과 같을 것으로 가정한다는 점을 유의하기 바란다).

수명분포를 추정하기 위해 생존율을 사용하는 것은 부분적 정보만 갖고 진행되는 보건 연구에서도 중요하다. 예를 들어 새로 개발된 약을 12명의 폐암 환자에게 투약하는 연구에서, 일정 기간이 지난 후 신약의 투약 후 생존 개월 수에 관한 아래의 데이터를 얻었다고 하자.

$$4, 7^*, 9, 11^*, 12, 3, 14^*, 1, 8, 7, 5, 3^*$$

여기에서 $x$는 투약을 시작한 후 환자가 $x$개월 만에 사망하였음을 의미하며, $x^*$는 환자가 $x$개월 동안 약을 복용하였고 아직 살아있음을 의미한다.

신약의 투약 후 생존 개월 수를 $X$로 표시하고

$$s_i = P\{X > i | X > i-1\} = \frac{P\{X > i\}}{P\{X > i-1\}}$$

와 같이 둔다. 첫 $i - 1$개월 동안 생존한 환자가 $i$번째 달에도 생존할 확률인 $s_i$를 추정하기 위해 투약을 시작한 지 $i$번째 달에 접어든 환자 중 그 달을 살아서 넘기는 비율을 구해야 한다. 예를 들면, 12명의 환자 중 11명이 1개월을 넘겼기 때문에 $\hat{s}_1 = 11/12$이다. 두 번째 달에 접어든 환자 11명 모두가 그 달을 넘겼으므로 $\hat{s}_2 = 11/11$이다. 3번째 달에 접어든 11명의 환자 중 10명이 그 달을 넘겼으므로 $\hat{s}_3 = 10/11$이다. (1, 3, 3* 등으로 표시된 환자들을 제외한) 투약기간이 4번째 달에 접어든 9명의 환자 중 8명이 그 달을 넘겼으므로 $\hat{s}_4 = 8/9$이다. 다른 값들에 대해서도 비슷하게 계산하면 아래와 같은 생존율 추정치들을 구할 수 있다.

$$\hat{s}_1 = 11/12$$
$$\hat{s}_2 = 11/11$$
$$\hat{s}_3 = 10/11$$
$$\hat{s}_4 = 8/9$$
$$\hat{s}_5 = 7/8$$
$$\hat{s}_6 = 7/7$$
$$\hat{s}_7 = 6/7$$
$$\hat{s}_8 = 4/5$$
$$\hat{s}_9 = 3/4$$
$$\hat{s}_{10} = 3/3$$
$$\hat{s}_{11} = 3/3$$
$$\hat{s}_{12} = 1/2$$
$$\hat{s}_{13} = 1/1$$
$$\hat{s}_{14} = 1/2$$

이제 투약 환자가 적어도 $j(j=1,\ldots, 14)$개월을 넘길 확률을 추정하기 위해 $\prod_{i=1}^{j}\hat{s}_i$을 사용할 수 있다. 예를 들면, $P\{X > 6\}$에 대한 추정치는 35/54이다.

## 7.3 구간추정치

$X_1, \ldots, X_n$이 미지의 평균 $\mu$와 알려진 분산 $\sigma^2$을 갖는 정규 모집단에서 추출된 표본이라고 하자. $\overline{X} = \sum_{i=1}^{n} X_i/n$이 $\mu$에 대한 최대우도 추정량임은 이미 앞에서 보인 바 있다. 그러나 표본평균 $\overline{X}$가 $\mu$와 정확히 일치하기를 기대하기보다는 "가까울" 것으로 기대하는 정도이다. 따라서 때로 점추정치보다 일정 수준의 신뢰도로 $\mu$가 속할 것으로 판단되는 구간을 지정할 수 있다면 더 유용한 경우도 있다. 이러한 구간추정량을 얻기 위해 점추정량의 확률분포를 이용한다. 앞서의 상황에서 구간추정량을 어떻게 적용할 수 있는지 살펴보기로 하자.

앞의 상황에서 점추정량 $\overline{X}$는 평균이 $\mu$이고 분산이 $\sigma^2/n$인 정규분포를 따르므로,

$$\frac{\overline{X} - \mu}{\sigma/\sqrt{n}} = \sqrt{n}\frac{(\overline{X} - \mu)}{\sigma}$$

이 표준정규분포를 따른다는 것을 알 수 있다. 따라서

$$P\left\{-1.96 < \sqrt{n}\frac{(\overline{X} - \mu)}{\sigma} < 1.96\right\} = .95$$

즉,

$$P\left\{-1.96\frac{\sigma}{\sqrt{n}} < \overline{X} - \mu < 1.96\frac{\sigma}{\sqrt{n}}\right\} = .95$$

각 변에 −1을 곱하면 다음 식을 얻을 수 있다.

$$P\left\{-1.96\frac{\sigma}{\sqrt{n}} < \mu - \overline{X} < 1.96\frac{\sigma}{\sqrt{n}}\right\} = .95$$

즉,

$$P\left\{\overline{X} - 1.96\frac{\sigma}{\sqrt{n}} < \mu < \overline{X} + 1.96\frac{\sigma}{\sqrt{n}}\right\} = .95$$

즉, 95%의 경우에서 $\mu$가 표본평균과의 거리가 1.96 $\sigma/\sqrt{n}$ 이내인 구간에 속할 것이다. 표본을 관측하면 $\overline{X} = \overline{x}$ 이므로, "95%의 신뢰를 갖고" 다음 식이 성립한다고 말할 수 있다.

$$\overline{x} - 1.96\frac{\sigma}{\sqrt{n}} < \mu < \overline{x} + 1.96\frac{\sigma}{\sqrt{n}} \tag{7.3.1}$$

즉, "95%의 신뢰를 갖고" 진정한 평균이 관측된 표본평균에서 1.96 $\sigma/\sqrt{n}$ 이내의 범위에 속한다고 주장한다. 구간

$$\left(\overline{x} - 1.96\frac{\sigma}{\sqrt{n}}, \overline{x} + 1.96\frac{\sigma}{\sqrt{n}}\right)$$

을 $\mu$에 대한 **95% 신뢰구간(95 percent confidence interval)**이라고 한다.

### 예제 7.3a

장소 A에서 $\mu$라는 값을 갖는 신호를 송신하였을 때 장소 B에서 수신한 값은 평균이 $\mu$이고 분산이 4인 정규분포를 따른다고 하자. 즉, $\mu$를 보냈을 때 수신된 값은 $\mu + N$인데, 여기에서 잡음을 나타내는 $N$이 평균은 0이고 분산은 4인 정규분포를 따른다. 오차를 줄이기 위해 동일한 값을 9번씩 보낸다고 하자. 연속적으로 수신된 값이 5, 8.5, 12, 15, 7, 9, 7.5, 6.5, 10.5 등일 때, $\mu$에 대한 95% 신뢰구간을 구해보기로 하자.

표본평균은 다음과 같다.

$$\overline{x} = \frac{81}{9} = 9$$

따라서 수신된 값들이 독립적이라고 가정하면, $\mu$에 대한 95% 신뢰구간은 다음과 같이 구할 수 있다.

$$\left(9 - 1.96\frac{\sigma}{3}, 9 + 1.96\frac{\sigma}{3}\right) = (7.69, 10.31)$$

따라서 진정한 메시지 값이 7.69와 10.31 사이에 있을 것으로 "95% 신뢰할 수 있다." ■

식 (7.3.1)의 구간은 **양측 신뢰구간(two-sided confidence interval)**이라고 불린다. 그러나 때로 우리는 95%의 신뢰를 갖고 $\mu$가 적어도 이 값보다 크다고 말할 수 있는 값을 구하고자 할 수도 있다.

이러한 값을 구하기 위해 먼저 표준정규 확률변수 $Z$에 대해 다음 사실이 성립함에 주목하기 바란다.

$$P\{Z < 1.645\} = .95$$

이 결과로 다음 식을 얻는다.

$$P\left\{\sqrt{n}\frac{(\overline{X}-\mu)}{\sigma} < 1.645\right\} = .95$$

즉,

$$P\left\{\overline{X} - 1.645\frac{\sigma}{\sqrt{n}} < \mu\right\} = .95$$

따라서 $\mu$에 대한 95% **단측 상한 신뢰구간(one-sided upper confidence interval)**은 다음과 같으며, 여기에서 $\overline{x}$는 관측된 표본평균 값이다.

$$\left(\overline{x} - 1.645\frac{\sigma}{\sqrt{n}}, \infty\right)$$

**단측 하한 신뢰구간(one-sided lower confidence interval)**도 비슷한 방법으로 구할 수 있다. 관측된 표본평균 값이 $\overline{x}$일 때, $\mu$에 대한 95% 단측 상한 신뢰구간은 다음과 같다.

$$\left(-\infty, \overline{x} + 1.645\frac{\sigma}{\sqrt{n}}\right)$$

### ■ 예제 7.3b

예제 7.3a에서 $\mu$에 대한 상한 및 하한 95% 신뢰구간을 구하라.

풀이

$$1.645\frac{\sigma}{\sqrt{n}} = \frac{3.29}{3} = 1.097$$

이므로 95% 상한 신뢰구간은 다음과 같으며,

$$(9 - 1.097, \infty) = (7.903, \infty)$$

95% 하한 신뢰구간은 다음과 같다.

$$(-\infty, 9 + 1.097) = (-\infty, 10.097) \quad ■$$

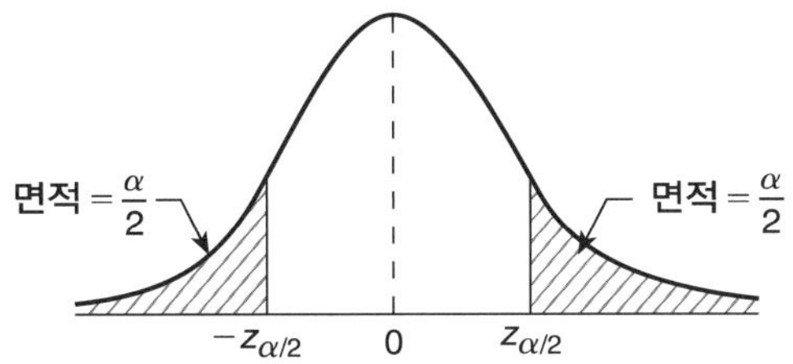


**그림 7.1** $P\{-z_{\alpha/2} < Z < z_{\alpha/2}\} = 1 - \alpha$

임의의 지정된 신뢰수준을 갖는 신뢰구간도 구할 수 있다. 표준정규 확률변수 $Z$에 대해 $z_\alpha$는 다음과 같이 정의된 바 있다.

$$P\{Z > z_\alpha\} = \alpha$$

그런데 이는 임의의 $\alpha$에 대해 다음 사실이 성립함을 의미한다(참고: 그림 7.1).

$$P\{-z_{\alpha/2} < Z < z_{\alpha/2}\} = 1 - \alpha$$

따라서 다음 사실이 성립함을 알 수 있다.

$$P\left\{-z_{\alpha/2} < \sqrt{n}\frac{(\overline{X} - \mu)}{\sigma} < z_{\alpha/2}\right\} = 1 - \alpha$$

즉,

$$P\left\{-z_{\alpha/2}\frac{\sigma}{\sqrt{n}} < \overline{X} - \mu < z_{\alpha/2}\frac{\sigma}{\sqrt{n}}\right\} = 1 - \alpha$$

즉,

$$P\left\{-z_{\alpha/2}\frac{\sigma}{\sqrt{n}} < \mu - \overline{X} < z_{\alpha/2}\frac{\sigma}{\sqrt{n}}\right\} = 1 - \alpha$$

즉,

$$P\left\{\overline{X} - z_{\alpha/2}\frac{\sigma}{\sqrt{n}} < \mu < \overline{X} + z_{\alpha/2}\frac{\sigma}{\sqrt{n}}\right\} = 1 - \alpha$$

따라서 $\mu$에 대한 $100(1-\alpha)\%$ 양측 신뢰구간은 다음과 같으며, 여기에서 $\overline{x}$는 관측된 표본평균이다.

$$\left(\overline{x} - z_{\alpha/2}\frac{\sigma}{\sqrt{n}},\quad \overline{x} + z_{\alpha/2}\frac{\sigma}{\sqrt{n}}\right)$$

마찬가지로 $Z=\sqrt{n}\frac{(\overline{X}-\mu)}{\sigma}$가 표준정규 확률변수라는 사실과 등식

$$P\{Z > z_\alpha\} = \alpha$$

와

$$P\{Z < -z_\alpha\} = \alpha$$

가 주어지면 임의의 원하는 신뢰수준의 단측 신뢰구간을 구할 수 있다. 특히,

$$\left(\overline{x} - z_\alpha \frac{\sigma}{\sqrt{n}}, \infty\right)$$

와

$$\left(-\infty, \overline{x} + z_\alpha \frac{\sigma}{\sqrt{n}}\right)$$

는 각기 $\mu$에 대한 $100(1-\alpha)\%$ 단측 상한 신뢰구간과 $100(1-\alpha)\%$ 단측 하한 신뢰구간이다.

### 예제 7.3c

예제 7.3a의 데이터를 사용하여 $\mu$에 대한 99% 신뢰구간, 99% 단측 상한 신뢰구간, 99% 단측 하한 신뢰구간 등을 구하라.

**풀이** $z_{.005}=2.58$이고

$$2.58\frac{\alpha}{\sqrt{n}} = \frac{5.16}{3} = 1.72$$

이므로, $\mu$에 대한 99% 신뢰구간은 다음과 같다.

$$9 \pm 1.72$$

즉, 99% 신뢰구간은 (7.28, 10.72)이다.

또한 $z_{.01}=2.33$이므로, 99% 단측 상한 신뢰구간은 다음과 같다.

$$(9 - 2.33(2/3), \infty) = (7.447, \infty)$$

마찬가지로 99% 단측 하한 신뢰구간은 다음과 같다.

$$(-\infty, 9 + 2.33(2/3)) = (-\infty, 10.553)$$ ■

때로 우리는 $1-\alpha$와 같은 특정 수준의 양측 신뢰구간에 관심을 가지며, 이때의 문제는 그와 같은 구간이 특정 크기를 갖게 되는 표본 크기 $n$을 선택하는 일이다. 예를 들어 99%의 신뢰를 갖고 $\mu$를 포함한다고 주장할 수 있는 길이 .1의 구간을 구하는 일을 생각해보자.

이때 $n$은 얼마나 커야 하는가? $z_{.005}=2.58$이므로 표본 크기가 $n$일 때 $\mu$에 대한 99% 신뢰구간은 다음과 같다.

$$\left(\bar{x} - 2.58\frac{\alpha}{\sqrt{n}},\quad \bar{x} + 2.58\frac{\alpha}{\sqrt{n}}\right)$$

따라서 이 구간의 길이는 다음과 같다.

$$5.16\frac{\sigma}{\sqrt{n}}$$

이제 이 구간의 길이가 .1과 같기 위해서는 다음 식을 만족시키는 $n$을 선택해야 한다.

$$5.16\frac{\sigma}{\sqrt{n}} = .1$$

즉,

$$n = (51.6\sigma)^2$$

## 메모

"100(1 $-\alpha$)% 신뢰구간"에 대한 해석은 혼란스러울 수 있다. 이때 $\mu \in (\bar{x} - 1.96\,\sigma/\sqrt{n}$, $\bar{x} + 1.96\,\sigma/\sqrt{n}\,)$일 확률이 .95임을 주장하는 것은 아니다. 왜냐하면 이러한 주장에는 확률변수가 포함되어 있지 않기 때문이다. 신뢰구간을 통해 주장되는 바는 신뢰구간을 구하기 위해 이용되는 기법이 전체 적용 횟수의 95%에서 실제 $\mu$가 속하는 구간을 결과로 제시하는 기법이라는 것이다. 즉, 데이터를 관측하기 전에는 얻게 될 구간이 $\mu$를 포함할 확률이 .95임을 주장할 수 있는 반면, 데이터를 얻은 후에는 결과로 얻은 구간이 실제로 $\mu$를 포함할 것임을 "95%의 신뢰를 갖고" 주장할 수 있을 뿐이다.

### 예제 7.3d

과거의 경험을 통해 양식장에서 자란 연어의 평균체중은 계절에 따라 달라지지만, 표준편차는 0.3파운드로 고정되어 있는 정규분포를 따른다는 것이 알려져 있다고 한다. 현재 계절의 연어의 평균체중에 대한 추정치가 $\pm 0.1$파운드 범위에서 정확하다는 것을 95% 확신하기 위해 필요한 표본의 크기는 얼마인가?

**풀이** 크기 $n$의 표본에 근거하여 구한 미지의 평균 $\mu$에 대한 95% 신뢰구간은 다음과 같다.

$$\mu \in \left(\bar{x} - 1.96\frac{\sigma}{\sqrt{n}}, \bar{x} + 1.96\frac{\sigma}{\sqrt{n}}\right)$$

추정치 $\bar{x}$는 이 구간 안의 임의의 점에서 $1.96(\sigma/\sqrt{n}\,) = .588/\sqrt{n}$ 이내의 거리에 있으므로, 아래의 조건이 성립할 경우 $\bar{x}$가 $\mu$에서 0.1의 거리 이내에 있다는 것을 95% 확신할 수 있다.

$$\frac{.588}{\sqrt{n}} \le 0.1$$

즉,

$$\sqrt{n} \ge 5.88$$

즉,

$$n \ge 34.57$$

따라서 표본 크기가 35 이상이면 충분할 것이다. ■

### 7.3.1 분산을 모를 때 정규 평균에 대한 신뢰구간

이제 미지의 평균 $\mu$와 미지의 분산 $\sigma^2$을 갖는 정규분포에서 추출된 표본 $X_1, \ldots, X_n$을 이용하여 평균 $\mu$에 대한 $100(1-\alpha)\%$ 신뢰구간을 구하는 문제를 생각해보자. $\sigma$가 알려져 있지 않으므로 $\sqrt{n}(\overline{X}-\mu)/\sigma$가 표준정규 확률변수라는 사실에 근거한 구간을 이용할 수는 없다. 그러나 표본분산을 $S^2 = \sum_{i=1}^{n}(X_i - \overline{X})^2/(n-1)$로 둘 때 따름정리 6.5.2로부터 다음 값이 자유도 $n-1$의 $t$-확률변수임을 알 수 있다.

$$\sqrt{n}\frac{(\overline{X}-\mu)}{S}$$

따라서 $t$-밀도함수의 대칭성으로부터(참고 : 그림 7.2) 임의의 $\alpha \in (0, 1/2)$에 대해 다음 식이 성립함을 알 수 있다.

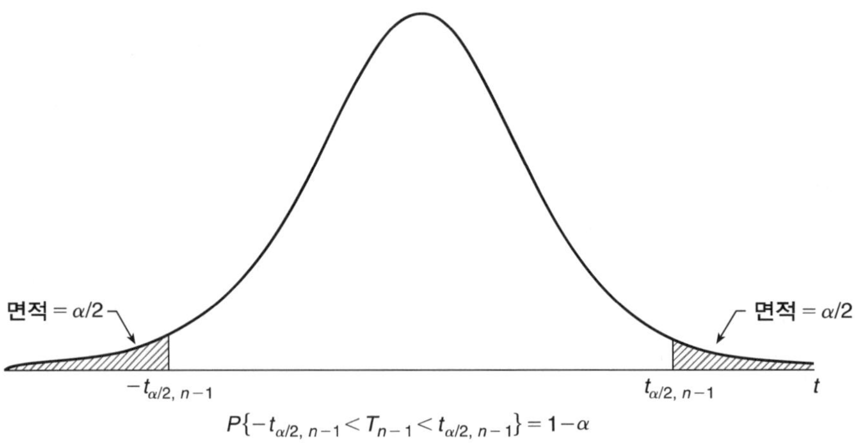


**그림 7.2** $t$-밀도함수

$$P\left\{-t_{\alpha/2,n-1} < \sqrt{n}\frac{(\overline{X}-\mu)}{S} < t_{\alpha/2,n-1}\right\} = 1-\alpha$$

즉,

$$P\{-t_{\alpha/2,n-1}\frac{S}{\sqrt{n}} < \bar{X} - \mu < t_{\alpha/2,n-1}\frac{S}{\sqrt{n}}\} = 1 - \alpha$$

위 식의 양변에 -1을 곱하고 $\overline{X}$을 더하면 다음의 식을 얻는다.

$$P\left\{\overline{X} - t_{\alpha/2,n-1}\frac{S}{\sqrt{n}} < \mu < \overline{X} + t_{\alpha/2,n-1}\frac{S}{\sqrt{n}}\right\} = 1 - \alpha$$

이제 $\overline{X} = \overline{x}$와 $S = s$로 관측된다면 "100(1 − α)% 신뢰를 갖고" 다음과 같이 주장할 수 있다.

$$\mu \in \left(\overline{x} - t_{\alpha/2,n-1}\frac{s}{\sqrt{n}}, \overline{x} + t_{\alpha/2,n-1}\frac{s}{\sqrt{n}}\right)$$

### 예제 7.3e

예제 7.3a로 다시 한 번 돌아가되 이번에는 장소 A에서 $\mu$라는 값을 송신하였을 때, 장소 B에서 수신한 값이 평균은 $\mu$이고 분산은 $\sigma^2$인 정규분포를 따르지만 $\sigma^2$이 알려져 있지 않다고 가정한다. 예제 7.3a에서와 같이 9개의 연속적인 값이 5, 8.5, 12, 15, 7, 9, 7.5, 6.5, 10.5일 때, $\mu$에 대한 95% 신뢰구간을 계산하라.

**풀이** 간단한 계산을 통해 다음 값들을 얻는다.

$$\overline{x} = 9$$

그리고

$$s^2 = \frac{\sum x_i^2 - 9(\overline{x})^2}{8} = 9.5$$

즉,

$$s = 3.082$$

따라서 $t_{.025,8} = 2.306$이므로 $\mu$에 대한 95% 신뢰구간은 아래와 같으며, 이것은 예제 7.3a에서 구한 것보다 큰 구간이다.

$$\left[9 - 2.306\frac{(3.082)}{3}, 9 + 2.306\frac{(3.082)}{3}\right] = (6.63, 11.37)$$

이번에 구한 구간이 예제 7.3a의 구간보다 큰 이유는 두 가지이다. 가장 중요한 요인은 예제 7.3a에서보다 추정된 분산이 크기 때문이다. 즉, 예제 7.3a에서는 $\sigma^2$이 4와 같다고 알려져 있었던 반면, 이번의 예제에서는 알려져 있지 않다고 가정하고 추정치를 계산한 결과 9.5를 얻었는데, 이로 인해 신뢰구간이 커진 것이다. 사실 $\sigma^2$에 대한 추정치가 4였다고 하더라도 신뢰구간은 예제 7.3a에서보다 더 커졌을 텐데, 이는 분산을 추정해야 했던 탓에 표준정규보다 더 큰 분산을 가지므로 산포도가 커지는 $t$-분포를 이용해야 했기 때문이다(정규분포는 $\sigma^2$이 알려져 있을 때 사용될 수 있음). 예를 들어 $\bar{x} = 9$이고 $s^2 = 4$이었을 경우, 신뢰구간은 아래와 같았을 것이며 이 구간은 예제 7.3a에서 구한 구간보다 크다.

$$\left(9 - 2.306 \cdot \tfrac{2}{3}, 9 + 2.306 \cdot \tfrac{2}{3}\right) = (7.46, 10.54)$$ ■

## 메모

(a) $\sigma$가 알려져 있을 때 $\mu$에 대한 신뢰구간은 $\sqrt{n}\,(\overline{X} - \mu)/\sigma$가 표준정규분포라는 사실에 근거하여 정해진다. $\sigma$가 알려져 있지 않을 경우, 앞에서 제시한 방법에서는 $\sigma$를 $S$로 추정하고 $\sqrt{n}\,(\overline{X} - \mu)/S$가 자유도 $n-1$의 $t$-분포를 따른다는 사실을 이용한다.

(b) 분산이 알려져 있지 않다고 해서 $\mu$에 대한 $100(1-\alpha)\%$ 신뢰구간이 항상 커지는 것은 아니다. $\sigma$가 알려져 있을 때 $\mu$에 대한 $100(1-\alpha)\%$ 신뢰구간의 길이는 $2z_\alpha\sigma/\sqrt{n}$ 인데, $\sigma$가 알려져 있지 않을 때는 구간의 길이가 $2t_{\alpha,n-1}S/\sqrt{n}$ 가 된다. 표본표준편차 $S$가 $\sigma$보다 훨씬 작은 경우도 있을 수 있다. 그러나 $\sigma$가 알려져 있지 않을 때 신뢰구간의 평균 길이가 더 길다는 것을 보일 수 있다. 즉, 다음 사실을 보일 수 있다.

$$t_{\alpha,n-1}E[S] \geq z_\alpha \sigma$$

실제로 14장에서 $E[S]$를 계산하며, 예를 들어 다음 경우를 계산해 보인다.

$$E[S] = \begin{cases} .94\sigma & n = 5\text{일 때} \\ .97\sigma & n = 9\text{일 때} \end{cases}$$

또한,

$$z_{.025} = 1.96, \qquad t_{.025,4} = 2.78, \qquad t_{.025,8} = 2.31$$

이므로, $\sigma$가 알려져 있을 때 크기가 5인 표본에서 구한 95% 신뢰구간의 길이는 $2 \times 1.96\,\sigma/\sqrt{5} = 1.75\,\sigma$인 데 비해 $\sigma$가 알려져 있지 않을 때 예상되는 길이는 $2 \times 2.78 \times .94\sigma/\sqrt{5} = 2.34\,\sigma$이며, 이는 33.7% 증가한 것이다. 표본의 크기가 9일 경우, 두 값은 각기 $1.31\sigma$와 $1.49\sigma$가 되며, 13.7% 늘어난 것을 알 수 있다.

다음 사실을 이용하여 단측 상한 신뢰구간을 구할 수 있다.

$$P\left\{\sqrt{n}\frac{(\overline{X} - \mu)}{S} < t_{\alpha,n-1}\right\} = 1 - \alpha$$

즉,

$$P\left\{\overline{X}-\mu<\frac{S}{\sqrt{n}}t_{\alpha,n-1}\right\}=1-\alpha$$

즉,

$$P\left\{\mu>\overline{X}-\frac{S}{\sqrt{n}}t_{\alpha,n-1}\right\}=1-\alpha$$

따라서 $\overline{X}=\bar{x}$ 와 $S=s$로 관측된다면 "100(1 − $\alpha$)% 신뢰를 갖고" 다음과 같이 주장할 수 있다.

$$\mu\in\left(\bar{x}-\frac{s}{\sqrt{n}}t_{\alpha,n-1},\infty\right)$$

같은 방법으로 100(1 − $\alpha$) 하한 신뢰구간은 다음과 같이 구할 수 있다.

$$\mu\in\left(-\infty,\bar{x}+\frac{s}{\sqrt{n}}t_{\alpha,n-1}\right)$$

R을 이용하여 신뢰구간을 계산할 수 있다. $x_1$, ....., $x_n$ 데이터 입력값에 대해서 100(1 − $\alpha$)% 신뢰구간은 다음과 같이 구한다.

$> d = c(x_1,\ldots,x_n)$
$> l = \text{mean}(d) - qt(1-\alpha/2, n-1) * \text{sqrt}(\text{var}(d)/n)$
$> u = \text{mean}(d) + qt(1-\alpha/2, n-1) * \text{sqrt}(\text{var}(d)/n)$
$> c(l,u)$

예를 들어 R을 이용하여 분산을 모르는 정규 데이터의 평균에 대한 99% 신뢰구간을 구한다고 하자. 데이터는 5,9,12,8.6,7.2,13,9.5이다. 신뢰구간을 구하기 위해 다음의 R 명령어를 사용한다.

```
> d = c(5, 9, 12, 8.6, 7.2, 13, 9.5)
> l = mean(d) - qt(.995, 6) * sqrt(var(d)/7)
> u = mean(d) + qt(.995, 6) * sqrt(var(d)/7)
> c(l, u)
```

결과는 다음과 같고

```
[1] 5.37346331037313  12.9979652610554
```

비슷한 상한 그리고 하한 신뢰구간을 얻었다.

### 예제 7.3f

어느 헬스클럽의 회원 15명을 무작위로 선택하여 안정 시 맥박수를 측정하여 얻은 데이터가 54, 63, 58, 72, 49, 92, 70, 73, 69, 104, 48, 66, 80, 64, 77이라고 한다. 전체 회원의 평균

안정 시 맥박수에 대한 95% 신뢰구간을 구하라. 또, 이 평균에 대한 95% 하한 신뢰구간을 구하라.

**풀이** R을 이용하여 양측 95% 신뢰구간 그리고 95% 하한 신뢰구간을 구하면 다음과 같다.

```
>d = c(54, 63, 58, 72, 49, 92, 70, 73, 69, 104, 48, 66, 80, 64, 77)
>l = mean(d) - qt(.975, 14) * sqrt(var(d)/15)
>u = mean(d) + qt(.975, 14) * sqrt(var(d)/15)
>c(l, u)
[1] 60.8669366732691, 77.6663966600643
>ub = mean(d) + qt(.95, 14) * sqrt(var(d)/15)
[1] 76.16457
```

따라서, $\mu$에 대한 95% 양측 신뢰구간은 (60.8669366732691, 77.6663966600643)이고 95% 하한 신뢰구간은 $(-\infty,\ 76.16457)$이다. ■

모집단평균 $\mu$에 대한 $100(1-\alpha)\%$ 신뢰구간을 도출할 때 모집단이 정규분포를 따른다고 가정하였다. 그러나 그렇지 않을 경우에도 표본이 충분히 클 경우 그와 같이 구한 구간들은 $\mu$에 대한 $100(1-\alpha)\%$ 신뢰구간에 가까울 것이다. 그 이유는 중심극한정리에 의해 $\sqrt{n}\,(\overline{X}-\mu)/\sigma$가 정규분포에 가까울 것이며, $\sqrt{n}\,(\overline{X}-\mu)/S$가 $t$-분포에 가까울 것이기 때문이다.

### 예제 7.3g

시뮬레이션은 일차원 적분이나 다차원 적분의 계산에 유용한 방법이다. 예를 들어 $f$를 $r$-차원 벡터 $(y_1, \ldots, y_r)$의 함수로 두고, 아래와 같이 정의되는 양 $\theta$를 추정하는 문제를 생각해보자.

$$\theta = \int_0^1 \int_0^1 \cdots \int_0^1 f(y_1, y_2, \ldots, y_r)\, dy_1 dy_2 \cdots dy_r$$

먼저 $U_1,\ U_2, \ldots,\ U_r$이 서로 독립이며 구간 (0, 1) 상의 균일 확률변수일 경우

$$\theta = E[f(U_1, U_2, \ldots, U_r)]$$

임에 주목하기 바란다. 서로 독립이며 구간 (0, 1) 상의 균일 확률변수에 가까운 값들을 컴퓨터상에서 (소위 **의사난수(pseudo random number)**라는 것으로) 만들 수 있다. 의사난수 $r$개로 이루어진 벡터를 생성하고 그 벡터에 대한 $f$값을 계산하여 얻은 값을 $X_1$이라 하면, $X_1$은 평균이 $\theta$인 확률변수가 된다. 이제 이러한 과정을 반복하여 또 다른 값을 구하여 $X_2$라 하면, $X_2$는 $X_1$과 동일한 분포를 갖는다. 이를 계속하여 서로 독립이고 동일한 분포를 갖고 평균이 $\theta$인 확률변수들의 열 $X_1,\ X_2, \ldots,\ X_n$을 생성할 수 있으며, 이들에 대해 관측된 값들을 사용하여 $\theta$를 추정한다. 적분의 근삿값을 구하는 이러한 방법을 **몬테카를로 시뮬레이션(Monte Carlo simulation)**이라고 부른다.

예를 들어 아래와 같은 일차원 적분의 추정치를 구하는 문제를 생각해보자. 여기에서 $U$는 구간 (0, 1) 상의 균일 확률변수이다.

$$\theta = \int_0^1 \sqrt{1-y^2}\,dy = E[\sqrt{1-U^2}]$$

이를 위해 $U_1, \ldots, U_{100}$을 서로 독립이며 구간 (0, 1) 상의 균일 확률변수들이라고 하고, $X_i$들을 다음과 같이 정의한다.

$$X_i = \sqrt{1-U_i^2}, \qquad i = 1, \ldots, 100$$

이러한 방법으로 평균이 $\theta$인 100개의 확률변수들을 만든다. 이제 컴퓨터를 사용하여 $U_1, \ldots, U_{100}$의 값들을 생성하였더니 $X_1, \ldots, X_{100}$의 표본평균은 .786이고 표본표준편차는 .03이었다고 하자. 이 경우 $t_{.025,99} = 1.985$이므로, $\theta$를 위한 95% 신뢰구간은 다음과 같이 주어질 것이다.

$$.786 \pm 1.985(.003)$$

이 결과로 95%의 신뢰를 갖고 $\theta$가 .780과 .792 사이에 있다고 주장할 수 있다($\theta$의 실제값은 $\pi/4$임). ■

## 7.3.2 예측구간

$X_1, \ldots, X_n, X_{n+1}$이 미지의 평균 $\mu$와 미지의 분산 $\sigma^2$을 갖는 정규분포에서 추출된 표본이라고 하자. $X_1, \ldots, X_n$의 값을 관찰하고 이를 이용하여 $X_{n+1}$을 예측하려고 한다. 평균 $\mu$가 알려져 있다면 당연히 평균 $\mu$가 $X_{n+1}$에 대한 예측량이 되겠지만, 평균 $\mu$가 알려져 있지 않으므로 $X_1, \ldots, X_n$을 관찰하여 구한 평균 $\mu$에 대한 추정량, 즉, 관찰된 값들의 평균을 $X_{n+1}$에 대한 예측량으로 사용하게 될 것이다. 즉, 관찰된 값들의 평균 $\overline{X}_n = \sum_{i=1}^n X_i/n$을 $X_{n+1}$에 대한 예측량으로 사용하게 될 것이다.

이제 특정 신뢰도를 갖고 $X_{n+1}$이 속하게 될 예측구간을 결정하고자 한다. 먼저 $\overline{X}_n$은 평균이 $\mu$이고 분산이 $\sigma^2/n$인 정규 확률변수이며, 평균이 $\mu$이고 분산이 $\sigma^2$인 정규 확률변수 $X_{n+1}$와는 독립이라는 사실로부터 $X_{n+1} - \overline{X}_n$은 평균이 0이고 분산이 $\sigma^2/n + \sigma^2$인 정규 확률변수임을 알 수 있다. 따라서

$$\frac{X_{n+1} - \bar{X}_n}{\sigma\sqrt{1+1/n}} \text{은 표준정규 확률변수이다.}$$

이는 $S_n^2 = \sum_{i=1}^n (X_i - \overline{X}_n)^2/(n-1)$와는 독립이므로 따름정리 6.5.2의 확립에 사용된 논리에 따라 위의 식에서 $\sigma$를 그 추정량인 $S_n$으로 바꾸기만 하면 자유도가 $n-1$인 $t$-확률변수를 얻게 된다. 즉,

$$\frac{X_{n+1} - \bar{X}_n}{S_n\sqrt{1 + 1/n}}$$

은 자유도가 $n-1$인 $t$-확률변수이다. 따라서 임의의 $\alpha \in (0,1/2)$에 대해

$$P\{-t_{\alpha/2,n-1} < \frac{X_{n+1} - \bar{X}_n}{S_n\sqrt{1 + 1/n}} < t_{\alpha/2,n-1}\} = 1 - \alpha$$

이며, 이는 다음의 확률과 같다.

$$P\{\bar{X}_n - t_{\alpha/2,n-1} S_n\sqrt{1 + 1/n} < X_{n+1} < \bar{X}_n + t_{\alpha/2,n-1} S_n\sqrt{1 + 1/n}\}$$

따라서 $\overline{X}_n$과 $S_n$에 대한 관찰 값이 각기 $\bar{x}_n$과 $s_n$일 경우 $100(1-\alpha)\%$ 신뢰를 갖고 $X_{n+1}$이 $\bar{x}_n - t_{\alpha/2,n-1} s_n\sqrt{1 + 1/n}$과 $\bar{x}_n + t_{\alpha/2,n-1} s_n\sqrt{1 + 1/n}$ 사이에 있을 것으로 예측할 수 있다. 즉, $100(1-\alpha)\%$ 신뢰를 갖고

$$X_{n+1} \in \left(\bar{x}_n - t_{\alpha/2,n-1} s_n\sqrt{1 + 1/n},\ \ \bar{x}_n + t_{\alpha/2,n-1} s_n\sqrt{1 + 1/n}\right)$$

을 예측할 수 있다.

**예제 7.3h**

다음은 최근 7일 동안 걸은 걸음 수이다.

6822 5333 7420 7432 6252 7005 6752

일일 걸음 수가 독립적인 정규 확률변수라고 가정하고 내일 걸을 걸음 수에 대한 95% 신뢰도의 예측구간을 구하라.

**풀이** 7개의 데이터 값에 대한 간단한 계산을 통해 표본 평균과 표본 분산을 다음과 같이 구한다.

$$\overline{X}_7 = 6716.57 \qquad S_7 = 733.97$$

$t_{.025,6} = 2.447$, 그리고 $2.447 \cdot 733.97\sqrt{1+1/7} = 1920.03$이므로 95% 신뢰를 갖고 내일 걸을 걸음 수는 $6716.57 - 1920.03$과 $6716.57 + 1920.03$ 사이에 있을 것으로 예측할 수 있다. 즉, 95% 신뢰를 갖고 $X_8$은 구간 (4796.54, 8636.60)에 속할 것이다. ■

### 7.3.3 정규분포의 분산에 대한 신뢰구간

$X_1, \ldots, X_n$이 미지의 모수 $\mu$와 $\sigma^2$을 갖는 정규분포에서 추출된 표본일 때, 다음 사실을 이용하여 $\sigma^2$에 대한 신뢰구간을 구성할 수 있다.

$$(n-1)\frac{S^2}{\sigma^2} \sim \chi^2_{n-1}$$

따라서

$$P\left\{\chi^2_{1-\alpha/2,n-1} \le (n-1)\frac{S^2}{\sigma^2} \le \chi^2_{\alpha/2,n-1}\right\} = 1-\alpha$$

즉,

$$P\left\{\frac{(n-1)S^2}{\chi^2_{\alpha/2,n-1}} \le \sigma^2 \le \frac{(n-1)S^2}{\chi^2_{1-\alpha/2,n-1}}\right\} = 1-\alpha$$

따라서 $S^2 = s^2$일 때, $\sigma^2$에 대한 $100(1-\alpha)\%$ 신뢰구간은 다음과 같다.

$$\left(\frac{(n-1)s^2}{\chi^2_{\alpha/2,n-1}}, \frac{(n-1)s^2}{\chi^2_{1-\alpha/2,n-1}}\right)$$

### 예제 7.3i

두께에 있어 아주 근소한 편차를 갖는 와셔를 생산하는 표준화된 절차가 있다. 이러한 와셔 10개를 무작위로 선택하여 인치 단위로 두께를 측정하였더니 아래와 같았다고 한다.

| | |
|---|---|
| .123 | .133 |
| .124 | .125 |
| .126 | .128 |
| .120 | .124 |
| .130 | .126 |

이 절차에 의해 생산된 와셔 두께의 표준편차를 위한 90% 신뢰구간을 구하라.

**풀이** R을 이용하여 다음 값을 얻는다.

```
>d = c(.123, .124, .126, .120, .130, .133, .125, .128, .124, .126)
>l = 9 * var(d)/ qchisq(.95, 9)
>u = 9 * var(d)/ qchisq(.05, 9)
>c(l, u)
[1]7.26403231164731e - 06  3.69611516361794e - 05
```

이므로 .90의 신뢰를 갖고 다음 식이 성립함을 알 수 있다.

$$\sigma^2 \in (7.267 \times 10^{-6}, \quad 36.875 \times 10^{-6})$$

여기에 제곱근을 취하면 .90의 신뢰를 갖고 다음 식이 성립함을 알 수 있다.

$$\sigma \in (2.696 \times 10^{-3}, \quad 6.072 \times 10^{-3})$$ ■

$\sigma^2$에 대한 단측 신뢰구간들도 비슷한 논리에 따라 구할 수 있으며 이 절의 결과를 요약하고 있는 표 7.1에 포함되어 있다.

**표 7.1** 100(1 − α)% 신뢰구간

$$X_1, \ldots, X_n \sim \mathcal{N}(\mu, \sigma^2)$$

$$\overline{X} = \sum_{i=1}^{n} X_i/n, \qquad S = \sqrt{\sum_{i=1}^{n}(X_i - \overline{X})^2/(n-1)}$$

| 가정 | 모수 | 신뢰구간 | 하한 구간 | 상한 구간 |
|---|---|---|---|---|
| $\sigma^2$ 알려짐 | $\mu$ | $\overline{X} \pm z_{\alpha/2}\dfrac{\sigma}{\sqrt{n}}$ | $\left(-\infty, \overline{X} + z_\alpha \dfrac{\sigma}{\sqrt{n}}\right)$ | $\left(\overline{X} + z_\alpha \dfrac{\sigma}{\sqrt{n}}, \infty\right)$ |
| 미지의 $\sigma^2$ | $\mu$ | $\overline{X} \pm t_{\alpha/2,n-1}\dfrac{S}{\sqrt{n}}$ | $\left(-\infty, \overline{X} + t_{\alpha,n-1}\dfrac{S}{\sqrt{n}}\right)$ | $\left(\overline{X} - t_{\alpha,n-1}\dfrac{S}{\sqrt{n}}, \infty\right)$ |
| 미지의 $\mu$ | $\sigma^2$ | $\left(\dfrac{(n-1)S^2}{\chi^2_{\alpha/2,n-1}}, \dfrac{(n-1)S^2}{\chi^2_{1-\alpha/2,n-1}}\right)$ | $\left(0, \dfrac{(n-1)S^2}{\chi^2_{1-\alpha,n-1}}\right)$ | $\left(\dfrac{(n-1)S^2}{\chi^2_{\alpha,n-1}}, \infty\right)$ |

## 7.4 두 정규 모집단의 평균의 차에 대한 추정

$X_1, X_2, \ldots, X_n$은 평균이 $\mu_1$이고 분산이 $\sigma_1^2$인 정규 모집단에서 추출된 크기 $n$의 표본이고 $Y_1, \ldots, Y_m$은 평균이 $\mu_2$이고 분산이 $\sigma_2^2$인 또 다른 정규 모집단에서 추출된 크기 $m$의 표본이며, 두 표본은 서로 독립이라고 하자. 이때 $\mu_1 - \mu_2$를 추정하고자 한다.

$\overline{X} = \sum_{i=1}^{n} X_i/n$과 $\overline{Y} = \sum_{i=1}^{m} Y_i/m$은 $\mu_1$와 $\mu_2$에 대한 최대우도 추정량이므로, $\overline{X} - \overline{Y}$가 $\mu_1 - \mu_2$에 대한 최대우도 추정량임을 직관적으로 알 수 있으며 이를 증명할 수도 있다.

이에 대한 신뢰구간을 추정할 수 있기 위해서는 $\overline{X} - \overline{Y}$의 분포를 필요로 한다.

$$\overline{X} \sim \mathcal{N}(\mu_1, \sigma_1^2/n)$$
$$\overline{Y} \sim \mathcal{N}(\mu_2, \sigma_2^2/m)$$

이므로, 서로 독립인 정규 확률변수의 합 또한 정규라는 사실에서 다음 사실을 얻을 수 있다.

$$\overline{X} - \overline{Y} \sim \mathcal{N}\left(\mu_1 - \mu_2, \frac{\sigma_1^2}{n} + \frac{\sigma_2^2}{m}\right)$$

따라서 $\sigma_1^2$과 $\sigma_2^2$이 알려져 있을 경우, 다음 결과를 얻는다.

$$\frac{\overline{X}-\overline{Y}-(\mu_1-\mu_2)}{\sqrt{\dfrac{\sigma_1^2}{n}+\dfrac{\sigma_2^2}{m}}} \sim \mathcal{N}(0,1) \tag{7.4.1}$$

따라서

$$P\left\{-z_{\alpha/2} < \frac{\overline{X}-\overline{Y}-(\mu_1-\mu_2)}{\sqrt{\dfrac{\sigma_1^2}{n}+\dfrac{\sigma_2^2}{m}}} < z_{\alpha/2}\right\} = 1-\alpha$$

즉,

$$P\left\{\overline{X}-\overline{Y}-z_{\alpha/2}\sqrt{\frac{\sigma_1^2}{n}+\frac{\sigma_2^2}{m}} < \mu_1-\mu_2 < \overline{X}-\overline{Y}+z_{\alpha/2}\sqrt{\frac{\sigma_1^2}{n}+\frac{\sigma_2^2}{m}}\right\} = 1-\alpha$$

따라서 $\overline{X}$와 $\overline{Y}$에 대해 관측된 값이 각기 $\bar{x}$와 $\bar{y}$일 경우, $\mu_1-\mu_2$에 대한 $100(1-\alpha)\%$ 양측 신뢰구간은 다음과 같다.

$$\mu_1-\mu_2 \in \left(\bar{x}-\bar{y}-z_{\alpha/2}\sqrt{\frac{\sigma_1^2}{n}+\frac{\sigma_2^2}{m}},\ \bar{x}-\bar{y}+z_{\alpha/2}\sqrt{\frac{\sigma_1^2}{n}+\frac{\sigma_2^2}{m}}\right)$$

$\mu_1-\mu_2$에 대한 단측 신뢰구간도 비슷한 방법으로 구할 수 있으며, $100(1-\alpha)\%$ 단측 신뢰구간이 아래와 같이 주어진다는 것에 대한 증명은 각자 해보기 바란다.

$$\mu_1-\mu_2 \in \left(-\infty,\ \bar{x}-\bar{y}+z_{\alpha}\sqrt{\sigma_1^2/n+\sigma_2^2/m}\right)$$

### 예제 7.4a

두 가지 서로 다른 유형의 전선 피복에 대해 최근 파손이 발생하는 전압 수준을 파악하기 위한 시험이 수행되었다. 실험실 장치에서 견본에 전압을 증가시켜 나갔을 때 두 가지 유형의 전선 피복에서 파손이 발생하는 전압은 다음과 같이 측정되었다.

| 유형 $A$ | | 유형 $B$ | |
|---|---|---|---|
| 36 | 54 | 52 | 60 |
| 44 | 52 | 64 | 44 |
| 41 | 37 | 38 | 48 |
| 53 | 51 | 68 | 46 |
| 38 | 44 | 66 | 70 |
| 36 | 35 | 52 | 62 |
| 34 | 44 | | |

$A$ 유형의 피복을 갖는 전선이 견딜 수 있는 전압 세기는 미지의 평균 $\mu_A$와 기지의 분산 $\sigma_A^2 = 40$을 갖는 정규분포를 따르며, $B$ 유형의 피복을 갖는 전선이 견딜 수 있는 전압 세기는 미지의 평균 $\mu_B$와 기지의 분산 $\sigma_B^2 = 100$을 갖는 정규분포를 따른다는 사실이 알려져 있다고 하자. $\mu_A - \mu_B$에 대한 95% 신뢰구간을 구하라. 95% 신뢰를 갖고 $\mu_A - \mu_B$를 초과할 것으로 주장할 수 있는 값을 구하라.

**풀이** R을 이용하여 다음 값을 얻는다.

```
>x = c(52, 64, 38, 68, 66, 52, 60, 44, 48, 46, 70, 62)
>y = c(36, 44, 41, 53, 38, 36, 34, 54, 52, 37, 51, 44, 35, 44)

>l = mean(x) - mean(y) - qnorm(.975) * sqrt(40/14 + 100/12)
>u = mean(x) - mean(y) + qnorm(.975) * sqrt(40/14 + 100/12)
>c(l, u)
[1]6.491114  19.604124
```

따라서, 95% 신뢰로 $\mu_B - \mu_A \in$ (6.491114, 19.604124)이다. 하한 신뢰구간을 구하기 위해서 계속 R을 다음과 같이 사용한다.

```
>mean(x) - mean(y) + qnorm(.95) * sqrt(40/14 + 100/12)
[1]7.545227
```

따라서, 95% 신뢰로 $\mu_B - \mu_A \geq 7.545227$이다. ■

이제 모집단분산 $\sigma_1^2$과 $\sigma_2^2$이 알려져 있지 않은 상황에서 $\mu_1 - \mu_2$에 대한 구간추정량을 구하는 문제를 생각해보자. 이 경우 식 (7.4.1)에서 $\sigma_1^2$, $\sigma_2^2$을 아래의 표본분산들로 대체하는 것은 당연한 시도이다.

$$S_1^2 = \sum_{i=1}^{n} \frac{(X_i - \overline{X})^2}{n-1}$$
$$S_2^2 = \sum_{i=1}^{m} \frac{(Y_i - \overline{Y})^2}{m-1}$$

즉, 다음과 같은 식에 근거한 구간추정치를 고려하는 것이 당연할 것이다.

$$\frac{\overline{X} - \overline{Y} - (\mu_1 - \mu_2)}{\sqrt{S_1^2/n + S_2^2/m}}$$

그러나 신뢰구간을 구하기 위해 위의 식을 이용하기 위해서는 그 분포를 알아야 하며 그 분포는 미지의 모수인 $\sigma_1^2$, $\sigma_2^2$ 어느 것에도 의존해서는 안 된다. 유감스럽게도 이 분포는 복잡할 뿐만 아니라 실제로 미지의 모수 $\sigma_1^2$, $\sigma_2^2$ 등에 종속되어 있다. 사실 구간추정량을 구할 수 있는 것은 $\sigma_1^2 = \sigma_2^2$가 성립하는 특별한 경우뿐이다. 따라서 모집단분산들이 알려져 있지는 않지만 동일하며 $\sigma^2$이 공통의 분산 값들을 나타낸다고 하자. 이제 정리 6.5.1에서 다음 사실을 알 수 있다.

$$(n-1)\frac{S_1^2}{\sigma^2} \sim \chi_{n-1}^2$$

그리고

$$(m-1)\frac{S_2^2}{\sigma^2} \sim \chi_{m-1}^2$$

또한, 표본들은 독립적이므로 위의 두 개의 카이제곱 확률변수들도 서로 독립이다. 따라서 서로 독립인 카이제곱 확률변수들의 합은 각각의 자유도를 합한 자유도를 갖는 카이제곱 확률변수가 된다는 카이제곱 확률변수의 가법 성질로부터 다음 식이 성립함을 알 수 있다.

$$(n-1)\frac{S_1^2}{\sigma^2} + (m-1)\frac{S_2^2}{\sigma^2} \sim \chi_{n+m-2}^2 \tag{7.4.2}$$

또한,

$$\overline{X} - \overline{Y} \sim \mathcal{N}\left(\mu_1 - \mu_2, \frac{\sigma^2}{n} + \frac{\sigma^2}{m}\right)$$

이므로, 다음 사실을 알 수 있다.

$$\frac{\overline{X} - \overline{Y} - (\mu_1 - \mu_2)}{\sqrt{\dfrac{\sigma^2}{n} + \dfrac{\sigma^2}{m}}} \sim \mathcal{N}(0, 1) \tag{7.4.3}$$

이제 정규 표본에서 $\overline{X}$와 $S^2$이 서로 독립이라는 기본적인 사실(정리 6.5.1)로부터 $\overline{X}_1$, $S_1^2$, $\overline{X}_2$, $S_2^2$ 등이 서로 독립인 확률변수임을 알 수 있다. 따라서 (분자는 표준정규 확률변수이고 분모는 카이제곱 확률변수의 제곱근을 카이제곱분포의 자유도로 나눈 값을 사용하여 두 개의 서로 독립인 확률변수의 비율로 정의되는) $t$-확률변수의 정의와 식 (7.4.2) 및 (7.4.3)으로부터

$$S_p^2 = \frac{(n-1)S_1^2 + (m-1)S_2^2}{n+m-2}$$

와 같이 정의되는 $S_p^2$에 대해 아래와 같이 주어지는 값이 자유도 $n+m-2$의 $t$-분포를 따른다는 것을 알 수 있다.

$$\frac{\overline{X}-\overline{Y}-(\mu_1-\mu_2)}{\sqrt{\sigma^2(1/n+1/m)}} \div \sqrt{S_p^2/\sigma^2} = \frac{\overline{X}-\overline{Y}-(\mu_1-\mu_2)}{\sqrt{S_p^2(1/n+1/m)}}$$

따라서

$$P\left\{-t_{\alpha/2,n+m-2} \le \frac{\overline{X}-\overline{Y}-(\mu_1-\mu_2)}{S_p\sqrt{1/n+1/m}} \le t_{\alpha/2,n+m-2}\right\} = 1-\alpha$$

따라서 데이터에서 계산된 결과가 $\overline{X} = \bar{x}$, $\overline{Y} = \bar{y}$, $S_p = s_p$이면, $\mu_1 - \mu_2$에 대한 100(1 − α)% 신뢰구간은 다음과 같다.

$$\left(\bar{x}-\bar{y}-t_{\alpha/2,n+m-2}s_p\sqrt{1/n+1/m},\quad \bar{x}-\bar{y}+t_{\alpha/2,n+m-2}s_p\sqrt{1/n+1/m}\right) \tag{7.4.4}$$

단측 신뢰구간들도 비슷한 방법으로 구할 수 있다.

### 예제 7.4b

분산이 같지만, 모른다고 가정하고 예제 7.4.a에서 사용된 데이터의 $\mu_B - \mu_A$에 대한 95% 양측 신뢰구간을 구하라.

**풀이** R을 이용하면 다음과 같다.

```
>sp = sqrt((11 * var(x) + 13 * var(y))/24)
>l = mean(x) − mean(y) − qt(.975, 24) * sp * sqrt(1/12 + 1/14)
>l = mean(x) − mean(y) + qt(.975, 24) * sp * sqrt(1/12 + 1/14)
>c(l, u)
[1]5.830952  20.264286
```
■

### 메모

식 (7.4.4)로 주어지는 신뢰구간을 구할 때 모집단분산이 동일한 것으로 가정하였다. 공통의 분산 값을 $\sigma^2$라고 하면

$$\frac{\overline{X}-\overline{Y}-(\mu_1-\mu_2)}{\sqrt{\sigma^2/n+\sigma^2/m}} = \frac{\overline{X}-\overline{Y}-(\mu_1-\mu_2)}{\sigma\sqrt{1/n+1/m}}$$

은 표준정규분포를 갖는다. 그러나 $\sigma^2$은 이 결과에서 미지의 값으로 신뢰구간을 구할 때 바로 적용할 수는 없으므로 먼저 $\sigma^2$에 대한 추정이 필요하다. 이를 위해 두 개의 표본분산 모두 $\sigma^2$에 대한 추정량으로 사용된다는 사실을 유의하기 바란다. 더욱이 $S_1^2$의 자유도는 $n - 1$이고 $S_2^2$의 자유도는 $m - 1$이므로, 두 개의 표본분산에 대한 가중평균을 계산하여 추정량으로 이용한다. 즉, $\sigma^2$에 대한 추정량은 다음과 같은 합동추정량이며

$$S_p^2 = \frac{(n-1)S_1^2 + (m-1)S_2^2}{n+m-2}$$

신뢰구간은 다음과 같은 통계량에 근거하는데,

$$\frac{\overline{X} - \overline{Y} - (\mu_1 - \mu_2)}{\sqrt{S_p^2}\sqrt{1/n + 1/m}}$$

**표 7.2** $\mu_1 - \mu_2$에 대한 $100(1-\alpha)\%$ 신뢰구간

$$X_1, \ldots, X_n \sim \mathcal{N}(\mu_1, \sigma_1^2)$$
$$Y_1, \ldots, Y_m \sim \mathcal{N}(\mu_2, \sigma_2^2)$$
$$\overline{X} = \sum_{i=1}^{n} X_i/n, \quad S_1^2 = \sum_{i=1}^{n}(X_i - \overline{X})^2/(n-1)$$
$$\overline{Y} = \sum_{i=1}^{m} Y_i/n, \quad S_2^2 = \sum_{i=1}^{m}(Y_i - \overline{Y})^2/(m-1)$$

| 가정 | | 신뢰구간 |
|---|---|---|
| $\sigma_1, \sigma_2$ | 알려짐 | $\overline{X} - \overline{Y} \pm z_{\alpha/2}\sqrt{\sigma_1^2/n + \sigma_2^2/m}$ |
| $\sigma_1, \sigma_2$ | 모르지만 같음 | $\overline{X} - \overline{Y} \pm t_{\alpha/2,n+m-2}\sqrt{\left(\frac{1}{n} + \frac{1}{m}\right)\frac{(n-1)S_1^2 + (m-1)S_2^2}{n+m-2}}$ |

| 가정 | | 하한 신뢰구간 |
|---|---|---|
| $\sigma_1, \sigma_2$ | 알려짐 | $(-\infty, \overline{X} - \overline{Y} + z_{\alpha}\sqrt{\sigma_1^2/n + \sigma_2^2/m})$ |
| $\sigma_1, \sigma_2$ | 모르지만 같음 | $\left(-\infty, \overline{X} - \overline{Y} + t_{\alpha,n+m-2}\sqrt{\left(\frac{1}{n} + \frac{1}{m}\right)\frac{(n-1)S_1^2 + (m-1)S_2^2}{n+m-2}}\right)$ |

유의사항: $\mu_1 - \mu_2$에 대한 상한 신뢰구간은 $\mu_2 - \mu_1$에 대한 하한 신뢰구간과 같다.

앞에서 분석한 바에 의하면 이 통계량은 자유도가 $n + m - 2$인 $t$-분포를 갖는다. 이 절의 결과는 표 7.2에 요약되어 있다.

## 7.5 베르누이 확률변수의 평균에 대한 근사 신뢰구간

각기 독립적이며 특정 기준을 충족할 확률이 미지의 $p$로 주어지는 항목들로 이루어진 모집단이 있다고 하자. 이러한 항목 $n$개를 선택하여 기준 충족 여부를 시험하여 얻을 결과를 $p$에 대한 신뢰구간을 구하는 데 어떻게 사용할 수 있을까?

$n$개의 항목 중 기준을 충족하는 항목 개수를 $X$라고 한다면, $X$는 모수가 $n$과 $p$인 이항 확률변수가 된다. 따라서 $n$이 클 때 이항분포에 대한 정규근사를 이용하면 $X$는 평균이 $np$이고 분산이 $np(1-p)$인 근사정규분포를 따른다는 것을 알 수 있다. 따라서

$$\frac{X-np}{\sqrt{np(1-p)}} \dot{\sim} \mathcal{N}(0,1) \tag{7.5.1}$$

여기에서 $\dot{\sim}$는 "에 근사 분포함"을 의미한다. 따라서 임의의 $\alpha \in (0, 1)$에 대해,

$$P\left\{-z_{\alpha/2} < \frac{X-np}{\sqrt{np(1-p)}} < z_{\alpha/2}\right\} \approx 1-\alpha$$

그러므로 $X$가 $x$와 같은 것으로 관측되면, $p$에 대한 $100(1-\alpha)\%$ 근사 신뢰영역은 다음과 같다.

$$\left\{p : -z_{\alpha/2} < \frac{x-np}{\sqrt{np(1-p)}} < z_{\alpha/2}\right\}$$

그러나 위의 영역은 구간이 아니다. $p$에 대한 신뢰구간을 얻기 위해 $\hat{p} = X/n$을 기준을 충족하는 항목들의 비율이라고 하자. 예제 7.2a로부터 $\hat{p}$가 $p$에 대한 최대우도 추정량임을 알고 있으며, 따라서 이 값은 $p$에 가까울 것이다. 따라서 $\sqrt{n\hat{p}(1-\hat{p})}$은 $\sqrt{np(1-p)}$에 가까울 것이며, 식 (7.5.1)로부터 다음 사실을 알 수 있다.

$$\frac{X-np}{\sqrt{n\hat{p}(1-\hat{p})}} \dot{\sim} \mathcal{N}(0,1)$$

따라서 임의의 $\alpha \in (0, 1)$에 대해 다음 결과를 갖는다.

$$P\left\{-z_{\alpha/2} < \frac{X-np}{\sqrt{n\hat{p}(1-\hat{p})}} < z_{\alpha/2}\right\} \approx 1-\alpha$$

즉,

$$P\{-z_{\alpha/2}\sqrt{n\hat{p}(1-\hat{p})} < np - X < z_{\alpha/2}\sqrt{n\hat{p}(1-\hat{p})}\} \approx 1-\alpha$$

$\hat{p} = X/n$이므로 위의 식은

$$P\{\hat{p} - z_{\alpha/2}\sqrt{\hat{p}(1-\hat{p})/n} < p < \hat{p} + z_{\alpha/2}\sqrt{\hat{p}(1-\hat{p})/n}\} \approx 1-\alpha$$

와 같이 쓸 수 있으며, 이를 통해 $p$에 대한 $100(1-\alpha)\%$ 신뢰구간을 얻을 수 있다.

### 예제 7.5a

큰 트랜지스터 묶음에서 100개를 무작위로 선택한 표본에 대해 이들이 현재의 기준을 충족하는지 시험하였다. 이들 중 80개가 기준을 충족할 경우, 기준을 충족하는 트랜지스터의 비율을 나타내는 $p$에 대한 95% 신뢰구간의 근삿값은 다음과 같이 주어진다.

$$(.8 - 1.96\sqrt{.8(.2)/100}, .8 + 1.96\sqrt{.8(.2)/100}) = (.7216, .8784)$$

즉, "95%의 신뢰를 갖고" 전체 트랜지스터 중 72.16%에서 87.84% 사이가 기준을 충족한다고 할 수 있다. ■

### 예제 7.5b

2003년 10월 4일자 *뉴욕타임즈*에 최근의 여론조사에 의하면 부시 대통령의 업무 능력에 만족한다는 사람들의 비율이 52%이고 오차범위는 ±4%이었다는 기사가 실렸다. 이것이 의미하는 것은 무엇인가? 이 결과로부터 얼마나 많은 사람들을 대상으로 조사하였는지 추론할 수 있는가?

**풀이** 언론매체에서는 보통 95% 신뢰구간을 사용한다. $z_{.025} = 1.96$이므로, 부시 대통령의 업무 능력에 만족하는 사람들의 비율인 $p$에 대한 95% 신뢰구간은 다음과 같이 주어진다.

$$\hat{p} \pm 1.96\sqrt{\hat{p}(1-\hat{p})/n} = .52 \pm 1.96\sqrt{.52(.48)/n}$$

여기에서 $n$은 표본의 크기이다. "오차범위"가 ±4%이므로 다음 결과를 얻는다.

$$1.96\sqrt{.52(.48)/n} = .04$$

즉,

$$n = \frac{(1.96)^2(.52)(.48)}{(.04)^2} = 599.29$$

즉, 대략 599명 정도가 표본에 포함되었으며, 이들 중 52%가 부시 대통령의 업무 능력에 만족하는 것으로 보고되었다. ■

우리는 종종 $p$에 대한 대략적인 $100(1-\alpha)\%$ 신뢰구간이 특정 길이 $b$를 초과하지 않는다고 표현하기를 원한다. 이때의 문제는 이러한 크기의 구간을 얻기 위한 대략적인 표본의 크기 $n$을 결정하는 것이다. 이를 위해 표본 크기가 $n$일 때 $p$에 대한 대략적인 $100(1-\alpha)\%$ 신뢰구간의 길이가 다음과 같이 주어진다.

$$2z_{\alpha/2}\sqrt{\hat{p}(1-\hat{p})/n}$$

이 값은 $2z_{\alpha/2}\sqrt{p(1-p)/n}$에 가깝다. 유감스럽게도 $p$가 미리 알려져 있지 않으므로 필요한 표본 크기 $n$을 결정하기 위해 단순히 $2z_{\alpha/2}\sqrt{p(1-p)/n}$을 $b$로 둘 수는 없다. 우리가

할 수 있는 것은 $p$에 대한 대략적인 추정치를 구하기 위해 먼저 예비 표본을 취하고 이렇게 구한 추정치를 이용하여 $n$을 결정하는 것이다. 즉, 기준을 충족하는 예비 표본의 비율인 $p^*$를 $p$에 대한 예비 추정치로 사용하여 아래 방정식을 풀어 전체 표본 크기 $n$을 결정한다.

$$2z_{\alpha/2}\sqrt{p^*(1-p^*)/n} = b$$

위의 식에서 양변을 제곱하면 다음 식을 얻는다.

$$(2z_{\alpha/2})^2 p^*(1-p^*)/n = b^2$$

즉,

$$n = \frac{(2z_{\alpha/2})^2 p^*(1-p^*)}{b^2}$$

즉, $p$에 대한 예비 추정치를 얻기 위한 초기 표본의 크기가 $k$일 경우, 추가적으로 $n-k$($n \le k$일 경우 0) 개의 항목을 표본으로 추출해야 한다.

### 예제 7.5c

컴퓨터칩을 생산하는 어떤 제조업체에서 생산한 각 칩은 독립적이며 양품일 확률이 미지의 $p$라고 한다. $p$에 대한 대략적인 99% 신뢰구간을 구하기 위해 30개의 칩을 초기 표본으로 선택하는데, 신뢰구간의 대략적인 길이는 .05라고 한다. 이 칩들 중의 26개가 양품이었다면, $p$에 대한 예비 추정치는 26/30이다. 이 값을 사용하면, 대략적인 길이가 .05인 99% 신뢰구간이 요하는 대략적인 표본 크기는 다음과 같이 주어진다.

$$n = \frac{4(z_{.005})^2}{(.05)^2}\frac{26}{30}\left(1-\frac{26}{30}\right) = \frac{4(2.58)^2}{(.05)^2}\frac{26}{30}\frac{4}{30} = 1{,}231$$

따라서 추가적으로 1,201개의 칩을 표본으로 추출해야 한다. 예를 들어 이들 중 1,040개가 양품일 경우, $p$에 대한 최종적인 99% 신뢰구간은 다음과 같다.

$$\left(\frac{1{,}066}{1{,}231} - \sqrt{1{,}066\left(1-\frac{1{,}066}{1{,}231}\right)}\frac{z_{.005}}{1{,}231}, \frac{1{,}066}{1{,}231} + \sqrt{1{,}066\left(1-\frac{1{,}066}{1{,}231}\right)}\frac{z_{.005}}{1{,}231}\right)$$

즉,

$$p \in (.84091, .89101)$$ ■

## 메모

앞에서 보인 것처럼 표본의 크기가 아래와 같이 주어졌을 때 $p$에 대한 $100(1-\alpha)\%$ 신뢰구간의 길이는 대략 $b$가 된다.

$$n = \frac{(2z_{\alpha/2})^2}{b^2}p(1-p)$$

**표 7.3** $p$에 대한 대략적인 $100(1-\alpha)\%$ 신뢰구간 $X$는 이항$(n, p)$ 확률변수임

$\hat{p} = X/n$

| 구간 유형 | 신뢰구간 |
|---|---|
| 양측 | $\hat{p} \pm z_{\alpha/2}\sqrt{\hat{p}(1-\hat{p})/n}$ |
| 단측 하한 | $\left(-\infty, \hat{p} + z_{\alpha}\sqrt{\hat{p}(1-\hat{p})/n}\right)$ |
| 단측 상한 | $\left(\hat{p} - z_{\alpha}\sqrt{\hat{p}(1-\hat{p})/n}, \infty\right)$ |

이제 $0 \leq p \leq 1$ 구간에서 함수 $g(p) = p(1-p)$는 $p = \frac{1}{2}$일 때 최댓값 $\frac{1}{4}$을 갖는다는 것을 쉽게 보일 수 있다. 따라서 $n$에 대한 상한 값은

$$n \leq \frac{(z_{\alpha/2})^2}{b^2}$$

와 같이 주어지며, 표본의 크기를 $(z_{\alpha/2})^2/b^2$ 이상으로 잡으면 길이가 $b$를 넘지 않는 신뢰구간을 얻을 것임을 확신할 수 있다. ■

$p$에 대한 대략적인 단측 신뢰구간도 쉽게 구할 수 있으며, 표 7.3에서 결과들을 요약하고 있다.

## 7.6 *지수분포의 평균에 대한 신뢰구간

$X_1, X_2, \ldots, X_n$이 서로 독립이고 각기 평균이 $\theta$인 지수 확률변수일 경우, $\theta$에 대한 최대우도 추정량은 표본평균인 $\sum_{i=1}^{n} X_i/n$임을 보일 수 있다. $\theta$에 대한 신뢰구간을 구하기 위해 $\sum_{i=1}^{n} X_i$은 모수가 $n$, $1/\theta$인 감마분포를 갖는다는 사실을 이용하며, 이에 대해서는 5.7절에서 다룬 바 있다. 이 사실은 (5.8.1.1절에서 보인 감마분포와 카이제곱분포 사이의 관계와 더불어) 다음 사실을 의미한다.

$$\frac{2}{\theta}\sum_{i=1}^{n} X_i \sim \chi^2_{2n}$$

따라서 임의의 $\alpha \in (0, 1)$에 대해 다음 사실이 성립한다.

$$P\left\{\chi^2_{1-\alpha/2,2n} < \frac{2}{\theta}\sum_{i=1}^{n} X_i < \chi^2_{\alpha/2,2n}\right\} = 1 - \alpha$$

* 이 절에 대한 학습은 선택사항임

즉,

$$P\left\{\frac{2\sum_{i=1}^{n} X_i}{\chi^2_{\alpha/2,2n}} < \theta < \frac{2\sum_{i=1}^{n} X_i}{\chi^2_{1-\alpha/2,2n}}\right\} = 1-\alpha$$

따라서 $\theta$에 대한 $100(1-\alpha)\%$ 신뢰구간은 다음과 같이 주어진다.

$$\theta \in \left(\frac{2\sum_{i=1}^{n} X_i}{\chi^2_{\alpha/2,2n}}, \frac{2\sum_{i=1}^{n} X_i}{\chi^2_{1-\alpha/2,2n}}\right)$$

**예제 7.6a**

어떤 제조업체에서 연속적으로 생산한 제품들의 유효수명은 각기 독립적이며 아래와 같은 공통의 밀도함수를 갖는다고 한다.

$$f(x) = \frac{1}{\theta}e^{-x/\theta}, \quad 0 < x < \infty$$

첫 10개 제품의 유효수명의 합이 1,740일 때, 모집단평균 $\theta$에 대한 95% 신뢰구간을 구하라.

**풀이** R을 이용하면 다음과 같다.

$$\chi^2_{.025,20} = 34.169, \qquad \chi^2_{.975,20} = 9.661$$

## 7.7 *점추정량에 대한 평가

$\mathbf{X} = (X_1, \ldots, X_n)$가 미지의 모수 $\theta$를 갖는 분포를 따르는 모집단에서 추출된 표본이고, $d = d(\mathbf{X})$가 $\theta$에 대한 추정량이라고 하자. 이때 $\theta$에 대한 추정량으로서의 $d$의 가치를 어떻게 판단할 것인가? 한 가지 방법은 $d(\mathbf{X})$와 $\theta$ 사이의 차에 대한 제곱을 이용하는 것이다. 그런데 $(d(\mathbf{X})-\theta)^2$은 확률변수이므로, 아래와 같이 주어지는 추정량 $d$의 **평균제곱오차(mean square error)** $r(d, \theta)$가 $\theta$에 대한 추정량으로서의 $d$값의 가치를 나타낸다고 해보자.

$$r(d,\theta) = E[(d(\mathbf{X})-\theta)^2]$$

$\theta$의 모든 가능한 값에 대해 $r(d, \theta)$를 최소화하는 하나의 추정량 $d$가 있다면 좋을 것이다. 그러나 아주 단순한 경우를 제외하고는 그와 같은 단일 추정량이 존재하지는 않는다. 예를 들어 아래와 같이 정의되는 추정량 $d^*$가 있다고 하자.

---

* 이 절에 대한 학습은 선택사항임

$$d^*(X_1, \ldots, X_n) = 4$$

즉, 표본 데이터의 결과에 관계없이 추정량 $d^*$는 항상 $\theta$에 대한 추정치로 4를 택한다. 이것은 (데이터를 전혀 사용하지 않으므로) 황당한 추정량으로 보이겠지만, $\theta$가 실제로 4일 때 이 추정량의 평균제곱오차는 0이 된다. 따라서 $d^*$가 아닌 어떤 추정량이라도 대부분의 경우 그 평균제곱오차는 $\theta = 4$일 때 $d^*$의 평균제곱오차보다 클 것이다.

비록 평균제곱오차 추정량이 존재하는 경우는 드물지만, 때로 특정 성질을 만족하는 모든 추정량 중에서 최소의 평균제곱오차를 갖는 추정량을 찾을 수 있는 경우도 있다. 그와 같은 성질 중의 하나가 비편향성 성질이다.

### 정의

$d = d(\mathbf{X})$를 모수 $\theta$에 대한 추정량이라고 하자. 이때

$$b_\theta(d) = E[d(\mathbf{X})] - \theta$$

은 $\theta$에 대한 추정량으로서의 $d$의 **편향(bias)**이라고 불린다. 모든 $\theta$에 대해 $b_\theta(d) = 0$일 경우, $d$를 $\theta$에 대한 **비편향추정량(unbiased estimator)**이라고 부른다. 즉, 추정량의 기댓값이 항상 추정하고자 하는 모수의 값과 같을 때, 그와 같은 추정량은 비편향성을 갖는다고 한다.

### 예제 7.7a

$X_1, X_2, \ldots, X_n$이 미지의 평균 $\theta$를 갖는 분포에서 추출된 무작위 표본이라고 하자. 그러면

$$d_1(X_1, X_2, \ldots, X_n) = X_1$$

와

$$d_2(X_1, X_2, \ldots, X_n) = \frac{X_1 + X_2 + \cdots + X_n}{n}$$

모두 $\theta$에 대한 비편향추정량이 되는데, 이는 다음 식이 성립하기 때문이다.

$$E[X_1] = E\left[\frac{X_1 + X_2 + \cdots + X_n}{n}\right] = \theta$$

일반적으로 $\sum_{i=1}^{n} \lambda_i = 1$일 때, $d_3(X_1, X_2, \ldots, X_n) = \sum_{i=1}^{n} \lambda_i X_i$는 $\theta$에 대한 비편향추정량이 되는데, 이는 다음과 같은 이유에서이다.

$$\begin{aligned} E\left[\sum_{i=1}^{n} \lambda_i X_i\right] &= \sum_{i=1}^{n} E[\lambda_i X_i] \\ &= \sum_{i=1}^{n} \lambda_i E(X_i) \\ &= \theta \sum_{i=1}^{n} \lambda_i \\ &= \theta \quad \blacksquare \end{aligned}$$

$d(X_1, X_2, \ldots, X_n)$이 비편향추정량이면, 그에 대한 평균제곱오차는 다음과 같이 주어진다.

$$\begin{aligned} r(d,\theta) &= E[(d(\mathbf{X}) - \theta)^2] \\ &= E[(d(\mathbf{X}) - E[d(\mathbf{X})])^2] \qquad d\text{가 비편향이므로} \\ &= \mathrm{Var}(d(\mathbf{X})) \end{aligned}$$

따라서 비편향추정량의 평균제곱오차는 그 분산과 같다.

## 예제 7.7b (서로 독립인 비편향추정량들의 결합)

$d_1$과 $d_2$가 서로 독립이며 $\theta$에 대한 비편향추정량들이며 각각의 분산 $\sigma_1^2$과 $\sigma_2^2$이 알려져 있다고 하자. 즉, $i = 1$, 2에 대해

$$E[d_i] = \theta, \qquad \mathrm{Var}(d_i) = \sigma_i^2$$

아래의 형태를 갖는 추정량은 모두 비편향성을 갖는다.

$$d = \lambda d_1 + (1 - \lambda) d_2$$

최소의 평균제곱오차를 갖는 $d$가 만들어지는 $\lambda$값을 결정하기 위해 다음 사실을 이용한다.

$$\begin{aligned} r(d,\theta) &= \mathrm{Var}(d) \\ &= \lambda^2 \mathrm{Var}(d_1) + (1-\lambda)^2 \mathrm{Var}(d_2) \\ &\qquad\qquad d_1\text{과 } d_2\text{는 서로 독립} \\ &= \lambda^2 \sigma_1^2 + (1-\lambda)^2 \sigma_2^2 \end{aligned}$$

위의 식을 미분하여 다음 결과를 얻는다.

$$\frac{d}{d\lambda} r(d,\theta) = 2\lambda\sigma_1^2 - 2(1-\lambda)\sigma_2^2$$

$r(d, \theta)$를 최소화하는 $\lambda$의 값 $\hat{\lambda}$을 결정하기 위해 위의 식을 0으로 두고 아래와 같이 $\lambda$에 대해 푼다.

$$2\hat{\lambda}\sigma_1^2 = 2(1 - \hat{\lambda})\sigma_2^2$$

즉,

$$\hat{\lambda} = \frac{\sigma_2^2}{\sigma_1^2 + \sigma_2^2} = \frac{1/\sigma_1^2}{1/\sigma_1^2 + 1/\sigma_2^2}$$

즉, 추정량을 위한 최적 가중치는 (모든 추정량이 비편향성을 갖고 서로 독립일 때) 분산에 반비례한다.

위의 결과에 대한 응용으로 어떤 환경보호단체에서 특정 호수의 산성도 함량을 결정하고 싶어 한다고 하자. 이 양을 결정하기 위해 이 단체는 호수의 물을 퍼내 $n$개의 서로 다른 시험소에 보낸다. 이 시험소들은 자체적으로 보유한 측정 장비를 사용하여 각기 독립적으로 산성도 함량을 측정하는데, 이 장비들의 정밀도는 각기 다르다고 하자. $i$번째 시험소의 측정 결과 $d_i$는 표본의 실제 산성도인 $\theta$를 평균으로 갖고 분산은 $\sigma_i^2$인 확률변수라고 하자($i = 1, \ldots, n$). 이 단체가 $\sigma_i^2$ $(i = 1, \ldots, n)$을 알고 있다면, 다음 식을 이용하여 호수에서 표본으로 퍼낸 물의 산성도를 추정할 것이다.

$$d = \frac{\sum_{i=1}^{n} d_i/\sigma_i^2}{\sum_{i=1}^{n} 1/\sigma_i^2}$$

$d$의 평균제곱오차는 다음과 같다.

$$\begin{aligned} r(d,\theta) &= \mathrm{Var}(d) \qquad (d\text{가 비편향성을 가지므로}) \\ &= \left(\sum_{i=1}^{n} 1/\sigma_i^2\right)^{-2} \sum_{i=1}^{n} \left(\frac{1}{\sigma_i^2}\right)^2 \sigma_i^2 \\ &= \frac{1}{\sum_{i=1}^{n} 1/\sigma_i^2} \quad \blacksquare \end{aligned}$$

비편향추정량의 평균제곱오차가 분산과 같다는 결과를 일반화하면, 임의의 추정량의 평균제곱오차는 그 분산에 편향의 제곱을 더한 것과 같다는 것이다. 이것은

$$\begin{aligned} r(d,\theta) &= E[(d(\mathbf{X}) - \theta)^2] \\ &= E[(d - E[d] + E[d] - \theta)^2] \\ &= E[(d - E[d])^2 + (E[d] - \theta)^2 + 2(E[d] - \theta)(d - E[d])] \\ &= E[(d - E[d])^2] + E[(E[d] - \theta)^2] \\ &\quad + 2E[(E[d] - \theta)(d - E[d])] \\ &= E[(d - E[d])^2] + (E[d] - \theta)^2 + 2(E[d] - \theta)E[d - E[d]] \\ &\qquad\qquad E[d] - \theta\text{가 상수이기 때문} \\ &= E[(d - E[d])^2] + (E[d] - \theta)^2 \end{aligned}$$

이기 때문이며, 마지막 등식이 성립하는 것은 다음 식이 성립하기 때문이다.

$$E[d - E[d]] = 0$$

따라서

$$r(d,\theta) = \text{Var}(d) + b_\theta^2(d)$$

### 예제 7.7c

$X_1, \ldots, X_n$이 구간 $(0, \theta)$ 상의 균일분포에서 추출된 표본이라고 하고, $\theta$는 미지수라고 가정한다.

$$E[X_i] = \frac{\theta}{2}$$

이므로 고려할만한 "자연스러운" 추정량 후보는 아래의 비편향추정량일 것이다.

$$d_1 = d_1(\mathbf{X}) = \frac{2\sum_{i=1}^{n} X_i}{n}$$

$E[d_1] = \theta$이므로 다음의 결과를 얻는다.

$$\begin{aligned} r(d_1,\theta) &= \text{Var}(d_1) \\ &= \frac{4}{n}\text{Var}(X_i) \\ &= \frac{4}{n}\frac{\theta^2}{12} \qquad \text{Var}(X_i) = \frac{\theta^2}{12} \text{ 이므로} \\ &= \frac{\theta^2}{3n} \end{aligned}$$

$\theta$에 대해 두 번째로 고려할만한 추정량은 예제 7.2g에서 보인 것처럼 아래와 같이 주어지는 최대우도 추정량이다.

$$d_2 = d_2(\mathbf{X}) = \max_i X_i$$

$\theta$에 대한 추정량으로서 $d_2$의 평균제곱오차를 계산하기 위해서는 먼저 (편향을 계산할 수 있도록) 평균과 분산을 계산할 필요가 있다. 이를 위해 아래와 같이 주어지는 $d_2$의 분포함수를 이용한다.

$$\begin{aligned}
F_2(x) &\equiv P\{d_2(\mathbf{X}) \le x\} \\
&= P\{\max_i X_i \le x\} \\
&= P\{\text{모든 } i = 1, \ldots, n \text{에 대해 } X_i \le x\} \\
&= \prod_{i=1}^{n} P\{X_i \le x\} \qquad \text{(독립성 성질에 의함)} \\
&= \left(\frac{x}{\theta}\right)^n \qquad x \le \theta
\end{aligned}$$

앞의 식을 미분하여 아래와 같은 $d_2$의 밀도함수를 구할 수 있다.

$$f_2(x) = \frac{nx^{n-1}}{\theta^n}, x \le \theta$$

따라서

$$E[d_2] = \int_0^\theta x \frac{nx^{n-1}}{\theta^n}\, dx = \frac{n}{n+1}\theta \tag{7.7.1}$$

그리고

$$E[d_2^2] = \int_0^\theta x^2 \frac{nx^{n-1}}{\theta^n}\, dx = \frac{n}{n+2}\theta^2$$

그리고

$$\begin{aligned}
\text{Var}(d_2) &= \frac{n}{n+2}\theta^2 - \left(\frac{n}{n+1}\theta\right)^2 \\
&= n\theta^2\left[\frac{1}{n+2} - \frac{n}{(n+1)^2}\right] = \frac{n\theta^2}{(n+2)(n+1)^2}
\end{aligned} \tag{7.7.2}$$

따라서

$$\begin{aligned}
r(d_2, \theta) &= (E(d_2) - \theta)^2 + \text{Var}(d_2) \\
&= \frac{\theta^2}{(n+1)^2} + \frac{n\theta^2}{(n+2)(n+1)^2} \\
&= \frac{\theta^2}{(n+1)^2}\left[1 + \frac{n}{n+2}\right] \\
&= \frac{2\theta^2}{(n+1)(n+2)}
\end{aligned}$$

그런데

$$\frac{2\theta^2}{(n+1)(n+2)} \le \frac{\theta^2}{3n} \qquad n = 1, 2, \ldots$$

이므로 $d_2$가 $\theta$에 대한 추정량으로서 $d_1$보다 우수하다고 할 수 있다.

식 (7.7.1)은 더욱 우수한 또 다른 추정량인 비편향추정량 $(1+1/n)d_2(X)=(1+1/n)\max_i X_i$을 암시하고 있다. 그러나 이 추정량을 직접적으로 살펴보는 대신 아래의 형태를 갖는 모든 추정량에 대해 살펴보기로 하자.

$$d_c(\mathbf{X}) = c \max_i X_i = c\, d_2(\mathbf{X})$$

여기에서 $c$는 정해진 상수이다. 이 추정량의 평균제곱오차는 다음과 같다.

$$\begin{aligned} r(d_c(\mathbf{X}),\theta) &= \operatorname{Var}(d_c(\mathbf{X})) + (E[d_c(\mathbf{X})]-\theta)^2 \\ &= c^2 \operatorname{Var}(d_2(\mathbf{X})) + (cE[d_2(\mathbf{X})]-\theta)^2 \\ &= \frac{c^2 n\theta^2}{(n+2)(n+1)^2} + \theta^2\left(\frac{cn}{n+1}-1\right)^2 \\ &\qquad \text{식 (7.7.2)와 (7.7.1)에 의함} \end{aligned} \tag{7.7.4}$$

평균제곱오차를 최소화하는 상수 $c$를 결정하기 위해 위의 식을 미분하여

$$\frac{d}{dc} r(d_c(\mathbf{X}),\theta) = \frac{2cn\theta^2}{(n+2)(n+1)^2} + \frac{2\theta^2 n}{n+1}\left(\frac{cn}{n+1}-1\right)$$

을 얻는다. 이 식을 0으로 둠으로써 $c$를 위한 최선의 값 $c^*$를 아래와 같이 구할 수 있다.

$$\frac{c^*}{n+2} + c^* n - (n+1) = 0$$

즉,

$$c^* = \frac{(n+1)(n+2)}{n^2+2n+1} = \frac{n+2}{n+1}$$

이 $c$ 값을 식 (7.7.4)에 대입하면 다음의 결과를 얻는다.

$$\begin{aligned} r\left(\frac{n+2}{n+1}\max_i X_i,\theta\right) &= \frac{(n+2)n\theta^2}{(n+1)^4} + \theta^2\left(\frac{n(n+2)}{(n+1)^2}-1\right)^2 \\ &= \frac{(n+2)n\theta^2}{(n+1)^4} + \frac{\theta^2}{(n+1)^4} \\ &= \frac{\theta^2}{(n+1)^2} \end{aligned}$$

식 (7.7.3)과 비교해보면 (편향) 추정량 $(n+2)(\max_i X_i)/(n+1)$의 평균제곱오차는 최대우도 추정량 $\max_i X_i$의 평균제곱오차의 절반에 불과함을 알 수 있다. ■

## 7.8 *베이즈 추정량

상황에 따라서는 미지의 모수 $\theta$를 특정 확률분포로부터의 확률변수의 값으로 간주하는 것이 타당할 수도 있다. 이는 주로 데이터 $X_1,\ldots, X_n$ 결과를 관측하기 전에 $\theta$의 값에 대한 어떤 정보를 갖고 있고 이 정보가 ($\theta$에 대한 **사전분포(prior distribution)**라고 불리는) 확률분포를 이용하여 표현될 수 있을 때 발생한다. 예를 들어 과거의 경험으로부터 구간 (0, 1) 상의 어떤 값에 대해서나 $\theta$가 그 값에 가까울 확률이 동일하다는 사실을 알고 있다고 하자. 이 경우 $\theta$는 구간 (0, 1) 상의 균일분포로부터 선택되었다고 가정하는 것은 타당할 수 있다.

이제 $\theta$에 관한 사전 예상은 확률밀도함수가 $p(\theta)$인 연속확률변수의 값으로 간주할 수 있다는 것이며, $\theta$에 종속된 분포를 갖는 표본의 값을 관측하려 한다고 하자. 특히 $f(x|\theta)$는 모수값이 $\theta$일 때 데이터 값이 $x$와 같을 우도를 나타낸다고 하자. 즉, $f(x|\theta)$는 이산형의 경우 확률질량함수이며, 연속형의 경우 확률밀도함수이다. 관측된 데이터 값이 $X_i = x_i$ ($i=1,\ldots, n$)이면, $\theta$에 대한 조건부 확률밀도함수는 다음과 같이 수정된다.

$$\begin{aligned} f(\theta|x_1,\ldots,x_n) &= \frac{f(\theta, x_1,\ldots,x_n)}{f(x_1,\ldots,x_n)} \\ &= \frac{p(\theta)f(x_1,\ldots,x_n|\theta)}{\int f(x_1,\ldots,x_n|\theta)p(\theta)\,d\theta} \end{aligned}$$

조건부 밀도함수 $f(\theta|x_1,\ldots, x_n)$는 **사후밀도함수(posterior density function)**라고 불린다(따라서 데이터를 관측하기 전에 $\theta$에 대한 예상은 사전분포를 이용하여 표현되는 반면, 데이터에 대한 관측 후에는 사전분포를 수정하여 사후분포를 얻는다).

어떤 확률변수에 대한 확률분포가 주어졌을 때, 제곱오차의 기댓값을 최소화시킨다는 의미에서 그 확률변수의 값에 대한 최선의 추정치는 그 확률변수의 평균임을 앞에서 보인 바 있다. 따라서 $X_i=x_i$ ($i=1,\ldots, n$) 등의 데이터 값들이 주어지면, $\theta$에 대한 최선의 추정치는 사후분포 $f(\theta|x_1,\ldots, x_n)$의 평균임을 알 수 있다. **베이즈 추정량(Bayes estimator)**이라고 불리는 이 추정량은 $E[\theta|X_1,\ldots, X_n]$로 표현된다. 즉, $X_i=x_i$ ($i=1,\ldots, n$)일 때 베이즈 추정량은 다음과 같다.

$$E[\theta|X_1 = x_1,\ldots,X_n = x_n] = \int \theta f(\theta|x_1,\ldots,x_n)\,d\theta$$

* 이 절에 대한 학습은 선택사항임

### ■ 예제 7.8a

$X_1, \ldots, X_n$이 서로 독립이고 각각의 확률질량함수가 미지의 $\theta$에 대해 아래와 같이 주어지는 베르누이 확률변수라고 하자.

$$f(x|\theta) = \theta^x (1-\theta)^{1-x}, \qquad x = 0, 1$$

$\theta$가 구간 (0, 1) 상의 균일분포로부터 선택되었다고 할 때, $\theta$에 대한 베이즈 추정량을 구하라.

**풀이** 계산해야 하는 것은 $E[\theta \mid X_1, \ldots, X_n]$의 값이다. $\theta$에 대한 사전분포는 균일밀도인

$$p(\theta) = 1, \qquad 0 < \theta < 1$$

이므로, $X_1, \ldots, X_n$이 주어졌을 때의 $\theta$에 대한 조건부 밀도는 다음과 같다.

$$\begin{aligned} f(\theta|x_1, \ldots, x_n) &= \frac{f(x_1, \ldots, x_n, \theta)}{f(x_1, \ldots, x_n)} \\ &= \frac{f(x_1, \ldots, x_n|\theta)p(\theta)}{\int_0^1 f(x_1, \ldots, x_n|\theta)p(\theta)\, d\theta} \\ &= \frac{\theta^{\Sigma_1^n x_i}(1-\theta)^{n-\Sigma_1^n x_i}}{\int_0^1 \theta^{\Sigma_1^n x_i}(1-\theta)^{n-\Sigma_1^n x_i}\, d\theta} \end{aligned}$$

이제 정수 $m$과 $r$에 대해

$$\int_0^1 \theta^m (1-\theta)^r \, d\theta = \frac{m!r!}{(m+r+1)!} \tag{7.8.1}$$

이 성립함을 보일 수 있다. 이제 $x = \sum_{i=1}^n X_i$라고 두면 다음의 결과를 얻는다.

$$f(\theta|x_1, \ldots, x_n) = \frac{(n+1)!\theta^x(1-\theta)^{n-x}}{x!(n-x)!} \tag{7.8.2}$$

따라서

$$\begin{aligned} E[\theta|x_1, \ldots, x_n] &= \frac{(n+1)!}{x!(n-x)!} \int_0^1 \theta^{1+x}(1-\theta)^{n-x}\, d\theta \\ &= \frac{(n+1)!}{x!(n-x)!} \frac{(1+x)!(n-x)!}{(n+2)!} \qquad \text{(식 7.8.1)} \\ &= \frac{x+1}{n+2} \end{aligned}$$

따라서 베이즈 추정량은 다음과 같이 주어진다.

$$E[\theta|X_1, \ldots, X_n] = \frac{\sum_{i=1}^n X_i + 1}{n+2}$$

예를 들어 각각의 성공 확률이 $\theta$인 10회의 독립적인 시행에서 6회의 성공이 있었을 경우, 구간 (0, 1) 상의 균일분포를 $\theta$에 대한 사전분포로 가정하면 $\theta$에 대한 베이즈 추정량은 7/12가 될 것이다(이러한 결과는 최대우도 추정량인 6/10 등과는 차이가 있다). ■

### 메모

밀도함수가 식 (7.8.2)로 주어지는 $X_i = x_i\ (i=1, \ldots, n)$가 주어져 있을 때 $\theta$에 대한 조건부 분포는 $\sum_{i=1}^n x_i + 1,\ n - \sum_{i=1}^n x_i + 1$을 모수로 갖는 **베타분포(beta distribution)**라고 불린다.

### 예제 7.8b

$X_1, \ldots, X_n$이 서로 독립이며, 각기 미지의 평균 $\theta$와 기지의 분산 $\sigma_0^2$을 갖는 정규 확률변수라고 하자. $\theta$가 기지의 평균 $\mu$와 기지의 분산 $\sigma^2$을 갖는 정규 모집단에서 선택되었을 경우, $\theta$에 대한 베이즈 추정량을 구하라.

**풀이** 베이즈 추정량 $E[\theta \mid X_1, \ldots, X_n]$를 계산하기 위해서는 먼저 $X_1, \ldots, X_n$의 값들이 주어졌을 때의 $\theta$에 대한 조건부 밀도함수를 구해야 한다. 조건부 밀도함수는

$$f(\theta|x_1, \ldots, x_n) = \frac{f(x_1, \ldots, x_n|\theta)p(\theta)}{f(x_1, \ldots, x_n)}$$

인데, 여기에서

$$f(x_1, \ldots, x_n|\theta) = \frac{1}{(2\pi)^{n/2}\sigma_0^n} \exp\left\{-\sum_{i=1}^n (x_i - \theta)^2/2\sigma_0^2\right\}$$

$$p(\theta) = \frac{1}{\sqrt{2\pi}\sigma} \exp\{-(\theta - \mu)^2/2\sigma^2\}$$

그리고

$$f(x_1, \ldots, x_n) = \int_{-\infty}^{\infty} f(x_1, \ldots, x_n|\theta)p(\theta)\, d\theta$$

약간의 대수적 기법을 이용하여 위의 조건부 밀도함수는 평균이

$$\begin{aligned} E[\theta|X_1, \ldots, X_n] &= \frac{n\sigma^2}{n\sigma^2 + \sigma_0^2}\overline{X} + \frac{\sigma_0^2}{n\sigma^2 + \sigma_0^2}\mu \\ &= \frac{\dfrac{n}{\sigma_0^2}}{\dfrac{n}{\sigma_0^2} + \dfrac{1}{\sigma^2}}\overline{X} + \frac{\dfrac{1}{\sigma^2}}{\dfrac{n}{\sigma_0^2} + \dfrac{1}{\sigma^2}}\mu \end{aligned} \tag{7.8.3}$$

이고 분산이

$$\text{Var}(\theta|X_1, \ldots, X_n) = \frac{\sigma_0^2\sigma^2}{n\sigma^2 + \sigma_0^2}$$

인 **정규** 밀도함수임을 보일 수 있다. 베이즈 추정량을 식 (7.8.3)과 같이 표현함으로써 베이즈 추정량이 표본평균 $\overline{X}$와 **사전평균(a priori mean)** $\mu$에 대한 가중평균이라는 사실을 보여주고 있다. 사실 이 두 양에 부과되는 가중치는 $\sigma_0^2/n$과 $\sigma^2$의 역에 비례하는데, $\sigma_0^2/n$은 $\theta$가 주어졌을 때 표본평균 $\overline{X}$의 조건부 분산에 해당되며 $\sigma^2$은 사전분포의 분산에 해당된다. ■

## 메모: 사전분포로 정규분포를 선택하는 것에 대하여

예제 7.8b에서 보여주고 있듯이 정규분포의 미지의 평균 $\theta$를 위한 사전분포로 정규분포를 선택하면 계산상 대단히 편리한데, 이 경우 베이즈 추정량은 간단히 식 (7.8.3)으로 주어진다. 그렇지만 이것은 미지의 평균에 대한 예상에 부합하는 사전분포로서의 정규분포가 존재하는지를 어떻게 결정할 수 있는가 하는 문제를 제기한다.

먼저 $\theta$에 가까울 확률이 가장 높은 것으로 **예상할** 수 있는 값을 정해야 할 것이며, 이 값을 $\mu$로 부르기로 하자. 즉, 사전분포의 최빈값에서 시작하는데, 정규분포의 경우 최빈값은 평균과 일치한다. 그런 다음 사전분포가 $\mu$에 대해 대칭이라고 생각하는지 확인을 시도한다. 즉, 각 $a > 0$에 대해 $\theta$가 $\mu - a$와 $\mu$ 사이에 속할 확률이 $\mu$와 $\mu + a$ 사이에 속할 확률과 동일하다고 생각하는가? 이 질문에 대한 대답이 긍정이라면, $\theta$에 관한 예상을 평균이 $\mu$인 정규분포를 사전분포로 채택하여 $\theta$에 관한 예상을 표현할 수 있다는 사실을 작업가설로서 수용한다. 사전분포로서의 정규분포에 대한 표준편차인 $\sigma$를 결정하기 위해, $\theta$를 포함할 것으로 90%의 확신을 갖고 **예상할** 수 있는 $\mu$를 중심으로 하는 구간에 대해 생각해보자. 예를 들어 $\theta$가 $\mu - a$와 $\mu + a$ 사이에 속할 것으로 정확히 90% 확신한다고 하자. 이 경우 평균이 $\mu$이고 분산이 $\sigma^2$인 정규 확률변수 $\theta$는

$$P\left\{-1.645 < \frac{\theta - \mu}{\sigma} < 1.645\right\} = .90$$

즉,

$$P\{\mu - 1.645\sigma < \theta < \mu + 1.645\sigma\} = .90$$

을 충족하므로 다음 결과를 취하는 것이 타당해 보인다.

$$1.645\sigma = a \quad \text{즉,} \quad \sigma = \frac{a}{1.645}$$

따라서 예상을 정규분포로 기술하는 것이 정말로 타당하다면, 그 분포는 평균이 $\mu$이고 표준편차가 $\sigma = a/1.645$일 것이다. 이 분포가 실제로 예상과 일치하는지에 대한 시험으로 $\theta$가 $\mu - 1.96\sigma$과 $\mu + 1.96\sigma$ 사이에 속한다는 것을 95% 확신하는지 또는 $\theta$가 $\mu - 2.58\sigma$과

$\mu + 2.58\sigma$ 사이에 속한다는 것을 99% 확신하는지 자문해볼 수 있다. 여기에서의 구간들은 $\theta$가 평균이 $\mu$이고 분산이 $\sigma^2$인 확률변수일 때 성립하는 아래의 등식들에 의해 결정된 것들이다.

$$P\left\{-1.96 < \frac{\theta - \mu}{\sigma} < 1.96\right\} = .95$$

$$P\left\{-2.58 < \frac{\theta - \mu}{\sigma} < 2.58\right\} = .99$$

### 예제 7.8c

$\theta$가 구간 $(a, b)$ 상의 균일분포를 따를 때 우도함수 $f(x_1, \ldots, x_n \mid \theta)$에 대해 살펴보기로 하자. $X_1, \ldots, X_n$이 주어졌을 때 $\theta$에 대한 사후 밀도함수는 다음과 같다.

$$\begin{aligned} f(\theta|x_1, \ldots, x_n) &= \frac{f(x_1, \ldots, x_n|\theta)p(\theta)}{\int_a^b f(x_1, \ldots, x_n|\theta)p(\theta)\, d\theta} \\ &= \frac{f(x_1, \ldots, x_n|\theta)}{\int_a^b f(x_1, \ldots, x_n|\theta)\, d\theta} \qquad a < \theta < b \end{aligned}$$

이제 밀도함수 $f(\theta)$의 **최빈값**은 $f(\theta)$를 최대화하는 $\theta$의 값으로 정의된다. 위의 결과에 따라 밀도함수 $f(\theta \mid x_1, \ldots, x_n)$의 최빈값은 $f(x_1, \ldots, x_n \mid \theta)$을 최대화하는 $\theta$의 값이다. 즉, 최빈값은 (구간 $(a, b)$에 속하는 것으로 한정될 때) $\theta$에 대한 최대우도 추정치와 같다. 다시 말해서 사전분포로 균일분포가 가정될 경우 최대우도 추정치는 사후분포의 최빈값과 일치한다. ■

점추정치 대신 $1 - \alpha$와 같이 어떤 정해진 확률로 $\theta$가 속할 구간을 원한다면 다음 식을 충족하는 $a$, $b$값을 선택하면 된다.

$$\int_a^b f(\theta|x_1, \ldots, x_n)\, d\theta = 1 - \alpha$$

### 예제 7.8d

장소 A에서 보낸 값이 $s$인 신호를 장소 B에서 수신한 결과는 평균이 $s$이고 분산이 60이었다고 하자. 또 장소 A에서 보낸 신호의 값은 사전에 평균이 50이고 분산이 100인 것으로 알려져 있다고 하자. 장소 B에서 수신한 값이 40일 경우, 실제값을 포함할 확률이 .90인 구간을 구하라.

**풀이** 수신된 값이 40일 때 송신된 신호값 $S$에 대한 조건부 분포는 평균과 분산이 다음과 같이 주어지는 정규분포임을 예제 7.8b로부터 알 수 있다.

$$E[S|\text{데이터}] = \frac{1/60}{1/60 + 1/100}40 + \frac{1/100}{1/60 + 1/100}50 = 43.75$$

$$\text{Var}(S|\text{데이터}) = \frac{1}{1/60 + 1/100} = 37.5$$

따라서 수신된 값이 40이라는 사실이 주어지면 $(S-43.75)/\sqrt{37.5}$가 표준정규분포를 가지며, 따라서

$$P\left\{-1.645 < \frac{S-43.75}{\sqrt{37.5}} < 1.645|\text{데이터}\right\} = .90$$

즉,

$$P\{43.75 - 1.645\sqrt{37.5} < S < 43.75 + 1.645\sqrt{37.5}|\text{데이터}\} = .90$$

이 성립한다. 즉, .90의 **확률로** 송신된 신호는 구간 (33.68, 53.82)에 속한다. ■

## 연습문제

**01** $X_1, \ldots, X_n$이 아래와 같은 밀도함수를 갖는 분포에서 추출된 표본일 때, $\theta$에 대한 최대우도 추정량을 구하라.

$$f(x) = \begin{cases} e^{-(x-\theta)} & x \geq \theta \\ 0 & \text{그 외의 경우} \end{cases}$$

**02** $X_1, \ldots, X_n$이 아래와 같은 밀도함수를 갖는 분포에서 추출된 표본일 때, $\theta$에 대한 최대우도 추정량을 구하라.

$$f(x) = \frac{1}{2}e^{-|x-\theta|}, \qquad -\infty < x < \infty$$

**03** $X_1, \ldots, X_n$이 모수가 $\mu$, $\sigma^2$인 정규 모집단에서 추출된 표본일 때, $\theta$에 대한 최대우도 추정량을 구하라. 이 추정량에 대한 기댓값은?

**04** $X_1, \ldots, X_n$이 아래와 같은 파레토 밀도함수를 갖는 분포에서 추출된 표본일 때, $a$와 $\lambda$에 대한 최대우도 추정량을 구하라.

$$f(x) = \begin{cases} \lambda a^{\lambda} x^{-(\lambda+1)}, & x \geq a \\ 0, & x < a \end{cases}$$

**05** $X_1, \ldots, X_n$은 평균이 $\mu_1$인 정규 확률변수들이고, $Y_1, \ldots, Y_n$은 평균이 $\mu_2$인 정규 확률변수들이며, $W_1, \ldots, W_n$은 평균이 $\mu_1 + \mu_2$인 정규 확률변수들이라고 하자. $3n$개의 확률변수 모두가 서로 독립이고 동일한 분산을 갖는다고 가정할 때, $\mu_1$, $\mu_2$에 대한 최대우도 추정량들을 구하라.

**06** 강의 홍수는 종종 (초 당 세제곱피트 단위의) 방류량으로 측정된다. $D$가 무작위로 선택된 연도에 최대 홍수 시 방류량이라고 할 때,

$$P\{D \geq v\} = .01$$

이면 값 $v$는 100년-홍수값이라고 불린다. 다음의 표는 1929년에서 1965년까지 로드아일랜드 주 운소켓에 있는 블랙스톤 강의 최대 홍수 시 방류량을 보여주고 있다. 이 방류량이 로그정규 분포를 따른다고 가정하고 100년-홍수값을 추정하라.

블랙스톤 강의 연간 홍수 (1929–1965)

| 연도 | 홍수 시 방류량 ($ft^3/s$) |
|---|---|
| 1929 | 4,570 |
| 1930 | 1,970 |
| 1931 | 8,220 |
| 1932 | 4,530 |
| 1933 | 5,780 |
| 1934 | 6,560 |
| 1935 | 7,500 |
| 1936 | 15,000 |
| 1937 | 6,340 |
| 1938 | 15,100 |
| 1939 | 3,840 |
| 1940 | 5,860 |
| 1941 | 4,480 |
| 1942 | 5,330 |
| 1943 | 5,310 |
| 1944 | 3,830 |
| 1945 | 3,410 |
| 1946 | 3,830 |
| 1947 | 3,150 |
| 1948 | 5,810 |
| 1949 | 2,030 |
| 1950 | 3,620 |
| 1951 | 4,920 |
| 1952 | 4,090 |
| 1953 | 5,570 |
| 1954 | 9,400 |
| 1955 | 32,900 |
| 1956 | 8,710 |
| 1957 | 3,850 |
| 1958 | 4,970 |
| 1959 | 5,398 |
| 1960 | 4,780 |
| 1961 | 4,020 |
| 1962 | 5,790 |
| 1963 | 4,510 |
| 1964 | 5,520 |
| 1965 | 5,300 |

(계속)

**07** $\log(X)$가 평균이 $\mu$이고 분산이 $\sigma^2$인 정규분포를 따를 때 $X$는 $\mu$와 $\sigma^2$을 모수로 갖는 로그정규분포를 따른다. $X$가 그와 같은 로그정규 확률변수라고 하자.

(a) $E[X]$를 구하라.

(b) $\text{Var}(X)$를 구하라. (힌트: 정규 확률변수의 적률생성함수를 위한 공식을 이용하라.)

(c) 다음은 10일 동안 출근에 소요된 시간을 분 단위로 표시한 것이다.

42, 28, 53, 57, 67, 39, 35, 50, 44, 39

로그정규분포를 가정하고 위의 데이터를 사용하여 평균 출근 소요 시간을 추정하라.

**08** 어떤 전기저울의 측정 오차는 평균이 0이고 표준편차는 $\sigma = .1$mg인 정규분포를 갖는 확률변수라고 한다. 동일한 물체를 5회 연속 측정한 결과가 3.142, 3.163, 3.155, 3.150, 3.141이라고 한다.

(a) 이 물체의 진정한 무게에 대한 95% 신뢰구간을 구하라.

(b) 이 물체의 진정한 무게에 대한 99% 신뢰구간을 구하라.

**09** 미시간 호수에서 잡힌 물고기의 PCB 농축량을 측정하는 어떤 기법에서 측정오차는 표준편차가 .08ppm인 정규분포를 갖는다고 한다. 물고기 한 마리에 대해 독립적으로 10회 측정한 결과가 다음과 같다고 하자.

11.2, 12.4, 10.8, 11.6, 12.5, 10.1, 11.0, 12.2, 12.4, 10.6

(a) 이 물고기의 PCB 농축량에 대한 95% 신뢰구간을 구하라.

(b) 95% 하한 신뢰구간을 구하라.

(c) 95% 상한 신뢰구간을 구하라.

**10** 어떤 학력시험에서 시험점수에 대한 표준편차가 11.3이라고 한다. 81명의 수험생으로 이루어진 무작위 표본의 표본평균점수가 74.6일 때, 전체 학생들의 평균점수에 대한 90% 신뢰구간을 구하라.

**11** $X_1, \ldots, X_n, X_{n+1}$이 미지의 평균 $\mu$와 분산 1을 갖는 정규 모집단에서 추출된 표본이고, $\bar{X}_n = \sum_{i=1}^{n} X_i / n$이 첫 $n$개에 대한 표본평균이라고 하자.

(a) $X_{n+1} - \bar{X}_n$에 대한 분포를 구하라.

(b) $\bar{X}_n = 4$일 경우, $X_{n+1}$에 대한 90% 신뢰구간을 구하라.

**12** $X_1, \ldots, X_n$이 미지의 평균 $\mu$와 기지의 분산 $\sigma^2$을 갖는 정규 모집단에서 추출된 표본일 때, $(-\infty,\ \overline{X} + z_\alpha \sigma/\sqrt{n})$이 $\mu$에 대한 $100(1-\alpha)\%$ 하한 신뢰구간임을 보여라.

**13** 20개비의 담배 표본에 대해 니코틴 함유량을 결정하기 위한 시험을 한 결과 평균값이 1.2mg인 것으로 관측되었다. 담배 니코틴 함유량에 대한 표준편차가 $\sigma = .2$mg인 것으로 알려져 있다고 할 때, 담배 한 개비의 평균 니코틴 함유량에 대한 99% 양측 신뢰구간을 계산하라.

**14** 문제 13에서 실험 전에 모집단 분산이 알려져 있지 않다고 가정하자. 표본분산이 .04일 때, 평균 니코틴 함유량에 대한 99% 양측 신뢰구간을 계산하라.

**15** 문제 14에서 "99% 신뢰를 갖고" $c$가 담배 한 개비의 평균 니코틴 함유량보다 크다고 주장할 수 있는 $c$값을 계산하라.

**16** 미지의 평균 $\mu$와 미지의 분산 $\sigma^2$을 갖는 정규 모집단에서 표본을 추출할 때, 주어진 $\alpha$와 $A$에 대해 표본을 통해 얻게 되는 $\mu$에 대한 $100(1-\alpha)\%$ 신뢰구간의 크기가 $A$를 초과하지 않도록 보장하기 위한 표본 크기 $n$을 결정하려 한다고 하자. 처음에는 크기 30의 작은 표본을 취하고 이 작은 표본을 이용한 결과를 사용하여 전체 표본을 선택하는 이중표본추출 기법을 사용하여 대략적인 $n$값을 결정하는 방법을 구체적으로 설명하여라.

**17** 납의 융해점을 결정하기 위한 24회의 독립적인 측정을 통해 아래의 데이터를 얻었다고 한다.

| | | |
|---|---|---|
| 330°C | 322°C | 345°C |
| 328.6°C | 331°C | 342°C |
| 342.4°C | 340.4°C | 329.7°C |
| 334°C | 326.5°C | 325.8°C |
| 337.5°C | 327.3°C | 322.6°C |
| 341°C | 340°C | 333°C |
| 343.3°C | 331°C | 341°C |
| 329.5°C | 332.3°C | 340°C |

이 측정값들이 납의 진정한 융해점을 평균으로 갖는 정규 표본을 구성하는 것으로 간주될 수 있을 때. 이 값에 대한 95% 양측 신뢰구간을 구하라. 또한 99% 양측 신뢰구간을 구하라.

**18** 미국 동부의 어느 대학에서 무작위로 선택된 학생 18명의 IQ 테스트 점수가 아래와 같다.

130, 122, 119, 142, 136, 127, 120, 152, 141,
132, 127, 118, 150, 141, 133, 137, 129, 142

(a) 이 대학 전체 학생의 평균 IQ 점수에 대한 95% 신뢰구간을 구하라.
(b) 95% 하한 신뢰구간을 구하라.
(c) 95% 상한 신뢰구간을 구하라.

**19** 어느 도시에서 최근에 팔린 주택 9채의 무작위 표본에서 표본평균가격이 $222,000이고 표본표준편차는 $22,000이었다고 한다. 이 도시에서 최근에 팔린 모든 주택의 평균가격에 대한 95% 상한 신뢰구간을 구하라.

**20** 어느 회사에서 보유하고 있는 다량의 자동차들에 대해 충돌사고에 대비하여 자가 보험을 시행하고 있다고 한다. 충돌사고 건당 평균 수리비용을 결정하기 위해 16회의 사고를 무작위로 선택하여 수리비용을 조사한 결과 표본평균은 $2,200이고 표본표준편차는 $800이었다고 한다. 충돌사고 건당 평균 수리비용에 대한 90% 신뢰구간을 구하라.

**21** 워싱턴 주의 전체 초등학교 6학년 학생들을 대상으로 매년 표준 테스트가 시행되고 있다. 어느 교육감이 자신의 관할 학군 학생들의 평균점수를 알아보기 위해 100명의 학생을 무작위로 선택하여 조사한 결과 점수의 표본평균은 320이고 표본표준편차는 16이었다고 한다. 이 교육감의 관할 학군의 학생들의 평균점수에 대한 95% 신뢰구간을 구하라.

**22** 20명의 과학반 학생들이 각기 독립적으로 납의 융해점을 측정하였더니 (섭씨온도 단위의) 측정값의 평균과 표준편차가 각기 330.2와 15.4였다고 한다. 납의 진정한 융해점에 대한 (a) 95% 신뢰구간과 (b) 99% 신뢰구간을 구하라.

**23** 시티은행 비자카드 소지자 300명을 무작위로 선택하여 조사한 결과 표본평균 채무액이 $1,220이고 표본표준편차는 $840이었다고 한다. 전체 카드 소지자의 평균채무액에 대한 95% 신뢰구간을 구하라.

**24** 문제 23에서 "90% 신뢰를 갖고" 카드 소지자 당 평균채무액을 초과할 것으로 말할 수 있는 최소의 $v$값을 구하라.

**25** $\sigma$가 알려져 있지 않을 때 $\mu$에 대한 $100(1-\alpha)\%$ 하한 신뢰구간을 위한 표 7.1의 공식을 증명하라.

**26** 신형 박격포탄의 사정거리를 조사하기 위해 20개의 포탄을 관측한 미터 단위의 결과가 다음과 같다.

| | | | |
|---|---|---|---|
| 2,100 | 1,984 | 2,072 | 1,898 |
| 1,950 | 1,992 | 2,096 | 2,103 |
| 2,043 | 2,218 | 2,244 | 2,206 |
| 2,210 | 2,152 | 1,962 | 2,007 |
| 2,018 | 2,106 | 1,938 | 1,956 |

포탄의 사정거리가 정규분포를 이룬다고 가정할 때, 포탄의 평균 사정거리에 대해 (a) 95% 양측 신뢰구간과 (b) 99% 양측 신뢰구간을 구하라. (c) "95%의 신뢰를 갖고" 평균 사정거리보다 작을 것으로 말할 수 있는 최대의 값 $v$를 구하라.

**27** 고속도로 근처의 일산화탄소 농도를 결정하기 위한 연구가 LA에서 수행되었다. 이 연구에 사용된 기본 기법은 대기 표본을 특수봉지에 담은 후 측광기를 사용하여 일산화탄소 농도를 측정하는 것이다. 일 년 동안 선정된 시점들에서 ppm 단위로 측정된 값들이 102.2, 98.4, 104.1, 101, 102.2, 100.4, 98.6, 88.2, 78.8, 83, 84.7, 94.8, 105.1, 106.2, 111.2, 108.3, 105.2, 103.2, 99, 98.8이다. 평균 일산화탄소 농도에 대한 95% 양측 신뢰구간을 구하라.

**28** 화학자 칼 피셔가 고안한 방법으로 메탄올 용액에서 물의 백분율을 10회 측정한 결과가 아래와 같다.

.50, .55, .53, .56, .54,
.57, .52, .60, .55, .58

정규분포를 가정하고 위의 데이터를 사용하여 실제 백분율에 대한 95% 신뢰구간을 구하라.

**29** $U_1, U_2, \ldots$ 이 서로 독립이며, 구간 (0, 1) 상의 균일분포를 따르는 일련의 확률변수이고, $N$이 다음과 같이 정의된다고 하자.

$$N = \min\{n : U_1 + \cdots + U_n > 1\}$$

즉, 합이 1을 초과하게 되는 구간 (0, 1) 상의 균일분포를 따르는 확률변수들의 개수가 $N$이다. 난수들을 사용하여 $N$과 같은 분포를 갖는 확률변수의 값을 36회 조사하고, 이 데이터를 사용하여 $E[N]$에 대한 95% 신뢰구간을 구하라. 이 구간에 근거하여 $E[N]$의 정확한 값을 추측해보라.

**30** 어느 소매점에서 중요한 문제 하나는 언제 도매점에 주문을 내느냐 하는 것이다. 이러한 결정에 사용되는 일반적인 정책에 $s$, $S$형 정책이라는 것이 있는데, 보유 재고가 $s$ 아래로 떨어지는 날 재고량을 $S$만큼 채울 수 있을 정도로 주문하는 것이다. $s$와 $S$에 대한 적절한 값은 재고유지 비용이나 판매 품목 당 수익 등과 같은 여러 가지 비용 요소들에 따라 달라진다. 따라서 소매점에서 수요 분포의 모수들에 관련된 데이터를 수집할 필요가 있다. 지난 30주 동안 매주 판매된 특정 품목의 개수가 아래와 같다고 하자.

14, 8, 12, 9, 5, 22, 15, 12, 16, 7, 10, 9, 15, 15, 12,
9, 11, 16, 8, 7, 15, 13, 9, 5, 18, 14, 10, 13, 7, 11

매주 판매되는 개수는 서로 독립이며 어떤 공통의 분포를 갖는 확률변수라고 할 때, 위의 데이터를 사용하여 한 주 동안 판매되는 개수의 평균에 대한 95% 신뢰구간을 구하라.

**31** 어느 사립대학의 정교수 16명을 무작위로 선택하여 연봉을 조사한 결과 표본평균은 \$90,450이고 표본표준편차는 \$9,400이었다고 한다. 이 대학의 전체 정교수의 연봉에 대한 95% 신뢰구간을 구하라.

**32** $X_1, \ldots, X_{n+1}$은 평균 $\mu$와 분산 $\sigma^2$을 갖는 모집단에서 추출된 표본이다. 본문에서 언급하였듯이 $\bar{X}_n = \sum_{i=1}^{n} X_i/n$이 데이터 $X_1, \ldots, X_n$에 기초한 $X_{n+1}$에 대한 자연스러운 예측량이다. 이 예측량에 대한 평균제곱오차를 구하라. 즉, $E[(X_{n+1} - \bar{X}_n)^2]$을 구하라.

**33** 미국 국가안전협회 데이터에 의하면 1990년에서 1993년까지 매년 익사사고로 인한 사망자 수는 (천명 단위로) 5.2, 4.6, 4.3, 4.8 등이었다고 한다. 이 데이터를 이용하여, 95%의 신뢰를 갖고 1994년 익사사고로 인한 사망자 수를 포함할 것으로 말할 수 있는 구간을 구하라.

**34** 어느 하천에 대해 일일 용해 산소 농도를 30일 동안 매일 측정하였다. 30개의 값에 대한 표본평균이 2.5mg/l이고 표본표준편차가 2.12mg/l일 때, 90%의 신뢰를 갖고 평균 일일 농도를 초과할 것으로 말할 수 있는 값을 구하라.

**35** $\sigma^2$에 대한 $100(1-\alpha)\%$ 하한 및 상한 신뢰구간을 위한 표 7.1의 공식들을 증명하라.

**36** 10개의 배터리의 (암페어-시 단위) 용량이 아래와 같다고 한다.

$$140, 136, 150, 144, 148, 152, 138, 141, 143, 151$$

(a) 모집단 분산 $\sigma^2$을 추정하라.
(b) $\sigma^2$에 대한 99% 양측 신뢰구간을 계산하라.
(c) 90%의 신뢰를 갖고 $\sigma^2$이 $v$보다 작다고 말할 수 있는 $v$값을 계산하라.

**37** 아래의 데이터에 근거하여 리벳 지름의 분산에 대한 95% 양측 신뢰구간을 구하라. 정규 모집단을 가정한다.

| | | | |
|---|---|---|---|
| 6.68 | 6.66 | 6.62 | 6.72 |
| 6.76 | 6.67 | 6.70 | 6.72 |
| 6.78 | 6.66 | 6.76 | 6.72 |
| 6.76 | 6.70 | 6.76 | 6.76 |
| 6.74 | 6.74 | 6.81 | 6.66 |
| 6.64 | 6.79 | 6.72 | 6.82 |
| 6.81 | 6.77 | 6.60 | 6.72 |
| 6.74 | 6.70 | 6.64 | 6.78 |
| 6.70 | 6.70 | 6.75 | 6.79 |

**38** 다음은 동일한 표준편차 $\sigma$를 갖는 두 정규 모집단에서 독립적으로 얻은 표본 데이터이다. 이 데이터를 사용하여 $\sigma$를 추정하라.

16, 17, 19, 20, 18 그리고 3, 4, 8

**39** 어떤 물질 안의 베릴륨 양의 측정에는 종종 측광여과법이 사용된다. 베릴륨의 무게가 $\mu$일 때, 측광여과법으로 측정된 값은 평균이 $\mu$이고 표준편차가 $\sigma$인 정규분포를 갖는다고 한다. 베릴륨 3.180mg에 대한 8회의 독립적인 측정 결과가 다음과 같다.

$$3.166, 3.192, 3.175, 3.180, 3.182, 3.171, 3.184, 3.177$$

(a) 위의 데이터를 사용하여 $\sigma$를 추정하라.
(b) $\sigma$에 대한 90% 신뢰구간을 구하라.

**40** $X_1, \ldots, X_n$이 정규 모집단에서 추출된 표본이고 모집단평균 $\mu$가 알려져 있을 때, 모집단분산 $\sigma^2$을 위한 $100(1-\alpha)\%$ 신뢰구간을 구하는 방법을 설명하라. 또, $\mu$를 모를 때와 비교하여 $\mu$를 알고 있을 때 구간추정량을 어떻게 향상시킬 수 있는지 설명하라.

**41** 어느 토목기술자가 두 가지 유형의 콘크리트의 압축강도를 측정하고자 한다. 첫 번째 유형의 견본 10개를 무작위로 선택하여 조사한 데이터는 다음과 같다(단위 : psi).

| 유형 1: | 3,250, | 3,268, | 4,302, | 3,184, | 3,266 |
|---|---|---|---|---|---|
| | 3,297, | 3,332, | 3,502, | 3,064, | 3,116 |

그리고 두 번째 유형의 견본 10개를 무작위로 선택하여 조사한 데이터는 다음과 같다

| 유형 2: | 3,094, | 3,106, | 3,004, | 3,066, | 2,984, |
|---|---|---|---|---|---|
| | 3,124, | 3,316, | 3,212, | 3,380, | 3,018 |

표본들은 분산이 같은 정규분포를 갖는다고 가정하고 다음 구간들을 구하라.

(a) 평균의 차인 $\mu_1 - \mu_2$에 대한 95% 양측 신뢰구간

(b) $\mu_1 - \mu_2$에 대한 95% 단측 상한 신뢰구간

(c) $\mu_1 - \mu_2$에 대한 95% 단측 하한 신뢰구간

**42** 어떤 생산라인의 두 기계에서 생산된 제품들에 대해 독립적으로 무작위 표본들을 추출하여 무게를 조사하였다. 첫 번째 기계에서 생산된 36개의 표본을 조사한 결과 표본평균 무게는 120그램이고 표본분산은 4였으며, 두 번째 기계에서 생산된 64개의 표본을 조사한 결과 표본평균 무게는 130그램이고 표본분산은 5였다고 한다. 첫 번째 기계에서 생산된 제품들의 무게는 평균이 $\mu_1$이고 분산이 $\sigma^2$인 정규분포를 가지며, 두 번째 기계에서 생산된 제품들의 무게는 평균이 $\mu_2$이고 분산이 $\sigma^2$인 정규분포를 갖는다고 가정한다. 즉, 이들의 분산은 같은 것으로 가정된다. 모집단평균의 차인 $\mu_1 - \mu_2$에 대한 99% 신뢰구간을 구하라.

**43** 모집단 분산이 각기 4와 5로 미리 알려져 있다고 하고, 문제 42의 질문에 답하라.

**44** 다음은 두 가지 유형의 연막탄 지속시간을 초 단위로 조사한 것이다.

| 유형 I | | 유형 II | |
|---|---|---|---|
| 481 | 572 | 526 | 537 |
| 506 | 561 | 511 | 582 |
| 527 | 501 | 556 | 605 |
| 661 | 487 | 542 | 558 |
| 501 | 524 | 491 | 578 |

각 유형의 연막탄 지속시간은 동일한 값의 미지의 분산을 갖는 정규분포들로 가정하고, 지속시간의 평균의 차에 대한 99% 신뢰구간을 구하라.

**45** $X_1, \ldots, X_n$이 기지의 평균 $\mu_1$과 미지의 분산 $\sigma_1^2$ 을 갖는 정규 모집단에서 추출된 표본이고, $Y_1, \ldots, Y_m$이 기지의 평균 $\mu_2$과 미지의 분산 $\sigma_2^2$ 을 갖는 정규 모집단에서 추출된 독립적인 표본이라고 할 때, $\sigma_1^2 / \sigma_2^2$에 대한 $100(1-\alpha)\%$ 신뢰구간을 구하라.

**46** 두 명의 분석가가 수돗물의 경도를 반복적으로 측정하였다. 분석가 $i$가 측정한 값들은 분산이 $\sigma_i^2$ $(i = 1, 2)$인 정규 모집단으로부터의 표본을 구성한다고 가정하고, 표본 데이터가 아래와 같을 때 $\sigma_1^2 / \sigma_2^2$에 대한 95% 양측 신뢰구간을 구하라.

| 경도 측정 값 | |
|---|---|
| **분석가 1** | **분석가 2** |
| .46 | .82 |
| .62 | .61 |
| .37 | .89 |
| .40 | .51 |
| .44 | .33 |
| .58 | .48 |
| .48 | .23 |
| .53 | .25 |
| | .67 |
| | .88 |

**47** 야구에서 흥미로운 문제 하나는 무사 1루 상황에서 희생번트가 좋은 전략인가 하는 것이다. 번트 타자는 아웃되겠지만 주자는 다음 베이스로 진루할 것이라고 가정하고, 무사 1루 상황에서의 득점 확률과 1사 2루 상황에서의 득점 확률을 비교할 수 있다. 1959년과 1960년의 메이저리그 야구경기 중 무작위로 선택된 경기 데이터를 아래 표에 보이고 있다.

| 주자 위치 | 아웃 | 무득점 사례 수 | 전체 사례 수 |
|---|---|---|---|
| 1루 | 0 | 1,044 | 1,728 |
| 2루 | 1 | 401 | 657 |

(a) 무사 1루 상황에서 한 점 이상의 득점을 올릴 확률에 대한 95% 신뢰구간을 구하라.
(b) 1사 2루 상황에서 한 점 이상의 득점을 올릴 확률에 대한 95% 신뢰구간을 구하라.

**48** 무작위로 선택된 1,200명의 미국 엔지니어 중에 히스패닉 계는 48명, 흑인은 80명, 여성은 204명이었다고 한다. 전체 미국 엔지니어 중에서 다음 그룹에 해당하는 사람의 비율에 대한 90% 신뢰구간을 구하라.

(a) 여성
(b) 히스패닉 계이거나 흑인

**49** 전체 신생아 중 남아의 비율 $p$를 추정하기 위해, 신생아 10,000명의 성별을 조사하였더니 이들 중 5,106명이 남아였다고 한다. $p$에 대한 (a) 90% 신뢰구간과 (b) 99% 신뢰구간을 구하라.

**50** 어느 항공사에서 업무상 출장으로 여행하는 고객의 비율을 파악하려 하고 있다. 이들의 추정치가 2% 범위 내에서 정확하다는 것을 90% 신뢰할 수 있기 위해서는 무작위 표본의 크기가 얼마나 커야 하는가?

**51** 최근의 신문 여론조사에서 후보 A에 대한 선호도가 후보 B에 비해 오차범위 ±4% 내에서 53 대 47로 높았다고 한다. 이 신문에서 6% 포인트 차이는 오차범위보다 크므로 후보 A가 승리할 것으로 확신해도 좋다고 논평하였다. 이 논평은 정확한 것인가?

**52** 어느 시장조사기관에서 특정 스포츠경기를 시청하는 가구 비율을 파악하려 하고 있다. 이를 위해 이 기관은 무작위로 선택된 가구들에 전화조사 방법을 사용하기로 계획하였다. 이들의 추정치가 ±.02 범위 내에서 정확하다는 것을 90% 신뢰할 수 있기 위해서는 표본의 크기가 얼마나 커야 하는가?

**53** 최근의 연구에서 140개의 운석 중에서 79개는 대기권에 진입할 때 속도가 초당 25마일보다 느린 것으로 관측되었다. $\hat{p} = 79/140$을 대기권에 진입하는 임의의 운석이 초당 25마일보다 느린 속도를 가질 확률에 대한 추정치로 택할 경우, 이 추정치의 최대오차에 대해 99%의 신뢰를 갖고 우리가 말할 수 있는 것은 무엇인가?

**54** 어떤 생산라인에서 만들어진 제품 중 무작위로 선택된 100개에서 17개가 불량품으로 드러났다고 한다. 생산된 제품이 불량품일 확률에 대한 95% 양측 신뢰구간을 계산하라. 또 이 값에 대한 99% 상한 신뢰구간을 계산하라. 이 계산들에서 어떤 가정을 사용했는가?

**55** 무작위로 선택된 100명의 폐암환자 중에서 67명이 진단받은 지 5년 이내에 사망하였다고 한다.

(a) 폐암에 걸린 사람이 5년 이내에 사망할 확률을 추정하라.

(b) 문항 (a)에서 확률 추정 오차가 .02 미만일 것으로 95% 확신하기 위해 필요한 추가적인 표본의 크기는 얼마인가?

**56** 모수가 $p$인 $n$개의 서로 독립인 베르누이 확률변수의 값들로 구성되는 데이터가 주어졌을 때, $p$에 대한 $100(1-\alpha)\%$ 하한 및 상한 신뢰구간을 유도하라.

**57** 배터리의 수명은 평균이 $\theta$인 지수분포를 따른다고 가정하자. 10개의 배터리 표본에서 평균이 36시간일 때, $\alpha$에 대한 95% 양측 신뢰구간을 구하라.

**58** 문제 57에서 $\alpha$에 대한 $100(1-\alpha)\%$ 단측 하한 및 상한 신뢰구간을 구하라.

**59** $X_1, X_2, \ldots, X_n$이 미지의 평균값 $\theta$를 갖는 어떤 모집단에서 추출된 표본을 나타낸다고 하자. 예제 7.7b의 결과를 이용하여 $\sum_{i=1}^{n} \lambda_i X_i$ 형태의 $\theta$에 대한 모든 비편향추정량 중에서($\sum_{i=1}^{n} \lambda_i = 1$), 최소 평균제곱오차를 갖는 경우는 $\lambda_i \equiv 1/n$ ($i = 1, \ldots, n$)일 때임을 설명하여라.

**60** 동일한 분산 $\sigma^2$을 갖는 두 개의 정규 모집단에서 독립적으로 추출된 두 개의 표본 $X_1, \ldots, X_n$과 $Y_1, \ldots, Y_m$이 있으며, $S_x^2$과 $S_y^2$이 각각의 표본분산이라고 하자. 이 경우 $S_x^2$과 $S_y^2$ 모두 $\sigma^2$에 대한 비편향추정량이다. 예제 7.7b의 결과와

$$\mathrm{Var}(\chi_k^2) = 2k$$

라는 사실을 이용하여(여기에서 $\chi_k^2$은 자유도 $k$의 카이제곱 확률변수임), $\lambda S_x^2 + (1-\lambda)S_y^2$ 형태의 $\sigma^2$에 대한 최소제곱 추정량이

$$S_p^2 = \frac{(n-1)S_x^2 + (m-1)S_y^2}{n+m-2}$$

임을 보여라. 이것을 $\sigma^2$에 대한 **합동추정량(pooled estimator)**이라고 한다.

**61** 모수 $\theta$에 대한 두 개의 추정량 $d_1$과 $d_2$에 대하여, $E[d_1] = \theta$, $\mathrm{Var}(d_1) = 6$이고 $E[d_2] = \theta + 2$, $\mathrm{Var}(d_2) = 2$이면 어느 추정량이 낫겠는가?

**62** 어느 공장에서 매일 발생하는 사고 건수가 미지의 평균 $\lambda$를 갖는 푸아송분포를 갖는다고 하자. 비슷한 공장들에서의 이전 경험에 근거하여 어느 통계학자의 $\lambda$에 대한 초기 예상은 모수가 1인 지수분포로 표현될 수 있다고 하자. 즉, 사전밀도함수는 다음과 같다.

$$p(\lambda) = e^{-\lambda}, \qquad 0 < \lambda < \infty$$

이후 10일 동안 전체 사고 건수가 83일 때 $\lambda$에 대한 베이즈 추정치를 구하라. 최대우도 추정치는 얼마인가?

**63** 어느 반도체회사에서 생산된 컴퓨터칩의 시간 단위 수명은 평균이 $1/\lambda$인 지수분포를 따른다고 한다. $\lambda$에 대한 사전분포가 다음과 같은 밀도함수를 갖는 감마분포라고 하자.

$$g(x) = \frac{e^{-x}x^2}{2}, \qquad 0 < x < \infty$$

시험해본 첫 20개의 칩의 평균수명이 4.6시간일 때, $\lambda$에 대한 베이즈 추정치를 계산하라.

**64** 생산된 각 제품은 독립적이며 불량일 확률이 $p$라고 한다. $p$에 대한 사전분포가 구간 (0, 1) 상의 균일분포일 경우, 다음 각 경우에 대해 $p$가 .2 미만일 사후확률을 계산하라.

(a) 10개의 표본에서 2개의 불량품이 있었다.
(b) 10개의 표본에서 1개의 불량품이 있었다.
(c) 10개의 표본에서 10개의 불량품이 있었다.

**65** 어떤 직물의 파손 강도를 20개의 견본에 대해 측정하였다. 모집단 분포는 미지의 평균 $\theta$를 갖고 표준편차는 3psi인 정규분포라고 한다. 또, 이전의 경험에 근거하여 미지의 평균에 대한 사전분포는 평균이 200이고 표준편차는 2인 정규분포로 택하였다. 20개의 견본에 대한 평균 파손 강도가 182psi일 경우, .95의 확률로 $\theta$를 포함할 구간을 결정하여라.

# 제 8 장 가설검정

## 8.1 개요

앞장과 마찬가지로 일부 미지의 모수들을 제외하고는 분포가 알려져 있는 모집단에서 추출된 무작위 표본에 대해 관측을 수행할 것이다. 그러나 여기에서는 미지의 모수들을 직접 추정하기보다는 미지의 모수들에 관한 특정 가설을 검정하기 위해 표본 데이터를 사용하는 일이 주요 관심사이다. 한 예로서 어떤 건설회사에서 평균 파괴강도가 제곱인치 당 7,000파운드 (PSI) 이상이라고 보증된 케이블들을 대량으로 구입했다고 가정해보자. 이러한 주장을 확인하기 위해 이 회사에서는 케이블 10개를 무작위로 선택한 표본을 이용하여 파괴강도를 조사하기로 결정하였다. 이 회사는 이러한 실험의 결과를 모집단평균이 7,000PSI 이상이라는 케이블 제조업자의 가설을 채택할지 결정하기 위해 이용할 것이다.

통계적 가설이란 대개 모집단 분포의 모수들에 관한 주장이다. 이를 가설이라 부르는 이유는 그 주장이 참인지 여부를 알 수 없기 때문이다. 중요한 문제는 모집단에서 추출한 무작위 표본의 값들이 가설에 부합되는지 결정하기 위한 절차를 개발하는 일이다. 예를 들어 미지의 평균 $\theta$와 기지의 분산 1을 갖는 어떤 정규분포 모집단이 있다고 하자. "$\theta$는 1보다 작다"라는 주장은 모집단에서 추출된 무작위 표본을 관측함으로써 검정을 시도할 수 있는 통계적 가설이다. 무작위 표본이 해당 가설에 부합되는 것으로 판단될 경우, 그 가설은 "채택"된다고 표현하며, 그렇지 않을 경우 "기각"된다고 표현한다.

주어진 가설을 채택할 때 그 가설이 참이라고 주장하는 것이기보다는 결과 데이터가 가설에 부합한다고 말하는 것임을 유념하기 바란다. 예를 들어 모수가 $(\theta, 1)$인 정규 모집단의 경우에 크기 10의 표본에서 평균값이 1.25일 경우, 이러한 결과는 "$\theta < 1$"이라는 가설에 찬성하는 증거로 간주될 수는 없더라도 이 가설에 상반되는 것은 아니므로 결과적으로 이 가설을 채택하게 될 것이다. 반면 크기 10의 표본에서 평균값이 3일 경우, $\theta < 1$일 때 그렇게 큰 표본 값이 가능할 수도 있지만 그럴 확률은 대단히 낮으므로 이러한 결과는 가설과 부합되지 않는 것으로 판단하고 가설을 기각하게 될 것이다.

## 8.2 유의수준

미지의 모수 $\theta$를 갖는 분포 $F_\theta$를 따르는 모집단이 있을 때, $\theta$에 관한 어떤 가설을 검정하려고 한다. 이 가설을 $H_0$으로 표시하고 **귀무가설(null hypothesis)**이라고 부른다. 예를 들어

$F_\theta$가 평균이 $\theta$이고 분산이 1인 정규 분포함수일 때, $\theta$에 관해 가능한 두 가지 귀무가설을 들어보면 다음과 같다.

(a) $H_0: \theta = 1$
(b) $H_0: \theta \le 1$

첫 번째 귀무가설은 모집단이 평균은 1이고 분산은 1인 정규분포를 따른다고 주장하는 것이고, 두 번째 귀무가설은 모집단이 분산은 1이고 평균은 1이하인 정규분포를 따른다고 주장하는 것이다. (a)의 귀무가설이 참일 때는 모집단 분포가 완전하게 규정되는 반면, (b)의 귀무가설은 그렇지 않다. 참일 때 모집단 분포가 완전하게 규정되는 가설을 **단순가설(simple hypothesis)**이라고 부르며, 그렇지 않은 가설을 **복합가설(composite hypothesis)**이라 부른다.

특정 귀무가설 $H_0$을 검정하기 위해 크기 $n$의 모집단 표본 $X_1, \ldots, X_n$을 관측하고자 한다. 이러한 $n$개의 값들에 근거하여 $H_0$에 대한 채택 여부를 결정해야 한다. $H_0$에 대한 검정은 $n$-차원 공간상의 영역 $C$를 정의함으로써 규정될 수 있는데, 무작위 표본 $X_1, \ldots, X_n$이 영역 $C$에 속하면 이 가설을 기각하고 그렇지 않으면 채택하기로 한다. 이러한 영역 $C$를 **기각역(critical region)**이라고 부른다. 즉, 기각역 $C$에 의해 결정되는 통계적 검정은 다음과 같다.

$$(X_1, X_2, \ldots, X_n) \notin C \text{ 이면 } H_0\text{을 채택한다.}$$

그리고

$$(X_1, \ldots, X_n) \in C \text{ 이면 } H_0\text{을 기각한다.}$$

예를 들면, 분산이 1인 정규 모집단의 평균 $\theta$가 1인지에 관한 일반적 검정에 사용되는 기각역은 다음과 같다.

$$C = \{(X_1, \ldots, X_n) : |\overline{X} - 1| > 1.96/\sqrt{n}\} \tag{8.2.1}$$

따라서 이러한 검정에서 표본평균이 1.96을 표본 크기의 제곱근으로 나눈 값보다 1에서 더 멀리 떨어져 있으면 $\theta = 1$이라는 귀무가설을 기각한다.

특정 귀무가설 $H_0$을 검정하기 위한 절차를 개발할 때 어떤 검정에서든 두 가지 종류의 오류가 발생할 수 있다는 것을 유념해야 한다. 첫 번째 종류의 오류는 **제1종 오류(type I error)**라고 불리는 것으로 가설 $H_0$이 실제로 참인데 잘못 기각할 때 발생한다. 두 번째 종류의 오류는 **제2종 오류(type II error)**라고 불리는 것으로 가설 $H_0$이 실제로 거짓인데 잘못 채택할 때 발생한다. 앞에서도 언급했듯이, $H_0$에 대한 통계적 검정의 목적은 $H_0$이 참인지 거짓인지 명확히 결정하려는 것보다는 결과 데이터가 귀무가설에 부합되는지 결정하는 것일 뿐이다. 따라서 이러한 목적 하에서는 $H_0$이 참일 때 결과 데이터가 발생할 확률이 대단히 낮을 때만 $H_0$을 기각해야 한다. 이를 달성하기 위한 전통적인 방법은 어떤 값 $\alpha$를 지정하고 $H_0$이 참일 때 기각될 확률이 결코 $\alpha$보다 클 수 없는 성질을 검정 방법에 요구하는 것이다.

이러한 값 $\alpha$를 **검정의 유의수준(level of significance of the test)**이라고 부르며, 대개 미리 설정되는데 보편적으로 많이 이용되는 $\alpha$값은 .1, .05, .005 등이다. 즉, $H_0$을 검정하는 전통적인 방법은 유의수준 $\alpha$를 고정시키고 제1종 오류가 발생할 확률이 $\alpha$ 이하가 되도록 검정하는 것이다.

이제 모집단의 미지의 모수 $\theta$에 관한 어떤 가설을 검정한다고 하자. 예를 들어 모수 값의 집합 $w$가 주어져 있을 때, 다음의 가설을 검정하려 한다.

$$H_0 : \theta \in w$$

유의수준 $\alpha$에서 $H_0$을 검정하는 일반적인 방법은 $\theta$에 대한 점추정량 $d(\mathbf{X})$를 결정하는 것으로 시작된다. $d(\mathbf{X})$가 영역 $w$에서 "멀리" 떨어져 있을 경우 이 가설은 기각된다. 그런데 $H_0$을 기각하는 것을 정당화시킬 수 있으려면 얼마나 "멀리" 떨어져 있어야 하는지 결정하기 위해 $H_0$이 참일 때 $d(\mathbf{X})$에 대한 확률분포를 결정할 필요가 있는데, 그 이유는 이러한 확률분포를 이용하여 요구되는 유의수준 $\alpha$에서 검정할 수 있도록 적절한 기각역을 정할 수 있기 때문이다. 예를 들면, 모수가 $(\theta, 1)$인 정규 모집단의 평균이 1이라는 가설에 대한 검정에서, 식 (8.2.1)에 의하면 $\theta$에 대한 점추정치인 표본평균이 1에서 $1.96/\sqrt{n}$ 보다 멀리 떨어져 있을 때 가설을 기각한다. 다음 절에서 살펴보겠지만, $1.96/\sqrt{n}$ 은 유의수준 $\alpha = .05$를 만족하도록 선택된 값이다.

# 8.3 정규 모집단의 평균에 대한 검정

## 8.3.1 분산을 알고 있는 경우

$X_1, \ldots, X_n$이 미지의 평균 $\mu$와 기지의 분산 $\sigma^2$을 갖는 정규분포에서 추출한 크기 $n$인 표본이며, 귀무가설

$$H_0 : \mu = \mu_0$$

대 대립가설

$$H_1 : \mu \neq \mu_0$$

을 검정하려고 하는데, 여기에서 $\mu_0$은 주어진 상수이다.

$\overline{X} = \sum_{i=1}^{n} X_i / n$은 $\mu$에 대한 자연스러운 점추정량이므로, $\overline{X}$가 $\mu_0$에서 너무 멀리 떨어져 있지 않으면 $H_0$을 채택하는 것이 타당할 것이다. 즉, 이 검정에 대한 기각역은 적절히 선택된 값 $c$에 대해 아래의 형태를 가질 것이다.

$$C = \{X_1, \ldots, X_n : |\overline{X} - \mu_0| > c\} \tag{8.3.1}$$

이 검정의 유의수준이 $\alpha$가 되기 위해서는 제1종 오류 확률이 $\alpha$가 되도록 식 (8.3.1)의 기각치 $c$를 정해야 한다. 즉, $c$는 다음 조건을 만족해야 한다.

$$P_{\mu_0}\{|\overline{X} - \mu_0| > c\} = \alpha \tag{8.3.2}$$

여기에서 $P_{\mu_0}$는 위의 확률에 대한 계산이 $\mu = \mu_0$이라는 가정 하에서 이루어짐을 의미한다. 그런데 $\mu = \mu_0$일 때 $\overline{X}$는 평균이 $\mu_0$이고 분산이 $\sigma^2/n$인 정규분포를 따르며, 따라서

$$Z \equiv \frac{\overline{X} - \mu_0}{\sigma/\sqrt{n}} = \frac{\sqrt{n}\,(\overline{X} - \mu_0)}{\sigma}$$

와 같이 정의되는 $Z$는 표준정규분포를 따른다. 이제 식 (8.3.2)는 다음과 동치이다.

$$P\left\{|Z| > \frac{c\sqrt{n}}{\sigma}\right\} = \alpha$$

즉,

$$2P\left\{Z > \frac{c\sqrt{n}}{\sigma}\right\} = \alpha$$

여기에서 $Z$는 표준정규 확률변수이다. 그런데

$$P\{Z > z_{\alpha/2}\} = \alpha/2$$

이므로

$$\frac{c\sqrt{n}}{\sigma} = z_{\alpha/2}$$

이며, 따라서 다음의 결과를 얻는다.

$$c = \frac{z_{\alpha/2}\sigma}{\sqrt{n}}$$

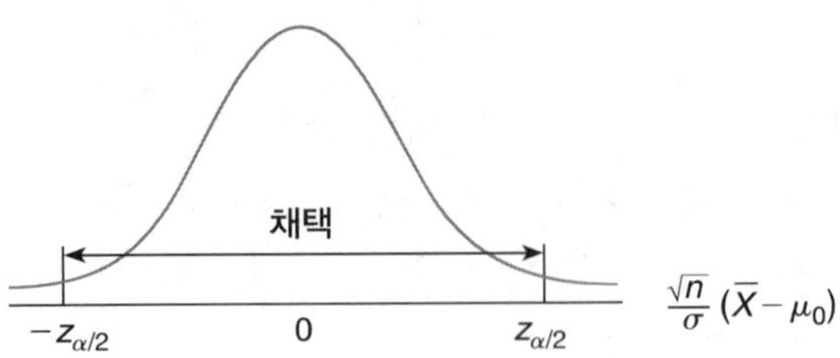


그림 8.1

따라서 유의수준 $\alpha$ 검정은 $|\overline{X} - \mu_0| > z_{\alpha/2}\, \sigma/\sqrt{n}$이면 $H_0$을 기각하고 그렇지 않으면 채택한다. 즉,

$$
\begin{aligned}
&\frac{\sqrt{n}}{\sigma}|\overline{X} - \mu_0| > z_{\alpha/2} \text{이면} \quad H_0\text{을 기각한다.} \\
&\frac{\sqrt{n}}{\sigma}|\overline{X} - \mu_0| \le z_{\alpha/2} \text{이면} \quad H_0\text{을 채택한다.}
\end{aligned}
\tag{8.3.3}
$$

이를 $H_0$이 참일 때 검정통계량 $\sqrt{n}\,(\overline{X} - \mu_0)/\sigma$의 밀도를 나타내는 표준정규 밀도함수 상에서 표현하면 그림 8.1과 같다.

### 예제 8.3a

장소 A에서 값이 $\mu$인 신호를 보낼 때 장소 B에서 수신된 값은 평균이 $\mu$이고 표준편차가 2인 정규분포를 따른다는 사실이 알려져 있다고 하자. 즉, 원래의 신호에 추가되는 무작위 잡음은 $N(0,\ 4)$인 확률변수이다. 장소 B에 있는 사람들은 오늘 전송되는 신호값이 $\mu = 8$일 것이라고 생각할 만한 근거가 있다고 하자. 동일한 신호값을 5회 전송하였을 때 장소 B에서 수신한 평균값이 $\overline{X} = 9.5$일 때 이러한 가설을 검정하라.

**풀이** 유의수준 5%에서 검정한다고 하자. 먼저 검정통계량

$$\frac{\sqrt{n}}{\sigma}|\overline{X} - \mu_0| = \frac{\sqrt{5}}{2}(1.5) = 1.68$$

을 계산한다. 이 값은 $z_{.025} = 1.96$보다 작으므로 가설을 채택한다. 즉, 표본평균은 실제 평균이 8일 때 5% 이상의 확률로 8에서 떨어질 수 있는 만큼 멀리 떨어져 있지 않으므로 데이터는 귀무가설에 상반되는 것은 아니다. 그러나 $\alpha = .1$과 같은 보다 낮은 유의수준을 선택했다면 이 귀무가설은 기각되었을 것이다. 이것은 $z_{.05} = 1.645$이어서 1.68보다 작기 때문이다. 따라서 $H_0$이 참인데 $H_0$을 기각할 확률이 10%인 검정을 사용했을 경우, 위의 귀무가설은 기각되었을 것이다.

주어진 상황에 "적절한" 유의수준은 개별 상황에 따라 달라진다. 예를 들어 $H_0$이 실제로 참인데 $H_0$을 기각하게 되면 높은 비용이 발생할 경우 신중할 필요가 있으며, 이때는 유의수준을 .05나 .01 정도의 유의수준을 선택할 것이다. 또 처음부터 $H_0$이 맞다는 강한 예감을 갖고 있을 경우 $H_0$을 기각하기 위해서는 매우 엄격한 반대의 증거를 요할 것이다(즉, 이러한 상황에서는 아주 낮은 유의수준을 설정할 것이다). ■

식 (8.3.3)에 의한 검정은 다음과 같이 기술될 수 있다. 검정통계량 $\sqrt{n}\,|\overline{X} - \mu_0|/\sigma$에 대한 임의의 관측 값을 $v$라고 부르기로 하고, $H_0$이 참일 때 검정통계량이 $v$만큼 클 확률이 유의수준 $\alpha$ 이하일 경우 $H_0$을 기각한다. 즉, 먼저 검정통계량의 값을 계산하고 다음에 단위 정규 확률변수의 절댓값이 이 값을 초과할 확률을 계산함으로써 귀무가설을 채택할지 여부

를 결정할 수 있다. 검정의 **$p$-값**이라 불리는 이 확률은 유의수준 $\alpha$가 $p$-값보다 작으면 $H_0$을 채택하고 그 이상이면 $H_0$을 기각한다는 의미에서 임계유의수준이 된다.

실제에 있어 임계유의수준은 미리 정해져 있기보다는 데이터를 살펴본 후 $p$-값을 결정하는 경우가 종종 있다. 때로 귀무가설이 쉽게 채택될 수 있도록 임계유의수준을 보통 사용하는 값보다 훨씬 크게 잡는 경우가 있다. 경우에 따라서는 귀무가설을 기각할 수밖에 없도록 $p$-값을 아주 작게 잡는 경우도 있다.

### 예제 8.3b

예제 8.3a에서 수신된 5개의 값의 평균이 $\overline{X}=8.5$였다고 하자. 이 경우

$$\frac{\sqrt{n}}{\sigma}|\overline{X}-\mu_0| = \frac{\sqrt{5}}{4} = .559$$

이며,

$$\begin{aligned} P\{|Z| > .559\} &= 2P\{Z > .559\} \\ &= 2 \times .288 = .576 \end{aligned}$$

이므로 $p$-값은 .576이며 송신한 신호값이 8이라는 귀무가설은 .576보다 작은 임의의 유의수준 $\alpha$에서 채택될 것이다. .576과 같은 큰 유의수준을 사용하여 귀무가설을 검정하는 일은 없으므로 $H_0$은 당연히 채택될 것이다.

반면에 데이터 값의 평균이 11.5이면, 평균이 8이라는 가설에 대한 검정의 $p$-값은 아래와 같이 계산될 것이다.

$$\begin{aligned} P\{|Z| > 1.75\sqrt{5}\} &= P\{|Z| > 3.913\} \\ &\approx .00005 \end{aligned}$$

이렇게 작은 $p$-값에 대해서도 전송된 값이 8이라는 가설은 기각된다. ■

제2종 오류에 대한 확률, 즉 실제 평균 $\mu$가 $\mu_0$와 같지 않을 때 귀무가설을 채택할 확률에 대해서는 아직 논의하지 않았다. 이 확률은 $\mu$의 값에 따라 달라지므로 $\beta(\mu)$를 다음과 같이 정의한다.

$$\begin{aligned} \beta(\mu) &= P_\mu\{H_0\text{의 채택}\} \\ &= P_\mu\left\{\left|\frac{\overline{X}-\mu_0}{\sigma/\sqrt{n}}\right| \le z_{\alpha/2}\right\} \\ &= P_\mu\left\{-z_{\alpha/2} \le \frac{\overline{X}-\mu_0}{\sigma/\sqrt{n}} \le z_{\alpha/2}\right\} \end{aligned}$$

함수 $\beta(\mu)$를 **검사특성곡선(operating characteristic curve)** 또는 **OC 곡선**이라고 부르며, 실제 평균이 $\mu$일 때 $H_0$이 채택될 확률을 나타낸다.

이 확률을 계산하기 위해 $\overline{X}$가 평균은 $\mu$이고 분산이 $\sigma^2/n$인 정규 확률변수이며 따라서

$$Z \equiv \frac{\overline{X}-\mu}{\sigma/\sqrt{n}} \sim \mathcal{N}(0,1)$$

이라는 사실을 이용한다. 따라서

$$\begin{aligned}
\beta(\mu) &= P_\mu\left\{-z_{\alpha/2} \le \frac{\overline{X}-\mu_0}{\sigma/\sqrt{n}} \le z_{\alpha/2}\right\} \\
&= P_\mu\left\{-z_{\alpha/2} - \frac{\mu}{\sigma/\sqrt{n}} \le \frac{\overline{X}-\mu_0-\mu}{\sigma/\sqrt{n}} \le z_{\alpha/2} - \frac{\mu}{\sigma/\sqrt{n}}\right\} \\
&= P_\mu\left\{-z_{\alpha/2} - \frac{\mu}{\sigma/\sqrt{n}} \le Z - \frac{\mu_0}{\sigma/\sqrt{n}} \le z_{\alpha/2} - \frac{\mu}{\sigma/\sqrt{n}}\right\} \\
&= P\left\{\frac{\mu_0-\mu}{\sigma/\sqrt{n}} - z_{\alpha/2} \le Z \le \frac{\mu_0-\mu}{\sigma/\sqrt{n}} + z_{\alpha/2}\right\} \\
&= \Phi\left(\frac{\mu_0-\mu}{\sigma/\sqrt{n}} + z_{\alpha/2}\right) - \Phi\left(\frac{\mu_0-\mu}{\sigma/\sqrt{n}} - z_{\alpha/2}\right) \qquad (8.3.4)
\end{aligned}$$

이며, 여기에서 $\Phi$는 표준정규 분포함수이다.

고정된 유의수준 $\alpha$에 대해, 식 (8.3.4)로 주어지는 OC 곡선은 $\mu_0$에 대해 대칭이며 $(\sqrt{n}/\sigma)|\mu-\mu_0|$부분만이 $\mu$에 종속된 부분이다. $\alpha=.05$일 때 이 곡선에서 가로좌표를 $\mu$에서 $d=(\sqrt{n}/\sigma)|\mu-\mu_0|$로 변경한 것을 그림 8.2에서 보이고 있다.

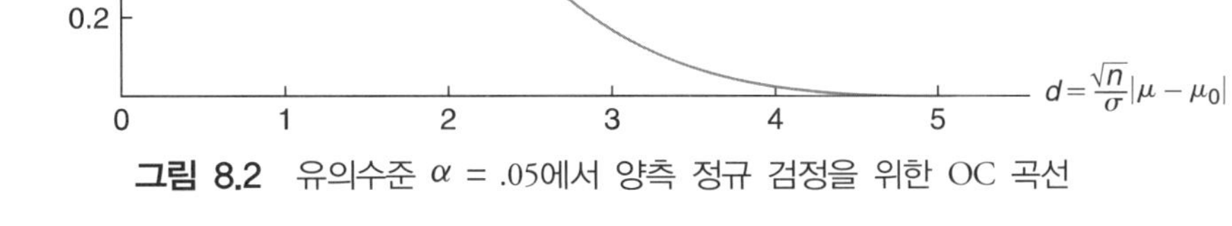


**그림 8.2** 유의수준 $\alpha=.05$에서 양측 정규 검정을 위한 OC 곡선

### 예제 8.3c

예제 8.3a의 문제에서 실제 송신된 값이 10일 때, $\mu = 8$이라는 귀무가설을 채택할 확률을 결정해 보자. 이를 위해

$$\frac{\sqrt{n}}{\sigma}(\mu_0 - \mu) = -\frac{\sqrt{5}}{2} \times 2 = -\sqrt{5}$$

을 계산한다. $z_{.025} = 1.96$이므로 구하고자 하는 확률은 식 (8.3.4)를 적용하면 다음과 같다.

$$\begin{aligned}
&\Phi(-\sqrt{5} + 1.96) - \Phi(-\sqrt{5} - 1.96) \\
&\quad = 1 - \Phi(\sqrt{5} - 1.96) - [1 - \Phi(\sqrt{5} + 1.96)] \\
&\quad = \Phi(4.196) - \Phi(.276) \\
&\quad = .392 \quad \blacksquare
\end{aligned}$$

### 메모

함수 $1 - \beta(\mu)$를 검정에 대한 **검정력 함수(power-function)**라고 부른다. 따라서 주어진 $\mu$값에 대한 검정력은 $\mu$가 올바른 값일 때 기각할 확률과 같다. ■

제2종 오류에 관한 어떤 규정을 만족하기 위해 무작위 표본이 얼마나 커야 하는지 결정할 때 검사특성함수가 유용하다. 예를 들어 실제 평균이 $\mu_1$일 때 $\mu = \mu_0$이라는 가설 $H_0$을 채택할 확률이 $\beta$에 가까운 값임을 보장하기 위해 표본 크기 $n$이 얼마나 커야 하는지 결정하고자 한다고 하자. 즉, $n$이 다음 조건을 만족하기를 원한다.

$$\beta(\mu_1) \approx \beta$$

그런데 식 (8.3.4)에 의해 위의 조건은 아래의 조건과 동치이다.

$$\Phi\left(\frac{\sqrt{n}(\mu_0 - \mu_1)}{\sigma} + z_{\alpha/2}\right) - \Phi\left(\frac{\sqrt{n}(\mu_0 - \mu_1)}{\sigma} - z_{\alpha/2}\right) \approx \beta \tag{8.3.5}$$

비록 위의 식은 $n$에 대해 해석학적으로 풀 수는 없지만, 표준정규분포 표를 사용하여 답을 구할 수 있다. 또한, $n$에 대한 근삿값을 식 (8.3.5)로부터 다음과 같이 유도할 수 있다. 먼저 $\mu_1 > \mu_0$이라고 가정하면, 이는

$$\frac{\mu_0 - \mu_1}{\sigma/\sqrt{n}} - z_{\alpha/2} \le -z_{\alpha/2}$$

을 의미하므로 $\Phi$가 증가함수라는 사실로부터 다음의 결과를 얻을 수 있다.

$$\Phi\left(\frac{\mu_0 - \mu_1}{\sigma/\sqrt{n}} - z_{\alpha/2}\right) \le \Phi(-z_{\alpha/2}) = P\{Z \le -z_{\alpha/2}\} = P\{Z \ge z_{\alpha/2}\} = \alpha/2$$

따라서

$$\Phi\left(\frac{\mu_0 - \mu_1}{\sigma/\sqrt{n}} - z_{\alpha/2}\right) \approx 0$$

이며, 여기에 식 (8.3.5)를 적용하여

$$\beta \approx \Phi\left(\frac{\mu_0 - \mu_1}{\sigma/\sqrt{n}} + z_{\alpha/2}\right) \tag{8.3.6}$$

을 얻을 수 있다. 그런데

$$\beta = P\{Z > z_\beta\} = P\{Z < -z_\beta\} = \Phi(-z_\beta)$$

이므로 식 (8.3.6)에서

$$-z_\beta \approx (\mu_0 - \mu_1)\frac{\sqrt{n}}{\sigma} + z_{\alpha/2}$$

을 얻을 수 있으며, 여기에서 아래의 결과를 얻는다.

$$n \approx \frac{(z_{\alpha/2} + z_\beta)^2 \sigma^2}{(\mu_1 - \mu_0)^2} \tag{8.3.7}$$

사실 $\mu_1 < \mu_0$일 때도 동일한 근사 결과를 얻을 수 있다(이에 대한 세부사항은 각자 연구해보기 바란다). 따라서 식 (8.3.7)은 모든 경우에 대해 $\mu = \mu_1$일 때 제2종 오류가 $\beta$와 거의 같도록 보장하기 위한 표본 크기에 대한 타당한 근삿값이다.

### 예제 8.3d

예제 8.3a의 문제에서 $\mu = 9.2$일 때, $\mu = 8$이라는 $H_0$에 대한 유의수준 .05의 검정이 기각될 확률이 75% 이상이 되기 위해 몇 번의 신호를 전송할 필요가 있는가?

**풀이** $z_{.025} = 1.96$이고 $z_{.25} = .67$이므로, 근사식 (8.3.7)에서 다음의 결과를 얻는다.

$$n \approx \frac{(1.96 + .67)^2}{(1.2)^2}4 = 19.21$$

따라서 크기 20의 표본이 필요하다. 식 (8.3.4)로부터 $n = 20$일 때 다음의 결과를 얻는다.

$$\begin{aligned}\beta(9.2) &= \Phi\left(-\frac{1.2\sqrt{20}}{2} + 1.96\right) - \Phi\left(-\frac{1.2\sqrt{20}}{2} - 1.96\right)\\ &= \Phi(-.723) - \Phi(-4.643)\\ &\approx 1 - \Phi(.723)\\ &\approx .235\end{aligned}$$

따라서 이 메시지를 20번 전송하면, 실제 평균이 9.2일 때 $\mu = 8$이라는 귀무가설이 기각될 확률이 76.5%가 된다. ■

#### 8.3.1.1 단측 검정

$\mu = \mu_0$이라는 귀무가설을 검정함에 있어 $\overline{X}$가 $\mu_0$에서 너무 멀리 떨어져 있을 때 가설을 기각하는 검정 방법을 선택하였다. 즉, $\overline{X}$값이 너무 작거나 너무 크면 ($\overline{X}$로 추정하는) $\mu$가 $\mu_0$와 같을 가능성이 거의 없어 보인다. 그런데 $H_0 : \mu = \mu_0$에 대한 대립가설이 $H_1 : \mu > \mu_0$일 경우는 어떻게 될까? 이 경우 ($H_1$이 참일 때보다는 $H_0$이 참일 때 $\overline{X}$의 값이 작을 확률이 높으므로) $\overline{X}$가 작다고 해서 $H_0$을 기각하기를 원하지는 않을 것이다. 따라서

$$H_0 : \mu = \mu_0 \qquad \text{대} \qquad H_1 : \mu > \mu_0 \tag{8.3.8}$$

을 검정할 때, $\mu_0$에 대한 점추정치 $\overline{X}$가 $\mu_0$보다 훨씬 클 경우 $H_0$을 기각해야 한다. 즉, 이때의 기각역은 다음과 같은 형태를 가져야 한다.

$$C = \{(X_1, \ldots, X_n) : \overline{X} - \mu_0 > c\}$$

$H_0$이 참일 때 (즉, $\mu = \mu_0$일 때) 기각 확률은 $\alpha$와 같으므로, $c$는 아래의 조건을 만족해야 한다.

$$P_{\mu_0}\{\overline{X} - \mu_0 > c\} = \alpha \tag{8.3.9}$$

그런데

$$Z = \frac{\bar{X} - \mu_0}{\sigma/\sqrt{n}} = \frac{\sqrt{n}(\bar{X} - \mu_0)}{\sigma}$$

은 $H_0$이 참일 때 표준정규분포를 따르므로 식 (8.3.9)는 표준정규 확률변수 $Z$에 대해

$$P\left\{Z > \frac{c\sqrt{n}}{\sigma}\right\} = \alpha$$

와 동치이다. 그런데

$$P\{Z > z_\alpha\} = \alpha$$

이므로 다음의 결과를 얻는다.

$$c = \frac{z_\alpha \sigma}{\sqrt{n}}$$

따라서 가설 8.3.8에 대한 검정은 $\overline{X} - \mu_0 > z_\alpha \sigma/\sqrt{n}$이면 $H_0$을 기각하고 그렇지 않으면 채택한다. 이는 다음과 같다.

$$\frac{\sqrt{n}}{\sigma}(\overline{X}-\mu_0) \le z_\alpha \text{이면} \quad H_0\text{을 채택한다.}$$
$$\frac{\sqrt{n}}{\sigma}(\overline{X}-\mu_0) > z_\alpha \text{이면} \quad H_0\text{을 기각한다.} \tag{8.3.10}$$

이것을 ($\overline{X}$가 클 때만 기각하므로) **단측 기각역**이라 부른다. 이에 맞추어 가설검정 문제

$$H_0 : \mu = \mu_0$$
$$H_1 : \mu > \mu_0$$

은 **단측 검정** 문제라고 불리는데, 이것은 대립가설이 $H_1 : \mu \neq \mu_0$일 때 발생하는 **양측 검정** 문제와 비교한 표현이다.

식 (8.3.10)의 단측 검정에서 $p$-값을 계산하기 위해 먼저 데이터를 이용하여 통계량 $\sqrt{n}(\overline{X}-\mu_0)/\sigma$의 값을 구한다. 이 $p$-값은 표준정규 확률변수가 계산된 통계량 이상일 확률과 같다.

### 예제 8.3e

예제 8.3a에서 신호값이 8 이상임을 미리 알고 있다고 가정하자. 이 경우 어떤 결론을 내릴 수 있을까?

**풀이** 이 데이터가 평균이 8이라는 가설에 부합되는지 알아보기 위해 단측 대립가설인

$$H_0 : \mu = 8$$

에 대해 가설

$$H_1 : \mu > 8$$

을 검정한다. 검정통계량의 값은 $\sqrt{n}(\overline{X}-\mu_0)/\sigma = \sqrt{5}(9.5-8)/2 = 1.68$이며, $p$-값은 표준정규 확률변수가 1.68을 초과할 확률, 즉 다음과 같다.

$$p\text{-값} = 1 - \Phi(1.68) = .0465$$

이 검정은 .0465 이상의 모든 유의수준에서 귀무가설을 기각할 것이므로, 유의수준 $\alpha = .05$에서도 귀무가설이 기각될 것이다. ■

단측 검정 식 (8.3.10)에 대한 검사특성함수

$$\beta(\mu) = P_\mu\{H_0\text{을 채택}\}$$

은 다음과 같이 구할 수 있다.

$$\begin{aligned}\beta(\mu) &= P_\mu\left\{\overline{X} \le \mu_0 + z_\alpha \frac{\sigma}{\sqrt{n}}\right\} \\ &= P\left\{\frac{\overline{X}-\mu}{\sigma/\sqrt{n}} \le \frac{\mu_0-\mu}{\sigma/\sqrt{n}} + z_\alpha\right\} \\ &= P\left\{Z \le \frac{\mu_0-\mu}{\sigma/\sqrt{n}} + z_\alpha\right\}, \quad Z \sim \mathcal{N}(0,1)\end{aligned}$$

여기에서 마지막의 등식은 $\sqrt{n}\,(\overline{X}-\mu)/\sigma$가 표준정규분포를 따른다는 사실을 이용한 것이다. 따라서 다음과 같이 쓸 수 있다.

$$\beta(\mu) = \Phi\left(\frac{\mu_0-\mu}{\sigma/\sqrt{n}} + z_\alpha\right)$$

분포함수인 $\Phi$는 매개변수가 증가함에 따라 함께 증가하는 함수이므로 $\mu$가 증가함에 따라 $\beta(\mu)$는 감소하는데, 이는 실제 평균 $\mu$가 클수록 $\mu \le \mu_0$라고 결론내려야 할 확률이 낮아지는 것을 의미하므로 직관에 부합된다. 또한 $\Phi(z_\alpha) = 1 - \alpha$이므로

$$\beta(\mu_0) = 1 - \alpha$$

가 된다. 또한 $H_0 : \mu = \mu_0$ 대 $H_1 : \mu > \mu_0$을 검정하도록 설계된 식 (8.3.10)의 검정은 유의수준 $\alpha$에서 단측 가설

$$H_0 : \mu \le \mu_0$$

대

$$H_1 : \mu > \mu_0$$

의 검정에도 사용될 수 있다. 이 검정의 유의수준이 $\alpha$를 유지한다는 것을 증명하기 위해 $H_0$이 참일 때 기각 확률이 $\alpha$를 넘지 않는다는 것을 보일 필요가 있다. 즉,

$$\text{모든 } \mu \le \mu_0\text{에 대해 } \quad 1 - \beta(\mu) \le \alpha$$

즉,

$$\text{모든 } \mu \le \mu_0\text{에 대해 } \quad \beta(\mu) \ge 1 - \alpha$$

을 증명해야 한다. 그런데 앞에서 식 (8.3.10)으로 주어지는 검정에 대해, $\beta(\mu)$는 $\mu$가 증가함에 따라 감소한다는 사실과 $\beta(\mu_0) = 1 - \alpha$을 보인 바 있다. 이로부터

$$\text{모든 } \mu \le \mu_0\text{에 대해 } \quad \beta(\mu) \ge \beta(\mu_0) = 1 - \alpha$$

을 얻을 수 있으며, 이는 식 (8.3.10)으로 주어지는 검정이 $H_0$: $\mu \le \mu_0$ 대 대립가설 $H_1$: $\mu \le \mu_0$에 대해서도 유의수준을 $\alpha$로 유지하는 검정임을 의미한다.

**메모**

단측 가설

$$H_0 : \mu = \mu_0 \quad (\text{또는 } \mu \geq \mu_0) \qquad \text{대} \qquad H_1 : \mu < \mu_0$$

에 대해서도 유의수준 $\alpha$에서 다음과 같이 검정할 수 있다.

$$\frac{\sqrt{n}}{\sigma}(\overline{X} - \mu_0) \geq -z_\alpha \text{이면} \quad H_0\text{을 채택한다.}$$

$$\text{그렇지 않으면} \quad H_0\text{을 기각한다.}$$

이 검정을 수행하기 위한 다른 방법으로 검정통계량 $\sqrt{n}\,(\overline{X} - \mu_0)/\sigma$의 값을 먼저 계산할 수도 있다. 이때의 $p$-값은 표준정규 확률변수가 검정통계량의 값보다 작을 확률에 해당하며, 이러한 $p$-값 이상의 모든 유의수준에서 귀무가설을 기각하게 될 것이다.

### 예제 8.3f

현재 시판 중인 모든 담배는 평균 니코틴 함량이 개비 당 1.6mg 이상이라고 한다. 어느 담배제조회사에서 평균 니코틴 함량을 개비 당 1.6mg 아래로 줄일 수 있는 새로운 담뱃잎 처리 방법을 발견하였다고 주장하고 있다. 이 주장을 검정하기 위해 이 회사의 담배 20개비 표본을 분석하였다. 담배 개비의 니코틴 함량에 대한 표준편차가 .8mg임이 알려져 있을 경우, 분석된 담배 20개비의 평균 니코틴 함량이 1.54라면 유의수준 5%에서 어떤 결론을 도출할 수 있을까?
메모 : 여기에서 표준편차가 .8이라는 것을 어떻게 미리 알 수 있는가 하는 의문이 생길 수 있다. 한 가지 가능성은 담배 한 개비 안의 니코틴 함량의 변이는 각 담배 개비의 담뱃잎 양의 변이에 따른 것이며 사용되는 처리 방법의 영향을 받지는 않는다고 가정할 수 있다. 이 경우 이전의 경험으로부터 표준편차를 구할 수 있다.

**풀이** 먼저 적절한 귀무가설을 정해야 한다. 앞에서 언급했듯이 우리가 사용할 검정 방식은, 귀무가설이 참일 때 귀무가설을 기각할 확률이 유의수준 $\alpha$를 초과하지 않는 성질을 갖는 검정만을 고려하므로, 귀무가설과 대립가설에 대칭적으로 적용되지 않는다. 따라서 귀무가설에 대한 기각은 데이터가 귀무가설에 부합되지 않는다는 강한 주장인 반면, 귀무가설이 채택될 때에는 유사한 주장을 구성할 수 없다. 따라서 앞의 예에서 담배제조회사의 주장에 대한 상당한 증거가 있을 때 그러한 주장에 동조하는 것이므로 그러한 주장을 대립가설로 간주해야 한다. 즉,

$$H_0 : \mu \geq 1.6 \qquad \text{대} \qquad H_1 : \mu < 1.6$$

을 검정해야 한다. 이때 검정통계량의 값은

$$\sqrt{n}(\overline{X} - \mu_0)/\sigma = \sqrt{20}(1.54 - 1.6)/.8 = -.336$$

이며, 따라서 $p$-값은 다음과 같이 주어진다.

$$\begin{aligned} p\text{-값} &= P\{Z < -.336\}, \qquad Z \sim \mathcal{N}(0,1) \\ &= .368 \end{aligned}$$

이 값은 .05보다 크므로, 위의 데이터만으로 유의수준 .05에서 평균 니코틴 함유량이 1.6mg을 초과한다는 가설을 기각할 수는 없다. 즉, 위의 데이터를 통한 증거는 담배제조회사의 주장을 뒷받침하는 것 같지만 그 주장을 증명할 만큼 확실하지는 않다. ■

## 메모

(a) 신뢰구간 추정과 가설검정 사이에는 분명한 유사성이 있다. 예를 들어 미지의 평균 $\mu$와 기지의 분산 $\sigma^2$을 갖는 정규 모집단에 대해, 7.3절에서 $\mu$에 대한 $100(1-\alpha)\%$ 신뢰구간은 다음과 같이 주어진다.

$$\mu \in \left(\bar{x} - z_{\alpha/2}\frac{\sigma}{\sqrt{n}}, \bar{x} + z_{\alpha/2}\frac{\sigma}{\sqrt{n}}\right)$$

여기에서 $\bar{x}$는 관측된 표본평균이다. 앞의 신뢰구간에 관한 문장을 식으로 표현하면 다음과 같다.

$$P\left\{\mu \in \left(\overline{X} - z_{\alpha/2}\frac{\sigma}{\sqrt{n}}, \overline{X} + z_{\alpha/2}\frac{\sigma}{\sqrt{n}}\right)\right\} = 1-\alpha$$

따라서 $\mu = \mu_0$이면 $\mu_0$가 구간

$$\left(\overline{X} - z_{\alpha/2}\frac{\sigma}{\sqrt{n}}, \overline{X} + z_{\alpha/2}\frac{\sigma}{\sqrt{n}}\right)$$

에 속할 확률은 $1-\alpha$이며, 이는 $H_0: \mu = \mu_0$ 대 $H_1: \mu \neq \mu_0$에 대한 유의수준 $\alpha$ 검정은

$$\mu_0 \notin \left(\overline{X} - z_{\alpha/2}\frac{\sigma}{\sqrt{n}}, \overline{X} + z_{\alpha/2}\frac{\sigma}{\sqrt{n}}\right)$$

일 때 $H_0$을 기각하는 것이다. 마찬가지로 $\mu$에 대한 $100(1-\alpha)\%$ 단측 신뢰구간은

$$\mu \in \left(\overline{X} - z_{\alpha}\frac{\sigma}{\sqrt{n}}, \infty\right)$$

로 주어지므로, $H_0: \mu \leq \mu_0$ 대 $H_1: \mu > \mu_0$에 대한 유의수준 $\alpha$ 검정은 $\mu_0 \notin (\overline{X} - z_{\alpha/2}\,\sigma/\sqrt{n}, \infty)$일 때, 즉, $\mu_0 < (\overline{X} - z_\alpha\,\sigma/\sqrt{n})$일 때 $H_0$을 기각하는 것이다.

(b) **견실성에 관한 소견** 검정이 기초하고 있는 하부 가정이 위배될 때에도 별 문제가 없는 검정을 **견실(robust)**하다고 한다. 예를 들어 8.3.1절 및 8.3.1.1절의 검정들은 기초가 되는 모집단 분포가 기지의 분산 $\sigma^2$을 갖는 정규분포라는 가정 하에 유도된 것이다. 그런데 이러한 검정들을 유도할 때 $\overline{X}$도 정규분포를 따른다고 결론내리기

위해 이러한 가정이 사용되었다. 그런데 중심극한정리에 따르면, 상당히 큰 표본의 경우 근저 분포가 무엇이든지 관계없이 $\overline{X}$는 근사정규분포를 따른다. 따라서 이러한 검정은 분산이 $\sigma^2$인 임의의 모집단에 대해 상대적으로 견실할 것이라고 결론지을 수 있다.

표 8.1은 이 절의 검정들을 요약하고 있다.

**표 8.1** $X_1, \ldots, X_n$은 $\mathcal{N}(\mu, \sigma^2)$에서 추출된 표본 모집단의 $\sigma^2$이 알려져 있으며, $\overline{X} = \sum_{i=1}^{n} X_i / n$

| $H_0$ | $H_1$ | 검정통계량 $TS$ | 유의수준 $\alpha$검정 | $TS = t$일 경우의 $p$-값 |
|---|---|---|---|---|
| $\mu = \mu_0$ | $\mu \neq \mu_0$ | $\sqrt{n}(\overline{X} - \mu_0)/\sigma$ | $\|TS\| > z_{\alpha/2}$이면 기각 | $2P\{Z \geq \|t\|\}$ |
| $\mu \leq \mu_0$ | $\mu > \mu_0$ | $\sqrt{n}(\overline{X} - \mu_0)/\sigma$ | $TS > z_\alpha$이면 기각 | $P\{Z \geq t\}$ |
| $\mu \geq \mu_0$ | $\mu < \mu_0$ | $\sqrt{n}(\overline{X} - \mu_0)/\sigma$ | $TS < -z_\alpha$이면 기각 | $P\{Z \leq t\}$ |

Z는 표준정규 확률변수이다.

## 8.3.2 분산을 모를 때: $t$-검정

지금까지는 정규 모집단 분포에서 평균만이 미지의 모수라고 가정해왔다. 그렇지만 평균 $\mu$와 분산 $\sigma^2$ 둘 다 모르는 경우가 더 흔하다. 이러한 상황을 가정하고 평균이 어떤 지정된 값 $\mu_0$와 같다는 가설에 대한 검정을 살펴보기로 하자. 즉, 가설

$$H_0 : \mu = \mu_0$$

대 대립가설

$$H_1 : \mu \neq \mu_0$$

에 대해 검정한다. 위의 귀무가설은 $\sigma^2$의 값을 규정하고 있지 않으므로 더 이상 단순가설이 아니라는 점을 유의하기 바란다.

전과 마찬가지로 표본평균 $\overline{X}$가 $\mu_0$에서 너무 멀리 떨어져 있을 경우 $H_0$을 기각하는 것이 타당해 보인다. 그런데 기각을 정당화하기 위해 얼마나 멀리 떨어져 있어야 하는지는 분산 $\sigma^2$에 따라 달라진다. $\sigma^2$의 값이 알려져 있을 경우, $|\overline{X} - \mu_0|$이 $z_{\alpha/2}\,\sigma/\sqrt{n}$을 초과할 때, 즉,

$$\left|\frac{\overline{X} - \mu_0}{\sigma/\sqrt{n}}\right| > z_{\alpha/2}$$

일 때 $H_0$을 기각한다. 그런데 지금은 $\sigma^2$이 알려져 있지 않으므로,

$$S^2 = \frac{\sum_{i=1}^{n}(X_i - \overline{X})^2}{n-1}$$

으로 $\sigma^2$을 추정하고

$$\left|\frac{\overline{X} - \mu_0}{S/\sqrt{n}}\right|$$

일 때 $H_0$을 기각하는 것이 타당하다.

### 통계량

$$\left|\frac{\sqrt{n}(\overline{X} - \mu_0)}{S}\right|$$

이 얼마나 클 때 기각해야 검정의 유의수준이 $\alpha$가 되는지 결정하기 위해서는 $H_0$이 참일 때의 이 통계량에 대한 분포를 알아야 한다. 그런데 6.5절에서 보였듯이

$$T = \frac{\sqrt{n}(\overline{X} - \mu_0)}{S}$$

로 정의되는 통계량 $T$는 $\mu = \mu_0$일 때 자유도 $n-1$의 $t$-분포를 따른다. 따라서

$$P_{\mu_0}\left\{-t_{\alpha/2,\, n-1} \le \frac{\sqrt{n}(\overline{X} - \mu_0)}{S} \le t_{\alpha/2,\, n-1}\right\} = 1 - \alpha \tag{8.3.11}$$

이며, 여기에서 $t_{\alpha/2,n-1}$은 자유도 $n-1$의 $t$-분포의 $100\alpha/2\%$ 백분위수이다(즉, $T_{n-1}$이 자유도 $n-1$의 $t$-분포를 따를 때 $P\{T_{n-1} \ge t_{\alpha/2,n-1}\} = P\{T_{n-1} \le -t_{\alpha/2,n-1}\} = \alpha/2$이다). 식 (8.3.11)로부터, $\sigma^2$을 모를 때

$$H_0 : \mu = \mu_0 \qquad \text{대} \qquad H_1 : \mu \neq \mu_0$$

에 대한 유의수준 $\alpha$의 적절한 검정은 다음과 같이 주어짐을 알 수 있다.

$$\begin{aligned} &\left|\frac{\sqrt{n}(\overline{X} - \mu_0)}{S}\right| \le t_{\alpha/2,\, n-1}\text{이면} \quad H_0\text{을 채택한다.} \\ &\left|\frac{\sqrt{n}(\overline{X} - \mu_0)}{S}\right| > t_{\alpha/2,\, n-1}\text{이면} \quad H_0\text{을 기각한다.} \end{aligned} \tag{8.3.12}$$

식 (8.3.12)에 의해 정의되는 검정을 **양측 t-검정**이라 하며, 그림 8.3에서 도식화하고 있다.

검정통계량 $T = \sqrt{n}\,(\overline{X} - \mu_0)/S$에 대한 관측 값을 $t$로 나타낼 경우, 위의 검정에 대한 $p$-값은 $H_0$이 참일 때 $|T|$가 $|t|$를 초과할 확률과 같다. 즉, $p$-값은 자유도 $n-1$의 $t$-확률변수의 절댓값이 $|t|$를 초과할 확률이다. 이 검정에서 $p$-값보다 높은 유의수준에서는 기각할 것이며 그보다 낮은 유의수준에서는 채택할 것이다.

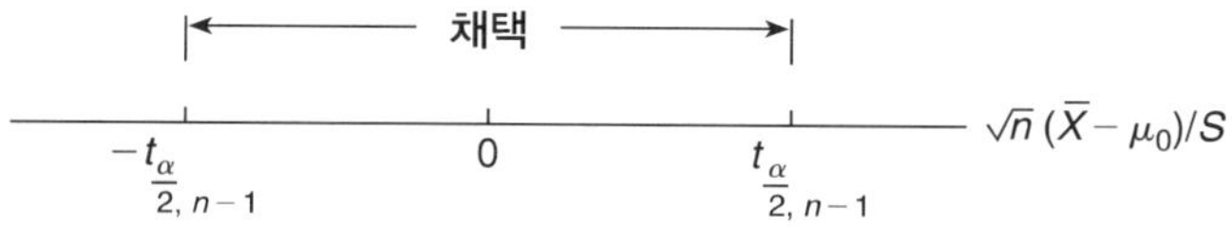


**그림 8.3** 양측 $t$-검정

### 예제 8.3g

혈중 콜레스테롤을 감소시키는 신약을 검정하기 위해, 어떤 진료소의 환자들 중에서 중간 이상의 혈중 콜레스테롤 수치를 갖는 (즉, 220mg/dl 이상인) 지원자를 모집하였다. 50명의 지원자에게 일 개월 동안 이 약을 투약한 후 혈중 콜레스테롤 수치상의 변화를 관측하였다. 평균 변화량이 14.8mg/dl 만큼의 감소이었으며 표본표준편차는 6.4mg/dl이었다면, 어떤 결론을 내리겠는가?

**풀이** 관측된 변화는 순전히 우연이었을 뿐이라는 가설을 검정해보자. 이는 50명의 지원자에서 관측된 변화가 평균이 0인 정규 표본이었음을 의미한다. 정규분포의 평균이 0이라는 가설을 검정하기 위해 사용되는 $t$-통계량의 값은

$$T = \sqrt{n}\,\overline{X}/S = \sqrt{50}\,14.8/6.4 = 16.352$$

이므로, 순전히 우연에 의한 변화라는 가설은 기각해야 마땅하다. 그러나 유감스럽게도 이 시점에서 그와 같은 변화가 사용된 약 때문이었는지 아니면 다른 요인에 의한 것이었는지 결론을 내릴 근거는 확실하지 않다. 예를 들면, (환자의 증상에 직접적인 관련성이 있는지에 무관하게) 아무 약이나 투약했을 때에도 환자의 증상이 개선되는 경우가 종종 나타나는데, 이를 흔히 위약효과라고 부른다. 또한, 검정 기간 동안의 기상 조건도 혈중 콜레스테롤 수치에 영향을 미칠 수 있다. 특정 치료가 여러 요인에 영향 받을 수 있는 질병에 효과가 있는지 검정하기 위해서는 다른 여러 요인들에 대한 영향을 배제할 수 있도록 실험을 설계해야 하는데, 그런 점에서 앞의 실험은 대단히 부실하게 설계된 실험이라 할 수 있겠다. 이러한 점들을 고려하여 확립된 방식은 지원자들을 무작위로 두 그룹으로 나누고, 한 그룹은 검정 대상 신약을 복용하게 하고 다른 그룹은 (외형이나 맛은 실제 약과 같지만 아무런 생리적 작용도 없는) 위약을 복용하게 한다. 지원자들에게는 자신이 치료그룹에 속하는지 통제그룹에 속하는지 알려주지 않는다. 사실은 임상의들에게도 선입견이 작용하지 않도록 그와 같은 정보를 알려주지 않는 것이 좋으며, 이를 **이중 눈가림** 방식의 검정이라 한다. 두 그룹은 지원자들 중에서 무작위로 선택하였으므로 두 그룹이 실제 약을 복용하는지 위약을 복용하는지를 제외하고는 두 그룹에 영향을 미치는 모든 요인들의

평균적 효과는 동일하다고 기대할 수 있다. 따라서 두 그룹 사이의 성과상의 차이는 약으로 인한 것으로 추정될 수 있다. ■

### 예제 8.3h

보건당국에 따르면 일반가정에서 하루에 사용하는 물의 양은 평균적으로 350갤런이라고 한다. 이러한 주장을 확인하기 위해 무작위로 선택된 20개의 가구에 대해 평균 일일 수도 사용량을 조사하였더니 다음과 같았다고 한다.

| | | | |
|---|---|---|---|
| 340 | 344 | 362 | 375 |
| 356 | 386 | 354 | 364 |
| 332 | 402 | 340 | 355 |
| 362 | 322 | 372 | 324 |
| 318 | 360 | 338 | 370 |

이 데이터는 보건당국의 발표와 상반되는가?

**풀이** 위의 데이터가 보건당국의 발표를 반박하는지 결정하기 위해 검정해야 할 가설은 다음과 같다.

$$H_0 : \mu = 350 \qquad \text{대} \qquad H_1 : \mu \neq 350$$

위의 데이터를 가지고 손으로 계산하여 다음과 같은 표본평균과 표본표준편차를 얻을 수 있다.

$$\overline{X} = 353.8, \qquad S = 21.8478$$

따라서 검정통계량 값은

$$T = \frac{\sqrt{20}(3.8)}{21.8478} = .7778$$

이다. 이 값은 $t_{.05,19} = 1.730$보다 작으므로, 10% 유의수준에서 귀무가설은 채택된다. 실제로 위의 검정 데이터의 $p$-값은

$$p\text{-값} = P\{|T_{19}| > .7778\} = 2P\{T_{19} > .7778\} = .4462$$

이며, 이것은 일반적으로 사용되는 모든 유의수준에서 귀무가설이 채택될 것임을 의미한다. 따라서 이 데이터는 보건당국의 주장과 상반되지 않는다. ■

t-검정 계산을 위해서 R을 사용할 수 있다. 데이터가 $x_1, \ldots.., x_n$ 일때 $\mu \neq \mu_0$에 대비해서 평균 $\mu$가 평균 $\mu_0$와 같다는 귀무가설을 검정하기 위해서는 다음과 같이 한다.

$$>x = c(x_1, \ldots, x_n)$$
$$>\text{t.test}(x, \text{mu} = \mu_0)$$

위와 같이 실행하면 95% 신뢰구간과 $p$-값을 결과로 얻는다. 예를 들어 예제 8.3.h를 풀기 위해 R을 사용하면 다음과 같다.

```
>x = c(340, 356, 332, 362, 318, 344, 386, 402, 322, 360, 362, 354, 340, 372, 338,
    375, 363, 355, 324, 370)
>t.test(x, mu = 350)
```

그리고 다음의 출력을 얻는다.

```
One Sample t-test
data: x
t = 0.77784, df = 19, p-value = 0.4462
alternative hypothesis: true mean is not equal to 350
95 percent confidence interval:
343.5749  364.0251
sample estimates:
mean of x
353.8
```

단측 대립가설

$$H_0 : \mu = \mu_0 \qquad (\text{또는}\ \ H_0 : \mu \le \mu_0)$$

에 대해 가설

$$H_1 : \mu > \mu_0$$

을 검정하기 위해 단측 $t$-검정을 사용할 수 있다. 유의수준 $\alpha$ 검정은 다음과 같다.

$$\frac{\sqrt{n}(\overline{X} - \mu_0)}{S} \le t_{\alpha, n-1}\text{이면}\quad H_0\text{을 채택한다.}$$
$$\frac{\sqrt{n}(\overline{X} - \mu_0)}{S} > t_{\alpha, n-1}\ \text{이면}\quad H_0\text{을 기각한다.} \tag{8.3.13}$$

$\sqrt{n}\,(\overline{X} - \mu_0)/S = v$일 때 이 검정에 대한 $p$-값은 자유도 $n-1$의 $t$-확률변수가 $v$ 이상이 될 확률과 같다.

$$H_0 : \mu = \mu_0 \qquad (\text{또는}\ H_0 : \mu \ge \mu_0)$$

대 대립가설

$$H_1 : \mu < \mu_0$$

에 대한 유의수준 $\alpha$ 검정은 다음과 같다.

$$\frac{\sqrt{n}(\overline{X} - \mu_0)}{S} \geq -t_{\alpha,\,n-1} \text{이면} \quad H_0 \text{을 채택한다.}$$

$$\frac{\sqrt{n}(\overline{X} - \mu_0)}{S} < -t_{\alpha,\,n-1} \text{이면} \quad H_0 \text{을 기각한다.}$$

이 검정에 대한 $p$-값은 자유도 $n - 1$의 $t$-확률변수가 $\sqrt{n}\,(\overline{X} - \mu_0)/S$에 대한 관측 값 이하일 확률과 같다.

### 예제 8.3i

광섬유 타이어 신제품의 제조업체는 이 타이어의 평균 수명이 40,000마일 이상이라고 주장한다. 이러한 주장을 확인하기 위해 12개의 타이어 표본을 조사하였더니 (1,000마일 단위의) 수명이 다음과 같았다고 한다.

| **타이어** | 1 | 2 | 3 | 4 | 5 | 6 | 7 | 8 | 9 | 10 | 11 | 12 |
|---|---|---|---|---|---|---|---|---|---|---|---|---|
| **수명** | 36.1 | 40.2 | 33.8 | 38.5 | 42 | 35.8 | 37 | 41 | 36.8 | 37.2 | 33 | 36 |

타이어 제조업체의 주장을 유의수준 5%에서 검정하라.

**풀이** 위의 데이터가 평균 수명이 40,000마일 이상이라는 가설에 부합되는지 결정하기 위해 다음을 검정한다.

$$H_0 : \mu \geq 40{,}000 \qquad \text{대} \qquad H_1 : \mu < 40{,}000$$

계산을 통해

$$\overline{X} = 37.2833, \qquad S = 2.7319$$

을 얻을 수 있으며, 따라서 검정통계량의 값은 다음과 같다.

$$T = \frac{\sqrt{12}(37.2833 - 40)}{2.7319} = -3.4448$$

이 값은 $-t_{.05,11} = -1.796$보다 작으므로 5% 유의수준에서 귀무가설을 기각한다. 이 검정 데이터의 $p$-값은

$$p\text{-값} = P\{T_{11} < -3.4448\} = P\{T_{11} > 3.4448\} = .0028$$

이며, 이것은 .003보다 큰 임의의 유의수준에서는 제조업체의 주장을 기각하게 될 것임을 의미한다. ■

위의 결과는 R을 사용하여 구할 수도 있다. R은 평균이 $\mu_0$더 작거나 더 크다는 대체 가설을 설정하여 **단측 t-검정을 수행한다. 이는 데이터** $x_1, \ldots\ldots, x_n$**에 대해서 다음을 검정하는 것과 같고**

$$H_0 : \mu = \mu_0 \text{ versus } H_1 : \mu > \mu_0$$

다음과 같이 한다.

```
>x = c(x1, ..., xn)
>t.test(x, alternative ="greater", mu = μ0)
```

그러면, 예제 8.3.i에 대해서 다음의 결과를 얻는다.

```
>x = c(36.1, 40.2, 33.8, 38.5, 42, 35.8, 37, 41, 36.8, 37.2, 33, 36)
>t.test(x, alternative = "less", mu = 40)
```

```
One Sample t-test
data: x
t = -3.4448, df = 11, p-value = 0.002739
alternative hypothesis: true mean is less than 40
95 percent confidence interval:
-Inf   38.69963
sample estimates:
mean of x
37.28333
```

### 예제 8.3j

고객들이 푸아송 과정에 따라 도착하는 단일 서버 대기 시스템에서 장기간에 걸쳐 구한 고객 당 평균 대기시간은 서비스 당 평균 시간과 분산에 따라 달라진다. $\mu$가 평균 서비스 시간이고 $\sigma^2$이 서비스 시간의 분산일 경우, $\lambda\mu < 1$일 때 고객의 평균 대기시간은

$$\frac{\lambda(\mu^2 + \sigma^2)}{2(1 - \lambda\mu)}$$

와 같이 주어진다($\lambda$는 도착률). ($\lambda\mu \geq 1$일 때의 평균 대기시간은 무한대가 된다.) 위의 공식에서 보면 $\mu$가 $1/\lambda$보다 약간 작을 때 평균 대기시간은 상당히 길어짐을 알 수 있다($\lambda$가 도착률일 때, $1/\lambda$은 도착 사이의 평균 시간임).

서비스업체의 사장은 평균 서비스 시간이 8분을 초과할 때 서비스 직원을 한 명 더 채용하려고 한다. 이 대기 시스템에서 28명의 고객에 대한 서비스 시간을 (분 단위로) 조사하였더니 아래와 같았다고 하자. 이 데이터로 평균 서비스 시간이 8분을 초과한다고 판단할 수 있는가?

8.6, 9.4, 5.0, 4.4, 3.7, 11.4, 10.0, 7.6, 14.4, 12.2, 11.0, 14.4, 9.3, 10.5,
10.3, 7.7, 8.3, 6.4, 9.2, 5.7, 7.9, 9.4, 9.0, 13.3, 11.6, 10.0, 9.5, 6.6

**풀이** 평균 서비스 시간이 8분 이하라는 귀무가설을 검정하기 위해 위의 데이터를 사용한다. $p$-값이 작으면, 평균 서비스 시간이 8분을 초과함을 나타내는 확실한 증거가 될 것이다. 이 데이터에 프로그램 8.3.2를 실행시키면, 검정통계량의 값은 2.257이고 $p$-값은 .016이 된다. 이렇게 작은 $p$-값은 평균 서비스 시간이 8분을 초과함을 나타내는 확실한 증거이다. ■

**표 8.2** $X_1, \ldots, X_n$은 $\mathcal{N}(\mu, \sigma^2)$에서 추출된 표본 모집단의 $\sigma^2$이 알려져 있으며, $\overline{X} = \sum_{i=1}^{n} X_i / n$ 그리고 $S^2 = \sum_{i=1}^{n} (X_i - \overline{X})^2 / (n-1)$

| $H_0$ | $H_1$ | 검정통계량 $TS$ | 유의수준 $\alpha$검정 | $TS = t$일 경우의 $p$-값 |
|---|---|---|---|---|
| $\mu = \mu_0$ | $\mu \neq \mu_0$ | $\sqrt{n}(\overline{X} - \mu_0)/S$ | $\lvert TS \rvert > t_{\alpha/2, n-1}$이면 기각 | $2P\{T_{n-1} \geq \lvert t \rvert\}$ |
| $\mu \leq \mu_0$ | $\mu > \mu_0$ | $\sqrt{n}(\overline{X} - \mu_0)/S$ | $TS > t_{\alpha, n-1}$이면 기각 | $P\{T_{n-1} \geq t\}$ |
| $\mu \geq \mu_0$ | $\mu < \mu_0$ | $\sqrt{n}(\overline{X} - \mu_0)/S$ | $TS < -t_{\alpha, n-1}$이면 기각 | $P\{T_{n-1} \leq t\}$ |

$T_{n-1}$은 자유도 $n-1$의 $t$-확률변수 : $P\{T_{n-1} > t_{\alpha, n-1}\} = \alpha$.

표 8.2는 이 절의 검정들을 요약하고 있다.

## 8.4 두 정규 모집단의 평균의 동일성에 대한 검정

엔지니어들이 자주 부딪치는 문제는 두 가지의 다른 접근 방식이 동일한 결과로 이어지는지를 결정하는 것이다. 이러한 문제는 종종 두 정규 모집단이 동일한 평균값을 갖는다는 가설에 대한 검정 모델로 표현될 수 있다.

### 8.4.1 분산을 알고 있을 때

$X_1, \ldots, X_n$과 $Y_1, \ldots, Y_m$이 미지의 평균 $\mu_x$와 $\mu_y$를 갖지만 분산은 $\sigma_x^2$와 $\sigma_y^2$로 알려져 있는 정규 모집단들에서 추출된 독립적인 표본들이라고 하자. 이제 가설

$$H_0 : \mu_x = \mu_y$$

대 대립가설

$$H_1 : \mu_x \neq \mu_y$$

을 검정하는 문제를 생각해보자. $\overline{X}$는 $\mu_x$에 대한 추정치이며 $\overline{Y}$는 $\mu_y$에 대한 추정치이므로, $\overline{X} - \overline{Y}$는 $\mu_x - \mu_y$에 대한 추정치로 사용될 수 있다. 따라서 귀무가설은 $H_0$: $\mu_x - \mu_y = 0$으로 표현될 수 있으므로, $\overline{X} - \overline{Y}$가 0에서 너무 멀리 떨어져 있을 때 귀무가설을 기각하는 것이 타당할 것이다. 즉, 이 검정은 적절히 선택된 $c$값에 대해 다음과 같은 형태를 갖는다.

$$\begin{aligned} &|\overline{X} - \overline{Y}| > c \text{ 이면 } H_0\text{을 기각한다.} \\ &|\overline{X} - \overline{Y}| \leq c \text{ 이면 } H_0\text{을 채택한다.} \end{aligned} \tag{8.4.1}$$

식 (8.4.1)의 검정의 유의수준이 $\alpha$가 되는 $c$값을 결정하기 위해 먼저 $H_0$이 참일 때 $\overline{X} - \overline{Y}$의 분포를 알아야 한다. 그런데 7.3.2절에서 보였듯이

$$\overline{X} - \overline{Y} \sim \mathcal{N}\left(\mu_x - \mu_y, \frac{\sigma_x^2}{n} + \frac{\sigma_y^2}{m}\right)$$

이며, 이는

$$\frac{\overline{X} - \overline{Y} - (\mu_x - \mu_y)}{\sqrt{\dfrac{\sigma_x^2}{n} + \dfrac{\sigma_y^2}{m}}} \sim \mathcal{N}(0, 1) \tag{8.4.2}$$

을 의미한다. 따라서 $H_0$이 참일 때(즉, $\mu_x - \mu_y = 0$일 때),

$$(\overline{X} - \overline{Y}) \Big/ \sqrt{\frac{\sigma_x^2}{n} + \frac{\sigma_y^2}{m}}$$

은 표준정규분포를 따르며, 따라서 다음의 결과를 얻는다.

$$P_{H_0}\left\{-z_{\alpha/2} \le \frac{\overline{X} - \overline{Y}}{\sqrt{\dfrac{\sigma_x^2}{n} + \dfrac{\sigma_y^2}{m}}} \le z_{\alpha/2}\right\} = 1 - \alpha \tag{8.4.3}$$

식 (8.4.3)로부터 $H_0: \mu_x = \mu_y$ 대 $H_1 : \mu_x \neq \mu_y$에 대한 유의수준 $\alpha$ 검정은 다음과 같음을 알 수 있다.

$$\frac{|\overline{X} - \overline{Y}|}{\sqrt{\sigma_x^2/n + \sigma_y^2/m}} \le z_{\alpha/2} \text{이면 } H_0\text{을 채택한다.}$$

$$\frac{|\overline{X} - \overline{Y}|}{\sqrt{\sigma_x^2/n + \sigma_y^2/m}} \ge z_{\alpha/2} \text{이면 } H_0\text{을 기각한다.}$$

### 예제 8.4a

타이어를 생산하는 두 가지 새로운 방법이 제안되었다. 어느 방법이 나은지 확인하기 위해 타이어 제조업체는 첫 번째 방법을 사용한 타이어 표본 10개와 두 번째 방법을 사용한 타이어 표본 8개를 시험 제작하였다. 첫 번째 표본은 장소 A에서 도로시험을 실시하고 두 번째 표본은 장소 B에서 도로시험을 실시할 예정이다. 과거의 경험으로부터 이 장소들에서 도로시험을 할 경우 타이어 수명은 정규분포를 따르는데, 평균은 타이어에 의해 정해지지만 분산은 장소의 영향을 많이 받는 것으로 알려져 있다. 특히 장소 A에서 시험한 타이어 수명은 표준편차가 4,000km인 정규분포를 따르는 반면, 장소 B에서 시험한 타이어 수명은 표준편차가 6,000km인 정규분포를 따르는 것으로 알려져 있다. 제조업체는 어느 방법으로 생산하든 타이어의 평균수명은 눈에 띄는 차이가 없다는 가설을 검정하고자 한다. 시험 데이터가 표 8.3과 같을 때, 5% 유의수준에서 어떤 결론을 내릴 수 있는가?

**표 8.3** 100 km 단위의 타이어 수명

| 장소 A에서 시험한 타이어 | 장소 B에서 시험한 타이어 |
|---|---|
| 61.1 | 62.2 |
| 58.2 | 56.6 |
| 62.3 | 66.4 |
| 64 | 56.2 |
| 59.7 | 57.4 |
| 66.2 | 58.4 |
| 57.8 | 57.6 |
| 61.4 | 65.4 |
| 62.2 | |
| 63.6 | |

**풀이** 간단한 계산을 통해 검정통계량의 값 .066을 구할 수 있다. ($H_0$이 참일 때 표준정규분포를 따르는) 검정통계량이 이렇게 작은 값을 가질 경우 당연히 귀무가설이 채택된다. ■

식 (8.4.1)로부터 $H_0: \mu_x = \mu_y$ (또는 $H_0: \mu_x \leq \mu_y$) 대 단측 대립가설 $H_1: \mu_x > \mu_y$에 대한 검정은 다음과 같음을 알 수 있다.

$$\overline{X} - \overline{Y} \leq z_\alpha \sqrt{\frac{\sigma_x^2}{n} + \frac{\sigma_y^2}{m}} \text{ 이면 } H_0\text{을 채택한다.}$$

$$\overline{X} - \overline{Y} > z_\alpha \sqrt{\frac{\sigma_x^2}{n} + \frac{\sigma_y^2}{m}} \text{ 이면 } H_0\text{을 기각한다.}$$

## 8.4.2 분산을 모를 때

$X_1, \ldots, X_n$과 $Y_1, \ldots, Y_m$이 각각의 모수가 $(\mu_x, \sigma_x^2)$와 $(\mu_y, \sigma_y^2)$인 정규 모집단들에서 추출된 독립적인 표본들이며, 네 개의 모수 모두 알려져 있지 않다고 가정하자. 이제

$$H_0: \mu_x = \mu_y \qquad \text{대} \qquad H_1: \mu_x \neq \mu_y$$

에 대한 검정을 다시 생각해보자.

$H_0$에 대한 유의수준 $\alpha$ 검정을 결정하기 위해서는 미지의 분산 $\sigma_x^2$와 $\sigma_y^2$가 같다는 추가적인 가정을 필요로 한다. 이들의 값을 $\sigma^2$로 표시한다. 즉,

$$\sigma^2 = \sigma_x^2 = \sigma_y^2$$

전과 마찬가지로 $\overline{X}-\overline{Y}$가 0에서 너무 멀리 떨어져 있을 때 $H_0$을 기각할 것이다. 0에서 얼마나 멀리 떨어져 있어야 하는지 결정하기 위해

$$S_x^2 = \frac{\sum_{i=1}^{n}(X_i - \overline{X})^2}{n-1}$$

$$S_y^2 = \frac{\sum_{i=1}^{m}(Y_i - \overline{Y})^2}{m-1}$$

가 두 표본의 표본분산들이라고 하자. 이제 7.3.2절에서 보였듯이

$$\frac{\overline{X}-\overline{Y}-(\mu_x-\mu_y)}{\sqrt{S_p^2(1/n+1/m)}} \sim t_{n+m-2}$$

이며, 여기에서 공통의 분산 $\sigma^2$에 대한 **합동추정량(pooled estimator)** $S_p^2$은 다음과 같이 주어진다.

$$S_p^2 = \frac{(n-1)S_x^2 + (m-1)S_y^2}{n+m-2}$$

따라서 $H_0$이 참일 때, 즉, $\mu_x - \mu_y = 0$일 때, 통계량

$$T \equiv \frac{\overline{X}-\overline{Y}}{\sqrt{S_p^2(1/n+1/m)}}$$

은 자유도 $n+m-2$의 $t$-분포를 따른다. 이로부터 가설 $\mu_x=\mu_y$에 대한 검정은 다음과 같다는 것을 알 수 있다.

$|T| \le t_{\alpha/2,\, n+m-2}$이면 $H_0$을 채택한다.
$|T| > t_{\alpha/2,\, n+m-2}$이면 $H_0$을 기각한다.

여기에서 $t_{\alpha/2,n+m-2}$는 자유도 $n+m-2$의 $t$-확률변수에 대한 $100\alpha/2\%$ 백분위수이다 (참고: 그림 8.4).

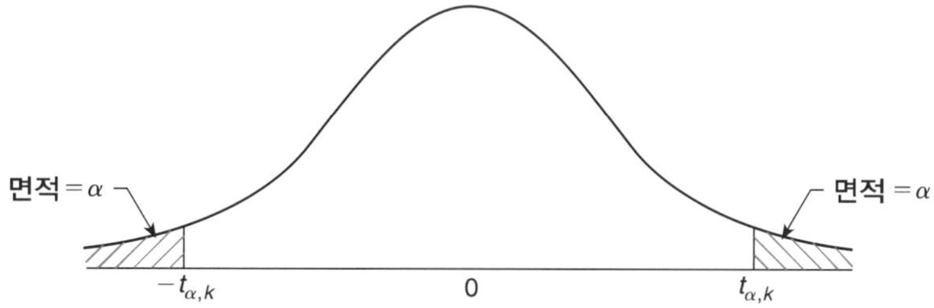


**그림 8.5** 자유도 $k$의 $t$-확률변수의 밀도함수

검정을 수행하는 또 다른 방법은 $p$-값을 결정하는 것이다. $T = v$로 관측되었을 때, $H_0$ 대 $H_1$에 대한 검정의 $p$-값은

$$\begin{aligned} p\text{-값} &= P\{|T_{n+m-2}| \geq |v|\} \\ &= 2P\{T_{n+m-2} \geq |v|\} \end{aligned}$$

와 같이 주어지며, 여기에서 $T_{n+m-2}$는 자유도 $n + m - 2$의 $t$-확률변수이다.

단측 가설

$$H_0 : \mu_x \leq \mu_y \qquad \text{대} \qquad H_1 : \mu_x > \mu_y$$

을 검정하는 데 관심이 있다면, $T$값이 클 때 $H_0$이 기각될 것이다. 따라서 유의수준 $\alpha$ 검정은 다음과 같다.

$T \geq t_{\alpha, n+m-2}$이면 $H_0$을 기각한다.
그 외의 경우에는 $H_0$을 기각하지 않는다.

검정통계량 $T$의 값이 $v$이면, $p$-값은 다음과 같이 주어진다.

$$p\text{-값} = P\{T_{n+m-2} \geq v\}$$

R을 이용하여 두-표본 t-검정를 할 수 있다. $X_1, \ldots, X_n$과 $Y_1, \ldots, Y_m$이 분산은 같지만 두 개의 다른 정규 모집단으로부터 얻은 독립 표본이라고 하자. $\mu_x$는 첫 번째 모집단의 평균이고 $\mu_y$는 두 번째 모집단의 평균이다. $H_1 : \mu_x \neq \mu_y$ 대비 $H_0 : \mu_x = \mu_y$를 검정하기 위해 다음과 같이 한다.

```
>x = c(x1, ..., xn)
>y = c(y1, ..., ym)
>t.test(x, y, var.equal = TRUE)
```

위와 같이 실행하면 출력으로 $\mu_x - \mu_y$에 대한 95% 신뢰구간과 $p$-값을 얻는다. 예를 들어 $x$-데이터가 3,5,7,9이고 $y$-데이터가 6,8,12,15이면 $H_1 : \mu_x \neq \mu_y$ 대비 $H_0 : \mu_x = \mu_y$를 검정하기 위해 다음과 같이 하고

```
>x = c(3, 5, 7, 9)
>y = c(6, 8, 12, 15)
>t.test(x, y, var.equal = TRUE)
```

다음의 결과를 얻는다.

**Two Sample t-test**
data: x and y
t = -1.7756, df = 6, p-value = 0.1261
alternative hypothesis: true difference in means is not equal to 0
95 percent confidence interval:
-10.106849 1.606849
sample estimates:
mean of x mean of y
6.00 10.25

R은 $\mu_x - \mu_y$에 대한 $p$-값뿐만 아니라 95% 신뢰구간을 출력한다.

단측 검정 즉 $H_1 : \mu_x > \mu_y$ 대비 $H_0 : \mu_x \le \mu_y$ 검정을 위해서는 다음과 같이 한다.

$>x = c(x_1, \ldots, x_n)$
$>y = c(y_1, \ldots, y_m)$
$>$t.test($x$, $y$, alternative = "greater", var.equal = TRUE)

$H_1 : \mu_x < \mu_y$ 대비 $H_0 : \mu_x \ge \mu_y$ 검정을 위해서 다음과 같이 한다.

$>x = c(x_1, \ldots, x_n)$
$>y = c(y_1, \ldots, y_m)$
$>$t.test($x$, $y$, alternative = "less", var.equal = TRUE)

### 예제 8.4b

감기 연구소의 지원자 22명이 다양한 감기 바이러스에 노출된 후 감기에 걸렸다. 이들 중 10명을 무작위로 선택하여 1그램의 비타민 C를 포함하는 알약을 하루에 4번씩 복용하도록 하였다. 남은 12명의 지원자로 이루어진 통제그룹에는 비타민 C 알약과 외형과 맛에 있어 동일한 위약을 주었다. 이 실험은 각 지원자가 비타민 C를 복용하는지 위약을 복용하는지 모르는 의사가 감기에서 완전히 나았다고 진단할 때까지 계속되었다. 이 실험이 종료되었을 때, 감기가 지속된 시간을 조사한 데이터는 다음과 같다.

| 비타민 C치료 | 위약 치료 |
|---|---|
| 5.5 | 6.5 |
| 6.0 | 6.0 |
| 7.0 | 8.5 |
| 6.0 | 7.0 |
| 7.5 | 6.5 |
| 6.0 | 8.0 |
| 7.5 | 7.5 |
| 5.5 | 6.5 |
| 7.0 | 7.5 |
| 6.5 | 6.0 |
|  | 8.5 |
|  | 7.0 |

위의 데이터로 매일 4그램의 비타민 C를 복용하는 것이 평균 감기지속 시간을 줄여준다고 판단할 수 있는가? 어떤 유의수준에서 그와 같이 판단할 수 있는가?

**풀이** 위의 가설을 확인하기 위해

$$H_0 : \mu_p \le \mu_c \qquad \text{대} \qquad H_1 : \mu_p > \mu_c$$

에 대한 검정에서 귀무가설을 기각해야 한다. 여기에서 $\mu_c$는 비타민 C를 복용했을 때의 평균 감기지속 시간이며, $\mu_p$는 위약을 복용했을 때의 평균 감기지속 시간이다. 비타민 C를 복용했을 때와 위약을 복용했을 때의 감기지속 시간의 분산들은 같다고 가정하고, R을 이용하여 위의 가설을 검정한다.

```
>x = c(5.5, 6, 7, 6, 7.5, 6, 7.5, 5.5, 7, 6.5)
>y = c(6.5, 6, 8.5, 7, 6.5, 8, 7.5, 6.5, 7.5, 6, 8.5, 7)
>t.test(x, y, alternative = "less", var.equal = TRUE)
```

```
Two Sample t-test
data: x and y
t = -1.8987, df = 20, p-value = 0.03606
alternative hypothesis: true difference in means is less than 0
95 percent confidence interval: -Inf -0.06185013
sample estimates:
mean of x mean of y
6.450 7.125
```

$p$-값이 .036이므로 5% 유의수준에서 비타민 C는 감기지속 시간이 줄어든다. 또한, $p$-값과 더불어 R은 $\mu_x - \mu_y$에 대한 단측 95% 신뢰구간을 출력한다. ■

### 8.4.3 분산을 모르고 또 다를 때

이번에는 모집단분산 $\sigma_x^2$와 $\sigma_y^2$이 알려져 있지도 않고 또 같다고 가정할 수도 없다고 하자. 이러한 상황에서는 $S_x^2$, $S_y^2$이 각기 $\sigma_x^2$, $\sigma_y^2$에 대한 자연스러운 추정량이므로,

$$H_0 : \mu_x = \mu_y \qquad \text{대} \qquad H_1 : \mu_x \neq \mu_y$$

에 대한 검정에서 검정통계량으로

$$\frac{\overline{X} - \overline{Y}}{\sqrt{\dfrac{S_x^2}{n} + \dfrac{S_y^2}{m}}} \tag{8.4.4}$$

을 사용하는 것이 타당할 것이다. 그런데 이 검정통계량은 $H_0$이 참일 때에도 미지의 모수들에 종속되는 복잡한 분포를 가지므로 일반적으로 채택할 수는 없다. 식 (8.4.4)의 통계량을 이용할 수 있는 한 가지 경우는 $n$과 $m$ 둘 다 클 때이다. 그와 같은 경우에는 $H_0$이 참일

때 식 (8.4.4)가 근사표준 정규분포를 따른다는 것을 보일 수 있다. 따라서 $n$과 $m$이 클 때, $H_0$: $\mu = \mu_y$ 대 $H_1$: $\mu_x \neq \mu_y$에 대한 근사수준 $\alpha$ 검정은 다음과 같다.

$$-z_{\alpha/2} \leq \frac{\overline{X} - \overline{Y}}{\sqrt{\frac{S_x^2}{n} + \frac{S_y^2}{m}}} \leq z_{\alpha/2} \text{이면 } H_0 \text{을 채택한다.}$$

그 외의 경우에는 $H_0$을 기각한다.

분산들이 알려져 있지 않고 꼭 같다고 할 수도 없는 두 정규 모집단의 평균이 같다는 가설에 대해 정확한 수준의 $\alpha$ 검정을 결정하는 문제는 베런즈-피셔(Behrens-Fisher) 문제로 알려져 있으며, 이 문제를 완전히 만족시키는 해답은 알려져 있지 않다.

표 8.4는 이 절에서 다룬 양측 검정들을 요약하고 있다.

**표 8.4** $X_1, \ldots, X_n$은 $\mathcal{N}(\mu_1, \sigma_1^2)$ 모집단에서 추출된 표본
$Y_1, \ldots, Y_m$은 $\mathcal{N}(\mu_2, \sigma_2^2)$ 모집단에서 추출된 표본

두 개의 표본은 각기 서로 독립이며 다음을 검정하기 위해 사용됨

$H_0$ : $\mu_1 = \mu_2$ 대 $H_1$ : $\mu_1 \neq \mu_2$

| 가정 | 검정통계량 $TS$ | 유의수준 $\alpha$검정 | $TS = t$일 경우의 $p$-값 |
|---|---|---|---|
| 기지의 $\sigma_1, \sigma_2$ | $\dfrac{\overline{X}-\overline{Y}}{\sqrt{\sigma_1^2/n + \sigma_2^2/m}}$ | $\lvert TS \rvert > z_{\alpha/2}$이면 기각 | $2P\{Z \geq \lvert t \rvert\}$ |
| $\sigma_1 = \sigma_2$ | $\dfrac{\overline{X}-\overline{Y}}{\sqrt{\frac{(n-1)S_1^2 + (m-1)S_2^2}{n+m-2}}\sqrt{1/n + 1/m}}$ | $\lvert TS \rvert > t_{\alpha/2,\, n+m-2}$이면 기각 | $2P\{T_{n+m-2} \geq \lvert t \rvert\}$ |
| $n, m$이 크다 | $\dfrac{\overline{X}-\overline{Y}}{\sqrt{S_1^2/n + S_2^2/m}}$ | $\lvert TS \rvert > z_{\alpha/2}$이면 기각 | $2P\{Z \geq \lvert t \rvert\}$ |

## 8.4.4 쌍체 $t$-검정

어떤 오염방지 장치를 설치하면 자동차의 연비에 영향이 있는지 알아보고자 한다. 이를 검정하기 위해 이 장치가 달려있지 않은 자동차 $n$대를 모은 다음, 장치의 설치 전과 후에 각 자동차의 갤런 당 마일 수를 조사한다. 오염방지 장치가 연비에 영향을 미치지 않는다는 가설을 어떻게 검정할 수 있을까?

이 데이터는 $n$개의 쌍 $(X_i, Y_i)$ $(i = 1, \ldots, n)$으로 기술될 수 있는데, 여기에서 $X_i$는 오염방지 장치 설치 전에 $i$번째 자동차의 연비이며, $Y_i$는 동일한 차에 장치를 설치했을 때의 연비이다. $n$대의 자동차 각각은 본질적으로 다르며, 따라서 $X_1, \ldots, X_n$과 $Y_1, \ldots, Y_n$을 독립적인 표본들로 간주할 수는 없다. 예를 들어 $X_1$이 클 때(예를 들면, 갤런 당 40마일), $Y_1$도 아마

클 것으로 기대할 수 있을 것이다. 따라서 이 절의 앞에서 소개한 방법들을 이용할 수는 없다.

오염방지 장치가 연비에 영향을 미치지 않는다는 가설에 대해 검정할 수 있는 한 가지 방법은 각 자동차의 연비 차이 데이터를 이용하는 것이다. 즉, $W_i = X_i - Y_i (i = 1, \ldots, n)$로 둔다. 이제 이 장치가 연비에 영향을 미치지 않는다면 $W_i$의 평균은 0이 되어야 할 것이다. 따라서 영향이 없다는 가설에 대한 검정은 다음과 같다.

$$H_0 : \mu_w = 0 \qquad \text{대} \qquad H_1 : \mu_w \neq 0$$

여기에서 $W_1, \ldots, W_n$은 미지의 평균 $\mu_w$와 미지의 분산 $\sigma_w^2$을 갖는 정규 모집단에서 추출된 표본으로 가정된다. 그런데 8.3.2절에 기술되어 있는 $t$-검정은 이 검정을 다음과 같이 정리할 수 있음을 말해주고 있다.

$$-t_{\alpha/2, n-1} < \sqrt{n}\frac{\overline{W}}{S_w} < t_{\alpha/2, n-1} \text{이면} \quad H_0\text{을 채택한다.}$$

그 외의 경우에는 $H_0$을 기각한다.

### 예제 8.4c

어떤 산업안전 프로그램이 컴퓨터칩 산업에 도입되었다. 이 프로그램의 시행 전과 후에 10개의 비슷한 공장에서 사고로 인한 주 당 평균 근로시간 손실을 조사하였더니 다음과 같았다고 한다.

| 공장 | 전(**B**) | 후(**A**) | **A − B** |
|---|---|---|---|
| 1 | 30.5 | 23 | −7.5 |
| 2 | 18.5 | 21 | 2.5 |
| 3 | 24.5 | 22 | −2.5 |
| 4 | 32 | 28.5 | −3.5 |
| 5 | 16 | 14.5 | −1.5 |
| 6 | 15 | 15.5 | .5 |
| 7 | 23.5 | 24.5 | 1 |
| 8 | 25.5 | 21 | −4.5 |
| 9 | 28 | 23.5 | −4.5 |
| 10 | 18 | 16.5 | −1.5 |

5% 유의수준에서 안전 프로그램이 효과가 있었는지 결정하라.

**풀이** 이를 결정하기 위해

$$H_0 : \mu_A - \mu_B \geq 0 \qquad \text{대} \qquad H_1 : \mu_A - \mu_B < 0$$

에 대한 검정이 필요한데, 이를 통해 안전 프로그램이 도움이 되지 않았다는 귀무가설이 타당한지 확인할 수 있기 때문이다. 이 검정을 위해 R을 이용하여 먼저 검정통계량인 $v$를 얻고 9 자유도를 가지는 t 확률변수가 $v$보다 작을 확률과 같은 $p$-값을 얻는다.

$>d = c(-7.5, 2.5, -2.5, -3.5, -1.5, .5, 1, -4.5, -4.5, -1.5)$
$>v = \text{sqrt}(10/\text{var}(d)) * \text{mean}(d)$
$>v$
[1] − 2.265949
$>pt(v, 9)$
[1]0.02484552

따라서, $v$값은 −2.265949이고 $p$-값은 다음과 같다.

$$p\text{-value} = P(T_9 \leq -2.265949) = 0.02484552$$

(n 자유도를 가지는 t 확률변수가 $v$보다 같거나 작을 확률을 구하기 위해 R 명령어를 $pt$(v,n)을 사용함을 유념하기 바란다.)

$p$-값이 .05보다 작으므로 안전 프로그램의 효과가 없다는 귀무가설은 기각되며, 따라서 (적어도 .025보다 높은 유의수준에서는) 그 효과가 입증되었다고 결론내릴 수 있다. ■

표본들이 독립적이 아니고 모집단분산이 같지 않을 때에도 쌍체 표본 $t$-검정이 사용될 수 있음을 유념하기 바란다.

## 8.5 정규 모집단의 분산에 관한 가설검정

$X_1, \ldots, X_n$이 미지의 평균 $\mu$와 미지의 분산 $\sigma^2$을 갖는 정규 모집단에서 추출한 표본이며, 어떤 지정된 값 $\sigma_0^2$에 대해 가설

$$H_0 : \sigma^2 = \sigma_0^2$$

대 대립가설

$$H_1 : \sigma^2 \neq \sigma_0^2$$

을 검정하려고 한다.

(6.5절에서 보였듯이) $(n-1)S^2/\sigma^2$은 자유도 $n-1$의 카이제곱분포를 따른다는 것을 기억하기 바란다. 따라서 $H_0$이 참일 때

$$\frac{(n-1)S^2}{\sigma_0^2} \sim \chi_{n-1}^2$$

이며, 따라서 다음 식이 성립한다.

$$P_{H_0}\left\{\chi_{1-\alpha/2,n-1}^2 \leq \frac{(n-1)S^2}{\sigma_0^2} \leq \chi_{\alpha/2,n-1}^2\right\} = 1-\alpha$$

따라서 유의수준 $\alpha$ 검정은 다음과 같다.

$$\chi^2_{1-\alpha/2,n-1} \le \frac{(n-1)S^2}{\sigma_0^2} \le \chi^2_{\alpha/2,n-1}\text{이면 } H_0\text{을 채택한다.}$$

그렇지 않으면 $H_0$을 기각한다.

위의 검정을 위해 먼저 검정통계량 $(n-1)S^2/\sigma_0^2$의 값 $c$를 계산한다. 그런 다음 자유도 $n-1$의 카이제곱 확률변수가 (a) $c$보다 작을 확률과 (b) $c$보다 클 확률을 계산한다. 이 확률들 중 하나라도 $\alpha/2$보다 작을 경우 가설은 기각된다. 즉, 검정 데이터에 대한 $p$-값은 다음과 같다.

$$p\text{-값} = 2\min(P\{\chi^2_{n-1} < c\}, 1 - P\{\chi^2_{n-1} < c\})$$

R 명령어 pchisq(c,n-1)을 사용하여 $P\{\chi^2_{n-1} < c\}$를 구할 수 있으며, 단측 검정을 위한 $p$-값도 유사한 방법으로 구할 수 있다.

**예제 8.5a**

테이프 리본 양을 자동으로 제어하는 장비가 최근에 설치되었다. 테이프 리본 양의 표준편차 $\sigma$가 .15cm 아래이면 이 장비가 효과적이라고 판단될 것이다. 테이프 20개의 표본에 대해 조사한 결과 표본분산이 $S^2 = .025\text{cm}^2$이었다면, 이 장비가 효과적이 아니라고 결론내릴 수 있겠는가?

**풀이** 이 장비가 효과적이었다는 가설을 검정할 것이며, 이 가설을 기각하게 된다면 이 장비가 효과적이 아니었던 것으로 결론내릴 수 있을 것이다. 우리가 관심을 갖는 것은

$$H_0 : \sigma^2 \le .0225 \qquad \text{대} \qquad H_1 : \sigma^2 > .0225$$

을 검정하는 것이므로, $S^2$이 클 때 $H_0$을 기각할 것이다. 따라서 위의 검정 데이터에 대한 $p$-값은 자유도 19의 카이제곱 확률변수가 관측된 값 $19S^2/.0225 = 19 \times .025/.0225 = 21.111$을 초과할 확률에 해당한다. 즉,

$$\begin{aligned} p\text{-값} &= P\{\chi^2_{19} > 21.111\} \\ &= 1 - .6693 = .3307 \quad \text{프로그램 5.8.1a로 구함} \end{aligned}$$

따라서 관측된 값 $S^2 = .025$은 $\sigma^2 \le .0225$일 가능성을 배제할 만큼 충분히 크지 않으므로 귀무가설을 채택한다. ■

## 8.5.1 두 정규 모집단의 분산의 동일성에 대한 검정

$X_1, \ldots, X_n$과 $Y_1, \ldots, Y_m$이 각기 미지의 모수 $\mu_x$, $\sigma_x^2$과 $\mu_y$, $\sigma_y^2$을 갖는 정규 모집단에서 추출된 독립적인 표본들을 나타낸다고 하고

$$H_0 : \sigma_x^2 = \sigma_y^2 \qquad \text{대} \qquad H_1 : \sigma_x^2 \ne \sigma_y^2$$

에 대한 검정을 살펴보기로 하자.

$$S_x^2 = \frac{\sum_{i=1}^{n}(X_i - \overline{X})^2}{n-1}$$

$$S_y^2 = \frac{\sum_{i=1}^{m}(Y_i - \overline{Y})^2}{m-1}$$

가 표본분산들을 나타낼 경우, 6.5절에서 보였듯이 $(n-1)S_x^2/\sigma_x^2$과 $(m-1)S_y^2/\sigma_y^2$은 각기 자유도가 $n-1$과 $m-1$인 서로 독립인 카이제곱 확률변수가 된다. 따라서 $(S_x^2/\sigma_x^2)/(S_y^2/\sigma_y^2)$은 모수가 $n-1$과 $m-1$인 $F$-분포를 따른다. 따라서 $H_0$이 참일 때

$$S_x^2/S_y^2 \sim F_{n-1,m-1}$$

이며, 따라서 다음 식이 성립한다.

$$P_{H_0}\{F_{1-\alpha/2,n-1,m-1} \leq S_x^2/S_y^2 \leq F_{\alpha/2,n-1,m-1}\} = 1-\alpha$$

따라서 $H_0$ 대 $H_1$에 대한 유의수준 $\alpha$ 검정은 다음과 같다.

$F_{1-\alpha/2,n-1,m-1} < S_x^2/S_y^2 < F_{\alpha/2,n-1,m-1}$이면 $H_0$을 채택한다.
그렇지 않으면 $H_0$을 기각한다.

위의 검정에서는 먼저 검정통계량 $S_x^2/S_y^2$의 값 $v$를 구한 다음 $P\{F_{n-1,m-1} \leq v\}$를 계산하는데, 여기에서 $F_{n-1,m-1}$은 모수가 $n-1$, $m-1$인 $F$-확률변수이다. 이 확률이 $\alpha/2$보다 작거나($S_x^2$이 $S_y^2$보다 훨씬 작은 경우) $1-\alpha/2$ 보다 크면($S_x^2$이 $S_y^2$보다 훨씬 큰 경우), 이 가설은 기각된다. 즉, 이 검정 데이터에 대한 $p$-값은 다음과 같다.

$$p\text{-값} = 2\min(P\{F_{n-1,m-1} < v\}, 1 - P\{F_{n-1,m-1} < v\})$$

이 검정에서 유의수준 $\alpha$가 $p$-값 이상이면 가설은 기각된다.

### 예제 8.5b

어떤 화학공정을 촉진하기 위해 사용할 수 있는 두 가지의 촉매가 있다. 촉매에 상관없이 산출량에 대한 분산이 동일한지 검정하기 위해, 10번은 첫 번째 촉매를 사용하여 생산해보고 12번은 두 번째 촉매를 사용하여 생산해보았더니, 각 경우의 표본분산은 $S_1^2 = .14$와 $S_2^2 = .28$이었다고 한다. 5% 유의수준에서 분산이 동일하다는 가설을 기각할 수 있겠는가?

**풀이** **모수가 n과 m인** $F$ 확률변수가 $v$와 같거나 작은 확률을 구하기 위해 **R 명령어 pf(v,n,m)을 사용하여** 다음의 결과를 얻었다.

$$P\{F_{9,11} \leq .5\} = .1539$$

따라서

$$p\text{-값} = 2\min\{.1539, .8461\} \\ = .3078$$

이며, 분산이 동일하다는 가설은 기각할 수 없다. ■

## 8.6 베르누이 모집단에 대한 가설검정

공학문제에서 이항분포를 자주 접하게 된다. 대표적인 예로 제품들을 생산하는 공정이 있고 제품들은 양품 또는 불량품의 두 부류로 분류될 수 있다고 하자. 종종 채택되는 가정은 생산되는 각 제품은 독립적으로 불량품이 될 확률 $p$를 갖는다는 것이며, 따라서 $n$개의 제품으로 이루어진 표본에서 불량품의 개수는 모수가 $(n, p)$인 이항분포를 따르게 될 것이다. 이제

$$H_0 : p \leq p_0 \quad \text{대} \quad H_1 : p > p_0$$

에 대한 검정을 살펴볼 텐데, 여기에서 $p_0$는 어떤 지정된 값이다.

크기 $n$의 표본 중 불량품의 개수를 $X$로 나타낼 경우, $X$가 클 때 $H_0$을 기각할 것이다. 유의수준 $\alpha$에서 기각을 정당화하기 위해 $X$가 얼마나 커야 할지 알아보기 위해,

$$P\{X \geq k\} = \sum_{i=k}^{n} P\{X = i\} = \sum_{i=k}^{n} \binom{n}{i} p^i (1-p)^{n-i}$$

임에 주목하기 바란다. $P\{X \geq k\}$는 $p$에 대해 증가함수임은 명백하며 증명될 수도 있다. 즉, 표본에 $k$개 이상의 불량품이 포함될 확률은 불량품 확률 $p$가 증가하면 당연히 증가할 것이다. 이러한 사실을 이용하여 $H_0$이 참일 때(따라서 $p \leq p_0$일 때), 다음 식이 성립함을 알 수 있다.

$$P\{X \geq k\} \leq \sum_{i=k}^{n} \binom{n}{i} p_0^i (1-p_0)^{n-i}$$

따라서 $H_0: p \leq p_0$ 대 $H_1: p > p_0$에 대한 유의수준 $\alpha$ 검정은

$$X \geq k^*$$

일 때 $H_0$을 기각하는 것이다. 여기에서 $k^*$는 $\sum_{i=k}^{n} \binom{n}{i} p_0^i (1-p_0)^{n-i} \leq \alpha$가 성립하는 최소의 $k$값이다. 즉,

$$k^* = \min\left\{k : \sum_{i=k}^{n} \binom{n}{i} p_0^i (1-p_0)^{n-i} \leq \alpha\right\}$$

이 검정을 수행하는 최선의 방법은 먼저 검정통계량의 값 $X = x$를 계산한 다음 아래와 같이 주어지는 $p$-값을 계산하는 것이다.

$$\begin{aligned} p\text{-값} &= P\{B(n, p_0) \geq x\} \\ &= \sum_{i=x}^{n} \binom{n}{i} p_0^i (1-p_0)^{n-i} \end{aligned}$$

### 예제 8.6a

어떤 컴퓨터칩 제조업체에서 출시하는 칩 중에서 불량품 비율이 2% 이하라고 주장하고 있다. 이러한 주장에 감명 받은 어느 전자업체에서 이 회사의 칩을 대량으로 구매하였다. 칩 제조업체의 주장을 확인하기 위해 전자업체에서 300개를 표본으로 골라 검정하기로 결정하였다. 300개의 칩 중에서 10개가 불량품일 경우, 칩 제조업체의 주장을 기각해야 하는가?

**풀이** 5% 유의수준에서 칩 제조업체의 주장을 검정해보자. 그와 같은 주장을 기각해야 할지 알아보기 위해, 먼저 $p = .02$일 때 300개의 표본 중 10개 이상이 불량품일 확률, 즉, $p$-값을 계산할 필요가 있다. 이 확률이 .05 이하일 경우, 칩 제조업체의 주장은 기각되어야 한다. 이제

$$\begin{aligned} P_{.02}\{X \geq 10\} &= 1 - P_{.02}\{X < 10\} \\ &= 1 - \sum_{i=0}^{9} \binom{300}{i} (.02)^i (.98)^{300-i} \\ &= .0818 \quad \text{프로그램 3.1을 이용하여 구함} \end{aligned}$$

이므로 5% 유의수준에서 칩 제조업체의 주장은 기각할 수 없다. ■

### 예제 8.6b

감수 요원 A가 감수 요원 B보다 우수하다는 것을 보이기 위해, 두 감수 요원에게 동일한 원고에 대한 감수를 맡겼다고 한다. 감수 요원 A는 28개의 오류를 발견하였고 감수 요원 B는 18개의 오류를 발견하였으며, 이 중 10개는 두 감수 요원 모두에게 발견되었다면, A가 더 우수한 감수 요원이라고 결론내릴 수 있겠는가?

**풀이** 먼저 A는 B가 놓친 18개의 오류를 발견하였으며 B는 A가 놓친 8개의 오류를 발견하였음을 유의하자. 따라서 한 감수 요원에 의해서만 발견된 오류는 총 26개이다. A와 B의 능력이 동일하다면, 이들은 한 사람만이 발견한 오류의 발견자가 될 확률이 동일할 것이다. 즉, A와 B의 능력이 동일하다면, 이들은 한 사람만이 발견한 26개 오류 각각에 대해 A가 발견자일 확률은 $\frac{1}{2}$일 것이다. 따라서 A가 보다 우수한 감수 요원임을 증명하기 위해서는 26회의 시도에서 18회 성공하였다는 결과가

$$H_0 : p \leq 1/2 \quad \text{대} \quad H_1 : p > 1/2$$

을 검정할 때 귀무가설을 기각하기에 충분해야 한다. 여기에서 $p$는 1회의 시도가 성공이 되는 베르누이 확률이다. 위의 데이터에 대해 결과로 얻게 되는 $p$-값은 다음과 같다.

$$p\text{-값} = P\{\text{Bin}(26, .5) \geq 18\} = .0378$$

따라서 5% 유의수준에서 귀무가설은 기각되며, 이는 (5% 유의수준에서) A가 더 우수한 감수 요원이라는 결론으로 이어진다. ■

표본 크기 $n$이 클 때에는 $H_0$: $p \leq p_0$ 대 $H_1$: $p > p_0$에 대한 유의수준 $\alpha$ 검정을 이항분포에 대한 정규근사를 이용하여 근사적으로 유도할 수 있다. 이 과정은 다음과 같다. $n$이 클 때 $X$는

$$E[X] = np, \qquad \text{Var}(X) = np(1-p)$$

와 같은 평균과 분산을 갖는 근사정규분포를 따르므로

$$\frac{X - np}{\sqrt{np(1-p)}}$$

는 근사표준 정규분포를 따른다. 따라서 유의수준 $\alpha$에서의 근사적인 검정에서

$$\frac{X - np_0}{\sqrt{np_0(1-p_0)}} \geq z_\alpha$$

이면 $H_0$을 기각한다. 혹은 $p$-값에 대한 근삿값을 구하기 위해 정규근사를 이용할 수도 있다.

### 예제 8.6c

예제 8.6a에서 $np_0 = 300(.02) = 6$, $\sqrt{np_0(1-p_0)} = \sqrt{5.88}$이므로, 데이터 $X = 10$으로부터 얻은 $p$-값은 다음과 같다.

$$\begin{aligned} p\text{-값} &= P_{.02}\{X \geq 10\} \\ &= P_{.02}\{X \geq 9.5\} \\ &= P_{.02}\left\{\frac{X-6}{\sqrt{5.88}} \geq \frac{9.5-6}{\sqrt{5.88}}\right\} \\ &\approx P\{Z \geq 1.443\} \\ &= .0745 \end{aligned}$$ ■

이번에는 $p$가 어떤 지정된 값과 같다는 귀무가설, 즉,

$$H_0 : p = p_0 \qquad \text{대} \qquad H_1 : p \neq p_0$$

을 검정해보자. 모수가 $n$과 $p$인 이항 확률변수 $X$의 값이 $x$인 것으로 관측될 경우, $x$가 $p = p_0$일 때 예상되는 값보다 훨씬 크거나 훨씬 작을 경우에 유의수준 $\alpha$ 검정은 $H_0$을 기각할 것이다. 정확히 표현하면,

$$P\{\text{Bin}(n, p_0) \geq x\} \leq \alpha/2 \quad \text{또는} \quad P\{\text{Bin}(n, p_0) \leq x\} \leq \alpha/2$$

일 때, $H_0$을 기각할 것이다. 즉, $X = x$일 때의 $p$-값은 다음과 같다.

$$p\text{-값} = 2\min(P\{\text{Bin}(n, p_0) \geq x\}, P\{\text{Bin}(n, p_0) \leq x\})$$

### 예제 8.6d

과거의 데이터를 보면 어떤 제조설비에서 생산되는 부품의 4%가 불량품이다. 격심한 노동분쟁이 최근에 종료되었는데, 경영진은 이것이 4%라는 불량품 비율에 어떤 변화를 가져올지 알고 싶었다. 500개의 부품을 무작위로 선택하여 조사하였더니 3.2%에 해당하는 16개가 불량품이었다고 한다. 이것은 5% 유의수준에서 변화가 발생하였다고 결론내릴 만큼 충분한 증거라고 볼 수 있는가?

**풀이** 변화가 발생하였다고 결론내릴 수 있기 위해서는

$$H_0 : p = .04 \quad \text{대} \quad H_1 : p \neq .04$$

에 대한 검정에서 귀무가설을 기각하기에 충분한 데이터가 필요하다. 여기에서 $p$는 하나의 부품이 불량일 확률이다. 500개의 부품 중에서 16개가 불량품이었다는 관측 데이터에 대한 $p$-값은

$$p\text{-값} = 2\min\{P\{X \leq 16\}, P\{X \geq 16\}\}$$

이며, 여기에서 $X$는 모수가 (500, .04)인 이항 확률변수이다. $500 \times .04 = 20$이므로,

$$p\text{-값} = 2P\{X \leq 16\}$$

임을 알 수 있다. $X$의 평균은 20이고 표준편차는 $\sqrt{20(.96)} = 4.38$이므로, $X$가 16 이하일 확률, 즉 평균에서 표준편차를 뺀 값보다 작을 확률에 2를 곱한 값은 기각을 정당화할 만큼 작지는 않다. 실제로

$$p\text{-값} = 2P\{X \leq 16\} = .432$$

임을 보일 수 있으며, 따라서 불량품 비율에 변화가 없다는 가설을 기각하기에 충분한 증거는 되지 못한다. ■

## 8.6.1 두 베르누이 모집단에서 모수 동일성에 대한 검정

어떤 종류의 트랜지스터를 생산하기 위한 두 가지 방법이 있으며, 첫 번째 방법으로 생산된 트랜지스터의 불량 확률은 $p_1$, 두 번째 방법으로 생산된 트랜지스터의 불량 확률은 $p_2$이고,

두 방법은 서로 독립이라고 하자. $p_1 = p_2$라는 가설을 검정하기 위해, 방법 1을 사용하여 트랜지스터 $n_1$개를 생산하고 방법 2를 사용하여 트랜지스터 $n_2$개를 생산하였다.

첫 번째의 표본에 포함된 불량품 트랜지스터의 개수를 $X_1$으로 표시하고 두 번째의 표본에 포함된 불량품 트랜지스터의 개수를 $X_2$로 표시하기로 하자. 그러면 $X_1$과 $X_2$는 각기 모수가 $(n_1, p_1)$과 $(n_2, p_2)$인 서로 독립인 이항 확률변수가 된다. $X_1 + X_2 = k$라면 총 불량품의 개수는 $k$개가 된다. 이제 $H_0$이 참이면, 생산된 $n_1 + n_2$개의 트랜지스터 각각은 동일한 불량 확률을 갖게 된다. $k$개의 불량품 중 각 방법으로 생산된 개수를 정하는 것은 $n_1$개는 흰색이고 $n_2$개는 검은색인 총 $n_1 + n_2$개의 제품으로 이루어진 모집단에서 크기 $k$의 표본을 무작위로 선택할 때와 같은 분포를 갖는다. 바꾸어 말하면, 총 $k$개의 불량품이 주어질 경우, $H_0$이 참일 때 방법 1로 생산된 불량품 트랜지스터 개수에 대한 조건부 분포는 다음과 같은 초기하분포를 따른다*.

$$P_{H_0}\{X_1 = i | X_1 + X_2 = k\} = \frac{\binom{n_1}{i}\binom{n_2}{k-i}}{\binom{n_1+n_2}{k}}, \quad i = 0, 1, \ldots, k \tag{8.6.1}$$

이제

$$H_0 : p_1 = p_2 \qquad \text{대} \qquad H_1 : p_1 \neq p_2$$

을 검정할 때, 방법 1로 생산된 불량품 트랜지스터의 비율이 방법 2로 생산된 불량품 트랜지스터의 비율과는 상당히 다를 때 귀무가설을 기각한다. 따라서 총 $k$개의 불량품이 있다면, $H_0$이 참일 때 $X_1/n_1$(방법 1로 생산된 불량품 트랜지스터의 비율)이 $(k-X_1)/n_2$(방법 2로 생산된 불량품 트랜지스터의 비율)에 가까울 것으로 예상할 수 있다. $X_1$이 아주 작거나 아주 클 때 $X_1/n_1$와 $(k - X_1)/n_2$는 가장 멀리 떨어질 것이므로, 식 (8.6.1)에 대한 타당한 유의수준 $\alpha$ 검정은 다음과 같다. $X_1 + X_2 = k$일 때

$P\{X \leq x_1\} \leq \alpha/2$ 또는 $P\{X \geq x_1\} \leq \alpha/2$이면 $H_0$을 기각한다.
그렇지 않으면 $H_0$을 채택한다.

여기에서 $X$는 확률질량함수가 아래와 같이 주어지는 초기하 확률변수이다.

$$P\{X = i\} = \frac{\binom{n_1}{i}\binom{n_2}{k-i}}{\binom{n_1+n_2}{k}} \quad i = 0, 1, \ldots, k \tag{8.6.2}$$

즉, 이 검정은 유의수준이 아래와 같이 주어지는 $p$-값 이상일 때 가설을 기각한다.

$$p\text{-값} = 2\min(P\{X \leq x_1\}, P\{X \geq x_1\}) \tag{8.6.3}$$

* 식 (8.6.1)에 대한 엄밀한 증명에 대해서는 예제 5.3b를 참고하라.

이것을 **피셔-어윈 검정(Fisher-Irwin test)**이라 부른다.

$n$개의 빨간 공과 $m$개의 파란공이 있는 항아리에서 $k$개의 공이 무작위로 선택될 때 선택된 빨간 공의 개수를 나타내는 모수가 $n,m,k$인 초기하 확률변수가 $x$와 같거나 작을 확률을 구하기 위해서 R 명령어 phyper($x,n,m,k$)를 이용하여 식 8,6,3의 확률을 구할 수 있다.

### 예제 8.6e

방법 1로 생산한 트랜지스터 100개 중에서 20개가 불량품인 반면, 방법 2로 생산한 트랜지스터 100개 중에서는 12개가 불량품이었다고 하자. 10% 유의수준에서 두 방법은 동등하다고 결론내릴 수 있겠는가?

**풀이** R을 이용하면 다음과 같은 결과를 얻는다.

$$p\text{-값} = .1763$$

위에서 사용된 R명령어 min($x,y$)는 $x$와 $y$중 작은 값을 출력한다.

따라서 두 방법이 동등하다는 가설은 기각될 수 없다. ■

두 가지 서로 다른 치료의 결과가 동일하다는 가설을 검정하는 이상적인 방법은 사람들을 첫 번째 치료 방법을 받는 그룹과 두 번째 치료 방법을 받는 그룹으로 무작위로 나누는 것이다. 그러나 이러한 무작위 분할이 항상 가능한 것은 아니다. 예를 들어 음주가 전립선암에 걸릴 위험도를 증가시키는지 조사하고 싶다고 해서 임의로 선택된 사람들에게 음주를 지시할 수는 없다. 가설을 조사하는 또 다른 방법은 술을 마시는 사람과 마시지 않는 사람들의 집합을 무작위로 선택한 후 **관찰조사(observational study)**를 이용하는 것이다. 일정 기간 동안 두 집합을 추적하여 데이터를 구하고, 이를 이용하여 두 그룹의 구성원들이 전립선암에 걸릴 위험도가 동일하다는 가설을 검정한다.

다음 예제는 관찰조사를 수행하는 또 다른 방법을 설명한다.

### 예제 8.6f

1970년 허브스트, 울펠더, 포스칸저(H-U-P) 등 세 명의 연구원은 다소 희귀한 질병인 젊은 여성의 생식기암은 어머니가 임신 중에 (DES라고 불리는) 디에틸스틸베스트롤이라는 약을 복용한 탓이 아닌지 의심하였다. 이러한 가능성을 조사하기 위해 이 연구원들은 어머니가 임신 중에 DES를 복용한 여성들의 그룹(치료그룹)과 그렇지 않은 여성들의 그룹(통제그룹)을 찾아서 관찰조사를 수행하였다. 연구원들은 두 그룹을 일정 기간 동안 관찰하여 구한 데이터를 사용하여 생식기암에 걸릴 확률은 두 그룹에서 동일하다는 가설을 검정하였다. 그런데 생식기암은 (두 그룹 모두에서) 워낙 희귀한 경우라 이러한 연구에서 의미 있는 결과를 얻기 위해서는 두 그룹 모두에 수많은 사람이 필요하며 오랜 기간의 조사가 필요하였다. 따라서 H-U-P는 다른 방식의 관찰조사를 채택하였다. 이들은 생식기암에 걸린 15세에서 22세 사이의 여성 8명을 찾아낸 다음, 증례라 불리는 이 여성들 한 명마다 네 명씩의 대조군 여성을 지정하였다. 한 증례에 대한 대조군은 증례와 동일한 병원에서 동일한 유형의 병실(개인실 또는 공동입원실)에서 5일 이내 차이로 태어난 암에 걸리지 않은 여성들로 이루어진다. DES가 생식기암에 아무 영향을 미치지 않았다면 증례의 어머니가 DES를 복용했을 확률 $p_c$는 대조군 여성의 어머니가 DES를 복용했을 확률 $p_r$과 동일할 것이라고 주장하면서, 연구원들 H-U-P는

$$H_0 : p_c = p_r \qquad \text{대} \qquad H_1 : p_c \neq p_r$$

을 검정하기로 결정하였다. 8명의 증례 중 7명이 임신 중에 DES를 복용한 어머니를 둔 반면, 32명의 대조군 여성 중에는 DES를 복용한 어머니를 둔 사람이 아무도 없었다는 사실을 발견한 연구원들은 DES와 생식기암 사이의 강한 연관성이 있다고 결론지었다*(이 데이터에 대한 $p$-값은 거의 0에 가깝다). ■

$n_1$과 $n_2$가 클 때 $H_0$: $p_1 = p_2$에 대한 이항분포의 정규근사에 기초한 근사수준 $\alpha$ 검정은 연습문제 63에서 소개하고 있다.

## 8.7 푸아송분포의 평균에 관한 검정

$X$가 평균이 $\lambda$인 푸아송 확률변수를 나타낸다고 하고

$$H_0 : \lambda = \lambda_0 \qquad \text{대} \qquad H_1 : \lambda \neq \lambda_0$$

의 검정에 대해 생각해보자. $X$의 관측된 값이 $x$일 경우 유의수준 $\alpha$ 검정은

$$P_{\lambda_0}\{X \geq x\} \leq \alpha/2 \ \text{ 또는 } \ P_{\lambda_0}\{X \leq x\} \leq \alpha/2 \tag{8.7.1}$$

일 때 $H_0$을 기각하는 것이며, 여기에서 $P_{\lambda_0}$은 확률 계산이 푸아송분포의 평균이 $\lambda_0$이라는 가정 하에 이루어진다는 것을 의미한다. 이제 식 (8.7.1)로부터 $p$-값은 다음과 같이 주어짐을 알 수 있다.

$$p\text{-값} = 2\min(P_{\lambda_0}\{X \geq x\}, P_{\lambda_0}\{X \leq x\})$$

평균이 λ0인 푸아송 확률변수가 $x$ 이상일 (이하일) 확률은 프로그램 5.2를 사용하여 구할 수 있다.

---

* Herbst, A., Ulfelder, H., and Poskanzer, D., "Adenocarcinoma of the Vagina: Association of Maternal Stilbestrol Therapy with Tumor Appearance in Young Women," *New England Journal of Medicine*, **284**, 878-881, 1971.

### 예제 8.7a

매일 생산되는 불량 컴퓨터칩의 평균 개수는 25개를 넘지 않는다는 제조업체의 주장이 논쟁의 대상이 되고 있다. 5일간을 표본으로 조사하였더니 불량 칩의 개수가 28, 34, 32, 38, 22개이었다고 할 때, 5% 유의수준에서 이 가설을 검정하라.

**풀이** 개별 컴퓨터칩이 불량일 확률은 아주 낮으므로, 매일의 불량 칩의 개수는 근사적으로 푸아송 확률변수일 것으로 가정하는 것은 아마 타당할 것이며, 이 분포의 평균은 $\lambda$라고 하자. 컴퓨터칩 제조업체의 주장을 믿을 만한지 알아보기 위해 가설

$$H_0 : \lambda \leq 25 \quad \text{대} \quad H_1 : \lambda > 25$$

를 검정할 것이다. (서로 독립인 푸아송 확률변수들의 합도 푸아송 확률변수이므로) 가설 $H_0$ 하에서 5일 동안 생산되는 불량 칩의 총 개수는 푸아송분포를 따를 것이며 평균은 125를 넘지 않을 것이다. 데이터 상의 불량 칩의 개수는 154이므로, $p$-값은 다음과 같다.

$$\begin{aligned} p\text{-값} &= P_{125}\{X \geq 154\} \\ &= 1 - P_{125}\{X \leq 153\} \\ &= .0066 \qquad \text{(프로그램 5.2로 구함)} \end{aligned}$$

따라서 컴퓨터칩 제조업체의 주장은 유의수준 5%에서 기각된다(유의수준이 1%일 때에도 여전히 기각될 것이다). ■

## 8.7.1 두 푸아송 모수 사이의 관계에 대한 검정

$X_1$과 $X_2$가 서로 독립이고 각각의 평균이 $\lambda_1$과 $\lambda_2$인 푸아송 확률변수들을 나타낸다고 하고, 주어진 상수 $c$에 대해 가설

$$H_0 : \lambda_2 = c\lambda_1 \quad \text{대} \quad H_1 : \lambda_2 \neq c\lambda_1$$

의 검정에 대해 생각해보자. 이에 대한 검정은 원리상 8.6.1절의 피셔-어윈 검정과 비슷하며, $X_1$과 $X_2$의 합이 주어져 있을 때 $X_1$에 대한 조건부 분포는 이항분포라는 사실에 기초하고 있다. 보다 구체적으로는 다음의 정리로 요약할 수 있다.

**정리 8.7.1**

$$P\{X_1 = k | X_1 + X_2 = n\} = \binom{n}{k} [\lambda_1/(\lambda_1 + \lambda_2)]^k [\lambda_2/(\lambda_1 + \lambda_2)]^{n-k}$$

**증명**

$$
\begin{aligned}
P\{X_1 = k | X_1 + X_2 = n\} \\
&= \frac{P\{X_1 = k, X_1 + X_2 = n\}}{P\{X_1 + X_2 = n\}} \\
&= \frac{P\{X_1 = k, X_2 = n - k\}}{P\{X_1 + X_2 = n\}} \\
&= \frac{P\{X_1 = k\}P\{X_2 = n - k\}}{P\{X_1 + X_2 = n\}} \quad \text{독립성에 의함} \\
&= \frac{\exp\{-\lambda_1\}\lambda_1^k/k! \exp\{-\lambda_2\}\lambda_2^{n-k}/(n-k)!}{\exp\{-(\lambda_1 + \lambda_2)\}(\lambda_1 + \lambda_2)^n/n!} \\
&= \frac{n!}{(n-k)!k!}[\lambda_1/(\lambda_1 + \lambda_2)]^k[\lambda_2/(\lambda_1 + \lambda_2)]^{n-k}
\end{aligned}
$$

위에서 끝에서 두 번째 등식이 성립하는 것은 독립적인 푸아송 확률변수들의 합 또한 푸아송 확률변수이기 때문이다.

정리 8.7.1로부터 $H_0$이 참이면 $X_1 + X_2 = n$이 주어졌을 때, $X_1$에 대한 조건부 분포는 모수가 $n$과 $p = 1/(1 + c)$인 이항분포임을 알 수 있다. 이러한 사실로부터 $X_1 + X_2 = n$일 때 $X_1$에 대한 관측 값 $x_1$이

$$P\{\text{Bin}(n, 1/(1+c)) \geq x_1\} \leq \alpha/2$$

또는

$$P\{\text{Bin}(n, 1/(1+c)) \leq x_1\} \leq \alpha/2$$

을 만족하면 $H_0$을 기각해야 한다고 결론지을 수 있다.

### ■ 예제 8.7b

어느 대기업에서 두 개의 큰 공장을 운영하고 있다. 공장 1에서의 지난 8주 동안 사고 건수는 16, 18, 9, 22, 17, 19, 24, 8이었으며, 공장 2에서의 지난 6주 동안 사고 건수는 22, 18, 26, 30, 25, 28이었다고 할 때, 5% 유의수준에서 두 공장의 안전 조건이 다르다고 결론지을 수 있는가?

**풀이** 매 분 당 사고가 발생할 확률은 아주 낮으므로, 주 단위 사고 건수는 근사적으로 푸아송 분포를 따를 것이다. $X_1$이 공장 1에서의 8주 동안의 사고 건수를 나타내고 $X_2$가 공장 2에서의 6주 동안의 사고 건수를 나타낼 경우, 두 공장에서의 안전 조건의 차이가 없다면, 다음과 같은 결과를 얻을 것이다($\lambda_i \equiv E[X_i](i = 1, 2)$).

$$\lambda_2 = \tfrac{3}{4}\lambda_1$$

따라서 $X_1 = 133$, $X_2 = 149$이므로

$$H_0 : \lambda_2 = \tfrac{3}{4}\lambda_1 \qquad \text{대} \qquad H_1 : \lambda_2 \neq \tfrac{3}{4}\lambda_1$$

에 대한 검정의 $p$-값은 다음과 같이 계산된다.

$$\begin{aligned} p\text{-값} &= 2\min\left(P\left\{\text{Bin}\left(282, \tfrac{4}{7}\right) \geq 133\right\}, P\left\{\text{Bin}\left(282, \tfrac{4}{7}\right) \leq 133\right\}\right) \\ &= 9.408 \times 10^{-4} \end{aligned}$$

따라서 두 공장의 안전 조건이 동등하다는 가설은 기각된다. ■

## 연습문제

**01** 배심원이 피고인은 유죄라는 가설과 무죄라는 가설 중에서 선택해야 하는 재판이 있다고 하자.

(a) 가설검정 구조와 미국 법률체계를 고려할 때 두 가설 중 어느 것을 귀무가설로 삼아야 할까?

(b) 이러한 상황에서 적절한 유의수준은 어느 정도여야 할까?

**02** 어느 실험실에 수천 마리의 생쥐들이 있다. 전체 생쥐들의 체중은 평균이 32g이고 표준편차는 4g라고 한다. 어느 과학자가 실험실 조수에게 실험용으로 25마리의 생쥐를 선택해달라고 요청하였다. 그런데 조수의 선택이 무작위 표본인지 혹은 어떤 무의식적인 편향이 있었는지(예를 들어 선택된 생쥐들은 동작이 느려 조수가 쉽게 잡을 수 있는 것들이고 이 경우 선택된 그룹은 어떤 열등성을 보일 수 있음) 확인하기 위해 실험을 수행하기 전에 생쥐들의 체중을 측정하기로 하였다. 만일 생쥐 25마리의 표본평균이 30.4였다면, 이것은 5% 유의수준에서 조수의 선택이 무작위 표본에 해당한다는 충분한 증거가 되겠는가?

**03** 표준편차가 20인 것으로 알려져 있는 모집단이 있다. 64회의 관측으로 이루어진 표본의 평균이 다음의 각 경우에 해당될 때, 모집단평균이 50이라는 가설에 대한 검정의 $p$-값을 구하라.

(a) 52.5

(b) 55.0

(c) 57.5

**04** 어떤 화학공정에서 반응체로 사용될 특정 용액의 pH가 정확히 8.20이 되어야 한다. 이러한 유형의 용액에 적용할 수 있는 pH 측정방법에서는 측정값의 평균은 실제 pH이고 표준편차는 .02인 정규분포를 따르는 것으로 알려져 있다. 10회의 독립적인 측정을 통해 다음과 같은 pH값을 얻었다고 하자.

| | |
|---|---|
| 8.18 | 8.17 |
| 8.16 | 8.15 |
| 8.17 | 8.21 |
| 8.22 | 8.16 |
| 8.19 | 8.18 |

(a) $\alpha = .10$ 유의수준에서 어떤 결론을 내릴 수 있을까?

(b) $\alpha = .05$ 유의수준에서는 어떠한가?

**05** 어떤 섬유의 평균 파손강도가 200psi 이상이 되어야 한다. 과거의 경험을 통해 파손강도의 표준편차는 5psi임이 알려져 있다고 하자. 섬유 조각 8개에 대해 파손이 발생하는 압력을 조사한 결과는 다음과 같다.

| | |
|---|---|
| 210 | 198 |
| 195 | 202 |
| 197.4 | 196 |
| 199 | 195.5 |

5% 유의수준에서 이 섬유의 파손강도는 충분하지 않다고 결론내릴 수 있겠는가? 10% 유의수준의 경우는?

**06** 미국에 거주하는 남성의 평균 키는 5피트 10인치이고 표준편차는 3인치라고 한다. 당신이 살고 있는 도시의 남성들이 "평균"에 해당하는지 검정하기 위해, 20명의 남성으로 이루어진 표본을 선택하였다. 표본 안의 남성들의 키는 다음과 같다.

| 남성 | 키(인치) | 키(인치) | 남성 |
|---|---|---|---|
| 1 | 72 | 70.4 | 11 |
| 2 | 68.1 | 76 | 12 |
| 3 | 69.2 | 72.5 | 13 |
| 4 | 72.8 | 74 | 14 |
| 5 | 71.2 | 71.8 | 15 |
| 6 | 72.2 | 69.6 | 16 |
| 7 | 70.8 | 75.6 | 17 |
| 8 | 74 | 70.6 | 18 |
| 9 | 66 | 76.2 | 19 |
| 10 | 70.3 | 77 | 20 |

어떤 결론을 내리겠는가? 어떤 가정들을 사용했는지 설명하라.

**07** 문제 4에서 pH가 실제로 8.20이면 .95의 확률로 그와 같은 결론에 도달할 수 있는 실험을 설계하려 한다. 반면에 pH가 8.20에서 어느 방향으로든 .03만큼 차이가 날 때 그와 같은 차이를 찾아낼 확률이 .95를 초과하기를 희망한다.

(a) 어떤 검정 절차를 사용해야 할까?

(b) 필요한 표본의 크기는?

(c) $\bar{x} = 8.31$이면 어떤 결론을 내리겠는가?

(d) 실제 pH가 8.32일 때, 앞의 절차를 사용하여 pH가 8.20이 아니라고 결론내릴 확률은 얼마인가?

**08** $\mu_1 < \mu_0$일 때에도 식 (8.3.7)의 근사가 유효하다는 것을 증명하라.

**09** 영국의 제약회사 글랙소홀딩에서 최근에 편두통을 위한 신약을 개발하였다. 소마트립탄이라는 이 약에 대한 글랙소홀딩의 주장 중에는 혈액 속으로 침투하는 데 소요되는 평균시간이 10분 미만이라는 내용이 있었다. 이러한 주장에 대한 유효성을 식약청에 납득시키기 위해 글랙소홀딩에서는 무작위로 선택된 편두통 환자 그룹에 어떤 실험을 수행하였다. 글랙소홀딩의 주장을 증명하기 위해 채택해야 할 귀무가설과 대립가설은 무엇인가?

**10** 상업용 양식장에서 키운 연어의 무게는 표준편차가 1.2파운드인 정규분포를 따른다고 한다. 양식업자는 금년 수확물의 평균 무게는 7.6파운드 이상이라고 주장하고 있다. 연어 16마리의 무게를 조사하였더니 평균이 7.2파운드였다고 하자. 이것은 양식업자의 주장을 다음 각 유의수준에서 기각하기에 충분한 증거인가?

(a) 5% 유의수준
(b) 1% 유의수준
(c) $p$-값은 얼마인가?

**11** $H_0 : \mu \le 100$ 대 $H_1 : \mu > 100$에 대해 검정하고자 한다. 크기 20의 표본에서 표본평균은 $\overline{X} = 105$이었다고 하자. 모집단의 표준편차가 아래의 값일 때 $p$-값을 구하라.

(a) 5 (b) 10 (c) 15

**12** 치약 신제품에 대한 광고에서 그 제품이 충치에 취약한 연령의 어린이들에게서 충치를 감소시키는 효과가 있다고 주장하고 있다. 이러한 연령 그룹에서 연간 충치 발생 건수는 평균이 3이고 표준편차가 1인 정규분포를 따른다고 한다. 이 제품을 사용했던 2,500명의 어린이를 조사하였더니 평균 충치 발생 건수가 어린이 당 2.95이었다. 이 제품을 사용한 어린이의 충치 발생 건수에 대한 표준편차도 여전히 1이라고 가정한다.

(a) 위의 데이터는 5% 유의수준에서 치약 신제품 광고의 주장을 뒷받침할 정도로 확실한가?
(b) 위의 데이터를 보고 이 치약 신제품으로 바꾸고 싶은 마음이 생겼는가?

**13** 판매되는 페노바르비탈 캡슐 안의 양은 약간씩 차이가 있다. 그런데 제약회사는 평균값이 20.0mg이라고 주장하고 있다. 이를 검정하기 위해 25개의 캡슐 표본을 조사하였더니 표본평균은 19.7이고 표본표준편차 1.3이었다고 하자. 이 데이터로부터 어떤 결론을 내리겠는가? 이 데이터는 제약회사의 주장을 불신하기에 충분한 증거인가? 5% 유의수준을 사용하라.

**14** 20년 전 센트럴하이 고등학교에 입학하는 남학생들은 60초 동안 24회의 윗몸일으키기 동작을 할 수 있었다. 오늘날도 같은지 알아보기 위해 36명의 신입생을 무작위로 선택하여 조사하였더니 평균은 22.5이고 표본표준편차는 3.1이었다고 하자. 평균은 더 이상 24가 아니라고 결론 내릴 수 있는가? 5% 유의수준을 사용하라.

**15** 어떤 돼지 품종이 자극에 반응하는 평균 시간은 .8초라고 한다. 28마리의 돼지에게 2온스의 알코올을 먹인 후 시험하였더니 평균 반응시간은 1.0초이고 표준편차는 .3초였다면, 알코올이 평균 반응시간에 영향을 미쳤다고 결론내릴 수 있겠는가? 5% 유의수준을 사용하라.

**16** 팀 $A$와 팀 $B$가 NFL 경기를 치르도록 되어 있으며, 팀 $A$가 $f$점 정도 우세하다고 하자. $S(A)$와 $S(B)$가 각기 팀 $A$와 팀 $B$의 득점을 나타낼 때 $X = S(A) - S(B) - f$로 두자. 즉, $X$는 팀 $A$가 예상 점수 차보다 점수 차를 더 벌리는 정도를 나타낸다. $X$는 평균이 0이고 표준편차는 14인 정규분포를 따른다는 주장이 있다. 무작위로 선택된 미식축구 경기들로부터의 데이터를 사용하여 이러한 가설을 검정하라.

**17** 어떤 의학자는 외형상 건강한 사람의 기초체온은 계속 증가해왔으며 지금은 화씨 98.6(섭씨 37도)보다 높다고 믿고 있다. 이를 증명하기 위해 100명의 건강한 사람을 무작위로 선택하여 조사하였더니 평균 체온은 98.74도이고 표본표준편차는 1.1도였다고 한다. 이러한 데이터는 5% 유의수준에서 그와 같은 주장을 증명하는가? 1% 유의수준에서는 어떠한가?

**18** 어느 일요일 하루 동안의 NFL 프로미식축구 경기들의 결과를 사용하여 승리한 팀의 평균 득점이 28점 이하라는 가설을 검정하라. 5% 유의수준을 사용하라.

**19** 어느 일요일 하루 동안의 메이저리그 야구 경기들의 점수 결과를 사용하여 승리한 팀의 평균 득점이 5.6점 이상이라는 가설을 검정하라. 5% 유의수준을 사용하라.

**20** 어떤 자동차는 고속도로 주행 시 연비가 30마일/갤런 이상이라고 광고되고 있다. 10회의 독립적인 실험에서 구한 연비가 26, 24, 20, 25, 27, 25, 28, 30, 26, 33이었다면, 그 광고를 믿어야 하는가? 어떤 가정을 사용했는가?

**21** 어떤 종류의 배터리의 평균수명이 240시간 이상이어야 한다고 규격이 지정되어 있다. 배터리 18개 표본의 조사 결과가 다음과 같다고 하자.

| | | |
|---|---|---|
| 237 | 242 | 232 |
| 242 | 248 | 230 |
| 244 | 243 | 254 |
| 262 | 234 | 220 |
| 225 | 236 | 232 |
| 218 | 228 | 240 |

배터리의 수명이 근사정규분포를 따른다고 가정할 때, 위의 데이터는 규격이 지켜지지 않고 있음을 나타내는가?

**22** 2장의 예제 2.3i의 데이터를 사용하여 그랜드센트럴 역 밖의 평균 소음수준이 80데시벨 이하라는 귀무가설을 검정하라.

**23** 어느 석유회사에서 생산한 디젤유의 황 함유량은 .15% 이하라고 주장하고 있다. 이러한 주장을 검사하기 위해 무작위로 선택된 40개의 표본에서 황 함유량을 조사하였더니, 표본평균과 표본표준편차는 각기 .162와 .040이었다고 한다. 5% 유의수준을 사용할 때, 이 회사의 주장은 틀렸다고 결론내릴 수 있는가?

**24** 어떤 회사에서 산업용 합성수지 시트를 공급하고 있다. 이 회사에서 생산되는 합성수지 신제품에 대해 균열을 일으키는 응력에 대한 평균 저항이 30psi 이상이라고 주장하고 있다. 생산라인에서 무작위로 표본을 추출하여 응력에 대한 저항을 조사한 결과는 아래와 같다. 이 표본에 근거하여 그와 같은 주장이 명백히 틀렸다고 볼 수 있는가?

| | | | |
|---|---|---|---|
| 30.1 | 32.7 | 22.5 | 27.5 |
| 27.7 | 29.8 | 28.9 | 31.4 |
| 31.2 | 24.3 | 26.4 | 22.8 |
| 29.1 | 33.4 | 32.5 | 21.7 |

정규분포를 가정하고 5% 유의수준을 사용하라.

**25** 어떤 2극 트랜지스터의 평균 전류 이득이 210 이상이라고 주장되고 있다. 이 트랜지스터들의 표본을 시험하였더니 전류 이득에 대한 표본평균 값은 200이고 표본표준편차는 35이었다. 다음 각 경우에 5% 유의수준에서 이러한 주장을 기각할 수 있겠는가?

(a) 표본의 크기가 25일 때

(b) 표본의 크기가 64일 때

**26** 어떤 축전기 제조업체에서 축전기의 방전 전압의 평균값이 100V 이상이라고 주장하고 있다. 축전기 12개를 시험한 결과 다음과 같은 방전 전압을 갖는 것으로 나타났다.

$$96, 98, 105, 92, 111, 114, 99, 103, 95, 101, 106, 97$$

위의 결과는 제조업체의 주장을 뒷받침하는가? 아니면 반박하는가?

**27** 호수 A에서 잡힌 10마리의 물고기에 대해 어떤 기법을 사용하여 PCB 농도를 ppm 단위로 측정한 결과는 다음과 같다.

호수 A: $11.5, 10.8, 11.6, 9.4, 12.4, 11.4, 12.2, 11, 10.6, 10.8$

그리고 호수 B에서 잡힌 8마리의 물고기에 대해 호수 A에서와는 다른 기법을 사용하여 PCB 농도를 ppm 단위로 측정한 결과는 다음과 같다.

호수 B: $11.8, 12.6, 12.2, 12.5, 11.7, 12.1, 10.4, 12.6$

호수 A에서 사용된 측정 기법은 .09라는 분산을 갖는 것으로 알려져 있고 호수 B에서 사용된 측정 기법은 .16이라는 분산을 갖는 것으로 알려져 있을 때, 5% 유의수준에서 두 호수의 오염 정도는 동일하다는 주장을 기각하겠는가?

**28** 어떤 용액의 pH 수준을 측정하는 방법의 측정값이 평균은 실제 pH와 같고 표준편차는 .05인 정규분포를 따른다고 한다. 어떤 환경오염 과학자는 두 가지의 다른 용액이 동일한 곳에서 온 것이라고 주장한다. 이러한 주장이 맞으면, 용액들의 pH 수준이 같을 것이다. 이러한 주장이 맞는지 검정하기 위해 두 용액 모두에 대해 10회의 독립적인 측정을 수행한 결과는 다음과 같다.

| 용액 A에 대한 측정 | 용액 B에 대한 측정 |
|---|---|
| 6.24 | 6.27 |
| 6.31 | 6.25 |
| 6.28 | 6.33 |
| 6.30 | 6.27 |
| 6.25 | 6.24 |
| 6.26 | 6.31 |
| 6.24 | 6.28 |
| 6.29 | 6.29 |
| 6.22 | 6.34 |
| 6.28 | 6.27 |

(a) 위의 데이터는 과학자의 주장을 반박하는가? 5% 유의수준을 사용하라.

(b) $p$-값은 얼마인가?

**29** 다음은 서로 다른 두 개의 모집단에서 추출된 표본 값들이다.

| | |
|---|---|
| 표본 1 | 122, 114, 130, 165, 144, 133, 139, 142, 150 |
| 표본 2 | 108, 125, 122, 140, 132, 120, 137, 128, 138 |

$\mu_1$과 $\mu_2$가 두 모집단 각각에 대한 평균이라고 하자. 첫 번째 모집단의 표준편차가 $\sigma_1 = 10$이고 두 번째 모집단의 표준편차가 다음의 각 경우일 때, 귀무가설

$$H_0 : \mu_1 \leq \mu_2$$

대 대립가설

$$H_1 : \mu_1 > \mu_2$$

에 대한 검정의 $p$-값을 구하라.

(a) $\sigma_2 = 5$

(b) $\sigma_2 = 10$

(c) $\sigma_2 = 20$

**30** 두 종류의 전자관 표본에 대해 수명을 조사한 결과를 100시간 단위로 표현한 데이터가 아래와 같다. 이러한 종류의 전자관들에 대한 예전의 수명 데이터를 통해 이들이 종종 로그정규분포를 따른다는 사실이 알려져 있다. 즉, 수명 데이터에 log를 취한 값이 정규분포를 따른다. 두 모집단의 데이터에 log를 취한 값의 분산이 동일하다고 가정하고, 5% 유의수준에서 두 모집단이 같다는 가설을 검정하라.

| | |
|---|---|
| **종류 1** | 32, 84, 37, 42, 78, 62, 59, 74 |
| **종류 2** | 39, 111, 55, 106, 90, 87, 85 |

**31** 두 가지 자동차 오일 제품의 점도를 측정한 데이터가 다음과 같다.

| | |
|---|---|
| **제품 1** | 10.62, 10.58, 10.33, 10.72, 10.44, 10.74 |
| **제품 2** | 10.50, 10.52, 10.58, 10.62, 10.55, 10.51, 10.53 |

모집단들이 동일한 분산의 정규분포를 따른다고 가정하고, 두 제품의 평균 점도가 동일하다는 가설을 검정하라.

**32** 전선 A의 저항이 전선 B의 저항보다 크다는 주장이 있다. 각 전선을 시험한 결과는 다음과 같다.

| 전선 A | 전선 B |
|---|---|
| .140 ohm | .135 ohm |
| .138 | .140 |
| .143 | .136 |
| .142 | .142 |
| .144 | .138 |
| .137 | .140 |

10% 유의수준에서 어떤 결론을 내릴 수 있는가? 어떤 가정을 사용했는지 설명하라.

문제 33에서 40까지에서 모집단들이 정규분포를 따르고 동일한 분산을 갖는다고 가정하라.

**33** 매사추세츠 주 프래밍햄에서 수행된 유명한 심장 연구에 참가한 25세에서 30세 사이의 남성 25명을 무작위로 선택하였다. 이들 중 11명은 흡연자였고 14명은 아니었다고 한다. 아래의 데이터는 수축기 혈압을 측정한 결과이다.

| 흡연자 | 비흡연자 |
|---|---|
| 124 | 130 |
| 134 | 122 |
| 136 | 128 |
| 125 | 129 |
| 133 | 118 |
| 127 | 122 |
| 135 | 116 |
| 131 | 127 |
| 133 | 135 |
| 125 | 120 |
| 118 | 122 |
| | 120 |
| | 115 |
| | 123 |

위의 데이터를 사용하여 흡연자와 비흡연자의 평균 혈압은 같다는 가설을 검정하라.

**34** 1943년의 한 실험에서 기생충 치료에 염화탄소의 효과를 조사하기 위해 10마리의 흰쥐가 사용되었다(Whitlock and Bliss, "A Bioassay Technique for Antihelminthics," *Journal of Parasitology*, 29, pp. 48–58). 쥐들에게 기생충 유충을 주입한 지 8일이 지난 후 쥐들을 각기 5마리씩의 두 그룹으로 나누고, 첫 번째 그룹의 쥐들에게는 각기 염화탄소 .032 cc를 주고 두 번째 그룹의 쥐들에게는 각기 염화탄소 .063 cc를 주었다. 이틀 후에 쥐들을 죽이고 각각의 쥐 안에 있던 성충의 수를 조사하였다. .032 cc를 주었던 그룹에서 발견된 숫자는 다음과 같다.

$$421, 462, 400, 378, 413$$

반면에 .063 cc를 주었던 그룹에서 발견된 숫자는 다음과 같다.

$$207, 17, 412, 74, 116$$

이 데이터는 염화탄소를 많이 섭취한 것이 적게 섭취한 것보다 효과가 높다는 가설을 증명하는가?

**35** 어떤 교수가 산업공학 졸업생의 평균 초임은 토목공학 졸업생의 평균 초임보다 높다고 주장하고 있다. 이 주장을 조사하기 위해 2006년에 졸업한 16명의 산업공학 엔지니어와 16명의 토목공학 엔지니어를 선택하여 이들의 초임을 조사하였다. 산업공학 엔지니어의 표본평균 임금이 \$59,700이고 표본표준편차가 \$2,400이었으며, 토목공학 엔지니어 표본평균 임금이 \$58,400이고 표본표준편차가 \$2,200이었다면, 이 교수의 주장이 증명되었는가? 적절한 $p$-값을 구하라.

**36** 어떤 실험실에서 원유로부터 휘발유를 생산하는 방법 A에 대해 조사하였다. 실험을 완료하기 전에 새로운 방법 B가 제안되었다. 다른 모든 조건이 동일할 경우 방법 B의 평균 산출량이 방법 A보다 명백히 많으면 방법 A를 버리고 방법 B를 선택하기로 결정하였다. 두 공정의 산출량은 정규분포를 따르는 것으로 가정하였다. 그런데 두 방법의 표준편차가 다를 이유는 없지만 시간이 충분하지 않아 실제로 같은지 확인하지는 못하였다. 비용 문제로 인해 구할 수 있는 표본의 크기가 제한되었다. 1% 유의수준만이 허용될 경우, 아래의 무작위 표본에 근거하여 어떤 권고를 내리겠는가? 숫자들은 산출량을 백분율로 표시한 것이다.

| | |
|---|---|
| A | 23.2, 26.6, 24.4, 23.5, 22.6, 25.7, 25.5 |
| B | 25.7, 27.7, 26.2, 27.9, 25.0, 21.4, 26.1 |

**37** 여성들의 다이어트 습관이 겨울과 여름에 어떻게 변화하는지를 파악하기 위한 조사가 수행되었다. 무작위로 선택된 12명의 여성에 대해 7월 한 달 동안 지방에서 섭취하는 칼로리의 백분율을 조사하였다. 그리고 무작위로 선택된 또 다른 12명의 여성에 대해 1월 한 달 동안 같은 내용을 조사하였다. 조사 결과는 다음과 같다.

| | |
|---|---|
| 7월 | 32.2, 27.4, 28.6, 32.4, 40.5, 26.2, 29.4, 25.8, 36.6, 30.3, 28.5, 32.0 |
| 1월 | 30.5, 28.4, 40.2, 37.6, 36.5, 38.8, 34.7, 29.5, 29.7, 37.2, 41.5, 37.0 |

두 달 모두 평균 지방 섭취 비율이 동일하다는 가설을 검정하라. (a) 5% 유의수준과 (b) 1% 유의수준을 사용하라.

**38** 박쥐의 식사습관을 조사하기 위해 22마리의 박쥐에 꼬리표를 달아 무선으로 추적하였다. 22마리 중에 12마리는 암컷이고 10마리는 수컷이었다. 22마리의 박쥐에 대해 식사와 식사 사이의 미터 단위 비행거리에 대한 통계량은 아래의 표와 같다.

| 암컷 박쥐 | 수컷 박쥐 |
|---|---|
| $n = 12$ | $m = 10$ |
| $\overline{X} = 180$ | $\overline{Y} = 136$ |
| $S_x = 92$ | $S_y = 86$ |

수컷 박쥐와 암컷 박쥐의 식사 사이의 평균 비행거리는 같다는 가설을 검정하라. 5% 유의수준을 사용하라.

**39** 아래의 요약 데이터는 1880년에서 1920년 사이에 사망한 성인들에게서 분리한 머리카락의 납 함유량과 오늘날의 성인 머리카락의 납 함유량을 비교한 것이다. 이 데이터는 1그램의 백만분의 1에 해당하는 마이크로그램 단위로 표시되어 있다.

| | 1880–1920 | 오늘날 |
|---|---|---|
| 표본 크기 : | 30 | 100 |
| 표본평균 : | 48.5 | 26.6 |
| 표본표준편차 : | 14.5 | 12.3 |

(a) 위의 데이터는 1% 유의수준에서 오늘날 성인 머리카락의 납 함유량이 1880-1920 기간에 비해 감소하였음을 입증하는가? 귀무가설과 대립가설을 명확히 기술하라.

(b) 문항 (a)의 가설에 대한 $p$-값을 구하라.

**40** 펜실베이니아 주 서부 지역의 인접한 두 카운티에서 태어난 신생아들의 체중을 파운드 단위로 조사한 결과가 다음과 같다.

$$n = 53, \qquad m = 44$$
$$\overline{X} = 6.8, \qquad \overline{Y} = 7.2$$
$$S^2 = 5.2, \qquad S^2 = 4.9$$

두 카운티의 신생아 평균 체중은 같다는 가설에 대한 $p$-값을 구하라.

**41** 부모가 제조공정에 납을 사용하는 공장에서 일하는 아이들은 혈중 납 함유량이 높다는 가설을 확인하기 위해 과학자들은 부모가 배터리 제조 공장에서 일하는 33명의 아이들의 혈중 납 함유량을 조사하였다(Morton, D., Saah, A., Silberg, S., Owens, W., Roberts, M., and Saah, M., "Lead Absorption in Children of Employees in a Lead-Related Industry," *American Journal of Epidemiology*, 115, 549–555, 1982). 이 어린이들 각각에 나이, 생활환경, 등교환경 등이 비슷한 다른 아이 한 명을 짝지어 주었다. 33명의 증례그룹(표본 1)의 혈중 납 함유량과 33명의 통제그룹(표본 2)의 혈중 납 함유량을 사용하여 두 그룹의 혈중 납 함유량은 같다는 가설을 검정한다. 조사 결과 표본평균과 표본표준편차가

$$\bar{x}_1 = .015, \quad s_1 = .004, \quad \bar{x}_2 = .006, \quad s_2 = .006$$

일 때 $p$-값을 구하라. 분산은 같다고 가정한다.

**42** 10명의 임산부에게 유도분만을 위해 피코틴을 주사하였다. 주사 직전과 직후의 수축기 혈압을 조사하였더니 다음과 같았다고 한다.

| 환자 | 전 | 후 | 환자 | 전 | 후 |
|---|---|---|---|---|---|
| 1 | 134 | 140 | 6 | 140 | 138 |
| 2 | 122 | 130 | 7 | 118 | 124 |
| 3 | 132 | 135 | 8 | 127 | 126 |
| 4 | 130 | 126 | 9 | 125 | 132 |
| 5 | 128 | 134 | 10 | 142 | 144 |

위의 데이터는 피코틴 주사가 혈압에 영향을 미친다고 시사하는가?

**43** 중요한 의료 문제 하나는 조깅이 맥박수를 감소시키는지 여부에 관한 것이다. 이러한 가설을 검정하기 위해 조깅을 하지 않던 8명의 지원자가 1개월 단위 조깅 프로그램을 시작하기로 동의하였다. 1개월이 지난 후 맥박수를 측정하여 이전의 맥박수와 비교한 데이터가 아래와 같을 때, 조깅이 맥박수에 영향을 미친다고 결론내릴 수 있겠는가?

| 시험 대상자 | 1 | 2 | 3 | 4 | 5 | 6 | 7 | 8 |
|---|---|---|---|---|---|---|---|---|
| 사전 맥박수 | 74 | 86 | 98 | 102 | 78 | 84 | 79 | 70 |
| 사후 맥박수 | 70 | 85 | 90 | 110 | 71 | 80 | 69 | 74 |

**44** $X_1, \ldots, X_n$이 미지의 모수 $\mu$와 $\sigma^2$을 갖는 정규 모집단에서 추출된 표본일 때, 주어진 양의 값 $\sigma_0^2$에 대해 가설

$$H_0: \ \sigma^2 \le \sigma_0^2$$

대 대립가설

$$H_1: \ \sigma^2 > \sigma_0^2$$

에 대한 유의수준 $\alpha$ 검정을 고안하라.

**45** 문제 44에서 모집단평균 $\mu$가 미리 알려져 있을 경우 검정이 어떻게 수정되어야 할지 설명하라.

**46** 백신 접종에서 주사기를 대체할 총 모양의 기구를 최근에 설계하였다. 이 기구는 다양한 양의 주사액을 주사할 수 있도록 설정할 수 있는데, 무작위 변동으로 인해 실제 주사되는 양은 평균이 설정값과 같고 미지의 분산 $\sigma^2$을 갖는 정규분포를 따른다. 이 기구에서 $\sigma$가 .10을 초과할 경우 너무 위험하여 사용하지 않기로 결정하였다. 50회의 무작위 표본을 조사한 결과 표본표준편차가 .08이었다면, 새로운 기구의 사용을 중지해야 하는가? 유의수준은 $\alpha = .10$인 것으로 가정하여라. 이 문제에 대한 적절한 유의수준을 어떻게 선택해야 할지, 또 귀무가설에 대한 적절한 선택은 무엇인지에 대해 논하여라.

**47** 어느 제약회사에서 어떤 약을 생산하고 있는데, 이 약 무게의 표준편차는 .5mg라고 한다. 이 회사의 연구팀에서 이 약을 생산하는 새로운 방법을 제안하였는데, 이 방법은 비용이 높아 무게의 표준편차를 .4mg 아래로 줄일 수 있다는 확실한 증거가 있을 경우에만 채택하기로 하였다. 10개의 표본을 생산하여 무게를 측정한 결과가 아래와 같을 때, 새로운 방법을 채택해야 하는가?

| | |
|---|---|
| 5.728 | 5.731 |
| 5.722 | 5.719 |
| 5.727 | 5.724 |
| 5.718 | 5.726 |
| 5.723 | 5.722 |

**48** 대형변압기와 축전기의 생산에는 PCB(polychlorinated biphenyl)가 사용되어야 하는데, 이는 자연환경에 폐기될 경우 대단히 위험한 물질이다. 대규모 공장 가까이 서식하는 물고기에서 PCB 수치를 측정하기 위한 두 가지 방법이 제안되었다. 각 방법의 측정치는 정규 확률변수인데 사용되는 방법에 따라 달라진다. 물고기 한 마리에 대해 각 방법으로 8번씩 측정한 결과를 ppm 단위로 표시한 것이 아래와 같을 때, 두 방법의 분산이 같다는 가설을 $\alpha = .10$ 유의수준에서 검정하라.

| | |
|---|---|
| **방법** 1 | 6.2, 5.8, 5.7, 6.3, 5.9, 6.1, 6.2, 5.7 |
| **방법** 2 | 6.3, 5.7, 5.9, 6.4, 5.8, 6.2, 6.3, 5.5 |

**49** 문제 31에서 두 모집단이 동일한 분산을 갖는다는 가설을 검정하라.

**50** $X_1, \ldots, X_n$은 분산이 $\sigma_x^2$인 정규 모집단에서 추출된 표본이고, $Y_1, \ldots, Y_n$은 분산이 $\sigma_y^2$인 정규 모집단에서 추출된 표본일 때, 다음의 가설에 대한 유의수준 $\alpha$ 검정을 개발하라.

$$H_0 : \sigma_x^2 < \sigma_y^2 \qquad \text{대} \qquad H_1 : \sigma_x^2 > \sigma_y^2$$

**51** 파라핀 종이 백 표면의 파라핀 양은 정규분포를 따르는 것으로 알려져 있다. 그런데 종이 안쪽 면의 파라핀 양은 바깥쪽보다 변이가 심하다고 생각할만한 이유가 있다. 75개의 표본에 대해 종이 백 각 면을 관측한 값을 요약한 결과가 아래와 같다.

| **표본 단위 면적 당 파라핀 무게** | |
|---|---|
| **바깥쪽 표면** | **안쪽 표면** |
| $\bar{x} = .948$ | $\bar{y} = .652$ |
| $\sum x_i^2 = 91$ | $\sum y_i^2 = 82$ |

안쪽 표면의 파라핀 양의 변이가 바깥쪽 표면의 파라핀 양의 변이보다 큰지 여부를 결정하기 위한 검정을 수행하라($\alpha = .05$).

**52** 아스피린이 심장발작 예방에 효과가 있는지 결정하기 위한 유명한 실험에서, 22,000명의 건강한 중년 남성들을 같은 크기의 두 그룹으로 나누고 한 그룹에는 매일 아스피린을 복용시키고 다른 그룹에는 아스피린과 모양과 맛이 같은 위약을 복용시켰다. 실험이 종료된 시점까지 아스피린그룹에서는 104명이 심장발작을 일으켰으며 통제그룹에서는 189명이 심장발작을 일으켰다고 한다. 이 데이터를 사용하여 아스피린 복용이 심장발작 가능성에 영향을 미치지 않는다는 가설을 검정하라.

**53** 문제 52의 연구에서 아스피린그룹에서는 119명이 뇌졸중을 일으켰으며 통제그룹에서는 98명이 뇌졸중을 일으켰다고 한다. 이 숫자들로 아스피린이 뇌졸중을 일으킬 확률에 영향을 미치는 것으로 판단할 수 있는가?

**54** 어떤 전염병의 치료에 사용되는 표준 의약품이 효과가 있을 때가 72%인 것으로 알려져 있다. 신약이 개발되어 시험해본 결과 50명 중 42명에 효과가 있었다고 한다. 이 데이터는 신약이 이전의 의약품에 비해 효과가 높은 것으로 판단하기에 충분한 증거인가? 관련 $p$-값을 구하라.

**55** 독립적인 뉴스제공기관 세 곳에서 인구의 과반수가 도심지역에서 자동차의 운행을 금지하는 안을 지지하는지 알아보기 위한 여론조사를 실시하였다. 각 기관이 알고자 한 것은 조사결과가 인구의 과반수가 그와 같은 안을 지지하는 증거가 될 수 있느냐는 것이었다. 그러한 이유로 세 기관 모두

$$H_0 : p \leq .5 \quad \text{대} \quad H_1 : p > .5$$

을 검정하였는데, 여기에서 $p$는 이 안을 지지하는 인구 비율이다.

(a) 첫 번째 기관의 표본 크기는 100명이었고 그 중 56명이 그 안을 지지하였다. 이것은 5% 유의수준에서 귀무가설을 기각하고 인구의 과반수가 그 안을 지지한다고 주장하기에 충분한 증거인가?

(b) 두 번째 기관의 표본 크기는 120명이었고 그 중 68명이 그 안을 지지하였다. 이것은 5% 유의수준에서 귀무가설을 기각하기에 충분한 증거인가?

(c) 세 번째 기관의 표본 크기는 110명이었고 그 중 62명이 그 안을 지지하였다. 이것은 5% 유의수준에서 귀무가설을 기각하기에 충분한 증거인가?

(d) 세 기관의 표본을 합치면 330명이 되며 그 중 186명이 그 안을 지지하였다. 이것은 5% 유의수준에서 귀무가설을 기각하기에 충분한 증거인가?

**56** 사람들은 오랫동안 캘리포니아 거주 흑인 산모가 쌍둥이를 출산하는 비율이 대략 1.32%라고 믿어왔다. (쌍둥이 출산율은 산모가 어떤 인종에 속하는지에 따라 영향을 받는다. 백인의 경우는 1.05%이며, 아시안 계는 0.72%이다.) 어떤 공중보건학자는 이 수치가 더 이상 유효하지 않다고 믿고 쌍둥이 출산율이 1.32%라는 귀무가설을 검정하기로 하였다. 이를 위해 이 학자는 향후 1,000건의 출산에 관한 데이터를 수집하는데, 이때 쌍둥이 출산은 1건의 출산으로 간주된다.

(a) 5% 유의수준에서 귀무가설을 기각하기 위해 관찰되어야 하는 최소의 쌍둥이 출산 건수는?
(b) 실제 쌍둥이 출산율이 1.80%일 때 귀무가설이 기각될 확률은 얼마인가?

**57** 어떤 구급차 서비스 기관에서 호출의 45% 이상이 생명이 위험한 긴급사항에 관련된 것이라고 주장하고 있다. 이러한 주장을 확인하기 위해 서비스 장부에서 200회의 호출을 무작위로 선택하였더니, 그 중 70회의 호출이 생명이 위험한 긴급사항에 관련된 것이었다고 할 때, 다음 각 경우에 서비스 기관의 주장은 믿을 수 있는 것인가?

(a) 5% 유의수준
(b) 1% 유의수준

**58** 어떤 전염병의 치료에 사용되는 표준 의약품이 효과가 있을 때가 75%인 것으로 알려져 있다. 신약이 개발되어 시험해본 결과 50명 중 42명에 효과가 있었다고 한다. 이 데이터에 근거하여 두 약의 효과가 같다는 가설을 5% 유의수준에서 수용하겠는가? $p$-값은 얼마인가?

**59** 이항분포에 대한 정규근사에 기초하여 문제 58을 풀어보라.

**60** 두 가지 화학요법이 다발성골수종 환자의 생존에 미치는 효과에 대한 연구에서 156명의 환자 각각에게 동일한 확률로 두 화학요법 중의 하나를 택하여 제공하였다. 1988년 *Biometrics*에 실린 논문에서 Lipsitz, Dear, Laird, Molenberghs 등이 보고한 바에 의하면, 첫 번째 화학요법이 제공된 72명의 환자 중에서 39명, 그리고 두 번째 화학요법이 제공된 84명의 환자 중에서 44명이 5년 이상 생존하였다고 한다.

(a) 위의 데이터를 사용하여 두 화학요법의 효과가 같다는 귀무가설을 검정하라.
(b) 72명은 한 화학요법을 제공받았고 84명은 다른 화학요법을 제공받았다는 사실이 각 환자에게 제공된 화학요법의 결정이 무작위로 이루어졌다는 주장에 부합되는가?

**61** $X_1$은 모수가 $(n_1, p_1)$인 이항 확률변수를 나타내고, $X_2$는 이와는 독립적이며 모수가 $(n_2, p_2)$인 이항 확률변수를 나타낸다고 하자.

$$H_0 : p_1 \leq p_2$$

대 대립가설

$$H_1 : p_1 > p_2$$

에 대해 피셔-어윈 검정과 동일한 방식을 사용하는 검정을 개발하라.

**62** $X$를 다음의 질량 함수를 가지는 초기하 확률변수하고 하자.

$$P\{X=i\}=\frac{\binom{n_1}{i}\binom{n_2}{k-i}}{\binom{n_1+n_2}{k}}$$

다음을 증명하라.

$$\frac{P\{X=i+1\}}{P\{X=i\}}=\frac{(n_1-i)(k-i)}{(i+1)(n_2-k+i+1)}$$

**63** $X_1$과 $X_2$가 각기 모수가 $n_1$, $p_1$과 $n_2$, $p_2$인 이항 확률변수들이라고 하자. $n_1$과 $n_2$가 클 때 $H_0: p_1=p_2$ 대 $H_1: p_1 \neq p_2$에 대한 근사수준의 $\alpha$ 검정은 다음과 같음을 보여라.

$$\frac{|X_1/n_1-X_2/n_2|}{\sqrt{\frac{X_1+X_2}{n_1+n_2}\left(1-\frac{X_1+X_2}{n_1+n_2}\right)\left(\frac{1}{n_1}+\frac{1}{n_2}\right)}}>z_{\alpha/2}\text{이면 } H_0\text{을 기각한다.}$$

힌트: (a) 먼저 $n_1$과 $n_2$가 클 때 다음의 관계를 보인다.

$$\frac{\frac{X_1}{n_1}-\frac{X_2}{n_2}-(p_1-p_2)}{\sqrt{\frac{p_1(1-p_1)}{n_1}+\frac{p_2(1-p_2)}{n_2}}}\dot{\sim}\mathcal{N}(0,1)$$

여기에서 $\dot{\sim}$는 "근사적으로 그와 같은 분포를 가짐"을 의미한다.

(b) 이제 $H_0$이 참이어서 $p_1=p_2$일 때, 이들의 공통된 값에 대한 최선의 추정치는 $(X_1+X_2)/(n_1+n_2)$임을 보인다.

**64** 문제 60의 데이터에 문제 63의 근사 검정을 적용하라.

**65** 암 환자는 종종 치료를 위해 수술을 택해야 할지 방사선 요법을 선택해야 할지 결정해야 한다. 이 결정에서 고려해야 할 한 가지 사항은 각 치료 방법의 5년 생존율이다. 놀랍게도 환자들은 종종 (내용상 동일함에도 불구하고) 5년 생존율에 대해 듣는가 아니면 5년 사망률에 대해 듣는가에 따라 결정이 달라지기도 한다. 예를 들면, 어떤 실험에서 200명의 남성 전립선암 환자를 무작위로 각기 100명씩 두 그룹으로 나누었다. 첫 번째 그룹의 각 환자에게는 수술을 선택할 경우 5년 생존율이 77%라고 알려주고, 두 번째 그룹의 각 환자에게는 수술을 선택할 경우 5년 사망률이 23%라고 알려주었다. 두 그룹에게 방사선 요법에 관해서는 동일한 정보를 제공하였다. 첫 번째 그룹에서는 24명이 수술을 선택하였고 두 번째 그룹에서는 12명이 수술을 선택하였다면, 어떤 결론을 내릴 수 있겠는가?

**66** 다음의 데이터는 농구에서 버드(Larry Bird)가 한 쌍의 자유투를 던졌을 때의 결과를 조사한 내용이다. 두 번의 연속적인 NBA 시즌 동안 버드는 338회에 걸쳐 한 쌍의 자유투를 던졌다. 그 중 251회에서는 둘 다 성공시켰으며, 34회에서는 첫 번째 자유투만 성공하고 두 번째 자유투는 실패하였다. 48회에서는 첫 번째 자유투는 실패하고 두 번째 자유투는 성공하였다. 5회에서는 둘 다 실패하였다.

(a) 이 데이터를 사용하여 버드가 첫 번째 자유투를 성공시킬 확률은 두 번째 자유투를 성공시킬 확률과 같다는 가설을 검정하라.

(b) 이 데이터를 사용하여 버드가 두 번째 자유투를 성공시킬 확률은 첫 번째 자유투의 성공 여부에 관계없이 동일하다는 가설을 검정하라.

**67** 1970년대에 미국 재향군인 관리국은 관상동맥 질환을 위한 치료법으로 관상동맥 우회수술과 약물요법을 비교하는 실험을 수행하였다. 실험에는 596명의 환자가 참여하였는데, 이들을 무작위로 배정한 결과 286명은 수술을 받았고 310명은 약물치료를 받았다. 수술을 받은 환자 중 252명과 약물치료를 받은 환자 중 270명이 치료를 받은 지 3년 후에도 살아있었다고 한다. 이러한 데이터를 사용하여 두 치료법의 생존 확률이 같다는 가설을 검정하라.

**68** 어떤 섬에서 지난 8년 동안 연간 지진 횟수가 46, 62, 60, 58, 47, 50, 59, 49이었을 때, 연간 지진 횟수의 평균이 52라는 가설을 5% 유의수준에서 검정하라. 지진 횟수는 푸아송분포를 따른다고 가정하고 이러한 가정이 타당함을 설명하라.

**69** 1995년 페르미연구소에서 "표준 물리 모형"으로 예측한 6가지 쿼크 중 마지막인 $t$ 쿼크를 발견하였다고 발표하였다. 이 입자에 대한 증거는 사실상 통계적인 것이었으며 반양자와 양자를 강제로 충돌시킬 때 생성되는 신호와 관련이 있었다. 이러한 증거를 기술한 *Physical Review Letters* 논문에서 Abe, Akimoto, Akopian 등은 이론적 분석에 근거하여 일정 기간 동안 감쇠 사건의 횟수는 $t$ 쿼크가 존재하지 않는다면 평균이 6.7인 푸아송분포를 따를 것이며 존재한다면 더 큰 평균의 푸아송분포를 따를 것이라고 결론 내렸다. 이들은 데이터에 대한 세심한 분석을 통해 실제 횟수는 27임을 밝혀냈다. 이것은 푸아송분포의 평균이 6.7보다 크다는 가설을 입증하는가?

**70** 다음의 데이터에서 표본 1은 평균이 $\lambda_1$인 푸아송분포에서 추출한 것이며 표본 2는 평균이 $\lambda_2$인 푸아송분포에서 추출한 것이다. 가설 $\lambda_1 = \lambda_2$를 검정하라.

| | |
|---|---|
| **표본 1** | 24, 32, 29, 33, 40, 28, 34, 36 |
| **표본 2** | 42, 36, 41 |

**71** 흡연이 심장질환에 미치는 영향을 조사하는 과학자가 많은 수의 흡연자와 비흡연자를 선택하였다. 흡연자의 심장발작 횟수가 비흡연자의 심장발작 횟수보다 현저히 많은지 파악하기 위해 이 과학자는 두 그룹을 5년 동안 조사하기로 계획하였다. 이 과학자는 이러한 조사의 결과가 흡연과 심장발작 사이의 연관성에 대한 확실한 증거가 될 것으로 생각하였다.

(a) 나이든 사람들이 젊은 사람들보다 심장질환의 위험성이 높으며,

(b) 흡연자 그룹이 비흡연자 그룹에 비해 나이가 많은 경향이 있다고 할 때,

이 과학자의 결론은 정당화될 수 있을까? 의미 있는 결론을 도출하기 위해 실험설계를 개선할 수 있는 방법을 설명하라.

**72** 어떤 학자가 20년의 기간 동안 연간 주가의 평균 증가율을 분석하려 한다. 이를 위해 현재의 주식 목록에서 20년 전에는 없었던 주식들은 모두 제외시킨 후 100 종류의 주식을 무작위로 선택하였다. 그런 다음 각 주식에 대해 증가율을 결정하기 위해 현재 가격과 20년 전의 가격을 비교할 예정이다. 이것이 주식 가격의 평균 증가율을 조사하는 타당한 방법이라고 생각하는가?

# 제 9 장 회귀

## 9.1 개요

공학 및 과학 문제들 중에는 여러 변수 사이의 관계를 결정하는 것들이 많다. 예를 들면, 어떤 화학공정에서 공정의 산출량, 온도, 사용된 촉매의 양 사이의 관계에 관심을 가질 수도 있다. 이러한 관계를 알 수 있다면 다양한 온도 값과 촉매 양에 따른 산출물을 예측할 수 있을 것이다.

많은 경우 **독립변수**라고도 불리는 일련의 **입력변수** $x_1, \ldots, x_r$에 종속된 하나의 **반응변수** $Y$가 존재한다. 반응변수는 **종속변수**라고도 불린다. 즉, 상수 $\beta_0$, $\beta_1, \ldots, \beta_r$에 대해 식

$$Y = \beta_0 + \beta_1 x_1 + \cdots + \beta_r x_r \tag{9.1.1}$$

이 성립한다. 만일 위의 식이 $Y$와 $x_i$ $(i = 1, \ldots, r)$ 사이의 관계라면, ($\beta_i$를 알아내면) 임의의 입력변수 값에 대한 반응치를 정확히 예측할 수 있을 것이다. 그러나 실제로 그렇게 정확한 관계식을 찾는 일은 거의 불가능하며, 최선의 경우 식 (9.1.1)이 성립한다고 보면서 **확률오차 (random error)**를 고려하는 것이다. 이를 식으로 나타내면

$$Y = \beta_0 + \beta_1 x_1 + \cdots + \beta_r x_r + e \tag{9.1.2}$$

와 같으며, 여기에서 확률오차를 나타내는 $e$는 평균이 0인 확률변수로 가정된다. 식 (9.1.2)에 대한 또 다른 표현은

$$E[Y|\boldsymbol{x}] = \beta_0 + \beta_1 x_1 + \cdots + \beta_r x_r$$

이며, 여기에서 $\mathbf{x} = (x_1, \ldots, x_r)$는 독립변수의 집합이며, $E[Y|\boldsymbol{x}]$는 입력변수들인 $\mathbf{x}$가 주어졌을 때 반응치의 기댓값이다.

식 (9.1.2)를 **선형회귀방정식(linear regression equation)**이라 하며, 일련의 독립변수 $x_1, \ldots, x_r$에 대한 $Y$의 **회귀(regression)**를 표현한다. 상수 $\beta_0$, $\beta_1, \ldots, \beta_r$를 **회귀계수(regres-sion coefficient)**라고 부르며, 대개 데이터로부터 추정된다. 하나의 독립변수를 갖는, 즉, $r = 1$인 회귀방정식을 **단순회귀방정식**이라 하고, 여러 개의 독립변수를 갖는 회귀방정식을 **다중회귀방정식**이라 한다.

따라서 단순회귀 모형에서는 평균 반응치와 한 개의 독립변수 값 사이에 선형관계를 가정하며,

$$Y = \alpha + \beta x + e$$

와 같이 표현될 수 있다. 여기에서 $x$는 독립변수의 값이며 입력수준이라고도 불린다. 그리고 $Y$는 반응변수를 나타내고 $e$는 평균이 0인 확률변수를 나타낸다.

### 예제 9.1a

어떤 실험의 산출 백분율을 나타내는 $y$와 실험수행 온도 $x$ 사이의 관계에 관한 아래 10개의 데이터 쌍 $(x_i, y_i)$ $(i=1,\ldots, 10)$이 있다고 하자.

| $i$ | $x_i$ | $y_i$ | $i$ | $x_i$ | $y_i$ |
|---|---|---|---|---|---|
| 1 | 100 | 45 | 6 | 150 | 68 |
| 2 | 110 | 52 | 7 | 160 | 75 |
| 3 | 120 | 54 | 8 | 170 | 76 |
| 4 | 130 | 63 | 9 | 180 | 92 |
| 5 | 140 | 62 | 10 | 190 | 88 |

$y_i$ 대 $x_i$의 산점도가 그림 9.1에 주어져 있다. 이 산점도에서 확률오차를 감안하면 $y$와 $x$ 사이에 선형관계가 있음을 보여주므로, 선형회귀 모형이 적합함을 알 수 있다. ■

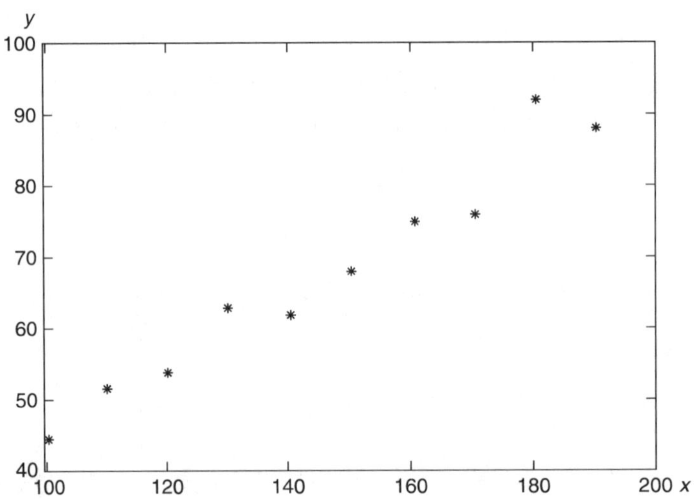


그림 9.1 산점도

## 9.2 회귀계수의 최소제곱 추정량

입력값 $x_i$에 대응되는 반응치 $Y_i$를 관측하여$(i = 1,\ldots, n)$, 단순선형회귀모형에서 $\alpha$와 $\beta$를 추정한다고 하자. $A$가 $\alpha$에 대한 추정량이고 $B$가 $\beta$에 대한 추정량일 때, 입력변수 $x_i$에 대응되는 반응치에 대한 추정량은 $A + Bx_i$가 될 것이다. 실제 반응치는 $Y_i$이므로 차의 제곱은 $(Y_i - A - Bx_i)^2$이며, 따라서 반응치의 추정치와 실제 반응치 사이의 차의 제곱합 $SS$는 다음과 같다.

$$SS = \sum_{i=1}^{n}(Y_i - A - Bx_i)^2$$

최소제곱법은 $SS$를 최소로 하는 $A$와 $B$의 값을 $\alpha$와 $\beta$에 대한 추정량으로 선택한다. 이러한 추정량을 결정하기 위해 아래와 같이 $SS$를 먼저 $A$에 대해 미분한 다음 $B$에 대해 미분한다.

$$\frac{\partial SS}{\partial A} = -2\sum_{i=1}^{n}(Y_i - A - Bx_i)$$

$$\frac{\partial SS}{\partial B} = -2\sum_{i=1}^{n}x_i(Y_i - A - Bx_i)$$

위의 편미분 결과를 0으로 두면 $SS$를 최소로 하는 $A$와 $B$의 값을 구하기 위한 아래의 방정식을 얻을 수 있다.

$$\sum_{i=1}^{n} Y_i = nA + B\sum_{i=1}^{n} x_i \tag{9.2.1}$$

$$\sum_{i=1}^{n} x_i Y_i = A\sum_{i=1}^{n} x_i + B\sum_{i=1}^{n} x_i^2$$

식 (9.2.1)은 **정규방정식(normal equation)**이라고 불린다.

$$\overline{Y} = \sum_{i} Y_i/n, \qquad \overline{x} = \sum_{i} x_i/n$$

로 두면, 정규방정식의 첫 번째 식을 다음과 같이 고칠 수 있다.

$$A = \overline{Y} - B\overline{x} \tag{9.2.2}$$

이러한 $A$값을 정규방정식의 두 번째 식에 대입하면, 다음 식을 얻는다.

$$\sum_{i} x_i Y_i = (\overline{Y} - B\overline{x})n\overline{x} + B\sum_{i} x_i^2$$

즉,

$$B\left(\sum_{i} x_i^2 - n\overline{x}^2\right) = \sum_{i} x_i Y_i - n\overline{x}\,\overline{Y}$$

즉,

$$B = \frac{\sum_{i} x_i Y_i - n\overline{x}\,\overline{Y}}{\sum_{i} x_i^2 - n\overline{x}^2}$$

따라서 식 (9.2.2)와 $n\overline{Y} = \sum_{i=1}^{m} Y_i$ 라는 사실을 이용하여 다음의 정리를 증명하였다.

**정리 9.2.1**

데이터 $x_i$, $Y_i(i = 1,\ldots, n)$에 대한 $\beta$와 $\alpha$의 최소제곱 추정량은 다음과 같다.

$$B = \frac{\sum_{i=1}^{n} x_i Y_i - \overline{x} \sum_{i=1}^{n} Y_i}{\sum_{i=1}^{n} x_i^2 - n\overline{x}^2}$$

$$A = \overline{Y} - B\overline{x}$$

직선 $A + Bx$는 **추정회귀직선**이라고 한다.

R에서 아래와 같이 입력하면, 데이터 쌍 $(x_i, y_i), \ldots, (x_n, y_n)$에 대한 추정회귀직선을 얻을 수 있다.

```
>x = c(x1, . . . , xn)
>y = c(y1, . . . , yn)
>fit = lm(y ~ x)
>fit
```

세 번째 줄에서 'lm(y ~ x)'은 y를 x와 확률 오차의 선형식으로 가정하는 선형 모델을 정의하고, 그 모델을 'fit'이라 명명한다. 다음 줄은 R에게 모델 'fit'에 대한 추정회귀직선 출력을 요청한다. 예를 들면 다음과 같다.

```
>x = c(1, 2, 3, 4, 5, 6, 7)
>y = c(3, 2, 5, 6, 4, 8, 9)
>fit = lm(y ~ x)
>fit
```

마지막 줄 후에 리턴을 누르면, 다음과 같은 출력결과를 얻는다.

```
Call:
lm(formula = y ~ x)
Coefficients:
(Intercept)    x
1.143    1.036
```

상기 결과는 추정회귀직선은 $y = 1.143 + 1.036x$라는 것을 나타낸다.

추정회귀직선 그림을 보기 위해, 먼저 '> plot(x, y)'을 입력하고 리턴을 친다. 이 명령은 데이터에 대한 산점도를 보여준다. 다음으로 '> abline(fit)'을 입력하고 리턴을 치면 추정회귀직선이 기존 산점도 위에 추가된다.

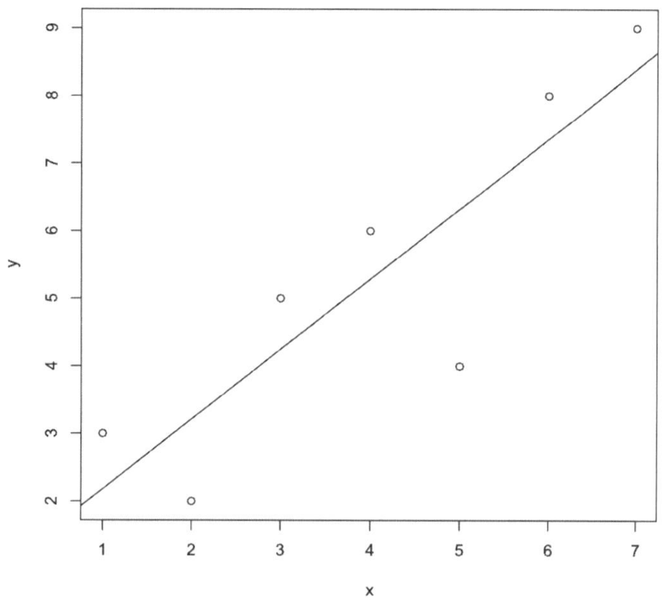


### 예제 9.2a

어떤 합성섬유의 생산에 사용되는 원료가 습도조절장치가 구비되지 않은 창고에 보관되고 있다. 창고의 상대습도와 원료 표본의 수분함유량을 15일에 걸쳐 조사한 백분율 데이터가 아래와 같다고 하자.

| 상대습도 | 46 | 53 | 29 | 61 | 36 | 39 | 47 | 49 | 52 | 38 | 55 | 32 | 57 | 54 | 44 |
|---|---|---|---|---|---|---|---|---|---|---|---|---|---|---|---|
| 수분함유량 | 12 | 15 | 7 | 17 | 10 | 11 | 11 | 12 | 14 | 9 | 16 | 8 | 18 | 14 | 12 |

R을 사용해 모델 'moisture'을 호출하면 아래와 같은 결과가 출력된다.

```
>x = c(46, 53, 29, 61, 36, 39, 47, 49, 52, 38, 55, 32, 57, 54, 44)
>y = c(12, 15, 7, 17, 10, 11, 11, 12, 14, 9, 16, 8, 18, 14, 12)
>moisture = lm(y ~ x)
>moisture

Call:
lm(formula = y ~ x)
Coefficients:
(Intercept)    x
-2.5105    0.3232
```

산점도와 추정회귀직선을 그리기 위해 아래와 같이 입력하면,

```
>plot(x, y)
>abline(moisture)
```

아래 그림을 볼 수 있다.

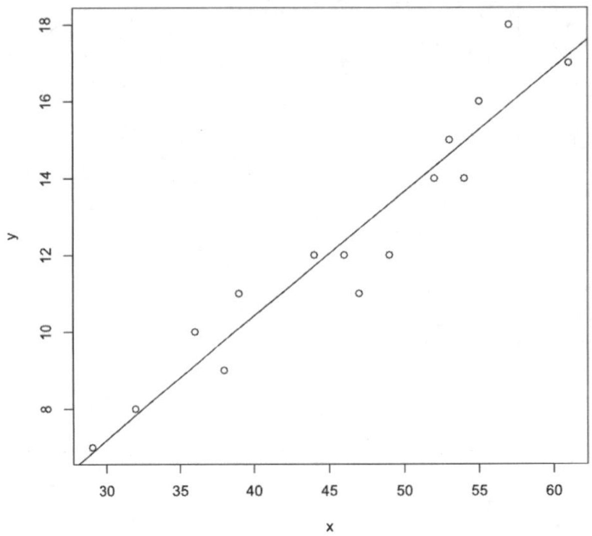


## 9.3 추정량의 분포

추정량 $A$와 $B$에 대한 분포를 규정하기 위해 확률오차에 대해 평균이 0이라는 가정 외에 다른 추가적인 가정들이 필요하다. 일반적인 방식은 확률오차가 평균은 0이고 분산은 $\sigma^2$인 정규분포를 따르며 서로 독립인 확률변수라고 가정하는 것이다. 즉, $Y_i$가 입력값 $x_i$에 대응되는 반응치라면, $Y_1, \ldots, Y_n$이 서로 독립이며

$$Y_i \sim \mathcal{N}(\alpha + \beta x_i, \sigma^2)$$

이라고 가정한다. 이러한 가정이 의미하는 바는 확률오차의 분산이 입력값에 종속되는 것이 아니라 상수라는 점이다. 그렇지만 $\sigma^2$값은 미리 알려져 있는 것으로 가정되는 대신 데이터에서 추정되어야 한다.

$\beta$에 대한 최소제곱 추정량 $B$는

$$B = \frac{\sum_i (x_i - \bar{x}) Y_i}{\sum_i x_i^2 - n\bar{x}^2} \tag{9.3.1}$$

와 같이 표현될 수 있다. 이 추정량은 서로 독립인 정규 확률변수들인 $Y_i(i = 1, \ldots, n)$의 선형결합이므로, 이 추정량 자체도 정규분포를 따른다는 것을 알 수 있다. 식 (9.3.1)을 사용하여, $B$의 평균과 분산을 다음과 같이 계산할 수 있다.

$$
\begin{aligned}
E[B] &= \frac{\sum_i (x_i - \bar{x})E[Y_i]}{\sum_i x_i^2 - n\bar{x}^2} \\
&= \frac{\sum_i (x_i - \bar{x})(\alpha + \beta x_i)}{\sum_i x_i^2 - n\bar{x}^2} \\
&= \frac{\alpha \sum_i (x_i - \bar{x}) + \beta \sum_i x_i(x_i - \bar{x})}{\sum_i x_i^2 - n\bar{x}^2} \\
&= \beta \frac{\left[\sum_i x_i^2 - \bar{x}\sum_i x_i\right]}{\sum_i x_i^2 - n\bar{x}^2} \qquad \sum_i (x_i - \bar{x}) = 0 \text{ 이므로} \\
&= \beta
\end{aligned}
$$

따라서 $E[B] = \beta$이며 $B$는 $\beta$에 대한 비편향추정량이다. 이제 $B$의 분산을 계산하면 다음과 같다.

$$
\begin{aligned}
\mathrm{Var}(B) &= \frac{\mathrm{Var}\left(\sum_{i=1}^{n} (x_i - \bar{x}) Y_i\right)}{\left(\sum_{i=1}^{n} x_i^2 - n\bar{x}^2\right)^2} \\
&= \frac{\sum_{i=1}^{n} (x_i - \bar{x})^2 \mathrm{Var}(Y_i)}{\left(\sum_{i=1}^{n} x_i^2 - n\bar{x}^2\right)^2} \qquad \text{독립성에 의함} \\
&= \frac{\sigma^2 \sum_{i=1}^{n} (x_i - \bar{x})^2}{\left(\sum_{i=1}^{n} x_i^2 - n\bar{x}^2\right)^2} \\
&= \frac{\sigma^2}{\sum_{i=1}^{n} x_i^2 - n\bar{x}^2}
\end{aligned} \tag{9.3.2}
$$

여기에서 마지막의 등식은 아래 등식을 사용한 결과이다.

$$\sum_{i=1}^{n}(x_i - \bar{x})^2 = \sum_{i=1}^{n} x_i^2 - n\bar{x}^2$$

식 (9.3.1)과 관계식

$$A = \sum_{i=1}^{n} \frac{Y_i}{n} - B\bar{x}$$

을 사용하여 $A$가 서로 독립이고 정규분포를 따르는 확률변수들인 $Y_i\,(i = 1, \ldots, n)$들의 선형결합으로 표현될 수 있으며, 따라서 $A$ 또한 정규분포를 따른다는 것을 보일 수 있다. $A$의 기댓값은 다음과 같이 구할 수 있다.

$$\begin{aligned} E[A] &= \sum_{i=1}^{n} \frac{E[Y_i]}{n} - \bar{x}E[B] \\ &= \sum_{i=1}^{n} \frac{(\alpha + \beta x_i)}{n} - \bar{x}\beta \\ &= \alpha + \beta\bar{x} - \bar{x}\beta \\ &= \alpha \end{aligned}$$

따라서 $A$도 비편향추정량이다. $A$의 분산은 먼저 $A$를 $Y_i$의 선형결합으로 표현함으로써 아래와 같이 계산할 수 있다(세부사항은 각자의 몫으로 남긴다).

$$\mathrm{Var}(A) = \frac{\sigma^2 \sum_{i=1}^{n} x_i^2}{n\left(\sum_{i=1}^{n} x_i^2 - n\bar{x}^2\right)} \tag{9.3.3}$$

실제 반응치($Y_i$)와 최소제곱 추정량($A + Bx_i$) 사이의 차를 나타내는 $Y_i - A - Bx_i\ (i = 1, \ldots, n)$을 **잔차(residual)**라고 부른다. 잔차들의 제곱합은

$$SS_R = \sum_{i=1}^{n}(Y_i - A - Bx_i)^2$$

이며, 미지의 확률오차 분산인 $\sigma^2$의 추정에 이용될 수 있다. 실제로

$$\frac{SS_R}{\sigma^2} \sim \chi^2_{n-2}$$

임을 보일 수 있다. 이는 $SS_R/\sigma^2$이 자유도 $n-2$의 카이제곱분포를 따름을 의미하며, 따라서

$$E\left[\frac{SS_R}{\sigma^2}\right] = n - 2$$

즉,

$$E\left[\frac{SS_R}{n-2}\right]=\sigma^2$$

이 된다. 그러므로 $SS_R/(n-2)$은 $\sigma^2$에 대한 비편향추정량이다. 그리고 $SS_R$은 $A$와 $B$에 종속되지 않는다는 것을 증명할 수 있다.

### 메모

$SS_R/\sigma^2$이 자유도 $n-2$의 카이제곱분포를 따르고 $A$와 $B$에 종속되지 않는 이유에 대한 설명은 다음과 같다. $Y_i\,(i=1,\ldots,n)$가 서로 독립인 정규 확률변수이므로, $(Y_i-E[Y_i])/\sqrt{\text{Var}(Y_i)}$는 서로 독립인 표준정규 확률변수가 되며, 따라서

$$\sum_{i=1}^{n}\frac{(Y_i-E[Y_i])^2}{\text{Var}(Y_i)}=\sum_{i=1}^{n}\frac{(Y_i-\alpha-\beta x_i)^2}{\sigma^2}\sim\chi_n^2$$

이다. 이제 $\alpha$와 $\beta$에 추정량인 $A$와 $B$를 대입하면 자유도 2가 감소하며, 따라서 $SS_R/\sigma^2$은 당연히 자유도 $n-2$의 카이제곱분포를 따르게 된다.

$SS_R$이 $A$와 $B$에 종속되지 않는다는 사실은 정규분포를 따르는 표본에서 $\overline{X}$와 $S^2$이 서로 독립이라는 결과와 유사하다. 실제로 $\overline{X}$와 $S^2$이 서로 독립이라는 결과는 다음과 같은 의미를 갖는다. $Y_1,\ldots,Y_n$이 모집단평균은 $\mu$이고 분산은 $\sigma^2$인 모집단에서 추출된 정규표본일 때, 자유도 $n$의 카이제곱분포를 따르는 제곱합 $\sum_{i=1}^{n}(Y_i-\mu)^2/\sigma^2$에서 $\mu$를 추정량인 $\overline{Y}$로 대치하여 얻은 새로운 제곱합 $\sum_i(Y_i-\overline{Y})^2/\sigma^2$은 $((n-1)S^2/\sigma^2$와 같으며) $\overline{Y}$와는 서로 독립이며 자유도 $n-2$의 카이제곱분포를 따른다. $SS_R/\sigma^2$은 제곱합 $\sum_{i=1}^{n}(Y_i-\alpha-\beta x_i)^2/\sigma^2$에서 $\alpha$와 $\beta$를 추정량 $A$와 $B$로 대치하여 구한 것이므로, 이 값이 $A$와 $B$에 종속되지 않을 것으로 기대하는 것이 비합리적이지는 않을 것이다.

$Y_i$가 정규 확률변수들일 때, 최소제곱 추정량들은 또한 최대우도 추정량이기도 하다. 이러한 사실을 증명하기 위해 먼저 $Y_1,\ldots,Y_n$에 대한 결합밀도함수가 아래와 같이 주어진다는 사실에 주목하기 바란다.

$$\begin{aligned}f_{Y_1,\ldots,Y_n}(y_1,\ldots,y_n)&=\prod_{i=1}^{n}f_{Y_i}(y_i)\\&=\prod_{i=1}^{n}\frac{1}{\sqrt{2\pi}\sigma}e^{-(y_i-\alpha-\beta x_i)^2/2\sigma^2}\\&=\frac{1}{(2\pi)^{n/2}\sigma^n}e^{-\sum_{i=1}^{n}(y_i-\alpha-\beta x_i)^2/2\sigma^2}\end{aligned}$$

따라서 $\alpha$와 $\beta$에 대한 최대우도 추정량들은 $\sum_{i=1}^{n}(y_i - \alpha - \beta x_i)^2$을 최소로 하는 바로 그 $\alpha$와 $\beta$값들, 즉 최소제곱 추정량과 같다.

**기호**

$$S_{xY} = \sum_{i=1}^{n}(x_i - \overline{x})(Y_i - \overline{Y}) = \sum_{i=1}^{n} x_i Y_i - n\overline{x}\,\overline{Y}$$
$$S_{xx} = \sum_{i=1}^{n}(x_i - \overline{x})^2 = \sum_{i=1}^{n} x_i^2 - n\overline{x}^2$$
$$S_{YY} = \sum_{i=1}^{n}(Y_i - \overline{Y})^2 = \sum_{i=1}^{n} Y_i^2 - n\overline{Y}^2$$

이라고 하면, 최소제곱 추정량들은 다음과 같이 표현될 수 있다.

$$B = \frac{S_{xY}}{S_{xx}}$$
$$A = \overline{Y} - B\overline{x}$$

다음은 잔차들의 제곱합인 $SS_R$을 위한 계산식이다.

$SS_R$을 위한 계산식

$$SS_R = \frac{S_{xx}S_{YY} - S_{xY}^2}{S_{xx}} \tag{9.3.4}$$

다음 정리는 이 절의 결과들을 요약하고 있다.

**정리 9.3.1**

반응치 $Y_i\ (i = 1, \ldots, n)$들이 서로 독립이고 평균이 $\alpha + \beta x_i$이고 공통의 분산이 $\sigma^2$인 정규확률변수들이라고 하자. $\beta$와 $\alpha$에 대한 최소제곱 추정량인

$$B = \frac{S_{xY}}{S_{xx}}, \qquad A = \overline{Y} - B\overline{x}$$

의 분포는 다음과 같다.

$$A \sim \mathcal{N}\left(\alpha, \frac{\sigma^2 \sum_i x_i^2}{nS_{xx}}\right)$$
$$B \sim \mathcal{N}(\beta, \sigma^2/S_{xx})$$

그리고

$$SS_R = \sum_i (Y_i - A - Bx_i)^2$$

가 잔차들의 제곱합을 나타낼 때,

$$\frac{SS_R}{\sigma^2} \sim \chi^2_{n-2}$$

이며, $SS_R$은 최소제곱 추정량 $A$와 $B$에 종속되지 않는다. 또한, $SS_R$에 대한 계산식은 다음과 같다.

$$SS_R = \frac{S_{xx}S_{YY} - (S_{xY})^2}{S_{xx}}$$

아래와 같이, R을 사용해 상수 $S_{xY}$, $S_{XX}$, $S_{YY}$, $SS_R$ 들을 계산할 수 있다.

$$>x = c(x_1, ..., x_n)$$
$$>y = c(y_1, ..., y_n)$$
$$>Sxy = \text{sum}(x * y) - n * \text{mean}(x) * \text{mean}(y)$$
$$>Sxx = \text{sum}(x * x) - n * \text{mean}(x)^2$$
$$>Syy = \text{sum}(y * y) - n * \text{mean}(y)^2$$
$$>SSR = (Sxx * Syy - Sxy^2)/Sxx$$

### 예제 9.3a

다음의 데이터는 어떤 제품의 반죽 상태의 습도 $x$와 완성품의 밀도 $Y$의 관계를 나타내고 있다.

| $x_i$ | $y_i$ |
|---|---|
| 5 | 7.4 |
| 6 | 9.3 |
| 7 | 10.6 |
| 10 | 15.4 |
| 12 | 18.1 |
| 15 | 22.2 |
| 18 | 24.1 |
| 20 | 24.8 |

이 데이터에 대한 회귀직선과 $SS_R$을 구하라.

**풀이** R에 데이터를 입력하고 상수 $S_{xY}$, $S_{XX}$, $S_{YY}$, $SS_R$ 을 정의하고

$$
\begin{aligned}
&> x = c(5, 6, 7, 10, 12, 15, 18, 20)\\
&> y = c(7.4, 9.3, 10.6, 15.4, 18.1, 22.2, 24.1, 24.8)\\
&> Sxy = \text{sum}(x * y) - 8 * \text{mean}(x) * \text{mean}(y)\\
&> Sxx = \text{sum}(x * x) - 8 * \text{mean}(x)^2\\
&> Syy = \text{sum}(y * y) - 8 * \text{mean}(y)^2\\
&> SSR = (Sxx * Syy - Sxy^2)/Sxx\\
&> SSR\\
&[1]9.469758
\end{aligned}
$$

R로 선을 그리면

$$
\begin{aligned}
&> \text{model} = \text{lm}(y \sim x)\\
&> \text{model}\\
&> \text{plot}(x, y)\\
&> \text{abline}(\text{model})
\end{aligned}
$$

이제 추정회귀직선 $y = 2.463 + 1.206x$과 함께 그림 9.2가 출력된다. ■

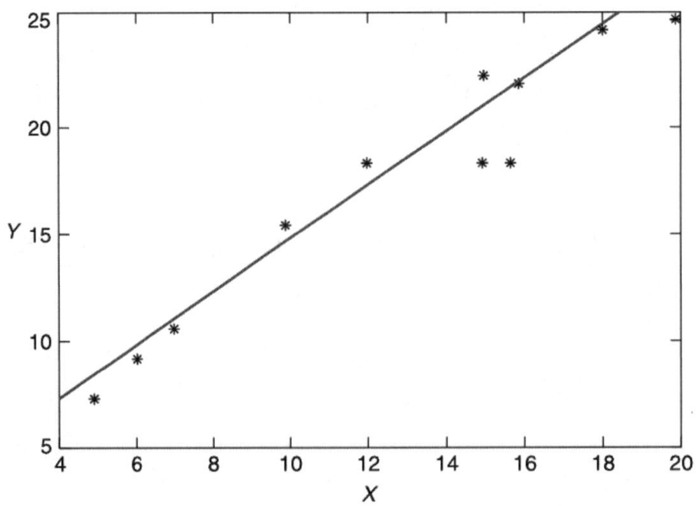


**그림 9.2** : 예제 9.3.a.

# 9.4 회귀계수에 관한 통계적 추론

정리 9.3.1을 사용하여 회귀계수들에 대해 가설을 검정하거나 신뢰구간을 구하는 것은 간단한 문제이다.

## 9.4.1 $\beta$에 관한 추론

### 단순선형회귀모형

$$Y = \alpha + \beta x + e$$

에 관해 고려해야 할 중요한 가설의 하나는 $\beta = 0$이라는 가설이다. 이 가설이 중요한 것은 이 가설이 의미하는 바가 반응치의 평균이 입력에 종속되지 않는다는 것이기 때문이다. 즉, 입력변수에 대한 회귀 자체가 존재하지 않음을 의미한다.

$$H_0 : \beta = 0 \qquad \text{대} \qquad H_1 : \beta \neq 0$$

을 검정하기 위해, 먼저 정리 9.3.1에서

$$\frac{B - \beta}{\sqrt{\sigma^2 / S_{xx}}} = \sqrt{S_{xx}} \frac{(B - \beta)}{\sigma} \sim \mathcal{N}(0, 1) \tag{9.4.1}$$

을 유도할 수 있는데, 이 값은 아래의 값에 종속되지 않는다.

$$\frac{SS_R}{\sigma^2} \sim \chi^2_{n-2}$$

따라서 $t$-확률변수에 대한 정의로부터 다음의 결과를 얻을 수 있다.

$$\frac{\sqrt{S_{xx}}(B - \beta)/\sigma}{\sqrt{\frac{SS_R}{\sigma^2(n-2)}}} = \sqrt{\frac{(n-2)S_{xx}}{SS_R}}(B - \beta) \sim t_{n-2} \tag{9.4.2}$$

즉, $\sqrt{(n-2)S_{xx}/SS_R}(B - \beta)$은 자유도 $n-2$의 $t$-분포를 따른다. 따라서 $H_0$이 참일 때 (즉, $\beta = 0$일 때),

$$\sqrt{\frac{(n-2)S_{xx}}{SS_R}} B \sim t_{n-2}$$

이며, 이것은 $H_0$에 관한 아래의 검정 방법을 제시한다.

### $H_0$ : $\beta = 0$에 대한 가설검정

$H_0$에 대한 유의수준 $\gamma$ 검정은 다음과 같다.

$$\sqrt{\frac{(n-2)S_{xx}}{SS_R}}|B| > t_{\gamma/2,n-2} \text{ 이면 } H_0\text{을 기각한다.}$$
$$\text{그렇지 않으면 } H_0\text{을 채택한다.}$$

이 검정을 수행하기 위해서는 먼저 검정통계량 $\sqrt{(n-2)S_{xx}/SS_R}|B|$의 값 $v$를 계산하고, 원하는 유의수준이

$$\begin{aligned} p\text{-값} &= P\{|T_{n-2}| > v\} \\ &= 2P\{T_{n-2} > v\} \end{aligned}$$

이상이면 $H_0$을 기각한다. 여기에서 $T_{n-2}$는 자유도 $n-2$의 $t$-확률변수이다. $p$-값은 프로그램 5.8.2a를 사용하여 구할 수 있다.

R을 사용해 위의 가설을 검정할 수 있다. 예를 들어, 만약 모델의 이름이 'fit'이라면, R 명령어 'summary(fit)'은 구하고자 하는 $p$-값을 출력해 준다.

#### 예제 9.4a

어떤 사람이 자신의 자동차의 연료 소비량은 주행 속도에 종속되지 않는다고 주장하고 있다. 이러한 가설의 타당성을 검정하기 위해 시속 45마일에서 70마일 사이의 다양한 속도에서 이 자동차의 갤런 당 마일 단위의 연비를 조사한 결과는 아래와 같다.

| 속도 | 갤런 당 마일 |
|---|---|
| 45 | 24.2 |
| 50 | 25.0 |
| 55 | 23.3 |
| 60 | 22.0 |
| 65 | 21.5 |
| 70 | 20.6 |
| 75 | 19.8 |

위의 데이터는 연비가 주행속도의 영향을 받지 않는다는 주장을 반박하는가?

**풀이** 단순선형회귀모형

$$Y = \alpha + \beta x + e$$

이 주행속도 $x$와 자동차의 연비 $Y$의 관계를 나타낸다고 하면, 위의 주장은 회귀계수 $\beta$가 0이라는 주장과 같다.

아래와 같이 R을 사용해 이 검정을 실행할 수 있다. 'miles' 모델을 호출하고

$>x = c(45, 50, 55, 60, 65, 70, 75)$
$>y = c(24.2, 25, 23.3, 22, 21.5, 20.6, 19.8)$
$>\text{miles} = \text{lm}(y \sim x)$
$>\text{miles}$

**Call**:
lm(formula = $y \sim x$)
Coefficients:
(Intercept) x
32.54 -0.17

아래를 입력하면

> summary(miles)

다음과 같은 출력 결과를 볼 수 있다.

```
> summary(miles)

Call:
lm(formula = y ~ x)

Residuals:
        1         2         3         4         5         6         7
-0.692857  0.957143  0.107143 -0.342857  0.007143 -0.042857  0.007143

Coefficients:
            Estimate Std. Error t value Pr(>|t|)
(Intercept) 32.54286    1.27059  25.612 1.69e-06 ***
x           -0.17000    0.02089  -8.138 0.000455 ***
---
Signif. codes:  0 '***' 0.001 '**' 0.01 '*' 0.05 '.' 0.1 ' ' 1

Residual standard error: 0.5527 on 5 degrees of freedom
Multiple R-squared:  0.9298,  Adjusted R-squared:  0.9158
F-statistic: 66.23 on 1 and 5 DF,  p-value: 0.0004548

>
```

'summary' 출력은 먼저 7개 잔차들 $y_i-(A+B_{xi})$, $i=1, ..., 7$을 보여준다. 이어지는 줄들은 추정치 절편 $\alpha$와 기울기 $\beta$에 대한 추정치 32.54286과 −0.17을 나타낸다. 다음으로 이 추정치들의 표준 오차를 보여준다. 그리고 이 상수들이 0이라는 것을 검정하기 위한 $t$-통계량 값을 출력한다. 예를 들어, $\beta=0$을 검정하기 위한 t-값은 −8.138이다. 이어서 이 검정의 $p$-값을 보여주는데, $\alpha=0$에 대한 검정의 $p$-값은 $1.69\times10^{-6}$이며, $\beta=0$에 대한 검정의 $p$-값은 0.000455이므로, 이것은 두 가설은 일반적인 유의 수준에서 모두 기각돼야 함을 의미한다. $SS_R/(n-2)$가 $\sigma^2$의 추정량이므로, $\alpha$의 추정량인 잔차의 표준 오차는 $\sqrt{\frac{SS_R}{n-2}}$이다. ■

$\beta$에 대한 신뢰구간 추정량은 식 (9.4.2)로부터 쉽게 구할 수 있다. 실제로 식 (9.4.2)로부터 임의의 $a(0 < a < 1)$에 대해,

$$P\left\{-t_{a/2,n-2} < \sqrt{\frac{(n-2)S_{xx}}{SS_R}}(B-\beta) < t_{a/2,n-2}\right\} = 1-a$$

즉,

$$P\left\{B - \sqrt{\frac{SS_R}{(n-2)S_{xx}}}t_{a/2,n-2} < \beta < B + \sqrt{\frac{SS_R}{(n-2)S_{xx}}}t_{a/2,n-2}\right\} = 1-a$$

임을 알 수 있으며, 여기에서 다음의 결과를 얻는다.

### $\beta$에 대한 신뢰구간

$\beta$에 대한 $100(1-a)\%$ 신뢰구간 추정량은 다음과 같다.

$$\left(B - \sqrt{\frac{SS_R}{(n-2)S_{xx}}}t_{a/2,n-2},\ B + \sqrt{\frac{SS_R}{(n-2)S_{xx}}}t_{a/2,n-2}\right)$$

### 메모

$$\frac{B-\beta}{\sqrt{\sigma^2/S_{xx}}} \sim \mathcal{N}(0,1)$$

이라는 결과는 미지의 모수 $\sigma^2$을 포함하고 있어 $\beta$에 관한 추론에 직접 적용될 수는 없다. 대신에 위의 통계량에서 $\sigma^2$을 그에 대한 추정량인 $SS_R/(n-2)$로 대치한 것을 사용하는데, 이는 이 통계량의 분포가 표준정규분포에서 자유도 $n-2$의 $t$-분포로 변경되는 효과를 수반한다.

### ■ 예제 9.4b

R을 사용하여 $\alpha$와 $\beta$의 신뢰구간을 구할 수도 있다. 만약 모델의 이름이 'name'이라면, R 명령어 'confint(name, level = m)'은 모델 'name'의 $\alpha$와 $\beta$의 100m% 신뢰구간을 반환한다. 예를 들어, 이름이 'miles'인 모델의 계수들에 대한 95% 신뢰구간을 보고자 할때, '> confint (miles, level = 0.95)'를 R에 입력하면, $\alpha$와 $\beta$에 대한 95% 신뢰구간을 확인할 수 있다.

```
>confint(miles, level = 0.95)
                2.5%       97.5%
(Intercept )29.2766922  35.8090220
           x -0.2236954  -0.1163046
```

이와 같이 $\alpha$와 $\beta$의 95% 신뢰구간들은 각각 (29.2767, 35.8090), (-0.2237, -0.1163)이다. ■

### 9.4.1.1 평균으로의 회귀

**회귀(regression)**라는 용어는 갈턴(Francis Galton)이 유전 법칙을 기술하면서 처음 사용하였다. 갈턴은 유전 법칙으로 인해 모집단의 극단적인 특성이 "평균 쪽으로 회귀"한다고 믿었다. 이것이 의미하는 바는 어떤 유전형질의 극단적인 값을 갖는 부모의 자식들은 부모보다는 덜 극단적인 값을 갖는 경향을 갖는다는 것이다.

자식의 특성($Y$)과 부모의 특성($x$) 사이의 선형회귀관계가 있다고 가정하면, 회귀계수 $\beta$가 0과 1 사이에 있을 때 평균으로의 회귀가 발생할 것이다. 즉,

$$E[Y] = \alpha + \beta x$$

이고 $0 < \beta < 1$이면, $E[Y]$는 $x$가 클 때는 $x$보다 작을 것이며 $x$가 작을 때는 $x$보다 클 것이다. 이러한 주장이 참이라는 것은 대수적으로 쉽게 확인될 수 있으며, 또 두 직선

$$y = \alpha + \beta x$$

와

$$y = x$$

를 그려보아도 확인될 수 있다. 그와 같은 그림은 $0 < \beta < 1$일 때 직선 $y = \alpha + \beta x$는 $x$가 작을 때는 직선 $y = x$보다 위에 있고 $x$가 클 때는 그보다 아래에 있음을 보여준다.

#### ■ 예제 9.4c

평균으로의 회귀라는 갈턴의 이론을 설명하기 위해 영국의 통계학자 피어슨(Karl Pearson)은 무작위로 선택된 10명의 아버지와 아들의 키를 인치 단위로 조사하여 다음과 같은 데이터를 얻었다.

| 아버지의 키 | 60 | 62 | 64 | 65 | 66 | 67 | 68 | 70 | 72 | 74 |
|---|---|---|---|---|---|---|---|---|---|---|
| 아들의 키 | 63.6 | 65.2 | 66 | 65.5 | 66.9 | 67.1 | 67.4 | 68.3 | 70.1 | 70 |

위의 데이터에 대한 산점도를 그림 9.3에서 보이고 있다.

위의 데이터로부터 키가 큰 아버지의 아들 역시 키가 큰 경향을 나타낸다는 것을 알 수 있지만, 또한 키가 아주 크거나 아주 작은 아버지들의 아들들은 아버지보다는 평균에 가까운 경향을 보인다. 즉, "평균으로의 회귀"가 존재한다.

이제 그와 같은 주장을 대립가설로 택함으로써 위의 데이터가 평균으로의 회귀가 존재한다는 것을 증명할 수 있을 정도로 확실한지 여부를 결정해보자. 즉, 위의 데이터를 사용하여

$$H_0 : \beta \geq 1 \qquad \text{대} \qquad H_1 : \beta < 1$$

을 검정할 텐데, 이것은

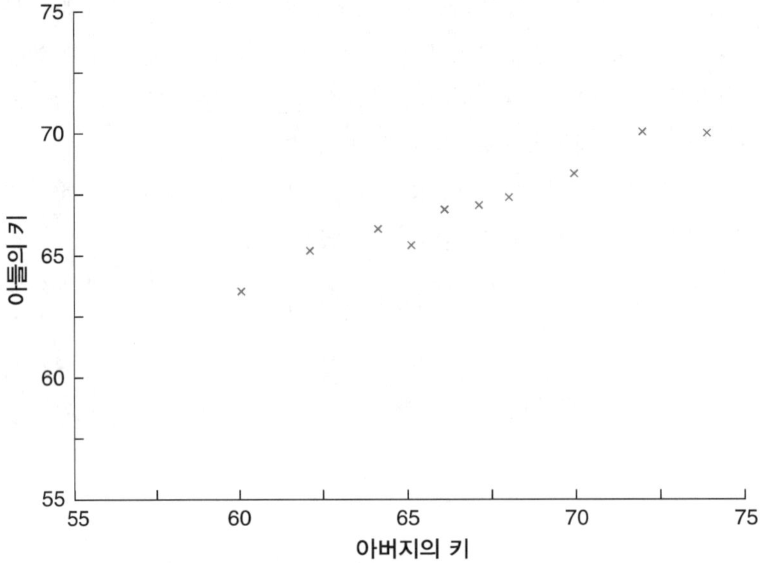


**그림 9.3** 아들의 키와 아버지의 키에 대한 산점도

$$H_0 : \beta = 1 \qquad \text{대} \qquad H_1 : \beta < 1$$

에 대한 검정이나 마찬가지다. 이제 식 (9.4.2)로부터 $\beta = 1$일 때 검정통계량

$$TS = \sqrt{8S_{xx}/SS_R}(B - 1)$$

은 자유도 8의 $t$-분포임을 알 수 있다. 만약 검정 통계량을 $TS = v$으로 표기하면, 귀무가설 $H_0 : \beta \geq 1$에 대한 검정에서 $p$-값은

$$p\text{-값} = P(T_8 \leq v)$$

으로 표현될 수 있으며, 여기서 $T_8$은 자유도 8의 t-확률 변수이다. R을 사용하여 검정 통계량과 $p$-값을 모두 계산할 수 있다. TS 값을 계산하기 위해, 'summary' 명령어를 사용한다.

```
>x = c(60, 62, 64, 65, 66, 67, 68, 70, 72, 74)
>y = c(63.6, 65.2, 66, 65.5, 66.9, 67.1, 67.4, 68.3, 70.1, 70)
>height = lm(y ~ x)
>summary(height)
```

실행 결과에서 $x$의 계수 값을 확인할 수 있다.

$$x \;\; 0.46457 \;\; 0.03298 \;\; 14.08 \;\; 6.27e-07$$

$x$에 이어지는 값은 $\beta$의 추정량 $B=0.46457$을 나타낸다. 다음 열은 이 추정량의 표준 오차이며, 그리고 $\beta=0$에 대한 검정의 검정 통계량인 $\sqrt{\frac{8S_{xx}}{SS_R}}B$ 값이 이어진다. 따라서 귀무가설 $H_0 : \beta = 1$ 검정에서 통계 검정량, $TS$ 값은 $TS=\sqrt{\frac{8S_{xx}}{SS_R}}(B-1)=14.08-14.08/.46457$이다. R을 통해 이를 계산하면

$$>v = 14.08 * (1 - 1/.46457)$$
$$>v$$
$$[1] - 16.2276$$
$$>pt(v, 8)$$
$$[1]1.045569e - 07$$

와 같고, 검정 통계량 값은 −16.2276이고 $p$-값은 $1.045569\times10^{-7}$임을 보여준다. 이것은 $\beta \geq 1$이라는 귀무가설은 거의 모든 신뢰구간에서 기각됨을 나타내며, 평균으로의 회귀를 확립한다. (그림 9.4를 보면 산점도에 $y = x$ 직선을 삽입한 결과를 알수 있다.)

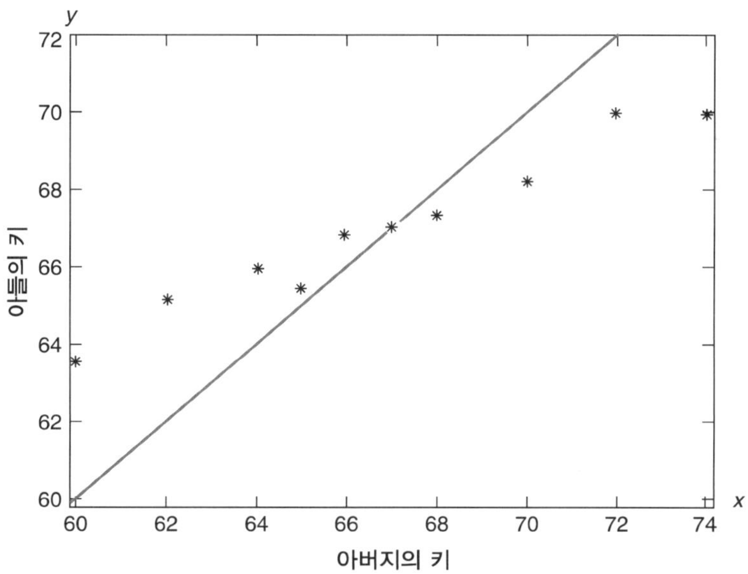


**그림 9.4** $x$가 작을 때 $y>x$이고 $x$가 클 때 $y<x$임을 보여주는 예제 9.4c

평균으로의 회귀 현상에 대한 대략적인 현대생물학적 설명은 자식은 부모의 유전인자의 절반을 무작위로 선택하여 물려받으므로 자식이 예를 들어 키가 아주 큰 부모의 자식은 부모가 가진 것보다는 적은 양의 "큰 키" 유전자를 갖게 되는 경향이 있다는 것이다.

평균으로의 회귀 현상의 가장 중요한 응용은 자식과 부모의 생물학적 특성의 관계에 관한 것이지만, 이러한 현상은 동일한 변수들에 관련된 두 개의 데이터 집합이 있는 상황에서도 발생한다. ■

### 예제 9.4d

표 9.1의 데이터는 미국의 서북부 지역의 12개 카운티에서 1988년과 1989년의 자동차사고 사망자 수를 비교하고 있다.

그림 9.5를 보면 1988년에 사망자 수가 많았던 카운티에서는 대개 1989년에는 사망자 수가 감소한 것을 알 수 있다. 마찬가지로 1988년에 사망자 수가 적었던 카운티에서는 대개 1989년에는 사망자 수가 증가한 것으로 나타나 있다. 따라서 평균으로의 회귀 현상이 작용하고 있다고 생각할 수 있다. 실제로 R을 사용하면

$$y = 74.589 + .276x$$

와 같은 회귀방정식을 추정할 수 있으며, 여기에서 $\beta$에 대한 추정치는 1보다 작은 값으로 나타난다.

앞의 데이터에서 평균으로의 회귀 현상 이면의 이유를 살펴볼 때는 주의해야 한다. 예를 들면, 1988년에 교통사고 사망자가 많았던 카운티에서는 사고를 줄이기 위해 도로 안전성을 개선하거나 위험한 운전의 위험성에 대한 인식제고 등의 노력을 강화했다고 추측할 수도 있다. 그리고 1988년에 사망자가 특히 적었던 카운티에서는 "현상에 안주하여" 사망자 수를 감소시키려는 노력을 하지 않아 이듬해에는 사고가 증가했다고 추측할 수도 있다.

이러한 추측들이 맞을 수도 있지만, 모든 카운티에서 일상적 대처 외의 특이한 점이 전혀 없었더라도 아마 평균으로의 회귀 현상이 발생하였을 것임을 인식해야 한다. 실제로 1988년에 많은 사고가 있었던 카운티는 단지 그 해에 불운했을 뿐이며 이듬해에는 정상적인 결과로 돌아온 것일 수도 있다(유사한 예를 들자면, 공정한 동전 10개를 던져 앞면이 9개가 나왔을 때, 다시 던지면 아마 9개보다는 적은 수의 앞면이 나올 확률이 높을 것이다). 마찬가지로 1988년에 사고

**표 9.1** 자동차사고 사망자 수 (미국의 서북부 지역, 1988년과 1989년)

| 카운티 | 1988년 사망자 수 | 1989년 사망자 수 |
|---|---|---|
| 1 | 121 | 104 |
| 2 | 96 | 91 |
| 3 | 85 | 101 |
| 4 | 113 | 110 |
| 5 | 102 | 117 |
| 6 | 118 | 108 |
| 7 | 90 | 96 |
| 8 | 84 | 102 |
| 9 | 107 | 114 |
| 10 | 112 | 96 |
| 11 | 95 | 88 |
| 12 | 101 | 106 |

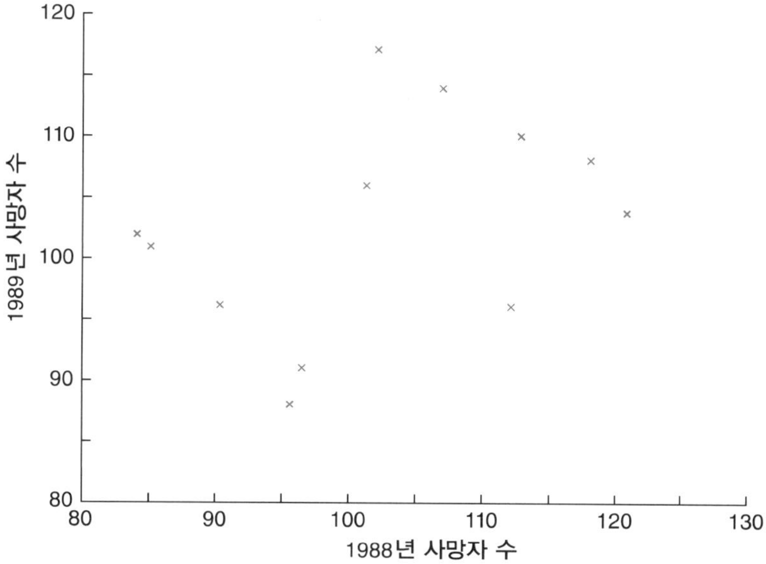


**그림 9.5** 1989년 사망자 수 대 1988년 사망자 수에 대한 산점도

가 적었던 카운티는 그 해에 운이 좋았을 뿐이며 이듬해에는 정상적인 결과로 돌아와 사고가 늘었을 수도 있다.

평균으로의 회귀가 실제로는 단순한 우연으로 인한 것인데 어떤 외부적 영향 탓인 것으로 돌리는 잘못된 믿음은 자주 발생하며 이를 회귀오류(regression fallacy)라고 한다. ■

## 9.4.2 $\alpha$에 대한 추론

$\alpha$에 대한 신뢰구간의 결정이나 가설검정은 $\beta$에 대해 했던 것과 동일한 방법으로 수행된다. 특히

$$\sqrt{\frac{n(n-2)S_{xx}}{\sum_i x_i^2 SS_R}}(A-\alpha) \sim t_{n-2} \tag{9.4.3}$$

를 증명하기 위해 정리 9.3.1이 사용될 수 있으며, 위의 식을 이용하여 $\alpha$에 대한 다음 신뢰구간 추정량을 구할 수 있다.

### $\alpha$에 대한 신뢰구간 추정량

$\alpha$에 대한 $100(1-a)\%$ 신뢰구간은 다음과 같다.

$$A \pm \sqrt{\frac{\sum_i x_i^2 SS_R}{n(n-2)S_{xx}}}\, t_{a/2,n-2}$$

$\alpha$에 대한 가설검정은 식 (9.4.3)에서 쉽게 결정할 수 있으며, 세부과정은 각자 해보기 바란다.

### 9.4.3 평균 반응치 $\alpha+\beta x_0$에 대한 추론

주어진 입력수준 $x_0$에 대한 평균 반응치 $\alpha+\beta x_0$을 추정하기 위해 데이터 쌍 $(x_i, Y_i)(i=1, \ldots, n)$이 종종 사용된다. 점추정량을 구하고자 할 경우에는 자연스럽게 추정량 $A+Bx_0$이 사용되는데, 아래의 식에서 알 수 있듯이 비편향추정량이기 때문이다.

$$E[A+Bx_0] = E[A] + x_0E[B] = \alpha + \beta x_0$$

그렇지만 신뢰구간이 필요하거나 평균 반응치에 대한 가설검정을 하려면, 추정량 $A+Bx_0$에 대한 확률분포를 결정할 필요가 있다.

식 (9.3.1)의 $B$를 위한 식에서

$$B = c\sum_{i=1}^{n}(x_i - \overline{x})Y_i$$

이라는 결과를 얻는데, 여기에서 $c$는 다음과 같다.

$$c = \frac{1}{\sum_{i=1}^{n} x_i^2 - n\overline{x}^2} = \frac{1}{S_{xx}}$$

그런데

$$A = \overline{Y} - B\overline{x}$$

이므로, 다음 식이 성립한다.

$$\begin{aligned} A + Bx_0 &= \frac{\sum_{i=1}^{n} Y_i}{n} - B(\overline{x} - x_0) \\ &= \sum_{i=1}^{n} Y_i\left[\frac{1}{n} - c(x_i - \overline{x})(\overline{x} - x_0)\right] \end{aligned}$$

$Y_i$는 서로 독립인 정규 확률변수들이므로, 위의 식은 $A+Bx_0$을 서로 독립인 정규 확률변수들의 선형결합으로 표현할 수 있으며 따라서 $A+Bx_0$ 자체도 정규분포를 따른다는 것을 알려준다. 그런데 이미 $A+Bx_0$의 평균을 알고 있으므로 분산만 구하면 되며, 분산은 다음과 같이 계산된다.

$$\begin{aligned}\text{Var}(A+Bx_0) &= \sum_{i=1}^{n}\left[\frac{1}{n} - c(x_i-\bar{x})(\bar{x}-x_0)\right]^2 \text{Var}(Y_i)\\ &= \sigma^2\sum_{i=1}^{n}\left[\frac{1}{n^2} - c^2(\bar{x}-x_0)^2(x_i-\bar{x})^2 - 2c(x_i-\bar{x})\frac{(\bar{x}-x_0)}{n}\right]\\ &= \sigma^2\left[\frac{1}{n} + c^2(\bar{x}-x_0)^2\sum_{i=1}^{n}(x_i-\bar{x})^2 - 2c(\bar{x}-x_0)\sum_{i=1}^{n}\frac{(x_i-\bar{x})}{n}\right]\\ &= \sigma^2\left[\frac{1}{n}+\frac{(\bar{x}-x_0)^2}{S_{xx}}\right]\end{aligned}$$

여기에서 마지막의 등식은 다음의 관계식을 이용하여 구할 수 있다.

$$\sum_{i=1}^{n}(x_i-\bar{x})^2 = \sum_{i=1}^{n}x_i^2 - n\bar{x}^2 = 1/c = S_{xx}, \qquad \sum_{i=1}^{n}(x_i-\bar{x}) = 0$$

따라서 다음 사실이 증명된다.

$$A+Bx_0 \sim \mathcal{N}\left(\alpha+\beta x_0, \sigma^2\left[\frac{1}{n}+\frac{(x_0-\bar{x})^2}{S_{xx}}\right]\right) \tag{9.4.4}$$

그리고 $A+Bx_0$은

$$SS_R/\sigma^2 \sim \chi^2_{n-2}$$

에 독립이므로, 다음의 결과를 얻을 수 있다.

$$\frac{A+Bx_0-(\alpha+\beta x_0)}{\sqrt{\frac{1}{n}+\frac{(x_0-\bar{x})^2}{S_{xx}}}\sqrt{\frac{SS_R}{n-2}}} \sim t_{n-2} \tag{9.4.5}$$

이제 식 (9.4.5)를 사용하여 $\alpha+\beta x_0$에 대한 신뢰구간 추정량을 다음과 같이 구할 수 있다.

### $\alpha + \beta x_0$에 대한 신뢰구간 추정량

$\alpha+\beta x_0$가 다음 구간에 속한다는 것을 $100(1-a)\%$ 확신할 수 있다.

$$A+Bx_0 \pm \sqrt{\frac{1}{n}+\frac{(x_0-\bar{x})^2}{S_{xx}}}\sqrt{\frac{SS_R}{n-2}}\,t_{a/2,n-2}$$

### ■ 예제 9.4e

예제 R에서 다음과 같은 결과가 출력된다.

$>x = c(60, 62, 64, 65, 66, 67, 68, 70, 72, 74)$
$>y = c(63.6, 65.2, 66, 65.5, 66.9, 67.1, 67.4, 68.3, 70.1, 70)$
$>Sxy = \text{sum}(x * y) - 10 * \text{mean}(x) * \text{mean}(y)$
$>Sxx = \text{sum}(x * x) - 10 * \text{mean}(x)^2$
$>Syy = \text{sum}(y * y) - 10 * \text{mean}(y)^2$
$>Syy$

[1]38.529
$>SSR = (Sxx * Syy - Sxy^2)/Sxx$
$>SSR$
[1]1.493578
$>B = Sxy/Sxx$
$>A = \text{mean}(y) - B * \text{mean}(x)$
$>a = \text{sqrt}((1/10 + (68 - \text{mean}(x))^2/Sxx) * SSR/8)$
$>l = (A + B * 68) - a * qt(.975, 8)$
$>u = (A + B * 68) + a * qt(.975, 8)$
$>c(l, u)$
[1]67.23944 67.89552

그러므로 95% 신뢰구간은 $\alpha + \beta x_0 \in (67.23944, 67.89552)$이다.
(이후에 사용하기 위하여 R이 $S_{YY}$와 $SSR$ 값을 반환하게 하였다.)

## 9.4.4 미래 반응치에 대한 예측구간

때로 미래 반응치에 대한 평균값을 구하는 것보다 실제값을 추정하는 것이 중요한 경우가 있다. 예를 들어 온도 $x_0$에서 어떤 실험을 수행할 경우 이 실험의 기대 산출량인 $E[Y(x_0)] = \alpha + \beta x_0$을 추정하는 것보다 이 실험의 산출량인 $Y(x_0)$을 추정하는 것에 더욱 관심을 가질 것이다(반면에 입력수준 $x_0$에서 실험을 여러 번 연속적으로 수행하는 경우라면 평균 산출량인 $\alpha + \beta x_0$을 추정하려 할 것이다).

먼저 입력수준 $x_0$에서 반응치 $Y(x_0)$에 대한 예측량으로 (구간 대신) 단일값을 구하는 데 관심이 있다고 하자. 이 경우 $Y(x_0)$에 대한 최선의 예측량은 그 평균값인 $\alpha + \beta x_0$이라는 것이 명백하다. [실제로 이 점은 아주 명백한 것은 아니다. 그것은 확률변수에 대한 최선의 예측량은 (1) 예측량과 실제값 사이의 차의 제곱에 대한 기댓값을 최소로 하는 평균이라고 주장할 수도 있고, (2) 예측량과 실제값 사이의 차의 절댓값에 대한 기댓값을 최소로 하는 중앙값이라고 주장할 수도 있고, (3) 최대우도를 갖는 최빈값이라고 주장할 수도 있기 때문이다. 그런데 정규 확률변수의 경우 평균, 중앙값, 최빈값은 모두 같으며 또 여기에서 반응치는 정규분포를 갖는다고 가정한다.] $\alpha$와 $\beta$는 알려져 있지 않으므로 이들에 대한 추정량 $A$와 $B$를 대신 사용하며, 따라서 입력수준 $x_0$에서 반응치 $Y(x_0)$에 대한 예측량으로 $A + Bx_0$를 사용하는 것이 타당할 것이다.

이제 반응치를 예측하기 위해 어떤 단일값을 결정하기보다는 지정된 신뢰도로 반응치를 포함할 예측구간을 결정해보자. 그와 같은 구간을 구하기 위해 입력수준 $x_0$에서의 미래 반응치를 $Y$라고 하고 반응치에서 예측값을 뺀 결과인 $Y - A - Bx_0$의 확률분포에 대해 생각해보자. 이제

$$Y \sim \mathcal{N}(\alpha + \beta x_0, \sigma^2)$$

이며, 9.4.3절에서 보였듯이 다음의 결과가 성립함을 알 수 있다.

$$A + Bx_0 \sim \mathcal{N}\left(\alpha + \beta x_0, \sigma^2 \left[\frac{1}{n} + \frac{(x_0 - \bar{x})^2}{S_{xx}}\right]\right)$$

$Y$는 $A$와 $B$를 결정하기 위해 사용되었던 이전의 데이터 값인 $Y_1, Y_2, \ldots, Y_n$과는 독립이므로 $Y$는 $A + Bx_0$와도 독립이며, 따라서

$$Y - A - Bx_0 \sim \mathcal{N}\left(0, \sigma^2 \left[1 + \frac{1}{n} + \frac{(x_0 - \bar{x})^2}{S_{xx}}\right]\right)$$

즉,

$$\frac{Y - A - Bx_0}{\sigma\sqrt{\dfrac{n+1}{n} + \dfrac{(x_0 - \bar{x})^2}{S_{xx}}}} \sim \mathcal{N}(0, 1) \tag{9.4.6}$$

이제 $SS_R$이 $A$와 $B$에 (그리고 $Y$에) 독립이라는 결과와

$$\frac{SS_R}{\sigma^2} \sim \chi^2_{n-2}$$

을 다시 한 번 사용하고, 또 식 (9.4.6)에서 $\sigma^2$을 추정량인 $SS_R/(n-2)$으로 대치함으로써

$$\frac{Y - A - Bx_0}{\sqrt{\dfrac{n+1}{n} + \dfrac{(x_0 - \bar{x})^2}{S_{xx}}}\sqrt{\dfrac{SS_R}{n-2}}} \sim t_{n-2}$$

을 구할 수 있다. 따라서 임의의 값 $a(0 < a < 1)$에 대해 다음의 결과가 성립한다.

$$p\left\{-t_{a/2,n-2} < \frac{Y - A - Bx_0}{\sqrt{\frac{n+1}{n} + \frac{(x_0 - \bar{x})^2}{S_{xx}}}\sqrt{\frac{SS_R}{n-2}}} < t_{a/2,n-2}\right\} = 1 - a$$

즉, 다음의 결과를 확립한 것이다.

### 입력수준 $x_0$에서 반응치에 대한 예측구간

입력값 $x_i\ (i = 1, 2, \ldots, n)$에 대응되는 반응치 $Y_i$에 근거하여 $100(1 - a)\%$의 신뢰도로 입력수준 $x_0$에서 반응치 $Y$가 다음 구간에 포함될 것임을 알 수 있다.

$$A + Bx_0 \pm t_{a/2,n-2}\sqrt{\left[\frac{n+1}{n} + \frac{(x_0 - \bar{x})^2}{S_{xx}}\right]\frac{SS_R}{n-2}}$$

### 예제 9.4f

예제 9.4c에서 아버지의 키가 68인치인 남성의 키를 포함할 것이 95% 확실한 구간을 구하고자 한다. 간단한 계산을 통해 예측구간

$$Y(68) \in 67.568 \pm 1.050$$

을 구할 수 있으며, 이는 이 사람의 키가 66.518과 68.618 사이에 속한다는 것을 95% 확신할 수 있음을 의미한다. ■

### 메모

(a) 종종 신뢰구간과 예측구간을 혼동하는 경우가 있다. 신뢰구간이란 주어진 신뢰도로 어떤 정해진 모수를 포함하는 구간을 말한다. 반면 예측구간이란 주어진 신뢰도로 어떤 확률변수를 포함하는 구간을 말한다.

| 추론대상 | 사용할 분포 결과 |
|---|---|
| $\beta$ | $\sqrt{\frac{(n-2)S_{xx}}{SS_r}}(B - \beta) \sim t_{n-2}$ |
| $\alpha$ | $\sqrt{\frac{n(n-2)S_{xx}}{\sum_i x_i^2 SS_R}}(A - \alpha) \sim t_{n-2}$ |

| 추론대상 | 사용할 분포 결과 |
|---|---|
| $\alpha+\beta x_0$ | $\dfrac{A+Bx_0-\alpha-\beta x_0}{\sqrt{\left(\dfrac{1}{n}+\dfrac{(x_0-\overline{x})^2}{S_{xx}}\right)\left(\dfrac{SS_R}{n-2}\right)}} \sim t_{n-2}$ |
| $Y(x_0)$ | $\dfrac{Y(x_0)-A-Bx_0}{\sqrt{\left(1+\frac{1}{n}+\dfrac{(x_0-\overline{x})^2}{S_{xx}}\right)\left(\dfrac{SS_R}{n-2}\right)}} \sim t_{n-2}$ |

(b) 추정된 회귀직선을 얻기 위해 사용된 입력수준에서 멀리 떨어진 입력수준에서의 반응치에 대한 예측을 시도해서는 안 된다. 예를 들면, 예제 9.4c의 데이터를 아버지의 키가 42인치인 남성의 키를 예측하는 데 사용해서는 안 된다.

### 9.4.5 분포 결과들의 요약

이제 이 절의 분포 결과들을 요약하면 다음과 같다.

모형 : $Y=\alpha+\beta x+e,\ e\sim N(0, \sigma^2)$

데이터: $(x_i, Y_i),\ i=1, 2, \ldots, n$

## 9.5 결정계수와 표본상관계수

입력값 $x_1,\ldots, x_n$에 대응되는 반응치 $Y_1,\ldots, Y_n$에서 변이의 양을 측정하고자 한다. 값들의 집합 $Y_1,\ldots, Y_n$에서 변이의 양에 대한 표준적인 통계학적 측도는 다음과 같다.

$$S_{YY}=\sum_{i=1}^{n}(Y_i-\overline{Y})^2$$

예를 들어 모든 $Y_i$가 동일할 경우 모두 $\overline{Y}$와 같으며, 이 경우 $S_{YY}$는 0이 된다.

$Y_i$의 값들에서 변이가 발생하는 요인은 두 가지이다. 첫째, 입력값 $x_i$가 모두 달라서 반응변수 $Y_i$ 모두 서로 다른 평균값을 갖는 경우가 있을 수 있다. 둘째, 입력값들에서의 차이를 감안하더라도 반응변수 $Y_i$ 각각이 분산 $\sigma^2$을 가지며 따라서 입력 $x_i$에서의 예측값과 정확히 같지는 않기 때문에 변이가 발생할 수 있다.

이제 반응변수의 값에서 변이 중 얼마나 많은 부분이 서로 다른 입력값 때문인지, 또 얼마나 많은 부분이 입력값을 감안했을 때에도 내재된 분산으로 인한 것인지에 대한 질문을 살펴보기로 하자. 이러한 질문에 답하기 위해

$$S_{YY} = \sum_{i=1}^{n}(Y_i - \overline{Y})^2$$

은 입력값의 차이를 감안한 후에 반응치에 남아있는 변이의 양을 측정한다는 것을 알아두기 바란다. 따라서

$$S_{YY} - SS_R$$

은 서로 다른 입력값으로 인한 반응변수의 변이의 양을 나타낸다. 그리고

$$\begin{aligned} R^2 &= \frac{S_{YY} - SS_R}{S_{YY}} \\ &= 1 - \frac{SS_R}{S_{YY}} \end{aligned}$$

에 의해 정의되는 $R^2$은 서로 다른 입력값으로 인한 반응변수의 변이 부분을 나타내며, **결정계수(coefficient of determination)**라고 불린다.

결정계수 $R^2$은 0과 1 사이의 값을 갖는다. $R^2$의 값이 1에 가까우면 반응치의 변이 중 대부분이 서로 다른 입력값으로 인한 것임을 나타내며, $R^2$의 값이 0에 가까우면 변이 중 서로 다른 입력값으로 인한 부분은 거의 없음을 나타낸다.

### 예제 9.5a

아들의 키와 아버지의 키의 연관성을 다루는 예제 9.4c에서 R을 사용하여 얻은 결과는 다음과 같다.

$$S_{YY} = 38.521, \quad SS_R = 1.497$$

따라서 결정계수는 다음과 같다.

$$R^2 = 1 - \frac{1.493578}{38.529} = 0.961235$$

R 명령어 'summary'를 사용해서도 $R^2$ 값을 얻을 수 있다. 즉, 'height'라는 이름의 모델이 있을 때 (height = lm(y ~ x)), 다음을 입력하면,

```
> summary (height)
```

출력 결과에서 다음을 확인 가능하다.

Multiple R-squared: 0.9612
and that is the value of $R^2$.

즉, 10명에 대한 키의 변이 중 96%는 아버지의 키로 설명될 수 있다. 나머지 (설명되지 않은) 4%의 변이는 아버지의 키를 감안한 후에도 남는 아들의 키의 분산으로 인한 것이다(즉, 오차 확률변수의 분산 $\sigma^2$로 인한 것이다). ■

$R^2$의 값은 종종 회귀모형이 데이터에 얼마나 잘 맞는지를 나타내는 지표로 사용되기도 한다. $R^2$의 값이 1에 가까우면 잘 맞음을 나타내며, 0에 가까우면 잘 맞지 않음을 나타낸다. 바꾸어 말하면, 회귀모형이 반응치 데이터에서 변이의 대부분을 설명할 수 있다면, 이 회귀모형은 데이터에 잘 맞는 것으로 간주된다.

2.6절에서 데이터 쌍들 $(x_i, Y_i)$ $(i = 1, \ldots, n)$에 대한 표본상관계수 $r$을 아래와 같이 정의한 바 있다.

$$r = \frac{\sum_{i=1}^{n}(x_i - \overline{x})(Y_i - \overline{Y})}{\sqrt{\sum_{i=1}^{n}(x_i - \overline{x})^2 \sum_{i=1}^{n}(Y_i - \overline{Y})^2}}$$

이때 $r$은 큰 $x$값이 큰 $Y$값과 짝지어지고 작은 $x$값이 작은 $Y$값과 짝지어지는 정도에 대한 측도라고 설명한 바 있다. $r$의 값이 $+1$에 가까우면 큰 $x$값이 큰 $Y$값과 짝지어지고 작은 $x$값이 작은 $Y$값과 짝지어지는 경향이 높음을 나타내는 반면, $r$의 값이 $-1$에 가까우면 큰 $x$값이 작은 $Y$값과 짝지어지고 작은 $x$값이 큰 $Y$값과 짝지어지는 경향이 높음을 나타낸다.

이 장에서 정의한 기호들을 사용하여 $r$을 다음과 같이 정의할 수 있다.

$$r = \frac{S_{xY}}{\sqrt{S_{xx}S_{YY}}}$$

식 (9.3.4)

$$SS_R = \frac{S_{xx}S_{YY} - S_{xY}^2}{S_{xx}}$$

을 사용하여 다음의 결과를 얻을 수 있다.

$$\begin{aligned} r^2 &= \frac{S_{xY}^2}{S_{xx}S_{YY}} \\ &= \frac{S_{xx}S_{YY} - SS_R S_{xx}}{S_{xx}S_{YY}} \\ &= 1 - \frac{SS_R}{S_{YY}} \\ &= R^2 \end{aligned}$$

즉,

$$|r| = \sqrt{R^2}$$

따라서 음인지 양인지를 나타내는 부호를 제외하면, 표본상관계수는 결정계수의 제곱근과 같다. $r$의 부호는 $B$의 부호와 동일하다.

위의 결과는 표본상관계수에 추가적인 의미를 부여하고 있다. 예를 들어 표본상관계수 $r$이

.9인 데이터가 있다면, 이는 이러한 데이터를 위한 단순선형회귀모형이 ($R^2 = .9^2 = .81$이므로) 반응치 상의 변이의 81%를 설명할 수 있음을 의미한다. 즉, 반응치 상의 변이의 81%는 서로 다른 입력값으로 인한 것이다.

## 9.6 잔차의 분석 : 모형 평가

주어진 상황에서 단순선형회귀모형

$$Y = \alpha + \beta x + e, \qquad e \sim \mathcal{N}(0, \sigma^2)$$

이 적합한지 여부를 확인하기 위한 첫 단계는 산점도를 조사하는 것이다. 때로 산점도를 조사하는 것만으로도 회귀모형이 적합한지 여부를 확인할 수 있다. 산점도만으로 위의 모형을 배제할 수 없을 경우, 최소제곱 추정량인 $A$와 $B$를 계산하고 잔차 $Y_i - (A + Bx_i)$ ($i = 1, \ldots, n$)를 분석해야 한다. 잔차분석에서는 먼저 잔차들을 $Y_i$의 표준편차에 대한 추정치인 $\sqrt{SS_R/(n-2)}$로 나누어 정규화(표준화)하며, 그 결과인

$$\frac{Y_i - (A + Bx_i)}{\sqrt{SS_R/(n-2)}}, \qquad i = 1, \ldots, n$$

을 **표준잔차(standardized residual)**라고 부른다.

단순선형회귀모형이 적합할 경우, 표준잔차들은 근사적으로 서로 독립인 표준정규 확률변수가 되며, 따라서 0 주위에 무작위로 분포하고 ($P\{-1.96 < Z < 1.96\} = .95$이므로) 95%의 값이 $-2$와 $+2$ 사이에 속해야 한다. 그리고 표준잔차의 산점도에서 어떤 분명한 패턴이 나타나서는 안 된다. 분명한 패턴이 존재한다는 것은 단순선형회귀모형 가정의 타당성을 의심해야 할 원인이 된다.

그림 9.6는 세 개의 서로 다른 산점도와 이들에 연계된 표준잔차들을 보여주고 있다. 이들 중 첫 번째 그림은 산점도와 표준잔차가 나타내고 있듯이 직선모형에 잘 맞는다. 두 번째의 그림에서는 입력수준이 증가함에 따라 잔차가 처음에는 감소하다가 나중에는 증가하는 패턴을 볼 수 있다. 이러한 경우는 종종 입력과 반응 사이의 관계를 기술하기 위해 (선형 항뿐만 아니라) 고차의 항들이 필요함을 의미한다. 이 경우에는 산점도도 이러한 점을 보여주고 있다. 세 번째의 표준잔차 그림에서도 패턴을 볼 수 있는데, 여기에서는 입력수준이 증가함에 따라 잔차의 절댓값과 제곱이 함께 증가한다. 이러한 경우는 종종 반응치의 분산이 상수가 아니라 입력수준이 증가함에 따라 함께 증가한다는 것을 나타낸다.

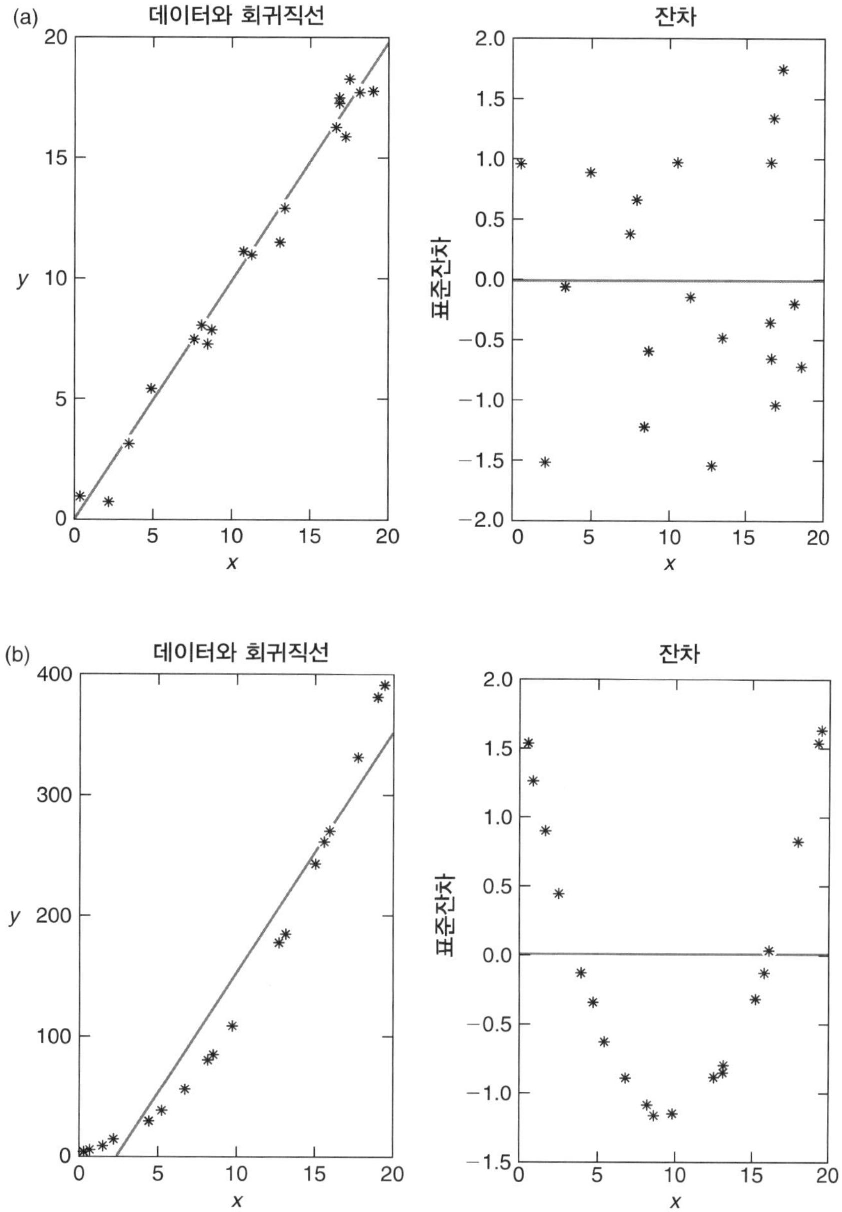


그림 9.6

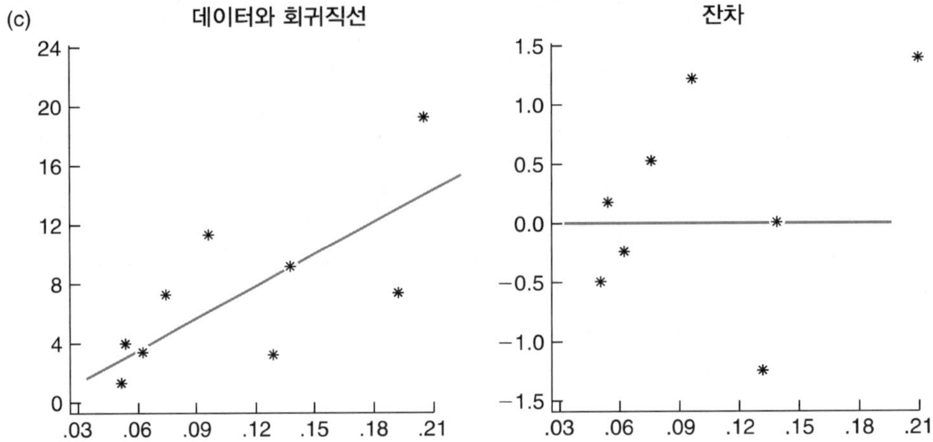


**그림 9.6** (계속)

## 9.7 선형성 변환

상황에 따라서는 평균 반응치가 입력수준의 선형함수가 아닌 경우도 많다. 이러한 경우에 관계식을 결정할 수 있다면 때로 변수변환에 의해 선형식으로 변환시키는 것이 가능할 수도 있다. 예를 들어 어떤 응용분야에서 출발점에서 시간 $t$가 지난 후의 신호 진폭 $W(t)$와 시간 $t$ 사이의 대략적인 관계는 다음과 같다고 하자.

$$W(t) \approx ce^{-dt}$$

위의 식에 log를 취하면

$$\log W(t) \approx \log c - dt$$

가 된다. 이제

$$Y = \log W(t)$$
$$\alpha = \log c$$
$$\beta = -d$$

와 같이 두면, 위의 식은 다음과 같은 회귀 방정식으로 고칠 수 있다.

$$Y = \alpha + \beta t + e$$

회귀계수 $\alpha$와 $\beta$는 일반적인 최소제곱법으로 추정될 수 있으며, 원래의 함수 관계는 다음 식으로부터 예측될 수 있다.

$$W(t) \approx e^{A+Bt}$$

### 예제 9.7a

다음의 표는 다양한 (섭씨 단위의) 온도에서 실험을 수행할 때 소모되는 화학물질의 백분율을 나타낸다. 이 데이터를 사용하여 350도에서 실험을 수행할 때 소모되는 화학물질의 백분율을 추정하라.

**풀이** 실험 수행온도가 $10x$ 도일 때 소모되는 화학물질 백분율을 $P(x)$라고 하자. $P(x)$에 대한 산점도는 대략 선형으로 보이지만(참고 : 그림 9.7), $x$와 $P(x)$ 사이의 비선형 관계를 고려함으로써 적합도를 개선시킬 수 있다. 특히 다음 형태의 관계를 생각해보자.

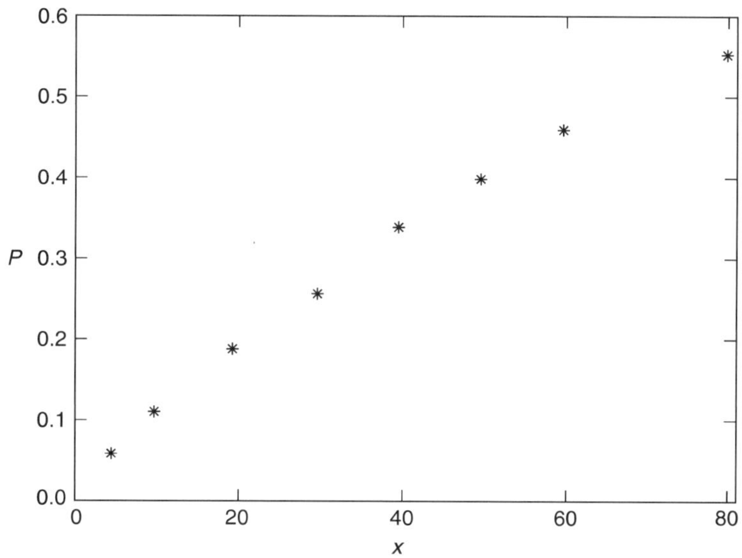


**그림 9.7** 예제 9.7a

| 온도 | 백분율 |
|---|---|
| 5° | .061 |
| 10° | .113 |
| 20° | .192 |
| 30° | .259 |
| 40° | .339 |
| 50° | .401 |
| 60° | .461 |
| 80° | .551 |

$$1 - P(x) \approx c(1 - d)^x$$

즉, 실험 수행온도가 $10x$일 때 남는 화학물질의 백분율은 $x$가 증가할 때 대략 지수 비율로 감소한다. 위의 식에 log를 취하면

$$\log(1 - P(x)) \approx \log(c) + x\log(1-d)$$

가 된다. 따라서

$$Y = -\log(1-P)$$
$$\alpha = -\log c$$
$$\beta = -\log(1-d)$$

로 둠으로써 다음의 회귀방정식을 얻을 수 있다.

$$Y = \alpha + \beta x + e$$

위의 데이터가 이 모형을 뒷받침하고 있는지 확인하기 위해 $-\log(1-P)$ 대 $x$의 그래프를 그려 볼 수 있다. 변환된 데이터는 표 9.2에서 보이고 있으며 그래프는 그림 9.8에서 보이고 있다.

**표 9.2**

| 온도 | $-\log(1-P)$ |
|---|---|
| 5° | .063 |
| 10° | .120 |
| 20° | .213 |
| 30° | .300 |
| 40° | .414 |
| 50° | .512 |
| 60° | .618 |
| 80° | .801 |

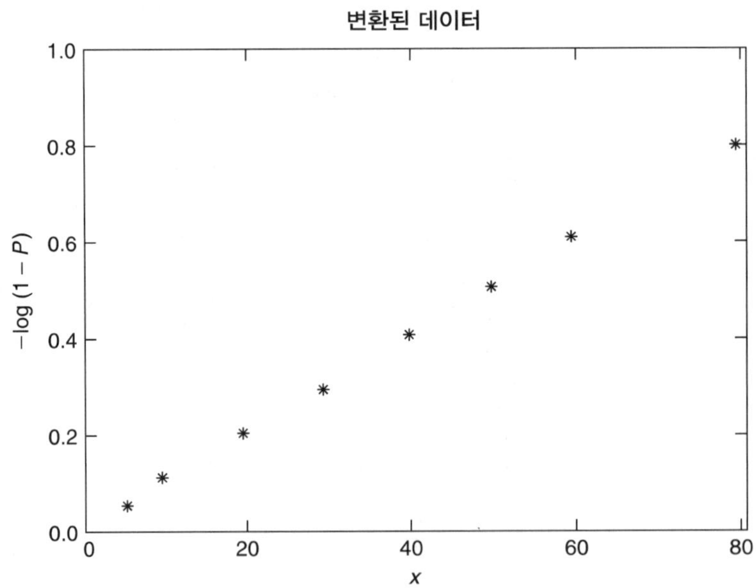


**그림 9.8**

R을 사용하여 $\alpha$와 $\beta$에 대한 최소제곱 추정치를 구하면 다음과 같다.

$$A = .0154$$
$$B = .0099$$

이를 다시 원래의 변수로 변환시키면 다음과 같이 $c$와 $d$에 대한 추정치를 구할 수 있다.

$$\hat{c} = e^{-A} = .9847$$
$$1 - \hat{d} = e^{-B} = .9901$$

따라서 추정된 함수 관계식은 다음과 같다.

$$\hat{P} = 1 - .9847(.9901)^x$$

잔차 $P - \hat{P}$는 표 9.3에서 보이고 있다. ■

**표 9.3**

| $x$ | $P$ | $\hat{P}$ | $P-\hat{P}$ |
|---|---|---|---|
| 5 | .061 | .063 | −.002 |
| 10 | .113 | .109 | .040 |
| 20 | .192 | .193 | −.001 |
| 30 | .259 | .269 | −.010 |
| 40 | .339 | .339 | .000 |
| 50 | .401 | .401 | .000 |
| 60 | .461 | .458 | .003 |
| 80 | .551 | .556 | −.005 |

## 9.8 가중최소제곱법

### 회귀모형

$$Y = \alpha + \beta x + e$$

에서 종종 반응치의 분산은 상수가 아니라 입력수준에 따라 달라지는 경우가 있다. 이러한 분산들에 대해 비례상수까지라도 알려져 있다면, 가중제곱합을 최소로 하는 방법으로 회귀계수 $\alpha$와 $\beta$를 추정할 수 있다. 특히

$$\mathrm{Var}(Y_i) = \frac{\sigma^2}{w_i}$$

일 때, 추정량 $A$와 $B$는 다음 식을 최소로 하도록 선택되어야 한다.

$$\sum_i \frac{[Y_i - (A + Bx_i)]^2}{\mathrm{Var}(Y_i)} = \frac{1}{\sigma^2} \sum_i w_i (Y_i - A - Bx_i)^2$$

$A$와 $B$에 대해 편미분을 취하여 이들을 0으로 둠으로써 위의 식을 최소로 하는 $A$와 $B$를 구하기 위한 아래의 방정식을 얻을 수 있다.

$$\sum_i w_i Y_i = A\sum_i w_i + B\sum_i w_i x_i \tag{9.8.1}$$
$$\sum_i w_i x_i Y_i = A\sum_i w_i x_i + B\sum_i w_i x_i^2$$

이 방정식들은 쉽게 풀 수 있으며, 그 결과로 최소제곱 추정량들을 얻을 수 있다.

### 예제 9.8a

일반적인 제곱합 대신 가중제곱합을 최소로 하는 추정량을 구해야 하는 이유를 이해하기 위해 다음과 같은 상황을 생각해보자. $X_1,\ldots, X_n$은 서로 독립이고 각기 평균이 $\mu$이고 분산이 $\sigma^2$인 정규 확률변수들이라고 하자. 그리고 $X_i$들을 직접 관측할 수는 없지만,

$$Y_1 = X_1 + \cdots + X_k, \qquad Y_2 = X_{k+1} + \cdots + X_n, \qquad k < n$$

로 정의되는 $Y_1$과 $Y_2$는 직접 관측할 수 있다고 하자. $Y_1$과 $Y_2$에 근거하여 $\mu$를 어떻게 추정할 수 있을까?

$\mu$에 대한 최선의 추정량은 명백히 $\overline{X} = \sum_{i=1}^n X_i/n = (Y_1 + Y_2)/n$이지만, 일반적인 최소제곱 추정량이 무엇인지 살펴보기로 하자.

$$E[Y_1] = k\mu, \qquad E[Y_2] = (n-k)\mu$$

이므로, $\mu$에 대한 최소제곱 추정량은 아래 식을 최소로 하는 $\mu$값이다.

$$(Y_1 - k\mu)^2 + (Y_2 - [n-k]\mu)^2$$

위의 식을 미분하여 0으로 둠으로써 $\mu$에 대한 최소제곱 추정량 $\hat{\mu}$는 아래의 식

$$-2k(Y_1 - k\hat{\mu}) - 2(n-k)[Y_2 - (n-k)\hat{\mu}] = 0$$

즉,

$$[k^2 + (n-k)^2]\hat{\mu} = kY_1 + (n-k)Y_2$$

을 만족시키는

$$\hat{\mu} = \frac{kY_1 + (n-k)Y_2}{k^2 + (n-k)^2}$$

임을 알 수 있다. 따라서

$$E[\hat{\mu}] = \frac{kE[Y_1] + (n-k)E[Y_2]}{k^2 + (n-k)^2} = \frac{k^2\mu + (n-k)^2\mu}{k^2 + (n-k)^2} = \mu$$

이므로, 일반적인 최소제곱 추정량은 $\mu$에 대한 비편향추정량이기는 하지만 최선의 추정량인 $\overline{X}$와 같지는 않다 .

이제 가중제곱합을 최소로 하는 추정량을 결정해보자. 즉, 아래의 식을 최소로 하는 $\mu$의 값 $\mu_w$를 구해보자.

$$\frac{(Y_1 - k\mu)^2}{\text{Var}(Y_1)} + \frac{[Y_2 - (n-k)\mu]^2}{\text{Var}(Y_2)}$$

그런데

$$\text{Var}(Y_1) = k\sigma^2, \qquad \text{Var}(Y_2) = (n-k)\sigma^2$$

이므로, 위의 식을 최소로 한다는 것은 다음 식을 최소로 하는 $\mu$를 선택하는 것과 같다.

$$\frac{(Y_1 - k\mu)^2}{k} + \frac{[Y_2 - (n-k)\mu]^2}{n-k}$$

위의 식을 미분하여 0으로 둠으로써 위의 식을 최소로 하는 $\mu_w$는

$$\frac{-2k(Y_1 - k\mu_w)}{k} - \frac{2(n-k)[Y_2 - (n-k)\mu_w]}{n-k} = 0$$

즉,

$$Y_1 + Y_2 = n\mu_w$$

을 만족시키며, 따라서

$$\mu_w = \frac{Y_1 + Y_2}{n}$$

임을 알 수 있다. 즉, 가중최소제곱 추정량이 실제로 최선의 추정량 $(Y_1 + Y_2)/n = \overline{X}$와 같다. ■

## 메모

(a) 데이터가 정규분포를 따른다고 가정할 때, 가중최소제곱 추정량은 최대우도 추정량과 같다. 이는 데이터 $Y_1, \ldots, Y_n$에 대한 결합밀도함수가 아래와 같기 때문이다.

$$\begin{aligned} f_{Y_1,\ldots,Y_n}(y_1, \ldots, y_n) &= \prod_{i=1}^{n} \frac{1}{\sqrt{2\pi}(\sigma/\sqrt{w_i})} e^{-(y_i-\alpha-\beta x_i)^2/(2\sigma^2/w_i)} \\ &= \frac{\sqrt{w_1 \ldots w_n}}{(2\pi)^{n/2}\sigma^n} e^{-\sum_{i=1}^{n} w_i(y_i-\alpha-\beta x_i)^2/2\sigma^2} \end{aligned}$$

따라서 $\alpha$와 $\beta$에 대한 최대우도 추정량은 가중제곱합 $\sum_{i=1}^{m} w_i(y_i - \alpha - \beta x_i)^2$을 최소로 하는 $\alpha$, $\beta$값이다.

(b) 가중제곱합은 회귀방정식

$$Y = \alpha + \beta x + e$$

을 $\sqrt{w}$로 곱한 아래의 방정식을 사용하여 최소화할 때에도 나타난다.

$$Y\sqrt{w} = \alpha\sqrt{w} + \beta x\sqrt{w} + e\sqrt{w}$$

이 식에서 오차 항 $e\sqrt{w}$는 평균이 0이고 분산은 상수 값을 갖는다. 따라서 $\alpha$와 $\beta$에 대해 자연스러운 최소제곱 추정량은 아래 식을 최소로 하는 $A$와 $B$의 값이다.

$$\sum_i (Y_i\sqrt{w_i} - A\sqrt{w_i} - Bx_i\sqrt{w_i})^2 = \sum_i w_i(Y_i - A - Bx_i)^2$$

(c) 가중최소제곱법은 가장 큰 가중치를 갖는 (따라서 가장 작은 오차 항 분산을 갖는) 데이터 쌍을 가장 강조하게 된다.

이 시점에서 가중최소제곱법은 임의의 입력수준에서 반응치의 분산에 대한 비례상수까지는 알고 있어야 하므로 그렇게 유용하지 않은 것처럼 보일 수 있다. 그러나 데이터를 발생시키는 모형을 분석하여 이러한 값을 결정하는 것이 가능한 경우가 종종 있으며, 다음의 두 예제에서 그러한 예를 들어 보일 것이다.

### 예제 9.8b

아래의 데이터는 어떤 도시의 도심지역에서 자동차 속도를 나타내고 있다. 여기에서 독립변수, 즉 입력변수는 이동거리이다.

| 이동거리 (마일) | .5 | 1 | 1.5 | 2 | 3 | 4 | 5 | 6 | 8 | 10 |
|---|---|---|---|---|---|---|---|---|---|---|
| 이동시간 (분) | 15.0 | 15.1 | 16.5 | 19.9 | 27.7 | 29.7 | 26.7 | 35.9 | 42 | 49.4 |

이동시간 $Y$와 이동거리 $x$ 사이에는

$$Y = \alpha + \beta x + e$$

와 같은 형태의 선형관계가 존재한다고 가정할 때, $\alpha$와 $\beta$를 어떻게 추정해야 할까? 가중최소제곱법을 이용하기 위해서는 $Y$에 대한 분산을 비례상수에 이르기까지 $x$의 함수로 표현할 수 있어야 한다. 이제 $\text{Var}(Y)$가 $x$에 비례한다는 것을 보일 것이다.

**풀이** 도시 블록의 길이를 $d$로 표시하기로 하자. 따라서 $x$라는 거리를 이동하기 위해서는 $x/d$개의 블록을 지나야 한다. $Y_i\ (i = 1, \ldots, x/d)$가 블록 $i$를 지나가는 데 소요되는 시간을 나타낼 경우, 전체 이동시간은 다음과 같이 표현될 수 있다.

$$Y = Y_1 + Y_2 + \cdots + Y_{x/d}$$

많은 응용 분야에서 $Y_i$들이 서로 독립이며 공통의 분산을 갖는 확률변수들이라고 가정하는 것은 타당하다. 따라서

$$\begin{aligned} \text{Var}(Y) &= \text{Var}(Y_1) + \cdots + \text{Var}(Y_{x/d}) \\ &= (x/d)\text{Var}(Y_1) \qquad \text{Var}(Y_i) = \text{Var}(Y_1) \text{ 이므로} \\ &= x\sigma^2 \qquad\qquad\quad\; \sigma^2 = \text{Var}(Y_1)/d \end{aligned}$$

따라서 아래 식을 최소로 하는 추정량 $A$와 $B$를 선택해야 할 것이다.

$$\sum_i \frac{(Y_i - A - Bx_i)^2}{x_i}$$

위의 데이터와 가중치 $w_i = 1/x_i$를 사용할 경우, 최소제곱 방정식 (9.8.1)은

$$\begin{aligned} 104.22 &= 5.34A + 10B \\ 277.9 &= 10A + 41B \end{aligned}$$

와 같으며, 이를 풀면 다음과 같은 해를 얻는다.

$$A = 12.561, \qquad B = 3.714$$

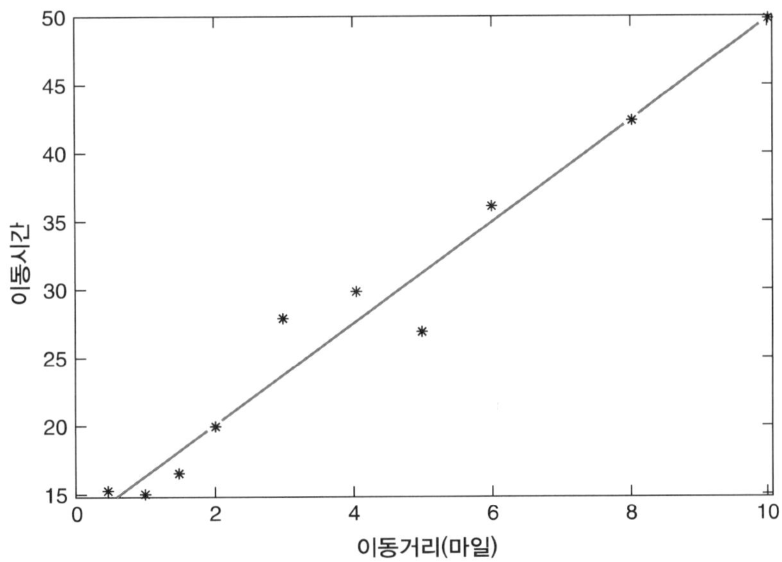


**그림 9.9** 예제 9.8b

추정 회귀직선 $12.561 + 3.714x$의 그래프와 데이터에 대한 산점도를 그림 9.9에서 보이고 있다. 구한 답에 대한 정성적 확인을 위해 그림을 살펴보면 입력수준이 작은 값일 때 회귀직선이 데이터 쌍들에 대한 적합도가 높은 것을 볼 수 있는데, 이는 가중치가 입력수준에 반비례하기 때문에 당연한 일이다. ■

### 예제 9.8c

통행량이 많은 고속도로에서의 사고 건수 $Y$와 이 고속도로를 운행하는 자동차 대수 $x$ 사이의 관계에 대해 생각해보자. 언뜻 생각해보면 아마

$$Y = \alpha + \beta x + e$$

와 같은 선형모형을 사용하는 것이 가장 적합하리라 생각될 것이다. 그런데 $\text{Var}(Y)$가 입력수준 $x$에 독립이라고 볼 이유는 없으므로, $\alpha$와 $\beta$를 추정하기 위해 일반적인 최소제곱법을 사용해도 좋은지는 분명하지 않다. 실제로 여기에서는 $1/x$을 가중치로 갖는 가중최소제곱법을 사용할 것이다. 즉, 아래 식을 최소로 하는 $A$와 $B$를 선택할 것이다.

$$\sum_i \frac{(Y_i - A - Bx_i)^2}{x_i}$$

이렇게 하는 이유는 $Y$가 근사적으로 푸아송분포를 갖는 것으로 가정하는 것이 합리적이기 때문이다. 그것은 $x$대의 자동차 각각이 사고를 일으킬 확률은 아주 작을 것이며, 따라서 $x$가 클 때 사고 건수는 근사적으로 푸아송 확률변수일 것이다. 푸아송 확률변수의 분산은 평균과 같으므로, 다음의 결과가 성립함을 알 수 있다.

$$\begin{aligned} \text{Var}(Y) &\simeq E[Y] \qquad Y\text{가 근사적으로 푸아송분포를 따르기 때문에} \\ &= \alpha + \beta x \\ &\simeq \beta x \qquad x\text{가 클 때} \end{aligned}$$ ■

**메모**

(a) 반응치의 분산이 입력수준에 종속될 때 종종 채택되는 또 다른 기법은 적절한 변환을 사용하여 분산을 안정화시키려고 시도하는 것이다. 예를 들어 $Y$가 평균이 $\lambda$인 푸아송 확률변수이면, $\lambda$의 값에 관계없이 $\sqrt{Y}$의 분산은 대략 .25가 된다는 것을 보일 수 있다[참고 : 메모 (b)]. 이러한 사실에 근거하여 $E[\sqrt{Y}]$가 입력에 대한 선형함수인 모형을 시도할 수 있다. 즉, 아래와 같은 모형을 고려할 수 있다.

$$\sqrt{Y} = \alpha + \beta x + e$$

(b) ($Y$가 평균이 $\lambda$인 푸아송 확률변수일 때 $\text{Var}(\sqrt{Y}) \approx .25$에 대한 증명) $\lambda$값에 대한 $g(y) = \sqrt{y}$의 테일러급수 전개를 생각해보자. 3차 도함수 이후의 항들을 모두 무시하면 다음 식을 얻는다.

$$g(y) \approx g(\lambda) + g'(\lambda)(y - \lambda) + \frac{g''(\lambda)(y-\lambda)^2}{2} \tag{9.8.2}$$

그런데

$$g'(\lambda) = \tfrac{1}{2}\lambda^{-1/2}, \qquad g''(\lambda) = -\tfrac{1}{4}\lambda^{-3/2}$$

이므로, $y = Y$에서 식 (9.8.2)를 계산하면

$$\sqrt{Y} \approx \sqrt{\lambda} + \tfrac{1}{2}\lambda^{-1/2}(Y-\lambda) - \tfrac{1}{8}\lambda^{-3/2}(Y-\lambda)^2$$

을 얻는다. 기댓값을 취하고

$$E[Y-\lambda] = 0, \quad E[(Y-\lambda)^2] = \mathrm{Var}(Y) = \lambda$$

등의 사실을 이용하면, 다음 결과를 얻는다.

$$E[\sqrt{Y}] \approx \sqrt{\lambda} - \frac{1}{8\sqrt{\lambda}}$$

따라서

$$\begin{aligned}(E[\sqrt{Y}])^2 &\approx \lambda + \frac{1}{64\lambda} - \frac{1}{4} \\ &\approx \lambda - \frac{1}{4}\end{aligned}$$

이며, 이로부터 다음의 결과를 얻는다.

$$\begin{aligned}\mathrm{Var}(\sqrt{Y}) &= E[Y] - (E[\sqrt{Y}])^2 \\ &\approx \lambda - \left(\lambda - \frac{1}{4}\right) \\ &= \frac{1}{4}\end{aligned}$$

## 9.9 다항식 회귀

반응치 $Y$와 독립변수 $x$ 사이의 함수관계가 선형관계만으로는 적합한 근사식을 얻을 수 없는 상황에서는 때로 다항식 관계를 이용하여 적합한 근사식을 얻을 수 있다. 즉, 데이터 집합에 다음과 같은 함수관계식이 적합한지 시도할 수 있다.

$$Y = \beta_0 + \beta_1 x + \beta_2 x^2 + \cdots + \beta_r x^r + e$$

여기에서 $\beta_0, \beta_1, \ldots, \beta_r$은 추정해야 할 회귀계수들이다. 데이터 집합이 $n$쌍 $(x_i, Y_i)(i = 1, \ldots, n)$으로 이루어져 있을 경우, $\beta_0, \ldots, \beta_r$에 대한 최소제곱 추정량 $B_0, \ldots, B_r$은 아래 식을 최소로 하는 값들이다.

$$\sum_{i=1}^{n}(Y_i - B_0 - B_1 x_i - B_2 x_i^2 - \cdots - B_r x_i^r)^2$$

이러한 추정량들을 결정하기 위해 위의 제곱합을 $B_0, \ldots, B_r$에 대해 편미분을 취하여 이들을 0으로 둠으로써 위의 식을 최소로 하는 값들을 결정할 수 있다. 결과 식들을 정리하면

**정규방정식(normal equation)**이라고 불리는 아래의 $r+1$개의 선형방정식을 얻게 되며, 이를 만족하는 최소제곱 추정량 $B_0, B_1, \ldots, B_r$을 구할 수 있다.

$$\begin{aligned}
\sum_{i=1}^{n} Y_i &= B_0 n + B_1 \sum_{i=1}^{n} x_i + B_2 \sum_{i=1}^{n} x_i^2 + \cdots + B_r \sum_{i=1}^{n} x_i^r \\
\sum_{i=1}^{n} x_i Y_i &= B_0 \sum_{i=1}^{n} x_i + B_1 \sum_{i=1}^{n} x_i^2 + B_2 \sum_{i=1}^{n} x_i^3 + \cdots + B_r \sum_{i=1}^{n} x_i^{r+1} \\
\sum_{i=1}^{n} x_i^2 Y_i &= B_0 \sum_{i=1}^{n} x_i^2 + B_1 \sum_{i=1}^{n} x_i^3 + \cdots + B_r \sum_{i=1}^{n} x_i^{r+2} \\
&\vdots \\
\sum_{i=1}^{n} x_i^r Y_i &= B_0 \sum_{i=1}^{n} x_i^r + B_1 \sum_{i=1}^{n} x_i^{r+1} + \cdots + B_r \sum_{i=1}^{n} x_i^{2r}
\end{aligned}$$

데이터 쌍 집합에 적합한 다항식을 찾을 때, 산점도를 잘 살펴보면 종종 다항식의 차수를 결정할 수 있는 경우도 있다. 항상 데이터를 적절하게 기술할 수 있는 가장 낮은 차수의 다항식을 사용해야 한다. [예를 들면, 대개의 경우 $n$쌍의 데이터 $(x_i, Y_i)$ $(i=1,\ldots, n)$를 정확히 지나는 차수 $n$의 다항식을 찾는 것은 가능하지만, 그와 같은 모형을 크게 신뢰하기는 어려울 것이다.]

적합한 다항식을 찾기 위해 사용된 입력수준 $x_i$ $(i=1,\ldots, n)$들에서 멀리 떨어진 입력수준 $x_0$에서 반응치를 예측하기 위해 다항 회귀방정식을 이용하는 것은 선형회귀에서보다 더욱 위험하다(그러한 다항 회귀방정식은 $x_0$을 제외한 $x_i$ $(i=1,\ldots, n)$ 근처의 영역에서만 유효할 수도 있다).

### 예제 9.9a

다음의 데이터에 적합한 다항 회귀방정식을 구하라.

| $x$ | $Y$ |
|---|---|
| 1 | 20.6 |
| 2 | 30.8 |
| 3 | 55 |
| 4 | 71.4 |
| 5 | 97.3 |
| 6 | 131.8 |
| 7 | 156.3 |
| 8 | 197.3 |
| 9 | 238.7 |
| 10 | 291.7 |

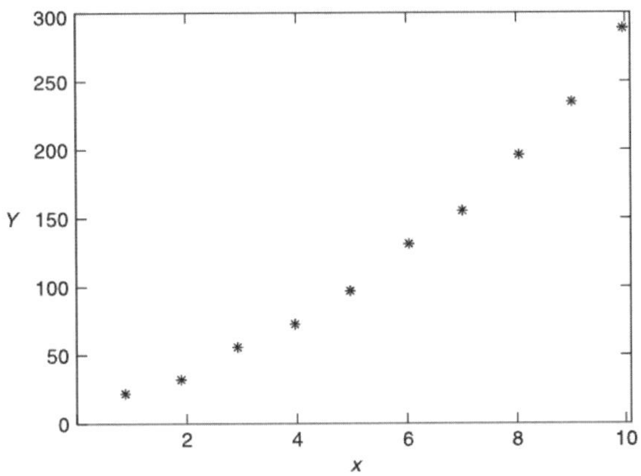


**그림 9.10**

**풀이** 위의 데이터에 대한 산점도로부터

$$Y = \beta_0 + \beta_1 x + \beta_2 x^2 + e$$

와 같은 2차 관계식이 성립할 것으로 예상할 수 있다(참고 : 그림 9.10).

$$\sum_i x_i = 55, \quad \sum_i x_i^2 = 385, \quad \sum_i x_i^3 = 3{,}025, \quad \sum_i x_i^4 = 25{,}333$$
$$\sum_i Y_i = 1{,}291.1, \quad \sum_i x_i Y_i = 9{,}549.3, \quad \sum_i x_i^2 Y_i = 77{,}758.9$$

이므로, 최소제곱 추정치는 다음 방정식의 해들이다.

$$\begin{aligned} 1{,}291.1 &= 10B_0 + 55B_1 + 385B_2 \\ 9{,}549.3 &= 55B_0 + 385B_1 + 3{,}025B_2 \\ 77{,}758.9 &= 385B_0 + 3{,}025B_1 + 25{,}333B_2 \end{aligned} \tag{9.9.1}$$

이 방정식들을 풀면 최소제곱 추정치

$$B_0 = 12.59326, \quad B_1 = 6.326172, \quad B_2 = 2.122818$$

등을 얻는다(참고 : 본 예제 다음의 메모). 따라서 추정된 2차 회귀방정식은 다음과 같다.

$$Y = 12.59 + 6.33x + 2.12x^2$$

이 방정식에 대한 그래프와 데이터 산점도를 그림 9.11에서 보이고 있다. ■

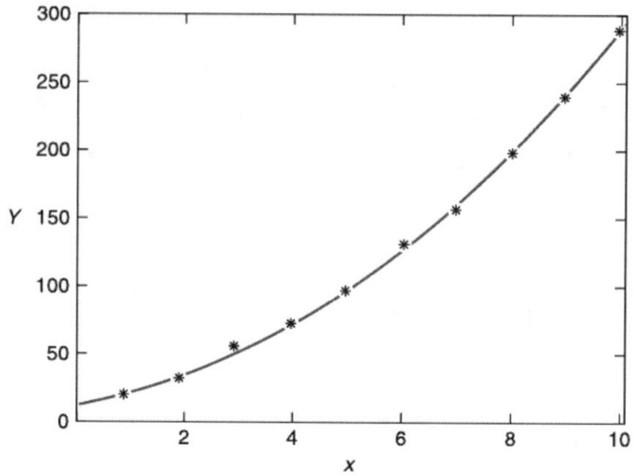


그림 9.11

**메모**

행렬을 사용하여 방정식 (9.9.1)을

$$\begin{bmatrix} 1{,}291.1 \\ 9{,}549.3 \\ 77{,}758.9 \end{bmatrix} = \begin{bmatrix} 10 & 55 & 385 \\ 55 & 385 & 3{,}025 \\ 385 & 3{,}025 & 25{,}333 \end{bmatrix} \begin{bmatrix} B_0 \\ B_1 \\ B_2 \end{bmatrix}$$

와 같이 고쳐 쓸 수 있으며, 이에 대한 해는 다음과 같다.

$$\begin{bmatrix} B_0 \\ B_1 \\ B_2 \end{bmatrix} = \begin{bmatrix} 10 & 55 & 385 \\ 55 & 385 & 3{,}025 \\ 385 & 3{,}025 & 25{,}333 \end{bmatrix}^{-1} \begin{bmatrix} 1{,}291.1 \\ 9{,}549.3 \\ 77{,}758.9 \end{bmatrix}$$

## 9.10 *다중선형회귀

많은 응용 분야에서 실험의 반응치는 하나의 독립적인 입력변수에 기초하기보다 여러 개의 독립적인 입력변수에 기초할 때 더 적절하게 예측될 수 있다. 실제로 전형적인 경우는 $k$개의 입력변수와 반응치 $Y$가

$$Y = \beta_0 + \beta_1 x_1 + \cdots + \beta_k x_k + e$$

와 같은 관계식으로 설명되며, 여기에서 $x_j$ ($j = 1, \ldots, k$)는 $j$번째 입력변수이고, $e$는 확률오차로서 평균이 0이고 분산이 $\sigma^2$인 정규분포를 따르는 것으로 가정된다. 계수 $\beta_0, \beta_1, \ldots, \beta_k$와 $\sigma^2$은 알려져 있지 않은 것으로 가정하며 $Y_1, \ldots, Y_n$로 이루어지는 데이터에서 추정되어야 한다. 여기에서 $Y_i$는 $k$개의 입력수준 $x_{i1}, x_{i2}, \ldots, x_{ik}$에 대응되는 반응수준이다. 즉, $Y_i$는 입력수준들의 관계는 다음과 같다.

* 이 절에 대한 학습은 선택사항임

$$E[Y_i] = \beta_0 + \beta_1 x_{i1} + \beta_2 x_{i2} + \cdots + \beta_k x_{ik}$$

$B_0$, $B_1, \ldots, B_k$가 $\beta_0, \ldots, \beta_k$에 대한 추정량이라면, $Y_i$와 이에 대한 추정 기댓값 사이의 차의 제곱합은 다음과 같다.

$$\sum_{i=1}^{n}(Y_i - B_0 - B_1 x_{i1} - B_2 x_{i2} - \cdots - B_k x_{ik})^2$$

최소제곱 추정량은 위의 식을 최소로 하는 $B_0$, $B_1, \ldots, B_k$의 값이다.

최소제곱 추정량을 결정하기 위해 위의 제곱합에 대해 $B_0$, $B_1, \ldots, B_k$ 등에 관한 편미분을 취하고 $k+1$개의 식을 0으로 둠으로써 아래의 방정식을 구한다.

$$\begin{aligned}
\sum_{i=1}^{n}(Y_i - B_0 - B_1 x_{i1} - B_2 x_{i2} - \cdots - B_k x_{ik}) &= 0\\
\sum_{i=1}^{n} x_{i1}(Y_i - B_0 - B_1 x_{i1} - \cdots - B_k x_{ik}) &= 0\\
\sum_{i=1}^{n} x_{i2}(Y_i - B_0 - B_1 x_{i1} - \cdots - B_k x_{ik}) &= 0\\
&\vdots\\
\sum_{i=1}^{n} x_{ik}(Y_i - B_0 - B_1 x_{i1} - \cdots - B_k x_{ik}) &= 0
\end{aligned}$$

이 방정식을 정리하면 최소제곱 추정량 $B_0$, $B_1, \ldots, B_k$이 만족해야 할 **정규방정식**이라고 불리는 다음의 선형방정식이 만들어진다.

$$\begin{aligned}
\sum_{i=1}^{n} Y_i &= nB_0 + B_1 \sum_{i=1}^{n} x_{i1} + B_2 \sum_{i=1}^{n} x_{i2} + \cdots + B_k \sum_{i=1}^{n} x_{ik}\\
\sum_{i=1}^{n} x_{i1} Y_i &= B_0 \sum_{i=1}^{n} x_{i1} + B_1 \sum_{i=1}^{n} x_{i1}^2 + B_2 \sum_{i=1}^{n} x_{i1} x_{i2} + \cdots + B_k \sum_{i=1}^{n} x_{i1} x_{ik}\\
&\vdots\\
\sum_{i=1}^{n} x_{ik} Y_i &= B_0 \sum_{i=1}^{n} x_{ik} + B_1 \sum_{i=1}^{n} x_{ik} x_{i1} + B_2 \sum_{i=1}^{n} x_{ik} x_{i2} + \cdots + B_k \sum_{i=1}^{n} x_{ik}^2 \qquad (9.10.1)
\end{aligned}$$

정규방정식을 풀기에 앞서 행렬 기호를 먼저 소개한다.

$$\mathbf{Y} = \begin{bmatrix} Y_1 \\ Y_2 \\ \vdots \\ Y_n \end{bmatrix}, \qquad \mathbf{X} = \begin{bmatrix} 1 & x_{11} & x_{12} & \cdots & x_{1k} \\ 1 & x_{21} & x_{22} & \cdots & x_{2k} \\ \vdots & \vdots & \vdots & & \vdots \\ 1 & x_{n1} & x_{n2} & \cdots & x_{nk} \end{bmatrix}$$

$$\boldsymbol{\beta} = \begin{bmatrix} \beta_0 \\ \beta_1 \\ \vdots \\ \beta_k \end{bmatrix}, \qquad \mathbf{e} = \begin{bmatrix} e_1 \\ e_2 \\ \vdots \\ e_n \end{bmatrix}$$

로 두면, **Y**는 $n \times 1$, **X**는 $n \times p$, $\beta$는 $p \times 1$, **e**는 $n \times 1$ 행렬이다($p \equiv k + 1$).

이제 다중회귀모형은 다음과 같이 쓸 수 있다.

$$\mathbf{Y} = \mathbf{X}\boldsymbol{\beta} + \mathbf{e}$$

그리고

$$\mathbf{B} = \begin{bmatrix} B_0 \\ B_1 \\ \vdots \\ B_k \end{bmatrix}$$

를 최소제곱 추정량 행렬이라 하면, 정규방정식 (9.10.1)은 다음과 같이 쓸 수 있다.

$$\mathbf{X}'\mathbf{X}\mathbf{B} = \mathbf{X}'\mathbf{Y} \tag{9.10.2}$$

여기서 **X**′는 **X**의 전치행렬이다.

식 (9.10.2)가 정규방정식 (9.10.1)과 동등한지 알아보기 위해 아래의 관계식들을 참조해 보자.

$$\mathbf{X}'\mathbf{X} = \begin{bmatrix} 1 & 1 & \cdots & 1 \\ x_{11} & x_{21} & \cdots & x_{n1} \\ x_{12} & x_{22} & \cdots & x_{n2} \\ \vdots & \vdots & & \vdots \\ x_{1k} & x_{2k} & \cdots & x_{nk} \end{bmatrix} \begin{bmatrix} 1 & x_{11} & x_{12} & \cdots & x_{1k} \\ 1 & x_{21} & x_{22} & \cdots & x_{2k} \\ \vdots & \vdots & \vdots & & \vdots \\ 1 & x_{n1} & x_{n2} & \cdots & x_{nk} \end{bmatrix}$$

$$= \begin{bmatrix} n & \sum_i x_{i1} & \sum_i x_{i2} & \cdots & \sum_i x_{ik} \\ \sum_i x_{i1} & \sum_i x_{i1}^2 & \sum_i x_{i1}x_{i2} & \cdots & \sum_i x_{i1}x_{ik} \\ \vdots & \vdots & \vdots & & \vdots \\ \sum_i x_{ik} & \sum_i x_{ik}x_{i1} & \sum_i x_{ik}x_{i2} & \cdots & \sum_i x_{ik}^2 \end{bmatrix}$$

$$\mathbf{X}'\mathbf{Y} = \begin{bmatrix} \sum_i Y_i \\ \sum_i x_{i1} Y_i \\ \vdots \\ \sum_i x_{ik} Y_i \end{bmatrix}$$

이제 행렬식

$$\mathbf{X}'\mathbf{X}\mathbf{B} = \mathbf{X}'\mathbf{Y}$$

이 정규방정식 (9.10.1)과 같다는 것을 쉽게 확인할 수 있다. $(\mathbf{X}'\mathbf{X})^{-1}$이 존재할 경우, 위의 식의 양변에 $(\mathbf{X}'\mathbf{X})^{-1}$을 곱하여 최소제곱 추정량을 위한 다음 식을 구할 수 있다.

$$\mathbf{B} = (\mathbf{X}'\mathbf{X})^{-1}\mathbf{X}'\mathbf{Y} \tag{9.10.3}$$

프로그램 9.10은 최소제곱 추정치, 역행렬 $(\mathbf{X}'\mathbf{X})^{-1}$, $SS_R$ 등을 계산한다.

### 예제 9.10a

표 9.4의 데이터는 8개의 도시에서 자살률을 인구수 및 이혼율과 연관시키고 있다.

**표 9.4**

| 도시 | 인구수 (1,000 명 단위) | 10만 명 당 이혼 건수 | 10만 명 당 자살 건수 |
|---|---|---|---|
| Akron, OH | 679 | 30.4 | 11.6 |
| Anaheim, CA | 1,420 | 34.1 | 16.1 |
| Buffalo, NY | 1,349 | 17.2 | 9.3 |
| Austin, TX | 296 | 26.8 | 9.1 |
| Chicago, IL | 6,975 | 29.1 | 8.4 |
| Columbia, SC | 323 | 18.7 | 7.7 |
| Detroit, MI | 4,200 | 32.6 | 11.3 |
| Gary, IN | 633 | 32.5 | 8.4 |

위의 데이터에 대한 다음과 같은 형태의 다중선형회귀모형을 구하라.

$$Y = \beta_0 + \beta_1 x_1 + \beta_2 x_2 + e$$

여기에서 $Y$는 자살률, $x_1$ 은 인구수, $x_2$는 이혼율을 나타낸다.

**풀이** **다중선형회귀모델**

$$Y = \beta_0 + \beta_1 x_1 + \cdots + \beta_k x_k + e$$

은 R에서 다음과 같이 만들 수 있다.

$$> \text{model} = \text{lm}(y \sim x_1 + x_2 + \cdots + x_k)$$

예제 9.10.a의 데이터에 대한 추정회귀직선을 R을 통해 얻기 위해, 다음을 입력하면

```
>x1 = c(679, 1420, 1349, 296, 6975, 323, 4200, 633)
>x2 = c(30.4, 34.1, 17.2, 26.8, 29.1, 18.7, 32.6, 32.5)
>y = c(11.6, 16.1, 9.3, 9.1, 8.4, 7.7, 11.3, 8.4)
>model = lm(y ~ x1 + x2)
>model
```

아래와 같은 결과가 나온다.

```
Call:
lm(formula = y ~ x1 + x2)
Coefficients:
(Intercept)    x1          x2
3.5073534   -0.0002477  0.2609466
```

따라서 추정된 회귀방정식은

$$Y = 3.5073534 - 0.0002477x_1 + 0.2609466x_2$$

이 된다. $\beta_1$의 값은 인구수가 자살률을 예측하는 데 중요한 역할을 하지 않음을 가리킨다(적어도 이혼율이 동시에 주어져 있을 경우에는). 아마 실제 인구수보다는 인구밀도가 더 유용할 수도 있을 것이다. ■

식 (9.10.3)에서 행렬 **B**의 원소들인 최소제곱 추정량 $B_0, B_1, \ldots, B_k$는 서로 독립인 정규 확률변수 $Y_1, \ldots, Y_n$의 선형결합이며 따라서 정규분포를 따른다는 것을 알 수 있다. 실제로 서로 독립인 정규 확률변수들의 선형결합으로 표현될 수 있는 확률변수들의 집합은 결합 **다변량** 정규분포를 갖는다고 한다.

이 최소제곱 추정량들은 비편향추정량이며, 다음과 같이 확인할 수 있다.

$$\begin{aligned} E[\mathbf{B}] &= E[(\mathbf{X}'\mathbf{X})^{-1}\mathbf{X}'\mathbf{Y}] \\ &= E[(\mathbf{X}'\mathbf{X})^{-1}\mathbf{X}'(\mathbf{X}\boldsymbol{\beta} + \mathbf{e})] \qquad \mathbf{Y} = \mathbf{X}\boldsymbol{\beta} + \mathbf{e}\text{이므로} \\ &= E[(\mathbf{X}'\mathbf{X})^{-1}\mathbf{X}'\mathbf{X}\boldsymbol{\beta} + (\mathbf{X}'\mathbf{X})^{-1}\mathbf{X}'\mathbf{e}] \\ &= E[\boldsymbol{\beta} + (\mathbf{X}'\mathbf{X})^{-1}\mathbf{X}'\mathbf{e}] \\ &= \boldsymbol{\beta} + (\mathbf{X}'\mathbf{X})^{-1}\mathbf{X}'E[\mathbf{e}] \\ &= \boldsymbol{\beta} \end{aligned}$$

앞의 최소제곱 추정량들의 분산은 행렬 $(\mathbf{X}'\mathbf{X})^{-1}$로부터 구할 수 있다. 실제로 이 행렬의 값들은 $B_i$ 들의 공분산과 관련되어 있다. 구체적으로 말하자면, $(\mathbf{X}'\mathbf{X})^{-1}$의 $(i+1)$번째 행 $(j+1)$번째 열의 원소는 $\text{Cov}(B_i, B_j)/\sigma^2$과 같다.

$\text{Cov}(B_i, B_j)$에 관한 위의 사실을 증명하기 위해

$$\mathbf{C} = (\mathbf{X}'\mathbf{X})^{-1}\mathbf{X}'$$

라고 두자. $\mathbf{X}$는 $n \times p$ 행렬, $\mathbf{X}'$는 $p \times n$ 행렬이므로, $\mathbf{X}'\mathbf{X}$는 $p \times p$ 행렬이고 $(\mathbf{X}'\mathbf{X})^{-1}$도 마찬가지다. 따라서 $\mathbf{C}$는 $p \times n$ 행렬이 된다. $C_{ij}$가 이 행렬의 행 $i$, 열 $j$의 원소라고 하자. 이제

$$\begin{bmatrix} B_0 \\ \vdots \\ B_{i-1} \\ \vdots \\ B_k \end{bmatrix} = \mathbf{B} = \mathbf{CY} = \begin{bmatrix} C_{11} & \cdots & C_{1n} \\ \vdots & & \vdots \\ C_{i1} & \cdots & C_{in} \\ \vdots & & \vdots \\ C_{p1} & \cdots & C_{pn} \end{bmatrix} \begin{bmatrix} Y_1 \\ \\ \vdots \\ \\ Y_n \end{bmatrix}$$

이고, 그러므로

$$B_{i-1} = \sum_{l=1}^{n} C_{il} Y_l$$
$$B_{j-1} = \sum_{r=1}^{n} C_{jr} Y_r$$

이다. 따라서

$$\begin{aligned} \text{Cov}(B_{i-1}, B_{j-1}) &= \text{Cov}\left(\sum_{l=1}^{n} C_{il} Y_l, \sum_{r=1}^{n} C_{jr} Y_r\right) \\ &= \sum_{r=1}^{n}\sum_{l=1}^{n} C_{il} C_{jr} \,\text{Cov}(Y_l, Y_r) \end{aligned}$$

$l \neq r$일 때 $Y_l$와 $Y_r$는 서로 독립이므로,

$$\text{Cov}(Y_l, Y_r) = \begin{cases} 0 & l \neq r \\ \text{Var}(Y_r) & l = r \end{cases}$$

$\text{Var}(Y_r) = \sigma^2$이므로,

$$\begin{aligned} \text{Cov}(B_{i-1}, B_{j-1}) &= \sigma^2 \sum_{r=1}^{n} C_{ir} C_{jr} \\ &= \sigma^2 (\mathbf{CC}')_{ij} \end{aligned} \tag{9.10.4}$$

이 성립함을 알 수 있는데, 여기에서 $(\mathbf{CC}')_{ij}$는 $\mathbf{CC}'$의 행 $i$, 열 $j$의 원소이다.

Cov($\mathbf{B}$)가

$$\text{Cov}(\mathbf{B}) = \begin{bmatrix} \text{Cov}(B_0, B_0) & \cdots & \text{Cov}(B_0, B_k) \\ \vdots & & \vdots \\ \text{Cov}(B_k, B_0) & \cdots & \text{Cov}(B_k, B_k) \end{bmatrix}$$

와 같이 공분산 행렬을 나타낼 경우, 식 (9.10.4)에서 다음과 같은 식을 얻는다.

$$\text{Cov}(\mathbf{B}) = \sigma^2 \mathbf{CC}' \tag{9.10.5}$$

이제

$$\begin{aligned} \mathbf{C}' &= \left((\mathbf{X}'\mathbf{X})^{-1}\mathbf{X}'\right)' \\ &= \mathbf{X}\left((\mathbf{X}'\mathbf{X})^{-1}\right)' \\ &= \mathbf{X}(\mathbf{X}'\mathbf{X})^{-1} \end{aligned}$$

이며, 여기에서 마지막의 등식은 ($\mathbf{X}'\mathbf{X}$의 대칭성에서 비롯된) $(\mathbf{X}'\mathbf{X})^{-1}$의 대칭성으로 인해 $(\mathbf{X}'\mathbf{X})^{-1}$가 그 전치행렬과 같기 때문이다. 따라서

$$\begin{aligned} \mathbf{CC}' &= (\mathbf{X}'\mathbf{X})^{-1}\mathbf{X}'\mathbf{X}(\mathbf{X}'\mathbf{X})^{-1} \\ &= (\mathbf{X}'\mathbf{X})^{-1} \end{aligned}$$

이며, 식 (9.10.5)로부터

$$\text{Cov}(\mathbf{B}) = \sigma^2(\mathbf{X}'\mathbf{X})^{-1} \tag{9.10.6}$$

이라고 결론내릴 수 있다. $\text{Cov}(B_i, B_i) = \text{Var}(B_i)$이므로, 최소제곱 추정량들의 분산은 $\sigma^2$에 $(\mathbf{X}'\mathbf{X})^{-1}$의 대각선 원소들을 곱한 것과 같다.

$\sigma^2$값은 잔차들의 제곱합을 사용하여 추정될 수 있다. 즉,

$$SS_R = \sum_{i=1}^{n}(Y_i - B_0 - B_1x_{i1} - B_2x_{i2} - \cdots - B_kx_{ik})^2$$

라고 두면,

$$\frac{SS_R}{\sigma^2} \sim \chi^2_{n-(k+1)}$$

임을 보일 수 있으며, 따라서

$$E\left[\frac{SS_R}{\sigma^2}\right] = n - k - 1$$

이며, 이는 곧 다음과 같이 정리될 수 있다.

$$E[SS_R/(n-k-1)] = \sigma^2$$

즉, $SS_R/(n-k-1)$은 $\sigma^2$에 대한 비편향추정량이다. 그리고 단순선형회귀에서와 마찬가지로 $SS_R$은 최소제곱 추정량 $B_0$, $B_1, \ldots, B_k$ 등에 종속되지 않는다.

## 메모

$r_i$가

$$r_i = Y_i - B_0 - B_1 x_{i1} - \cdots - B_k x_{ik}, \qquad i = 1, \ldots, n$$

와 같이 $i$번째 잔차를 나타낼 경우

$$\mathbf{r} = \mathbf{Y} - \mathbf{XB}$$

이며, 여기에서

$$\mathbf{r} = \begin{bmatrix} r_1 \\ r_2 \\ \vdots \\ r_n \end{bmatrix}$$

이다. 따라서 다음과 같이 쓸 수 있다.

$$\begin{aligned} SS_R &= \sum_{i=1}^{n} r_i^2 \\ &= \mathbf{r}'\mathbf{r} \\ &= (\mathbf{Y} - \mathbf{XB})'(\mathbf{Y} - \mathbf{XB}) \\ &= [\mathbf{Y}' - (\mathbf{XB})'](\mathbf{Y} - \mathbf{XB}) \\ &= (\mathbf{Y}' - \mathbf{B}'\mathbf{X}')(\mathbf{Y} - \mathbf{XB}) \\ &= \mathbf{Y}'\mathbf{Y} - \mathbf{Y}'\mathbf{XB} - \mathbf{B}'\mathbf{X}'\mathbf{Y} + \mathbf{B}'\mathbf{X}'\mathbf{XB} \\ &= \mathbf{Y}'\mathbf{Y} - \mathbf{Y}'\mathbf{XB} \end{aligned} \tag{9.10.7}$$

여기에서 마지막의 등식은 정규방정식

$$\mathbf{X}'\mathbf{XB} = \mathbf{X}'\mathbf{Y}$$

을 이용하여 도출된다. $\mathbf{Y}'$는 $1 \times n$, $\mathbf{X}$는 $n \times p$, $\mathbf{B}$는 $p \times 1$이므로, $\mathbf{Y}'\mathbf{XB}$는 $1 \times 1$ 행렬이 된다. 즉, $\mathbf{Y}'\mathbf{XB}$는 스칼라이며 따라서 그 전치행렬과 같다. 그러므로

$$\begin{aligned} \mathbf{Y}'\mathbf{XB} &= (\mathbf{Y}'\mathbf{XB})' \\ &= \mathbf{B}'\mathbf{X}'\mathbf{Y} \end{aligned}$$

라고 쓸 수 있다. 따라서 식 (9.10.7)을 사용하여 다음의 등식이 증명된다.

$$SS_R = \mathbf{Y}'\mathbf{Y} - \mathbf{B}'\mathbf{X}'\mathbf{Y}$$

위의 결과는 유용한 $SS_R$의 계산식이다(그렇지만 이 식을 사용할 때는 반올림 오차에 주의해야 한다).

### 예제 9.10b

예제 9.10a의 데이터에 대해 $SS_R = 34.12$를 계산하였다. $n = 8$, $k = 2$이므로, $\sigma^2$에 대한 추정치는 $34.12/5 = 6.824$이다. ■

### 예제 9.10c

나무의 직경은 여러 요소의 영향을 받는다. 표 9.5의 데이터는 유칼리나무의 직경을 나무의 나이, 해당 지역의 평균 강우량, 해당 지역의 고도, 나무의 평균 비중 등과 비교하고 있다(이 데이터는 R. G. Skolmen, 1975, "Shrinkage and Specific Gravity Variation in Robusta Eucalyptus Wood Grown in Hawaii." USDA Forest Service PSW-298에서 발췌한 것이다).

$$Y = \beta_0 + \beta_1 x_1 + \beta_2 x_2 + \beta_3 x_3 + \beta_4 x_4 + e$$

와 같은 형태의 선형회귀모형을 가정하고, 가설 $\beta_2 = 0$을 검정하라($x_1$은 나이, $x_2$는 고도, $x_3$은 강우량, $x_4$는 비중, $Y$는 나무의 직경). 즉, 다른 세 개의 요소가 주어졌을 때 나무가 있는 곳의 고도는 직경에 영향을 미치지 않는다는 가설을 검정하라.

**표 9.5**

| | 나이 (햇수) | 고도 (1,000 ft) | 강우량 (인치) | 비중 | 직경 (인치) |
|---|---|---|---|---|---|
| 1 | 44 | 1.3 | 250 | .63 | 18.1 |
| 2 | 33 | 2.2 | 115 | .59 | 19.6 |
| 3 | 33 | 2.2 | 75 | .56 | 16.6 |
| 4 | 32 | 2.6 | 85 | .55 | 16.4 |
| 5 | 34 | 2.0 | 100 | .54 | 16.9 |
| 6 | 31 | 1.8 | 75 | .59 | 17.0 |
| 7 | 33 | 2.2 | 85 | .56 | 20.0 |
| 8 | 30 | 3.6 | 75 | .46 | 16.6 |
| 9 | 34 | 1.6 | 225 | .63 | 16.2 |
| 10 | 34 | 1.5 | 250 | .60 | 18.5 |
| 11 | 33 | 2.2 | 255 | .63 | 18.7 |
| 12 | 36 | 1.7 | 175 | .58 | 19.4 |
| 13 | 33 | 2.2 | 75 | .55 | 17.6 |
| 14 | 34 | 1.3 | 85 | .57 | 18.3 |
| 15 | 37 | 2.6 | 90 | .62 | 18.8 |

풀이 R에서 다음을 입력하고

$>x1 = c(44, 33, 33, 32, 34, 31, 33, 30, 34, 34, 33, 36, 33, 34, 37)$
$>x2 = c(1.3, 2.2, 2.2, 2.6, 2.0, 1.8, 2.2, 3.6, 1.6, 1.5, 2.2, 1.7, 2.2, 1.3, 2.6)$
$>x3 = c(.63, .59, .56, .55, .54, .59, .56, .46, .63, .60, .63, .58, .55, .57, .62)$
$>y = c(18.1, 19.6, 16.6, 16.4, 16.9, 17.0, 20.0, 16.6, 16.2, 18.5, 18.7, 19.4, 17.6, 18.3, 18.8)$
$>\text{diameter} = \text{lm}(y \sim x1 + x2 + x3)$

아래줄을 실행하면

> summary(diameter)

다음 출력을 볼 수 있다.

**Call:**
lm(formula = $y \sim x1 + x2 + x3$)

```
Residuals:
     Min       1Q   Median       3Q      Max
-2.05502 -0.76864 -0.06343  0.49235  2.26324

Coefficients:
            Estimate Std. Error t value Pr(>|t|)
(Intercept) 11.54873    7.77070   1.486    0.165
x1           0.05728    0.13621   0.421    0.682
x2           0.08712    0.81631   0.107    0.917
x3           7.33231   11.15609   0.657    0.525

Residual standard error: 1.329 on 11 degrees of freedom
Multiple R-squared:  0.116,   Adjusted R-squared:  -0.1251
F-statistic: 0.481 on 3 and 11 DF,  p-value: 0.7021

>
```

출력 결과에서 추정회귀직선이

$$y = 11.54873 + 0.05728\,x_1 + 0.08712\,x_2 + 7.33231\,x_3$$

라는 것을 보여준다.

$i = 0, 1, 2, 3$에 대하여 $B_i = 0$ 검정에서 $p$-값은 각각 0.165, 0.682, 0.917, 0.525이며, 이것은 합당한 유의 수준에서 가설 $H_0 : B_i = 0$ 중 어떤 것도 기각되지 않음을 의미한다. $\sigma$의 추정량인 잔차 표준 오차는 1.329이다. 하단 행의 $F$-통계량은 귀무가설을 검정하는데 사용되는 검정 통계량이다.

$$H_0 : \beta_i = 0 \text{ for all } i = 1, 2, 3$$

$p$-값 0.7021은 귀무가설이 기각될 수 없음을 나타낸다. ■

**메모**

모형

$$Y = \beta_0 + e$$

을 사용할 때에 비해 모형

$$Y = \beta_0 + \beta_1 x_1 + \cdots + \beta_n x_n + e$$

을 사용할 때 잔차들의 제곱합의 감소량을 측정하는 값

$$R^2 = 1 - \frac{SS_R}{\sum_i (Y_i - \overline{Y})^2}$$

은 **다중결정계수(coefficient of multiple determination)**라고 부른다.

## 9.10.1 미래 반응치의 예측

이제 입력수준 $x_1, \ldots, x_k$를 사용하여 일련의 실험을 수행한다고 하자. 사전 반응치 $Y_1, \ldots, Y_n$로 이루어지는 데이터에 근거하여 평균 반응치를 추정하고자 한다. 평균 반응치는

$$E[Y|\mathbf{x}] = \beta_0 + \beta_1 x_1 + \cdots + \beta_k x_k$$

이므로, 그에 대한 점추정량은 $\sum_{i=0}^{k} B_i x_i$이다($x_0 \equiv 1$).

신뢰구간 추정량을 결정하기 위해서는 $\sum_{i=0}^{k} B_i x_i$에 대한 분포가 필요하다. $\sum_{i=0}^{k} B_i x_i$는 서로 독립인 정규 확률변수 $Y_i \, (i = 1, \ldots, n)$들의 선형결합으로 표현될 수 있으므로, $\sum_{i=0}^{k} B_i x_i$ 또한 정규분포를 따른다. 평균과 분산은 아래와 같이 구할 수 있다.

$$\begin{aligned} E\left[\sum_{i=0}^{k} x_i B_i\right] &= \sum_{i=0}^{k} x_i E[B_i] \\ &= \sum_{i=0}^{k} x_i \beta_i \qquad E[B_i] = \beta_i \text{ 이므로} \end{aligned} \tag{9.10.8}$$

즉, $\sum_{i=0}^{k} B_i x_i$은 비편향추정량이다. 또한 확률변수의 분산은 확률변수와 자신 사이의 공분산과 같다는 사실을 이용하여 다음의 결과를 얻을 수 있다.

$$\text{Var}\left(\sum_{i=0}^{k} x_i B_i\right) = \text{Cov}\left(\sum_{i=0}^{k} x_i B_i, \sum_{j=0}^{k} x_j B_j\right)$$
$$= \sum_{i=0}^{k}\sum_{j=0}^{k} x_i x_j \text{Cov}(B_i, B_j) \tag{9.10.9}$$

아래의 행렬을 **x**로 나타내기로 하자.

$$\mathbf{x} = \begin{bmatrix} x_0 \\ x_1 \\ \vdots \\ x_k \end{bmatrix}$$

그러면 $\text{Cov}(B_i, B_j)/\sigma^2$이 $(\mathbf{X}'\mathbf{X})^{-1}$의 $(i + 1)$번째 행 $(j + 1)$번째 열의 원소이므로, 식 (9.10.9)를 다음과 같이 표현할 수 있다.

$$\text{Var}\left(\sum_{i=0}^{k} x_i B_i\right) = \mathbf{x}'(\mathbf{X}'\mathbf{X})^{-1}\mathbf{x}\sigma^2 \tag{9.10.10}$$

식 (9.10.8)과 (9.10.10)을 사용하여 다음의 결과를 얻는다.

$$\frac{\sum_{i=0}^{k} x_i B_i - \sum_{i=0}^{k} x_i \beta_i}{\sigma\sqrt{\mathbf{x}'(\mathbf{X}'\mathbf{X})^{-1}\mathbf{x}}} \sim \mathcal{N}(0, 1)$$

이제 $\sigma$를 그 추정량인 $\sqrt{SS_R/(n-k-1)}$로 대치함으로써

$$\frac{\sum_{i=0}^{k} x_i B_i - \sum_{i=0}^{k} x_i \beta_i}{\sqrt{\dfrac{SS_R}{(n-k-1)}}\sqrt{\mathbf{x}'(\mathbf{X}'\mathbf{X})^{-1}\mathbf{x}}} \sim t_{n-k-1}$$

을 얻을 수 있으며, 이로부터 $\sum_{i=0}^{k} x_i \beta_i$에 대한 아래의 신뢰구간 추정량을 도출할 수 있다.

### $E[Y|x] = \sum_{i=0}^{k} x_i\beta_i,\ (x_0 \equiv 1)$ 대한 신뢰구간 추정량

$\sum_{i=0}^{k} x_i \beta_i$에 대한 $100(1 - a)\%$ 신뢰구간 추정량은 다음과 같다.

$$\sum_{i=0}^{k} x_i b_i \pm \sqrt{\frac{ss_r}{(n-k-1)}}\sqrt{\mathbf{x}'(\mathbf{X}'\mathbf{X})^{-1}\mathbf{x}} \quad t_{a/2, n-k-1}$$

여기에서 $b_0, \ldots, b_k$은 최소제곱 추정량 $B_0, B_1, \ldots, B_k$의 값이며, $ss_r$ 은 $SS_R$의 값이다.

### 예제 9.10d

어떤 철강회사에서 1,150 (°F)의 단련 온도에서 .15%의 탄소를 함유하는 냉연강판의 생산을 계획하고 있으며, 냉연강판의 평균(Rockwell 30-T) 경도를 추정하고자 한다. 경도를 결정하기 위해 각기 다른 탄소 함유량과 단련 온도를 갖는 냉연강판 표본 10개에 대한 데이터를 수집하였는데, 그 내용은 표 9.6과 같다. 평균 경도를 추정하고, 평균 경도에 대한 95% 신뢰구간을 구하라.

**표 9.6**

| 경도 | 탄소 함유량 | 단련 온도 (1,000°F 단위) |
|---|---|---|
| 79.2 | .02 | 1.05 |
| 64.0 | .03 | 1.20 |
| 55.7 | .03 | 1.25 |
| 56.3 | .04 | 1.30 |
| 58.6 | .10 | 1.30 |
| 84.3 | .15 | 1.00 |
| 70.4 | .15 | 1.10 |
| 61.3 | .09 | 1.20 |
| 51.3 | .13 | 1.40 |
| 49.8 | .09 | 1.40 |

**풀이** R을 사용하여 평균 경도에 대한 신뢰구간 추정량을 계산할 수 있다. 모델을 'hardness'이라 하고, 아래와 같이 데이터를 입력한다.

```
>x1 = c(.02, .03, .03, .04, .10, .15, .15, .09, .13, .09)
>x2 = (1.05, 1.20, 1.25, 1.30, 1.30, 1.00, 1.10, 1.20, 1.40, 1.40)
>y = c(79.2, 64.0, 55.7, 56.3, 58.6, 84.3, 70.4, 61.3, 51.3, 49.8)
>hardness = lm(y ~ x1 + x2)
```

두 개 값 x1, x2에 대한 평균 반응치의 신뢰구간 결정할 수 있도록, 이 값들을 추가로 입력하고 'newdata'라는 이름을 붙인다.

```
>newdata=data.frame(x1 = .15, x2 = 1.15)
```

99% 신뢰구간에서 newdata 값의 평균 반응치를 얻기 위해, 다음과 같이 predict 함수를 사용한다.

```
>predict(hardness, newdata, interval="confidence", level = 0.99)
```

반환키를 누르면, R은 다음의 결과를 출력한다.

| | fit | lwr | upr |
|---|---|---|---|
| 1 | 69.86226 | 63.82064 | 75.90388 |

그러므로 평균 강도에 대한 추정량은 69.862이라 할 수 있으며, 이것은 99% 신뢰 수준에서 평균이 (63.82064, 75.90388) 구간 내 있을 수 있다고 말할 수 있다.

R의 기본 신뢰 수준은 0.95이다. 그러므로 95% 신뢰 구간을 원하는 경우, 'interval = "confidence", level = 0.99'을 'interval = "confidence"'로 줄여쓰면 된다.

입력수준 $x_1, \ldots, x_k$에서 단 한 번의 실험을 수행할 경우, 우리는 대개 평균값보다는 실제 반응치를 예측하는 데 주력한다. 즉,

$$Y(\mathbf{x}) = \sum_{i=0}^{k} \beta_i x_i + e, \qquad x_0 = 1$$

을 예측하기 위해 데이터 집합 $Y_1, \ldots, Y_n$을 이용한다. 점예측치는 $\sum_{i=0}^{k} B_i x_i$이며, 여기에서 $B_i$는 $\beta_i$에 대한 최소제곱 추정량이며 사전 반응치 $Y_1, \ldots, Y_n$ $(i = 1, \ldots, k)$에 근거하여 구한다. $Y(\mathbf{x})$에 대한 예측구간을 결정하기 위해, 먼저 $B_0, \ldots, B_k$는 사전 반응치에 근거하고 있으므로 $Y(\mathbf{x})$에 종속되지 않는다는 사실을 주목하기 바란다. 따라서 $Y(\mathbf{x}) - \sum_{i=0}^{k} B_i x_i$는 평균이 0이고 분산은 아래와 같이 주어지는 정규분포를 따른다.

$$\begin{aligned}\mathrm{Var}\left[Y(\mathbf{x}) - \sum_{i=0}^{k} B_i x_i\right] &= \mathrm{Var}[Y(\mathbf{x})] + \mathrm{Var}\left(\sum_{i=0}^{k} B_i x_i\right) && \text{독립성에 의함} \\ &= \sigma^2 + \sigma^2 \mathbf{x}'(\mathbf{X}'\mathbf{X})^{-1}\mathbf{x} && \text{식 (9.10.10) 적용}\end{aligned}$$

따라서

$$\frac{Y(\mathbf{x}) - \sum_{i=0}^{k} B_i x_i}{\sigma\sqrt{1 + \mathbf{x}'(\mathbf{X}'\mathbf{X})^{-1}\mathbf{x}}} \sim \mathcal{N}(0, 1)$$

이며, 여기에서 $\sigma$를 그 추정량으로 대치하면

$$\frac{Y(\mathbf{x}) - \sum_{i=0}^{k} B_i x_i}{\sqrt{\dfrac{SS_R}{(n-k-1)}}\sqrt{1 + \mathbf{x}'(\mathbf{X}'\mathbf{X})^{-1}\mathbf{x}}} \sim t_{n-k-1}$$

을 얻는다. 이로부터 다음의 결과를 얻는다.

### *Y*(x)에 대한 예측구간

$Y(\mathbf{x})$에 대한 $100(1-a)\%$ 예측구간은 다음과 같다.

$$\sum_{i=0}^{k} x_i b_i \pm \sqrt{\frac{ss_r}{(n-k-1)}}\sqrt{1+\mathbf{x}'(\mathbf{X}'\mathbf{X})^{-1}\mathbf{x}} \quad t_{a/2,n-k-1}$$

여기에서 $b_0,\ldots, b_k$는 최소제곱 추정량 $B_0, B_1,\ldots, B_k$의 값이며, $ss_r$은 $SS_R$의 값이다.

R을 사용하여 주어진 값 $x_1, \ldots, x_k$에 대한 반응치 $y$의 예측구간을 얻을 수 있다. 특정 입력 값에서 평균 반응의 신뢰 구간을 구할 때 사용했던 아래 명령어를

```
> predict(model name, newdata, interval="confidence", level=0.99)
```

다음으로 대체하면 된다.

```
> predict(model name, newdata, interval="prediction", level=0.99)
```

예를 들어, 예제 9.10.c에서, $x_1=.15$, $x_2=1.15$일 때 경도에 대한 99% 예측 구간을 구고하고자 한다면, 아래와 같이 실행하면

```
> newdata=data.frame(x1=.15, x2=1.15)
> predict(hardness, newdata, interval="prediction", level=0.99)
```

다음과 같은 결과를 얻을 수 있다.

| | fit | lwr | upr |
|---|---|---|---|
| 1 | 69.86226 | 57.48807 | 82.23645 |

따라서 $x_1=.15$, $x_2=1.15$이 입력일 때 경도의 기댓값에 대한 99% 신뢰 구간은 (63.82, 75.9)인 반면에, 이들 입력에 대한 실제 경도 값에 대한 99% 예측 구간은 더 넓은 구간인 (57.49, 85.24)이다.

## 9.10.2 범주형 데이터를 위한 가변수

어떤 학자가 아래 5개의 독립변수들에 대해 사람의 혈중 콜레스테롤 수치를 예측하기 위한 다중회귀모형을 결정하고자 한다.

1. 초과체중 (단위: 파운드)
2. 미달체중 (단위: 파운드)
3. 주 당 평균 운동 시간
4. 일일 포화지방 섭취로 인한 평균 칼로리 량
5. 흡연 여부

첫 4개의 변수들은 특정 구간에 속하는 값을 갖는 반면, 마지막 변수는 해당 사람이 특정 특성을 보유하는지 여부를 가리키는 범주형 변수이며, 여기에서는 흡연자로서의 특성을 갖는지를 나타낸다. 해당 사람이 어떤 범주에 속하는지 결정하기 위해 다음과 같이 둔다.

$$x_5 = \begin{cases} 1, & \text{흡연자} \\ 0, & \text{비흡연자} \end{cases}$$

이제 이 학자는 다음의 다중회귀방정식을 구하고자 한다.

$$Y = \beta_0 + \beta_1 x_1 + \beta_2 x_2 + \beta_3 x_3 + \beta_4 x_4 + \beta_5 x_5 + e$$

여기에서 $x_1$은 (파운드 단위의) 초과체중, $x_2$는 (파운드 단위의) 미달체중, $x_3$은 주 당 평균 운동 시간, $x_4$는 일일 포화지방 섭취로 인한 평균 칼로리 량, $x_5$는 앞에서 정의한 바와 같으며, $Y$는 개인의 콜레스테롤 수치를 나타낸다. 변수 $x_5$는 **가변수(dummy variable)**라고 불리는데, 이는 이 변수를 사용하는 유일한 목적이 $Y$값이 특정 특성을 갖는 데이터로부터 결정되는지 여부를 나타내기 위한 것이기 때문이다.

아마 이 시점에서 독자들은 가변수를 사용하는 것보다 흡연자의 경우와 비흡연자의 경우를 분리하여 각기 별도의 다중회귀모형을 구하는 것이 바람직하지 않은가 생각할 수도 있을 것이다. 가변수를 사용하는 주된 이유는 데이터를 (흡연자 경우와 비흡연자 경우의) 두 부분으로 분할하여 각기 별도의 회귀모형을 구하는 것보다는 전체 데이터를 한 번의 회귀모형을 위해 사용함으로써 보다 정확한 추정이 가능하기 때문이다. 그러나 가변수가 사용될 경우 어떤 가정이 적용되는지 이해할 필요가 있다. 즉, $Y_s$가 흡연자의 콜레스테롤 수치를 나타내고 $Y_n$이 비흡연자의 콜레스테롤 수치를 나타낼 경우, 이들에 대한 기댓값은 주어진 $x_1$, $x_2$, $x_3$, $x_4$ 값에 대해 다음과 같을 것이다.

$$E[Y_s] = \beta_0 + \beta_5 + \beta_1 x_1 + \beta_2 x_2 + \beta_3 x_3 + \beta_4 x_4$$

그리고

$$E[Y_n] = \beta_0 + \beta_1 x_1 + \beta_2 x_2 + \beta_3 x_3 + \beta_4 x_4$$

즉, 가변수를 갖는 모형을 사용할 때 흡연자와 비흡연자가 4개의 정량적 변수 $x_1$, $x_2$, $x_3$, $x_4$에 동일한 값을 갖는 경우 이들의 평균 콜레스테롤 수치 사이의 차는 $x_1$, $x_2$, $x_3$, $x_4$ 값에 관계없이 항상 일정할 것임을 가정하는 것이다. 따라서 가변수 모형을 사용한다는 것은 초과체중 량이 콜레스테롤 수치를 증가시키는 효과는 흡연자와 비흡연자에게 동일하다고 가정하는 것이다. 이러한 가정은 맞지 않을 수도 있으므로, 데이터가 충분할 경우 두 개의 회귀모형을 사용하는 것이 대개 가변수를 갖는 하나의 모형을 사용하는 것보다 바람직할 수 있다.

관련 정성적 특성이 여러 개 존재할 때 이들에 따라 데이터를 분할할 경우 개별 모형에서 회귀변수들의 추정을 위한 데이터 크기가 너무 작아질 수 있으며, 이 경우 가변수를 활용할 필요가 있을 것이다. 예를 들어 사람의 성별도 고려 요소로 포함시켜야 할 경우 $x_5$와 아래와 같이 정해지는 $x_6$을 갖는 다중회귀모형을 활용할 수 있을 것이다.

$$x_6 = \begin{cases} 1, & \text{남성} \\ 0, & \text{여성} \end{cases}$$

## 9.11 이진 출력 데이터를 위한 로지스틱 회귀모형

이 절에서는 성공 또는 실패로 결과가 정해지는 실험을 다룬다. 이러한 실험들은 다양한 수준에서 수행될 수 있으며, 수준 $x$에서 수행된 실험의 결과가 성공일 확률을 $p(x)$ $(-\infty < x < \infty)$라고 가정한다. $p(x)$가

$$p(x) = \frac{e^{a+bx}}{1 + e^{a+bx}}$$

와 같은 형태를 가질 경우, 이러한 실험을 **로지스틱 회귀모형(logistic regression model)**을 따른다고 하고, $p(x)$는 **로지스틱 회귀함수(logistics regression function)**라고 부른다. $b > 0$일 때 $p(x) = 1/[e^{-(a+bx)} + 1]$은 $x \to \infty$에 따라 1로 수렴하는 증가함수이며, $b < 0$일 때 $p(x)$는 $x \to \infty$에 따라 0으로 수렴하는 감소함수이다($b = 0$일 때 $p(x)$는 상수이다). 로지스틱 회귀함수에 대한 그래프는 그림 9.12에 주어져 있다. 이 함수의 그래프는 S자 곡선의 형태를 갖는다.

$p(x) = 1 - [1/(1 + e^{(a+bx)})]$로 쓰고 미분하면 다음의 결과를 얻는다.

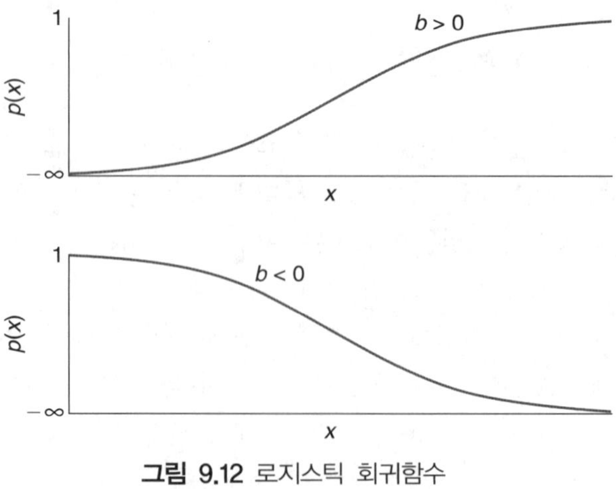


**그림 9.12** 로지스틱 회귀함수

$$\frac{\partial}{\partial x}p(x) = \frac{be^{a+bx}}{(1+e^{a+bx})^2} = bp(x)[1-p(x)]$$

따라서 $p(x)$의 변화율은 $x$에 종속되며, $p(x)$가 .5에 가까운 $x$값에서 최대가 된다. 예를 들면, $p(x)=.5$가 되는 $x$값에서 변화율은 $\frac{\partial}{\partial x}p(x) = .25b$인 반면, $p(x)=.8$이 되는 $x$값에서 변화율은 $.16b$이다.

수준 $x$에서 실험을 수행할 때 성공쪽의 승산 $o(x)$는 다음과 같다.

$$o(x) = \frac{p(x)}{1-p(x)} = e^{a+bx}$$

따라서 $b > 0$일 때 승산은 입력수준 $x$에 대해 지수적으로 증가하며, $b < 0$일 때 승산은 입력수준 $x$에 대해 지수적으로 감소한다. 위의 식에 log를 취하면 아래와 같이 승산의 log값을 얻게 되는데, 이를 **로지트(logit)**라고 부르며 선형함수임을 알 수 있다.

$$\log[o(x)] = a + bx$$

로지스틱 회귀함수의 모수 $a$와 $b$는 알려지지 않았으며 따라서 추정될 필요가 있다고 가정한다. 이들에 대한 추정에 최대우도법을 사용할 수 있다. 즉, 수준 $x_1, \ldots, x_k$에서 실험을 수행한다고 가정하자. 수준 $x_i$에서 수행된 실험의 결과를 $Y_i$라고 하자(성공이면 1, 실패는 0). 이때 (단일 시행을 위한 이항 밀도함수인) 베르누이 밀도함수를 사용하면, 다음의 결과를 얻는다.

$$P\{Y_i = y_i\} = [p(x_i)]^{y_i}[1-p(x_i)]^{1-y_i} = \left(\frac{e^{a+bx}}{1+e^{a+bx}}\right)^{y_i}\left(\frac{1}{1+e^{a+bx}}\right)^{1-y_i}, \quad y_i = 0, 1$$

따라서 모든 $i=1,\ldots, k$에 대해 수준 $x_i$에서 수행된 실험의 결과가 $y_i$일 확률은 다음과 같다.

$$\begin{aligned} P\{Y_i = y_i, i = 1, \ldots, k\} &= \prod_i \left(\frac{e^{a+bx_i}}{1+e^{a+bx_i}}\right)^{y_i}\left(\frac{1}{1+e^{a+bx_i}}\right)^{1-y_i} \\ &= \prod_i \frac{\left(e^{a+bx_i}\right)^{y_i}}{1+e^{a+bx_i}} \end{aligned}$$

위의 식에 log를 취한 결과는 다음과 같다.

$$\log\left(P\{Y_i = y_i, i = 1, \ldots, k\}\right) = \sum_{i=1}^{k} y_i(a+bx_i) - \sum_{i=1}^{k}\log\left(1+e^{a+bx_i}\right)$$

이제 최대우도 추정치는 위의 우도를 최대로 하는 $a$와 $b$의 값을 수치적으로 찾는 방법에 의해 구할 수 있다. 그런데 우도는 비선형이므로 이의 계산에 반복 방식이 이용되며, 따라서 이러한 추정치를 구하기 위해 대개 전용 소프트웨어를 사용한다.

R을 사용해 로지스틱 회귀 모델의 a와 b의 추정치를 구할 수 있다. 로지스틱 회귀 모델은 glm(y ~ x)로 생성된다. 예를 들어 한 실험을 7번 실행하여 수준 $x=(5, 9, 3, 12, 22, 24, 30)$ 별로 얻은 결과 (0, 1, 0, 1, 0, 1, 1)가 있다고 하자. 여기서 반응치 0과 1은 각각 실험이 성공, 실패 했음을 의미한다. 이에 대해 추정된 로지스틱 방정식을 아래와 같이 얻을 수 있다.

```
>x = c(5, 9, 3, 12, 22, 24, 30)
>y = c(0, 1, 0, 1, 0, 1, 1)
>model = glm(y ~ x)
>model
```

엔터를 누르면 다음과 같은 출력을 볼 수 있다.

```
Call: glm(formula= y ~ x)
Coefficients:
(Intercept)    x
0.22205     0.02329
```

즉, 이 로지스틱 회귀 모델에서 a와 b 추정치가 각각 0.22205, 0.02329임을 알 수 있다.

$$p(x) = \frac{e^{a+bx}}{1+e^{a+bx}}$$

반응치가 이진 값일 때 로지스틱 회귀모형을 가장 많이 사용하기는 하지만, 다른 모형들이 채택되는 경우도 있다. 예를 들면, 입력수준이 $x$일 때 성공 확률 $p(x)$가 $x$에 대해 증가함수라고 가정할 수 있을 때, $p(x)$가 어떤 지정된 확률 분포함수를 따른다고 가정하는 경우가 있다. 실제로 $b > 0$일 때, $p(x)$는 모수가 $\mu = -a/b$, $\nu = 1/b$인 로지스틱 확률변수의 분포함수(참고: 5.9절)와 같으므로, 로지스틱 회귀모형도 그와 같은 형태를 갖는다. 이러한 유형의 또 다른 모형은 **프로비트(probit)** 모형인데, 여기에서는 어떤 상수 $\alpha$와 $\beta > 0$에 대해 다음과 같은 확률을 가정한다.

$$p(x) = \Phi(\alpha + \beta x) = \frac{1}{\sqrt{2\pi}} \int_{-\infty}^{\alpha+\beta x} e^{-y^2/2}\, dy$$

바꾸어 말하면, $p(x)$는 표준정규 확률변수가 $\alpha + \beta x$보다 작을 확률과 같다.

### 예제 9.11a

투입수준 $x$에서 화학물질에 노출될 때 동물이 병에 걸리는지 여부에 관한 일반적인 가정은 한계모형을 가정하는 것인데, 한계모형에서는 각 동물은 임의로 정해지는 어떤 한계가 있고 투입수준이 그 한계를 초과하면 병에 걸린다고 가정한다. 한계분포로는 때로 지수분포가 사용된다. 예를 들면 프리드만과 자이젤이 고려한 모형에서는 $x$ppm의 DDT에 노출된 생쥐가 간암에 걸릴 확률은 다음과 같다고 가정한다.

$$p(x) = 1 - e^{-ax}, \quad x > 0$$

지수분포의 무기억성으로 인해, 투입수준 $x$에서 여전히 건강한 생쥐는 투입수준이 0인 상태와 같다고 볼 수 있다.

프리드만과 자이젤의 논문*에서는 250ppm의 DDT에 노출된 111마리의 생쥐 중 84마리가 암에 걸린 것으로 보고되어 있다. 따라서 $\alpha$는 다음 식으로부터 추정될 수 있다.

$$1 - e^{-250\hat{\alpha}} = \frac{84}{111}$$

즉,

$$\hat{\alpha} = -\frac{\log(27/111)}{250} = .005655 \quad ■$$

* Freedman and Zeisel, "From Mouse to Man : The Quantitative Assessment of Cancer Risks," *Statistical Science*, 1988, **3**, 1, 3–6.

## 연습문제

**01** 아래의 데이터는 어떤 제품의 반죽 상태의 습도 $x$와 완성된 제품의 밀도 $Y$의 관계를 보여주고 있다.

| $x_i$ | $Y_i$ |
|---|---|
| 5 | 7.4 |
| 6 | 9.3 |
| 7 | 10.6 |
| 10 | 15.4 |
| 12 | 18.1 |
| 15 | 22.2 |
| 18 | 24.1 |
| 20 | 24.8 |

(a) 산점도를 그려라.

(b) 이 데이터에 적합한 직선을 그려라.

**02** 아래의 데이터는 어떤 상품의 주문 수량과 가격의 관계를 보여주고 있다.

| 주문 수량 | 88 | 112 | 123 | 136 | 158 | 172 |
|---|---|---|---|---|---|---|
| 가격 | 50 | 40 | 35 | 30 | 20 | 15 |

가격이 25라면 주문 수량은 얼마이겠는가?

**03** 섭씨 500도의 건조 상태에서 어떤 금속물질의 부식에 대한 연구가 수행되었다. 이 실험에서 다양한 노출 기간이 지난 후 무게의 증가가 표본과 반응한 산소의 양을 측정하는 데 사용되었으며, 결과 데이터는 아래와 같다.

| 시간 | 증가율(%) |
|---|---|
| 1.0 | .02 |
| 2.0 | .03 |
| 2.5 | .035 |
| 3.0 | .042 |
| 3.5 | .05 |
| 4.0 | .054 |

(a) 산점도를 그려라.

(b) 적합한 선형관계를 구하라.

(c) 3.2시간 노출된 금속물질의 무게 증가율을 예측하라.

**04** 아래의 데이터는 목재 표본의 비중 $x$와 압축강도 $Y$ 사이의 관계를 보여준다.

| $x_i$ | $y_i$(psi) | $x_i$ | $y_i$(psi) |
|---|---|---|---|
| .41 | 1,850 | .39 | 1,760 |
| .46 | 2,620 | .41 | 2,500 |
| .44 | 2,340 | .44 | 2,750 |
| .47 | 2,690 | .43 | 2,730 |
| .42 | 2,160 | .44 | 3,120 |

(a) 산점도를 그려라. 선형관계가 있는 것으로 보이는가?

(b) 회귀계수들을 추정하라.

(c) 비중이 .43일 때의 압축강도를 예측하라.

**05** 다음의 데이터는 속독 프로그램에 참여한 10명의 학생에 대해 읽는 속도의 향상도와 프로그램 참여 기간을 비교하고 있다.

| 기간(주) | 속도 향상도 (분 당 단어 수) |
|---|---|
| 2 | 21 |
| 3 | 42 |
| 8 | 102 |
| 11 | 130 |
| 4 | 52 |
| 5 | 57 |
| 9 | 105 |
| 7 | 85 |
| 5 | 62 |
| 7 | 90 |

(a) 선형관계가 존재하는지 파악하기 위해 산점도를 그려보아라.

(b) 회귀계수들에 대한 최소제곱 추정량을 구하라.

(c) 7주 동안 프로그램에 참여할 계획을 가진 학생의 향상도 기댓값을 추정하라.

**06** 천연고무와 합성고무의 혼합물에서 천연고무 함유량을 측정하기 위해 적외선 분광기가 사용된다. 백분율이 알려져 있는 혼합물에 대해 적외선 분광기로 계측한 결과는 다음과 같다.

| 백분율 | 0 | 20 | 40 | 60 | 80 | 100 |
|---|---|---|---|---|---|---|
| 계측 값 | .734 | .885 | 1.050 | 1.191 | 1.314 | 1.432 |

새로운 혼합물을 적외선 분광기로 계측한 결과가 1.15일 때 천연고무의 함유 비율(%)을 구하라.

07 아래의 표는 1996년 미국 각 주의 고등학교 졸업반 SAT 수학 평균점수와 국어 평균점수를 시험을 치른 졸업반 비율(%)과 비교하고 있다. (Alabama에서 Maine까지의) 앞의 20개 주에 관련된 데이터를 사용하여 시험을 치른 학생들의 비율로 수학 평균점수를 예측하는 모형을 개발하라. 그런 다음(시험을 치른 학생들의 비율에 근거하여) 그 다음 5개 주에 대해 예측값과 실제 수학 평균점수를 비교하여라.

1996년 주별 SAT 평균점수

| | 1996 | | SAT를 치른 졸업반 비율 |
|---|---|---|---|
| | 국어 | 수학 | (%) |
| Alabama | 565 | 558 | 8 |
| Alaska | 521 | 513 | 47 |
| Arizona | 525 | 521 | 28 |
| Arkansas | 566 | 550 | 6 |
| California | 495 | 511 | 45 |
| Colorado | 536 | 538 | 30 |
| Connecticut | 507 | 504 | 79 |
| Delaware | 508 | 495 | 66 |
| Dist. of Columbia | 489 | 473 | 50 |
| Florida | 498 | 496 | 48 |
| Georgia | 484 | 477 | 63 |
| Hawaii | 485 | 510 | 54 |
| Idaho | 543 | 536 | 15 |
| Illinois | 564 | 575 | 14 |
| Indiana | 494 | 494 | 57 |
| Iowa | 590 | 600 | 5 |
| Kansas | 579 | 571 | 9 |
| Kentucky | 549 | 544 | 12 |
| Louisiana | 559 | 550 | 9 |
| Maine | 504 | 498 | 68 |
| Maryland | 507 | 504 | 64 |
| Massachusetts | 507 | 504 | 80 |
| Michigan | 557 | 565 | 11 |
| Minnesota | 582 | 593 | 9 |
| Mississippi | 569 | 557 | 4 |
| Missouri | 570 | 569 | 9 |
| Montana | 546 | 547 | 21 |
| Nebraska | 567 | 568 | 9 |
| Nevada | 508 | 507 | 31 |
| New Hampshire | 520 | 514 | 70 |
| New Jersey | 498 | 505 | 69 |
| New Mexico | 554 | 548 | 12 |
| New York | 497 | 499 | 73 |
| North Carolina | 490 | 486 | 59 |
| North Dakota | 596 | 599 | 5 |
| Ohio | 536 | 535 | 24 |
| Oklahoma | 566 | 557 | 8 |

(계속)

1996년 주별 SAT 평균점수

| | 1996 | | SAT를 치른 졸업반 비율 (%) |
|---|---|---|---|
| | 국어 | 수학 | |
| Oregon ................ | 523 | 521 | 50 |
| Pennsylvania ............ | 498 | 492 | 71 |
| Rhode Island ............ | 501 | 491 | 69 |
| South Carolina .......... | 480 | 474 | 57 |
| South Dakota ........... | 574 | 566 | 5 |
| Tennessee ............... | 563 | 552 | 14 |
| Texas ................... | 495 | 500 | 48 |
| Utah ................... | 583 | 575 | 4 |
| Vermont ................ | 506 | 500 | 70 |
| Virginia................. | 507 | 496 | 68 |
| Washington ............. | 519 | 519 | 47 |
| West Virginia............ | 526 | 506 | 17 |
| Wisconsin .............. | 577 | 586 | 8 |
| Wyoming ............... | 544 | 544 | 11 |
| National Average......... | 505 | 508 | 41 |

출처: The College Board.

**08** 아래와 같은 내용의 식 (9.3.3)을 증명하라.

$$\text{Var}(A) = \frac{\sigma^2 \sum_{i=1}^{n} x_i^2}{n \sum_{i=1}^{n} (x_i - \bar{x})^2}$$

**09** 문제 4에서

(a) 개별 반응치의 분산을 추정하라.

(b) 분산을 위한 90% 신뢰구간을 구하라.

**10** 다음 사실을 증명하라.

$$SS_R = \frac{S_{xx} S_{YY} - S_{xY}^2}{S_{xx}}$$

**11** 아래의 표는 1970년에서 1983년까지 매년 태양의 흑점 개수와 그 해의 자동차 사고 사망 건수의 관계를 보여주고 있다. 자동차 사고 사망 건수는 태양의 흑점 개수의 영향을 받지 않는다는 가설을 검정하라(태양의 흑점 관련 데이터는 Jastrow and Thompson, *Fun- damentals and Frontiers of Astronomy*에서 발췌하였으며 자동차 사고 사망 건수 관련 데이터는 *General Statistics of the U.S.* 1985에서 발췌하였다).

| 연도 | 태양의 흑점 개수 | 자동차 사고 사망 건수 (1,000건) |
|---|---|---|
| 1970 | 165 | 54.6 |
| 1971 | 89 | 53.3 |
| 1972 | 55 | 56.3 |
| 1973 | 34 | 49.6 |
| 1974 | 9 | 47.1 |
| 1975 | 30 | 45.9 |
| 1976 | 59 | 48.5 |
| 1977 | 83 | 50.1 |
| 1978 | 109 | 52.4 |
| 1979 | 127 | 52.5 |
| 1980 | 153 | 53.2 |
| 1981 | 112 | 51.4 |
| 1982 | 80 | 46 |
| 1983 | 45 | 44.6 |

**12** 다음의 데이터는 법률전문대학원에서 시험점수가 비슷한 동급생 12명의 키와 초임을 보여주고 있다. 이들은 모두 법무법인에 취직하였다. 키는 인치 단위로 표시되어 있고 연봉은 천불 단위로 표시되어 있다.

| 키 | 연봉 |
|---|---|
| 64 | 91 |
| 65 | 94 |
| 66 | 88 |
| 67 | 103 |
| 69 | 77 |
| 70 | 96 |
| 72 | 105 |
| 72 | 88 |
| 74 | 122 |
| 74 | 102 |
| 75 | 90 |
| 76 | 114 |

(a) 위의 데이터는 변호사의 연봉이 키와 연관성이 있다는 가설을 입증하는가? 5% 유의수준을 사용하라.

(b) 문항 (a)에서 귀무가설은 무엇인가?

**13** 단순선형회귀모형

$$Y = \alpha + \beta x + e$$

에서 $0 < \beta < 1$라고 가정한다.

(a) $x < \alpha/(1-\beta)$이면 다음 식이 성립함을 보여라.

$$x < E[Y] < \frac{\alpha}{1-\beta}$$

(b) $x > \alpha/(1-\beta)$이면 다음 식이 성립함을 보여라.

$$x > E[Y] > \frac{\alpha}{1-\beta}$$

따라서 $E[Y]$는 항상 $x$와 $\alpha/(1-\beta)$ 사이에 있게 된다.

**14** 무작위로 선택된 메이저리그 야구선수의 1년차 타율 평균 $X$와 2년차 타율 평균 $Y$ 사이의 관계 모형이 아래의 식으로 주어진다는 연구가 있다.

$$Y = .159 + .4X + e$$

여기에서 $e$는 평균이 0인 정규 확률변수이다. 즉, 이 모형은 평균으로의 회귀를 갖는 단순선형회귀모형이다.

(a) 어떤 선수의 1년차 타율 평균이 .200일 때, 2년차 타율 평균으로 예측되는 값은?
(b) 어떤 선수의 1년차 타율 평균이 .265일 때, 2년차 타율 평균으로 예측되는 값은?
(c) 어떤 선수의 1년차 타율 평균이 .310일 때, 2년차 타율 평균으로 예측되는 값은?

**15** 경험이 많은 비행 교관들은 대단히 훌륭한 착륙에 대해 칭찬을 했을 때 다음 시도에서 착륙 수준이 떨어지는 반면 잘못 착륙했을 때 비판을 하면 착륙이 개선되는 경향이 있다고 주장한다. 이로부터 칭찬은 수준을 떨어뜨리고 비판은 수준을 향상시킨다고 결론내릴 수 있는가? 아니면 다른 설명이 가능한가?

**16** 식 (9.4.3)을 증명하라.

**17** 아래의 데이터는 10대의 항공기에서 정합 오류 건수와 리벳 손실 개수 사이의 관계를 나타낸다.

| 리벳 손실 개수 $= x$ | 정합 오류 건수 $= y$ |
|---|---|
| 13 | 7 |
| 15 | 7 |
| 10 | 5 |
| 22 | 12 |
| 30 | 15 |
| 7 | 2 |
| 25 | 13 |
| 16 | 9 |
| 20 | 11 |
| 15 | 8 |

(a) 산점도를 그려라.

(b) 회귀계수들을 추정하라.

(c) 가설 $\alpha=1$을 검정하라.

(d) 리벳 손실 개수가 24인 항공기에서 정합 오류 건수의 기댓값을 추정하라.

(e) (d)의 양에 대한 90% 신뢰구간 추정치를 계산하라.

**18** 아래의 표는 1994년에서 2009년 기간에 속하는 몇몇 연도의 SAT 수학 부문 평균점수를 보여주고 있다.

| 연도 | SAT 점수 |
|---|---|
| 1994 | 504 |
| 1996 | 508 |
| 1998 | 512 |
| 2000 | 514 |
| 2002 | 516 |
| 2004 | 518 |
| 2005 | 520 |
| 2007 | 515 |
| 2009 | 515 |

단순선형회귀모형을 가정하고, 1997, 2006, 2008, 2010 등의 연도의 평균점수를 예측하라.

문제 19에서 23에서는 14개의 주에서 흡연과 4가지 유형의 암에 대한 사망률 사이의 관계를 보여주는 아래의 표를 사용한다. 이 데이터의 일부는 1960년 담배세금 수입 관련 기록에 근거하고 있다.

흡연과 암 사망률

| 주 | 1인당 담배 소비량 | 100,000명 당 사망 건수 | | | |
|---|---|---|---|---|---|
| | | 방광암 | 폐암 | 신장암 | 백혈병 |
| California | 2,860 | 4.46 | 22.07 | 2.66 | 7.06 |
| Idaho | 2,010 | 3.08 | 13.58 | 2.46 | 6.62 |
| Illinois | 2,791 | 4.75 | 22.80 | 2.95 | 7.27 |
| Indiana | 2,618 | 4.09 | 20.30 | 2.81 | 7.00 |
| Iowa | 2,212 | 4.23 | 16.59 | 2.90 | 7.69 |
| Kansas | 2,184 | 2.91 | 16.84 | 2.88 | 7.42 |
| Kentucky | 2,344 | 2.86 | 17.71 | 2.13 | 6.41 |
| Massachusetts | 2,692 | 4.69 | 22.04 | 3.03 | 6.89 |
| Minnesota | 2,206 | 3.72 | 14.20 | 3.54 | 8.28 |
| New York | 2,914 | 5.30 | 25.02 | 3.10 | 7.23 |
| Alaska | 3,034 | 3.46 | 25.88 | 4.32 | 4.90 |
| Nevada | 4,240 | 6.54 | 23.03 | 2.85 | 6.67 |
| Utah | 1,400 | 3.31 | 12.01 | 2.20 | 6.71 |
| Texas | 2,257 | 3.21 | 20.74 | 2.69 | 7.02 |

**19** (a) 담배 소비량 대 방광암 사망률에 대한 산점도를 그려라.
(b) 산점도가 선형관계를 나타내는가?
(c) 선형관계식을 구하라.
(d) 내년도의 담배 소비량이 2,500일 경우 방광암 사망률에 대한 예측값은?

**20** (a) 담배 소비량 대 폐암 사망률에 대한 산점도를 그려라.
(b) 회귀계수 $\alpha$와 $\beta$를 추정하라.
(c) .05 유의수준에서 담배 소비량이 폐암 사망률에 영향을 미치지 않는다는 가설을 검정하라.
(d) 문항 (c)의 검정에 대한 $p$-값은?

**21** (a) 담배 소비량 대 신장암 사망률에 대한 산점도를 그려라.
(b) 회귀직선을 추정하라.
(c) 회귀직선의 기울기가 0이라는 가설의 검정에 대한 $p$-값은?
(d) 주민들의 연간 담배 소비량 평균이 3,400인 주에서 신장암 사망률 평균에 대한 90% 신뢰구간을 구하라.

**22** (a) 담배 소비량 대 백혈병 사망률에 대한 산점도를 그려라.
(b) 회귀계수를 추정하라.
(c) 백혈병 사망률은 담배 소비량에 대해 회귀관계가 없다는 가설을 검정하라. 즉, 가설 $\beta = 0$을 검정하라.
(d) 주민들의 연간 담배 소비량 평균이 2,500인 주에서 백혈병 사망률 평균에 대한 90% 신뢰구간을 구하라.

**23** (a) 문제 19에서 22까지에서 분산들을 추정하라.
(b) 폐암 관련 데이터에서 분산을 위한 95% 신뢰구간을 구하라.
(c) 폐암 관련 데이터를 평균 담배 소비량이 2,300 미만인 주와 초과인 주의 두 부분으로 분할하고, 두 부분 모두에 대해 선형회귀모형을 가정하라. 두 부분의 데이터에서 반응치에 대한 분산이 동일하다는 가설을 어떻게 검정할 수 있을까?
(d) 유의수준 .05에서 문항 (c)의 가설검정을 수행하라.

**24** 문제 1의 데이터로부터 얻은 표준잔차들에 대한 산점도를 그려라. 이 산점도는 선형회귀모형에 부합하는가?

**25** 간 표본에서 단백질의 양을 직접 측정하는 것은 어렵고 많은 시간을 소요하는 작업이다. 따라서 의학실험실에서는 종종 단백질의 양이 표본에 의해 흡수되는 빛의 양에 연관되어 있다는 사실을 이용한다. 빛을 방출하는 분광계를 간 표본을 담고 있는 용액에 비추어 흡수되는 빛의 양을 단백질 양의 추정에 사용한다.
단백질의 양이 알려져 있는 표본 5개에 위의 절차를 수행한 결과로 얻은 데이터가 아래와 같다.

| 흡수된 빛의 양 | 단백질의 양(mg) |
|---|---|
| .44 | 2 |
| .82 | 16 |
| 1.20 | 30 |
| 1.61 | 46 |
| 1.83 | 55 |

(a) 결정계수를 구하라.
(b) 위의 절차는 간 표본의 단백질 양을 추정하기 위한 타당한 방법으로 보이는가?
(c) 흡수된 빛의 양이 1.5일 때 단백질의 양에 대한 추정치를 구하라.
(d) 문항 (c)의 양에 대한 90% 예측구간을 구하라.

**26** 점용접의 용접부위 지름을 측정하는 것은 비교적 단순한 일인 반면, 점용접의 전단강도를 결정하는 것은 상대적으로 어렵다. 따라서 용접부위 지름으로부터 전단강도를 예측할 수 있다면 도움이 될 것이다. 아래의 데이터를 참고하여 질문에 답하라.

| 전단강도(psi) | 용접부위 지름(.0001인치) |
|---|---|
| 370 | 400 |
| 780 | 800 |
| 1,210 | 1,250 |
| 1,560 | 1,600 |
| 1,980 | 2,000 |
| 2,450 | 2,500 |
| 3,070 | 3,100 |
| 3,550 | 3,600 |
| 3,940 | 4,000 |
| 3,950 | 4,000 |

(a) 산점도를 그려라.
(b) 회귀계수들에 대한 최소제곱 추정치를 구하라.
(c) 유의수준 .05에서 회귀직선의 기울기가 1이라는 가설을 검정하라.
(d) 용접부위 지름이 .2500인치일 때 전단강도의 기댓값을 추정하라.
(e) 용접부위 지름 .2250인치에 대응되는 전단강도 값에 대한 95% 예측구간을 구하라.
(f) 표준잔차들에 대한 산점도를 그려라.
(g) 문항 (f)의 산점도는 모형에 대한 가정을 뒷받침하는가?

**27** 아래의 표는 임의로 선택된 10명의 남자 고등학생의 나이와 체중을 보여주고 있다.

| 나이 | 체중 |
|---|---|
| 14 | 129 |
| 16 | 173 |
| 18 | 188 |
| 15 | 121 |
| 17 | 190 |
| 16 | 166 |
| 14 | 133 |
| 16 | 155 |
| 15 | 152 |
| 14 | 115 |

단순선형회귀모형을 가정하고, 전체 17세 남자 고등학생의 평균체중에 대한 95% 신뢰구간을 구하라.

**28** 유리는 범죄수사에서 대단히 중요한 역할을 하는데, 이는 범죄행위 과정에서 종종 창이나 다른 유리 물체의 파손이 발생하기 때문이다. 유리파편은 종종 범죄자의 옷에 박히므로, 범죄 현장에서 생긴 유리파편을 식별하는 기술은 대단히 중요하다. 유리식별에 유용한 유리의 두 가지 물리적인 성질은 굴절률과 밀도인데, 비교적 측정이 용이한 굴절률에 비해 밀도의 측정은 훨씬 어렵다. 그런데 밀도의 대략적인 추정치를 알고 있을 경우 정확한 밀도를 측정하기 위한 실험 장치를 준비하는 일이 훨씬 쉬워진다. 따라서 밀도를 추정하기 위해 유리파편의 굴절률을 이용할 수 있다면 상당히 유용할 것이다.

다음의 데이터는 18개의 유리 조각에 대해 굴절률과 밀도의 관계를 보여주고 있다.

| 굴절률 | 밀도 | 굴절률 | 밀도 |
|---|---|---|---|
| 1.5139 | 2.4801 | 1.5161 | 2.4843 |
| 1.5153 | 2.4819 | 1.5165 | 2.4858 |
| 1.5155 | 2.4791 | 1.5178 | 2.4950 |
| 1.5155 | 2.4796 | 1.5181 | 2.4922 |
| 1.5156 | 2.4773 | 1.5191 | 2.5035 |
| 1.5157 | 2.4811 | 1.5227 | 2.5086 |
| 1.5158 | 2.4765 | 1.5227 | 2.5117 |
| 1.5159 | 2.4781 | 1.5232 | 2.5146 |
| 1.5160 | 2.4909 | 1.5253 | 2.5187 |

(a) 굴절률이 1.52인 유리조각의 밀도를 예측하라.

(b) 문항 (a)의 유리조각의 밀도에 대한 95% 예측구간을 구하라.

**29** 회귀모형

$$Y = \beta x + e, \qquad e \sim \mathcal{N}(0, \sigma^2)$$

은 입력수준 $x=0$에 대응되는 반응치의 기댓값이 0이라고 전제하므로 원점을 관통하는 회귀라고 불린다. $(x_i, Y_i)(i=1, \ldots, n)$가 이러한 모형의 데이터라고 하자.

(a) $\beta$에 대한 최소제곱 추정량 $B$를 구하라.

(b) $B$가 따르는 분포는 무엇일까?

(c) $SS_R$을 정의하고 그 분포를 제시하라.

(d) $H_0: \beta = \beta_0$ 대 $H_1: \beta \neq \beta_0$에 대한 검정을 유도하라.

(e) 입력수준 $x = 0$에서의 반응치 $Y(x_0)$에 대한 $100(1-\alpha)\%$ 예측구간을 구하라.

**30** 아래의 표는 혈압 관련 약을 전혀 복용하지 않는 임의로 선택된 남성 8명의 체질량 지수(BMI)와 최고 혈압을 보여주고 있다.

| BMI | 최고 혈압 |
|---|---|
| 20.3 | 116 |
| 22.0 | 110 |
| 26.4 | 131 |
| 28.2 | 136 |
| 31.0 | 144 |
| 32.6 | 138 |
| 17.6 | 122 |
| 19.4 | 115 |

BMI가 26.0인 남성의 최고 혈압에 대한 95% 신뢰구간을 구하라.

**31** 25세에서 30세 사이의 남성을 무작위로 선택하여 체중과 수축기 혈압을 측정한 결과가 아래 표와 같다.

| 피실험자 | 체중 | 수축기 혈압 | 피실험자 | 체중 | 수축기 혈압 |
|---|---|---|---|---|---|
| 1 | 165 | 130 | 11 | 172 | 153 |
| 2 | 167 | 133 | 12 | 159 | 128 |
| 3 | 180 | 150 | 13 | 168 | 132 |
| 4 | 155 | 128 | 14 | 174 | 149 |
| 5 | 212 | 151 | 15 | 183 | 158 |
| 6 | 175 | 146 | 16 | 215 | 150 |
| 7 | 190 | 150 | 17 | 195 | 163 |
| 8 | 210 | 140 | 18 | 180 | 156 |
| 9 | 200 | 148 | 19 | 143 | 124 |
| 10 | 149 | 125 | 20 | 240 | 170 |

(a) 회귀계수들을 추정하라.

(b) 위의 데이터는 수축기 혈압이 체중의 영향을 받지 않는다는 주장을 뒷받침하는가?

(c) 182파운드 체중의 남성 다수에 대해 혈압을 측정할 경우, 평균 혈압에 대한 95% 신뢰구간을 구하라.

(d) 표준잔차를 분석하라.

(e) 표본상관계수를 구하라.

**32** 어떤 종류의 합금에서 스트레스($S$)와 파손 주기($N$) 사이의 관계가 식

$$S = \frac{A}{N^m}$$

으로 주어지는데, 여기에서 $A$와 $m$은 미지의 상수들이다. 어떤 실험을 통해 다음과 같은 데이터를 구하였다고 한다.

| 스트레스 (1,000 psi) | N (1,000,000 회) |
|---|---|
| 55.0 | .223 |
| 50.5 | .925 |
| 43.5 | 6.75 |
| 42.5 | 18.1 |
| 42.0 | 29.1 |
| 41.0 | 50.5 |
| 35.7 | 126 |
| 34.5 | 215 |
| 33.0 | 445 |
| 32.0 | 420 |

$A$와 $m$을 추정하라.

**33** 1957년 네덜란드의 엔지니어 J. R. DeJong은 어떤 단순한 수작업을 수행하는 데 소요되는 시간을 연습 횟수의 함수로 표현한 아래의 모형을 제안하였다.

$$T \approx ts^{-n}$$

여기에서 $T$는 작업 소요 시간, $n$은 연습 횟수, $t$와 $s$는 작업과 개인에 따라 달라지는 모수들이다. 아래의 데이터를 가지고 $t$와 $s$를 추정하라.

| $T$ | 22.4 | 21.3 | 19.7 | 15.6 | 15.2 | 13.9 | 13.7 |
|---|---|---|---|---|---|---|---|
| $n$ | 0 | 1 | 2 | 3 | 4 | 5 | 6 |

**34** 수영장 청소를 마친 후 다양한 시점에서 염소 잔류량을 측정한 결과는 다음과 같다.

| 시점 (시간) | 염소 잔류량 (pt/million) |
|---|---|
| 2 | 1.8 |
| 4 | 1.5 |
| 6 | 1.45 |
| 8 | 1.42 |
| 10 | 1.38 |
| 12 | 1.36 |

아래 형태의 곡선 모형을 결정하라.

$$Y \approx ae^{-bx}$$

청소를 마친 후 15시간이 지난 후의 염소 잔류량을 얼마로 예측하겠는가?

**35** 난로를 끈 후 시간 $t$가 경과했을 때 열기가 소실되는 비율은 어떤 상수 $\alpha$에 대해 식

$$P = 1 - e^{-\alpha t}$$

으로 표현될 수 있다. 아래의 데이터에 대해

| $P$ | .07 | .21 | .32 | .38 | .40 | .45 | .51 |
|---|---|---|---|---|---|---|---|
| $t$ | .1 | .2 | .3 | .4 | .5 | .6 | .7 |

$\alpha$의 값을 추정하라. 그리고 열기의 절반이 소실되는 시각 $t$의 값을 추정하라.

**36** 아래의 데이터는 박테리아로 이루어지는 백신을 5명에게 접종시킨 후 각기 다른 시점에 박테리아 수를 조사한 결과를 나타내고 있다.

| 접종 후 경과한 날짜 수 | 박테리아 수 |
|---|---|
| 3 | 121,000 |
| 6 | 134,000 |
| 7 | 147,000 |
| 8 | 210,000 |
| 9 | 330,000 |

(a) 회귀방정식을 구하라.

(b) 또 다른 환자에 대해 8일이 지난 후의 박테리아 수를 추정하라.

**37** 아래의 데이터는 진공상태의 잉곳 속의 구멍 안에 들어있는 수소의 양(ppm)과 바닥으로부터의 거리(피트)를 보여주고 있다.

| 거리 | 1 | 2 | 3 | 4 | 5 | 6 | 7 | 8 | 9 | 10 |
|---|---|---|---|---|---|---|---|---|---|---|
| 수소의 양 | 1.28 | 1.50 | 1.12 | .94 | .82 | .75 | .60 | .72 | .95 | 1.20 |

(a) 산점도를 그려라.

(b) 위의 데이터에 대해 다음 형태의 회귀방정식을 구하라.

$$Y = \alpha + \beta x + \gamma x^2 + e$$

**38** 어떤 신약이 악성 종양을 감소시키는 효과를 판단하기 위해 생쥐에 대해 시험하였다. 시험은 각기 4g의 종양 세포를 갖고 있는 10마리의 생쥐에 대해 이루어졌으며, 사용된 약의 양을 달리해가며 종양 무게의 감소분을 측정하였다. 실험의 결과로 얻은 데이터는 다음과 같다.

| 신약의 양 | 종양 무게의 감소분 |
|---|---|
| 1 | .50 |
| 2 | .90 |
| 3 | 1.20 |
| 4 | 1.35 |
| 5 | 1.50 |
| 6 | 1.60 |
| 7 | 1.53 |
| 8 | 1.38 |
| 9 | 1.21 |
| 10 | .65 |

종양 무게의 감소분과 신약의 양 사이의 관계를 나타내는 아래와 같은 형태의 2차 회귀방정식을 구하라.

$$Y = \beta_0 + \beta_1 x + \beta_2 x^2 + e$$

**39** 아래의 데이터는 캔 상자들을 싣고 있는 화물차의 충돌 속도와 손상되는 캔의 수 사이의 관계를 보여준다.

| 속도 | 손상되는 캔의 수 |
|---|---|
| 3 | 54 |
| 3 | 62 |
| 3 | 65 |
| 5 | 94 |
| 5 | 122 |
| 5 | 84 |
| 6 | 142 |
| 7 | 139 |
| 7 | 184 |
| 8 | 254 |

(a) 단순선형회귀모형을 사용하여 분석하라.

(b) 표준잔차 산점도를 그려라.

(c) 문항 (b)의 결과는 모형에 결함이 있음을 가리키는가?

(d) 문항 (c)에 대한 대답이 예일 경우, 더 나은 모형을 제안하고 모수들을 추정하라.

**40** 읽기 속도 향상도에 대한 분산이 프로그램에 참여한 기간에 비례한다는 가정 하에서 문제 5를 다시 풀어라.

**41** 다음의 데이터는 탄광 광부 중 진폐증 증세를 보이는 비율과 탄광에서 일한 햇수 사이의 관계를 보여주고 있다.

| 일한 햇수 | 진폐증 발병 비율 |
|---|---|
| 5 | 0 |
| 10 | .0090 |
| 15 | .0185 |
| 20 | .0672 |
| 25 | .1542 |
| 30 | .1720 |
| 35 | .1840 |
| 40 | .2105 |
| 45 | .3570 |
| 50 | .4545 |

42년 동안 일한 탄광 광부가 진폐증에 걸려있을 확률을 추정하라.

**42** 다음의 데이터는 예제 9.8c에 관련된 것이다.

| 자동차 수 (일간) | 사고 건수 (월간) |
|---|---|
| 2,000 | 15 |
| 2,300 | 27 |
| 2,500 | 20 |
| 2,600 | 21 |
| 2,800 | 31 |
| 3,000 | 16 |
| 3,100 | 22 |
| 3,400 | 23 |
| 3,700 | 40 |
| 3,800 | 39 |
| 4,000 | 27 |
| 4,600 | 43 |
| 4,800 | 53 |

(a) 고속도로를 이용하는 자동차 수가 3,500대일 때 월간 사고 건수를 추정하라.

(b) 아래의 모델을 사용하여 문항 (a)를 다시 풀어라.

$$\sqrt{Y} = \alpha + \beta x + e$$

**43** 강물의 최대 방류량은 공학설계에서 중요한 모수의 하나이다. 최대 방류량을 추정하는 한 가지 방법은 강의 최대 방류량과 강 유역의 면적($x_1$)과 경사($x_2$)와의 관계를 이용하는 것이다. 다음의 데이터에 기초하여 이들의 관계를 추정하라.

| $x_1$ ($m^2$) | $x_2$ (ft/ft) | 최대 방류량 ($ft^3$/sec) |
|---|---|---|
| 36 | .005 | 50 |
| 37 | .040 | 40 |
| 45 | .004 | 45 |
| 87 | .002 | 110 |
| 450 | .004 | 490 |
| 550 | .001 | 400 |
| 1,200 | .002 | 650 |
| 4,000 | .0005 | 1,550 |

**44** 하천의 퇴적물 양은 배수 지역의 면적($x_1$)과 하천의 평균 방류량($x_2$)과 연관되어 있다. 다음의 데이터를 사용하여 그와 같은 관계를 추정하라.

| 면적 ($\times 10^3$ $mi^2$) | 방류량 ($ft^3$/sec) | 퇴적물 양 (연 당 백만 톤) |
|---|---|---|
| 8 | 65 | 1.8 |
| 19 | 625 | 6.4 |
| 31 | 1,450 | 3.3 |
| 16 | 2,400 | 1.4 |
| 41 | 6,700 | 10.8 |
| 24 | 8,500 | 15.0 |
| 3 | 1,550 | 1.7 |
| 3 | 3,500 | .8 |
| 3 | 4,300 | .4 |
| 7 | 12,100 | 1.6 |

**45** 아래의 데이터에 대해 다중선형회귀방정식을 구하라.

| $x_1$ | $x_2$ | $x_3$ | $x_4$ | $y$ |
|---|---|---|---|---|
| 1 | 11 | 16 | 4 | 275 |
| 2 | 10 | 9 | 3 | 183 |
| 3 | 9 | 4 | 2 | 140 |
| 4 | 8 | 1 | 1 | 82 |
| 5 | 7 | 2 | 1 | 97 |
| 6 | 6 | 1 | −1 | 122 |
| 7 | 5 | 4 | −2 | 146 |
| 8 | 4 | 9 | −3 | 246 |
| 9 | 3 | 16 | −4 | 359 |
| 10 | 2 | 25 | −5 | 482 |

**46** 다음의 데이터는 스탠퍼드병원에서의 심장이식에 관한 것이다. 이 데이터는 심장이식을 받은 환자들의 생존기간을 이식 당시의 나이와 불일치 점수에 연관시키고 있다. 불일치 점수란 이식할 심장이 환자에게 적합한 정도와 관련된 수치이다.

| 생존 일 수 | 불일치 점수 | 나이 |
|---:|---:|---:|
| 624 | 1.32 | 51.0 |
| 46 | .61 | 42.5 |
| 64 | 1.89 | 54.6 |
| 1,350 | .87 | 54.1 |
| 280 | 1.12 | 49.5 |
| 10 | 2.76 | 55.3 |
| 1,024 | 1.13 | 43.4 |
| 39 | 1.38 | 42.8 |
| 730 | .96 | 58.4 |
| 136 | 1.62 | 52.0 |
| 836 | 1.58 | 45.0 |
| 60 | .69 | 64.5 |

(a) 종속변수를 생존 기간에 log를 취한 값으로 하고, 독립변수인 불일치 점수와 나이에 대한 회귀모형을 구하라.

(b) 오차 항의 분산을 추정하라.

**47** (a) 아래의 데이터에 대해 다중선형회귀방정식을 구하라.

(b) 가설 $\beta_0 = 0$을 검정하라.

(c) 가설 $\beta_3 = 0$을 검정하라.

(d) 입력수준 $x_1 = x_2 = x_3 = 1$에서 평균 반응치가 8.5라는 가설을 검정하라.

| $x_1$ | $x_2$ | $x_3$ | $y$ |
|---:|---:|---:|---:|
| 7.1 | .68 | 4 | 41.53 |
| 9.9 | .64 | 1 | 63.75 |
| 3.6 | .58 | 1 | 16.38 |
| 9.3 | .21 | 3 | 45.54 |
| 2.3 | .89 | 5 | 15.52 |
| 4.6 | .00 | 8 | 28.55 |
| .2 | .37 | 5 | 5.65 |
| 5.4 | .11 | 3 | 25.02 |
| 8.2 | .87 | 4 | 52.49 |
| 7.1 | .00 | 6 | 38.05 |
| 4.7 | .76 | 0 | 30.76 |
| 5.4 | .87 | 8 | 39.69 |
| 1.7 | .52 | 1 | 17.59 |
| 1.9 | .31 | 3 | 13.22 |
| 9.2 | .19 | 5 | 50.98 |

**48** 어떤 합성섬유의 인장강도는 섬유 안의 면 성분의 백분율 $x_1$과 섬유의 건조 기간 $x_2$와 연관된 것으로 알려져 있다. 서로 다른 조건들에서 생산된 10개의 섬유 조각에 대한 조사결과는 다음과 같다.

| $Y$ = 인장강도 | $x_1$ = 면 성분 비율(%) | $x_2$ = 건조 기간 |
|---|---|---|
| 213 | 13 | 2.1 |
| 220 | 15 | 2.3 |
| 216 | 14 | 2.2 |
| 225 | 18 | 2.5 |
| 235 | 19 | 3.2 |
| 218 | 20 | 2.4 |
| 239 | 22 | 3.4 |
| 243 | 17 | 4.1 |
| 233 | 16 | 4.0 |
| 240 | 18 | 4.3 |

(a) 다중회귀방정식을 구하라.

(b) 면 성분 비율이 21%이고 건조 기간이 3.6시간인 합성섬유의 평균 인장강도에 대한 90% 신뢰구간을 구하라.

**49** 어떤 기계장치가 고장에 이르기까지의 시간은 작동 전압($x_1$), 분당 회전수로 표시되는 모터 속도($x_2$), 작동 온도($x_3$) 등에 연관되어 있다. R&D 연구소에서 설계된 실험을 통해 아래의 데이터를 구하였는데, 여기에서 $y$는 고장에 이르기까지의 시간을 분 단위로 표시한 것이다.

| $y$ | $x_1$ | $x_2$ | $x_3$ |
|---|---|---|---|
| 2,145 | 110 | 750 | 140 |
| 2,155 | 110 | 850 | 180 |
| 2,220 | 110 | 1,000 | 140 |
| 2,225 | 110 | 1,100 | 180 |
| 2,260 | 120 | 750 | 140 |
| 2,266 | 120 | 850 | 180 |
| 2,334 | 120 | 1,000 | 140 |
| 2,340 | 130 | 1,000 | 180 |
| 2,212 | 115 | 840 | 150 |
| 2,180 | 115 | 880 | 150 |

(a) 이 데이터를 이용하여 다중회귀모형을 구하라.

(b) 오차 분산을 추정하라.

(c) 작동 전압이 125, 모터 속도가 900, 작동 온도가 160일 때, 고장에 이르기까지의 시간의 평균에 대한 95% 신뢰구간을 구하라.

**50** 동일한 데이터를 가지고 추정한 미래 반응치에 대한 예측구간이 항상 그에 대응되는 평균 반응치에 대한 신뢰구간을 포함하는 이유를 설명하라.

**51** 다음과 같은 데이터가 주어져 있다고 하자.

| $x_1$ | $x_2$ | $y$ |
|---|---|---|
| 5.1 | 2 | 55.42 |
| 5.4 | 8 | 100.21 |
| 5.9 | −2 | 27.07 |
| 6.6 | 12 | 169.95 |
| 7.5 | −6 | −17.93 |
| 8.6 | 16 | 197.77 |
| 9.9 | −10 | −25.66 |
| 11.4 | 20 | 264.18 |
| 13.1 | −14 | −53.88 |
| 15 | 24 | 317.84 |
| 17.1 | −18 | −72.53 |
| 19.4 | 28 | 385.53 |

(a) $y$와 $x_1$, $x_2$ 사이의 선형관계를 구하라.

(b) 오차 항의 분산을 구하라.

(c) 입력이 $x_1 = 10.2$와 $x_2 = 17$일 때 반응치에 대한 95% 예측구간을 구하라.

**52** 킬로와트시 당 전력생산 비용은 설비 이용률과 백만 Btu 당 석탄 가격(센트)의 함수이다. 아래의 데이터는 12개의 발전소를 조사하여 구한 것이다.

| 설비 이용률 (%) | 석탄 비용 | 전력 비용 |
|---|---|---|
| 84 | 14 | 4.1 |
| 81 | 16 | 4.4 |
| 73 | 22 | 5.6 |
| 74 | 24 | 5.1 |
| 67 | 20 | 5.0 |
| 87 | 29 | 5.3 |
| 77 | 26 | 5.4 |
| 76 | 15 | 4.8 |
| 69 | 29 | 6.1 |
| 82 | 24 | 5.5 |
| 90 | 25 | 4.7 |
| 88 | 13 | 3.9 |

(a) 관계식을 추정하라.

(b) 설비 이용률의 계수가 0이라는 가설을 검정하라.

(c) 설비 이용률이 85이고 석탄 가격이 20일 때, 전력생산 비용을 위한 95% 예측구간을 구하라.

**53** 다음의 데이터는 혈액형이나 생활방식이 비슷한 사람들에 대해 수축기 혈압을 나이($x_1$)와 체중($x_2$)에 연관시키고 있다.

| 나이 | 체중 | 혈압 |
|---|---|---|
| 25 | 162 | 112 |
| 25 | 184 | 144 |
| 42 | 166 | 138 |
| 55 | 150 | 145 |
| 30 | 192 | 152 |
| 40 | 155 | 110 |
| 66 | 184 | 118 |
| 60 | 202 | 160 |
| 38 | 174 | 108 |

(a) 사람의 체중이 알려져 있을 경우 나이는 혈압을 예측하는 데 아무런 보탬이 되지 않는다는 가설을 검정하라.
(b) 나이가 45세이고 체중이 180파운드인 모든 사람의 평균 혈압에 대한 95% 신뢰구간을 구하라.
(c) 나이가 45세이고 체중이 180파운드인 사람의 혈압에 대한 95% 예측구간을 구하라.

**54** 최근에 완료된 어떤 연구에서는 9명의 지방자치단체 근무자들에 대해 직업 만족도를 소득(1,000불)과 근무 연한에 연관시키려고 시도하였다. 각 근무자의 직업 만족도 값은 각자가 평가한 값이며, 가장 낮은 만족도를 1로 판정하고 가장 높은 만족도를 10으로 판정하였다. 아래의 표는 조사 결과를 보여주고 있다.

| 연간 소득 | 근무 연한 | 직업 만족도 |
|---|---|---|
| 27 | 8 | 5.6 |
| 22 | 4 | 6.3 |
| 34 | 12 | 6.8 |
| 28 | 9 | 6.7 |
| 36 | 16 | 7.0 |
| 39 | 14 | 7.7 |
| 33 | 10 | 7.0 |
| 42 | 15 | 8.0 |
| 46 | 22 | 7.8 |

(a) 회귀 모수들을 추정하라.
(b) 소득은 변함이 없고 근무 연한만 증가할 때 직업 만족도가 어떻게 변화할지에 대해 어떤 정성적 결론을 내일 수 있는가?
(c) 근무 기간이 5년이고 연봉이 $31,000인 근무자의 직업 만족도를 예측하라.

**55** 문제 54에서 직업 만족도는 근무 연한과만 연관성이 있으며 이에 대한 조사 결과는 다음의 데이터와 같다고 가정하자.

| 근무 연한 | 직업 만족도 |
|---|---|
| 8 | 5.6 |
| 4 | 6.3 |
| 12 | 6.8 |
| 9 | 6.7 |
| 16 | 7.0 |
| 14 | 7.7 |
| 10 | 7.0 |
| 15 | 8.0 |
| 22 | 7.8 |

(a) 회귀 모수 $\alpha$와 $\beta$를 추정하라.

(b) 근무 연한과 직업 만족도 사이의 정성적 관계는 무엇인가? 다시 말하면, 근무 연한이 증가할 때 직업 만족도는 어떻게 변하는가?

(c) 문항 (b)의 답을 문제 54의 문항 (b)의 답과 비교하라.

(d) 문항 (c)의 답으로부터 어떤 결론을 내릴 수 있는가?

**56** 로지스틱 회귀모형에 대해 $p(x) = .5$인 $x$값을 구하라.

**57** 64명의 미숙아에 대해 출생 시점까지의 임신 기간과 출산 후 퇴원 시점에서 모유 이용 여부 사이의 관계에 관한 조사 데이터는 아래와 같다.

| 임신 기간(단위: 주) | 빈도 | 모유 이용자 수 |
|---|---|---|
| 28 | 6 | 2 |
| 29 | 5 | 2 |
| 30 | 9 | 7 |
| 31 | 9 | 7 |
| 32 | 20 | 16 |
| 33 | 15 | 14 |

위의 표에서 빈도 열의 숫자는 해당 임신 기간 후에 태어난 아기의 수를 가리킨다.

(a) 임신 기간과 모유 이용 여부 사이의 관계를 어떻게 로지스틱 회귀모형을 이용하여 분석할 수 있는지 설명하라.

(b) 적절한 소프트웨어를 사용하여 이 모형을 위한 모수들을 추정하라.

(c) 임신 29주 만에 태어난 신생아가 모유를 이용할 확률을 추정하라.

**58** 첫 심장발작을 겪은 12명의 환자에게 내적 분노 지수를 측정하였다. 다음의 데이터는 분노 지수와 5년 이내에 두 번째 심장발작 발생 여부 사이의 연관성을 조사한 것이다.

| 분노 지수 | 두 번째 심장발작 여부 |
|---|---|
| 80 | 예 |
| 77 | 예 |
| 70 | 아니오 |
| 68 | 예 |
| 64 | 아니오 |
| 60 | 예 |
| 50 | 예 |
| 46 | 아니오 |
| 40 | 예 |
| 35 | 아니오 |
| 30 | 아니오 |
| 25 | 예 |

(a) 두 번째 심장발작 여부와 분노 지수 사이의 관계를 어떻게 로지스틱 회귀모형을 이용하여 분석할 수 있는지 설명하라.

(b) 적절한 소프트웨어를 사용하여 이 모형을 위한 모수들을 추정하라.

(c) 분노 지수가 55인 심장발작 환자가 5년 이내에 두 번째 심장발작을 일으킬 확률을 추정하라.

# 제 10 장 분산분석

## 10.1 서론

어느 대기업에서 새로운 프로그래밍 언어를 교육시키는 컴퓨터 패키지 네 종류 중의 하나를 대량으로 구입할 것을 고려하고 있다. 회사 내의 몇몇 임원들은 어느 패키지를 선택하든 교육 결과가 별 차이가 없을 것이라고 주장하고 있다. 이러한 가설을 검정하기 위해 이 회사에서는 160명의 엔지니어를 선택하여 40명씩 네 그룹으로 나누었다. 그룹 $i$ 의 엔지니어들은 교육용 패키지 $i$를 사용하여 새로운 언어를 학습한다($i$ = 1, 2, 3, 4). 모든 엔지니어들이 학습을 마쳤을 때 포괄적인 시험을 치르게 하고, 그 결과를 교육용 컴퓨터 패키지들이 별 차이가 없는지 결정하기 위해 사용하려 한다. 어떻게 이를 수행할 수 있을까?

이 질문에 답하기에 앞서 각 그룹의 평균 시험 점수가 비슷하면 교육용 패키지들 사이에 별 차이가 없고 평균 시험 점수 사이에 차이가 많으면 패키지들 사이에 차이가 있다고 결론내릴 것이라는 사실을 염두에 두자. 그런데 이러한 결론에 도달할 수 있기 위해서는 160명의 엔지니어를 네 그룹으로 나눈 방법이 매우 중요하다. 예를 들어 첫 번째 그룹의 시험 점수가 두 번째 그룹에 비해 현저히 높았다고 하자. 이로부터 어떤 결론을 내릴 수 있을까? 특히 이러한 결과가 교육용 패키지 1이 우수해서일까? 아니면 이 그룹의 엔지니어들의 학습 능력이 뛰어난 때문일까? 전자의 경우라고 결론내릴 수 있기 위해서는 160명의 엔지니어를 나눌 때 어느 그룹이 다른 그룹보다 뛰어날 가능성이 거의 없도록 나누어야 한다. 이를 위한 검증된 방법은 엔지니어들을 무작위로 네 그룹으로 나누는 것이다. 즉, 모든 가능한 그룹 분할이 동일한 확률로 가능해야 한다. 이 경우 어느 한 그룹에 다른 그룹보다 우수한 엔지니어들이 모일 가능성이 거의 없어진다. 따라서 엔지니어들을 그룹으로 나누는 것은 무작위로 수행되었다고 가정한다(이를 위한 한 가지 효율적인 방법은 160명의 엔지니어들에게 우선 임의의 순번을 부여한다. 그런 다음 정수 1, 2,. . ., 160의 무작위 순열을 생성한다. 이 순열의 첫 40개의 숫자를 순번으로 갖는 엔지니어들을 그룹 1에 배정하고, 이 순열의 41번째에서 80번째까지의 숫자를 순번으로 갖는 엔지니어들을 그룹 2에 배정하는 등의 방식으로 그룹을 나눈다).

이제 개별 엔지니어의 시험 점수는 근사정규 확률변수일 것이며, 정규분포의 모수는 어떤 패키지를 사용했는지에 따라 달라질 것이라고 가정할 수 있을 것이다. 또한, 엔지니어들의 평균 시험 점수는 사용된 패키지에 따라 달라지는 반면, 시험 점수의 편차는 사용된 패키지가 아니라 사람들의 본래의 차이에 따른 것이라고 가정하는 것이 합리적일 수 있다. 따라서 $X_{ij}(i = 1,\ldots, 4,\ j = 1,\ldots, 40)$가 그룹 $i$의 $j$번째 엔지니어의 시험 점수를 나타낼 경우, 타당한 모형은 $X_{ij}$가 서로 독립인 확률변수이며 평균은 $\mu_i$이고 분산 $\sigma^2$은 알려지지 않은 정규분포를 따른다고 가정하는 것일 수 있다. 교육용 패키지들 사이에 별 차이가 없다는 가설은 가설 $\mu_1 = \mu_2 = \mu_3 = \mu_4$와 같다.

이 장에서는 이러한 가설을 검정하기 위해 사용될 수 있는 기법을 살펴볼 것이다. 일반적이면서도 모집단평균에 관련된 다수의 모수들에 관한 추론에 사용될 수 있는 이러한 기법을 **분산분석(analysis of variance)**이라 한다.

## 10.2 개요

두 모집단의 평균에 관한 가설검정을 8장에서 학습하였는데, 이 장에서는 여러 개의 모집단의 평균에 관한 가설검정을 살펴볼 것이다. 10.3절에서는 $m$개의 서로 다른 모집단에서 추출한 크기 $n$의 표본들이 주어졌다고 하고 이들에 대한 데이터를 사용하여 $m$개의 모집단평균이 동일하다는 가설을 어떻게 검정할지 알아본다. 확률변수의 평균은 오직 하나의 요소, 즉 이 변수가 속한 표본에만 종속되므로, 이러한 시나리오는 **일원 분산 분석(one-way analysis of variance)**을 구성한다고 한다. 이러한 경우의 가설을 검정하기 위한 절차 한 가지를 살펴볼 것이다. 또 10.3.1절에서는 $\binom{m}{2}$개의 서로 다른 모집단 쌍 사이의 평균의 차들에 대한 다중비교 방법을 소개하며, 10.3.2절에서는 $m$개의 표본 크기가 모두 같지는 않을 경우에 동일 평균 가설을 검정하는 방법을 소개한다.

10.4절과 10.5절에서는 확률변수의 평균값을 결정하는 요소에는 두 가지가 있다고 가정하는 모형들을 살펴볼 것이다. 이러한 모형들에서는 확률변수들이 직사각형 배열로 정리되어 있으며 특정 변수의 평균값은 그 변수가 속해있는 행과 열 모두에 종속되는 것으로 간주된다. 이러한 모형을 **이원 분산분석(two-way analysis of variance)**이라 한다.

이 절들에서 변수의 평균값은 행의 효과와 열의 효과를 더한 값에 종속되는 것으로 가정한다. 즉, $i$번째 행 $j$번째 열에 있는 변수의 평균은 $\mu + \alpha_i + \beta_j$와 같이 표현될 수 있다.

10.4절에서는 이러한 모수들을 추정하는 방법을 소개하며, 10.5절에서는 변수가 위치한 행이나 열 중 하나의 요소가 평균에 영향을 미치지 않는다는 가설을 검정하는 방법을 소개한다. 10.6절에서는 변수의 평균이 행이나 열에 비선형 방식으로 종속될 수 있으며, 따라서 두 요소 사이의 **상호작용(interaction)**이 가능한 상황에 대해 살펴볼 것이다. 여기에서 두 요소 사이에 상호작용이 없다는 가설, 변수의 평균값이 행의 영향을 받지 않는다는 가설, 변수의 평균값이 열의 영향을 받지 않는다는 가설 등을 검정하는 방법들을 소개한다.

이 장에서 다루는 모든 모형에서 데이터는 정규분포를 따르며 동일한 (미지의) 분산 $\sigma^2$을 갖는다고 가정한다. 모집단평균들에 관련된 다수의 모수들에 관한 귀무가설 $H_0$을 검정하기 위한 분산분석 방식은 공통의 분산인 $\sigma^2$에 대한 두 가지 추정량에 기초한다. 첫 번째 추정량은 귀무가설이 참인지 여부에 상관없이 $\sigma^2$에 대한 유효한 추정량인 반면, 두 번째 추정량은

$H_0$이 참일 때만 유효한 추정량이다. 또한, $H_0$이 참이 아닐 때 두 번째의 추정량은 $\sigma^2$보다 큰 값을 갖는 경향이 있다. 이 검정은 두 추정량의 값을 비교하고 두 번째 추정량 대 첫 번째 추정량의 비율이 충분히 클 때 $H_0$을 기각한다. 바꾸어 말하면, $H_0$이 참일 때 (두 추정량은 모두 $\sigma^2$을 추정하고 있으므로) 두 추정량은 서로 가까운 반면 $H_0$이 참이 아닐 때는 두 번째 추정량이 첫 번째 추정량에 비해 큰 경향을 가지므로, 두 번째 추정량이 첫 번째 추정량보다 현저히 클 경우 $H_0$을 기각하는 것이 당연하다.

카이제곱 확률변수들에 관한 어떤 사실을 이제 소개할 텐데, 이러한 사실을 이용하여 분산 $\sigma^2$에 대한 추정량을 구한다. $X_1, \ldots, X_N$은 서로 독립인 정규 확률변수들이며, 각기 다른 평균을 가질 수 있지만 분산은 모두 $\sigma^2$이라고 가정한다. 각각에 대한 평균은 $\mu_i = E[X_i]$ $(i = 1, \ldots, N)$로 둔다. 변수들

$$Z_i = (X_i - \mu_i)/\sigma, \qquad i = 1, \ldots, N$$

은 표준정규분포를 따르므로, 카이제곱 확률변수의 정의로부터

$$\sum_{i=1}^{N} Z_i^2 = \sum_{i=1}^{N} (X_i - \mu_i)^2/\sigma^2 \tag{10.2.1}$$

은 자유도 $N$의 카이제곱 확률변수가 된다는 것을 알 수 있다. 이제 값들 $\mu_i (i = 1, \ldots, N)$ 각각을 $k$개의 미지의 모수를 갖는 선형함수로 표현할 수 있다고 가정하자. 또, 이러한 $k$개의 모수들에 대한 추정량을 결정할 수 있으며, 이로부터 평균값 $\mu_i$에 대한 추정량을 구할 수 있다고 가정하자. $\mu_i (i = 1, \ldots, N)$에 대한 추정량을 $\hat{\mu}_i$로 표시할 경우,

$$\sum_{i=1}^{N} (X_i - \hat{\mu}_i)^2/\sigma^2$$

은 자유도가 $N-k$인 카이제곱분포를 따른다는 것을 보일 수 있다.

바꾸어 말하면, 자유도 $N$의 카이제곱 확률변수인

$$\sum_{i=1}^{N} (X_i - E[X_i])^2/\sigma^2$$

에서 각 $E[X_i]$를 $k$개의 모수를 갖는 선형함수로 표현한 다음 각각의 모수를 추정량으로 대치하여 얻은 식도 여전히 카이제곱 확률변수이지만, 자유도는 모수를 추정량으로 대치할 때마다 1씩 감소한다.

이상의 설명에 대한 예로서 모든 평균이 동일한 것으로 알려져 있는 경우를 살펴보기로 하자. 즉,

$$E[X_i] = \mu, \qquad i = 1, \ldots, N$$

라고 하자. 이 경우 추정해야 할 모수는 한 개뿐이므로 $k = 1$이다. 식 (10.2.1)에서 $\mu_i$를 공통의 평균인 $\mu$에 대한 추정량 $\overline{X}$로 대치하면 식

$$\sum_{i=1}^{N}(X_i - \overline{X})^2/\sigma^2 \tag{10.2.2}$$

을 얻을 수 있으며, 이 양은 자유도 $N-1$의 카이제곱 확률변수이다. 그런데 모든 평균이 같다고 가정된 이 경우에 데이터 $X_1, \ldots, X_N$은 하나의 정규 모집단에서 추출된 표본을 구성하며, 따라서 식 (10.2)는 $(N-1)S^2/\sigma^2$과 같은데, 여기에서 $S^2$은 표본분산이다. 바꾸어 말하면, 이 경우의 결론은 $(N-1)S^2/\sigma^2$이 자유도 $N-1$의 카이제곱 확률변수라는 익히 알려진 결과와 동일하다(참고 : 6.5.2절).

## 10.3 일원 분산분석

각각의 크기가 $n$인 $m$개의 독립적인 표본이 있고, $i$번째 표본의 원소 $X_{i1}, X_{i2}, \ldots, X_{in}$은 미지의 평균 $\mu_i$와 미지의 분산 $\sigma^2$을 갖는 정규 확률변수들이라고 하자. 즉,

$$X_{ij} \sim \mathcal{N}(\mu_i, \sigma^2), \qquad i = 1, \ldots, m, \qquad j = 1, \ldots, n$$

검정하고자 하는 것은 가설

$$H_0 : \mu_1 = \mu_2 = \cdots = \mu_m$$

대 다음의 대립가설이다.

$$H_1 : \text{모든 평균이 같지는 않음}$$

즉, 적어도 두 개의 모집단평균이 다르다는 대립가설에 대해 모든 모집단평균이 같다는 귀무가설을 검정한다. 이에 대해서는 다음과 같이 생각해볼 수 있을 것이다. $m$가지의 서로 다른 처리방법이 있다고 하고 어떤 품목에 $i$번째 처리방법을 적용할 경우의 결과를 평균 $\mu_i$와 분산 $\sigma^2$을 갖는 정규 확률변수로 가정한다. 그리고 모든 처리방법이 동일한 효과를 갖는지 검정하기 위해 $n$개의 품목으로 이루어진 (서로 다른) 표본에 각 처리방법을 적용하고 결과를 분석한다.

총 $nm$개의 서로 독립인 정규 확률변수 $X_{ij}$가 존재하므로, 이들을 표준화시킨 항들에 대한 제곱합은 자유도가 $nm$인 카이제곱 확률변수가 된다. 즉,

$$\sum_{i=1}^{m}\sum_{j=1}^{n}(X_{ij} - E[X_{ij}])^2/\sigma^2 = \sum_{i=1}^{m}\sum_{j=1}^{n}(X_{ij} - \mu_i)^2/\sigma^2 \sim \chi^2_{nm} \tag{10.3.1}$$

$m$개의 미지의 모수 $\mu_1, \ldots, \mu_m$에 대한 추정량을 구하기 위해, $X_{i.}$가 표본 $i$ 안의 모든 원소의 평균이라고 하자. 즉,

$$X_{i.} = \sum_{j=1}^{n} X_{ij}/n$$

$i = 1, \ldots, m$에 대해 변수 $X_{i.}$는 $i$번째 모집단에 대한 표본평균이며, 따라서 모집단평균 $\mu_i$에 대한 추정량이 된다. 따라서 식 (10.3.1)에서 $\mu_i$를 추정량인 $X_{i.}$로 대치하여 얻은 변수

$$\sum_{i=1}^{m}\sum_{j=1}^{n}(X_{ij} - X_{i.})^2/\sigma^2 \tag{10.3.2}$$

은 자유도가 $nm - m$인 카이제곱분포를 따른다(모수 하나를 추정량으로 대치할 때마다 자유도를 1씩 잃는다는 점을 상기하기 바란다).

$$SS_W = \sum_{i=1}^{m}\sum_{j=1}^{n}(X_{ij} - X_{i.})^2$$

으로 두면, 식 (10.3.2)의 변수는 $SS_W/\sigma^2$이 된다. 카이제곱 확률변수의 기댓값은 자유도 수와 같으므로, 식 (10.3.2)의 변수에 대해 기댓값을 취함으로써

$$E[SS_W]/\sigma^2 = nm - m$$

즉,

$$E[SS_W/(nm - m)] = \sigma^2$$

을 얻는다. 이렇게 해서 $\sigma^2$에 대한 첫 번째 추정량 $SS_W/(nm - m)$을 구하였다. 또한, 이 추정량을 구하는 과정에서 귀무가설이 참인지 거짓인지에 대한 어떠한 가정도 하지 않았다.

### 정의

통계량

$$SS_W = \sum_{i=1}^{m}\sum_{j=1}^{n}(X_{ij} - X_{i.})^2$$

을 **표본내의 제곱합(within samples sum of squares)**이라고 부르는데, 이는 식 (10.3.2)에서 모집단평균을 표본평균으로 대치하여 구하기 때문이다. 통계량

$$SS_W/(nm-m)$$

은 $\sigma^2$에 대한 추정량이다.

$\sigma^2$에 대한 두 번째 추정량은 귀무가설이 참일 때만 유효한 추정량이다. 따라서 $H_0$이 참이며 따라서 모든 모집단평균 $\mu_i$가 같아서 모든 $i$에 대해 $\mu_i = \mu$라고 가정하자. 이러한 조건하에서 $m$개의 표본평균 $X_1, X_2, \ldots, X_m$은 정규분포를 따를 것이며 모두 동일한 평균 $\mu$와 동일한 분산 $\sigma^2/n$을 가질 것이다. 따라서 $m$개의 표준화된 변수

$$\frac{X_{i.}-\mu}{\sqrt{\sigma^2/n}} = \sqrt{n}(X_{i.}-\mu)/\sigma$$

의 제곱합은 자유도 $m$의 카이제곱 확률변수가 된다. 즉, $H_0$이 참일 때,

$$n\sum_{i=1}^{m}(X_{i.}-\mu)^2/\sigma^2 \sim \chi^2_m \tag{10.3.3}$$

이제 모든 모집단평균이 $\mu$와 같을 때, $\mu$에 대한 추정량은 전체 $nm$개의 데이터 값에 대한 평균이라 할 수 있다. 즉, $\mu$에 대한 추정량은 다음과 같이 주어진다.

$$X_{..} = \frac{\sum_{i=1}^{m}\sum_{j=1}^{n}X_{ij}}{nm} = \frac{\sum_{i=1}^{m}X_{i.}}{m}$$

이제 식 (10.3.3)에서 미지의 모수 $\mu$를 $X_{..}$로 대치하면, $H_0$이 참일 때의 결과

$$n\sum_{i=1}^{m}(X_{i.}-X_{..})^2/\sigma^2$$

은 자유도 $m-1$의 카이제곱 확률변수임을 알 수 있다. 즉, $SS_b$를

$$SS_b = n\sum_{i=1}^{m}(X_{i.}-X_{..})^2$$

와 같이 정의하면, $H_0$이 참일 때 $SS_b/\sigma^2$은 자유도 $m-1$의 카이제곱 확률변수가 된다. 이로부터 $H_0$이 참일 때,

$$E[SS_b]/\sigma^2 = m-1$$

즉,

$$E[SS_b/(m-1)] = \sigma^2 \tag{10.3.4}$$

따라서 $H_0$이 참일 때, $SS_b/(m-1)$ 또한 $\sigma^2$에 대한 추정량이 된다.

**정의**

통계량

$$SS_b = n\sum_{i=1}^{m}(X_{i.} - X_{..})^2$$

은 **표본간 제곱합(between samples sum of squares)**이라고 부른다. $H_0$이 참일 때, $SS_b/(m-1)$은 $\sigma^2$에 대한 추정량이다.

지금까지 설명한 것을 정리하면 다음과 같다.

$SS_W/(nm-m)$ 은 항상 $\sigma^2$에 대한 추정량이다.
$SS_b/(m-1)$ 은 $H_0$이 참일 때 $\sigma^2$을 추정한다.

$H_0$이 참이 아닐 때 $SS_b/(m-1)$은 $\sigma^2$을 과대하게 추정하는 경향이 있음을 보일 수 있으므로*, 검정통계량을

$$TS = \frac{SS_b/(m-1)}{SS_W/(nm-m)}$$

으로 두고 $TS$가 충분히 클 때 $H_0$을 기각하는 것이 타당할 것이다.

$H_0$을 기각하기 위해 $TS$가 얼마나 커야 하는지 결정하기 위해, $H_0$이 참이면 $SS_b$와 $SS_W$는 서로 독립이라는 사실을 이용한다. 이 사실로부터 $H_0$이 참일 때, $TS$는 분자의 자유도는 $m-1$, 분모의 자유도는 $nm-m$인 $F$-분포를 따른다는 것을 알 수 있다. $F_{m-1,nm-m,\alpha}$가 이 분포의 $100(1-\alpha)\%$ 백분위수를 나타낸다고 하자. 즉,

$$P\{F_{m-1,nm-m} > F_{m-1,nm-m,\alpha}\} = \alpha$$

여기에서 기호 $F_{r,s}$는 분자의 자유도는 $r$이고 분모의 자유도는 $s$인 $F$-확률변수를 나타낸다.

$H_0$에 대한 유의수준 $\alpha$검정은 다음과 같다.

$$\frac{SS_b/(m-1)}{SS_W/(nm-m)} > F_{m-1,nm-m,\alpha}\text{이면 } H_0 \text{ 을 기각한다.}$$

그렇지 않으면 $H_0$ 을 기각하지 않는다.

모집단평균들이 동일한지에 대한 가설검정 계산을 수행하는 또 다른 방법은 $p$-값을 계산하는 것이다. 검정통계량의 값이 $TS = v$이면, $p$-값은 다음과 같다.

$$p\text{-값} = P\{F_{m-1,nm-m} \geq v\}$$

R 명령어 '> 1 − pf(v, m−1, nm−m)'은 $p$-값을 반환한다.

---

* 증명은 이 절의 끝에 나타난다.

**제곱합 등식(sum of squares identity)**이라 불리는 다음 식은 손으로 계산할 때 유용하다.

### 제곱합 등식

$$\sum_{i=1}^{m}\sum_{j=1}^{n} X_{ij}^2 = nmX_{..}^2 + SS_b + SS_W$$

손으로 계산할 때는 먼저

$$SS_b = n\sum_{i=1}^{m}(X_{i.} - X_{..})^2$$

와 같이 정의되는 $SS_b$를 먼저 계산한다. 일단 $SS_b$를 계산한 후에는 제곱합 등식을 이용하여 $SS_W$를 결정할 수 있다. 즉, $\sum_{i=1}^{m}\sum_{j=1}^{n} X_{ij}^2$와 $X_{..}^2$을 계산한 다음, 아래 식을 이용하여 $SS_W$를 결정한다.

$$SS_W = \sum_{i=1}^{m}\sum_{j=1}^{n} X_{ij}^2 - nmX_{..}^2 - SS_b$$

#### 예제 10.3a

자동차 임대업체에서 일정한 속도로 조정된 15개의 자동차를 사용하여 3가지 휘발유 제품을 시험하였다. 각 휘발유 제품을 5대씩의 자동차에 배정하였으며, 각 자동차는 10갤런의 휘발유를 다 소비할 때까지 주행하였다.
다음은 각 자동차의 주행거리를 나타낸다.

휘발유1: 220 251 226 246 260
휘발유2: 244 235 232 242 225
휘발유3: 252 272 250 238 256

평균 연비는 사용된 휘발유 제품의 영향을 받지 않는다는 가설을 검정하여라. 5% 유의수준을 사용하라.

**풀이** 예제 10.3a의 계산을 손으로 해보자. 먼저 유의할 점은 각 데이터 값에서 상수만큼을 빼는 것은 검정통계량 값에 영향을 미치지 않는다는 점이다. 따라서 각 데이터 값에서 220을 빼서 다음 결과를 얻는다.

| 휘발유 | 연비 | | | | | $\sum_j X_{ij}$ | $\sum_j X_{ij}^2$ |
|---|---|---|---|---|---|---|---|
| 1 | 0 | 31 | 6 | 26 | 40 | 103 | 3,273 |
| 2 | 24 | 15 | 12 | 22 | 5 | 78 | 1,454 |
| 3 | 32 | 52 | 30 | 18 | 36 | 168 | 6,248 |

이제 $m = 3$, $n = 5$와 다음의 결과를 얻는다.

$$\begin{aligned}
X_{1.} &= 103/5 = 20.6 \\
X_{2.} &= 78/5 = 15.6 \\
X_{3.} &= 168/5 = 33.6
\end{aligned}$$

$$X_{..} = (103 + 78 + 168)/15 = 23.2667, \quad X_{..}^2 = 541.3393$$

따라서

$$SS_b = 5[(20.6 - 23.2667)^2 + (15.6 - 23.2667)^2 + (33.6 - 23.2667)^2] = 863.3335$$

또한

$$\sum\sum X_{ij}^2 = 3273 + 1454 + 6248 = 10{,}975$$

그리고 제곱합 등식에에서 다음의 결과를 얻는다.

$$SS_W = 10{,}975 - 15(541.3393) - 863.3335 = 1991.5785$$

따라서 검정통계량 값은 다음과 같다.

$$TS = \frac{863.3335/2}{1991.5785/12} = 2.60$$

이제, R을 사용하여 $p$-값을 구해보자.

```
>    1 - pf(2.60, 2, 12)
[1]  0.1153232
```

$p$-값이 .05보다 크므로, 5% 유의수준에서 휘발유 제품들이 동일한 연비를 갖는다는 귀무가설을 기각할 수 없다. ■

이제

$$E[SS_b/(m-1)] \geq \sigma^2$$

이 성립하며, 등식이 성립하는 것은 $H_0$이 참일 때뿐이라는 것을 증명해보도록 하자. 즉,

$$E\left[\sum_{i=1}^{m}(X_{i.} - X_{..})^2/(m-1)\right] \geq \sigma^2/n$$

이 성립하며, 등식이 성립하는 것은 $H_0$이 참일 때뿐이라는 것을 보여야 한다. 이를 증명하기 위해 $\mu. = \sum_{i=1}^{m} \mu_i/m$이 평균들의 평균이라고 하자. 또한 $i = 1, \ldots, m$에 대해,

$$Y_i = X_{i.} - \mu_i + \mu.$$

라 둔다. $X_{i.}$는 평균이 $\mu_i$이고 분산이 $\sigma^2/n$인 정규분포를 따르므로, $Y_i$는 평균이 $\mu_.$이고 분산이 $\sigma^2/n$인 정규분포를 따른다. 따라서 $Y_1,\ldots, Y_m$은 분산이 $\sigma^2/n$인 모집단에서 추출한 표본을 구성한다.

$$\bar{Y} = Y_. = \sum_{i=1}^{m} Y_i/m = X_{..} - \mu_. + \mu_. = X_{..}$$

를 이 변수들의 평균으로 두면, 다음의 결과를 얻는다.

$$X_{i.} - X_{..} = Y_i + \mu_i - \mu_. - Y_.$$

따라서

$$\begin{aligned} E\left[\sum_{i=1}^{m}(X_{i.} - X_{..})^2\right] &= E\left[\sum_{i=1}^{m}(Y_i - Y_. + \mu_i - \mu_.)^2\right] \\ &= E\left[\sum_{i=1}^{m}[(Y_i - Y_.)^2 + (\mu_i - \mu_.)^2 + 2(\mu_i - \mu_.)(Y_i - Y_.)\right] \\ &= E\left[\sum_{i=1}^{m}(Y_i - Y_.)^2\right] + \sum_{i=1}^{m}(\mu_i - \mu_.)^2 + 2\sum_{i=1}^{m}(\mu_i - \mu_.)E[Y_i - Y_.] \\ &= (m-1)\sigma^2/n + \sum_{i=1}^{m}(\mu_i - \mu_.)^2 + 2\sum_{i=1}^{m}(\mu_i - \mu_.)E[Y_i - Y_.] \\ &= (m-1)\sigma^2/n + \sum_{i=1}^{m}(\mu_i - \mu_.)^2 \end{aligned}$$

여기에서 끝에서 두 번째의 등식은 표본분산 $\sum_{i=1}^{m}(Y_i - Y_.)^2/(m-1)$이 모집단분산 $\sigma^2/n$에 대한 비편향추정량이라는 사실을 이용한 것이며, 마지막의 등식은 $E[Y_i] - E[Y_.] = \mu_. - \mu_. = 0$이기 때문이다. 위의 식을 $m-1$로 나누면,

$$E\left[\sum_{i=1}^{m}(X_{i.} - X_{..})^2/(m-1)\right] = \sigma^2/n + \sum_{i=1}^{m}(\mu_i - \mu_.)^2/(m-1)$$

이 되며, 이러한 결과는 $\sum_{i=1}^{m}(\mu_i - \mu_.)^2 \geq 0$이기 때문인데, 등식이 성립하는 것은 모든 $\mu_i$가 같을 때뿐이다.

표 10.1는 이 절의 결과들을 요약하고 있다.

**표 10.1** 일원 분산분석(ANOVA) 표

| 변동 요인 | 제곱합 | 자유도 | 검정통계량 값 |
|---|---|---|---|
| 표본간 | $SS_b = n\sum_{i=1}^{m}(X_{i.} - X_{..})^2$ | $m-1$ | |
| 표본내 | $SS_W = \sum_{i=1}^{m}\sum_{j=1}^{n}(X_{ij} - X_{i.})^2$ | $nm-m$ | $TS = \frac{SS_b/(m-1)}{SS_W/(nm-m)}$ |

유의수준 $\alpha$검정:
$TS \geq F_{m-1,nm-m,\alpha}$이면 $H_0$을 기각한다.
그렇지 않으면 기각하지 않는다

$TS = v$ 이면, $p$-값 = $P\{F_{m-1,nm-m} \geq v\}$

## 10.3.1 R을 이용한 계산

시작에 앞서, R에서 행렬을 정의할 때는 행렬 내용이 열 방향을 따라 채워진다는 것을 기억하자. 예를 들어, 아래와 같은 행렬을 입력하고 싶다고 가정해 보자.

$$\begin{pmatrix} 2 & 1 & 3 & 4 \\ 1 & 5 & 2 & 6 \\ 5 & 3 & 7 & 9 \end{pmatrix}$$

이 행렬을 A라고 부를 때, 아래와 같이 할 수 있다.

$$> \quad A = \text{matrix}(c(2, 1, 5, 1, 5, 3, 3, 2, 7, 4, 6, 9), \text{nrow} = 3, \text{ncol} = 4)$$

관습적으로 R은 행렬의 원소를 먼저 입력한 후에 행의 수, 열의 수를 차례로 입력하기 때문에, nrow= 와 ncol= 을 걷어내고 A를 아래와 같이 정의할 수도 있다.

$$> \quad A = \text{matrix}(c(2, 1, 5, 1, 5, 3, 3, 2, 7, 4, 6, 9), 3, 4)$$

아래와 같이 행렬 이름을 입력하면

$$> A$$

다음과 같이 해당 행렬을 화면에 출력할 수 있다.

| | (, 1) | (, 2) | (, 3) | (, 4) |
|---|---|---|---|---|
| (1, ) | 2 | 1 | 3 | 4 |
| (2, ) | 1 | 5 | 2 | 6 |
| (3, ) | 5 | 3 | 7 | 9 |

행렬을 정의하는 다른 방법은 먼저 열 벡터들을 정의하는 것이다. 예를 들어 행렬 A를 입력하기 위해, 아래와 같이 할 수도 있다.

$> v1 = c(2, 1, 5)$
$> v2 = c(1, 5, 3)$
$> v3 = c(3, 2, 7)$
$> v4 = c(4, 6, 9)$
$> A = \text{matrix}(c(v1, v2, v3, v4), 3, 4)$
$> A$

| | (, 1) | (, 2) | (, 3) | (, 4) |
|---|---|---|---|---|
| (1, ) | 2 | 1 | 3 | 4 |
| (2, ) | 1 | 5 | 2 | 6 |
| (3, ) | 5 | 3 | 7 | 9 |

matrix($c$ ($v1$, $v2$, $v3$, $v4$), 3, 4)에서 마지막 두 숫자는 이 행렬은 열벡터 $v1$, $v2$, $v3$, $v4$를 가지며, 3개 행과 4개 열로 구성됨을 나타낸다.

만약 $A$가 행렬이고 $x$가 스칼라면, $A + x$는 $A$의 모든 원소에 $x$가 더해진 결과로 만들어진 행렬이다. 행렬을 거듭제곱하면 행렬의 각 원소가 특정 거듭제곱으로 올라간다. 예를 들어 $A$가 행렬 $[a_{i,j}]$일 때, $A^2$은 행렬 $[a^2_{i,j}]$이다. (이러한 용법은 '행렬 곱'이 따르는 보통의 방식과는 일치하지 않는다.) 행렬 A의 모든 원소를 더하기 위해서는, R 명령어인 sum(A)를 입력하기만 하면 된다. 모든 원소의 평균을 구하려면 mean(A)를 사용하면 된다. 예를 들어, 만약 행렬 A의 제곱의 합을 구하고 이를 $ss$라고 부르고 싶다면, 아래와 같이 입력하면 된다.

$> ss = \text{sum}(A^2)$
$> ss$

그러면 다음과 같은 결과를 얻을 수 있다.

[1] 260

만약 행렬 A의 각 열의 합을 계산하고 싶다면, R 명령어인 colSums(A)를 사용하면 된다; 행의 합을 위해서는 rowSUms(A)가 있다. 예를 들어, 다음을 입력하면,

> colSums(A)

다음과 같이 출력된다.

[1] 8 9 12 19

반면에

> rowSums(A)

은 다음의 결과를 만든다.

[1] 10 14 24

A의 행이나 열의 평균을 구하고 싶다면, R 명령어 중 colMeans(A)와 rowMeans(A)를 사용할 수 있다.

이제 A가 m개 행과 n개 열로 구성된 행렬일 때, 4개 숫자 $b_1, \ldots, b_m$에 대해서, 첫 번째 행의 모든 원소에서 $b_1$을 빼고, 두 번째 행의 모든 원소에서 $b_2$을 빼는 식으로 행렬을 얻고 싶다고 가정하자. 이러한 행렬을 R 명령어인 sweep을 통해 얻을 수 있다. 결과로 얻고자 하는 행렬을 B라고 하면, B는 아래와 같이 얻어진다.

$$> \quad b = c(b_1, \ldots, b_m)$$
$$> \quad B = \text{sweep}(A, 1, b)$$

예를 들어, 아래와 같이 행렬 A가 있다고 가정하자.

$$> A = \text{matrix}(c(2, 3, 3, 5, 1, 4), 2, 3)$$

$> A$

| | (, 1) | (, 2) | (, 3) |
|---|---|---|---|
| (1, ) | 2 | 3 | 1 |
| (2, ) | 3 | 5 | 4 |

행렬의 각 값을 각 행의 값들의 평균으로 빼는 것을 아래와 같이 할 수 있다.

$> \text{sweep}(A, 1, \text{rowMeans}(A))$

| | (, 1) | (, 2) | (, 3) |
|---|---|---|---|
| (1, ) | 0 | 1 | −1 |
| (2, ) | −1 | 1 | 0 |

'sweep(A, 1, $c(b_1, \ldots, b_m)$)'에서 1은 $i$행의 각 원소들에서 $b_i$를 빼려는 것을 의미한다. 만약 벡터 $c_1, \ldots, c_n$에 대하여 행렬 A의 $j$열의 각 원소들에서 $c_j$를 빼서 행렬 C를 만들고자 한다면, 아래 R 명령어를 사용하면 된다.

$$> \quad d = c(c_1, \ldots, c_n)$$
$$> \quad C = \text{sweep}(A, 2, d)$$

예를 들어, 행렬 A의 $j$열의 원소들의 평균 값을 해당 열의 원소 각각에 더하여 행렬을 만들고 싶다면, 아래와 같이 하면 된다.

$> \text{sweep}(A, 2, -\text{colMeans}(A))$

| | (, 1) | (, 2) | (, 3) |
|---|---|---|---|
| (1, ) | 4.5 | 7 | 3.5 |
| (2, ) | 5.5 | 9 | 6.5 |

이제 R을 사용해 일원 분산분석 문제를 풀 수 있는 준비가 되었다. 이제 예제 10.3.a를 보자. $i$행이 휘발유 $i$의 주행거리($i=1, 2, 3$)가 되는 행렬 G를 다음과 같이 만들 수 있다.

$$> \quad G = \text{matrix}(c(220, 244, 252, 251, 235, 272, 226, 232, 250, 246, 242, 238, 260, 225, 256), 3, 5)$$

rm이 행의 벡터를 의미하고, mm은 전체 데이터의 평균이 되도록 다음과 같이 입력하면,

$$> rm = \text{rowMeans(G)}$$
$$> mm = \text{mean(G)}$$
$$> d = rm - mm$$
$$> SSb = 5 * \text{sum}(d^2)$$
$$> SSw = \text{sum}(G^2) - 3 * 5 * mm^2 - SSb$$
$$> TS = (SSb/2)/(SSw/12)$$
$$> 1 - pf(TS, 2, 12)$$

$p$-값이 최종 출력 된다.

[1] 0.1152489

### 10.3.2 표본평균들에 대한 다중 비교

평균들이 동일하다는 귀무가설이 기각되었을 때 종종 서로 다른 표본평균 $\mu_1, \ldots, \mu_m$에 대한 비교에 관심을 갖게 되는 경우가 있다. 이러한 용도로 종종 사용되는 한 가지 절차에 $T$-방법이라는 것이 있다. 지정된 $\alpha$값에 대해 이 절차는 $\binom{m}{2}$개의 차 $\mu_i - \mu_j (i \neq j,\ i, j = 1, \ldots, m)$에 대한 결합 신뢰구간들을 제공하는데, 각각의 $\mu_i - \mu_j$가 해당 신뢰구간에 속할 확률은 $1 - \alpha$이다. $T$-방법은 다음과 같은 결과에 기초하고 있다.

모든 $i \neq j$에 대해 $1 - \alpha$의 확률로

$$X_{i.} - X_{j.} - W < \mu_i - \mu_j < X_{i.} - X_{j.} + W$$

여기에서

$$W = \frac{1}{\sqrt{n}} C(m, nm - m, \alpha) \sqrt{SS_W/(nm - m)}$$

이며, $\alpha = .05$와 $\alpha = .01$에 대한 $C(m, nm - m, \alpha)$의 값은 부록의 표 A2에서 찾을 수 있다.

### 예제 10.3b

어느 대학의 교무처장은 고등학교 세 곳에서 대학에 입학한 학생들의 1학년 평점은 출신 고등학교에 관계없이 동일하다고 주장하고 있다. 아래의 데이터는 세 곳의 고등학교 출신을 각기 무작위로 4명씩 선택하여 1학년 평점을 조사한 결과를 보여주고 있다. 5% 유의수준에서 위의 데이터는 그 교무처장의 주장을 반박하는가? 그렇다면 모든 구간들에 대해 95% 신뢰할 수 있는 출신 고등학교에 따른 평점의 차에 대한 신뢰구간들을 구하라.

| 학교 1 | 학교 2 | 학교 3 |
|---|---|---|
| 3.2 | 3.4 | 2.8 |
| 3.4 | 3.0 | 2.6 |
| 3.3 | 3.7 | 3.0 |
| 3.5 | 3.3 | 2.7 |

**풀이** 먼저 $m = 3$개의 표본이 있고 각 표본의 크기는 $n = 4$임을 기억해두자. 교재 CD상의 프로그램 10.3을 실행하여 다음과 같은 결과를 얻는다.

$$SS_W/9 = .0431$$
$$p\text{-값} = .0046$$

따라서 세 곳의 고등학교 출신 학생들의 평점은 동일하다는 가설은 기각된다.
모집단평균의 차에 대한 신뢰구간들을 구하기 위해 먼저 다음과 같이 표본평균들을 구한다.

$$X_{1.} = 3.350, \quad X_{2.} = 3.350, \quad X_{3.} = 2.775$$

부록의 표 A2에서 $C(3,\ 9,\ .05) = 3.95$를 찾는다. 따라서 $W = \frac{1}{\sqrt{4}}3.95\sqrt{.0431} = .410$이며, 아래와 같은 신뢰구간들을 구할 수 있다.

$$-.410 < \mu_1 - \mu_2 < .410$$
$$.165 < \mu_1 - \mu_3 < .985$$
$$.165 < \mu_2 - \mu_3 < .985$$

따라서 95%의 확신을 갖고 고등학교 3 출신의 1학년 학생들의 평점은 고등학교 1이나 고등학교 2 출신의 학생들보다 .165에서 .985 사이만큼 낮으며, 고등학교 1 출신의 학생들과 고등학교 2 출신의 학생들 사이의 평점의 차는 .410 미만이라고 결론내릴 수 있다. ■

### 10.3.3 표본의 크기가 다를 때의 일원 분산분석

앞 절의 모형은 각 표본의 데이터 개수가 같다고 가정하였다. 이것은 확실히 바람직한 상황이지만(이 절 끝의 메모를 참고하라), 항상 가능한 상황은 아니다. 따라서 이번에는 각각의 크기가 $n_1, n_2, \ldots, n_m$인 $m$개의 정규 표본이 있다고 가정하자. 즉, 전체 데이터는 $\sum_{i=1}^{m} n_i$개의 서로 독립인 확률변수 $X_{ij}(j = 1, \ldots, n_i,\ i = 1, \ldots, m)$로 이루어지며, 여기에서

$$X_{ij} \sim \mathcal{N}(\mu_i, \sigma^2)$$

이다. 이때 모든 평균이 동일하다는 가설 $H_0$을 검정하려 한다.

$H_0$에 대한 검정을 유도하기 위해, 식

$$\sum_{i=1}^{m}\sum_{j=1}^{n_i}(X_{ij} - E[X_{ij}])^2/\sigma^2 = \sum_{i=1}^{m}\sum_{j=1}^{n_i}(X_{ij} - \mu_i)^2/\sigma^2$$

이 자유도가 $\sum_{i=1}^{m} n_i$인 카이제곱 확률변수라는 사실에서 출발한다. 따라서 각각의 평균 $\mu_i$를 추정량인 표본 $i$ 안의 원소들의 평균인 $X_{i.}$로 대치하여 구한

$$\sum_{i=1}^{m}\sum_{j=1}^{n_i}(X_{ij} - X_{i.})^2/\sigma^2$$

은 자유도가 $\sum_{i=1}^{m} n_i - m$인 카이제곱 확률변수이다. 따라서

$$SS_W = \sum_{i=1}^{m}\sum_{j=1}^{n_i}(X_{ij} - X_{i.})^2$$

로 두면, $SS_W/(\sum_{i=1}^{m} n_i - m)$은 $\sigma^2$에 대한 비편향추정량이다.

더욱이 $H_0$이 참이고 $\mu$가 공통의 평균이면, 확률변수들 $X_{i.}\ (i = 1, \ldots, m)$는 서로 독립인 정규 확률변수들이며 평균과 분산은 다음과 같다.

$$E[X_{i.}] = \mu, \quad \mathrm{Var}(X_{i.}) = \sigma^2/n_i$$

따라서 $H_0$이 참일 때

$$\sum_{i=1}^{m}\frac{(X_{i.} - \mu)^2}{\sigma^2/n_i} = \sum_{i=1}^{m} n_i(X_{i.} - \mu)^2/\sigma^2$$

은 자유도 $m$의 카이제곱 확률변수이며, 위의 식에서 $\mu$를 추정량인 모든 $X_{ij}$의 평균 $X_{..}$로 대치하여 얻은 통계량

$$\sum_{i=1}^{m} n_i(X_{i.} - X_{..})^2/\sigma^2$$

은 자유도가 $m-1$인 카이제곱 확률변수이다. 따라서

$$SS_b = \sum_{i=1}^{m} n_i(X_{i.} - X_{..})^2$$

라고 두면, $H_0$이 참일 때 $SS_b/(m-1)$도 $\sigma^2$에 대한 비편향추정량이다. $H_0$이 참일 때 $SS_b$와 $SS_W$가 서로 독립임을 보일 수 있으므로, 이러한 조건하에서 통계량

$$\frac{SS_b/(m-1)}{SS_W \Big/ \left(\sum_{i=1}^{m} n_i - m\right)}$$

은 분자의 자유도가 $m-1$이고 분모의 자유도가 $\sum_{i=1}^{m} n_i - m$인 $F$-확률변수임을 알 수 있다. 이러한 사실로부터 귀무가설

$$H_0 : \mu_1 = \cdots = \mu_m$$

에 대한 유의수준 $\alpha$ 검정은 다음과 같다.

$$\frac{SS_b/(m-1)}{SS_W \Big/ \left(\sum_{i=1}^{m} n_i - m\right)} > F_{m-1,N,\alpha} \text{ 이면 } H_0\text{을 기각한다}\left(N = \sum_i n_i - m\right).$$

그렇지 않으면 $H_0$을 기각하지 않는다.

### 메모

표본들의 크기가 각기 다를 때, 이를 **불균형인** 상태라고 한다. 가급적 불균형 상태의 실험을 설계하는 것보다는 균형 상태의 실험을 설계하는 것이 낫다. 예를 들면, 균형 상태로 설계된 실험에서는 모집단분산들이 동일하다는 가정에서 약간 벗어나더라도 검정통계량에 미치는 영향이 비교적 크지 않다(즉, 균형 상태의 설계는 불균형 상태의 설계보다 견실성이 높다).

## 10.4 이원 분산분석 : 원리와 모수의 추정

10.3절의 모형을 통해 데이터에 대한 한 요인의 효과를 조사하는 일이 가능하였지만, 여러 요인에 대한 조사가 필요한 상황도 있다. 이 절에서는 각 데이터 값에 영향을 미치는 요인에 두 가지가 있다고 가정한다.

### 예제 10.4a

5명의 학생 각각에게 네 가지의 서로 다른 읽기 능력 표준시험을 치르게 하여 얻은 점수를 아래의 표에 나타내고 있다. 이 표에 나타난 20개의 데이터 값 각각은 두 가지 요인에 의해 영향을 받는데, 바로 시험의 종류와 해당 학생이다. 시험 요인은 4가지의 가능한 값, 즉 **수준**을 가지며, 학생 요인은 5개의 가능한 수준을 갖는다.

| | 학생 | | | | |
|---|---|---|---|---|---|
| 시험 | 1 | 2 | 3 | 4 | 5 |
| 1 | 75 | 73 | 60 | 70 | 86 |
| 2 | 78 | 71 | 64 | 72 | 90 |
| 3 | 80 | 69 | 62 | 70 | 85 |
| 4 | 73 | 67 | 63 | 80 | 92 |

일반적으로 첫 번째 요인에는 $m$개의 가능한 수준이 있고 두 번째 요인에는 $n$개의 가능한 수준이 있다고 가정하기로 하자. $X_{ij}$는 첫 번째 요인의 수준이 $i$이고 두 번째 요인의 수준이 $j$일 때의 값을 나타낸다고 하자. 이러한 데이터를 흔히 다음과 같은 행과 열로 이루어지는 배열로 표현한다.

$$\begin{matrix} X_{11} & X_{12} & \ldots & X_{1j} & \ldots & X_{1n} \\ X_{21} & X_{22} & \ldots & X_{2j} & \ldots & X_{2n} \\ X_{i1} & X_{i2} & \ldots & X_{ij} & \ldots & X_{in} \\ X_{m1} & X_{m2} & \ldots & X_{mj} & \ldots & X_{mn} \end{matrix}$$

이러한 배열상의 배치로 인해 첫 번째 요인을 "행" 요인이라고 하고, 두 번째 요인을 "열" 요인이라고 한다.

10.3절에서와 같이 데이터 $X_{ij}(i = 1,\ldots, m,\ j = 1,\ldots, n)$는 서로 독립인 정규 확률변수들이며 공통의 분산 $\sigma^2$을 갖는다고 가정한다. 그런데 10.3절에서는 한 가지 요인, 즉, 데이터가 속한 표본만이 데이터의 평균값에 영향을 미친다고 가정하였지만, 이 절에서는 행과 열의 요인들이 덧셈으로 결합되어 데이터의 평균값에 영향을 미친다고 가정한다. 10.3절의 모형에서 $X_{ij}$가 표본 $i$의 $j$번째 원소를 나타낸다면, 이 모형을 다음과 같은 기호로 표현할 수 있다.

$$E[X_{ij}] = \mu_i$$

그런데 $\mu$가 $\mu_i$들의 평균값을 나타낼 경우, 즉,

$$\mu = \sum_{i=1}^{m} \mu_i / m$$

일 경우, 이 모형을

$$E[X_{ij}] = \mu + \alpha_i$$

와 같이 표현할 수 있다. 여기에서 $\alpha_i = \mu_i - \mu$ 이다. $\mu_i$의 평균값으로부터의 편차로 정의된 $\alpha_i$에 대해 다음 식이 성립한다는 것을 쉽게 알 수 있다.

$$\sum_{i=1}^{m} \alpha_i = 0$$

이원 가산 모형을 행 편차와 열 편차를 이용하여 표현할 수도 있다. $\mu_{ij} = E[X_{ij}]$라고 두면, 이원 가산 모형은 어떤 상수들 $a_i \ (i = 1, \ldots, m)$와 $b_j \ (j = 1, \ldots, n)$에 대해 다음의 관계를 가정한다.

$$\mu_{ij} = a_i + b_j$$

**평균**을 의미하는 방점(.) 기호를 사용하여

$$\mu_{i.} = \sum_{j=1}^{n} \mu_{ij} / n, \qquad \mu_{.j} = \sum_{i=1}^{m} \mu_{ij} / m, \qquad \mu_{..} = \sum_{i=1}^{m} \sum_{j=1}^{n} \mu_{ij} / nm$$

와

$$a_. = \sum_{i=1}^{m} a_i / m, \qquad b_. = \sum_{j=1}^{n} b_j / n$$

라고 둔다. 이때 다음의 관계가 성립한다.

$$\mu_{i.} = \sum_{j=1}^{n} (a_i + b_j) / n = a_i + b_.$$

마찬가지로 다음의 관계들도 성립한다.

$$\mu_{.j} = a_. + b_j, \qquad \mu_{..} = a_. + b_.$$

이제

$$\begin{aligned} \mu &= \mu_{..} = a_. + b_. \\ \alpha_i &= \mu_{i.} - \mu = a_i - a_. \\ \beta_j &= \mu_{.j} - \mu = b_j - b_. \end{aligned}$$

라고 두면, 이원 가산 모형은

$$\mu_{ij} = E[X_{ij}] = \mu + \alpha_i + \beta_j$$

와 같이 표현될 수 있다. 이때

$$\sum_{i=1}^{m}\alpha_i = \sum_{j=1}^{n}\beta_j = 0$$

이다. $\mu$ 값은 **총평균**이라 불리며, $\alpha_i$는 행 $i$로 인한 총평균으로부터의 편차, $\beta_j$는 열 $j$로 인한 총평균으로부터의 편차이다.

이제 모수 $\mu$, $\alpha_i$, $\beta_j$($i=1,\ldots, m$, $j=1,\ldots, n$) 등에 대한 추정량들을 구해보자. 이를 위해 방점 기호를 사용하여 다음과 같이 정의한다.

$$X_{i.} = \sum_{j=1}^{n} X_{ij}/n = \text{행 } i\text{의 값들의 평균}$$

$$X_{.j} = \sum_{i=1}^{m} X_{ij}/m = \text{열 } j\text{의 값들의 평균}$$

$$X_{..} = \sum_{i=1}^{m}\sum_{j=1}^{n} X_{ij}/nm = \text{모든 데이터 값들의 평균}$$

이제 다음의 결과를 얻는다.

$$\begin{aligned} E[X_{i.}] &= \sum_{j=1}^{n} E[X_{ij}]/n \\ &= \mu + \sum_{j=1}^{n}\alpha_i/n + \sum_{j=1}^{n}\beta_j/n \\ &= \mu + \alpha_i \qquad \sum_{j=1}^{n}\beta_j = 0 \text{ 이므로} \end{aligned}$$

마찬가지로 다음의 결과가 성립한다.

$$\begin{aligned} E[X_{.j}] &= \mu + \beta_j \\ E[X_{..}] &= \mu \end{aligned}$$

위의 결과는

$$\begin{aligned} E[X_{..}] &= \mu \\ E[X_{i.} - X_{..}] &= \alpha_i \\ E[X_{.j} - X_{..}] &= \beta_j \end{aligned}$$

와 같으므로, $\mu$, $\alpha_i$, $\beta_j$ 등에 대한 비편향추정량 $\hat{\mu}, \hat{\alpha}_i, \hat{\beta}_j$은 다음과 같이 주어진다.

$$\begin{aligned} \hat{\mu} &= X_{..} \\ \hat{\alpha}_i &= X_{i.} - X_{..} \\ \hat{\beta}_j &= X_{.j} - X_{..} \quad \blacksquare \end{aligned}$$

### 예제 10.4b

예제 10.4a로부터의 아래 데이터는 5명의 학생 각각에게 네 가지의 서로 다른 읽기 능력 표준시험을 치르게 하여 얻은 점수를 나타낸다. 이 데이터를 사용하여 모형의 모수들을 추정하라.

| 시험 | 학생 1 | 2 | 3 | 4 | 5 | 행 합계 | $X_{i.}$ |
|---|---|---|---|---|---|---|---|
| 1 | 75 | 73 | 60 | 70 | 86 | 364 | 72.8 |
| 2 | 78 | 71 | 64 | 72 | 90 | 375 | 75 |
| 3 | 80 | 69 | 62 | 70 | 85 | 366 | 73.2 |
| 4 | 73 | 67 | 63 | 80 | 92 | 375 | 75 |
| 열 합계 | 306 | 280 | 249 | 292 | 353 | 1,480 | ← 총 합계 |
| $X_{.j}$ | 76.5 | 70 | 62.25 | 73 | 88.25 | $X_{..} = \frac{1,480}{20} = 74$ | |

**풀이** 추정량들은 다음과 같다.

$$\hat{\mu} = 74$$

$$\begin{aligned}
&\hat{\alpha}_1 = 72.8 - 74 = -1.2 && \hat{\beta}_1 = 76.5 - 74 = 2.5 \\
&\hat{\alpha}_2 = 75 - 74 = 1 && \hat{\beta}_2 = 70 - 74 = -4 \\
&\hat{\alpha}_3 = 73.2 - 74 = -.8 && \hat{\beta}_3 = 62.25 - 74 = -11.75 \\
&\hat{\alpha}_4 = 75 - 74 = 1 && \hat{\beta}_4 = 73 - 74 = -1 \\
& && \hat{\beta}_5 = 88.25 - 74 = 14.25
\end{aligned}$$

따라서 예를 들어 학생들 중의 한 명을 무작위로 선택하여 무작위로 선택된 시험을 치르게 할 경우, 평균 점수에 대한 추정치는 $\hat{\mu} = 74$일 것이다. 시험 $i$가 선택되었다는 것을 들었다면, 평균 점수에 대한 추정치는 $\hat{\alpha}_i$만큼 증가할 것이며, 학생 $j$가 선택되었다는 것을 들었다면, 평균 점수에 대한 추정치는 $\hat{\beta}_j$만큼 증가할 것이다. 따라서 예를 들어 학생 2가 시험 1을 치렀을 때의 점수는 평균이 $\hat{\mu} + \hat{\alpha}_i + \hat{\beta}_j = 74 - 1.2 - 4 = 68.8$인 확률변수의 값이라고 추정할 것이다. ■

## 10.5 이원 분산분석 : 가설검정

데이터 $X_{ij}(i = 1,\ldots, m,\ j = 1,\ldots, n)$에 대한 이원 모형에 대해 생각해보자. 이 데이터들은 서로 독립인 정규 확률변수이며, 공통의 분산은 $\sigma^2$이고 평균은 다음 식을 만족하는 것으로 가정된다.

$$E[X_{ij}] = \mu + \alpha_i + \beta_j$$

여기에서 $\alpha_i$와 $\beta_j$는 다음 조건을 만족한다.

$$\sum_{i=1}^{m} \alpha_i = \sum_{j=1}^{n} \beta_j = 0$$

이 절에서는 다음의 가설을 검정하는 데 관심을 갖는다.

$$H_0 : \text{모든 } \alpha_i\text{가 } 0\text{과 같다.}$$

대

$$H_1 : \text{모든 } \alpha_i\text{가 } 0\text{과 같지는 않다.}$$

위의 귀무가설은 행의 효과는 없음을 의미한다. 즉, 데이터 값은 행 요소의 값에 영향을 받지 않음을 의미한다.

또한 열에 대한 유사한 아래의 가설에 대해 검정하는 데에도 관심을 갖는다.

$$H_0 : \text{모든 } \beta_j\text{는 } 0\text{과 같다.}$$

대

$$H_1 : \text{모든 } \beta_j\text{가 } 0\text{과 같지는 않다.}$$

위의 귀무가설들에 대한 검정을 구하기 위해, 분산 $\sigma^2$에 대해 두 가지 추정량을 유도하는 분산분석 방식을 적용할 것이다. 첫 번째의 추정량은 항상 유효한 추정량인 반면, 두 번째의 추정량은 귀무가설이 참일 때만 유효한 추정량이다. 그리고 두 번째 추정량은 귀무가설이 참이 아닐 때 $\sigma^2$을 과대하게 추정하는 경향이 있다.

$\sigma^2$에 대한 첫 번째의 추정량을 구하기 위해

$$\sum_{i=1}^{m}\sum_{j=1}^{n}(X_{ij} - E[X_{ij}])^2/\sigma^2 = \sum_{i=1}^{m}\sum_{j=1}^{n}(X_{ij} - \mu - \alpha_i - \beta_j)^2/\sigma^2$$

이 자유도가 $nm$인 카이제곱 확률변수라는 사실에서 출발한다. 위의 식에서 미지의 모수들인 $\mu$, $\alpha_1$, $\alpha_2, \ldots, \alpha_m$, $\beta_1$, $\beta_2, \ldots, \beta_n$을 추정량인 $\hat{\mu}, \hat{\alpha}_1, \hat{\alpha}_2, \ldots, \hat{\alpha}_m$, $\hat{\beta}_1, \hat{\beta}_2, \ldots, \hat{\beta}_n$로 대치하여 얻은 식은 여전히 카이제곱 확률변수이지만 추정량으로 대치된 모수마다 자유도 1을 잃는다. 몇 개의 모수를 추정해야 할지 결정하기 위해 먼저 $\sum_{i=1}^{m}\alpha_i = \sum_{j=1}^{n}\beta_j = 0$임을 상기하기 바란다. 모든 $\alpha_i$의 합이 0이므로, $\alpha_i$들 중 $m-1$개만 추정하면 나머지 하나는 저절로 얻게 된다. 따라서 추정량 $\hat{\alpha}_i$ 모두를 얻기 위해 $m-1$개의 모수만 추정하면 된다. 동일한 이유로 $\beta_j$들에 대해서는 $n-1$개만 추정하면 된다. $\mu$도 추정되어야 하므로 추정할 필요가 있는 모수의 수는 $1 + m - 1 + n - 1 = n + m - 1$이다. 따라서

$$\sum_{i=1}^{m}\sum_{j=1}^{n}(X_{ij} - \hat{\mu} - \hat{\alpha}_i - \hat{\beta}_j)^2/\sigma^2$$

은 자유도가 $nm - (n + m - 1) = (n-1)(m-1)$인 카이제곱 확률변수이다.

$\hat{\mu} = X_{..}$, $\hat{\alpha}_i = X_{i.} - X_{..}$, $\hat{\beta}_j = X_{.j} - X_{..}$이므로 $\hat{\mu} + \hat{\alpha}_i + \hat{\beta}_j = X_{i.} + X_{.j} - X_{..}$이며, 따라서

$$\sum_{i=1}^{m}\sum_{j=1}^{n}(X_{ij} - X_{i.} - X_{.j} + X_{..})^2/\sigma^2 \tag{10.5.1}$$

은 자유도가 $(n-1)(m-1)$인 카이제곱 확률변수이다.

## 정의

통계량 $SS_e$은

$$SS_e = \sum_{i=1}^{m}\sum_{j=1}^{n}(X_{ij} - X_{i.} - X_{.j} + X_{..})^2$$

와 같이 정의되며 **오차제곱합(error sum of squares)**이라고 불린다.

어떤 값과 그 값에 대한 추정 평균 사이의 차를 "오차"로 간주할 경우, $SS_e$는 오차제곱합과 같다. $SS_e/\sigma^2$은 식 (10.5.1)과 같으므로, $SS_e/\sigma^2$은 자유도가 $(n-1)(m-1)$인 카이제곱 확률변수이다. 카이제곱 확률변수의 기댓값은 자유도와 같으므로 다음 결과를 얻는다.

$$E[SS_e/\sigma^2] = (n-1)(m-1)$$

즉,

$$E[SS_e/(n-1)(m-1)] = \sigma^2$$

따라서

$$SS_e/(n-1)(m-1)$$

은 $\sigma^2$에 대한 비편향추정량이다.

이제 행의 효과가 없다는 귀무가설을 검정한다고 하자. 즉, 다음의 가설에 대한 검정을 살펴보자.

$$H_0 : \text{모든 } \alpha_i\text{는 0이다.}$$

대

$$H_1 : \text{모든 } \alpha_i\text{가 0은 아니다.}$$

$\sigma^2$에 대한 두 번째 추정량을 얻기 위해, 행의 평균들이 $X_{i.}$ $(i = 1, \ldots, m)$로 주어져 있다고 하자. $H_0$이 참일 때, 각 $\alpha_i$는 0과 같으며, 따라서 다음의 결과를 얻는다.

$$E[X_{i.}] = \mu + \alpha_i = \mu$$

각 $X_{i.}$는 각기 분산이 $\sigma^2$인 $n$개의 확률변수들에 대한 합이므로 다음의 결과를 얻는다.

$$\mathrm{Var}(X_{i.}) = \sigma^2/n$$

따라서 $H_0$이 참일 때

$$\sum_{i=1}^{m}(X_{i.} - E[X_{i.}])^2/\mathrm{Var}(X_{i.}) = n\sum_{i=1}^{m}(X_{i.} - \mu)^2/\sigma^2$$

은 자유도가 $m$인 카이제곱 확률변수이다. 이제 위의 식에서 $\mu$를 그에 대한 추정량인 $X_{..}$로 대치하여 구한 식은 여전히 카이제곱 확률변수이지만 자유도가 1만큼 감소한다. 따라서 다음과 같은 결과가 성립한다.

$H_0$이 참일 때

$$n\sum_{i=1}^{m}(X_{i.} - X_{..})^2/\sigma^2$$

은 자유도가 $m-1$인 카이제곱 확률변수이다.

**정의**

통계량 $SS_r$

$$SS_r = n\sum_{i=1}^{m}(X_{i.} - X_{..})^2$$

와 같이 정의되며, **행의 제곱합(row sum of squares)**이라 부른다.

앞에서 $H_0$이 참일 때 $SS_r/\sigma^2$은 자유도가 $m-1$인 카이제곱 확률변수임을 살펴본 바 있다. 따라서 $H_0$이 참일 때,

$$E[SS_r/\sigma^2] = m - 1$$

즉,

$$E[SS_r/(m-1)] = \sigma^2$$

임을 알 수 있다. 또한, $H_0$이 참이 아닐 때는 $SS_r/(m-1)$은 $\sigma^2$보다 큰 값을 갖는 경향이 있음을 보일 수 있다. 여기에서도 $\sigma^2$에 대한 두 가지 추정량을 구하였다. 첫 번째 추정량인 $SS_e/(n-1)(m-1)$은 귀무가설이 참이든 거짓이든 유효한 추정량인 반면, 두 번째 추정량인 $SS_r/(m-1)$은 $H_0$이 참일 때만 $\sigma^2$에 대해 유효한 추정량이며 $H_0$이 참이 아닐 때는 $\sigma^2$보다 큰 값을 갖는 경향이 있다.

행의 효과가 없다는 귀무가설 $H_0$에 대한 검정은 $\sigma^2$에 대한 두 가지 추정량의 비율에 기초한다. 특히 검정통계량

$$TS = \frac{SS_r/(m-1)}{SS_e/(n-1)(m-1)}$$

이 사용된다. $H_0$이 참일 때 $\sigma^2$에 대한 두 가지 추정량은 서로 독립임을 보일 수 있으며, 따라서 유의수준 $\alpha$ 검정은 다음과 같다.

$TS \geq F_{m-1,(n-1)(m-1),\alpha}$이면 $H_0$을 기각한다.
그렇지 않으면 $H_0$을 기각하지 않는다.

검정을 위한 또 다른 방법은 $p$-값을 계산하는 것이다. 검정통계량의 값이 $v$이면, $p$-값은 다음과 같이 주어진다.

$$p\text{-값} = P\{F_{m-1,(n-1)(m-1)} \geq v\}$$

이제 열의 효과가 없다는 귀무가설, 즉 모든 $\beta_j$가 0은 아니라는 가설을 검정한다고 하자. 그 결과는 표 10.2에 요약되어 있다. R을 $p$-값을 계산하는데 사용할 수도 있다.

**표 10.2** 이원 분산분석(ANOVA)

| | 제곱합 | 자유도 |
|---|---|---|
| 행 | $SS_r = n\sum_{i=1}^{m}(X_{i.} - X_{..})^2$ | $m-1$ |
| 열 | $SS_c = \sum_{j=1}^{n}(X_{.j} - X_{..})^2$ | $n-1$ |
| 오차 | $SS_e = \sum_{i=1}^{m}\sum_{j=1}^{n}(X_{ij} - X_{i.} - X_{.j} + X_{..})^2$ | $(n-1)(m-1)$ |

$N = (n-1)(m-1)$ 로 둔다.

| 귀무가설 | 검정통계량 | 유의수준 $\alpha$ 검정 | $TS = v$에 대한 $p$-값 |
|---|---|---|---|
| 모든 $\alpha_i = 0$ | $\frac{SS_r/(m-1)}{SS_e/N}$ | $TS \geq F_{m-1,N,\alpha}$ 이면 기각한다. | $P\{F_{m-1,N} \geq v\}$ |
| 모든 $\beta_j = 0$ | $\frac{SS_c/(n-1)}{SS_e/N}$ | $TS \geq F_{n-1,N,\alpha}$ 이면 기각한다. | $P\{F_{n-1,N} \geq v\}$ |

### 예제 10.5a

아래의 데이터*는 1970년에서 1977년 사이에 열 방출지역 가까이 위치한 6곳의 관측소에서 채집된 서로 다른 대형무척추동물 종의 수를 나타낸다.

* 출처 : Wartz and Skinner, "A 12-year macroinvertebrate study in the vicinity of 2 thermal discharges to the Susquehanna River near York Haven, PA." *Jour. of Testing and Evaluation*. Vol. 12. No. 3, May 1984, 157-163.

| | 관측소 | | | | | |
|---|---|---|---|---|---|---|
| **연도** | **1** | **2** | **3** | **4** | **5** | **6** |
| 1970 | 53 | 35 | 31 | 37 | 40 | 43 |
| 1971 | 36 | 34 | 17 | 21 | 30 | 18 |
| 1972 | 47 | 37 | 17 | 31 | 45 | 26 |
| 1973 | 55 | 31 | 17 | 23 | 43 | 37 |
| 1974 | 40 | 32 | 19 | 26 | 45 | 37 |
| 1975 | 52 | 42 | 20 | 27 | 26 | 32 |
| 1976 | 39 | 28 | 21 | 21 | 36 | 28 |
| 1977 | 40 | 32 | 21 | 21 | 36 | 35 |

(a) 연도에 따른 데이터상의 변화가 없다는 가설과 (b) 관측소에 따른 데이터상의 변화가 없다는 가설을 검정하기 위해 R을 사용한다.

```
>   v1 = c(53, 36, 47, 55, 40, 52, 39, 40)
>   v2 = c(35, 34, 37, 31, 32, 42, 28, 32)
>   v3 = c(31, 17, 17, 17, 19, 20, 21, 21)
>   v4 = c(37, 21, 31, 23, 26, 27, 21, 21)
>   v5 = c(40, 32, 45, 43, 45, 26, 36, 36)
>   v6 = c(43, 18, 26, 37, 37, 32, 28, 35)
>   X = matrix(c(v1, v2, v3, v4, v5, v6), 8, 6)
>   H = sweep(X, 1, rowMeans(X)) + mean(X)
>   C = sweep(H, 2, colMeans(X))
>   SSe = sum(C^2)
>   D = rowMeans(X) - mean(X)
>   SSr = 6 * sum(D^2)
>   E = colMeans(X) - mean(X)
>   SSc = 8 * sum(E^2)
>   TSrow = (SSr/7)/(SSe/35)
>   TSrow
[1] 3.602264
>   1 - pf(TSrow, 7, 35)
[1] 0.005037051
>   TScol = (SSc/5)/(SSe/35)
>   TScol
[1] 22.67062
>   1 - pf(TScol, 5, 35)
[1] 4.413647e - 10
```

따라서 데이터 분포가 연도에 종속되지 않는다는 가설을 검정하기 위한 F-통계량 값은 3.602이며 $p$-값은 0.005다; 그리고 데이터 분포가 관측소에 종속되지 않는다는 가설을 검정하기 위한 F-통계량은 22.67이며, $p$-값은 $4 \times 10^{-10}$이다. 그러므로 두 가설 모두 아주 작은 유의수준에서도 기각된다. ■

## 10.6 상호작용이 있는 경우의 이원 분산분석

10.4절과 10.5절에서 데이터의 분포가 행 요인과 열 요인이라는 두 가지 요인에 종속되는 실험에 대해 살펴보았다. 특히 $i$번째 행 $j$번째 열의 데이터 값 $X_{ij}$의 평균값은 그 원소가 속한 행에 종속되는 항과 열에 종속되는 항의 합으로 표현될 수 있다고 가정하였다. 즉, 다음과 같이 가정하였다.

$$X_{ij} \sim \mathcal{N}(\mu + \alpha_i + \beta_j, \sigma^2), \quad i = 1, \ldots, m, \quad j = 1, \ldots, n$$

그런데 이 모형의 한 가지 약점은 행의 효과와 열의 효과가 가산 방식으로 작용한다고 가정하여 행과 열 사이의 상호작용이 있을 가능성을 배제하였다는 것이다.

예를 들어 네 명의 근로자가 세 대의 기계를 사용하여 생산한 제품들 중 불량품 개수의 평균을 비교하기 위해 설계된 실험이 있다고 하자. 이러한 데이터를 분석할 때 특정 기계를 사용한 결과로 발생한 불량품의 증가분이 각 근로자에 대해 동일하다고 가정할 수도 있겠지만, 같은 기계라도 근로자에 따라 달라질 수도 있다. 즉, 가산 모형에서는 설명할 수 없는 근로자와 사람 사이의 상호작용이 존재할 수도 있다.

행과 열 사이의 상호작용 가능성을 허용하기 위해

$$\mu_{ij} = E[X_{ij}]$$

라고 두고 $\mu$, $\alpha_i$, $\beta_j$, $\gamma_{ij}$, $(i = 1, \ldots, m,\ j = 1, \ldots, n)$ 등을 다음과 같이 정의한다.

$$\begin{aligned}
\mu &= \mu_{..} \\
\alpha_i &= \mu_{i.} - \mu_{..} \\
\beta_j &= \mu_{.j} - \mu_{..} \\
\gamma_{ij} &= \mu_{ij} - \mu_{i.} - \mu_{.j} + \mu_{..}
\end{aligned}$$

이로부터

$$\mu_{ij} = \mu + \alpha_i + \beta_j + \gamma_{ij}$$

와 같이 표현될 수 있으며, 아래의 사실을 쉽게 확인할 수 있다.

$$\sum_{i=1}^{m} \alpha_i = \sum_{j=1}^{n} \beta_j = \sum_{i=1}^{m} \gamma_{ij} = \sum_{j=1}^{n} \gamma_{ij} = 0$$

모수 $\mu$는 $nm$개의 평균값들에 대한 평균이며 **총평균(grand mean)**이라 부른다. 모수 $\alpha_i$는 $i$번째 행에 있는 변수들의 평균값들의 평균이 총평균보다 얼마나 큰지를 나타내며, **행 i의 효과**라고 부른다. 모수 $\beta_j$는 $j$번째 열에 있는 변수들의 평균값들의 평균이 총평균보다 얼마나 큰지를 나타내며, **열 j의 효과**라고 부른다. 모수 $\gamma_{ij} = \mu_{ij} - (\mu + \alpha_i + \beta_j)$는 $\mu_{ij}$가 총평균, 행 $i$로 인한 증가분, 열 $j$로 인한 증가분 등을 합한 값이 총평균보다 얼마나 큰지를 나타낸다.

이 값은 평균값 $\mu_{ij}$가 행과 열을 더한 값에서 얼마나 차이가 나는지에 대한 측도로 볼 수 있으며, **행 i와 열 j 사이의 상호작용**이라고 부른다.

행과 열 사이의 상호작용이 없다는 가설, 즉 가설 $\gamma_{ij}=0$을 검정할 수 있기 위해서는 각 쌍의 요인들에 대해 둘 이상의 관측 자료가 필요하다. 따라서 각 열과 행에 대해 $l$ 개의 관측 데이터가 있다고 가정하자. 즉, 데이터는 $\{X_{ijk}\,(i=1,\ldots,m,\ j=1,\ldots,n,\ k=1,\ldots,l)\}$인데, 여기에서 $X_{ijk}$는 $i$번째 행 $j$번째 열의 $k$번째 관측 데이터를 나타낸다. 모든 관측은 서로 독립이며, 분산이 $\sigma^2$인 정규 확률변수이므로, 우리의 모형은

$$X_{ijk} \sim \mathcal{N}(\mu+\alpha_i+\beta_j+\gamma_{ij},\sigma^2)$$

이며, 아래의 조건이 성립한다.

$$\sum_{i=1}^{m}\alpha_i=\sum_{j=1}^{n}\beta_j=\sum_{i=1}^{m}\gamma_{ij}=\sum_{j=1}^{n}\gamma_{ij}=0 \tag{10.6.1}$$

이제 위의 모수들을 추정하고 아래의 귀무가설들에 대한 검정을 살펴보자.

$$\begin{aligned} H_0^r &: \textbf{모든 } i\textbf{에 대해}\ \ \alpha_i=0 \\ H_0^c &: \textbf{모든 } j\textbf{에 대해}\ \ \beta_j=0 \\ H_0^{int} &: \textbf{모든 } i,j\textbf{에 대해}\ \ \gamma_{ij}=0 \end{aligned}$$

즉, $H_0^r$은 행의 효과가 없다는 가설이고, $H_0^c$은 열의 효과가 없다는 가설이며, $H_0^{int}$은 행과 열 사이의 상호작용이 없다는 가설이다.

모수들의 추정을 위해 식 (10.8)과 등식

$$E[X_{ijk}]=\mu_{ij}=\mu+\alpha_i+\beta_j+\gamma_{ij}$$

으로부터 쉽게 증명할 수 있는 아래의 사실들을 이용한다.

$$\begin{aligned} E[X_{ij.}] &= \mu_{ij}=\mu+\alpha_i+\beta_j+\gamma_{ij} \\ E[X_{i..}] &= \mu+\alpha_i \\ E[X_{.j.}] &= \mu+\beta_j \\ E[X_{...}] &= \mu \end{aligned}$$

따라서 모수 위에 삿갓(^) 기호를 씌워 해당 모수에 대한 추정량을 나타내는 기호로 삼아 위의 모수들에 대한 비편향추정량들을 아래와 같이 표현할 수 있다.

$$\begin{aligned} \hat{\mu} &= X_{...} \\ \hat{\beta}_j &= X_{.j.}-X_{...} \\ \hat{\alpha}_i &= X_{i..}-X_{...} \\ \hat{\gamma}_{ij} &= X_{ij.}-\hat{\mu}-\hat{\beta}_j-\hat{\alpha}_i = X_{ij.}-X_{i..}-X_{.j.}+X_{...} \end{aligned}$$

$H_0^{int}$, $H_0^r$, $H_0^c$ 등의 귀무가설에 대한 검정을 개발하기 위해,

$$\sum_{k=1}^{l}\sum_{j=1}^{n}\sum_{i=1}^{m}\frac{(X_{ijk}-\mu-\alpha_i-\beta_j-\gamma_{ij})^2}{\sigma^2}$$

은 자유도가 $nml$인 카이제곱 확률변수라는 사실에서 출발한다. 따라서

$$\sum_{k=1}^{l}\sum_{j=1}^{n}\sum_{i=1}^{m}\frac{(X_{ijk}-\hat{\mu}-\hat{\alpha}_i-\hat{\beta}_j-\hat{\gamma}_{ij})^2}{\sigma^2}$$

도 카이제곱 확률변수이지만, 추정되는 모수마다 1개씩 자유도를 잃는다. $\sum_i \alpha_i = 0$이므로 $m-1$개의 $\alpha_i$를 추정할 필요가 있다. 마찬가지로 $n-1$개의 $\beta_j$를 추정할 필요가 있다.

또한 $\sum_i \gamma_{ij} = \sum_j \gamma_{ij} = 0$이므로, $m$ 개의 행과 $n$ 개의 열을 갖는 직사각형 배열에 모든 $\gamma_{ij}$를 배치하면, 각 행의 합과 각 열의 합이 0이 된다. 따라서 마지막 행과 마지막 열의 값들은 다른 항들의 값들을 이용하여 결정될 수 있다. 따라서 $(m-1)(n-1)$개의 값들만 추정하면 된다. 또한, $\mu$를 추정해야 하므로, 추정해야 할 모수의 총 개수는

$$n-1+m-1+(n-1)(m-1)+1 = nm$$

와 같다. 그리고

$$\hat{\mu}+\hat{\alpha}_i+\hat{\beta}_j+\hat{\gamma}_{ij} = X_{ij.}$$

이므로,

$$SS_e = \sum_{k=1}^{l}\sum_{j=1}^{n}\sum_{i=1}^{m}(X_{ijk}-X_{ij.})^2$$

로 두면 위의 사실로부터 $\frac{SS_e}{\sigma^2}$은 자유도가 $nm(l-1)$인 카이제곱 확률변수임을 알 수 있다. 따라서

$$\frac{SS_e}{nm(l-1)} \text{ 은 } \sigma^2\text{에 대한 비편향추정량이다.}$$

이제 행과 열 사이에 어떠한 상호작용도 없다는 가설을 검정한다고 하자. 즉, 다음에 대해 검정하고자 한다.

$$H_0^{int}: \gamma_{ij} = 0, \qquad i = 1,\ldots,m, \qquad j = 1,\ldots,n$$

$H_0^{int}$이 참이면, 확률변수 $X_{ij.}$들은 아래와 같은 평균을 갖는 정규 확률변수이다.

$$E[X_{ij.}] = \mu+\alpha_i+\beta_j$$

또한, 각 항은 분산이 $\sigma^2$인 $l$개의 정규 확률변수들의 평균이므로,

$$\mathrm{Var}(X_{ij.}) = \sigma^2/l$$

이 성립한다. 따라서 상호작용이 없다는 가정 하에서

$$\sum_{j=1}^{n}\sum_{i=1}^{m}\frac{l(X_{ij.}-\mu-\alpha_i-\beta_j)^2}{\sigma^2}$$

은 자유도가 $nm$인 카이제곱 확률변수이다. 추정되어야 할 모수는 $\mu$, $\alpha_i$ $(i = 1,\ldots, m)$, $\beta_j$ $(j = 1,\ldots, n)$ 등 총 $1 + m - 1 + n - 1 = n + m - 1$개이므로,

$$SS_{int} = \sum_{j=1}^{n}\sum_{i=1}^{m} l(X_{ij.}-\hat{\mu}-\hat{\alpha}_i-\hat{\beta}_j)^2 = \sum_{j=1}^{n}\sum_{i=1}^{m} l(X_{ij.}-X_{i..}-X_{.j.}+X_{...})^2$$

라고 두면, 가설 $H_0^{int}$ 하에서

$\dfrac{SS_{int}}{\sigma^2}$은 자유도가 $(n-1)(m-1)$인 카이제곱 확률변수이다.

따라서 상호작용이 없다는 가정 하에서

$\dfrac{SS_{int}}{(n-1)(m-1)}$은 $\sigma^2$에 대한 비편향추정량이다.

상호작용이 없다는 가정 하에서 $SS_e$와 $SS_{int}$는 서로 독립임을 보일 수 있으므로, $H_0^{int}$이 참일 때

$$F_{int} = \frac{SS_{int}/(n-1)(m-1)}{SS_e/nm(l-1)}$$

은 분자의 자유도는 $(n-1)(m-1)$이고 분모의 자유도는 $nm(l-1)$인 $F$-확률변수이다. 이로부터

$$H_0^{int} : \text{모든 } \gamma_{ij} = 0$$

에 대한 다음과 같은 유의수준 $\alpha$ 검정을 얻을 수 있다.

$\dfrac{SS_{int}/(n-1)(m-1)}{SS_e/nm(l-1)} > F_{(n-1)(m-1),nm(l-1),\alpha}$ 이면 $H_0^{int}$을 기각한다.

그렇지 않으면 $H_0^{int}$을 기각하지 않는다.

그리고 $p$-값을 계산하여 검정하는 방법도 있다. $F_{int} = v$일 때, 모든 상호작용이 0이라는 귀무가설의 검정에 대한 $p$-값은 다음과 같다.

$$p\text{-값} = P\{F_{(n-1)(m-1),nm(l-1)} > v\}$$

귀무가설

$$H_0^r : \alpha_i = 0, \quad i = 1, \ldots, m$$

을 검정하고자 할 경우에는 $H_0^r$이 참일 때, $X_{i..}$가 $nl$개의 서로 독립이며 각기 평균이 $\mu$이고 분산이 $\sigma^2$인 정규 확률변수들의 평균이라는 사실을 이용한다. 그러므로 $H_0^r$ 하에서는

$$E[X_{i..}] = \mu, \qquad \mathrm{Var}(X_{i..}) = \sigma^2/nl$$

이며, 따라서

$$\sum_{i=1}^{m} nl \frac{(X_{i..} - \mu)^2}{\sigma^2}$$

은 자유도가 $m$인 카이제곱 확률변수이다.

$$SS_r = \sum_{i=1}^{m} nl(X_{i..} - \hat{\mu})^2 = \sum_{i=1}^{m} nl(X_{i..} - X_{...})^2$$

로 두면, $H_0^r$이 참일 때

$$\frac{SS_r}{\sigma^2} \text{은 자유도가 } m-1\text{인 카이제곱 확률변수이다.}$$

그러므로

$$\frac{SS_r}{m-1} \text{은 } \sigma^2\text{에 대한 비편향추정량이다.}$$

$H_0^r$ 하에서 $SS_e$와 $SS_r$는 서로 독립임을 보일 수 있으므로, $H_0^r$이 참일 때

$$\frac{SS_r/(m-1)}{SS_e/nm(l-1)} \text{은 } F_{m-1,\, nm(l-1)}\text{확률변수이다.}$$

따라서 가설

$$H_0^r : \text{모든 } \alpha_i\text{는 0이다.}$$

대

$$H_1^r : \text{적어도 한 개의 } \alpha_i\text{는 0이 아니다.}$$

에 대한 다음과 같은 유의수준 $\alpha$ 검정을 얻을 수 있다.

$$\frac{SS_r/(m-1)}{SS_e/nm(l-1)} > F_{m-1,nm(l-1),\alpha} \text{이면 } H_0^r\text{을 기각한다.}$$

그렇지 않으면 $H_0^r$을 기각하지 않는다.

혹은 $\dfrac{SS_r/(m-1)}{SS_e/nm(l-1)} = v$ 이면

$$p\text{-값} = P\{F_{m-1,nm(l-1)} > v\}$$

가설 $H_0$ : 모든 $\beta_j = 0$에 대한 검정에 대해서도 비슷한 결과를 보일 수 있으므로, 표 10.3과 같이 분산분석(ANOVA) 정보를 정리할 수 있다.

이 모든 검정에서 관련 $F$-통계량이 클 때만 기각한다는 점에 주목하기 바란다. (작을 때는 아니고) 클 때만 기각하는 이유는 $F$-통계량의 분모의 분포는 $H_0$이 참인지 여부에 상관없이 동일한 데 비해 $F$-통계량의 분자는 $H_0$이 참일 때에 비해 참이 아닐 때 커지는 경향이 있기 때문이다.

### 예제 10.6a

어떤 종류의 발전기 수명은 사용된 재질과 가동되는 장소의 온도에 영향받는 것으로 추측된다. 아래의 표는 세 가지 재질과 두 가지 온도에 대해 24대의 발전기 수명을 조사한 데이터를 보여주고 있다. 이 데이터로 보아 재질과 온도는 실제로 발전기 수명에 영향을 미치고 있는가? 상호작용 효과가 존재한다는 증거가 있는가?

| | 온도 | |
|---|---|---|
| **재질** | **10°C** | **18°C** |
| 1 | 135, 150 | 50, 55 |
| | 176, 85 | 64, 38 |
| 2 | 150, 162 | 76, 88 |
| | 171, 120 | 91, 57 |
| 3 | 138, 111 | 68, 60 |
| | 140, 106 | 74, 51 |

**풀이** 계산 결과, 재질과 온도 사이의 상호작용이 없다는 가설 검정을 위한 F-통계량 값은 0.64525이고, $p$-값은 다음과 같다.

$$\begin{aligned} p\text{-value} &= P(F_{2,18} > 0.64525) \\ &> 1 - pf(0.64525, 2, 18) \\ [1] &\ \ 0.5362424 \end{aligned}$$

그러므로 상호작용 효과가 없다는 가설은 기각될 수 없다.

수명이 사용 재질에 의존하지 않는다는 가설(즉, 행의 효과 없음)을 검정하기 위한 F-통계량 값은 2.47976로 계산됐으며, $p$-값은 다음과 같다.

**표 10.4** 이원 분산분석(ANOVA)–항 별 관측 데이터의 개수는 $l$, $N = nm(l-1)$

| 변동 요인 | 자유도 | 제곱합 | $F$-통계량 | 수준 $\alpha$ 검정 | $F = v$에 대한 $p$-값 |
|---|---|---|---|---|---|
| 행 | $m-1$ | $SS_r = ln\sum_{i=1}^{m}(X_{i..} - X_{...})^2$ | $F_r = \dfrac{SS_r/(m-1)}{SS_e/N}$ | $F_r > F_{m-1,N,\alpha}$ 이면 $H_0^r$을 기각 | $P\{F_{m-1,N} > v\}$ |
| 열 | $n-1$ | $SS_e = lm\sum_{j=1}^{n}(X_{.j.} - X_{...})^2$ | $F_c = \dfrac{SS_c/(n-1)}{SS_e/N}$ | $F_c > F_{n-1,N,\alpha}$ 이면 $H_0^c$을 기각 | $P\{F_{n-1,N} > v\}$ |
| 상호작용 | $(n-1)(m-1)$ | $SS_{int} = l\sum_{j=1}^{n} \times \sum_{i=1}^{m}(X_{ij.} - X_{i..} - X_{.j.} + X_{...})^2$ | $F_{int} = \dfrac{SS_{int}/(n-1)(m-1)}{SS_e/N}$ | $F_{int} > F_{(n-1)(m-1),N,\alpha}$ 이면 $H_0^{int}$을 기각 | $P\{F_{(n-1)(m-1),N} > v\}$ |
| 오차 | $N$ | $SS_e = \sum_{k=1}^{l}\sum_{j=1}^{n} \times \sum_{i=1}^{m}(X_{ijk} - X_{ij.})^2$ | | | |

$$\begin{aligned} p\text{-value} &= P(F_{2,18} > 2.47976) \\ &> 1 - pf(2.47976, 2, 18) \\ [1] &\ \ 0.111889 \end{aligned}$$

따라서 행의 효과가 없다는 가설은 10% 유의 수준에서 기각되지 못한다.

수명이 온도에 의존하지 않는다는 가설(즉, 열의 효과 없음)을 검정하기 위한 F-통계량 값은 69.63223으로 계산됐고, $p$-값은 다음과 같다.

$$\begin{aligned} p\text{-value} &= P(F_{2,18} > 69.63223) \\ &= 1 - pf(69.63223, 1, 18) \\ [1] &\ \ 1.337273e - 07 \end{aligned}$$

결과적으로, 열의 효과가 없다는 가설은 기각된다. ■

# 연습문제

**01** 어떤 화학물질에 대한 정화공정은 용액 안의 화학물질을 수지를 통과시키면서 불순물을 흡수하는 과정을 포함한다. 세 종류의 수지에 대한 효율을 시험하고자 하는 화학 엔지니어가 화학물질 용액을 15개로 나누고 각 수지를 5번씩 시험하였다. 매번 수지를 통과시킨 후 불순물의 농도를 측정한 결과는 아래와 같다.

| 불순물 농도 | | |
|---|---|---|
| 수지 I | 수지 II | 수지 III |
| .046 | .038 | .031 |
| .025 | .035 | .042 |
| .014 | .031 | .020 |
| .017 | .022 | .018 |
| .043 | .012 | .039 |

수지 종류에 따른 효율의 차이는 없다는 가설을 검정하라.

**02** 레이더 기사가 화면상에서 목표물을 쉽게 발견할 수 있도록 음극선 오실로스코프의 화면에 사용할 필터 종류를 결정해야 한다고 하자. 이를 위한 시험에서 먼저 목표물을 발견하기 어렵도록 잡음을 추가한다. 그리고 목표물을 나타내는 신호를 오실로스코프에 보내는데, 그 강도를 0에서 시작하여 레이더 기사가 발견할 때까지 증가시킨다. 관측자가 목표물 신호를 처음 발견할 때의 강도를 기록하는데, 이러한 실험을 각 필터마다 20번씩 반복한다. 아래 표의 각 수치는 레이더 기사가 목표물을 발견했을 때 목표물 신호 강도를 나타낸다.

| 필터 1 | 필터 2 | 필터 3 |
|---|---|---|
| 90 | 88 | 95 |
| 87 | 90 | 95 |
| 93 | 97 | 89 |
| 96 | 87 | 98 |
| 94 | 90 | 96 |
| 88 | 96 | 81 |
| 90 | 90 | 92 |
| 84 | 90 | 79 |
| 101 | 100 | 105 |
| 96 | 93 | 98 |
| 90 | 95 | 92 |
| 82 | 86 | 85 |
| 93 | 89 | 97 |
| 90 | 92 | 90 |
| 96 | 98 | 87 |

(계속)

| 필터 1 | 필터 2 | 필터 3 |
|---|---|---|
| 87 | 95 | 90 |
| 99 | 102 | 101 |
| 101 | 105 | 100 |
| 79 | 85 | 84 |
| 98 | 97 | 102 |

5% 유의수준에서 필터들은 모두 같다는 가설을 검정하라.

**03** $\binom{m}{2}$쌍의 표본 모두에 대해 각각 $t$-검정을 수행하는 방법으로 가설 $H_0 : \mu_1 = \mu_2 \cdots = \mu_m$을 효과적으로 검정할 수 없는 이유를 설명하라.

**04** 어떤 기계공작소에 금속 표본을 가열하기 위한 3개의 가마가 있다. 매번 무작위 오차가 있기는 하지만 가마들은 모두 동일한 온도로 가열하도록 맞추어져 있다. 이러한 가설을 검정하기 위해 15회의 가열작업에서 온도를 측정한 결과는 아래의 표와 같다.

| 가마 | 온도 |
|---|---|
| 1 | 492.4, 493.6, 498.5, 488.6, 494 |
| 2 | 488.5, 485.3, 482, 479.4, 478 |
| 3 | 502.1, 492, 497.5, 495.3, 486.7 |

가마들은 동일한 온도로 작동하는가? 5% 유의수준에서 검정하라. $p$-값은 얼마인가?

**05** 어떤 화합물에서 마그네슘 함량을 결정하기 위해 사용되는 표준적인 화학공정에 네 가지가 있다. 동일한 화합물에 각 공정을 4회씩 사용하여 얻은 결과는 다음과 같다.

| 방법 | | | |
|---|---|---|---|
| 1 | 2 | 3 | 4 |
| 76.42 | 80.41 | 74.20 | 86.20 |
| 78.62 | 82.26 | 72.68 | 86.04 |
| 80.40 | 81.15 | 78.84 | 84.36 |
| 78.20 | 79.20 | 80.32 | 80.68 |

이 데이터를 통해 공정들은 동일한 결과를 산출한다고 볼 수 있는가?

**06** 초과 체중이 각기 40파운드 이상인 20명의 과체중인 사람들 각각에게 두 가지 다이어트 방법 중 하나를 무작위로 배정하였다. 10주 후에 각 다이어트에 참여한 사람들의 체중 감소량을 측정한 결과는 아래의 표와 같다.

| 체중 감소량 | |
|---|---|
| **다이어트 1** | **다이어트 2** |
| 22.2 | 24.2 |
| 23.4 | 16.8 |
| 24.2 | 14.6 |
| 16.1 | 13.7 |
| 9.4 | 19.5 |
| 12.5 | 17.6 |
| 18.6 | 11.2 |
| 32.2 | 9.5 |
| 8.8 | 30.1 |
| 7.6 | 21.5 |

5% 유의수준에서 두 가지 다이어트 방법의 효과가 같다는 가설을 검정하라.

**07** 어떤 폴리머가 수중의 유독물질을 제거하는 능력을 시험하기 위한 실험이 세 가지 서로 다른 온도에서 수행되었다. 아래의 표는 21회의 독립적인 실험에서 폴리머에 의해 제거된 불순물의 백분율을 나타내고 있다.

| 낮은 온도 | 중간 온도 | 높은 온도 |
|---|---|---|
| 42 | 36 | 33 |
| 41 | 35 | 44 |
| 37 | 32 | 40 |
| 29 | 38 | 36 |
| 35 | 39 | 44 |
| 40 | 42 | 37 |
| 32 | 34 | 45 |

세 가지 온도에서 폴리머의 성능은 같다는 가설을 검정하라. (a) 5% 유의수준과 (b) 1% 유의수준을 사용하라.

**08** 표본 당 $n$회의 관측이 이루어지는 일원 분산분석 모형에서 $m$개의 표본에 대한 표본분산을 $S_i^2(i = 1, \ldots, m)$으로 나타내기로 하자. 이때 다음 식을 증명하라.

$$SS_W = (n-1)\sum_{i=1}^{m} S_i^2$$

**09** 다음의 데이터는 세 종류의 먹이를 먹는 어떤 종의 쥐가 죽을 때의 나이를 조사한 것이다. 수명이 짧은 어떤 종의 쥐 30마리를 각기 10마리씩 세 그룹으로 무작위로 나누었다. 각 그룹에서 죽을 때의 나이에 대한 표본평균과 표본분산은 다음의 표와 같다.

| | 저 칼로리 | 정상 칼로리 | 고 칼로리 |
|---|---|---|---|
| 표본평균 | 22.4 | 16.8 | 13.7 |
| 표본분산 | 24.0 | 23.2 | 17.1 |

5% 유의수준에서 쥐의 평균 수명은 먹이의 영향을 받지 않는다는 가설을 검정하라. 유의수준이 1%라면 어떤가?

**10** 혈장의 브래디키니고겐 수치는 신체의 염증 저항력과 연관성이 있다. 1968년의 연구(Eilam, N., Johnson, P. K., Johnson, N. L., and Creger, W., "Bradykininogen levels in Hodgkin' disease," *Cancer*, 22, pp. 631–634)에서 정상인, 활동성 호지킨병 환자, 비활동성 호지킨병 환자 등에 대해 브래디키니고겐 수치를 측정한 결과는 아래의 표와 같다.

| 정상인 | 활동성 호지킨병 환자 | 비활동성 호지킨병 환자 |
|---|---|---|
| 5.37 | 3.96 | 5.37 |
| 5.80 | 3.04 | 10.60 |
| 4.70 | 5.28 | 5.02 |
| 5.70 | 3.40 | 14.30 |
| 3.40 | 4.10 | 9.90 |
| 8.60 | 3.61 | 4.27 |
| 7.48 | 6.16 | 5.75 |
| 5.77 | 3.22 | 5.03 |
| 7.15 | 7.48 | 5.74 |
| 6.49 | 3.87 | 7.85 |
| 4.09 | 4.27 | 6.82 |
| 5.94 | 4.05 | 7.90 |
| 6.38 | 2.40 | 8.36 |

5% 유의수준에서 평균 브래디키니고겐 수치는 세 그룹에 대해 모두 같다는 가설을 검정하라.

**11** (Baldauf, K., Swenson, D., Medeiros, J., and Radtka, S., "Clinical assessment of trunk flexor muscle strength in healthy girls 3 to 7," *Physical Therapy*, 64, pp. 1203–1208, 1984)에서 3세에서 7세 사이의 여아 75명의 몸통 굴근 강도에 대한 조사를 보고하고 있다. 근육 강도에 0점에서 5점까지의 점수를 매기고, 각 연령에 15명씩 조사하여 얻은 표본평균과 표본표준편차는 아래의 표와 같다.

| 나이 | 3 | 4 | 5 | 6 | 7 |
|---|---|---|---|---|---|
| 표본평균 | 3.3 | 3.7 | 4.1 | 4.4 | 4.8 |
| 표본표준편차 | .9 | 1.1 | 1.1 | .9 | .5 |

5% 유의수준에서 평균 몸통 굴근 강도는 5개의 연령 그룹에서 모두 같다는 가설을 검정하라.

**12** 어떤 응급진료의사는 세 종류의 흡입용 스테로이드제가 가벼운 천식발작을 해소시키는 데 소요되는 시간에 차이가 있는지 알고자 하였다. 여러 주에 걸쳐 이 의사는 천식환자들에게 이 스테로이드제 종류를 무작위로 선택하여 투약해보았다. 나중에 각 스테로이드제를 투약받은 12명씩의 환자들에 대한 데이터를 조사하여 아래의 표와 같은 표본평균(단위 : 분)과 표본분산을 얻었다.

| 스테로이드제 종류 | $\overline{X}_i$ | $S_i^2$ |
|---|---|---|
| A | 32 | 145 |
| B | 40 | 138 |
| C | 30 | 150 |

(a) 가벼운 천식발작의 해소에 소요되는 시간은 세 종류의 스테로이드제에 대해 모두 같다는 가설을 검정하라. 5% 유의수준을 사용하라.
(b) 모든 $\mu_i - \mu_j$에 대한 95% 신뢰구간을 구하라.

**13** 세 종류의 가공육 제품 1인분의 지방 함유량을 5번씩 조사한 결과는 아래의 표와 같다.

| 제품 | 1 | 2 | 3 |
|---|---|---|---|
| 지방 함유량 (%) | 32 | 41 | 36 |
| | 34 | 32 | 37 |
| | 31 | 33 | 30 |
| | 35 | 29 | 28 |
| | 33 | 35 | 33 |

(a) 제품에 따라 지방 함유량에 차이가 있는가?
(b) 모든 $\mu_i - \mu_j$에 대한 95% 신뢰구간을 구하라.

**14** 어떤 영양사가 자전거 선수 15명을 무작위로 각기 5명씩의 세 그룹으로 나누었다. 이후 3주 동안 첫 번째 그룹에는 끼니마다 비타민제를 제공하였다. 두 번째 그룹에는 고섬유질 곡물 시리얼을 먹도록 지시하였다. 마지막 그룹에는 평소처럼 먹도록 지시하였다. 3주가 경과한 후 자전거 선수들에게 6마일을 달리도록 하고 소요시간을 측정한 결과가 다음과 같다.

| | | | | | |
|---|---|---|---|---|---|
| 비타민 그룹: | 15.6 | 16.4 | 17.2 | 15.5 | 16.3 |
| 섬유질 시리얼 그룹: | 17.1 | 16.3 | 15.8 | 16.4 | 16.0 |
| 통제그룹: | 15.9 | 17.2 | 16.4 | 15.4 | 16.8 |

(a) 이 데이터는 비타민이나 섬유질 시리얼이 자전거 선수의 속도에 영향을 미치지 않는다는 가설에 부합되는가? 5% 유의수준을 사용하라.
(b) 모든 $\mu_i - \mu_j$에 대한 95% 신뢰구간을 구하라.

**15** 다음 표의 세 개의 표본은 모두 동일한 정규분포에서 추출된 것이라는 가설을 검정하라.

| 표본 1 | 표본 2 | 표본 3 |
|---|---|---|
| 35 | 29 | 44 |
| 37 | 38 | 52 |
| 29 | 34 | 56 |
| 27 | 30 | |
| 30 | 32 | |

**16** 데이터 $X_{ij}(i=1,\ldots, m, j=1,\ldots, n)$에 대해 다음 식이 성립함을 보여라.

$$x_{..} = \sum_{i=1}^{m} x_{i.}/m = \sum_{j=1}^{n} x_{.j}/n$$

**17** $x_{ij} = i + j^2$일 경우, 다음 식을 계산하라.

(a) $\sum_{j=1}^{3}\sum_{i=1}^{2} x_{ij}$

(b) $\sum_{i=1}^{2}\sum_{j=1}^{3} x_{ij}$

**18** $x_{ij} = a_i + b_j$일 때, 다음 식이 성립함을 보여라.

$$\sum_{i=1}^{m}\sum_{j=1}^{n} x_{ij} = n\sum_{i=1}^{m} a_i + m\sum_{j=1}^{n} b_j$$

**19** 제충국 꽃에 살충제 성분인 피레트린 함유량이 얼마나 되는지에 대한 조사가 수행되었다. 피레트린을 추출하는 네 가지 방법이 사용되었으며, 생화, 1년 동안 저장된 꽃, 가공 후 1년 동안 저장된 꽃 등 저장 조건이 세 가지로 다른 제충국들이 표본으로 이용되었다. 피레트린 추출 방법과 저장 조건 사이에 상호작용은 없는 것으로 가정한다. 조사를 통해 얻은 데이터는 아래의 표와 같다.

피레트린 함유량(%)

| | 피레트린 추출 방법 | | | |
|---|---|---|---|---|
| 저장조건 | A | B | C | D |
| 1 | 1.35 | 1.13 | 1.06 | .98 |
| 2 | 1.40 | 1.23 | 1.26 | 1.22 |
| 3 | 1.49 | 1.46 | 1.40 | 1.35 |

위의 정보에 대한 모형을 제안하고 주어진 데이터를 이용하여 모수들을 추정하라.

**20** 다음의 데이터는 1982년에서 1986년 기간의 각 계절에 따른 어떤 동부 대도시의 성인 10,000명 당 사망자 수를 나타낸다.

(a) 이원 모형을 가정하고 모수들을 추정하라.

(b) 사망률은 계절의 영향을 받지 않는다는 가설을 검정하라. 5% 유의수준을 사용하라.

(c) 5% 유의수준에서 연도에 따른 영향은 없다는 가설을 검정하라.

| 연도 | 겨울 | 봄 | 여름 | 가을 |
|---|---|---|---|---|
| 1982 | 33.6 | 31.4 | 29.8 | 32.1 |
| 1983 | 32.5 | 30.1 | 28.5 | 29.9 |
| 1984 | 35.3 | 33.2 | 29.5 | 28.7 |
| 1985 | 34.4 | 28.6 | 33.9 | 30.1 |
| 1986 | 37.3 | 34.1 | 28.5 | 29.4 |

**21** 문제 19의 모형에 대해 아래 질문들에 답하라.

(a) 추출 방법들에 차이가 있는가?

(b) 저장 조건은 함유량에 영향을 미치는가? $\alpha = .05$ 유의수준에서 검정하라.

**22** 네 가지의 세제를 시험하기 위해 세 종류의 세탁기를 이용하여 세탁 효과를 조사한 결과가 아래의 표와 같다.

| | 세탁기 | | |
|---|---|---|---|
| | 1 | 2 | 3 |
| 세제 1 | 53 | 50 | 59 |
| 세제 2 | 54 | 54 | 60 |
| 세제 3 | 56 | 58 | 62 |
| 세제 4 | 50 | 45 | 57 |

(a) (i) 세제 2, (ii) 세제 3, (iii) 세제 4를 사용하는 것에 비해 세제 1을 사용했을 때 평균값의 향상 정도를 추정하라.

(b) (i) 세탁기 1, (ii) 세탁기 2를 사용하는 것에 비해 세탁기 3을 사용했을 때 평균값의 향상 정도를 추정하라.

(c) 사용된 세제는 점수에 영향을 미치지 않는다는 가설을 검정하라. 5% 유의수준을 사용하라.

(d) 사용된 세탁기는 점수에 영향을 미치지 않는다는 가설을 검정하라. 5% 유의수준을 사용하라.

**23** 세 종류의 휘발유와 세 종류의 첨가제의 효과를 시험하기 위한 실험이 고안되었다. 이 실험에는 9대의 동일한 자동차가 사용되었는데, 각기 다른 5갤런의 휘발유와 5갤런의 첨가제를 넣고 주행한 결과는 아래의 표와 같다.

주행 거리(마일)

| | 첨가제 | | |
|---|---|---|---|
| **휘발유** | **1** | **2** | **3** |
| 1 | 124.1 | 131.5 | 127 |
| 2 | 126.4 | 130.6 | 128.4 |
| 3 | 127.2 | 132.7 | 125.6 |

(a) 휘발유 종류는 연비에 영향을 미치지 않는다는 가설을 검정하라.

(b) 첨가제 종류는 연비에 영향을 미치지 않는다는 가설을 검정하라.

(c) 어떤 가정을 사용했는가?

**24** 문제 6에서 남자 5명과 여자 5명 등 10명이 각 다이어트 그룹에 배정된 결과 데이터는 아래의 표와 같다.

| | **다이어트 1** | **다이어트 2** |
|---|---|---|
| **여성** | 7.6 | 19.5 |
| | 8.8 | 17.6 |
| | 12.5 | 16.8 |
| | 16.1 | 13.7 |
| | 18.6 | 21.5 |
| **남성** | 22.2 | 30.1 |
| | 23.4 | 24.2 |
| | 24.2 | 9.5 |
| | 32.2 | 14.6 |
| | 9.4 | 11.2 |

(a) 성별과 다이어트 사이에는 아무런 상호작용이 없다는 가설을 검정하라.

(b) 다이어트가 남성과 여성에 미치는 영향은 동일하다는 가설을 검정하라.

**25** 어떤 과학자가 세 종류의 접착제와 세 종류의 목재로 만들어진 합판의 파손강도를 비교하려고 한다. 9가지의 조합 각각에 대해 5개씩의 합판을 만들어 압력 시험을 수행한 결과 합판이 부러지는 압력은 아래의 표와 같이 조사되었다.

| 목재 \ 접착제 | G1 | | G2 | | G3 | |
|---|---|---|---|---|---|---|
| | 196 | 208 | 214 | 216 | 258 | 250 |
| $W1$ | 247 | 216 | 235 | 240 | 264 | 248 |
| | 221 | | 252 | | 272 | |
| | 216 | 228 | 215 | 217 | 246 | 247 |
| $W2$ | 240 | 224 | 235 | 219 | 261 | 250 |
| | 236 | | 241 | | 255 | |
| | 230 | 242 | 212 | 218 | 255 | 251 |
| $W3$ | 232 | 244 | 216 | 224 | 261 | 258 |
| | 228 | | 222 | | 247 | |

(a) 목재와 접착제는 가산 방식으로 작용한다는 가설을 검정하라.
(b) 사용된 목재는 파손 강도에 영향을 미치지 않는다는 가설을 검정하라.
(c) 사용된 접착제는 파손 강도에 영향을 미치지 않는다는 가설을 검정하라.

**26** 주사를 놓은 후 24시간이 지났을 때 혈액 속에 남아있는 주사약의 농도가 나이나 성별의 영향을 받는지에 대한 조사가 수행되었다. 주사를 맞은 환자 40명의 혈액 표본에서 (세제곱미터 당 밀리그램 단위의) 농도를 분석한 결과는 다음의 표와 같다.

| | 연령대별 그룹 | | | |
|---|---|---|---|---|
| | 11–25 | 26–40 | 41–65 | 65세 초과 |
| 남성 | 52 | 52.5 | 53.2 | 82.4 |
| | 56.6 | 49.6 | 53.6 | 86.2 |
| | 68.2 | 48.7 | 49.8 | 101.3 |
| | 82.5 | 44.6 | 50.0 | 92.4 |
| | 85.6 | 43.4 | 51.2 | 78.6 |
| 여성 | 68.6 | 60.2 | 58.7 | 82.2 |
| | 80.4 | 58.4 | 55.9 | 79.6 |
| | 86.2 | 56.2 | 56.0 | 81.4 |
| | 81.3 | 54.2 | 57.2 | 80.6 |
| | 77.2 | 61.1 | 60.0 | 82.2 |

(a) 나이와 성별 사이에 상호작용이 없다는 가설을 검정하라.
(b) 성별은 혈중 주사약 농도에 영향을 미치지 않는다는 가설을 검정하라.
(c) 나이는 혈중 주사약 농도에 영향을 미치지 않는다는 가설을 검정하라.

**27** 문제 23에서 휘발유와 첨가제 사이에 상호작용이 전혀 없다는 가정에 대해서는 논란이 있었다고 하자. 휘발유와 첨가제 사이에 상호작용이 있을 가능성을 고려하기 위해 각 그룹에 대해 4대씩 총 36대의 자동차를 주행시켜 조사한 결과는 아래의 표와 같다.

| 휘발유 | 첨가제 1 | 첨가제 2 | 첨가제 3 |
|---|---|---|---|
| 1 | 126.2 | 130.4 | 127 |
| | 124.8 | 131.6 | 126.6 |
| | 125.3 | 132.5 | 129.4 |
| | 127.0 | 128.6 | 130.1 |
| 2 | 127.2 | 142.1 | 129.5 |
| | 126.6 | 132.6 | 142.6 |
| | 125.8 | 128.5 | 140.5 |
| | 128.4 | 131.2 | 138.7 |
| 3 | 127.1 | 132.3 | 125.2 |
| | 128.3 | 134.1 | 123.3 |
| | 125.1 | 130.6 | 122.6 |
| | 124.9 | 133.0 | 120.9 |

(a) 위의 데이터는 상호작용이 있었음을 시사하는가?

(b) 휘발유 제품들은 동일한 결과를 보이는가?

(c) 첨가제 사용에 따른 효과 여부를 검정하라. 또 모든 첨가제의 효과가 동일한지에 대해서도 검정하라.

(d) 어떤 결론을 내릴 수 있는가?

**28** 어떤 "산소요법"이 노인들의 기억력을 향상시킬 수 있다는 가설을 검정하기 위한 실험이 고안되었다. 과학자들은 여성과 남성으로 나누어 산소요법을 시술하였다. 여성과 남성들을 무작위로 각기 5명씩 네 그룹으로 나누고, $i$번째 그룹의 사람들에게는 $(i-1)$주 동안 산소요법을 시술하였다($i = 1, 2, 3, 4$). (시술을 받지 않는 두 그룹은 통제그룹으로 이용된다.) 모든 사람이 다 똑같이 3주 동안 산소요법을 시술 받는 줄 알도록 시술이 진행된다. 시술이 종료된 후 기억력 시험을 실시하여 조사한 결과는 아래의 표와 같다.

점수

| | 산소요법의 시술기간(단위: 주) | | | |
|---|---|---|---|---|
| | 0 | 1 | 2 | 3 |
| 남성 | 42 | 39 | 38 | 42 |
| | 54 | 52 | 50 | 55 |
| | 46 | 51 | 47 | 39 |
| | 38 | 50 | 45 | 38 |
| | 51 | 47 | 43 | 51 |
| 여성 | 49 | 48 | 27 | 61 |
| | 44 | 51 | 42 | 55 |
| | 50 | 52 | 47 | 45 |
| | 45 | 54 | 53 | 40 |
| | 43 | 40 | 58 | 42 |

(a) 상호작용의 존재 여부를 검정하라.

(b) 시술기간은 기억력에 영향을 미치지 않는다는 가설을 검정하라.

(c) 성별에 따른 차이가 있는가?

(d) 산소요법의 시술을 받지 않은 노인 5명을 무작위로 선택하여 기억력 시험을 치르게 한 결과, 점수가 37, 35, 33, 39, 29이었다고 한다. 어떤 결론을 내릴 수 있는가?

**29** 혈소판 생산에 관한 어떤 연구에서 16마리의 쥐는 15,000피트 고도에 있게 하고 또 다른 16마리의 쥐는 해수면 높이에 있게 하였다(Rand, K., Anderson, T., Lukis, G., and Creger, W., "Effect of hypoxia on platelet level in the rat," *Clinical Research*, 18, p. 178, 1970). 두 그룹 모두에서 쥐들의 절반에 대해 비장을 제거하였다. 21일이 지난 후 피브리노겐 수치를 조사한 결과는 아래의 표와 같다.

| | 비장 제거 | 정상 비장 |
|---|---|---|
| 고지대 | 528 | 434 |
| | 444 | 331 |
| | 338 | 312 |
| | 342 | 575 |
| | 338 | 472 |
| | 331 | 444 |
| | 288 | 575 |
| | 319 | 384 |
| 해수면 | 294 | 272 |
| | 254 | 275 |
| | 352 | 350 |
| | 241 | 350 |
| | 291 | 466 |
| | 175 | 388 |
| | 241 | 425 |
| | 238 | 344 |

(a) 상호작용이 없다는 가설을 검정하라.

(b) 고도의 차이에 따른 효과는 없다는 가설을 검정하라. 5% 유의수준을 사용하라.

(c) 비장의 제거에 따른 효과는 없다는 가설을 검정하라. 5% 유의수준을 사용하라.

**30** $\mu, \alpha_1, \ldots, \alpha_m, \beta_1, \ldots, \beta_n$, $\mu', \alpha'_1, \ldots, \alpha'_m, \beta'_1, \ldots, \beta'_n$ 등이 아래의 조건들을 만족한다고 하자.

모든 $i, j$에 대해 $\mu + \alpha_i + \beta_j = \mu' + \alpha'_i + \beta'_j$, 그리고

$$\sum_i \alpha_i = \sum_i \alpha'_i = \sum_j \beta_j = \sum_j \beta'_j = 0$$

모든 $i, j$에 대해 다음의 결과가 성립함을 보여라.

$$\mu = \mu',\ \alpha_i = \alpha'_i,\ \beta_j = \beta'_j$$

위의 결과는 이원 분산분석에서 모수 $\mu, \alpha_1, \ldots, \alpha_m, \beta_1, \ldots, \beta_n$ 등이 유일한 값들로 결정될 수 있음을 의미한다.

제 11 장

# 적합도검정과 범주형 데이터 분석

## 11.1 개요

우리는 종종 어떤 확률현상에 대해 특정 확률모형이 적합한지 여부를 결정하는 데 관심을 갖는다. 이러한 결정은 종종 주어진 무작위 표본이 어떤 (부분적으로라도) 지정된 확률분포에서 추출된 것인지에 대한 검정문제로 귀결된다. 예를 들면, 특정 공장에서 매일 발생하는 산업재해 사고 건수는 푸아송분포로부터의 표본을 구성한다고 선험적으로 가정할 수 있다. 이러한 가설에 대해 여러 날에 걸쳐 사고 건수를 관측하고 이를 이용하여 모집단의 분포가 푸아송분포라고 가정한 것이 타당한지 여부를 검정할 수 있다. 주어진 확률과정이 적합한지 여부를 결정하는 통계적 검정을 **적합도검정(goodness of fit test)**이라 부른다.

표본이 지정된 확률분포를 따른다는 귀무가설에 대한 적합도검정을 수행하는 고전적인 방법은 확률변수가 가질 수 있는 값들을 유한한 개수의 영역으로 분할하고, 각 영역에 속하는 표본 값들의 개수를 결정하여 지정된 확률분포 하에서의 이론적인 기댓값과 비교한다. 이때 두 값이 현저히 차이가 나면 귀무가설은 기각된다. 이러한 검정의 세부사항에 대해서는 11.2절에서 소개할 텐데, 이때 귀무가설의 확률분포는 완전하게 지정되어 있다고 가정한다. 11.3절에서는 귀무가설 분포의 일부 모수가 정해져 있지 않을 때 분석을 어떻게 수행하는지를 보인다. 이러한 예에는 귀무가설에서 표본의 분포가 정규분포인데 평균과 분산은 정해져 있지 않은 경우가 해당될 수 있다. 11.4절과 11.5절에서는 모집단의 각 원소가 두 가지 서로 다른 특성에 따라 분류되는 상황을 다루는데, 모집단에서 무작위로 선택된 원소의 특성들은 서로 독립이라는 가설을 검정하기 위해 앞의 분석방법을 어떻게 이용하는지 보인다. 이에 대한 응용으로 $m$개의 모집단 모두가 동일한 이산확률분포를 갖는다는 가설을 검정하는 방법을 소개한다. 끝으로 학습이 선택사항인 11.6절에서는 표본 데이터가 어떤 지정된 확률분포에서 추출되었는지 검정하는 문제로 돌아가는데, 여기에서는 연속확률분포를 가정한다. 11.2절의 검정을 사용할 수 있도록 데이터를 이산화시키는 대신 주어진 데이터에 대해 **콜모고로프-스미르노프 검정(Kolmogorov–Smirnov test)**을 이용한다.

## 11.2 모든 모수가 정해졌을 때의 적합도검정

서로 독립이며 각기 1, 2,..., $k$ 중의 한 값을 가질 수 있는 $n$개의 확률변수 $Y_1,\ldots, Y_n$을 관측하고 $\{p_i : i=1,\ldots, k\}$가 $Y_j$에 대한 확률질량함수라는 귀무가설을 검정하려 한다. 즉, $Y$가 $Y_j$ 중의 하나를 나타낼 경우, 귀무가설은

$$H_0 : P\{Y = i\} = p_i, \qquad i = 1, \ldots, k$$

이고 대립가설은

$$H_1 : P\{Y = i\} \neq p_i, \qquad i = 1, \ldots, k$$

이다. 위의 가설을 검정하기 위해 값이 $i$인 $Y_j$의 개수를 $X_i$로 나타내기로 하자($i=1,\ldots, k$). 이때 $Y_j$들은 서로 독립이며 그 값이 $i$일 확률은 $P\{Y=i\}$이므로, 가설 $H_0$ 하에서 $X_i$는 모수가 $n$과 $p_i$인 이항분포를 따른다. 따라서 $H_0$이 참일 때,

$$E[X_i] = np_i$$

이며, $(X_i - np_i)^2$은 $p_i$가 $Y=i$일 확률과 실제로 같을 가능성에 관한 지표의 역할을 한다. 이 값이 $np_i$에 비해 상대적으로 클 때 $H_0$이 틀렸음을 가리킨다. 이러한 논리에 기초하여

$$T = \sum_{i=1}^{k} \frac{(X_i - np_i)^2}{np_i} \tag{11.2.1}$$

와 같은 검정통계량을 얻을 수 있으며, $T$가 클 때 귀무가설을 기각한다.

기각역을 결정하기 위해 먼저 유의수준 $\alpha$를 지정할 필요가 있으며, 그런 다음 아래의 조건을 만족하는 기각치 $c$를 결정해야 한다.

$$P_{H_0}\{T \geq c\} = \alpha$$

즉, $H_0$이 참일 때 검정통계량 $T$가 $c$ 이상일 확률이 $\alpha$인 $c$를 결정할 필요가 있다. 유의수준 $\alpha$에서의 검정은 $T \geq c$일 때 가설을 기각하고 $T < c$일 때 가설을 채택한다.

이제 $c$를 결정하는 일만이 남아있다. 이를 위한 고전적인 방법은 $H_0$이 참일 때 큰 $n$ 값에 대해 $T$가 근사적으로 자유도 $k-1$의 카이제곱분포를 갖는다는 결과를 이용한다($n$이 무한대로 접근하면 $T$의 분포는 정확히 카이제곱분포가 됨). 따라서 $n$이 클 때, $c$는 $\chi^2_{\alpha,k-1}$와 같다고 둘 수 있으며 근사 $\alpha$ 수준 검정은 다음과 같다.

$T \geq \chi^2_{\alpha,k-1}$이면 $H_0$을 기각한다.
그렇지 않으면 $H_0$을 채택한다.

$T$에 대한 관측치가 $T=t$이면, 위의 검정은 유의수준 $\alpha$가 아래와 같이 주어지는 $p$-값 이상일 때 $H_0$을 기각하는 것과 같다.

$$\begin{aligned} p\text{-값} &= P_{H_0}\{T \geq t\} \\ &\approx P\{\chi^2_{k-1} \geq t\} \end{aligned}$$

이때 $\chi^2_{k-1}$은 자유도가 $k-1$인 카이제곱 확률변수를 나타낸다.

위와 같은 검정이 좋은 근사검정이 되기 위해 $n$이 얼마나 커야 하는지에 대한 대략적인 규칙은 각 $i$에 대해($i=1,\ldots,k$) $np_i \geq 1$가 만족될 수 있어야 하며 또한 80% 이상의 $np_i$값이 5보다 커야 한다는 것이다.

## 메모

(a) 식 (11.2.1)에서 제곱부분을 전개하고 $\sum_i p_i = 1$와 $\sum_i X_i = n$ 등의 결과를 이용하여 아래와 같이 $T$를 위한 보다 간단한 계산식을 구할 수 있다($\sum_i p_i = 1$와 $\sum_i X_i = n$이 성립하는 이유를 생각해보기 바란다).

$$\begin{aligned} T &= \sum_{i=1}^{k} \frac{X_i^2 - 2np_iX_i + n^2p_i^2}{np_i} \qquad (11.2.2) \\ &= \sum_i X_i^2/np_i - 2\sum_i X_i + n\sum_i p_i \\ &= \sum_i X_i^2/np_i - n \end{aligned}$$

(b) $k$개의 값 $X_1, \ldots, X_k$에 종속되는 $T$의 자유도가 $k-1$밖에 되지 않는 것에 대한 직관적인 이유는 선형관계 $\sum_i X_i = n$으로 인해 자유도 1을 잃기 때문이다.

(c) 큰 $n$값에 대해 $T$의 분포가 카이제곱이라는 사실을 증명하는 것은 복잡하지만, $k=2$의 경우에 이를 증명하는 것은 쉽다. 이 경우 $X_1 + X_2 = n$이고 $p_1 + p_2 = 1$이므로, 다음의 식이 성립하는 것을 알 수 있다.

$$\begin{aligned} T &= \frac{(X_1 - np_1)^2}{np_1} + \frac{(X_2 - np_2)^2}{np_2} \\ &= \frac{(X_1 - np_1)^2}{np_1} + \frac{(n - X_1 - n[1-p_1])^2}{n(1-p_1)} \\ &= \frac{(X_1 - np_1)^2}{np_1} + \frac{(X_1 - np_1)^2}{n(1-p_1)} \\ &= \frac{(X_1 - np_1)^2}{np_1(1-p_1)} \qquad \frac{1}{p} + \frac{1}{1-p} = \frac{1}{p(1-p)} \text{ 이므로} \end{aligned}$$

그런데 $X_1$은 평균이 $np_1$이고 분산이 $np_1(1-p_1)$인 이항 확률변수이므로, 이항분포에 대한 정규근사에 의해 큰 $n$값에 대해 $(X_1 - np_1)/\sqrt{np_1(1-p_1)}$은 근사적으로 단위정규분포를 따르게 되며, 그 제곱은 근사적으로 자유도가 1인 카이제곱분포를 따른다.

### 예제 11.2a

최근 정신적 복지와 신체적 복지 사이에 상관관계가 있다는 것이 인정되는 추세에 있다. 유명인들의 생일과 사망일에 대한 분석을 통해 이러한 상관관계의 증거를 찾을 수 있다. 이러한 데이터를 사용함에 있어 무엇인가 기대하고 있을 때 정신 상태가 좋아진다고 가정하며, 또 유명인들은 자신의 생일 때 관심이나 애정을 기대하는 경향이 있다고 가정한다. 어떤 유명인이 건강이 나쁘거나 죽음을 앞두고 있을 때에도 생일에 대한 기대감에 기운을 차리게 되고 건강 상태가 호전되어 생일을 앞두고 죽을 확률이 감소될 것이다. 따라서 유명인들의 생일과 사망일의 데이터를 분석하면 생일을 앞둔 달에 죽을 확률이 생일 후의 달에 죽을 확률보다 적은 것을 볼 수 있을 것이다.

**풀이** 『Who Was Who in America』에서 무작위로 선택한 1,251명의 (사망한) 미국인들의 생일과 사망일을 조사한 데이터를 요약한 내용은 표 11.1과 같다(이 데이터는 D. Phillips, "Death Day and Birthday: An Unexpected Connection," in *Statistics: A Guide to the Unknown*, Holden- Day, 1972에서 발췌한 것이다).
사망일이 생일과 무관하다면, 1,251명 각각은 12개의 범주 어디에나 속할 확률이 동일할 것이다. 따라서 다음과 같은 귀무가설을 검정해보자.

$$H_0:\ p_i = \frac{1}{12}, \qquad i = 1, \ldots, 12$$

$np_i = 1{,}251/12 = 104.25$이므로, 이 가설에 대한 카이제곱 검정통계량은 다음과 같다.

$$\begin{aligned} T &= \frac{(90)^2 + (100)^2 + (87)^2 + \cdots + (106)^2}{104.25} - 1{,}251 \\ &= 17.192 \end{aligned}$$

$p$-값은 다음과 같이 계산된다.

$$\begin{aligned} p\text{-value} &\approx P(\chi^2_{11} \geq 17.192) \\ &> 1 - \text{pchisq}(17.192, 11) \\ &[1]\ \ 0.1023232 \end{aligned}$$

이 검정의 결과는 생일이 다가온다는 사실이 사람의 남은 수명에 영향을 미치지 않는다는 가설에 대해 다소 불분명한 결론을 제시한다. 이것은 위의 데이터가 그와 같은 가설을 기각하기에 충분히 확실하지는 않지만(적어도 10% 유의수준에서는 불확실함), 그러한 가설이 틀렸을 가능성을 확실하게 시사하고 있다. 이러한 결과가 의미하는 것은 어쩌면 데이터 범주의 수를 12개보다 적은 개수로 줄이면 보다 확실한 검정 결과를 얻을 가능성이 있다는 것이다. 예를들어 아래와 같이 4개의 범주로 데이터를 분류할 경우의 결과를 구해보자.

**표 11.1** 생월 전, 생월, 생월 후의 사망자 수

| | 6개월 전 | 5개월 전 | 4개월 전 | 3개월 전 | 2개월 전 | 1개월 전 | 생월 | 1개월 후 | 2개월 후 | 3개월 후 | 4개월 후 | 5개월 후 |
|---|---|---|---|---|---|---|---|---|---|---|---|---|
| 사망자 수 | 90 | 100 | 87 | 96 | 101 | 86 | 119 | 118 | 121 | 114 | 113 | 106 |

$n = 1,251$
$n/12 = 104.25$

$$\begin{aligned} \text{범주 } 1 &= -6, -5, -4 \\ \text{범주 } 2 &= -3, -2, -1 \\ \text{범주 } 3 &= 0, 1, 2 \\ \text{범주 } 4 &= 3, 4, 5 \end{aligned}$$

즉, 예를 들어 생일 3개월 전에 사망한 사람은 범주 2로 분류될 것이다. 이러한 분류를 통해 데이터는 아래의 표와 같이 정리될 수 있다.

| 결과 | 발생 횟수 |
|---|---|
| 1 | 277 |
| 2 | 283 |
| 3 | 358 |
| 4 | 333 |

$n = 1{,}251$
$n/4 = 312.75$

$H_0 : p_i = 1/4\ (i = 1,\ 2,\ 3,\ 4)$을 검정하기 위한 검정통계량은 다음과 같이 계산된다.

$$\begin{aligned} T &= \frac{(277)^2 + (283)^2 + (358)^2 + (333)^2}{312.75} - 1.251 \\ &= 14.775 \end{aligned}$$

따라서 $\chi^2_{.01,3} = 11.345$이므로 귀무가설은 1% 유의수준에서도 기각될 것이다. 실제로 R을 사용하면 다음과 같은 결과를 얻을 수 있다.

$$p\text{-값} \approx P\{\chi^2_3 \geq 14.775\} = 1 - .998 = .002$$

그러나 위의 분석은 데이터에 대한 관측이 이루어진 후에 귀무가설이 선택되었다는 비판을 받을 소지가 있다. 실제로 귀무가설을 올바로 표현하기 위해 데이터를 사용하는 것은 문제가 없지만, 그렇게 표현된 귀무가설의 검정에 동일한 데이터를 사용한다는 것은 문제가 있다. 따라서 이 예로부터 도출된 결론을 확고히 하기 위해서는 또 다른 무작위 표본을 선택하고 이 값들을 앞에서와 같이 분류하여 $H_0 :\ p_i = 1/4\ (i = 1,\ 2,\ 3,\ 4)$에 대해 검정하는 것이 바람직하다(참고: 연습문제 3). ■

R을 사용하여 검정통계량을 계산하고 $p$-값을 결정할 수 있다. $k$개 가능한 값들이 각각 몇 번씩 발생했는지를 나타내는 벡터 $x = c(x_1, \ldots, x_k)$가 있을 때, 결과의 확률 벡터가 $p = c(p_1, \ldots, p_k)$라는 귀무가설을 검정해보자. 이를 하기 위한 R 명령어는 다음과 같다.

```
> x = c(x1, ..., xk)
> chisq.test(x, p = c(p1, ..., pk))
```

예를 들어, 앞서 본 예제에 적용하면 아래와 같다.

```
>             x = c(277, 283, 358, 333)
>             chisq.test(x, p = c(1/4, 1/4, 1/4, 1/4))
              Chi-squared test for given probabilities
data :        x
X - squared = 14.775,   df = 3,  p-value = 0.00202
```

### 예제 11.2b

대량의 형광등 전구를 구입하는 어떤 하청업자는 제조업체로부터 이 전구들이 균일한 품질을 갖고 있는 것이 아니라 각기 독립적인 품질등급이 A, B, C, D, E 등 다섯 가지로 나누어질 수 있으며, 각각에 대한 확률은 .15, .25, .35, .20, .05라고 들었다. 그런데 하청업자는 자신이 받은 전구들 중에는 (가장 낮은 품질인) E 등급이 너무 많은 것으로 생각되어 시간과 비용을 들여 전구 30개의 품질을 확인해보기로 하였다. 30개의 전구 중에서 등급 A가 3개, 등급 B가 6개, 등급 C가 9개, 등급 D가 7개, 등급 E가 5개였다면, 이 데이터는 5% 유의수준에서 제조업체의 주장을 기각할 만한가?

**풀이** 다음과 같이 R을 사용할 수 있다.

```
>             x = c(3, 6, 9, 7, 5)
>             chisq.test(x, p = c(.15, .25, .35, .20, .05))
              Chi-squared test for given probabilities
data : x
X - squared = 9.3476,   df = 4,  p-value = 0.05297

Warning message:
In chi-sq.test(x,  p = c(.15, .25, .35, .20, .05))
Chi-squared approximation may be incorrect
```

각 범주가 상대적으로 적은 수로 구성되었기 때문에 검정통계량의 분포에 대한 카이제곱 근사가 완전히 정확하지 않을 수 있다는 R의 경고에 주목하라. 정확도가 중요한 것은 아니라면, 5% 유의수준에서 귀무가설은 기각되지 않는다. (그러나 .053 이상의 모든 유의수준에서는 귀무가설이 기각될 것이므로, 하청업자는 여전히 의심을 풀지 않을 것이다.) ■

## 11.2.1 시뮬레이션에 의한 기각역의 결정

피어슨이 $T$가 근사적으로 자유도가 $k-1$인 카이제곱분포를 따른다는 것을($n$이 무한대로 접근할 경우 정확히 카이제곱분포를 따름) 보인 1900년부터 최근까지 적합도검정의 $p$-값을 결정하기 위해 사용할 수 있는 유일한 수단이 이러한 근사를 이용하는 것이었다. 그런데 최근 싸고 빠르면서도 쉽게 이용할 수 있는 컴퓨터들의 출현으로 더욱 정확한 두 번째의 방법을 이용할 수 있게 되었는데, 바로 시뮬레이션을 이용하여 검정통계량에 대한 $p$-값을 높은 수준의 정확도로 구하는 것이다.

시뮬레이션 방식은 다음과 같다. 먼저, $T$값을 결정하는데, $T=t$라고 하자. 이제 주어진 유의수준 $\alpha$에서 $H_0$을 채택할지 여부를 결정하기 위해, $H_0$이 참일 때 $T$가 $t$ 이상이 될 확률을 알아야 한다. 이 확률을 결정하기 위해 서로 독립이며 각기 $\{p_i : i=1,\ldots, k\}$를 확률질량함수로 갖는 $n$개의 확률변수 $Y_1^{(1)}, \ldots, Y_n^{(1)}$를 시뮬레이션 한다. 즉, 이 확률변수들의 확률질량함수는 아래와 같이 주어진다.

$$P\{Y_j^{(1)}=i\}=p_i, \qquad i=1,\ldots,k, \qquad j=1,\ldots,n$$

이제

$$X_i^{(1)} = \text{개수} : Y_j^{(1)} = i$$

와 같이 두고 다음과 같이 설정한다.

$$T^{(1)}=\sum_{i=1}^{k}\frac{(X_i^{(1)}-np_i)^2}{np_i}$$

이제 서로 독립이며 각기 $\{p_i : i=1,\ldots, k\}$를 확률질량함수로 갖는 또 다른 $n$개의 확률변수 집합 $Y_1^{(1)}, \ldots, Y_n^{(1)}$에 대해 시뮬레이션을 수행하는 위의 절차를 반복하여 $T^{(2)}$를 결정한다. 이때 두 번째의 확률변수 집합은 첫 번째의 확률변수 집합에 대해서도 독립적인 것으로 가정한다. 이러한 절차를 큰 숫자인 $r$회 반복하여 $r$개의 서로 독립인 확률변수 $T^{(1)}, T^{(2)}, \ldots, T^{(r)}$을 만들어내는데, 이들 각각은 $H_0$이 참일 때 검정통계량 $T$와 동일한 분포를 따른다. 따라서 대수의 법칙에 의해 $t$ 이상의 값을 갖는 $T_i$의 비율은 $H_0$이 참일 때 $T$가 $t$ 이상일 확률과 거의 같게 될 것이다. 이를 식으로 표현하면 다음과 같다.

$$\frac{\text{개수 } l : T^{(l)} \geq t}{r} \approx P_{H_0}\{T \geq t\}$$

사실 $r$이 아주 크면, 위의 근사식은 아주 높은 확률로 거의 등식으로 간주될 수 있다. 따라서 이 비율이 $\alpha$ 이하이면, $H_0$이 참일 때 $T$가 $t$ 이상일 확률에 해당되는 $p$-값은 $\alpha$ 보다 작게 되며 따라서 $H_0$은 기각될 것이다.

### 메모

(a) $T$를 관측한 후 $H_0$을 채택할지 여부를 결정하기 위해 위의 시뮬레이션 방식을 이용하기 위해서는 $P\{Y=i\}=p_i\ (i=1,\ldots, k)$인 확률변수 $Y$를 어떻게 시뮬레이션 할지, 즉, 어떻게 생성할지 규정할 필요가 있다. 한 가지 방법은 다음과 같다.

**단계 1 :** 난수 $U$를 생성한다.

**단계 2 :**

$$p_1 + \cdots + p_{i-1} \leq U < p_1 + \cdots + p_i$$

을 만족하는 $i$에 대해 $Y = i$로 둔다( $i = 1$일 때 $p_1 + \cdots + p_{i-1} \equiv 0$으로 간주한다). 즉,

$$\begin{aligned} U < p_1 &\Rightarrow Y = 1 \\ p_1 \leq U < p_1 + p_2 &\Rightarrow Y = 2 \\ &\vdots \\ p_1 + \cdots + p_{i-1} \leq U < p_1 + \cdots + p_i &\Rightarrow Y = i \\ &\vdots \\ p_1 + \cdots + p_{n-1} < U &\Rightarrow Y = n \end{aligned}$$

난수는 구간 (0, 1) 상의 균일 확률변수이므로,

$$P\{a < U < b\} = b - a, \qquad 0 < a < b < 1$$

이며 따라서 다음 식이 성립한다.

$$P\{Y = i\} = P\{p_1 + \cdots + p_{i-1} < U < p_1 + \cdots + p_i\} = p_i$$

(b) 이제 남아있는 중요한 질문은 얼마나 많은 시뮬레이션 실행이 필요한가이다. 대개 $r = 100$ 정도이면 많이 사용되는 5% 유의수준에서는 충분한 것으로 알려져 있다.*

### 예제 11.2c

예제 11.2b에서 제시되었던 문제를 다시 생각해보자. 시뮬레이션을 통한 조사 결과는

$$P_{H_0}\{T \leq 9.52381\} = .95$$

와 같으며, 따라서 기각치는 9.52381인데, 이는 카이제곱 근사에 의해 정해지는 기각치 $\chi^2_{.05,4} = 9.488$에 매우 가깝다. 이러한 결과가 특히 흥미로운 것은 이 예의 경우 카이제곱 근사가 적용되기 위한 조건, 즉 각 $np_i$가 1 이상이고 $np_i$의 80% 이상이 5보다 커야 한다는 조건이 해당되지 않으며, 따라서 그와 같은 조건은 다소 엄격한 조건일 가능성을 제기하고 있다는 점이다. ■

* 참고자료: Hope, A., "A Simplified Monte Carlo Significance Test Procedure," *J. of Royal Statist. Soc.*, B. 30, 582–598, 1968.

## 11.3 일부 모수가 정해져 있지 않을 때의 적합도검정

확률 $\{p_i : i = 1, \ldots, k\}$를 완전하게 규정하지 않는 귀무가설에 대한 적합도검정을 수행할 수도 있다. 예를 들어 어떤 산업공장에서 매일 발생하는 사고 건수가 미지의 모수 $\lambda$를 갖는 푸아송분포를 따르는지 여부를 검정하려는 앞서 언급된 상황을 생각해보자. 이러한 가설을 검정하기 위해 $n$일 동안 매일의 사고 건수를 조사한 데이터가 $Y_1, \ldots, Y_n$이라고 하자. 이 데이터를 분석하기 위해 해결해야 할 어려움 중의 하나는 $Y_i$가 가질 수 있는 값이 무수히 많다는 것이다. 그렇지만 이 문제는 가능한 값들을 유한한 $k$개의 영역으로 분할하고 각 $Y_i$가 속하는 영역을 고려함으로써 쉽게 해결될 수 있다. 예를 들어 매일의 사고 건수에 대해 영역 1은 사고 건수가 0인 경우, 영역 2는 사고 건수가 1인 경우, 영역 3은 사고 건수가 2 또는 3인 경우, 영역 4는 사고 건수가 4 또는 5인 경우, 영역 5는 사고 건수가 6 이상인 경우 등으로 분할할 수 있다. 따라서 분포가 실제로 평균이 $\lambda$인 푸아송분포일 경우 다음의 식들이 성립한다.

$$\begin{aligned}
P_1 &= P\{Y = 0\} = e^{-\lambda} \\
P_2 &= P\{Y = 1\} = \lambda e^{-\lambda} \\
P_3 &= P\{Y = 2\} + P\{Y = 3\} = \frac{e^{-\lambda}\lambda^2}{2} + \frac{e^{-\lambda}\lambda^3}{6} \\
P_4 &= P\{Y = 4\} + P\{Y = 5\} = \frac{e^{-\lambda}\lambda^4}{24} + \frac{e^{-\lambda}\lambda^5}{120}
\end{aligned} \tag{11.3.1}$$

$$P_5 = P\{Y > 5\} = 1 - e^{-\lambda} - \lambda e^{-\lambda} - \frac{e^{-\lambda}\lambda^2}{2} - \frac{e^{-\lambda}\lambda^3}{6} - \frac{e^{-\lambda}\lambda^4}{24} - \frac{e^{-\lambda}\lambda^5}{120}$$

적합도검정에서 직면하게 되는 두 번째의 어려움은 평균값 $\lambda$가 지정되어 있지 않다는 사실에 기인한다. 분명히 직관적으로 해야 할 일은 $H_0$이 참이라고 가정하고 데이터로부터 $\lambda$의 추정량인 $\hat{\lambda}$을 구한 다음, 다음과 같은 검정통계량을 계산하는 일일 것이다.

$$T = \sum_{i=1}^{k} \frac{(X_i - n\hat{p}_i)^2}{n\hat{p}_i}$$

여기에서 $X_i$ $(i = 1, \ldots, k)$는 전과 마찬가지로 영역 $i$에 속하는 $Y_j$의 개수를 나타내며, $\hat{p}_i$는 $Y_j$가 영역 $i$에 속할 확률을 추정한 것인데, 이는 $p_i$를 위한 식 (11.3.1)에서 $\lambda$를 $\hat{\lambda}$로 대치하여 구한다.

일반적으로 이 방식은 $p_i$ $(i = 1, \ldots, k)$를 계산할 필요가 있는 귀무가설에서 지정되지 않은 모수가 있을 때 이용될 수 있다. 이제 지정되어 있지 않은 모수가 $m$개 있고 이들을 최대우도법으로 추정해야 한다고 가정하자. 이 경우 $n$이 크면 $H_0$이 참일 때 검정통계량 $T$는 근사적으로 자유도가 $k-1-m$인 카이제곱분포를 따른다는 것을 증명할 수 있다(바꾸어 말하면, 추정되어야 할 각 모수에 대해 자유도를 1씩 잃는다). 따라서 검정은 다음과 같다.

$$T \geq \chi^2_{\alpha,k-1-m} \text{이면 } H_0\text{을 기각한다.}$$
$$\text{그렇지 않으면 } H_0\text{을 채택한다.}$$

위의 검정을 수행하는 또 다른 방법은 먼저 검정통계량 $T$의 값 $T=t$를 구한 후 다음과 같이 $p$-값을 계산한다.

$$p\text{-값} \approx P\{\chi^2_{k-1-m} \geq t\}$$

그리고 $\alpha \geq p$-값이면 가설을 기각한다.

### 예제 11.3a

30주 기간 동안 매주 사고 건수가 아래와 같다고 하자.

| | | | | | | | | | |
|---|---|---|---|---|---|---|---|---|---|
| 8 | 0 | 0 | 1 | 3 | 4 | 0 | 2 | 12 | 5 |
| 1 | 8 | 0 | 2 | 0 | 1 | 9 | 3 | 4 | 5 |
| 3 | 3 | 4 | 7 | 4 | 0 | 1 | 2 | 1 | 2 |

매주 사고 건수가 푸아송분포를 따른다는 것을 검정하라.

**풀이** 30주 동안 총 사고 건수는 95이므로, 푸아송분포의 평균에 대한 최대우도 추정치는 다음과 같다.

$$\hat{\lambda} = \frac{95}{30} = 3.16667$$

이 경우 $P\{Y=i\}$에 대한 추정치는

$$P\{Y=i\} \stackrel{est}{=} \frac{e^{-\hat{\lambda}}\hat{\lambda}^i}{i!}$$

이므로, 약간의 계산을 거쳐 이 절을 시작할 때 정한 5개의 영역에 대한 확률을 다음과 같이 추정할 수 있다.

$$\hat{p}_1 = .04214$$
$$\hat{p}_2 = .13346$$
$$\hat{p}_3 = .43434$$
$$\hat{p}_4 = .28841$$
$$\hat{p}_5 = .10164$$

데이터 값 $X_1=6$, $X_2=5$, $X_3=8$, $X_4=6$, $X_5=5$을 사용하여, R을 통해 먼저 검정통계량 값 $T=\sum_{i=1}^{5}\frac{(X_i-30\hat{p}_i)^2}{30\hat{p}_i}$을 구하고 이어서 $p$-값을 구하고자 한다.

```
>   x = c(6, 5, 8, 6, 5)
>   p = c(.04214, .13346, .43434, .28841, .10164)
>   y = (x - 30 * p)^2
>   s = y/(30 * p)
>   T = sum(s)
>   T
[1]  21.99156
```

이제 $p$-값을 구해보자.

$$p\text{-value} = 1 - \text{pchisq}(21.99156, 3) = 6.549542 \times 10^{-5}$$

따라서 모집단이 푸아송분포를 따른다는 가설은 기각된다(확실히 모집단이 평균이 3.167인 푸아송분포를 따른다고 보기에는 사고 건수가 0인 주가 너무 많다). ■

## 11.4 분할표에서의 독립성 검정

이 절에서는 모집단의 각 원소가 $X$-특성과 $Y$-특성으로 표시되는 두 가지 서로 다른 특성에 따라 분류될 수 있는 문제에 대해 살펴본다. $X$-특성에 대해 가질 수 있는 값에는 $r$개가 있고 $Y$-특성에 대해 가질 수 있는 값에는 $s$개가 있다고 가정하고, $i=1,\ldots,r$, $j=1,\ldots,s$에 대해

$$P_{ij} = P\{X=i, Y=j\}$$

와 같이 둔다. 즉, $P_{ij}$는 모집단에서 무작위로 선택한 원소가 $X$-특성 $i$와 $Y$-특성 $j$를 가질 확률을 나타낸다. 모집단의 원소들은 서로 독립이라고 가정된다. 또한,

$$p_i = P\{X=i\} = \sum_{j=1}^{s} P_{ij}, \qquad i=1,\ldots,r$$

와

$$q_j = P\{Y=j\} = \sum_{i=1}^{r} P_{ij}, \qquad j=1,\ldots,s$$

와 같이 정의한다. 즉, $p_i$는 모집단의 임의의 원소에서 $X$-특성이 $i$일 확률을 나타내며, $q_j$는 $Y$-특성이 $j$일 확률을 나타낸다.

이제 모집단 원소의 $X$-특성과 $Y$-특성이 서로 독립이라는 가설의 검정을 살펴보기로 하자.

즉, 검정하려는 가설은 다음과 같다.

$$H_0 : \text{모든 } i = 1, \ldots, r \text{와 } j = 1, \ldots, s \text{에 대해 } P_{ij} = p_i q_j$$

대 대립가설

$$H_1 : i = 1, \ldots, r \text{와 } j = 1, \ldots, s \text{중 일부 } i, j \text{에 대해 } P_{ij} \neq p_i q_j$$

이러한 가설을 검정하기 위해 모집단에서 $n$개의 원소를 표본으로 추출한 결과 $X$-특성이 $i$이고 $Y$-특성이 $j$인 개수가 $N_{ij}$라고 하자($i = 1, \ldots, r$, $j = 1, \ldots, s$).

$p_i$ ($i = 1, \ldots, r$)와 $q_j$ ($j = 1, \ldots, s$)가 귀무가설에서 지정되어 있지 않으므로 이들에 대한 추정이 먼저 이루어져야 한다.

$$N_i = \sum_{j=1}^{s} N_{ij}, \qquad i = 1, \ldots, r$$

은 표본 중에 $X$-특성이 $i$인 원소의 개수를 나타내므로, $p_i$에 대한 자연스러운 추정량은 다음과 같다(사실 이것은 최대우도 추정량이기도 하다).

$$\hat{p}_i = \frac{N_i}{n}, \qquad i = 1, \ldots, r$$

마찬가지로

$$M_j = \sum_{i=1}^{r} N_{ij}, \qquad j = 1, \ldots, s$$

가 표본 중에 $Y$-특성이 $j$인 원소의 개수를 나타낼 경우, $q_j$에 대한 추정량은 다음과 같다.

$$\hat{q}_j = \frac{M_j}{n}, \qquad j = 1, \ldots, s$$

얼핏 보기에 데이터를 사용하여 $r + s$개의 모수를 추정해야 할 것처럼 보인다. 그러나 $p_i$의 합과 $q_j$의 합은 1이어야 한다. 즉, $\sum_{i=1}^{r} p_i = \sum_{j=1}^{s} q_j = 1$이 되어야 한다. 따라서 $r - 1$개의 $p_i$와 $s - 1$개의 $q_j$만 추정하면 된다(예를 들어 $r$이 2일 경우, $p_1$에 대한 추정치만 구하면 $p_2 = 1 - p_1$이므로 $p_2$에 대한 추정치는 자동적으로 얻을 수 있다). 따라서 실제로 추정할 필요가 있는 모수의 개수는 $r - 1 + s - 1 = r + s - 2$이며, 각 모집단 원소가 가질 수 있는 값의 개수는 $k = rs$이므로, $n$이 클 때 검정통계량은 근사적으로 카이제곱분포를 따르며 그 자유도는 $rs - 1 - (r + s - 2) = (r - 1)(s - 1)$이다.

마지막으로

$$\begin{aligned} E[N_{ij}] &= nP_{ij} \\ &= np_i q_j \qquad H_0 \text{ 이 참일 때} \end{aligned}$$

이므로, 검정통계량은

$$T = \sum_{j=1}^{s}\sum_{i=1}^{r} \frac{(N_{ij} - n\hat{p}_i\hat{q}_j)^2}{n\hat{p}_i\hat{q}_j} = \sum_{j=1}^{s}\sum_{i=1}^{r} \frac{N_{ij}^2}{n\hat{p}_i\hat{q}_j} - n$$

와 같이 주어지며, 근사적인 유의수준 $\alpha$ 검정은 다음과 같다.

$T \geq \chi^2_{\alpha,(r-1)(s-1)}$ 이면 $H_0$을 기각한다.
그렇지 않으면 $H_0$을 기각하지 않는다.

### 예제 11.4a

무작위로 선택된 300명의 사람들로 이루어진 표본을 성별과 정치적 성향에 따라 분류하여 만든 **분할표(contingency table)**는 아래와 같다.

| | *j* | | | |
|---|---|---|---|---|
| ***i*** | **민주당** | **공화당** | **기타** | **합계** |
| 여성 | 68 | 56 | 32 | 156 |
| 남성 | 52 | 72 | 20 | 144 |
| 합계 | 120 | 128 | 52 | 300 |

예를 들면, 위의 분할표에서 300명의 표본에 민주당 편으로 분류되는 여성이 68명 포함되어 있으며, 공화당 편으로 분류되는 여성이 56명 포함되어 있고, 기타로 분류되는 여성이 32명 포함되어 있다. 즉, $N_{11} = 68$, $N_{12} = 56$, $N_{13} = 32$이다. 마찬가지로 $N_{21} = 52$, $N_{22} = 72$, $N_{23} = 20$이다.

위의 데이터를 사용하여 무작위로 선택된 사람의 성별과 정치적 성향은 서로 독립이라는 가설을 검정하라.

**풀이** 위의 데이터로부터 6개의 $n\hat{p}_i\hat{q}_j = N_iM_j/n$값을 구하면 다음과 같다.

$$\frac{N_1M_1}{n} = \frac{156 \times 120}{300} = 62.40$$
$$\frac{N_1M_2}{n} = \frac{156 \times 128}{300} = 66.56$$
$$\frac{N_1M_3}{n} = \frac{156 \times 52}{300} = 27.04$$
$$\frac{N_2M_1}{n} = \frac{144 \times 120}{300} = 57.60$$

$$\frac{N_2M_2}{n} = \frac{144 \times 128}{300} = 61.44$$
$$\frac{N_2M_3}{n} = \frac{144 \times 52}{300} = 24.96$$

따라서 검정통계량 값은 다음과 같이 구할 수 있다.

$$\begin{aligned} TS &= \frac{(68-62.40)^2}{62.40} + \frac{(56-66.56)^2}{66.56} + \frac{(32-27.04)^2}{27.04} + \frac{(52-57.60)^2}{57.60} \\ &\quad + \frac{(72-61.44)^2}{61.44} + \frac{(20-24.96)^2}{24.96} \\ &= 6.433 \end{aligned}$$

(r − 1)(s − 1) = 2이므로, R을 사용하여 $p$-값을 구할 수 있다.

$$\begin{aligned} p\text{-값} &\approx P(\chi_6^2 > 6.433) \\ &= 1 - \text{pchisq}(6.433, 2) \\ [1]&\ \ 0.04009515 \end{aligned}$$

즉, 모집단 구성원들의 성별과 정치적 성향은 무관하다는 가설은 5% 유의수준에서 기각된다. ■

## 예제 11.4b

어떤 회사에서 3개의 교대조를 이용하여 4대의 기계를 가동시킨다. 다음의 분할표는 6개월 동안 기계 고장 횟수에 관한 데이터를 보여주고 있다.

기계마다 고장 확률이 교대조에 따라 영향을 받는지 알아보고자 한다. 바꾸어 말하면, 기계 고장에 대해 고장을 일으킨 기계와 당시의 교대조 사이에 상관관계가 있는지 여부를 검정하고자 한다.

고장 횟수

| | 기계 | | | | |
|---|---|---|---|---|---|
| | A | B | C | D | 교대조 별 합계 |
| 교대조 1 | 10 | 12 | 6 | 7 | 35 |
| 교대조 2 | 10 | 24 | 9 | 10 | 53 |
| 교대조 3 | 13 | 20 | 7 | 10 | 50 |
| 기계 별 합계 | 33 | 56 | 22 | 27 | 138 |

**풀이** 직접 계산하면 검정통계량 값은 1.8148이다. R을 이용하여 구한 $p$-값은 다음과 같다.

$$\begin{aligned} p\text{-값} &\approx P(\chi_6^2 > 1.8148) \\ &= 1 - \text{pchisq}(1.8148, 6) \\ [1]&\ \ 0.9359191 \end{aligned}$$

따라서 고장을 일으킨 기계와 당시의 교대조가 서로 독립이라는 가설은 채택된다. ■

## 11.5 고정 주변합을 갖는 분할표에서의 독립성 검정

예제 11.4a에서 관심의 대상이 된 것은 특정 모집단에서 성별과 정치적 성향 사이에 상관관계가 있는지 결정하는 것이었다. 이러한 가설을 검정하기 위해 먼저 모집단에서 무작위로 선택된 사람들로 표본을 만들고 이들의 특성을 조사하였다. 그러나 데이터를 얻는 또 다른 방법은 미리 표본에 포함될 남자와 여자의 수를 고정시킨 후 남성 집단과 여성 집단 중에서 각기 해당 크기의 표본을 추출하는 것이다. 즉, 표본에서 남성의 수와 여성의 수를 우연에 맡기기보다 미리 결정할 수도 있다. 이 경우 표본 안의 남성의 총

수와 여성의 총 수는 고정된 값을 가질 것이므로, 이러한 분할표는 (합은 표의 주변 부분에 주어져 있으므로) **고정 주변합(fixed margin)**을 갖는다고 표현된다.

위에서 규정한 방식으로 데이터를 수집하는 경우에도 두 특성의 독립성을 검정하기 위해 11.4절에서 기술한 가설검정을 그대로 사용할 수 있다. 검정통계량도 여전히

$$TS = \sum_i \sum_j \frac{(N_{ij} - \hat{e}_{ij})^2}{\hat{e}_{ij}}$$

이며, 여기에서

$N_{ij}$= $X$-특성이 $i$이고 $Y$-특성이 $j$인 표본 원소의 수
$N_i$= $X$-특성이 $i$인 표본 원소의 수
$N_j$= $Y$-특성이 $j$인 표본 원소의 수

이며,

$$\hat{e}_{ij} = n\hat{p}_i\hat{q}_j = \frac{N_i M_j}{n}$$

이다. 여기에서 $n$은 표본 전체의 크기를 나타낸다.

그리고 $H_0$이 참일 때, $TS$가 근사적으로 자유도 $(r-1)(s-1)$의 카이제곱분포를 따른다는 것도 여전히 성립한다(물론 $r$과 $s$가 가리키는 것은 각기 $X$-특성과 $Y$-특성이 가질 수 있는 서로 다른 값의 개수를 가리킨다). 바꾸어 말하면, 독립성 가설에 대한 검정은 주변합이 미리 고정되어 있든 전체 모집단으로부터의 무작위 표본의 결과이든 영향을 받지 않는다.

### 예제 11.5a

무작위로 선택된 20,000명의 비흡연자 그룹과 10,000명의 흡연자 그룹을 10년에 걸쳐 추적하여 이 기간 동안 폐암에 걸린 숫자들을 조사한 결과는 아래의 표와 같다.

| | 흡연자 | 비흡연자 | 합계 |
|---|---|---|---|
| 폐암 발병자 | 62 | 14 | 76 |
| 폐암 미발병자 | 9,938 | 19,986 | 29,924 |
| 합계 | 10,000 | 20,000 | 30,000 |

흡연과 폐암 사이에 상관관계는 없다는 가설을 1% 유의수준에서 검정하라.

**풀이** 흡연과 폐암 사이에 상관관계가 없을 경우 각각의 $ij$셀에 속하는 인원수의 기댓값에 대한 추정치는 다음과 같다.

$$\hat{e}_{11} = \frac{(76)(10,000)}{30,000} = 25.33$$

$$\hat{e}_{12} = \frac{(76)(20,000)}{30,000} = 50.67$$

$$\hat{e}_{21} = \frac{(29,924)(10,000)}{30,000} = 9,974.67$$

$$\hat{e}_{22} = \frac{(29,924)(20,000)}{30,000} = 19,949.33$$

따라서 검정통계량 값은 다음과 같이 계산된다.

$$\begin{aligned} TS &= \frac{(62-25.33)^2}{25.33} + \frac{(14-50.67)^2}{50.67} + \frac{(9,938-9,974.67)^2}{9,974.67} \\ &\quad + \frac{(19,986-19,949.33)^2}{19,949.33} \\ &= 53.09 + 26.54 + .13 + .07 = 79.83 \end{aligned}$$

이 값은 $\chi^2_{.01,1} = 6.635$보다 훨씬 크므로 무작위로 선택된 사람이 폐암에 걸릴지 여부는 그 사람이 흡연자인지 여부와는 상관없다는 귀무가설은 기각된다. ■

이제 이 절에서 제시한 구조를 사용하여 $m$개의 모집단의 이산분포들이 동일하다는 가설을 검정하는 방법을 보인다. $m$개의 분리된 모집단이 있고, 이들의 각 원소는 $1, \ldots, n$ 중의 한 값을 가질 수 있다고 하자. 모집단 $i$에서 무작위로 선택된 원소의 값이 $j$일 확률은

$$p_{i,j}, \qquad i = 1, \ldots, m, \qquad j = 1, \ldots, n$$

와 같이 주어진다고 하고, 아래와 같은 귀무가설의 검정에 대해 생각해보자.

$$H_0: \text{ 각각의 } j = 1, \ldots, n \text{ 에 대해 } p_{1,j} = p_{2,j} = p_{3,j} = \cdots = p_{m,j}$$

이러한 귀무가설을 검정하기 위해, 먼저 $m$개의 개별 모집단의 모든 원소들로 이루어지는 초모집단이 있다고 하자. 이러한 초모집단의 각 원소는 두 가지 특성에 따라 분류될 수 있다. 첫 번째 특성은 이 원소가 $m$개의 모집단 중 어디에서 온 것인지를 규정하며, 두 번째의 특성은 원소의 값을 규정한다. 모집단 분포들이 동일하다는 가정은 각각의 값에 대해 각 모집단 원소들 중 그와 같은 값을 갖는 비율은 동일하다는 가설과 같다. 그런데 이것은 초모집단에서 무작위로 선택된 원소의 두 가지 특성이 서로 독립적이라고 말하는 것과 같다(즉, 초모집단에서 무작위로 선택된 원소의 값은 이 원소가 어떤 모집단에 속한 것인지와 상관이 없다).

따라서 각 모집단에서 표본원소를 무작위로 선택함으로써 $H_0$을 검정할 수 있다. $M_i$가 모집단 $i$로부터의 표본 크기를 나타내고 $N_{i,j}$가 그 표본 중에서 값이 $j$인 원소의 수를 나타낼 경우($i = 1,\ldots, m$, $j = 1,\ldots, n$), 아래의 분할표에서의 독립성을 검정함으로써 $H_0$을 검정할 수 있다.

| | 모집단 | | | | |
|---|---|---|---|---|---|
| **값** | **1** | **2** | ***i*** | ***m*** | **합계** |
| 1 | $N_{1,1}$ | $N_{2,1}\ldots$ | $N_{i,1}\ldots$ | $N_{m,1}$ | $N_1$ |
| 2 | | | | | |
| ⋮ | | | | | |
| $j$ | $N_{1,j}$ | $N_{2,j}\ldots$ | $N_{i,j}\ldots$ | $N_{m,j}$ | $N_j$ |
| ⋮ | | | | | |
| $n$ | $N_{1,n}$ | $N_{2,n}\ldots$ | $N_{i,n}$ | $N_{m,n}$ | $N_n$ |
| **합계** | $M_1$ | $M_2\ldots$ | $M_i\ldots$ | $M_m$ | |

$N_j$는 전체 표본들에서 값이 $j$와 같은 원소의 개수를 나타낸다.

### 예제 11.5b

최근의 어떤 연구는 4개의 서로 다른 국가들에서 각기 500명씩의 여성 사무원을 무작위로 선택하여 질문한 결과를 보고하고 있다. 질문들 중의 하나는 이 여성들이 직장에서 언어나 성적 부당행위가 있었는지에 관한 것이었으며, 이에 대한 결과는 아래의 표와 같다.

| 국가 | 부당행위 보고 건수 |
|---|---|
| 호주 | 28 |
| 독일 | 30 |
| 일본 | 51 |
| 미국 | 55 |

위의 데이터에 근거하여, 직장에서 부당행위를 당했다고 여기는 여성 사무원들의 비율이 이들 국가에서 모두 동일하다고 볼 수 있는가?

**풀이** 위의 데이터를 분할표로 정리하면 아래와 같다.

| | 국가 | | | | |
|---|---|---|---|---|---|
| | 1 | 2 | 3 | 4 | 합계 |
| 부당행위가 있었음 | 28 | 30 | 58 | 55 | 171 |
| 부당행위가 없었음 | 472 | 470 | 442 | 445 | 1,829 |
| 합계 | 500 | 500 | 500 | 500 | 2,000 |

이제 위의 분할표에서의 독립성을 검정함으로써 귀무가설을 검정할 수 있다. 프로그램 11.4를 실행시켜 구한 검정통계량 값과 $p$-값은 다음과 같다.

$$TS = 19.51, \qquad p\text{-값} \approx .0002$$

따라서 직장에서 부당행위를 당했다고 여기는 여성들의 비율이 동일하다는 가설은 1% 유의수준에서 기각된다(사실 .02% 이상의 모든 유의수준에서 마찬가지다). ■

## 11.6 *연속 데이터에 대한 콜모고르프-스미르노프 적합도검정

이번에는 $Y_1, \ldots, Y_n$가 연속분포에서 추출된 표본 데이터를 나타낸다고 가정하고, 어떤 지정된 연속분포함수 $F$가 모집단의 분포라는 귀무가설 $H_0$을 검정하려 한다고 하자. $H_0$을 검정하는 한 가지 방법은 $Y_j$가 가질 수 있는 값들의 집합을 (예를 들어 아래와 같은) $k$개의 구간들로 나눈 후

$$(y_0, y_1), (y_1, y_2), \ldots, (y_{k-1}, y_k), \qquad y_0 = -\infty, y_k = +\infty$$

아래와 같이 정의된 이산화된 확률변수 $Y_j^d (j = 1, \ldots, n)$를 이용하는 것이다.

$$Y_j \text{가 구간 } (y_{i-1}, y_i)\text{에 속할 경우, } Y_j^d = i$$

위의 귀무가설이 의미하는 것은

$$P\{Y_j^d = i\} = F(y_i) - F(y_{i-1}), \qquad i = 1, \ldots, k$$

이며, 이는 앞서 소개된 바 있는 카이제곱 적합도검정으로 검정될 수 있다.

* 이 절에 대한 학습은 선택사항임

그렇지만 $Y_j$가 연속분포함수 $F$에서 온 것임을 증명하기 위해서는 이산화시키는 것보다는 더 효율적인 또 다른 방법이 있다. $Y_1, \ldots, Y_n$을 관측한 후, $F_e$를 아래와 같이 정의되는 경험적 분포라고 하자.

$$F_e(x) = \frac{\#i : Y_i \le x}{n}$$

즉, $F_e(x)$는 관측된 값들 중 $x$ 이하의 값을 갖는 비율을 나타낸다. $F_e(x)$는 관측된 값이 $x$ 이하일 확률에 대한 자연스러운 추정량이므로, $F$가 실제 모집단의 분포라는 귀무가설이 참일 경우, $F_e(x)$ 는 $F(x)$에 가까워야 할 것이다. 이는 모든 $x$에 대해 성립하므로, $H_0$에 대한 검정의 근거가 되는 값은 자연스럽게 검정값

$$D \equiv \underset{x}{\text{Maximum}} \, |F_e(x) - F(x)|$$

로 둘 수 있을 것이며, 이때 $-\infty$에서 $+\infty$에 이르는 모든 $x$값에 대해 최댓값을 구한다. 이렇게 정의된 양 $D$를 **콜모고로프-스미르노프 검정통계량**이라 부른다.

주어진 데이터 집합 $Y_i = y_j (j = 1, \ldots, n)$에 대한 $D$값을 계산하기 위해, $y_{(1)}, y_{(2)}, \ldots, y_{(n)}$가 $y_j$ 값들을 증가하는 순서로 배열한 것이라고 하자. 즉,

$$y_{(j)} = y_1, \ldots, y_n \text{ 중에서 } j\text{번째로 작은 값}$$

예를 들어 $n = 3$이고 $y_1 = 3$, $y_2 = 5$, $y_3 = 1$ 일 때, $y_{(1)} = 1$, $y_{(2)} = 3$, $y_{(3)} = 5$ 이다. $F_e(x)$는

$$F_e(x) = \begin{cases} 0 & x < y_{(1)} \\ \dfrac{1}{n} & y_{(1)} \le x < y_{(2)} \\ \vdots & \\ \dfrac{j}{n} & y_{(j)} \le x < y_{(j+1)} \\ \vdots & \\ 1 & y_{(n)} \le x \end{cases}$$

와 같이 표현할 수 있으므로, $F_e(x)$는 구간 $(y_{(j-1)}, y_{(j)})$ 안에서는 상수이며 $y_{(1)}, \ldots, y_{(n)}$ 등의 점들에서는 매번 $1/n$씩 도약하는 것을 알 수 있다. $F(x)$는 $x$에 대해 증가함수이며 상한 값은 1이므로, $F_e(x) - F(x)$의 최댓값은 음이 아니며 $y_{(j)} (j = 1, \ldots, n)$ 중의 한 점에서 발생할 것임을 알 수 있다(참고: 그림 11.1).

즉,

$$\underset{x}{\text{Maximum}}\{F_e(x) - F(x)\} = \underset{j=1,\ldots,n}{\text{Maximum}} \left\{ \frac{j}{n} - F(y_{(j)}) \right\} \tag{11.6.1}$$

마찬가지로 $F(x) - F_e(x)$의 최댓값도 음이 아니며 도약 지점인 $y_{(j)}$ 중의 하나에서 발생할 것이다. 따라서

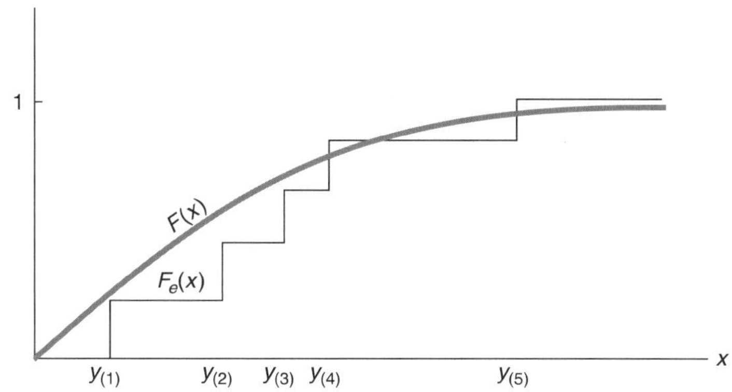


**그림 11.1** $n = 5$

$$\underset{x}{\text{Maximum}}\{F(x) - F_e(x)\} = \underset{j=1,\ldots,n}{\text{Maximum}}\left\{F(y_{(j)}) - \frac{j-1}{n}\right\} \tag{11.6.2}$$

식 (11.6.1)과 식 (11.6.2)로부터 다음과 같은 결과를 얻을 수 있다.

$$\begin{aligned} D &= \underset{x}{\text{Maximum}}\,|F_e(x) - F(x)| \\ &= \text{Maximum}\{\text{Maximum}\{F_e(x) - F(x)\}, \text{Maximum}\{F(x) - F_e(x)\}\} \\ &= \text{Maximum}\left\{\frac{j}{n} - F(y_{(j)}), F(y_{(j)}) - \frac{j-1}{n}, j = 1, \ldots, n\right\} \end{aligned} \tag{11.6.3}$$

식 (11.6.3)을 사용하여 $D$값을 계산할 수 있다.

이제 $Y_j$들을 관측하고 이들의 값이 $D = d$를 만족한다고 가정하자. $D$가 큰 값을 갖는다는 것은 모집단의 분포가 $F$라는 귀무가설에 부합되지 않으므로, 이러한 데이터 집합에 대한 $p$-값은 다음과 같이 주어진다는 것을 알 수 있다.

$$p\text{-값} = P_F\{D \geq d\}$$

여기에서 $P_F$라고 쓴 것은 $H_0$이 참이라는 (따라서 모집단의 분포가 $F$라는) 가정 하에 확률 계산이 이루어지고 있음을 명확히 표현하기 위함이다.

시뮬레이션을 이용하여 위의 $p$-값에 대한 근삿값을 구할 수 있는데, $P_F\{D \geq d\}$는 모집단의 분포 $F$의 영향을 받지 않음을 보여주는 아래의 정리에 의해 시뮬레이션의 수행은 더욱 용이해졌다. 아래의 정리가 의미하는 바는 $p$-값을 추정하기 위한 시뮬레이션을 수행할 때 어떤 연속분포를 선택하더라도 무방하다는 것이다. [따라서 가장 단순한 연속 분포인 구간 (0, 1) 상의 균일분포를 사용해도 된다].

**정리 11.6.1**

어떤 연속분포 $F$가 사용되더라도 $P_F\{D \ge d\}$은 동일하다.

**증명**

$$\begin{aligned} P_F\{D \ge d\} &= P_F\left\{\underset{x}{\text{Maximum}}\left|\frac{\#i : Y_i \le x}{n} - F(x)\right| \ge d\right\} \\ &= P_F\left\{\underset{x}{\text{Maximum}}\left|\frac{\#i : F(Y_i) \le F(x)}{n} - F(x)\right| \ge d\right\} \\ &= P\left\{\underset{x}{\text{Maximum}}\left|\frac{\#i : U_i \le F(x)}{n} - F(x)\right| \ge d\right\} \end{aligned}$$

여기에서 $U_1,\ldots, U_n$은 서로 독립이며 구간 (0, 1) 상의 균일 확률변수들이다. 위의 전개에서 첫 번째 등식은 $F$가 증가함수이므로 $Y \le x$가 $F(Y) \le F(x)$와 동치라는 사실에 따른 것이며, 두 번째 등식은 $Y$가 연속분포 $F$를 따를 경우 확률변수 $F(Y)$는 구간 (0, 1) 상의 균일분포를 따른다는 결과에 의한 것이다(이 결과에 대한 증명은 각자 해보기 바란다).

위의 식에서 $y = F(x)$로 두고 $x$가 $-\infty$에서 $+\infty$ 사이의 범위에 있을 때, $F(x)$의 범위는 0에서 1까지라는 사실을 적용하여

$$P_F\{D \ge d\} = P\left\{\underset{0 \le y \le 1}{\text{Maximum}}\left|\frac{\#i : U_i \le y}{n} - y\right| \ge d\right\}$$

와 같은 결과를 구할 수 있는데, 이는 $H_0$이 참일 때 $D$의 분포는 실제 분포 $F$에 종속되지 않음을 보여준다. ■

위의 정리는 데이터로부터 $D$의 값을 구한 후($D = d$라고 하자), $p$-값을 구하기 위한 시뮬레이션을 수행할 때 구간 (0, 1) 상의 균일분포를 이용해도 좋다는 것을 의미한다. 즉, $n$개의 난수 $U_1,\ldots, U_n$을 생성한 후 다음 부등식이 성립하는지 확인한다.

$$\underset{0 \le y \le 1}{\text{Maximum}}\left|\frac{\#i : U_i \le y}{n} - y\right| \ge d$$

이러한 과정을 많이 반복했을 때 위의 부등식이 성립하는 비율이 바로 주어진 데이터에 대한 $p$-값의 추정치가 된다. 앞에서 언급한 것처럼 부등식의 좌변은 난수들을 크기순으로 정렬한 후 아래 등식을 사용하여 계산할 수 있다.

$$\text{Max}\left|\frac{\#i : U_i \le y}{n} - y\right| = \text{Max}\left\{\frac{j}{n} - U_{(j)}, U_{(j)} - \frac{(j-1)}{n}, j = 1, \ldots, n\right\}$$

여기에서 $U_{(j)}$는 $U_1, \ldots, U_n$ 중에서 $j$번째로 작은 값이다. 예를 들어 $n = 3$이고 $U_1 = .7$, $U_2 = .6$, $U_3 = .4$일 때, $U_{(1)} = .4$, $U_{(2)} = .6$, $U_{(3)} = .7$이며 이 데이터 집합에 대한 $D$값은 다음과 같다.

$$D = \text{Max}\left\{\frac{1}{3} - .4, \frac{2}{3} - .6, 1 - .7, .4, .6 - \frac{1}{3}, .7 - \frac{2}{3}\right\} = .4$$

유의수준 $\alpha$ 검정은 아래와 같이 정의되는 양 $D^*$를 이용한다.

$$D^* = (\sqrt{n} + .12 + .11/\sqrt{n})D$$

$d^*_\alpha$가 조건

$$P_F\{D^* \geq d^*_\alpha\} = \alpha$$

을 만족하는 값이라고 하면, 다양한 $\alpha$값에 대한 $d^*_\alpha$은 다음과 같은 근삿값을 갖는다.

$$d^*_{.1} = 1.224, \qquad d^*_{.05} = 1.358, \qquad d^*_{.025} = 1.480, \qquad d^*_{.01} = 1.626$$

유의수준 $\alpha$ 검정은 $D^*$의 관측된 값이 $d^*_\alpha$ 이상일 때 모집단의 분포가 $F$라는 귀무가설을 기각하는 것이다.

## 예제 11.6a

주어진 모집단의 분포가 평균이 100인 지수분포라는, 즉 $F(x) = 1 - e^{-x/100}$ 이라는 가설을 검정한다고 하자. 이 분포에서 추출한 10개의 표본 값들을 크기순으로 정렬한 것이

$$66, 72, 81, 94, 112, 116, 124, 140, 145, 155$$

일 때, 어떤 결론을 내릴 수 있는가?

**풀이** 위의 질문에 답하기 위해 먼저 식 (11.6.3)을 사용하여 콜모고로프-스미르노프 검정통계량 $D$값을 계산한다. 계산의 결과는 $D = .4831487$이며 이로부터 다음의 결과를 얻을 수 있다.

$$D^* = .48315(\sqrt{10} + 0.12 + 0.11/\sqrt{10}) = 1.603$$

이 값은 $d^*_{.025} = 1.480$보다 크므로, 데이터가 평균이 100인 지수분포에서 온 것이라는 귀무가설은 2.5% 유의수준에서 기각된다(만일 1% 유의수준을 사용한다면 가설은 기각되지 않을 것이다). ■

## 연습문제

**01** 멘델의 유전학 이론에 따르면 완두콩 묘목의 꽃이 하양, 분홍, 빨강일 확률은 각기 $\frac{1}{4}$, $\frac{1}{2}$, $\frac{1}{4}$이라고 한다. 이 이론을 검정하기 위해 564개의 완두콩 묘목 표본을 조사한 결과 141개에서는 하양, 291개에서는 분홍, 132개에서는 빨강 꽃이 피었다. 카이제곱 근사를 사용하여 5% 유의수준에서 어떤 결론을 내리겠는가?

**02** 어떤 주사위의 공정성을 확인하기 위해 천 번을 던진 결과가 아래의 표와 같다.

| 결과 | 개수 |
|---|---|
| 1 | 158 |
| 2 | 172 |
| 3 | 164 |
| 4 | 181 |
| 5 | 160 |
| 6 | 165 |

5% 유의수준에서 주사위가 공정하다는 (즉, $p_i = \frac{1}{6}(i = 1, \ldots, 6)$이라는) 가설을 검정하라. 카이제곱 근사를 사용하라.

**03** 유명인 100명의 출생일과 사망일을 조사하고 예제 11.2a의 4 범주 방식을 사용하여 사망 월은 출생 월의 영향을 받지 않는다는 가설을 검정하라. 카이제곱 근사를 사용하라.

**04** 미국 중서부의 어느 도시에서 매일 정전이 발생하는 횟수는 평균이 4.2인 푸아송 확률변수로 추측되고 있다. 150일에 걸쳐 정전 횟수를 조사한 데이터가 아래의 표와 같을 때, 그와 같은 가설을 검정하라.

| 정전 횟수 | 날짜 수 |
|---|---|
| 0 | 0 |
| 1 | 5 |
| 2 | 22 |
| 3 | 23 |
| 4 | 32 |
| 5 | 22 |
| 6 | 19 |
| 7 | 13 |
| 8 | 6 |
| 9 | 4 |
| 10 | 4 |
| 11 | 0 |

**05** 100개의 진공관을 시험한 결과, 41개는 수명이 30시간 미만이었고, 31개는 30에서 60시간 사이였으며, 13개는 60에서 90시간 사이였으며, 15개는 90시간을 초과하였다. 이 데이터는 진공관의 수명이 평균이 50인 지수분포를 따른다는 가설에 부합되는가?

**06** 어떤 기계의 과거의 생산품의 품질을 조사한 결과가 다음과 같았다고 한다.

| | | |
|---|---|---|
| 최상 등급 | 확률 | .40 |
| 고등급 | 확률 | .30 |
| 중간 등급 | 확률 | .20 |
| 저등급 | 확률 | .10 |

같은 작업을 처리하는 새로운 기계의 생산품 500개를 조사한 결과는 다음과 같다.

| | |
|---|---|
| 최상 등급 | 234 |
| 고등급 | 117 |
| 중간 등급 | 81 |
| 저등급 | 68 |

생산품의 품질 차이는 순전히 우연에 기인한다고 볼 수 있는가?

**07** 외계로부터 중성미자 방사를 며칠 동안 관측하고, 각 항성시의 신호 빈도를 조사한 결과는 다음의 표와 같다.

외계로부터 중성미자 방사 빈도

| 관찰 시각 | 신호 빈도 | 관찰 시각 | 신호 빈도 |
|---|---|---|---|
| 0 | 24 | 12 | 29 |
| 1 | 24 | 13 | 26 |
| 2 | 36 | 14 | 38 |
| 3 | 32 | 15 | 26 |
| 4 | 33 | 16 | 37 |
| 5 | 36 | 17 | 28 |
| 6 | 41 | 18 | 43 |
| 7 | 24 | 19 | 30 |
| 8 | 37 | 20 | 40 |
| 9 | 37 | 21 | 22 |
| 10 | 49 | 22 | 30 |
| 11 | 51 | 23 | 42 |

신호들이 24시간 주기로 균일하게 분포하는지 여부를 검정하라.

**08** 외계로부터 중성미자 방사를 일정 기간 동안 관측하고, 0, 1, 2,...개의 신호를 수신한 시간 수를 기록한 결과는 아래의 표와 같다.

| 시간 당 신호 수 | 이 빈도를 갖는 시간 수 |
|---|---|
| 0 | 1,924 |
| 1 | 541 |
| 2 | 103 |
| 3 | 17 |
| 4 | 1 |
| 5 | 1 |
| 6개 이상 | 0 |

위의 데이터가 평균이 .3인 푸아송분포를 따른다는 가설을 검정하라.

**09** 어떤 지역의 보험 데이터에 따르면, 82%의 운전자는 일 년 동안 무사고이며, 15%는 1건, 3%는 2건 이상이라고 한다. 같은 지역의 엔지니어 440명을 조사한 결과 366명은 무사고, 68명은 1건, 6명은 2건 이상이었다고 한다. 엔지니어들은 해당 지역의 다른 운전자들과는 다른 사고 경향을 갖는다고 결론내릴 수 있는가?

**10** 캘리포니아 남부 지역에서 중간 규모(리히터 규모 4.4) 이상의 지진 발생 횟수가 요일에 따라 다른지 알아보기 위한 조사가 수행되었다. 1,100회의 지진에 대한 조사 결과는 아래의 표와 같다.

| 요일 | 일 | 월 | 화 | 수 | 목 | 금 | 토 |
|---|---|---|---|---|---|---|---|
| 지진 횟수 | 156 | 144 | 170 | 158 | 172 | 148 | 152 |

5% 유의수준에서 지진의 발생 횟수는 요일에 관계없이 동일하다는 가설을 검정하라.

**11** 때때로 보고된 데이터가 모형에 너무 딱 들어맞아서 데이터가 조작된 것이 아닌지 의심받는 경우가 있다. 예를 들어 어떤 친구가 공정한 동전을 40,000번 던졌더니 20,004번은 앞면이고 19,996번은 뒷면이었다고 한다. 이러한 결과는 믿을만한가? 이유를 설명하라.

**12** 시뮬레이션을 이용하여 $p$-값을 구하고 이를 문제 1에서 카이제곱 근사를 사용하여 구한 결과와 비교하라. 시뮬레이션 시행 횟수는 다음과 같다고 하자.

(a) 1,000

(b) 5,000

(c) 10,000

**13** 크기 120의 표본에서 표본평균은 100이고 표본표준편차는 15라고 하자. 120개의 데이터 중에서 3개는 70보다 작고, 18개는 70에서 85 사이, 30개는 85와 100 사이, 35개는 100과 115 사이, 32개는 115와 130 사이, 2개는 130보다 크다고 한다. 표본분포가 정규분포라는 가설을 검정하라.

**14** 문제 4에서 매일 발생하는 고장 건수가 푸아송분포를 갖는다는 것을 검정하라.

**15** 500가구를 무작위로 선택하고 지역과 (1,000$ 단위의) 소득에 따라 분류한 결과는 아래의 표와 같다.

| 소득 | 남 | 북 |
|---|---|---|
| 0–10 | 42 | 53 |
| 10–20 | 55 | 90 |
| 20–30 | 47 | 88 |
| >30 | 36 | 89 |

가구 당 소득과 지역은 서로 독립이라는 가설에 대한 검정의 $p$-값을 구하라.

**16** 아래의 데이터는 산모의 나이와 아기의 출생체중 사이의 관계를 보여주고 있다.

| | 출생체중 | |
|---|---|---|
| 산모 연령 | 2,500그램 미만 | 2,500그램 초과 |
| 20세 이하 | 10 | 40 |
| 20세 초과 | 15 | 135 |

아기의 출생체중은 산모의 나이와 관계가 없다는 가설을 검정하라.

**17** 문제 16에서 모든 데이터 값들을 2배로 하면 아래와 같은 데이터가 된다. 이에 대해 동일한 가설을 검정하라.

$$\begin{matrix} 20 & 80 \\ 30 & 270 \end{matrix}$$

**18** 1974년 뉴욕에서 출생한 72,730명의 아기들 중 영아기 사망 여부를 출생체중에 따라 분류한 결과는 아래의 표와 같다.

| | 출생 1년 후의 결과 | |
|---|---|---|
| **출생체중(g)** | **생존** | **사망** |
| 2,500 미만 | 4,597 | 618 |
| 2,500 초과 | 67,093 | 422 |

출생체중은 첫돌까지의 생존율과는 무관하다는 가설을 검정하라.

**19** 고혈압과 흡연 사이의 관계를 조사하기 위한 실험 결과가 아래와 같았다고 한다.

| | **비흡연자** | **보통 흡연자** | **대량 흡연자** |
|---|---|---|---|
| 고혈압 | 20 | 38 | 28 |
| 정상 혈압 | 50 | 27 | 18 |

고혈압 증세가 있는지 여부는 담배 흡연 양과 관계가 없다는 가설을 검정하라.

**20** 아래의 표는 제조공정상의 변경 전과 후에 조사한 표본에서 불량품, 양품, 특등품의 수를 보여주고 있다.

| **불량품** | **양품** | **특등품** |
|---|---|---|
| 전 25 | 218 | 22 |
| 후 9 | 103 | 14 |

이러한 변화는 유의수준 .05에서 의미가 있는 정도인가?

**21** 휴대폰이 있는 자동차 300대와 휴대폰이 없는 자동차 400대를 1년 동안 추적하여 사고 건수를 조사한 결과는 아래의 표와 같다.

| **휴대폰 유무** | **사고** | **무사고** |
|---|---|---|
| 유 | 22 | 278 |
| 무 | 26 | 374 |

이 데이터를 사용하여 자동차 안에 휴대폰이 있는 것과 사고를 당하는 것 사이에 연관성이 없다는 가설을 검정하라. 5% 유의수준을 사용하라.

**22** 불소가 함유된 상수도가 충치에 미치는 효과를 조사하기 위해, 사회경제적 여건이 비슷한 두 지역을 선택하여 한 쪽은 불소가 함유된 상수도를 공급하고 다른 한쪽은 불소가 함유되지 않은 상수도를 공급해보았다. 두 지역 각각에서 200명씩의 10대 청소년들을 선택하여 충치를 조사한 결과는 아래의 표와 같다.

| 충치 수 | 불소 사용 지역 | 불소 미사용 지역 |
|---|---|---|
| 0 | 154 | 133 |
| 1 | 20 | 18 |
| 2 | 14 | 21 |
| 3 개 이상 | 12 | 28 |

위의 데이터는 5% 유의수준에서 어떤 사람의 충치의 수는 그 사람이 사용하는 수돗물에 불소가 함유되어 있는지 여부와 무관하다는 가설을 입증하는가? 1% 유의수준에서는 어떠한가?

**23** 수술 종류에 따라 의료과실 소송으로 이어지는 비율이 달라지는지 파악하기 위해 세 종류의 수술에 대한 표본을 무작위로 선정하여 조사한 결과는 아래의 표와 같다.

| 수술 종류 | 표본 건수 | 소송 건수 |
|---|---|---|
| 심장수술 | 400 | 16 |
| 뇌수술 | 300 | 19 |
| 맹장수술 | 300 | 7 |

소송으로 이어지는 수술 비율이 세 종류의 수술에서 동일하다는 가설을 검정하라.

(a) 5% 유의수준을 사용하라.

(b) 1% 유의수준을 사용하라.

**24** 유명한 기사(S. Russell, "red sky at night…" *Metropolitan Magazine London*, 61, p. 15, 1926)에서 석양의 색상에 따라 우천 발생 여부에 대한 빈도를 조사한 결과를 제시한 내용이 아래의 표와 같다.

| 하늘의 색 | 관찰 횟수 | 우천으로 이어진 횟수 |
|---|---|---|
| 빨간색 | 61 | 26 |
| 불그스레함 | 194 | 52 |
| 노란색 | 159 | 81 |
| 누르스레함 | 188 | 86 |
| 적황색 | 194 | 52 |
| 회색 | 302 | 167 |

내일 비가 올지 여부는 오늘 석양의 색상과는 무관하다는 가설을 검정하라.

**25** 어떤 데이터에 대한 자연로그가 평균이 $\mu$이고 표준편차가 $\sigma$인 정규분포를 따를 경우 그 데이터는 모수가 $\mu$, $\sigma$인 로그정규분포를 따른다고 한다. 어떤 항암 요법으로 치료받은 암에 걸린 생쥐들의 표본의 (날짜 단위의) 수명이 모수가 $\mu=3$, $\sigma=4$인 로그정규분포를 따르는지 결정하기 위해 유의수준 .05에서 콜모고로프-스미르노프 검정을 사용하라.

$$24, 12, 36, 40, 16, 10, 12, 30, 38, 14, 22, 18$$

# 제 12 장 비모수적 가설검정

## 12.1 개요

이 장에서는 분포함수의 형태조차 알려지지 않은 확률분포에서 추출된 데이터에 대한 가설검정을 다룬다. 즉, 모집단의 분포가 정규분포라거나, 지수분포라거나, 혹은 다른 어떤 분포라고도 가정하지 않는다. 분포에 대해 특정한 모수 관계식이 가정되지 않으므로, 이러한 검정을 **비모수검정(nonparametric test)**이라고 한다.

비모수검정의 강점은 분포의 형태에 대한 어떠한 가정도 없이 적용될 수 있다는 점이다. 물론 정규분포와 같은 특정 모수형태를 가정할 만한 정당한 이유가 있을 경우 관련 모수적 검정을 사용해야 한다.

12.2절에서는 연속분포의 중앙값에 관한 검정을 살펴보고 여기에 **부호검정(sign test)**이 사용될 수 있음을 보인다. 12.3절에서는 **부호순위검정(signed rank test)**에 대해 살펴볼 텐데, 이 검정은 연속 모집단 분포가 지정된 값에 대해 대칭성을 갖는다는 가설의 검정에 사용된다. 12.4절에서는 두 개의 서로 다른 연속분포 모집단에서 추출된 데이터를 사용하여 두 분포가 동일하다는 가설을 검정하는 **2표본 문제(two sample problem)**를 다루는데, 이를 위한 방법으로 **순위합검정(rank sum test)**을 소개한다. 끝으로, 12.5절에서는 0과 1로 이루어진 열이 어떤 패턴도 따르지 않는 무작위 열이라는 가설의 검정에 사용될 수 있는 **런 검정(runs test)**을 살펴본다.

## 12.2 부호검정

$X_1, \ldots, X_n$ 연속분포 $F$로부터의 표본을 나타낸다고 하고, $F$의 중앙값 $m$이 지정된 어떤 값 $m_0$와 같다는 가설을 검정하려 한다고 하자. 즉,

$$H_0 : m = m_0 \qquad \text{대} \qquad H_1 : m \neq m_0$$

에 대한 검정을 살펴보는데, 여기서 $m$은 $F(m) = .5$를 만족하는 값이다.

이러한 가설은 각각의 관측 값이 서로 독립이며 $m_0$보다 작을 확률이 $F(m_0)$임에 주목함으로써 쉽게 검정될 수 있다. 따라서

$$I_i = \begin{cases} 1 & X_i < m_0 \\ 0 & X_i \geq m_0 \end{cases}$$

라고 두면, $I_1, \ldots, I_n$은 서로 독립이며 모수가 $p = F(m_0)$인 베르누이 확률변수들이며, 따라서 앞의 귀무가설은 이 베르누이 모수가 $\frac{1}{2}$이라는 것과 같다. 이제 $\sum_{i=1}^{n} I_i$에 대한 관측 값이 $v$라면, 즉 $m_0$보다 작은 데이터 값의 개수가 $v$이면, 8.6절의 결과로부터 베르누이 모수가 $\frac{1}{2}$과 같다는 가설을 검정하기 위한 $p$-값은 다음과 같이 계산된다.

$$p\text{-값} = 2\min(P\{\text{Bin}(n, 1/2) \le v\}, P\{\text{Bin}(n, 1/2) \ge v\}) \tag{12.2.1}$$

여기에서 $\text{Bin}(n, p)$는 모수가 $n$, $p$인 이항 확률변수이다. 그런데

$$\begin{aligned} P\{\text{Bin}(n,p) \ge v\} &= P\{n - \text{Bin}(n,p) \le n - v\} \\ &= P\{\text{Bin}(n, 1-p) \le n - v\} \quad (\text{왜?}) \end{aligned}$$

이므로, 식 (12.2.1)로부터 $p$-값은 다음과 같이 주어짐을 알 수 있다.

$$\begin{aligned} p\text{-값} &= 2\min(P\{\text{Bin}(n, 1/2) \le v\}, P\{\text{Bin}(n, 1/2) \le n - v\}) \qquad (12.2.2) \\ &= \begin{cases} 2P\{\text{Bin}(n, 1/2) \le v\} & v \le \dfrac{n}{2} \\ 2P\{\text{Bin}(n, 1/2) \le n - v\} & v \ge \dfrac{n}{2} \end{cases} \end{aligned}$$

$v = \sum_{i=1}^{n} I_i$의 값은 $X_i - m_0$ 항들의 부호의 영향을 받으므로 위의 검정을 **부호검정(sign test)**이라고 한다.

### 예제 12.2a

크기 200의 표본에서 $m_0$보다 작은 값이 120개이고 그보다 큰 값이 80개일 경우, 중앙값이 $m_0$와 같다는 가설의 검정에 대한 $p$-값은 얼마인가?

**풀이** 식 (12.2.2)에서 보면 $p$-값은 모수가 200, $\frac{1}{2}$인 이항 확률변수가 80 이하일 확률의 2배와 같다.

R을 사용하면 다음과 같은 결과를 볼 수 있다.

```
> 2 * pbinom(80, 200, .5)
[1] 0.005685156
```

따라서 $p$-값은 .00568이므로 위의 귀무가설은 1% 유의수준에서도 기각된다. ■

부호검정은 전에 쌍체 $t$-검정을 적용했던 상황과 유사한 상황에서 사용될 수도 있다. 예를 들어 최근에 도입된 산업안전 프로그램이 사고로 인한 인력 손실에 효과가 있는지를 검정하려 했던 예제 8.4c로 돌아가 보자. 10개의 공장 각각에 대해 데이터는 $X_i$, $Y_i$ 의 쌍들로 이루어지는데, 이들은 각기 공장 $i$에서 프로그램 도입 전과 후의 평균 주간 손실을 나타낸다.

$Z_i = X_i - Y_i\,(i = 1, \ldots, 10)$로 둘 때, 도입된 프로그램이 아무런 효과도 없다면 $Z_i(i = 1, \ldots, 10)$는 중앙값이 0인 분포에서 추출된 표본이 될 것이다. 데이터로부터 계산된 $Z_i$값 7.5, −2.3, 2.6, 3.7, 1.5, −.5, −1, 4.9, 4.8, 1.6에는 부호가 음인 값이 3개, 양인 값이 7개가 포함되어 있으므로,

$$\sum_{i=0}^{3} \binom{10}{i} \left(\frac{1}{2}\right)^{10} \leq \frac{\alpha}{2}$$

이면 $Z$의 중앙값이 0이라는 가설이 유의수준 $\alpha$에서 기각되어야 한다. 그런데

$$\sum_{i=0}^{3} \binom{10}{i} \left(\frac{1}{2}\right)^{10} = \frac{176}{1{,}024} = .172$$

이므로, 5% 유의수준에서 가설이 채택된다(실제로 $p$-값 = .344보다 작은 모든 유의수준에서 가설이 채택될 것이다).

이러한 부호검정의 결과로 도입된 안전 프로그램이 통계적으로 의미 있는 효과가 있다고 결론내릴 수 없는데, 이는 프로그램 도입 전후의 차가 정규분포를 따른다고 가정했던 예제 8.4c의 결과와 배치된다. 이러한 차이가 생긴 이유는 정규성 가정에서는 (부호검정에서 고려하는 전부인) 0보다 큰 값의 개수뿐만 아니라 값들의 크기까지 고려하기 때문이다(다음에 살펴볼 검정은 여전히 비모수검정이기는 하지만 가정된 중앙값 $m_0$과 가장 차이가 큰 값들이 $m_0$의 한쪽 편에 있는지, 즉 이들이 $m_0$보다 큰지 작은지 여부를 고려함으로써 부호검정보다 개선된 결과를 보인다).

또한, 부호검정은 모집단의 중앙값에 대한 단측 가설의 검정에도 사용될 수 있다. 예를 들어 아래와 같은 가설을 검정한다고 하자.

$$H_0 : m \leq m_0 \qquad \text{대} \qquad H_1 : m > m_0$$

여기에서 $m$은 모집단의 중앙값이고 $m_0$은 어떤 지정된 값이다. $p$는 어떤 모집단 값이 $m_0$보다 작을 확률을 나타낸다고 하자. 이 경우 귀무가설이 참이면 $p \geq 1/2$이고, 대립가설이 참이면 $p < 1/2$이다(참고: 그림 12.1).

위의 가설을 검정하기 위해 부호검정을 사용하려면 모집단에서 무작위로 $n$개의 원소를 표본으로 추출한다. 이들 중 $v$개가 $m_0$보다 작을 경우, $p$-값은 각 원소가 $m_0$보다 작을 확률이 1/2일 때 우연히 $v$개가 $m_0$보다 작을 확률과 같다. 즉,

$$p\text{-값} = P\{\text{Bin}(n, 1/2) \leq v\}$$

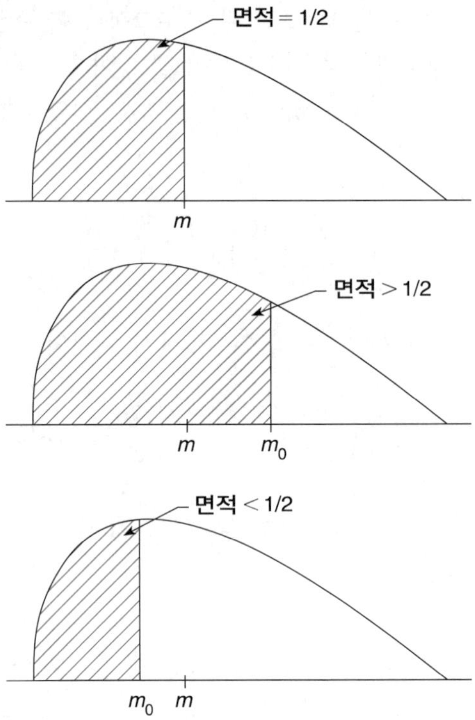


**그림 12.1**

### ■ 예제 12.2b

어떤 금융기관은 어느 지역의 연간 가구소득의 중앙값이 $90,000을 초과할 경우 지점을 열기로 결정하였다. 정보를 얻기 위해 80가구를 무작위로 선택하여 가구소득을 조사하였다. 이들 중 28가구의 연간소득이 $90,000 아래이고 52가구의 연간소득은 $90,000 위라면, 이는 5% 유의수준에서 이 지역 연간소득의 중앙값이 $90,000보다 높다는 사실을 입증하기에 충분한가?

**풀이** 위의 데이터가

$$H_0 : m \leq 90 \qquad \text{대} \qquad H_1 : m > 90$$

을 검정할 때 귀무가설을 기각하기에 충분한지 알아볼 필요가 있다. 위의 가설을 검정하는 것은 다음 가설을 검정하는 것과 같다.

$$H_0 : p \geq 1/2 \qquad \text{대} \qquad H_1 : p < 1/2$$

여기에서 $p$는 모집단에서 무작위로 선택된 가구의 연간소득이 $90,000 아래일 확률이다. 따라서 $p$-값은

$$p\text{-값} = P\{\text{Bin}(80, 1/2) \leq 28\} = .0048$$

와 같으며, 따라서 연간소득의 중앙값이 $90,000 이하라는 귀무가설은 기각된다. ■

중앙값이 $m_0$ 이상이라는 단측 귀무가설에 대한 검정도 비슷하게 결정할 수 있다. 크기 $n$의 무작위 표본이 선택되고 결과값 중 $v$개가 $m_0$보다 작으면, $p$-값은 다음과 같다.

$$p\text{-값} = P\{\text{Bin}(n, 1/2) \geq v\}$$

## 12.3 부호순위검정

연속분포 $F$의 중앙값이 지정된 값 $m_0$와 같다는 가설을 검정하기 위해 부호검정을 이용할 수 있다. 그런데 많은 응용 분야에서는 중앙값이 $m_0$와 같은지 뿐만 아니라 분포가 $m_0$에 대해 대칭성을 갖는지를 검정하는 데 관심을 갖기도 한다. 즉, $X$의 분포함수가 $F$일 때 검정하고자 하는 가설은 $H_0$ : 모든 $a > 0$에 대해 $P\{X < m_0 - a\} = P\{X > m_0 + a\}$이다(참고 : 그림 12.2). 이 가설을 검정하기 위해 부호검정을 사용할 수도 있지만, 부호검정이 비교하는 것은 $m_0$보다 큰 데이터 값의 개수와 $m_0$보다 작은 데이터 값의 개수일 뿐이며, 부호검정은 양편의 데이터들이 $m_0$에서 얼마나 멀리 떨어져 있는지는 고려하지 않는다는 결점을 갖고 있다. 이를 고려하는 비모수검정은 소위 **부호순위검정(signed rank test)**이라는 것으로 아래에 기술되어 있다.

$Y_i = X_i - m_0 (i = 1, \ldots, n)$로 두고 절댓값 $|Y_1|, |Y_2|, \ldots, |Y_n|$을 크기순으로 나열한다. $j = 1, \ldots, n$에 대해 다음과 같이 정의한다.

$$I_j = \begin{cases} 1 & j\text{번째로 작은 값이 } m_0 \text{ 미만의 데이터 값일 경우} \\ 0 & \text{그 외의 경우} \end{cases}$$

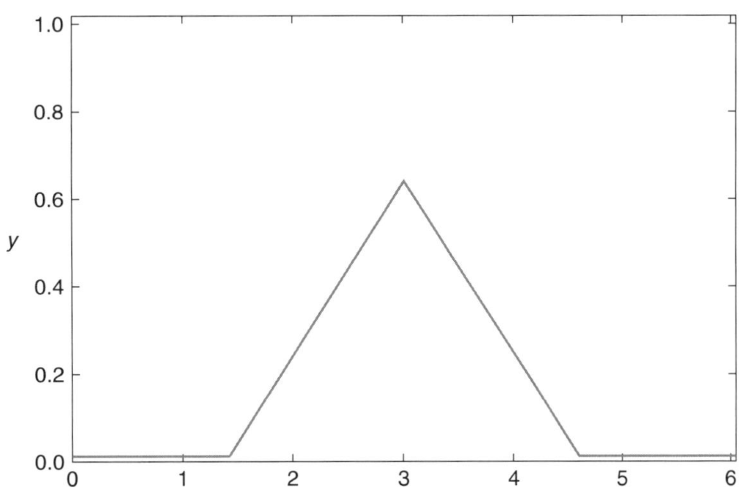


**그림 12.2** 대칭 밀도함수: $m = 3$

$$f(x) = \begin{cases} \max\{0, .4(x-3)+\sqrt{.4}\} & x \le 3 \\ \max\{0, -.4(x-3)+\sqrt{.4}\} & x > 3 \end{cases}$$

이때 $\sum_{j=1}^{n} I_j$는 부호검정을 위한 검정통계량을 나타내는 반면, 부호순위검정에서는 검정통계량으로 $T = \sum_{j=1}^{n} jI_j$를 사용한다. 즉, 부호순위검정에서는 부호검정과 마찬가지로 $m_0$보다 작은 데이터 값들을 고려하지만, 그와 같은 각 값들에 동일한 가중치를 부여하는 대신 $m_0$에서 멀리 떨어져 있는 값일수록 더 큰 가중치를 부여한다.

### 예제 12.3a

$n = 4$, $m_0 = 2$이고 데이터 값들은 $X_1 = 4.2$, $X_2 = 1.8$, $X_3 = 5.3$, $X_4 = 1.7$일 때 $|X_i - 2|$를 순위에 따라 나열하면 .2, .3, 2.2, 3.3과 같다. 이 값들 중에서 첫 번째의 값인 .2는 2보다 작은 데이터 $X_2$에서 온 것이므로, $I_1 = 1$이 된다. 같은 방법으로 $I_2 = 1$이 되고, $I_3$과 $I_4$는 0이 된다. 따라서 검정통계량 값은 $T = 1 + 2 = 3$이다. ■

$H_0$이 참일 때, 검정통계량 $T$의 평균과 분산은 쉽게 계산할 수 있다. $Y_j = X_j - m_0$의 분포는 0에 대해 대칭이므로 $|Y_j|$의 값이 $|Y_j| = y$일 때 $Y_j = y$일 확률과 $Y_j = -y$일 확률은 같다는 사실을 이용하여 계산식을 구한다. 이러한 사실로부터 가설 $H_0$ 하에서, $I_1, \ldots, I_n$은 서로 독립이며 아래의 조건을 만족하는 확률변수들임을 알 수 있다.

$$P\{I_j = 1\} = \tfrac{1}{2} = P\{I_j = 0\}, \quad j = 1, \ldots, n$$

따라서 가설 $H_0$ 하에서 다음과 같은 결과를 얻을 수 있다.

$$\begin{aligned} E[T] &= E\left[\sum_{j=1}^{n} jI_j\right] \\ &= \sum_{j=1}^{n} \frac{j}{2} = \frac{n(n+1)}{4} \end{aligned} \tag{12.3.1}$$

$$\begin{aligned} \mathrm{Var}(T) &= \mathrm{Var}\left(\sum_{j=1}^{n} jI_j\right) \\ &= \sum_{j=1}^{n} j^2 \,\mathrm{Var}(I_j) \\ &= \sum_{j=1}^{n} \frac{j^2}{4} = \frac{n(n+1)(2n+1)}{24} \end{aligned} \tag{12.3.2}$$

여기에서 베르누이 확률변수 $I_j$의 분산은 $\frac{1}{2}(1-\frac{1}{2})=\frac{1}{4}$이라는 사실이 사용되었다.

적당히 큰 $n$값에 대해(대개 $n>25$이면 충분함), $H_0$이 참일 때 $T$는 근사적으로 평균과 분산이 식 (12.3.1)과 식 (12.3.2)로 주어지는 정규분포를 따른다는 것을 보일 수 있다. 이러한 근사를 $H_0$에 대한 근사수준 $\alpha$ 검정을 유도하기 위해 사용할 수 있지만(이 방법은 빠르고 싼 계산기가 도입되기 전까지는 보편적으로 사용되었음), 여기에서는 이 방법 대신 관련 확률을 명시적으로 계산하는 방법을 이용하여 주어진 검정 데이터에 대한 $p$-값을 결정한다. 이를 위한 방법은 다음과 같다.

$H_0$에 대해 유의수준 $\alpha$ 검정을 수행한다고 하자. 대립가설은 중앙값이 $m_0$이 아니라는 것이므로, 양측 검정이 필요하다. 즉, $T$에 대한 관측 값이 $t$일 경우,

$$P_{H_0}\{T \le t\} \le \frac{\alpha}{2} \quad \text{또는} \quad P_{H_0}\{T \ge t\} \le \frac{\alpha}{2} \tag{12.3.3}$$

이면 $H_0$을 기각한다. $T=t$일 때 검정 데이터에 대한 $p$-값은 다음과 같이 주어진다.

$$p\text{-값} = 2\min(P_{H_0}\{T \le t\}, P_{H_0}\{T \ge t\}) \tag{12.3.4}$$

즉, $T=t$일 때, 부호순위검정에서는 유의수준 $\alpha$가 위의 $p$-값 이상이면 귀무가설을 기각한다. $p$-값을 계산하기 위해 소요되는 계산 양은 아래의 등식을 이용하여 줄일 수 있다(이 등식에 대한 증명은 이 절의 끝에 나타날 것이다).

$$P_{H_0}\{T \ge t\} = P_{H_0}\left\{T \le \frac{n(n+1)}{2} - t\right\}$$

식 (12.3.4)를 사용하여 $p$-값을 다음과 같이 계산할 수 있다.

$$\begin{aligned} p\text{-값} &= 2\min\left(P_{H_0}\{T \le t\}, P_{H_0}\left\{T \le \frac{n(n+1)}{2} - t\right\}\right) \\ &= 2P_{H_0}\{T \le t^*\} \end{aligned}$$

여기에서

$$t^* = \min\left(t, \frac{n(n+1)}{2} - t\right)$$

이제 남은 일은 $P_{H_0}\{T \le t^*\}$을 계산하는 것이다. 이를 위해 $P_k(i)$가 $H_0$ 하에서 표본의 크기가 $k$일 때 부호순위 통계량 $T$가 $i$ 이하일 확률을 나타낸다고 하자. $k=1$에서 시작하여 $P_k(i)$를 위한 순환식을 결정할 것이다. $k=1$일 때에는 한 개의 데이터 값밖에 없으므로, $H_0$이 참일 때 그 값이 $m_0$보다 작을 확률과 클 확률은 같다. 따라서 $T$가 0일 확률과 1일 확률은 같다. 그러므로

$$P_1(i) = \begin{cases} 0 & i < 0 \\ \frac{1}{2} & i = 0 \\ 1 & i \geq 1 \end{cases} \tag{12.3.5}$$

이제 표본의 크기가 $k$라고 가정하자. $P_k(i)$를 계산하기 위해 아래와 같이 $I_k$의 값에 대한 조건을 이용한다.

$$\begin{aligned} P_k(i) &= P_{H_0}\left\{\sum_{j=1}^{k} jI_j \leq i\right\} \\ &= P_{H_0}\left\{\sum_{j=1}^{k} jI_j \leq i | I_k = 1\right\} P_{H_0}\{I_k = 1\} \\ &\quad + P_{H_0}\left\{\sum_{j=1}^{k} jI_j \leq i | I_k = 0\right\} P_{H_0}\{I_k = 0\} \\ &= P_{H_0}\left\{\sum_{j=1}^{k-1} jI_j \leq i - k | I_k = 1\right\} P_{H_0}\{I_k = 1\} \\ &\quad + P_{H_0}\left\{\sum_{j=1}^{k-1} jI_j \leq i | I_k = 0\right\} P_{H_0}\{I_k = 0\} \\ &= P_{H_0}\left\{\sum_{j=1}^{k-1} jI_j \leq i - k\right\} P_{H_0}\{I_k = 1\} + P_{H_0}\left\{\sum_{j=1}^{k-1} jI_j \leq i\right\} P_{H_0}\{I_k = 0\} \end{aligned}$$

여기에서 마지막의 등식은 ($H_0$이 참일 때) $I_1, \ldots, I_{k-1}, I_k$ 등이 서로 독립이라는 사실을 이용하였다. 이제 $\sum_{j=1}^{k-1} jI_j$는 크기 $k-1$의 표본에 대한 부호순위 통계량과 동일한 분포를 가지며,

$$P_{H_0}\{I_k = 1\} = P_{H_0}\{I_k = 0\} = \frac{1}{2}$$

이므로 다음 식이 성립함을 알 수 있다.

$$P_k(i) = \frac{1}{2}P_{k-1}(i - k) + \frac{1}{2}P_{k-1}(i) \tag{12.3.6}$$

식 (12.3.5)에서 시작하여 식 (12.3.6)에 의해 주어지는 순환식을 이용하면, $P_2(\cdot)$, $P_3(\cdot)$, … 등을 계산할 수 있으며, 이러한 순환 과정은 원하는 값 $P_n(t^*)$를 구하면 멈춘다.

### 예제 12.3b

예제 12.3a의 데이터에 대해

$$t^* = \min\left(3, \frac{4 \cdot 5}{2} - 3\right) = 3$$

이다. 따라서 $p$-값은 $2P_4(3)$인데, 이 값은 다음과 같이 계산할 수 있다.

$$P_2(0) = \tfrac{1}{2}[P_1(-2) + P_1(0)] = \tfrac{1}{4}$$
$$P_2(1) = \tfrac{1}{2}[P_1(-1) + P_1(1)] = \tfrac{1}{2}$$
$$P_2(2) = \tfrac{1}{2}[P_1(0) + P_1(2)] = \tfrac{3}{4}$$
$$P_2(3) = \tfrac{1}{2}[P_1(1) + P_1(3)] = 1$$
$$P_3(0) = \tfrac{1}{2}[P_2(-3) + P_2(0)] = \tfrac{1}{8} \qquad P_2(-3) = 0 \text{이므로}$$
$$P_3(1) = \tfrac{1}{2}[P_2(-2) + P_2(1)] = \tfrac{1}{4}$$
$$P_3(2) = \tfrac{1}{2}[P_2(-1) + P_2(2)] = \tfrac{3}{8}$$
$$P_3(3) = \tfrac{1}{2}[P_2(0) + P_2(3)] = \tfrac{5}{8}$$
$$P_4(0) = \tfrac{1}{2}[P_3(-4) + P_3(0)] = \tfrac{1}{16}$$
$$P_4(1) = \tfrac{1}{2}[P_3(-3) + P_3(1)] = \tfrac{1}{8}$$
$$P_4(2) = \tfrac{1}{2}[P_3(-2) + P_3(2)] = \tfrac{3}{16}$$
$$P_4(3) = \tfrac{1}{2}[P_3(-1) + P_3(3)] = \tfrac{5}{16}$$ ■

R을 사용하여 통계검정량 $T$ 값과 $p$-값을 구할 수 있다(**R**은 직접적으로 $T$ 값을 주지는 않지만, 대신에 $V = n(n+1)/2 - T$ 값을 준다.).

데이터 집합 $x_1, \ldots, x_n$이 $m_0$값에 대해 대칭이라는 가설을 검정하기 위한 부호순위검정(윌콕슨(Wilcoxon) 부호순위검정으로 불리기도 한다.)은 R에서 다음과 같이 수행할 수 있다.

```
>x = c(x1, ..., xn)
>wilcox.test(x, mu=m0)
```

이 검정의 $p$-값이 결과로 출력된다. 예를 들어 예제 12.3a의 데이터에 대하여, 다음의 결과를 얻는다.

```
>x = c(4.2, 1.8, 5.3, 1.7)
>wilcox.test(x, mu = 2)
```

**Wilcoxon signed rank test**

data: $x$
$V = 7$, $p$-value = 0.625
alternative hypothesis: true location is not equal to 2.

이제 아래의 등식을 증명함으로써 이 절을 마무리한다.

$$P_{H_0}\{T \geq t\} = P_{H_0}\left\{T \leq \frac{n(n+1)}{2} - t\right\}$$

위의 식을 증명하기 위해 먼저 $1 - I_j$가 1이 되는 것은 $|Y_1|,\ldots, |Y_n|$ 중에서 $j$번째로 작은 값이 $m_0$보다 큰 데이터 값에서 왔을 경우이며, 그렇지 않을 때는 0이 된다. 따라서

$$T^1 = \sum_{j=1}^{n} j(1 - I_j)$$

라고 두면, $T^1$은 $m_0$보다 큰 데이터 값들에 대응되는 $|Y_j|$들의 순위의 합을 나타낸다. 대칭성에 의해 $H_0$ 하에서 $T^1$은 $T$와 같은 분포를 가질 것이다. 이제

$$T^1 = \sum_{j=1}^{n} j - \sum_{j=1}^{n} jI_j = \frac{n(n+1)}{2} - T$$

이며, 따라서 다음과 같은 결과를 얻는다.

$$\begin{aligned} P\{T \geq t\} &= P\{T^1 \geq t\} \qquad T\text{와 } T^1\text{은 동일한 분포를 가지므로} \\ &= P\left\{\frac{n(n+1)}{2} - T \geq t\right\} \\ &= P\left\{T \leq \frac{n(n+1)}{2} - t\right\} \end{aligned}$$

## 12.4 2표본 문제

측정 가능한 특성치를 갖는 제품을 생산하는 두 가지 방법이 통계적으로 동일한 제품을 만들어내는지 여부를 결정하려 한다고 하자.

이러한 문제를 다루기 위해 $X_1,\ldots, X_n$은 방법 1로 생산되는 $n$개의 제품의 측정값이고, $Y_1,\ldots, Y_m$은 방법 2로 생산되는 $m$개의 제품의 측정값이라고 하자. 둘 다 연속함수로 가정되는 $F$와 $G$는 각기 그 두 표본의 분포함수를 나타낸다고 하면, 검정하고자 하는 가설은 $H_0$ : $F = G$이다.

$H_0$을 검정하기 위한 한 가지 절차는 **순위합검정(rank sum test)**, 만-휘트니 검정, 윌콕슨 검정 등의 이름으로 알려져 있는데, 이 절차에서는 먼저 $n + m$개의 데이터 값 $X_1,\ldots, X_n$, $Y_1,\ldots, Y_m$을 크기순으로 나열한다. $F$와 $G$가 연속이라고 가정하고 있으므로, 이러한 순위는 동률 없이 유일하게 정해질 것이다. 가장 작은 데이터 값에 순위 1을 배정하고, 두 번째로

작은 값에 순위 2를 배정하고,..., $n+m$번째로 작은 값에 순위 $n+m$을 배정한다. 이제 $i=1,\ldots,n$에 대해 다음과 같이 둔다.

$$R_i = \text{데이터 값 } X_i \text{의 순위}$$

순위합검정에서 사용하는 검정통계량 $T$는 첫 번째 표본의 순위의 합과 같다. 즉,

$$T = \sum_{i=1}^{n} R_i$$

### 예제 12.4a

부식방지를 위한 두 가지 처리를 비교하기 위한 실험에서 철사 조각들에 대한 조사 결과는 아래의 표와 같다.

| 처리 1 | 65.2, 67.1, 69.4, 78.2, 74, 80.3 |
|---|---|
| 처리 2 | 59.4, 72.1, 68, 66.2, 58.5 |

(위의 데이터는 1/1000인치 단위로 부식된 부분의 최대 홈 깊이를 나타낸다.) 이 값들을 크기순으로 나열하면 58.5, 59.4, 65.2*, 66.2, 67.1*, 68, 69.4*, 72.1, 74*, 78.2*, 80.3*인데, 별표로 표시된 값들은 표본 1에 속하는 데이터 값임을 나타낸다. 검정통계량 값은 $T=3+5+7+9+10+11=45$이다. ■

이제 $H_0$에 대한 유의수준 $\alpha$ 검정을 살펴보자. $T$에 대해 관측된 값이 $T=t$이면,

$$P_{H_0}\{T \le t\} \le \frac{\alpha}{2} \quad \text{또는} \quad P_{H_0}\{T \ge t\} \le \frac{\alpha}{2} \tag{12.4.1}$$

일 때 $H_0$을 기각한다. 즉, 첫 번째 표본에 속하는 순위들의 합이 우연으로 보기에는 너무 작거나 너무 클 경우, 두 표본이 같다는 가설은 기각된다.

정수 $t$에 대해

$$\begin{aligned} P\{T \ge t\} &= 1 - P\{T < t\} \\ &= 1 - P\{T \le t-1\} \end{aligned}$$

이므로, 식 (12.4.1)로부터

$$P_{H_0}\{T \le t\} \le \frac{\alpha}{2} \quad \text{또는} \quad P_{H_0}\{T \le t-1\} \ge 1 - \frac{\alpha}{2} \tag{12.4.2}$$

일 때 $H_0$을 기각한다.

식 (12.4.2)의 확률들을 계산하기 위해, 표본의 크기들이 $N$과 $M$이고 $H_0$이 참일 때 첫 번째 표본에 속하는 순위들의 합이 $K$와 같을 확률을 $P(N, M, K)$로 나타내기로 하자. 이제

$P(N, M, K)$를 위한 순환 공식을 구하면, 이 공식을 이용하여 필요한 $P(n, m, t) = P_{H_0}\{T \le t\}$와 $P(n, m, t-1)$을 계산할 수 있을 것이다.

표본의 크기들이 $N$과 $M$이고 $H_0$이 참일 때 첫 번째 표본에서 온 순위들의 합이 $K$ 이하일 확률을 계산하기 위해 $N+M$개의 데이터 값들 중 가장 큰 값이 첫 번째 표본에 속하는지 두 번째 표본에 속하는지를 조건화해보자. 가장 큰 값이 첫 번째 표본에 속할 경우, 첫 번째 표본의 순위들의 합은 $N+M$에 첫 번째 표본의 나머지 $N-1$개의 값들의 순위들의 합을 더한 것과 같다. 따라서 나머지 $N-1$개의 값들의 순위들의 합이 $K-(N+M)$ 이하이면 첫 번째 표본의 순위들의 합은 $K$ 이하가 된다. 그런데 가장 큰 값을 제외하고 남아있는 $N-1+M$개의 값들은 모두 동일한 분포에서 온 것이므로($H_0$이 참일 때), 이들 중 $N-1$개의 순위들의 합이 $K-(N+M)$ 이하일 확률은 $P(N-1, M, K-N-M)$이다. 비슷한 논지로 가장 큰 값이 두 번째 표본에 속할 경우에 첫 번째 표본의 순위들의 합이 $K$ 이하일 확률은 $P(N, M-1, K)$가 된다. 또한, 가장 큰 값은 동일한 확률로 $N+M$개의 값 $X_1, \ldots, X_N$ $Y_1, \ldots, Y_M$ 중의 어느 것이라도 될 수 있으므로, 첫 번째 표본에 속할 확률은 $N/(N+M)$이다. 이를 정리하면 아래와 같은 식을 구할 수 있다.

$$\begin{aligned} P(N,M,K) = & \frac{N}{N+M}P(N-1,M,K-N-M) \\ & + \frac{M}{N+M}P(N,M-1,K) \end{aligned} \tag{12.4.3}$$

이제

$$P(1,0,K) = \begin{cases} 0 & K \le 0 \\ 1 & K > 0 \end{cases}, \qquad P(0,1,K) = \begin{cases} 0 & K < 0 \\ 1 & K \ge 0 \end{cases}$$

와 같은 경계 조건을 사용하여 식 (12.4.3)을 순환적으로 적용하면 $P(n, m, t-1)$와 $P(n, m, t)$를 구할 수 있다.

### 예제 12.4b

$P(2, 1, 3)$을 계산해보자. 식 (12.4.3)을

$$P(2,1,3) = \tfrac{2}{3}P(1,1,0) + \tfrac{1}{3}P(2,0,3)$$

와 같이 이용하고, 다음의 계산을 수행한다.

$$\begin{aligned} P(1,1,0) &= \tfrac{1}{2}P(0,1,-2) + \tfrac{1}{2}P(1,0,0) = 0 \\ P(2,0,3) &= P(1,0,1) \\ &= P(0,0,0) = 1 \end{aligned}$$

따라서

$$P(2, 1, 3) = \frac{1}{3}$$

을 얻는다. 두 $X$값의 순위의 합이 3 이하가 되기 위해서는 $X_1$, $X_2$, $Y_1$값 중 가장 큰 값이 $Y_1$이어야 하는데, $H_0$이 참일 때 그러한 일이 발생할 확률은 $\frac{1}{3}$이기 때문에 위의 계산 결과는 그와 같은 설명에 부합된다. ■

순위합검정에서는

$$2P(n, m, t) \leq \alpha \quad \text{또는} \quad \alpha \geq 2[1 - P(n, m, t-1)]$$

이면 가설을 기각하므로, $T = t$일 때 검정통계량에 대한 $p$-값은 다음과 같다.

$$p\text{-값} = 2\min\{P(n, m, t), 1 - P(n, m, t-1)\}$$

R을 사용해 검정통계량 $T$ 값과 $p$-값을 구할 수 있다. R에서는 $T$가 $W$로 불린다. 데이터 집합 $x_1, \ldots, x_n$과 $y_1, \ldots, y_m$이 같은 분포에서 추출됐다는 가설을 검정하기 위한 순위합검정(R에서는 윌콕스 순위함검정라 불림)을 R에서 다음과 같이 수행할 수 있다.

$$>x = c(x_1, \ldots, x_n)$$
$$>y = c(y_1, \ldots, y_m)$$
$$>\text{wilcox.test}(x, y)$$

실행 결과로 이 검정의 $p$-값이 출력된다. 예를 들어, 예제 12.4.a의 데이터에 대해 아래와 같은 결과를 얻을 수 있다.

```
>x = c(65.2, 67.1, 69.4, 78.2, 74, 80.3)
>y = c(59.4, 72.1, 68, 66.2, 58.5)
>wilcox.test(x, y)

Wilcoxon rank sum test

data: x and y
W = 24, p-value = 0.1255
alternative hypothesis: true location shift is not equal to 0.
```

### 12.4.1 다중 확률분포의 동일성에 대한 검정*

앞의 절들에서 두 모집단 분포의 동일성을 어떻게 검정하는지 살펴보았지만, 때로 모집단의 수가 셋 이상일 경우도 있다. $k$개의 모집단이 있으며 $F_i$가 모집단 $i$의 원소들에 대해 측정 가능한 어떤 값의 분포라고 할 때, 귀무가설

---

* 시뮬레이션에 대해서는 15장에서 다룬다.

$$H_0 : \quad F_1 = F_2 = \cdots = F_k$$

대 대립가설

$$H_1 : \quad \text{모든 } F_i \text{ 가 동일하지는 않음}$$

을 검정하고자 한다. 앞의 귀무가설을 검정하기 위해 $k$개의 모집단 각각으로부터 독립적인 표본이 추출된다고 가정하자. 모집단 $i$로부터 추출된 표본의 크기를 $n_i$라고 하고($i=1, \ldots,$ $k$), $N = \sum_{i=1}^{k} n_i$는 데이터 값 전체 개수라고 하자. 이제 $N$개의 데이터 값에 가장 작은 값부터 가장 큰 값 순으로 순위를 배정하고, 모집단 $i$로부터 추출된 $n_i$개의 데이터 값들의 순위합을 $R_i$로 표시하자($i=1, \ldots, k$).

$H_0$이 참일 때, 임의의 개별 데이터 값의 순위는 동일한 확률로 1, ..., $N$ 중 어느 순위나 될 수 있다. 따라서 그 순위에 대한 기댓값은 $\frac{1+2+\cdots+N}{N} = \frac{N+1}{2}$이다. 따라서 $\bar{r} = \frac{N+1}{2}$이라고 두면, $H_0$이 참일 때 모집단 $i$로부터 추출된 $n_i$개의 데이터 값들의 순위합에 대한 기댓값은 $n_i\bar{r}$이다. 즉, $H_0$이 참일 때

$$E[R_i] = n_i\bar{r}$$

이제 적합도검정 방식에 따라 검정통계량

$$T = \sum_{i=1}^{k} \frac{(R_i - n_i\bar{r})^2}{n_i\bar{r}}$$

에 대해 $T$가 클 때 귀무가설을 기각하는 검정을 사용해보자.

$$\begin{aligned} T &= \frac{1}{\bar{r}}\sum_{i=1}^{k} \frac{R_i^2 - 2R_in_i\bar{r} + n_i^2\bar{r}^2}{n_i} \\ &= \frac{1}{\bar{r}}\sum_{i=1}^{k} \frac{R_i^2}{n_i} - 2\sum_{i=1}^{k} R_i + \bar{r}\sum_{i=1}^{k} n_i \\ &= \frac{1}{\bar{r}}\sum_{i=1}^{k} \frac{R_i^2}{n_i} - N\bar{r} \end{aligned}$$

위에서 마지막 등식은 전체 $N=\sum_{i=1}^{k} n_i$개의 데이터 값들에 대한 순위합이 $\sum_{i=1}^{k} R_i$이며 따라서 다음 관계가 성립한다는 사실을 이용하고 있다.

$$\sum_{i=1}^{k} R_i = 1 + 2 + \cdots + N = \frac{N(N+1)}{2} = N\bar{r}$$

따라서 $T$가 클 때 $H_0$을 기각하는 것은 $\sum_{i=1}^{k} R_i^2/n_i$가 클 때 $H_0$을 기각하는 것과 동등하다. 따라서 검정통계량을 다음과 같이 둘 수도 있다.

$$TS = \sum_{i=1}^{k} \frac{R_i^2}{n_i}$$

적절한 유의수준 $\alpha$검정을 정하기 위해 $H_0$이 참일 때의 $TS$를 위한 분포가 필요하다. 정확한 분포는 복잡하겠지만 $H_0$이 참이고 모든 $n_i$가 5이상일 때

$$\frac{12}{N(N+1)} TS - 3(N+1)$$

의 분포는 대략적으로 자유도 $k-1$의 카이제곱분포를 따른다는 사실을 이용할 수 있다. 이제 모든 분포가 동일하다는 귀무가설에 대한 대략적인 유의수준 $\alpha$검정은 다음과 같다.

$$\frac{12}{N(N+1)} TS - 3(N+1) \geq \chi^2_{k-1,\alpha} \text{이면 } H_0\text{을 기각함}$$

정확도를 높이기 위해서는 시뮬레이션을 사용할 수 있다. 이를 위해 먼저 $TS$ 값을 계산하고 이를 $t$라 두면, $p$-값은 다음과 같이 정해진다.

$$p\text{-값} = P_{H_0}\{TS \geq t\}$$

이 값을 시뮬레이션으로 결정하기 위해서는 $H_0$이 참이라는 가정 하에 $TS = \sum_i R_i^2/n_i$를 연속적으로 시뮬레이션 하고 그 결과 값 중 $t$ 이상인 값들의 비율을 $p$-값으로 사용한다. $H_0$이 참이라는 가정 하에서는 $N$개의 데이터 값에 대한 모든 가능한 순서 배정이 동일한 확률을 가지므로, $N!$개의 순열 중 어느 것이나 동일한 확률로 발생할 수 있는 $1, \ldots, N$에 대한 임의의 순열을 생성함으로써 $TS$를 시뮬레이션 할 수 있다(이와 같은 **무작위 순열**을 시뮬레이션 하기 위한 효율적 방법에 대해서는 예제 15.2b를 참고하기 바람). 이제 생성된 순열에서 첫 $n_1$개의 값은 첫 번째 표본의 순위 값, 그 다음 $n_2$개의 값은 두 번째 표본의 순위 값 등등과 같이 둘 수 있다. 즉, 생성된 순열이 $p_1, \ldots, p_N$이라고 하자. $s_0 = 0$, $s_j = n_1 + \cdots + n_j (j \geq 1)$라 두면, $R_1, \cdots, R_k$에 대해 시뮬레이션 결과는 다음과 같을 것이다.

$$R_i = \sum_{j=s_{i-1}+1}^{s_i} p_j, \quad i = 1, \ldots, k$$

이는 **크루스칼-왈리스 검정**(Kruskal-Wallis test)으로 알려져 있다.

### 예제 12.4c

아래의 데이터는 연속된 10주 동안 화요일, 수요일, 목요일에 중간 규모의 어떤 로스엔젤리스 도서관을 방문한 사람 수이다.

| | |
|---|---|
| **화요일 방문자** | 721, 660, 622, 738, 820, 707, 672, 589, 902, 688 |
| **수요일 방문자** | 604, 626, 744, 802, 691, 665, 711, 715, 661, 729 |
| **목요일 방문자** | 642, 480, 705, 584, 713, 654, 704, 522, 683, 708 |

위의 데이터는 각 요일 방문자 수의 분포가 동일하다는 가설에 부합되는가?

**풀이** $N=30$개의 데이터 값에 순위를 배정하면 3개의 표본에 대한 순위합은 다음과 같다.

$$R_1=176, \quad R_2 = 175, \quad R_3=114$$

따라서

$$\frac{12}{N(N+1)}TS-3(N+1)=\frac{12}{30\cdot 31}\frac{176^2+175^2+114^2}{10}-93=3.254$$

$\chi^2_{2,.05}=5.99$이므로 각 요일 방문자 수의 분포가 동일하다는 귀무가설을 5% 유의수준으로 기각할 수 없다. 실제로 계산된 $p$-값은 다음과 같다.

$$p\text{-value}=P\{\chi^2_2\geq 3.254\}=1-\text{pchisq}(3.254, 2)=0.1965182$$ ■

## 12.5 무작위성에 대한 런 검정

통계학의 많은 부분에 적용되는 가정은 데이터의 집합이 어떤 모집단으로부터의 무작위 표본을 구성한다는 것이다. 그러나 때로 데이터가 진정한 무작위 과정에 의해 발생되지 않고 어떤 추세나 주기적인 패턴을 따를 때가 있다. 이 절에서는 주어진 데이터 집합이 무작위 표본을 구성한다는 가설 $H_0$을 검정하는 방법을 다루는데, 이를 **런 검정(runs test)**이라고 부른다.

먼저 각각의 데이터 값은 0 또는 1이라고 가정하자. 즉, 각 데이터 값은 성공 또는 실패로 양분될 수 있는 것으로 가정한다. $X_1,\ldots, X_N$은 데이터 집합을 나타낸다. 1이 연속으로 나타나거나 0이 연속으로 나타나는 것을 하나의 **런(run)**이라고 한다. 예를 들면, 데이터 집합

$$1\,0\,0\,1\,1\,1\,0\,0\,1\,0\,1\,1\,1\,1\,0\,1\,0\,0\,0\,0\,1\,1$$

에는 11개의 런이 포함되어 있는데, 6개는 1의 런이며 5개는 0의 런이다. 데이터 집합 $X_1, \ldots, X_N$에 $n$개의 1과 $m$개의 0이 포함되어 있다고 하고, $n+m=N$이며, 런의 개수는 $R$이라고 하자. 이제 $H_0$이 참이면 $X_1,\ldots, X_N$은 $n$개의 1과 $m$개의 0으로 만들어질 수 있는 $N!/(n!m!)$가지 순열 중 어느 것이나 될 수 있으며, 각 경우의 확률은 동일할 것이다. 따라서

$n$개의 1과 $m$개의 0이 있다고 할 때, $H_0$ 하에서 $R$에 대한 확률질량함수는 다음과 같이 주어진다.

$$P_{H_0}\{R=k\} = \frac{n\text{개의 1과 } m\text{개의 0으로 이루어지는 순열 중 런 수가 } k\text{인 개수}}{\binom{n+m}{n}}$$

위와 같은 순열의 개수는 명시적으로 결정될 수 있으며, 다음과 같은 관계식이 성립함을 증명할 수 있다.

$$P_{H_0}\{R=2k\} = 2\frac{\binom{m-1}{k-1}\binom{n-1}{k-1}}{\binom{m+n}{n}}$$

$$P_{H_0}\{R=2k+1\} = \frac{\binom{m-1}{k-1}\binom{n-1}{k} + \binom{m-1}{k}\binom{n-1}{k-1}}{\binom{n+m}{n}} \tag{12.5.1}$$

데이터에 $n$개의 1과 $m$개의 0이 포함되어 있을 경우, 런 검정에서는 관측된 런의 수가 우연으로 설명되기에는 너무 많거나 너무 적으면 데이터가 무작위 표본이라는 가설을 기각한다. 구체적으로 말하자면, 관측된 런의 수가 $r$일 때, 런 검정에 대한 $p$-값은 다음과 같이 주어진다.

$$p\text{-값} = 2\min(P_{H_0}\{R \geq r\}, P_{H_0}\{R \leq r\})$$

표본 크기가 많이 크지 않은 경우 식 (12.5.1)을 사용하여 정확한 $p$-값을 계산할 수 있다.

### 예제 12.5a

아래의 데이터는 어떤 육상 팀의 최근 30 경기의 결과를 나타내는데, $W$는 승리를 나타내며 $L$은 패배를 나타낸다.

$$W\ W\ W\ L\ W\ W\ L\ W\ W\ L\ W\ L\ W\ W\ L\ W\ W\ W\ W\ L\ W\ L\ W\ W\ W\ L\ W\ L\ W\ L$$

이 데이터는 무작위성에 부합되는가?

**풀이** 무작위성 가설을 검정하기 위해 20개의 W와 10개의 L로 이루어진 위의 데이터는 20개의 런을 포함하고 있다. 5% 유의수준에서 무작위성 가설을 기각할 수 있는지 알아보기 위해 앞선 과정을 수행하면 $p$-값이 0.01845임을 알 수 있다. 따라서 5% 유의수준에서 무작 위성 가설은 기각된다(위의 데이터에서 두드러지는 점은 한 경기에서 진 후에는 항상 그 다음 경기를 이긴다는 점인데, 20번의 승리와 10번의 패배를 포함하는 모든 결과가 동일한 확률을 가질 경우 그와 같은 경우가 발생할 가능성은 매우 낮을 것이다). ■

런 검정은 데이터 값이 꼭 0과 1이 아닐 때에도 무작위성에 대한 검정에 사용될 수 있다. $X_1, \ldots, X_N$이 무작위 표본을 구성하는지 여부를 검정하기 위해 $s$-med가 표본 중앙값을 나타낸다고 하자. 그리고 $n$은 $s$-med 이하인 데이터 값의 개수를 나타내고 $m$은 $s$-med보다 큰 데이터 값의 개수를 나타낸다고 하자(따라서 $N$이 짝수이고 모든 데이터 값들이 다르면, $n = m = N/2$가 된다). $I_1, \ldots, I_N$을 다음과 같이 정의한다.

$$I_j = \begin{cases} 1 & X_j \leq s\text{-med} \\ 0 & \text{그 외의 경우} \end{cases}$$

이제 원래의 데이터가 무작위 표본을 구성할 경우, $I_1, \ldots, I_N$에서의 런의 수는 식 (12.5.1)에 의해 주어지는 확률질량함수를 가질 것이다. 따라서 원래의 데이터가 무작위성을 갖는지 검정하기 위해 데이터 값 $I_1, \ldots, I_N$에 대한 런 검정을 이용할 수 있다.

### ■ 예제 12.5b

연속해서 생산된 19개의 축전지의 수명이 다음과 같다.

145 152 148 155 176 134 184 132 145 162 165
185 174 198 179 194 201 169 182

표본 중앙값은 10번째로 작은 값인 169이다. 데이터 값들이 169 이하인지 여부를 차례로 나타내면 아래와 같다.

1 1 1 1 0 1 0 1 1 1 1 0 0 0 0 0 0 1 0

따라서 런의 수는 8이다. 식 (12.5.1)을 사용하면 다음과 같은 결과를 알 수 있다.

$$p\text{-값} = .357$$

따라서 무작위성 가설은 채택된다. ■

$n$과 $m$이 모두 큰 값이고 $H_0$이 참일 때, $R$은 평균과 표준편차가 아래와 같이 주어지는 근사정규분포를 갖는다는 것을 보일 수 있다.

$$\mu = \frac{2nm}{n+m} + 1 \qquad \sigma = \sqrt{\frac{2nm(2nm - n - m)}{(n+m)^2(n+m-1)}} \tag{12.5.2}$$

따라서 $n$과 $m$이 모두 클 때,

$$
\begin{aligned}
P_{H_0}\{R \le r\} &= P_{H_0}\left\{\frac{R-\mu}{\sigma} \le \frac{r-\mu}{\sigma}\right\} \\
&\approx P\left\{Z \le \frac{r-\mu}{\sigma}\right\}, \qquad Z \sim \mathcal{N}(0,1) \\
&= \Phi\left(\frac{r-\mu}{\sigma}\right)
\end{aligned}
$$

이 성립하며, 마찬가지로 아래의 식도 성립한다.

$$
P_{H_0}\{R \ge r\} \approx 1 - \Phi\left(\frac{r-\mu}{\sigma}\right)
$$

따라서 $n$과 $m$이 클 때, 무작위성을 위한 런 검정의 $p$-값에 대한 근삿값은 아래와 같이 주어진다.

$$
p\text{-값} \approx 2\min\left\{\Phi\left(\frac{r-\mu}{\sigma}\right), 1 - \Phi\left(\frac{r-\mu}{\sigma}\right)\right\}
$$

여기에서 $\mu$와 $\sigma$는 식 (12.5.2)에 의해 주어지며, $r$은 관측된 런의 수이다.

### 예제 12.5c

60개의 1과 60개의 0으로 이루어진 열에 75개의 런이 포함되어 있다고 하자.

$$
\mu = 61 \quad \text{그리고} \quad \sigma = \sqrt{\frac{3{,}540}{119}} = 5.454
$$

이므로, $p$-값의 근삿값은 다음과 같이 계산된다.

$$
\begin{aligned}
p\text{-값} &\approx 2\min\{\Phi(2.567), 1 - \Phi(2.567)\} \\
&= 2 \times (1 - .9949) \\
&= .0102
\end{aligned}
$$

반면에 정확한 $p$-값은 아래와 같다.

$$
p\text{-value} = .0130
$$

런의 수가 75가 아니라 70일 경우, $p$-값의 근삿값은

$$
p\text{-값} \approx 2[1 - \Phi(1.650)] = .0990
$$

인 반면, 정확한 $p$-값은 다음과 같다.

$$
p\text{-값} = .1189
$$

## 연습문제

**01** 어떤 고혈압 치료제 신제품을 18명의 환자에게 시험하기 위해, 40일 동안 치료한 후 이완기 혈압을 측정한 결과는 다음과 같다.

$$-5,\ -1,\ +2,\ +8,\ -25,\ +1,\ +5,\ -12,\ -16$$
$$-9,\ -8,\ -18,\ -5,\ -22,\ +4,\ -21,\ -15,\ -11$$

부호검정을 이용하여 이 약이 혈압에 효과가 있는지 판단하라. $p$-값은 얼마인가?

**02** 어떤 공학기업에서 컴퓨터시스템을 선정하고 있는데, 선택은 두 개의 제조업체로 압축되었다. 이 기업은 8개의 설계문제들을 컴퓨터 제조업체들에 제시하고 제조업체의 소프트웨어를 사용하여 각 문제를 해결하는 데 걸리는 시간을 초 단위로 측정하게 하였는데, 측정된 결과는 아래의 표와 같다.

| 설계문제 | 1 | 2 | 3 | 4 | 5 | 6 | 7 | 8 |
|---|---|---|---|---|---|---|---|---|
| 컴퓨터 A의 소요시간 | 15 | 32 | 17 | 26 | 42 | 29 | 12 | 38 |
| 컴퓨터 B의 소요시간 | 22 | 29 | 1 | 23 | 46 | 25 | 19 | 47 |

두 제조업체의 소프트웨어가 제시된 문제들을 해결하는 데 걸린 시간의 분포 사이에 별 차이가 없다는 가설을 검정할 경우의 부호검정의 $p$-값을 구하라.

**03** 중년 남성들의 수축기 혈압의 중앙값으로 발표되어 있는 수치는 128이다. 이 값에 어떤 변화가 생겼는지 결정하기 위해 100명의 남성을 무작위로 선택하여 조사한 결과가 아래의 각 경우일 때, 중앙값이 128이라는 가설을 검정하라.

(a) 60명의 남성이 128보다 높다.
(b) 70명의 남성이 128보다 높다.
(c) 80명의 남성이 128보다 높다.

각 경우에 $p$-값을 구하라.

**04** 로스앤젤레스 지역의 16세 여성의 체중의 중앙값이 110파운드 이상이라는 가설을 검정하기 위해 해당 여성 200명을 무작위로 선택하여 조사하였다. 이들 중 120명의 체중이 110보다 아래였을 경우, 이는 가설을 반박하는가? 5% 유의수준을 사용하라. $p$-값은 얼마인가?

**05** 2004년 미국 내 전체 금융회계사의 연봉의 중앙값이 \$124,400이었다. 2007년에 14명의 금융회계사를 무작위로 선택하여 연봉(\$1,000 단위)을 조사한 결과는 다음과 같다.

125.5, 130.3, 133.0, 102.6, 198.0, 232.5, 106.8,
114.5, 122.0, 100.0, 118.8, 108.6, 312.7, 125.5

이 데이터를 사용하여 2007년 금융회계사의 연봉의 중앙값이 2004년과 차이가 없다는 가설을 검정하라. $p$-값은 얼마인가?

**06** 새로 개발된 휘발유 첨가제가 자동차 연비에 미치는 효과를 조사하기 위한 실험이 추진되었다. 아래의 데이터는 첨가제를 사용하기 전과 후에 갤런 당 연비를 나타낸다.

| 자동차 | 첨가제 미사용 연비 | 첨가제 사용 연비 |
|---|---|---|
| 1 | 24.2 | 23.5 |
| 2 | 30.4 | 29.6 |
| 3 | 32.7 | 32.3 |
| 4 | 19.8 | 17.6 |
| 5 | 25.0 | 25.3 |
| 6 | 24.9 | 25.4 |
| 7 | 22.2 | 20.6 |
| 8 | 21.5 | 20.7 |

다음 각 경우에 첨가제의 사용이 연비에 영향을 미치지 않는다는 가설에 대한 검정의 $p$-값을 구하라.

(a) 부호검정 사용

(b) 부호순위검정 사용

**07** 문제 1과 문제 2에서 부호순위검정을 사용할 때의 $p$-값을 구하라.

**08** 혈중 알부민 함유량이 높은 12명의 환자를 어떤 약으로 치료하였는데, 이들의 혈중 알부민 함유량을 치료 전과 후에 측정한 값들을 아래의 표에서 보이고 있다.

**혈중 알부민 함유량 (단위: 100 ml 당 그램 수)**

| 환자 | 치료 전 | 치료 후 |
|---|---|---|
| 1 | 5.02 | 4.66 |
| 2 | 5.08 | 5.15 |
| 3 | 4.75 | 4.30 |
| 4 | 5.25 | 5.07 |
| 5 | 4.80 | 5.38 |
| 6 | 5.77 | 5.10 |
| 7 | 4.85 | 4.80 |
| 8 | 5.09 | 4.91 |
| 9 | 6.05 | 5.22 |
| 10 | 4.77 | 4.50 |
| 11 | 4.85 | 4.85 |
| 12 | 5.24 | 4.56 |

다음 각 경우에 5% 유의수준에서 이 약이 효과가 있는가?

(a) 부호검정 사용
(b) 부호순위검정 사용

**09** 어떤 엔지니어가 특정 비행선 외부에 페인트를 칠하는 것이 운항 속도에 영향을 미친다고 주장하고 있다. 이 주장을 확인하기 위해 새로 조립된 10대의 비행선을 페인팅 작업 전에 날려보고, 또 페인팅 작업이 완료된 후 다시 날려 운항속도를 측정한 결과는 아래의 표와 같다.

| 비행선 | 운항속도(노트) | |
|---|---|---|
| | 페인팅 전 | 페인팅 후 |
| 1 | 426.1 | 416.7 |
| 2 | 418.4 | 403.2 |
| 3 | 424.4 | 420.1 |
| 4 | 438.5 | 431.0 |
| 5 | 440.6 | 432.6 |
| 6 | 421.8 | 404.2 |
| 7 | 412.2 | 398.3 |
| 8 | 409.8 | 405.4 |
| 9 | 427.5 | 422.8 |
| 10 | 441.2 | 444.8 |

이 데이터는 엔지니어의 주장을 입증하는가?

**10** 니켈에 대한 분광화학 장치를 이용한 중복 계측이 10회 수행되었다. 아래의 표에서 두 번째 열과 세 번째 열은 각기 다른 종류의 측정 장비를 사용하여 계측된 것이다.

| 표본 | 중복 계측 | |
|---|---|---|
| 1 | 1.94 | 2.00 |
| 2 | 1.99 | 2.09 |
| 3 | 1.98 | 1.95 |
| 4 | 2.07 | 2.03 |
| 5 | 2.03 | 2.08 |
| 6 | 1.96 | 1.98 |
| 7 | 1.95 | 2.03 |
| 8 | 1.96 | 2.03 |
| 9 | 1.92 | 2.01 |
| 10 | 2.00 | 2.12 |

5% 유의수준에서 두 측정 장치의 결과는 같다는 가설을 검정하라.

**11** 중앙값이 $m$인 연속분포 $F$로부터의 표본 $X_1, \ldots, X_n$을 사용하여 가설 $H_0: m = m_0$ 대 단측 대립가설 $H_1: m > m_0$을 검정하려 한다고 하자. 부호순위검정의 단측 버전을 제시하고, $p$-값을 어떻게 계산할 수 있는지 설명하라.

**12** 2중 언어에 관한 어떤 연구에서 영어와 불어를 병용하는 12명의 대학생을 두 그룹으로 나누었다. 두 그룹 모두 불어로 작성된 어떤 글을 읽게 한 다음 그 글의 내용에 관한 25개의 객관식 문제로 이루어진 시험을 치르게 하였다. 한 그룹은 영어로 작성된 시험을 보게 하고 다른 그룹은 불어로 작성된 시험을 보게 한 후 맞게 푼 문제 수를 조사한 결과는 아래의 표와 같다.

| **불어로 치른 시험** | 11 | 12 | 16 | 22 | 25 | 25 |
|---|---|---|---|---|---|---|
| **영어로 치른 시험** | 10 | 13 | 17 | 19 | 21 | 24 |

이 데이터는 5% 유의수준에서 한 언어로 작성된 정보를 다른 언어로 전환시키는 것이 어렵다는 것을 입증하는가?

**13** 교통안전에 관한 연구를 위해 비슷한 크기의 도시 15개가 선택되었다. 이들 중 8개를 무작위로 선택하고 이들 도시에서 교통안전을 다루는 신문 기사를 1개월에 걸쳐 연재하였다. 이러한 캠페인이 끝난 다음 달의 교통사고 건수를 조사한 결과는 아래의 표와 같다.

| **캠페인그룹** | 19 | 31 | 39 | 45 | 47 | 66 | 74 | 81 |
|---|---|---|---|---|---|---|---|---|
| **통제그룹** | 28 | 36 | 44 | 49 | 52 | 52 | 60 | |

교통안전 연재물이 아무 효과도 없었다는 가설을 검정할 때의 정확한 $p$-값을 구하라.

**14** 문제 13에서 다음과 같은 방법으로 $p$-값을 구하라.

(a) 정규근사를 사용

(b) 시뮬레이션을 사용

**15** 아래의 데이터는 소속 정당에 따라 임의로 추출된 성인 남성들의 체중을 나타내고 있다.

**공화당:** 204, 178, 195, 187, 240, 182, 152, 166
**민주당:** 175, 200, 168, 192, 156, 164, 180, 138

위의 데이터를 사용하여 이들의 분포가 동일하다는 귀무가설을 검정하려 한다.

(a) 정확한 $p$-값을 구하라.

(b) 정규근사를 이용할 때 얻게 되는 $p$-값을 구하라.

**16** 1943년의 한 실험에서 기생충 치료에 염화탄소의 효과를 조사하기 위해 10마리의 흰쥐가 사용되었다(Whitlock and Bliss, "A Bioassay Technique for Antihelminthics," *Journal of Parasitology*, 29, pp. 48–58). 쥐들에게 기생충 유충을 주입한 지 8일이 지난 후 쥐들을 각기 5마리씩의 두 그룹으로 나누고, 첫 번째 그룹의 쥐들에게는 각기 염화탄소 .032cc를 주고 두 번째 그룹의 쥐들에게는 각기 염화탄소 .063cc를 주었다. 이틀 후에 쥐들을 죽이고 각각의 쥐 안에 있던 성충의 수를 조사하였다. .032cc를 주었던 그룹에서 발견된 숫자는 다음과 같다.

421, 462, 400, 378, 413

반면에 .063 cc를 주었던 그룹에서 발견된 숫자는 다음과 같다.

207, 17, 412, 74, 116

이 데이터는 염화탄소를 많이 섭취한 것이 적게 섭취한 것보다 효과가 높다는 가설을 증명하는가?

**17** 비버의 분포 패턴에 관한 10년에 걸친 연구(Sun, L. and Muller-Schwarze, D., "Statistical resampling methods in biology: A case study of beaver dispersal patterns," *American Journal of Mathematical and Management Sciences*, 16, pp. 463–502, 1996)에서 뉴욕 서남부 지역에 있는 앨러게이니 주립공원에서 총 332마리의 비버가 포획되었다. 나중에 다시 잡았을 때 식별할 수 있도록 비버들에 꼬리표를 달아준 후 놓아주었다. 상당 시간이 지난 후 이들 중 암컷 9마리와 수컷 23마리 등 총 32마리는 다른 지역으로 이동하여 정착한 것으로 파악되었다. 아래의 데이터는 이 비버들을 암컷과 수컷으로 나누어 원래 살던 곳과 재정착한 곳 사이의 거리를 킬로미터 단위로 나타내고 있다.

암컷 : .660, .984, .984, 1.992, 4.368, 6.960, 10.656, 21.600, 31.680
수컷 : .288, .312, .456, .528, .576, .720, .792, .984, 1.224, 1.584, 2.304, 2.328, 2.496, 2.688, 3.096, 3.408, 4.296, 4.884, 5.928, 6.192, 6.384, 13.224, 27.600

위의 데이터는 분산 거리가 성별에 따라 다르다는 가설을 입증하는가?

**18** 아래의 데이터는 다음과 같은 사건들의 다음날 지역 진료소를 방문한 사람들의 수를 나타낸다.

(1) 지역 대학 풋볼 팀이 토요일 경기에서 승리함
(2) 지역 대학 풋볼 팀이 토요일 경기에서 패배함
(3) 지역 대학 풋볼 팀이 토요일 경기를 치르지 않음

| | |
|---|---|
| 승리한 다음 날 | 71, 66, 62, 79, 80, 70, 66, 59, 89, 68 |
| 패배한 다음 날 | 64, 62, 75, 81, 69, 67, 73, 71, 69, 74 |
| 경기 없는 다음 날 | 49, 48, 70, 58, 73, 65, 55, 52, 68, 74 |

위의 데이터는 지역 진료소를 방문하는 사람들의 수가 풋볼 경기 결과에 따라 달라진다는 가설을 입증하는가? 5% 유의수준으로 검정하라.

**19** 연속해서 생산된 50개의 제품 중에서 11개의 불량품이 있었는데, 불량품에 해당하는 일련번호는 8, 12, 13, 14, 31, 32, 37, 38, 40, 41, 42이다. 이들이 무작위 표본을 구성하지 않는다고 결론내릴 수 있는가?

**20** 100, 110, 122, 132, 99, 96, 88, 75, 45, 211, 154, 143, 161, 142, 99, 111, 105, 133, 142, 150, 153, 121, 126, 117, 155는 연속되어 있는 25개 제품의 품질 수준을 나타낸다. 이 데이터를 어떤 모집단으로부터의 무작위 표본이라 볼 수 있는가?

**21** *s*-med가 아닌 다른 어떤 지정된 값보다 각 데이터 값이 작은지 여부를 고려할 때 런 검정을 사용할 수 있는가?

**22** (Quinn, W. H., Neal, T. V., and Antuñez de Mayolo, S. E., 1987, "El Niño occurrences over the past four-and-a-half centuries," *Journal of Geophysical Research*, 92 (C13), pp. 14,449–14,461에서 발췌된) 아래의 표는 1800년에서 1987년 사이의 대규모 엘니뇨가 있었던 시기의 연도와 세기(보통 또는 강함)를 표시하고 있다. 이 표의 데이터를 사용하여 엘니뇨현상의 세기들이 무작위 표본을 구성한다는 가설을 검정하라.

대규모 엘니뇨현상의 발생 연도와 세기 (0=보통, 1=강함), 1800–1987

| 연도 | 세기 | 연도 | 세기 | 연도 | 세기 |
|---|---|---|---|---|---|
| 1803 | 1 | 1866 | 0 | 1918 | 0 |
| 1806 | 0 | 1867 | 0 | 1923 | 0 |
| 1812 | 0 | 1871 | 1 | 1925 | 1 |
| 1814 | 1 | 1874 | 0 | 1930 | 0 |
| 1817 | 0 | 1877 | 1 | 1932 | 1 |
| 1819 | 0 | 1880 | 0 | 1939 | 0 |
| 1821 | 0 | 1884 | 1 | 1940 | 1 |
| 1824 | 0 | 1887 | 0 | 1943 | 0 |
| 1828 | 1 | 1891 | 1 | 1951 | 0 |
| 1832 | 0 | 1896 | 0 | 1953 | 0 |
| 1837 | 0 | 1899 | 1 | 1957 | 1 |
| 1844 | 1 | 1902 | 0 | 1965 | 0 |
| 1850 | 0 | 1905 | 0 | 1972 | 1 |
| 1854 | 0 | 1907 | 0 | 1976 | 0 |
| 1857 | 0 | 1911 | 1 | 1982 | 1 |
| 1860 | 0 | 1914 | 0 | 1987 | 0 |
| 1864 | 1 | 1917 | 1 | | |

# 제 13 장 품질관리

## 13.1 개요

거의 모든 제조 공정에서 생산되는 제품에는 어떤 무작위에 따른 변이가 있다. 즉, 아무리 엄격하게 공정을 관리하더라도 생산품들 사이에는 항상 변이가 있게 마련이다. 이러한 변이를 **우연 변이(chance variation)**라 부르고, 공정에 내재된 것으로 간주한다. 그러나 때때로 나타나는 또 다른 종류의 변이가 있는데, 이러한 변이는 공정에 내재된 것이 아니라 어떤 **이상 원인(assignable cause)**으로 인한 것이며 대개의 경우 생산품의 품질에 나쁜 영향을 미친다. 예를 들어 잘못된 기계 설정, 품질이 낮은 재료의 사용, 소프트웨어상의 오류, 사람의 실수, 또는 수만 가지 가능성이 있는 기타의 원인 등으로 인해 그와 같은 변이가 발생할 수 있다. 오직 우연 변이만 존재하며 이상 원인에 따른 변이는 없을 때, 해당 공정은 정상상태에 있다고 말한다. 이 장에서 다루는 중요한 문제는 공정이 정상상태에 있는지 이상상태에 있는지를 결정하는 것이다.

어떤 공정이 정상상태에 있는지 여부를 결정하는 일을 용이하기 하기 위해 **관리도(control chart)**가 사용되는데, 관리도는 **관리상한**과 **관리하한**이라는 두 개의 숫자로 정해진다. 관리도를 이용하기 위해 제조 공정에서 발생하는 데이터를 소그룹들로 나누고, 소그룹 평균이나 소그룹 표준편차와 같은 소그룹 통계량들을 계산한다. 소그룹 통계량이 관리상한과 관리하한 사이에 속하지 않으면, 해당 공정은 이상상태에 있다고 결론짓는다.

13.2절과 13.3절에서는 연속해서 생산되는 제품들은 측정 가능한 특성들을 갖고 있으며, 공정이 정상상태에 있을 때는 평균과 분산이 고정되어 있다고 가정한다. 13.2절에서소그룹 평균에 기초하여 관리도를 작성하는 방법을 소개하며, 13.3절에서는 소그룹 표준편차에 기초하여 관리도를 작성하는 방법을 소개한다. 13.4절에서는 각 제품이 측정 가능한 특성을 갖고 있다고 가정하는 대신 각 제품이 어떤 **속성(attribute)**에 의해 판단된다고 가정한다. 즉, 각 제품은 양품과 불량품으로 분류된다. 이러한 가정에 따라 생산품의 품질에 변화가 발생하였음을 나타낼 수 있는 관리도를 작성하는 방법을 소개한다. 13.5절에서는 각 생산품에 포함된 결함의 개수가 무작위로 정해지는 상황에서 이용될 수 있는 관리도를 살펴본다. 끝으로, 13.6절에서는 보다 복잡한 유형의 관리도들을 살펴볼 텐데, 이러한 관리도들은 각 소그룹 값을 분리해서 고려하는 대신 다른 소그룹들의 값을 함께 고려한다. 이러한 유형의 관리도 중 이동평균 관리도, 지수가중 이동평균 관리도, 누적합 관리도 등의 세 가지를 13.6절에서 소개한다.

## 13.2 평균값을 위한 관리도 : $\overline{X}$ - 관리도

공정이 정상상태에 있을 때 연속해서 생산되는 제품들의 측정 가능한 특성은 서로 독립이고, 평균은 $\mu$이고 분산은 $\sigma^2$인 정규 확률변수라고 가정하자. 그런데 특별한 상황으로 인해 이 공정이 정상상태를 벗어나 다른 분포를 갖는 제품들을 생산하기 시작했다고 하자. 언제 이러한 일이 발생했는지 인지할 수 있어야 공정을 멈추고, 무엇이 잘못되었는지 찾아서 고칠 수 있을 것이다.

$X_1, X_2, \ldots$이 연속해서 생산되는 제품들의 측정 가능한 특성을 나타낸다고 하자. 이 공정이 언제 정상상태를 벗어나는지 결정하기 위해 먼저 데이터들을 고정된 크기 $n$의 소그룹들로 분할한다. $n$의 값은 소그룹 내에서는 균일성을 갖도록 선택된다. 즉, 소그룹 내의 모든 제품이 동일한 날 생산되거나, 동일한 교대조에 의해 생산되거나, 또는 동일한 기계설정 하에서 생산되도록 $n$이 정해질 수 있다. 바꾸어 말하면, 분포가 바뀌는 것이 소그룹 내에서가 아니라 소그룹 사이에서 일어나도록 $n$의 값이 정해져야 한다. 전형적인 $n$의 값은 4, 5, 6 등이다. $\overline{X}_i\ (i = 1, 2, \ldots)$가 $i$번째 소그룹의 평균을 나타낸다고 하자. 즉

$$\overline{X}_1 = \frac{X_1 + \cdots + X_n}{n}$$

$$\overline{X}_2 = \frac{X_{n+1} + \cdots + X_{2n}}{n}$$

$$\overline{X}_3 = \frac{X_{2n+1} + \cdots + X_{3n}}{n}$$

정상상태에 있을 때 각 $X_i$의 평균은 $\mu$이고 분산은 $\sigma^2$이므로, 다음의 결과가 성립한다.

$$E(\overline{X}_i) = \mu$$

$$\text{Var}(\overline{X}_i) = \frac{\sigma^2}{n}$$

따라서

$$\frac{\overline{X}_i - \mu}{\sqrt{\sigma^2/n}} \sim N(0, 1)$$

즉, 소그룹 $i$ 내에서 생산이 이루어지는 동안 공정이 내내 정상상태에 있을 경우에 $\sqrt{n}(\overline{X}_i - \mu)/\sigma^2$는 표준정규분포를 따른다. 표준정규 확률변수 $Z$는 거의 항상 $-3$과 3 사이에 속한다(실제로 $P\{-3 < Z < 3\} = .9973$이다). 따라서 소그룹 $i$ 내에서 생산이 이루어지는 동안 공정이 내내 정상상태에 있을 경우,

$$-3 < \sqrt{n}\,\frac{\overline{X}_i - \mu}{\sigma} < 3$$

즉,

$$\mu - \frac{3\sigma}{\sqrt{n}} < \overline{X}_i < \mu + \frac{3\sigma}{\sqrt{n}}$$

가 성립할 것을 높은 확률로 기대할 것이다.

$$\text{UCL} \equiv \mu + \frac{3\sigma}{\sqrt{n}}$$

와

$$\text{LCL} \equiv \mu - \frac{3\sigma}{\sqrt{n}}$$

등의 값은 각기 **관리상한(upper control limit)**과 **관리하한(lower control limit)**이라고 부른다.

생산품의 평균값에 발생하는 변화를 탐지하기 위한 $\overline{X}$-관리도는 연속적인 소그룹 평균인 $\overline{X}_i$ 들에 대한 산점도를 그리고, $\overline{X}_i$ 가 LCL과 UCL 사이의 범위를 처음으로 벗어날 때 공정이 정상상태를 벗어났다고 선언한다(그림 13.1 참조).

### 예제 13.2a

어떤 제조업체에서 강철봉을 생산하는데, 강철봉의 지름은 평균이 3mm이고 표준편차가 .1mm인 정규분포를 따른다고 한다. 연속해서 생산되는 강철봉 4개로 이루어진 표본들에서 지름의 평균을 조사한 결과는 아래의 표와 같다.

| 표본 | $\overline{X}$ | 표본 | $\overline{X}$ |
|---|---|---|---|
| 1 | 3.01 | 6 | 3.02 |
| 2 | 2.97 | 7 | 3.10 |
| 3 | 3.12 | 8 | 3.14 |
| 4 | 2.99 | 9 | 3.09 |
| 5 | 3.03 | 10 | 3.20 |

이를 바탕으로 어떤 결론을 내릴 수 있겠는가?

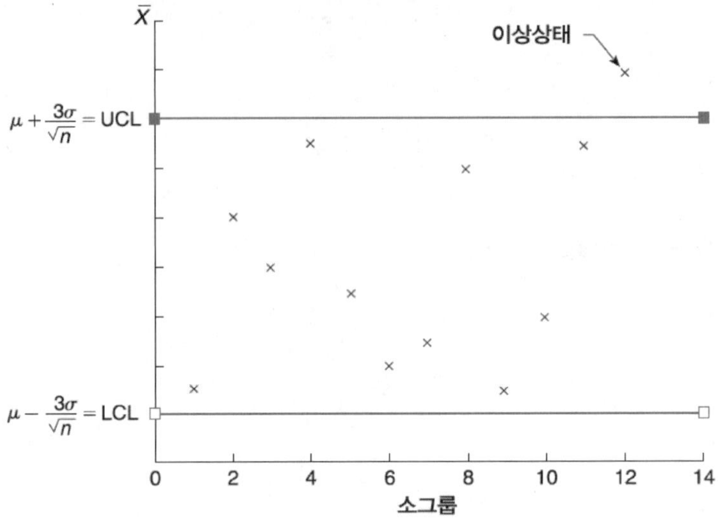


**그림 13.1** $\overline{X}$-관리도($n$ = 소그룹의 크기)

**풀이** 정상상태에 있을 때 지름은 평균이 $\mu = 3$이고 표준편차가 $\sigma = .1$이며, 따라서 $n = 4$일 때 관리한계는 다음과 같다.

$$\mathrm{LCL} = 3 - \frac{3(.1)}{\sqrt{4}} = 2.85, \qquad \mathrm{UCL} = 3 + \frac{3(.1)}{\sqrt{4}} = 3.15$$

10번 표본의 평균값은 관리상한보다 크므로, 10번 표본으로 넘어가면서 강철봉의 평균 지름이 이제 3이 아니라고 의심할만한 이유가 있다(6번 표본에서 10번 표본까지의 결과를 보면, 평균 지름이 3을 웃도는 값으로 증가하였음이 명백해 보인다). ■

## 메모

(a) 위의 예제에서는 공정이 정상상태에 있을 때 분포는 정규분포라고 가정한다. 그렇지만 공정이 정상상태에 있지 않을 경우에도 중심극한정리에 의해 소그룹 평균은 근사 정규분포를 가지며, 따라서 평균에서 표준편차의 3배 이상 차이가 나는 경우는 드물 것이다.

(b) 모든 생산품에 대해 측정 가능한 품질을 결정하기보다는 무작위로 선택된 일부 생산품에 대해서만 품질을 결정하는 경우가 많다. 이 경우 비슷한 시간에 생산된 제품들을 하나의 소그룹으로 선택하는 것이 자연스러울 것이다.

공정이 정상상태에 있는 경우에도 소그룹 평균이 관리한계를 벗어날 가능성(.0027 정도의 확률)이 있으며, 이때 불필요하게 공정을 멈추고 존재하지도 않는 문제를 추적하는 일이 발생할 수도 있음을 유념할 필요가 있다.

이제 공정이 정상상태를 벗어나 어떤 제품의 평균값이 $\mu$에서 $\mu + a$로 변경되었다고 하자 ($a > 0$). (또 다른 변화는 없다고 가정할 때) 관리도상에서 이러한 변화가 드러나기까지 얼마나 걸릴 것인가? 이러한 질문에 대답하기 위해

$$-3 < \sqrt{n}\,\frac{\overline{X} - \mu}{\sigma} < 3$$

즉,

$$-3 - \frac{a\sqrt{n}}{\sigma} < \sqrt{n}\,\frac{\overline{X} - \mu}{\sigma} - \frac{a\sqrt{n}}{\sigma} < 3 - \frac{a\sqrt{n}}{\sigma}$$

즉,

$$-3 - \frac{a\sqrt{n}}{\sigma} < \sqrt{n}\,\frac{\overline{X} - \mu - a}{\sigma} < 3 - \frac{a\sqrt{n}}{\sigma}$$

이면 소그룹 평균은 관리한계 범위에 속하는 것으로 간주 된다. 따라서 $\overline{X}$는 평균이 $\mu + a$이고 분산이 $\sigma^2/n$인 정규분포를 따르며 $\sqrt{n}(\overline{X} - \mu - a)/\sigma$는 표준정규분포를 가지므로, 관리한계 범위에 속할 확률은 다음과 같다.

$$\begin{aligned} P\left\{-3 - \frac{a\sqrt{n}}{\sigma} < Z < 3 - \frac{a\sqrt{n}}{\sigma}\right\} &= \Phi\left(3 - \frac{a\sqrt{n}}{\sigma}\right) - \Phi\left(-3 - \frac{a\sqrt{n}}{\sigma}\right) \\ &\approx \Phi\left(3 - \frac{a\sqrt{n}}{\sigma}\right) \end{aligned}$$

따라서 관리한계를 벗어날 확률은 근사적으로 $1 - \Phi(3 - a\sqrt{n}/\sigma)$이다. 예를 들어 소그룹의 크기가 $n = 4$일 때, 평균값이 표준편차만큼 증가하면, 즉 $a = \mu$이면, 소그룹 평균이 관리한계를 벗어날 확률은 $1 - (1) = .1587$이 된다. 각 소그룹 평균이 관리한계를 벗어나는 일은 서로 독립이며 확률은 $1 - \Phi(3 - a\sqrt{n}/\sigma)$이므로, 이러한 이동을 탐지하기 위해 필요한 소그룹의 수는 평균이 $\{1 - \Phi(3 - a\sqrt{n}/\sigma)\}^{-1}$인 기하분포를 따른다(앞에서 언급된 $n = 4$의 경우, 평균이 표준편차만큼 변하는 것을 탐지하기 위해 도표화 해야 할 소그룹의 수는 평균이 $1/.158 \approx 6.3$인 기하분포를 따른다).

### 13.2.1 $\mu$와 $\sigma$를 모를 경우

관리도를 처음으로 작성하기 시작하여 신뢰할 만한 과거의 데이터를 갖고 있지 않을 경우, $\mu$와 $\sigma$는 알려져 있지 않을 것이며 따라서 추정되어야 할 것이다. 이를 위해 $k$개의 소그룹을 사용할 텐데, $k$는 $k \geq 20$과 $nk \geq 100$을 만족하도록 선택되어야 한다. $\overline{X}_i$가 $i$번째 소그룹의 평균이라면($i = 1, \ldots, k$), $\mu$는 이러한 소그룹 평균의 평균인 $\overline{\overline{X}}$로 추정하는 것이 자연스럽다. $\overline{\overline{X}}$는 다음과 같이 정의할 수 있다.

$$\overline{\overline{X}} = \frac{\overline{X}_1 + \cdots + \overline{X}_k}{k}$$

$\sigma$를 추정하기 위해 $S_i$는 $i$번째 소그룹의 표본 표준편차를 나타낸다고 하자($i = 1, \ldots, k$). 즉,

$$S_1 = \sqrt{\sum_{i=1}^{n} \frac{(X_i - \overline{X}_1)^2}{n-1}}$$

$$S_2 = \sqrt{\sum_{i=1}^{n} \frac{(X_{n+i} - \overline{X}_2)^2}{n-1}}$$

$$\vdots$$

$$S_k = \sqrt{\sum_{i=1}^{n} \frac{(X_{(k-1)n+i} - \overline{X}_k)^2}{n-1}}$$

이면,

$$\overline{S} = (S_1 + \cdots + S_k)/k$$

와 같이 정의되는 통계량 $\overline{S}$는 $\sigma$에 대한 비편향 추정량이 아니다. 즉, $E[\overline{S}] \neq \sigma$. $\overline{S}$를 비편향 추정량으로 변환시키기 위해서는 먼저 $E[\overline{S}]$를 다음과 같이 계산해야 한다.

$$\begin{aligned} E[\overline{S}] &= \frac{E[S_1] + \cdots + E[S_k]}{k} \\ &= E[S_1] \end{aligned} \tag{13.2.1}$$

여기에서 마지막의 등식이 성립하는 것은 $S_1, \ldots, S_k$가 서로 독립이고 동일한 분포를 따르므로 평균이 같기 때문이다. $E[S_1]$을 계산하기 위해 정규 표본에 관한 다음의 중요한 결과를 이용한다.

$$\frac{(n-1)S_1^2}{\sigma^2} = \sum_{i=1}^{n} \frac{(X_i - \overline{X}_1)^2}{\sigma^2} \sim \chi_{n-1}^2 \tag{13.2.2}$$

이제 다음 사실을 증명하는 것은 어려운 일이 아니다(연습문제 3 참고).

$$Y \sim \chi_{n-1}^2 \text{일 때 } E[\sqrt{Y}] = \frac{\sqrt{2}\,\Gamma(n/2)}{\Gamma(\frac{n-1}{2})} \tag{13.2.3}$$

그리고

$$E[\sqrt{(n-1)S^2/\sigma^2}] = \sqrt{n-1}\,E[S_1]/\sigma$$

이므로, 식 (13.2.2)와 식 (13.2.3)으로부터 다음의 식이 성립함을 알 수 있다.

$$E[S_1] = \frac{\sqrt{2}\Gamma(n/2)\sigma}{\sqrt{n-1}\Gamma(\frac{n-1}{2})}$$

따라서

$$c(n) = \frac{\sqrt{2}\Gamma(n/2)}{\sqrt{n-1}\Gamma(\frac{n-1}{2})}$$

라고 두면, 식 (13.2.1)로부터 $\overline{S}/c(n)$이 $\sigma$에 대한 비편향추정량임을 알 수 있다. 표 13.1은 $n = 2$에서 $n = 10$까지 $c(n)$의 값들을 보여준다.

**표 13.1** $c(n)$ 값

| | | |
|---|---|---|
| $c(2)$ | = | .7978849 |
| $c(3)$ | = | .8862266 |
| $c(4)$ | = | .9213181 |
| $c(5)$ | = | .9399851 |
| $c(6)$ | = | .9515332 |
| $c(7)$ | = | .9593684 |
| $c(8)$ | = | .9650309 |
| $c(9)$ | = | .9693103 |
| $c(10)$ | = | .9726596 |

## 기술적 메모

표 13.1의 값들을 구할 때 $\Gamma$와 $\Gamma(n-1/2)$에 대한 계산은 순환식

$$\Gamma(a) = (a-1)\,\Gamma(a-1)$$

을 이용하는데, 이는 5.7절에서 확립된 바 있다. 이 순환식은 $n$이 정수일 때는 다음과 같이 쓸 수 있다.

$$\begin{aligned}\Gamma(n) &= (n-1)(n-2)\cdots 3\cdot 2\cdot 1\cdot \Gamma(1)\\ &= (n-1)! \quad (\Gamma(1) = \int_0^\infty e^{-x}\,dx = 1 \text{ 이므로})\end{aligned}$$

이 순환식은 또한

$$\Gamma\left(\frac{n+1}{2}\right) = \left(\frac{n-1}{2}\right)\left(n-\frac{3}{2}\right)\cdots\frac{3}{2}\cdot\frac{1}{2}\cdot\Gamma\left(\frac{1}{2}\right)$$

과 같이 전개되는데, 이때 $\Gamma(1/2)$은 다음과 같이 구할 수 있다.

$$
\begin{aligned}
\Gamma\left(\frac{1}{2}\right) &= \int_0^\infty e^{-x} x^{-1/2}\, dx \\
&= \int_0^\infty e^{-y^2/2} \frac{\sqrt{2}}{y} y\, dy \quad \left(x = \frac{y^2}{2} \quad dx = y\, dy \text{에 의함}\right) \\
&= \sqrt{2} \int_0^\infty e^{-y^2/2}\, dy \\
&= 2\sqrt{\pi} \frac{1}{\sqrt{2\pi}} \int_0^\infty e^{-y^2/2}\, dy \\
&= 2\sqrt{\pi}\, P[N(0,1) > 0] \\
&= \sqrt{\pi}
\end{aligned}
$$

$\mu$와 $\sigma$에 대한 앞에서의 추정치는 $k$개의 소그룹 모두를 이용하므로 공정은 시종 정상상태에 있어야 한다. 이를 확인하기 위해 아래와 같이 $\mu$와 $\sigma$에 대한 추정치에 기초하여 관리한계들을 계산한다.

$$
\begin{aligned}
\text{LCL} &= \overline{\overline{X}} - \frac{3\overline{S}}{c(n)\sqrt{n}} \\
\text{UCL} &= \overline{\overline{X}} + \frac{3\overline{S}}{c(n)\sqrt{n}}
\end{aligned}
\tag{13.2.4}
$$

이제 소그룹 평균 $\overline{X}_i$ 각각이 이러한 관리상한과 관리하한 사이에 속하는지 확인한다. 평균값이 그 범위에 속하지 않는 소그룹들은(해당 공정이 일시적 이상 상태에 있었다고 가정하면서) 모두 제거하고 추정치들을 다시 계산한다. 남아있는 소그룹 평균들 모두가 관리한계 범위에 속하는지 다시 확인한다. 그렇지 않은 소그룹 평균이 있으면 제거하고 앞의 과정을 반복한다. 물론 너무 많은 소그룹 평균들이 관리한계를 벗어나면, 정상상태 자체가 확립되지 않았음이 명백하다.

### 예제 13.2b

공정이 막 시작되어 $\mu$와 $\sigma$가 알려져 있지 않다고 가정하고 예제 13.2a를 다시 살펴보자. 그리고 표본평균과 표본 표준편차는 다음과 같다고 하자.

| | $\overline{X}$ | $S$ | | $\overline{X}$ | $S$ |
|---|---|---|---|---|---|
| 1 | 3.01 | .12 | 6 | 3.02 | .08 |
| 2 | 2.97 | .14 | 7 | 3.10 | .15 |
| 3 | 3.12 | .08 | 8 | 3.14 | .16 |
| 4 | 2.99 | .11 | 9 | 3.09 | .13 |
| 5 | 3.03 | .09 | 10 | 3.20 | .16 |

$\overline{\overline{X}} = 3.067$, $\overline{S} = .122$, $c(4) = .9213$이므로 관리한계들은 다음과 같다.

$$\text{LCL} = 3.067 - \frac{3(.122)}{2 \times .9213} = 2.868$$

$$\text{UCL} = 3.067 + \frac{3(.122)}{2 \times .9213} = 3.266$$

모든 $\overline{X}_i$ 가 관리한계 범위에 속하므로 이 공정은 정상상태에 있으며 $\mu = 3.067$, $\sigma = \overline{S}/c(4) = .1324$로 간주한다.

이제 생산품들의 값에 대한 규격 범위가 $3 \pm .1$이라고 가정하자. 그리고 공정은 정상상태를 유지하며 앞의 추정치들이 진정한 평균과 표준편차에 대한 정확한 추정치라고 가정할 경우, 규격을 충족하는 생산품의 비율은 얼마나 될까?

**풀이** 위의 질문에 답하기 위해 $\mu = 3.067$과 $\sigma = .1324$라는 사실을 이용하여 아래와 같이 계산할 수 있다.

$$\begin{aligned} P\{2.9 \le X \le 3.1\} &= P\left\{\frac{2.9 - 3.067}{.1324} \le \frac{X - 3.067}{.1324} \le \frac{3.1 - 3.067}{.1324}\right\} \\ &= \Phi(.2492) - \Phi(-1.2613) \\ &= .5984 - (1 - .8964) \\ &= .4948 \end{aligned}$$

따라서 생산품의 49%가 규격을 충족시킬 것이다. ■

## 메모

(a) 추정량 $\overline{\overline{X}}$은 $nk$회 측정값 전체에 대한 평균과 같으며, 따라서 당연히 $\mu$에 대한 추정량이다. 그런데 $nk$회 측정값 전체에 대한 표본 표준편차인

$$S \equiv \sqrt{\sum_{i=1}^{nk} \frac{(X_i - \overline{\overline{X}})^2}{nk - 1}}$$

이 $\sigma$에 대한 초기 추정량으로 사용되지 않는 이유가 금방 이해되지 않을 수도 있을 것이다. 그 이유는 첫 $k$개의 소그룹에 해당하는 과정 전체에 걸쳐 공정이 정상상태를 유지하지 못하여 위의 값이 참값과는 상당히 다른 값일 수도 있기 때문이다. 또한, 공정이 이상 상태에 있을 때 평균값 $\mu$는 달라지지만 표준편차는 변하지 않는 경우도 있다. 이 경우 전체 표본 표준편차는 $\overline{S}$에 대한 추정량으로 적합하지 않지만 소그룹의 표본 표준편차는 적합할 수 있다. 또 공정이 정상상태를 유지하는 경우에도 위에 제시된 $\sigma$에 대한 추정량이 표본 표준편차 $S$보다 선호된다. 그 이유는 전체 과정 동안 평균에 변화가 없었는지 확신할 수가 없기 때문이다. 즉, 모든 소그룹 평균이 관리한계

범위에 속해서 공정이 정상상태를 유지한다고 판단되더라도, 존재하는 변이가 이상 원인에 의한 것이 아니라는 보장은 없기 때문이다(이러한 변이가 관리도로 판별할 수 없는 평균상의 변화로 인한 것일 수도 있다). 이러한 상황은 단지 실질적인 이유에서 공정이 정상상태를 유지하는 것으로 간주하고 생산이 계속 진행되도록 처리하는 것이 유리함을 의미할 뿐이다. 그렇지만 어떤 이상 원인에 의한 변이가 존재할 수도 있으므로 $\overline{S}/c(n)$가 표본 표준편차보다 더 "안전한" 추정량이다. 즉, 공정이 실제로 정상상태를 유지한다면 $\overline{S}/c(n)$는 표본 표준편차보다 못할 수도 있지만, 평균상의 작은 이동이라도 있을 경우 표본 표준편차보다 훨씬 나을 수 있다.

(b) 예전에는 소그룹 안의 가장 큰 값과 가장 작은 값 사이의 차로 정의되는 소그룹 범위에 기초하여 계산되는 $\sigma$에 대한 추정량이 이용되었다. 그와 같은 추정량을 사용하게 된 이유는 계산 양을 줄이기 위한 것이었다(소그룹의 표본 표준편차를 계산하는 것보다는 범위를 계산하는 것이 훨씬 쉽다는 것은 명백하다). 그러나 오늘날의 컴퓨터 성능으로는 이러한 계산이 전혀 문제가 되지 않으며 표준편차 기반 추정량이 범위 기반 추정량보다 변동이 적고 견실성이 높아 이 책에서는 범위 기반 추정량은 소개하지 않는다(견실성이 높다는 것은 모집단의 분포가 정규분포가 아닐 경우에도 모집단 표준편차에 대한 적절한 추정치를 산출할 수 있음을 의미한다).

## 13.3 $S$-관리도

앞 절에서 소개된 $\overline{X}$-관리도는 모집단 평균에서 발생하는 변화를 찾아낼 수 있도록 고안된 것이다. 모집단 분산의 변화에 대해서도 관심을 갖는 상황에서는 $S$-관리도라는 것을 이용할 수 있다. 전과 마찬가지로 정상상태에서 생산되는 제품들은 평균이 $\mu$이고 분산은 $\sigma^2$인 정규분포를 따르는 측정 가능한 특성치를 갖는다고 가정한다.

$$S_i = \sqrt{\sum_{j=1}^{n} \frac{(X_{(i-1)n+j} - \overline{X}_i)^2}{(n-1)}}$$

와 같이 정의되는 $S_i$가 $i$번째 소그룹의 표본 표준편차를 나타낼 경우, 13.2.1절에서 보인 바와 같이 다음 관계식이 성립한다.

$$E[S_i] = c(n)\sigma \tag{13.3.1}$$

또한

$$\begin{aligned}\text{Var}(S_i) &= E[S_i^2] - (E[S_i])^2 \\ &= \sigma^2 - c^2(n)\sigma^2 \\ &= \sigma^2[1 - c^2(n)]\end{aligned} \tag{13.3.2}$$

와 같은 결과를 얻을 수 있는데, 끝에서 두 번째의 등식은 식 (13.2.2)와 카이제곱 확률변수의 기댓값은 자유도 모수와 같다는 사실을 이용한 것이다.

정상상태에 있을 때 $S_i$는 자유도가 $n-1$인 카이제곱 확률변수의 제곱근에 상수 $\sigma/\sqrt{n-1}$를 곱한 것과 같은 분포를 따른다는 사실을 이용하여 $S_i$가 평균에서 표준편차의 3배 범위 안에 속할 확률이 거의 1에 가깝다는 것을 증명할 수 있다. 즉,

$$P\{E[S_i] - 3\sqrt{\text{Var}(S_i)} < S_i < E[S_i] + 3\sqrt{\text{Var}(S_i)}\} \approx .99$$

따라서 $E[S_i]$와 $\text{Var}(S_i)$를 위한 공식 (13.3.1)과 공식 (13.3.2)를 사용하여 $S$-관리도를 위한 관리상한과 관리하한을 다음과 같이 구할 수 있다.

$$\begin{aligned}\text{UCL} &= \sigma[c(n) + 3\sqrt{1 - c^2(n)}] \\ \text{LCL} &= \sigma[c(n) - 3\sqrt{1 - c^2(n)}]\end{aligned} \tag{13.3.3}$$

일련의 $S_i$값들에 대한 산점도를 그려 관리상한과 관리하한 사이의 범위에 속하는 것을 확인해야 한다. $S_i$값이 관리한계 범위를 벗어날 때, 공정을 멈추고 정상상태를 벗어났음을 선언해야 한다. 관리도를 처음으로 작성하기 시작하여 $\sigma$가 알려져 있지 않을 경우 $\overline{S}/c(n)$로부터 추정될 수 있다. 위의 식 (13.3.4)를 사용하여 추정되는 관리한계들은 다음과 같을 것이다.

$$\begin{aligned}\text{UCL} &= \overline{S}[1 + 3\sqrt{1/c^2(n) - 1}] \\ \text{LCL} &= \overline{S}[1 - 3\sqrt{1/c^2(n) - 1}]\end{aligned} \tag{13.3.4}$$

$\overline{X}$-관리도를 처음 작성하는 경우와 마찬가지로 $S$-관리도에 대해서도 $k$개의 소그룹의 표준편차 $S_1, S_2, \ldots, S_k$ 모두가 추정된 관리한계 범위에 속하는지 확인해야 한다. 이들 중 범위를 벗어나는 것들이 있으면, 해당 소그룹을 제외시키고 $\overline{S}$를 다시 계산해야 한다.

### 예제 13.3a

아래의 표는 최근에 개시된 공정에 대해 크기 5인 20개의 소그룹의 $\overline{X}$값과 $S$값을 나타내고 있다.

| 소그룹 | $\overline{X}$ | $S$ | 소그룹 | $\overline{X}$ | $S$ | 소그룹 | $\overline{X}$ | $S$ | 소그룹 | $\overline{X}$ | $S$ |
|---|---|---|---|---|---|---|---|---|---|---|---|
| 1 | 35.1 | 4.2 | 6 | 36.4 | 4.5 | 11 | 38.1 | 4.2 | 16 | 41.3 | 8.2 |
| 2 | 33.2 | 4.4 | 7 | 35.9 | 3.4 | 12 | 37.6 | 3.9 | 17 | 35.7 | 8.1 |
| 3 | 31.7 | 2.5 | 8 | 38.4 | 5.1 | 13 | 38.8 | 3.2 | 18 | 36.3 | 4.2 |
| 4 | 35.4 | 3.2 | 9 | 35.7 | 3.8 | 14 | 34.3 | 4.0 | 19 | 35.4 | 4.1 |
| 5 | 34.5 | 2.6 | 10 | 27.2 | 6.2 | 15 | 43.2 | 3.5 | 20 | 34.6 | 3.7 |

$\overline{\overline{X}} = 35.94$, $\overline{S} = 4.35$, $c(5) = .9400$이므로, 식 (13.2.4)와 식 (13.3.4)로부터 $\overline{X}$와 $S$에 대한 예비 관리 상한과 관리 하한은 다음과 같이 정해진다.

$$\mathrm{UCL}(\overline{X}) = 42.149$$
$$\mathrm{LCL}(\overline{X}) = 29.731$$
$$\mathrm{UCL}(S) = 9.087$$
$$\mathrm{LCL}(S) = -.386$$

위의 관리한계 값들을 갖는 $\overline{X}$와 $S$에 대한 관리도를 그림 13.2a와 그림 13.2b에서 보이고 있다. $\overline{X}_{10}$과 $\overline{X}_{15}$는 $\overline{X}$-관리한계를 벗어나므로 해당 소그룹들은 제외시키고 관리한계들을 다시 계산해야 한다. 필요한 계산은 각자 해보기 바란다. ■

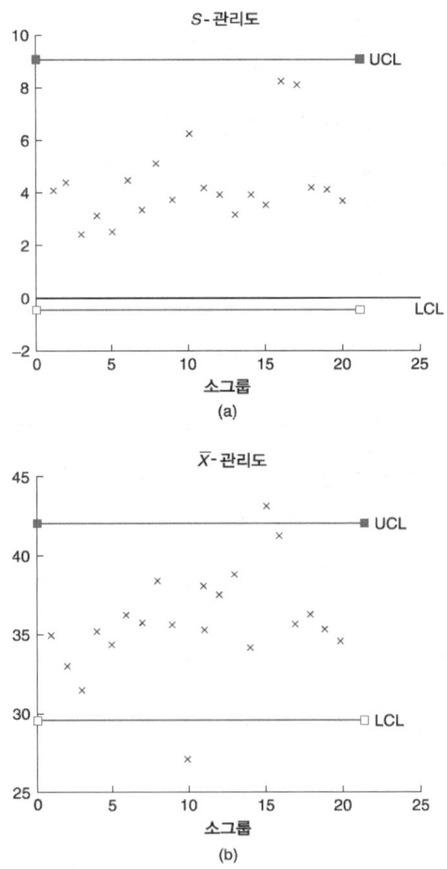


그림 13.2

## 13.4 불량률에 대한 관리도

어떤 영역 내에서 연속 값을 가지며 변할 수 있는 측정치들이 데이터일 때 $\overline{X}$-관리도와 $S$-관리도가 사용될 수 있다. 그런데 생산품이 불량품과 양품으로 분류할 수 있는 품질 특성을 갖는 상황도 존재하며, 이러한 상황에 이용될 수 있는 관리도를 작성할 수도 있다. 공정이 정상상태에 있을 때 생산품이 불량일 확률은 각기 독립적으로 $p$라고 하자. $n$개의 생산품으로 이루어진 소그룹 안의 불량품 수를 $X$로 나타낼 경우, 정상상태를 가정하면 $X$는 모수가 $(n, p)$인 이항 확률변수가 된다. $F = X/n$이 소그룹에서 불량품이 비율을 나타낼 경우, 정상상태를 가정하면 $F$의 평균과 표준편차는 다음과 같이 주어진다.

$$E[F] = \frac{E[X]}{n} = \frac{np}{n} = p$$

$$\sqrt{\text{Var}(F)} = \sqrt{\frac{\text{Var}(X)}{n^2}} = \sqrt{\frac{np(1-p)}{n^2}} = \sqrt{\frac{p(1-p)}{n}}$$

따라서 공정이 정상상태를 유지할 때 크기 $n$의 소그룹에서 불량률은 다음의 관리한계 사이에 속할 확률이 높다.

$$\text{LCL} = p - 3\sqrt{\frac{p(1-p)}{n}}, \quad \text{UCL} = p + 3\sqrt{\frac{p(1-p)}{n}}$$

이때 사용되는 소그룹 크기 $n$은 대개 $\overline{X}$-관리도와 $S$-관리도에서 사용되는 전형적인 값인 4에서 10 사이의 값보다 훨씬 큰 값이다. 큰 $n$값을 사용하는 주된 이유는 $p$가 작은데 $n$이 상당히 큰 값이 아니면, 공정이 정상상태를 벗어나더라도 대부분의 소그룹에서 불량품의 개수가 0일 것이기 때문이다. 따라서 $n$이 상당히 큰 값이 아니면 $np$가 0에 가깝지 않도록 $n$을 충분히 크게 선택할 경우에 비해 품질 변화를 탐지하는 데 훨씬 많은 시간을 소요하게 될 것이다. 물론 이러한 관리도를 작성하기 시작하려면 먼저 $p$를 추정하는 것이 필요하다. 이를 위해 20 이상의 $k$에 대해 $k$개의 소그룹을 선택하고, $i$번째 소그룹에서 불량률을 $F_i$로 둔다. $p$에 대한 추정치는 아래와 같이 정의되는 $\overline{F}$로 주어진다.

$$\overline{F} = \frac{F_1 + \cdots + F_k}{k}$$

$nF_i$는 소그룹 $i$에서 불량품의 개수와 같으므로 $\overline{F}$를 다음과 같이 표현할 수도 있다.

$$\overline{F} = \frac{nF_1 + \cdots + nF_k}{nk} = \frac{\text{전체 소그룹 안의 총 불량품 개수}}{\text{전체 소그룹 안의 총 생산품 개수}}$$

바꾸어 말하면, $p$에 대한 추정치는 조사한 생산품들 중에서 불량품인 비율과 같다. 이제 관리상한과 관리하한을 구하면 다음과 같다.

$$\text{LCL} = \overline{F} - 3\sqrt{\frac{\overline{F}(1-\overline{F})}{n}}, \qquad \text{UCL} = \overline{F} + 3\sqrt{\frac{\overline{F}(1-\overline{F})}{n}}$$

이제 소그룹의 불량률 $F_1, F_2, \ldots, F_k$가 위의 관리한계 범위 안에 속하는지 확인해야 한다. 이들 중 일부가 범위를 벗어나면, 해당 소그룹들을 제외시키고 $\overline{F}$를 다시 계산한다.

### ■ 예제 13.4a

자동 나사못 제조기에서 연속해서 생산되는 50개의 나사못으로 이루어진 표본들을 추출하고 각 나사못을 검사하여 양품 또는 불량품으로 등급을 부여한다. 이러한 일을 20개의 표본에 대해 수행한 결과는 아래의 표와 같다.

| 소그룹 | 불량품 개수 | $F$ | 소그룹 | 불량품 개수 | $F$ |
|---|---|---|---|---|---|
| 1 | 6 | .12 | 11 | 1 | .02 |
| 2 | 5 | .10 | 12 | 3 | .06 |
| 3 | 3 | .06 | 13 | 2 | .04 |
| 4 | 0 | .00 | 14 | 0 | .00 |
| 5 | 1 | .02 | 15 | 1 | .02 |
| 6 | 2 | .04 | 16 | 1 | .02 |
| 7 | 1 | .02 | 17 | 0 | .00 |
| 8 | 0 | .00 | 18 | 2 | .04 |
| 9 | 2 | .04 | 19 | 1 | .02 |
| 10 | 1 | .02 | 20 | 2 | .04 |

예비 관리한계를 다음과 같이 계산할 수 있다.

$$\overline{F} = \frac{\text{총 불량품 개수}}{\text{총 생산품 개수}} = \frac{34}{1000} = .034$$

따라서

$$\text{UCL} = .034 + 3\sqrt{\frac{(.034)(.968)}{50}} = .1109$$

$$\text{LCL} = .034 - 3\sqrt{\frac{(.034)(.966)}{50}} = -.0429$$

첫 번째 소그룹의 불량률은 관리상한보다 크며, 따라서 이 소그룹을 제외시키고 아래와 같이 $\overline{F}$를 다시 계산한다.

$$\overline{F} = \frac{34 - 6}{950} = .0295$$

새로운 관리상한과 관리하한은 $.0295 \pm \sqrt{(.0295)(1 - .0295)/50}$이다. 즉,

$$\text{LCL} = -.0423, \quad \text{UCL} = .1013$$

나머지 소그룹들은 모두 이 관리한계 범위 안에 속하므로, 정상상태에 있을 때 소그룹 안의 불량품 비율은 .1013 미만이라는 가설을 채택한다. ■

### 메모

우리가 시도하고 있는 것은 품질이 개선되는 방향의 변화라도 탐지하자는 것이다. 즉, 불량품 확률이 감소하는 경우에도 "이상상태"에 있는 것으로 간주한다. 그 이유는 변화 원인을 제대로 평가할 수 있으려면 좋은 방향이든 나쁜 방향이든 모든 품질 변화를 인지할 수 있어야 하기 때문이다. 바꾸어 말하면, 생산품의 품질에 개선이 발생하였다면 개선의 원인을 파악하기 위해 생산공정을 분석해야 한다는 것이다(즉, 우리가 무엇을 잘하고 있는지 파악해야 한다).

## 13.5 불량 개수에 대한 관리도

이 절에서는 하나의 제품 또는 여러 개의 제품으로 이루어지는 단위 안 결함의 개수가 데이터인 상황을 살펴본다. 예를 들면, 데이터가 비행기 날개 한 개 안에 들어있는 불량 리벳의 개수일 수도 있고, 어떤 회사에서 매일 생산되는 불량 컴퓨터 칩 개수일 수도 있다. 종종 불량일 수 있는 제품의 수가 아주 많고 각 제품이 실제 불량일 확률은 아주 작아서 불량 개수가 푸아송분포를 따른다고 가정하는 것이 타당할 수 있다.* 따라서 공정이 정상상태에 있을 때 단위 당 불량 개수는 평균이 $\lambda$인 푸아송분포를 따른다고 가정한다.

$i$번째 단위 안의 불량 개수를 $X_i$로 나타낼 경우, 푸아송 확률변수의 분산은 평균과 동일하므로 공정이 정상상태에 있을 때 다음의 결과가 성립한다.

$$E[X_i] = \lambda, \qquad \text{Var}(X_i) = \lambda$$

따라서 정상상태에 있을 때 각 $X_i$는 높은 확률로 $\lambda \pm 3\sqrt{\lambda}$에 속하며, 따라서 관리상한과 관리하한은 다음과 같이 주어진다.

$$\text{UCL} = \lambda + 3\sqrt{\lambda}, \qquad \text{LCL} = \lambda - 3\sqrt{\lambda}$$

---

* 이론적인 설명에 대해서는 5.2절을 참고하라.

전과 마찬가지로 관리도를 처음 시작하여 $\lambda$가 알려져 있지 않을 때, $\lambda$를 아래의 식으로 추정하기 위해 $k$개의 단위를 표본으로 사용한다.

$$\overline{X} = (X_1 + \cdots + X_k)/k$$

이 결과로 예비 관리한계는 다음과 같이 주어진다.

$$\overline{X} + 3\sqrt{\overline{X}} \quad \text{and} \quad \overline{X} - 3\sqrt{\overline{X}}$$

모든 $X_i(i = 1, \ldots, k)$가 이 범위 안에 속하면, 공정이 정상상태에 있으며 $\lambda = \overline{X}$라고 가정한다. 일부가 범위를 벗어나면, 해당 데이터를 제외시키고 $\overline{X}$를 다시 계산하는 등의 일을 반복한다.

제품 당 (또는 일일 생산량 당) 불량의 평균 개수가 작을 때 $n$개의 제품들을 (또는 날짜들을) 결합하여 해당 제품들에서 (또는 날짜들에서) 발생한 불량 개수를 데이터로 사용해야 한다. 서로 독립인 푸아송 확률변수들의 합도 푸아송 확률변수이므로, 이 경우의 데이터 값은 평균값만 더 큰 푸아송분포를 따를 것이다. 제품 당 불량 개수가 25보다 작을 때는 이와 같이 제품들을 결합하는 것이 유용할 수 있다.

제품들을 결합할 때의 장점을 이해하기 위해 공정이 정상상태에 있을 때 제품 당 불량의 평균 개수가 4이며, 이 값을 4에서 6으로 변화시키게 된, 즉 표준편차만큼의 증가를 초래한 어떤 일이 발생했다고 가정하자. 데이터가 $n$개의 제품에 들어있는 불량 개수일 때, 얼마나 많은 제품이 생산되어야 공정이 이상상태에 있다고 선언될 것인지 살펴보기로 하자. 정상상태에서 생산되는 $n$개의 제품으로 이루어진 표본 안의 불량 개수는 평균과 분산이 $4n$인 푸아송분포를 따르므로, 관리한계는 $4n \pm 3\sqrt{4n}$, 즉 $4n \pm 6\sqrt{n}$이다. 이제 제품당 평균 불량 개수가 6으로 변하면, 데이터 값은 평균이 $6n$인 푸아송 확률변수가 되며, 따라서 관리한계를 벗어날 확률 $p(n)$은 다음과 같이 주어진다.

$$p(n) = P\{Y > 4n + 6\sqrt{n}\} + P\{Y < 4n - 6\sqrt{n}\}$$

이때 $Y$는 평균이 $6n$인 푸아송 확률변수이다. 이제 다음과 같이 계산할 수 있다.

$$\begin{aligned} p(n) &\approx P\{Y > 4n + 6\sqrt{n}\} \\ &= P\left\{\frac{Y - 6n}{\sqrt{6n}} > \frac{6\sqrt{n} - 2n}{\sqrt{6n}}\right\} \\ &\approx P\left\{Z > \frac{6\sqrt{n} - 2n}{\sqrt{6n}}\right\} \qquad Z \sim N(0, 1) \\ &= 1 - \Phi\left(\sqrt{6} - 2\sqrt{\frac{n}{6}}\right) \end{aligned}$$

각 데이터 값이 관리한계를 벗어날 확률은 $p(n)$이므로, 관리한계를 벗어나는 데이터 값을 얻기 위해 필요한 데이터 값의 수는 모수가 $p(n)$인 기하 확률변수이며, 따라서 평균은 $1/p(n)$이 된다. 각 데이터 값에는 $n$개의 제품이 해당되므로, 공정이 정상상태를 벗어난 것으로 파악되기 전에 생산되는 제품 수에 대한 평균값은 $n/p(n)$이다. 즉,

$$\text{이상상태에서 생산된 제품 수의 평균} \\ = n/(1 - \Phi(\sqrt{6} - \sqrt{\tfrac{2n}{3}}))$$

표 13.2에서 다양한 $n$값에 대한 위의 평균값을 보이고 있다. 공정이 정상상태에 있을 때 $n$이 클수록 좋은데, 이것은 공정이 이상상태에 있다고 잘못 판단하기 전에 생산되는 제품 개수가 대략 $n/.0027$이기 때문이다. 따라서 표 13.2를 통해 적어도 9개의 제품을 결합해야 함을 알 수 있다. 이것은 (결합된 단위 안의 불량 개수에 해당되는) 각 데이터 값의 평균이 9 *4 = 36 이상을 의미한다.

**표 13.2**

| $n$ | 평균 제품 개수 |
|---|---|
| 1 | 19.6 |
| 2 | 20.66 |
| 3 | 19.80 |
| 4 | 19.32 |
| 5 | 18.80 |
| 6 | 18.18 |
| 7 | 18.13 |
| 8 | 18.02 |
| 9 | 18 |
| 10 | 18.18 |
| 11 | 18.33 |
| 12 | 18.51 |

### 예제 13.5a

아래의 데이터는 연속해서 생산되는 10대의 자동차 단위에서 발견되는 불량 개수들을 나타낸다.

| 자동차들 | 결함 | 자동차들 | 결함 | 자동차들 | 결함 | 자동차들 | 결함 |
|---|---|---|---|---|---|---|---|
| 1 | 141 | 6 | 74 | 11 | 63 | 16 | 68 |
| 2 | 162 | 7 | 85 | 12 | 74 | 17 | 95 |
| 3 | 150 | 8 | 95 | 13 | 103 | 18 | 81 |
| 4 | 111 | 9 | 76 | 14 | 81 | 19 | 102 |
| 5 | 92 | 10 | 68 | 15 | 94 | 20 | 73 |

생산공정은 시종 정상상태를 유지하고 있었는가?

**풀이** $\overline{X}$ = 94.4이므로 예비 관리한계들은 다음과 같다.

$$\text{LCL} = 94.4 - 3\sqrt{94.4} = 65.25$$

$$\text{UCL} = 94.4 + 3\sqrt{94.4} = 123.55$$

첫 세 개의 데이터 값은 UCL보다 크므로 이들을 제외시키고 표본평균을 다음과 같이 다시 계산한다.

$$\overline{X} = \frac{(94.4)20 - (141 + 162 + 150)}{17} = 84.41$$

따라서 새로운 관리한계들은 다음과 같다.

$$\text{LCL} = 84.41 - 3\sqrt{84.41} = 56.85$$

$$\text{UCL} = 84.41 + 3\sqrt{84.41} = 111.97$$

이 시점에서 남아있는 17개의 데이터 값은 모두 관리한계 범위 안에 속하므로 이제 공정은 정상상태에 있으며 평균값은 84.41이라고 선언한다. 그런데 정상상태에 들어가기 전 초기 과정에서 불량 개수의 평균값은 높았으므로 데이터 값 $X_4$는 공정이 정상상태에 들어가기 전에 발생했다고 보는 것이 타당할 수도 있다. 따라서 이러한 상황에서는 $X_4$도 제외시키고 새로 계산하는 것이 현명한 일일 것이다. 나머지 16개의 데이터 값에 기초한 계산 결과는 다음과 같다.

$$\overline{X} = 82.56$$

$$\text{LCL} = 82.56 - 3\sqrt{82.56} = 55.30$$

$$\text{UCL} = 82.56 + 3\sqrt{82.56} = 109.82$$

따라서 공정이 정상상태에 있을 때 평균값은 82.56으로 추정된다. ■

## 13.6 모집단평균의 변화를 탐지하기 위한 관리도

13.2절에서 소개한 $\overline{X}$-관리도의 큰 약점은 모집단 평균의 작은 변화에 비교적 둔감하다는 것이다. 즉, 그와 같은 변화가 발생했을 때 도표에 나타난 각각의 값은 하나의 소그룹에만 기초하고 있어서 비교적 큰 분산을 갖는 경향이 있으므로, 변화를 탐지하기 위해서는 평균적으로 관리도에서 많은 개수의 값이 필요하다. 이러한 약점을 해결하기 위한 한 가지 방법은 관리도상에 표시되는 각 값을 가장 최근의 소그룹 평균뿐만 아니라 다른 일부 소그룹들의 평균에도 종속되도록 허용하는 것이다. 이를 위한 세 가지 효과적인 방법은 (1) 이동평균, (2) 지수가중 이동평균, (3) 누적 합 등에 기초한 관리도이다.

### 13.6.1 이동평균 관리도

구간 폭이 $k$인 이동평균 관리도는 가장 최근의 소그룹 $k$개의 평균을 연속적으로 표시한 것이다. 즉, 시각 $t$에서의 **이동평균** $M_t$는 다음과 같이 정의된다.

$$M_t = \frac{\overline{X}_t + \overline{X}_{t-1} + \cdots + \overline{X}_{t-k+1}}{k}$$

여기에서 $\overline{X}_i$는 소그룹 $i$의 값들에 대한 평균이다. 후속 항들에 대한 계산을 쉽게 수행하기 위해 위의 계산식을

$$kM_t = \overline{X}_t + \overline{X}_{t-1} + \cdots + \overline{X}_{t-k+1}$$

로 고친 후, $t$ 대신 $t+1$을 대입하여 다음 식을 얻는다.

$$kM_{t+1} = \overline{X}_{t+1} + \overline{X}_t + \cdots + \overline{X}_{t-k+2}$$

뺄셈을 이용하여

$$kM_{t+1} - kM_t = \overline{X}_{t+1} - \overline{X}_{t-k+1}$$

을 얻을 수 있고, 이는 다음과 같이 정리될 수 있다.

$$M_{t+1} = M_t + \frac{\overline{X}_{t+1} - \overline{X}_{t-k+1}}{k}$$

즉, 시각 $t+1$에서의 이동평균은 시각 $t$에서의 이동평균과 이동평균에 새로 추가되는 값과 삭제되는 값의 차에 $1/k$를 곱한 값을 더한 것과 같다. $k$보다 작은 $t$값에 대해서는 $M_t$는 아래와 같이 첫 $t$개의 소그룹들의 평균으로 정의된다.

$$M_t = \frac{\overline{X}_1 + \cdots + \overline{X}_t}{t} \qquad \text{if } t < k$$

이제 공정이 정상상태에 있을 때 일련의 값들이 평균은 $\mu$이고 분산은 $\sigma^2$인 정규 모집단에서 나온다고 가정하자. 이때 소그룹의 크기가 $n$이면 $\bar{X}_i$는 평균이 $\mu$이고 분산이 $\sigma^2/n$인 정규 확률변수가 된다. 이로부터 $m$개의 $\bar{X}_i$에 대한 평균은 평균이 $\mu$이고 분산이 $\text{Var}(\bar{X}_i)/m + \sigma^2/nm$으로 주어지는 정규 확률변수임을 알 수 있으며, 따라서 공정이 정상상태일 때 다음의 결과가 성립한다.

$$E[M_t] = \mu$$
$$\text{Var}(M_t) = \begin{cases} \sigma^2/nt & \text{if } t < k \\ \sigma^2/nk & \text{그 외의 경우} \end{cases}$$

정규 확률변수는 거의 항상 평균에서 표준편차의 3배 이내 범위에 속하므로, $M_t$에 대한 관리상한과 관리하한은 다음과 같다.

$$\text{UCL} = \begin{cases} \mu + 3\sigma/\sqrt{nt} & \text{if } t < k \\ \mu + 3\sigma/\sqrt{nk} & \text{그 외의 경우} \end{cases}$$

$$\text{LCL} = \begin{cases} \mu - 3\sigma/\sqrt{nt} & \text{if } t < k \\ \mu - 3\sigma/\sqrt{nk} & \text{그 외의 경우} \end{cases}$$

바꾸어 말하면, 첫 $k - 1$개의 이동평균은 제외하고 이동평균이 $\mu$에서 $3\sigma/\sqrt{nk}$ 이상 차이가 생길 때마다 공정이 정상상태를 벗어났다고 선언된다.

### 예제 13.6a

어떤 제조공정이 정상상태에 있을 때 값이 평균은 10이고 표준편차는 2인 정규분포를 따르는 제품을 생산한다. 시뮬레이션을 통해 얻은 아래의 데이터는 평균은 11이고 표준편차는 2인 정규분포를 따르는 정규 모집단에서 추출된 크기 5의 소그룹 25개의 평균값을 나타낸다. 즉, 이 데이터는 평균값이 10에서 11로 증가하면서 공정이 정상상태를 벗어난 후의 소그룹 평균들을 나타낸다. 표 13.3은 이러한 25개의 값에 대해 구간 폭이 $k = 8$인 이동평균, 관리하한, 관리상한 등을 보여주고 있다. $t > 8$일 때의 관리하한과 관리상한은 각기 9.051318과 10.94868이다.
관리한계 범위를 처음으로 벗어나는 이동평균은 시각 11에서 발생하며, 이후 12, 13, 14, 16, 25 등의 시각에서 발생한다[일반적인 관리도라면 $k = 1$인 이동평균 관리도와 같으며, 이 경우 $\bar{X}_7$이 상당히 크므로 시각 7에서만 공정이 정상상태를 벗어났다고 선언할 것이다. 그리고 이때가 관리도 상으로 이상 상태가 드러나는 유일한 시점이다(참고: 그림 13.3)]. 경계 대상이 되는 평균값 변화의 크기와 이동평균 구간 폭 $k$는 역의 관계에 있다. 즉, 평균값 변화의 크기가 작을수록 $k$는 커야 한다. ■

표 13.3

| $t$ | $\overline{X}_t$ | $M_t$ | $LCL$ | $UCL$ |
|---|---|---|---|---|
| 1 | 9.617728 | 9.617728 | 7.316719 | 12.68328 |
| 2 | 10.25437 | 9.936049 | 8.102634 | 11.89737 |
| 3 | 9.876195 | 9.913098 | 8.450807 | 11.54919 |
| 4 | 10.79338 | 10.13317 | 8.658359 | 11.34164 |
| 5 | 10.60699 | 10.22793 | 8.8 | 11.2 |
| 6 | 10.48396 | 10.2706 | 8.904554 | 11.09545 |
| 7 | 13.33961 | 10.70903 | 8.95815 | 11.01419 |
| 8 | 9.462969 | 10.55328 | 9.051318 | 10.94868 |
| | | | ⋮ | ⋮ |
| 9 | 10.14556 | 10.61926 | | |
| 10 | 11.66342 | 10.79539 | | |
| *11 | 11.55484 | 11.00634 | | |
| *12 | 11.26203 | 11.06492 | | |
| *13 | 12.31473 | 11.27839 | | |
| *14 | 9.220009 | 11.1204 | | |
| 15 | 11.25206 | 10.85945 | | |
| 16 | 10.48662 | 10.98741 | | |
| 17 | 9.025091 | 10.84735 | | |
| 18 | 9.693386 | 10.6011 | | |
| 19 | 11.45989 | 10.58923 | | |
| 20 | 12.44213 | 10.73674 | | |
| 21 | 11.18981 | 10.59613 | | |
| 22 | 11.56674 | 10.88947 | | |
| 23 | 9.869849 | 10.71669 | | |
| 24 | 12.11311 | 10.92 | | |
| *25 | 11.48656 | 11.22768 | | |

* = 이상상태

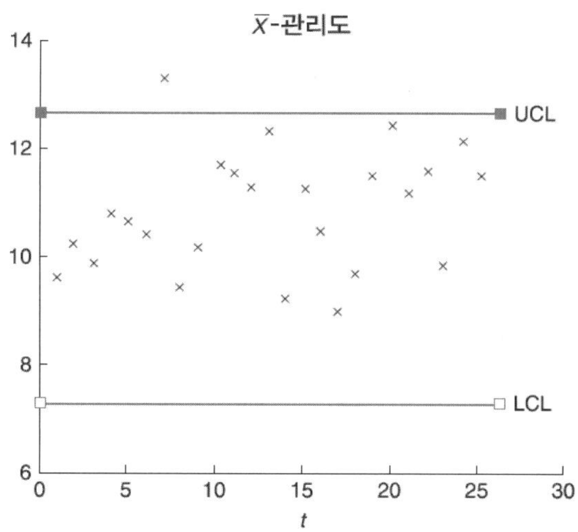


그림 13.3

### 13.6.2 지수 가중 이동평균 관리도

13.6.1절의 이동평균 관리도에서는 매 시각 $t$에서 그 시각까지의 모든 소그룹 평균에 대한 가중평균을 고려하는데, 가장 최근의 값 $k$개에 대해서는 가중치 $1/k$를 배정하고 그 외의 값에 대해서는 가중치 0을 배정한다. 이것은 모집단 평균의 작은 변화를 탐지할 때는 대단히 효과적인 절차이므로, 가중치를 다르게 배정하는 방법도 성공적으로 이용될 수 있을 가능성을 제기한다. 한 가지 가중치 배정방법은 앞쪽의 소그룹 평균에 대해 상수 비율만큼 가중치를 감소시키는 것이다.

0과 1 사이의 상수인 $\alpha$에 대해

$$W_t = \alpha \overline{X}_t + (1-\alpha) W_{t-1} \tag{13.6.1}$$

라고 둔다. 이때

$$W_0 = \mu$$

이다. 값들의 열 $W_t(t = 0, 1, 2, \ldots)$를 **지수 가중 이동평균(exponentially weighted moving average)**이라 한다. 왜 그러한 이름을 갖게 되었는지 이해하기 위해 식 (13.6.1)의 우변의 $W$ 항들을 연속적으로 대치해보면 다음의 결과를 얻게 됨을 알 수 있다.

$$\begin{aligned}
W_t &= \alpha \overline{X}_t + (1-\alpha)[\alpha \overline{X}_{t-1} + (1-\alpha) W_{t-2}] \\
&= \alpha \overline{X}_t + \alpha(1-\alpha)\overline{X}_{t-1} + (1-\alpha)^2 W_{t-2} \\
&= \alpha \overline{X}_t + \alpha(1-\alpha)\overline{X}_{t-1} + (1-\alpha)^2[\alpha \overline{X}_{t-2} + (1-\alpha) W_{t-3}] \\
&= \alpha \overline{X}_t + \alpha(1-\alpha)\overline{X}_{t-1} + \alpha(1-\alpha)^2\overline{X}_{t-2} + (1-\alpha)^3 W_{t-3} \qquad (13.6.2) \\
&\ \vdots \\
&= \alpha \overline{X}_t + \alpha(1-\alpha)\overline{X}_{t-1} + \alpha(1-\alpha)^2\overline{X}_{t-2} + \cdots \\
&\quad + \alpha(1-\alpha)^{t-1}\overline{X}_1 + (1-\alpha)^t \mu
\end{aligned}$$

여기에서 $W_0 = \mu$라는 사실이 이용되고 있다. 따라서 식 (13.6.2)로부터 $W_t$는 시각 $t$까지의 모든 소그룹 평균에 대한 가중평균임을 알 수 있으며, 가장 최근의 소그룹에는 가중치 $\alpha$를 배정하고 그 앞의 소그룹 평균들에 대한 가중치는 매번 상수 비율인 $1 - \alpha$만큼 감소시키며 정상상태의 모집단 평균의 가중치는 $(1 - \alpha)^t$가 된다.

$\alpha$의 값이 작을수록 연속적인 가중치의 변화가 작다. 예를 들어 $\alpha = .1$이면 최초의 가중치는 .1이며 후속 가중치들은 비율 .9만큼 감소한다. 즉, 가중치들은 .1, .09, .081, .073, .066, .059, . . .와 같다. 반면에 $\alpha = .4$일 경우, 연속적인 가중치들은 .4, .24, .144, .087, .052, . . .와 같다. 연속적인 가중치 $\alpha(1-\alpha)^{i-1}(i = 1, 2, \ldots)$ 등은 다음과 같이 표현될 수 있다.

$$\alpha(1-\alpha)^{i-1} = \overline{\alpha}e^{-\beta i}$$

여기에서

$$\overline{\alpha} = \frac{\alpha}{1-\alpha}, \qquad \beta = -\log(1-\alpha)$$

이며, 이때 연속적으로 나타나는 데이터 값들은 발생순서의 역순으로 "지수가중치"를 갖는다고 말한다(참고 : 그림 13.4).

$W_t$에 대한 평균과 분산을 구하기 위해 정상상태에 있을 때 소그룹 평균 $\overline{X}_i$은 서로 독립이며 각기 평균이 $\mu$이고 분산이 $\sigma^2/n$인 정규 확률변수임을 상기하기 바란다. 따라서 식 (13.6.2)를 사용하여 다음의 결과를 얻을 수 있다.

$$\begin{aligned} E[W_t] &= \mu[\alpha + \alpha(1-\alpha) + \alpha(1-\alpha)^2 + \cdots + \alpha(1-\alpha)^{t-1} + (1-\alpha)^t] \\ &= \frac{\mu\alpha[1-(1-\alpha)^t]}{1-(1-\alpha)} + \mu(1-\alpha)^t \\ &= \mu \end{aligned}$$

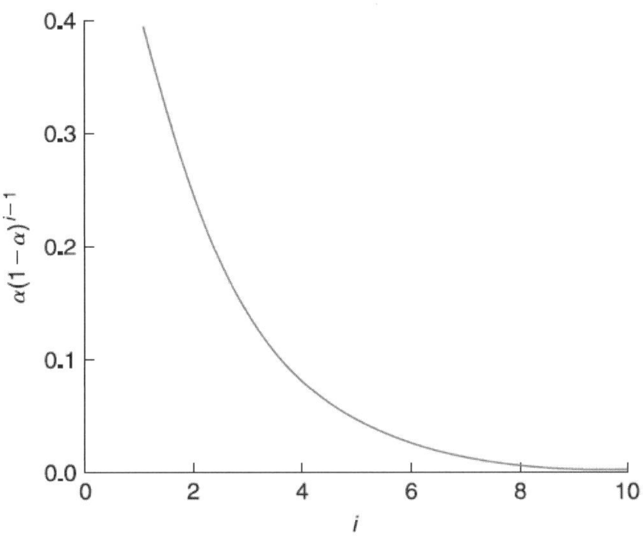


**그림 13.4** $\alpha = .4$일 때 $\alpha(1-\alpha)^{i-1}$에 대한 그래프

분산을 구하기 위해 다시 식 (13.6.2)를 이용하면 다음과 같은 결과를 얻을 수 있다.

$$\begin{aligned}
\text{Var}(W_t) &= \frac{\sigma^2}{n}\left\{\alpha^2 + [\alpha(1-\alpha)]^2 + [\alpha(1-\alpha)^2]^2 + \cdots + [\alpha(1-\alpha)^{t-1}]^2\right\} \\
&= \frac{\sigma^2}{n}\alpha^2[1+\beta+\beta^2+\cdots+\beta^{t-1}] \qquad \text{where } \beta = (1-\alpha)^2 \\
&= \frac{\sigma^2\alpha^2[1-(1-\alpha)^{2t}]}{n[1-(1-\alpha)^2]} \\
&= \frac{\sigma^2\alpha[1-(1-\alpha)^{2t}]}{n(2-\alpha)}
\end{aligned}$$

따라서 $t$가 클 때 전 과정에서 공정이 정상상태를 유지할 때 다음 결과가 성립함을 알 수 있다.

$$E[W_t] = \mu$$

$$\text{Var}(W_t) \approx \frac{\sigma^2\alpha}{n(2-\alpha)} \qquad (1-\alpha)^{2t} \approx 0 \text{ 이므로}$$

따라서 $W_t$에 대한 관리상한과 관리하한은 다음과 같이 주어진다.

$$\text{UCL} = \mu + 3\sigma\sqrt{\frac{\alpha}{n(2-\alpha)}}$$

$$\text{LCL} = \mu - 3\sigma\sqrt{\frac{\alpha}{n(2-\alpha)}}$$

위의 관리한계들은

$$\frac{3\sigma}{\sqrt{nk}} = 3\sigma\sqrt{\frac{\alpha}{n(2-\alpha)}}$$

이 성립할 때, 즉,

$$k = \frac{2-\alpha}{\alpha} \qquad \text{or} \qquad \alpha = \frac{2}{k+1}$$

이 성립할 때 (처음 $k$개의 값 이후에는) 구간 폭이 $k$인 이동평균 관리도에서의 관리한계들과 동일하다는 점을 유의하기 바란다.

### 예제 13.6b

어떤 수리회사에서 전자제품을 수리하기 위해 요청한 사람의 집으로 수리기사를 보낸다. 요청 전화를 받으면 수리회사에서는 수리기사를 파견하는데, 수리기사는 작업이 완료되면 바로 회사에 전화를 걸어 알리도록 되어 있다. 지난 데이터를 살펴보면 수리기사를 보낸 후 작업완료 전화를 할 때까지 걸리는 시간은 평균이 62분이고 표준편차는 24분인 정규 확률변수로 나타난다. 이러한 분포에 어떤 변화가 생기는지 감시하기 위해 수리회사는 표준적인 지수 가중 이동평균 (exponentially weighted moving-average; EWMA) 관리도를 작성하는데, 각 데이터 값으로 4개의 연속된 값들의 평균을 사용하며 가중치 인수로는 $\alpha = .25$를 사용한다. 관리도 상의 현재 값이 60이고 다음 16개의 소그룹 평균이 아래와 같을 때, 어떤 결론을 내릴 수 있는가?

48, 52, 70, 62, 57, 81, 56, 59, 77, 82, 78, 80, 74, 82, 68, 84

**풀이** $W_0 = 60$에서 시작하여, 연속적인 값 $W_1, \ldots, W_{16}$을 공식
을 사용하여 계산하면 다음과 같다.

$$\mathbf{W_t = .25\overline{X}_t + .75W_{t-1}}$$

$$W_t = .25\overline{X}_t + .75W_{t-1}$$

$$W_1 = (.25)(48) + (.75)(60) = 57$$

$$W_2 = (.25)(52) + (.75)(57) = 55.75$$

$$W_3 = (.25)(70) + (.75)(55.75) = 59.31$$

$$W_4 = (.25)(62) + (.75)(59.31) = 59.98$$

$$W_5 = (.25)(57) + (.75)(59.98) = 59.24$$

$$W_6 = (.25)(81) + (.75)(59.24) = 64.68$$

그리고 $W_7$에서 $W_{16}$까지의 값은 아래와 같다.

62.50, 61.61, 65.48, 69.60, 71.70, 73.78, 73.83, 75.87, 73.90, 76.43

그리고

$$3\sqrt{\frac{.25}{1.75}}\frac{24}{\sqrt{4}} = 13.61$$

이므로 가중치 인수가 $\alpha = .25$인 표준 EWMA 관리도의 관리한계들은 다음과 같다.

$$\text{LCL} = 62 - 13.61 = 48.39$$

$$\text{UCL} = 62 + 13.61 = 75.61$$

따라서 EWMA 관리도는 $W_{14}$를 구한 후 (그리고 $W_{16}$를 구한 후에도) 시스템이 정상상태를 벗어났다고 선언할 것이다. 흥미로운 사실은, 소그룹 표준편차는 $\sigma/\sqrt{n} = 12$이므로 어떤 데이터 값도 $\mu = 62$에서 소그룹 표준편차의 2배만큼도 차이가 나지 않으며, 따라서 표준 $\overline{X}$-관리도에서는 시스템이 정상상태를 벗어났다고 선언하지 않을 것이라는 점이다. ■

### 예제 13.6c

예제 13.6a의 데이터에 대해 이번에는 $\alpha = 2/9$로 두고 지수 가중 이동평균 관리도를 적용해보자. 이 경우 계산되는 데이터 값은 아래의 표와 같다.

| $t$ | $\bar{X}_t$ | $W_t$ | $t$ | $\bar{X}_t$ | $W_t$ |
|---|---|---|---|---|---|
| 1 | 9.617728 | 9.915051 | 14 | 9.220009 | 10.84522 |
| 2 | 10.25437 | 9.990456 | 15 | 11.25206 | 10.93563 |
| 3 | 9.867195 | 9.963064 | 16 | 10.48662 | 10.83585 |
| 4 | 10.79338 | 10.14758 | 17 | 9.025091 | 10.43346 |
| 5 | 10.60699 | 10.24967 | 18 | 9.693386 | 10.269 |
| 6 | 10.48396 | 10.30174 | 19 | 11.45989 | 10.53364 |
| *7 | 13.33961 | 10.97682 | *20 | 12.44213 | 10.95775 |
| 8 | 9.462969 | 10.64041 | *21 | 11.18981 | 11.00932 |
| 9 | 10.14556 | 10.53044 | *22 | 11.56674 | 11.13319 |
| 10 | 11.66342 | 10.78221 | 23 | 9.869849 | 10.85245 |
| *11 | 11.55484 | 10.95391 | *24 | 12.11311 | 11.13259 |
| *12 | 11.26203 | 11.02238 | *25 | 11.48656 | 11.21125 |
| *13 | 12.31473 | 11.30957 | | | |

* = 이상상태

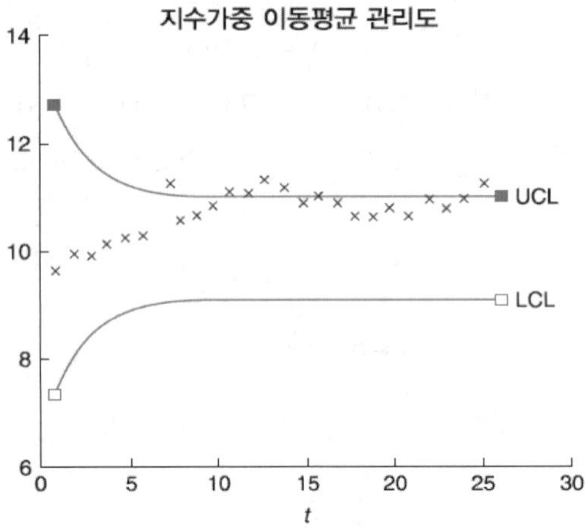


**그림 13.5**

관리한계들은

$$\text{UCL} = 10.94868$$
$$\text{LCL} = 9.051318$$

이므로 $t = 7$에서 공정이 정상상태를 벗어난 것으로 선언될 것임을 알 수 있다(참고: 그림 13.5). ■

### 13.6.3 누적합 관리도

평균에서 중소 규모의 변화를 탐지하기 위해 이동평균을 이용하는 관리도 유형의 주요 경쟁자는 **누적합 관리도(cumulative sum control chart)**이다. 전과 마찬가지로 $\overline{X}_1, \overline{X}_2, \ldots$이 연속적으로 나타나는 크기 $n$의 소그룹 평균을 나타낼 경우 공정이 정상상태에 있을 때 이 확률변수들의 평균은 $\mu$이고 표준편차는 $\sigma/\sqrt{n}$이 된다. 일단은 평균값이 증가하는 시점을 결정하는 데에만 관심을 갖는다고 가정하자. 평균의 증가를 탐지하기 위한 (단측) 누적 합 관리도는 다음과 같이 동작한다. 먼저 양의 상수 $d$와 $B$를 선택하고

$$Y_j = \overline{X}_j - \mu - d\sigma/\sqrt{n}, \quad j \geq 1$$

와 같이 둔다. 공정이 정상상태에 있어서 $E[\overline{X}_j] = \mu$일 때,

$$E[Y_j] = -d\sigma/\sqrt{n} < 0$$

이제

$$S_0 = 0$$
$$S_{j+1} = \max\{S_j + Y_{j+1}, 0\}, \quad j \geq 0$$

라고 두자. 모수가 $d$와 $B$인 누적 합 관리도는 $S_j$를 연속적으로 표시하고 아래의 조건을 만족하는 첫 번째 $j$를 만날 때 평균값이 증가했다고 선언할 것이다.

$$S_j > B\sigma/\sqrt{n}$$

누적 합 관리도에 담긴 논리를 이해하기 위해 현재까지 관측된 모든 확률변수 $Y_i$의 합을 연속적으로 표시한다고 하자. 즉, 아래와 같이 정의되는 $P_j$값들을 연속적으로 표시한다.

$$P_j = \sum_{i=1}^{j} Y_i$$

$P_j$값들을 위한 관계식은 다음과 같이 쓸 수도 있다.

$$P_0 = 0$$
$$P_{j+1} = P_j + Y_{j+1}, \quad j \geq 0$$

이제 시스템이 항상 정상상태에 있다면 모든 $Y_i$는 음의 기댓값을 가질 것이며, 따라서 그 합도 음의 값을 가질 것으로 기대할 수 있다. 따라서 $P_j$의 값이 커져서 $B\sigma/\sqrt{n}$보다 크기라도 하다면, 이것은 (생산품의 평균값이 증가하는 방향으로) 공정이 이상상태에 돌입하였다는 확실한 증거가 될 것이다. 그러나 상당히 오랜 시간이 지난 후 시스템이 정상상태를 벗어나는 경우, (그때까지는 음의 평균을 갖는 확률변수들을 합하여 왔기 때문에) 그 시점의 $P_j$값은 큰 음의 값일 가능성이 높으며, 그 값이 $B\sigma/\sqrt{n}$을 초과할 때까지는 더욱 오랜 시간이 걸릴 것이다. 따라서 공정이 정상상태에 있을 때 합이 큰 음의 값을 갖는 것을 방지하기 위해

누적 합 관리도에서는 합이 음이 될 때마다 0으로 설정하는 간단한 기법을 이용한다. 즉, $S_j$는 시각 $j$까지의 모든 $Y_i$의 합이지만, 이 합이 음일 때는 0으로 설정된다.

### 예제 13.6d

소그룹의 평균과 표준편차가 각기 $\mu = 30$과 $\sigma/\sqrt{n} = 8$이라고 가정하고, $d = .5$, $B = 5$인 누적 합 관리도를 살펴보기로 하자. 첫 8개의 소그룹 평균이

$$29,\ 33,\ 35,\ 42,\ 36,\ 44,\ 43,\ 45$$

일 경우, $Y_j = \overline{X}_j - 30 - 4 = \overline{X}_j - 34$의 값들은 다음과 같다.

$$Y_1 = -5, Y_2 = -1, Y_3 = 1, Y_4 = 8, Y_5 = 2, Y_6 = 10, Y_7 = 9, Y_8 = 11$$

따라서

$$\begin{aligned}
S_1 &= \max\{-5, 0\} = 0\\
S_2 &= \max\{-1, 0\} = 0\\
S_3 &= \max\{1, 0\} = 1\\
S_4 &= \max\{9, 0\} = 9\\
S_5 &= \max\{11, 0\} = 11\\
S_6 &= \max\{21, 0\} = 21\\
S_7 &= \max\{30, 0\} = 30\\
S_8 &= \max\{41, 0\} = 41
\end{aligned}$$

관리한계는

$$B\sigma/\sqrt{n} = 5(8) = 40$$

이므로, 누적 합 관리도는 8번째 소그룹 평균을 관측한 후 평균이 증가했다고 선언할 것이다.

■

평균이 양의 방향 또는 음의 방향으로 변화하는 것을 탐지하기 위해 두 개의 단측 누적 합 관리도를 동시에 이용할 수 있다. $E[X_i]$에서의 감소는 $E[-X_i]$에서의 증가와 같으므로, 따라서 소그룹 평균의 부호를 바꾸어 단측 누적 합 관리도를 작성함으로써 생산품의 평균값이 감소하는 것을 탐지할 수 있다. 즉, 지정된 $d$, $B$값들에 대해 전과 같은 방법으로 $S_j$를 관리도에 표시하는 동시에

$$W_j = -\overline{X}_j - (-\mu) - d\sigma/\sqrt{n} = \mu - \overline{X}_j - d\sigma/\sqrt{n}$$

라고 두고 아래와 같이 정의되는 $T_j$값들도 함께 표시한다.

$$T_0 = 0$$
$$T_{j+1} = \max\{T_j + W_{j+1}, 0\}, \qquad j \geq 0$$

$S_j$나 $T_j$가 처음으로 $B\sigma/\sqrt{n}$을 초과할 때, 공정은 정상상태를 벗어났다고 선언된다. 생산품의 평균값 상의 변화를 탐지하기 위한 누적 합 관리도를 작성하는 단계들은 다음과 같이 요약될 수 있다. 먼저 양의 상수 $d$와 $B$를 선택하고, 소그룹 평균들을 차례로 사용하여 $S_j$값들과 $T_j$값들을 구하고, 이들 중 처음으로 $B\sigma/\sqrt{n}$을 초과하는 것이 발견되면 공정이 정상상태를 벗어났다고 선언한다. $d$와 $B$의 값으로 자주 사용되는 세 가지 조합은 $d = .25$, $B = 8.00$, 또는 $d = .50$, $B = 4.77$, 또는 $d = 1$, $B = 2.49$이다. 이들 중 어느 것을 사용하더라도 그 결과로 만들어지는 관리규칙은 처음으로 소그룹 평균이 $\mu$에서 $3\sigma/\sqrt{n}$ 이상 차이가 날 때 공정이 정상상태를 벗어난 것으로 선언하는 $\overline{X}$-관리도와 거의 비슷한 경고 오류 비율을 갖게 된다. 일반적으로 정상상태에서 허용되는 평균 변화의 폭을 좁게 지정하고자 할 경우 $d$값을 작게 선택해야 한다.

# 연습문제

**01** 생산품들이 평균은 35이고 표준편차는 3인 정규분포를 따른다고 하자. 생산공정을 감시하기 위해 크기가 5인 소그룹들을 표본으로 취한다. 아래의 표가 첫 20개의 소그룹의 평균을 나타낸다면, 생산공정은 정상상태에 있는 것으로 볼 수 있는가?

| 소그룹 번호 | $\overline{X}$ | 소그룹 번호 | $\overline{X}$ |
|---|---|---|---|
| 1 | 34.0 | 11 | 35.8 |
| 2 | 31.6 | 12 | 35.8 |
| 3 | 30.8 | 13 | 34.0 |
| 4 | 33.0 | 14 | 35.0 |
| 5 | 35.0 | 15 | 33.8 |
| 6 | 32.2 | 16 | 31.6 |
| 7 | 33.0 | 17 | 33.0 |
| 8 | 32.6 | 18 | 33.2 |
| 9 | 33.8 | 19 | 31.8 |
| 10 | 35.8 | 20 | 35.6 |

**02** 어떤 공정이 정상상태에 있고 $\mu = 14$와 $\sigma = 2$를 가정하자. 크기 5의 소그룹들에 기초한 $\overline{X}$-관리도를 이용하는데, 평균이 2.2만큼 이동했다면 다음 소그룹의 평균이 관리한계를 벗어날 확률은 얼마인가? 이러한 이동을 탐지하기 위해 평균적으로 몇 개의 소그룹을 살펴야 할까?

**03** $Y$가 자유도 $n-1$의 카이제곱분포를 따를 때, 다음 관계식을 증명하라.

$$E[\sqrt{Y}] = \sqrt{2}\frac{\Gamma(n/2)}{\Gamma[(n-1)/2]}$$

(힌트 : 먼저

$$\begin{aligned}E[\sqrt{Y}] &= \int_0^\infty \sqrt{y} f_{\chi^2_{n-1}}(y)\, dy \\ &= \int_0^\infty \sqrt{y}\, \frac{e^{-y/2} y^{(n-1)/2-1}\, dy}{2^{(n-1)/2}\Gamma\left[\dfrac{(n-1)}{2}\right]} \\ &= \int_0^\infty \frac{e^{-y/2} y^{n/2-1}\, dy}{2^{(n-1)/2}\Gamma\left[\dfrac{(n-1)}{2}\right]}\end{aligned}$$

와 같이 쓰고, $x = y/2$ 변환을 적용하라.)

**04** 어떤 생산공정에서 일정한 간격으로 크기 5의 표본들을 취하고 표본평균과 표본 표준편차를 계산한다. 첫 25개 표본에 대한 $\overline{X}$값의 합과 $S$값의 합이 다음과 같다고 하자.

$$\sum \overline{X}_i = 357.2, \qquad \sum S_i = 4.88$$

(a) 정상상태를 가정하고 $\overline{X}$-관리도를 위한 관리한계들을 구하라.

(b) 생산품의 측정 가능한 값이 14.3 ±.45 범위 안에 들도록 정해져 있다고 하자. 공정이 정상상태를 유지하고 평균과 분산은 유도된 추정치와 거의 같을 때, 생산품 중 규격 한계 범위 안에 드는 백분율을 대략적으로 구하라.

**05** 예제 13.3a의 데이터에 대해 수정된 $\overline{X}$-관리한계들과 $S$-관리한계들을 구하라.

**06** 문제 4에서 $S$-관리도를 위한 관리한계들을 구하라.

**07** 다음은 크기 5의 소그룹 20개에 대한 $\overline{X}$값과 $S$값이다.

| 소그룹 | $\overline{X}$ | $S$ | 소그룹 | $\overline{X}$ | $S$ | 소그룹 | $\overline{X}$ | $S$ |
|---|---|---|---|---|---|---|---|---|
| 1 | 33.8 | 5.1 | 8 | 36.1 | 4.1 | 15 | 35.6 | 4.8 |
| 2 | 37.2 | 5.4 | 9 | 38.2 | 7.3 | 16 | 36.4 | 4.6 |
| 3 | 40.4 | 6.1 | 10 | 32.4 | 6.6 | 17 | 37.2 | 6.1 |
| 4 | 39.3 | 5.5 | 11 | 29.7 | 5.1 | 18 | 31.3 | 5.7 |
| 5 | 41.1 | 5.2 | 12 | 31.6 | 5.3 | 19 | 33.6 | 5.5 |
| 6 | 40.4 | 4.8 | 13 | 38.4 | 5.8 | 20 | 36.7 | 4.2 |
| 7 | 35.0 | 5.0 | 14 | 40.2 | 6.4 | | | |

(a) $\overline{X}$-관리도를 위한 관리한계들을 구하라.

(b) $S$-관리도를 위한 예비 관리한계들을 구하라.

(c) 공정은 시종 정상상태에 있다고 볼 수 있는가?

(d) 문항 (c)에서의 답이 "아니오"일 경우, 후속 소그룹들에서 사용될 관리상한과 관리하한을 위한 값들을 제시하라.

(e) 각 생산품이 35 ± 10 범위의 값을 가질 경우, 이 규격을 벗어나는 생산품의 백분율을 추정하라.

**08** 점용접의 전단 강도에 대한 $\overline{X}$-관리도와 $S$-관리도가 유지되고 있다. 크기 4의 소그룹 30개에 대해 $\sum \overline{X}_i = 12{,}660$이고 $\sum S_i = 500$이다. 공정이 정상상태에 있다고 가정하라.

(a) $\overline{X}$-관리도를 위한 관리한계들을 구하라.

(b) $S$-관리도를 위한 관리한계들을 구하라.

(c) 이 공정에 대한 표준편차를 계산하라.
(d) 이 용접에 대한 최소 규격이 400파운드일 경우, 용접 중 최소 규격을 만족하지 못하는 백분율을 추정하라.

**09** (옴 단위의) 저항값에 대한 $\overline{X}$-관리도와 $S$-관리도가 유지되고 있다. 소그룹의 크기는 4이며, 각 소그룹에 대해 $\overline{X}$값과 $S$값이 계산된다. 20개의 소그룹에 대해 $\sum \overline{X_i} = 8{,}620$이고 $\sum S_i = 450$이다.

(a) $\overline{X}$-관리도와 $S$-관리도를 위한 관리한계들을 구하라.
(b) 공정이 정상상태에 있다고 가정하고 $\sigma$의 값을 추정하라.
(c) 규격한계가 $430 \pm 30$일 때, 이 공정이 규격한계 내의 제품을 생산할 수 있는 능력에 대해 어떤 결론을 내리겠는가?
(d) $\mu$가 60만큼 증가할 경우, 소그룹 평균이 관리한계를 벗어날 확률은 얼마인가?

**10** 아래의 데이터는 $\frac{1}{4}$ 인치 볼베어링의 지름이 $\frac{1}{4}$ 인치에서 얼마나 차이 나는지를 .001인치 단위로 보여주고 있다. 소그룹의 크기는 $n = 5$이다.

| 소그룹 | 데이터 값 | | | | |
|---|---|---|---|---|---|
| 1 | 2.5 | .5 | 2.0 | −1.2 | 1.4 |
| 2 | .2 | .3 | .5 | 1.1 | 1.5 |
| 3 | 1.5 | 1.3 | 1.2 | −1.0 | .7 |
| 4 | .2 | .5 | −2.0 | .0 | −1.3 |
| 5 | −.2 | .1 | .3 | −.6 | .5 |
| 6 | 1.1 | −.5 | .6 | .5 | .2 |
| 7 | 1.1 | −1.0 | −1.2 | 1.3 | .1 |
| 8 | .2 | −1.5 | −.5 | 1.5 | .3 |
| 9 | −2.0 | −1.5 | 1.6 | 1.4 | .1 |
| 10 | −.5 | 3.2 | −.1 | −1.0 | −1.5 |
| 11 | .1 | 1.5 | −.2 | .3 | 2.1 |
| 12 | .0 | −2.0 | −.5 | .6 | −.5 |
| 13 | −1.0 | −.5 | −.5 | −1.0 | .2 |
| 14 | .5 | 1.3 | −1.2 | −.5 | −2.7 |
| 15 | 1.1 | .8 | 1.5 | −1.5 | 1.2 |

(a) $\overline{X}$-관리도와 $S$-관리도를 위한 관리한계들을 구하라.
(b) 표본 추출 과정 내내 공정이 정상상태에 있었다고 볼 수 있는가?
(c) 문항 (b)에 대한 답이 "아니오"일 경우, 수정된 관리한계들을 구하라.

**11.** 어떤 제조공정으로부터 일정한 간격으로 $n = 6$개의 제품으로 이루어진 표본을 취한다. 정규분포를 따르는 품질 특성을 측정하고, 각 표본에 대해 $\overline{X}$값과 $S$값을 계산한다. 50개의 소그룹을 분석한 후의 결과는 다음과 같다.

$$\sum_{i=1}^{50} \overline{X_i} = 970 \quad \text{그리고} \quad \sum_{i=1}^{50} S_i = 85$$

(a) $\overline{X}$-관리도와 $S$-관리도를 위한 관리한계들을 구하라. 두 관리도 모두에서 모든 데이터 값이 관리한계 범위 내에 속한다고 가정하라.

(b) 규격한계가 $19 \pm 4.0$일 경우, 이 공정이 규격에 적합한 제품을 생산할 수 있는 능력에 대해 어떤 결론을 내리겠는가?

**12** 아래의 데이터는 크기 100의 베어링 조립품 표본들에서 불량품 개수를 나타낸다.

| 표본 번호 | 불량품 개수 | 표본 번호 | 불량품 개수 |
|---|---|---|---|
| 1 | 5 | 11 | 4 |
| 2 | 2 | 12 | 10 |
| 3 | 1 | 13 | 0 |
| 4 | 5 | 14 | 8 |
| 5 | 9 | 15 | 3 |
| 6 | 4 | 16 | 6 |
| 7 | 3 | 17 | 2 |
| 8 | 3 | 18 | 1 |
| 9 | 2 | 19 | 6 |
| 10 | 5 | 20 | 10 |

이 공정은 시종 정상상태에 있었다고 볼 수 있는가? 아닐 경우, 수정된 관리한계들을 구하라.

**13** 아래의 데이터는 지난 12일 동안 어떤 공장에서 생산된 모든 PC를 검사한 결과를 나타낸다.

| 날짜 | 검사 대수 | 불량품 수 |
|---|---|---|
| 1 | 80 | 5 |
| 2 | 110 | 7 |
| 3 | 90 | 4 |
| 4 | 80 | 9 |
| 5 | 100 | 12 |
| 6 | 90 | 10 |
| 7 | 80 | 4 |
| 8 | 70 | 3 |
| 9 | 80 | 5 |
| 10 | 90 | 6 |
| 11 | 90 | 5 |
| 12 | 110 | 7 |

이 공정은 시종 정상상태에 있었다고 볼 수 있는가? 추후의 생산을 위한 관리한계들을 구하라.

**14** 어떤 공정이 정상상태에 있을 때 각 생산품이 불량일 확률이 .04라고 가정한다. 관리도에서는 매일 크기 500의 표본을 취한다고 하자. 불량품일 확률이 갑자기 .08로 증가했다면, 관리도가 다음 표본에서 이러한 변화를 탐지할 확률은 얼마인가?

**15** 지난 15일 동안 생산된 불량 칩의 개수는 121, 133, 98, 85, 101, 78, 66, 82, 90, 78, 85, 81, 100, 75, 89 등이다. 지난 15일 동안 공정은 시종 정상상태에 있었다고 결론내릴 수 있는가? 추후의 생산을 위해 어떤 관리한계 값을 사용하도록 권고하겠는가?

**16** 25개의 사각형 강철판에서 표면의 결함을 세어본 결과는 아래의 표와 같다. 관리한계들을 구하라. 강철판을 생산하는 공정은 정상상태에 있었다고 볼 수 있는가?

| 강철판 번호 | 결함 개수 | 강철판 번호 | 결함 개수 |
|---|---|---|---|
| 1 | 2 | 14 | 10 |
| 2 | 3 | 15 | 2 |
| 3 | 4 | 16 | 2 |
| 4 | 3 | 17 | 6 |
| 5 | 1 | 18 | 5 |
| 6 | 2 | 19 | 4 |
| 7 | 5 | 20 | 6 |
| 8 | 0 | 21 | 3 |
| 9 | 2 | 22 | 7 |
| 10 | 5 | 23 | 0 |
| 11 | 1 | 24 | 2 |
| 12 | 7 | 25 | 4 |
| 13 | 8 | | |

**17** 아래의 데이터는 연속해서 나타나는 25개의 소그룹 평균들과 이들에 대해 구간 폭이 5인 이동평균들을 나타내고 있다. 이 데이터는 정상상태에 있을 때 평균이 30이고 분산이 40인 제품들을 생산하는 공정에 의해 발생 된 것이다. 소그룹의 크기는 4이다. 이 공정이 시종 정상상태에 있었다고 판단할 수 있겠는가?

**18** 아래의 데이터는 문제 17의 값들에 대한 소그룹 평균들과 이동평균들을 보여주고 있다. 이동평균의 구간 폭은 $k = 8$이다. 정상상태에 있을 때 소그룹 평균들은 평균이 50이고 분산이 5인 정규분포를 따른다. 어떤 결론을 내릴 수 있는가?

| $\overline{X}_t$ | $M_t$ | $\overline{X}_t$ | $M_t$ |
|---|---|---|---|
| 35.62938 | 35.62938 | 35.80945 | 32.34106 |
| 39.13018 | 37.37978 | 30.9136 | 33.1748 |
| 29.45974 | 34.73976 | 30.54829 | 32.47771 |
| 32.5872 | 34.20162 | 36.39414 | 33.17019 |
| 30.06041 | 33.37338 | 27.62703 | 32.2585 |
| 26.54353 | 31.55621 | 34.02624 | 31.90186 |
| 37.75199 | 31.28057 | 27.81629 | 31.2824 |
| 26.88128 | 30.76488 | 26.99926 | 30.57259 |
| 32.4807 | 30.74358 | 32.44703 | 29.78317 |
| 26.7449 | 30.08048 | 38.53433 | 31.96463 |
| 34.03377 | 31.57853 | 28.53698 | 30.86678 |
| 32.93174 | 30.61448 | 28.65725 | 31.03497 |
| 32.18547 | 31.67531 | | |

**19** $\alpha=\frac{1}{3}$인 지수 가중 이동평균 관리도를 이용하여 문제 17에 답하라.

| $\overline{X}_t$ | $M_t$ |
|---|---|
| 50.79806 | 50.79806 |
| 46.21413 | 48.50609 |
| 51.85793 | 49.62337 |
| 50.27771 | 49.78696 |
| 53.81512 | 50.59259 |
| 50.67635 | 50.60655 |
| 51.39083 | 50.71859 |
| 51.65246 | 50.83533 |
| 52.15607 | 51.00508 |
| 54.57523 | 52.05022 |
| 53.08497 | 52.2036 |
| 55.02968 | 52.79759 |
| 54.25338 | 52.85237 |
| 50.48405 | 52.82834 |
| 50.34928 | 52.69814 |
| 50.86896 | 52.6002 |
| 52.03695 | 52.58531 |
| 53.23255 | 52.41748 |
| 48.12588 | 51.79759 |
| 52.23154 | 51.44783 |

**20** $\alpha=\frac{2}{9}$인 지수 가중 이동평균 관리도를 이용하여 문제 18의 데이터를 분석하라.

**21** 지수 가중 이동평균 관리도에서는 항상 동일한 관리한계를 사용해도 되는 반면, 구간 폭이 $k$인 이동평균 관리도에서 첫 $k-1$개의 이동 평균들에 대해서는 다른 관리한계를 사용해야 하는 이유를 설명하라. [힌트: $t$에 대해 $\text{Var}(M_t)$는 감소하는 반면 $\text{Var}(W_t)$는 증가한다는 측면을 주장하고, 이것이 관리한계들과 어떤 연관성을 갖는지 설명하라.]

**22** 문제 17에 대해 누적 합 관리도를 사용하여 답하되, 사용되는 상수 값들은 다음과 같이 둔다.

(a) $d = .25,\ B = 8$

(b) $d = .5,\ B = 4.77$

**23** 문제 18에 대해 누적 합 관리도를 사용하여 답하되, 상수 값들은 $d = 1$과 $B = 2.49$로 둔다.

제 14 장

# 수명검사

## 14.1 개요

이 장에서는 모집단의 제품들의 수명이 서로 독립이고 공통의 분포를 갖는 확률변수인 경우를 살펴볼 텐데, 분포의 모수들은 알려져 있지 않다고 가정한다. 관심의 대상이 되는 문제는 구할 수 있는 데이터를 이용하여 이 모수를 추정하는 것이다.

14.2절에서는 위험률 (또는 고장률) 함수 개념을 소개하는데, 이는 수명분포를 지정할 때 유용한 공학 개념이다. 14.3절에서는 모집단의 수명분포가 지수분포라고 가정하고 다양한 표본추출 계획에서 점추정치, 구간추정치, 베이즈 추정치 등을 구하는 방법을 보인다. 14.4절에서는 지수분포를 따르는 두 집단의 평균이 같다는 가설에 대한 검정을 개발한다. 14.5절에서는 와이블분포의 모수 추정을 위한 두 가지 방법을 살펴본다.

## 14.2 위험률 함수

어떤 제품의 수명을 나타내는 양의 연속확률변수 $X$가 분포함수 $F$와 밀도함수 $f$를 갖는다고 하자. $F$에 대한 (**고장률(failure rate)**이라고도 불리는) **위험률(hazard rate)** 함수 $\lambda(t)$는 다음과 같이 정의된다.

$$\lambda(t) = \frac{f(t)}{1 - F(t)}$$

$\lambda(t)$가 의미하는 것은 $t$시간 동안 살아남은 어떤 제품이 다음 $dt$시간을 넘기지 못할 확률, 즉, $P\{X \in (t,\ t+\ dt) \mid X > t\}$와 연관되어 있다.

$$\begin{aligned} P\{X \in (t, t+dt) | X > t\} &= \frac{P\{X \in (t, t+dt), X > t\}}{P\{X > t\}} \\ &= \frac{P\{X \in (t, t+dt)\}}{P\{X > t\}} \end{aligned}$$

이므로 $\lambda(t)$는 나이가 $t$인 제품이 다음 순간 고장 날 조건부 확률 강도를 나타낸다.

$$\approx \frac{f(t)}{1 - F(t)} dt$$

* 이 장에 대한 학습은 선택사항임

이제 수명의 분포가 지수분포를 따른다고 가정하자. 이 경우 지수분포의 무기억성에 의해 나이가 $t$인 제품의 잔여 수명의 분포는 새 제품의 분포와 같다. 따라서 $\lambda(t)$는 상수라야 하는데, 이는 다음과 같이 증명될 수 있다.

$$\begin{aligned}\lambda(t) &= \frac{f(t)}{1-F(t)} \\ &= \frac{\lambda e^{-\lambda t}}{e^{-\lambda t}} \\ &= \lambda\end{aligned}$$

따라서 지수분포의 고장률 함수는 상수이며, 모수 $\lambda$는 분포의 **변화율(rate)**로 지칭된다.

이제 고장률 함수 $\lambda(t)(t \geq 0)$가 분포함수 $F$를 유일하게 결정한다는 것을 보인다. 이를 위해 먼저 다음 정의에 주목하기 바란다.

$$\begin{aligned}\lambda(s) &= \frac{f(s)}{1-F(s)} \\ &= \frac{\frac{d}{ds}F(s)}{1-F(s)} \\ &= \frac{d}{ds}\{-\log[1-F(s)]\}\end{aligned}$$

위의 식에서 양변을 0에서 $t$까지 적분하면 다음 관계식을 얻는다.

$$\begin{aligned}\int_0^t \lambda(s)\,ds &= -\log[1-F(t)] + \log[1-F(0)] \\ &= -\log[1-F(t)] \qquad (F(0)=0\text{이므로})\end{aligned}$$

이것이 의미하는 바는 다음과 같다.

$$1 - F(t) = \exp\left\{-\int_0^t \lambda(s)\,ds\right\} \tag{14.2.1}$$

따라서 양의 연속확률변수에 대한 분포함수는 위험률 함수를 이용하여 지정할 수 있다. 예를 들어 어떤 확률변수가

$$\lambda(t) = a + bt$$

와 같은 선형 위험률 함수를 갖는다면 그 분포함수는

$$F(t) = 1 - e^{-at-bt^2/2}$$

와 같이 주어질 것이며, 미분을 이용하여 다음과 같은 밀도함수를 구할 수 있다.

$$f(t) = (a + bt)e^{-(at+bt^2/2)}, \qquad t \geq 0$$

$a = 0$일 때, 위의 식은 **레일리 밀도함수(Rayleigh density function)**라고 불린다.

### 예제 14.2a

종종 흡연자의 사망률은 같은 나이의 비흡연자에 비해 두 배나 된다는 이야기를 들을 수 있다. 이것이 의미하는 바는 무엇일까? 이는 비흡연자의 경우 같은 나이의 흡연자에 비해 주어진 나이까지 생존할 확률이 두 배라는 의미인가?

**풀이** $\lambda_s(t)$가 나이가 $t$인 흡연자의 위험률을 나타내고 $\lambda_n(t)$가 나이가 $t$인 비흡연자의 위험률을 나타낼 경우, 위의 주장은 다음 관계식에 해당한다.

$$\lambda_s(t) = 2\lambda_n(t)$$

나이가 $A$인 비흡연자가 나이가 $B$에 이를 때까지 생존할 확률은 다음과 같다($A < B$).

$$\begin{aligned}
&P\{A\text{세인 비흡연자가 } B\text{세까지 생존함}\} \\
&\quad = P\{\text{비흡연자의 수명} > B \mid \text{비흡연자의 수명} > A\} \\
&\quad = \frac{1 - F_{\text{non}}(B)}{1 - F_{\text{non}}(A)} \\
&\quad = \frac{\exp\left\{-\int_0^B \lambda_n(t)dt\right\}}{\exp\left\{-\int_0^A \lambda_n(t)dt\right\}} \qquad (\text{식 14.2.1을 이용}) \\
&\quad = \exp\left\{-\int_A^B \lambda_n(t)dt\right\}
\end{aligned}$$

반면에 같은 논리로 흡연자의 해당 확률은 다음과 같다.

$$\begin{aligned}
P\{A\text{세인 비흡연자가 } B\text{세까지 생존함}\} &= \exp\left\{-\int_A^B \lambda_s(t)\,dt\right\} \\
&= \exp\left\{-2\int_A^B \lambda_n(t)\,dt\right\} \\
&= \left[\exp\left\{-\int_A^B \lambda_n(t)\,dt\right\}\right]^2
\end{aligned}$$

바꾸어 말하면, 한 사람은 흡연자이고 다른 한 사람은 비흡연자인 같은 나이의 두 사람 중 흡연자가 주어진 나이까지 생존할 확률은 비흡연자에 대한 해당 확률의 (절반이 아니라) 제곱이 된다. 예를 들어 $\lambda_n(t) = 1/20$ $(50 \leq t \leq 60)$일 때, 50세의 비흡연자가 60세까지 살아있을 확률은 $e^{-1/2} = .607$인 반면, 흡연자의 경우 해당 확률은 $e^{-1} = .368$이다. ■

**용어에 관한 메모**

확률변수 $X$가 고장률 함수 $\lambda(t)$를 갖는다고 표현하기도 하지만, 엄밀히 말해 이것이 의미하는 바는 $X$의 분포함수가 고장률 함수 $\lambda(t)$를 갖는다는 것이다.

## 14.3 수명검사에서의 지수분포

### 14.3.1 동시검사 - $r$번째 고장에서 종료

미지의 평균이 $\theta$인 지수분포를 수명의 분포로 갖는 제품들을 검사한다고 하자. $n$개의 독립적인 제품을 동시에 검사대에 올려놓고 이들 중 총 $r$개가 고장 나면 실험을 종료한다($r \le n$). 이러한 실험의 목적은 관측된 데이터를 사용하여 평균 $\theta$를 추정하는 것이다.

관측 데이터는 다음과 같다.

$$\text{데이터 :}\ x_1 \le x_2 \le \cdots \le x_r, \qquad i_1, i_2, \ldots, i_r \tag{14.3.1}$$

여기에서 $j$번째로 고장 나는 제품의 번호가 $i_j$이며 고장 시점이 $x_j$이다. 따라서 $X_i(i = 1, \ldots, n)$가 $i$번째 제품의 수명을 나타낼 경우

$$X_{i_1} = x_1, X_{i_2} = x_2, \ldots, X_{i_r} = x_r$$
$$\text{나머지 } n-r\text{개의 } X_j\text{들은 모두 } x_r\text{보다 큼}$$

이면, 데이터는 식 (14.3.1)에 주어진 것과 같게 될 것이다. 이제 $X_{i_j}$에 대한 확률밀도함수는

$$f_{X_{i_j}}(x_j) = \frac{1}{\theta}e^{-x_j/\theta}, \quad j = 1, \ldots, r$$

와 같으며, 따라서 독립성에 의해 $X_{i_j}(j = 1, \ldots, r)$에 대한 결합확률밀도함수는 다음과 같다.

$$f_{X_{i_1}, \ldots, X_{i_r}}(x_1, \ldots, x_r) = \prod_{j=1}^{r} \frac{1}{\theta}e^{-x_j/\theta}$$

또한, 나머지 $n - r$개의 $X$들이 모두 $x_r$보다 클 확률은 독립성에 의해 다음과 같다.

$$P\{X_j > x_r \text{ for } j \ne i_1 \text{ or } i_2 \ldots \text{or } i_r\} = (e^{-x_r/\theta})^{n-r}$$

따라서 관측된 데이터의 **우도함수** $L(x_1, \ldots, x_r, i_1, \ldots, i_r)$는 $x_1 \le x_2 \le \cdots \le x_r$에 대해 다음과 같이 주어진다.

$$\begin{aligned}
&L(x_1, \ldots, x_r, i_1, \ldots, i_r) \\
&= f_{X_{i_1}, X_{i_2}, \ldots, X_{i_r}}(x_1, \ldots, x_r) P\{X_j > x_r, j \neq i_1, \ldots, i_r\} \\
&= \frac{1}{\theta} e^{-x_1/\theta} \cdots \frac{1}{\theta} e^{-x_r/\theta} (e^{-x_r/\theta})^{n-r} \\
&= \frac{1}{\theta^r} \exp\left\{ -\frac{\sum_{i=1}^{r} x_i}{\theta} - \frac{(n-r)x_r}{\theta} \right\}
\end{aligned} \tag{14.3.2}$$

## 메모

식 (14.3.2)의 우도함수는 첫 $r$개의 고장이 발생하는 시각 $x_1 \le x_2 \le \cdots \le x_r$뿐만 아니라 고장이 발생하는 순서 $i_1, i_2, \ldots, i_r$도 알려주고 있다. 첫 $r$개의 고장 시각에 대한 밀도함수만 원했을 경우, $n(n-1)\cdots(n-(r-1)) = n!/(n-r)!$가지 가능한 고장 순서가 있으므로 $x_1 \le x_2 \le \cdots \le x_r$에 대한 결합밀도함수는 다음과 같다.

$$f(x_1, x_2, \ldots, x_r) = \frac{n!}{(n-r)!} \frac{1}{\theta^r} \exp\left\{ -\frac{\sum_{i=1}^{r} x_i}{\theta} - \frac{(n-r)}{\theta} x_r \right\}$$

$\theta$에 대한 최대우도 추정량을 구하기 위해 식 (14.3.2)의 양변에 log를 취하면, 다음의 결과를 얻는다.

$$\log L(x_1, \ldots, x_r, i_1, \ldots, i_r) = -r \log \theta - \frac{\sum_{i=1}^{r} x_i}{\theta} - \frac{(n-r)x_r}{\theta}$$

이를 $\theta$에 대해 미분한 결과는 다음과 같다.

$$\frac{\partial}{\partial \theta} \log L(x_1, \ldots, x_r, i_1, \ldots, i_r) = -\frac{r}{\theta} + \frac{\sum_{i=1}^{r} x_i}{\theta^2} + \frac{(n-r)x_r}{\theta^2}$$

미분 값을 0으로 두고 풀면 아래와 같은 최대우도 추정치 $\hat{\theta}$을 구할 수 있다.

$$\hat{\theta} = \frac{\sum_{i=1}^{r} x_i + (n-r)x_r}{r}$$

따라서 $X_{(i)}$가 $i$번째 고장이 발생한 시각을 나타낼 경우($X_{(i)}$를 $i$번째 순서 통계량이라 부름), $\theta$에 대한 최대우도 추정량은 다음과 같다.

$$\hat{\theta} = \frac{\sum_{i=1}^{r} X_{(i)} + (n-r)X_{(r)}}{r} = \frac{\tau}{r} \tag{14.3.3}$$

여기에서 식 (14.3.3)의 분자로 정의되는 $\tau$는 **총검사시간(total-time-on-test)** 통계량이라고 불린다. 그러한 이름으로 부르는 이유는 $i$번째로 고장 나는 제품은 $X_{(i)}(i = 1, \ldots, r)$ 시간 동안 작동하였으며 (그런 다음 고장이 남) 나머지 $n - r$개의 제품은 검사 기간 내내 (즉, $X_{(r)}$ 시간 동안) 작동하였기 때문이다. 따라서 전체 제품들이 검사된 시간을 합하면 $\tau$가 된다.

$\theta$에 대한 신뢰구간을 구하기 위해 총검사시간인 $\tau$가 결정되어야 한다. 먼저 $\tau$에 대한 계산식을 다른 방식으로 표현하는데, $X_{(i)}(i = 1, \ldots, r)$는 $i$번째 고장이 발생하는 시각임을 상기하기 바란다. $\tau$를 각 제품에 대한 검사시간의 합으로 표현하는 대신 인접한 고장 사이에 소요된 검사시간에 대해 생각해보자. 즉, $Y_i$가 $(i - 1)$번째 고장과 $i$번째 고장 사이에 소요된 검사시간이라고 하자$(i = 1, \ldots, r)$. 첫 번째 고장시각인 $X_{(1)}$까지 (전체 $n$개의 제품이 작동한 시간을 합한) 총검사시간은 다음과 같다.

$$Y_1 = nX_{(1)}$$

첫 번째 고장과 두 번째 고장 사이에는 $n - 1$개의 제품이 작동하고 있으므로 다음의 결과를 얻는다.

$$Y_2 = (n-1)(X_{(2)} - X_{(1)})$$

일반적으로

$$\begin{aligned}
Y_1 &= nX_{(1)} \\
Y_2 &= (n-1)(X_{(2)} - X_{(1)}) \\
&\vdots \\
Y_j &= (n-j+1)(X_{(j)} - X_{(j-1)}) \\
&\vdots \\
Y_r &= (n-r+1)(X_{(r)} - X_{(r-1)})
\end{aligned}$$

이고

$$\tau = \sum_{j=1}^{r} Y_j$$

이다. $\tau$에 대한 위의 표현식이 갖는 중요성은 $Y_j$에 대한 분포를 얻기 쉽다는 사실에 있다. 첫 번째 고장 시각인 $X_{(1)}$은 각기 변화율이 $1/\theta$인 $n$개의 독립적인 지수분포를 따르는 수명 중 최솟값이므로, 정리 5.6.1로부터 $X_{(1)}$이 변화율이 $n/\theta$인 지수분포를 따른다는 것을 알 수 있다. 즉, $X_{(1)}$이 평균이 $\theta/n$인 지수분포를 따르므로 $nX_{(1)}$은 평균이 $\theta$인 지수분포를 따른다. 또한, 첫 번째 고장이 발생하는 순간 나머지 $n-1$개의 제품들은 지수분포의 무기억성에 의해 새것이나 마찬가지이다. 따라서 이들의 잔여 수명은 평균이 $\theta$인 지수분포를 따르며, 이들 중 하나가 고장 나기까지의 추가 시간은 변화율이 $(n-1)/\theta$인 지수분포를 따른다. 즉, $X_{(1)}$에 상관없이 $X_{(2)}-X_{(1)}$은 평균이 $\theta/(n-1)$인 지수분포를 따르며, 따라서 $Y_2=(n-1)(X_{(2)}-X_{(1)})$는 평균이 $\theta$인 지수분포를 따른다. 이러한 과정을 계속하면 다음과 같은 결론에 이르게 된다.

$$Y_1,\ \ldots,\ Y_r\text{은 각각 평균이 }\theta\text{인 독립적인 지수분포이다} \tag{14.3.4}$$

서로 독립이고 동일한 분포를 갖는 지수 확률변수들의 합은 감마분포를 따르므로(따름정리 5.7.2), 다음의 결과가 성립함을 알 수 있다.

$$\tau \sim \text{gamma}(r, 1/\theta)$$

즉, $\tau$는 모수가 $r$과 $1/\theta$인 감마분포를 따른다. 그런데 모수가 $(r, 1/\theta)$인 감마 확률변수는 자유도가 $2r$인 카이제곱 확률변수에 $\theta/2$를 곱한 것과 같으므로(참고 : 5.8.1절), 다음의 결과가 성립한다.

$$\frac{2\tau}{\theta} \sim \chi^2_{2r} \tag{14.3.5}$$

즉, $2\tau/\theta$는 자유도가 $2r$인 카이제곱분포를 따른다. 따라서

$$P\{\chi^2_{1-\alpha/2,2r} < 2\tau/\theta < \chi^2_{\alpha/2,2r}\} = 1-\alpha$$

이며, $\theta$에 대한 $100(1-\alpha)\%$ 신뢰구간은

$$\theta \in \left(\frac{2\tau}{\chi^2_{\alpha/2,2r}}, \frac{2\tau}{\chi^2_{1-\alpha/2,2r}}\right) \tag{14.3.6}$$

이다. 단측 신뢰 구간들도 비슷한 방법으로 구할 수 있다.

### ■ 예제 14.3a

동시에 50개의 트랜지스터를 검사대에 올려놓고 15번째 고장이 발생하면 검사를 종료한다. 전체 트랜지스터들에 대한 총검사시간이 525시간이라고 할 때. 트랜지스터의 평균 수명에 대한 95% 신뢰구간을 구하라. 모집단의 분포는 지수분포라고 가정한다.

**풀이** R을 통하여

$$\chi^2_{.025,30} = \text{qchisq}(.975, 30) = 46.97924, \quad \chi^2_{.975,30} = \text{qchisq}(.025, 30) = 16.79077$$

을 구할 수 있으며, 식 (14.3.6)을 사용하여 95% 신뢰구간을 다음과 같이 구할 수 있다.

$$\theta \in (22.35, 62.17)$$

$\theta$에 대한 가설을 검정할 때 검정 데이터에 대한 $p$-값을 구하기 위해 식 (14.3.6)을 사용할 수 있다. 예를 들어 가설

$$H_0 : \theta \geq \theta_0$$

대 대립가설

$$H_1 : \theta < \theta_0$$

의 단측 검정에 관심을 갖고 있다고 하자. 이 검정을 위해 먼저 검정통계량 $v = 2\tau/\theta_0$을 계산한 후, 자유도가 $2r$인 카이제곱 확률변수가 $v$만큼 작을 확률을 계산한다. 이 확률은 $H_0$이 참일 때 그렇게 작은 $2\tau/\theta_0$값이 관측될 (최대) 확률을 나타낸다는 점에서 $p$-값에 해당한다. 이렇게 구한 $p$-값 이상의 모든 유의수준에서 가설은 기각된다.

### ■ 예제 14.3b

어떤 배터리 생산업체에서 생산하는 제품의 수명은 평균이 150시간 이상인 지수분포를 따른다고 주장하고 있다. 이 주장을 검정하기 위해 100개의 배터리를 동시에 검사대에 올려놓고 이들 중 20번째로 수명이 다하는 배터리가 생기면 검사를 종료한다. 실험의 종료 시점에 100개의 배터리에 대한 총 검사시간이 1,800시간이었다면, 배터리 생산업체의 주장을 채택하겠는가?

**풀이** $2\tau/\theta_0 = 3{,}600/150 = 24$이므로, $p$-값은 다음과 같다.

$$\begin{aligned} p\text{-값} &= P\{\chi^2_{40} \leq 24\} \\ &= \text{pchisq}(24, 40) = .02127977 \end{aligned}$$

따라서 5% 유의수준에서 (실제로 .021 이상의 어떤 유의수준에서라도) 생산업체의 주장은 기각된다. ■

식 (14.3.5)로부터 추정량 $\tau/r$의 정확도는 $r$에만 종속되며 검사하는 제품의 개수인 $n$에는 종속되지 않음을 알 수 있다. $n$의 중요성은 $n$을 충분히 크게 선택함으로써 검사가 빨리 끝날 확률을 높이는 데 있다. 사실 검사 종료 시각인 $X_{(r)}$의 적률들은 쉽게 구할 수 있다. $X_{(0)}\equiv 0$이며

$$X_{(j)} - X_{(j-1)} = \frac{Y_j}{n-j+1}, \quad j=1,\ldots,r$$

$$\chi^2_{.025,30} = \text{qchisq}(.975, 30) = 46.97924, \quad \chi^2_{.975,30} = \text{qchisq}(.025, 30) = 16.79077$$

이므로, 이들을 합하면 다음의 결과를 얻는다.

$$X_{(r)} = \sum_{j=1}^{r} \frac{Y_j}{n-j+1}$$

따라서 식 (14.3.4)로부터 $X_{(r)}$은 각기 평균이 $\theta/n$, $\theta/(n-1), \ldots, \theta/(n-r+1)$이고 서로 독립인 $r$개의 지수 확률변수들의 합에 해당함을 알 수 있다. 이를 이용하여 다음 식이 성립함을 알 수 있다.

$$\begin{aligned} E[X_{(r)}] &= \sum_{j=1}^{r} \frac{\theta}{n-j+1} = \theta \sum_{j=n-r+1}^{n} \frac{1}{j} \\ \text{Var}(X_{(r)}) &= \sum_{j=1}^{r} \left(\frac{\theta}{n-j+1}\right)^2 = \theta^2 \sum_{j=n-r+1}^{n} \frac{1}{j^2} \end{aligned} \tag{14.3.7}$$

여기에서 두 번째의 등식은 지수 확률변수의 분산이 평균의 제곱과 같다는 사실을 이용한다. $n$이 클 때 위의 합에 대한 근삿값들을 아래와 같이 구할 수 있다.

$$\begin{aligned} \sum_{j=n-r+1}^{n} \frac{1}{j} &\approx \int_{n-r+1}^{n} \frac{dx}{x} = \log\left(\frac{n}{n-r+1}\right) \\ \sum_{j=n-r+1}^{n} \frac{1}{j^2} &\approx \int_{n-r+1}^{n} \frac{dx}{x^2} = \frac{1}{n-r+1} - \frac{1}{n} = \frac{r-1}{n(n-r+1)} \end{aligned}$$

따라서 예를 들어 예제 14.3b에서 진정한 평균수명이 120시간이라면 검사시간에 대한 기댓값과 분산은 대략 다음과 같이 주어진다.

$$\begin{aligned} E[X_{(20)}] &\approx 120 \log\left(\frac{100}{81}\right) = 25.29 \\ \text{Var}(X_{(20)}) &\approx (120)^2 \frac{19}{100(81)} = 33.78 \end{aligned}$$

### 14.3.2 순차검사

이번에는 각 제품의 수명은 미지의 평균값 $\theta$을 갖는 지수분포를 따른다고 가정하며, 무한히 많은 제품에 대해 순차적으로 검사하는데, 이는 첫 번째 제품을 검사대에 올려놓고 고장이 나면 두 번째 제품을 검사대에 올려놓는 등으로 진행하는 검사방식을 의미한다. 즉, 하나의 제품이 고장 나자마자 다음 제품으로 교체한다. 전체 검사는 어떤 고정된 시각 $T$에 종료된다고 가정한다.

관측된 데이터는

$$\text{데이터 : } r, x_1, x_2, \ldots, x_r$$

와 같으며, 이는 총 $r$개의 고장이 있었으며 $i$번째 제품은 $x_i$시간 동안 작동하고 있었음을 의미한다. 위와 같은 관측 데이터를 얻기 위한 조건은 다음과 같다.

$$X_{r+1} > T - \sum_{i=1}^{r} x_i \tag{14.3.8}$$

$$X_i = x_i, \quad i = 1, \ldots, r, \quad \sum_{i=1}^{r} x_i < T$$

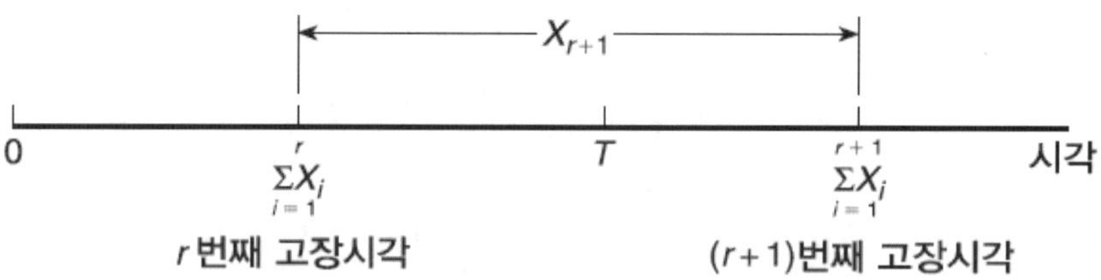


**그림 14.1** 시각 $T$까지 $r$개의 고장

여기에서 $X_i$는 $i$번째로 사용된 제품이 작동한 수명을 나타낸다. 이와 같은 조건이 적절한 이유는 $r$번의 실패가 있기 위해서 $r$번째 고장이 시각 $T$ 전에 발생해야 하므로 $\sum_{i=1}^{r} X_i < T$가 필요하며, $(r + 1)$번째 제품의 작동 수명은 $T - \sum_{i=1}^{r} X_i$를 초과해야 하기 때문이다(참고 : 그림 14.1).

식 (14.3.8)로부터 데이터 $r, x_1, \ldots, x_r$에 대한 우도함수를 다음과 같이 구할 수 있다.

$$
\begin{aligned}
& f(r, x_1, \ldots, x_r|\theta) \\
&= f_{X_1,\ldots,X_r}(x_1, \ldots, x_r) P\left\{X_{r+1} > T - \sum_{i=1}^{r} x_i\right\}, \quad \sum_{i=1}^{r} x_i < T \\
&= \frac{1}{\theta^r} e^{-\Sigma_{i=1}^r x_i/\theta} e^{-(T-\Sigma_{i=1}^r x_i)/\theta} \\
&= \frac{1}{\theta^r} e^{-T/\theta}
\end{aligned}
$$

따라서

$$\log f(r, x_1, \ldots, x_r|\theta) = -r \log\theta - \frac{T}{\theta}$$

그리고

$$\frac{\partial}{\partial\theta} \log f(r, x_1, \ldots, x_r|\theta) = -\frac{r}{\theta} + \frac{T}{\theta^2}$$

위의 식을 0으로 두고 풀면, $\theta$에 대한 최대우도 추정량을 다음과 같이 구할 수 있다.

$$\hat{\theta} = \frac{T}{r}$$

$T$는 전체 제품에 대한 총검사시간이므로 지수분포의 미지의 평균에 대한 최대우도 추정량은 총검사시간을 관측된 고장 개수로 나눈 것과 같다.

시각 $T$까지 고장 개수를 $N(T)$로 나타낼 경우, $\theta$에 대한 최대우도 추정량은 $T/N(T)$이다. $N(T)$에 대한 관측값이 $N(T) = r$이라고 하자. $\theta$에 대한 $100(1-\alpha)\%$ 신뢰구간 추정치를 구하기 위해 먼저 아래의 조건을 만족하는 $\theta_L$과 $\theta_U$를 구한다.

$$P_{\theta_U}\{N(T) \geq r\} = \frac{\alpha}{2}, \quad P_{\theta_L}\{N(T) \leq r\} = \frac{\alpha}{2}$$

여기에서 $P_\theta(A)$가 의미하는 것은 $\theta$가 진정한 평균이라는 가정에서 사건 $A$에 대한 확률을 계산한다는 것이다. $\theta$에 대한 $100(1-\alpha)\%$ 신뢰구간 추정치는 다음과 같이 주어진다.

$$\theta \in (\theta_L, \theta_U)$$

$\theta < \theta_L$ 또는 $\theta > \theta_U$에 해당하는 $\theta$값이 신뢰구간에 포함되지 않는 이유를 이해하기 위해, $\theta$가 증가함에 따라 $P_\theta\{N(T) \geq r\}$은 감소하며 $P_\theta\{N(T) \leq r\}$은 증가한다는 사실에 주목하자(그 이유는?). 따라서

$$\theta < \theta_L \text{이면} \quad \text{then } P_\theta\{N(T) \le r\} < P_{\theta_L}\{N(T) \le r\} = \frac{\alpha}{2}$$
$$\theta > \theta_U \text{이면} \quad \text{then } P_\theta\{N(T) \ge r\} < P_{\theta_U}\{N(T) \ge r\} = \frac{\alpha}{2}$$

이제 남은 것은 $\theta_L$과 $\theta_U$를 구하는 일뿐이다. 이를 위해 먼저 $N(T) \ge r$이라는 사건은 $r$번째 고장이 시각 $T$ 이전에 발생한다는 명제와 동치라는 점에 주목한다. 즉,

$$N(T) \ge r \Leftrightarrow X_1 + \cdots + X_r \le T$$

따라서

$$\begin{aligned} P_\theta\{N(T) \ge r\} &= P_\theta\{X_1 + \cdots + X_r \le T\} \\ &= P\{\Gamma(r, 1/\theta) \le T\} \\ &= P\left\{\frac{\theta}{2}\chi^2_{2r} \le T\right\} \\ &= P\left\{\chi^2_{2r} \le 2T/\theta\right\} \end{aligned}$$

따라서 $\theta = \theta_U$에서 위의 식을 계산하고 $P\{\chi^2_{2r} \le \chi^2_{1-\alpha/2,2r}\} = \alpha/2$라는 사실을 이용하면, 다음의 결과를 얻을 수 있다.

$$\frac{\alpha}{2} = P\left\{\chi^2_{2r} \le \frac{2T}{\theta_U}\right\}$$

그리고

$$\frac{2T}{\theta_U} = \chi^2_{1-\alpha/2,2r}$$

즉,

$$\theta_U = 2T/\chi^2_{1-\alpha/2,2r}$$

같은 방법으로 다음의 결과를 얻을 수 있다.

$$\theta_L = 2T/\chi^2_{\alpha/2,2r}$$

따라서 $\theta$에 대한 $100(1 - \alpha)$% 신뢰구간 추정치는 다음과 같다.

$$\theta \in (2T/\chi^2_{\alpha/2,2r}, \quad 2T/\chi^2_{1-\alpha/2,2r})$$

**예제 14.3c**

하나씩 차례로 검사하는 순차검사에서 $T = 500$시간 동안 10개의 고장이 발생하였다면, $\theta$에 대한 최대우도 추정치는 500/10 = 50시간이 된다. $\theta$에 대한 95% 신뢰구간 추정치는 다음과 같다.

$$0 \in (1000/\chi^2_{.025,20},\ 1000/\chi^2_{.975,20})$$

R을 사용하면

$$\chi^2_{.025,20} = 34.16961, \quad \chi^2_{.975,20} = 9.590777$$

을 얻을 수 있으며, 따라서 95% 신뢰구간 추정치는 다음과 같다.

$$\theta \in (29.27, 103.52)$$ ■

만일 가설

$$H_0 : \theta = \theta_0$$

대 대립가설

$$H_1 : \theta \neq \theta_0$$

을 검정하고자 한다면, 먼저 $N(T)$를 구하면 될 것이다. $N(T) = r$이면, 아래의 조건이 만족될 때 가설은 기각될 것이다.

$$P_{\theta_0}\{N(T) \leq r\} \leq \frac{\alpha}{2} \quad \text{또는} \quad P_{\theta_0}\{N(T) \geq r\} \leq \frac{\alpha}{2}$$

바꾸어 말하면, 아래와 같이 주어지는 $p$-값 이상의 모든 유의수준에서 $H_0$은 기각된다.

$$p\text{-값} = 2\min(P_{\theta_0}\{N(T) \geq r\}, P_{\theta_0}\{N(T) \leq r\})$$

$$\begin{aligned} p\text{-값} &= 2\min(P_{\theta_0}\{N(T) \geq r\}, 1 - P_{\theta_0}\{N(T) \geq r+1\}) \\ &= 2\min\left(P\left\{\chi^2_{2r} \leq \frac{2T}{\theta_0}\right\}, 1 - P\left\{\chi^2_{2(r+1)} \leq \frac{2T}{\theta_0}\right\}\right) \end{aligned}$$

단측 검정을 위한 $p$-값도 비슷한 방법으로 구할 수 있다.

**예제 14.3d**

어떤 회사에서 생산되는 반도체 제품의 평균수명이 25시간 이상이라고 주장한다. 이 주장을 확인하기 위해 독립적인 검사기관에서 이 회사의 반도체 제품을 600시간 동안 하나씩 차례로 순차 검사를 수행하기로 하였다. 해당 기간 동안 30개의 제품이 고장 났다면, 이 회사의 주장의 타당성에 대해 어떤 결론을 내리겠는가? 10% 유의수준에서 검정하라.

**풀이** 이 문제는 다음 가설에 대한 단측 검정에 해당한다.

$$H_0 : \theta \geq 25 \quad \text{대} \quad H_1 : \theta < 25$$

$p$-값의 계산에 관련된 확률은 평균수명이 25인데 30개나 고장 날 확률, 즉, 다음의 확률이다.

$$\begin{aligned} p\text{-값} &= P_{25}\{N(600) \geq 30\} \\ &= P\{\chi^2_{60} \leq 1200/25\} \\ &= .1321236 \quad (\text{R로부터}) \end{aligned}$$

따라서 유의수준이 .10일 때 $H_0$은 채택된다. ■

## 14.3.3 동시검사 - 고정된 시각에 종료

이번에도 미지의 공통 평균값이 $\theta$이고 서로 독립인 지수 확률변수를 수명으로 갖는 제품들을 검사한다고 가정한다. 14.3.1절에서와 마찬가지로 $n$개의 제품을 동시에 검사하지만, 어떤 고정된 시각 $T$에 도달하거나 $n$개의 제품이 모두 고장 나면 검사를 종료한다. 이러한 실험의 목적은 관측된 데이터를 사용하여 평균 $\theta$를 추정하는 것이다.

관측 데이터는 다음과 같다.

$$\text{데이터} : i_1, i_2, \ldots, i_r, \quad x_1, x_2, \ldots, x_r$$

여기에서 $i_1, \ldots, i_r$ 등의 번호를 갖는 $r$개의 제품이 각기 시각 $x_1, \ldots, x_r$에서 고장이 발생한 것으로 관측되었으며, 다른 $n - r$개의 제품은 시각 $T$까지 고장 나지 않았음을 의미한다.

어떤 제품이 시각 $T$까지 고장 나지 않았다는 것은 그 제품의 수명이 $T$보다 크다는 의미이므로, 위의 데이터에 대한 우도함수는 다음과 같다.

$$\begin{aligned} f(i_1, \ldots, i_r, x_1, \ldots, x_r) &= f_{X_{i_1}, \ldots, X_{i_r}}(x_1, \ldots, x_r) P\{X_j > T, j \neq i_1, \ldots, i_r\} \\ &= \frac{1}{\theta} e^{-x_1/\theta} \cdots \frac{1}{\theta} e^{-x_r/\theta} (e^{-T/\theta})^{n-r} \\ &= \frac{1}{\theta^r} \exp\left\{ -\frac{\sum_{i=1}^{r} x_i}{\theta} - \frac{(n-r)T}{\theta} \right\} \end{aligned}$$

최대우도 추정량을 구하기 위해 log를 취하면, 다음의 결과를 얻는다.

$$\log f(i_1, \ldots, i_r, x_1, \ldots, x_r) = -r \log\theta - \frac{\sum_1^r x_i}{\theta} - \frac{(n-r)T}{\theta}$$

따라서

$$\frac{\partial}{\partial\theta} \log f(i_1, \ldots, i_r, x_1, \ldots, x_r) = -\frac{r}{\theta} + \frac{\sum_1^r x_i + (n-r)T}{\theta^2}$$

위의 미분 값을 0으로 두고 풀면 아래와 같은 최대우도 추정치 $\hat{\theta}$을 구할 수 있다.

$$\hat{\theta} = \frac{\sum_{i=1}^r x_i + (n-r)T}{r}$$

따라서 시각 $T$까지 고장 난 제품의 수를 $R$로 두고 그 중 $i$번째 고장이 발생한 시각을 $X_{(i)}(i = 1, \ldots, r)$라 하면, $\theta$에 대한 최대우도 추정량은 다음과 같다.

$$\hat{\theta} = \frac{\sum_{i=1}^R X_{(i)} + (n-R)T}{R}$$

$\tau$를 전체 제품에 대한 수명검사 시간의 합이라고 하자. 검사 과정에서 고장이 난 $R$개의 제품은 각기 $X_{(1)}, \ldots, X_{(R)}$시간 동안 검사를 받았으며, 고장 나지 않은 $n - R$개의 제품들은 $T$시간 동안 검사를 받으므로

$$\tau = \sum_{i=1}^R X_{(i)} + (n-R)T$$

이며, 따라서 최대우도 추정량은 다음과 같다.

$$\hat{\theta} = \frac{\tau}{R}$$

즉, 평균 수명에 대한 최대우도 추정량은 (14.3.1절 및 14.3.2절의 수명검사 절차와 같이) 총검사시간을 관측된 고장 개수로 나눈 것과 같다.

**메모**

지수분포를 갖는 모든 가능한 수명검사 방법에서 미지의 평균 $\theta$에 대한 최대우도 추정량은 항상 총검사시간을 관측된 고장 개수로 나눈 것과 같다. 이것이 성립하는 이유를 이해하기 위해 **임의의** 검사 상황에 대해 데이터가 나타내는 결과가 $r$개의 제품이 각기 $x_1, \ldots, x_r$ 시간 동안 검사를 받은 후 고장 난 것으로 관측되었고, $s$개의 제품은 검사가 종료되었을 때 아직 고장이 나지 않았으며 이들은 각기 $y_1, \ldots, y_s$ 시간 동안 검사를 받았다고 가정하자. 이러한 결과에 대한 우도함수는 다음과 같다.

$$\begin{aligned} \text{우도함수} &= K\frac{1}{\theta}e^{-x_1/\theta}\cdots\frac{1}{\theta}e^{-x_r/\theta}e^{-y_1/\theta}\cdots e^{-y_s/\theta} \\ &= \frac{K}{\theta^r}\exp\left\{\frac{-\left(\sum_{i=1}^{r}x_i+\sum_{i=1}^{s}y_i\right)}{\theta}\right\} \end{aligned} \tag{14.3.9}$$

여기에서 $K$는 검사방법과 데이터에 종속된 함수로서 $\theta$에는 종속되지 않는다(예를 들면, $K$는 종료 시점에 대한 결정을 관측된 데이터에만 의존하지 않고 무작위성도 허용하는 검사 절차에 연관된 함수일 수도 있다). 위의 우도함수로부터 $\theta$에 대한 최대우도 추정치는 다음과 같이 구할 수 있다.

$$\hat{\theta} = \frac{\sum_{i=1}^{r}x_i+\sum_{i=1}^{s}y_i}{r} \tag{14.3.10}$$

그런데 바로 $\sum_{i=1}^{r}x_i+\sum_{i=1}^{s}y_i$가 총검사시간 통계량이므로, $\theta$에 대한 최대우도 추정량은 총검사시간을 관측된 고장 개수로 나눈 것과 같다.

이 절에 기술된 수명검사의 경우 $\tau/R$의 분포는 다소 복잡하므로* $\theta$에 대한 신뢰구간 추정량을 유도하는 것은 어렵다. 실제로 이 문제에 대해서는 더 이상 논하지 않고, $\theta$를 추정하기 위한 베이지안 방식에 대해 살펴볼 것이다.

## 14.3.4 베이지안 방식

미지의 평균값이 $\theta$이고 서로 독립인 지수 확률변수를 수명으로 갖는 제품들에 대한 수명을 검사한다고 하자. 이 경우 14.3.3절의 메모에서 언급한 대로 데이터에 대한 우도함수는 다음과 같이 표현될 수 있다.

* 이 절에서 다룬 방법에서는 $\tau$와 $R$ 모두 확률변수일 뿐만 아니라 서로 종속적이기도 하다.

$$f(\text{data}|\theta) = \frac{K}{\theta^r} e^{-t/\theta}$$

여기에서 $t$는 총검사시간, 즉 사용된 전체 제품의 검사시간의 합이며, $r$은 주어진 데이터에 대해 관측된 고장 개수이다.

$\lambda = 1/\theta$은 지수분포의 변화율을 나타낸다. 베이지안 방식에서는 그 역인 평균값보다 변화율인 $\lambda$를 사용하는 것이 편리하다. 위의 식에서 다음의 식을 얻을 수 있다.

$$f(\text{data}|\lambda) = K\lambda^r e^{-\lambda t}$$

만일 검사 전에 $\lambda$가 사전 밀도함수 $g(\lambda)$에 따라 분포한다고 가정하면, 관측된 데이터에 대한 $\lambda$의 사후 밀도함수는 다음과 같다.

$$\begin{aligned} f(\lambda|\text{data}) &= \frac{f(\text{data}|\lambda)g(\lambda)}{\int f(\text{data}|\lambda)g(\lambda)\,d\lambda} \\ &= \frac{\lambda^r e^{-\lambda t} g(\lambda)}{\int \lambda^r e^{-\lambda t} g(\lambda)\,d\lambda} \end{aligned} \tag{14.3.11}$$

위의 사후 밀도함수는 $g$가 감마 밀도함수일 경우 특히 편리한데, 어떤 음이 아닌 상수 $a$와 $b$에 대해 모수가 $(b,\ a)$인 감마 밀도함수는 다음과 같다.

$$g(\lambda) = \frac{ae^{-a\lambda}(a\lambda)^{b-1}}{\Gamma(b)}, \quad \lambda > 0$$

이 경우 식 (14.3.11)로부터 다음의 결과를 얻는다.

$$\begin{aligned} f(\lambda|\text{data}) &= Ce^{-(a+t)\lambda}\lambda^{r+b-1} \\ &= Ke^{-(a+t)\lambda}[(a+t)\lambda]^{b+r-1} \end{aligned}$$

여기에서 $C$와 $K$는 $\lambda$에 종속되지 않는다. 위의 식은 모수가 $(b + r,\ a + t)$인 감마 밀도함수이므로, 다음과 같이 표현할 수 있다.

$$f(\lambda|\text{data}) = \frac{(a+t)e^{-(a+t)\lambda}[(a+t)\lambda]^{b+r-1}}{\Gamma(b+r)}, \quad \lambda > 0$$

바꾸어 말하면, $\lambda$의 사전분포가 $(b,\ a)$를 모수로 갖는 감마분포일 경우, 검사방법에 상관없이 주어진 데이터에 대한 $\lambda$의 (사후) 조건부 분포는 모수가 $(b + R,\ a + \tau)$인 감마분포이며, 여기에서 $\tau$와 $R$은 각기 총검사시간 통계량과 관측된 고장의 수를 나타낸다. 모수가 $(b,\ a)$인 감마 확률변수의 평균은 $b/a$이므로(참고 : 5.7절), $\lambda$에 대한 베이즈 추정량인 $E[\lambda|\text{data}]$가 다음과 같다고 결론 내릴 수 있다.

$$E[\lambda|\text{data}] = \frac{b+R}{a+\tau}$$

### 예제 14.3e

미지의 변화율 $\lambda$를 갖는 지수 수명분포를 따르는 제품 20개를 다양한 시점에서 수명검사를 받게 한다고 가정하자. 검사가 종료되었을 때 10개의 고장이 관측되었고 시간 단위의 수명은 5, 7, 6.2, 8.1, 7.9, 15, 18, 3.9, 4.6, 5.8 등이었다고 한다. 검사 종료 시점에 고장 나지 않은 10개의 제품에 대한 검사 시간은 3, 3.2, 4.1, 1.8, 1.6, 2.7, 1.2, 5.4, 10.3, 1.5 등이었다. 검사에 앞서 $\lambda$는 모수가 (2, 20)인 감마 확률변수로 예상되었을 경우, $\lambda$에 대한 베이즈 추정량을 구하라.

**풀이**

$$\tau = 116.1, \quad R = 10$$

이므로 $\lambda$에 대한 베이즈 추정량은 다음과 같다.

$$E[\lambda|\text{data}] = \frac{12}{136.1} = .088 \quad ■$$

**메모**

지금까지 살펴보았듯이 지수분포의 변화율에 대한 사전분포로 감마분포를 선택하면 계산은 아주 단순해진다. 응용 관점에서는 계산이 단순화된다는 것이 충분한 이유가 될 수는 없지만, 감마분포의 두 모수를 미리 고정할 수 있는 유연성이 대략적인 예상을 적절히 표현할 수 있다는 장점을 들어 감마분포가 자주 선택된다.

## 14.4 2표본 문제

어떤 회사에서 진공관을 생산하기 위한 공장을 두 개 세웠다. 이 회사는 공장 I에서 생산된 진공관의 작동시간은 미지의 평균 $\theta_1$을 갖는 지수분포를 따르고 공장 II에서 생산된 진공관의 작동시간은 미지의 평균 $\theta_2$를 갖는 지수분포를 따르는 것으로 가정하고 있다. 두 공장에서 생산되는 진공관의 수명 사이에 차이가 없다는 가설을 검정하기 위해 이 회사는 공장 I에서 $n$개의 진공관과 공장 II에서 $m$개의 진공관을 표본으로 추출하고 이들을 이용하여 수명을 결정하려고 한다. 두 공장에서 생산되는 진공관들의 수명 사이에 차이가 없음을 어떻게 검정할 수 있을까?

$X_1, \ldots, X_n$이 공장 I에서 생산된 $n$개의 진공관의 수명을 나타내고 $Y_1, \ldots, Y_m$이 공장 II에서 생산된 $m$개의 진공관의 수명을 나타낸다고 하자. $X_1, \ldots, X_n$은 평균이 $\theta_1$인 지수분포에서 추출된 무작위 표본이고, $Y_1, \ldots, Y_m$은 평균이 $\theta_2$인 지수분포에서 추출된 무작위 표본일 때, 주어진 문제는 $\theta_1 = \theta_2$라는 가설을 검정하는 일이다. 그리고 두 표본은 서로 독립인 것으로 가정된다.

$\theta_1 = \theta_2$라는 가설에 대한 검정을 개발하기 위해서 먼저 $\sum_{i=1}^{n} X_i$와 $\sum_{i=1}^{m} Y_i$는 (서로 독립이고 동일한 분포를 갖는 지수 확률변수들의 합이므로) 서로 독립이며 각기 모수가 $(n, 1/\theta_1)$과 $(m, 1/\theta_2)$인 감마 확률변수들이다. 따라서 감마분포와 카이제곱분포의 동등성에 의해 다음의 결과가 성립한다.

$$\frac{2}{\theta_1}\sum_{i=1}^{n} X_i \sim \chi^2_{2n}$$

$$\frac{2}{\theta_2}\sum_{i=1}^{m} Y_i \sim \chi^2_{2m}$$

따라서 $F$-분포의 정의로부터 다음의 결과를 얻는다.

$$\frac{\frac{2}{2n\theta_1}\sum_{i=1}^{n} X_i}{\frac{2}{2m\theta_2}\sum_{i=1}^{m} Y_i} \sim F_{n,m}$$

즉, $\overline{X}$와 $\overline{Y}$가 각기 위의 두 표본에 대한 표본평균일 때,

$$\frac{\theta_2\overline{X}}{\theta_1\overline{Y}}\text{는 자유도가 } n\text{과 } m\text{인 } F\text{-분포를 따른다.}$$

따라서 가설 $\theta_1 = \theta_2$이 참일 때, $\overline{X}/\overline{Y}$는 자유도가 $n$과 $m$인 $F$-분포를 따른다. 이는 $\theta_1 = \theta_2$라는 가설에 대한 아래와 같은 검정을 제시한다.

**검정 :** $H_0 : \theta_1 = \theta_2$대 대립가설 $H_1 : \theta_1 \neq \theta_2$

**단계 1:** 유의수준 $\alpha$를 선택한다.

**단계 2:** 검정통계량 $\overline{X}/\overline{Y}$의 값 $v$를 구한다.

**단계 3:** $F \sim F_{n,m}$에 대해 $P\{F \leq v\}$를 계산한다. 이 확률이 $\alpha/2$보다 작거나($\overline{X}$가 $\overline{Y}$보다 현저히 작은 경우) $1 - \alpha/2$보다 크면($\overline{X}$가 $\overline{Y}$보다 현저히 큰 경우), 가설은 기각된다.

즉, 검정 데이터에 대한 $p$-값은 다음과 같다.

$$p\text{-값} = 2\min(P\{F \leq v\}, 1 - P\{F \leq v\})$$

**예제 14.4a**

첫 번째 공장에서 생산된 10개의 제품의 전체 수명이 420시간이고 두 번째 공장에서 생산된 15개의 제품의 전체 수명이 510시간일 때, 두 공장에서 생산된 제품들의 수명이 동일한 지수분포를 따른다는 가설을 5% 유의수준에서 검정하라.

**풀이** 검정통계량 $\overline{X}/\overline{Y}$의 값은 42/34 = 1.2353이다. 프로그램 R을 실행시켜 모수가 10, 15인 $F$-확률변수가 이 값보다 작을 확률을 구해보면 다음과 같다.

$$P\{F_{10,15} < 1.2353\} = .6554$$

$p$-값은 2(1 − .6554) = .6892이므로, $H_0$을 기각할 수 없다. ■

## 14.5 수명검사에서의 와이블분포

위험률 함수 $\lambda(t)$가 시간에 대해 상수로 가정될 때 수명분포로 지수분포가 발생하는 반면, 시간에 대해 $\lambda(t)$가 증가하거나 감소하는 것으로 가정하는 것이 보다 현실적인 상황도 많이 존재한다. 그러한 위험률 함수에 대한 예로 다음과 같은 함수를 들 수 있다.

$$\lambda(t) = \alpha\beta t^{\beta-1}, \quad t > 0 \tag{14.5.1}$$

여기에서 $\alpha$와 $\beta$는 양의 상수들이다. 위험률 함수가 식 (14.5.1)로 주어지는 분포를 모수가 $(\alpha, \beta)$인 **와이블분포(Weibull distribution)**라고 한다. $\beta > 1$일 때 $\lambda(t)$는 증가하며, $\beta < 1$일 때 $\lambda(t)$는 감소하고, $\beta = 1$일 때 ($t$의 지수는 0이 되며) $\lambda(t)$는 상수가 된다.

와이블분포함수는 식 (14.5.1)로부터 다음과 같이 구할 수 있다.

$$\begin{aligned} F(t) &= 1 - \exp\left\{-\int_0^t \lambda(s)\,ds\right\}, \quad t > 0 \\ &= 1 - \exp\{-\alpha t^{\beta}\} \end{aligned}$$

미분을 통해 밀도함수를 구하면 아래와 같다.

$$f(t) = \alpha\beta t^{\beta-1}\exp\{-\alpha t^{\beta}\}, \quad t > 0 \tag{14.5.2}$$

여러 $\alpha$와 $\beta$값에 대해 이 밀도함수를 그림 14.2에서 보이고 있다.

이제 $X_1, \ldots, X_n$이 서로 독립이고 각기 미지의 모수가 $(\alpha, \beta)$인 와이블 확률변수들이라고 하자. $\alpha$와 $\beta$를 추정하기 위해 최대우도법을 사용할 수 있다. 식 (14.5.2)로부터 구한 우도함수는 다음과 같다.

$$f(x_1, \ldots, x_n) = \alpha^n \beta^n x_1^{\beta-1} \cdots x_n^{\beta-1} \exp\left\{-\alpha \sum_{i=1}^{n} x_i^{\beta}\right\}$$

따라서

$$\log f(x_1, \ldots, x_n) = n \log \alpha + n \log \beta + (\beta - 1) \sum_{i=1}^{n} \log x_i - \alpha \sum_{i=1}^{n} x_i^{\beta}$$

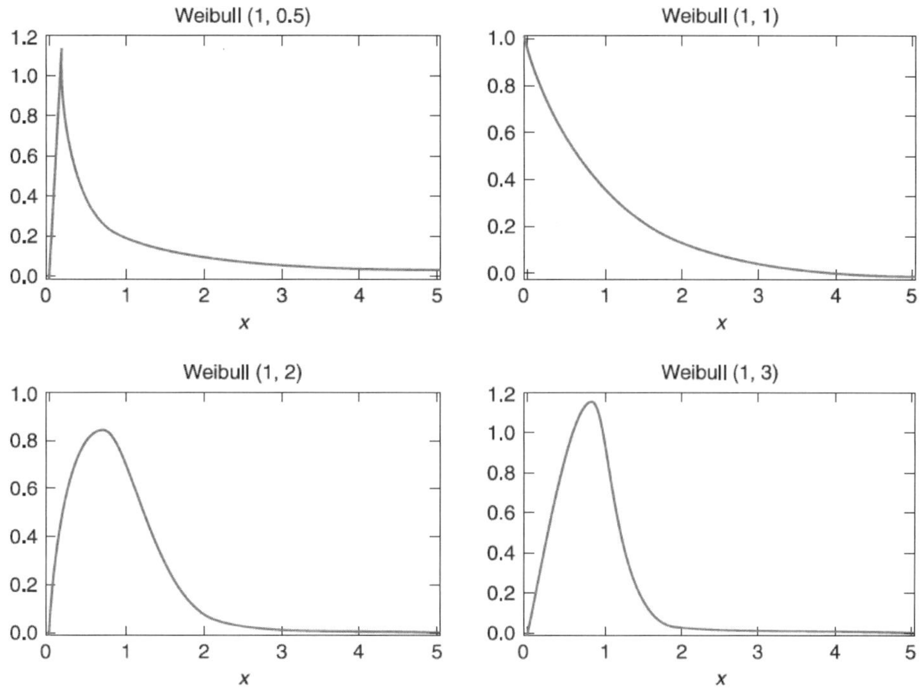


**그림 14.2** 와이블 밀도함수

이고

$$\frac{\partial}{\partial \alpha} \log f(x_1, \ldots, x_n) = \frac{n}{\alpha} - \sum_{i=1}^{n} x_i^{\beta}$$

$$\frac{\partial}{\partial \beta} \log f(x_1, \ldots, x_n) = \frac{n}{\beta} + \sum_{i=1}^{n} \log x_i - \alpha \sum_{i=1}^{n} x_i^{\beta} \log x_i$$

이다. 위의 미분 값들을 0으로 두면, 최대우도 추정치 $\hat{\alpha}$와 $\hat{\beta}$는 다음 방정식의 해임을 알 수 있다.

$$\frac{n}{\hat{\alpha}} = \sum_{i=1}^{n} x_i^{\hat{\beta}}$$

$$\frac{n}{\hat{\beta}} + \sum_{i=1}^{n} \log x_i = \hat{\alpha} \sum_{i=1}^{n} x_i^{\hat{\beta}} \log x_i$$

즉, 두 번째 방정식으로부터 $\hat{\beta}$에 대한 해를 수치적으로 구할 수 있으며, 이를 이용하여 $\hat{\alpha}$을

$$\hat{\alpha} = \frac{n}{\sum_{i=1}^{n} x_i^{\hat{\beta}}}$$

$$n + \hat{\beta} \log\left(\prod_{i=1}^{n} x_i\right) = \frac{n\hat{\beta} \sum_{i=1}^{n} x_i^{\hat{\beta}} \log x_i}{\sum_{i=1}^{n} x_i^{\hat{\beta}}}$$

구할 수 있다. 그러나 이 방법을 계속 탐색하는 대신, 계산상 용이할 뿐만 아니라 시뮬레이션 조사를 통해 보다 정확한 추정치를 구할 수 있는 것으로 알려진 제2의 방법을 살펴보기로 한다.

### 14.5.1 최소제곱법에 의한 모수 추정

$X_1, \ldots, X_n$이 아래 분포로부터의 표본이라고 하자.

$$F(x) = 1 - e^{-\alpha x^{\beta}}, \quad x \geq 0$$

이때 다음의 결과가 성립한다.

$$\log(1 - F(x)) = -\alpha x^{\beta}$$

즉,

$$\log\left(\frac{1}{1 - F(x)}\right) = \alpha x^{\beta}$$

따라서

$$\log\log\left(\frac{1}{1 - F(x)}\right) = \beta \log x + \log \alpha \tag{14.5.3}$$

이제 $X_{(1)} < X_{(2)} < \cdots < X_{(n)}$이 표본 값들은 크기순으로 나열한 것이라고 하자. 즉, $i = 1, \ldots, n$에 대해

$$X_{(i)} = X_1, \ldots, X_n \text{ 중 } i\text{번째로 작은 값}$$

그리고 위의 데이터로 인한 결과는 $X_{(i)} = x_{(i)}$라고 가정하자. $\log\log(1/[1 - F(x_{(i)})])$에 대한 근삿값 $y_1, \ldots, y_n$을 구할 수 있다면, 식 (14.5.3)으로부터, 다음과 같이 결론 내릴 수 있다.

$$y_i \approx \beta \log x_{(i)} + \log \alpha, \quad i = 1, \ldots, n \tag{14.5.4}$$

이제 제곱 오차의 합을 최소로 하는 $\alpha$와 $\beta$를 선택할 수 있다. 즉,

$$\underset{\alpha,\beta}{\text{minimize}} \sum_{i=1}^{n} (y_i - \beta \log x_{(i)} - \log \alpha)^2$$

를 위한 $\alpha$와 $\beta$를 선택한다. 실제로 정리 9.2.1에 따르면 $\alpha = \hat{\alpha}$, $\beta = \hat{\beta}$일 때 위의 식이 최소가 된다. 여기에서

$$\hat{\beta} = \frac{\sum_{i=1}^{n} y_i \log x_{(i)} - n\, \overline{\log x}\, \bar{y}}{\sum_{i=1}^{n} (\log x_{(i)})^2 - n(\overline{\log x})^2}$$

$$\log \hat{\alpha} = \bar{y} - \beta\, \overline{\log x}$$

이며,

$$\overline{\log x} = \sum_{i=1}^{n} (\log x_{(i)}) \Big/ n, \quad \bar{y} = \sum_{i=1}^{n} y_i \Big/ n$$

이다. 위의 결과를 이용하기 위해서는 $\log\log(1/[1 - F(x_{(i)})]) = \log[-\log(1 - F(x_{(i)}))]$ $(i = 1, \ldots, n)$에 대한 근삿값 $y_i$들을 구할 수 있어야 한다. 이를 위한 두 가지 방법을 소개한다.

**방법 1 :** 이 방법은

$$E[F(X_{(i)})] = \frac{i}{(n+1)} \tag{14.5.5}$$

이라는 사실을 이용하며, $F(x_{(i)})$에 대한 근삿값으로 $E[F(x_{(i)})]$을 사용한다. 따라서 이 방법은 다음 식을 이용한다.

$$\begin{aligned} y_i &= \log\{-\log(1 - E[F(X_{(i)})])\} \\ &= \log\left\{-\log\left(1 - \frac{i}{(n+1)}\right)\right\} \\ &= \log\left\{-\log\left(\frac{n+1-i}{n+1}\right)\right\} \end{aligned} \tag{14.5.6}$$

**방법 2 :** 이 방법은

$$E[-\log(1-F(X_{(i)}))]=\frac{1}{n}+\frac{1}{n-1}+\frac{1}{n-2}+\cdots+\frac{1}{n-i+1} \tag{14.5.7}$$

이라는 사실을 이용하며, $-\log(1-F(x_{(i)}))$에 대한 근삿값으로 위의 식을 이용한다.

따라서 이 방법은 다음 식을 이용한다.

$$y_i=\log\left[\frac{1}{n}+\frac{1}{(n-1)}+\cdots+\frac{1}{(n-i+1)}\right] \tag{14.5.8}$$

### 메모

(a) 현재 위의 두 가지 방법 중 어느 것이 와이블분포의 모수에 대한 우수한 추정치를 제공하는지 명확하지 않으며, 이를 결정하기 위해서는 광범위한 시뮬레이션 조사가 필요할 것이다.

(b) 등식 (14.5.5) 및 (14.5.7)에 대한 증명은 연습문제 28－30에 요약되어 있다(이 등식들은 $X_{(i)}$가 임의의 연속분포로부터의 크기 $n$의 표본 중 $i$번째로 작은 값일 때 항상 성립한다).

# 연습문제

**01** 분포함수가

$$F(t) = 1 - \exp\{-\alpha t^{\beta}\}, \quad t \geq 0$$

로 주어지는 확률변수는 모수가 $\alpha$와 $\beta$인 와이블분포를 따른다고 말한다. 이 확률변수의 고장률 함수를 계산하라.

**02** $X$와 $Y$가 서로 독립이고 고장률 함수가 각기 $\lambda_x(t)$와 $\lambda_y(t)$로 주어지는 확률변수일 때, $Z = \min(X, Y)$의 고장률 함수가 다음과 같이 주어진다는 것을 증명하라.

$$\lambda_z(t) = \lambda_x(t) + \lambda_y(t)$$

**03** $t$세의 남성 흡연자가 폐암에 걸릴 확률 $\lambda(t)$는 다음과 같다고 한다.

$$\lambda(t) = .027 + .025\left(\frac{t-40}{10}\right)^4, \quad t \geq 40$$

40세의 남성 흡연자가 다른 모든 위험을 이겨낸다고 할 때 폐암에 걸리지 않고 (a) 50세, (b) 60세까지 생존할 확률은 얼마인가? 이때 흡연자는 평생 담배를 끊지 않는다고 가정한다.

**04** 어떤 제품의 수명분포에서 고장률 함수가 $\lambda(t) = t^3$ $(0 < t < \infty)$이라고 가정하자.

(a) 이 제품이 2년을 버틸 확률은 얼마인가?

(b) 이 제품의 수명이 .4와 1.4 사이에 속할 확률은 얼마인가?

(c) 이 제품의 평균수명은 얼마인가?

(d) 1년 된 제품이 1년을 더 버틸 확률은 얼마인가?

**05** 연속 수명분포의 고장률 함수 $\lambda(t)$가 $t$에 대해 비감소 함수일 경우 IFR(increasing failure rate; 증가 고장률) 분포라고 한다.

(a) 아래와 같은 밀도함수를 갖는 감마분포는 IFR 분포임을 증명하라.

$$f(t) = \lambda^2 t e^{-\lambda t}, \quad t > 0$$

(b) 보다 일반적인 경우로 모수가 $\alpha$, $\lambda$인 감마분포는 $\alpha \geq 1$이면 IFR 분포임을 증명하라 (힌트 : 다음 관계식을 이용한다).

$$\lambda(t) = \left[\frac{\int_t^{\infty} \lambda e^{-\lambda s}(\lambda s)^{\alpha-1}\, ds}{\lambda e^{-\lambda t}(\lambda t)^{\alpha-1}}\right]^{-1}$$

**06** 구간 $(a, b)$ 상의 균일분포는 IFR 분포임을 증명하라.

**07** 14.3.1절의 모형에 대해 아래의 그림을 사용하여

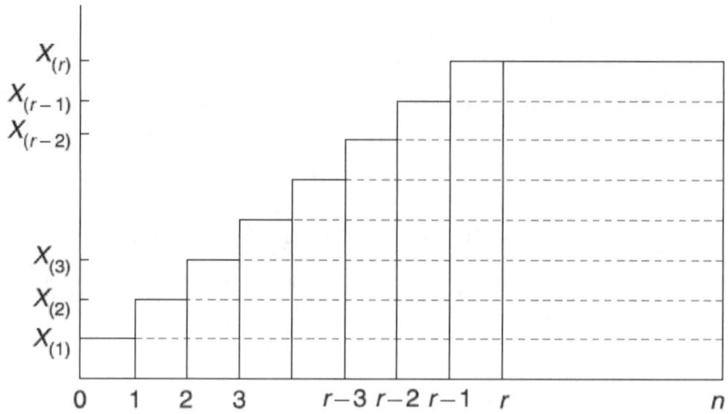


$$\tau = \sum_{j=1}^{r} Y_j$$

을 어떻게 보일 수 있는지 설명하라. 여기에서 $Y_j$는 다음과 같이 정의된다.

$$Y_j = (n - j + 1)(X_{(j)} - X_{(j-1)})$$

(힌트: $\tau$와 $\sum_{j=1}^{r} Y_j$ 모두 그림 상의 전체 면적과 같다는 것을 설명하라.)

**08** 30개의 트랜지스터에 대해 10번째 고장이 발생하면 종료되는 동시검사를 시행한 결과, 관측된 고장시각은 4.1, 7.3, 13.2, 18.8, 24.5, 30.8, 38.1, 45.5, 53, 62.2 등과 같다. 지수 수명분포를 가정한다.

(a) 트랜지스터의 평균수명에 대한 최대우도 추정치는 얼마인가?

(b) 트랜지스터의 평균수명에 대한 95% 양측 신뢰구간을 계산하라.

(c) 95%의 확신을 갖고 $c$는 트랜지스터의 평균수명보다 작다고 말할 수 있는 $c$를 구하라.

(d) $\alpha = .10$ 유의수준에서 평균수명이 7.5시간이라는 가설 대 7.5시간이 아니라는 대립가설에 대해 검정하라.

**09** 14.3.1절의 모형에 대해 $H_0 : \theta = \theta_0$ 대 $H_1 : \theta \neq \theta_0$을 검정하고자 한다. $2\tau/\theta_0$에 대한 관측값이 $v$라고 하자. $\alpha$가

$$p\text{-값} = 2\min(P\{\chi^2_{2r} < v\}, 1 - P\{\chi^2_{2r} < v\})$$

로 주어지는 $p$-값보다 작을 때 유의수준 $\alpha$에서 가설이 기각되어야 함을 보여라. 여기에서 $\chi^2_{2r}$은 자유도가 $2r$인 카이제곱 확률변수이다.

**10** 30개의 제품에 대해 8번째 고장이 발생하면 종료되는 동시검사를 시행한 결과, 관측된 고장 시각은 .35, .73, .99, 1.40, 1.45, 1.83, 2.20, 2.72 등과 같다. 5% 유의수준에서 평균수명이 10시간이라는 가설을 검정하라. 지수 수명분포를 가정한다.

**11** 20개의 제품에 대해 10번째 고장이 발생하면 종료되는 동시검사를 시행한다고 하자. 수명분포가 평균이 10시간인 지수분포일 때, 다음 값들을 계산하라.

(a) 검사 기간의 평균 길이

(b) 검사 기간의 분산

**12** 어떤 공장에서 생산되는 진공관의 수명은 미지의 평균 $\theta$를 갖는 지수분포를 따른다고 한다. $\theta$를 추정하기 위해 $n$개의 진공관에 대해 동시검사를 시행하되 10번째 고장이 발생하면 검사를 종료한다. 공장 담당자는 $\theta$값이 20일 때 검사 기간의 평균 길이가 3시간이기를 원한다고 할 때, $n$은 얼마나 커야 하는가?

**13** 하나씩 차례로 검사하는 순차적 수명검사 과정이 300시간 동안 진행되도록 예정되어 있다. 이 시간 동안 16개의 제품이 고장 났다고 한다. 제품의 수명은 미지의 평균이 $\theta$ 시간인 지수분포를 따른다고 가정한다.

(a) $\theta$에 대한 최대우도 추정치를 구하라.

(b) 5% 유의수준에서 가설 $\theta = 20$ 대 대립가설 $\theta \neq 20$을 검정하라.

(c) $\theta$에 대한 95% 신뢰구간을 구하라.

**14** 인접한 사건 사이의 시간이 서로 독립이고 동일 한 지수분포를 따르는 확률변수들일 때 푸아송 과정이 발생한다는 사실을 이용하여, $X$는 평균이 $x/2$인 푸아송 확률변수이고 $F_{\chi^2_{2n}}$은 자유도 $2n$의 카이제곱분포함수일 때, 다음 식이 성립함을 보여라.

$$P\{X \geq n\} = F_{\chi^2_{2n}}(x)$$

(힌트 : 14.3.2절의 결과를 이용하라.)

**15** 미지의 평균이 $\theta$인 지수분포를 따르는 수명을 갖는 제품들의 표본에 들어있는 제품들을 순차적으로 검사한다. $r$번째 고장이 발생하거나 $T$시간이 경과하면 검사는 종료된다.

(a) 우도함수를 구하라.

(b) $\theta$에 대한 최대우도 추정량은 총검사시간을 관측된 고장 개수로 나눈 것과 같음을 증명하라.

**16** 식 (14.3.9)에 대응되는 최대우도 추정치가 식 (14.3.10)에 의해 주어진다는 것을 증명하라.

**17** 어떤 검사소에서 5개의 부품에 대해 동시 수명 검사를 진행할 수 있는 설비를 갖추고 있다. 이 검사소에서 공통의 지수분포를 갖는 10개의 부품을 검사하는데, 먼저 5개를 검사대에 올려놓고 이 중에서 고장을 일으키는 부품을 검사를 기다리는 부품으로 대체한다. 이 검사는 200시간이 경과 하거나 10개 부품 모두 고장 나면 종료된다. 총 9개의 고장이 15, 28.2, 46, 62.2, 76, 86, 128, 153, 197 등의 시각에 발생하였다면, 부품의 평균수명에 대한 최대우도 추정치는 얼마인가?

**18** 어떤 종류의 화학요법 치료를 받은 백혈병 환자의 주 단위 증상 완화 기간은 미지의 평균 $\theta$를 갖는 지수 확률변수라고 하자. 이러한 환자 20명의 그룹을 관찰한 결과 현재 시점에서 증상 완화 기간은 1.2, 1.8*, 2.2, 4.1, 5.6, 8.4, 11.8*, 13.4*, 16.2, 21.7, 29*, 41, 42*, 42.4*, 49.3, 60.5, 61*, 94, 98, 99.2*이었다. 데이터 뒤의 별표(*)는 환자의 증상 완화 상태가 현재 계속되고 있음을 의미하는 반면, 별표가 없는 데이터는 그 시점에서 증상 완화 상태가 종료되었음을 의미한다. $\theta$에 대한 최대우도 추정치를 구하라.

**19** 문제 17에서 검사 단계 전에 지난 경험에 근거하여, $\lambda$값($= 1/\theta$)은 모수가 1, 100인 감마 확률변수의 결과값으로 간주할 수 있는 것으로 판단되었다고 하자. $\lambda$에 대한 베이즈 추정치를 구하라.

**20** 문제 18에서 $\lambda$에 대한 사전분포가 평균 1/30의 지수분포일 때, $\lambda$값($= 1/\theta$)에 대한 베이즈 추정치를 구하라.

**21** 아래의 데이터는 두 종류의 절연 물질에 과도한 전압을 가했을 때 고장 시각을 분 단위로 나타내고 있다.

| 종류 I | 212, 88.5, 122.3, 116.4, 125, 132, 66 |
|---|---|
| 종류 II | 34.6, 54, 162, 49, 78, 121, 128 |

두 데이터 집합이 동일한 지수분포를 따른다는 가설을 검정하라.

**22** 두 종류의 트랜지스터에 대한 수명분포가 모두 지수분포라고 가정하자. 이 두 분포의 평균이 같은지 검정하기 위해 첫 번째 종류의 트랜지스터 $n_1$개에 대해 총 $r_1$개의 고장이 발생하면 종료되는 동시검사를 시행하였다. 마찬가지로 두 번째 종류의 트랜지스터 $n_2$개에 대해서도 총 $r_2$개의 고장이 발생하면 종료되는 동시검사를 시행하였다.

(a) 14.3.1절의 결과를 이용하여, 평균들이 같을 때 자유도가 $2r_1$, $2r_2$인 $F$-분포를 따르는 검정통계량을 사용하여 평균들이 같다는 가설을 어떻게 검정할 수 있는지 보여라.

(b) $n_1 = 20$, $r_1 = 10$, $n_2 = 10$, $r_2 = 7$이고 관측된 데이터가 아래와 같다고 하자.

첫 번째 종류의 고장 시각:

$$10.4,\ 23.2,\ 31.4,\ 45,\ 61.1,\ 69.6,\ 81.3,\ 95.2,\ 112,\ 129.4$$

두 번째 종류의 고장 시각:

$$6.1,\ 13.8,\ 21.2,\ 31.6,\ 46.4,\ 66.7,\ 92.4$$

평균이 같다는 가설이 기각될 최소의 유의수준 $\alpha$ 값은 얼마인가? (즉, 검정 데이터에 대한 $p$-값은 얼마인가?

**23** $X$가 모수가 $(\alpha, \beta)$인 와이블 확률변수일 때, 다음 식을 증명하라.

$$E[X] = \alpha^{-1/\beta}\Gamma(1 + 1/\beta)$$

여기에서 $\Gamma(y)$는 아래와 같이 정의되는 감마 함수이다.

$$\Gamma(y) = \int_0^\infty e^{-x} x^{y-1}\, dx$$

힌트: 먼저

$$E[X] = \int_0^\infty t\alpha\beta t^{\beta-1} \exp\{-\alpha t^\beta\}\, dt$$

와 같이 쓰고, 다음과 같은 변수 치환을 적용하라.

$$x = \alpha t^\beta, \quad dx = \alpha\beta t^{\beta-1}\, dt$$

**24** $X$가 모수가 $(\alpha, \beta)$인 와이블 확률변수일 때, 다음 식을 증명하라.

$$\mathrm{Var}(X) = \alpha^{-2/\beta}\left[\Gamma\left(1 + \frac{2}{\beta}\right) - \left(\Gamma\left(1 + \frac{1}{\beta}\right)\right)^2\right]$$

**25** 아래의 데이터가 미지의 모수 $\alpha, \beta$를 갖는 와이블 모집단에서 추출한 표본 데이터일 때, 이 장에서 소개된 방법 중 하나를 사용하여 모수들에 대한 최소제곱 추정치를 구하라.

데이터 : 15.4, 16.8, 6.2, 10.6, 21.4, 18.2, 1.6, 12.5, 19.4, 17

**26** $X$가 모수가 $(\alpha, \beta)$인 와이블 확률변수일 때, $\alpha X^\beta$가 평균이 1인 지수 확률변수임을 보여라.

**27** $U$가 구간 (0, 1) 상의 균일분포를 따를 때, 즉, $U$가 난수일 때, $[-(1/\alpha)\log U]^{1/\beta}$이 모수가 $(\alpha, \beta)$인 와이블 확률변수임을 보여라.

아래의 세 문제는 식 (14.5.5)과 식 (14.5.7)의 증명에 관한 내용을 다루고 있다.

**28** $X$가 분포함수가 $F$인 연속 확률변수일 때, 다음 사실을 증명하라.

(a) $F(X)$는 구간 (0, 1) 상의 균일분포를 따른다.
(b) $1 - F(X)$는 구간 (0, 1) 상의 균일분포를 따른다.

**29** $X_{(i)}$가 연속 분포함수 $F$로부터 추출된 크기 $n$의 표본에서 $i$번째로 작은 값을 나타낸다고 하자. 또 $U_{(i)}$는 구간 (0, 1) 상의 균일분포로부터 추출된 크기 $n$의 표본에서 $i$번째로 작은 값을 나타낸다고 하자.

(a) $U_{(i)}$의 밀도함수가 다음과 같다는 것을 증명하라.

$$f_{U_{(i)}}(t) = \frac{n!}{(n-i)!(i-1)!}t^{i-1}(1-t)^{n-i}, \quad 0 < t < 1$$

[힌트 : 구간 (0, 1) 상의 균일 확률변수 $n$개 중에서 $i$번째로 작은 값이 $t$와 같기 위해서는 몇 개가 $t$보다 작고 몇 개가 $t$보다 커야 하는가? 또 $n$개의 원소로 이루어진 집합을 각기 크기가 $i-1$, 1, $n-i$인 세 개의 부분집합으로 나눌 수 있는 방법의 수는 몇 가지인가?]

(b) 문항 (a)의 밀도함수를 이용하여 $E[U_{(i)}] = i/(n+1)$임을 증명하라. [힌트 : 결과로 발생하는 적분을 계산하기 위해 문항 (a)의 밀도함수를 적분하면 1이 되어야 한다는 사실을 이용하라.]

(c) 문항 (b)의 결과와 문제 28(a)의 결과를 이용하여 $E[F(X_{(i)})] = i/(n+1)$라는 결론을 도출하라.

**30** $U$가 구간 (0, 1) 상의 균일분포를 따를 때, $-\log U$는 평균이 1인 지수분포를 따른다는 것을 증명하라. 이제 식 (14.3.7)과 앞의 문제들의 결과를 이용하여 식 (14.5.7)을 확립하라.

# 제 15 장 시뮬레이션, 부트스트랩 방법, 순열 검정

## 15.1 개요

이 장에서는 부트스트랩 방법과 순열 검정이라는 두 가지 강력한 현대식 통계 기법을 소개한다. 두 기법 모두 바탕이 되는 확률 분포에 대한 아무런 특별한 가정을 하지 않는다는 점에서 비모수적 절차에 해당한다. 부트스트랩 방법은 모수에 대한 추정량의 유효성을 측정하는 데 사용될 수 있으며, 순열 검정은 특정 통계가설들의 검정을 위한 새로운 방법을 제공한다. 그러나 두 기법 모두 구현을 위해서는 많은 양의 계산이 요구된다. 이러한 계산을 수행하는 가장 효율적이고도 효과적인 방법이 시뮬레이션이며, 바로 이 장에서 다루는 세 번째 주제이다.

15.2절에서는 시뮬레이션의 핵심인 난수를 소개한다. 무작위 순열이나 무작위 부분집합의 생성에 난수가 어떻게 사용될 수 있는지 살펴볼 것이다. 15.2.1절에서는 기댓값의 근삿값을 구하기 위한 몬테카를로 시뮬레이션 방법을 소개한다. 15.3절에서는 부트스트랩 방법을 소개하고 이에 필요한 분석을 수행하기 위해 몬테카를로 시뮬레이션 방법을 어떻게 적용하는지 살펴볼 것이다. 15.4절에서는 일련의 데이터가 단일 모집단에서 추출된 것인지를 결정하는 비모수적 검정 방법인 순열 검정을 다룬다. 나머지 절들에서는 다시 시뮬레이션이라는 주제로 돌아간다. 15.5절과 15.6절에서는 난수를 사용하여 임의의 연속 및 이산 확률변수를 생성하는 방법을 보이고, 15.7절에서는 몬테카를로 시뮬레이션 실험을 언제 종료해야 하는가에 대한 질문을 탐색한다.

## 15.2 난수

구간 (0, 1) 상에서의 확률변수 값을 **난수(random number)**라고 한다. 예전에는 난수를 생성하기 위해 기계적인 장치를 사용하기도 했지만, 오늘날은 주로 의사 난수열을 생성하기 위해 난수 생성기를 사용한다. 이러한 난수 생성기는 양의 정수 $a$, $c$, $m$ 등을 지정한 다음 **종자값(seed)**이라고 불리는 초깃값 $x_0$에서 시작하여 아래와 같은 식을 반복적으로 적용하여 값들을 만들어낸다.

$$x_{n+1} = (ax_n + c) \text{ modulo } m, \quad n \geq 0$$

위의 식은 $ax_n + c$를 $m$으로 나누어 얻은 나머지가 $x_{n+1}$이 된다는 뜻이다. 따라서 각각의 $x_n$은 0, 1, . . ., $m-1$중 한 값을 가지며, $x_n/m$을 난수로 취한다. $a$, $c$, $m$ 등의 값을 적절히 선택하면 위의 방법으로 구간 (0, 1) 상에서 서로 독립인 균일 확률변수들의 값을 관측하여 만든 것처럼 보이는 숫자들의 열이 만들어진다는 것을 증명할 수 있다. 이러한 이유로 $x_n/m(n \geq 1)$와 같은 숫자들을 **의사 난수(pseudo random number)**라고 부른다.

### 예제 15.2a

$a = 3,\ c = 7,\ m = 23$이고 $x_0 = 2$이면,

$$
\begin{aligned}
x_1 &= 3(2) + 7 \quad \text{modulo } 23 = 13 \\
x_2 &= 3(13) + 7 \quad \text{modulo } 23 = 0 \\
x_3 &= 3(0) + 7 \quad \text{modulo } 23 = 7 \\
x_4 &= 3(7) + 7 \quad \text{modulo } 23 = 5 \\
x_5 &= 3(5) + 7 \quad \text{modulo } 23 = 22
\end{aligned}
$$

등과 같이 계속할 수 있다. 따라서 종자값 $x_0 = 2$를 사용하여 얻게 되는 의사 난수는 13/23, 0, 7/23, 5/23, 22/23, . . . 등이다. ■

대부분의 컴퓨터에는 난수 생성기가 내장되어 있으며, 이를 이용하여 의사 난수 값들을 생성할 수 있어 시뮬레이션의 시작점의 역할을 한다. 그리고 이러한 의사 난수를 진정한 난수들로 취급하는데, 이것은 의사난수열을 마치 구간 (0, 1) 상의 균일분포에서 추출한 표본 값들의 열로 취급할 것임을 의미한다.

난수들은 시뮬레이션 조사의 핵심이며, 무작위 순열을 생성하는 다음 예제를 통해 이점을 설명할 것이다.

### 예제 15.2b

$n$!가지의 가능한 모든 순열이 동일한 확률을 갖는 방식으로 1, 2,. . ., $n$ 등의 숫자들로 이루어진 순열을 생성하기를 원한다고 하자. 이를 위해 먼저 1, 2,. . ., $n$ 중의 한 숫자를 무작위로 선택하여 $n$번 위치에 둔다. 그런 다음 남아있는 $n-1$개의 숫자 중 하나를 무작위로 선택하여 $n-1$번 위치에 둔다. 그런 다음 다시 남아있는 $n-2$개의 숫자 중 하나를 무작위로 선택하여 $n-2$번 위치에 두고, 이러한 과정을 반복해 나간다(여기에서 "무작위 선택"이란 각각의 가능한 선택이 이루어질 확률은 모두 같다는 뜻이다). 그런데 정확히 어느 숫자들이 남아있는지 직접 고려할 필요가 없도록 하기 위한 간편하고도 효과적인 방법은 숫자들을 순서가 부여된 리스트로 관리하며 숫자 자체를 선택하기보다 숫자가 들어있는 리스트 상의 위치를 무작위로 선택하는 것이다. 즉, 1, 2,. . ., $n$ 등의 숫자에 대한 임의의 순열 $r_1, r_2, \ldots, r_n$으로 시작하여 위치 1, . . ., $n$ 중의 하나를 무작위로 선택하고 그 위치의 숫자와 위치 $n$에 들어있는 숫자와 교환한다. 그런 다음 위치 1,. . ., $n-1$중 하나를 무작위로 선택하고 그 위치의 숫자와 위치 $n-1$에 들어있는 숫자와 교환한다. 그런 다음 다시 위치 1,. . ., $n-2$중 하나를 무작위로 선택하고 그 위치

의 숫자와 위치 $n-2$에 들어있는 숫자와 교환하고, 이러한 과정을 반복해 나간다.

위의 과정을 구현하기 위해서는 $1,\ldots,k$ 사이의 어떤 값이나 동일한 확률로 가질 수 있는 확률변수를 생성할 수 있어야 한다. 이를 달성하기 위해 구간 (0, 1) 상의 균일분포를 따르는 확률변수를 $U$로 나타내기로 하고, Int($kU$)를 $kU$의 정수 부분, 즉 $kU$를 넘지 않는 가장 큰 정수로 정의한다. 그러면 $i=1,\ldots,k$에 대해

$$\begin{aligned} P[\mathrm{Int}(kU)+1=i] &= P[\mathrm{Int}(kU)=i-1] \\ &= P(i-1 \le kU < i) \\ &= P\left(\tfrac{i-1}{k} \le U < \tfrac{i}{k}\right) \\ &= 1/k \end{aligned}$$

이 성립한다. 즉, Int($kU$) +1은 $1,\ldots,k$ 중 어떤 값이나 동일한 확률로 가질 수 있다.

이제 $1, 2,\ldots,n$ 등의 숫자들에 대한 무작위 순열을 생성하는 알고리즘은 다음과 같이 표현될 수 있다.

1. $r_1, r_2,\ldots,r_n$을 $1, 2,\ldots,n$ 등의 숫자들에 대한 임의의 순열이라고 하자(예를 들어 $r_j = j$ ($j=1,\ldots,n$)으로 택할 수도 있다).
2. $k=n$으로 둔다(위치 $k$로 옮길 숫자를 결정해야 할 것이다).
3. 난수 $U$를 생성하고 $I=\mathrm{Int}(kU)+1$이라 둔다.
4. $r_I$와 $r_k$의 값을 교환한다.
5. $k=k-1$이라 둔다.
6. $k>1$이면 단계 3으로 돌아가고, $k=1$이면 단계 7로 진행한다.
7. $r_1,\ldots,r_n$이 구하고자 하는 순열이다.

예를 들어 $n=4$이고 초기 순열이 1, 2, 3, 4라고 하자. 1, 2, 3, 4중 어느 것이나 동일한 확률로 $I$의 첫 번째 값이 될 수 있는데, 2가 선택되었다고 하면, 위치 2의 숫자와 위치 4의 숫자를 교환하게 되어 새로운 순열 1, 4, 3, 2를 얻게 될 것이다. 이제 1, 2, 3중 어느 것이나 동일한 확률로 다음 $I$의 값이 될 수 있는데, 3이 선택되었다고 하면, 위치 3의 숫자와 위치 3의 숫자를 교환하게 되어 순열은 변화 없이 1, 4, 3, 2를 유지할 것이다. 1, 2중 어느 것이나 동일한 확률로 $I$의 마지막 값이 될 수 있는데, 이번에는 1이 선택되었다고 하면, 위치 1의 숫자와 위치 2의 숫자를 교환하게 되어 최종적인 순열 4, 1, 3, 2를 얻게 될 것이다.

위의 알고리즘이 갖는 중요한 성질 한 가지는 이 알고리즘이 집합 $\{1, 2,\ldots,n\}$에서 추출된 크기 $n$의 무작위 부분집합을 생성할 때에도 사용될 수 있다는 점이다. $r \le n/2$의 경우에는 끝부분의 $r$개의 위치, 즉, 위치 $n, n-1,\ldots,n-r+1$에 있는 원소들이 정해질 때까지 위의 알고리즘을 진행하고, 그 위치들에 있는 숫자들을 크기 $r$의 무작위 부분집합으로 택한다. $r > n/2$의 경우에는 부분집합에 포함될 $r$개의 숫자를 직접 선택하기보다는 부분집합에 포함되지 않을 $n-r$개의 숫자들을 선택하는 것이 빠르다. 따라서 이 경우에는 끝부분의 $n-r$개의 위치들이 채워질 때까지 위의 알고리즘을 진행 시킨 후 남아있는 숫자들을 크기 $r$의 무작위 부분집합으로 택한다. ■

### 15.2.1 몬테카를로 시뮬레이션 방식

$X_1, X_2, \ldots, X_n$이 서로 독립이고 밀도함수가 $f(x)$로 주어지는 동일한 분포를 갖는 확률변수들일 경우 어떤 통계량 $h(X_1, X_2, \ldots, X_n)$에 대한 기댓값을 계산하는 일을 생각해보자. $X_1, X_2, \ldots, X_n$에 대한 결합 밀도함수

$$f(x_1, \ldots, x_n) = f(x_1) f(x_2) \cdots f(x_n)$$

를 사용하여 다음과 같이 표현할 수 있다.

$$\begin{aligned} &E[h(X_1, X_2, \ldots, X_n)] \\ &= \int \int \cdots \int h(x_1, \ldots, x_n) f(x_1) f(x_2) \cdots f(x_n)\, dx_1\, dx_2 \cdots dx_n \end{aligned}$$

그러나 위의 공식을 사용하는 데 따르는 어려움은 다중 적분에 대한 해석학적 해를 구하는 것이 불가능하거나 지정된 정밀도로 수리적 계산을 수행하기 어려운 경우들이 종종 있다는 점이다. 이러한 경우에 사용할 수 있는 방법이 시뮬레이션으로 $E[h(X_1, X_2, \ldots, X_n)]$의 근삿값을 구하는 것이다.

이러한 근사를 수행하기 위해 먼저 각기 밀도함수가 $f$인 $n$개의 서로 독립인 확률변수들을 위한 값 $X_1^1, X_2^1, \ldots, X_n^1$를 생성한 다음

$$Y_1 = h(X_1^1, X_2^1, \ldots, X_n^1)$$

을 계산한다. 이제 밀도함수가 $f$인 또 다른 $n$개의 서로 독립인 확률변수들의 값을 생성하는데, 이 확률변수들은 앞의 $n$개의 확률변수에 대해서도 서로 독립이다. 두 번째의 확률변수들을 위해 생성된 값들의 집합을 $X_1^2, X_2^2, \ldots, X_n^2$라고 하고

$$Y_2 = h(X_1^2, X_2^2, \ldots, X_n^2)$$

을 계산한다. 이러한 과정을 밀도함수가 $f$인 $n$개의 서로 독립인 확률변수들을 위한 값들의 집합을 $r$개 생성하고 해당 $Y$값을 계산할 때까지 계속한다. 이러한 방법으로 $r$개의 서로 독립이고 동일한 분포를 갖는 확률변수 $Y_i = h(X_1^i, X_2^i, \ldots, X_n^i)$ $(i = 1, \ldots, r)$를 생성한다. 이제 대수의 강법칙에 의해

$$\lim_{r \to \infty} \frac{Y_1 + \cdots + Y_r}{r} = E[Y_i] = E[h(X_1, X_2, \ldots, X_n)]$$

을 얻으며, 따라서 $Y_i$값들의 평균을 $E[h(X_1, X_2, \ldots, X_n)]$에 대한 추정치로 사용할 수 있다. 이러한 근사 방법을 **몬테카를로(Monte Carlo)** 시뮬레이션 방식이라고 한다. 매번 $Y$값을 새로 생성할 때마다 새로운 **시뮬레이션 시행(simulation run)**이 완료되었다고 말한다.

물론 위의 방식을 이용하기 위해서는 지정된 밀도함수를 갖는 확률변수들을 생성할 수 있어야 한다. 비록 현재로서는 균일 확률변수에 대해서만 난수 생성기를 사용하여 값들을

생성할 수 있지만, 부트스트랩 방법과 순열 검정의 시행에서는 이 정도로 필요한 계산을 모두 처리할 수 있다. 따라서 다음 두 절에서 부트스트랩 방법과 순열 검정을 다룬 후에 다시 임의의 분포를 갖는 확률변수들을 생성하는 방법에 관한 시뮬레이션 문제와 시뮬레이션 조사의 종료 시기를 결정하는 문제 등을 마지막 절들에서 살펴볼 것이다.

## 15.3 부트스트랩 방법

$X_1, \ldots, X_n$이 분포 $F$를 갖는 모집단에서 추출된 표본이고 이 표본을 이용하여 $F$의 모수 $\theta$를 추정하려 한다고 하자. 예를 들면, $\theta$는 $X_i$의 평균이나 분산일 수 있다. $\theta$에 대한 추정량 $d = d(X_1, \ldots, X_n)$가 있는데, 이것이 $\theta$에 대해 얼마나 우수한 추정량인지 평가하고 싶다고 하자. $\theta$의 추정량으로서의 $d(X_1, \ldots, X_n)$의 가치에 대한 한 가지 측도는

$$MSE_F(d) = E_F[(d(X_1, \ldots, X_n) - \theta)^2]$$

로 정의되는 평균 제곱 오차이다. 즉, $MSE_F(d)$는 추정량 $d(X_1, \ldots, X_n)$와 모수 $\theta$ 사이의 거리의 제곱에 대한 기댓값이며, 여기에서 $MSE_F$, $E_F$ 등의 기호는 기댓값에 대한 계산은 $X_1, \ldots, X_n$이 서로 독립이고 분포함수 $F$를 따르는 확률변수들이라는 가정하에 이루어짐을 표시한다. $MSE_F(d)$에 대한 추정치를 어떻게 계산할 수 있을까?

### 예제 15.3a

$\theta = E[X_i]$이 분포 $F$의 평균이고 $d(X_1, \ldots, X_n) = \bar{X}_n = \sum_{i=1}^{n} X_i/n$이 데이터 값 $X_1, \ldots, X_n$에 대한 표본평균이라면,

$$E_F[d(X_1, \ldots, X_n)] = E_F[\bar{X}_n] = E_F[X_i] = \theta$$

이므로

$$MSE_F(\bar{X}_n) = E_F[(\bar{X}_n - \theta)^2] = \text{Var}_F(\bar{X}_n) = \sigma^2/n$$

을 얻을 수 있는데, 여기에서 $\sigma^2 = \text{Var}_F(X_i)$이다. 따라서 이 경우 $MSE_F(\bar{X}_n)$는 $S_n^2/n$로 추정될 수 있으며,

$$S_n^2 = \frac{1}{n-1}\sum_{i=1}^{n}(X_i - \bar{X}_n)^2$$

은 데이터값 $X_1, \ldots, X_n$에 대한 표본분산이며, 모집단분산 $\sigma^2$의 추정에 사용될 수 있다. ■

앞의 예제에서 모집단 평균의 추정량으로서의 표본평균에 대한 평균 제곱 오차를 추정하는 일은 어렵지 않았지만, 만일 처음에 원한 것이 모집단분산이었다면 어땠을까? 즉, $\theta = \mathrm{Var}_F(X_i)$이었다면? 이 경우에는 표본분산을 추정량으로 사용할 수 있다. 그러나 이러한 추정량 $d(X_1, \ldots, X_n) = S_n^{\,2}$을 표현하기는 쉬운 반면, 이에 대한 평균 제곱 오차를 추정하는 일은 쉽지 않다. 이러한 상황에서 사용할 수 있는 한 가지 방법이 지금 소개할 부트스트랩 방법이다.

모수 $\theta$의 추정량 $d(X_1, \ldots, X_n)$에 대한 평균 제곱 오차를 추정하기 위해 데이터값들 $X_i = x_i (i = 1, \ldots, n)$이 주어져 있다고 하자. 임의의 $x$에 대해 $F_e(x)$가 $x$ 이하인 데이터 값의 비율을 나타낸다고 하자. 즉,

$$F_e(x) = \frac{i \leq n \text{ 인 개수 : } x_i \leq x}{n}$$

예를 들어 $n = 5$이고 $X_1 = 5$, $X_2 = 3$, $X_3 = 9$, $X_4 = 2$, $X_5 = 6$이면,

$$F_e(x) = \begin{cases} 0 & \text{if} \quad x < 2 \\ 1/5 & \text{if} \quad 2 \leq x < 3 \\ 2/5 & \text{if} \quad 3 \leq x < 5 \\ 3/5 & \text{if} \quad 5 \leq x < 6 \\ 4/5 & \text{if} \quad 6 \leq x < 9 \\ 1 & \text{if} \quad x \geq 9 \end{cases}$$

$F_e(x)$와 같은 함수를 **경험적 분포함수(empirical distribution function)**라고 한다. 값 $x_1, \ldots, x_n$이 모두 다를 때, $F_e$는 동일한 확률로 $x_1, \ldots, x_n$ 중의 어떤 값이라도 될 수 있는 확률변수 $X_e$에 대한 분포함수가 된다. 즉, 데이터값이 모두 다를 때, $F_e$는 아래 조건을 만족하는 확률변수 $X_e$에 대한 분포함수이다.

$$P(X_e = x_i) = 1/n, \quad i = 1, \ldots, n$$

데이터값이 모두 다르지는 않은 경우라면, $F_e$는 특정 값과 같을 확률이 데이터 집합에서 그 값의 빈도수를 $n$으로 나눈 값이 되는 확률변수 $X_e$에 대한 분포함수가 된다. 예를 들어 $n = 3$이고 $x_1 = x_2 = 1$, $x_3 = 2$이면, $X_e$는 1이 될 확률은 2/3이고 2가 될 확률은 1/3인 확률변수이다. 각각의 다른 값에 대한 이와 같은 가중치를 감안하면서 $F_e$는 동일한 확률로 $x_1, x_2, \ldots, x_n$ 중의 어떤 값이라도 될 수 있는 확률변수 $X_e$에 대한 분포함수라고 표현한다.

이제 임의의 $x$값에 대해, 데이터값 $X_i (i = 1, \ldots, n)$ 각각이 $x$ 이하일 확률은 $F(x)$가 된다. 따라서 대수의 강법칙에 의해 $n$이 무한대에 접근함에 따라 데이터값 중 $x$ 이하일 확률이 1인 비율이 $F(x)$에 수렴한다는 것을 알 수 있다. 따라서 $n$이 클 때 $F_e(x)$는 $F(x)$에 가까우며, 이는 경험적 분포함수 $F_e$가 모집단 분포함수 $F$에 대한 추정량으로 사용될 수 있음을 의미한다.

이제 $\theta_e$와 분포 $F_e$의 관계를 $\theta$와 분포 $F$ 사이의 관계와 같은 것으로 두자. 예를 들어 $\theta$가 분포 $F$를 갖는 확률변수 $X$의 분산이라면, $\theta_e$는 분포 $F_e$를 갖는 확률변수 $X_e$의 분산이다. 이제 $F_e$가 $F$에 가까울 경우, 거의 대부분의 경우 $\theta_e$는 $\theta$에 가까워질 것이다(엄밀히 말하자면, $\theta$가 분포 $F$에 대한 연속함수일 경우에 그렇게 될 것이다). 이러한 이유로 $\theta$의 추정량 $d(X_1, \ldots, X_n)$의 평균 제곱 오차를 다음과 같이 근사할 수 있다.

$$MSE_F(d) = E_F[(d(X_1, \ldots, X_n) - \theta)^2] \approx E_{F_e}[(d(X_1, \ldots, X_n) - \theta_e)^2]$$

위의 식에서 $E_{F_e}$는 $x_1, \ldots, x_n$이 서로 독립이며 각기 분포함수가 $F_e$인 확률변수들이라는 가정하에 기댓값을 계산할 것임을 나타낸다. 즉, $X_1, \ldots, X_n$ 각각은 동일한 확률로 값 $x_1, \ldots, x_n$ 중의 어느 것이라도 될 수 있다.

$$MSE_{F_e}(d) = E_{F_e}[(d(X_1, \ldots, X_n) - \theta_e)^2]$$

은 $\theta$에 대한 추정량으로서의 $d(X_1, \ldots, X_n)$의 **평균 제곱 오차에 대한 부트스트랩 추정치**라고 불린다.

이제 $MSE(F_e)$를 추정량으로 사용할 필요가 없을 때, 즉, 표본평균으로 분포의 평균을 추정할 때, $MSE(F_e)$가 $MSE(F)$를 얼마나 잘 추정하는지 살펴보기로 하자.

### 예제 15.3b

$\bar{X}_n = \sum_{i=1}^{n} X_i/n$이 분포 $F$의 평균에 대한 추정량으로 사용되는 예제 15.3a를 생각해보자. $X_e$는 데이터값들 $x_1, \ldots, x_n$ 각각에 동일한 가중치를 부과하므로, $\theta_e$가 이 분포의 평균일 때

$$\theta_e = E[X_e] = \sum_{i=1}^{n} x_i P(X_e = x_i) = \frac{1}{n}\sum_{i=1}^{n} x_i = \bar{x}_n$$

가 성립한다. 그런데

$$E_{F_e}[\sum_{i=1}^{n} X_i/n] = E_{F_e}[X] = \theta_e = \bar{x}_n$$

이므로

$$\begin{aligned} MSE_{F_e}(\bar{X}_n) &= E_{F_e}[(\sum_{i=1} X_i/n - \bar{x}_n)^2] \\ &= \text{Var}_{F_e}(\sum_{i=1}^{n} X_i/n) \\ &= \frac{1}{n}\text{Var}_{F_e}(X) \end{aligned}$$

가 성립한다. 이제

$$\begin{aligned}\mathrm{Var}_{F_e}(X) &= E_{F_e}[(X-\bar{x}_n)^2]\\ &= \sum_{i=1}^{n}(x_i-\bar{x}_n)^2 P_{F_e}(X=x_i)\\ &= \frac{1}{n}\sum_{i=1}^{n}(x_i-\bar{x}_n)^2\end{aligned}$$

임을 알 수 있으며, 따라서

$$MSE_{F_e}(\bar{X}_n) = \frac{1}{n^2}\sum_{i=1}^{n}(x_i-\bar{x}_n)^2$$

임을 증명하였다. $MSE_F(\bar{X}_n) = \frac{1}{n}\mathrm{Var}_F(X)$에 대한 통상적인 추정량은 $S_n^2/n$이며 이에 대한 관측값은 $\frac{1}{n(n-1)}\sum_{i=1}^{n}(x_i-\bar{x}_n)^2$이므로, 이 경우 부트스트랩 추정치가 통상적인 추정치와 거의 동일 하다는 것을 알 수 있다. ■

앞에서 언급하였듯이, 데이터값이 $X_i = x_i\ (i=1,\ldots, n)$이면 경험적 분포함수 $F_e$ 각각의 $x_i$값에 동일한 가중치 $1/n$을 부과하며, 따라서 대개의 경우 $\theta_e$의 값은 쉽게 계산될 수 있다. $\theta$의 추정량 $d(X_1,\ldots, X_n)$에 대한 평균 제곱 오차의 부트스트랩 추정치를 구하려면

$$MSE_{F_e}(d) = E_{F_e}[(d(X_1,\ldots,X_n)-\theta_e)^2]$$

을 계산해야 한다. 그런데 위의 기댓값에 대한 계산은 $X_1,\ldots, X_n$ 모두 $F_e$ 분포를 따른다는 가정 하에 이루어지므로 벡터 $(X_1,\ldots, X_n)$는 동일한 확률로 $n^n$개의 가능한 값 $(x_{i1}, x_{i2},\ldots, x_{in})$ 중의 어느 것이나 될 수 있으며, 여기에서 각 $i_j$는 $1,\ldots, n$ 중 한 값을 갖는다. 따라서 $n$이 아주 작을 경우가 아니면 $MSE_{F_e}(d)$에 대한 정확한 계산은 과도한 부담이 된다.

하지만 시뮬레이션을 이용하여 $MSE_{F_e}(d)$를 계산하는 것은 그리 어렵지 않다. 시뮬레이션을 수행하기 위해서는 $F_e$ 분포를 따르는 $n$개의 서로 독립인 확률변수 $X_1^1,\ldots, X_n^1$을 생성하고 이들을 사용하여

$$Y_1 = (d(X_1^1,\ldots,X_n^1)-\theta_e)^2$$

값을 계산한다. 그런 다음 이 과정을 다시 반복하여 $F_e$ 분포를 따르는 또 다른 $n$개의 서로 독립인 확률변수 집합 $X_1^2, X_2^2,\ldots, X_n^2$을 생성하고 이들을 사용하여

$$Y_2 = (d(X_1^2,\ldots,X_n^2)-\theta_e)^2$$

값을 계산한다. 이를 많은 횟수인 $r$번 반복하여 $Y_1, \ldots, Y_r$값들을 얻는다. 이 값들의 평균 $\sum_{i=1}^{r} Y_i / r$이 $MSE_{F_e}(d)$에 대한 근삿값이 되며, 이 값이 $MSE_F(d)$에 대한 추정량으로 사용될 것이다.

### 메모

$F_e$ 분포를 따르는 확률변수 $X$를 생성하는 일은 쉽다. 난수 $U$를 생성하고 $I = \text{Int}(nU) + 1$이라고 두면, $I$는 동일한 확률로 $1, \ldots, n$ 중 어느 값이나 될 수 있다. 그리고 다음과 같이 둔다.

$$X = x_I$$

### 예제 15.3c

분포 $F$로부터 추출된 크기 $n$의 표본에 대한 표본분산 $S_n^2 = \sum_{i=1}^{n}(X_i - \bar{X}_n)^2/(n-1)$을 분포 $F$의 분산인 $\sigma^2$에 대한 추정량으로 사용한다고 하자. 표본분산의 평균 제곱 오차를 추정하기 위해 관측된 데이터를 $X_i = x_i$ $(i = 1, \ldots, n)$로 두자.

분포 $F_e$는 모든 값 $x_i$ $(i = 1, \ldots, n)$에 동일한 가중치를 부과하므로

$$E_{F_e}[X] = \sum_{i=1}^{n} x_i P_{F_e}(X = x_i) = \sum_{i=1}^{n} x_i / n = \bar{x}_n$$

이 성립하며, 따라서 분포 $F_e$의 분산인 $\theta_e$은 다음과 같이 주어진다.

$$\theta_e = \text{Var}_{F_e}(X) = E_{F_e}[(X - \bar{x}_n)^2] = \sum_{i=1}^{n} (x_i - \bar{x}_n)^2 / n$$

따라서

$$MSE_{F_e}(S_n^2) = E_{F_e}[(S_n^2 - \theta_e)^2] = E_{F_e}\left[\left(\frac{\sum_{i=1}^{n}(X_i - \bar{X}_n)^2}{n-1} - \theta_e\right)^2\right]$$

$MSE_{F_e}(S_n^2)$에 대한 근삿값을 구하기 위해 시뮬레이션을 사용한다.

예를 들어 $n = 8$이고 데이터 값은 $x_1 = 5$, $x_2 = 9$, $x_3 = 12$, $x_4 = 8$, $x_5 = 7$, $x_6 = 15$, $x_7 = 3$, $x_8 = 6$이라고 하자. 그러면

$$\bar{x}_8 = 8.125, \qquad \theta_e = \sum_{i=1}^{8} (x_i - \bar{x}_8)^2 / 8 \approx 13.11$$

다음에 서술되는 $MSE_{F_e}(S_n^2)$에 대해 시뮬레이션 기반 근사 방식에서 $x_i$ $(i = 1, \ldots, 8)$의 값들은 앞에서와 같다고 하자. 총 $r$회의 시뮬레이션 시행이 수행될 것이며, 변수 $N$은 현재의 시뮬레이션 시행 번호를 나타낸다. 각 시행에서 분포 $F_e$를 따르는 8개의 확률변수 값 $X_M(M = 1, \ldots$

., 8)을 생성한다. $S$와 $SS$는 각기 이번 시행에서 현재까지 생성된 $X_M$들의 합과 $X_M$들의 제곱의 합을 나타낸다. 하나의 시행이 완료될 때, 표본분산 $SV$는 다음의 관계식을 이용하여 계산된다.

$$\frac{\sum_{i=1}^{8}(X_i-\bar{X}_8)^2}{7}=\frac{\sum_{i=1}^{8}X_i^2-8\bar{X}_8^2}{7}=\frac{\sum_{i=1}^{8}X_i^2-(\sum_{i=1}^{8}X_i)^2/8}{7}=\frac{SS-S^2/8}{7}$$

$SV$와 $\theta_e = 13.11$ 사이의 차에 대한 제곱을 계산하여 이미 계산된 $N-1$개의 차에 대한 제곱합인 $T$에 더한다. $r$회의 시행이 완료되면 시뮬레이션이 종료되며, 표본분산과 $\theta_e$의 차에 대한 제곱들의 평균이 $MSE_{F_e}(S_n^2)$에 대한 시뮬레이션 기반 근삿값이 된다.

1. $T = 0,\ N = 1$이라 둔다.
2. $M = 1$이라 둔다.
3. $S = 0,\ SS = 0$이라 둔다.
4. 난수 $U$를 생성한다.
5. $I = \text{Int}(8U) + 1$이라 둔다.
6. $S = S + x_I$을 계산한다.
7. $SS = SS + x_I^2$을 계산한다.
8. $M < 8$이면, $M = M + 1$이라 두고 단계 4로 돌아간다.
9. $SV = (SS - S^2/8)/7$을 계산한다.
10. $T = T + (SV - 13.11)^2$을 계산한다.
11. $N < r$이면 $N = N + 1$이라 두고 단계 2로 돌아간다.
12. $N = r$이면 $T/r$을 $MSE_{F_e}(S_n^2)$에 대한 근삿값으로 돌려준다. ■

이번에는 추정하고자 하는 것이 추정량에 대한 평균 제곱 오차가 아니라 $\theta$에 대한 추정량이 실제 $\theta$값에서 $h$ 이내에 속할 확률이라고 하자. 즉,

$$p_h \equiv P_F(|d(X_1,\ldots,X_n)-\theta| \le h)$$

을 추정하고자 한다고 하자. 이에 대한 추정량을 얻기 위해서는

$$P_F(|d(X_1,\ldots,X_n)-\theta| \le h) \approx P_{F_e}(|d(X_1,\ldots,X_n)-\theta_e| \le h)$$

를 사용하고 우변을 추정하기 위해 시뮬레이션을 이용한다. 즉, 데이터 $X_1,\ldots,X_n$이 $X_i = x_i$ $(i = 1,\ldots,n)$ 등의 값을 갖는 것을 관측한 후 $F_e$를 경험적 분포로 둔다. 즉, $F_e$는 동일한 확률로 $x_1,\ldots,x_n$ 중의 어느 값이나 될 수 있는 확률변수의 분포함수이다. 다음에 $\theta_e$의 값을 계산한다. 그런 다음 분포 $F_e$로부터 $n$개의 서로 독립인 확률변수 집합을 연속적으로 생성한다. 생성된 각 값의 집합에 대해 $d$를 계산하고 그 결과가 $\theta_e$에서 $h$ 이내의 범위에 속하는지 확인한다. $h$ 이내의 범위에 속하는 횟수의 비율이

$$P_{F_e}(|d(X_1,\ldots,X_n)-\theta_e|\le h)$$

에 대한 시뮬레이션 기반 추정치이며 $p_h$를 추정하기 위해 사용된다.

정확히 표현하면, 최초의 데이터를 사용하여 $F_e$와 $\theta_e$에 대한 결과값을 계산한다. 그런 다음 시뮬레이션 횟수를 결정한다(대개 $10^4$에서 $10^5$ 사이 정도면 충분하지만, 시행 횟수를 어떻게 정할지에 대한 구체적인 사항은 15.7절에서 다룬다). $r$회의 시행을 위해서는 분포 $F_e$로부터 $n$개의 서로 독립인 확률변수 값들의 집합을 $r$번 생성해야 한다. $i$번째 생성된 값들의 집합을 $x_1,\ldots,x_n$이라 두고 $d_i = d(x_{i,1},\ldots,x_{i,n})$값을 계산한다. $|d_i-\theta_e| \le h$인 $i(i=1,\ldots,r)$의 비율이 $p_h \equiv P_F\{|d(X_1,\ldots,X_n)-\theta| \le h\}$에 대한 추정치이다.

## ■ 예제 15.3d

다음은 어느 학군에서 무작위로 선택된 16명의 학생들의 PSAT 수학 점수이다.

522, 474, 644, 708, 466, 534, 422, 480, 502, 655, 418, 464, 600, 412, 530, 564

위의 표본 데이터를 사용하여 다음 값들을 추정하라.

(a) 이 학군 내 전체 학생들의 평균 점수
(b) 학군 평균의 추정량이 실제 학군 평균에서 5점 이내의 범위에 속할 확률
(c) 학군 평균의 추정량이 실제 학군 평균에서 10점 이내의 범위에 속할 확률

**풀이** 위의 데이터가 평균이 $\theta(F)=\mu$인 분포 $F$로부터 추출된 무작위 표본을 구성한다고 가정한다. $\mu$에 대한 자연스러운 추정량은 표본평균 $\overline{X}$이며, 계산된 추정치는 다음과 같다.

$$\theta_e=\bar{x}=524.7$$

크기 16의 표본에 대한 표본평균이 모집단 평균에서 $h$ 이내의 범위에 속할 확률 $p_h$는

$$P_{F_e}(|\bar{X}_{16}-\theta_e|\le h)=P_{F_e}(|\bar{X}_{16}-524.7|\le h)$$

로 추정되는데, 여기에서 $\bar{X}_{16}$은 최초의 16개 데이터값 각각에 1/16이라는 확률을 부여하는 분포에서 추출된 크기 16의 표본에 대한 평균이다. 각기 $F_e$에서 추출되는 크기 16의 표본을 생성하는 $10^5$회의 시뮬레이션 시행들에 기반한 시뮬레이션의 결과 $h=5$와 $h=10$의 경우에 각기 추정치 .1801과 .3542를 얻었다고 하자.

표본평균으로 분포의 평균을 추정하고 있기 때문에, 중심극한정리를 이용하여 확률 $p_h$의 근삿값을 구할 수도 있다. 분포 $F$의 평균과 표준편차를 $\mu$와 $\sigma$로 둘 때, 크기 16의 표본에 대한 표본평균이 $\mu$에서 $h$ 이내의 범위에 속할 확률은 $\bar{X}_{16}$이 평균이 $\mu$이고 분산이 $\sigma^2/16$인 근사 정규분포를 갖는다는 사실을 이용하여 근삿값을 구할 수 있다. 따라서 표준 정규 확률변수 $Z$에 대해 다음 결과를 얻는다.

$$P(-h \le \bar{X}_{16} - \mu \le h) = P(\frac{-h}{\sigma/4} \le \frac{\bar{X}_{16} - \mu}{\sigma/4} \le \frac{d}{\sigma/4})$$
$$\approx P(-4h/\sigma \le Z \le 4h/\sigma)$$
$$= 2\,\Phi(4h/\sigma) - 1$$

간단한 계산으로 16개의 데이터 값들에 대한 표본 표준편차가 $s = 89.1$임을 알 수 있다. 이 값을 $\sigma$에 대한 근삿값으로 취하면 다음의 결과를 얻는다.

$$2\,\Phi(4h/\sigma) - 1 \approx 2\,\Phi(4h/89.1) - 1$$

따라서 표본평균이 모집단 평균에서 5점 이내의 범위에 속할 확률에 대한 추정치는 $2\Phi(.2245) - 1 = .1776$이며, 모집단 평균에서 10점 이내의 범위에 속할 확률에 대한 추정치는 $2\Phi(.4490) - 1 = .3466$이며, 이 값들은 비모수적 부트스트랩 방식으로 구한 값들과 상당히 비슷하다. 그러나 평균 이외의 분포 모수를 추정할 경우 중심극한정리를 이용할 수 없을 수도 있음을 유의하기 바란다.

예를 들어 학군 내의 전체 학생들의 점수에 대한 표준편차인 $\sigma$를 추정하기 위해 위의 16개 데이터값을 사용한다고 하자. 추정량으로 표본 표준편차를 사용할 경우 추정치 $s = 89.1$을 얻는다. 이제 이 추정량이 $\sigma$에서 10점 이내의 범위에 속할 확률을 추정해보자. 즉, 크기 16의 표본에 대한 표본 표준편차가 $F$의 실제 표준편차에서 10점 이내의 범위에 속할 확률을 추정하려 한다고 하자. 이를 위해 경험적 분포 $F_e$로부터 추출된 크기 16의 표본에 대한 표본 표준편차가 $F_e$의 표준편차에서 10점 이내의 범위에 속할 확률로 그 값을 추정한다. 이제 분포 $F_e$는 16개의 값 $x_1, \ldots, x_{16}$ 각각에 동일한 가중치를 부과하므로, 그에 대한 평균은 $\bar{x}$이며 표준편차는 다음과 같다.

$$\sigma_e = \sqrt{E_{F_e}[(X - \bar{x})^2]} = \sqrt{\frac{1}{16}\sum_{i=1}^{16}(x_i - \bar{x})^2} = 89.1\sqrt{15/16} = 86.27$$

따라서 표본표준편차와 $\sigma$와의 차이가 10점 이내일 확률에 대한 추정치는 다음과 같다.

$$P_{F_e}(|S_{16} - \sigma_e| \le 10) = P_{F_e}(|S_{16} - 86.27| \le 10)$$

여기에서 $S_{16}$은 분포 $F_e$로부터 추출된 크기 16의 표본에 대한 표본 표준편차이다. 시뮬레이션을 이용하여 위의 확률에 대한 근삿값을 구할 수 있다. 실제로 $10^5$회의 시행을 통해 수행된 시뮬레이션의 결과는 다음과 같다.

$$P_{F_e}(|S_{16} - 86.27| \le 10) \approx .5424$$

따라서 전체 학생들의 점수에 대한 실제 표준편차가 79.1에서 99.1 사이일 확률은 대략 54% 정도이다. ■

## 15.4 순열 검정

데이터 $X_1, \ldots, X_N$이 특정되지 않은 어떤 분포에서 추출된 표본이라는 귀무가설 $H_0$을 검정하려 한다고 하자. **순열 검정(permutation test)**은 위의 가설을 검정하는 방법이며, 관측된 데이터 값들의 집합인 $S$는 알고 있지만, 그 중 어느 값이 $X_1$이고 어느 값이 $X_2$인지 등에 대해서는 모른다는 조건에서 $p$-값이 계산된다. 예를 들어 $N = 3$이고 $X_1 = 5$, $X_2 = 7$, $X_3 = 2$일 때, $p$-값은 데이터값의 집합이 $S = \{2, 5, 7\}$이라는 정보에 대해 계산된다. $p$-값에 대한 계산은 귀무가설이 참일 때 데이터값의 집합 $S$에 대해 원래의 데이터로 $N$개의 값을 배정할 수 있는 $N!$가지 방법의 확률이 동일하다는 사실을 이용한다. 즉, $N = 3$이고 데이터값의 집합은 앞에서와 마찬가지로 $S = \{2, 5, 7\}$이라고 하자. 이때 귀무가설 $H_0$은 $X_1$, $X_2$, $X_3$이 서로 독립이고 동일한 분포를 갖는다는 것이다. 따라서 $H_0$이 참이면, 데이터 집합이 $S$로 주어졌을 때 벡터 $(X_1, X_2, X_3)$은 동일한 확률로 2, 5, 7 등의 값에 대한 3!가지 순열 중 어느 것이라도 될 수 있다.

순열 검정은 다음과 같이 구현된다. 대립가설에 따라 검정통계량 $T(X_1, X_2, X_3)$을 선택한다. 당분간 검정통계량의 값이 크면 대립가설이 옳다는 증거라고 가정한다. 데이터 값 $X_i = x_i$ $(i = 1, \ldots, N)$을 관측하고 $T(X_1, X_2, X_3)$ 값을 계산한다. 이제 $S = \{x_1, \ldots, x_N\}$을 관측된 $N$개의 값으로 이루어진 순서 없는 집합이라 하자. 검정통계량의 값이 $T(X_1, \ldots, X_N) = t$이면 이 데이터에서 얻게 되는 귀무가설의 $p$-값은 다음과 같다.

$$p-\text{값} = P_{H_0}(T(X_1, \ldots, X_N) \geq t | \mathcal{S} = \{x_1, \ldots, x_N\})$$

이제 $H_0$ 하에서 $X_1, \ldots, X_N$은 동일한 확률로 $x_1, \ldots, x_N$에 대한 $N!$가지 순열 중 어느 것이나 될 수 있다. 따라서 $I_1, \ldots, I_N$을 동일한 확률로 $1, \ldots, N$에 대한 $N!$가지 순열 중 어느 것이나 될 수 있는 확률 벡터라고 하면, 위의 $p$-값을 다음과 같이 표현할 수 있다.

$$\begin{aligned} p-\text{값} &= P\{T(x_{I_1}, x_{I_2}, \ldots, x_{I_N}) \geq t\} \\ &= \frac{\text{number of permutations } (i_1, \ldots, i_N) : T(x_{i_1}, x_{i_2}, \ldots, x_{i_N}) \geq t}{N!} \end{aligned}$$

예를 들어 설명하기 위해, $N$주에 걸쳐 데이터를 관측하고, $i$ $(i = 1, \ldots, N)$번째 주에 관측된 데이터 값을 $X_i$라고 하고 이 데이터를 사용하여 다음의 귀무가설을 검정한다고 하자.

$H_0$ : $X_1, \ldots, X_N$은 서로 독립이고 동일한 분포를 갖는다.
$H_1$ : $i$가 증가함에 따라 $X_i$도 증가하는 경향이 있다.

이제 귀무가설이 참이고 데이터가 서로 독립이고 동일한 분포를 가질 경우, 값들의 집합 $X_1, \ldots, X_N$은 알고 있지만, 그 중 어느 값이 $X_1$이고 어느 값이 $X_2$인지 등에 대해서는 모른다는 조건에서 $p$-값이 계산된다. 통계량 $\sum_{j=1}^{N} jX_j$은 두 개의 데이터 집합 $\{1, \ldots, N\}$과 $\{X_1, \ldots, X_N\}$의 원소들을 무작위로 짝지어 얻은 $N$쌍의 값들을 각기 곱한 것들을 합하여 계산한 값인 것처럼 분포할 것이다. 반면에 대립가설이 참일 경우 $\sum_{j=1}^{N} jX_j$은 두 개의 데이터 집합 $\{1, \ldots, N\}$과 $\{X_1, \ldots, X_N\}$의 원소들을 무작위로 짝지어 얻은 $N$쌍의 값들을 각기 곱한 것들을 합하여 계산한 값보다 큰 경향을 보일 것이다. 그 이유는 같은 크기의 두 집합의 원소들의 쌍을 곱한 것들을 합하여 계산한 값이 최댓값을 갖는 것은 가장 큰 원소들끼리 짝짓고, 또 두 번째로 큰 원소들끼리 짝짓고, ... 등으로 계산할 경우이기 때문이다(통계 용어로 표현하면, 데이터 쌍들 $(j, X_j)$ $(j = 1, \ldots, N)$에 대한 상관계수가 클 때는 $j$가 증가함에 따라 $X_j$도 증가하는 경향을 가질 때이다). 따라서 $H_0$ 대 $H_1$에 대한 순열검정의 한 방법은 다음과 같다.

1. 데이터 값들을 관측한다 : $X_j = x_j \;\; (j = 1, \ldots, N)$
2. $t = \sum_{j=1}^{N} jX_j$로 둔다.
3. 다음과 같이 $p$-값을 계산한다.

$$p\text{-값} = P(\sum_{j=1}^{N} I_j x_j \geq t)$$

여기에서 $I_1, \ldots, I_N$은 동일한 확률로 $1, \ldots, N$에 대한 $N!$가지 순열 중 어느 것이나 될 수 있다.

예제 15.2b의 방법을 사용하여 무작위 순열을 생성하는 시뮬레이션을 이용하여 위의 $p$-값에 대한 근삿값을 구할 수 있다.

### 예제 15.4a

DVD 플레이어의 주별 판매고가 하향 추세인지 판단하기 위해, 대형 전자제품 상점의 관리자가 지난 12주 동안의 판매고를 조사하였더니 첫 번째 주부터 12번째 주(이번 주)까지의 판매 수치가 다음과 같았다고 한다.

22, 24, 20, 18, 16, 14, 15, 15, 13, 17, 12, 14

이 데이터는 판매고의 분포가 시간에 따른 변화가 없다는 귀무가설을 기각하고 판매고가 하향추세에 있다고 결론지을 만큼 확실한가?

**풀이** 판매고의 분포가 시간에 따른 변화가 없다는 것을 귀무가설이라 하고, 판매고가 하향추세에 있다는 것을 대립가설로 두자. 이때 대립가설이 참이라면 $j$번째 주의 판매고 $X_j$와 $j$ 사이에는 음의 상관관계가 존재할 것이다. 따라서 $\sum_{j=1}^{12} jX_j$의 값이 비교적 작다는 것은 대립가설을 찬성하는 증거가 될 것이다. 이제 $x_j$가 $X_j$에 대한 관측 값이라면, 판매고 데이터로부터 다음의 결과를 얻는다.

$$\sum_{j=1}^{12} jx_j = 1178$$

따라서 데이터가 동일한 분포에서 온 것이라는 귀무가설 대 시간에 따라 데이터가 감소하는 경향이 있다는 대립가설에 대한 순열 검정의 $p$-값은 다음과 같이 주어진다.

$$p\text{-값} = P\left(\sum_{j=1}^{12} I_j x_j \le 1178\right)$$

여기에서 $I_1, \ldots, I_{12}$는 동일한 확률로 $1, \ldots, 12$에 대한 12!가지 순열 중 어느 것이나 될 수 있다. $10^5$회의 시행을 통해 수행된 시뮬레이션의 결과는

$$p\text{-값} \approx .00039$$

이며, 이것은 분포가 시간이 지나도 변함이 없다는 귀무가설을 기각하도록 만든다. ■

$X_1, \ldots, X_n$이 서로 독립이고 동일한 분포를 가진다는 귀무가설을 $j$가 증가함에 따라 $X_j$가 증가하는 경향이 있다는 대립가설에 대해 검정하기 위해 가장 흔히 사용되는 통계량이 $\sum_{j=1}^{N} jX_j$이기는 하지만, 다른 통계량을 사용할 수 없는 것은 아니다. 실제로 $a_1 < a_2 < \cdots < a_N$일 때 $\sum_{j=1}^{N} a_j X_j$의 형태를 가지는 임의의 검정통계량을 이용할 수 있다(예를 들어 $a_j = j^2$를 선택할 수도 있다). 앞에서와 비슷하게 먼저 통계량의 값을 구하고 이를 $t$라고 부르기로 하자. (대립가설이 참일 때 큰 $a_j$값이 큰 데이터 값과 짝지어지는 경향이 있을 것이므로) 대립가설은 귀무가설이 성립할 때보다 $\sum_{j=1}^{N} a_j X_j$의 값을 크게 만드는 경향이 있으며, 따라서 $t$가 클 때 귀무가설을 기각하게 될 것이다. 따라서 $p$-값은 다음과 같이 계산된다.

$$p\text{-값} = P\left(\sum_{j=1}^{N} a_{I_j} x_j \ge t\right)$$

여기에서 $I_1, \ldots, I_N$은 동일한 확률로 $1, \ldots, N$에 대한 $N!$가지 순열 중 어느 것이나 될 수 있다.

대립가설이 어떤 것인지에 따라 데이터값들이 서로 독립이고 동일한 분포를 가진다는 귀무가설을 검정하기 위한 상수 $a_j$ $(j = 1, \ldots, N)$를 선택할 수 있다. 예를 들어 대립가설이 데이터가 중앙의 값들에서는 큰 값을 갖다가 양끝 쪽에서는 작은 값을 갖는 경향이 있다는 내용일 경우, 검정통계량을 $T = \sum_{j=1}^{N} a_j X_j$ 형태를 갖도록 두고 $a_1, \ldots, a_N$를 중앙 부분이 양끝 부분보다 큰 값을 갖도록 정할 수 있다. 예를 들어 $a_j = (N - j)$ $(j = 1, \ldots, N)$로 둘 수도 있다. 이 경우에도 대립가설이 참일 때 큰 데이터 값이 큰 상수와 짝지어지는 경향이 있으므로, $T$가 클 때 귀무가설을 기각하게 될 것이다.

### 15.4.1 순열 검정에서의 정규 근사

비록 시뮬레이션을 수행할 때만큼 정확하지는 않지만, 검정통계량이 근사정규분포를 따른다고 가정함으로써 순열 검정의 $p$-값에 대한 근삿값을 계산할 수 있다. 이 경우 데이터값들이 서로 독립이고 동일한 분포를 가진다는 귀무가설 하에서 데이터 집합 $S = \{x_1, \ldots, x_N\}$이 주어지면, 확률변수 $X_i$는 동일한 확률로 데이터 집합 안의 $N$개의 값 중 어느 것이나 될 수 있고 확률 벡터 $(X_i, X_j)$ $(i \neq j)$는 동일한 확률로 $N(N-1)$개의 값 $x_k x_r$ $(r \neq k)$ 중 어느 것이나 될 수 있다. 따라서 $S = \{x_1, \ldots, x_N\}$이 주어지면 다음과 같이 계산될 수 있다.

$$
\begin{aligned}
E[X_i] &= \frac{1}{N}\sum_{i=1}^{N} x_i = \bar{x} \\
E[X_i^2] &= \frac{1}{N}\sum_{i=1}^{N} x_i^2 \\
E[X_i X_j] &= \frac{1}{N(N-1)} \sum_k \sum_{r \neq k} x_k x_r \\
&= \frac{1}{N(N-1)} \left( \sum_k \sum_r x_k x_r - \sum_k \sum_{r=k} x_k x_r \right) \\
&= \frac{1}{N(N-1)} \left( \sum_k x_k \sum_r x_r - \sum_k x_k^2 \right) \\
&= \frac{1}{N(N-1)} \left( N^2 \bar{x}^2 - \sum_{k=1}^{N} x_k^2 \right)
\end{aligned}
$$

따라서 $v = \mathrm{Var}(X_i)$와 $c = \mathrm{Cov}(X_i, X_j)$ $(i \neq j)$로 둘 때, 위의 식들에서 다음의 결과를 얻을 수 있다.

$$
\begin{aligned}
E[X_i] &= \bar{x} \\
v = \mathrm{Var}(X_i) &= \frac{1}{N}\sum_{i=1}^{N} x_i^2 - \bar{x}^2 \\
c = \mathrm{Cov}(X_i, X_j) &= \frac{1}{N(N-1)} (N^2 \bar{x}^2 - \sum_{k=1}^{N} x_k^2) - \bar{x}^2 \\
&= \frac{\bar{x}^2}{N-1} - \frac{1}{N(N-1)} \sum_{k=1}^{N} x_k^2 \\
&= \frac{1}{N-1} (\bar{x}^2 - \sum_{k=1}^{N} x_k^2 / N)
\end{aligned}
$$

이 결과를 이용하여 다음 식을 얻는다.

$$v - c = \frac{\sum_{i=1}^{N} x_i^2 - N\bar{x}^2}{N-1}$$

따라서 $H_0$이 참일 때 검정계량 $T = \sum_{j=1}^{N} jX_j$의 평균은

$$E[T] = \frac{N(N+1)}{2}\bar{x}$$

이며 분산은 다음과 같다.

$$\begin{aligned}
\operatorname{Var}(T) &= \operatorname{Var}\left(\sum_{j=1}^{N} jX_j\right) \\
&= \sum_{j=1}^{N} \operatorname{Var}(jX_j) + \sum_i \sum_{j \neq i} \operatorname{Cov}(iX_i, jX_j) \\
&= v\sum_{j=1}^{N} j^2 + c\sum_i \sum_{j \neq i} ij \\
&= v\sum_{j=1}^{N} j^2 + c\left(\sum_i \sum_j ij - \sum_i \sum_{j=i} ij\right) \\
&= v\sum_{j=1}^{N} j^2 + c\left(\sum_{i=1}^{N} i \sum_{j=1}^{N} j - \sum_{i=1}^{N} i^2\right) \\
&= (v-c)\sum_{j=1}^{N} j^2 + \frac{cN^2(N+1)^2}{4} \\
&= (v-c)\frac{N(N+1)(2N+1)}{6} + \frac{cN^2(N+1)^2}{4}
\end{aligned}$$

위의 식들을 이용하여 $H_0$이 참일 때 $T$의 분포는 근사정규라고 가정함으로써 순열 검정의 $p$-값에 대한 근삿값을 구할 수 있다.

### 예제 15.4b

예제 15.4a로 돌아가 보자. $H_0$을 가정하여 계산해보면

$$E[T] = 1300 \quad \operatorname{Var}(T) = 1958.81$$

따라서 정규 근사를 적용하여

$$\begin{aligned} p\text{-값} &= P_{H_0}(T \leq 1178) \\ &= P_{H_0}\left(\frac{T - 1300}{\sqrt{1958.81}} \leq \frac{1178 - 1300}{\sqrt{1958.81}}\right) \\ &\approx \Phi(-2.757) \\ &= .0029 \end{aligned}$$

를 얻는데, 이는 시뮬레이션으로 얻은 값과 상당히 가깝다.

이번에는 12개의 데이터 값 집합은 전과 같지만 나타나는 순서가 다음과 같이 변경되어 있다고 하자.

$$22,\ 14,\ 14,\ 16,\ 24,\ 20,\ 18,\ 15,\ 17,\ 15,\ 12,\ 13$$

이 데이터에 대한 검정통계량 값은 $\sum_{j=1}^{12} jX_j = 1{,}233$이며, 이에 대한 정규 근사 결과는 다음과 같다.

$$\begin{aligned} p\text{-값} &= P_{H_0}(T \leq 1233) \\ &= P_{H_0}\left(\frac{T - 1300}{\sqrt{1958.81}} \leq \frac{1233 - 1300}{\sqrt{1958.81}}\right) \\ &\approx \Phi(-1.514) \\ &= .065 \end{aligned}$$

이번에는 12개의 데이터 값 집합은 여전히 전과 같지만 나타나는 순서가 다음과 같이 변경되어 있다고 하자.

$$22,\ 14,\ 14,\ 16,\ 24,\ 13,\ 18,\ 15,\ 17,\ 15,\ 12,\ 20$$

이 경우 검정통계량의 값은 $\sum_{j=1}^{12} jX_j = 1{,}275$이며, 이에 대한 정규 근사 결과는 다음과 같다.

$$\begin{aligned} p\text{-값} &= P_{H_0}(T \leq 1275) \\ &= P_{H_0}\left(\frac{T - 1300}{\sqrt{1958.81}} \leq \frac{1275 - 1300}{\sqrt{1958.81}}\right) \\ &\approx \Phi(-.565) \\ &\approx .286 \end{aligned}$$

$10^5$회의 시행을 통한 시뮬레이션의 결과로 얻은 값들은 위의 값들과 상당히 비슷하다. 시뮬레이션의 결과는

$$P_{H_0}(T \leq 1233) \approx .068$$

와

$$P_{H_0}(T \leq 1275) \approx .299$$

인데, 이들은 정규 근사로 얻은 값들과 상당히 가깝다. ■

**예제 15.4c**

정규 근사의 타당성에 관한 또 다른 근거를 살펴보기 위해 $N = 4$이고 데이터값들은 다음 순서로 나타난다고 해보자.

$$13,\ 7,\ 5,\ 3$$

이 데이터를 사용하여 데이터들이 동일한 분포에서 추출된 표본이라는 귀무가설을 데이터들이 감소하는 경향이 있다는 대립가설에 대해 검정하려 한다고 하자. 검정통계량의 값은 $T = \sum_{j=1}^{r} jX_j = 54$이다. 간단한 계산을 통해

$$c = -4.667, \qquad v = 14$$

를 얻을 수 있으며, $H_0$ 하에서

$$E[T] = 70, \quad \mathrm{Var}(T) = 93.33$$

임을 의미한다. 따라서 $Z$를 표준 정규 확률변수라고 할 때, 정규 근사를 통해

$$\begin{aligned} p\text{-값} &= P_{H_0}(T \le 54) \\ &= P_{H_0}\left(\frac{T-70}{\sqrt{93.33}} \le \frac{54-70}{\sqrt{93.33}}\right) \\ &\approx P(Z \le -1.656) \\ &= .049 \end{aligned}$$

를 얻을 수 있는데, 정확한 값은 다음과 같다.

$$p\text{-값} = P_{H_0}(T \le 54) = 1/4! \approx .042 \ ■$$

## 15.4.2 2표본 순열 검정

순열 검정은 두 개의 모집단에서 추출한 표본들이 동일한 분포를 갖는지를 검정하는 2표본 문제에서도 유용하다. 구체적으로 표현하기 위해, $X_1, \ldots, X_n$을 미지의 모집단 분포 $F$에서 추출된 표본이며 $X_{n+1}, \ldots, X_{n+m}$을 미지의 모집단 분포 $G$에서 추출된 표본이라 하고, 이 데이터를 사용하여 두 모집단 분포가 동일하다는 귀무가설을 두 번째 분포의 데이터가 첫 번째 분포의 데이터보다 큰 경향이 있다는 대립가설에 대해 검정하려 한다고 하자. 즉, 이 데이터를 사용하여 귀무가설

$$H_0 : F = G$$

을 대립가설

$H_1$ : $G$로부터의 데이터가 $F$로부터의 데이터에 비해 큰 경향이 있다.

에 대해 검정하기를 원한다. 데이터값이 $X_i = x_i$ $(i = 1, \ldots, n + m)$이면, 위의 귀무가설에 대한 순열 검정은 특정의 순서가 정해지지 않은 $n + m$개의 숫자의 집합 $S = \{x_1, \ldots, x_{n+m}\}$

을 알고 있다는 전제하에 이루어진다. $H_0$이 참이어서 $n + m$개의 확률변수 $X_1, \ldots, X_{n+m}$이 서로 독립이고 동일한 분포를 따를 경우, 값들의 집합 $S$가 주어지면, 이 집합의 크기 $n$인 각 부분집합은 동일한 확률로 데이터값의 집합 $x_1, \ldots, x_n$이 될 수 있다. 대립가설은 분포 $F$로부터의 데이터는 분포 $G$로부터의 데이터에 비해 작은 경향이 있다는 것이므로, 타당한 검정은 모집단 분포 $F$로부터의 데이터값의 합이 $n$개의 값이 데이터 집합 $S$에서 무작위로 추출되었다고 하고 계산한 기댓값보다 작을 때 귀무가설을 기각하는 것이다. 보다 구체적으로 표현하자면, $t = \sum_{j=1}^{n} x_i$을 계산하여 $H_0$을 검정할 수 있다. $H_0$ 대 $H_1$에 대한 이 순열 검정의 $p$-값은 $x_1, \ldots, x_{n+m}$ 중에서 $n$개를 무작위로 선택하여 구한 합이 $t$ 이하일 확률에 해당한다. 즉,

$$p\text{-값} = P\left(\sum_{i \in R} x_i \le t\right)$$

여기에서 $R$은 동일한 확률로 집합 $\{1, 2, \ldots, n + m\}$의 $\binom{n+m}{n}$개의 크기 $n$인 부분집합 중 어느 것이나 될 수 있다. 위의 식에 대한 정확한 계산은 $\binom{n+m}{n}$이 작을 경우에만 가능하지만, 시뮬레이션에 의해 꽤 정확한 근삿값을 쉽게 구할 수 있다. 각 시뮬레이션 시행에서 $\{1, 2, \ldots, n + m\}$의 크기 $n$인 부분집합을 무작위로 생성하기 위해 예제 15.2a의 방법을 사용할 수 있다. 이렇게 구한 부분집합을 $R$이라 하면, $\sum_{i \in R} x_i$이 $t$ 이하인지 검사할 수 있다. $\sum_{i \in R} x_i$이 $t$ 이하인 시뮬레이션 시행의 비율이 앞의 $p$-값에 대한 추정치이다.

## 메모

$p$-값을 추정하기 위해 시뮬레이션 대신 정규 근사를 사용할 수도 있다. 동일한 확률로 집합 $\{1, 2, \ldots, n + m\}$의 크기 $n$인 부분집합 $\binom{n+m}{n}$개 중 어느 것이나 될 수 있는 무작위 부분집합 $R$이 주어지면, $i = 1, \ldots, n + m$에 대해 다음과 같이 정의한다.

$$I_i = \begin{cases} 1, & \text{if } i \in R \\ 0, & \text{if } i \notin R \end{cases}$$

그러면

$$\sum_{i \in R} x_i = \sum_{i=1}^{n+m} x_i I_i$$

15.4.1절에서와 유사한 분석에 의해

$$E_{H_0}\Big[\sum_{i\in R} x_i\Big] = E_{H_0}\Big[\sum_{i=1}^{n+m} x_i I_i\Big] = n\bar{x}$$

와

$$\text{Var}_{H_0}\Big(\sum_{i\in R} x_i\Big) = \text{Var}_{H_0}\Big(\sum_{i=1}^{n+m} x_i I_i\Big) = \frac{nm}{n+m-1}\Big(\frac{\sum_{i=1}^{n+m} x_i^2}{n+m} - \bar{x}^2\Big)$$

이 성립함을 보일 수 있으며, 여기에서 $\bar{x} = \sum_{i=1}^{n+m} x_i/(n+m)$이다.

## 15.5 이산확률변수의 생성

아래와 같은 확률 질량 함수를 갖는 확률변수 $X$의 값을 생성하려 한다고 하자.

$$P(X = x_i) = p_i, i = 1, \ldots, \sum_i p_i = 1$$

$X$의 값을 생성하기 위해 난수 $U$를 생성하고

$$p_1 + \ldots p_{i-1} < U \le p_1 + \ldots p_{i-1} + p_i \text{이면 } X = x_i$$

와 같이 둔다. 즉,

$$X = \begin{cases} x_1, & \text{if } U \le p_1 \\ x_2, & \text{if } p_1 < U \le p_1 + p_2 \\ x_3, & \text{if } p_1 + p_2 < U \le p_1 + p_2 + p_3 \\ \cdot & \\ \cdot & \\ \cdot & \\ x_i, & \text{if } p_1 + \ldots + p_{i-1} < U \le p_1 + \ldots + p_{i-1} + p_i \\ \cdot & \\ \cdot & \\ \cdot & \end{cases}$$

$U$는 구간 (0, 1) 상의 균일분포를 가지므로 $0 < a < b < 1$에 대해

$$P(a < U \le b) = b - a$$

이다. 따라서

$$P\left(\sum_{j=1}^{i-1} p_j < U \le \sum_{j=1}^{i} p_j\right) = p_i$$

이며, 이것은 $X$가 원하던 확률 질량 함수를 갖는다는 것을 보여준다. $X$를 생성하는 이러한 방법을 **이산 역변환 방법(discrete inverse transform method)**이라고 한다.

### ■ 예제 15.5a

아래의 조건을 만족하는 베르누이 확률변수 $X$를 생성하기 위해

$$P(X=1) = p = 1 - P(X=0)$$

난수 $U$를 생성하고 다음과 같이 둔다.

$$X = \begin{cases} 1, & \text{if } U \le p \\ 0, & \text{if } U > p. \end{cases}$$ ■

### ■ 예제 15.5b

이번에는 모수가 $n$과 $p$인 이항 확률변수 $X$를 생성해보자. $X$는 각 시행의 성공 확률이 $p$인 $n$번의 시행에서 성공 횟수를 나타낸다는 것을 이용하여, $n$번의 시행 결과를 생성함으로써 $X$를 생성할 수 있다. 즉, $n$개의 난수 $U_1, \ldots, U_n$을 생성하고 $U_i \le p$이면 시행 $i$를 성공이라고 하여 다음과 같이 정한다.

$$X = U_i \le p\text{인 } i\text{의 개수}$$

또 다른 방법은 역변환 방법을 사용하는 것이다.

역변환 방법을 효율적으로 이용하기 위해서는 다음의 값들을 반복 계산하기 위한 효율적인 방법을 필요로 한다.

$$p_i = P(X=i) = \binom{n}{i} p^i (1-p)^{n-i}, \; i = 0, \ldots, n$$

이를 위해 다음의 사실을 이용할 수 있다.

$$\begin{aligned} \frac{\binom{n}{i+1}}{\binom{n}{i}} &= \frac{n!}{(n-i-1)!\,(i+1)!} \frac{(n-i)!\,i!}{n!} \\ &= \frac{n-i}{i+1} \end{aligned}$$

위의 식에서 다음을 얻는다.

$$\begin{aligned} \frac{p_{i+1}}{p_i} &= \frac{n-i}{i+1} \frac{p^{i+1}(1-p)^{n-i-1}}{p^i (1-p)^{n-i}} \\ &= \frac{n-i}{i+1} \frac{p}{1-p} \end{aligned}$$

따라서

$$p_{i+1} = \frac{n-i}{i+1}\,\frac{p}{1-p}\,p_i$$

이제 위의 식을 이용하여 모수가 $(n, p)$인 이항 확률변수 $X$를 효율적으로 생성할 수 있다. 아래의 알고리즘에서 $i$는 $X$가 가질 수 있는 값을 나타내며, 변수 $P$는 $X = i$일 확률이고, 변수 $F$는 $X \le i$일 확률이다(즉, 주어진 $i$에 대해, $P = p_i$이며 $F = \sum_{j=0}^{i} p_j$이다). 또한 $\alpha = p_0 = (1-p)^n$, $b = \frac{p}{1-p}$로 둔다.

1. $i = 0$, $P = \alpha$, $F = \alpha$로 둔다.
2. 난수 $U$를 생성한다.
3. $U \le F$이면 $X = i$로 두고 멈춘다.
4. $P = \frac{n-i}{i+1} bP$를 계산한다.
5. $F = F + P$로 둔다.
6. $i = i + 1$로 둔다.
7. 단계 3으로 돌아간다.

(위의 알고리즘에서 $P = \frac{n-i}{i+1} bP$는 대수적 등식을 의미하는 것이 아니라 $P$의 값을 변경해야 함을 의미한다. $P$의 새로운 값은 이전의 값에 $\frac{n-i}{i+1} b$를 곱한 것이다. 마찬가지로 $F = F + P$도 $F$의 값을 이전에 값에 $P$를 더한 값으로 변경되어야 함을 의미한다.)
이 알고리즘은 먼저 $X = 0$인지 검사하고 다음에 $X = 1$인지 확인하며, 이와 같이 계속 진행해 나가므로, 필요한 반복 횟수는 (즉, 단계 3으로 가는 횟수는) $X$의 최종적인 값보다 하나 더 많다. 따라서 평균적으로 이 알고리즘은 $X$ 값을 생성하기 위해 $E[X + 1] = np + 1$번의 반복을 요구한다. ■

## 15.6 연속확률변수의 생성

$F$가 어떤 연속확률변수에 대한 분포함수라고 하자. 0과 1 사이의 임의의 $u$에 대해 $F^{-1}(u)$는 $F(x) = u$인 값 $x$로 정의된다. 즉, $F(F^{-1}(u)) = u$이다. 연속확률변수의 분포함수는 순증가 하므로 $F^{-1}(u)$는 단일 값으로 정해진다. $F^{-1}$을 $F$의 역함수라고 한다.

분포함수가 $F$인 연속확률변수를 생성하는 **역변환 방법(inverse transformation method)**이라는 일반적인 방법은 다음의 정리에 근거를 두고 있다.

**정리 15.6.1** $U$가 구간 (0, 1) 상의 균일 확률변수라고 하자. 임의의 연속 분포함수 $F$에 대해

$$X = F^{-1}(U)$$

라고 정의하면 $X$의 분포함수는 $F$이다.

**증명**

분포함수 $F$는 순증가 하므로, 임의의 숫자 $a$와 $b$에 대해 부등식 $a \le b$는 부등식 $F(a) \le F(b)$와 동치이다. 따라서

$$\begin{aligned} P(F^{-1}(U) \le x) &= P(F(F^{-1}(U)) \le F(x)) \\ &= P(U \le F(x)) \\ &= F(x) \end{aligned}$$

이며, 이는 $F^{-1}(U)$의 분포가 $F$임을 의미한다. ■

### 예제 15.6a (지수 확률변수의 생성)

$$F(x) = 1 - e^{-\lambda x}, \quad x \ge 0$$

가 모수가 λ인 지수 확률변수의 분포함수라고 하자. 그러면 $F^{-1}(u)$는 아래 조건을 만족하는 값 $x$이다.

$$u = F(x) = 1 - e^{-\lambda x}$$

즉,

$$e^{-\lambda x} = 1 - u$$

즉,

$$-\lambda x = \log(1 - u)$$

즉,

$$x = -\frac{1}{\lambda}\log(1 - u)$$

따라서 정리 15.6.1에 의해, 구간 (0, 1) 상의 균일 확률변수 $U$를 생성하고

$$X = -\frac{1}{\lambda}\log(1 - U)$$

로 둠으로써 모수가 λ인 지수 확률변수 $X$를 생성할 수 있다. $1 - U$ 또한 구간 (0, 1) 상의 균일 확률변수이므로 $-\frac{1}{\lambda}\log(1-U)$와 $-\frac{1}{\lambda}\log(U)$는 동일한 분포를 가지며, 따라서

$$X = -\frac{1}{\lambda}\log(U)$$

도 모수가 λ인 지수 확률변수이다. ■

### 15.6.1 정규 확률변수의 생성

정규 확률변수에 대한 분포함수의 역함수를 계산하는 일은 복잡하므로 정규 확률변수의 생성에는 특별한 방법이 사용된다. 다음의 방법은 **박스-뮬러 방법(Box-Muller method)**으로 알려져 있다.

$$f(x, y) = \frac{1}{\sqrt{2\pi}}e^{-x^2/2}\frac{1}{\sqrt{2\pi}}e^{-y^2/2} = \frac{1}{2\pi}e^{-(x^2+y^2)/2}, \quad -\infty < x, y < \infty$$

먼저 $X$와 $Y$가 서로 독립인 표준 정규 확률변수라면 이들에 대한 결합밀도함수는 다음과 같다.

$R$, $\Theta$를 점 $(X, Y)$에 대한 극좌표라고 하면, $R^2 = X^2 + Y^2$은 정의로부터 자유도 2의 카이제곱 확률변수이며 5.8.1.1에서 설명한 바와 같이 그 분포함수는 모수가 1/2인 (즉, 평균이 2인) 지수분포와 같다. 따라서 $R^2$의 밀도함수는 다음과 같다.

$$f_{R^2}(r) = \frac{1}{2}e^{-r/2}, \quad 0 < r < \infty$$

이제 $R^2 = r$이 주어졌을 때 $X$, $Y$에 대한 조건부 결합밀도함수를 살펴보기로 하자.

$$f(x, y) = \frac{1}{2\pi}e^{-r/2} \quad \text{when} \quad x^2 + y^2 = r$$

은 $x^2 + y^2 = r$일 때 상수이므로 $R^2 = r$이 조건으로 주어질 때 벡터 $X$, $Y$는 반지름이 $\sqrt{r}$인 원의 원주 상의 균일분포를 따른다는 것을 직관적으로 알 수 있다(그리고 증명될 수도 있다). 그러나 이것은 $R^2 = r$이 조건으로 주어질 때 점 $(X, Y)$에 대한 극좌표 $\Theta$가 $(0, 2\pi)$ 상의 균일분포를 따르게 될 것임을 의미한다. 이것은 모든 $r$에 대해 성립하므로, 극좌표 $R$, $\Theta$는 서로 독립이고, $R$은 평균이 2인 지수 확률변수의 제곱근의 분포를 가지며, $\Theta$는 $(0, 2\pi)$ 상의 균일분포를 따르는 확률변수가 될 것이다.

앞의 결과를 이용하여 먼저 극좌표 $R$, $\Theta$를 생성함으로써 표준정규 확률변수 $X$와 $Y$를 생성할 수 있다. $-\log(U)$는 평균이 1인 지수 확률변수이므로 서로 독립이고 구간 (0, 1) 상의 균일 확률변수 $U_1$과 $U_2$를 생성하고

$$R^2 = -2\log(U_1)$$

와

$$\Theta = 2\pi U_2$$

로 둠으로써 $(X, Y)$의 극좌표를 생성할 수 있다. 극좌표 $R$, $\Theta$에서 직교좌표로 돌아가기 위한 공식은

$$X = R\cos(\Theta), \quad Y = R\sin(\Theta)$$

이며, 따라서

$$X = \sqrt{-2\log(U_1)}\cos(2\pi U_2)$$
$$Y = \sqrt{-2\log(U_1)}\sin(2\pi U_2)$$

는 서로 독립인 표준 정규 확률변수들이다.

평균이 $\mu$이고 분산이 $\sigma^2$인 정규 확률변수들을 생성하기 위해서는 서로 독립인 표준 정규 확률변수 $X$와 $Y$를 생성한 다음 $\mu + \sigma X$와 $\mu + \sigma Y$를 취한다.

## 15.7 몬테카를로 실험에서 시뮬레이션 시행 횟수의 결정

서로 독립이고 동일한 분포를 가지는 $r$개의 평균이 $\mu$인 확률변수 $Y_1, \ldots, Y_r$을 생성하여 $\mu$에 대한 추정치로

$$\bar{Y}_r = \sum_{i=1}^{r} Y_i / r$$

을 사용하려 한다고 하자. $Y_i$의 분산을 $\sigma^2$이라 하면, 중심극한정리에 의해 $\bar{Y}_r$는 평균이 $\mu$이고 분산이 $\sigma^2/r$인 근사정규분포를 가질 것이다. 따라서 $\mu$가 구간

$$(\bar{Y}_r - 1.96\sigma/\sqrt{r}, \quad \bar{Y}_r + 1.96\sigma/\sqrt{r})$$

에 속할 것으로 95% 확신할 수 있다(이를 일반화시키면, $\mu$가 $\bar{Y}_r \pm z_{\alpha/2}\sigma/\sqrt{r}$ 사이에 속할 것으로 $100(1-\alpha)\%$ 확신할 수 있다).

따라서 $\sigma^2$가 알려져 있을 경우 원하는 수준의 정확도를 달성할 수 있는 $r$을 선택할 수 있다. 그러나 $\mu$와 마찬가지로 $\sigma^2$도 알려지지 않는 경우가 거의 대부분이다. 이러한 문제를 해결하기 위해 2단계 시뮬레이션 실험을 이용할 수 있다. 첫 번째 단계에서는 전체 실험을 위한 횟수보다 훨씬 적은 횟수인 $k$회의 시뮬레이션 시행을 생성한다. 이러한 예비 시행을 통해 확률변수 $Y_1, \ldots, Y_k$의 값을 생성한다. 그런 다음 이 값들에 대한 표본분산인

$$S_k^2 = \frac{1}{k-1} \sum_{i=1}^{k} (Y_i - \bar{Y}_k)^2$$

을 사용하여 $\sigma^2$을 추정한다. 그리고 이 값을 실제 $\sigma^2$인 것처럼 두고 $r$을 위한 적절한 값을 결정한다. 그런 다음 두 번째 시뮬레이션 단계에서 추가적으로 $r - k$회의 시행을 생성한다.

## 연습문제

**01** $x_0 = 5$이고

$$x_n = 3\,x_{n-1} \quad \text{mod } 5$$

일 때 $x_1, x_2, \ldots, x_{10}$을 구하라.

**02** 예제 15.2b의 방법 외에 무작위 순열을 생성하는 또 다른 방법은 $1, 2, \ldots, n$에 대한 무작위 순열을 $n = 1, n = 2, \ldots$ 등에 대해 차례로 생성해나가는 것이다(물론 $n = 1$일 때의 무작위 순열은 1 그 자체이다). 일단 $1, \ldots, n-1$에 대한 무작위 순열 $P_1, P_2, \ldots, P_{n-1}$을 구하면 숫자 $1, \ldots, n$에 대한 무작위 순열은 순열 $P_1, P_2, \ldots, P_{n-1}, n$에서 시작하여 위치 $n$에 있는 원소를 (즉, $n$을) 동일한 확률로 위치 $1, 2, \ldots, n$ 중 어느 것이나 될 수 있는 무작위로 선택된 위치의 원소와 교환한다.

(a) 위에 기술한 내용을 알고리즘으로 표현하라.

(b) $n = 2$와 $n = 3$일 때 $n!$가지의 가능한 모든 순열에 대한 확률이 동일하다는 것을 증명하라.

**03** 서로 독립이고 동일한 분포를 가지는 벡터들 $(X_1, Y_1), (X_2, Y_2), \ldots, (X_n, Y_n)$을 관측하여 $\theta \equiv E[X_1]/E[Y_1]$을 추정하기 위한 데이터로 사용하려고 한다.

(a) $\mu$에 대한 추정량을 제시하라.

(b) 위의 추정량에 대한 평균 제곱 오차를 어떻게 추정할 수 있는지 설명하라.

**04** $X_1, \ldots, X_n$이 분산 $\sigma^2$이 알려지지 않은 어떤 분포에서 추출된 표본이라고 하자. 표본분산 $S^2 = \sum_{i=1}^{n}(X_i - \bar{X})^2/(n-1)$로 $\sigma^2$을 추정하며, $\text{Var}(S^2)$를 추정하기 위해서는 부트스트랩 방법을 사용하려고 한다.

(a) $n = 2$이고 $X_1 = 1, X_2 = 3$일 때, $\text{Var}(S^2)$에 대한 부트스트랩 추정치를 구하라.

(b) $n = 15$이고 데이터값이

$$5,\ 4,\ 9,\ 6,\ 21,\ 17,\ 11,\ 20,\ 7,\ 10,\ 21,\ 15,\ 13,\ 8,\ 6$$

일 때, 시뮬레이션을 이용하여 $\text{Var}(S^2)$에 대한 부트스트랩 추정치를 구하라.

**05** $X_1, \ldots, X_8$이 서로 독립이고 평균은 $\mu$인 동일한 분포를 갖는다고 하자. $X_i$의 값이 5, 2, 8, 6, 24, 6, 9, 4일 때,

$$p = P\left(\sum_{i=1}^{8} X_i/8 < \mu\right)$$

와 같이 주어지는 $p$에 대한 추정치를 구하라.

**06** 다음은 어떤 학생의 주별 시험점수들이다. 학기가 진행됨에 따라 이 학생의 시험점수가 향상되고 있다고 볼 수 있는가?

68, 64, 72, 80, 72, 84, 76, 86, 94, 92

**07** 어떤 야구선수는 시즌 초반에는 타율이 좋지 않다가 시즌이 진행되면서 점차 개선된다는 평가를 받고 있다. 5회의 연속 경기 단위로 이 선수의 안타 수 합계를 조사한 결과는 아래와 같다. 이 데이터는 이 선수에 대한 평가를 강하게 지지하는 것으로 볼 수 있는가?

8, 3, 7, 12, 4, 7, 13, 6, 0, 9, 12, 4, 4, 6, 10

**08** 생후 5주의 생쥐 16마리에게 300rad의 방사능을 조사한 후 이들을 무작위로 두 그룹으로 나누었다. 첫 번째 그룹의 생쥐들은 일반 실험실 환경에서 살게 하고 두 번째 그룹의 생쥐들은 특별한 무균실에서 살게 하였다. 아래의 데이터는 각 그룹의 생쥐들의 수명을 날짜 단위로 표시한 것이다.

그룹 1의 수명 : 133, 145, 156, 159, 164, 202, 208, 222
그룹 2의 수명 : 145, 148, 157, 171, 178, 191, 200, 204

순열 검정을 사용하여 두 그룹의 수명분포는 동일하다는 가설을 검정하라. 정규 근사를 사용하여 $p$-값의 근삿값을 구하여라.

**09** 순열검정을 사용하여 12장의 연습문제 13을 다시 풀어라. 정규 근사를 사용하여 $p$-값의 근삿값을 구하여라.

**10** 순열검정을 사용하여 12장의 연습문제 16을 다시 풀어라. 정규 근사를 사용하여 $p$-값의 근삿값을 구하여라.

**11** 이산 역변환 알고리즘을 사용하여 평균이 $\lambda$인 푸아송 확률변수를 생성하는 알고리즘을 작성하되, 이항 확률변수를 생성하는 교재의 알고리즘과 비슷하게 작성하라.

**12** 모수가 $p$인 기하 확률변수를 생성하기 위한 이산 역변환 알고리즘은 다음과 같이 축약될 수 있음을 보여라.

1. 난수 $U$를 생성한다.
2. $X = \text{Int}(\frac{\log(1-U)}{\log(1-p)}) + 1$이 구하고자 하는 값이다.

이러한 확률변수에 대한 확률론적 해석을 고려하여 모수가 $p$인 기하 확률변수를 생성하기 위한 또 다른 알고리즘을 제시하라.

**13** 밀도함수가 아래와 같은 확률변수를 생성하는 방법을 제시하라.

$$f(x) = e^x/(e-1), \quad 0 < x < 1$$

**14** 분포함수가 아래와 같은 확률변수를 생성하는 방법을 제시하라.

$$F(x) = x^n, \quad 0 < x < 1$$

**15** 분포함수가 아래와 같은 확률변수를 생성하는 방법을 제시하라.

$$F(x) = \frac{1}{2}(x + x^2), \quad 0 < x < 1$$

**16** 미지의 평균 $\mu$를 갖는 분포 $F$에서 생성된 20개의 확률변수 값이 다음과 같다고 하자.

5, 4, 9, 6, 21, 12, 7, 14, 17, 11, 20, 7, 10, 21, 15, 26, 9, 13, 8, 6

$\mu$에 대한 추정치의 오차가 ±0.1 이내에 든다는 것을 99% 확신할 수 있기 위해서는 얼마나 많은 확률변수를 추가적으로 $F$에서 생성해야 하는가?

# 제 16 장 기계학습과 빅데이터

## 16.1 개요

최근 신속한 컴퓨팅 능력과 함께 급증하는 데이터를 바탕으로 데이터에 대한 특정 모델을 가정하는 것에 의존하지 않고 많은 양의 데이터를 활용하여 확률을 추정하는 다양한 기술이 개발되었다. 우리는 이러한 기술을 종종 “기계학습”이라고 한다. 이 장에서는 인기 있는 몇몇 기계학습 기법에 대해 소개한다. 섹션 16.2에서는 비행에 대한 많은 양의 기록 데이터가 있을 때 특정 국가 간 비행이 목적지에 늦게 도착하게 될 확률을 추정하는 기본 모델을 소개한다. 여기서 우리는 모든 개별 비행의 특징이 정성적으로 설명이 되는 벡터 구성 요소로 표현을 한 “특성화 벡터”로 가정한다. 섹션 16.3에서는 관심 비행이 비행의 특성이 주어진 상황에서의 조건부 확률로 표현되어 관심 비행이 늦어 질 확률을 추정하는 “일반 베이즈” 접근 방식을 소개한다. 베이즈 정리를 사용하면 특정 가정이 관련되었을 때 특성화 벡터 구성 요소의 독립성을 바탕으로 이에 대한 식을 얻을 수 있다. 섹션 16.3.1에서 독립성에 대한 가정이 분명하게 정의가 되지 않은 상황에서 개선이 가능한 향상된 베이즈 접근 방법을 소개한다.

섹션 16.4에서는 “가장 가까운 이웃” 규칙을 소개한다. 이 규칙은 특성화 벡터가 기존 관심 비행에 대한 데이터 집합과 얼마나 가까운지에 대한 정보를 가지고 관심 비행이 늦을 확률을 추정한다. 이 규칙을 사용하기 위해서는 먼저, 각 과거 데이터에 대하여 특성화 벡터와 관심 비행의 데이터 사이의 거리를 정의해야 한다. 그다음 해당 데이어 가운데 거리가 가장 작은 몇 개의 데이터를 선택한다. 예를 들어, 관심 비행과 가장 가까운 k개의 데이터를 사용하게 되는 경우 지연확률을 추정하기 위해 k번 비행의 데이터를 사용한다. 섹션 16.4.1에서는 모든 기록을 활용하는 최근접 이웃 규칙의 변형을 소개한다. 즉, 특성화 벡터가 관심 대상과 가까울수록 더 높은 가중치를 부여하는 방법이다. 최근접 이웃 규칙이 가진 약점 중 하나가 특성화 벡터 간의 거리를 결정할 때 같은 가중치가 벡터의 모든 요소에 주어진다는 것인데 이것은 다른 요소보다 중요할 수 있는 특성이 반영이 되지 않는다. 섹션 16.4.2에서는 그러한 요소에 대해 가중치를 부여하는 방법을 다룬다. 섹션 16.5에서는 이전에 소개한 방법 중 어떤 것을 선택할지와 그것이 또한 얼마나 효과적일지에 대한 내용을 다룬다.

지금까지 우리는 특성화 벡터의 요소들을 자연스럽게 정성적으로 간주하였으나 섹션 16.6에서는 정량적인 내용에 대해 소개 한다. 16.6.1 과 16.6.2에서는 실험결과가 성공 혹은 실패라는 가정에서 가장 근접한 이웃 기법과 로지스틱 회귀선을 사용하여 특성화 벡터 $(x_1, \ldots, x_n)$이 성공이 될 확률을 추정한다.

섹션 16.7에서는 다른 유형에 대해 살펴본다. 일반적인 모델에 대한 예시로서, 두 종류의 다른 약물 $i$, $i = 1, 2$에 대해 각각 알려지지 않은 치료확률이 $p_i$가 있다고 가정하자. 이런 유형에 대해서 만약 특정한 약물의 치료에 대한 결과를 바로 알 수 있다고 하면 과거의 선택으로 얻은 정보를 통해 어떤 약물을 다음의 환자에게 처방할 수 있는지에 대한 순차적인 선택을 하는 문제를 다룬다. 이런 문제는 강도자 문제로서 잘 알려져 있다. 이때, 우리는 무작위 선택을 만드는 결정 과정을 사용하는데 즉, 모든 단계가 확률 $\alpha$로 특정되어 있을 때 결정자가 확률 $\alpha$로서 약물 1을 선택하고 확률 1-$\alpha$로서 약물 2를 선택하는 방법이다.

## 16.2 비행지연 확률

우리는 캘리포니아에서 뉴욕으로 가는 직항비행이 늦을 확률에 관심이 있다고 가정하자(여기서, 늦은 비행은 도착 예정 시간보다 최소한 30분 이상 지연된 경우를 의미한다). 비행에 대한 어떠한 추가정보가 없는 경우, 우리는 해당 비행 루트에서 과거 얼마나 그런 비행이 있었는지에 대한 정보를 가지고 이를 전체 비행의 수로 나누어서 지연확률을 예측할 수 있다. 하지만, 우리는 과거의 비행이 아닌 현재 특정한 비행에 관심이 있다. 따라서 아래와 같은 변수를 사용하여 각 비행을 분류를 해보자.

$X_1$ : 항공로
$X_2$ : 항공편이 출발하는 도시
$X_3$ : 도착 공항
$X_4$ : 요일
$X_5$ : 출발 시간
$X_6$ : 비행기 크기
$X_7$ : 날씨 조건

다음과 같은 해당 변수에 대한 가능한 값들을 살펴볼 수 있다.

$X_1$ = 1(American), 2(Delta), 3(United), 4(Jet Blue);
$X_2$ = 1(Los Angeles), 2(San Francisco), 3(San Diego), 4(Oakland);
$X_3$ = 1(New York Kennedy), 2(New York LaGuardia), 3(Newark);
$X_4$ = 1(월요일), 2(화요일), ... , 7(일요일);

$X_5$ = 1(이른 아침), 2(늦은 아침), 3(이른 오후), 4(늦은 오후), 5(이른 저녁), 6(늦은 저녁);
$X_6$ = 1(작은), 2(중간), 3(큰);
$X_7$ = 1(평균 이상), 2(평균), 3(폭풍);

따라서, 예를 들어 비교적 큰 United 항공사 비행기가 평균 날씨에 오클랜드에서 뉴욕으로 수요일 이른 저녁에 출발한 비행의 경우 $(X_1, X_2, X_3, X_4, X_5, X_6, X_7) = (3, 4, 3, 3, 5, 3, 1)$ 같이 적을 수 있다. 우리는 비행의 특성을 결정하기 위해서 이 벡터를 사용하고 이를 비행의 특성화 벡터라고 표현한다. 그러면 어떻게 해당 비행이 늦을 확률을 구할 수 있을까? 한 가지 방법은 물론 해당 비행의 과거 데이터를 사용하여 전체 비행에 대해 늦은 경우의 비율로 접근할 수 있다. 하지만, 셈의 기본 법칙에 의해 총 가능한 경우의 수가 4*4*3*7*6*3*3 = 18,144 로 계산될 수 있는데, 이런 많은 데이터 셋 가운데 정확하게 관측되지 않은 경우도 존재할 수 있어서 해당 확률을 위의 방법으로는 정확히 예측하기가 매우 어렵다. 따라서, 다음 장에서는 이런 문제를 해결하는 다른 접근 방법에 대해 살펴본다.

## 16.3 일반 베이즈 접근

우리는 비행의 특성화 벡터가 $X_1 = x_1, X_2 = x_2, \ldots, X_7 = x_7$로 주어진 경우에 대해서 비행이 늦을 확률을 추정하고자 한다. 여기서 $L$을 비행이 늦을 사건으로 놓고 확률 $P(L|X_1 = x_1, \ldots, X_7 = x_7)$을 계산해 보자. 이를 위해 베이즈 정리를 통해 우리는 다음과 같은 식을 얻는다.

$$P(L|X_1 = x_1, \ldots, X_7 = x_7) = \frac{P(L, X_1 = x_1, \ldots, X_7 = x_7)}{P(X_1 = x_1, \ldots, X_7 = x_7)} = \frac{P(L)P(X_1 = x_1, \ldots, X_7 = x_7|L)}{P(X_1 = x_1, \ldots, X_7 = x_7)}$$

여기서, $P(L)$은 무작위로 선택된 비행이 늦을 확률을 의미하고 이것은 과거의 데이터를 통해서 추정할 수 있다. 하지만 $P(X_1 = x_1, \ldots, X_7 = x_7)$ 즉, 데이터베이스에서 특성화 벡터 $(x_1, \ldots, x_7)$의 값을 이런 방법으로 추정하는 것은 해당 값을 동시에 가지는 비행기에 대한 데이터가 많이 없을 수 있어서 비교적 부정확 할 수 있다. 이와 유사하게 확률 $P(X_1 = x_1, \ldots, X_7 = x_7 \mid L)$을 추정하는 것도 데이터의 희소성으로 인해 부정확할 수 있다. 이런 어려움을 해결하기 위해서 우리는 비행이 늦은 경우 확률변수 $X_1, X_2, \ldots, X_7$가 독립이었다고 가정을 한다. 이런 가정에서는 다음이 성립한다.

$$P(X_1 = x_1, \ldots, X_7 = x_7) = P(X_1 = x_1)P(X_2 = x_2) \cdots P(X_7 = x_7)$$

이를 바탕으로 우리는 $P(X_i = x_i)$에 대한 확률을 데이터베이스에서 $X_i = x_i$인 경우에 대한 비율을 바탕으로 추정한다. 예를 들어, 확률 $P(X_i = 3)$은 데이터베이스에서 United 항공사에 의해 운영된 비율로 추정할 수 있다. 그리고 비행이 늦었다는 사실을 알고 있는 경우에도 $X_1, X_2, \ldots, X_7$이 모두 독립이라는 가정에서 우리는 다음의 식을 얻는다.

$$P(X_1 = x_1, \ldots, X_7 = x_7|L) = P(X_1 = x_1|L)P(X_2 = x_2|L) \cdots P(X_7 = x_7|L)$$

따라서, 우리는 확률 $P(X_i = x_i \mid L)$에 대해서도 모든 늦은 비행 중에서 $X_i = x_i$의 값을 가지는 데이터의 비율을 사용하여 추정할 수 있다. 결론적으로, 만약 $f(L)$이 전체 비행 중 늦은 비행의 비율이고, $f_i(x)$가 전체 비행 중에서 $X_i = x_i$를 만족하는 비행의 비율이고 또 $f_i(x \mid L)$이 모든 늦은 비행 중에서 $X_i = x_i$를 만족하는 비행의 비율이라고 하면 확률

$$P(L|X_1 = x_1, \ldots, X_7 = x_7) = \frac{P(L)P(X_1 = x_1, \ldots, X_7 = x_7|L)}{P(X_1 = x_1, \ldots, X_7 = x_7)}$$

에 대하여 일반 베이즈 추정은

$$\frac{f(L)\, f_1(x_1|L)\, f_2(x_2|L) \cdots f_7(x_7|L)}{f_1(x_1)\, f_2(x_2) \cdots f_7(x_7)}$$

로 주어지게 된다.

### 예제 16.3.a

표 16.1은 단일공항에서 생성된 79개의 늦은 비행에 대한 정보를 제공하고 있고 각 비행은 벡터 $(x_1, x_2, x_3, x_4)$에 의해 특성화가 된다. 여기서 $x_1$은 1과 2의 값을 가질 수 있고, $x_2$는 1과 2를, $x_3$는 1, 2와 3을 그리고 $x_4$는 1과 2를 가질 수 있다. 일반 베이즈 접근을 사용해서 특성화 벡터 (2,1,2,2)를 가지는 비행이 늦을 확률을 추정하라.

표 16.1 과거 비행 데이터

| 비행 벡터 | 해당 비행 수 | 지연 횟수 |
|---|---|---|
| (1,1,1,1) | 2 | 1 |
| (1,1,1, 2) | 2 | 0 |
| (1,1,2,1) | 2 | 0 |
| (1,1,2,2) | 1 | 0 |
| (1,1,3,1) | 3 | 1 |
| (1,1,3,2) | 3 | 0 |
| (1,2,1,1) | 4 | 1 |
| (1,2,1,2) | 3 | 1 |
| (1,2,2,1) | 5 | 2 |
| (1,2,2,2) | 3 | 1 |
| (1,2,3,1) | 3 | 1 |
| (1,2,3,2) | 4 | 2 |
| (2,1,1,1) | 4 | 2 |
| (2,1,1,2) | 3 | 1 |
| (2,1,2,1) | 5 | 2 |
| (2,1,2,2) | 4 | 1 |
| (2,1,3,1) | 3 | 1 |
| (2,1,3,2) | 2 | 0 |
| (2,2,1,1) | 3 | 1 |
| (2,2,1,2) | 4 | 1 |
| (2,2,2,1) | 5 | 2 |
| (2,2,2,2) | 5 | 3 |
| (2,2,3,1) | 3 | 1 |
| (2,2,3,2) | 3 | 0 |

**풀이** 전체 79번의 비행 중 25번의 비행이 늦었으므로 $P(L)$의 추정값은 $f(L)=25/79$이다.
전체 79번의 비행 중 44번이 $x_1 = 2$를 가지므로 확률 $P(X_1 = 2)$의 추정값은 $f_1(2)=44/79$.
전체 79번의 비행 중 34번이 $x_2 = 1$을 가지므로 확률 $P(X_2 = 1)$의 추정값은 $f_2(1)=34/79$.
전체 79번의 비행 중 30번이 $x_3 = 2$를 가지므로 확률 $P(X_3 = 2)$의 추정값은 $f_3(2)=30/79$. 전체 79번의 비행 중 37번이 $x_4 = 2$를 가지므로 확률 $P(X_4 = 2)$의 추정값은 $f_4(2)=37/79$.
전체 25번의 늦은 비행 중 15번이 $x_1 = 2$를 가지므로 확률 $P(X_1 = 2|L)$의 추정값은 $f_1(2|L)=15/25$.
전체 25번의 늦은 비행 중 9번이 $x_2 = 1$을 가지므로 확률 $P(X_2 = 1|L)$의 추정값은 $f_2(1|L)=9/25$.
전체 25번의 늦은 비행 중 12번이 $x_3 = 2$를 가지므로 확률 $P(X_3 = 2|L)$의 추정값은 $f_3(2|L)=12/25$.
전체 25번의 늦은 비행 중 1번이 $x_4 = 2$를 가지므로 확률 $P(X_4 = 2|L)$의 추정값은 $f_4(2|L)=10/25$.
따라서, 일반 베이즈로 추정된 특성화벡터 (2,1,2,2)에 대한 확률은 아래와 같다.

$$\frac{f(L)\,f_1(2|L)\,f_2(1|L)\,f_3(2|L)\,f_4(2|L)}{f_1(2)\,f_2(1)\,f_3(2)\,f_4(2)} = \frac{25 \cdot 15 \cdot 9 \cdot 12 \cdot 10 \cdot 79^4}{79 \cdot 25^4 \cdot 44 \cdot 34 \cdot 30 \cdot 37} = .3078.$$

이는 전체 늦은 비행에 대해서 특성화 벡터 (2,1,2,2)를 가지는 비율로 추정할 수 있는 1/4 = 0.25와 혹은, 전체 비행 중 늦은 비행의 비율인 25/79 = 0.3165와 비교했을 때 다른 값을 가진다는 것을 확인할 수 있다.

### 16.3.1 일반 베이즈 접근의 변형

앞장에서와같이, 우리는 임의의 벡터 $(x_1, \ldots, x_n)$의 결과로 특성화가 되는 경우에 대한 확률을 추정하기 위하여 과거의 데이터를 사용하는 것에 관심이 있다고 가정하자. 일반 베이즈 접근은 앞에서 언급한 바와 같이 확률 $P(X_i = x_i, \ldots, X_n = x_n)$을 추정하기 위해서 각 확률변수 $X_1, \ldots, X_n$이 독립이라는 가정하에 과거 데이터의 정보를 사용하기 때문에 아래의 식을 얻는다.

$$P(X_1 = x_1, \ldots, X_n = x_n) = P(X_1 = x_1) \cdots P(X_n = x_n)$$

그리고 모든 $i = 1, \ldots, n$에 대하여 각 확률값 $P(X_i = x_i)$를 추정하기 위해서 과거 데이터의 비율을 사용한다. 그러나 모든 $X_1, \ldots, X_n$이 독립이라는 가정이 현실적이지 않다는 반례가 많이 존재한다. 예를 들어서, Crohn의 질병으로 생성된 증상과 유사한 증상이 있는 환자를 가정해 보자. 그리고 이 약물은 $n$개의 의료검사를 받게 되고 실험 $i$에 대한 테스트 결과를 $X_i$라고 하자. 만약 결과가 질병에 대해 긍정적이면 $X_i = 1$이고 부정적인 경우 $X_i = 0$이라고 하자. 그리고 테스트가 $X_i = 1$인 경우 해당 환자가 질병을 가지게 되는 경우에 더 가깝고 이것이 $X_j = 1$이 될 확률을 크게 한다고 가정해 보자. 결과적으로는 해당 테스트에서는 $X_1, \ldots, X_n$이 독립이 되지 않는다. 그러나 독립이 아니라고 하더라고 만약 우리가 해당 환자가 그 질병을 가지고 있는지 아닌지를 알고 있는 경우에는 독립이라고 가정하는 것이 합리적일 수도 있다. 사건 $D$를 환자가 질병을 가지고 있는 사건이라고 하면 우리는 다음과 같이 정리할 수 있다.

$$\begin{aligned} P(X_1 = x_1, \ldots, X_n = x_n) &= P(X_1 = x_1, \ldots, X_n = x_n | D) P(D) \\ &\quad + P(X_1 = x_1, \ldots, X_n = x_n | D^c)(1 - P(D)) \end{aligned}$$

만약 우리가 환자가 해당 질병을 가지고 있는지를 아는 경우에는 $X_1, \ldots, X_n$이 독립이라는 것은 다음을 만족시킨다.

$$\begin{aligned} P(X_1 = x_1, \ldots, X_n = x_n | D) &= P(X_1 = x_1 | D) \cdots P(X_n = x_n | D) \\ P(X_1 = x_1, \ldots, X_n = x_n | D^c) &= P(X_1 = x_1 | D^c) \cdots P(X_n = x_n | D^c) \end{aligned}$$

이를 바탕으로 우리는 $P(X_i = x_i \mid D)$를 추정하기 위해서 해당 질병을 가진 환자들의 데이터를 바탕으로 실제로 $X_1, ..., x_i$에 해당하는 비율을 고려할 수 있다. 이와 비슷하게 질병을 가지지 않은 환자들에 대해서도 $X_1, ..., x_i$에 해당하는 데이터를 바탕으로 확률 $P(X_i = x_i \mid D^c)$를 추정할 수 있다. 그리고 수집된 데이터를 사용하여 $P(D)$와 $P(D^c)$에 대해 질병을 가지는 경우와 그렇지 않은 경우에 대한 비율로 추정할 수 있다.

### 예제 16.3.b

각 환자에게 특정한 의료 조건의 증상에 대한 일련의 세 가지 검사가 특성화 벡터 $(x_1, x_2, x_3)$의 형태로 주어지고, 여기서 $x_1$과 $x_2$는 1과 2를 그리고 $x_3$는 1, 2와 3을 가질 수 있다고 하자. 각각의 벡터의 값을 총 68명의 환자에 대해서 해당 의료 조건을 가지는 경우와 그렇지 않은 경우에 대해서 아래 테이블 16.2와 같이 얻었다.

표 16.2 과거 데이터

| 특성화 벡터 | 환자 수 | 의료 조건 있는 횟수 | 의료 조건 없는 횟수 |
|---|---|---|---|
| (1,1,1) | 4 | 1 | 3 |
| (1,1,2) | 3 | 0 | 3 |
| (1,1,3) | 5 | 1 | 4 |
| (1,2,1) | 6 | 1 | 5 |
| (1,2,2) | 7 | 2 | 5 |
| (1,2,3) | 5 | 3 | 2 |
| (2,1,1) | 6 | 3 | 3 |
| (2,1,2) | 7 | 2 | 5 |
| (2,1,3) | 5 | 1 | 4 |
| (2,2,1) | 6 | 2 | 4 |
| (2,2,2) | 9 | 4 | 5 |
| (2,2,3) | 5 | 1 | 4 |

예를 들어, 68명의 환자 중 7명이 특성화 벡터 (2,1,2)를 가지고 있고, 그 중에서 2명이 해당 의료 조건을 지니는 것을 보여준다. 앞의 추정방법을 사용하여 (2,1,2)의 특성화 벡터 값을 가지는 경우에 대해서 해당 의료 조건을 지니고 있을 확률을 추정하라.

**풀이** 먼저 $X = (X_1, X_2, X_3)$라고 하자. 그리고 C를 임의의 환자가 해당 의료 조건을 지니게 되는 사건이라고 하면 다음을 얻는다.

$$\begin{aligned} P(C|\mathbf{X} = (2,1,2)) &= \frac{P(C, \mathbf{X} = (2,1,2))}{P(\mathbf{X} = (2,1,2))} \\ &= \frac{P(C)\,P(\mathbf{X} = (2,1,2)|C)}{P(\mathbf{X} = (2,1,2))} \\ &= \frac{P(C)\,P(\mathbf{X} = (2,1,2)|C)}{P(\mathbf{X} = (2,1,2)|C)P(C) + P(\mathbf{X} = (2,1,2)|C^c)P(C^c)} \end{aligned}$$

이를 바탕으로 환자가 해당 조건을 가지고 있는지 아닌지를 아는 경우, $X_1, X_2, X_3$가 독립이라고 가정하면 다음을 얻는다.

$$P(\mathbf{X} = (2,1,2)|C) = P(X_1 = 2|C)\,P(X_2 = 1|C)\,P(X_3 = 2|C)$$
$$P(\mathbf{X} = (2,1,2)|C^c) = P(X_1 = 2|C^c)\,P(X_2 = 1|C^c)\,P(X_3 = 2|C^c)$$

따라서, 이것을 바탕으로 특성화벡터 (2,1,2)에 대한 환자가 질병을 가질 확률을 아래와 같이 추정할 수 있다.

- 68명 환자 가운데 21명이 해당 조건을 가지고 있으므로 $P(C)$에 대한 추정값은 21/68이다.
- 21명의 환자가 해당 조건을 가지고 있고, $x_1 = 2$를 만족하는 환자는 13명이므로 $P(X_1 = 2 | C)$의 추정값은 13/21이다.
- $x_2 = 1$을 만족하는 환자는 8명이므로 $P(X_2 = 1 | C)$의 추정값은 8/21이다.
- $x_3 = 1$을 만족하는 환자는 8명이므로 $P(X_3 = 1 | C)$의 추정값은 8/21이다.
- 68명 환자 가운데 47명이 해당 조건을 가지고 있지 않으므로 $P(C^c)$에 대한 추정값은 47/68이다.
- 47명의 환자가 해당 조건을 가지고 있지 않고, $x_1 = 2$를 만족하는 환자는 25명이므로 $P(X_1 = 2 | C^c)$의 추정값은 25/47이다.
- $x_2 = 1$을 만족하는 환자는 22명이므로 $P(X_2 = 1 | C^c)$의 추정값은 22/47이다.
- $x_3 = 1$을 만족하는 환자는 18명이므로 $P(X_3 = 1 | C^c)$의 추정값은 18/47이다.
- 따라서, $P(X = (2, 1, 2) | C)$의 추정값은 $13*8*8/21^3 = 0.08984$이다.
- 또한, $P(X = (2, 1, 2) | C^c)$의 추정값은 $25*22*18/47^3 = 0.009535$이다.

따라서, 확률 $P(C|X = (2, 1, 2))$에 대한 추정값은

$$\frac{(21/68)(.08984)}{(21/68)(.08984) + (47/68)(.09535)} = .2963.$$

즉, 특성화 벡터 (2,1,2)를 가지는 환자가 해당 조건을 가질 확률에 대한 추정값은 0.2963이다.

■

## 메모

위의 변형은 조건부 독립에 대한 아이디어를 사용하였다. 즉, 원래의 확률변수 $X_1, \ldots, X_n$이 독립이 아니지만, 추가적인 정보가 주어진 경우 독립이 되었다. 예를 들어, 두 개의 동전이 있고 이들 중 첫째 동전은 앞이 나올 확률이 0.8이고 둘째 동전은 0.3이라고 가정하자. 이 동전 중 하나가 선택될 확률이 같다고 가정하고 선택된 동전은 8번 던져진다고 가정하자. 우리는 동전 $i$가 앞면이 나오게 되면 $X_i = 1$로 두고 뒷면이 나오는 경우 $X_i = 0$으로 두도록 하자. 처음 5번의 결과가 모두 앞면이 나왔다는 사실을 알면 우리는 해당 동전이 첫 번째 동전일 가능성이 크다고 여기게 되고 (처음 5번의 시행에 대한 정보가 없는 경우와는 다르게) 다음 번에도 여전히 앞면이 나올 것이라고 추측할 수 있다. 따라서 $X_1, \ldots, X_8$은 독립이 아니

다. 그러나 우리가 만약 어떤 동전이 선택되었는지를 알면 기존의 결과들이 다음 시행에서의 결과를 예측하는데 도움이 되지는 않는다. 즉, 우리는 Y를 선택된 동전이라고 하고 $Y =$ 1 혹은 $Y =$ 2인지를 아는 것이 $X_1, ..., X_n$이 독립이 되도록 만든다. 그런 경우를 우리는 Y의 값이 주어진 경우에 대한 $X_1, ..., X_n$이 조건부 독립이라고 한다. 예를 들어 이것은 다음의 결과를 보여준다.

$$\begin{aligned}
&P(X_1 = 1, X_2 = 1, X_3 = 1 | Y = 1) \\
&\quad = P(X_1 = 1 | Y = 1)\, P(X_2 = 1 | Y = 1)\, P(X_3 = 1 | Y = 1) \\
&\quad = (.8)(.8)(.8) = .512 \quad \blacksquare
\end{aligned}$$

## 16.4 거리기반 탐지. k-근접이웃기법

두 특성화 벡터 $x = (x_1, ..., x_7)$과 $y = (y_1, ..., y_7)$간의 거리 d를 다음과 같이 정의하자.

$$d(\mathbf{x}, \mathbf{y}) = \sum_{i=1}^{7} I\{x_i \neq y_i\}$$

여기서 I{·}는 다음과 같이 정의된다.

$$I\{x_i \neq y_i\} = \begin{cases} 0, & \text{if } x_i = y_i \\ 1 & \text{if } x_i \neq y_i \end{cases}$$

즉, 두 특성화 벡터 간의 거리는 각 벡터의 다른 값을 가지는 요소들의 수를 나타낸다. 특성화 벡터 $(x_1, ..., x_7)$을 가지는 비행의 지연확률에 대한 거리기반 추정법은 거리가 작은 두 특성화 벡터일수록 비슷한 지연확률에 대한 추정값을 가져야 한다. k-근접 이웃 기법은 가장 잘 알려진 기법 중 하나이다. 이를 위해, 특성화 벡터 $(x_1, ..., x_7)$와 모든 데이터베이스에 있는 특성화 벡터 사이의 거리를 결정할 수 있어야 한다. 이 기법은 $(x_1, ..., x_7)$과 거리가 가장 가까운 k개의 과거 특성화 벡터 $(x_1, ..., x_7)$를 가지는 비행이 늦을 확률을 추정하기 위해 선택된 k 비행이 실제 지연이 얼마나 있었는지에 대한 비율을 사용한다. 또 다른 거리기반 추정은 $(x_1, ..., x_7)$로 부터 일정한 거리 안에 있는 모든 벡터를 선택한 후 이런 비행이 실제로 얼마의 비율로 지연되었는가를 사용하여 $(x_1, ..., x_7)$ 비행이 늦을 확률을 추정한다.

**■ 예제 16.4.a**

예제 16.3.a에서 사용된 데이터를 사용하면 특성화 벡터 (2,1,2,2)와의 거리가 1인 특성화 벡터들은 (2,1,2,2), (1,1,2,2), (2,2,2,2), (2,1,1,2), (2,1,3,2), (2,1,2,1)이 있다. 이런 특성화 벡터를 가지는 전체 20편의 비행 중 7편의 비행이 지연되었으므로 (2,1,2,2) 비행이 지연이 발생할 확률은 7/20 = 0.35로 추정한다. ■

## 16.4.1 거리 가중치기법

추정을 위하여 과거 데이터를 사용하는 또 다른 방법은 그 데이터를 다 사용하되, 우리가 관심 있는 데이터에 가까운 특성화 벡터에 더 많은 가중치를 부여하는 것이다. 데이터베이스에 총 N개의 특성화 벡터가 있고 우리는 $(x_1, ..., x_7)$의 값을 가지는 비행이 지연이 발생할 확률을 추정하고자 한다고 생각해 보자. $d_j$를 데이터베이스에 있는 $j$번째 $(j = 1, ..., N)$ 특성화 벡터와 $(x_1, ..., x_7)$의 거리라고 하자. 그리고 $w_1, ..., w_N$을 다음과 같이 정의하자.

$$w_j = \frac{1}{1 + d_j}, \quad j = 1, \ldots, N.$$

여기서 $w_j$의 값은 특성화 벡터를 $(x_1, ..., x_7)$로 가지는 비행이 지연될 확률을 추정할 때 $j$번째 데이터에 부여되는 가중치이다. 따라서, 특성화 벡터가 우리가 고려하는 데이터와 정확히 같은 경우는 가중치가 1이 되고, 해당 데이터와 거리가 1인 특성화 벡터의 경우에는 가중치가 1/2가 된다. 특성화 벡터 $(x_1, ..., x_7)$를 가지는 비행이 지연될 확률에 대한 추정값은 모든 비행이 가진 가중치의 합에 대한 지연이 발생한 비행이 가진 가중치의 합이 된다. 특히, 우리가 $j$번째 비행이 늦은 경우 $I_j$를 1로 두고 늦지 않은 경우 해당 값을 0으로 두는 $I_j$를 고려하면 우리는 다음과 같은 식으로 원하는 확률을 얻을 수 있다.

$$\frac{\sum_{j=1}^{N} I_j w_j}{\sum_{j=1}^{N} w_j}$$

**■ 예제 16.4.b**

표 16.3은 예제 16.3.a의 과거 데이터에 (2,1,2,2)에서의 거리에 대한 가중치가 고려된 데이터를 보여준다. 이를 사용하여 특성화 벡터 (2,1,2,2)를 가진 비행이 지연될 확률에 대한 거리 가중치 기반 추정값을 얻어라.

표 16.3 과거 비행 데이터

| 비행 벡터 | 해당 비행 수 | 지연 횟수 | (2122)거리 | 가중치 |
|---|---|---|---|---|
| (1,1,1,1) | 2 | 1 | 3 | 1/4 |
| (1,1,1, 2) | 2 | 0 | 2 | 1/3 |
| (1,1,2,1) | 2 | 0 | 2 | 1/3 |
| (1,1,2,2) | 1 | 0 | 1 | 1/2 |
| (1,1,3,1) | 3 | 1 | 3 | 1/4 |
| (1,1,3,2) | 3 | 0 | 2 | 1/3 |
| (1,2,1,1) | 4 | 1 | 4 | 1/5 |
| (1,2,1,2) | 3 | 1 | 3 | 1/4 |
| (1,2,2,1) | 5 | 2 | 3 | 1/4 |
| (1,2,2,2) | 3 | 1 | 2 | 1/3 |
| (1,2,3,1) | 3 | 1 | 4 | 1/5 |
| (1,2,3,2) | 4 | 2 | 3 | 1/4 |
| (2,1,1,1) | 4 | 2 | 2 | 1/3 |
| (2,1,1,2) | 3 | 1 | 1 | 1/2 |
| (2,1,2,1) | 5 | 2 | 1 | 1/2 |
| (2,1,2,2) | 4 | 1 | 0 | 1 |
| (2,1,3,1) | 3 | 1 | 2 | 1/3 |
| (2,1,3,2) | 2 | 0 | 1 | 1/2 |
| (2,2,1,1) | 3 | 1 | 3 | 1/4 |
| (2,2,1,2) | 4 | 1 | 2 | 1/3 |
| (2,2,2,1) | 5 | 2 | 2 | 1/3 |
| (2,2,2,2) | 5 | 3 | 1 | 1/2 |
| (2,2,3,1) | 3 | 1 | 3 | 1/4 |
| (2,2,3,2) | 3 | 0 | 2 | 1/3 |

**풀이** 전체 79개의 비행 중 7개 비행이 가중치를 1/5를 가지고, 23개 비행이 1/4 가중치를, 29개 비행이 1/3 가중치를, 16개 비행이 1/2 가중치를 그리고 4개 비행이 1의 가중치를 가지므로 모든 79개의 비행의 가중치의 합은 $7/5+23/4+29/3+16/2+4=28.8167$이다. 또한, 총 25개의 늦은 비행 중에서 2개의 비행이 1/5 가중치를 가지고, 9개 비행이 1/4의 가중치를, 7개 비행이 1/3의 가중치를, 6개 비행이 1/2의 가중치를, 그리고 1개 비행이 1의 가중치를 가지므로 지연이 발생한 비행에 대한 가중치의 합은 $2/5+9/4+7/3+6/2+1=8.9833$이다. 따라서, 특성화 벡터 (2,1,2,2)를 가지는 비행이 늦을 확률에 대한 추정은

$$\frac{2/5+9/4+7/3+6/2+1}{7/5+23/4+29/3+16/2+4}=.3117. \quad \blacksquare$$

과거 데이터 결과에 가중치를 다르게 부여하는 방법도 있다. 예를 들어, 0과 1사이의 숫자 $\beta$를 선택하고 $(x_1, \ldots, x_7)$로부터 $d$만큼 떨어진 데이터에 가중치를 $\beta^d$로 부여하거나 혹은 $(x_1, \ldots, x_7)$에 $j$번째로 가까운 벡터에 대해서 $\beta^j$로 부여하는 방법도 있다.

### 16.4.2 구성요소 가중치 거리

특성화 벡터가 $(x_1, \ldots, x_7)$인 비행이 지연될 확률을 추정하는 경우를 다시 고려하자. $X_i$를 무작위로 선택된 과거 데이터 특성화 벡터에서 $i$번째 구성 요소라고 하자. 만약 비행이 지연될 확률이 $X_i = x_i$에 대해서 크게 변하지 않는다면 우리는 특성화 벡터 $(x_1, \ldots, x_7)$의 비행의 지연확률을 추정하는 경우 구성 요소 $i$에는 많은 가중치를 부여하지 않아도 된다. $p_L(x_i)$을 $X_i = x_i$의 값을 가지는 비행이 지연된 비율이라고 하고, $p_L(\bar{x}_i)$을 $X_i \neq x_i$의 값을 가지는 비행이 지연된 비율이라고 하자. 그리고 $a_i = |\, p_L(x_i) - p_L(\bar{x}_i)\,|$을 이 둘의 비율의 차이라고 하자. 그러면, $a_i$는 $X_i = x_i$를 가지는 비행이 지연될 확률에 미치는 영향에 대한 추정치가 된다. 이를 바탕으로 $x = (x_1, \ldots, x_7)$를 지닌 비행과 $y = (y_1, \ldots, y_7)$의 값을 가진 특성화 벡터와의 구성 요소 가중치 거리는 아래와 같이 정의될 수 있다.

$$d(\mathbf{x}, \mathbf{y}) = \sum_{i=1}^{7} a_i I\{x_i \neq y_i\}.$$

## 16.5 접근법에 대한 평가

비행이 지연될 확률을 추정하기 위한 지금까지의 소개된 다양한 기법들이 얼마나 좋은 성능을 보이는지를 본 장에서는 논의한다. 이런 기법들을 평가하기 위해서 과거 데이터로부터 테스트 집합이라고 불리는 일부분을 무작위로 선택하여 평가를 진행한다. 예를 들어, 우리가 3000개의 비행에 대한 정보가 있다고 하자. 이 중에서 우리는 일부분을 즉, 1000개의 비행 정보를 무작위로 추출한다. 그리고 남은 2000개의 비행데이터에 대한 정보를 바탕으로 실제 선택된 테스트 집합에 있는 비행기의 지연확률에 대해서 얼마나 정확한지를 살펴본다. 그 결과는 실제 테스트 집합에 있는 비행에 대해 추정된 1000개의 지연확률이 된다. 즉, 결과는 $(p_i, l_i)$, $i = 1, \ldots, 1000$로 표현이 되고 여기서 $p_i$는 테스트 집합의 $i$번째 비행이 지연이 있을 확률에 대한 추정값을 나타내고 $l_i$는 실제 지연이 있는 경우는 1 그렇지 않은 경우는 0을 나타낸다. 이것들을 평가하기 위해서 우리는 이 값들에 대한 손실을 부여하는데 $(p_i, l_i)$에 대한 손실은 다음과 같이 주어진다.

$$L = \begin{cases} (1 - p_i)^2, & \text{if } l_i = 1 \\ p_i^2, & \text{if } l_i = 0 \end{cases}$$

다시 말해, 손실은 해당 사건이 발생하지 않은 경우, 혹은 발생한 경우에 대한 확률($1 - p$ 혹은 $p$)의 제곱으로 표현이 된다. 즉, 실제 비행이 지연이 발생하였을 때 해당 기법이 지연확률을 $p$라고 추정을 하는 경우 손실은 $(1 - p)^2$로, 만약 지연이 발생하지 않은 경우에는 $p^2$로 나타난다. 예를 들어, 추정된 지연확률이 0이면 실제 지연이 있는 경우 손실 값은 1이 되고 실제 지연이 없는 경우는 0이 된다. 그리고 만약 추정된 지연확률이 0.2인 경우에는 실제 지연이 있는 경우는 손실이 0.64로 그렇지 않은 경우는 0.04가 된다. 만약 추정된 확률이 0.5인 경우에는 실제 지연이 있거나 없는 모든 경우에 대해 손실은 0.25가 된다. 어떤 경우가 되든지, 가장 최소의 손실을 나타내는 경우가 최고의 성능을 가진 것으로 판단한다.

앞서 보여준 손실의 철학을 이해하기 위해서 알려지지는 않았지만, 실제 특정한 비행기가 지연될 확률이 $\alpha$이고 $L$을 해당 확률에 대한 추정값이 $p$인 경우에 대한 손실이라고 하자. 그러면, 해당 비행기가 늦은 경우 손실 값은 $(1-p)^2$고 그렇지 않은 경우는 $p^2$이기 때문에 다음과 같은 기대 손실을 얻는다.

$$\begin{aligned} E[L] &= \alpha(1-p)^2 + (1-\alpha)p^2 \\ &= \alpha - 2p\alpha + p^2 \\ &= \alpha + (p-\alpha)^2 - \alpha^2 \end{aligned}$$

결과적으로, $p$에 대하여 손실 기댓값 $E[L]$을 최소로 하는 $p$는 $p = \alpha$이다. 즉, 추정값이 정확하게 해당 확률과 같은 경우가 손실 기댓값을 최소화 하게 되고 $p$가 $\alpha$로부터 멀어질수록 손실 기댓값은 증가한다. 결론적으로, 1000개의 테스트의 경우 손실의 합을 가장 작게 하는 기법이 지연확률 추정에 있어서 최고의 성능을 내는 것으로 보면 된다.

비록 앞의 기법들은 일반 베이즈 기법과 비교하는데 사용될 수 있고 특정한 응용에서는 k-근접 이웃이나 거리기반 기법들과 비교해도 더 좋게 나올 수 있지만 어떤 상황에서 무엇이 가장 좋을지는 여전히 남겨진 과제이다. 이를 확인하는 하나의 방법은 특성화 벡터를 고려하지 않은 정책의 평균 손실과 함께 이런 기법의 테스트 데이터로부터의 평균 손실을 과거 데이터의 모든 비행 중 지연이 발생한 비행의 비율로 항상 지연확률을 추정하는 것과 비교하는 것이다. 이를 유도하기 위해 $\beta$를 3000개의 비행 중 실제 지연 비행에 대한 비율이라고 하고 각 비행에 대해 $\beta$의 확률로 지연이 예측된다고 가정하자. 이 경우 실제 비행이 지연이 있는 경우 손실은 $(1-\beta)^2$이고, 그렇지 않은 경우는 손실이 $\beta^2$이다. 따라서, $\beta$가 늦은 비행에 대한 비율이므로 평균 손실은 다음과 같이 주어진다.

$$\beta(1-\beta)^2 + (1-\beta)\beta^2 = \beta(1-\beta)$$

### 예제 16.5.a

특성화 벡터를 무시한 정책의 평균 손실이 얼마나 감소 되는가에 대한 아이디어를 얻기 위해서 특성화 벡터가 주어진 경우, 과거 데이터를 통한 지연확률을 (0,1) 사이의 독립인 균일분포로 간주하자. 과거 비행의 1/2이 지연이 발생하는 경우이므로 1/2의 확률로 추정하는 것은 1/4의 손실을 가진다. 반면에, 항상 정확한 확률을 가지는 최적 추정의 경우는 지연확률이 $p$인 경우 $p$의 확률로 추정하게 되고 이때 발생 되는 손실은 $(1-p)^2 p + p^2(1-p) = p - p^2$이 되고 최적 기법의 평균 손실은 $\int_0^1 (p - p^2)dp = 1/6$이 된다.

**메모**

$N$개의 데이터가 주어진 경우를 생각해보자. $N$이 그렇게 크지 않으면 $N$-1개의 과거 데이터를 추정에 사용하여 각각 개별적인 데이터를 각 추정기법이 얼마나 잘 동작하는가를 살펴볼 수 있을 것이다.

## 16.6 계량 가능한 특성화 벡터

본 장에서는 특성화 벡터 $(x_1, ..., x_n)$을 가지는 실험이 성공할 확률을 추정하는데 특성화 벡터 $(x_1, ..., x_n)$가 정성적인 경우가 아닌 정량적인 경우를 고려한다. 즉, $x_1$이 개별적인 가중치가 될 수 있는 경우이다. 16.6.1장에서는 근접 이웃 기법에 대해 그리고 16.6.2장에서는 로지스틱 회귀 모델에 대해서 다룬다.

### 16.6.1 근접 이웃 기법

정성적인 특성화 벡터의 경우, 정량적인 특성화 벡터 $(x_1, ..., x_n)$를 가지는 실험이 성공할 확률을 추정할 때, 근접 이웃 기법은 특성화 벡터가 $(x_1, ..., x_n)$에 가까운 데이터에 더 많은 가중치를 부여하였다. 따라서, $\bar{x} = (x_1, ..., x_n)$와 $\bar{y} = (y_1, ..., y_n)$ 두 특성화 벡터의 거리에 대한 정의가 필요하다. 이를 위해서, 잘 알려진 유클리드 거리 $\sqrt{\sum_{i=1}^{n}(x_i - y_i)^2}$ 혹은 $\sum_{i=1}^{n}|x_i - y_i|$를 사용하는 것을 생각해 볼 수 있지만, 특성화 벡터의 다른 요소들이 서로 다른 단위를 가질 수 있는 경우를 고려해야 한다. 예를 들어 어떤 아이템이 폭발물에 의해서 손상을 입을 확률을 추정하는 경우 $x_1$을 해당 아이템과 폭발물과의 거리라고 하자. 만약, 피트 단위로 계산이 되는 경우 $|x_i - y_i|$이 야드 단위로 계산이 되는 경우의 3배가 되고 이는 $(y_1, ..., y_n)$에 가장 가까운 특성화 벡터 $(x_1, ..., x_n)$을 변화시킨다. 이런 비정상적인 경우를 피하기 위해서, 먼저 모든 데이터 단위를 표준화할 필요가 있다. $m_i$와 $s_i$를 모든 과거 데이터의 특성화 벡터 $i = 1, ..., n$의 $i$번째 요소 값에 대한 평균과 분산이라고 하자. 모든 특성화 벡터 $(x_1, ..., x_n)$는 $(\frac{x_1 - m_1}{s_1}, \ldots, \frac{x_n - m_n}{s_n})$로 표준화될 수 있다. 이런 방법으로 우리는 과거 데이터에 대한 특성화 벡터를 표준화하고 각 요소에 대한 표본 평균을 0으로, 그리고 분산은 1로 정규화한다. 이렇게 정규화된 특성화 벡터를 사용하여 $\bar{x} = (x_1, ..., x_n)$와 $\bar{y} = (y_1, ..., y_n)$ 사이의 거리를 유클리드 거리로 정의한다.(비록 유클리드 거리가 많이 사용되기는 하지만 가끔은 $\sum_{i=1}^{n}|x_i - y_i|$거리도 사용되기도 한다.). 특성화 벡터 $(x_1, ..., x_n)$를 가진 실험이 성공될 확률 $p(x_1, ..., x_n)$를 추정하기 위해서 k 근접 이웃 기법은 $(x_1, ..., x_n)$와 가장 가까운 k개의 특성화 벡터를 지닌 데이터를 찾고 이것 중에서 성공을 한 부분에 대한 비율로 실제 성공률을 추정한다. 그러나 확률 $p(x_1, ..., x_n)$의 추정에 있어서 $k$ 근접 이웃 기법은 $k$개의 가장 가까운 데이터

에 대해서 모두 동일한 가중치를 사용하지만, 모근 과거 데이터를 사용하는데 있어서 ($x_1$, ..., $x_n$)와 가까울수록 더 큰 가중치를 부여하는 변형도 고려될 수 있다. 전체 $N$개의 데이터가 있다고 가정해 보자. 하나의 방법은 전체 $N$개의 데이터 중에서 $j$번째로 가까운 데이터가 성공하면 $I_j$를 1로 두고 그렇지 않는 경우는 0을 두는 것을 고려하면 $p(x_1, ..., x_n)$는 $\frac{\sum_{j=1}^{N} \beta^{j-1} I_j}{\sum_{j=1}^{N} \beta^{j-1}} = \frac{1-\beta}{1-\beta^N} \sum_{j=1}^{N} \beta^{j-1} I_j$가 되는데, 여기서 $0 < \beta < 1$는 선택되는 파라미터이다. 즉, 이 기법은 ($x_1$, ..., $x_n$)에 가장 가까운 특성화 벡터에는 가중치를 1로, 그리고 그다음 순서부터는 $\beta, \beta^2, ..., \beta^{N-1}$로 주는 경우가 된다.

### 16.6.2 로지스틱 회귀

로지스틱 회귀는 특성화 벡터 ($x_1$, ..., $x_n$)를 지닌 실험이 성공할 확률 $p(x_1, ..., x_n)$를 추정하는데 사용된다. 해당 모델에서는 $b_0, b_1, ..., b_n$의 $n+1$개의 상수를 가정하고 다음 식과 같이 추정한다.

$$p(x_1, \ldots, x_n) = \frac{e^{b_0 + \sum_{i=1}^{n} b_i x_i}}{1 + e^{b_0 + \sum_{i=1}^{n} b_i x_i}}$$

모델 파라미터 $b_0, b_1, ..., b_n$를 추정하는데 있어서 R이 사용될 수 있다. 예를 들어, $n=5$이고 다음과 같은 특성화 벡터를 지닌 총 6번의 실험을 통해

$$\begin{aligned}&(3, 7, 9, 4, 12)\\&(8, 10, 4, 5, 16)\\&(14, 9, 11, 10, 15)\\&(18, 20, 12, 8, 7)\\&(2, 9, 13, 8, 17)\\&(7, 13, 21, 15, 19)\end{aligned}$$

(1,0,1,1,0,1)의 결과를 얻었고 여기서 1은 성공을 그리고 0은 실패를 의미한다고 가정해 보자. (따라서, 특성화 벡터 (8,10,4,5,16)과 (2,9,13,8,17)의 경우는 실패이고 나머지는 모두 성공이다.) 파라미터 추정에 필요한 R을 사용하기 위해서 $v_i$, = 1, ..., 5를 6개의 실험에 대한 특성화 벡터의 $i$번째 구성 요소의 값이라고 하고 다음을 넣는다.

$> v1 = c(3, 8, 14, 18, 2, 7)$
$> v2 = c(7, 10, 9, 20, 9, 13)$
$> v3 = c(9, 4, 11, 12, 8, 15)$
$> v4 = c(4, 5, 10, 8, 8, 15)$
$> v5 = c(12, 16, 15, 7, 17, 19)$
$> y = c(1, 0, 1, 1, 0, 1)$
$> \text{model} = \text{glm}(y \sim v1 + v2 + v3 + v4 + v5)$
$> \text{model}$

그리고 리턴을 치면 다음과 같은 출력을 얻는다.

**Call: glm (formula** $= y \sim v1 + v2 + v3 + v4 + v5)$

Coefficients:

| (Intercept) | v1 | v2 | v3 | v4 | v5 |
|---|---|---|---|---|---|
| −5.25116 | 0.09965 | 0.04360 | 0.45959 | −0.49604 | 0.29124 |

즉, 로지스틱 회귀 방정식은 다음과 같이 주어진다.

$$p(x_1, \ldots, x_6) = \frac{\exp\{-5.25116 + 0.09965x_1 + 0.04360x_2 + 0.45959x_3 - 0.49604x_4 + 0.29124x_5\}}{1 + \exp\{-5.25116 + 0.09965x_1 + 0.04360x_2 + 0.45959x_3 - 0.49604x_4 + 0.29124x_5\}}$$

## 16.7 최고의 확률 선택 : 벤딧 문제

특정한 병을 처방하는 두 가지 약물이 있다고 가정해 보자. 그리고 각 약물 $i$는 알려지지 않은 성공(치료) 확률 $p_i$, $i = 1, 2$를 가진다고 하자. 특정 약물에 대한 처방결과(치료 여부)는 바로 주어지게 되는 경우, 이전에 선택한 모든 처방결과를 바탕으로 다음 환자에게 어떤 약물을 처방하는 것이 관심 문제이다. 이 문제에 대한 이전의 연구는 카지노에서 게임을 할 때 사용되는 양팔을 가진 슬롯머신(이런 기계는 종종 "양팔 밴딧"이라고 불린다)의 경우로 여겨졌는데 이는 사용자가 각 게임의 단계에서 어떤 팔을 당길지를 선택을 하는 것으로 최근에 밴딧 문제라고 많이 다루어 지고 있다. 확률 $p_i$과 $p_2$를 알지 못하기 때문에, 각 선택에 있어서 최고의 약물을 선택하는 것과 성공 확률에 대한 정보를 모으기 위한 것 가운데 적절한 균형이 필요하다. 지금부터 우리는 대부분의 시간에서 좋은 약물을 선택하는 정책에 대해 소개하고자 한다. 이 방법은 각 단계에서 약물 1이 사용될 확률을 결정하는 부분에서 랜덤한 속성이 있다. 해당 정책은 다음과 같다.

1. 각 약물을 한 번씩 사용한다.
2. 약물 $i(i=1,2)$가 $n_i$번 사용된 후 $s_i$번의 성공이 있다고 할 때 결정이 이루어 진다고 가정한다. 그리고 $f_1$과 $f_2$를 다음과 같이 둔다.

$$f1 = \frac{s_1+1}{n_1+2}, \quad f2 = \frac{s_2+1}{n_2+2}$$

다음으로 $r$을 다음과 같이 정의한다.

$$r = \frac{f1 - f2}{\sqrt{f1(1-f1)/n_1 + f2(1-f2)/n_2}}.$$

$\Phi$를 표준화된 정규분포라고 하고 $x = \Phi(r)$로 두자. 그리고 약물1을 $x$의 확률로 사용하고 약물 2를 1-$x$의 확률로 사용한다.

예를 들어, 특정 단계에서 약물1이 9번 사용이 되었고 그 중 5번의 치료가 나타났고, 약물2는 5번이 사용되었고 그 중 2번의 치료가 나타난 경우를 생각해보자. 이런 상황에서는 $n_1 = 9$, $s_1 = 5$, $n_2 = 2$, $s_2 = 2$가 되고 $f_1 = 6/11$, $f_2 = 3/7$이 된다. 따라서

$$r = \frac{6/11 - 3/7}{\sqrt{\frac{30}{121\times 9} + \frac{12}{49\times 5}}} = .4225,$$

이고 $x = \Phi(0.4225) = 0.6637$이 된다. 따라서 해당 과정은 약물1을 확률 0.6637로 사용하고 약물2를 확률 $1 - 0.6637 = 0.3363$로 사용하는 것을 요구한다. 이것은 (0,1)사이에서 균일하게 수를 생성하는 작업을 통해 이루어 질 수 있는데 이는 컴퓨터로 (0,1)사이의 값을 가지는 확률변수 U를 생성되게 할 수 있다. 그 이유는, $0 < x < 1$에 대해서 $x$의 확률로 확률변수 $U$가 $x$보다 작기 때문에 만약 확률변수 $U < 0.6637$이면 약물1을 사용하고 $U > 0.6637$인 경우는 약물2를 사용하면 된다.

## 메모

1. 각 단계에서 행동을 결정 하는데 있어서 R을 사용해도 된다. 왜냐하면 명령어 runif(k)가 (0,1)사이의 균등분포에서 k의 값을 생성하는데 우리는 전체 $n_i$ $(i = 1, 2)$ 번 중에 약물$i$가 $s_i$번 성공인 경우, 아래 과정을 통해 얻은 행동을 하면 되기 때문이다.

> $f1 = (s_1 + 1)/(n_1 + 2)$
> $f2 = (s_2 + 1)/(n_2 + 2)$
> $r = (f1 - f2)/\text{sqrt}(f1 * (1 - f1)/n_1 + f2 * (1 - f2)/n_2)$
> $x = \text{pnorm}(r)$
> $x$
> runif(1)

마지막 출력 $x$ 다음에 최종 출력값은 무작위 숫자 값을 나타낸다. 만약 해당 수가 $x$보다 작으면 약물1을 다음에 선택하고 그렇지 않은 경우는 약물2를 선택한다.
예를 들어, 약물1이 총 9번의 사용에서 5번을 성공하였고 약물2는 총 5번의 시행 중 2번을 성공하였다고 하자. 다음 선택을 결정하기 위해서 아래의 과정을 살펴보자.

> $f1 = 6/11$
> $f2 = 3/7$
> $r = (f1 - f2)/\text{sqrt}(f1 * (1 - f1)/9 + f2 * (1 - f2)/5)$
> $x = \text{pnorm}(r)$
> $x$
> [1] 0.6636754
> runif(1)
> [1] 0.2600016

무작위 숫자가 0.2600이고 이것은 $x = 0.6637$보다 작기 때문에 약물1이 다음에 선택된다.

2. $f_1$과 $f_2$의 값은 지금까지 진행된 시행 중 실제 값이 0과 1사이에서 발생할 수 있도록 해주기 위한 성공에 대한 비율의 작은 변형이다.
3. 지금까지 다룬 밴딧 문제의 유형은 비단 약물 뿐 아니라 매우 다양하게 적용이 가능하다. 예를 들어, 광고주는 두 개의 다른 인터넷 광고 가운데 사용자가 클릭을 하는 경우 성공으로 등록하도록 하여서 어떤 광고를 하는 것이 좋은가에 대해서도 적용될 수 있다.
4. 밴딧 결과는 두 가지의 선택보다 더 확장될 수 있다.

# 연습문제

**01** 보험회사는 각각의 피보험자에 대해서 특성화 벡터 $(x_1, ..., x_7)$을 통해서 자동으로 보험료가 유지가 되도록 만든다. 이 벡터에서 $x_1$은 피보험자의 성별을 남자일 경우 1로, 여자인 경우 2로 놓았다. $x_2$는 나이로서, 25세 이하면 1로, 25세와 40세 사이면 2로, 40세와 60세 사이는 3으로, 60세와 70세 사이는 4로, 그리고 70세 이상은 5를 가지게 설정한다. $x_3$은 좋아하는 음악 장르로, 클래식은 1로, 컨츄리는 2로, 랩이나 해비메탈은 3으로 설정한다. $x_4$는 교육으로 고등학교 미졸업은 1로, 대학 미졸업은 2로, 대학 졸업자는 3으로, 그 이상의 학위는 4로 설정한다. $x_5$는 몸무게로서 22 이하인 경우 1로, 22와 27사이는 2로, 27과 33사이는 3으로, 그리고 33 이상은 4로 한다. $x_6$은 키로서 5피트 2인치보다 작으면 1로, 5-2와 5-8사이는 2로, 5-8과 6피트 사이는 3으로, 6피트 이상은 4로 한다. $x_7$은 1년간 운전한 거리로 작으면 1로, 중간은 2로, 많으면 3의 값을 가진다. 다음 표는 특성화 벡터의 앞의 2개의 구성 요소에 대한 과거 추출 데이터를 나타낸다. 각 벡터 $(x_1, x_2)$에서 해당 값을 가지는 피보험자의 수와 과거 사고가 최소 한번 이상 되는 수를 보여준다.

**표 16.4** 과거 데이터

| 벡터 | 피보험자 수 | 사고 횟수 |
|---|---|---|
| (1,1) | 240 | 9 |
| (1,2) | 1050 | 18 |
| (1,3) | 1400 | 20 |
| (1,4) | 457 | 15 |
| (1,5) | 145 | 12 |
| (2,1) | 226 | 5 |
| (2,2) | 940 | 12 |
| (2,3) | 1420 | 14 |
| (2,4) | 420 | 11 |
| (2,5) | 142 | 13 |

a. 일반 베이즈 접근을 사용하여 다음 해에 36세인 여성이 사고가 발생할 확률을 추정하라.
b. 일반 베이즈 접근의 변형을 사용해서 다음 해에 36세인 여성이 사고가 발생할 확률을 추정하라.
c. 일반 베이즈 접근을 사용하여 다음 해에 26세 남성이 사고가 발생할 확률을 추정하라.
d. 일반 베이즈 접근의 변형을 사용해서 다음 해에 26세 남성이 사고가 발생할 확률을 추정하라.

**02** 앞의 문제에서 가중치 된 거리기반 방법을 사용하여 다음에 대한 확률을 추정하라.

a. 36세 여성이 다음 해에 사고가 날 확률
b. 26세 남성이 다음 해에 사고가 날 확률

**03** 16.5장의 손실함수 접근법을 사용하여, 아래의 상황에 대한 일반 베이즈 혹은 가중치 된 거리기반 방법을 평가하라.

a. 36세 여성이 다음 해에 사고가 나는 경우
b. 26세 남성이 다음 해에 사고가 나는 경우
모든 경우에 대해서 각 특성화 벡터를 지닌 사람에 대한 사고 발생확률을 추정하기 위해 개별적인 모든 데이터를 사용하라.

**04** 테이블 16.4에 주어진 총 6440개의 데이터 값에 대해서 나머지 6439개의 데이터를 사용하여 사고가 발생할 확률을 추정한 경우 아래 방법에 대한 손실을 구하라.

a. 일반 베이즈 방법
b. 가중치 된 거리 방법
c. 이 경우 어떤 방법이 더 좋은가?

**05** 16.5장에서 설명된 손실함수는 추정된 확률이 p인 경우 손실이 $(1-p)^2$로 나타나는 반면, 다른 잘 알려진 손실함수는 해당 확률 추정에 대해서 $-\log(p)$로 나타난다. 후자의 손실함수 역시 실제 알려지지 않은 사건이 발생할 확률 $\alpha$에 대하여 $p=\alpha$인 경우에 손실 기댓값이 최소가 됨을 보여라.

**06** 실제 정량화 된 데이터를 수집하여 로지스틱 회귀와 근접이웃 기법 중 어느 것이 더 좋은 결과를 보여주는지를 살펴봐라.

**07** 약물1이 55번의 사용에서 36번이 성공하였고 약물2가 22번의 사용에서 12번이 성공하였다고 가정하자. 16.7장에서 나타난 기법을 사용하면 다음으로 약물1이 사용될 확률은 얼마인가? 무작위 선택을 위해 R을 사용하여라.

# 부록 도표

## A1 표준정규 분포함수

**표 A1** 표준정규 분포함수 : $\Phi(x) = \frac{1}{\sqrt{2\pi}} \int_{-\infty}^{x} e^{-y^2/2}\, dy$

| $x$ | .00 | .01 | .02 | .03 | .04 | .05 | .06 | .07 | .08 | .09 |
|---|---|---|---|---|---|---|---|---|---|---|
| .0 | .5000 | .5040 | .5080 | .5120 | .5160 | .5199 | .5239 | .5279 | .5319 | .5359 |
| .1 | .5398 | .5438 | .5478 | .5517 | .5557 | .5596 | .5636 | .5675 | .5714 | .5753 |
| .2 | .5793 | .5832 | .5871 | .5910 | .5948 | .5987 | .6026 | .6064 | .6103 | .6141 |
| .3 | .6179 | .6217 | .6255 | .6293 | .6331 | .6368 | .6406 | .6443 | .6480 | .6517 |
| .4 | .6554 | .6591 | .6628 | .6664 | .6700 | .6736 | .6772 | .6808 | .6844 | .6879 |
| .5 | .6915 | .6950 | .6985 | .7019 | .7054 | .7088 | .7123 | .7157 | .7190 | .7224 |
| .6 | .7257 | .7291 | .7324 | .7357 | .7389 | .7422 | .7454 | .7486 | .7517 | .7549 |
| .7 | .7580 | .7611 | .7642 | .7673 | .7704 | .7734 | .7764 | .7794 | .7823 | .7852 |
| .8 | .7881 | .7910 | .7939 | .7967 | .7995 | .8023 | .8051 | .8078 | .8106 | .8133 |
| .9 | .8159 | .8186 | .8212 | .8238 | .8264 | .8289 | .8315 | .8340 | .8365 | .8389 |
| 1.0 | .8413 | .8438 | .8461 | .8485 | .8508 | .8531 | .8554 | .8577 | .8599 | .8621 |
| 1.1 | .8643 | .8665 | .8686 | .8708 | .8729 | .8749 | .8770 | .8790 | .8810 | .8830 |
| 1.2 | .8849 | .8869 | .8888 | .8907 | .8925 | .8944 | .8962 | .8980 | .8997 | .9015 |
| 1.3 | .9032 | .9049 | .9066 | .9082 | .9099 | .9115 | .9131 | .9147 | .9162 | .9177 |
| 1.4 | .9192 | .9207 | .9222 | .9236 | .9251 | .9265 | .9279 | .9292 | .9306 | .9319 |
| 1.5 | .9332 | .9345 | .9357 | .9370 | .9382 | .9394 | .9406 | .9418 | .9429 | .9441 |
| 1.6 | .9452 | .9463 | .9474 | .9484 | .9495 | .9505 | .9515 | .9525 | .9535 | .9545 |
| 1.7 | .9554 | .9564 | .9573 | .9582 | .9591 | .9599 | .9608 | .9616 | .9625 | .9633 |
| 1.8 | .9641 | .9649 | .9656 | .9664 | .9671 | .9678 | .9686 | .9693 | .9699 | .9706 |
| 1.9 | .9713 | .9719 | .9726 | .9732 | .9738 | .9744 | .9750 | .9756 | .9761 | .9767 |
| 2.0 | .9772 | .9778 | .9783 | .9788 | .9793 | .9798 | .9803 | .9808 | .9812 | .9817 |
| 2.1 | .9821 | .9826 | .9830 | .9834 | .9838 | .9842 | .9846 | .9850 | .9854 | .9857 |
| 2.2 | .9861 | .9864 | .9868 | .9871 | .9875 | .9878 | .9881 | .9884 | .9887 | .9890 |
| 2.3 | .9893 | .9896 | .9898 | .9901 | .9904 | .9906 | .9909 | .9911 | .9913 | .9916 |
| 2.4 | .9918 | .9920 | .9922 | .9925 | .9927 | .9929 | .9931 | .9932 | .9934 | .9936 |
| 2.5 | .9938 | .9940 | .9941 | .9943 | .9945 | .9946 | .9948 | .9949 | .9951 | .9952 |
| 2.6 | .9953 | .9955 | .9956 | .9957 | .9959 | .9960 | .9961 | .9962 | .9963 | .9964 |
| 2.7 | .9965 | .9966 | .9967 | .9968 | .9969 | .9970 | .9971 | .9972 | .9973 | .9974 |
| 2.8 | .9974 | .9975 | .9976 | .9977 | .9977 | .9978 | .9979 | .9979 | .9980 | .9981 |
| 2.9 | .9981 | .9982 | .9982 | .9983 | .9984 | .9984 | .9985 | .9985 | .9986 | .9986 |
| 3.0 | .9987 | .9987 | .9987 | .9988 | .9988 | .9989 | .9989 | .9989 | .9990 | .9990 |
| 3.1 | .9990 | .9991 | .9991 | .9991 | .9992 | .9992 | .9992 | .9992 | .9993 | .9993 |
| 3.2 | .9993 | .9993 | .9994 | .9994 | .9994 | .9994 | .9994 | .9995 | .9995 | .9995 |
| 3.3 | .9995 | .9995 | .9995 | .9996 | .9996 | .9996 | .9996 | .9996 | .9996 | .9997 |
| 3.4 | .9997 | .9997 | .9997 | .9997 | .9997 | .9997 | .9997 | .9997 | .9997 | .9998 |

# A2 ANOVA 다중비교 상수

표 A2 $C(m, d, \alpha)$값들

| | | *m* | | | | | | | | | |
|---|---|---|---|---|---|---|---|---|---|---|---|
| ***d*** | **α** | **2** | **3** | **4** | **5** | **6** | **7** | **8** | **9** | **10** | **11** |
| 5 | .05 | 3.64 | 4.60 | 5.22 | 5.67 | 6.03 | 6.33 | 6.58 | 6.80 | 6.99 | 7.17 |
| | .01 | 5.70 | 6.98 | 7.80 | 8.42 | 8.91 | 9.32 | 9.67 | 9.97 | 10.24 | 10.48 |
| 6 | .05 | 3.46 | 4.34 | 4.90 | 5.30 | 5.63 | 5.90 | 6.12 | 6.32 | 6.49 | 6.65 |
| | .01 | 5.24 | 6.33 | 7.03 | 7.56 | 7.97 | 8.32 | 8.61 | 8.87 | 9.10 | 9.30 |
| 7 | .05 | 3.34 | 4.16 | 4.68 | 5.06 | 5.36 | 5.61 | 5.82 | 6.00 | 6.16 | 6.30 |
| | .01 | 4.95 | 5.92 | 6.54 | 7.01 | 7.37 | 7.68 | 7.94 | 8.17 | 8.37 | 8.55 |
| 8 | .05 | 3.26 | 4.04 | 4.53 | 4.89 | 5.17 | 5.40 | 5.60 | 5.77 | 5.92 | 6.05 |
| | .01 | 4.75 | 5.64 | 6.20 | 6.62 | 6.96 | 7.24 | 7.47 | 7.68 | 7.86 | 8.03 |
| 9 | .05 | 3.20 | 3.95 | 4.41 | 4.76 | 5.02 | 5.24 | 5.43 | 5.59 | 5.74 | 5.87 |
| | .01 | 4.60 | 5.43 | 5.96 | 6.35 | 6.66 | 6.91 | 7.13 | 7.33 | 7.49 | 7.65 |
| 10 | .05 | 3.15 | 3.88 | 4.33 | 4.65 | 4.91 | 5.12 | 5.30 | 5.46 | 5.60 | 5.72 |
| | .01 | 4.48 | 5.27 | 5.77 | 6.14 | 6.43 | 6.67 | 6.87 | 7.05 | 7.21 | 7.36 |
| 11 | .05 | 3.11 | 3.82 | 4.26 | 4.57 | 4.82 | 5.03 | 5.20 | 5.35 | 5.49 | 5.61 |
| | .01 | 4.39 | 5.15 | 5.62 | 5.97 | 6.25 | 6.48 | 6.67 | 6.84 | 6.99 | 7.13 |
| 12 | .05 | 3.08 | 3.77 | 4.20 | 4.51 | 4.75 | 4.95 | 5.12 | 5.27 | 5.39 | 5.51 |
| | .01 | 4.32 | 5.05 | 5.50 | 5.84 | 6.10 | 6.32 | 6.51 | 6.67 | 6.81 | 6.94 |
| 13 | .05 | 3.06 | 3.73 | 4.15 | 4.45 | 4.69 | 4.88 | 5.05 | 5.19 | 5.32 | 5.43 |
| | .01 | 4.26 | 4.96 | 5.40 | 5.73 | 5.98 | 6.19 | 6.37 | 6.53 | 6.67 | 6.79 |
| 14 | .05 | 3.03 | 3.70 | 4.11 | 4.41 | 4.64 | 4.83 | 4.99 | 5.13 | 5.25 | 5.36 |
| | .01 | 4.21 | 4.89 | 5.32 | 5.63 | 5.88 | 6.08 | 6.26 | 6.41 | 6.54 | 6.66 |
| 15 | .05 | 3.01 | 3.67 | 4.08 | 4.37 | 4.59 | 4.78 | 4.94 | 5.08 | 5.20 | 5.31 |
| | .01 | 4.17 | 4.84 | 5.25 | 5.56 | 5.80 | 5.99 | 6.16 | 6.31 | 6.44 | 6.55 |
| 16 | .05 | 3.00 | 3.65 | 4.05 | 4.33 | 4.56 | 4.74 | 4.90 | 5.03 | 5.15 | 5.26 |
| | .01 | 4.13 | 4.79 | 5.19 | 5.49 | 5.72 | 5.92 | 6.08 | 6.22 | 6.35 | 6.46 |
| 17 | .05 | 2.98 | 3.63 | 4.02 | 4.30 | 4.52 | 4.70 | 4.86 | 4.99 | 5.11 | 5.21 |
| | .01 | 4.10 | 4.74 | 5.14 | 5.43 | 5.66 | 5.85 | 6.01 | 6.15 | 6.27 | 6.38 |
| 18 | .05 | 2.97 | 3.61 | 4.00 | 4.28 | 4.49 | 4.67 | 4.82 | 4.96 | 5.07 | 5.17 |
| | .01 | 4.07 | 4.70 | 5.09 | 5.38 | 5.60 | 5.79 | 5.94 | 6.08 | 6.20 | 6.31 |
| 19 | .05 | 2.96 | 3.59 | 3.98 | 4.25 | 4.47 | 4.65 | 4.79 | 4.92 | 5.04 | 5.14 |
| | .01 | 4.05 | 4.67 | 5.05 | 5.33 | 5.55 | 5.73 | 5.89 | 6.02 | 6.14 | 6.25 |
| 20 | .05 | 2.95 | 3.58 | 3.96 | 4.23 | 4.45 | 4.62 | 4.77 | 4.90 | 5.01 | 5.11 |
| | .01 | 4.02 | 4.64 | 5.02 | 5.29 | 5.51 | 5.69 | 5.84 | 5.97 | 6.09 | 6.19 |
| 24 | .05 | 2.92 | 3.53 | 3.90 | 4.17 | 4.37 | 4.54 | 4.68 | 4.81 | 4.92 | 5.01 |
| | .01 | 3.96 | 4.55 | 4.91 | 5.17 | 5.37 | 5.54 | 5.69 | 5.81 | 5.92 | 6.02 |
| 30 | .05 | 2.89 | 3.49 | 3.85 | 4.10 | 4.30 | 4.46 | 4.60 | 4.72 | 4.82 | 4.92 |
| | .01 | 3.89 | 4.45 | 4.80 | 5.05 | 5.24 | 5.40 | 5.54 | 5.65 | 5.76 | 5.85 |
| 40 | .05 | 2.86 | 3.44 | 3.79 | 4.04 | 4.23 | 4.39 | 4.52 | 4.63 | 4.73 | 4.82 |
| | .01 | 3.82 | 4.37 | 4.70 | 4.93 | 5.11 | 5.26 | 5.39 | 5.50 | 5.60 | 5.69 |
| 60 | .05 | 2.83 | 3.40 | 3.74 | 3.98 | 4.16 | 4.31 | 4.44 | 4.55 | 4.65 | 4.73 |
| | .01 | 3.76 | 4.28 | 4.59 | 4.82 | 4.99 | 5.13 | 5.25 | 5.36 | 5.45 | 5.53 |
| 120 | .05 | 2.80 | 3.36 | 3.68 | 3.92 | 4.10 | 4.24 | 4.36 | 4.47 | 4.56 | 4.64 |
| | .01 | 3.70 | 4.20 | 4.50 | 4.71 | 4.87 | 5.01 | 5.12 | 5.21 | 5.30 | 5.37 |
| ∞ | .05 | 2.77 | 3.31 | 3.63 | 3.86 | 4.03 | 4.17 | 4.29 | 4.39 | 4.47 | 4.55 |
| | .01 | 3.64 | 4.12 | 4.40 | 4.60 | 4.76 | 4.88 | 4.99 | 5.08 | 5.16 | 5.23 |

# 색 인

ㅅ



ㅇ

ㅈ



ㅊ



ㅋ



ㅍ

ㅎ